新编

电脑组装与硬件维修从入门到精通

◉ 龙马高新教育 编著

人 民 邮 电 出 版 社

北 京

图书在版编目（CIP）数据

新编电脑组装与硬件维修从入门到精通 / 龙马高新教育编著. -- 北京 : 人民邮电出版社, 2017.4(2018.10重印)
ISBN 978-7-115-44684-8

Ⅰ. ①新… Ⅱ. ①龙… Ⅲ. ①电子计算机－组装－基本知识②硬件－维修－基本知识 Ⅳ. ①TP30

中国版本图书馆CIP数据核字(2017)第009881号

内 容 提 要

本书以零基础讲解为宗旨，用实例引导读者学习，深入浅出地介绍了电脑组装与硬件维修的方法。

全书分为 8 篇，共 31 章。第 1 篇【组装入门篇】主要介绍了电脑组装的基础知识、电脑内部硬件的选购以及电脑其他硬件的选购等；第 2 篇【组装实战篇】主要介绍了电脑组装的方法、BIOS 的设置和应用、硬盘的分区与格式化以及电脑操作系统的安装等；第 3 篇【系统优化篇】主要介绍了安装与管理驱动程序、电脑性能的检测、电脑系统的优化以及电脑系统的备份、还原与重装等；第 4 篇【软件故障处理篇】主要介绍了电脑故障处理的基础知识以及电脑开关机故障、操作系统故障和常见软件故障的处理方法等；第 5 篇【网络搭建与维修篇】主要介绍了电脑组网和网络故障的处理方法等；第 6 篇【硬件维修篇】主要介绍了 CPU、主板、内存、显卡、声卡、硬盘以及电源的常见故障诊断与维修方法等；第 7 篇【外部设备故障维修篇】主要介绍了显示器、键盘、鼠标、打印机、U 盘以及笔记本的常见故障诊断与维修方法等；第 8 篇【高手秘籍篇】主要介绍了如何使用 U 盘安装系统，以及数据的维护与修复等。

在本书附赠的 DVD 多媒体教学光盘中，包含了 23 小时与图书内容同步的教学录像以及所有案例的配套素材和结果文件。此外，还赠送了大量相关学习内容的教学录像和电子书，便于读者扩展学习。

本书不仅适合电脑组装与硬件维修的初、中级用户学习使用，也可以作为各类院校相关专业学生和电脑培训班学员的教材或辅导用书。

◆ 编　　著　龙马高新教育
责任编辑　张　翼
责任印制　彭志环

◆ 人民邮电出版社出版发行　　北京市丰台区成寿寺路 11 号
邮编　100164　　电子邮件　315@ptpress.com.cn
网址　http://www.ptpress.com.cn
固安县铭成印刷有限公司印刷

◆ 开本：787×1092　1/16
印张：35
字数：848 千字　　　　2017 年 4 月第 1 版
印数：5 901－6 700 册　　　　2018 年 10 月河北第 8 次印刷

定价：69.80 元（附光盘）

读者服务热线：(010)81055410　印装质量热线：(010)81055316
反盗版热线：(010)81055315
广告经营许可证：京东工商广登字 20170147 号

前言

电脑是现代信息社会的重要标志。掌握丰富的电脑知识、正确熟练地操作电脑已成为信息时代对每个人的要求。为满足广大读者的学习需要，我们针对不同学习对象的接受能力，总结了多位电脑高手、高级设计师及电脑教育专家的经验，精心编写了“新编从入门到精通”系列丛书。

丛书主要内容

本套丛书涉及读者在日常工作和学习中各个常见的电脑应用领域，在介绍软硬件的基础知识及具体操作时均以读者经常使用的版本为主，在必要的地方也兼顾了其他版本，以满足不同领域读者的需求。本套丛书主要包括以下品种。

新编学电脑从入门到精通	新编老年人学电脑从入门到精通
新编Windows 10从入门到精通	新编笔记本电脑应用从入门到精通
新新编电脑打字与Word排版从入门到精通	新编电脑选购、组装、维护与故障处理从入门到精通
新编Word 2013从入门到精通	新新编电脑办公（Windows 7+Office 2013）从入门到精通
新编Excel 2003从入门到精通	新编电脑办公（Windows 7+Office 2016）从入门到精通
新编Excel 2010从入门到精通	新编电脑办公（Windows 8+Office 2010）从入门到精通
新编Excel 2013从入门到精通	新编电脑办公（Windows 8+Office 2013）从入门到精通
新编Excel 2016从入门到精通	新编电脑办公（Windows 10+Office 2016）从入门到精通
新编PowerPoint 2016从入门到精通	新编Word/Excel/PPT 2003从入门到精通
新编Word/Excel/PPT 2007从入门到精通	新编Word/Excel/PPT 2010从入门到精通
新编Word/Excel/PPT 2013从入门到精通	新编Word/Excel/PPT 2016从入门到精通
新编Office 2010从入门到精通	新编Office 2013从入门到精通
新编Office 2016从入门到精通	新编AutoCAD 2015从入门到精通
新编AutoCAD 2017从入门到精通	新编UG NX 10从入门到精通
新编SolidWorks 2015从入门到精通	新编Premiere Pro CC从入门到精通
新编Photoshop CC从入门到精通	新编网站设计与网页制作（Dreamweaver CC + Photoshop CC + Flash CC版）从入门到精通
新编电脑组装与硬件维修从入门到精通	

本书特色

零基础、入门级的讲解

无论读者是否从事计算机相关行业，是否使用过电脑办公，都能从本书中找到最佳的起点。本书入门级的讲解可以帮助读者快速地从新手迈向高手行列。

◎ 精选内容，实用至上

全部内容都经过精心选取编排，在贴近实际的同时，突出重点、难点，帮助读者对所学知识深化理解，触类旁通。

◎ 实例为主，图文并茂

在介绍过程中，每一个知识点均配有实例辅助讲解，每一个操作步骤均配有对应的插图加深认识。这种图文并茂的方法能够使读者在学习过程中直观、清晰地看到操作过程和效果，便于深刻理解和掌握。

◎ 高手指导，扩展学习

本书以“高手支招”的形式为读者提炼了各种高级操作技巧，总结了大量系统、实用的操作方法，以便读者学习到更多的内容。

◎ 双栏排版，超大容量

本书采用单双栏排版相结合的格式，大大扩充了信息容量，在 500 多页的篇幅中容纳了传统图书 800 多页的内容。这样就能在有限的篇幅中为读者奉送更多的知识和实战案例。

◎ 书盘结合，互动教学

本书配套的多媒体教学光盘内容与书中知识紧密结合并互相补充。在多媒体光盘中，我们模拟工作、学习中的真实场景，帮助读者体验实际工作环境，并使其掌握日常所需的知识和技能以及处理各种问题的方法，达到学以致用的目的，从而大大增强了本书的实用性。

光盘特点

◎ 23 小时全程同步教学录像

教学录像涵盖本书所有知识点，详细讲解每个实例及实战案例的操作过程和关键点。读者可以更轻松地掌握书中所有的辅助设计方法和技巧，而且扩展的讲解部分可使读者获得更多的知识。

◎ 超多、超值资源大放送

随书奉送 15 小时系统安装、重装、备份与还原教学录像、电脑维护与故障处理技巧查询手册、电脑系统一键备份与还原教学录像、Windows 蓝屏代码含义速查表、Windows 7 操作系统安装教学录像、Windows 8.1 操作系统安装教学录像、Windows 10 操作系统安装教学录像、电脑使用技巧电子书、网络搜索与下载技巧手册、常用五笔编码查询手册、9 小时 Photoshop CC 教学录像，以及本书内容的教学用 PPT 课件等超值资源，以方便读者扩展学习。

配套光盘运行方法

❶ 将光盘放入光驱中，几秒钟后系统会弹出【自动播放】对话框，如下图所示。

❷ 在 Windows 7 操作系统中单击【打开文件夹以查看文件】链接以打开光盘文件夹，用鼠标右键单击光盘文件夹中的 MyBook.exe 文件，并在弹出的快捷菜单中选择【以管理员身份运行】菜单项，打开【用户账户控制】对话框，如下图所示。单击【是】按钮，光盘即可自动播放。

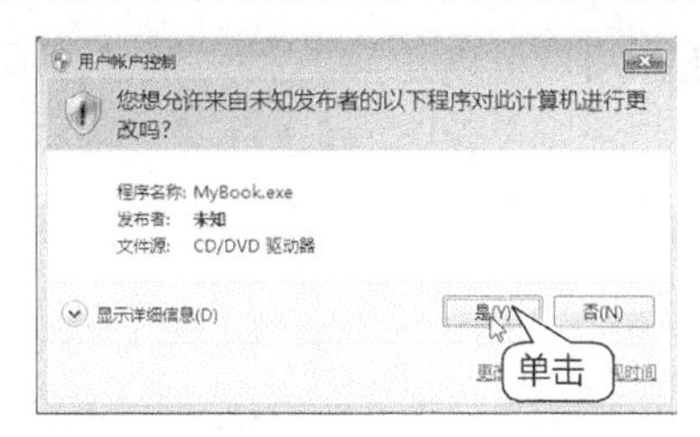

❸ 在 Windows 10 操作系统中，桌面右上角会显示快捷操作界面，单击该界面后，在其列表中选择【运行 MyBook.exe】选项即可运行光盘系统。或者单击【打开文件夹以查看文件】选项打开光盘文件夹，双击光盘文件夹中的 MyBook.exe 文件，也可以运行光盘系统。

❹ 光盘运行后会首先播放片头动画，之后进入光盘的主界面。其中包括【课堂再现】、【龙马高新教育 APP 下载】、【支持网站】3 个学习通道和【素材文件】、【结果文件】、【赠送资源】、【帮助文件】、【退出光盘】5 个功能按钮。

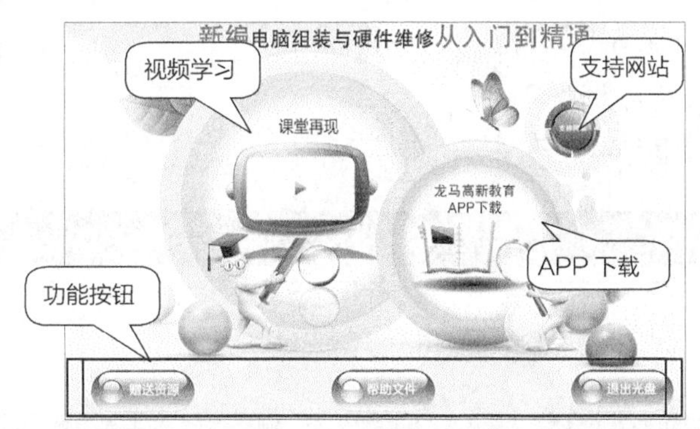

❺ 单击【课堂再现】按钮，进入多媒体同步教学录像界面。在左侧的章号按钮上单击鼠标左键，在弹出的快捷菜单上单击要播放的节名，即可开始播放相应的教学录像。

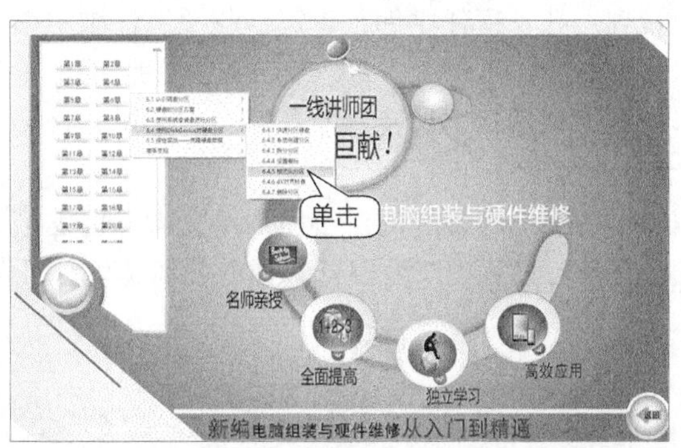

❻ 单击【龙马高新教育 APP 下载】按钮，在打开的文件夹中包含有龙马高新教育的 APP 安装程序，可以使用 360 手机助手、应用宝将程序安装到手机中，也可以将安装程序传输到手机中进行安装。

❼ 单击【支持网站】按钮，用户可以访问龙马高新教育的支持网站，在网站中进行交流学习。

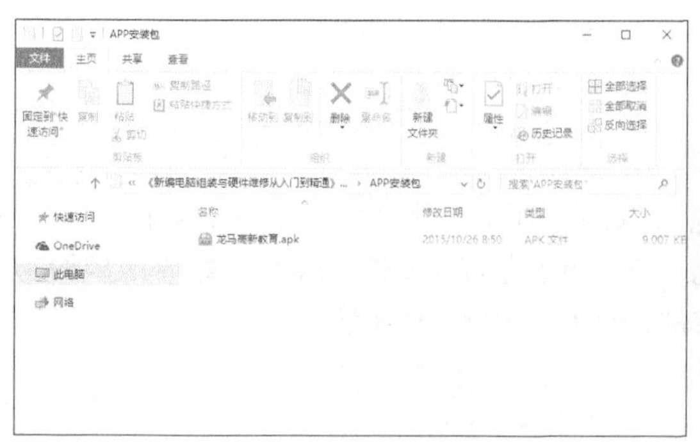

❽ 单击【赠送资源】按钮可以查看随本书赠送的资源。

❾ 单击【帮助文件】按钮，可以打开“光盘使用说明 .pdf”文档，该说明文档详细介绍了光盘在电脑上的运行环境和运行方法。

❿ 单击【退出光盘】按钮，即可退出本光盘系统。

网站支持

更多学习资料，请访问 www.51pcbook.cn。

创作团队

本书由龙马高新教育策划，孔长征任主编，李震、赵源源任副主编。参与本书编写、资料整理、多媒体开发及程序调试的人员有孔万里、周奎奎、张任、张田田、尚梦娟、李彩红、尹宗都、王果、陈小杰、左琨、邓艳丽、崔姝怡、侯蕾、左花苹、刘锦源、普宁、王常吉、师鸣若、钟宏伟、陈川、刘子威、徐永俊、朱涛和张允等。

在编写过程中，我们竭尽所能地将最好的讲解呈现给读者，但也难免有疏漏和不妥之处，敬请广大读者不吝指正。若您在学习过程中产生疑问，或有任何建议，可发送电子邮件至 zhangyi@ptpress.com.cn。

编者

目录

第 1 篇　组装入门篇

第2篇 组装实战篇

第4篇 软件故障处理篇

第5篇 网络搭建与维修篇

第6篇 硬件维修篇

第8篇 高手秘籍篇

赠送资源(光盘中)

- 赠送资源 1　15 小时系统安装、重装、备份与还原教学录像
- 赠送资源 2　电脑维护与故障处理技巧查询手册
- 赠送资源 3　电脑系统一键备份与还原教学录像
- 赠送资源 4　Windows 蓝屏代码含义速查表
- 赠送资源 5　Windows 7 操作系统安装教学录像
- 赠送资源 6　Windows 8.1 操作系统安装教学录像
- 赠送资源 7　Windows 10 操作系统安装教学录像
- 赠送资源 8　电脑使用技巧电子书
- 赠送资源 9　网络搜索与下载技巧手册
- 赠送资源 10　常用五笔编码查询手册
- 赠送资源 11　9 小时 Photoshop CC 教学录像
- 赠送资源 12　教学用 PPT 课件

第1篇
组装入门篇

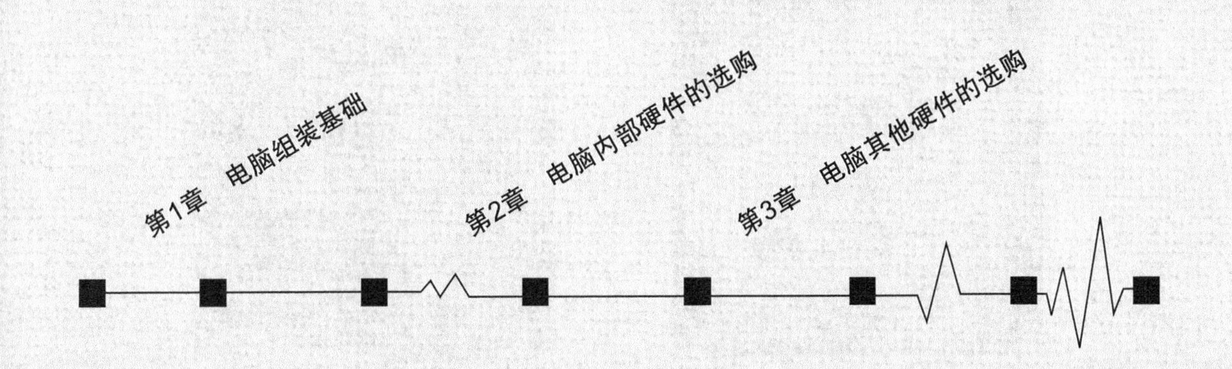

第 1 章

电脑组装基础

学习目标

在学习电脑组装之前，首先需要对电脑硬件、软件的基础内容有所了解。本章主要介绍了电脑的分类、硬件、软件、外部设备等电脑组装基础知识。

学习效果

1.1 电脑的分类

本节教学录像时间：9 分钟

随着电脑的更新换代，其类型也日新月异，市面上最为常见的有：台式机、笔记本、平板电脑、智能手机等，另外智能家居、智能穿戴设备也一跃成为了当下热点。本节就介绍不同种类的电脑及其特点。

1.1.1 台式机

台式机也称为桌面计算机，是最为常见的电脑，其特点是体积大、较为笨重，一般需要放置在电脑桌或专门的工作台上，主要用于比较稳定的场合，如公司与家庭。

目前台式机主要分为分体式和一体机。分体式是产生最早的传统机型，显示屏和主机分离，占位空间大，通风条件好，与一体机相比，用户群更广。如下图就是一款台式机展示图。

一体机是将主机、显示器等集成到一起，与传统台式机相比，结合了台式机和笔记本的优点，连线少、体积小，设计时尚的特点，吸引了无数用户的眼球，成为一种新的产品形态。

当然，除了分体式和一体机外，迷你PC产品逐渐进入市场，成为时下热门。虽然迷你PC产品体积小，有的甚至与U盘大小一般，却搭载着处理器、内存、硬盘等，并配有操作系统，可以插入电视机、显示器或者投影仪等，使之成为一个电脑，用户还可以使用蓝牙鼠标、键盘连接操作。如下图就是一款英特尔推出的一体式迷你电脑棒。

1.1.2 笔记本

笔记本电脑（英语NoteBook Computer，简写为NoteBook），又称为笔记型、手提或膝上电脑（英语Laptop Computer，简写为Laptop），是一种方便携带的小型个人电脑。笔记本与台式机有着类似的结构组成，包括显示器、键盘/鼠标、CPU、内存和硬盘等。笔记本电脑主要优点有体积小、重量轻、携带方便，所以便携性是笔记本电脑相对于台式机电脑最大的优势。

（1）便携性比较

与笨重的台式电脑相比，笔记本电脑小巧便携，且消耗的电能和产生的噪声都比较少。

（2）性能比较

相对于同等价格的台式电脑，笔记本电脑的运行速度通常会稍慢一点，对图像和声音的处理能力也比台式电脑稍逊一筹。

（3）价格比较

对于同等性能的笔记本电脑和台式电脑来说，笔记本电脑由于对各种组件的搭配要求更高，其价格也相应较高。但是，随着现代工艺和技术的进步，笔记本电脑和台式电脑之间的价格差距正在缩小。

1.1.3 平板电脑

平板电脑是PC家族新增加的一名成员。其外观和笔记本电脑相似，是一种小型、携带方便的个人电脑。集移动商务、移动通信和移动娱乐为一体，是平板电脑的最重要的特点，使其具有与笔记本电脑一样的体积小而轻的特点，可以随时转移使用场所，比台式机具有移动灵活性。

平板电脑最为典型的是苹果iPad，它的产生，在全世界掀起了平板电脑的热潮。如今，平板电脑种类、样式、功能更多，可谓百花齐放，如有支持打电话的、带全键盘滑盖的、支持电磁笔双触控的，另外根据应用领域划分的，如商务型、学生型、工业型等。

1.1.4 智能手机

智能手机，已基本替代了传统的、功能单一的手持电话，它可以像个人电脑一样，拥有独立的操作系统，运行和存储空间。除了具有手机的通话功能外，还具备PDA的功能。

智能手机，与平板电脑相比，以通信为核心，尺寸小，便携性强，可以放入口袋中，随身携带，从广义上说，是使用人群最多的个人电脑。

1.1.5 可穿戴电脑与智能家居

从表面上看，可穿戴电脑和智能家居与电脑有些风牛马不相及的感觉，但它们却属于电脑的范畴，可以像电脑一样智能。下面就简单介绍可穿戴设备与智能家居。

1.可穿戴电脑

可穿戴电脑，通常称为可穿戴计算设备，指可穿戴于身上出外进行活动的微型电子设备，它由轻巧的装置构成，使其更具有便携性，需要满足可佩戴的形态、具备独立的计算能力及拥有专用的应用程序和功能的设备，它可以完美的将电脑和穿戴设备结合，如眼镜、手表、项链，给用户提供全新的人机交互方式和用户体验等。

随着PC互联网向移动互联网过渡，相信可穿戴计算设备也会以更多的产品形态和更好的用户体验，逐渐实现大众化。

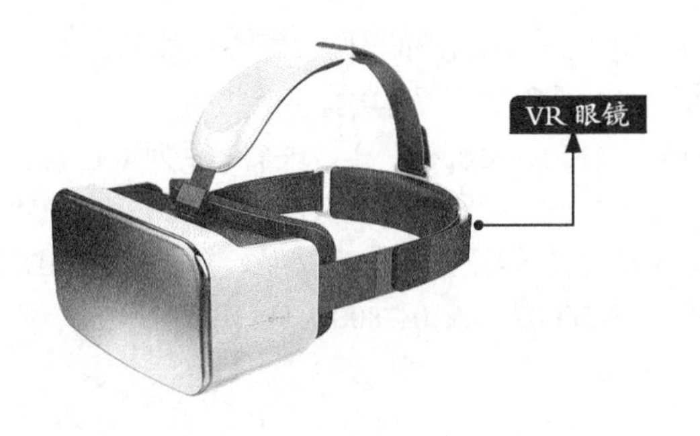

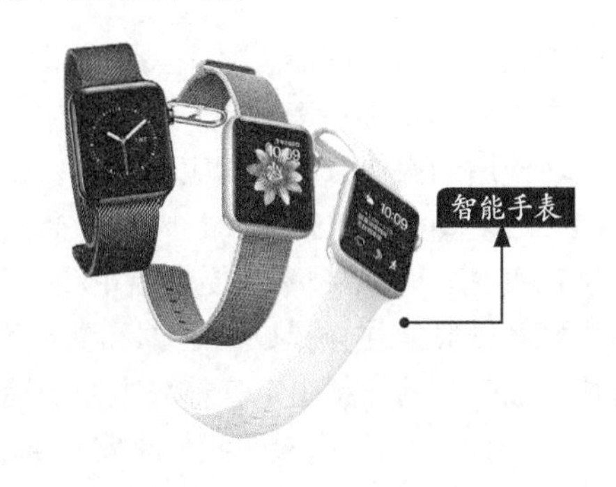

2.智能家居

智能家居相对于可穿戴电脑，则提供了一个无缝的环境，以住宅为平台，利用综合布线技术、网络通信技术、安全防范技术、自动控制技术、音视频技术家居生活有关的设施集成，构建高效的住宅设施与家庭日程事务的管理系统，提升家居安全性、便利性、舒适性、艺术性，并实现环保节能的居住环境。

从传统家电、家居设备、房屋建筑等都成为智能家居的发展方向，尤其是物联网的快速发展和互联网+的提出，使更多的家电和家居设备成为连接物联网的终端和载体。如今，我们可以明显发现，我国的智能电视市场，基本完成市场布局，逐渐替代和淘汰传统电视，而传统电视在市场上基本无迹可寻。

智能家居的实现给用户实现了更好的场景，如电灯可以根据光线、用户位置或用户需求，自动打开或关闭电灯、自动调整灯光颜色；电视可以感知用户的观看状态，是否关闭电视等；手机可以控制插座、定时开关、充电保护等。

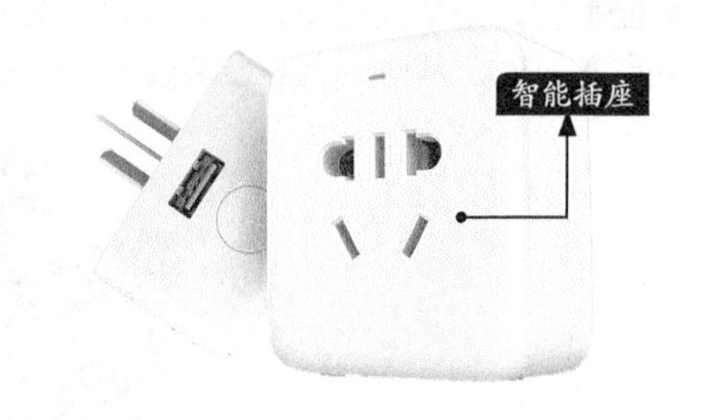

1.2 电脑的硬件组成

本节教学录像时间：17 分钟

硬件是指组成电脑系统中看得见的各种物理部件，是实实在在的，用手摸得着的器件，主要包括CPU、主板、内存、硬盘、电源、显卡、声卡、网卡、光驱、机箱、键盘、鼠标等，本节主要介绍这些硬件的基本知识。

1.2.1 CPU

CPU也叫中央处理器，是一台电脑的运算核心和控制核心，作用和大脑相似，因为它负责处理、运算电脑内部的所有数据；而主板芯片组则更像是心脏，它控制着数据的交换。CPU的种类决定了所使用的操作系统和相应的软件，CPU的型号往往决定了一台电脑的档次。

CPU的主要参数包括频率、内核、插槽、缓存等几大部分。下面分别进行介绍。

（1）频率。CPU频率主要是指主频、外频、倍频、总线类型和总线频率，一般较为引起关注的指主频和外频。主频是CPU运算和处理数据速度的主要参数。一般情况下，主频越高，运行速度越快。而CPU的外频决定着整块主板的运行速度。

（2）内核。对于内核，我们常常提起它的核心数量，就是通常所讲的双核、四核、六核等，一般情况下，核心数量越多，它的运算能力就越强，但价格也越高。

（3）插槽。CPU插槽主要分为Socket、Slot这两种，是指安装CPU的插座，在电脑组装时，必须与主板的插槽类型相对应。

（4）缓存。主要指CPU的一级、二级、三级缓存，可以有效解决CPU和内存速度之间的差异，是衡量CPU好坏的重要指标之一。

目前市场上较为主流的是双核心和四核心CPU，也不乏六核心和八核心更高性能的CPU，而这些产品主要由Intel（英特尔）和AMD（超微）两大CPU品牌的产品构成。

现在主流Intel品牌的CPU包括酷睿i3系列（如4130、4150、4160……）、酷睿i5系列（如4460、4590、4690K……）、酷睿i7系列（如4770、4790、4790K……）、奔腾系列（G3250T、G3258、GG3420……）等，主流的AMD品牌的CPU包括AMD 速龙II X4系列（641、645、740）、AMD 羿龙II四核(840、905、965）、APU系列（如A6-3670K、A8-5600K、A10-7800）等。

对于平板电脑和智能手机而言其主要CPU生产厂家包括高通、Intel、德州仪器、三星、苹果等，它与台式机、笔记本CPU有所不同的是，它主要的参数是核心数（如四核、八核）和频率（2.1GHz、2.7GHz）。

1.2.2 内存

内存储器（简称内存，也称主存储器）用于存放电脑运行所需的程序和数据。内存的容量与性能是决定电脑整体性能的一个决定性因素。内存的大小及其时钟频率（内存在单位时间内处理指令的次数，单位是MHz）直接影响到电脑运行速度的快慢，即使CPU主频很高，硬盘容量很大，但如果内存很小，电脑的运行速度也快不了。

目前，主流的内存品牌主要有金士顿、威刚、海盗船、宇瞻、金邦科技、芝奇、现代、金泰克和三星等。主流电脑多采用的是4GB、8GB的DDR3内存，一些发烧友多采用8GB、16GB的DDR4内存。下图为一款容量为8GB的金士顿DDR4 2133内存。

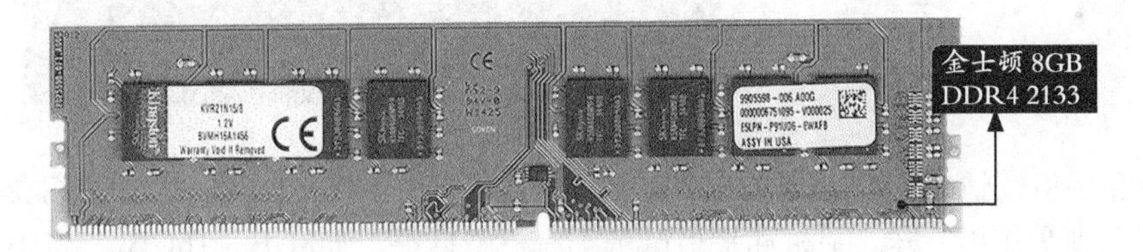

在手机和平板电脑中，内存指的是RAM，手机运行内存，它可以随时读写，而且速度很快，RAM越大，可以确保系统和程序越为顺畅地运行。因此，在购买手机时，都会发现有3GB、4GB、6GB RAM的参数。

1.2.3 硬盘

硬盘是电脑最重要的外部存储器之一，由一个或多个铝制或者玻璃制的碟片组成。这些碟片外覆盖有铁磁性材料。绝大多数硬盘都是固定硬盘，被永久性地密封固定在硬盘驱动器中。由于硬盘的盘片和硬盘的驱动器是密封在一起的，所以通常所说的硬盘或硬盘驱动器其实是一回事。

硬盘有固态硬盘（SSD）、机械硬盘（HDD）、混合硬盘（HHD，一块基于传统机械硬盘诞生出来的新硬盘）；SSD采用闪存颗粒来存储，HDD采用磁性碟片来存储，HHD是把磁性硬盘和闪存集成到一起的一种硬盘。

机械硬盘是最为普遍的硬盘，而随着用户对电脑的需求不断提高，固态硬盘逐渐被选择。固态硬盘是一种高性能的存储器，而且使用寿命很长。固态硬盘的优点如下。

（1）启动快，没有电机加速旋转的过程。

（2）不用磁头，快速随机读取，读延迟极小。

（3）相对固定的读取速度，由于寻址时间与数据存储位置无关，因此磁盘碎片不会影响读取时间。

（4）写入速度快（基于DRAM），硬盘的I/O操作性能佳，能够明显提高需要频繁读写的系统的性能。

（5）无噪声。

（6）低容量的基于闪存的固态硬盘在工作状态下能耗与发热量较小，但高端或大容量产品能耗较高。

（7）出现机械错误的可能性很低，不怕碰撞、冲击和震动。

硬盘的存储容量以GB为计算单位。机械硬盘的容量较大，常见的硬盘容量有500GB、1TB、2TB等，而固态硬盘主要容量有64GB、120GB、200GB等，价格也较高。目前，主要的硬盘品牌厂商为希捷、西部数据、东芝、三星、日立以及迈拓等，下图分别为希捷2TB的硬盘和三星固态硬盘。

在手机和平板电脑中，虽然没有硬盘的称谓，但其类似于机身内存，另外我们在手机中安装的内存卡也和硬盘作用一样。手机和平板电脑都有机身内存，如8GB、16GB、32GB等，如果手机支持存储扩展，用户可以安装存储卡，用于储存设备上的多媒体文件。如下图为一款容量32GB的三星存储卡。

1.2.4 主板

如果把CPU比作电脑的“心脏”，那么主板便是电脑的“躯干”。几乎所有的电脑部件都是直接或间接连接到主板上的，主板性能对整机的速度和稳定性都有极大影响。主板又称系统板或母板（Mather Board），是电脑系统中极为重要的部件。

主板一般为矩形电路板，上面安装了组成电脑的主要电路系统，并集成了各式各样的电子零件和接口。下图所示即为一个主板的外观。

作为电脑的基础，主板的作用非常重要，尤其是在稳定性和兼容性方面，更是不容忽视的。如果主板选择不当，则其他插在主板上的部件的性能可能就不会被充分发挥。

当前市面上的主板产品根据支持CPU的不同，其适用的处理器插座并不相同，主要分为Intel系列和AMD系列两种。

目前主流的主板品牌有华硕、技嘉、微星、七彩虹、华擎、映泰、梅捷、昂达等。用户选购主板之前，应根据自己的实际情况谨慎考虑购买方案。

总之，主板在整个系统中扮演着举足轻重的角色。可以说，主板的类型和档次决定着整个系统的类型和档次，主板的性能影响着整个系统的性能。

1.2.5 电源

主机电源是一种安装在主机箱内的封闭式独立部件，它的作用是将交流电通过一个开关电源变压器转换为+5V、-5V、+12V、-12V、+3.3V等稳定的直流电，以供应主机箱内主板驱动、硬盘驱动及各种适配器扩展卡等系统部件使用。

在用户装机时，电源常常会被用户忽视，尤其是新手选配电脑时，甚至对电源品质毫不在意。事实上，这会给系统安全留下隐患，同时也为不法商贩留下可趁之机。随着DIY配件的价格越来越透明，攒机商为了赚钱，更多地是在机箱、电源以及显示器等周边配件上留出利润，如果用户一味追求低价格，就极有可能被商家调换成“黑电源”。

电源的功率需求需要看CPU、主板、内存、硬盘等硬件的功率，最常见的功率需求为250~350W。电源的额定功率越大越好，但价格也越贵，需要根据其他硬件的功率合理选购。如果考虑今后硬件的升级，可以选择功率稍大一些。

对于电源的品牌，则建议选择一些质量有保障的电源品牌，如航嘉、金河田、游戏悍将、鑫谷、长城机电、大水牛等。

1.2.6 显卡

显卡也称图形加速卡，它是电脑内主要的板卡之一，其基本作用是控制电脑的图形输出。由于工作性质不同，不同的显卡提供了性能各异的功能。

一般来说，二维（2D）图形图像的输出是必备的。在此基础上将部分或全部的三维（3D）图像处理功能纳入显示芯片中，由这种芯片做成的显卡就是通常所说的“3D显卡”。有些显卡以附加卡的形式安装在电脑主板的扩展槽中，有些则集成在主板上。下图所示为七彩虹iGame 1060烈焰战神X-6GD5显卡。

显卡主要由显卡芯片、显存容量、显卡BIOS和显卡PCB组成。显卡芯片也称GPU，是显卡的核心部分，用于处理和加速显示数据，是电脑图像处理的重要单元。目前，GPU主要由NVIDIA与AMD两家厂商生产。

显存是显示内存的简称，其作用是暂时存储显示数据，显存的大小影响着GPU的性能发挥。目前，市面上大多显卡采用GDDR3（显卡性能标准）显存，最新的显卡则采用了GDDR5显存，显存容量已提升为1GB、2GB、3GB等。

显卡BIOS储存了显卡的硬件控制程序，以及产品的型号信息，与主板的BIOS功能相似，而显卡PCB主要指显卡的电路板。

目前主流的显卡品牌有影驰、七彩虹、msi微星、蓝宝石、索泰等。

1.2.7 网卡

网卡，也称网络适配器，是电脑连接网络的重要设备，它主要分为集成网卡和独立网卡。集成网卡多集成于主板上，不需要单独购买，如果没有特殊要求，集成网卡可以满足用户上网需求。而独立网卡是单独一个硬件设备，相对集成网卡做工更好，在网络数据流量较大的情况下更稳定。下图为Intel PILA8460C3独立网卡。

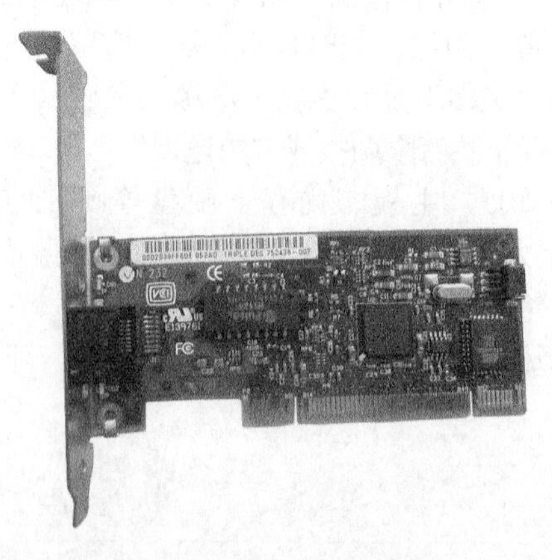

网卡主要分为普通电脑网卡、服务器网卡、笔记本电脑网卡和无线网卡四种。一般台式机多采用普通电脑网卡和无线网卡两种。主要的网卡品牌有Intel、TP-Link、B-Link、D-Link、磊科等。

1.2.8 光驱

光驱是对光盘上存储的信息进行读写操作的设备。光驱由光盘驱动部件和光盘转速控制电路、读写光头和读写电路、聚焦控制、寻道控制、接口电路等部分组成，其机理比较复杂。在大多数情况下，操作系统及应用软件的安装都需要依靠光驱来完成。由于DVD光盘中可以存放更大容量的数据，所以DVD光驱已成为市场中的主流。

不过，随着U盘的普及，作为最主要媒体文件存储介质，光驱的使用人群也逐渐减少，而最新的台式机和笔记本电脑也都去掉了光驱的装配。光驱的外观如下图所示。

小提示

光驱最主要的性能指标是读盘速度，一般用X倍速表示。这是因为第一代光驱的读盘速率为150KB/s，称为单倍速光驱，而以后的光驱读盘速率一般为单倍的若干倍。例如，50X光驱的最高读盘速率为50 × 150KB/s=7500KB/s。

目前，光驱主要有DVD光驱（DVD-ROM）、DVD刻录机、康宝（COMBO）光驱、外置DVD光驱和外置刻录机等。而市面上较为主流的光驱品牌有华硕、三星、先锋、LG、飞利浦等。

1.2.9 机箱

机箱为CPU、主板、内存、硬盘等硬件提供了充足的空间，使之可以有条理地布置在机箱内，是它们的保护伞，同时起到隔声、防辐射和防电磁干扰的作用。

一般来说，机箱包括外壳、支架及箱体前端的开关，多由金属和塑料制作而成。在使用机箱时，用户一般考虑的是机箱的质量、样式和特性，如机箱的制作工艺是否优秀，样式是否好看，而特性指防辐射能力、免工具拆装等。下图为机箱外观图。

目前，市场上机箱质量口碑较好的品牌有金河田、鑫谷、游戏悍将、大水牛、航嘉、超频三等。

1.3 电脑软件组成

本节教学录像时间：14 分钟

软件是电脑系统的重要组成部分。电脑的软件系统可以分为系统软件、驱动软件和应用软件3大类。使用不同的电脑软件，电脑可以完成许多不同的工作，使电脑具有非凡的灵活性和通用性。

1.3.1 操作系统

操作系统是一款管理电脑硬件与软件资源的程序，同时也是电脑系统的内核与基石。操作系统是一款庞大的管理控制程序，大致包括5个方面的管理功能：进程与处理机管理、作业管理、存储管理、设备管理、文件管理。操作系统是管理电脑全部硬件资源、软件资源、数据资源，控制程序运行并为用户提供操作界面的系统软件集合。目前，操作系统的主要类型包括微软的Windows、苹果的Mac OS及UNIX、Linux等，这些操作系统所适用的用户人群也不尽相同，电脑用户可以根据自己的实际需要选择不同的操作系统，下面分别对几种操作系统进行简单介绍。

1.Windows系列

Windows系统是应用最广泛的系统，主要包括Windows 7、Windows 8、Windows 10等。

（1）流行的Windows系统——Windows 7

Windows 7是由微软公司开发的新一代操作系统，具有革命性的意义。该系统旨在让人们的日常电脑操作更加简单和快捷，为人们提供高效易行的工作环境。

Windows 7系统和以前的系统相比，具有很多的优点：更快的速度和性能，更个性化的桌面，更强大的多媒体功能，Windows Touch带来的极致触摸操控体验，Homegroups和Libraries简化局域网共享，全面革新的用户安全机制，超强的硬件兼容性，革命性的工具栏设计等。

（2）革命性Windows系统——Windows 8和Windows 8.1

Windows 8是由微软公司开发的、具有革命性变化的操作系统。Windows 8系统支持来自Intel、AMD和ARM的芯片架构，这意味着Windows系统开始向更多平台迈进，包括平板电脑和PC。

作为目前最新的操作系统，Windows 8增加了很多实用功能，主要包括全新的Metro界面、内置Windows应用商店、应用程序的后台常驻、资源管理器采用“Ribbon”界面、智能复制、IE 10浏览器、内置pdf阅读器、支持ARM处理器和分屏多任务处理界面等。

微软公司在2012年10月推出新版本Windows 8之后，着手开发了其新版本，命名为Windows 8.1。与Windows 8相比，新版本增强了用户体验，改进了多任务、多监视器支持以及鼠标和键盘导航功能，恢复了【开始】按钮，且支持锁屏功能，内置IE 11.0和Metro应用等，具有承上启下的意义。

（3）新一代Windows系统——Windows 10

Windows 10是微软公司继Windows 8之后推出的新一代操作系统，与其他版本的操作系统相比，具有很多新特性和优点，并且完美支持平板电脑。Windows 10重新使用了【开始】按钮，但采用全新的【开始】菜单，在菜单右侧增加了Modern风格的区域，将传统风格和现代风格有机地结合在一起，兼顾了老版本系统用户的使用习惯。

在Windows 10中，增加了个人智能助理——Cortana（小娜），它可以记录并了解用户的使用习惯，帮助用户在电脑上查找资料、管理日历、跟踪程序包、查找文件、跟你聊天，还可以推送关注的资讯等。另外，Windows 10提供了一种新的上网方式——Microsoft Edge，它是一款新推出的Windows浏览器，用户可以更方便地浏览网页、阅读、分享、做笔记等，而且可以在地址栏中输入搜索内容，快速搜索浏览。

此外，Windows 10还有许多其他新功能和改进，如增加了云存储OneDrive，用户可以将文件保存在网盘中，方便在不同电脑或手机中访问；增加了通知中心，可以查看各应用推送的信息；增加了Task View（任务视图），可以创建多个传统桌面环境；另外还有平板模式、手机助手等。相信读者在接下来的学习和使用中，可以更好地体验新一代的操作系统。

2. Mac OS

Mac OS系统是一款专用于苹果电脑的操作系统，是基于UNIX内核的图形化操作系统，系统简单直观，安全易用，有很高的兼容性，不可安装于其他品牌的电脑上。

1984 年，苹果公司发布了System 1 操作系统，它是世界第一款成功具备图形图像用户界面的操作系统。在随后的十几年中，苹果操作系统经历了从System 1 到7.5.3 的巨大变化，从最终的黑白界面变成8 色、16 色、真彩色，其系统稳定性、应用程序数量、界面效果等都得到了巨大提升。1997 年，苹果操作系统更名为Mac OS，此后也经历了Mac OS 8、Mac OS 9、Mac OS 9.2.2等版本的更新换代。

2001 年，苹果发布了Mac OS X，“X”是一个罗马数字且正式的发音为“十”（ten），延续了先前的麦金塔操作系统（比如Mac OS 8和Mac OS 9）的编号。Mac OS X 包含两个主要的部分：Darwin，是以BSD 源代码和Mach 微核心为基础，类似UNIX 的开放源代码环境，由苹果电脑采用并做进一步的开发；Aqua，一个由苹果公司开发的有版权的GUI。2016年6月苹果公司发布了新一代操作系统macOS Sierra，延续了扁平化设计风格，通过Mac版的Siri，方便用户语音查找文件、搜索信息，并包含更多为桌面设计的新功能。

3. Linux

Linux系统是一套免费使用和自由传播的类UNIX操作系统，是一个基于POSIX和UNIX的多用户、多任务、支持多线程和多CPU的操作系统。它能运行主要的UNIX工具软件、应用程序和网络协议，支持32位和64位硬件。

Linux继承了UNIX以网络为核心的设计思想，是一个性能稳定的多用户网络操作系统，主要用于基于Intel x86系列CPU的电脑上。这个系统是由世界各地的成千上万的程序员设计和实现的。

Linux之所以受到广大电脑爱好者的喜爱，主要原因有两个：一是它属于自由软件，用户不用支付任何费用就可以获得它和它的源代码，并且可以根据自己的需要对它进行必要的修改，无偿使用，无约束地继续传播。另一个原因是，它具有UNIX的全部功能，如稳定、可靠、安全，有强大的网络功能，任何使用UNIX操作系统或想要学习UNIX操作系统的人都可以从Linux中获益。

另外，Linux以它的高效性和灵活性著称。Linux模块化的设计结构使得它既能在价格昂贵的工作站上运行，也能够在廉价的PC上实现全部的UNIX特性，具有多任务、多用户的能力。

1.3.2 驱动程序

驱动程序的英文名为“Device Driver”，全称为“设备驱动程序”，是一种可以使电脑和设备通信的特殊程序，相当于硬件的接口。操作系统只有通过驱动程序才能控制硬件设备的工作，假如某个硬件的驱动程序没有正确安装，则该硬件不能正常工作。因此，驱动程序被誉为“硬件的灵魂”“硬件的主宰”“硬件和系统之间的桥梁”等。

在操作系统中，如果不安装驱动程序，则电脑会出现屏幕不清楚、没有声音和分辨率不能设置等现象，所以正确安装操作系统是非常必要的。

1. 驱动程序的作用

随着电子技术的飞速发展，电脑硬件的性能越来越强大。驱动程序是直接工作在各种硬件设备上的软件，其“驱动”这个名称也十分形象地指明了它的功能。正是通过驱动程序，各种硬件设备才能正常运行，达到既定的工作效果。

硬件如果缺少了驱动程序的“驱动”，那么本来性能非常强大的硬件就无法根据软件发出的指令进行工作，硬件就是空有一身本领也无从发挥，毫无用武之地。从理论上讲，所有的硬件设备都需要安装相应的驱动程序才能正常工作。但像CPU、内存、主板、软驱、键盘、显示器等设备却并不需要安装驱动程序也可以正常工作，这是为什么呢？这主要是由于这些硬件对于一台个人电脑来说是必需的，所以早期的设计人员将这些硬件列为BIOS能直接支持的硬件。换句话说，上述硬件安装后就可以被BIOS和操作系统直接支持，不再需要安装驱动程序。从这个角度来说，BIOS也是一种驱动程序。但是对于其他的硬件，例如网卡、声卡、显卡等，却必须要安装驱动程序，不然这些硬件就无法正常工作。

2. 驱动程序的安装顺序

操作系统安装完成后，接下来的工作就是安装驱动程序，而各种驱动程序的安装是有一定的顺序的。如果不能正确地安装驱动程序，会导致某些硬件不能正常工作。正确的安装顺序如下图所示。

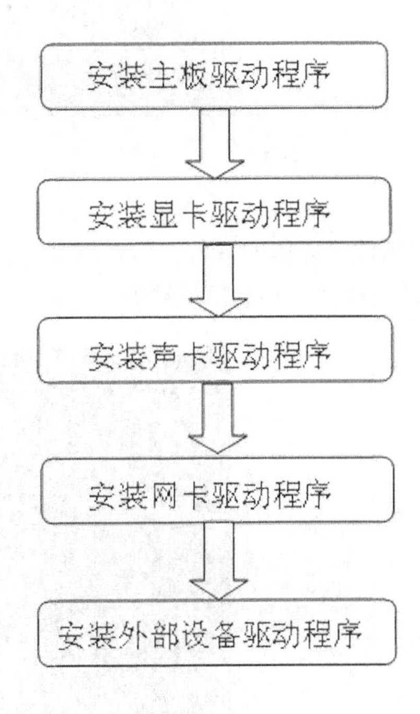

1.3.3 应用程序

所谓应用程序，是指除了系统软件以外的所有软件，它是用户利用电脑及其提供的系统软件为解决各种实际问题而编制的电脑程序。由于电脑已渗透到了各个领域，因此，应用软件是多种多样的。目前，常见的应用软件有各种用于科学计算的程序包、各种字处理软件、信息管理软件、电脑辅助设计教学软件、实时控制软件和各种图形软件等。

应用软件是指为了完成某项工作而开发的一组程序，它能够为用户解决各种实际问题。下面列举几种应用软件。

1. 办公类软件

办公类软件主要指用于文字处理、电子表格制作、幻灯片制作等的软件，如Microsoft公司的Office Word是应用最广泛的办公软件之一，如下面左图所示的是Word 2016的主程序界面。

2. 图像处理软件

图像处理软件主要用于编辑或处理图形图像文件，应用于平面设计、三维设计、影视制作等领域，如Photoshop、CorelDRAW、会声会影、美图秀秀等，下面右图所示为Photoshop CC 界面。

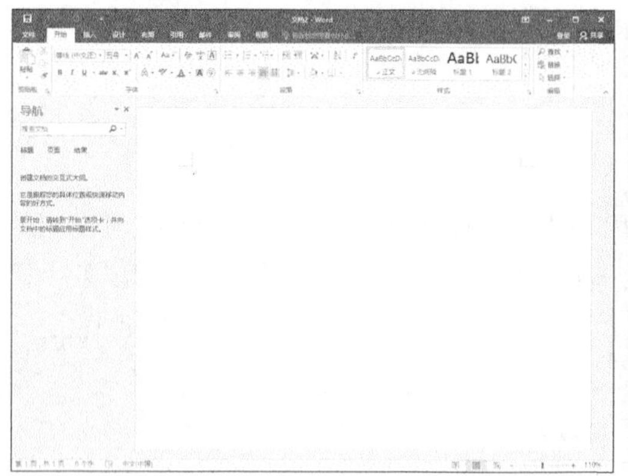

3. 媒体播放器

媒体播放器是指电脑中用于播放多媒体的软件，包括网页、音乐、视频和图片4类播放器软件，如Windows Media Player、迅雷看看、Flash播放器等。

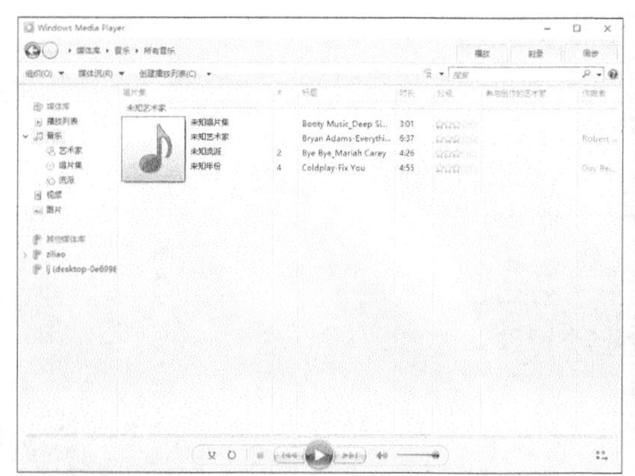

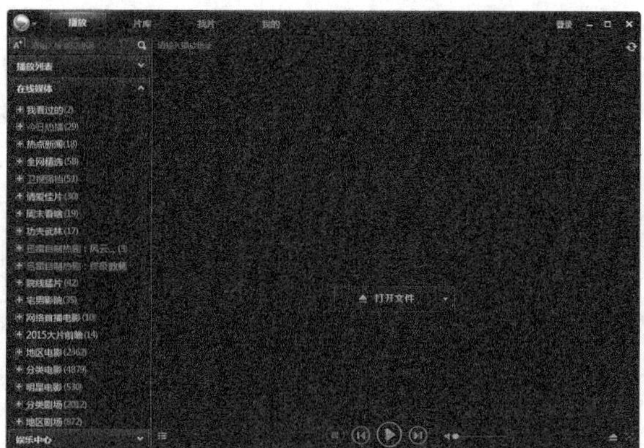

1.4 电脑外部设备

本节教学录像时间：17 分钟

外部设备主要是除电脑主机外的外部硬件设备，常用的外部设备有显示器、鼠标、键盘等，而在办公中常用的设备有打印机、扫描仪等。

1.4.1 常用的外部设备

本节主要介绍常用的外部设备，包括显示器、鼠标、键盘、麦克风、摄像头、音箱等。

1. 显示器

显示器是电脑重要的输出设备，也是电脑的“脸面”。电脑操作的各种状态、结果以及编辑的文本、程序、图形等都是在显示器上显示出来的。

液晶显示器以其低辐射、功耗小、可视面积大、体积小及显示清晰等优点，成为了电脑显示器的主流产品，淘汰了体积笨重、辐射大、功耗高的CRT大头显示器。目前，显示器主要按照屏幕尺寸、面板类型、视频接口等进行划分。如屏幕尺寸，较为普及的为19英寸、21英寸、22英寸，较大的可以选择23英寸、24英寸等。而面板类型很大程度上决定了显示器的亮度、对比度、可视度等，直接影响显示器的性能，面板类型主要包括TN面板、IPS面板、PVA面板、MVA面板、PLS面板以及不闪式3D面板等，其中IPS面板和不闪式3D面板较好，价格也相对贵一些。视频接口主要指显示器的图像输出端口，如较为常用的VGA视频接口，另外还有HDMI、MHL、DVI、USB等，如今显示器的视频接口也越来越多，其功能也越为强大。

目前著名的显示器制造商主要有三星、LG、华硕、明基、AOC、飞利浦、长城、HKC、优派等。如下图为三星S22A330BW 显示器和AOC e2343F显示器。

2. 键盘

键盘是电脑系统中基本的输入设备，用户给电脑下达的各种命令、程序和数据都可以通过键盘输入到电脑中去。常见的键盘主要分为机械式和电容式两类，现在的键盘大多都是电容式键盘。键盘如果按其外形来划分又有普通标准键盘和人体工学键盘两类。按其接口来分主要有PS/2接口（小口）、USB接口以及无线键盘等种类的键盘。标准键盘的外观如下图所示。

在平时使用时应注意保持键盘清洁，经常擦拭键盘表面，减少灰尘进入。对于不防水的键盘，最危险的就是水或油等液体，一旦渗入键盘内部，就容易造成键盘按键失灵。解决方法是拆开键盘后盖，取下导电层塑料膜，用干抹布把液体擦拭干净。

目前，市场上键盘的主要品牌有：双飞燕、罗技、雷柏、精灵、雷蛇等。

3. 鼠标

鼠标是电脑基本的输出设备之一，用于确定光标在屏幕上的位置，在应用软件的支持下，移动、单击、双击鼠标可以快速、方便地完成某种特定的功能。

鼠标包括鼠标右键、鼠标左键、鼠标滚

轮、鼠标线和鼠标插头。鼠标按照插头的类型可分为USB接口的鼠标、PS/2接口的鼠标和无线鼠标。

4. 耳麦/麦克风

耳麦是耳机和麦克风的结合体，在电脑外部设备中是重要的设备之一，与耳机最大的区别是加入了麦克风，可以用于录入声音、语音聊天等。也可以分别购买耳机和麦克风，追求更好的声音效果，麦克风建议购买家用多媒体类型的即可。下图所示为耳麦和麦克风。

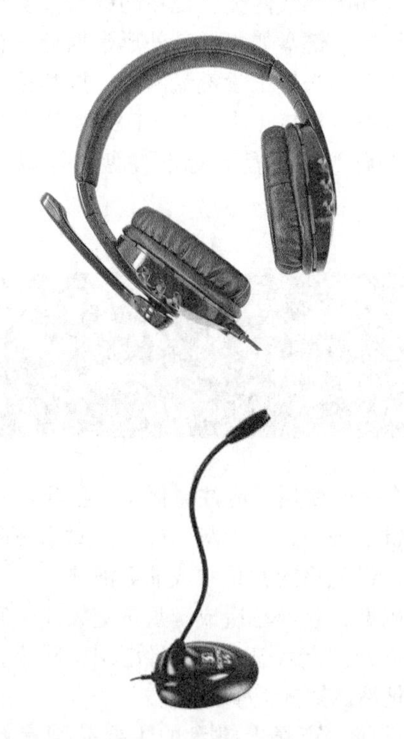

5. 摄像头

摄像头(Camera) 又称为电脑相机，电脑眼等，是一种视频输入设备，被广泛地运用于视频会议、远程医疗、实时监控，我们可以通过摄像头在网上进行有影像、有声音的交谈和沟通等。下图所示为摄像头。

6. 音箱

音箱是整个音响系统的终端，将电脑中的音频文件通过音箱的扬声器播放出来，使耳朵可以听到音频的声音。因此它的好坏，影响着用户的聆听效果。在听音乐、看电影时，它是不可缺少的外部设备之一。

音箱按声道进行划分，主要分为2.0声道音箱、2.1声道音箱、2.1+1声道音箱、2.2声道音箱、4.1声道音箱、5.1声道音箱、7.1声道音箱等。2.0声道音箱指两个音箱，2.1声道音箱分离了一个低音音频。使用2.0声道音箱听音乐比较好。使用2.1声道音箱看电影、玩游戏、听DJ比较好，其低音效果好，音效具有震撼的感觉。

因为音乐都是双声道的，所以使用4.1、5.1、7.1声道音箱听音乐效果不如2.0声道音箱。不是声道值越高越好，应根据自己的需求进行配置。

目前，市场上主流的音箱品牌有漫步者、现代、惠威、飞利浦、麦博、三诺等。

7.路由器

路由器，是用于连接多个逻辑上分开的网络设备，可以用来建立局域网，可实现家庭中多台电脑同时上网，也可将有线网络转换为无线网络。如今手机、平板电脑的广泛使用，路由器是不可缺少的网络设备，而智能路由器也随之出现，具有独立的操作系统，可以实现智能化管理路由器，安装各种应用，自行控制带宽、自行控制在线人数、自行控制浏览网页、自行控制在线时间，同时拥有强大的USB共享功能等。下图分别为腾达的三条线无线路由器和小米智能路由器。

目前，市场上主流的路由器品牌有TP-LINK、Tenda、D-LINK、水星、FAST、磊科等。

1.4.2 办公常用外部设备

在企业办公中，电脑常用的外部相关设备包括：可移动存储设备、打印机、复印机、扫描仪等。有了这些外部设备，可以充分发挥电脑的优异性能，如虎添翼。

1. 可移动存储设备

可移动存储设备是指可以在不同终端间移动的存储设备，方便了资料的存储和转移。目前较为普遍的可移动存储设备主要有移动硬盘和U盘。

（1）移动硬盘

移动硬盘是以硬盘为存储介质，实现电脑之间的大容量数据交换，其数据的读写模式与标准IDE硬盘是相同的。移动硬盘多采用USB、IEEE1394等传输速度较快的接口，可以以较高的速度与电脑进行数据传输。

移动硬盘主要有容量大、体积小、传输速度快、可靠性高等特点。目前市场上的移动硬盘容量主要有500GB、1TB、2TB、3TB等，硬盘尺寸主要分为1.8英寸、2.5英寸、3.5英寸，用户可以根据自己的需求进行选择。

目前，市场上移动硬盘的主要品牌有希捷、东芝、威刚、西部数据、惠普、三星等。

（2）U盘

U盘又称为“优盘”，是一种无需物理驱动器的微型高容量移动存储产品，通过USB接口与电脑连接，实现“即插即用”。因此，也叫“USB闪存驱动器”。

U盘主要用于存放照片、文档、音乐、视频等中小型文件，它的最大优点是体积小，价格便宜。体积如大拇指般大小，携带极为方便，可以放入口袋中、钱包里。一般U盘容量常见的有8GB、16GB、32GB等，根据接口类型主要分为USB 2.0和USB 3.0两种，另外还有一种支持插到手机中的双接口U盘

目前，市场上U盘的主要品牌有：金士顿、闪迪、SSK飚王、威刚、联想、金邦科技等。如下图为金士顿U盘。

2. 打印机

打印机是使用电脑办公不可缺少的一个组成部分，是重要的输出设备之一。通常情况下，只要是使用电脑办公的公司都会配备打印机。通过打印机，用户可以将在电脑中编辑好的文档、图片等数据资料打印输出到纸上，从而方便用户将资料进行长期存档或向上级（或部门）报送资料及用作其他用途。

近年来，打印机技术取得了较大的进展，各种新型实用的打印机应运而生，一改以往针式打印机一统天下的局面。目前，针式打印机、喷墨打印机、激光打印机和多功能一体机百花齐放，各自发挥其优点，满足用户不同的需求。

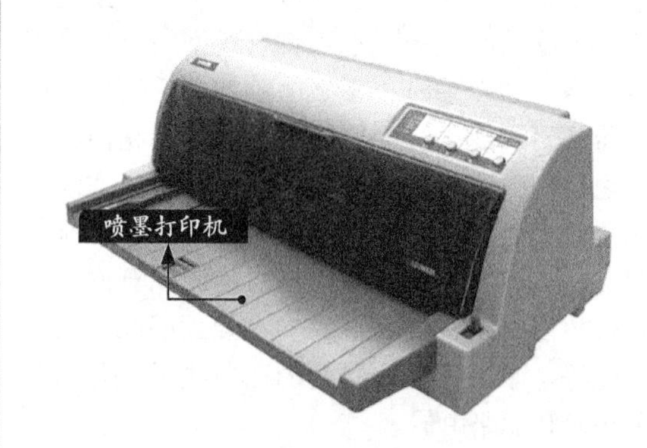

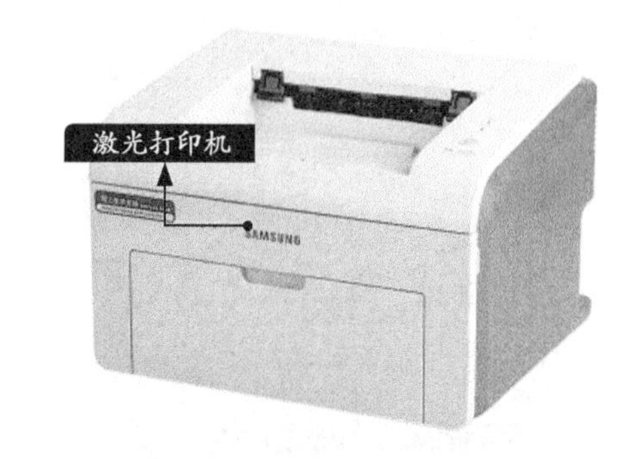

市场上，打印机的主要品牌有：爱普生、佳能、兄弟、惠普、三星、方正等。

3. 复印机

我们通常所说的复印机是指静电复印机，它是一种利用静电技术进行文书复制的设备。复印机是从书写、绘制或印刷的原稿得到等倍、放大或缩小的复印品的设备。复印机复印的速度快，操作简便，与传统的铅字印刷、蜡纸油印、胶印等的主要区别是无需经过其他制版等中间手段，而能直接从原稿获得复印品。

目前，市场上扫描仪的主要品牌有夏普、三星、东芝、富士施乐、佳能等。

4. 扫描仪

扫描仪的作用是将稿件上的图像或文字输入到电脑中。如果是图像，则可以直接使用图像处理软件进行加工；如果是文字，则可以通过OCR软件，把图像文本转化为电脑能识别的文本文件，这样可节省把字符输入电脑的时间，大大提高输入速度。

目前，许多类型的办公和家用扫描仪均配有OCR软件，如紫光的扫描仪配备了紫光OCR，中晶的扫描仪配备了尚书OCR，Mustek的扫描仪配备了丹青OCR等。扫描仪与OCR软件共同承担着从文稿的输入到文字识别的全过程。

使用扫描仪和OCR软件，就可以对报纸、杂志等媒体上刊载的有关文稿进行扫描，随后进行OCR识别（或存储成图像文件，留待以后进行OCR识别），将图像文件转换成文本文件或Word文件进行存储。

目前，市场上扫描仪的主要品牌有爱普生、佳能、中晶、惠普、精益、方正等。

5. 投影仪

投影仪又称投影机，是一种可以将图像或视频投射到幕布上的设备，可以通过不同的接口同计算机、VCD、DVD、BD、游戏机、DV等相连接播放相应的视频信号。根据应用环境可分为：家庭影院型、便携商务型投影仪、教育会议型投影仪、主流工程型投影仪、专业剧院型投影仪、测量投影仪。

目前，市场上扫描仪的主要品牌有明基、NEC、松下、奥图码、飞利浦等。

高手支招

本节教学录像时间：3 分钟

选择品牌机还是组装机

（1）品牌机

品牌机是指由具有一定规模和技术实力的正规生产厂家生产，并具有品牌标识的电脑，如Lenovo（联想）、Haier（海尔）、Dell（戴尔）等。品牌机是由公司组装起来的，且经过兼容性测试对外出售的整套电脑，它有质量保证以及完整的售后服务。

一般选购品牌机，不需要考虑配件搭配问题，也不需要考虑兼容性。只要付款做完系统后就可搬走，省去了组装机硬件安装和测试的过程，买品牌机可以节省很多时间。

（2）组装机

组装机简单讲就是DIY的机器，也就是非厂家原装，完全根据顾客的要求进行配置的机器，其中的元件可以是同一厂家出品的，但更多的是整合各家之长的电脑。组装机在进货、组装、质检、销售和保修等方面随意性很大。

与品牌机相比，组装机的优势在于以下几点。

① 组装机可根据用户要求随意搭配。

② DIY配件市场淘汰速度比较快，品牌机很难跟上其更新的速度，比如说有些在散件市场已经淘汰了的配件还出现在品牌机上。

③ 价格优势，电脑散件市场的流通环节少，利润也低，价格和品牌机有一定差距，品牌机流通环节多，利润相比之下要高，所以没有价格优势。值得注意的是由于大部分电脑新手主要看重硬盘大小和CPU高低，而忽略了主板和显卡的重要性，品牌机往往会降低主板和显卡的成本。

第2章 电脑内部硬件的选购

学习目标

在电脑组装与硬件维修中，硬件的选购是非常重要的一步，这就需要对硬件足够了解。本章主要介绍电脑内部硬件的类型、型号、性能指标、主流品牌及选购技巧等，充分掌握电脑硬件各项性能及选购技巧。

2.1 CPU

本节教学录像时间：32 分钟

CPU（Central Processing Unit）也就是中央处理器。它负责进行整个电脑系统指令的执行、算术与逻辑运算、数据存储、传送及输入和输出控制，也是整个系统最高的执行单位，因此，正确地选择CPU是组装电脑的首要问题。

CPU主要由内核、基板、填充物以及散热器等部分组成。它的工作原理是：CPU从存储器或高速缓冲存储器中取出指令，放入指令寄存器，并对指令译码。它把指令分解成一系列的微操作，然后发出各种控制命令，执行微操作系列，从而完成一条指令的执行。

2.1.1 CPU的性能指标

CPU是整个电脑系统的核心，它往往是各种档次电脑的代名词。CPU的性能大致上反映出电脑的性能，因此它的性能指标十分重要。CPU主要的性能指标有以下几点。

1. 主频

主频即CPU的时钟频率，单位是MHz（或GHz），用来表示CPU的运算、处理数据的速度。一般说来，主频越高，CPU的速度越快。由于内部结构不同，并非所有的时钟频率相同的CPU的性能都一样。

2. 外频

外频是CPU的基准频率，单位是MHz。CPU的外频决定着整块主板的运行速度。一般情况下在台式机中所说的超频，都是超CPU的外频。

3. 扩展总线速度

扩展总线速度（Expansion-Bus Speed）指安装在电脑系统上的局部总线，如VESA或PCI总线接口卡的工作速度。我们打开电脑时会看见一些插槽般的东西，这些就是扩展槽，而扩展总线就是CPU联系这些外部设备的桥梁 。

4. 缓存

缓存大小也是CPU的重要指标之一，而且缓存的结构和大小对CPU速度的影响非常大，CPU缓存的运行频率极高，一般是和处理器同频运作，工作效率远远大于系统内存和硬盘。实际工作时，CPU往往需要重复读取同样的数据块，而缓存容量的增大，可以大幅度提升CPU内部读取数据的命中率，而不用再到内存或者硬盘上寻找，以此提高系统性能。但是从CPU芯片面积和成本的因素来考虑，缓存都很小。常见的分为一级、二级和三级缓存，L1 Cache为CPU第一层缓存，L2 Cache为CPU第二层高级缓存，L3 Cache为CPU第三层缓存，其中缓存越靠前速度越快，所以一级缓存越大速度越快，其次是二级，而三级缓存速度最慢。

5. 前端总线频率

前端总线（FSB）频率（即总线频率）直接影响CPU与内存之间数据交换速度。有一条公式可以计算，即数据带宽=（总线频率×数据位宽）÷8，数据传输最大带宽取决于所有同时传输的数据的宽度和传输频率。

6. 制造工艺

制造工艺的微米数是指IC内电路与电路之间的距离。制造工艺的趋势是向密集度愈高的方向发展。密度愈高的IC电路设计，意味着在同样大小面积的IC中，可以拥有密度更高、功能更复杂的电路设计。目前主流的CPU制作工艺有22nm、28nm、32nm、45nm、65nm等，而Intel最新CPU为14nm，这也将成为下一代CPU的发展趋势，其功耗和发热量更低。

7. 插槽类型

CPU通过某个接口与主板连接才能正常工作，目前CPU的接口都是针脚式接口，对应到主板上有相应的插槽类型。不同类型的CPU具有不同的CPU插槽，因此选择CPU，就必须选择带有与之对应插槽类型的主板。主板CPU插槽类型不同，插孔数、体积、形状都有变化，所以不能互相接插。一般情况下，Intel的插槽类型是LGA、BGA，不过BGA的CPU与主板焊接，不能更换，主要用于笔记本中，在电脑组装中不常用。而AMD的插槽类型是Socket。

如下表列出主流插槽类型及对应的CPU。

插槽类型	适用的CPU
LGA 775	Intel奔腾双核、酷睿2和赛扬双核系列等，如E5700、E5300、E3500等
LGA 1150	Intel 酷睿i3、i5和i7四代系列、奔腾G3XXX系列、赛扬G1XXX系列、至强E3系列等，如i3系列4130、4160、4170、4370等；如i5系列4590、4690K、4460、4570、4690等；如i7系列4790K、4790、4470K、4770等，其他有G32600、G3258、3220、E3-1231 V3等
LGA 1151	英特尔2代14nm CPU，如E3-1230 V5、E3-1230 V6等
LGA 1155	Intel 奔腾双核G系列，酷睿i3、i5和i7二代\三代系列、至强E3系列等，如G2030、i3 3240、i5 3450、i7 3770、E3-1230V2
LGA 2011	Intel 酷睿i7 3930K、3960X至尊版、3970X、4930K、4820K、4960X，至强系列E5-2620V2等
LGA 2011-v3	Intel 酷睿i7 5820K、5960X、6950X、6900K、6850X等
Socket AM3	AMD 羿龙II X4、羿龙II X6、速龙II X2、速龙II X4、闪龙 X2、AMD FX-4110等
Socket AM3+	AMD FX（推土机）系列等，如FX-8350、FX-6300、FX8300等
Socket FM1	AMD APU的A4、A6和A8系列、速龙II X4等
Socket FM2	AMD APU的A4、A6、A8和A10系列、速龙II X4等
Socket FM2+	AMD A6-7400K、A8-7650K、A8-7600、A10-7800、A10-7850K、AMD 速龙X4 860K（盒）等

2.1.2 Intel的主流CPU

CPU作为电脑硬件的核心设备，其重要性好比心脏对于人一样。CPU的种类决定了所使用的操作系统和相应的软件，而CPU的型号往往决定了一台电脑的档次。目前市场上的CPU产品主要是由美国的Intel（英特尔）公司和AMD（超微）公司所生产的。本节主要对Intel公司的CPU进行介绍。

目前，Intel生存的CPU主要包括桌面用CPU、笔记型电脑用CPU和服务器用CPU，而用于台式电脑组装主要为桌面CPU，其中包括一代、二代、三代、四代、五代Core i系列、酷睿2系列、奔腾系列、赛扬系列等。

1.奔腾（Pentium）系列处理器

奔腾系列处理器主要为双核处理器，采用与酷睿2相同的架构。奔腾双核系列桌面处理器主要包括G系列、E系列和J系列，主流的CPU如下表所示。

系列	型号	插槽	主频	核心	线程	工艺	TDP	L3
G系列	G4400	LGA 1151	3.2 GHz	双	双	14nm	54W	3MB
G系列	G620	LGA 1155	2.6GHz	双	双	32nm	65W	3MB
G系列	G640	LGA 1155	2.8GHz	双	双	32nm	65W	3MB
G系列	G2030	LGA 1155	3GHz	双	双	22nm	55W	3MB
G系列	G3220	LGA 1150	3GHz	双	双	22nm	54W	3MB
G系列	G3240	LGA 1150	3.1GHz	双	双	22nm	53W	3MB
G系列	G3250	LGA 1150	3.2GHz	双	双	22nm	35W	3MB
G系列	G3250T	LGA 1155	2.8GHz	双	双	32nm	65W	3MB
G系列	G3258	LGA 1150	3.2GHz	双	双	22nm	53W	3MB
G系列	G2030	LGA 1155	3GHz	双	双	22nm	55W	3MB
E系列	E5700	LGA 775	3GHz	双	双	45nm	65W	2MB
J系列	J2900	LGA 1170	2.41GHz	四	四	22nm	10W	2MB

注：上表中TDP表示CPU的热设计功耗，L3表示三级缓存。

2.赛扬（Celeron）系列处理器

赛扬系列处理器和奔腾系列一样主要为双核处理器，主要包括G系列、E系列和J系列，属于入门级处理器，主流的CPU如下表所示。

系列	型号	插槽	主频	核心	线程	工艺	TDP	L3
G系列	G1610	LGA 1155	2.6GHz	双	双	22nm	55W	3MB
G系列	G1630	LGA 1155	2.8GHz	双	双	22nm	55W	3MB
G系列	G1820	LGA 1150	2.7GHz	双	双	22nm	53W	3MB
G系列	G1830	LGA 1150	2.8GHz	双	双	22nm	53W	3MB
G系列	G1840	LGA 1150	2.8GHz	双	双	45nm	53W	3MB
E系列	E3500	LGA 775	2.7GHz	双	双	22nm	65W	3MB
J系列	J1800	LGA 1170	2.41GHz	双	双	22nm	10W	3MB

3.酷睿双核处理器

酷睿双核处理器主要为i3系列，主流的CPU如下表所示。

系列	型号	插槽	主频	核心	线程	工艺	TDP	L3
i3系列	6100	LGA1151	3.7GHz	双	四	14nm	51W	3MB
i3系列	6300	LGA 1151	3.8GHz	双	四	22nm	51W	4MB
i3系列	4170	LGA 1150	3.7GHz	双	四	22nm	55W	3MB
i3系列	4160	LGA 1150	3.6GHz	双	四	22nm	54W	3MB
i3系列	3220	LGA 1155	3.3GHz	双	四	22nm	55W	3MB
i3系列	3220T	LGA 1155	2.8GHz	双	四	22nm	35W	3MB
i3系列	4130	LGA 1150	3.4GHz	双	四	22nm	54W	3MB

续表

系列	型号	插槽	主频	核心	线程	工艺	TDP	L3
i3系列	4150	LGA 1150	3.5GHz	双	四	22nm	54W	3MB
i3系列	4160	LGA 1150	3.6GHz	双	四	22nm	54W	3MB
i3系列	4350	LGA 1150	3.6GHz	双	四	22nm	54W	4MB
i3系列	4360	LGA 1150	3.7GHz	双	四	22nm	54W	4MB

4.酷睿四核处理器

酷睿四核处理器主要包括i5、i7及至强系列，主流的CPU如下表所示。

系列	型号	插槽	主频	睿频	核心	线程	工艺	TDP	L3
i5系列	4460	LGA 1150	3.2GHz	3.4GHz	四	四	22nm	84W	6MB
i5系列	4590	LGA 1150	3.2GHz	3.7GHz	四	四	22nm	84W	6MB
i5系列	6400	LGA 1151	2.7GHz	3.3GHz	四	四	14nm	65W	6MB
i5系列	6500	LGA 1151	3.2GHz	3.6GHz	四	四	14nm	65W	6MB
i5系列	6600K	LGA 1151	3.5GHz	3.9GHz	四	四	14nm	65W	6MB
i5系列	4690	LGA 1150	3.5GHz	3.9GHz	四	四	22nm	84W	6MB
i5系列	4690K	LGA 1150	3.5GHz	3.9GHz	四	四	22nm	88W	6MB
i7系列	6700K	LGA 1151	4GHz	4.2GHz	四	八	14nm	95W	8MB
i7系列	4770K	LGA 1150	3.5GHz	3.9GHz	四	八	22nm	84W	8MB
i7系列	4790K	LGA 1150	4GHz	4.4GHz	四	八	22nm	88W	8MB
至强	1231 V3	LGA 1151	3.4GHz	3.8GHz	四	八	22nm	80W	8MB
至强	1231 V5	LGA 1151	3.4GHz	3.8GHz	四	八	22nm	80W	8MB

5.酷睿六核处理器

酷睿六核处理器主要i7系列，主流的CPU产品如下表所示。

系列	型号	插槽	主频	睿频	核心	线程	工艺	TDP	L3
i7系列	5930K	LGA 2011	3.5GHz	3.7GHz	六	十二	22nm	140W	15MB
i7系列	6800K	LGA 2011-v3	3.4GHz	3.8GHz	六	十二	14nm	140W	15MB
i7系列	5820K	LGA 2011-v3	3.3GHz	3.6GHz	六	十二	22nm	140W	15MB
i7系列	6850K	LGA 2011-v3	3.6GHz	3.8GHz	六	十二	22nm	140W	15MB
i7系列	5930K	LGA 2011-v3	3.5GHz	3.7GHz	六	十二	22nm	140W	15MB

6.酷睿八核处理器

酷睿八核处理器主要为酷睿i7系列，目前主要产品包括5960X和6900K，具体参数如下表所示。

系列	型号	插槽	主频	睿频	核心	线程	工艺	TDP	L3
i7系列	5960X	LGA 2011-v3	3.0GHz	3.8GHz	八	十六	22nm	140W	20MB
i7系列	6900K	LGA 2011-v3	3.2GHz	3.7GHz	八	十六	14nm	140W	20MB

2.1.3 AMD的主流CPU

AMD公司以其独特的数据处理方式和图形方面的优势，在CPU市场上占据着重要位置，其主要桌面CPU产品包括闪龙、速龙、羿龙、FX（推土机）和APU系列，不过闪龙已逐渐淘汰，其性价比也不高，下面详细介绍其他几个系列的主流产品。

1.速龙（Athlon）II系列处理器

AMD速龙（Athlon）II系列处理器主要以速龙II X4系列的四核心处理器为主，并有系列的三核心和X2系列双核心的入门级处理器，主流速龙II X4系列CPU产品如下表所示。

系列	型号	插槽	主频	核心	工艺	TDP	L2
X2系列	250	Socket AM3	3GHz	双	45nm	65W	2MB
X2系列	280	Socket AM3	3.6GHz	双	45nm	65W	2MB
X3系列	445	Socket AM3	3.1GHz	三	45nm	95W	3×512KB
X3系列	460	Socket AM3	3.4GHz	三	45nm	95W	3×512KB
X4系列	640	Socket AM3	3GHz	四	45nm	96W	4MB
X4系列	651	Socket FM1	3GHz	四	32nm	100W	4MB
X4系列	740	Socket FM2	3.2GHz	四	32nm	65W	4MB
X4系列	750X	Socket FM2	3.4GHz	四	32nm	65W	4MB
X4系列	760K	Socket FM2	3.8GHz	四	32nm	100W	4MB

注：上表中L2指二级缓存。

2.羿龙（Phenom）II系列处理器

目前，AMD羿龙（Phenom）II系列处理器主要以羿龙II X4系列的四核心处理器为主，双核核心处理器已基本淘汰或停产，主流羿龙II系列CPU产品如下表所示。

系列	型号	插槽	主频	核心	工艺	TDP	L2	L3
X4系列	840	Socket AM3	3.2GHz	四	45nm	95W	2MB	无
X4系列	965	Socket AM3	3.4GHz	四	45nm	65W	4×512KB	6MB
X4系列	945	Socket AM3	3GHz	四	45nm	95W	4×512KB	6MB
X4系列	905e	Socket AM3	2.5GHz	四	45nm	65W	4×512KB	6MB
X6系列	1090T	Socket AM3	3.2GHz	六	45nm	96W	6×512KB	6MB

3.FX（推土机）系列处理器

FX（推土机）是AMD推出取代羿龙II系列，面向高端发烧级用户的处理器，主要以四、六和八核心为主的处理器，主流FX系列CPU产品如下表所示。

型号	插槽	主频	核心	工艺	TDP	L2	L3
4130	Socket AM3+	3.8GHz	四	32nm	125W	4MB	4MB
4300	Socket AM3+	3.8GHz	四	32nm	95W	4MB	4MB
6200	Socket AM3+	3.8GHz	六	32nm	125W	6MB	8MB
6300	Socket AM3+	3.5GHz	六	32nm	95W	6MB	8MB
6330	Socket AM3+	3.6GHz	六	32nm	95W	6MB	8MB
6350	Socket AM3+	3.9GHz	六	32nm	125W	6MB	8MB
8150	Socket AM3+	3.8GHz	八	32nm	125W	8MB	8MB
8300	Socket AM3+	3.3GHz	八	32nm	95W	8MB	8MB
8320	Socket AM3+	3.5GHz	八	32nm	125W	8MB	8MB
8350	Socket AM3+	4GHz	八	32nm	125W	8MB	8MB
8370	Socket AM3+	4.3GHz	八	32nm	125W	8MB	8MB

4.APU系列处理器

APU系列处理器是AMD推出的新一代加速处理器，它将中央处理器和独显核心集成在一个芯片上，具有高性能处理器和独立显卡的处理功能，可以大幅度提升电脑的运行效率。APU系列处理器主要包括A4、A6、A8和A10四个系列，以四核处理器为主，主流APU系列四核CPU产品如下表所示。

系列	型号	插槽	主频	工艺	TDP	L2
A4	6300	Socket FM2	3.7GHz	32nm	65W	1MB
A6	3670K	Socket FM2	3.9GHz	32nm	65W	4MB
A8	3850	Socket FM2	2.7GHz	32nm	100W	4MB
A8	7600	Socket FM2+	3.1GHz	32nm	65W	4MB
A8	7650K	Socket FM2+	3.3GHz	32nm	95W	4MB
A10	6700	Socket FM2	3.7GHz	32nm	65W	4MB
A10	6800K	Socket FM2	4.1GHz	32nm	100W	4MB
A10	7700	Socket FM2+	3.4GHz	28nm	95W	4MB
A10	7800	Socket FM2+	3.5GHz	28nm	65W	4MB
A10	7850K	Socket FM2+	3.7GHz	28nm	95W	4MB
A10	7860K	Socket FM2+	3.6GHz	28nm	65W	4MB
A10	7870K	Socket FM2+	3.9GHz	28nm	95W	4MB
A10	7890K	Socket FM2+	4.1GHz	28nm	95W	4MB

2.1.4 CPU的选购技巧

CPU是整个电脑系统的核心，电脑中所有的信息都是由CPU来处理的，所以CPU的性能直接关系到电脑的整体性能。因此用户在选购CPU时首先应该考虑以下几个方面。

1. 通过“用途”选购

电脑的用途体现在CPU的档次上。如果是用来学习或一般性的娱乐，可以选择一些性价比比较高的CPU，例如：Intel的酷睿双核系列、AMD的四核系列等；如果电脑是用来做专业设计或玩游戏，则需要买高性能的CPU，当然价格也相应地高一些，例如酷睿四核或AMD四核系列产品。

2. 通过“品牌”选购

市场上CPU的厂家主要是Intel和AMD，它们推出的CPU型号很多。 当然这一系列型号的名称也很容易让用户迷糊，因此，在购买前要认真查阅相关资料。

3. 通过“散热性”选购

CPU工作的时候会产生大量的热量，从而达到非常高的温度，选择一个好的风扇可以使CPU使用的时间更长，一般正品的CPU都会附赠原装散热风扇。

4. 通过“产品标识”识别CPU

CPU的编号是一串字母和数字的组合，通过这些编号就能把CPU的基本情况告诉我们。能够正确地解读出这些字母和数字的含义，将帮助我们正确购买所需的产品，以免上当受骗。

5. 通过“质保”选购

对于盒装正品的CPU，厂家一般提供3年的质保，但对于散装CPU，厂家最多提供一年的质保。当然盒装CPU的价格相比散装CPU也要贵一点。

2.2 主板

本节教学录像时间：25 分钟

如果把CPU比作电脑的“心脏”，主板便是电脑的“躯干”。几乎所有的电脑部件都是直接或间接连接到主板上的，主板性能的好坏对整机的速度和稳定性都有极大影响。主板又称系统板或母板（Mather Board），是电脑系统中极为重要的部件。

2.2.1 主板的结构分类

市场上流行的电脑主板种类较多，不同厂家生产的主板其结构也有所不同。目前电脑主板的结构可以分类为AT、Baby-AT、ATX、Micro ATX、LPX、NLX、Flex ATX、EATX、WATX以及BTX等结构。

其中，AT和Baby-AT是多年前的老主板结构，现在已经淘汰；而LPX、NLX、Flex ATX则是ATX的变种，多见于国外的品牌机，国内尚不多见；EATX和WATX则多用于服务器/工作站主板；Micro ATX又称Mini ATX，是ATX结构的简化版，就是常说的“小板”，扩展插槽较少，PCI插槽数量在3个或3个以下，多用于品牌机并配备小型机箱；而BTX则是英特尔制定的最新一代主板结构；ATX是目前市场上最常见的主板结构，扩展插槽较多，PCI插槽数量在4~6个，大多数主板都采用此结构。如下图为ATX型主板。

2.2.2 主板的插槽模块

主板上的插槽模块主要有对内的插槽和模块与对外接口两部分。

1.CPU插座

CPU插座是CPU与主板连接的桥梁，不同类型的CPU需要与之相适应的插座配合使用。按CPU插座的类型可将主板分为LGA主板和Socket型主板。如下图分别为LGA 1150插座和Socket FM2/FM2+插座。

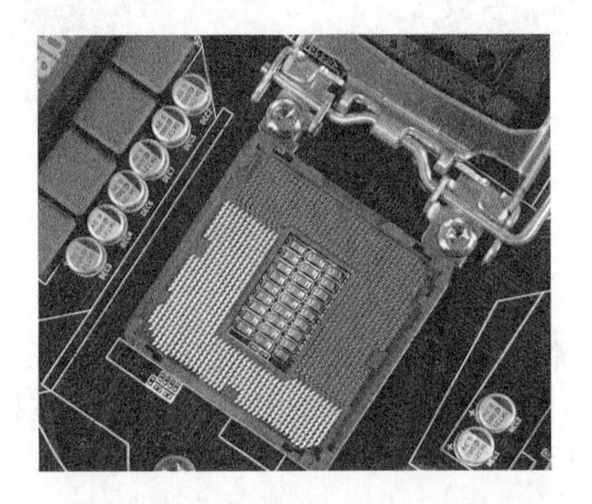

2.内存插槽

内存插槽一般位于CPU插座下方，如下图所示。

3.AGB插槽

AGP插槽颜色多为深棕色，位于北桥芯片和PCI插槽之间。AGP插槽有1×、2×、4×和8×之分。AGP4×的插槽中间没有间隔，AGP2×则有。在PCI Express出现之前，AGP显卡较为流行，目前最高规格的AGP 8X模式下，数据传输速度达到了2.1GB/s。

4.PCI Express插槽

随着3D性能要求的不断提高，AGP已越来越不能满足视频处理带宽的要求，目前主流主板上显卡接口多转向PCI Express。PCI Express插槽有1×、2×、4×、8×和16×之分。

5.PCI插槽

PCI插槽多为乳白色，是主板的必备插槽，可以插上软Modem、声卡、网卡、多功能卡等设备。

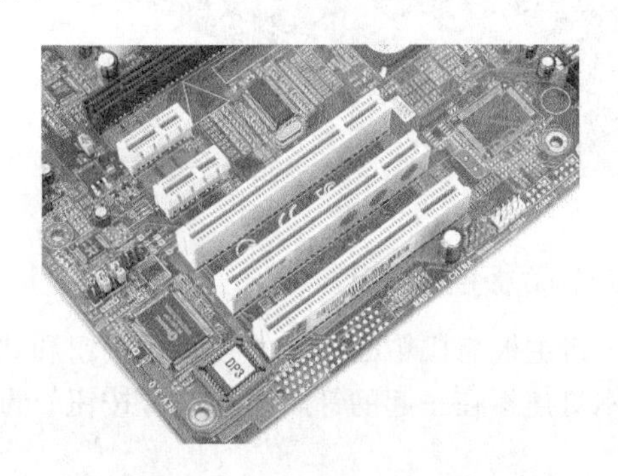

6.CNR插槽

多为淡棕色，长度只有PCI插槽的一半，可以插CNR的软Modem或网卡。这种插槽的前身是AMR插槽。CNR和AMR不同之处在于：CNR增加了对网络的支持性，并且占用的是ISA插槽的位置。共同点是它们都是把软Modem或是软声卡的一部分功能交由CPU来完成。这种插槽的功能可在主板的BIOS中开启或禁止。

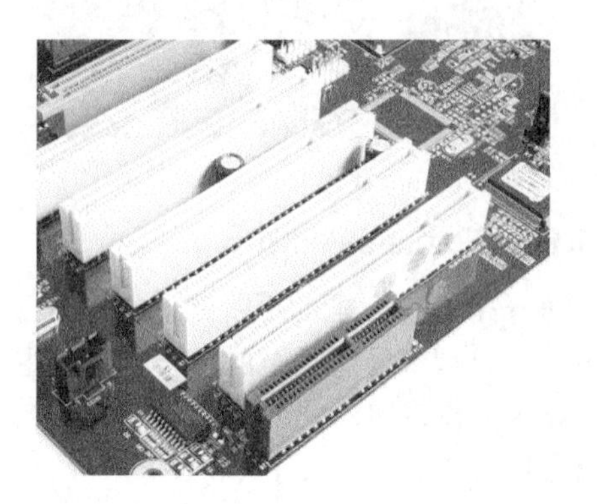

7.SATA接口

SATA的全称是Serial Advanced Technology Attachment（串行高级技术附件，一种基于行业标准的串行硬件驱动器接口），用于连接SATA硬盘及SATA光驱等存储设备。

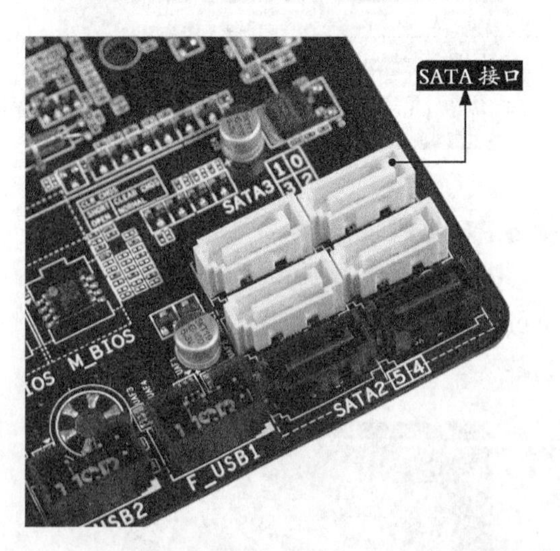

8.前面板控制排针

将主板与机箱面板上的各开关按钮和状态指示灯连接在一起的针脚，如电源按钮、重启按钮、电源指示灯和硬盘指示灯等。

9.前置USB接口

将主板与机箱面板上USB接口连接在一起的接口，一般有两个USB接口，部分主板有USB 3.0接口。

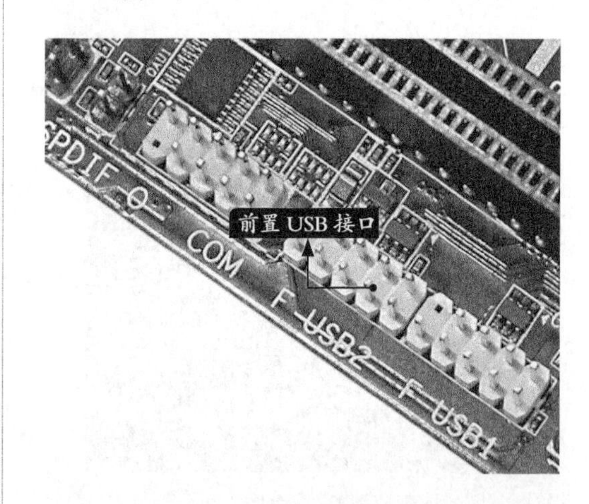

10.前置音频接口

前置音频接口是主板连接机箱面板上耳机和麦克风的接口。

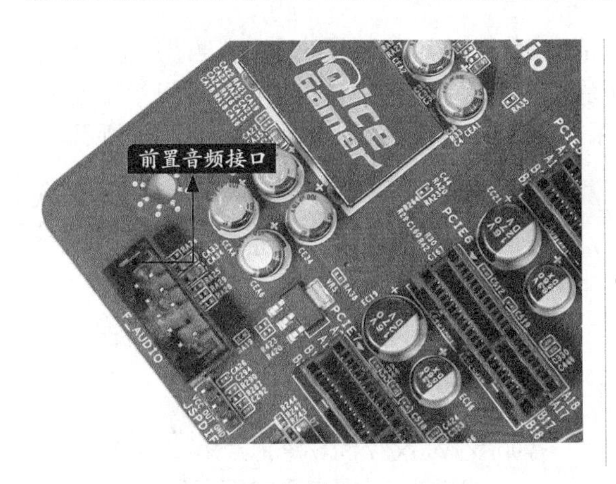

11.背部面板接口

背部面板接口是连接电脑主机与外部设备的重要接口，如连接鼠标、键盘、网线、显示器等。背部面板接口如下图所示。

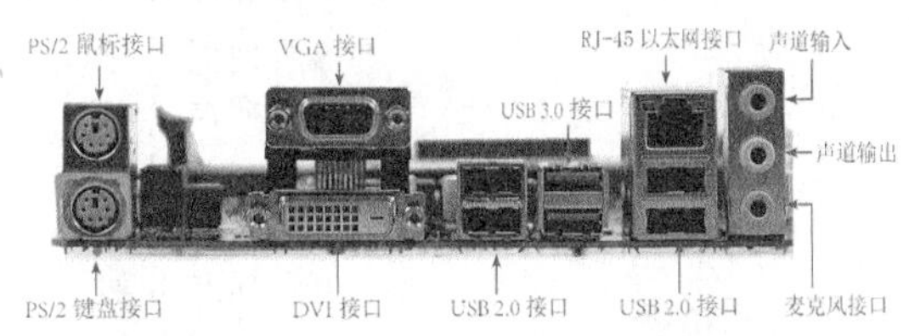

2.2.3 主板性能指标：芯片组

芯片组是构成主板电路的核心，是整个主板的神经，决定了这块主板的性能，影响着整个电脑系统性能的发挥，芯片组是主板的灵魂。芯片组性能的优劣，决定了主板性能的好坏与级别的高低。这是因为目前CPU的型号与种类繁多、功能特点不一，如果芯片组不能与CPU良好地协同工作，将严重地影响计算机的整体性能甚至不能正常工作。

芯片组是由“南桥”和“北桥”组成，是主板上最重要、成本最高的两颗芯片，它把复杂的电路和元件最大限度地集成在几颗芯片内的芯片组。

北桥芯片是主板上离CPU最近的芯片，位于CPU插座与PCI-E插座的中间，它起着主导作用，也称“主桥”，负责内存控制器、PCI-E控制器、集成显卡、前/后端总线等，由于其工作强度大，发热量也大，因此北桥芯片都覆盖着散热片用来加强北桥芯片的散热，有些主板的北桥芯片还会配合风扇进行散热。

南桥芯片一般位于主板上离CPU插槽较远的下方，PCI插槽的附近，负责外围周边功能，包括磁盘控制器、网络端口、扩展卡槽、音频模块、I/O接口等。南桥芯片相对于北桥芯片来说，其数据处理量并不算大，因此南桥芯片一般都没有覆盖散热片。

目前，在台式机市场上，主要芯片组来自于Intel和AMD公司。Intel公司的主要芯片组产品包括9系列芯片组、8系列芯片组、7系列芯片组和6系列芯片组等，而AMD公司的芯片组产品包括9系列芯片组、8系列芯片组、7系列芯片组和APU系列芯片组等。芯片组的主流型号如下表所示。

公司名称	芯片系列	型号
Intel	9系列芯片组	Z97/H97等
	8系列芯片组	Z87/H87/Q87/B85/H81等
	7系列芯片组	Z77/Z75/H77/Q77/X79/B75等
	6系列芯片组	Z68/Q67/Q65/P67/B65/H67/H61等
AMD	9系列芯片组	990FX/990X/970等
	8系列芯片组	890FX/890GX/880G/870等
	7系列芯片组	790FX/790X/785G/780G/770/760G等
	APU系列芯片组	A88X/A85X/A78/A75/A55

2.2.4 主板的主流产品

相对于CPU而言，主板的生产商呈现着百家争鸣的状态，如华硕、技嘉、微星、七彩虹、精英、映泰、梅捷、翔升、索泰、升技、昂达、盈通、华擎、Intel、铭瑄、富士康等，在此不一一列举，下面介绍下目前主流的主板产品。

1.支持Intel处理器的主板

下面介绍下支持Intel处理器的主板产品。

（1）支持Intel双核处理器主板

Intel双核处理器主要包括奔腾、赛扬和酷睿几个系列产品，主要采用LGA 775、LGA 1150和LGA 1155接口类型。主要采用LGA 775接口芯片组的有945、965、G31、G35G41、G45、P35、P43、P45、X38、X48等，如G31芯片组的华硕P5KPL-AM SE、P45芯片组的技嘉GA-P45T-ES3G，不过由于LGA 775接口类型CPU产品目前所剩不多，支持的主板也并不多，它的可升级性也并不强。主要采用LGA 1150接口芯片组的有Z87、B85、H81等，如华硕Z87-A、技嘉GA-B85M-HD3、微星H81-P33。主要采用LGA 1155接口芯片组的有H61、H77、Z77、B75等，如技嘉GA-H61M-S1(rev.2.1)、映泰Hi-Fi H77S、技嘉GA-B75M-D3H、华硕P8B75-M等。

（2）支持Intel四核处理器主板

Intel四核处理器为酷睿i3和i5系列产品，主要采用LGA 1150和LGA 1155接口类型。主要采用LGA 1150接口芯片组的有B85、H87、Q87、Z87、H97、Z97等，如微星B85M-E45、梅捷SY-H87+节能版、华硕Z87-A、技嘉GA-H97-HD3、技嘉G1.Sniper Z6(rev.1.0)等。主要采用LGA 1155接口的芯片组主要有Z77、H77、B75等，如华硕Z77-A、索泰ZT-H77金钻版-M1D、技嘉GA-B75M-D3V(rev.2.0)等。

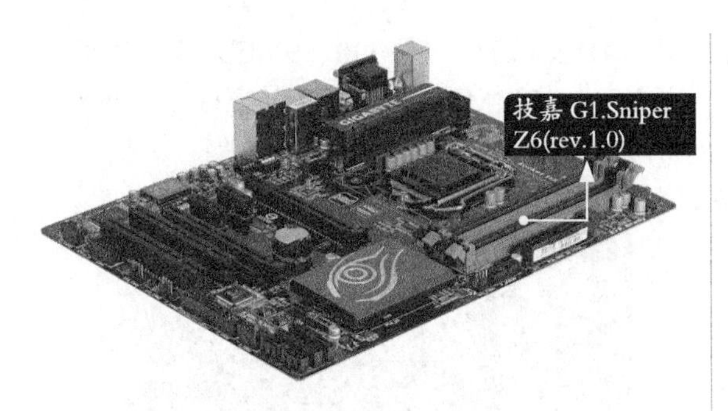

（3）支持Intel六核处理器主板

Intel六核处理器为酷睿i7系列产品，主要采用LGA 2011和LGA 2011-v3接口类型。LGA 2011接口主要采用X79芯片组，如微星X79A-GD45 Plus、华硕Rampage IV Black Edition等。LGA 2011-v3接口主要采用Intel X99芯片组，如技嘉GA-X99-UD4(rev.1.1)、华擎X99 极限玩家3、华硕X99-A等。

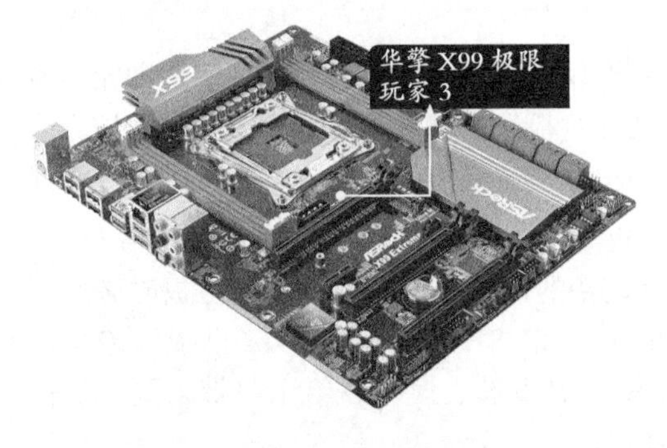

（4）支持Intel八核处理器主板

Intel八核处理器为酷睿i7系列产品，主要代表产品为5960X，采用LGA 2011-v3接口类型，起可搭配技嘉GA-X99-Gaming G1 WIFI(rev.1.0)、华硕RAMPAGE V EXTREME、技嘉GA-X99-UD4(rev.1.1)等，不过其价格也是让人瞠目结舌。

2.支持AMD处理器的主板

下面介绍下支持Intel处理器的主板产品。

（1）支持AMD双核处理器主板

AMD双核处理器产品主要包括速龙II X2双核、羿龙II X2双核和APU系列的A4、A6双核处理器，它们主要支持采用AMD公司的A55、A75、A85X、760G、770、780G、785G、790GX、880G和890GX等芯片组的主板，如技嘉GA-A55M-DS2、昂达A785G+魔笛版、技嘉GA-880G等。

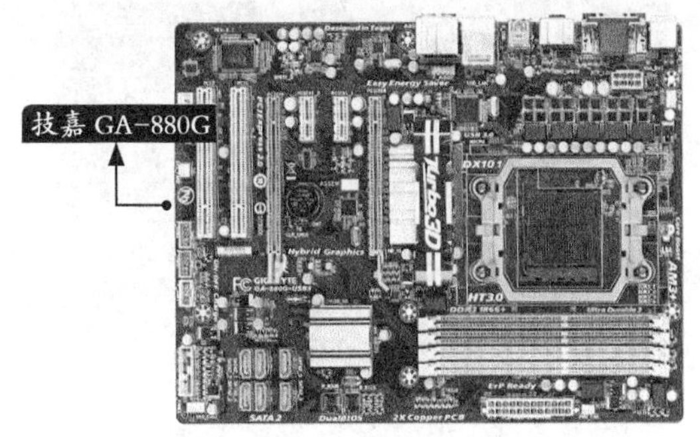

（2）支持AMD三核和四核处理器主板

AMD三核和四核处理器产品主要包括速龙II X3三核、羿龙II X3三核、APU系列A6三核、速龙II X4、羿龙II X4和APU系列A8、A10四核处理器等，它们主要支持采用AMD公司的A55、A75、A78、A85X、A88X、760G、770、780G、785G、790GX、870、880G、890GX、970、990FX等芯片组的主板，如华硕F2A85-V、技嘉G1.Sniper A88X(rev.3.0)、华硕A88XM-A、华擎玩家至尊 990FX 杀手版等。

另外，NVIDIA公司的nForce 630A、nForce 520LE、MCP78等芯片组主板也支持AMD三核和四核产品，如技嘉GA-M68M-S2P、华硕M4N68T LE V2等。

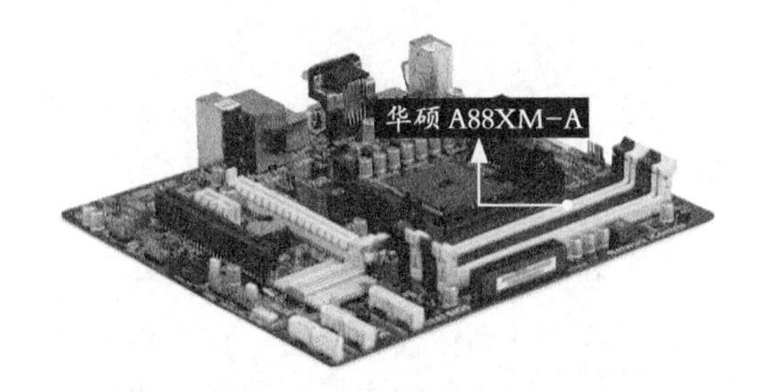

（3）支持AMD六核处理器主板

AMD六核处理器产品主要包括羿龙II X6和FX的六核系列，它们主要支持采用AMD公司的760G、770、780G、785G、790GX、870、880G、890GX、970、990FX等芯片组的主板，如技嘉GA-970A-DS3P(rev.1.0)、华硕M4A89GTD PRO等。

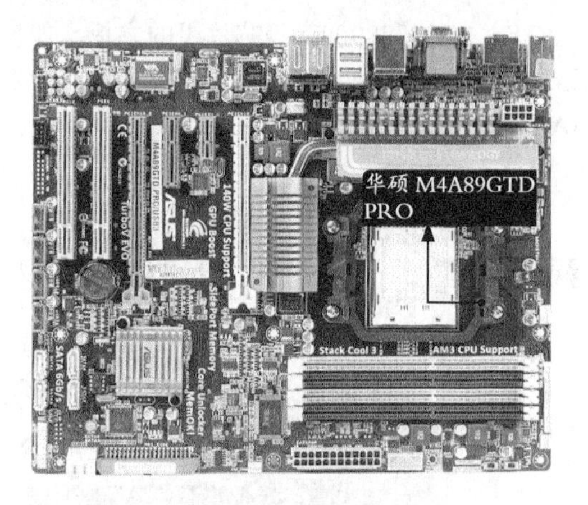

（4）支持AMD八核处理器主板

AMD八核处理器产品主要为FX的八核系列，Socket AM3+接口类型，它们主要支持采用AMD公司的970、990、990FX等芯片组的主板，如华硕M5A97 R2.0、技嘉GA-990FXA-UD5(rev.1.x)、微星990XA-GD55等。

2.2.5 主板的选购技巧

电脑的主板是电脑系统运行环境的基础，主板的作用非常重要，尤其是在稳定性和兼容性方面，更是不容忽视的。如果主板选择不当，则其他插在主板上的部件的性能可能就不会被充分发挥。目前主流的主板品牌有华硕、微星和技嘉等，用户选购主板之前，应根据自己的实际情况谨慎考虑购买方案。不要盲目认为最贵的就是最好的，因为这些昂贵的产品不一定适合自己。

1. 选购主板的技术指标

（1）CPU

根据CPU的类型选购主板，因为不同的主板支持不同类型的CPU，不同CPU要求的插座不同。

（2）内存

主板要支持高度的SDRAM，以便系统更好地协调工作，同时内存插槽数不少于4条。

（3）芯片组

芯片组是主板的核心组成部分，其性能的好坏，直接关系到主板的性能。在选购时应选用先进的芯片组集成的主板。同样芯片组的比价格，同样价格的比做工用料，同样做工的比BIOS。

（4）结构

ATX结构的主板具有节能、环保和自动休眠等功能，性能也比较先进。

（5）接口

由于电脑外部设备的迅速发展，如可移动硬盘、数码相机、扫描仪和打印机等，连接这些设备的接口也成了选购电脑主板时必须要注意的，如USB接口，USB 3.0已成为趋势，而USB 3.1也随之诞生，给用户带来更好的传输体验。

（6）总线扩展插槽数

在选择主板时，通常选择总线插槽数多的主板。

（7）集成产品

主板的集成度并不是越高越好，有些集成的主板是为了降低成本，将显卡也集成在主板上，这时显卡就占用了主内存，从而造成系统性能的下降，因此，在经济条件允许的情况下，购买主板时要选择独立显卡的主板。

（8）可升级性

随着电脑的不断发展，总会出现旧的主板不支持新技术规范的现象，因此在购买主板时，应尽量选用可升级性的主板，以便通过BIOS升级和更新主板。

（9）生产厂家

选购主板时最好选择名牌产品，例如华硕、技嘉、微星、七彩虹、华擎、映泰、梅捷、昂达、捷波、双敏、精英等。

2. 选购主板的标准

（1）观察印制电路板

主板使用的印制电路板分为4层板和6层板。在购买时，应选6层板的电路板，因为其性能要比4层板强，布线合理，而且抗电磁干扰的能力也强，能够保证主板上的电子元件不受干扰地正常工作，提高了主板的稳定性。还要注意PCB板边角是否平整，有无异常切割等现象。

（2）观察主板的布局

一个合理的布局，会降低电子元件之间的相互干扰，极大地提高电脑的工作效率。

① 查看CPU的插槽周围是否宽敞。宽敞的空间是为了方便CPU的风扇的折装，同时也会给CPU的散热提供帮助。

② 注意主板芯片之间的关系。北桥芯片组周围是否围绕着CPU、内存和AGP插槽等，南桥芯片周围是否围绕着PCI、声卡芯片、网卡芯片等。

③ CPU插座的位置是否合理。CPU插座的位置不能过于靠近主板的边缘，否则会影响大型散热器的安装。也不能与周围电解电容靠的太近，防止安装散热器时，造成电解电容损坏。

④ ATX电源插座是否合理。它应该是在主板上边靠右的一侧或者在CPU插座与内存插槽之间，而不应该出现在CPU插座与左侧I/O接口之间。

（3）观察主板的焊接质量

焊接质量的好坏，直接影响到主板工作的质量，质量好的主板各个元件的焊接紧密，并且电容与电阻的夹角应该在30° ~45° ，而质量差的主板，元件的焊接比较松散，并且容易脱落，电容与电阻的排列也十分混乱。

（4）观察主板上的元件

观察各种电子元件的焊点是否均匀，有无毛刺、虚焊等现象，而且主板上贴片电容数量要多，且要有压敏电阻。

2.3 内存

本节教学录像时间：12 分钟

内存储器（简称内存，也称主存储器）用于存放电脑运行所需的程序和数据。内存的容量与性能是决定电脑整体性能的一个决定性因素。内存的大小及其时钟频率（内存在单位时间内处理指令的次数，单位是MHz）直接影响到电脑运行速度的快慢，即使CPU主频很高，硬盘容量很大，但如果内存很小，电脑的运行速度也快不了。

2.3.1 了解内存的性能指标

查看内存的质量首先需要了解内存条的性能指标。

（1）时钟频率

内存的时钟频率通常表示内存速度，单位为MHz（兆赫）。目前，DDR3内存频率主要为2800 MHz、2666 MHz、2400MHz、2133MHz、2000MHz、1866MHz、1600MHz等，DDR4内存频

率主要为3200 MHz、3000 MHz、2800 MHz、2666 MHz、2400MHz、2133MHz等。

（2）内存的容量

主流电脑多采用的是4GB或8GB的DDR3内存，其价格相差并不多。

（3）CAS延迟时间

CAS延迟时间是指要多少个时钟周期才能找到相应的位置，其速度越快，性能也就越高，它是内存的重要参数之一。用CAS latency（延迟）来衡量这个指标，简称CL。目前DDR内存主要有2、2.5和3这3种CL值的产品，同样频率的内存CL值越小越好。

（4）SPD

SPD是一个8针EEPROM（电可擦写可编程只读存储器）芯片。一般位于内存条正面的右侧，里面记录了诸如内存的速度、容量、电压、行与列地址、带宽等参数信息。这些信息都是内存厂预先输入进去的，当开机的时候，电脑的BIOS会自动读取SPD中记录的信息。

（5）内存的带宽

内存的带宽也叫数据传输率，是指每秒钟访问内存的最大位节数。内存带宽总量（MB）=最带时钟频率（MHz）×总线带宽（b）×每时钟数据段数据/8。

2.3.2 内存的主流产品

目前市场上最为常用的为DDR3和DDR4两种，DDR4可以满足更大的性能需求，与DDR3价格差别不大，常见的厂家有金士顿、威刚、海盗船、宇瞻、金邦、芝奇、现代、金泰克和三星等。下面列举几种常用的内存。

1.金士顿8GB DDR3 1600

金士顿8GB DDR3 1600属于入门级内存，其采用流线型卡式设计，大方时尚，搭载经典蓝色高效连体散热片以确保可靠的散热能力。正/反两面总共焊接了16颗容量为256MB的DDR3颗粒，组成了8GB规格，并使用大量耦合电容，保持工作电压的稳定。由于其性价比较高，是主流装机用户的廉价首选。

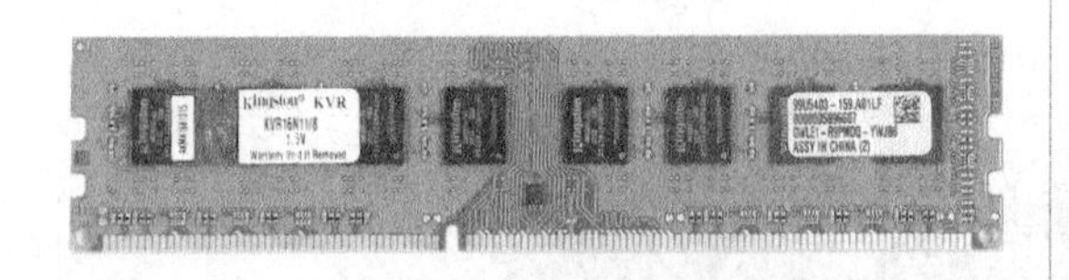

2.威刚8GB DDR3 1600（万紫千红）

威刚8GB DDR3 1600（万紫千红）和金士顿8GB DDR3 1600一样，属于入门级产品，价格相差不大，其采用宽版内存模组设计，全高6层紫色PCB板设计，拥有更好的电气性能，内存颗粒采用512MBx8bit组织方式，双面共计16颗内存颗粒芯片设计，整体性能稳定、兼容性强。

3.芝奇Ripjaws 4 DDR4 2400 8GB

芝奇Ripjaws 4 DDR4 2400 8GB有着炫酷的外观造型，设计方面采用铝材质锯齿状设计，有助于空气流动达到快速散热，工作电压为1.2V，三种颜色设计，酷炫黑、霸气红和时尚蓝，另外支持全新XMP 2.0版，可以享受一键超频带来的极速快感。

4.海盗船16GB DDR3 2400套装

海盗船16GB DDR3 2400套装由2×8GB内存组成，属于发烧级内存产品。其拥有四通道设计且支持16GB容量，最高频率可达2400MHz，兼容最新的Intel和AMD平台，具备强悍的散热配置保证、炫目的灯光效果以及全新的功能和设计，是游戏玩家较为理想的选择。

5.芝奇（G.SKILL）Trident Z DDR4 3400 16GB

芝奇（G.SKILL）Trident Z DDR4 3400 16GB，采用套装组合的设计，由两根8GB容量的内存组成，定位于发烧友级的高端玩家。设计方面采用铝合金材质的马甲、顶端三层式的鳞片，确保了优秀的散热性能。参数方面采用了1.35V电压工作，具有低压低功耗的特点，3400Mhz的高主频，并且支持XMP，搭配英特尔平台，可以充分发挥出色的性能。

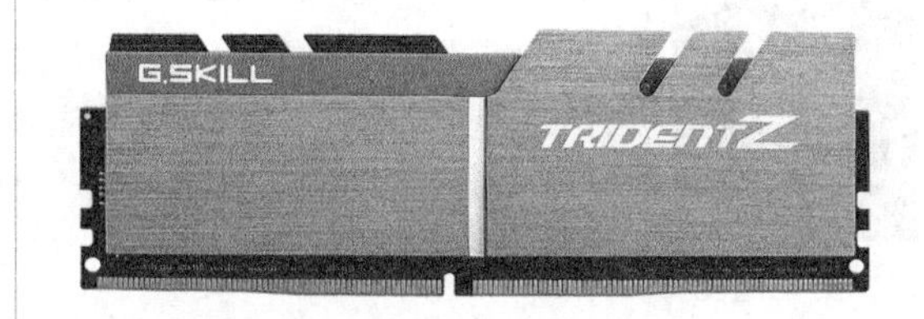

2.3.3 内存条的选购技巧

下面介绍一些选购内存时的技巧。

1. 选购内存的注意事项

（1）确认购买目的

现如今的流行配置为4GB和8GB，价格方面差异不大，如果有更高的需求，可以选择高主频的8GB内存。

（2）认准内存类型

常见的内存类型主要是DDR3和DDR4两种，在购买这两种类型的内存时要根据主板的CPU所支持的技术进行选择，否则可能会因不兼容而影响使用。

（3）识别打磨的内存条

正品的芯片表面一般都有质感、光泽、荧光度。若觉得芯片的表面色泽不纯甚至比较粗糙、发毛，那么这颗芯片的表面一定是受到了磨损。

（4）金手指工艺

金手指工艺是指在一层铜片上通过特殊工艺再覆盖一层金，因为金不容易氧化，而且具有超强的导通性能，所以，在内存触片中都应用了这个工艺，从而加快内存的传输速度。

金手指的金属有两种工艺标准，化学沉金和电镀金。电镀金工艺比化学沉金工艺先进，而且能保证电脑系统更加稳定地运行。

（5）查看电路板

电路板的做工要求板面要光洁、色泽均匀，元器件焊接整齐，焊点均匀有光泽，金手指要光亮，板上应该印刷有厂商的标识。常见的劣质内存芯片标识模糊不清、混乱，电路板毛糙，金手指色泽晦暗，电容排列不整齐，焊点不干净。

2. 辨别内存的真假

（1）别贪图便宜

价格是伪劣品唯一的竞争优势，在购买内存条时，不要贪图便宜。

（2）查看产品防伪标记

查看内存电路板上有没有内存模块厂商的明确标识，其中包括查看内存包装盒、说明书、保修卡的印刷质量。最重要的是要留意是否有该品牌厂商宣传的防伪标记。为防止假货，通常包装盒上会标有全球统一的识别码，还提供免费的800电话，以便查询真伪。

（3）查看内存条的做工

查看内存条的做工是否精细，首先需要观察内存颗粒上的字母和数字是否清晰且有质感，其次查看内存颗粒芯片的编号是否一致，有没有打磨过的痕迹，还必须观察内存颗粒四周的管脚是否有补焊的痕迹，电路板是否干净整洁，金手指有无明显擦痕和污渍。

（4）上网查询

很多的电脑经销商会为顾客提供一个方便的上网平台，以方便用户通过网络查看自己所购买的内存是否为真品。

（5）软件测试

现在有很多针对内存测试的软件，在配置电脑时对内存条进行现场测试，也会清楚地发现自己的内存是否为真品。

2.4 硬盘

本节教学录像时间：23 分钟

硬盘是电脑最重要的外部存储器之一，由一个或多个铝制或者玻璃制的碟片组成。这些碟片外覆盖有铁磁性材料。绝大多数硬盘都是固定硬盘，被永久性地密封固定在硬盘驱动器中。硬盘最重要的指标是硬盘容量，其容量大小决定了可存储信息的多少。

2.4.1 了解硬盘的性能指标

硬盘的性能指标有以下几项。

1. 主轴转速

硬盘的主轴转速是决定硬盘内部数据传输率的因素之一，它在很大程度上决定了硬盘的速度，同时也是区别硬盘档次的重要标志。

2. 平均寻道时间

平均寻道时间，指硬盘磁头移动到数据所在磁道时所用的时间，单位为毫秒（ms）。硬盘的平均寻道时间越小，性能就越高。

3. 高速缓存

高速缓存，指在硬盘内部的高速存储器。目前硬盘的高速缓存一般为512KB ~ 2MB，SCSI硬盘的更大。购买时应尽量选取缓存为2MB的硬盘。

4. 最大内部数据传输率

内部数据传输率也叫持续数据传输率（sustained transfer rate），单位为MB/s。它是指磁头至硬盘缓存间的最大数据传输率，一般取决于硬盘的盘片转速和盘片线密度（指同一磁道上的数据容量）。

5. 接口

硬盘接口主要分为SATA 2和SATA 3，SATA2（SATA II）是芯片巨头英特尔（Inter）与硬盘巨头希捷（Seagate）在SATA的基础上发展起来的，传输速率为3Gbps，而SATA3.0接口技术标准是2007上半年英特尔公司提出的，传输速率将达到6Gbps，在SATA2.0的基础上增加了1倍。

6. 外部数据传输率

外部数据传输率也称为突发数据传输率，它是指从硬盘缓冲区读取数据的速率。在广告或硬盘特性表中常以数据接口速率代替，单位为MB/s。目前主流的硬盘已经全部采用UDMA/100技术，外部数据传输率可达100MB/s。

7. 连续无故障时间

连续无故障时间是指硬盘从开始运行到出现故障的最长时间，单位是小时（h）。一般硬盘的MTBF至少在30000小时以上。这项指标在一般的产品广告或常见的技术特性表中并不提供，需要时可专门上网到具体生产该款硬盘的公司网站中查询。

8. 硬盘表面温度

该指标表示硬盘工作时产生的温度使硬盘密封壳温度上升的情况。

2.4.2 主流的硬盘品牌和型号

目前，市场上主要的生产厂商有希捷、西部数据和HGST等。希捷内置式3.5英寸和2.5英寸硬盘可享受5年质保，其余品牌盒装硬盘一般是提供3年售后服务（1年包换，2年保修），散装硬盘则为1年。

1. 希捷（Seagate）

希捷硬盘是市场上占有率最大的硬盘，以其“物美价廉”的特性在消费者群中有很好的口碑。市场上常见的希捷硬盘：希捷Barracuda 1TB 7200转64MB 单碟、希捷Barracuda 500GB 7200转16MB SATA3、希捷Barracuda 2TB 7200转64MB SATA3、希捷Desktop 2TB 7200转8GB混合硬盘。

2. 西部数据（Western Digital）

西部数据硬盘凭借着大缓存的优势，在硬盘市场中有着不错的性能表现。市场上常见的西部数据硬盘：WD 500GB 7200转16MB SATA3蓝盘、西部数据1TB 7200转64MB SATA3 蓝盘、西部数据Caviar Black 1TB 7200转64MB SATA3等。

3. HGST

HGST前身是日立环球存储科技公司，创立于2003年，被收购后，日立将名称进行更改，原“日立环球存储科技”正式被命名为HGST，归属为西部数据旗下独立营运部门HGST是基于IBM和日立就存储科技业务进行战略性整合而创建的。市场上常见的日立硬盘：HGST 7K1000.D 1TB 7200转32MB SATA3 单碟、HGST 3TB 7200转64MB SATA3等。

2.4.3 固态硬盘及主流产品

固态硬盘，简称固盘，而常见的SSD就是指固态硬盘（Solid State Disk）。固态硬盘用固态电子存储芯片阵列而制成的硬盘，由控制单元和存储单元（FLASH芯片、DRAM芯片）组成。

1.固态硬盘的优点

固态硬盘作为硬盘界的新秀，其主要解决了机械式硬盘的设计局限，拥有众多优势，具体如下。

（1）读写速度快。固态硬盘没有机械硬盘的机械构造，以闪存芯片为存储单位，不需要磁头，寻道时间几乎为0，可以快速读取和写入数据，加快操作系统的运行速度，因此最适合作系统盘，可以快速开机和启动软件。

（2）防震抗摔性。与传统硬盘相比，固态硬盘使用闪存颗粒制作而成，内部不存在任何机械部件，可以在高速移动甚至伴随翻转倾斜的情况下也不会影响到正常使用，而且在发生碰撞和震荡时能够将数据丢失的可能性降到最小。

（3）低功耗。固态硬盘有较低的功耗，一般写入数据时，也不超过3W。

（4）发热低，散热快。由于没有机械构件，可以在工作状态下保证较低的热量，而且散热较快。

（5）无噪音。固态硬盘没有机械马达和风扇，工作时噪音值为0分贝。

（6）体积小。固态硬盘在重量方面更轻，与常规1.8英寸硬盘相比，重量轻20 ~30克。

2.固态硬盘的缺点

虽然固态硬盘可以有效地解决机械硬盘存在的不少问题，但是仍有不少因素，制约了它的普及，其主要存在以下缺点。

（1）成本高容量低。价格昂贵是固态硬盘最大的不足，而且容量小，无法满足大型数据的存储需求，目前固态硬盘最大容量仅为4TB。

（2）可擦写寿命有限。固态硬盘闪存具有擦写次数限制的问题，这也是许多人诟病其寿命短的所在。闪存完全擦写一次叫做1次P/E，因此闪存的寿命就以P/E作单位，如120G的固态应啊陪你，写入120G的文件算一次P/E。对于一般用户而言，一个120GB的固态硬盘，一天即使写入50GB，2天完成一次P/E，也可以使用20年。当然，和机械硬盘就无太大优势。

3.主流的固态硬盘产品

固态硬盘的生产厂商，如三星、闪迪、影驰、金士顿、希捷、英特尔、金速、金泰克等，用户可以有更多的选择，下面介绍几款主流的固态硬盘产品。

（1）三星SSD 850EVO

三星SSD 850EVO固态硬盘是三星针对入门级装机用户和高性价比市场推出的全新产品，包括120GB、250GB、500GB和1TB四种容量规格，其沿用了三星经典的MGX主控芯片，存储颗粒升级为全新3D V-NAND立体排布闪存，有效提升了硬盘的整体运作效率，在数据读写速度、硬盘寿命等方面有着明显的进步，是目前入门级装机用户最佳的装机硬盘之一。

（2）浦科特（PLEXTOR）M6S系列

浦科特M6S是一款口碑较好且备受关注的硬盘产品，包括128GB、256GB、512GB三种容量规格。该系列产品体积轻薄，坚固耐用，采用Marvell 88SS9188主控芯片，拥有双核心特性，拥有容量客观的独立缓存，能够有效提升数据处理的效率，更好地应对随机数据读写整合东芝高速Toggle-model快闪记忆体，让硬盘具备了更低的功耗以及更快的数据传输速度。

（3）金士顿V300系列

金士顿V300系列经典的固态硬盘产品，包括60GB、120GB、240GB和480GB四种容量规格。该系列产品采用金属感很强的铝合金外壳， andForce的SF2281主控芯片，镁光20nm MLC闪存颗粒，支持SATA3.0 6Gbps接口，最大持续读写速度都能达到450MB/s左右。

（4）饥饿鲨(OCZ) Arc 100苍穹系列

OCZ Arc 100是针对入门级用户推出的硬盘产品，包括120GB、240GB和480GB三种容量规格，该系列采用2.5英寸规格打造，金属材质7mm厚度的外观特点让硬盘能够更容易应用于笔记本平台，SATA3.0接口让硬盘的数据传输速度得到保障。品牌独享的“大脚3”主控芯片不仅具备良好的数据处理能力，更让硬盘拥有了独特的混合工作模式，效率更高。

除了上面的几种主流的产品外，用户还可以根据自己的需求挑选其他同类产品，选择适合自己的固态硬盘。

2.4.4 机械硬盘的选购技巧

硬盘主要是用来存储操作系统、应用软件等各种文件，具有速度快、容量大等特点。用户在选购硬盘时，应该根据所了解的技术指标进行选购，同时还应该注意辨别硬盘的真伪。不一定买最贵的，适合自己的才是最佳选择。在选购机械硬盘时应注意以下几点。

1. 硬盘转速

选购硬盘先从转速入手。转速即硬盘电机的主轴转速，它是决定硬盘内部传输率的因素之一，它的快慢在很大程度上决定了硬盘的速度，同时也是区别硬盘档次的重要标志。较为常见的如5400r/min、5900r/min、7200r/min和1000r/min的硬盘，如果你只是普通家用电脑用户，从性能和价格上来讲，7200r/min可以作为首选，其价格相差并不多，但却能以小额的支出，带来更好的性能体验。

2. 硬盘的单碟容量

硬盘的单碟容量是指单片碟所能存储数据的大小，目前市面上主流硬盘的单碟容量主要是500GB、1TB和2TB。一般情况下，一块大容量的硬盘是由几张碟片组成的。单碟上的容量越大代表扇区间的密度越密，硬盘读取数据的速度也越快。

3. 接口类型

现在硬盘主要使用SATA接口，如SCSI、Fibre Channel（光纤）、IEEE 1394、USB等接口，但对于一般用户并不适用。因此用户只需考虑SATA接口的两种标准，一种是SATA 2.5标准，传输速率达到3Gbit/s，最为普遍，价格低；另一种是SATA 3标准，传输速率达到6Gbit/s，价格较高。

4. 缓存

大缓存的硬盘在存取零碎数据时具有非常大的优势，将一些零碎的数据暂存在缓存中，既可以减小系统的负荷，又能提高硬盘数据的传输速度。

5. 硬盘的品牌

目前市场上主流的硬盘厂商基本上是希捷、西部数据，不同品牌在许多方面存在很大的差异，用户应该根据需要购买适合的品牌。

6. 质保

由于硬盘读写操作比较频繁，所以返修问题很突出。一般情况下，硬盘提供的保修服务是三年质保，而且硬盘厂商都有自己的一套数据保护技术及震动保护技术，这两点是硬盘的稳定性及安全性方面的重要保障。

7. 识别真伪

首先，查看硬盘的外包装，正品的硬盘在包装上都十分精美、细致。除此之外，在硬盘的外包装上会标有防伪标识，通过该标识可以辨别真伪。而伪劣产品的防伪标识做工粗糙。在辨别真伪时，刮开防伪标签即可辨别。其次，选择信誉较好的销售商，这样才能有更好的售后服务。

最后，上网查询硬盘编号，可以登录到所购买的硬盘品牌的官方网站，输入硬盘上的序列号即可知道该硬盘的真伪。

2.4.5 固态硬盘的选购技巧

由于固态硬盘与机械硬盘的构件组成和工作原理都不相同，因此选购事项也有所不同，其主要概括为以下几点。

1.容量

对于固态硬盘，存储容量越大，内部闪存颗粒和磁盘阵列也会增多，因此不同的容量其价格也是相差较多的，并不像机械硬盘有较高的性价比，因此需要根据自己的需求，考虑使用多大的容量。常见的容量有60GB、120GB、240GB等。

2.用途

由于固态硬盘低容量高价格的特点，主要用作系统盘或缓存盘，很少有人用作存储盘使用，如果没有太多预算的话，建议采用“SSD硬盘+HDD硬盘”的方式，SSD作为系统主硬盘，传统硬盘作为存储盘即可。

3.传输速度

影响SSD传输速度，主要指硬盘的外部接口，是采用SATA 2还是SATA 3，SATA 2持续传输率普遍在250MB/s左右，SATA 3的持续传输率普遍在500MB/s以上，价格方面，SATA 3也更高些。

4.主板

虽然，SATA 3可以带来更高的传输速度，在选择主板方面，也应同时考虑主板是否支持SATA 3接口，否则即便是SATA 3也无法达到理想的效果。另外，在选择数据传输线时，也应选择SATA 3标准的数据线。

5.品牌

固态硬盘的核心是闪存芯片和主控制器，

我们在选择SSD硬盘时，首先要考虑主流的大品牌，如三星、闪迪、影驰、金士顿、希捷、英特尔、金速、金泰克等，切勿贪图便宜，选择一些山寨的产品。

6.固件

固件是固态硬盘最底层的软件，负责集成电路的基本运行、控制和协调工作，因此即便相同的闪存芯片和主控制器，不同的固件也会导致不同的差异。在选择时，尽量选择有实力的厂商，可以对固件及时更新和技术支持。

除了上面的几项内容外，用户在选择时同样要注意产品的售后服务和真假的辨识。

2.5 显卡

本节教学录像时间：23 分钟

显卡也称图形加速卡，它是电脑内主要的板卡之一，其基本作用是控制电脑的图形输出。由于工作性质不同，不同的显卡提供了性能各异的功能。

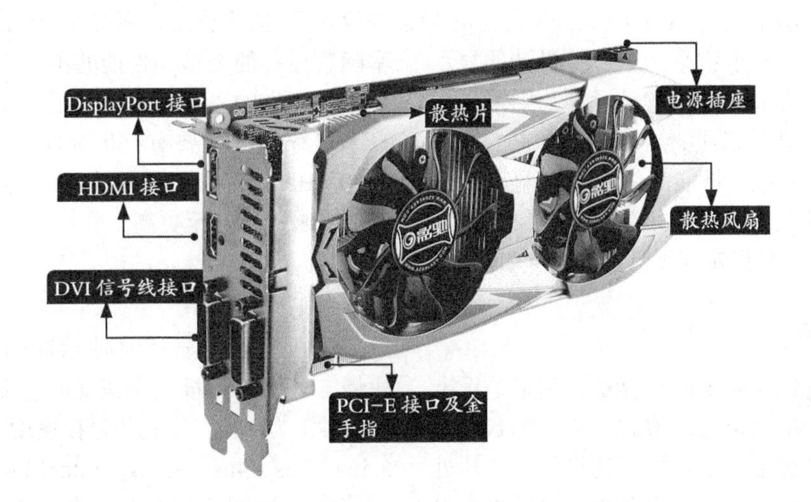

2.5.1 显卡的分类

目前，电脑中用的显卡一般有三种，分别为：集成显卡、独立显卡和核心显卡。

1.集成显卡

集成显卡是将显存、显示芯片及其相关电路都做在主板上，集成显卡的显示芯片有单独的，但大部分都集成在主板的芯片中。一些主板集成的显卡也在主板上单独安装了显存，但其容量较小。集成显卡的显示效果与处理性能相对较弱，不能对显卡进行硬件升级，但可以通过CMOS调节频率或刷入新的BIOS文件实现软件升级来挖掘显示芯片的潜能。

2.独立显卡

独立显卡是指将显示芯片、显存及其相关电路单独做在一块电路板上，自成一体而作为一块独立的板卡存在，它需占用主板的扩展插槽（ISA、PCI、AGP或PCI-E）。

3.核芯显卡

核芯显卡是新一代图形处理核心，和以往的显卡设计不同，在处理器制程上的先进工艺以及新的架构设计，将图形核心与处理核心整合在同一块基板上，构成一颗完整的处理器，支持睿频加速技术，可以独立加速或降频，并共享三级高速缓存，这不仅大大缩短了图形处理的响应时间、大幅度提升渲染性能，能在更低功耗下实现同样出色的图形处理性能和流畅的应用体验。AMD的带核芯显卡的处理器为APU系列，如A8、A10等，Intel带核芯显卡的处理器有Broadwell、Haswell、sandy bridge（SNB）、Trinity和ivy bridge（IVB）架构，如i3 4160、i5 4590、i7 4790K。

2.5.2 显卡的性能指标

显卡的性能指标主要有以下几个。

1.显示芯片

显示芯片，就是我们说的GPU，是图形处理芯片，负责显卡的主要计算工作，主要厂商为NVIDIA公司的N卡、AMD（ATI）公司的A卡。一般娱乐型显卡都采用单芯片设计的显示芯片，而高档专业型显卡的显示芯片则采用多个芯片设计。显示芯片的运算速度，它的高低快慢决定了一块显卡性能的优劣。3D显示芯片与2D显示芯片的不同在于3D添加了三维图形和特效处理功能，可以实现硬盘加速功能。

2.显卡容量

显卡容量也叫显示内存容量，是指显示卡上的显示内存的大小。一般我们常说的1GB、2GB就是显卡容量，主要功能是将显示芯片处理的资料暂时储存在显示内存中，然后再将显示资料映像到显示屏幕上，因此显卡的容量越高，达到的分辨率就越高，屏幕上显示的像素点就越多。

3.显存位宽

显卡位宽指的是显存位宽，即显存在一个时钟周期内所能传送数据的位数，一般用“bit”表示，位数越大则还有瞬间所能传输的数据量越大，这是显存的重要参数之一。显存位宽越高，性能越好价格也就越高，因此256bit的显存更多应用于高端显卡，而主流显卡基本都采用128bit显存。

4.显存频率

显存频率是指显示核心的工作频率，以MHz（兆赫兹）为单位，其工作频率在一定程度上可以反映出显示核心的性能，显存频率随着显存的类型、性能的不同而不同，不同显存能提供的显存频率也有很大差异，中高端显卡显存频率主要有1600MHz、1800MHz、3800MHz、4000MHz、4200MHz、5000MHz、5500MHz等，甚至更高。

5.显存速度

显存速度指显存时钟脉冲的重复周期的快慢，是作为衡量显存速度的重要指标，以ns（纳秒）为单位。常见的显存速度有7ns、6ns、5.5ns、5ns、4ns、3.6ns、2.8ns以及2.2ns等。数字值越小说明显存速度越快，显存的理论工作频率计算公式是：额定工作频率（MHz）=1000/显存速度×2（DDR显存），如4ns的DDR显存，额定工作频率=1000/4×2=500MHz。

6.封装方式

显存封装是指显存颗粒所采用的封装技术类型，封装就是将显存芯片包裹起来，以避免芯片与外界接触，防止外界对芯片的损害。显存封装形式主要有QFP（小型方块平面封装）、TSOP（微型小尺寸封装）和MBGA（微型球闸型阵列封装）等，目前主流显卡主要采用TSOP、MBGA封装方式，其中TSOP使用最多。

7.显存类型

目前，常见的显存类型主要包括GDDR2、GDDR3、SDDR3和GDDR5四种，目前主流是GDDR3和GDDR5。GDDR2显存，主要被地段显卡产品采用，采用BGA封装，速度从3.7ns到2ns不等，最高默认频率从500MHz~1000MHz；GDDR3主要继承了GDDR2的特性，但进一步优化了数据速率和功耗；而SDDR3显存颗粒和DDR3内存颗粒一样都是8bit预取技术，单颗16bit的位宽，主要采用64Mx16Bit和32Mx16Bit规格，比GDDR3显存颗粒拥有更大的单颗容量；GDDR5是一种高性能显卡用内存，理论速度是GRR3的4倍以上，而且它的超高频率可以使128bit的显卡性能超过DDR3的256bit显卡。

8.接口类型

当前显卡的总线接口类型主要是PCI-E。PCI-E接口的优点是带宽可以为所有外围设备共同使用。AGP类型也称图形加速接口，它可以直接为图形分支系统的存储器提供高速带宽，大幅度提高了电脑对3D图形的处理速度和信息传递速度。目前PCI-E接口主要分为PCI Express 2.0 16X、PCI Express 2.1 16X和PCI Express 3.0 16X三种，其主要区别是数据传输率，3.0 16X最高可达16GB/s，其次总线管理和容错性等。

9.分辨率

分辨率代表了显卡在显示器上所能描绘的点的数量，一般以横向点乘纵向点来表示，如分辨率为1920像素×1084像素时，屏幕上就有2081280个像素点，通常显卡的分辨率包括：1024×768、1152×864、1280×1024、1600×1200、1920×1084、2048×1536、2560×1600等。

2.5.3 显卡的主流产品

目前显卡的品牌也有很多，如影驰、七彩虹、索泰、MSI微星、镭风、ASL翔升、技嘉、蓝宝石、华硕、铭瑄、映众、迪兰、XFX讯景、铭鑫、映泰等，但是主要采用的是NVIDIA和AMD显卡芯片，下面首先介绍下两大公司主流的显卡芯片型号。

公司/档次	低端入门级	中端实用级	高端发烧级
NVIDIA公司	GT740、GT730、GT720、GT640、GT630、GT610、G210	GTX960、GTX750Ti GTX750、GTX660、GTX650Ti Boost、GTX650Ti、GTX650	GTX980、GTX970、GTX960GTX Titan Black、GTX TitanZ、GTX Titan X、GTX Titan、GTX780Ti、GTX780、GTX770、GTX760
AMD公司	R7 240、R7 250、R9 270	R9 280X、R7 260X、HD7850、HD7750、HD7770	R9 295X2、R9 290X、R9 290、R9 280X、R9 285、R9 280、R9 270X、HD7990、HD7970、HD7950、HD7870

通过上表了解了不同档次的显卡芯片后，对于我们挑选合适的显卡是极有帮助的，下面介绍几款主流显卡供读者参考。

1.影驰GT630虎将D5

影驰GT630虎将D5属于入门级显卡，拥有一定的游戏性能，且性价比较高。其搭载了GD。

DR5高速显存颗粒，组成了1024M/128bit的显存规格，核心显存频率为810Mz/3100MHz，采用了40nm制程的NVIDIA GF108显示核心，支持DX11特效，整合PhysX物理引擎，支持物理加速功能，内置7.1声道音频单元，独有PureVideo HD高清解码技术能够轻松实现高清视频的硬件解码。

2.七彩虹iGame 750 烈焰战神U-Twin-1GD5

七彩虹iGame750烈焰战神U-Twin-1GD5显卡利用最新的28nm工艺Maxwell架构的GM107显示核心，配备了多达512个流处理器，支持NVIDIA最新的GPU Boost技术，核心频率动态智能调节尽最大可能发挥芯片性能，而又不超出设计功耗，1G/128bit GDDR5显存，默认频率5000MHz，为核心提供80GB/s的显存带宽，轻松应对高分辨率高画质的3D游戏。一体式散热模组+涡轮式扇叶散热器，并通过自适应散热风扇风速控制使散热做到动静皆宜。接口部分，iGame750 烈焰战神U-Twin-1GD5 V2提供了DVI+DVI+miniHDMI的全接口设计，并首次原生支持三屏输出，轻松搭建3屏3D Vsion游戏平台，为高端玩家提供身临其境的游戏体验。

3.影驰GTX960黑将

影驰GTX960黑将采用了最新的28nm麦克斯韦GM206核心，拥有1024个流处理器 ，搭载极速的显存，容量达到2GB，显存位宽为128Bit，显存频率则达到了7GHz。影驰GTX960黑将的基础频率为1203MHz，提升频率为1266MHz，设计方面，其背面安装了一块铝合金背板，整块背板都进行了防导电处理，不仅能够有效保护背部元件，而且能够有效减少PCB变形弯曲的情况发生。背板后有与显卡PCB对应的打孔，在保护显卡之余，还能大幅提升显卡散热。接口部分，采用DP/HDMI/DVI-D/DVI-I的全接口设计，支持三屏NVIDIA Surround和四屏输出。

4.迪兰R9 280 酷能 3G DC

迪兰R9 280 酷能 3G DC属于发烧级显卡，具有非常出色的游戏表现性，使用的是GCN架构配合28nm制造工艺的核心设计，搭载3072MB超高显存容量以及384bit位宽设计，完美支持DirectX 11.2游戏特效、CrossFire双卡交火、支持ATIPowerplay自动节能等技术，可以满足各类游戏玩家需求。散热方面，采用双风扇散热系统，噪音更低、散热性能更强。接口方面，采用了DVI + HDMI + 2xMini DisplayPort的输出接口组合，可以输出4096 × 2160的最高分辨率。

5.微星（MSI）GTX 970 GAMING 4G

微星（MSI）GTX 970 GAMING 4G是

微星专为游戏玩家打造的超公版显卡，基于Maxwell架构设计以及28nm制造工艺，配备了GM204显示核心，内置1664个流处理器，并配备256bit/4GB的高规格显存，轻松提供流畅高特效游戏画面，并且全面支持DX12特效显示。供电方面采用6+2相供电设计，为显卡超频能力提供了强有力的保障。散热方面，采用全新的第五代Twin Frozr双风扇散热系统，为显卡提供了强大的散热效果。接口方面，采用了DVI-I + DVI-D + HDMI + DP的视频输出接口组合，可以满足玩家组建单卡多屏输出的需求。整体来看，对于追求极致的用户，是一个不错的选择。

2.5.4 显卡的选购技巧

显卡是电脑中既重要又特殊的部件，因为它决定了显示图像的清晰度和真实度，并且显卡是电脑配件中性能和价格差别最大的部件，便宜的显卡只有几十元，昂贵的则价格高达几千元。其实，对于显卡的选购还是有着许多的小技巧可言，掌握了这些技巧无疑能够帮助用户们更进一步地挑选到合适的产品，下面介绍下选购显卡的技巧。

1. 根据需要选择

实际上，挑选显卡系列非常简单，因为无论是AMD还是NVIDIA，其针对不同的用户群体，都有着不同的产品线与之对应。根据实际需要确定显卡的性能及价格，如用户仅仅喜爱看高清电影，只需要一款入门级产品。如果仅满足一般办公的需求，采用中低端显卡就足够了。而对于喜爱游戏的用户来说，中端甚至更为高端的产品无疑才能够满足需求。

2. 查看显卡的字迹说明

质量好的显卡，其显存上的字迹即使已经磨损，但仍然可以看到刻痕。所以，在购买显卡时可以用橡皮擦擦拭显存上的字迹，看看字迹擦过之后是否还存在刻痕。

3. 观察显卡的外观

显卡采用PCB板的制造工艺及各种线路的分布。一款好的显卡用料足，焊点饱满，做工精细，其PCB板、线路、各种元件的分布比较规范。

4. 软件测试

通过测试软件，可以大大降低购买到伪劣显卡的风险。通过安装公版的显卡驱动程序，然后观察显卡实际的数值是否和显卡标称的数值一致，如不一致就表示此显卡为伪劣产品。另外，通过一些专门的检测软件检测显卡的稳定性，劣质显卡显示的画面就有很大的停顿感，甚至造成死机。

5. 查看主芯片防假冒

在主芯片方面，有的杂牌利用其他公司的产品及同公司低档次芯片来冒充高档次芯片。这种方法比较隐蔽，较难分别，只有察看主芯片有无打磨痕迹，才能区分。

2.6 显示器

本节教学录像时间：12 分钟

显示器是用户与电脑进行交流的必不可少的设备，显示器到目前为止概念上还没有统一的说法，但对其认识却大都相同，顾名思义它应该是将一定的电子文件通过特定的传输设备显示到屏幕上再反射到人眼的一种显示工具。

2.6.1 显示器的分类

显示器的分类根据不同的划分标准，可分为多种类型。本节从两方面划分显示器的类型。

1.按尺寸大小分类

按尺寸大小将显示器分类是最简单主观的，常见的显示器尺寸可分为19英寸、20英寸、21英寸、22英寸、23英寸、23.5英寸、24英寸、27英寸等，以及更大的显示屏，现在市场上主要以22英寸和24英寸为主。

2.按显示技术分类

按显示技术分类可将显示器分为液晶显示器（LCD）、离子电浆显示器（PDP）、有机电发光显示器（DEL）3类。目前液晶显示器（LCD）在显示器中是主流。

2.6.2 显示器的性能指标

不同的显示器在结构和技术上不同，所以它们的性能指标参数也有所区别。在这里我们就以液晶显示器为例介绍其性能指标。

1.点距

点距一般是指显示屏上两个相邻同颜色荧光点之间的距离。画质的细腻度就是由点距来决定的，点距间隔越小，像素就越高。22英寸LCD显示器的像素间距基本都为0.282mm。

2.最佳分辨率

分辨率是显示器的重要的参数之一，当液晶显示器的尺寸相同时，分辨率越高，其显示的画面就越清晰。如果分辨率调的不合理，则显示器的画面会模糊变形。一般17英寸LCD显示器的最佳分辨率为1024像素 × 768像素，19英寸显示器的最佳分辨率通常为1440像素 × 900像素，更大尺寸拥有更大的最佳分辨率。

3.亮度

亮度是指画面的明亮程度。亮度较亮的显示器画面过亮常常会令人感觉不适，一方面容易引起视觉疲劳，另一方面也使纯黑与纯白的对比降低，影响色阶和灰阶的表现。因此提高显示器亮度的同时，也要提高其对比度，否则就会出现整个显示屏发白的现象。亮度均匀与否，与背光源、反光镜的数量和配置方式息息相关，品质较佳的显示器，画面亮度均匀，柔和不刺目，无明显的暗区。

4.对比度

液晶显示器的对比度实际上就是亮度的比值，即显示器的亮区与暗区的亮度之比。显示器的对比度越高，显示的画面层次感就越好。目前主流液晶显示器的对比度大多集中在400：1至600：1的水平上。

5.色彩饱和度

液晶显示器的色彩饱和度是用来表示其色彩的还原程度的。液晶每个像素由红、绿、蓝（RGB）子像素组成，背光通过液晶分子后依靠RGB像素组合成任意颜色光。如果RGB三原色越鲜艳，那么显示器可以表示的颜色范围就越广。如果显示器三原色不鲜艳，那这台显示器所能显示的颜色范围就比较窄，因为其无法显示比三原色更鲜艳的颜色，目前最高标准为72%NTSC。

6.可视角度

指用户可以从不同的方向清晰地观察屏幕上所有内容的角度。由于提供LCD显示器显示的光源经折射和反射后输出时已有一定的方向性，超出这一范围观看就会产生色彩失真现象，CRT显示器不会有这个问题。目前市场上出售的LCD显示器的可视角度都是左右对称的，但上下就不一定对称了。

2.6.3 显示器主流产品

显示器品牌有很多种，在液晶显示器品牌中，三星、LG、华硕、明基、AOC、飞利浦、长城、优派、HKC等是市场中较为主流的品牌。

1.明基（BenQ）VW2245Z

明基VW2445Z是一款21.5英寸液晶显示器，外观方面采用了主流的钢琴烤漆黑色外观，4.5mm超窄边框设计，显示器厚度仅有17mm，十分轻薄。面板方面采用VA面板，无亮点而且漏光少，上下左右各178° 超广视角，不留任何视觉视角。该显示器最大特点是不闪屏，滤蓝光技术，可以在任何屏幕亮度下不闪烁，而且可以过滤有害蓝光，保护眼睛，对于长久电脑作业的用户，是一个不错的选择。

2.三星（SAMSUNG）S24D360HL

三星 S24D360HL是一款23.6英寸LED背光液晶显示器，外观方面采用塑料材质，搭配白色设计，配以青色的贴边，十分时尚。面板方面，采用三星度假的PLS广视角面包，确保屏幕透光率更高，更加透亮清晰，屏幕比例为16：9，支持178/178° 可视角度和LED背光功能，可以提供1920×1080最佳分辨率，1000：1静态对比度和1000000：1动态对比度，5ms灰阶响应时间，并提供了HDMI和D-Sub双接口，是一款较为实用的显示器。

3.戴尔（DELL）P2314H

戴尔 P2314H是一款23英寸液晶显示器，外观方面采用黑色磨砂边框，延续了戴尔极简的商务风格，面板采用LED背光和IPS技术，支持1920×1080全高清分辨率的16：9显示屏，拥有

2000000：1的高动态对比度与86%的色域，8ms响应时间，178° 的超广视角，确保了全高清的视觉效果。另外，该显示器采用专业级的“俯仰调节+左右调节+枢轴旋转调节”功能，在长文本及网页阅读、竖版照片浏览、多图表对比等应用上拥有宽屏无以比拟的优势，同时也是多连屏实现的基础，也属于性价比较高的“专业性”屏幕。

4.SANC G7 Air

SANC G7 Air采用27英寸的苹果屏，是一款专为竞技爱好者设计的显示器。外观方面采用超轻薄的设计，屏幕最薄处仅为8.8mm，土豪香槟金铝合金支架，更具现代金属质感。面板方面采用AH-IPS面板，最佳分辨率为2560×1440像素，黑白响应时间为5ms，拥有10.7亿的色数，178° 超广视角，满足游戏玩家丰富色彩要求，临场感十足。

2.6.4 显示器的选购技巧

选购显示器要分清其用途，以实用为主。

（1）就日常上网浏览网页而言，一般的显示器就可以满足用户。普通液晶与宽屏液晶各有优势，总体来说，在图片编辑应用上，使用宽屏液晶更好，而在办公文本显示应用上，普通液晶的优势更大。

（2）就游戏应用而言，对于准备购买液晶的朋友来说宽屏液晶是不错的选择，它拥有16：9的黄金显示比例，在支持宽屏显示的游戏中优势是很非常明显的，它比传统4：3屏幕的液晶更符合人体视觉舒适性，并且相信以后推出的大多数游戏都会提供宽屏显示，那时宽屏液晶可以获得更好的应用。

2.7 电源

本节教学录像时间：5 分钟

在选择电脑时，我们往往只注重CPU、主板、硬盘、显卡、显示器等产品，但常常忽视了电源的重要作用。

一颗强劲的CPU会带着我们在复杂的数码世界里飞速狂奔，一块很酷的显卡会带我们在绚丽的3D世界里领略那五光十色的震撼，一块很棒的声卡更能带领我们进入那美妙的音乐殿堂。在享受这一切的同时，你是否想到还有一位幕后英雄在为我们默默地工作呢？这就是电源了。熟悉电脑的用户都知道，电源的好与坏直接关系到系统的稳定与硬件的使用寿命。尤其是在硬件升级换代的今天，虽然工艺上的改进可以降低CPU的功率，但同时高速硬盘、高档显卡、高档声卡层出不穷，使相当一部分电源不堪重负。令人欣慰的是，在DIY市场，大家越来越重视对电源的选购，那么怎样才能选购一台合适的电源呢？

1. 品牌

目前市场上比较有名的品牌有：航嘉、金河田、游戏悍将、鑫谷、长城机电、百盛、世纪之星以及大水牛等，这些都通过了3C认证，选购比较放心。

2. 输入技术指标

输入技术指标有输入电源相数、额定输入电压以及电压的变化范围、频率、输入电流等。一般这些参数及认证标准在电源的铭牌上都有明显的标注。

3. 安全认证

电源认证也是一个非常重要的环节，因为它代表着电源达到了何种质量标准。电源比较有名的认证标准是3C认证，它是中国国家强制性产品认证的简称，将CCEE（长城认证）、CCIB（中国进口电子产品安全认证）和EMC（电磁兼容认证）三证合一。一般的电源都会符合这个标准，若没有，最好不要选购。

4. 功率的选择

虽然现在大功率的电源越来越多，但是并非电源的功率越大越好，最常见的是350W的。一般要满足整台电脑的用电需求，最好有一定的功率余量，尽量不要选小功率电源。

5. 电源重量

通过重量往往能观察出电源是否符合规格，一般来说：好的电源外壳一般都使用优质钢材，材质好、质厚，所以较重的电源，材质都较好。电源内部的零件，比如变压器、散热片等，同样是重的比较好。好电源使用的散热片应为铝制甚至铜制的散热片，而且体积越大散热效果越好。一般散热片都做成梳状，齿越深，分得越开，厚度越大，散热效果越好。基本上，我们很难在不拆开电源的情况下看清散热片，所以直观的办法就是从重量上去判断了。好的电源，一般会增加一些元件，以提高安全系数，所以重量自然会有所增加。劣质电源则会省掉一些电容和线圈，重量就比较轻。

6. 线材和散热孔

电源所使用的线材粗细，与它的耐用度有很大的关系。较细的线材，长时间使用，常常会因过热而烧毁。另外电源外壳上面或多或少都有散热孔，电源在工作的过程中，温度会不断升高，除了通过电源内附的风扇散热外，散热孔也是加大空气对流的重要设施。原则上电源的散热孔面积越大越好，但是要注意散热孔的位置，位置放对才能使电源内部的热气及早排出。

2.8 机箱

本节教学录像时间：4 分钟

机箱是电脑的外衣，是电脑展示的外在硬件，它是电脑其他配件的保护伞。所以在选购机箱时要注意以下几点。

1. 注意机箱的做工

组装电脑避免不了装卸硬盘、拆卸显卡，甚至搬运机箱的动作，如果机箱外层与内部之间的边缘有切口不圆滑，那么就很容易划伤自己。机箱面板的材质是很重要的。前面板大多采用工程塑料制成，成分包括树脂基体、白色填料（常见的乳白色前面板）、颜料或其他颜色填充材料（有其他色彩的前面板）、增塑剂、抗老化剂等。用料好的前面板强度高，韧性大，使用数年也不会老化变黄；而劣质的前面板强度很低，容易损坏，使用一段时间就会变黄。

2. 机箱的散热性

机箱的散热性能是我们必须要仔细考核的一个重点，如果散热性能不好的话，会影响整台电脑的稳定性。现在的机箱散热最常见的是利用风扇散热，因其制冷直接、价格低廉，所以被广泛应用。选购机箱要看其尺寸大小，特别是内部空间的大小。另外，选择密封性比较好的机箱，不仅可以保证机箱的散热性，还可以屏蔽掉电磁辐射，减少电脑辐射对人的伤害。

3. 注意机箱的安全设计

机箱材料是否导电，是关系到机箱内部的电脑配件是否安全的重要因素。如果机箱材料是不导电的，那么产生的静电就不能由机箱底壳导到地下，严重的话会导致机箱内部的主板等烧坏。冷镀锌电解板的机箱导电性较好，涂了防锈漆甚至普通漆的机箱，导电性是不过关的。

4.注重外观忽略兼容性

机箱各式各样，很多用户喜欢选择外观好看的，往往忽略机箱的大小和兼容性，如选择标准的ATX主板，mini机箱不支持，选择中塔机箱，很可能要牺牲硬盘位，支持部分高端显卡，因此综合考虑自己的需求，选择一个符合要求的机箱。

高手支招

本节教学录像时间：4 分钟

认识CPU的盒装和散装

在购买CPU时，会发现部分型号中带有“盒”字样，下面就介绍下CPU盒装和散装。

（1）是否带有散热器。CPU盒装和散装的最大区别是，盒装CPU带有原厂的CPU散热器，而散装CPU就没有配带散热器，需要单独购买。

（2）保修时长。盒装和散装CPU在质保时长上是有区别的，通常，盒装CPU的保修期为三年，而散装CPU的保修期为一年。

（3）质量。虽然盒装CPU和散装CPU存在是否带散热器和保修时长问题，但是如果都是正品的话，不存在质量差异。

（4）性能。在性能上，同型号CPU，盒装和散装不存在性能差异，是完全相同的。

出现盒装和散装的原因，主要是CPU供货方式不同，供应给零售市场的主要是盒装产品，而给品牌机厂商的主要是散装产品，另外，也是由于品牌机厂商外泄以及代理商的销售策略。

对于用户，选择盒装和散装，主要根据用户需求，一般的用户，选择一个盒装CPU，配备其原装CPU就可以满足使用要求，如果考虑价格的话，也可以选择散装CPU，自行购买一个散热器即可。对于部分发烧友，尤其是超频玩家，CPU发热量过大，就需要另行购买散热器，所以选择散装就比较划算。

第3章

电脑其他硬件的选购

学习目标

一台完整的电脑，除了电脑主机硬件外，还需要配键鼠、耳麦、音箱等，以发挥其最大的性能，本章主要讲述电脑其他硬件的选购技巧。

学习效果

3.1 光驱的选购

本节教学录像时间：4 分钟

光驱，是电脑用来读写光碟数据信息的机器，也是在台式机和笔记本便携式电脑里比较常见的一个部件。光驱可分为CD-ROM光驱、DVD光驱（DVD-ROM）、康宝光驱（COMBO）和刻录光驱4类。

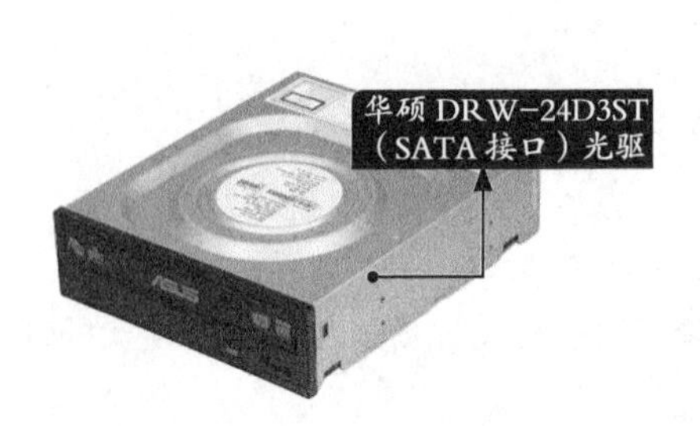

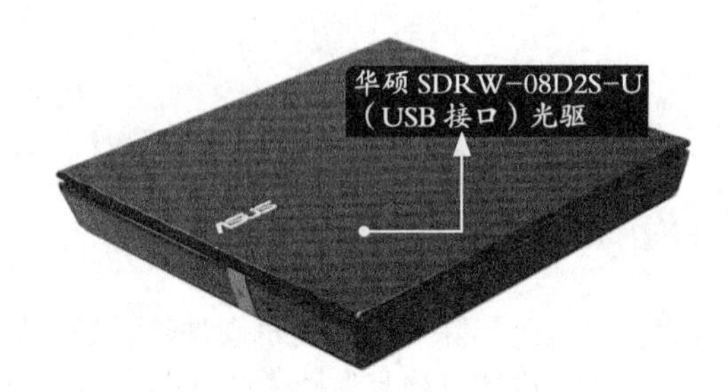

1. 了解四类光驱的区别

CD-ROM光驱：又称为致密盘只读存储器，是一种只读光盘的存储介质。可以读取CD-ROM、CD-R和CD-RW光驱数据，但已被逐渐淘汰。

DVD光驱（DVD-ROM）：该光驱不仅可以读取DVD光盘，还可以读取DVD-ROM、DVD-VIDEO、DVD-R、CD-ROM等常见的格式，对于CD-R/RW、CD-I、VIDEO-CD、CD-G等也有的兼容性。

COMBO光驱：康宝光驱是人们对COMBO光驱的俗称。COMBO光驱不仅有读取DVD、CD-ROM的功能，还有CD刻录的功能，是一种多功能光存储产品。

刻录光驱：包括了CD-R、CD-RW和DVD刻录机等，其中DVD刻录机又分DVD+R、DVD-R、DVD+RW、DVD-RW（W代表可反复擦写）和DVD-RAM。刻录机的外观和普通光驱差不多，只是其前置面板上通常都清楚地标识着写入、复写和读取三种速度。

2. 了解光驱的性能指标

（1）数据传输速率

数据传输速率是光驱最基本的性能指标，是指光驱在每秒能读取的最大数据信息量，通常以KB/s来计算。

（2）CPU占用时间

是指光驱在维持一定的转速和数据传输速率时所占用CPU的时间。该指标是衡量光驱性能的一个重要指标，CPU的占用率可以反映光驱的BIOS编写能力。CPU占用率越少光驱就越好。

（3）平均访问时间

又称平均寻道时间，是指从检测光头定位到开始读盘这个过程所需要的时间，单位是ms，目前一般光驱的平均访问时间是80ms~90ms。

（4）纠错能力

即光驱对质量不好的光盘的纠错能力，纠错能力越强，读取光盘的能力就越好。

3.2 键盘和鼠标的选购

本节教学录像时间：7 分钟

键盘和鼠标是电脑中重要的输入设备，是必不可少的，而它们的好坏影响着电脑的输入效率。

3.2.1 鼠标

鼠标是电脑输入设备的简称，分为有线和无线两种。

鼠标按其工作原理及其内部结构的不同可以分为机械式、光机式和光电式。目前，最常用的鼠标类型是光电式鼠标。它是通过内部的一个发光的二级管发出光线，光线折射到鼠标接触的表面，然后反射到一个微成像器上。

鼠标按照连接方式主要分为有线鼠标、无线鼠标等。有线鼠标的优点是稳定性强、反应灵敏，但便携性差，使用距离受限；无线鼠标的优点是便于携带、没有线的束缚，但稳定性差，易受干扰，需要安装干电池。

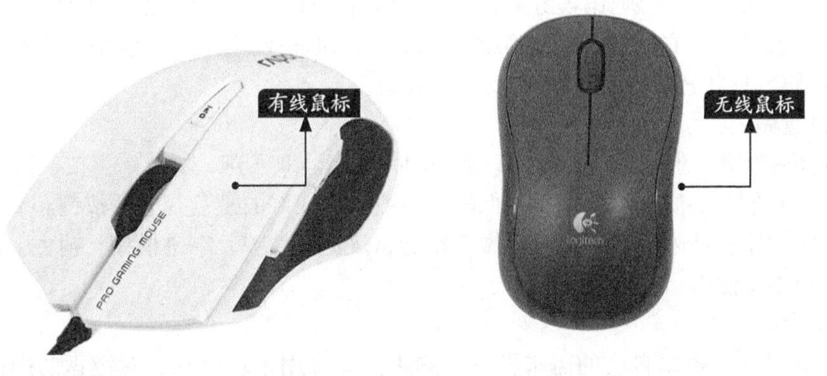

一个好的鼠标应当外形美观，按键干脆，手感舒适，滑动流畅，定位精确。

手感好就是用起来舒适，这不但能提高工作效率，而且对人的健康也有影响，不可轻视。

① 手感方面

好的鼠标手握时感觉舒适且与手掌贴合，按键轻松有弹性，滑动流畅，屏幕指标定位精确。

② 就不同用户而言

普通用户往往对鼠标灵敏度要求不太高，主要看重鼠标的耐用性；游戏玩家用户注重鼠标的灵敏性与稳定性，建议选用有线鼠标；专业用户注重鼠标的灵敏度和准确度；普通的办公应用和上网冲浪的用户，一只50元左右的光电鼠标已经能很好地满足需要了。

③ 品牌

市场鼠标的种类很多，不同品牌的鼠标质量、价格不尽相同，在够买时要注重口碑好的品牌，那样质量、服务有保证。

④ 使用场合

一般情况下，有线鼠标适用于家庭和公共场合。而无线鼠标并不适用于公共场合，体积小，丢失不易寻找，在家中使用可以保证桌面整洁，不会有太多连接线，经常出差的携带无线鼠标较为方便。

3.2.2 键盘

键盘在电脑使用中，主要用于数据和命令的输入，如可以输入文字、字母、数字等，也可以通过某个按键或组合键执行操作命令，如按【F5】键，可以刷新屏幕页面，按【Enter】键，执行确定命令等，因此它的手感好坏影响操作是否顺手。

常见的键盘主要可分为机械式和电容式两类，现在的键盘大多都是电容式键盘。键盘如果按其外形来划分又有普通标准键盘和人体工学键盘两类。按其接口来分主要有PS/2接口（小口）、USB接口以及无线键盘等种类的键盘。在选购键盘时，可根据以下几点进行选购。

（1）键盘触感

好的键盘在操作时，感觉比较舒适，按键灵活有弹性，不会出现键盘被卡住的情况，更不会有按键沉重、按不下去的感觉。好的触感，可以让我们在使用中得心应手。在购买时，试敲一下，看是否适合自己的使用习惯和具有良好的触感。

（2）键盘做工

键盘的品牌繁多，但在品质上赢得口碑的却并不多。双飞燕、罗技、雷柏、精灵、Razer（雷蛇）等品牌，它们在品质上给予了用户保障。一般品质较好的键盘，它的按键布局、键帽大小和曲度合理，按键字符清晰，而一些键盘做工粗糙，按键弹性差，字迹模糊且褪色，没有品牌标识等，影响用户正常使用。

（3）键盘的功能

购买键盘时，应根据自己的需求再进行购买。如果用来玩游戏，对键盘的操作性能要求较高，可以购买游戏类键盘；如果用来上网、听音乐、看视频等，可以购买一个多媒体键盘；如果用来办公，购买一般的键盘即可。

3.3 耳麦的选购

本节教学录像时间：4 分钟

耳麦不但具有耳机的功能，而且兼具了麦克风的功能，不管是玩游戏，还是语音聊天，亦或是看电影，都是不可或缺的硬件设备。

在选购耳麦时，可以根据以下几点进行购买。

（1）耳麦的分类

耳麦主要分为头戴式、后挂式、入耳式等，一般情况下，主要选用头戴式和后挂式两种。头戴式耳麦耳罩较大，可有效减少外界杂音，但夏天带较热。后挂式耳麦时尚，但隔音效果差。

（2）耳机的性能指标

一般情况下，耳机一般最低要达到20Hz～20kHz的频率范围，大于100MW的功率，小于或略等于0.5%的谐波失真。一些质量差的耳麦生产商，会胡乱标注耳机的性能指标，夸大其词，如果不能达到以上要求或高于上述标准，建议不要购买。

（3）麦克风的拾音效果

如果麦克风的拾音效果差，对方就听不到或听不清声音。在购买时，需要进行测试，可以使用电脑进行录音，将麦克风放到合适位置，说话进行录制。完毕后，进行回放，如果声音偏小或听不清，则说明麦克风拾音效果差。

（4）耳麦的做工

质量好的耳麦，其做工精细，耳麦的韧性较好，不会有生硬感，插头不会出现毛刺，干净利落，而劣质耳麦，手感粗糙，耳机接线线径粗细不一。

（5）品牌及外观

在购买时，建议购买一些老牌耳麦生产商生产的耳麦，如硕美科、宾果、罗技、雷柏、AKG、漫步者、飞利浦等，它们做工精良，性能指标准确，带起来舒适。用户购买时，也可以选择自己喜欢的外观。

3.4 音箱的选购

本节教学录像时间：5 分钟

在家庭娱乐中，音箱是必不可少的声音输出硬件，好的音箱则可给我们带来逼真的声音效果，本节就来介绍如何选择音箱。

1.音箱的性能指标

音箱功率：它决定了音箱所能发出的最大声音强度。目前音箱功率的标注方式有两种：额定功率和峰值功率。额定功率是指能够长时间正常工作的功率值，峰值功率则是指在瞬间能达到的最大值。虽说功率是越大越好，但也要适可而止，一般应根据房间的大小来选购，如20平方米的房间，60W功率的音箱也就足够了。

音箱失真度：它直接影响到音质音色的还原程度，一般用百分数表示，越小越好。

音箱频率范围：它是指音箱最低有效回放频率与最高有效回放频率之间的范围，单位是赫兹（Hz），一般来说目前的音箱高频部分较高，低频则略逊一筹，如果你对低音的要求比较高，建议配上低音炮。

音箱频率响应：它是指音箱产生的声压和相位与频率的相关联系变化，单位是分贝（dB）。分贝值越小说明失真越小，性能越高。

音箱信噪比：同声卡一样，音箱的选购中信噪比也是一个非常重要的指标，信噪比过低噪音严重，会严重影响音质。一般来说，音箱的信噪比不能低于80分贝，低音炮的信噪比不能低于70分贝。

2.辨别音箱好坏的简单方法

（1）眼观

选购音箱时一定要注意与自己的电脑显示屏搭配合适，颜色看上去协调。目前的电脑音箱很多已经摆脱了传统的长方体造型，而采用了一些外形独特、更加美观时尚的造型。选购时完全凭用户自己的个人所好。但是音箱的实质还是在于它的音质，如果音质不佳的话，那么再漂亮的外观也是无济于事的。

（2）手摸

用手摸音箱的做工。塑料音箱应该摸一下压模的接缝是否严密，打磨得是否光滑；如果是木质音箱的话，有许多不是木质的，而是采用的中密度板，应该摸一下表面的贴皮是否平整，接缝处是否有突起。这些虽然不会影响音箱的品质，但是却代表了厂商的态度和工艺水平。 在挑选音箱时，掂分量是非常重要的一步。如果一台个头颇大的木质音箱很轻的话，那么它的性能一定也不会好。扬声器单元口径（低音部分）一般在2～6英寸，在此范围内，口径越大灵敏度越高，低频响应效果越好。

（3）听音

听音时不要将音量开到最大，基本上开到三分之二处能够不失真就基本可以了。同时需要注意的是采用不同的声卡，效果也有差异，因此在听音时还应该了解一下商家提供的是什么声卡，以便正确地定位。

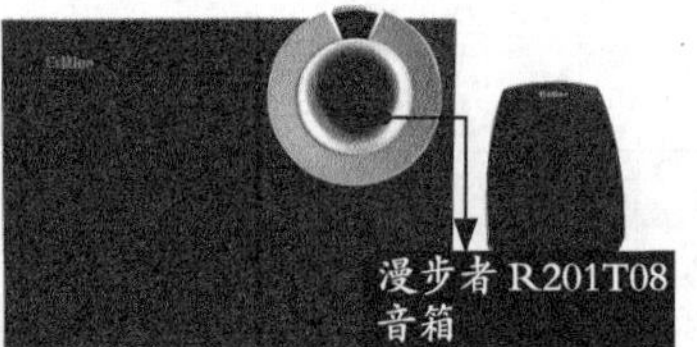

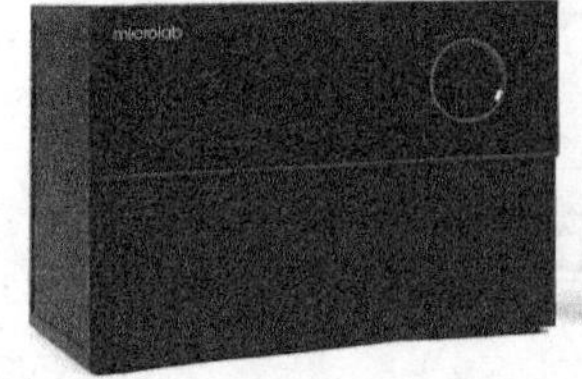

3.5 摄像头的选购

本节教学录像时间：4 分钟

电脑娱乐性的进一步加强和网络生活的进一步丰富，带动了国内互联网带宽和电脑视频软硬件的发展，摄像头已经成为许多新新人类必备的电脑配件了。摄像头产品繁多，规格复杂，究竟应该怎样选择，才能买到一款效果令人满意的摄像头，避免使用劣质摄像头造成误会呢?

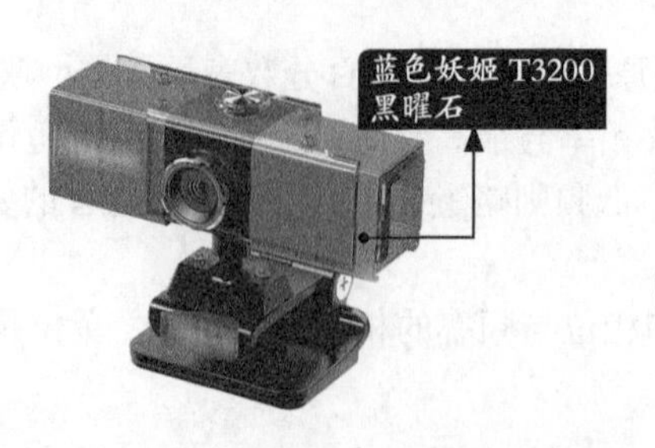

（1）适合自己最重要

现在市场上常见的大部分都是免驱的摄像头，即只要将摄像头与电脑连接，不需要下载安装驱动程序就可以直接使用。而这类摄像头的参数调节，可以在IM软件中去设置。但是，有些摄像头具有独有的特色功能，还需要下载安装软件才能实现。针对摄像头的使用范围，摄像头的支架发生了很大的变化，例如摆放在桌面上的高杆支架、可以夹在笔记本电脑和液晶显示器上的卡夹支架等。外形简单小巧、注重携带方便成为摄像头设计的重要元素，用户在购买时可以根据自己的实际需要进行选择。

（2）镜头

镜头是摄像头重要的组成部分之一，摄像头的感光元件一般分为CCD和CMOS两种。摄影摄像方面，对图像要求较高，因此多采用CCD设计。而摄像头对图像要求没这么高，应用于较低影像的CMOS已经可以满足需要。而且CMOS很大一个优点就是制造成本较CCD低，功耗也小很多。

除此之外，还可以注意一下镜头的大小，镜头大的成像质量会好些。

（3）灵敏度

在使用摄像头视频时会发现大幅度移动摄像头时，画面会出现模糊不清的状况，必须等稳定下来后画面才会逐渐清晰，这就是摄像头灵敏度低的表现。

（4）像素

像素值是影响摄像头质量和照片清晰度的重要指标，也是判断摄像头性能优劣的重要指标。现在市场上摄像头的像素值一般为30万或者35万左右。但是，象素越高并不代表摄像头就越好，因为像素值越高的产品，其要求更宽的带宽进行数据交换，因此我们还要根据自己的网络情况选择。一般30万像素的摄像头足够使用了，没有必要选择像素更高的产品。一方面是因为高像素就意味着高成本，另一方面是因为高像素必然意味着大量数据传输。

3.6 U盘和移动硬盘的选购

本节教学录像时间：6 分钟

U盘和移动硬盘都是便携型的储存产品。U盘与移动硬盘相比较，U盘体积小，价格便宜。移动硬盘传输速度高，性能可靠。下面介绍一下两者的选购技巧。

3.6.1 U盘的选购

U盘的选购技巧主要有以下5点。

（1）查看U盘的容量

U盘容量是选购者考虑的首要条件之一，不少商家在U盘的外观上标注U盘的容量很大，但是实际容量却小的多。例如，8GB的U盘，实际容量只有7.8GB或者更少。U盘容量可以通过电脑系统查看，电脑连接U盘之后，右键单击U盘，选择属性即可查看真实容量，要买接近标注容量的。

（2）查看U盘接口类型

U盘接口主要是USB接口类型，分为3.0接口和2.0接口，USB 3.0比USB 2.0读写速度要快10倍左右，但是其价格也相对较高，一般USB 3.0接口的U盘，其前端芯片为蓝色。另外有双接口（Micro USB和USB），主要区别是支持插入包含OTG功能手机中进行读写使用。

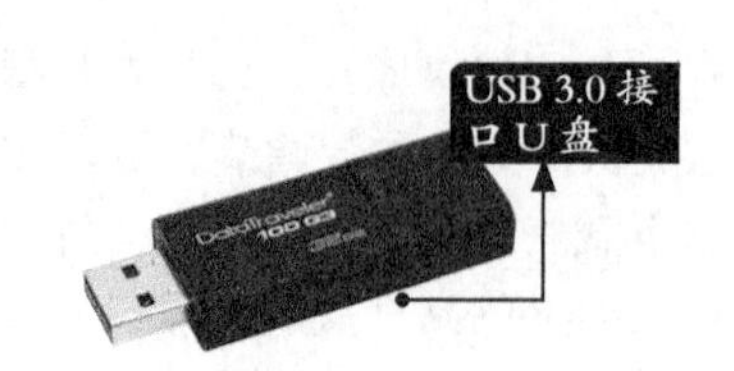

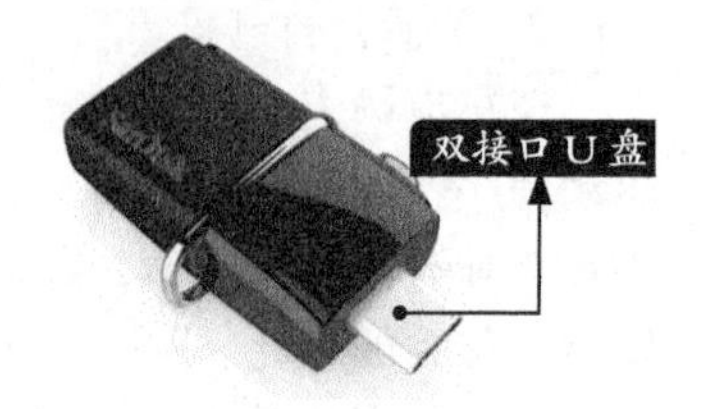

（3）查看U盘传输速度

U盘的传输速度是衡量一个U盘好坏的标准之一，好的U盘传输数据的速度要快。一般U盘都会标明它的写入和读写速度。

（4）查看品牌与做工

劣质U盘外壳手感粗糙，耐用度较差。好的U盘外壳材料精致。最重要的是外壳能保护好里面的芯片，不要图便宜而选择较差产品，通常品牌U盘在这方面做的比较好，毕竟品牌注重的是口碑。推荐品牌：金士顿、闪迪、SSK飚王、威刚、联想、金邦科技等。

（5）要看售后服务

在选购U盘时，一定要询问清楚售后服务，例如：保修、包换等问题。这也是衡量U盘好坏的一个重要指标。

3.6.2 移动硬盘的选购

移动硬盘的选购可参考U盘选购的几项选购技巧，另外也要注意以下两点。

（1）移动硬盘不一定是越薄越好

主流的移动硬盘售价越来越便宜，外形也越来越薄。但一味追求低成本和漂亮外观，使得很多产品都不具备防震措施，有些甚至连最基本的防震填充物都没有，其存储数据的可靠性也就可想而知了。

一般来说，机身外壳越薄的移动硬盘其抗震能力越差。为了防止意外摔落对移动硬盘的损坏，有一些厂商推出了超强抗震移动硬盘。其中不少厂商宣称自己是2米防摔落，其实高度根本就不是应该关注的重点，应该关注这个产品是否通过了专业实验室不同角度数百次以上的摔落测试。通常移动硬盘意外摔落的高度为1米左右（即办公桌的高度，也是普通人的腰高），在选购产品时，可以让经销商现场演示一下。

（2）附加价值

不少品牌移动硬盘会免费赠送些杀毒软件、个人信息管理软件、一键备份软件、加密软件等，可根据自己的需求进行取舍。

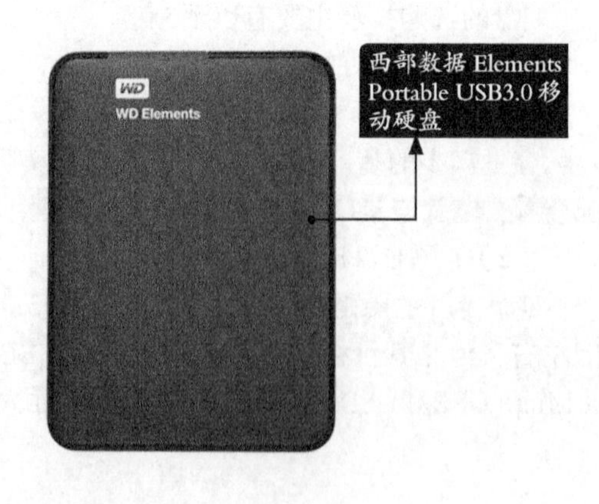

3.7 路由器的选购

本节教学录像时间：7 分钟

路由器对于绝大多数家庭，已是必不可少的网络设备，尤其是家庭中拥有无线终端设备的，需要无线路由器的帮助，接入网络，下面介绍如何选购路由器。

（1）关于型号认识

在购买路由器时，会发现标注有300M、450M和600M等，这里的M是Mbps（比特率）的简称，描述数据传输速度的一个单位。理论上，300Mbps的网速，每秒传输的速度是37.5MB/s，600Mbps的网速，每秒传输的速度是75MB/s，其用公式表示就是每秒传输速度=网速/8。不过对于一般用户来讲，300M的路由器已经足够，主要可以根据网络实际情况选择即可。

（2）关于型号

路由器按照功能分，主要分为有线路由器和无线路由器，如果只是单纯的连接电脑，选择有线的就可以，如果经常使用无线设备，如手机、平板电脑及智能家居设备等，则需要选择无线路由器。按照用途分，主要分为家用路由器和企业级路由器两种，家用路由器一般发射频率较小，接入设备也有限，主要满足家庭需求，而企业级路由器，由于用户较大，其发射频率较大，支持更高的无线带宽和更多用户的使用，而且固件具备更多功能，如端口扫描、数据防毒、数据监控等，当然其价格也较贵。如果是企业用户，建议选择企业级路由器，否则网络会受影响，如网速慢、不稳定、易掉线、设备死机等。

另外，路由器也分为普通路由器和智能路由器，其最主要的区别是，智能路由器拥有独立的操作系统，可以实现智能化管理，用户可以自行安装各种应用，自行控制带宽、自行控制在线人数、自行控制浏览网页、自行控制在线时间、而且拥有强大的USB共享功能。如华为、极路由、百度、小米等推出了自己的智能路由器，现在也成为时下热点，不过选择普通路由器还是智能路由器，完全根据用户需求，如果用不到智能路由器的功能，就没必要买了。

（3）单频还是双频

关于路由器的单频和双频，它指的是一种无线网络通信协议，双频包含802.11n和801.11ac，而单频只有802.11n，单频中802.11n发射的无线频率采用的是2.4GHz频段，而802.11.ac采用的是

5Ghz频段，在使用双拼路由器时候会发现，会有两个无线信号，一个是2.4GHz，一个是5GHz，在传输速度方面5GHz频段的传输速度更强，但是其传输距离和穿墙性能不如2.4GHz，对于一般用户来讲，如果没有支持801.11ac无线设备，选择双频路由器也无法搜索到该频段网络，适合才是最好的，当然不可否认，5GHz是近段无线网络发展的一种方向。

（4）安全性

由于路由器是网络中比较关键的设备，针对网络存在的各种安全隐患，路由器必须要有可靠性与线路安全。选购时安全性能是参考的重要指标之一。

（5）控制软件

路由器的控制软件是路由器发挥功能的一个关键环节，从软件的安装、参数自动设置，到软件版本的升级都是必不可少的。软件安装、参数设置及调试越方便，用户使用就越容易掌握，就能更好地应用。如今不少路由器已提供APP支持，用户可以使用手机调试和管理路由器，对于初级用户也是很方便的。

高手支招

本节教学录像时间：3 分钟

企业级的路由器选择方案

对于企业级路由器而言，由于终端用户数较多，因此不能选择普通家庭用路由器，这样会造成网速过慢，从而影响工作效率。企业级路由器选购时应注意以下几点。

（1）性能及冗余、稳定性

路由器的工作效率决定了它的性能，也决定了运行时的承载数据量及应用。此外，路由器的软件稳定性及硬件冗余性也是必须考虑的因素，一个完全冗余设计的路由器可以大大提高设备运行中的可靠性，同时软件系统的稳定也能确保用户应用的开展。

（2）接口

企业的网络建设必须要考虑带宽、连续性和兼容性，核心路由器的接口必须考虑在一个设备中可以同时支持的接口类型，比如各种铜芯缆及光纤接口的百兆/千兆以太网、ATM接口和高速POS接口等。

（3）端口数量

选择一款适用的路由器必然要考虑路由器的端口数，市场上的选择很多，可以从几个端口到数百个端口，用户必须根据自己的实际需求及将来的需求扩展等多方面来考虑。一般而言，对于中小企业来说，几十个端口即能满足需求；真正重要的是对大型企业端口数的选择，一般都要根据网段的数目先做个统计，并对企业网络今后可能的发展做个预测，然后再做选择，从几十到几百个端口，可以根据需求进行合理选择。

（4）路由器支持的标准协议及特性

在选择路由器时必须要考虑路由器支持的各种开放标准协议，开放标准协议是设备互联的良好前提，所支持的协议则说明设计上的灵活与高效。比如查看其是不是支持完全的组播路由协议、是不是支持MPLS、是不是支持冗余路由协议VRRP。此外，在考虑常规IP路由的同时，有些企业还会考虑路由器是否支持IPX、AppleTalk路由。

（5）确定管理方法的难易程度

目前路由器的主流配置有三种，第一种是傻瓜型路由器，它不需要配置，主要用户群是家庭或者SOHO；第二种是采用最简单Web配置界面的路由器，主要用户群是低端中小型企业，因为它面向的是普通非专业人士，所以它的配置不能太复杂；第三种方式是借助终端通过专用配置线联到路由器端口上做直接配置，这种路由器的用户群是大型企业及专业用户，所以它在设置上要比低端路由器复杂得多，而且现在的高端路由器都采用了全英文的命令式配置，应该由经过专门培训的专业化人士来进行管理、配置。

（6）安全性

由于网络黑客和病毒的流行，网络设备本身的保护和低御能力也是选择路由器的一个重要因素。路由器本身在使用RADIUS/TACACS+等认证的同时，会使用大量的访问控制列表(ACL)来屏蔽和隔离，用户在选择路由器时要注意ACL的控制。

第2篇

组装实战篇

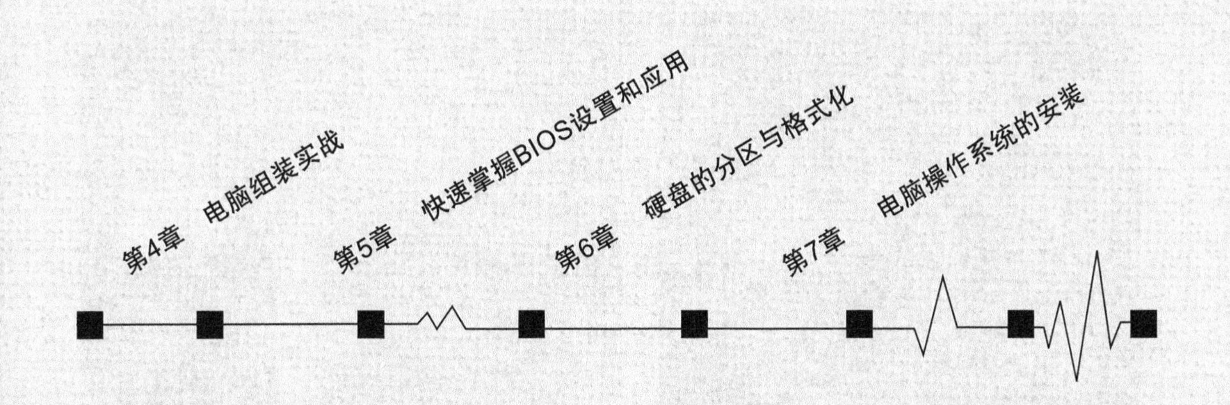

第4章

电脑组装实战

学习目标

了解了电脑各部件的原理、性能，并进行相应的选购后，用户可以对选购的电脑配件进行组装。本章中主要介绍电脑装机流程，方便广大的电脑用户能够很快地掌握装机的基本技能。

学习效果

4.1 电脑装机前的准备

本节教学录像时间：8 分钟

在组装电脑前需要提前做好准备，如装机工具、安装流程及注意事项等，当一切工作都准备并了解后，再去组装电脑就轻松多了，具体准备工作如下。

4.1.1 制定组装的配置方案

不同的用户对电脑有不同的需求，如用于办公、娱乐、游戏等，因而它们的硬件也不尽相同。因此，在确定组装电脑之前，需要根据自己的需求及预算，自行制作一个组装的配置方案，下面以组装一个2500商务办公型的电脑。

商务办公对配置虽然没有过高的要求，但是对机器的稳定性有着较高的要求，否则极容易影响办公，因此在电脑硬件选购上，应选择一些有较好口碑、性能稳定的配件进行搭配。那么，我们就可以根据其特性，进行硬件的搭配了，可以设置如下的表格，填写硬件信息及价格，具体如下所示。

名称	型号	数量	价格
CPU	英特尔 酷睿 i3 4170	1	670
主板	技嘉 B85M-D3V-A	1	405
内存	金士顿 DDR3 8G	1	210
硬盘	希捷2TB 7200转 64MB SATA3	1	430
固态硬盘	金士顿V300	1	280
电源	航嘉 冷静王 2.31	1	155
显卡/声卡/网卡	集成	—	—
机箱	大水牛 风雅	1	115
CPU散热器	酷冷至尊 夜鹰	1	35
显示器	明基VW2245	1	700
键鼠套装	双飞燕WKM-1000针光键鼠套装	1	70
合计			2400

同样，用户可以根据此方法，制定自己的电脑配置方案

4.1.2 必备工具的准备

“工欲善其事，必先利其器。”在装机前一定要将需要用的工具准备好，这样可以让你轻松完成装机全过程。

1. 工作台

平稳、干净的工作台是必不可少的。需要准备一张桌面平整的桌子，在桌面上铺上一张防静电的桌布，即可作为简单的工作台。

2. 十字螺丝刀

在电脑组装过程中，需要用螺丝将硬件设备固定在机箱内，十字螺丝刀自然是不可少的，建议最好准备带有磁性的十字螺丝刀，这样方便在螺丝掉入机箱内时，将其取出来。

如果螺丝刀没有磁性，可以在螺丝刀中下部绑缚一个磁铁，这样同样可以达到磁性螺丝刀的效果。

3. 尖嘴钳

使用尖嘴钳主要用来拆卸机箱后面材质较硬的各种挡板，如电源挡板、显卡挡板、声卡挡板等，也可以用来夹住一些较小的螺丝、跳线帽等零件。

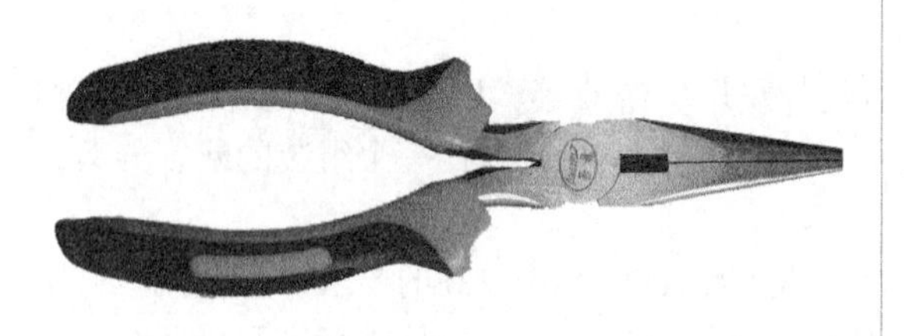

4. 导热硅脂

导热硅脂就是俗说的散热膏，是一种高导热绝缘有机硅材料，也是安装CPU时不可缺少的材料。它主要用于填充CPU与散热器之间的空隙，起到较好的散热作用。

若风扇上带有散热膏，就不需要进行准备。

5. 绑扎带

绑扎带主要用来整理机箱内部各种数据线，使机箱更整洁、干净。

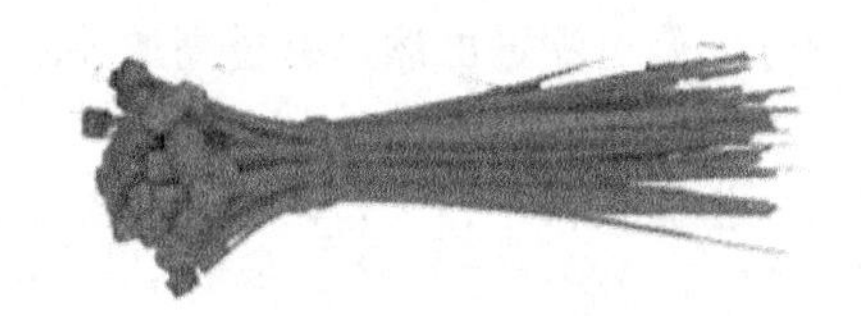

4.1.3 组装过程中的注意事项

电脑组装是一个细活，安装过程中容易出错，因此需要格外细致，并注意以下问题。

（1）检查硬件、工具是否齐全。

将准备的硬件、工具检查一遍，看其是否齐全，可按安装流程对硬件进行有顺序的排放，并仔细阅读主板及相关部件的说明书，看是否有特殊说明。另外，硬件一定要放在平整、安全的地方，防止发生不小心造成的硬件划伤，或从高处掉落等现象。

（2）防止静电损坏电子元器件

在装机过程中，要防止人体所带静电对电子元器件造成损坏。在装机前需要消除人体所带的静电，可用流动的自来水洗手，双手可以触摸自来水管、暖气管等接地的金属物，当然也可以佩戴防静电手套、防静电腕带等。

（3）防止液体浸入电路上

将水杯、饮料等含有液体的器皿拿开，远离工作台，以免液体进入主板，造成短路，尤其在夏天工作时，要防止汗水的滴落。另外，工作环境一定要找一个空气干燥、通风的地方，不可在潮湿的地方进行组装。

（4）轻拿轻放各配件

电脑安装时，不可强行安装，要轻拿轻放各配件，以免造成配件的变形或折断。

4.1.4 电脑组装的流程

电脑组装时，要一步一步地进行操作，下面简单熟悉一下电脑组装的主要流程。

如下图所示。

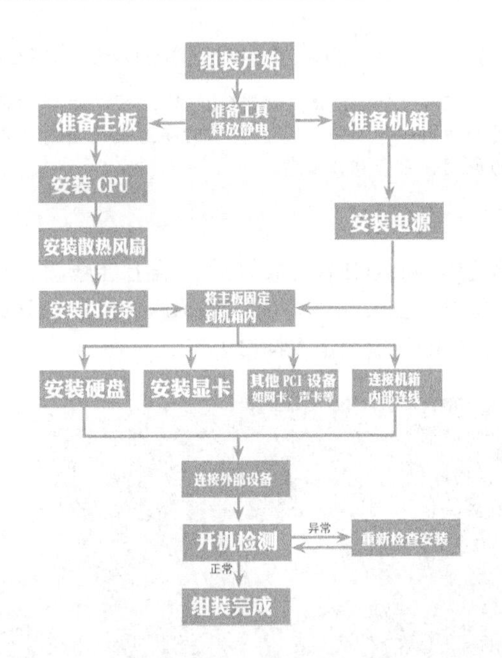

（1）准备好组装电脑所需的配件和工具，并释放身上的静电。

（2）主板及其组件的安装。依次在主板上安装CPU、散热风扇和内存条，并将主板固定在机箱内。

（3）安装电源。将电源安装到机箱内。

（4）固定主板。将主板安装到机箱内。

（5）安装硬盘。将硬盘安装到机箱内，并连接它们的电源线和数据线。

（6）安装显卡。将显卡插入主板插槽，并固定在机箱上。

（7）板接线。将机箱控制面板前的电源开关控制线、硬盘指示灯控制线、USB连接线、音频线接入到主板上。

（8）外部设备的连接。分别将键盘、鼠标、显示器、音箱接到电脑主机上。

（9）电脑组装后的检测。检查各硬件是否安装正确，然后插上电源，看显示器上是否出现自检信息，以验证装机的完成。

4.2 机箱内部硬件的组装

本节教学录像时间：10 分钟

检查各组装部件全部齐全后，就可以进行机箱内部硬件的组装了，在将各个硬件安装到机箱内部之前，需要打开机箱盖。

4.2.1 安装CPU（CPU、散热装置）和内存条

在将主板安装到机箱内部之前，首先需要将CPU安装到主板上，然后安装散热器和内存条。

1.安装CPU和散热装置

在安装CPU时一定要掌握正确的安装步骤，使散热器与CPU结合紧密，便于CPU散热。

步骤 01 打开包装盒，即可看到CPU和散热装置，散热装置包含有CPU风扇和散热器。

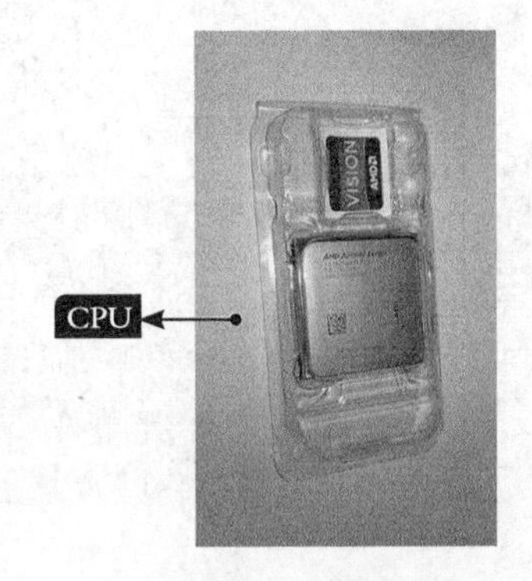

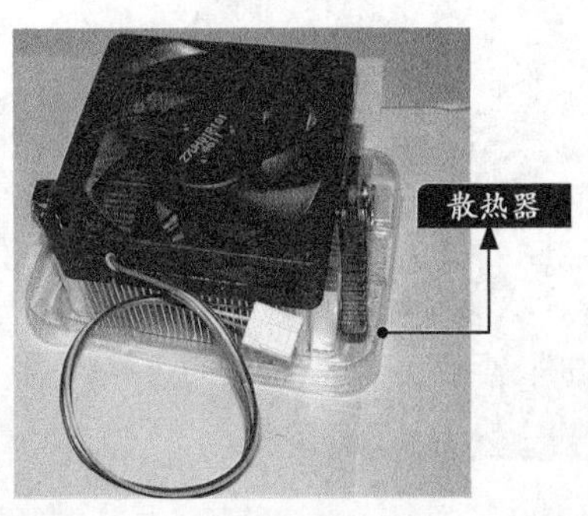

步骤02 将主板放在平稳处，在主板上用手按下CPU插槽的压杆，然后往外拉，扳开压杆。

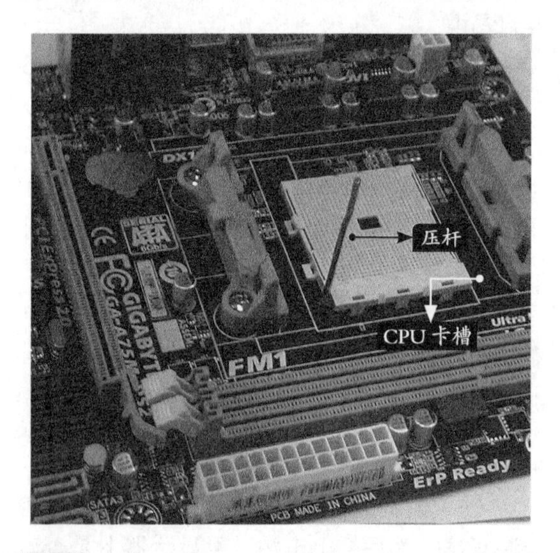

步骤03 拿起CPU，可以看到CPU有一个金三角标志和两个缺口标志，在安装时要与插槽上的三角标志和缺口标志相互对应。

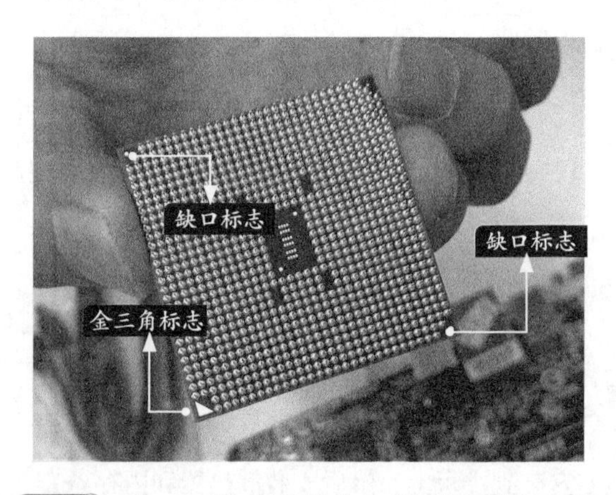

步骤04 将CPU放入插槽中，需要注意CPU的针脚要与插槽吻合。不能用力按压，以免造成CPU插槽上针脚的弯曲甚至断裂。

小提示

在向CPU插槽中放置CPU时，可以看到插槽的一角有一个小三角形，安装时要遵循三角对三角的原则，避免错误安装。

步骤05 确认CPU安放好后，盖上屏蔽盖，压下压杆，当发出响声时，表示压杆已经回到原位，CPU就被固定在插槽上了。

步骤06 将CPU散热装置的支架与CPU插槽上的四个孔相对应，垂直向下安装，安装完成使用扣具将散热装置固定。

步骤07 将风扇的电源接头插到主板上供电的专用风扇电源插槽上。

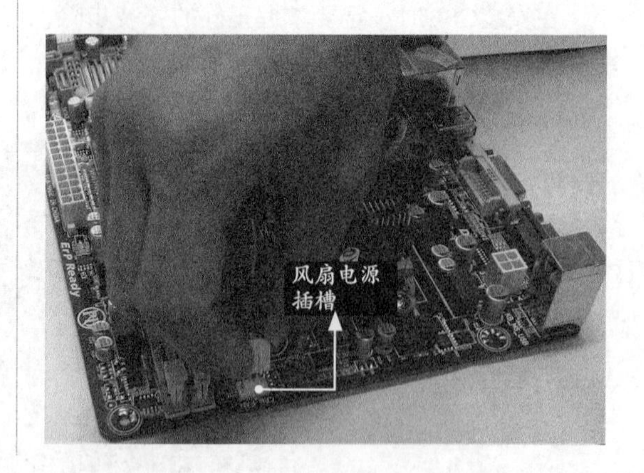

步骤08 电源插头安装完成之后就完成了CPU和散热装置的安装。

2.安装内存条

内存插槽位于CPU插槽的旁边，内存是CPU与其他硬件之间通信的桥梁。

步骤01 找到主板上的内存插槽，将插槽两端的白色卡扣扳起。

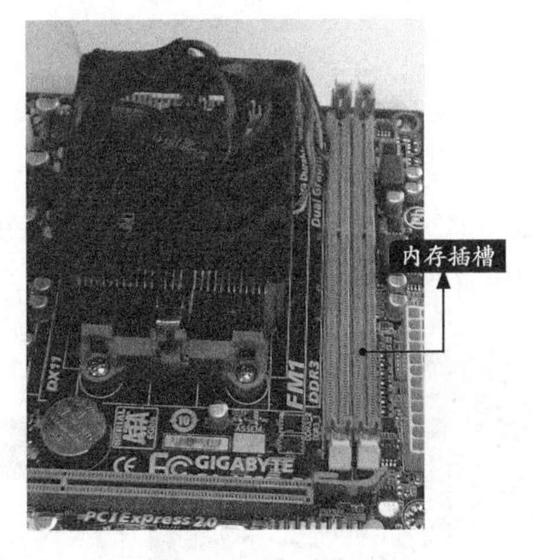

步骤02 将内存条上的缺口与主板内存插槽上的缺口对应。

步骤03 缺口对齐之后，垂直向下将内存条插入内存插槽中，并垂直用力在两端向下按压内存条。

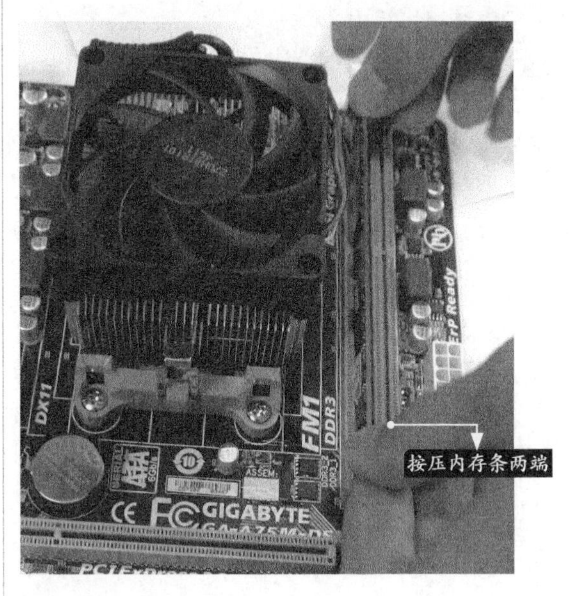

步骤04 当听到“咔”的声响时，表示内存插槽两端的卡扣已经将内存条固定好，至此，就完成了内存条的安装。

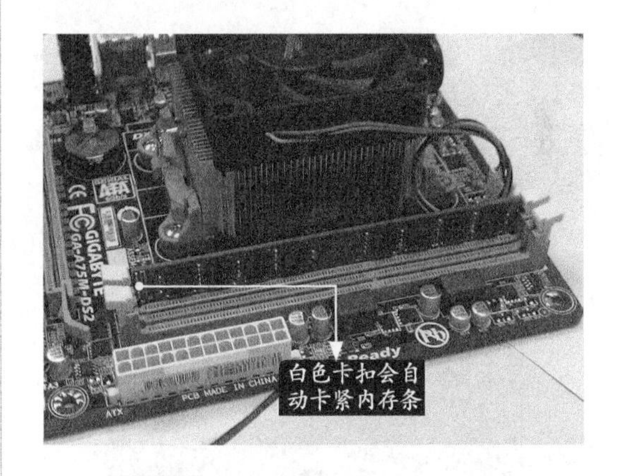

小提示

主板上有多个内存插槽，可以插入多条内存条。如需插入多条内存条，只需要按照上面的方法将其他内存条插入内存插槽中即可。

4.2.2 安装电源

在将主板安装至机箱内部之前，可以先将电源安装至机箱内。

步骤01 将机箱平放在桌面上，可以看到在机箱左上角就是安装电源的地方，然后将电源小心地放置到电源仓中，并调整电源的位置，使电源上的螺丝孔位与机箱上的固定螺孔相对应。

步骤02 对齐螺孔后，使用螺丝将电源固定至机箱上，然后拧紧螺丝。

小提示

先将螺丝孔对齐，放入螺丝后再用螺丝刀将螺丝拧紧，使电源固定在机箱中。

4.2.3 安装主板

安装完成CPU、散热装置和内存条之后就可以将主板安装到机箱内部了。

步骤01 在安装主板之前，首先需要将机箱背部的接口挡板卸下，显示出接口。

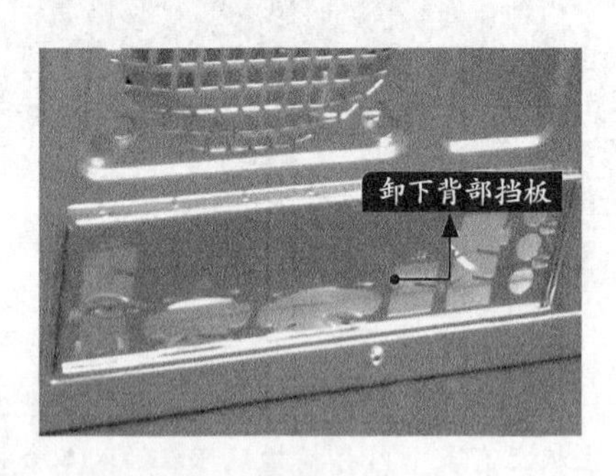

步骤02 将主板放入机箱。

步骤03 放入主板后，要使主板的接口与机箱背部留出的接口位置对应。

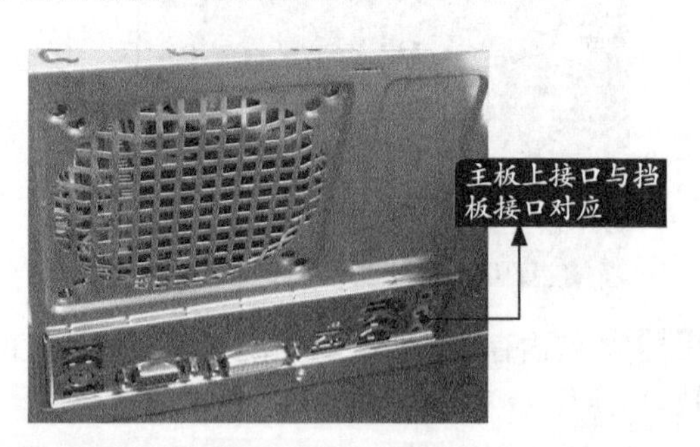

步骤04 确认主板与定位孔对齐之后，使用螺丝刀和螺丝将主板固定在机箱中。

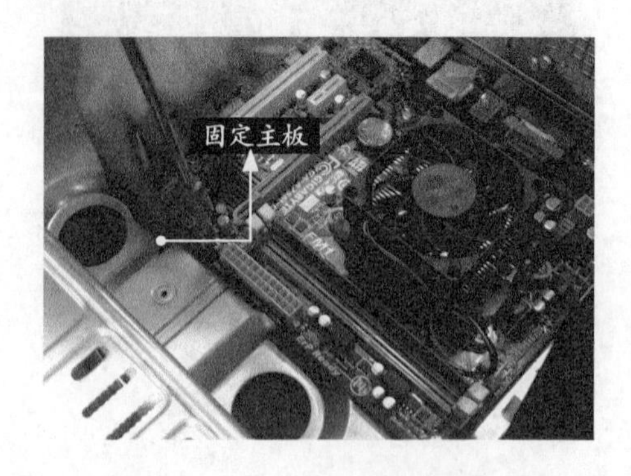

4.2.4 安装显卡

安装显卡主要是指安装独立显卡。集成显卡不需要单独安装。

步骤01 在主板上找到显卡插槽，将显卡金属条上的缺口与插槽上的插槽口相对应，轻压显卡，使显卡与插槽紧密结合。

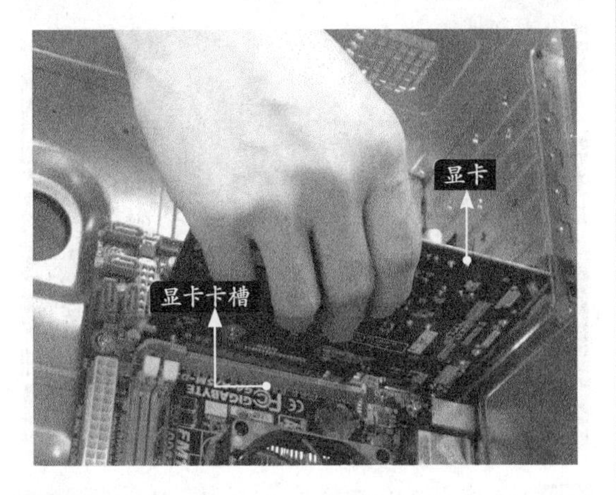

步骤02 安装显卡完毕，直接使用螺丝刀和螺丝将显卡固定在机箱上。

小提示

如同显卡安装办法，将声卡和网卡的挡板去掉，把声卡和网卡分别放置到相应的位置，然后固定好声卡和网卡的挡板，使用螺丝和螺丝刀将挡板固定在机箱上，具体方法不再赘述。

4.2.5 安装硬盘

将主板和显卡安装到机箱内部后，就可以安装硬盘了。

步骤01 将硬盘由里向外放入机箱的硬盘托架上，并适当地调整硬盘位置。

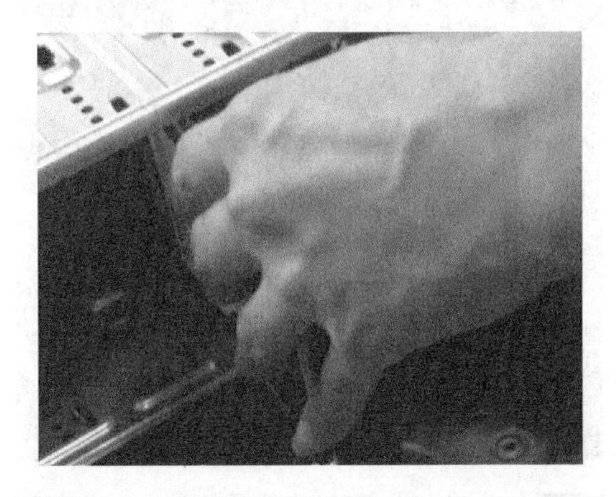

步骤02 对齐硬盘和硬盘托架上螺孔的位置，用螺丝将硬盘两个侧面（每个侧面有2个螺孔）固定。

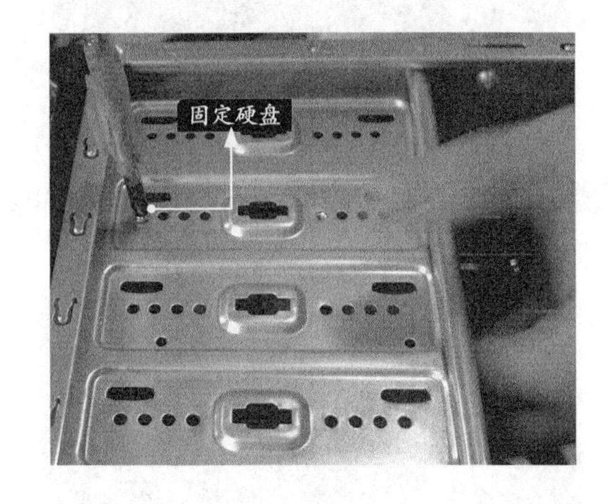

小提示

现在光驱已经不是配备电脑的必要设备，在配置电脑时，可以选择安装光驱也可以选择不安装光驱。安装光驱时，需要先取下光驱的前挡板，然后将光驱从外向里沿着滑槽插入光驱托架，第3步在其侧面将光驱固定在机箱上，最后使用光驱数据线连接光驱和主板上的IDE接口，并将光驱电源线连接至光驱即可。

4.2.6 连接机箱内部连线

机箱内部有很多各种颜色的连接线，连接着机箱上的各种控制开关和各种指示灯，在硬件设备安装完成之后，就可以连接这些连线。除此之外，硬盘、主板、显卡（部分显卡）、CPU等都需要和电源相连，连接完成，所有设备才能成为一个整体。

1. 主板与机箱内的连接线相连

机箱中大多数的部件都需要和主板相连接。

步骤01 F_AUDIO连接线插口是连接HD Audio机箱前置面板连接接口的，选择该连接线。

步骤02 将F_AUDIO插口与主板上的F_AUDIO插槽相连接。

步骤03 USB连接线有两个，主板上也有两个USB接口，连接线上带有“USB”字样，选择该连接线。

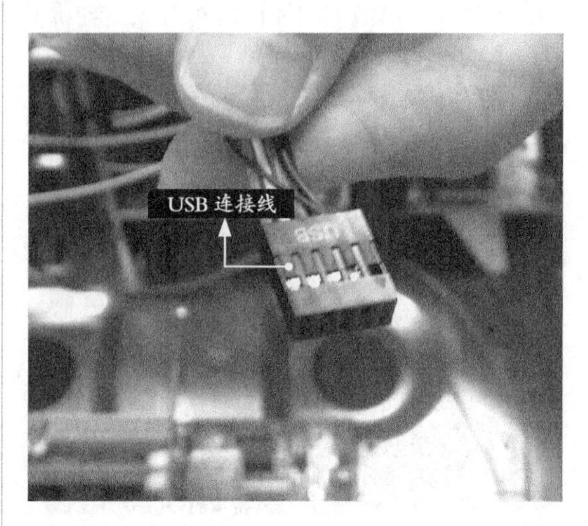

步骤04 将USB连接线与主板上的标记有“USB1”的接口相连。

步骤05 电源开关控制线上标记有“POWER SW”，复位开关控制线上标记有“RESET SW”，硬盘指示灯控制线上标记有“H.D.D LED”。

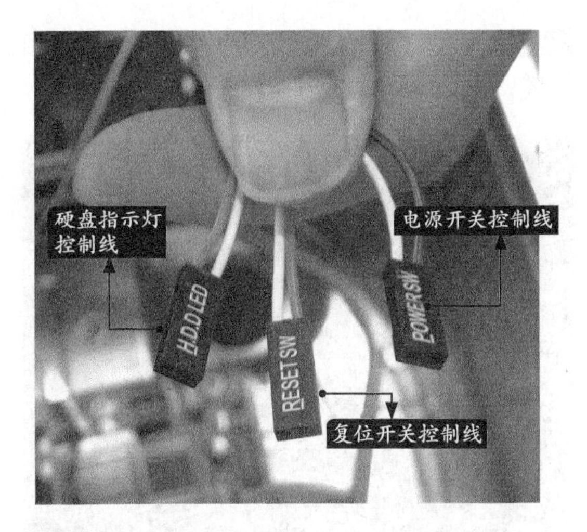

步骤06 将标记有“H.D.D LED”的硬盘指示灯控制线与主板上标记有“-HD+”的接口相连。

步骤07 将标记有“RESET SW”的复位开关控制线与主板上标记有“+RST-”的接口相连。

步骤08 将标记有“POWER SW”的电源开关控制线与主板上标记有“-PW+”的接口相连。

2. 主板、CPU与电源相连

主板和CPU等部件也需要与电源相连接。

步骤01 主板电源的接口为24针接口，选择该连接线。

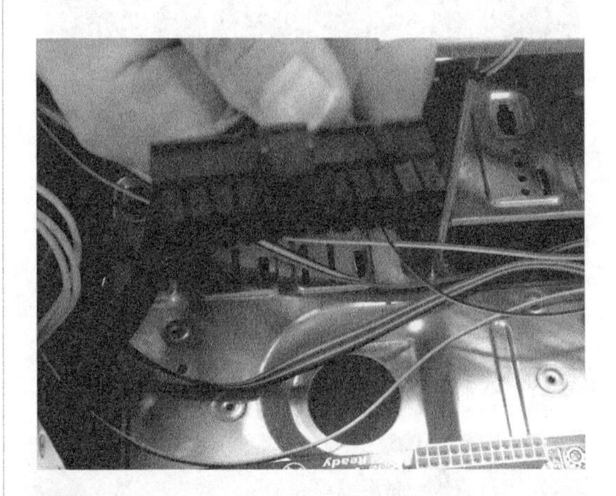

步骤02 在主板上找到主板电源线插槽，将电源线接口连接至插槽中。

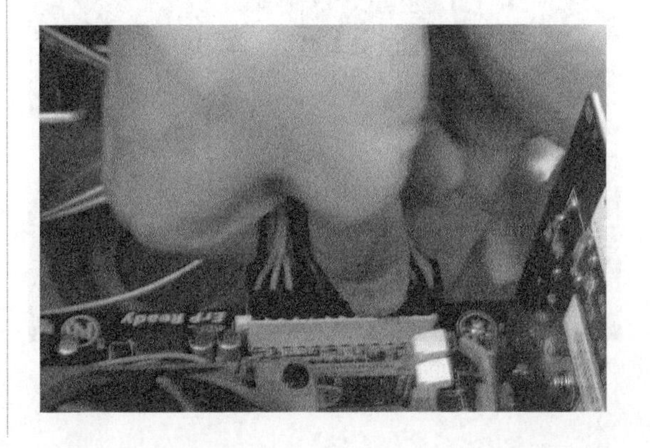

步骤03 选择4口CPU辅助电源线（共2根）。

步骤04 选择任意一根CPU辅助电源线，将其插入主板上的4口CPU辅助电源插槽中。

步骤05 选择机箱上的电源指示灯线。

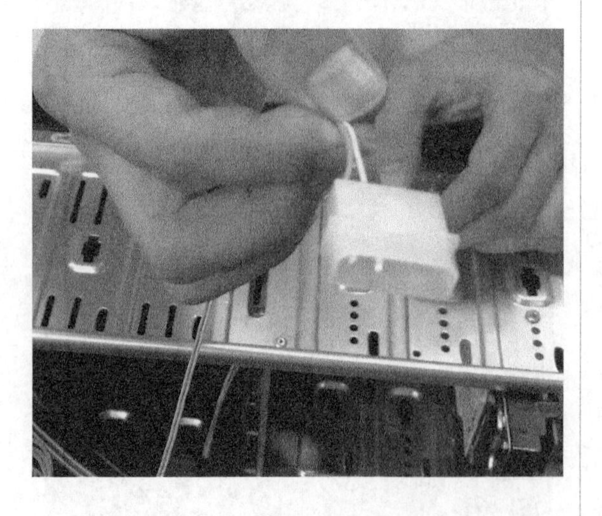

步骤06 将其接口与电源线上对应的接口相连接。

小提示

如果主板和机箱都支持USB 3.0，那么需要在接线时，将机箱前端的USB 3.0数据线接入主板中，如下图所示。

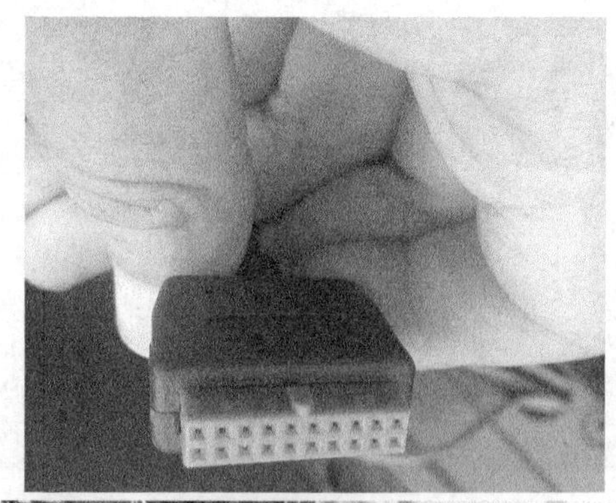

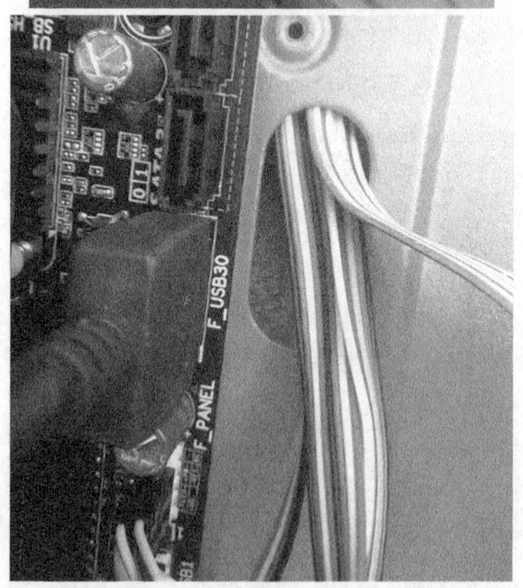

3. 硬盘线的连接

硬盘上线路的连接主要包括硬盘电源线的连接以及硬盘数据线和主板接口的连接。

步骤01 找到硬盘的电源线。

步骤02 找到硬盘上的电源接口，并将硬盘电源线连接至硬盘电源接口。

步骤03 选择硬盘SATA数据线。

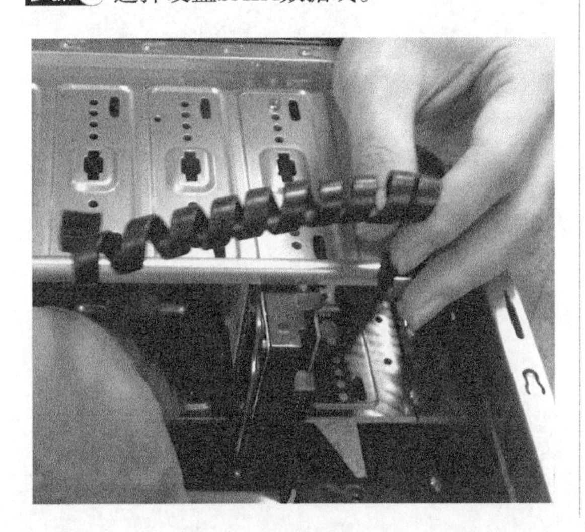

步骤04 将其一端插入硬盘的SATA接口，另一端连接至主板上的对应的SATA 0接口上。

步骤05 连接好各种设备的电源线和数据线后，可以将机箱内部的各种线缆理顺，使其相互之间不缠绕，增大机箱内部空间，便于CPU散热。

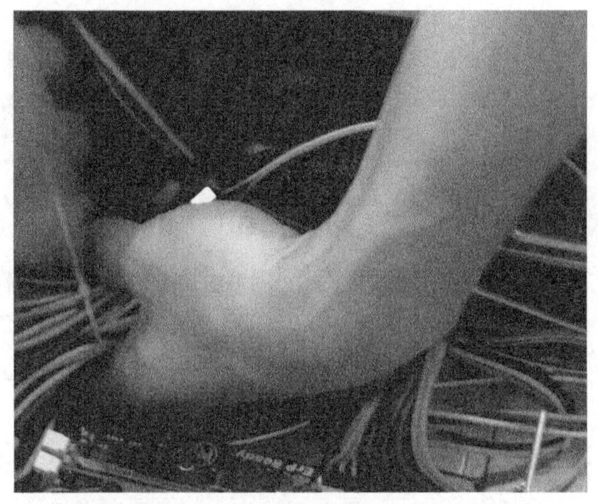

步骤06 将机箱后侧面板安装好并拧好螺丝，就完成了机箱内部硬件的组装。

4.3 外部设备的连接

本节教学录像时间：2 分钟

连接外部设备主要是指连接显示器、鼠标、键盘、网线、音响等基本的外部设备。其主要集中在主机后部面板上，如下图为主板外部接口图。

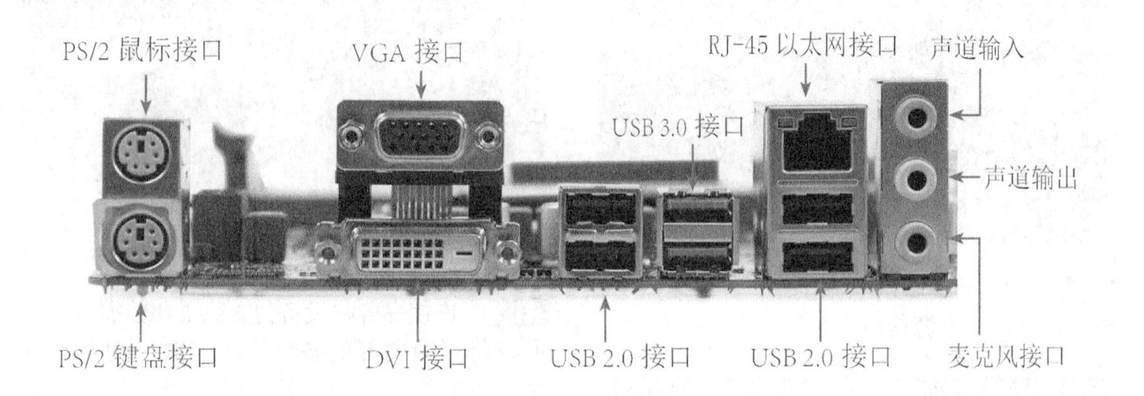

（1）PS/2接口，主要用于连接PS/2接口型的鼠标和键盘。不过部分的主板，保留了一个PS/2接口，仅支持接入一个鼠标或键盘，则另外一个需要使用USB接口。

（2）VGA和DVI接口，都是连接显示器用，不过一般使用VGA接口。另外，如果电脑安装了独立显卡，则不使用这两个接口，一般直接接入独立显卡上的VGA接口。

（3）USB接口，可连接一切USB接口设备，如U盘、鼠标、键盘、打印机、扫描仪、音箱等设备。目前，不少主板有USB 2.0和USB 3.0接口，其外观区别是，USB 2.0多采用黑色接口，而USB 3.0多采用蓝色接口。

（4）RJ-45以太网接口，就是连接网线的端口。

（5）音频接口，大部分主板包含了3个插口，包括粉色麦克风接口、绿色声道输出接口和蓝色声道输入接口，另外部分主板音频扩展接口还包含了橙色、黑色和灰色6个插口，适应更多的音频设备，其接口用途如下表所示。

接口	2声道	4声道	6声道	8声道
粉色	麦克风输入	麦克风输入	麦克风输入	麦克风输入
绿色	声道输出	前置扬声器输出	前置扬声器输出	前置扬声器输出
蓝色	声道输入	声道输入	声道输入	声道输入
橙色			中置和重低音	中置和重低音
黑色		后置扬声器输出	后置扬声器输出	后置扬声器输出
灰色				侧置扬声器输出

了解了各接口的作用后，下面具体介绍连接显示器、鼠标、键盘、网线、音箱等外置设备的步骤。

4.3.1 连接显示器

机箱内部连接后，可以连接显示器。连接显示器的具体操作步骤如下。

步骤 01 找到显示器信号线，将一头插到显示器上，并且拧紧两边的螺丝。

步骤02 将显示器信号线插入显卡输入接口，拧紧两边的螺丝，防止接触不好而导致画面不稳。

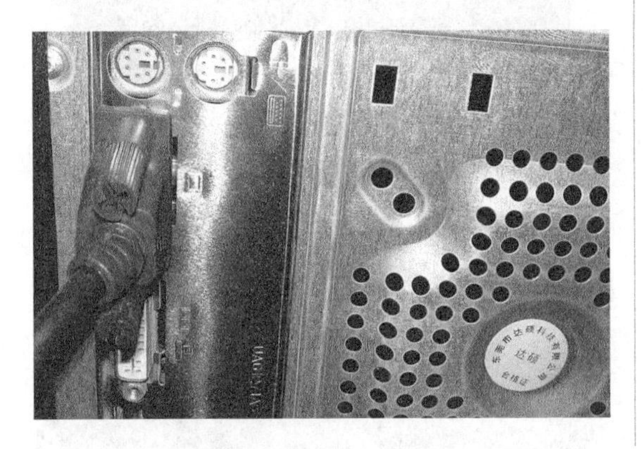

步骤03 取出电源线，将电源线的一端插入显示器的电源接口。

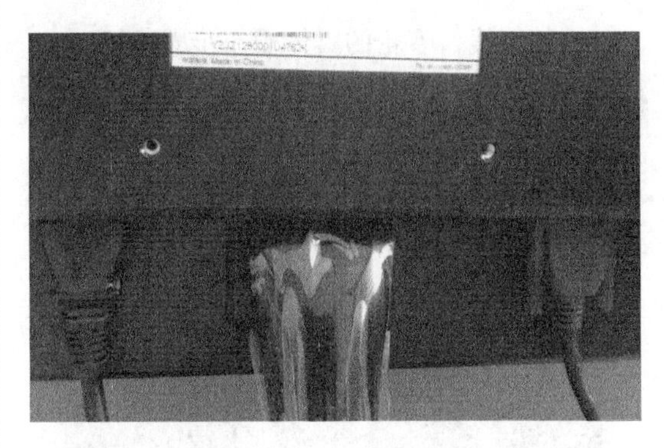

步骤04 将显示器的另一端连接到外设电源上，完成显示器的连接。

4.3.2 连接鼠标和键盘

连接好显示器和电源线后，可以开始连接鼠标和键盘。如果鼠标和键盘为PS/2接口，可采用以下步骤连接。

步骤01 将键盘紫色的接口插入机箱后的PS/2紫色插槽口。

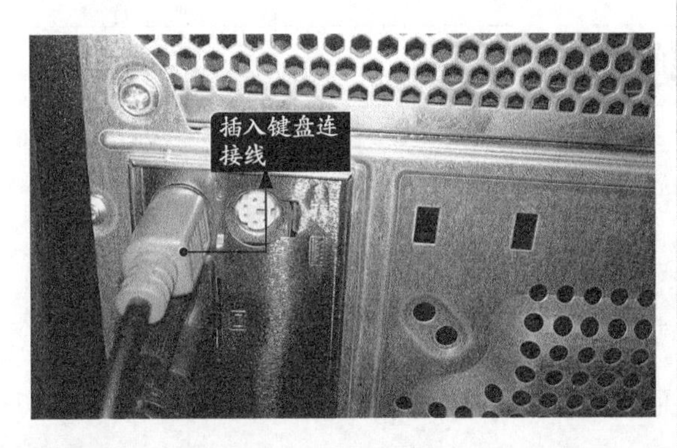

步骤02 使用同样方法将绿色的鼠标接口插入机箱后的绿色PS/2插槽口。

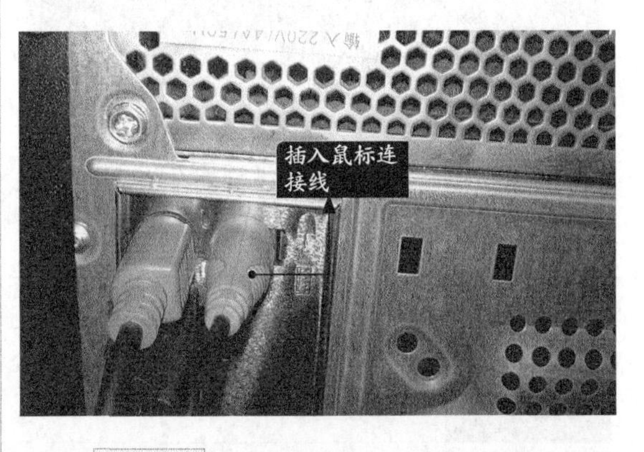

小提示

USB接口的鼠标和键盘连接方法更为简单，可直接接入主机后端的USB端口。

4.3.3 连接网线、音箱

连接网线、音箱的具体操作步骤如下。

步骤01 将网线的一端插入网槽中，另一端插入与之相连的交换机插槽上。

步骤02 将音箱的对应的音频输出插头对准主机后I/O接口的音频输出插孔处，然后轻轻插入。

4.3.4 连接主机

连接主机的具体操作步骤如下。

步骤01 取出电源线，将机箱电源线的锲形端与机箱电源接口相连接。

步骤02 将电源线的另一端插入外部电源上。

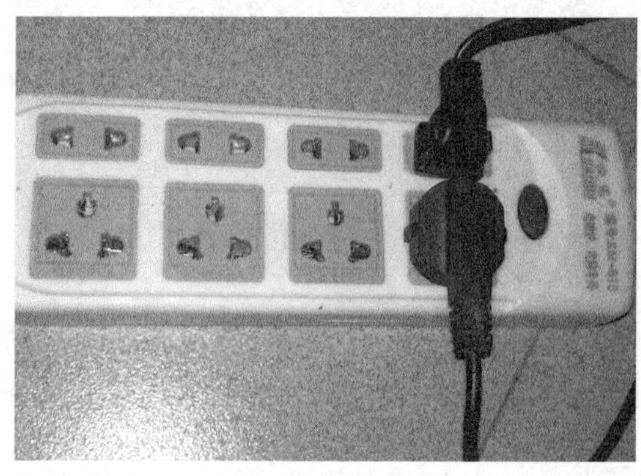

4.4 电脑组装后的检测

本节教学录像时间：1分钟

组装完成之后可以启动电脑，检查是否可以正常运行。

步骤01 按下电源开机键可以看到电源灯（绿灯）一直亮着，硬盘灯（红灯）不停地闪烁。

步骤02 开机后，如果电脑可以进行主板、内存、硬盘等检测，则说明电脑安装正常。

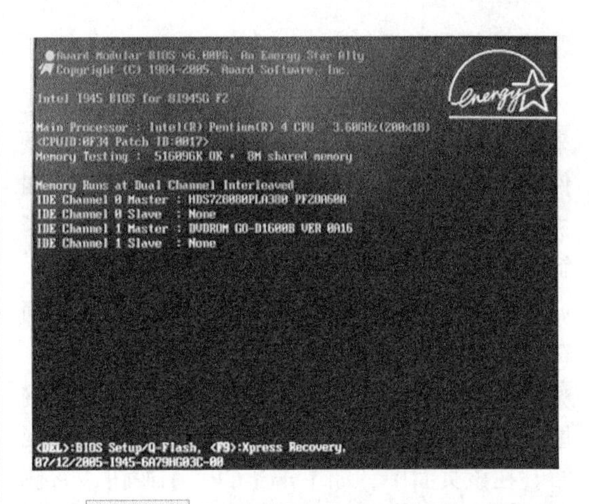

小提示

如果开机后，屏幕没有显示自检字样，且出现黑屏现象，请检查电源是否连接好，然后看内存条是否插好，再进行开机。如果不能检测到硬盘，则需要检查硬盘是否插紧。

高手支招

本节教学录像时间：2分钟

电脑各部件在机箱中的位置图

购买到电脑的所有配件后，如果不知道如何布局，可参考各个配件在机箱中的相对位置，如下图所示。

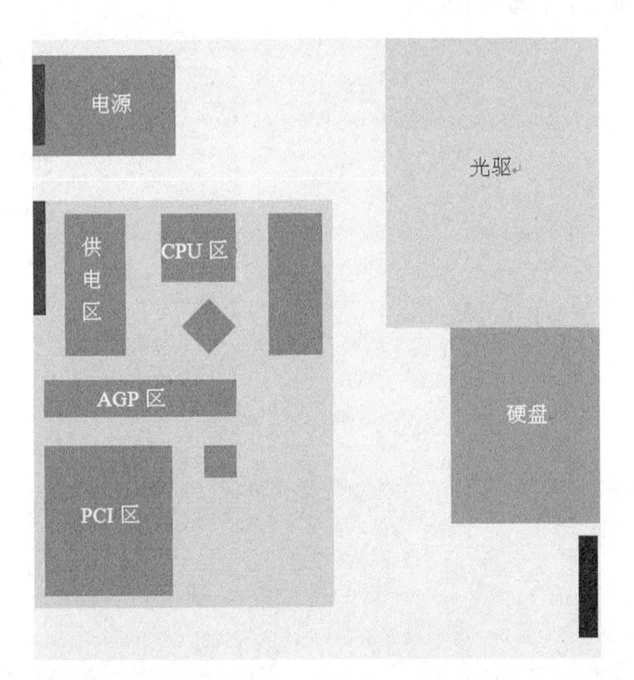

在线模拟攒机

随着电脑技术的进步，电脑硬件市场也越来越透明，用户可以在网络中查询到各类硬件的价格，同时也可以通过IT专业网站模拟攒机，如中关村在线、太平洋网等，不仅可以了解配置的情况，也可以初步估算整机的价格。

下面以中关村在线网站为例简单介绍如何在线模拟攒机。

步骤 01 打开浏览器，输入中关村模拟攒机网址http://zj.zol.com.cn/，按【Enter】键进入该网站。在该页面中，如单击【CPU】按钮，右侧即可筛选不同品牌、型号的CPU。

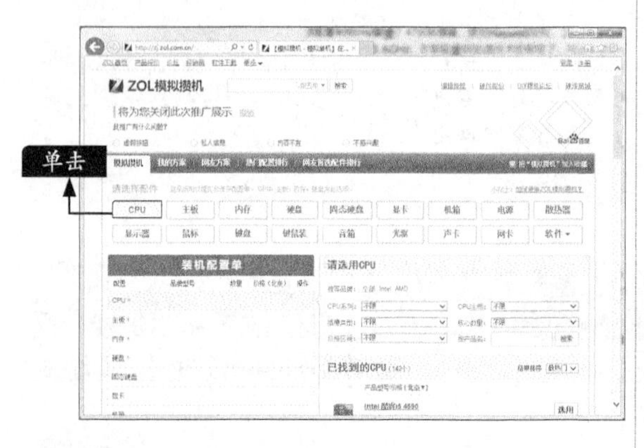

步骤 02 在右侧下拉列表框中对CPU的筛选条件进行选择，如下图所示，单击【搜索】按钮。在符合条件的CPU后面单击【选用】按钮。

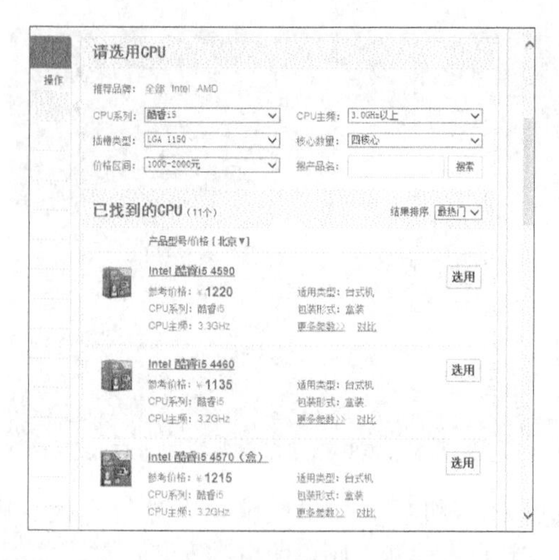

步骤 03 此时，选用的硬件被添加到配置单中，如下图所示。

步骤 04 使用同样方法，对主板、内存、硬盘等硬件，逐一进行添加，最终即可看到详细的硬件配置单和整机价格，如下图所示。

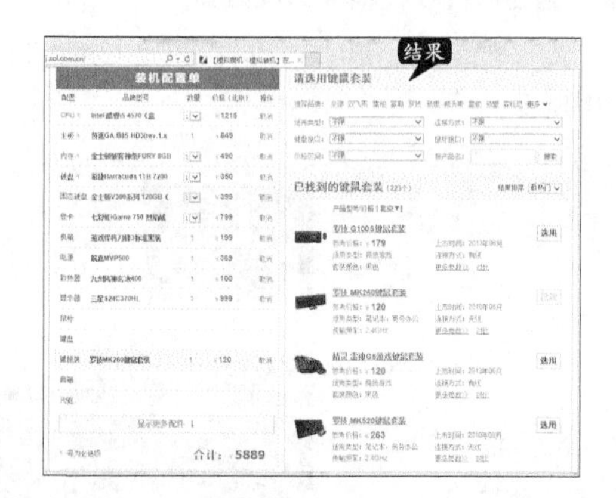

第5章

快速掌握BIOS设置和应用

电脑组装且能正常开机后，需要对电脑安装操作系统，才能使用电脑办公和娱乐。在安装电脑操作系统前，首先应对BIOS进行设置，本章主要介绍BIOS的设置和应用。

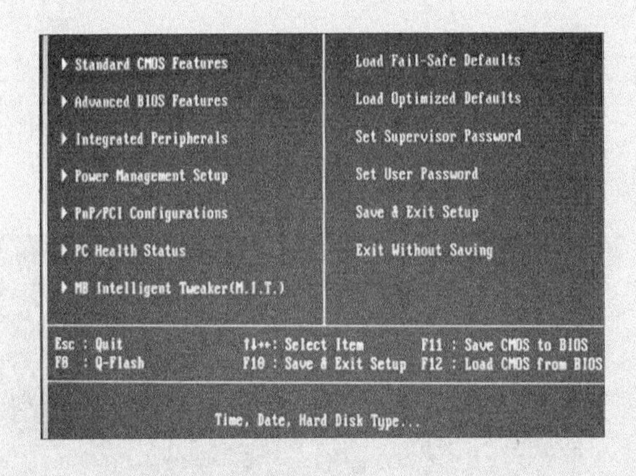

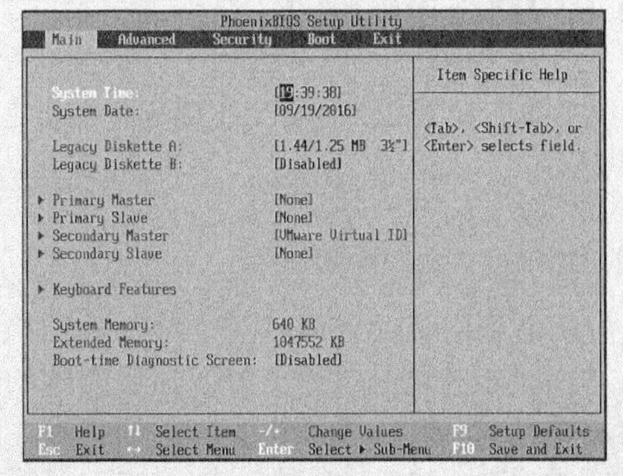

5.1 认识BIOS

本节教学录像时间：6 分钟

用户在使用电脑的过程中，都会接触到BIOS，它在电脑系统中起着非常重要的作用。本节将主要介绍什么是BIOS以及BIOS的作用。

5.1.1 BIOS基本概念

所谓BIOS，实际上就是电脑的基本输入输出系统（Basic Input Output System），其内容集成在电脑主板上的一个ROM芯片上，主要保存着有关电脑系统最重要的基本输入输出程序、系统信息设置、开机上电自检程序和系统启动自举程序等。

BIOS芯片是主板上一块长方形或正方形芯片。如下图所示。

在BIOS中主要存放了如下内容。

（1）自诊断程序。通过读取CMOS RAM中的内容识别硬件配置，进行自检和初始化。

（2）CMOS设置程序。引导过程中用特殊热键启动，进行设置后存入CMOS RAM中。

（3）系统自举装载程序。在自检成功后将磁盘相对0道0扇区上的引导程序装入内存，让其运行以装入DOS系统。

小提示

在MS-DOS操作系统之中，即使操作系统在运行中，BIOS也仍提供电脑运行所需要的各种信息。但是在Windows操作系统中，启动Windows操作系统后，BIOS一般不会再被利用，因为Windows操作系统代替BIOS完成了BIOS运算和驱动器运算的操作。

5.1.2 BIOS的作用

从功能上看，BIOS的作用主要分为如下几个部分。

1. 加电自检及初始化

用于电脑刚接通电源时对硬件部分的检测，功能是检查电脑是否良好。通常完整的自检将包括对CPU、基本内存、扩展内存、ROM、主板、CMOS存储器、串并口、显示卡、软硬盘子系统及键盘等进行测试，一旦在自检中发现问题，系统将给出提示信息或鸣笛警告。对于严重故障（致命性故障）则停机，不给出任何提示或信号；对于非严重故障则给出提示或声音报警信号，等待用户处理。

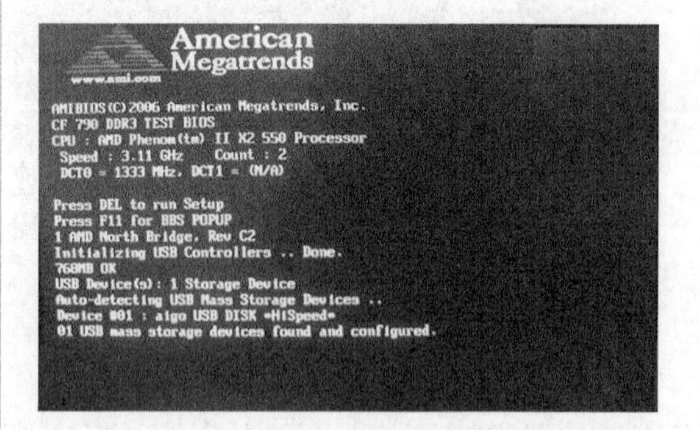

2. 引导程序

在对电脑进行加电自检和初始化完毕后，下面就需要利用BIOS引导DOS或其他操作系统。这时，BIOS先从软盘或硬盘的开始扇区读取引导记录，若没有找到，则会在显示器上显示没有引导设备。若找到引导记录，则会把电脑的控制权转给引导记录，由引导记录把操作系统装入电脑，在电脑启动成功后，BIOS的这部分任务就完成了。

3. 程序服务处理

程序服务处理指令主要是为应用程序和操作系统服务，为了完成这些服务，BIOS必须直接与电脑的I/O设备打交道，通过端口发出命令，向各种外部设备传送数据以及从这些外部设备接收数据，使程序能够脱离具体的硬件操作。

4. 硬件中断处理

在开机时，BIOS会通过自检程序对电脑硬件进行检测，同时会告诉CPU各硬件设备的中断号。例如视频服务，中断号为10H；屏幕打印，中断号为05H；磁盘及串行口服务，中断号为14H等。当用户发出使用某个设备的指令后，CPU就根据中断号使用相应的硬件完成工作，再根据中断号跳回原来的工作。

5.1.3 BIOS的常见类型

目前，市面上较流行的主板BIOS主要有Award BIOS、AMI BIOS、Phoenix BIOS三种类型。

1. Award BIOS类型

该BIOS类型是由Award Software公司开发的BIOS产品，在目前的主板中使用最为广泛。Award BIOS功能较为齐全，支持许多新硬件，目前市面上多数主机板都采用了这种BIOS。

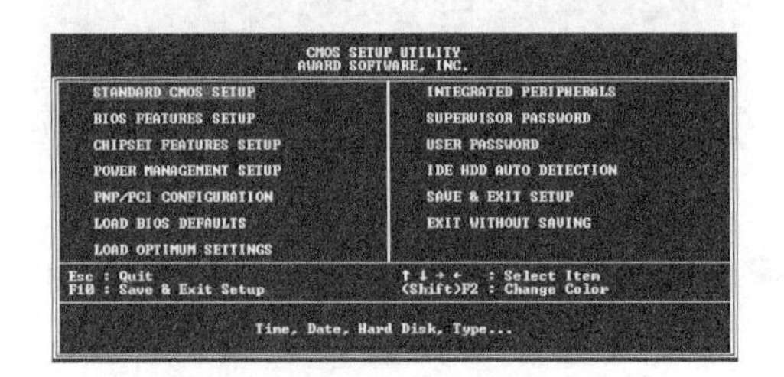

2. AMI BIOS类型

是AMI公司出品的BIOS系统软件，开发于20世纪80年代中期，早期的286、386大多采用AMI BIOS，它对各种软、硬件的适应性好，能保证系统性能的稳定。20世纪90年代后，绿色节能计算机开始普及，AMI却没能及时推出新版本来适应市场，使得Award BIOS占领了半壁江山。当然现在的AMI也有非常不错的表现，新推出的版本依然功能强劲。

AMI WinBIOS已经有多个版本，目前用得较多的是奔腾机主板的Win BIOS，具有即插即用、绿色节能、PCI总线管理等功能。

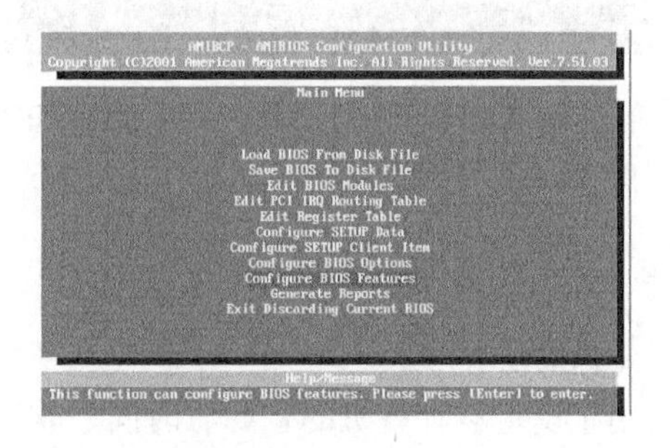

3. Phoenix BIOS类型

是Phoenix公司的产品，Phoenix意为凤凰或埃及神话中的长生鸟，有完美之物的含义。Phoenix BIOS 多用于高档原装品牌机和笔记本计算机上，其画面简洁，便于操作。

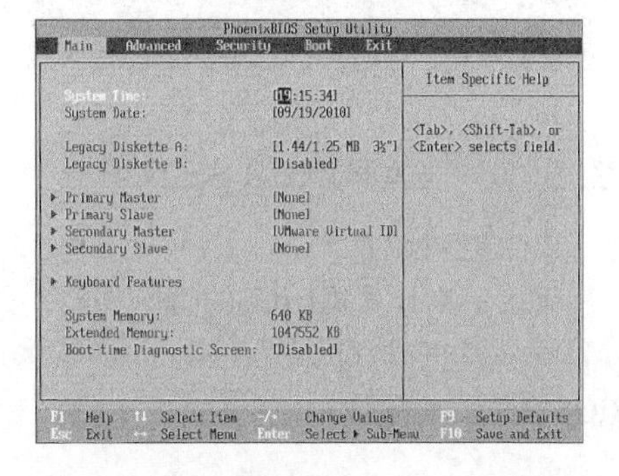

5.2 BIOS中常见选项的含义与设置方法

本节教学录像时间：6 分钟

在了解了进入BIOS的方法后，下面就以使用最为广泛的Award BIOS为例，来介绍BIOS中常见选项的含义与按键说明。

5.2.1 BIOS中常见选项的含义

进入Award BIOS以后，即可看到其主界面，Award BIOS中每一项设置都不相同，也都有着不同的含义。下面对其常见的选项的含义进行详细地介绍。

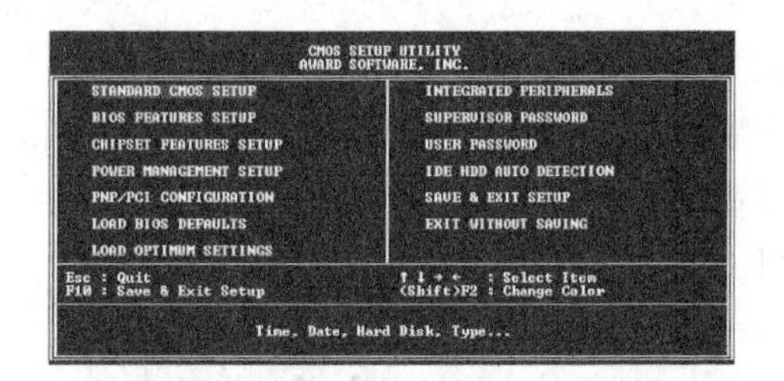

在Award BIOS的主菜单中，主要有如下几个菜单项。

1. STANDARD CMOS SETUP

（标准CMOS设定）

用于设定本计算机的日期、时间、软硬盘规格、工作类型以及显示器类型等。下图所示即为标准BIOS设置界面。

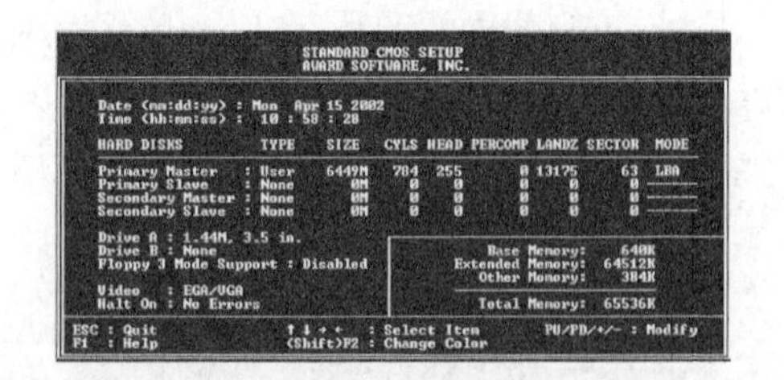

2. BIOS FEATURES SETUP

（BIOS特性设置）

用于设定本计算机BIOS的特殊功能，例如病毒警告、开机磁盘优先程序等。下图所示即为BIOS特性设置界面。

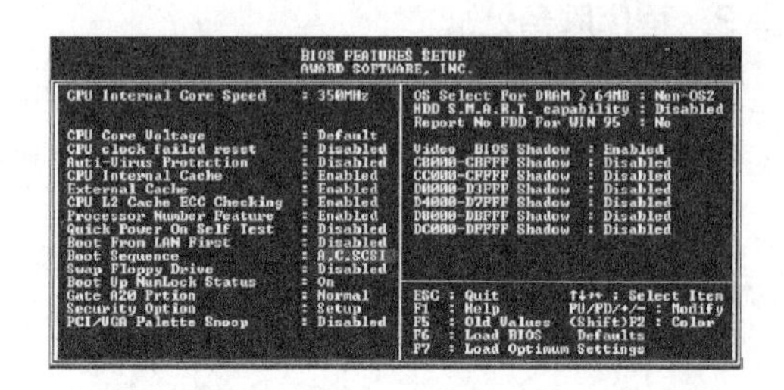

3. CHIPSET FEATURES SETUP

（芯片组工作特性设置）

用于设定本计算机CPU工作的相关参数。下图所示即为芯片组工作特性设置界面。

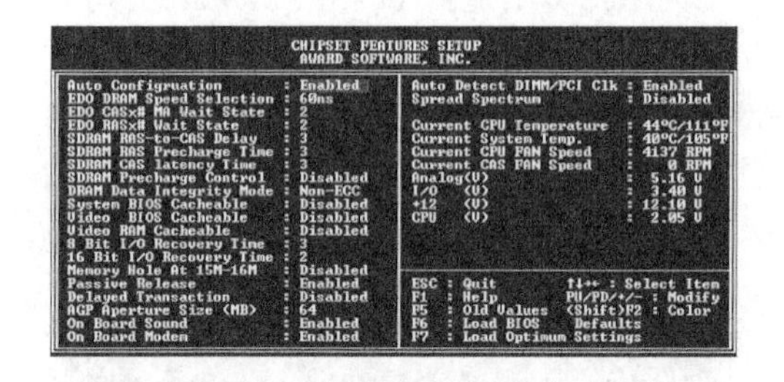

4. POWER MANAGEMENT SETUP

（能源管理参数设置）

用于设定本计算机中CPU、硬盘、显示器等设备的省电功能。下图所示即为能源管理参数设置界面。

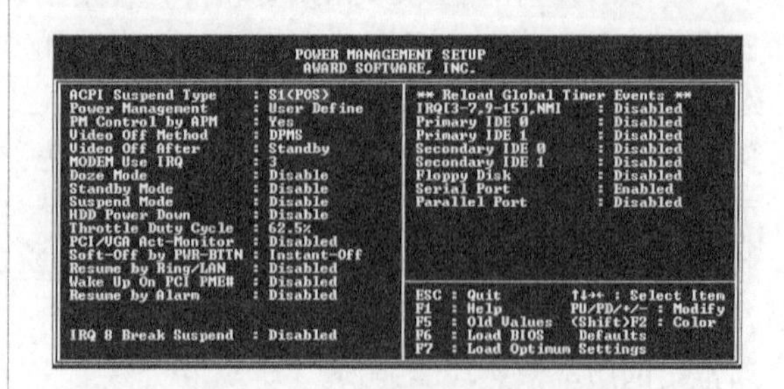

5. PNP/PCI CONFIGURATION

（即插即用和PCI特性设置）

用于设置本计算机中的即插即用设备和PCI设备的有关属性。下图所示即为即插即用和PCI特性设置界面。

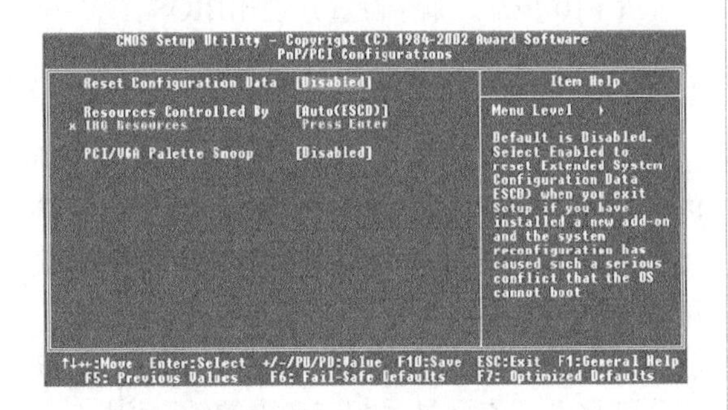

6. LOAD BIOS DEFAULTS

（载入BIOS预设值）

用于载入本计算机的BIOS初始设置值。

7. LOAD OPRIMUM SETTINGS

（载入主板BIOS出厂设置）

该菜单项是BIOS的最基本设置，用于确定本计算机的故障范围。

8. INTEGRATED PERIPHERALS

（内建整合设备周边设定）

用于设置本计算机集成主板上外部设备的属性。下图所示即为内建整合设备周边设定设置界面。

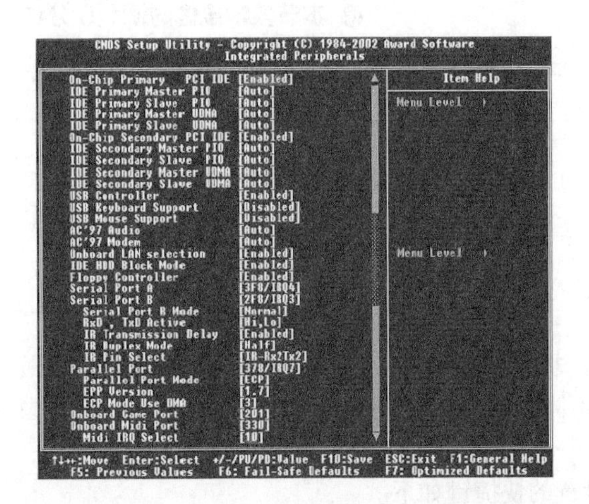

9. SUPERVISOR PASSWORD

（管理者密码设置）

用于计算机管理员设置进入BIOS修改设置的密码。

Enter Password:

10. USER PASSWORD

（用户密码设置）

用于设置用户的开机密码。

Enter Password:

11. IDE HDD AUTO DETECTION

（自动检测IDE硬盘类型设置）

用于自动检测本计算机的硬盘容量和类型等信息。下图所示即为自动检测IDE硬盘类型设置界面。

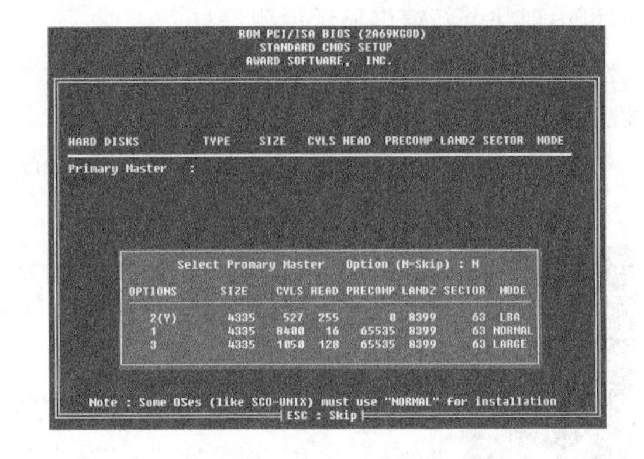

12. SAVE & EXIT SETUP

（储存并退出设置）

用于保存已经更改的设置，并退出BIOS设置。

13. EXIT WITHOUT SAVE

（沿用原有设置并退出BIOS设置）

该菜单项表示不保存已经修改的设置，并退出BIOS设置。

5.2.2 BIOS的设置方法与规则

目前，主板以及BIOS设置程序更新速度极快，即使再详细的设置说明，也无法包括全部的BIOS设置项。但是，如果能掌握设置BIOS的基本方法和原则，就可以融会贯通，因为再新、再难的设置项也不能背离其基本方法和原则。

一般来讲，BIOS的设置遵循如下方法和原则。

（1）由于是在DOS环境下设置CMOS，且尚未加载鼠标驱动程序，因此在设置时，只能用方向键“←↑→↓”移动亮棒来选择欲设定的项目，【Enter】键用来进入选项，【Page Up】及【Page Down】键用来修改参数内容，【Esc】键用来退出选项。

（2）在BIOS设置时，把光标移动到相应的设置项上之后，按下列热键，即可对相应设置项进行不同操作。

【Shift+F2】组合键：用以改变屏幕背景颜色。

【F1】键：如果用户想知道关于每一个设置项更详细的信息，可按【F1】功能键，此时即可出现一个新窗口显示说明信息。

【F2】键：可显示目前设定项目的相关说明。

【F5】键：可加载该画面原先所有项目的设定。

【F6】键：载入BIOS内定值。

【F7】键：载入SETUP设置值。

【F10】键：保存设置并退出BIOS。

这些热键信息在操作时，一般会在屏幕下方有所提示。

（3）子菜单说明：请注意设置菜单中各项内容，如果菜单项左边有一个三角形的指示符号，表示若选择该项子菜单，将会有一个子菜单弹出。

（4）辅助说明：在SETUP主画面时，随着选项的移动，右面显示相应选项的辅助说明。

（5）当系统出现兼容性问题或其他严重错误时，可使用【Load BIOS Defaults】功能项，它可以使系统在最保守状态工作，便于检查出系统错误。

（6）当BIOS设置很混乱或破坏时，可使用【Load Optimized Defaults】功能项，此为BIOS出厂的设定值，它可以使系统以最佳模式工作。

（7）当设置BIOS完毕，利用选项“Save & Exit Setup（保存设置退出）”或“Exit Without Saving（不保存设置退出）”，即可退出CMOS设置，计算机将重新启动。

5.3 BIOS的常见设置

本节教学录像时间：9 分钟

BIOS设置与电脑系统的性能和效率有很大的关系。如果设置得当，可以提高电脑工作的效率；反之，电脑就无法发挥应有的功能。

5.3.1 进入BIOS

BIOS设置的项目众多，设置也比较复杂，并且非常重要，下面讲述一下BIOS的诸多设置及最优设置方式。进入BIOS设置界面非常简单，但是不同的BIOS有不同的进入方法，通常会在开机画面上有提示，具体有如下3种方法。

（1）开机启动时按热键。常见的BIOS启动设置的快捷键如下。

组装机主板		品牌笔记本		品牌台式机	
主板品牌	启动按键	笔记本品牌	启动按键	台式机品牌	启动按键
技嘉主板	F12	联想	F12	联想	F12
华硕主板	F8	华硕	Esc或F2	戴尔	Esc
MSI微星主板	F11	戴尔	F12	华硕	F8
七彩虹主板	Esc或F11	宏基	F12	清华同方	F12
映泰主板	F9	惠普	F2或F9	惠普	F12
华擎主板	F11	联想ThinkPad	F12	宏基	F12
昂达主板	F11	索尼	Esc或F2	联想	F12
梅捷主板	Esc或F12	神舟	F12	海尔	F12
铭瑄主板	Esc	东芝	Esc或F12	神舟	F12
磐正主板	Esc	三星	F12	机械革命	F12
盈通主板	F8	IBM	F1或F12	极限矩阵	F12
翔升主板	F10	清华同方	F12	微星	F12
精英主板	Esc或F11	索尼	Esc或F2	外星人	F12
富士康主板	Esc或F12	神舟	F12	飞利浦	F2
英特尔主板	F12	海尔	F12	金翔云	F12

另外，常见BIOS设置程序的进入方式如下。

①Award BIOS：按【Delete】键或【Ctrl+Alt+Esc】组合键；

②AMI BIOS：按【Delete】键或【Esc】键；

③Phoenix BIOS：按【F2】功能键或【Ctrl+Alt+S】组合键。

（2）用系统提供的软件。

（3）用一些可读写CMOS的应用软件。

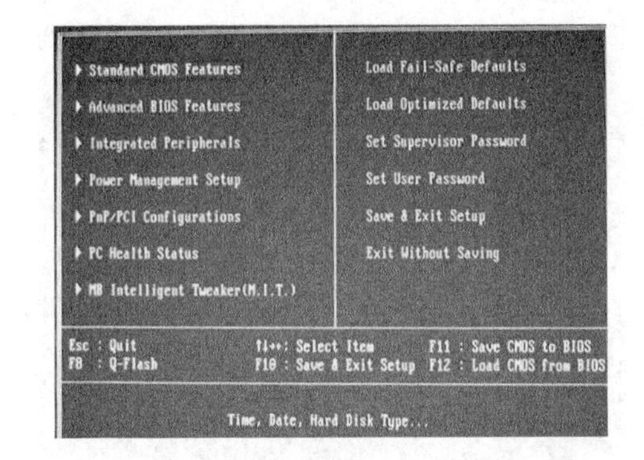

5.3.2 设置日期和时间

BIOS的设置程序目前有各种流行的版本，由于每种设置都是针对某一类或某几类硬件系统，因此会有一些不同，但对于常用的设置选项来说大都相同。

这里以在Phoenix BIOS类型环境下设置为例进行详细介绍。

在BIOS设置日期和时间的具体操作步骤如下。

步骤01 在开机时按下键盘上的【F2】键，进入BIOS设置界面，这时光标定位在系统时间上。

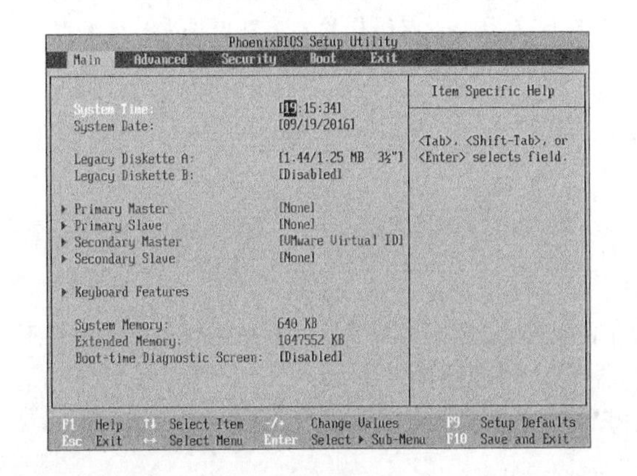

步骤02 按下键盘上的【↓】键，将光标定位在系统日期月份上。

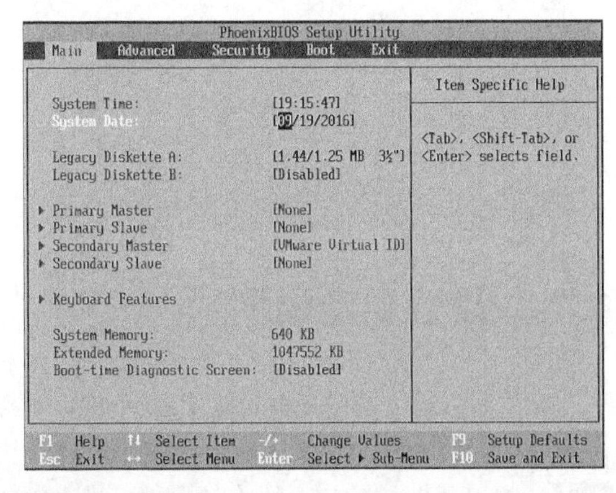

步骤03 按键盘上的【Page Up/+】键或【Page

Up/-】键，即可设置系统的月份，从1~12月。

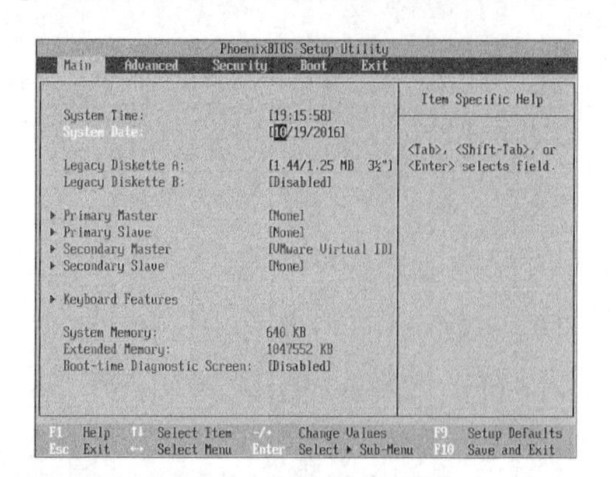

步骤04 设置完毕后，按键盘上的【Enter】键，光标将定位在系统日期的日期上。

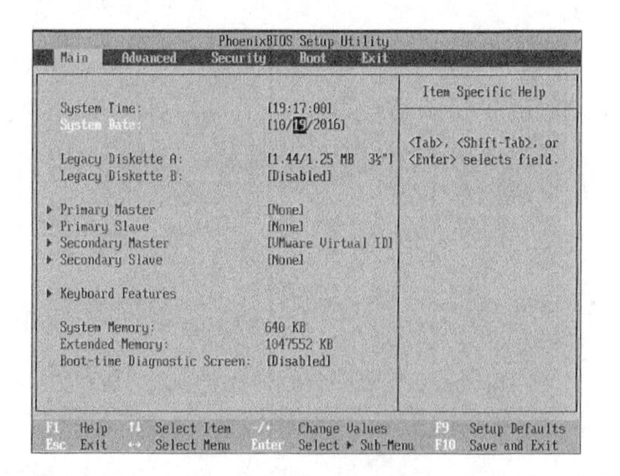

步骤05 按键盘上的【Page Up/+】键或【Page Up/-】键，即可设置系统的日期，从1~30日或1~31日。

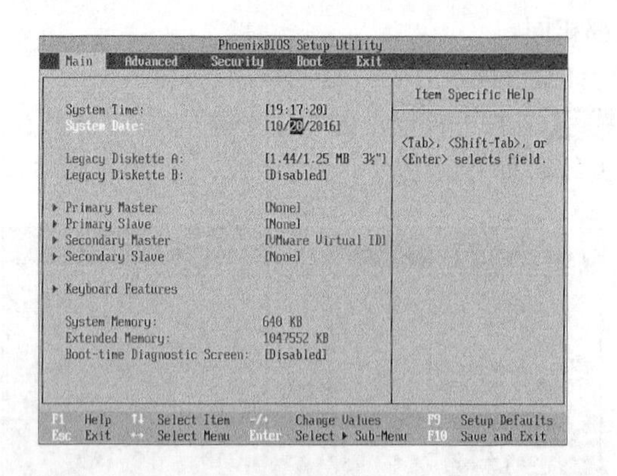

步骤06 设置完毕后，按键盘上的【Enter】键，光标将定位在系统日期的年份上。同样，按键盘上的【Page Up/+】键或【Page Up/-】键，设置系统日期的年份。

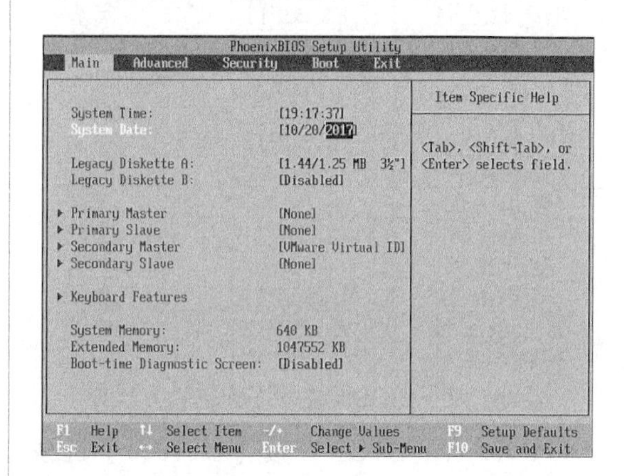

步骤07 设置完毕后，按键盘上的【Enter】键或【F10】键，将弹出一个确认修改对话框，选择【Yes】键，再按【Enter】键，即可保存系统日期的更改。

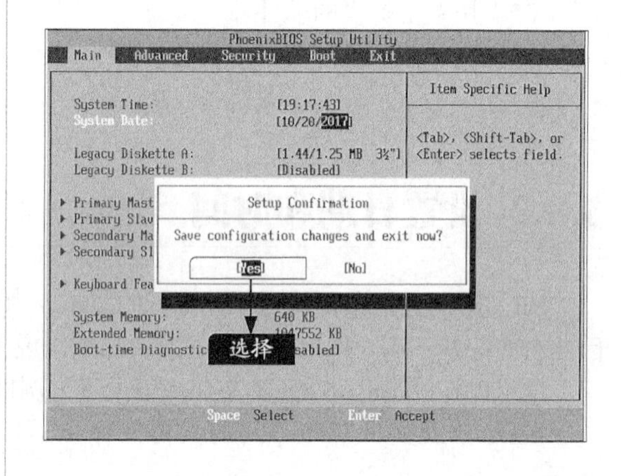

小提示

在设置完日期后，通过方向键的上下键切换到时间选项上，以同样的方法可以设置系统的时、分、秒。

5.3.3 设置启动顺序

现在大多数主板在开机时按【Esc】键，可以用来选择电脑启动的顺序，但是一些稍微老的主板并没有这个功能，不过，可以在BIOS中设置从机器启动的顺序。

步骤01 在开机时按键盘上的【F2】键，进入BIOS设置界面。

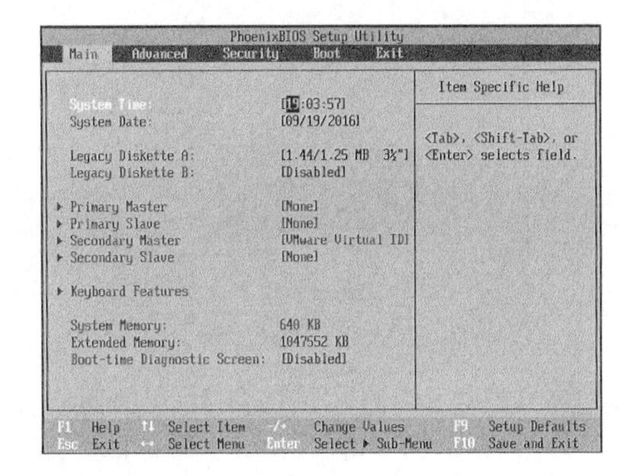

步骤02 按键盘上的【→】键，将光标定位在【Boot】选项卡上。

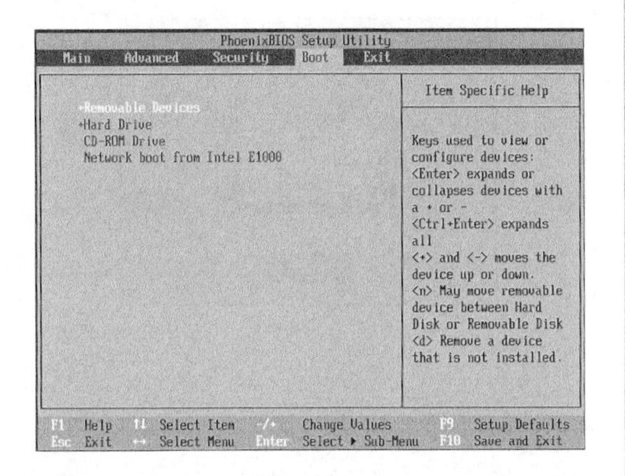

步骤03 把光标通过键盘上的上下键移动到【CD-ROM Drive】一项上，按小键盘上的【+】号直到不能移动为止。

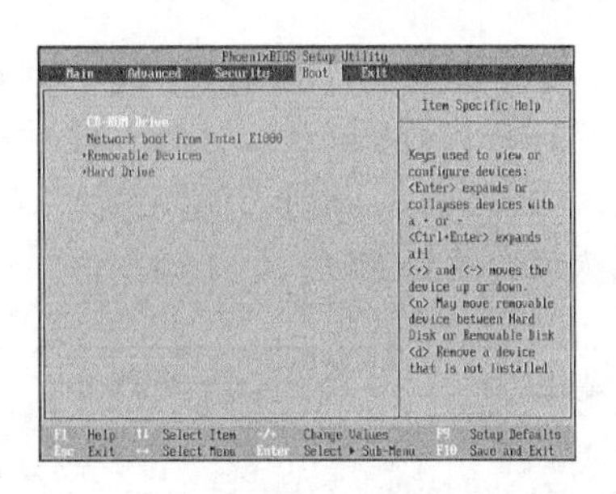

小提示

部分BIOS的启动顺序方法是，进入【BIOS SETUP】选项中，在包含BOOT文字的项或组，并找到依次排列的“FIRST”“SECEND”“THIRD”三项，分别代表“第一项启动”“第二项启动”和“第三项启动”，对启动顺序进行设置。

步骤04 完成设置后，按键盘上的【F10】键或【Enter】键，即可弹出一个确认修改对话框，选择【Yes】键，再按下【Enter】键，即可将此电脑的启动顺序设置为光驱。

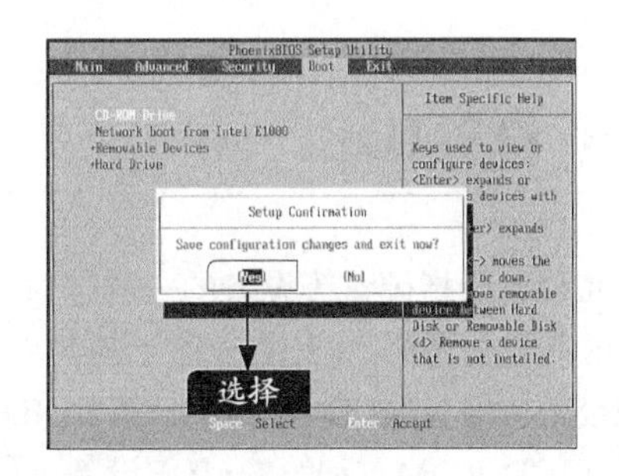

5.3.4 设置BIOS管理员密码

如果用户的电脑长期被别人使用，或家中有孩子使用，最好对BIOS设置密码，以免他人误入BIOS，从而造成无法开机或其他不可修复的问题。设置BIOS管理员密码的具体操作步骤如下。

步骤01 在开机时按下键盘上的【F2】键，进入BIOS设置界面。

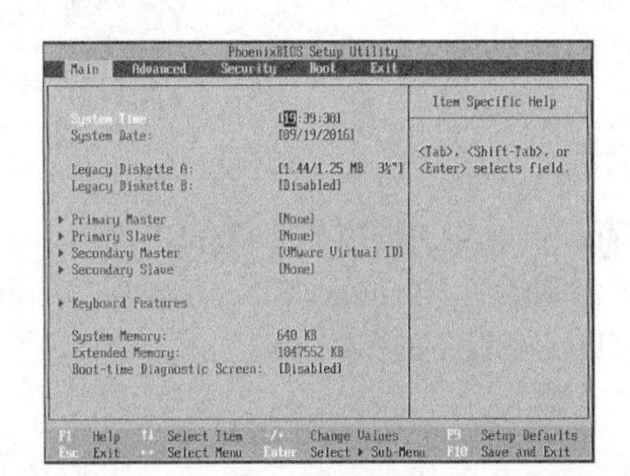

步骤02 按键盘上的【→】键，将光标定位在【Security】（安全）选项卡上，则光标自动定位在【Set Supervisor Password】（设置管理员密码）选项上。

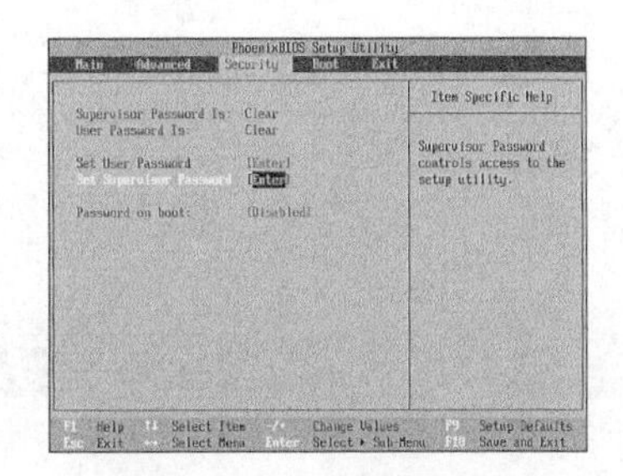

步骤03 按键盘上的【Enter】键，即可弹出【Set Supervisor Password】提示框，在【Enter New Password】（输入新密码）文本框中输入设置的新密码。

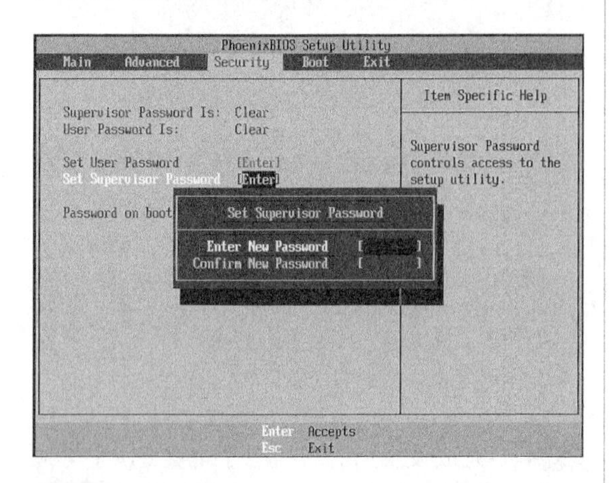

步骤04 按键盘上的【Enter】键，将光标定位在【Confirm New Password】（确认新密码）文本框中再次输入密码。

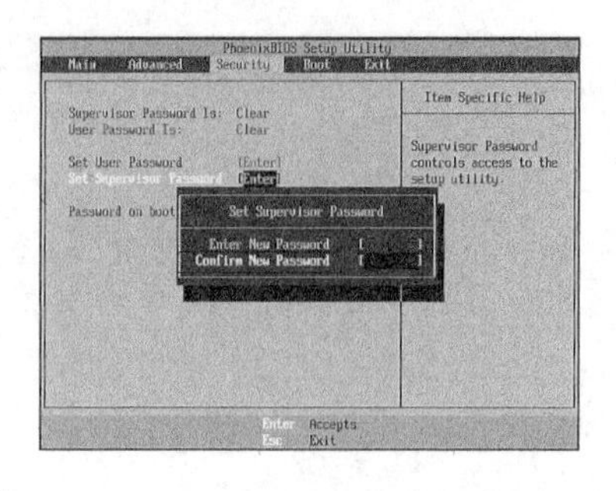

步骤05 输入完毕后，按键盘上的【Enter】键，即可弹出【Setup Notice】提示框。选择【Continue】选项，并按【Enter】键确认，即可保存设置的密码。

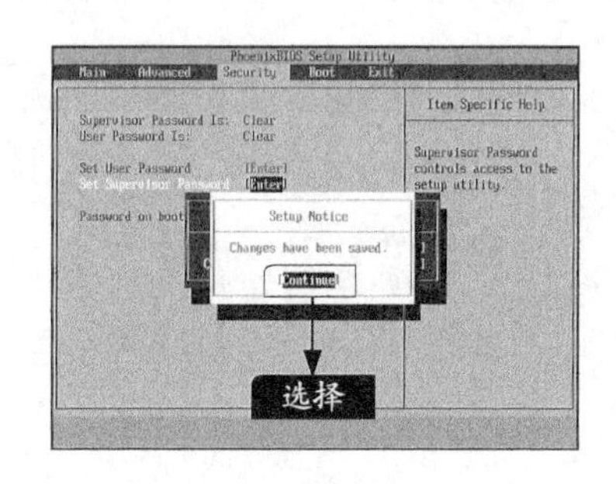

5.3.5 设置IDE

IDE设备是指硬盘等设备的一种接口技术。在BIOS中可设置第1主IDE设备（硬盘）和第1从IDE设备（硬盘或CD-ROM）、第2主IDE设备（硬盘或CD-ROM）和第2从IDE设备（硬盘或CD-ROM）等。设置IDE的具体操作步骤如下。

步骤01 进入BIOS设置程序并将光标移动到【Main】选项卡上，使用方向键将光标移动到【Primary Master】选项，即可设置第1主IDE设备的参数。

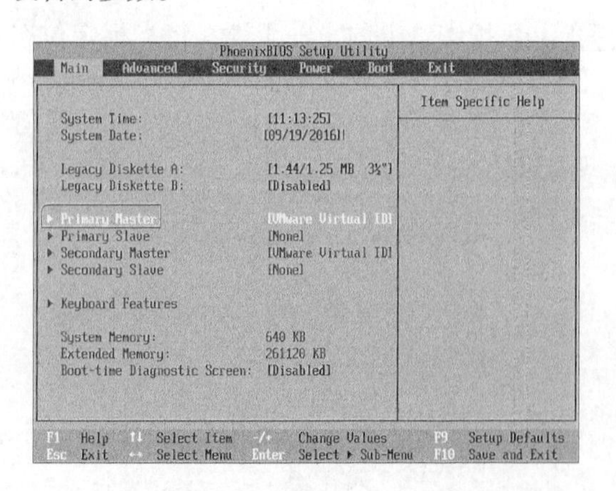

步骤02 按【Enter】键，即可看到第1主IDE设备的【Type】（类型）为【Auto】（使BIOS自动检测硬盘）。这时，可按【Enter】键更改设置，将其设置为手动更改硬盘参数。

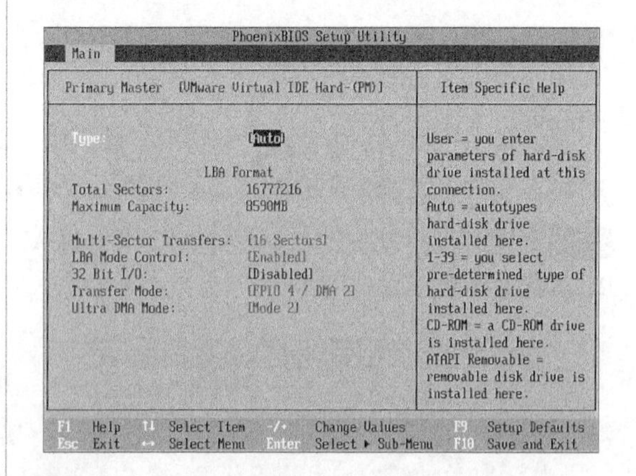

步骤03 设置完成后返回【Main】选项卡上，将光标移动到【Primary Slave】选项，即可设置第1从IDE设备的参数。

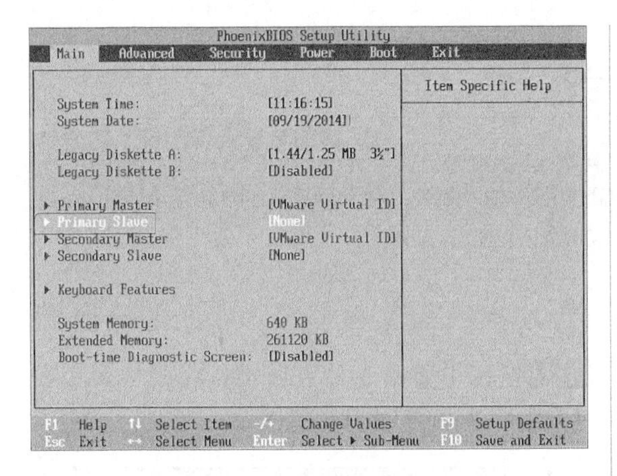

步骤04 按【Enter】键，即可看到第1从IDE设备的【Type】也为【Auto】。再按【Enter】键，即可对【Type】选项进行设置。

步骤05 设置完成后返回【Main】选项卡，将光标移动到【Secondary Master】选项，即可设置第2主IDE设备的参数。

步骤06 按【Enter】键，即可看到第2主IDE设备的【Type】为【Auto】。此时，按【Enter】键即可对该项进行设置。

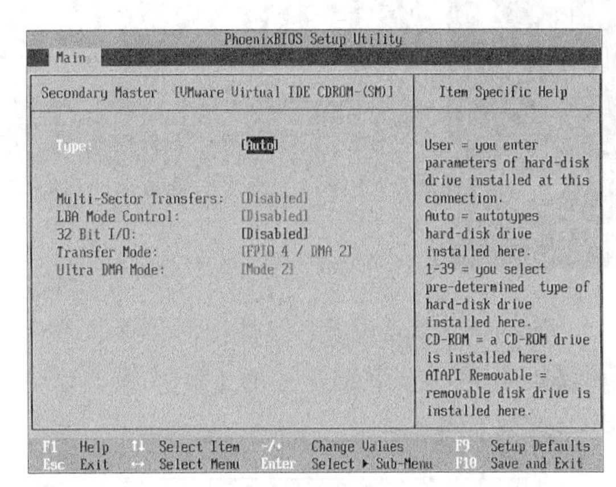

步骤07 设置完成后返回【Main】选项卡，将光标移动到【Secondary Slave】选项，即可设置第2从IDE设备的参数。

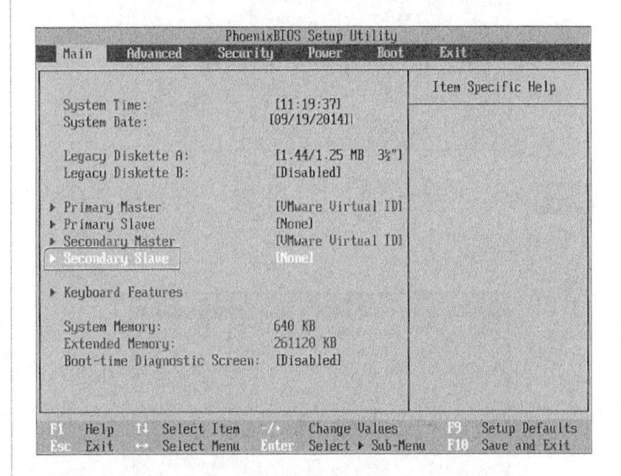

步骤08 按【Enter】键，即可看到第2从IDE设备的【Type】为【Auto】。此时，按【Enter】键可对该项进行设置。

5.4 恢复BIOS默认设置

本节教学录像时间：2 分钟

BIOS设置需要比较好的英文，才能理解其中的含义，对于计算机初学者，如果不小心将BIOS设置凌乱了，就可以通过恢复BIOS默认设置来解决。

恢复BIOS默认设置，具体操作步骤如下。

步骤01 开机时按下键盘上的【F2】键，进入BIOS设置界面。

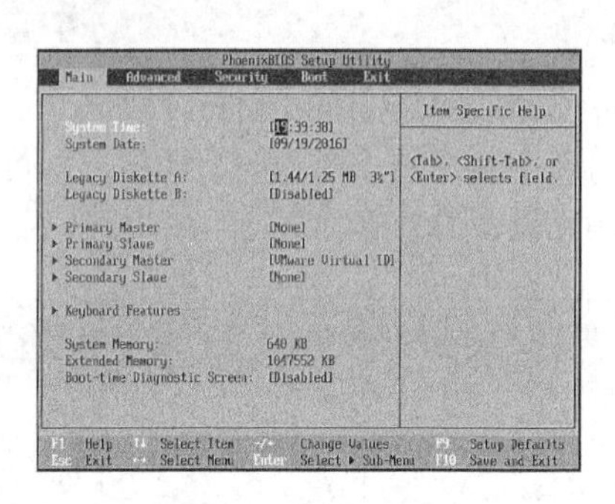

步骤02 按下键盘上的【→】键，将光标定位在【Exit】选项卡下。

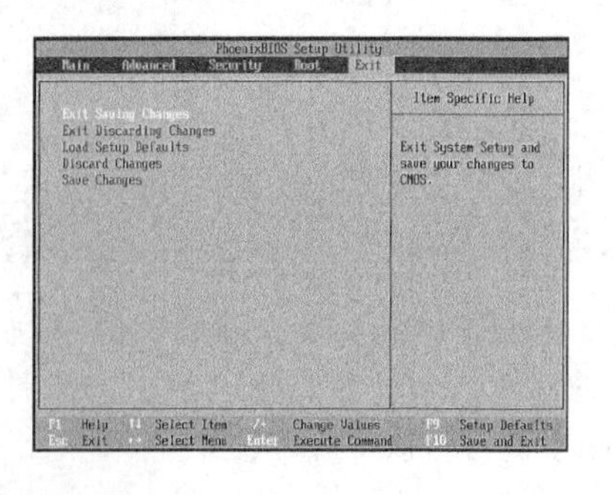

步骤03 按下键盘上的方向键，将光标定位在【Load Setup Defaults】选项。

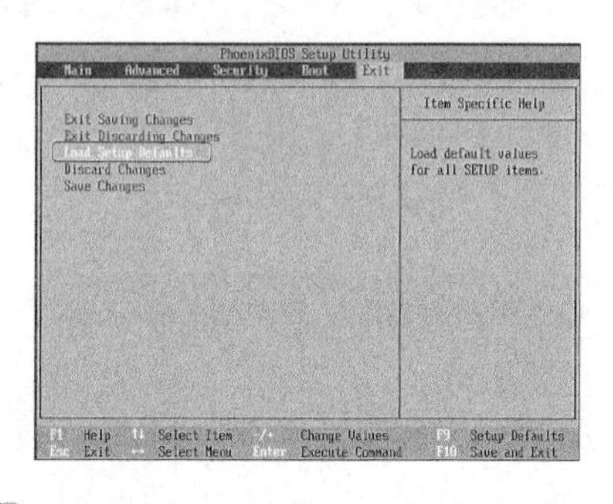

步骤04 按下键盘上的【Enter】键，即可弹出一个确认修改对话框，选择【Yes】选项，并按下【Enter】键，即可保存设置。

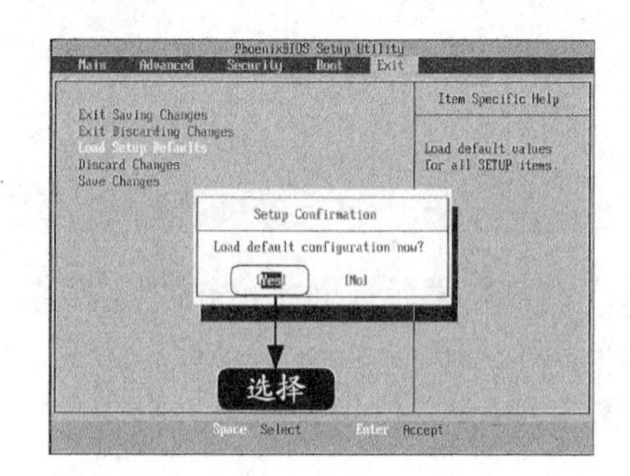

5.5 退出BIOS

本节教学录像时间：2 分钟

退出BIOS有两种方式，一种是完成BIOS设置后，不保存当前设置并退出BIOS；另一种是保存并退出。下面对这两种方式进行详细地介绍。

5.5.1 不保存设置直接退出

步骤01 在对BIOS设置完毕后，按下键盘上的方向键将光标定位在【Exit】选项卡下。

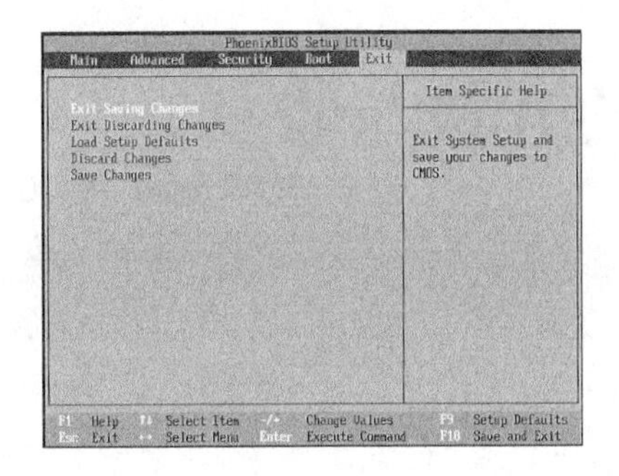

步骤02 按键盘上的【↓】键，将光标定位在【Exit Discarding Changes】（退出且不保存更改）选项。

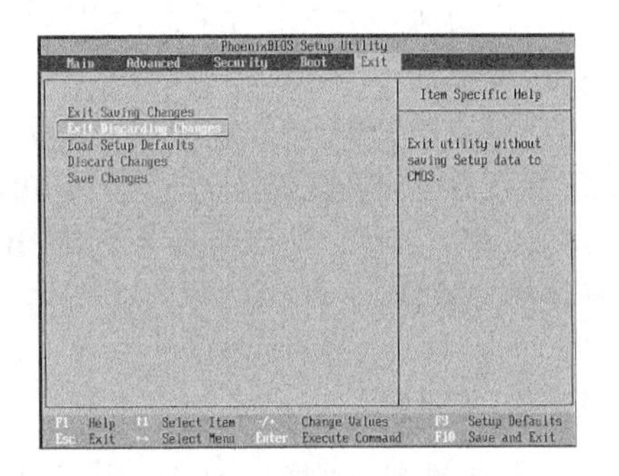

步骤03 按键盘上的【Enter】键，即可弹出一个警告信息对话框，将光标定位在【Yes】选项上。

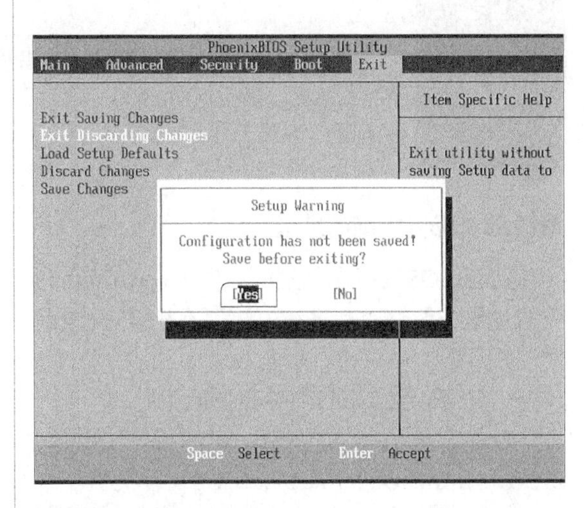

步骤04 再次按下【Enter】键，即可退出BIOS。

5.5.2 保存设置并退出

保存设置并退出的具体操作步骤如下。

步骤01 在对BIOS设置完毕后，按下键盘上的方向键，将光标定位在【Exit】选项卡下。

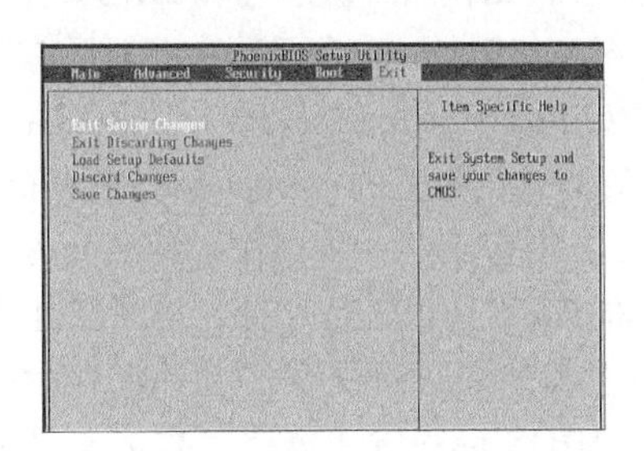

步骤02 按键盘上的【↓】键，将光标定位在【Exit Saving Changes】（退出且保存更改）选项。

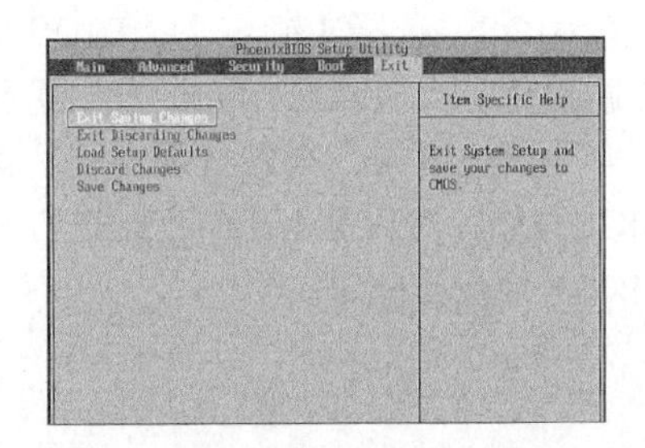

步骤03 按键盘上的【Enter】键，即可弹出一个警告信息对话框，将光标定位在【Yes】选项上。

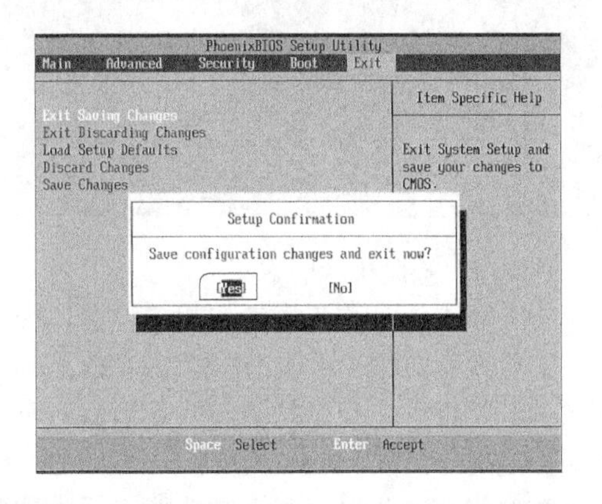

步骤04 再次按【Enter】键，即可保存设置并退出BIOS。

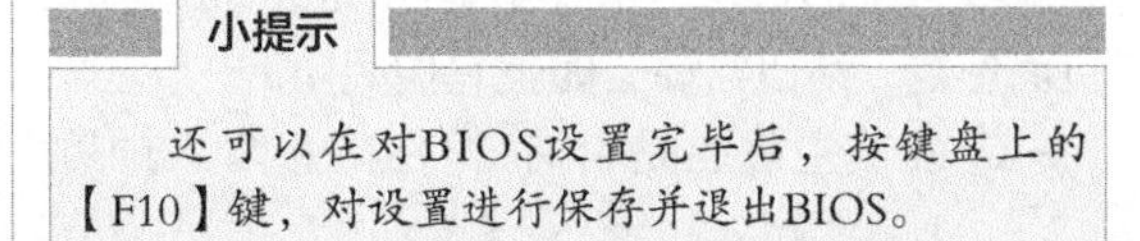

小提示

还可以在对BIOS设置完毕后，按键盘上的【F10】键，对设置进行保存并退出BIOS。

5.6 综合实战——BIOS的升级与修复

本节教学录像时间：6 分钟

由于电脑技术的更新速度快，BIOS在开发过程中会存在一些小问题，为了让主板能够支持新频率、新类型的CPU，主板厂商不断地更新主板BIOS程序，以达到让用户能够更好地使用。

1.BIOS升级前的准备

更新BIOS是存在危险的，为了让BIOS在升级的过程中能够顺利进行，需要在BIOS升级前做一些准备。

（1）确定BIOS的种类和主板型号

现在上较流行的主板BIOS主要有 Award BIOS、AMI BIOS、Phoenix BIOS三种类型。

主板类型可以查看产品介绍和使用说明书。如果没有，可以在主板或者散热片上查看主板型号，因为有的主板将厂商标志标注在CPU的散热片上。如果找不到主板的包装和说明资料，主板上也没有任何标注，则可以在电脑启动进行自检时看到关于主板和BIOS的信息。

（2）BIOS及跳线的设定

①关掉主板自动防病毒的相关设定，因为一些主板具有防止病毒攻击BIOS的功能，如果不关掉该功能，主板会把更新操作当做病毒入侵而拒绝执行。

②关闭掉一些缓存和镜像功能，因为这些选项在打开的状态时可以提高系统的处理性能并减少资源的占用，但在更新BIOS时则易产生负面影响，所以需要暂时把它们关闭。

③确认主板上是否有BIOS防止写入的跳线，升级之前需要将它设定为允许写入的状态，否则BIOS写入就无法完成了，跳线的设定需要在关机之后的状态下进行。

（3）更新前一定要进行备份，以防更新失败可以进行恢复。

（4）设置更新BIOS软件环境，由于BIOS升级需要在DOS实模式下进行，不能够在Windows环境下进行，所以需要为更新BIOS的软件环境做好准备。

2.BIOS的升级

（1）首先准备一张启动光盘，为启动系统做准备。然后检查更新BIOS的文件是否都准备好，一般更新BIOS需要两个文件，升级程序和BIOS文件，将BIOS刷新程序Awdflash.exe、BIOS文件*.bin同时复制同一目录的文件夹下。准备完整进行重启电脑，用光盘进行启动系统。

（2）找到存放升级程序和BIOS文件的文件夹，执行Awdflash.exe升级程序。然后在弹出的文本框（File Name to Program）中输入BIOS文件名，最后键入键盘上的【Enter】键进行确认。

（3）当完成上一步操作，程序会提醒对于老版本的BIOS是否进行保存，为了防止更新失败，一般都建议进行保存。选择保存后在Save Current BIOS as中输入需要保存的文件名，然后键入键盘上的【Enter】键进行确认，开始备份保存老版本的BIOS。

（4）当备份完成，程序会再次提示是否确认更新BIOS，选择【确定】，BIOS就开始进行更新操作，当更新操作进行操作就会看到屏幕上有更新进度条，当进度条完成，就代表更新BIOS完成，然后键入【F1】键进行重启电脑，BIOS升级操作完成。

3.BIOS的修复

一般对于更新BIOS只要前期准备完成，就不会出现错误，但是有时还是会有一些预想不到的问题出现，例如由于断电、文件损坏、或者更新操作错误等问题导致更新失败，当遇到这些问题，用户可以根据以下几种情况进行修复。

（1）换BIOS

查找一块与本机完全相同的BIOS，将坏的BIOS换上好的BIOS，将正确BIOS码写入BIOS芯片中，然后重新启动电脑就可以了。

（2）在ISA显卡下恢复

利用主板上的ISA插槽，使用一块ISA显卡用来恢复BIOS。先拔掉机箱中所有其他板卡和硬盘线，只留下ISA显卡、软驱和键盘；然后从启动盘正常启动电脑。连续按【F8】键，直到进入安全模式。

进入安全模式命令行后，需要按照厂家的升级说明步骤操作，恢复以前的BIOS引导块，该BIOS文件在刷新程序中一般被默认保存下来。如果找不到旧的BIOS备份，就到主板类型的官网上面下载最新的版本。

（3）使用软件修复BIOS

刷新失败自己可以进行修复的，可以通过网络下载一些软件进行修复，如果损坏很严重的，需要花钱到维修地点进行修复和更新。

高手支招

本节教学录像时间：7 分钟

本章主要介绍了主板参数——BIOS的设置，包括什么是BIOS、BIOS中常见的含义与设置，以及如何在BIOS中设置日期和时间、启动顺序等。下面再来介绍一些在学习BIOS设置过程中的小技巧。

借鸡下蛋——用完好的BIOS 芯片启动计算机

一般来说，刻录BIOS的过程并不危险，只要小心，不会发生大的问题，但是万一刻录中途断电也是有可能发生的，这时BIOS 肯定刻坏。遇到这样的情况，用户可以与主板制造商联系，购买一块新的BIOS芯片。不过也可以用下面介绍的方法尝试一下，自己修复BIOS芯片。首先利用一片与坏掉的BIOS完全相同的、可以工作的BIOS启动计算机系统，然后换上刻坏的BIOS进行操作，将正确的BIOS码写入BIOS芯片中。

具体的操作过程介绍如下。

（1）打开机箱，拆下主板，找到要换的BIOS芯片。

一般来说，BIOS ROM是主板上唯一一片贴有标签的芯片，是双列直插式封装。拔起刻坏的芯片，如果有芯片拔起器，这一步非常轻松。如果没有也没关系，用一字起子，轻、慢并左右两边用力均衡将芯片拔起。

（2）将可工作芯片对准插座轻轻压入，开机进入BIOS系统参数设置程序。

在BIOS Features Setup 一项中，开启所有ROM映射功能。最关键是要求System BIOS Cacheable 一项为Enable，即映射当前System BIOS到RAM当中。重新用软盘启动计算机进入DOS状态，运行与主板相应的BIOS刻录程序，并在程序中按要求备份当前的BIOS程序，不要关闭计算机。

（3）按前面的拔起方法将正常的BIOS芯片替换刻坏的BIOS芯片。

内存驻留的System BIOS程序将支持硬件的正常运行，计算机系统不会产生任何混乱。此时继续运行刻录程序，用存储下来的BIOS程序更新BIOS。稍待片刻，BIOS源代码将写入芯片，如果提示出的更新字节数与你的ROM块容量相等，这块几乎报废的BIOS ROM就起死回生了，最后只要关机重新启动计算机即可。

小提示

在干燥的季节里，热插拔过程中产生的瞬间放电有可能对主板和芯片造成损害。因此，在插拔前设置接地导线是非常必要的防护措施。

什么情况下设置BIOS

通常情况下，在使用计算机的过程中不需要对BIOS参数进行设置。但在如下几种情况，必须进行BIOS设置。

（1）新购计算机

带有PNP功能的系统能识别一部分计算机外设，但是硬盘参数、当前日期、时钟等基本信息，必须由操作人员进行设置，因此，新购买的计算机必须通过BIOS参数设置来告诉系统整个计算机的基本配置情况。

（2）新增设备

由于系统不一定能够识别全部新增的设备，所以必须进行BIOS设置。另外，一旦新增设备和原有设备之间发生了IRQ、DMA冲突，也需通过BIOS设置来进行排除。

（3）CMOS数据意外丢失

在病毒破坏了CMOS数据程序、意外清除CMOS参数等情况下，常常会造成CMOS数据意外丢失。此时，就需要重新进入BIOS设置程序完成新的CMOS参数设置。

（4）系统优化

对于内存读写等待时间、硬盘数据传输模式、节能保护、电源管理等参数，BIOS中预定的设置对系统而言并不一定就是最优化的，此时需要经过多次试验，才能找到系统优化的最佳组合。

BIOS与CMOS的区别

BIOS是主板上的一块EPROM或EEPROM芯片，里面装有系统的重要信息和设置系统参数的设置程序（BIOS Setup程序）。

CMOS（Complementary Metal-Oxide Semiconductor，互补金属氧化物半导体）本意是指制造大规模集成电路芯片用的一种技术或用这种技术制造出来的芯片。在这里通常是指计算机主板上的一块可读写的RAM芯片。它存储了计算机系统的实时时钟信息和硬件配置信息等。系统在加电引导机器时，要读取CMOS信息，用来初始化机器各个部件的状态。它靠系统电源和后备电池来供电，系统掉电后其信息不会丢失。

由于CMOS与BIOS都与计算机系统设置密切相关，所以才有CMOS设置和BIOS设置的说法。也正因为如此，初学者常将二者混淆。CMOS RAM是系统参数存放的区域，而BIOS中系统设置程序是完成参数设置的手段，准确的说法应是通过BIOS设置程序对CMOS参数进行设置。平常所说的CMOS设置和BIOS设置是其简化说法，也就在一定程度上造成了两个概念的混淆。

事实上，BIOS程序就是储存在CMOS存储器中的，CMOS是一种半导体技术，可以将成对的金属氧化物半导体场效应晶体管（MOSFET）集成在一块硅片上。该技术通常用于生产RAM和交换应用系统，用它生产出来的产品速度很快，功耗极低，而且对供电电源的干扰有较高的容限。

第6章

硬盘的分区与格式化

学习目标

新购买的硬盘是没有分区的，在安装操作系统时可以对硬盘进行分区，但整个电脑只有一个C盘，这不利于电脑性能的发挥，也不利于对磁盘文件的管理。因此，必须合理地划分硬盘空间。

学习效果

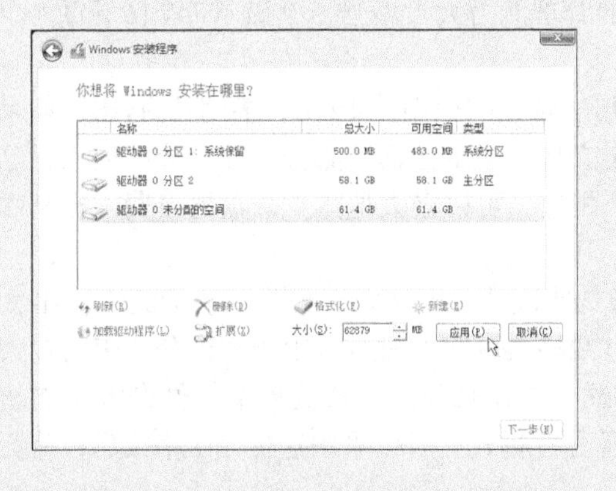

6.1 认识磁盘分区

本节教学录像时间：22 分钟

对硬盘进行分区实质上就是对硬盘的一种格式化，当创建分区时，就已经设置好了硬盘的各项物理参数，指定了硬盘主引导记录和备份引导记录的存放位置。下面详细介绍如何对硬盘进行分区、分区的原则以及如何根据需要对硬盘进行分区。

6.1.1 硬盘分区的格式

硬盘分区有几种不同的文件系统格式，就目前最新的操作系统Windows 7来说，主要有3种分区格式，即最早的分区格式FAT16、大容量硬盘的分区格式FAT32、安全的分区格式NTFS。另外，还有在Linux操作系统中常用的格式EXT2。

1. 最早的分区格式FAT16

FAT（File Allocation Table）即文件分配表。顾名思义，FAT16即为16位文件分配表，这种分区方式是MS-DOS和最早期的Windows 95操作系统中所使用的磁盘分区格式。它采用16位的文件分配表，是目前获得操作系统支持最多的一种磁盘分区格式，几乎所有的操作系统都支持这种分区格式。从最早的DOS、Windows 95、Windows 95 OSR2到现在的Windows 98、Windows Me、Windows NT、Windows 2000、Windows XP，甚至Windows 7都支持FAT16。

FAT16磁盘分区格式相对速度快，CPU资源消耗少，至今仍是各类电脑硬盘常用的分区格式。但是，FAT16分区格式自身也有一定的缺点，如分区格式最大只能管理2GB的容量，利用FAT16格式分区的硬盘利用率比较低等。

2. 大容量硬盘的分区格式FAT32

FAT32格式采用32位的文件分配表，对磁盘的管理能力大大增强，突破了FAT16下每一个分区的容量只有2GB的限制。

随着市场上硬盘生产成本的下降，其容量也越来越大，少则几十GB，多则几百GB，如果运用FAT32的分区格式，就可以将一个大容量硬盘定义成一个分区而不必分为几个分区使用，这样大大方便了对磁盘的管理。因此，FAT32与FAT16相比，可以极大地减少磁盘的浪费，提高磁盘利用率。

目前，Windows 95 OSR2以后的操作系统都支持这种分区格式，但是，人无完人，事无完美，这种分区格式也有它的缺点。首先是采用FAT32格式分区的磁盘，由于文件分配表的扩大，运行速度比采用FAT16格式分区的磁盘要慢；其次，FAT32分区支持的单个文件最大不能超过4GB；最后就是由于DOS和Windows 95不支持这种分区格式，所以采用这种分区格式后，将无法再使用DOS和Windows 95系统。

3. 安全的分区格式NTFS

NTFS格式与FAT16、FAT32分区格式不同的是，它在安全性和稳定性方面非常出色，在使用中不易产生文件碎片，并且能对用户的操作进行记录，通过对用户权限进行非常严格的限制，使每个用户只能按照系统赋予的权限进行操作，充分保护了系统与数据的安全，Windows XP、Windows7、Windows 8.1、Windows 10都支持这种分区格式。如下图为NTFS文件系统。

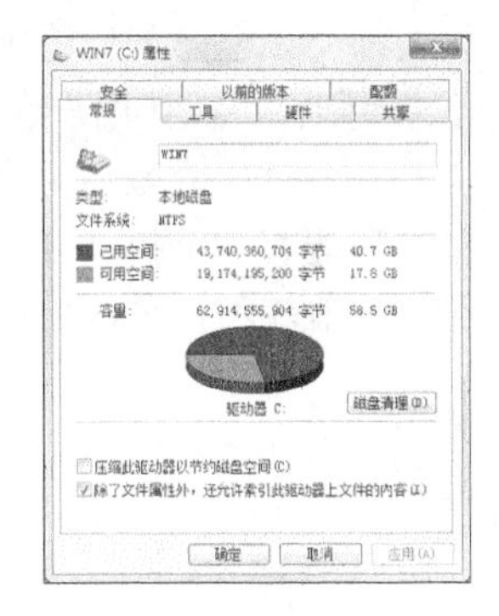

4. Linux分区格式EXT2

EXT2是Linux中使用最多的一种文件系统，它是专门为Linux设计的，拥有很快的速度和很小的CPU占用率。EXT2既可以用于标准的块设备(如硬盘)，也被应用在软盘等移动存储设备上。

现在已经有新一代的Linux文件系统，如SGI公司的XFS、ReiserFS、EXT3文件系统等出现。Linux的磁盘分区格式与其他操作系统完全不同，其C、D、E、F等分区的意义也和在Windows操作系统下不一样，使用Linux操作系统后，死机的机会大大减少。但是，目前支持这一分区格式的操作系统只有Linux。

6.1.2 硬盘存储的单位及换算

电脑中存储单位主要有bit、B、KB、MB、GB、TB、PB等，数据传输的最小单位是位（bit），基本单位为字节（Byte）。在操作系统中主要采用二进制表示，换算单位为2的10次方（1024），简单说每级是前一级的1024倍，如1KB=1024B，1MB=1024KB=1024×1024B或2^20B。

常见的数据存储单位及换算关系如下表所示。

单位	简称	换算关系
KB(Kilobyte)	千字节	1KB=1024B=2^10B
MB(Megabyte)	兆字节 简称“兆”	1MB=1024KB=2^20B
GB(Gigabyte)	吉字节 又称“千兆”	1GB=1024MB=2^30B
TB(Trillionbyte)	万亿字节，或太字节	1TB=1024GB=2^40B
PB（Petabyte）	千万亿字节，或拍字节	1PB=1024TB=2^50B
EB（Exabyte）	百亿亿字节，或艾字节	1EB=1024PB=2^60B
ZB(Zettabyte)	十万亿亿字节，或泽字节	1ZB=1024EB=2^70B
YB(Yottabyte)	一亿亿亿字节，或尧字节	1YB=1024ZB=2^80B
BB(Brontobyte)	一千亿亿亿字节	1BB=1024YB=2^90B
NB(NonaByte)	一百万亿亿亿字节	1NB=1024BB=2^100B
DB(DoggaByte)	十亿亿亿亿字节	1DB=1024NB=2^110B

而硬盘厂商，在生产过程中主要采用十进制的计算，如1MB=1000KB=1000000Byte，所以会发现计算机看到的硬盘容量比实际容量要小。

如500GB的硬盘，其实际容量=500×1000×1000×1000÷（1024×1024×1024）≈456.66GB，以此类推1000GB的实际容量为1000×1000^3÷（1024^3）≈931.32GB。

另外，硬盘容量与实际容量会有误差，上下误差应该在10%内，如果大于10%，则表明硬盘有质量问题。

6.1.3 硬盘分区原则

给新买的硬盘进行分区也许大多数人都会，但是如何将硬盘的分区分到最佳、最好使，并不是所有人都会。因此掌握一些硬盘分区的原则，可以让用户在以后的使用中更加得心应手。

总的来说，用户只能创建两个分区，一个是主分区，一个是扩展分区，而扩展分区可以进一步划分为最多25个分区。由于一个硬盘上只能有一个扩展分区，因此，在对硬盘进行分区时，如果用户没有建立非DOS分区的需要，那么一般就将主分区之外的空间部分都分配给扩展分区，然后在扩展分区上划分逻辑分区。

1. 主分区、扩展分区、逻辑分区

（1） 主分区

也称为主磁盘分区，和扩展分区、逻辑分区一样，是一种分区类型。主分区中不能再划分其他类型的分区，因此每个主分区都相当于一个逻辑磁盘，在这一点上主分区和逻辑分区很相似，但主分区是直接在硬盘上划分的，逻辑分区则必须建立于扩展分区中。

（2）扩展分区

一个硬盘可以有一个主分区、一个扩展分区，也可以只有一个主分区而没有扩展分区。逻辑分区可以有若干。主分区是硬盘的启动分区，是独立的，也是硬盘的第一个分区，正常分的话就是C区。分出主分区后，剩下的部分可以分成扩展分区，一般是剩下的部分全部分成扩展分区，也可以不全分。扩展分区是不能直接用的，它是以逻辑分区的方式来使用的，因此，可以将扩展分区分成若干逻辑分区。其关系是包含的关系，也就是说所有的逻辑分区都是扩展分区的一部分。

（3）逻辑分区

逻辑分区是硬盘上一块连续的区域，不同之处在于，每个主分区只能分成一个驱动器，每个主分区都有各自独立的引导块，可以用FDISK设定为启动区。一个硬盘上最多可以有4个主分区，而扩展分区上可以划分出多个逻辑驱动器。这些逻辑驱动器没有独立的引导块，不能用FDISK设定为启动区。主分区和扩展分区都是DOS分区。

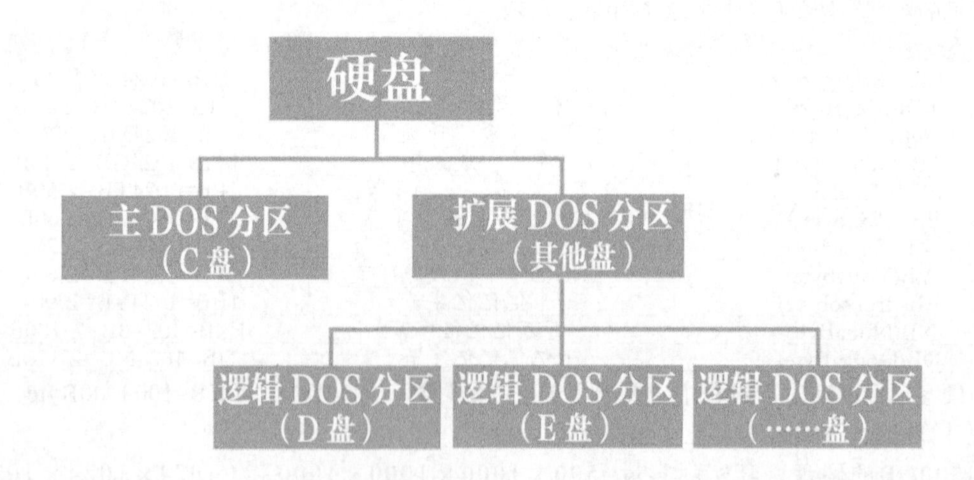

2.分区原则

（1）分区原则一：C盘不宜太大

C盘是系统盘，硬盘的读写比较多，产生错误和磁盘碎片的几率也较大，扫描磁盘和整理碎片是日常工作，而这两项工作的时间与磁盘的容量密切相关。C盘安装操作系统外，很容易因为安装软件，造成空间不足，从而影响工作效率，建议C盘容量在50GB~80GB比较合适。

（2）分区原则二：尽量使用NTFS分区

NTFS文件系统是一个基于安全性及可靠性的文件系统，除兼容性之外，其他性能远远优于FAT32。它不但可以支持达2TB大小的分区，而且支持对分区、文件夹和文件的压缩，可以更有效地管理磁盘空间。对局域网用户来说，在NTFS分区上可以为共享资源、文件夹以及文件设置访问许可权限，安全性要比FAT32高得多。

（3）分区原则三：双系统乃至多系统好处多多

如今木马、病毒、广告软件、流氓软件横行，系统缓慢、无法上网、系统无法启动都是很常见的事情。一旦出现这种情况，重装、杀毒要消耗很多时间，往往耽误工作。有些顽固的开机加载的木马和病毒甚至无法在原系统中删除。而此时如果有一个备份的系统，事情就会简单得多，启动到另外一个系统，可以从容杀毒，删除木马，修复另外一个系统，乃至用镜像把原系统恢复。即使不做处理，也可以用另外一个系统展开工作，不会因为电脑问题耽误事情。

因此，双系统乃至多系统好处多多，分区中除了C盘外，再保留一个或两个备用的系统分区很有必要，该备份系统分区还可同时用作安装一些软件程序，容量大概20GB左右即可。

（4）分区原则四：系统、程序、资料分离

Windows有个很不好的习惯，就是把【我的文档】等一些个人数据资料都默认放到系统分区中。这样一来，一旦要格式化系统盘来彻底杀灭病毒和木马，而又没有备份资料的话，数据安全就很成问题。

正确的做法是，将需要在系统文件夹和注册表中复制文件和写入数据的程序都安装到系统分区里面；对那些可以绿色安装，仅仅靠安装文件夹的文件就可以运行的程序放置到程序分区之中；各种文本、表格、文档等本身不含有可执行文件，需要其他程序才能打开的资料，都放置到资料分区之中。这样一来，即使系统瘫痪，不得不重装的时候，可用的程序和资料一点不缺，很快就可以恢复工作，不必为了重新找程序恢复数据而头疼。

（5）分区原则五：保留至少一个巨型分区

随着硬盘容量的增长，文件和程序的体积也是越来越大。例如，以前一部压缩电影不过几百MB，而如今的一部HDTV就要接近20GB。假如按照平均原则对硬盘进行分区的话，那么这些巨型文件的存储就将会遇到麻烦。因此，对于海量硬盘而言，非常有必要分出一个容量在100GB以上的分区用于巨型文件的存储。

（6）分区原则六：给BT或者迅雷在磁盘末尾留一个分区

BT和迅雷这类点对点的传输软件对磁盘的读写比较频繁，长期使用可能会对硬盘造成一定的损伤，严重时甚至造成坏道。对于磁盘坏道，通常用修复的办法解决，但是一旦修复不了，就要用PQMaigc这类软件进行屏蔽。此时，就会发现放在磁盘末尾的分区调整大小和屏蔽坏道的操作要方便得多，因此，给BT或者迅雷在磁盘末尾保留一个分区使用起来会更加方便。

6.1.4 硬盘分区常用软件

常用的硬盘分区软件有很多种，根据不同的需求，用户可以选择适合自己的分区软件。

1. DiskGenius

DiskGenius是一款磁盘分区及数据恢复软件，支持对GPT磁盘（使用GUID分区表）的分区操作，除具备基本的分区建立、删除、格式化等磁盘管理功能外，还提供了强大的已丢失分区搜索功能、误删除文件恢复、误格式化及分区被破坏后的文件恢复功能、分区镜像备份与还原功能、分区复制、硬盘复制功能、快速分区功能、整数分区功能、分区表错误检查与修复功能、坏道检测与修复功能，提供基于磁盘扇区的文件读写功能，支持VMWare虚拟硬盘格式、IDE、SCSI、SATA等各种类型的硬盘和支持U盘、USB硬盘、存储卡(闪存卡)，同时也支持FAT12、FAT16、FAT32、NTFS、EXT3文件系统。

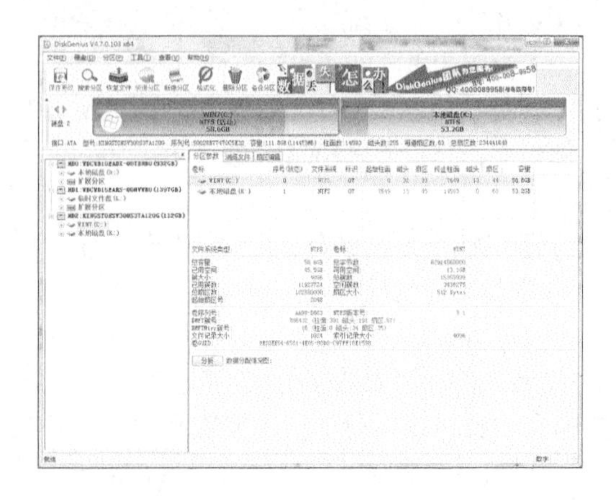

2. PartitionMagic

PartitionMagic是一款功能非常强大的分区软件，在不损坏数据的前提下，可以对硬盘分区的大小进行调整。然而此软件的操作有些复杂，操作过程中需要注意的问题也比较多，一旦用户误操作，也会带来严重的后果。

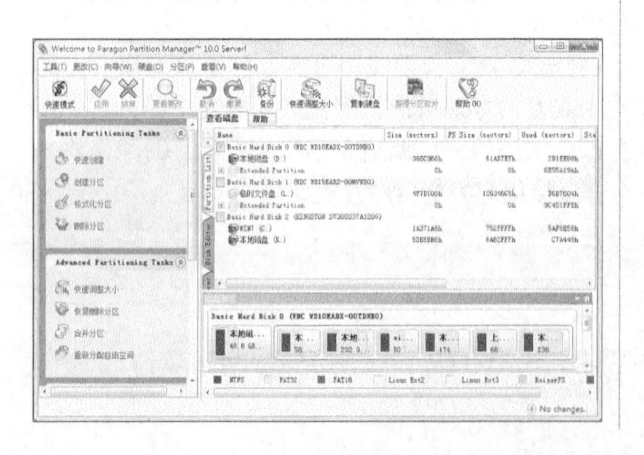

3. DM

DM硬盘分区软件是用户使用频率最高的分区格式化软件，它集分区、格式化、让老主板支持大硬盘等多种功能于一身。其不仅功能强大，而且操作也很简单，只要设定好每个分区的大小，软件就会自动完成分区和格式化的一系列工作，包括自动设置主分区和扩展分区中的逻辑分区，不会将主分区和逻辑分区弄混淆，这是一些分区软件通常会有的设计缺陷。

然而，此款分区软件的缺点是界面有些复杂，对于初学者来说，操作有一定的难度，需要用户加强对软件操作的学习。

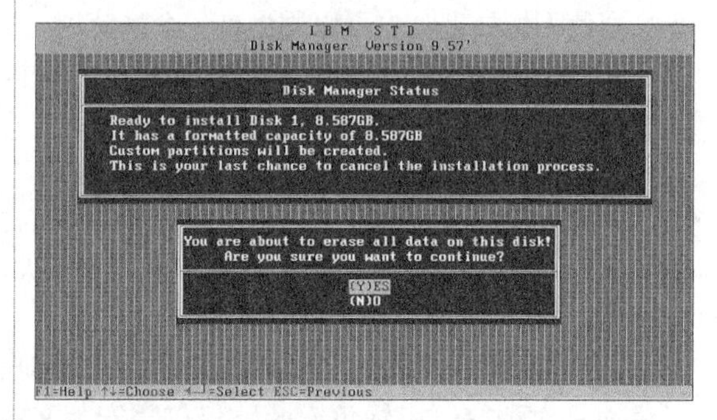

4.系统自带的磁盘管理工具

Windows系统自带的磁盘管理工具，虽然不如第三方磁盘分区管理软件易于上手，但是不需要再次安装软件，而且安全性和伸缩性强，得到不少用户的青睐。

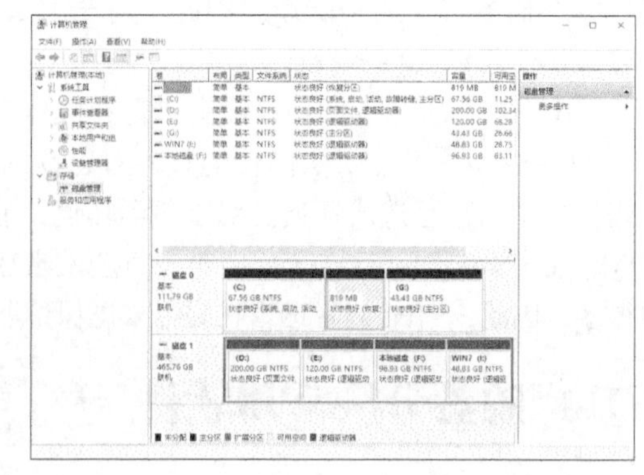

6.2 硬盘的分区方案

本节教学录像时间：5 分钟

在对硬盘分区时，很多用户都会存在诸多疑问，如系统盘分区多大?硬盘分区是否越多越好？其实，合理的硬盘分区，可以减少很多麻烦和风险。

6.2.1 机械硬盘的分区方案

目前，机械硬盘的主流配置都是500GB、1TB、1.5TB或2TB以上的大容量，下面就推荐几个硬盘分区的方案。

磁盘 方案	系统盘	程序盘	文件盘	备份/下载盘	娱乐盘
综合家用型	50GB	100GB	100GB	50GB	剩余空间
商务办公型		100GB	200GB		
电影娱乐型		100GB	100GB		
游戏达人型		200GB	100GB		

在上述分区方案中，系统盘推荐划分50GB，只有系统盘有足够的空间，保证操作系统的正常运行，才能发挥电脑的总体性能。另外，在安装操作系统创建主分区时，会产生几百兆的系统保留分区，它是BitLocker分区加密信息存储区。

程序盘，主要用于安装程序的分区。将应用程序安装在系统盘，会带来频繁的读写操作，且容易产生磁盘碎片，因此可以单独划分一个程序盘以满足常用程序的安装。另外，随着应用程序的体积越来越大，部分游戏客户端就可占用10GB以上，因此建议根据实际需求，划分该分区大小。

文件盘，主要用于存放和备份资料文档，如照片、工作文档、媒体文件等，单独划分一个磁盘，可以方便管理。文件盘的容量，可以根据个人情况，进行自由调整。

备份/下载盘，主要可以用于备份和下载一些文件。之所以将下载盘单独划分，主要因为这个分区是磁盘读写操作较为频繁的一个区，如果磁盘划分太大，磁盘整理速度会降低；太小则无法满足文件的下载需求。因此，推荐划分出50GB的容量。

小提示

如迅雷、QQ旋风、浏览器等，在安装后，启动相应程序，将默认的下载路径修改为该分区，否则就没有了单独划分一个区的意义了。

娱乐盘，主要用于存放音乐、电影、游戏等娱乐文件。如今高清电影、无损音乐等体积越来越大，因此建议该磁盘要分区大一些。

6.2.2 固态硬盘的分区方案

随着固态硬盘的普及，越来越多的用户使用或升级为固态硬盘。与机械硬盘相比，固态硬盘较贵，一般主要选择128GB或256GB容量，因此并不能像机械硬盘划分较多分区，推荐以下方案。

磁盘 容量	系统盘	程序盘	文件盘	备份盘
120GB固态硬盘	60GB	剩余容量	—	—
240GB固态硬盘			50GB	50GB

小提示

根据硬盘存储单位的换算规则，120GB容量的硬盘实际可分配容量为111GB左右，240GB可分配容量为223GB左右。

在上述方案中，如果固态硬盘的容量为120GB，建议划分为2个分区，系统盘主要安装操作系统，程序盘主要用于安装应用程序和存放重要文档。

如果固态硬盘的容量为240GB，建议划分为3~4个分区，除系统盘外，可根据需要划分出程序盘、文件盘和备份盘等。

如果，用户同时采用了机械硬盘和固态硬盘，建议固态硬盘主要用于安装系统和应用程序使用，机械硬盘作为文件或备份盘，以充分发挥它们的作用。

6.3 使用系统安装盘进行分区

本节教学录像时间：5 分钟

Windows系统安装程序自带有分区格式化功能，用户可以在安装系统时，对硬盘进行分区。Windows 7、Windows 8.1和Windows 10的分区方法基本相同，下面以Windows 10为例简单介绍其分区的方法。

步骤01 将Windows 10操作系统的安装光盘放入光驱中，启动计算机，进入系统安装程序，根据系统提示，进入“你想执行哪种类型的安装？”对话框，这里选择“自定义：仅安装Windows（高级）”选项。

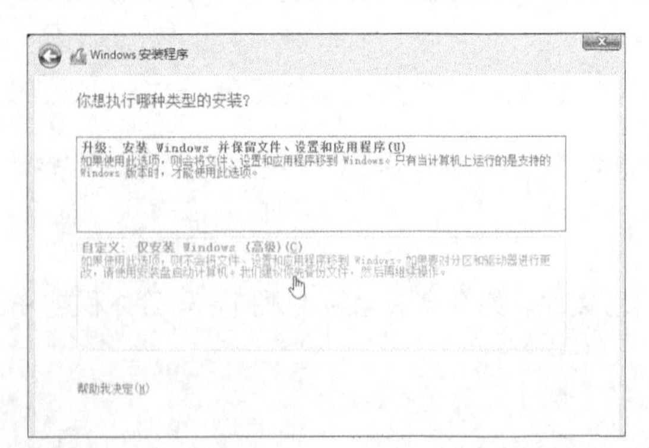

步骤02 进入【您想将Windows安装在哪里】界面，如下图所示，显示了未分配的硬盘情况，下面以120GB的硬盘为例，对该盘进行分区。

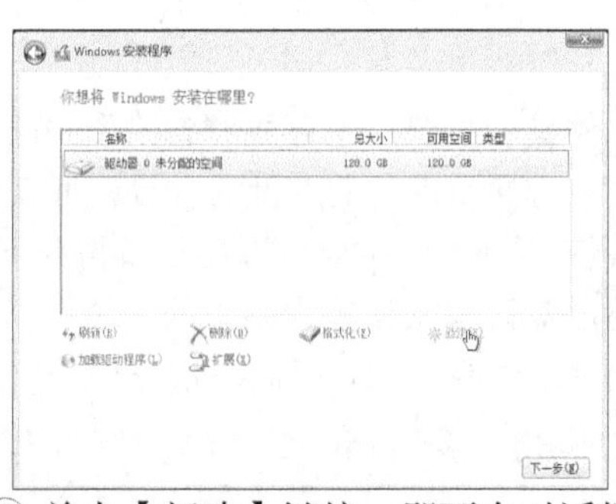

步骤03 单击【新建】链接，即可在对话框的下方显示用于设置分区大小的参数，这时在【大小】文本框中输入“60000”，并单击【应用】按钮。

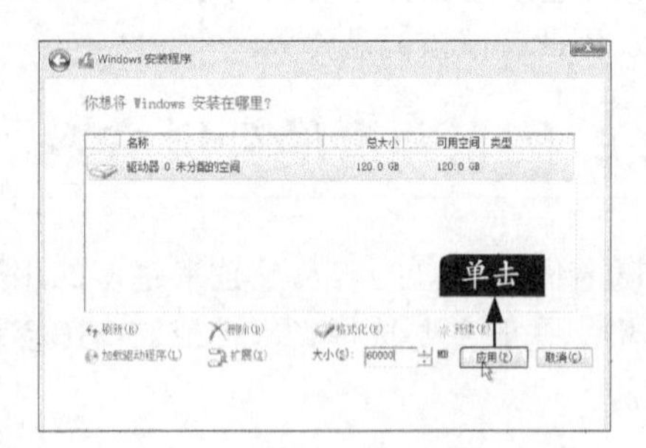

小提示

1GB=1024MB，如上要划分出60GB，可以按照60×1000的公式进行粗略计算。

步骤04 将打开信息提示框，提示用户若要确保Windows的所有功能都能正常使用，Windows可能要为系统文件创建额外的分区。单击【确定】按钮，即可增加一个未分配的空间。

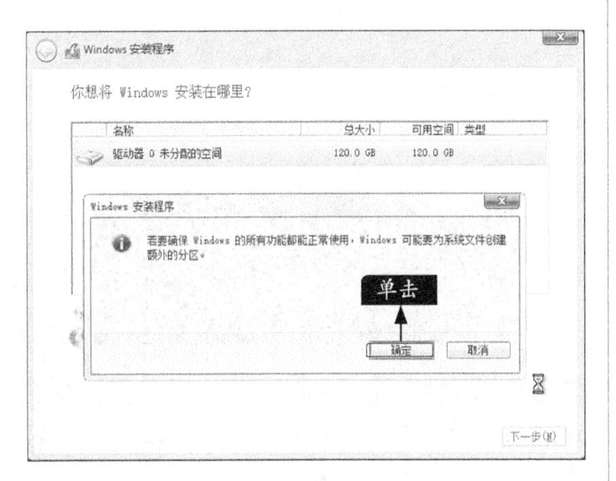

步骤05 此时，即可创建系统保留分区1及分区2。用户可以选择已创建的分区，对其进行删除、格式化和扩展等操作。

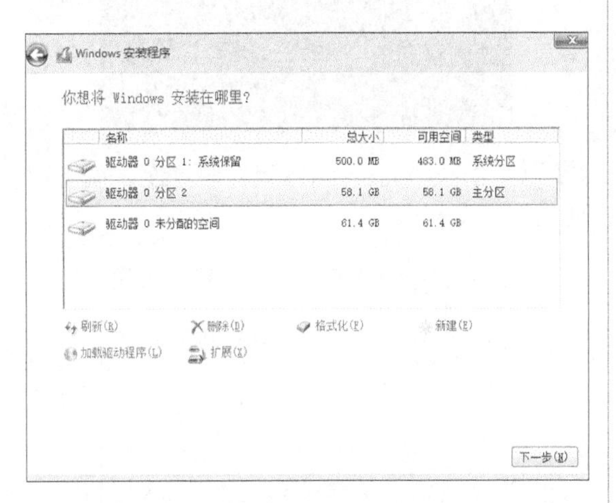

小提示

单击【刷新】链接，则刷新当前显示；单击【删除】链接，则删除所选分区，并叠加到未分配的空间；单击【格式化】链接，将格式化当前所选分区的磁盘内容；单击【加载驱动程序】链接，用于手动添加磁盘中的驱动程序，分区时一般不做该操作；单击【扩展】链接，则可调大当前已分区空间大小。

步骤06 选择未分配的空间，单击【新建】链接，并输入分区大小，单击【应用】按钮，继续创建分区。这里分配2个分区，因此其中参数为剩余容量值，可直接单击【应用】按钮。

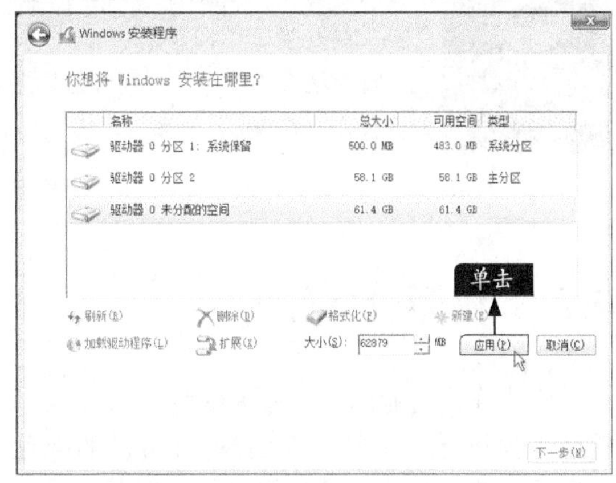

小提示

使用同样办法，可以根据自己的磁盘情况，创建更多的分区。

步骤07 创建分区完毕后，选择要安装操作系统的分区，单击【下一步】按钮即可。

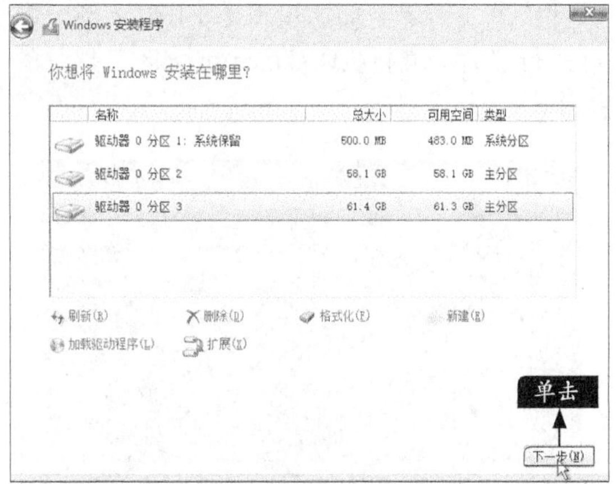

另外，如果安装Windows系统时，没有对硬盘进行任何分区，Windows安装程序将自动把硬盘分为一个分区，格式为NTFS。

6.4 使用DiskGenius对硬盘分区

本节教学录像时间：14 分钟

硬盘工具管理软件DiskGenius软件采用全中文界面，除了继承并增强了DOS版的大部分功能外，还增加了许多新功能，如已删除文件恢复、分区复制、分区备份、硬盘复制等功能，此外还增加了对VMWare虚拟硬盘的支持。本节主要讲述如何在DOS环境下对磁盘进行分区操作，在Windows系统环境下与此基本相同。

6.4.1 快速分区硬盘

快速分区功能用于快速为磁盘重新分区。适用于为新硬盘分区，或为已存在分区的硬盘完全重新分区。执行时会删除所有现存分区，然后按指定要求对磁盘进行分区，分区后立即快速格式化所有分区。用户可指定各分区大小、类型、卷标等内容。只需几个简单的操作就可以完成分区及格式化。下面介绍如何对硬盘进行快速分区。

步骤 01 使用PE系统盘启动电脑，进入PE系统盘的主界面，在菜单中使用【↓】、【↑】按键进行菜单选择，也可以单击对应的数字，可以直接进入菜单。如这里按【6】数字键，即可执行“运行最新版DiskGenius分区工具”的操作。

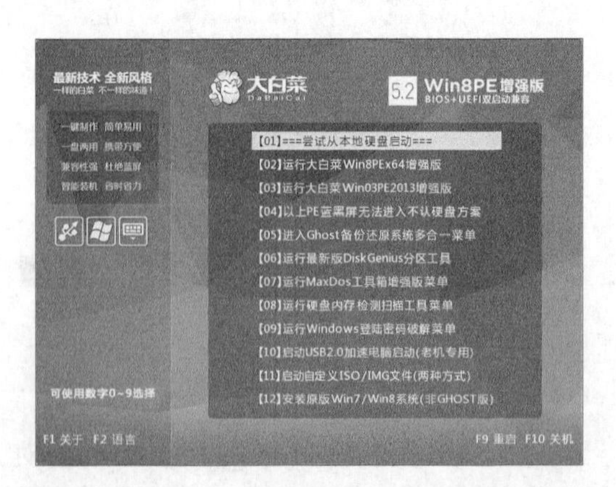

小提示

如何制作PE系统盘，可参见30.2节内容。

步骤 02 进入如下加载界面，无需任何操作。

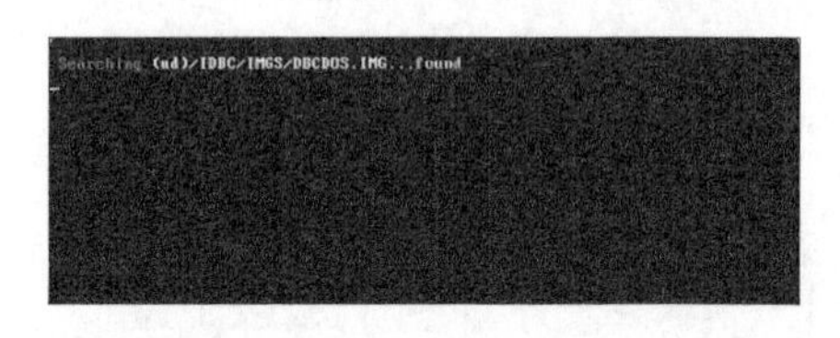

步骤 03 片刻后，进入DOS工具菜单界面，在下方输入字母“d”，并按【Enter】键，即可启动DiskGenius分区工具。

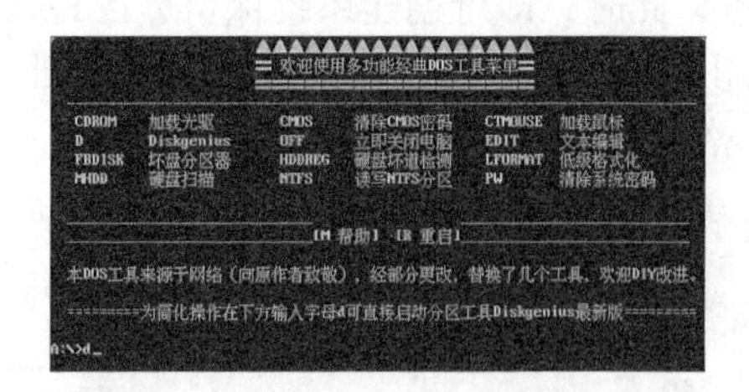

步骤 04 DiskGenius DOS版程序界面，如下图所示。

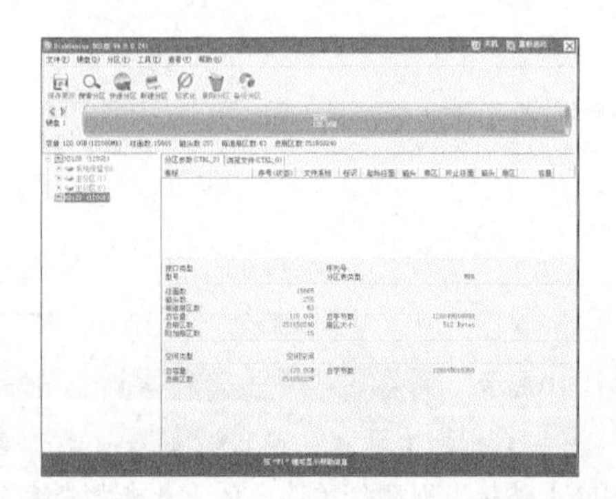

步骤 05 若要执行【快速分区】命令，选择要分区的磁盘，按【F6】键或单击功能区的【快速分区】按钮，弹出【快速分区】对话框。在【分区表类型】区域中，单击【MBR】单选项；在【分区数目】区域中，选择分区数量；

在【高级设置】区域中，设置各分区大小。设置完毕后，单击【确定】按钮。

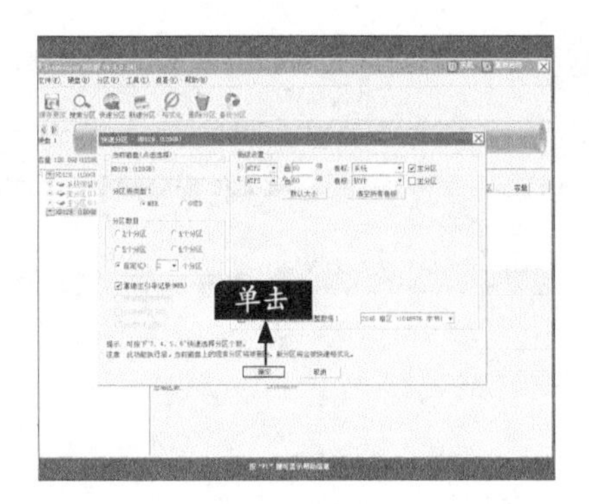

小提示

【分区表类型】：MBR是传统的硬盘分区模式，无法支持超过2TB容量的磁盘，如3TB的硬盘以MBR分区方案分区，超过2TB的部分容量则无法识别。而GUID就是新兴的GPT方式，支持磁盘容量和主分区数量都没有限制。另外，如果主板较老只支持BIOS，就选MBR，如果是新主板，支持UEFI，就可以远GUID。

【分区数目】：直接按下“3、4、5、6”即可快速选择分区个数，也可以通过鼠标单击选择。选择后，对话框右半部分立即显示相应个数的分区列表。

【重建主引导记录(MBR)】：这是默认选项，如果磁盘上存在基于MBR的引导管理程序，且仍然需要保留它，请不要勾选此选项。

【分区类型】：快速分区功能仅提供两种类型供选择：NTFS和FAT32。

【分区大小】：默认的分区大小按如下规则设置：首先按照指定的分区个数计算，如果平均每个分区小于15G，则平均分配分区大小。其次如果平均容量大于(或等于)15G，则第一个分区的大小按磁盘总容量的1/20计算，但不小于25G，如果小于25G则固定为25G。其他分区平均分配剩下的容量。这是考虑到第一个分区一般用于安装系统及软件，太小了可能装不下，太大了又浪费。

在容量输入编辑框前面有一个“锁”状图标。当用户改变了某分区的容量后，这个分区的大小就被“锁定”，改变其他分区的容量时，这个分区的容量不会被程序自动调整。图标显示为“锁定”状态。用户也可以通过点击图标自由变更锁定状态；初始化时或更改分区个数后，第一个分区是锁定的，其他分区均为解锁状态；当使用者改变了某个分区的容量后，其他未被“锁定”的分区将会自动平分“剩余”的容量；如果除了正在被更改的分区以外的其他所有分区都处于锁定状态，则只调整首尾两个分区的大小。最终调整哪一个则由它们最后被更改的顺序决定。如果最后更改的是首分区，就自动调整尾分区，反之调整首分区。被调整的分区自动解锁。

【默认大小】：软件会按照默认规则重置分区大小。

【卷标】：软件为每个分区都设置了默认的卷标，用户可以自行选择或更改，也可以通过单击【清空所有卷标】按钮将所有分区的卷标清空。

【主分区】：可以选择分区是主分区还是逻辑分区。通过勾选进行设置。需要说明的是，一个磁盘最多只能有4个主分区，多于4个分区时，必须设置为逻辑分区。扩展分区也是一个主分区。软件会根据用户的选择自动调整该选项的可用状态。如果选择GUID分区表，则没有逻辑分区的概念，此设置对GPT磁盘分区时无效。

【对齐分区到此扇区的整倍数】：对于某些采用了大物理扇区的硬盘，比如4KB物理扇区的西部数据“高级格式化”硬盘，其分区应该对齐到物理扇区个数的整数倍，否则读写效率会下降。此时，应该勾选“对齐到下列扇区数的整数倍”并选择需要对齐的扇区数目。

步骤06 此时，即可开始对硬盘进行快速分区和格式化操作。

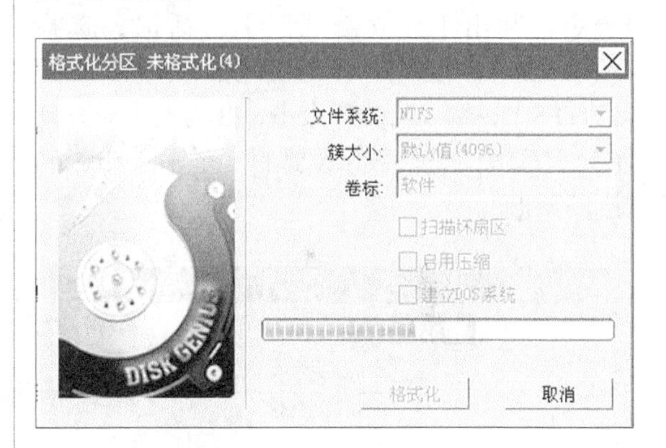

步骤07 分区完成后，即可查看分区效果。

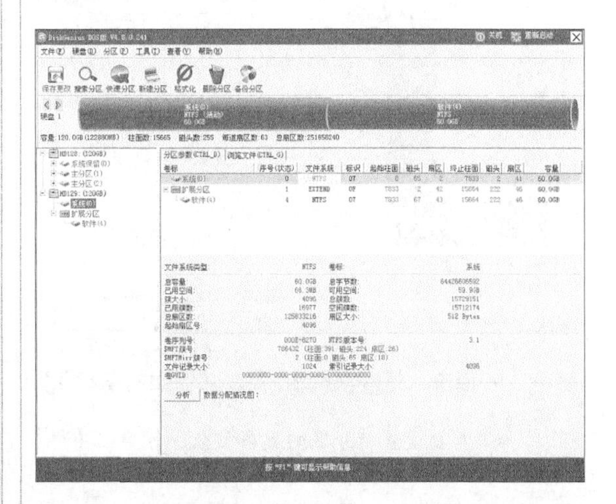

6.4.2 手动创建分区

手动分区可以使用新建分区命令逐步创建分区，操作更具灵活性。具体操作方法如下。

步骤01 进入DiskGenius DOS版程序界面，选择要分区的磁盘，并单击【新建分区】命令。

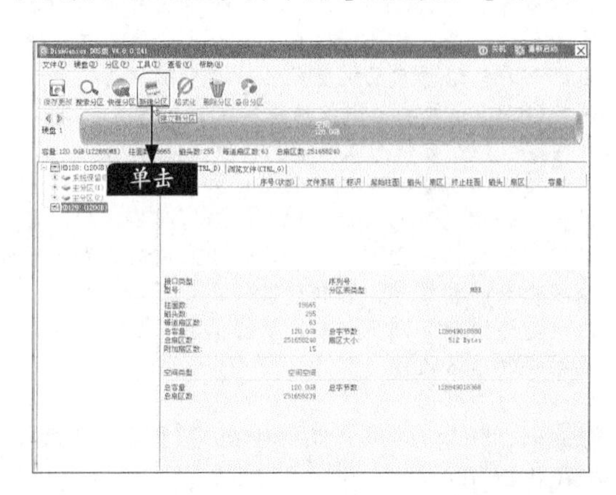

步骤02 弹出【建立新分区】对话框，选择【主磁盘分区】单选项，选择文件系统类型为【NTFS】，输入新分区大小，并勾选【对齐到下列扇区数的整倍数】复选框，然后单击【确定】按钮。

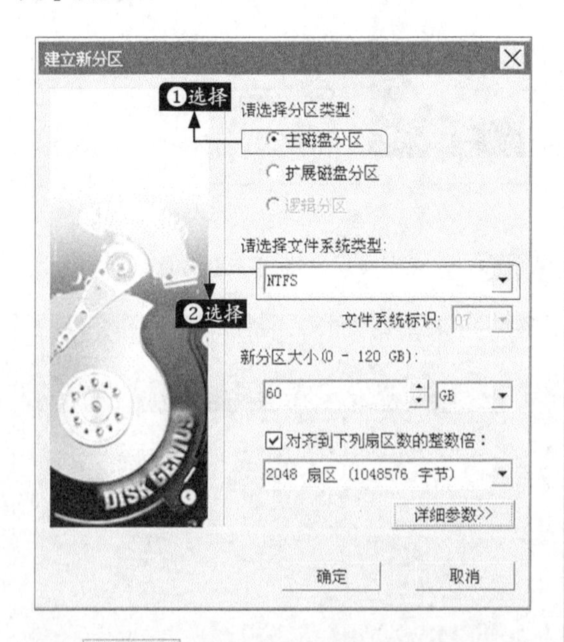

小提示

如果需要设置新分区的更多参数，可单击【详细参数】按钮，以展开对话框进行详细参数设置。

步骤03 即可创建一个未格式化的分区，如下图所示。

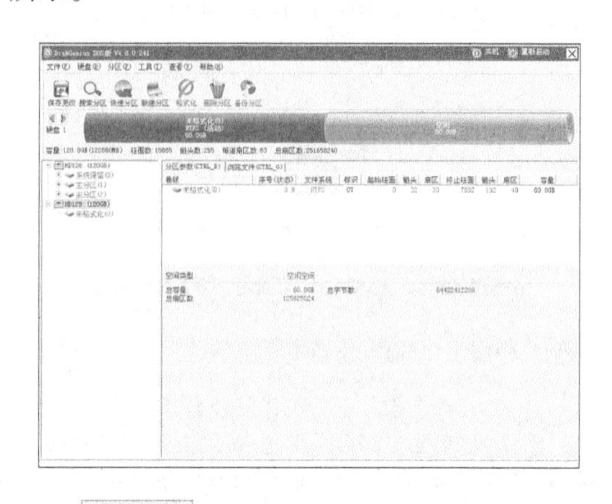

小提示

新分区建立后并不会立即保存到硬盘，仅在内存中建立。执行“保存分区表”命令后才能在“我的电脑”中看到新分区。这样做的目的是为了防止因误操作造成数据破坏。要使用新分区，还需要在保存分区表后对其进行格式化。

步骤04 选择“空闲”空间，在功能区中单击【新建分区】按钮。弹出【建立新分区】对话框，选中【扩展磁盘分区】单选项，输入分区大小，并单击【确定】按钮。

步骤05 此时，即可在硬盘中创建扩展分区，如下图所示。

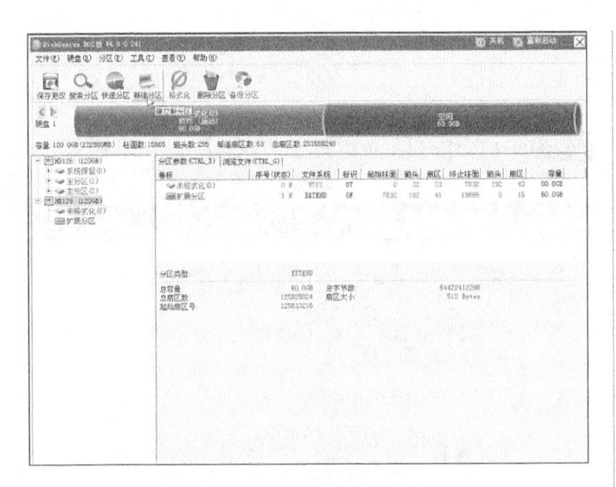

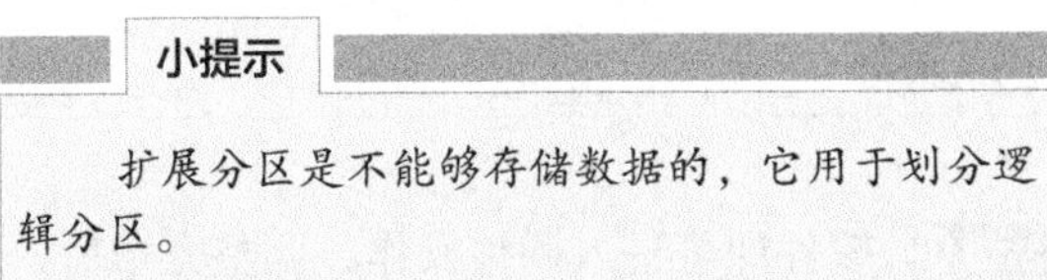

小提示

扩展分区是不能够存储数据的，它用于划分逻辑分区。

步骤06 选择扩展分区的空闲区域，单击【新建分区】按钮，弹出【建立新分区】对话框，选择【逻辑分区】单选项，选择文件系统类型为【NTFS】，输入新分区大小，并勾选【对齐到下列扇区数的整倍数】复选框，然后单击【确定】按钮。

步骤07 逻辑分区创建完成后，即可看到创建的未格式化分区，然后单击【保存更改】按钮。

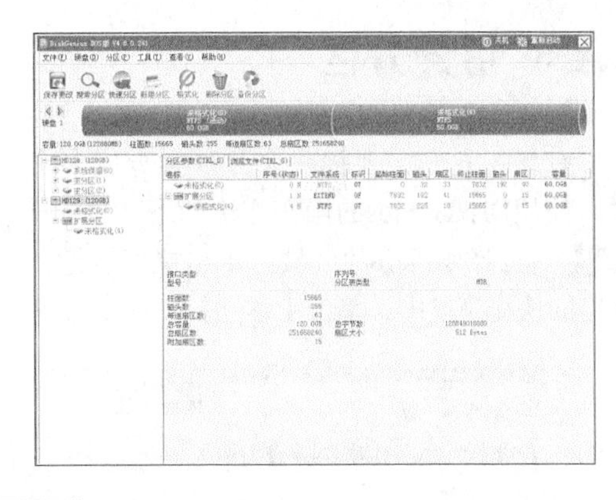

步骤08 弹出提示信息框，单击【是】按钮。

步骤09 弹出如下图提示，单击【是】按钮。

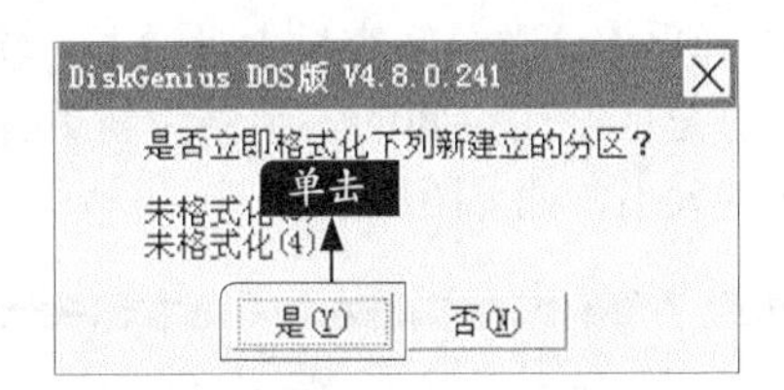

步骤10 软件开始对建立的分区进行格式化。格式化完成即可看到分区后的效果。

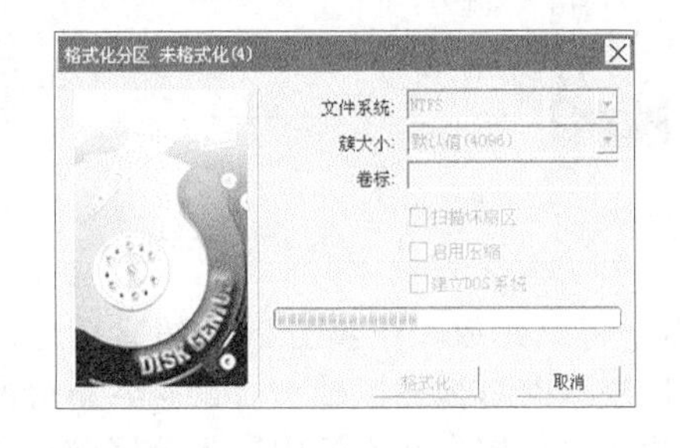

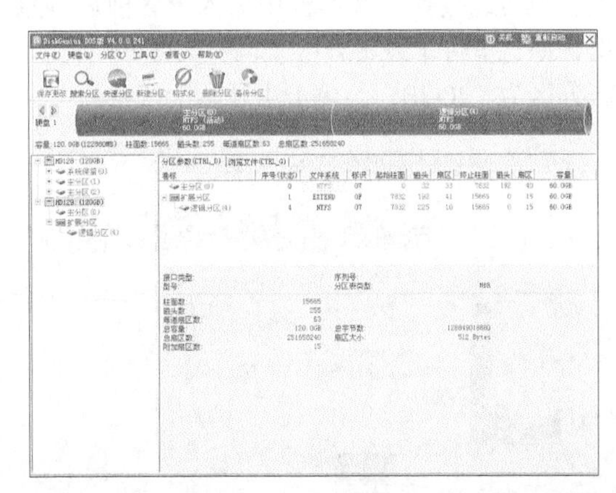

6.4.3 拆分分区

有候，我们需要把一个分区拆分成多个分区。使用DiskGenius的操作方法如下。

步骤01 选择要拆分的区域，单击鼠标右键，在弹出的快捷菜单中，单击【建立新分区】命令。

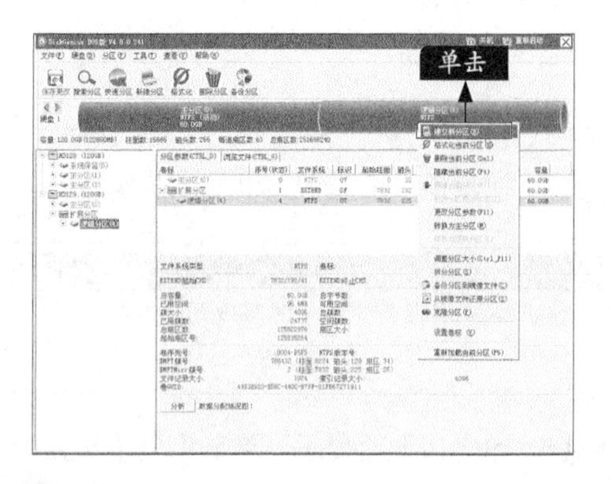

步骤02 弹出【调整分区容量】对话框，软件会默认将原分区空闲空间的一半做为新拆分出来的分区的大小，如下图所示。

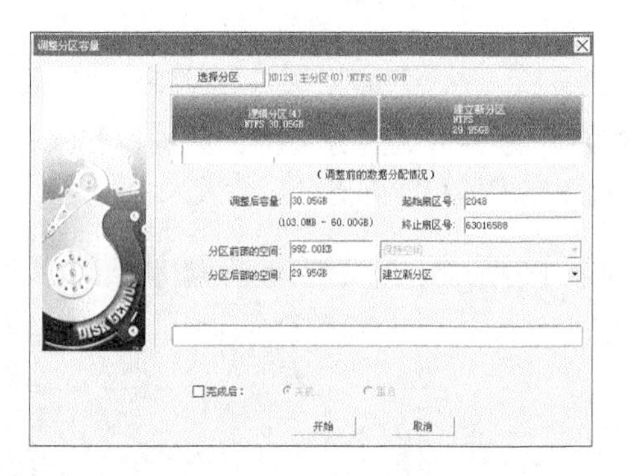

步骤03 将鼠标放在逻辑分区和建立新分区中间，向左或向右拖曳鼠标，可调整容量分配情况，也可以直接在文本框中输入分区前后的数据，如这里将【逻辑分区】调整为“40GB”，新分区为“20GB”，单击【开始】按钮。

步骤04 弹出信息提示框，单击【是】按钮。

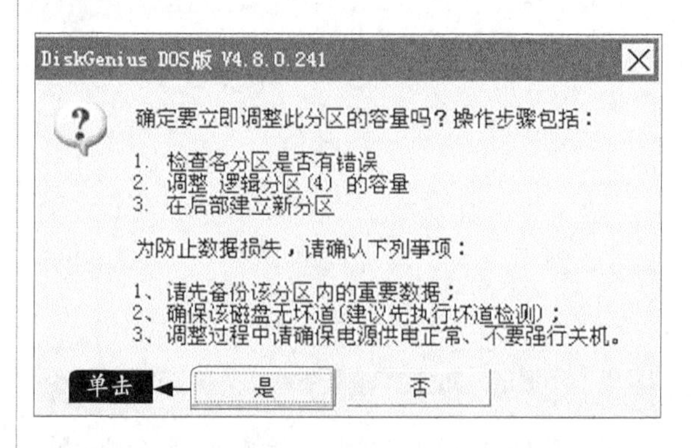

步骤05 软件即可进入调整操作，调整完毕后，单击【完成】按钮。

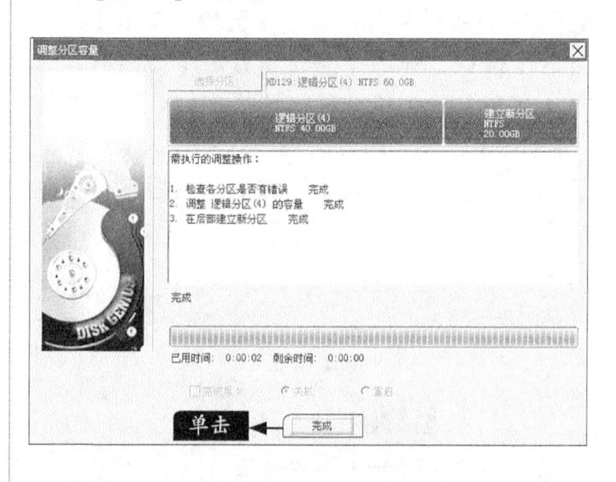

步骤06 返回程序主界面，即可查看拆分后的分区情况。

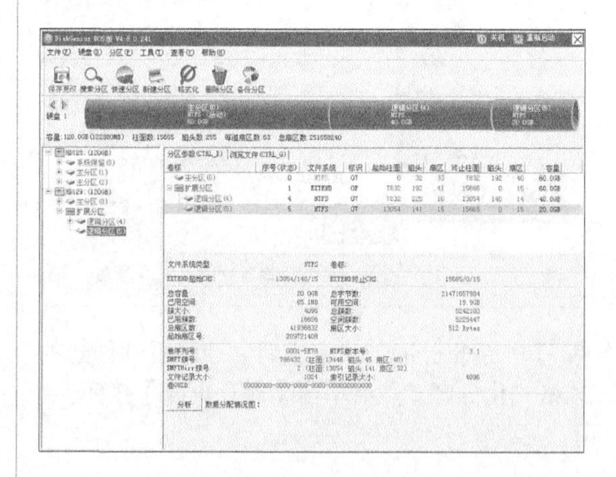

6.4.4 设置卷标

卷标是一个磁盘的一个标识，在磁盘分区时格式化生成或人为的设定。默认情况下，磁盘分区叫本地磁盘（C:），本地磁盘（D:）等，此时叫做无卷标，如果重新设置卷标，例如改成系统（C:），软件（D:）等等，这时C的卷标就是系统，D的卷标就是软件，即后来设置的名字。使用DiskGenius设置卷标的具体操作步骤如下。

步骤01 选择要设置的卷标区域，单击鼠标右键，在弹出的快捷菜单中，选择【设置卷标】菜单命令。

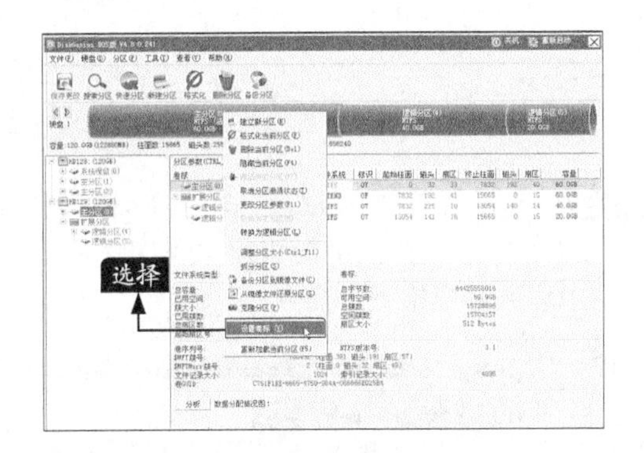

步骤02 弹出【设置卷标】对话框，在文本框中输入卷标名称，如“system”，单击【确定】按钮。

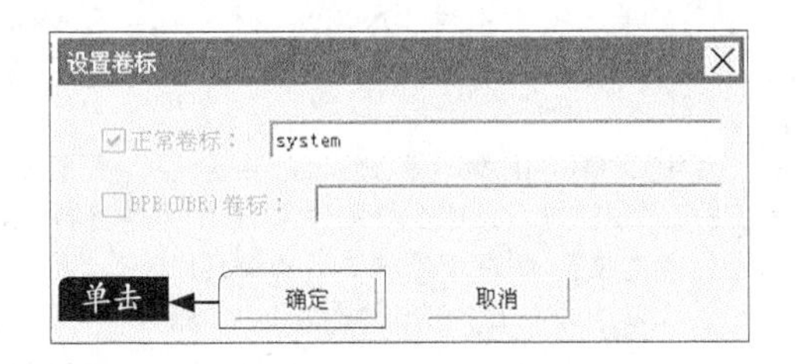

步骤03 返回程序主界面，即可看到设置后的卷标。

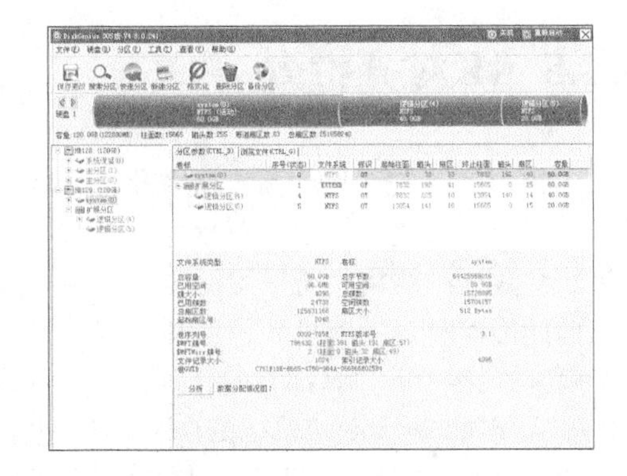

6.4.5 格式化分区

分区建立后，必须经过格式化才能使用。另外分区后，可以更改磁盘分区的文件系统、簇大小、卷标、扫描坏扇区等，具体操作步骤如下。

步骤01 选择要格式化的分区，单击功能区的【格式化】按钮。

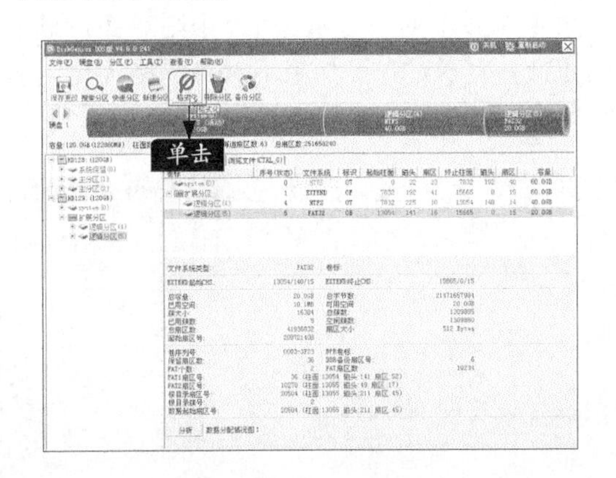

步骤02 弹出【格式化分区】对话框，设置【文件系统】类型为“NTFS”，【簇大小】为“4096”，卷标为“work”，单击【格式化】按钮。

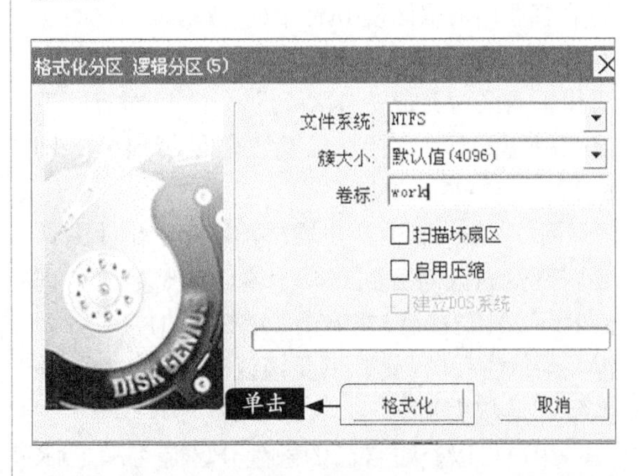

小提示

【扫描坏扇区】：在格式化时扫描坏扇区，要注意的是，扫描坏扇区是一项很耗时的工作。多数硬盘尤其是新硬盘不必扫描。如果在扫描过程中发现坏扇区，格式化程序会对坏扇区做标记，建立文件时将不会使用这些扇区。

【启用压缩】：对于NTFS文件系统，可以勾选“启用压缩”复选框，以启用NTFS的磁盘压缩特性。

【建立DOS系统】：如果是主分区，并且选择了FAT32/FAT16/FAT12文件系统，“建立DOS系统”复选框会成为可用状态。如果勾选它，格式化完成后程序会在这个分区中建立DOS系统。可用于启动电脑。

步骤03 弹出如下提示框，单击【是】按钮。

步骤04 程序即可对该分区进行格式化操作，如下图所示。

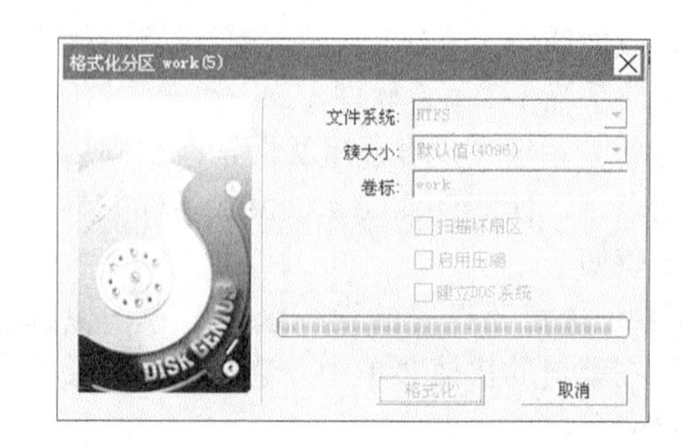

6.4.6 4K对齐检查

“4K对齐”是一种“高级格式化”分区方式，“高级格式化”是国际硬盘设备与材料协会为新型数据结构格式所采用的名称，主要鉴于目前的硬盘容量不断扩展，使得早起定义的每个扇区512字节不再是那么的合理，于是将每个扇区512字节改为每个扇区4096个字节，也就是常说的“4K扇区”。目前，NTFS成为了标准的硬盘文件系统，其默认分配大小（簇）是4096字节，为了使簇和扇区相对应，即物理硬盘分区与计算机使用的逻辑分区对齐，保证硬盘读写速率，因此就有了“4K对齐”。

早期传统硬盘的每个扇区固定为512字节，新标准的“4K扇区”硬盘为了保证与操作系统的兼容性，将扇区模拟成512字节扇区，这时会有4K扇区和4K簇不对齐的情况，因此需要将硬盘模拟扇区对齐成“4K扇区”，“4K对齐”就是将硬盘扇区对齐到8的整数倍模拟扇区，即512B×8=4096B=4KB。

如6.4.1小节中，步骤5操作时，软件默认是将硬盘扇区对齐到2048个扇区的整数倍，即512B×2018=1048576B=1024KB，即1M对齐，满足4K对齐，因此，只要该值满足4096B的整数倍即是4K对齐。

用户可以查看自己的磁盘分区是否满足4K对齐，具体操作步骤如下。

步骤01 选择要检查的磁盘，单击菜单栏中的【工具】命令，在弹出的快捷菜单中单击【分区4KB扇区对齐检测】命令。

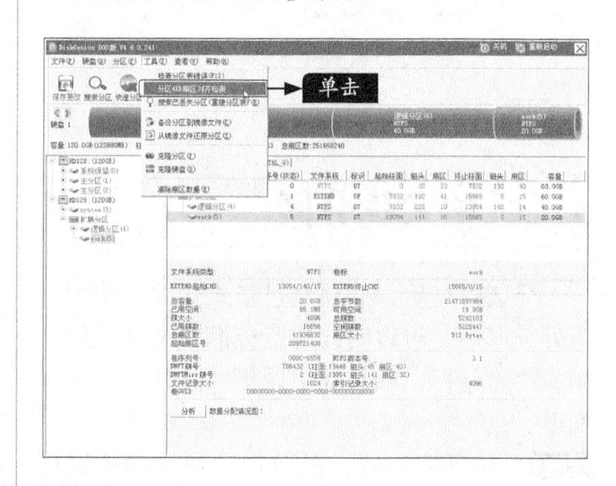

步骤02 即刻弹出如下对话框，显示检测结果。如果【对齐】列中显示为【Y】则对齐，显示为【N】为不对齐。如果不对齐，格式化当前分区即可。

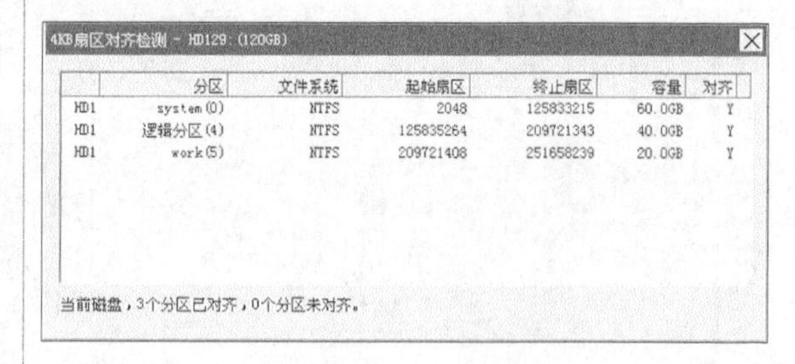

4KB扇区对齐检测 - HD129:(120GB)

	分区	文件系统	起始扇区	终止扇区	容量	对齐
HD1	system(0)	NTFS	2048	125833215	60.0GB	Y
HD1	逻辑分区(4)	NTFS	125835264	209721343	40.0GB	Y
HD1	work(5)	NTFS	209721408	251658239	20.0GB	Y

当前磁盘，3个分区已对齐，0个分区未对齐。

6.4.7 删除分区

如果希望对整个磁盘或某个磁盘分区进行删除操作，可以采用以下方法。

1.删除分区

使用“删除命令”可以删除所选分区，具体操作步骤如下。

步骤01 选择要删除的分区，单击【删除分区】按钮。

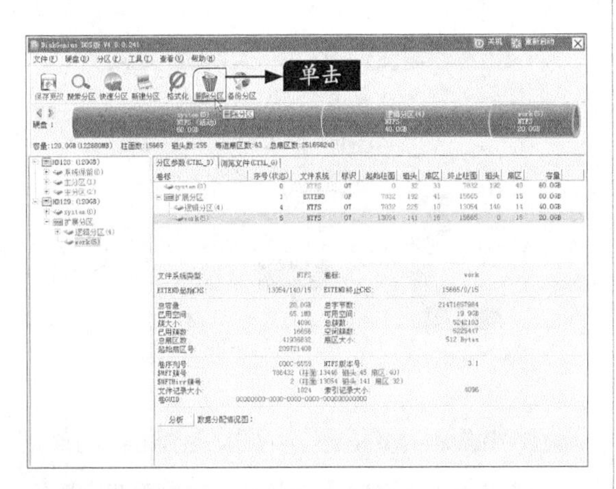

步骤02 弹出如下提示框。在确认当前分区中没有重要文件，或重要文件已备份后，单击【是】按钮，即可删除该分区。

步骤03 返回程序主界面，即可看到显示的“空闲”区域，此时单击【保存更改】按钮，即可完成删除操作。

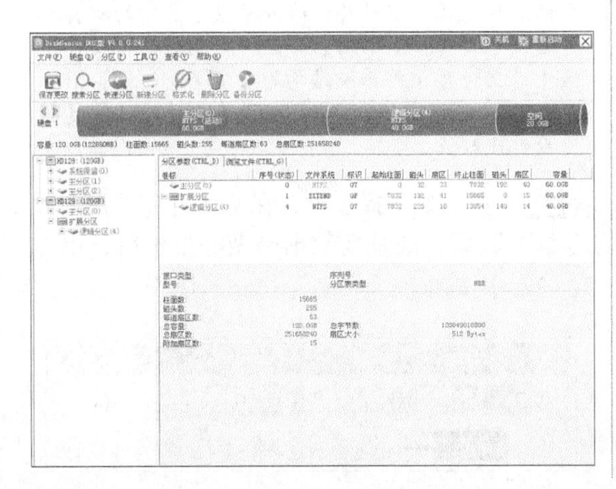

步骤04 如果要撤销删除操作，则不要单击【保存更改】按钮，单击【文件】菜单下的【重新加载当前硬盘】命令，即可看到取消删除操作后的分区情况。

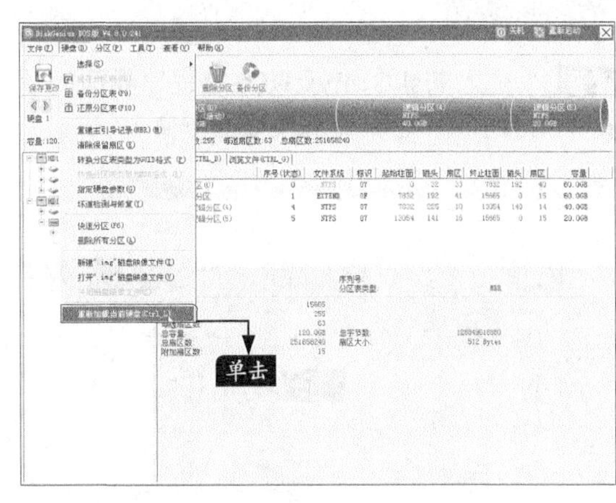

2.删除所有分区

DiskGenius软件可以对当前硬盘执行一次性删除所有分区的操作，具体操作步骤如下。

步骤01 选择要删除所有分区的磁盘，单击菜单栏中的【硬盘】命令，在弹出的快捷菜单中选择【删除所有分区】命令。

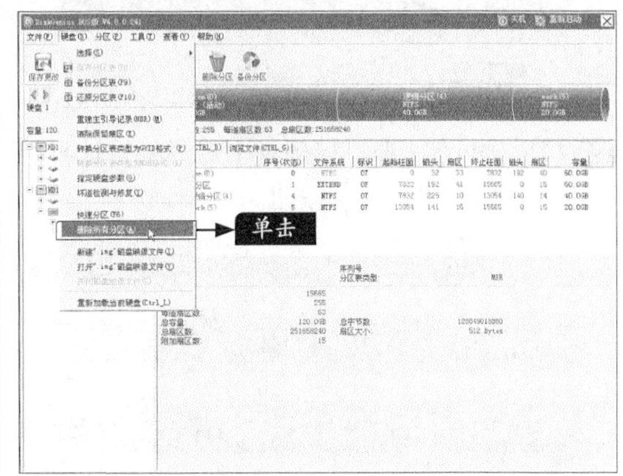

步骤02 弹出如下提示框。在确认当前磁盘没有重要文件，或重要文件已备份后，单击【是】按钮，即可删除所有分区。

6.5 综合实战——克隆硬盘数据

本节教学录像时间：2 分钟

克隆硬盘是指将一个硬盘的所有分区及分区内的文件和其他数据复制到另一个硬盘中，本节将介绍如何克隆硬盘。

步骤 01 进入DiskGenius DOS版程序界面，单击【工具】菜单下的【克隆硬盘】命令。

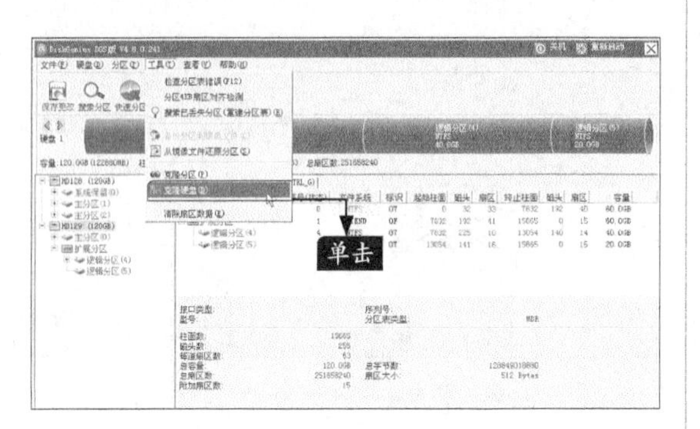

步骤 02 弹出【选择源硬盘】对话框，需要要克隆的源硬盘，单击【确定】按钮。

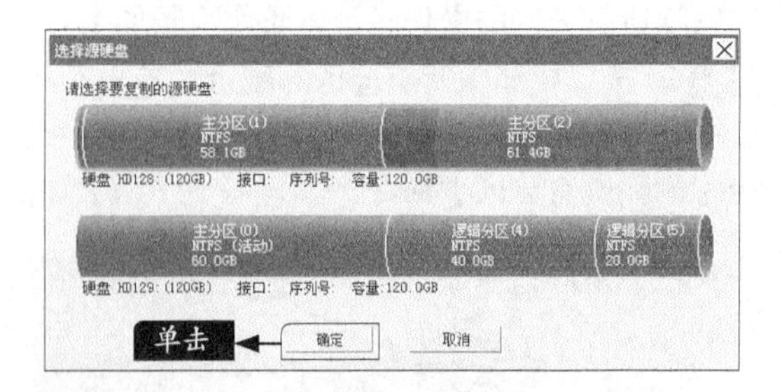

步骤 03 弹出【选择目标硬盘】对话框，选择目标硬盘，单击【确定】按钮。

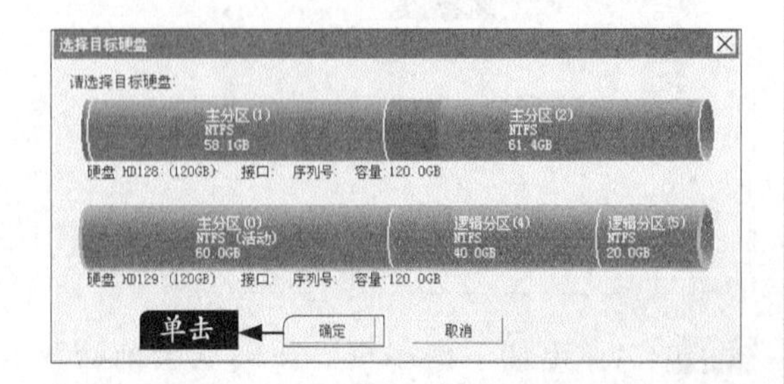

小提示

在选择目标硬盘时，目标硬盘容量要等于或大于源硬盘。

步骤 04 弹出【克隆硬盘】对话框，选择【按文件系统结构原样复制】单选项，并单击【开始】按钮。

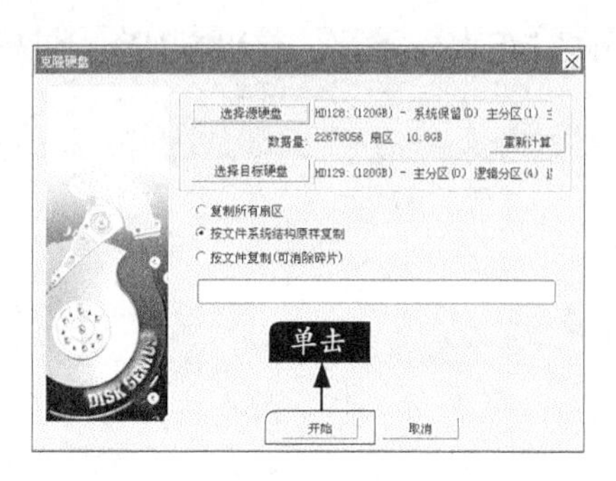

小提示

【复制所有扇区】：将源硬盘的所有扇区按从头到尾的顺序复制到目标硬盘。而不判断要复制的扇区中是否存在有效数据。此方式会复制大量的无用数据，要复制的数据量较大，因此复制速度较慢。但这是最完整的复制方式，会将源硬盘数据"不折不扣"地复制到目标硬盘。

【按文件系统结构原样复制】：按每一个源分区的数据组织结构将数据"原样"复制到目标硬盘的对应分区。复制后目标分区中的数据组织结构与源分区完全相同。复制时会排除掉无效扇区。因为只复制有效扇区，所以用这种方式复制硬盘速度最快。

【按文件复制】：通过分析源硬盘中每一个分区的文件数据组织结构，将源硬盘分区中的所有文件复制到目标硬盘的对应分区。复制时会将目标分区中的文件按文件系统结构的要求重新组织。用此方式复制硬盘后，目标分区将没有文件碎片，复制速度也比较快。

步骤 05 弹出如下提示框，在确认目标硬盘上没有重要数据，或重要数据已做好备份后，单击【确定】按钮。

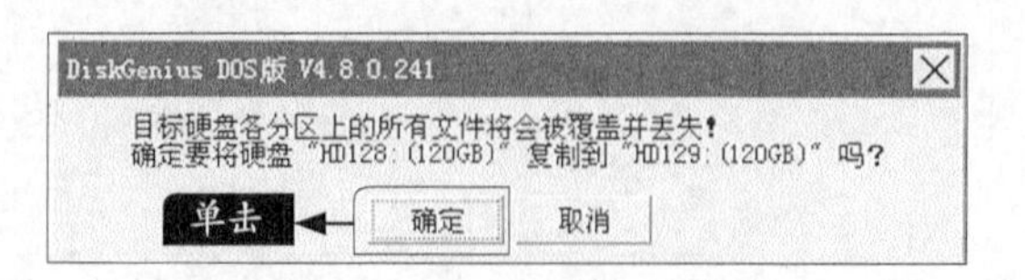

步骤 06 弹出如下提示框，单击【是】按钮。

步骤 07 程序即刻对磁盘进行克隆操作，如下图所示。

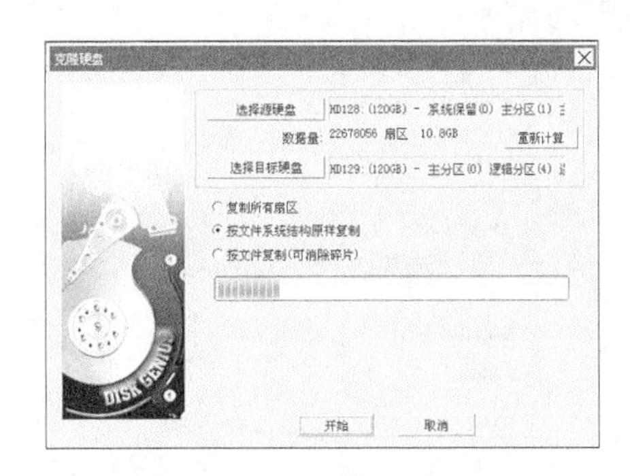

高手支招

本节教学录像时间：6 分钟

不格式化转换分区格式

除了利用格式化将硬盘分区转换为指定的类型，还可以在不格式化的前提下将分区的格式转换为另外一种格式。

可将硬盘或分区转换为NTFS格式。

与Windows的某些早期版本中使用的FAT文件系统相比，NTFS文件系统为硬盘和分区或卷上的数据提供的性能更好，安全性更高。如果有分区使用早期的FAT16或FAT32文件系统，则可以使用convert命令将其转换为NTFS格式。转换为NTFS格式不会影响分区上的数据。

小提示

将分区转换为 NTFS 后，无法再将其转换回来。如果要在该分区上重新使用 FAT 文件系统，则需要重新格式化该分区，这样会擦除其上的所有数据。早期的某些Windows 版本无法读取本地 NTFS 分区上的数据。如果需要使用早期版本的Windows访问计算机上的分区，请勿将其转换为NTFS。

将硬盘或分区转换为NTFS格式的具体操作步骤如下。

步骤 01 关闭要转换的分区或逻辑驱动器上所有正在运行的程序。按【Windows+R】组合键，在弹出的运行对话框中，输入“cmd”，并按【Enter】键确认。

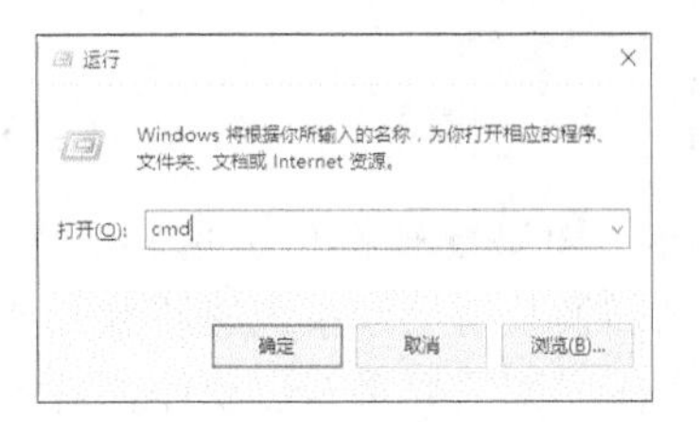

步骤 02 在命令提示符下输入“convert drive_letter: /fs:ntfs”，其中drive_letter是要转换的驱动器号，然后按【Enter】键。例如，输入“convert H:/fs:ntfs”命令会将驱动器H转换为NTFS格式。

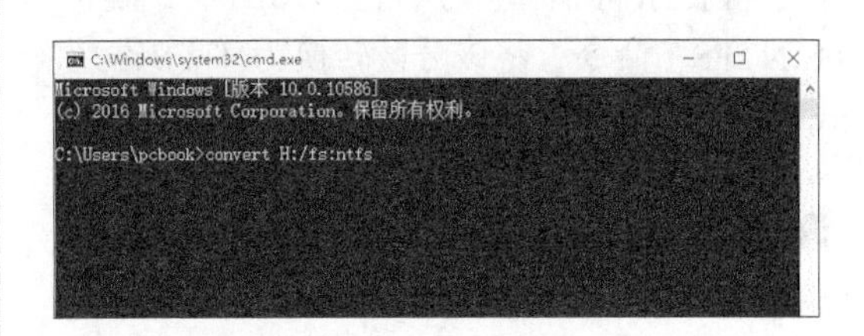

步骤 03 即刻执行命令，如下图所示。

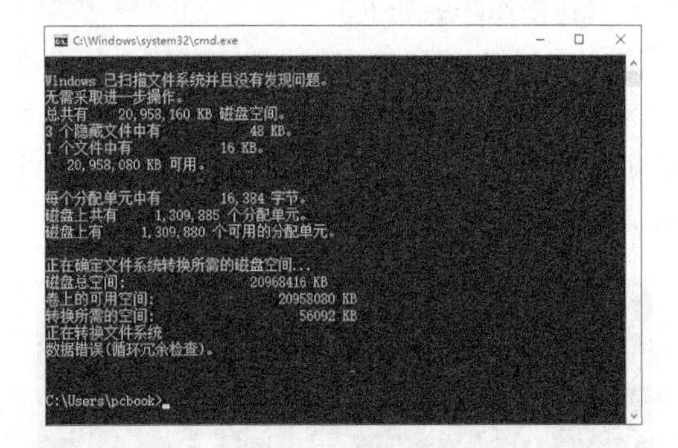

步骤 04 当执行转换文件系统完毕后，可查看磁盘分区的文件系统类型。

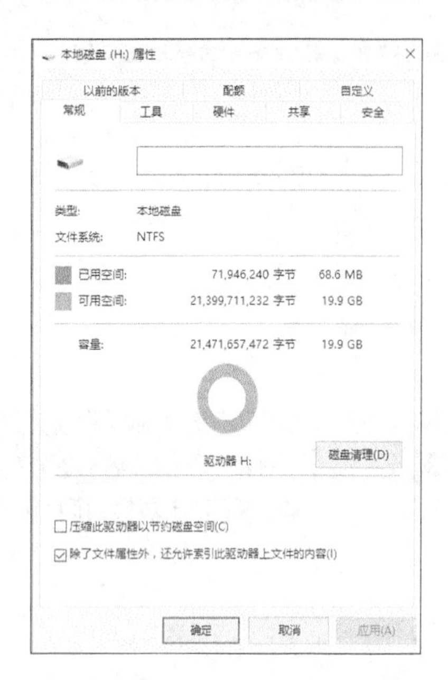

另外，如果要转换的分区包含系统文件（如果要转换装有操作系统的硬盘，则会出现此种情况），则需要重新启动计算机才能进行转换。如果磁盘几乎已满，则转换过程可能会失败。如果出现错误，请删除不必要的文件或将文件备份到其他位置，以释放磁盘空间。

FAT或FAT32格式的分区无法进行压缩。对于采用这两种磁盘格式的分区，可先在命令行提示符窗口中执行“Convert 盘符 /FS:NTFS”命令，将该分区转换为NTFS磁盘格式后再对其进行压缩。

使用FORMAT命令对焦点所在卷进行格式化

使用FORMAT命令对焦点所在卷进行格式化，具体操作步骤如下。

步骤01 在命令提示符窗口中调用DiskPart命令解释器并输入命令“list volume”，即可列出计算机上的可用卷及其详细信息，包括卷号、盘符、文件系统、每个卷的类型、状态等情况。

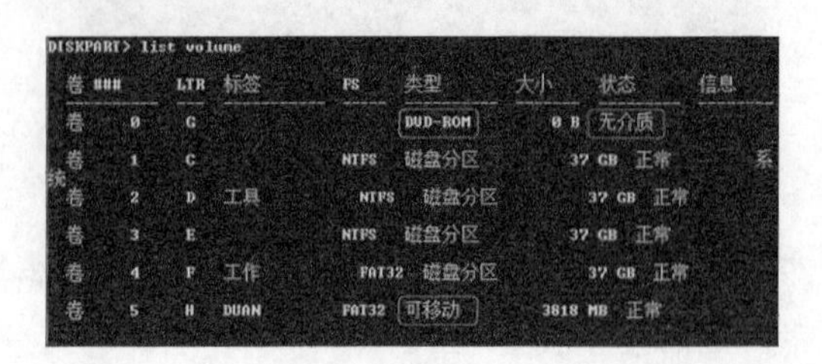

步骤02 将焦点放置在要操作的卷上。输入命令“select volume 3”，将卷E选定为要进行操作的卷。再输入命令“list volume”，即可看到此时卷E已用星号标识，说明卷E就是现在所选择的卷。

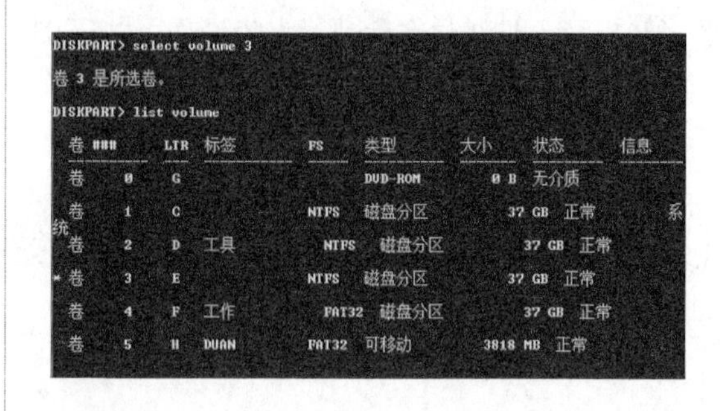

步骤03 输入命令“format fs=ntfs unit=512”，将选定的卷格式化为NTFS格式的文件系统，并设置其格式化时每一磁盘簇的分配单元大小为512字节。DiskPart会以百分比的形式显示格式化的进度。

步骤04 等待一段时间，格式化完毕后，DiskPart会提示已成功格式化选定的卷。

步骤05 在使用format命令格式化选定的卷时，如果该卷正在使用，则会导致DiskPart无法完成格式化，并提示下图所示的信息。

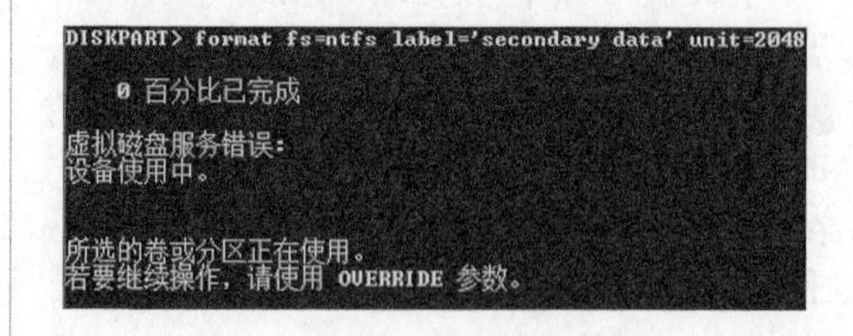

第7章

电脑操作系统的安装

学习目标

目前，比较流行的操作系统主要有Windows 7、Windows 8.1、Windows 10、Windows Server 2008、Windows Server 2012、Mac OS以及Linux等，本章主要介绍如何安装操作系统。

学习效果

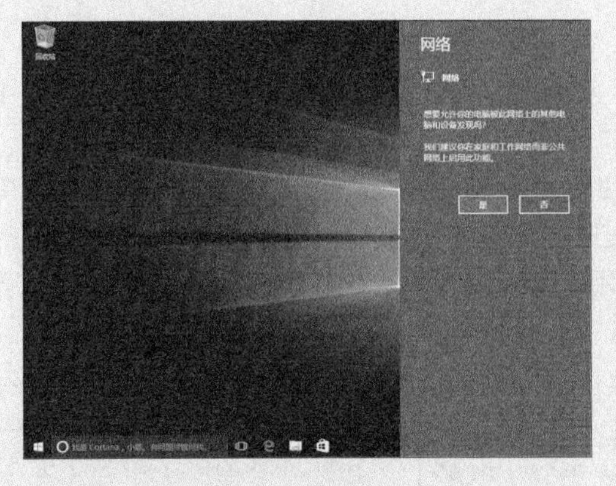

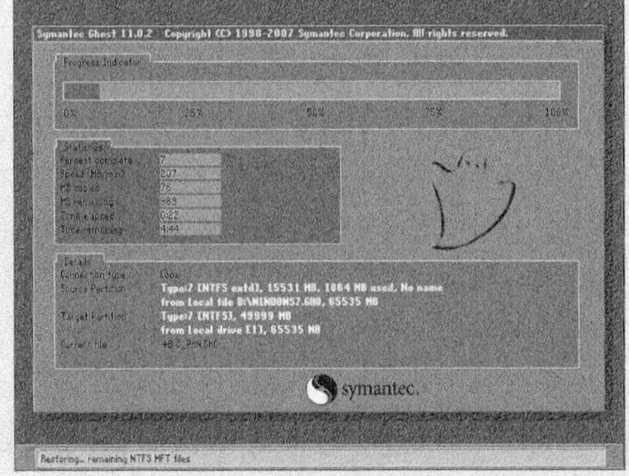

7.1 操作系统安装前的准备

本节教学录像时间：7 分钟

操作系统是管理电脑全部硬件资源、软件资源、数据资源，控制程序运行并为用户提供操作界面的系统软件集合。通常的操作系统具有文件管理、设备管理和存储器管理等功能。

7.1.1 认识操作系统32位和64位

在选择系统时，会发现Windows 7 32位、Windows 7 64位、Windows 10 32位或Windows 10 64位等，那么32和64位有什么区别呢？选择哪种系统更好呢？本节简单介绍下操作系统32位和64位，以帮助读者选择合适的安装系统。

位数是用来衡量计算机性能的重要标准之一、位数在很大程度上决定着计算机的内存最大容量、文件的最大长度、数据在计算机内部的传输速度、处理速度和精度等性能指标。

1.32位和64位区别

在选择安装系统时，x86代表32位操作系统，x64代表64位操作系统，而它们之间具体有什么区别呢？

（1）设计初衷不同。64位操作系统的设计初衷是：满足机械设计和分析、三维动画、视频编辑和创作，以及科学计算和高性能计算应用程序等领域中需要大量内存和浮点性能的客户需求。换句简明的话说就是：它们是高科技人员使用本行业特殊软件的运行平台。而32位操作系统是为普通用户设计的。

（2）要求配置不同。64位操作系统只能安装在64位电脑上(CPU必须是64位的)。同时需要安装64位常用软件以发挥64位（ x 64 ）的最佳性能。32位操作系统则可以安装在32位(32位CPU)或64位(64位CPU)电脑上。当然，32位操作系统安装在64位电脑上，其硬件恰似“大牛拉小车”：64位效能就会大打折扣。

（3）运算速度不同。64位CPU GPRs（General-Purpose Registers，通用寄存器）的数据宽度为64位，64位指令集可以运行64位数据指令，也就是说处理器一次可提取64位数据（只要两个指令，一次提取8个字节的数据），比32位（需要四个指令，一次提取4个字节的数据）提高了一倍，理论上性能会相应提升1倍。

（4）寻址能力不同。64位处理器的优势还体现在系统对内存的控制上。由于地址使用的是特殊的整数，因此一个ALU（算术逻辑运算器）和寄存器可以处理更大的整数，也就是更大的地址。比如，Windows Vista x64 Edition支持多达128 GB的内存和多达16 TB的虚拟内存，而32位CPU和操作系统最大只可支持4G内存。

2.选择32位还是64位

对于如何选择32位和64位操作系统，用户可以从以下几点考虑。

（1）兼容性及内存

与64位系统想比，32位系统普及性好，有大量的软件支持，兼容性也较强。另外64位内存占用较大，如果无特殊要求，配置较低的，建议选择32位系统。

（2）电脑内存

目前，市面上的处理器基本都是64处理器，完全可以满足安装64位操作系统，这点用户一般不需要考虑是否满足安装条件。由于32位最大都只支持3.25G的内存，如果电脑安装的是4GB、8GB的内存，为了最大化利用资源，建议选择64位系统。如下图可以看到，4GB内存显示3.25GB可用。

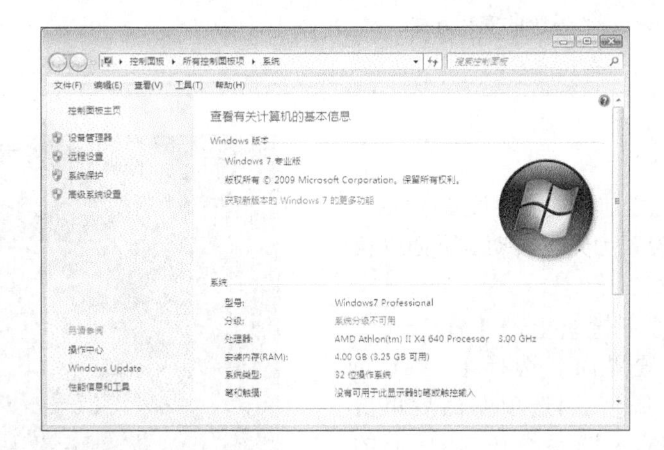

（3）工作需求

如果从事机械设计和分析、三维动画、视频编辑和创作，可以发现新版本的软件仅支持64位，如Matlab，因此就需要选择64位系统。

用户可以根据上述的几点考虑，选择最适合自己计算机的操作系统。不过，随着硬件与软件快速发展，64位将是未来的主流。

7.1.2 操作系统安装的方法

一般安装操作系统时，经常会涉及从光盘或使用Ghost镜像还原等方式安装操作系统。常用的安装操作系统的方式有如下几种。

1. 全新安装

全新安装就是指在硬盘中没有任何操作系统的情况下安装操作系统，在新组装的电脑中安装操作系统就属于全新安装。如果电脑中安装有操作系统，但是安装时将系统盘进行了格式化，然后重新安装操作系统，这也是全新安装的一种。

2. 升级安装

升级安装是指用较高版本的操作系统覆盖电脑中较低版本的操作系统。该安装方式的优点是原有程序、数据以及设置都不会发生变化，硬件兼容性方面的问题也比较少。缺点是升级容易、恢复难。

3. 覆盖安装

覆盖安装与升级安装比较相似，不同之处在于升级安装是在原有操作系统的基础上使用升级版的操作系统进行升级安装，覆盖安装则是同级进行安装，即在原有操作系统的基础上用同一个版本的操作系统进行安装，这种安装方式适用于所有的Windows操作系统。

4. 利用Ghost镜像安装

Ghost不仅仅是一个备份还原系统的工具，利用Ghost可以把一个磁盘上的全部内容复制到另一个磁盘上，也可以将一个磁盘上的全部内容复制为一个磁盘的镜像文件，可以最大限度地减少每次安装操作系统的时间。

7.2 全新安装Windows 7系统

在了解了操作系统之后，就可以选择相应的操作系统来进行安装，下面就来学习Windows 7操作系统的安装方法。

1. 设置BIOS

在安装操作系统之前首先需要设置BIOS，将电脑的启动顺序设置为光驱启动。下面以技嘉主板BIOS为例介绍。

步骤01 在开机时按下键盘上的【Delete】键，进入BIOS设置界面。选择【System Information】(系统信息)选项，然后单击【System Language】(系统语言)后面的【English】按钮。

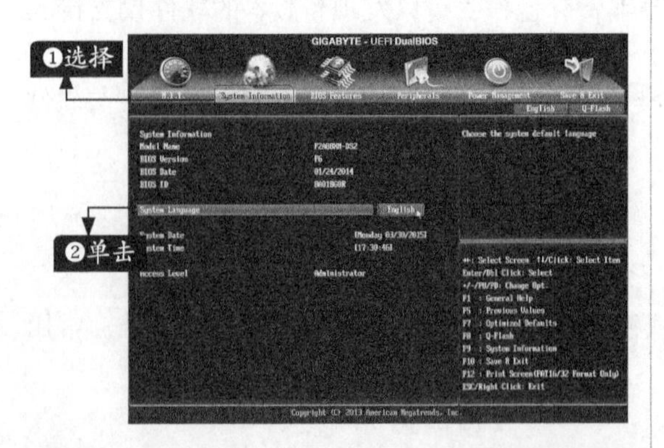

步骤02 在弹出的【System Language】列表中，选择【简体中文】选项。

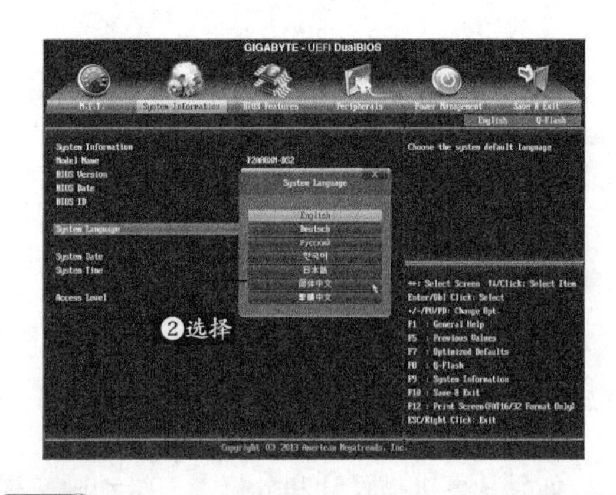

步骤03 此时，BIOS界面变为中文语言界面如下图所示。

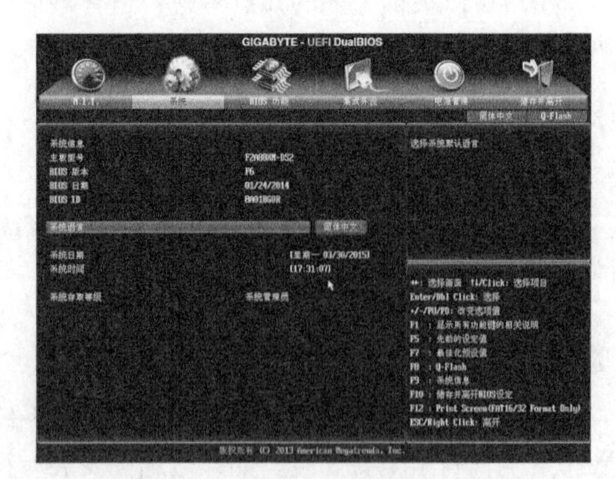

步骤04 选择【BIOS功能】选项，在下面功能列表中，选择【启动优先权 #1】后面的按钮 SCSIDIS... 。

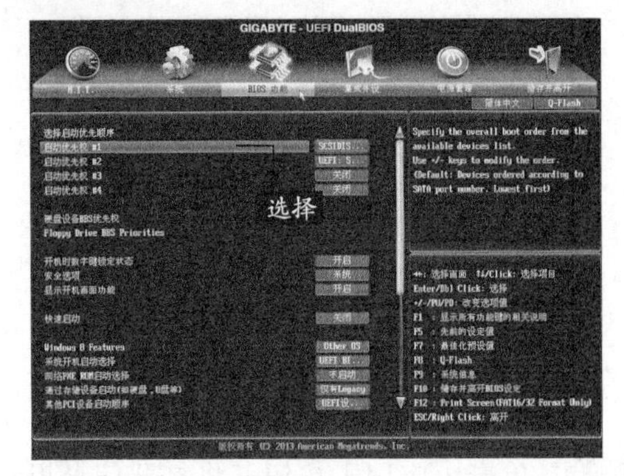

步骤05 弹出【启动优先权 #1】对话框，在列表中选择要优先启动的介质，如果是DVD光盘则设置DVD光驱为第一启动；如果是U盘，则设置U盘为第一启动。如下图所示，选择为【TSSTcorpCDDVDW SN-208AB LA02】选项设置DVD光驱为第一启动。

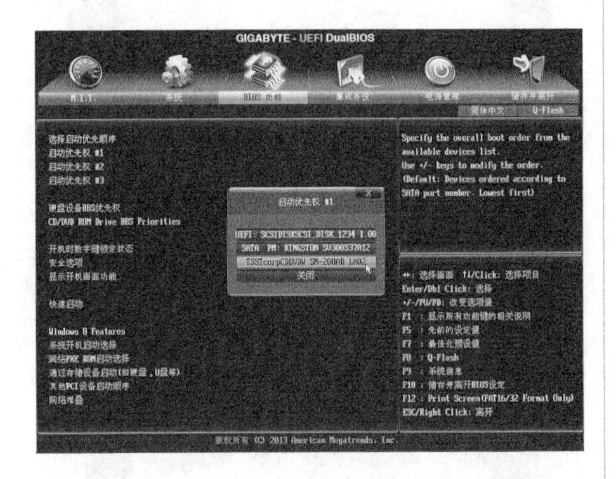

小提示

如果在弹出的列表中，用户不知道选择哪一个是DVD光驱，哪一个是U盘，其实辨别最简单的办法就是，看哪一项包含“DVD”字样，则是DVD光驱；哪一个包含U盘的名称，则是U盘项。另外一种方法就是看硬件名称，右键单击【计算机】桌面图标，在弹出的窗口中，单击【设备管理器】超链接，打开【设备管理器】窗口，然后展开DVD驱动器和硬盘驱动器，如下图所示。即可看到不同的设备名称，如硬盘驱动器中包含“ATA”可以理解为硬盘，而包含“USB”的一般指U盘或移动硬盘。

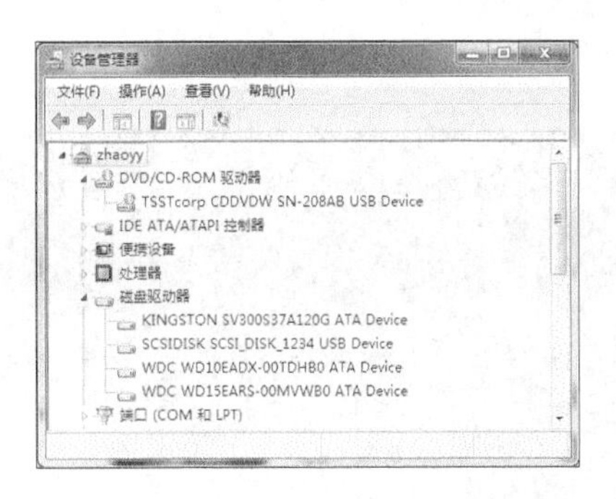

步骤06 设置完毕后，按【F10】键，弹出【储存并离开BIOS设定】对话框，选择【是】按钮完成BIOS设置。

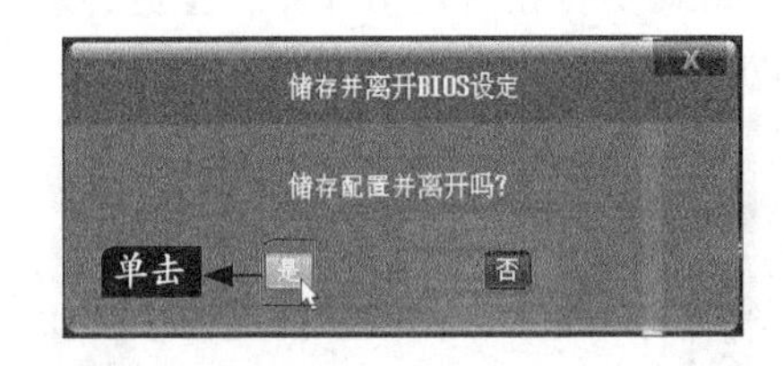

2. 启动安装程序

设置启动项之后，就可以放入安装光盘来启动安装程序。

步骤01 Windows 7操作系统的安装光盘放入光驱中，重新启动计算机，出现“Press any key to boot from CD or DVD.....”提示后，按任意键开始从光盘启动安装。

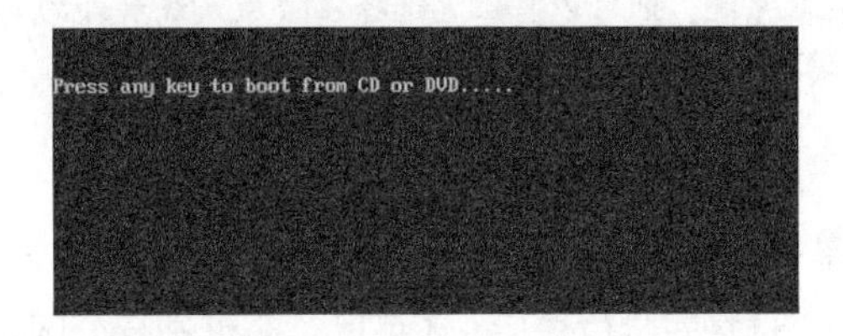

步骤02 在Windows 7安装程序加载完毕后，将进入下图所示界面，该界面是一个中间界面，用户无需任何操作。

步骤03 启动完毕后，进入【安装程序正在启

动】界面。

步骤04 在安装程序启动完成后，将打开【您想将Windows安装在何处】界面。至此，就完成了启动Windows 7安装程序的操作。

小提示

在选择安装位置时，可以将磁盘进行分区并格式化处理，最后选择常用的系统盘C盘。如果是安装双系统，则可以将位置选择在除原系统盘外的其他任意磁盘。

3. 磁盘分区

选择安装位置后，还可以对磁盘进行分区。

步骤01 在【您想将Windows安装在何处】界面中单击【驱动器选项（高级）】链接，即可展开选项。

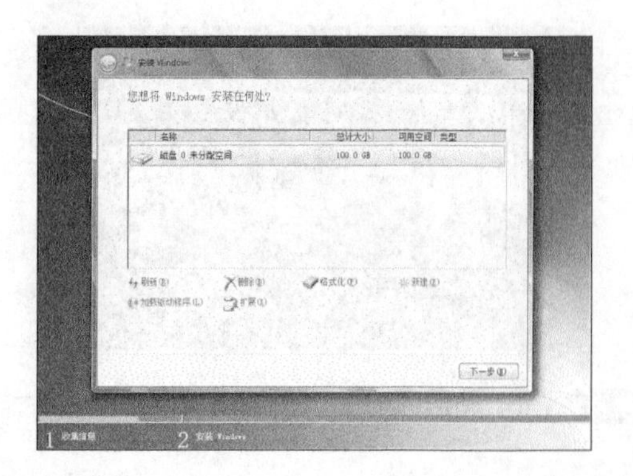

步骤02 单击【新建】链接，即可在对话框的下方显示用于设置分区大小的参数，这时在【大小】文本框中输入“25000”。

步骤03 单击【应用】按钮，将打开信息提示框，提示用户若要确保Windows的所有功能都能正常使用，Windows可能要为系统文件创建额外的分区。单击【确定】按钮，即可增加一个未分配的空间。

步骤04 按照相同的方法再次对磁盘进行分区。

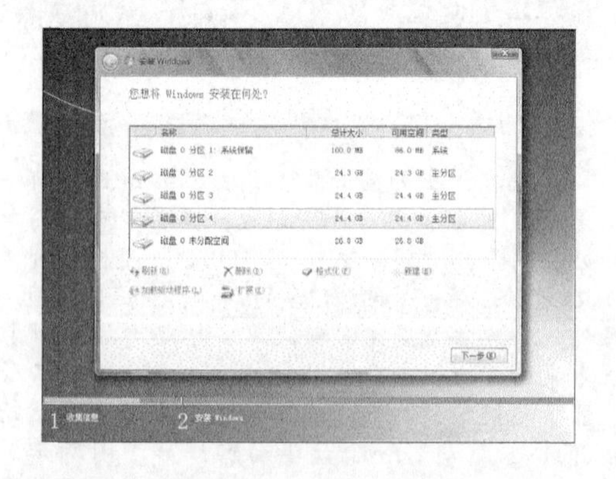

4. 格式化分区

创建分区完成后，在安装系统之前，还需要对新建的分区进行格式化。

步骤01 选中需要安装操作系统文件的磁盘，这里选择【磁盘0分区2】选项，单击【格式化】按钮。

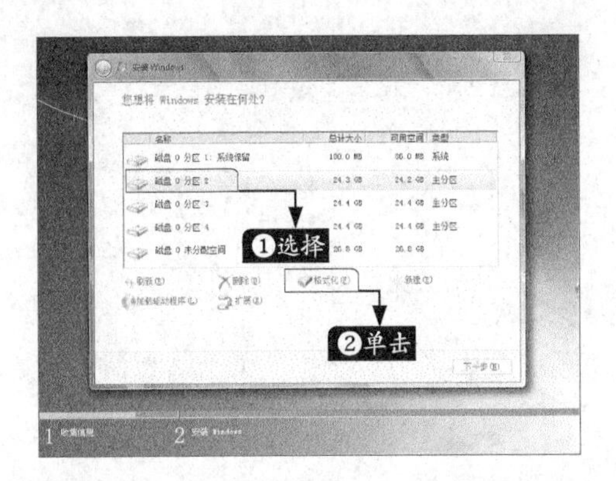

步骤02 弹出一个信息提示框，单击【确定】按钮，即可开始。

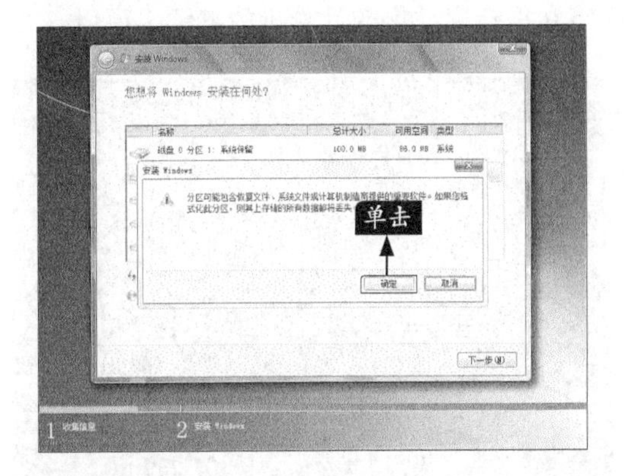

5. 安装阶段

设置完成之后，就可以开始进行系统的安装。

步骤01 格式化完毕后，单击【下一步】按钮，打开【正在安装Windows】界面，并开始复制和展开Windows文件。

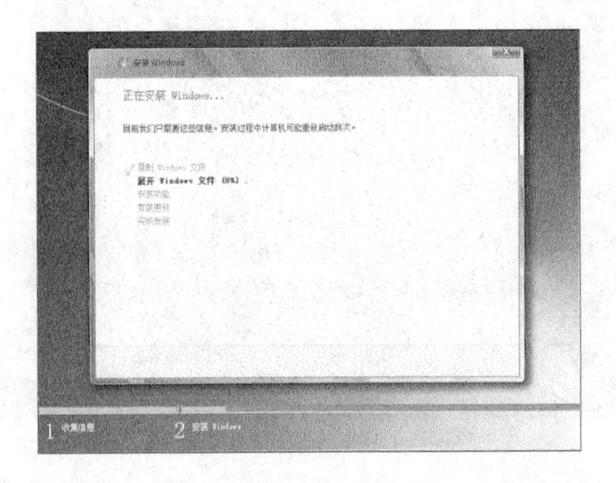

步骤02 展开Windows文件完毕后，将进入【安装功能】阶段。

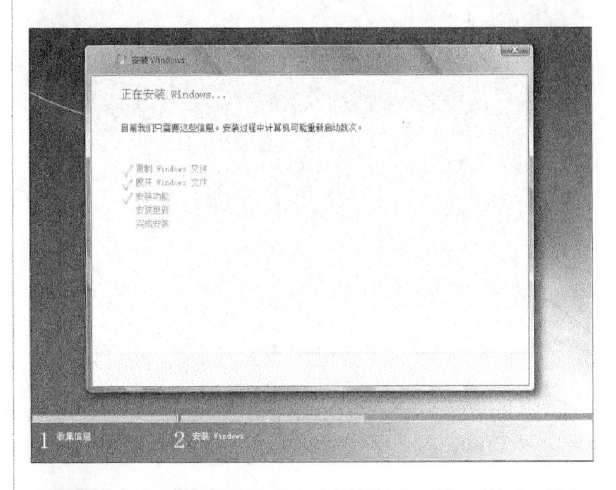

步骤03 【安装功能】阶段完成后，接下来将进入【安装更新】阶段。

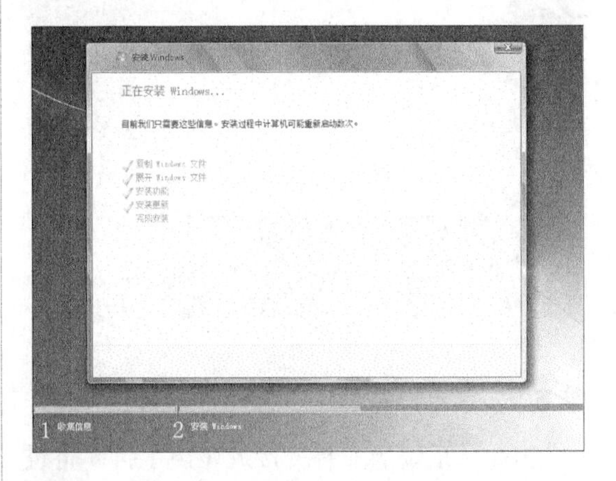

步骤04 安装更新完毕后，将弹出【Windows需要重新启动才能继续】界面，提示用户系统将在10秒内重新启动。

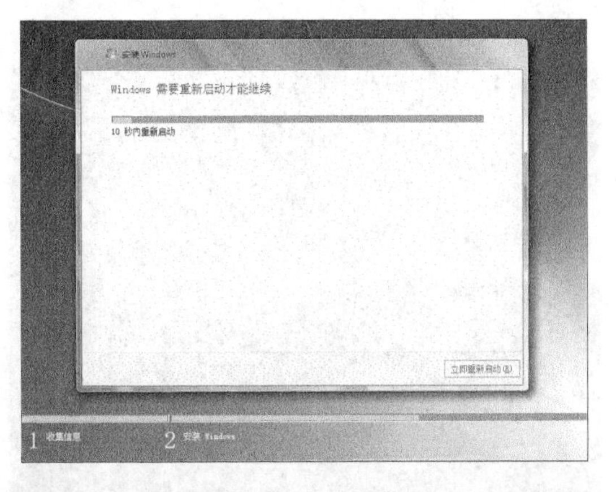

步骤05 在启动的过程中会弹出【安装程序正在启动服务】窗口。

步骤06 安装程序启动服务完毕后，返回【正在安装Windows】界面，并进入【完成安装】阶段。

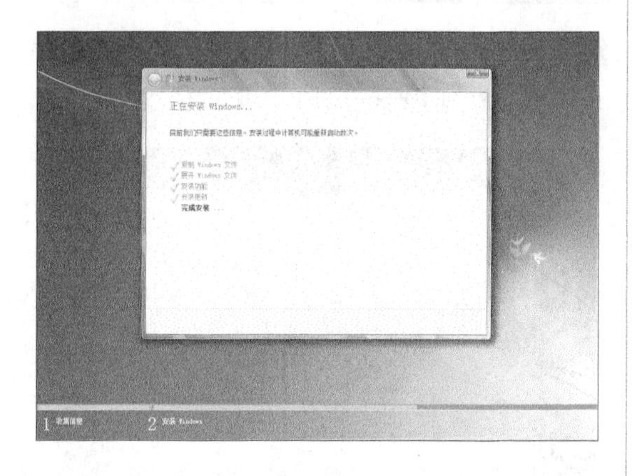

6. 安装后准备阶段

至此，系统的安装就接近尾声了，即将进入安装后的准备阶段。

步骤01 在【完成安装】阶段，系统会自动重新启动，并弹出【安装程序正在为首次使用计算机做准备】窗口。

步骤02 准备完成后，弹出【安装程序正在检查视频性能】窗口。

步骤03 检查视频性能完毕后，将打开【安装程序将在重新启动您的计算机后继续】窗口。

步骤04 无需任何操作，电脑即可重新启动。在启动的过程中，将再次打开【安装程序正在为首次使用计算机做准备】窗口。

7.3 全新安装Windows 8.1系统

本节教学录像时间：3 分钟

Windows 8.1的安装方法和Windows 7基本相同，下面就介绍下Windows 8.1的安装方法。

步骤 01 在安装Windows 8.1前，用户需要对BIOS进行设置，将光盘设置为第一启动，然后将Windows 8.1操作系统的安装光盘放入光驱中，重新启动计算机，出现“Press any key to boot from CD or DVD.....”提示后，按任意键开始从光盘启动安装。

步骤 02 在Windows 8.1安装程序加载完毕后，将进入下图所示界面，该界面是一个中间界面，用户无需任何操作。

步骤 03 启动完毕后，弹出【Windows 安装程序】窗口，设置安装语言、时间格式等，用户可以保持默认，直接单击【下一步】按钮。

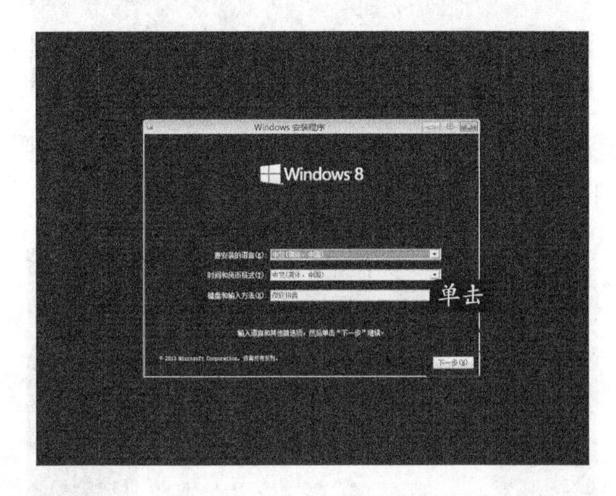

步骤 04 单击【现在安装】按钮，开始正式安装。

小提示

单击【修复计算机】选项，可以修复已安装系统中的错误。

步骤 05 在【输入产品密钥以激活Windows】界面，输入购买Windows系统时微软公司提供的密钥，由5组5位阿拉伯数字组成，然后单击【下一步】按钮。

步骤06 进入【许可条款】界面，勾选【我接受许可条款】复选项，单击【下一步】按钮。

步骤07 进入【你想执行哪种类型的安装？】界面，单击选择【自定义：仅安装Windows（高级）】选项，如果要采用升级的方式安装Windows系统，可以单击【升级】选项。

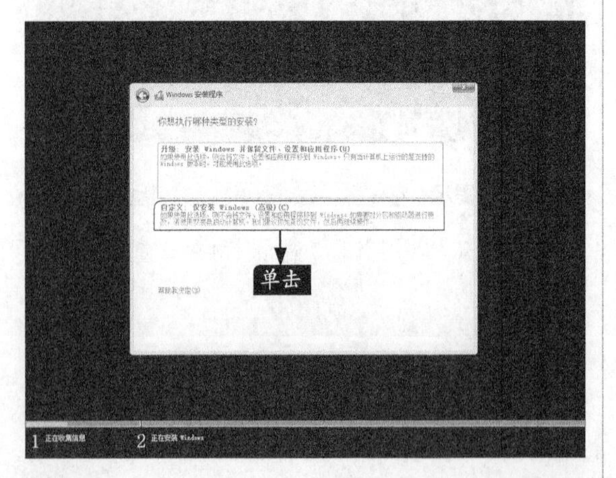

步骤08 进入【你想将Windows安装在哪里？】界面，选择要安装的硬盘分区，单击【下一步】按钮。

小提示

用户也可以在此界面中，对硬盘进行分区，新建分区等，具体操作方法和Windows 7安装时分区方法一致，可以参照7.2节的操作，在此不再赘述。

步骤09 进入【正在安装Windows】界面，安装程序开始自动进行“复制Windows文件”、“安装文件”“安装功能”、“安装更新”等项目设置。在安装过程中会自动重启电脑。

步骤10 系统安装完成后，初次使用时，需要对系统进行设置，才能使用该系统，如Windows 8.1的安装需要验证账户、获取应用等，设置完成后即可进入Windows 8.1系统界面。

7.4 全新安装Windows 10系统

本节教学录像时间：2 分钟

Windows 10作为新一代操作系统，备受关注，而它的安装方法与Windows 8.1并无太大差异，本节就介绍Windows 10的安装方法。

步骤01 在安装Windows 10前，用户需要对BIOS进行设置，将光盘设置为第一启动，然后将Windows 10操作系统的安装光盘放入光驱中，重新启动计算机，出现“Press any key to boot from CD or DVD.....”提示后，按任意键开始从光盘启动安装。

步骤02 在Windows 10安装程序加载完毕后，将进入下图所示界面，该界面是一个中间界面，用户无需任何操作。

步骤03 启动完毕后，弹出【Windows 安装程序】窗口，设置安装语言、时间格式等，用户可以保持默认，直接单击【下一步】按钮。

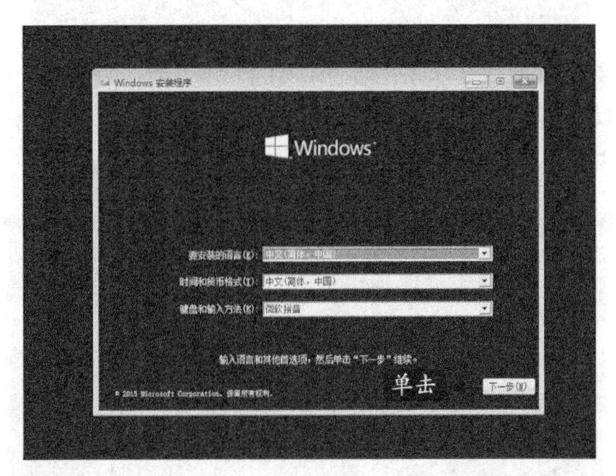

步骤04 接下来的步骤和Windows 8.1的安装方法一致，用户可以参照7.3节中的步骤 步骤04~步骤09操作即可。安装完成后，用户可以进行设置，用户可以选择【使用快速设置】选项。

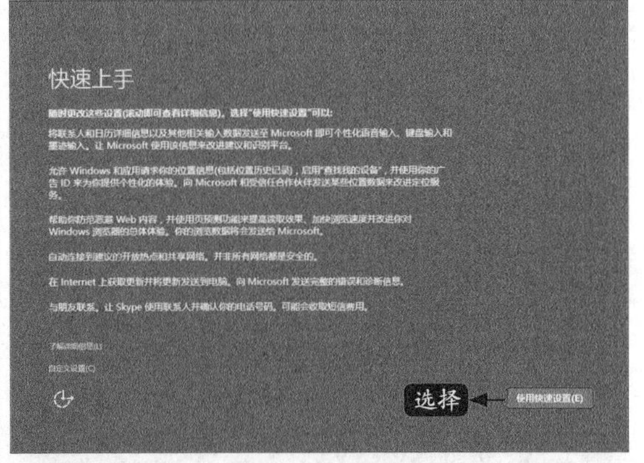

步骤05 此时，系统则会自动获取关键更新，用户不需要任何操作。

步骤06 在【谁是这台电脑的所有者？】界面，如果不需要加入组织环境，就可以选择【我拥有它】选项，并单击【下一步】按钮。

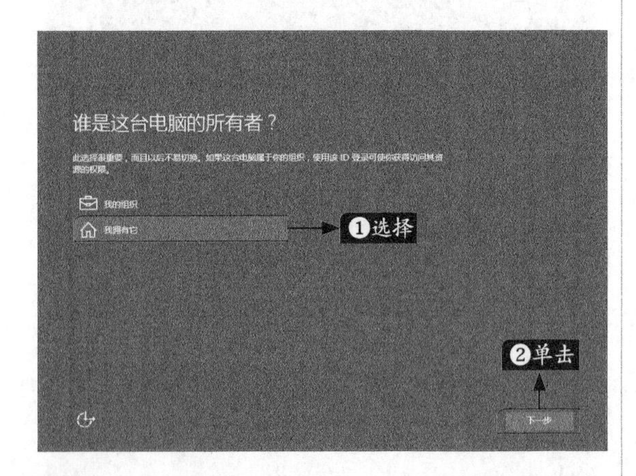

步骤07 在【个性化设置】界面，用户可以输入Microsoft账户，如果没有可单击【创建一个】超链接进行创建，也可以单击【跳过此步骤】超链接，进入下一步。如这里单击【跳过此步骤】超链接。

步骤08 进入【为这台电脑创建一个账户】界面，输入要创建的用户名、密码和提示内容，单击【下一步】。

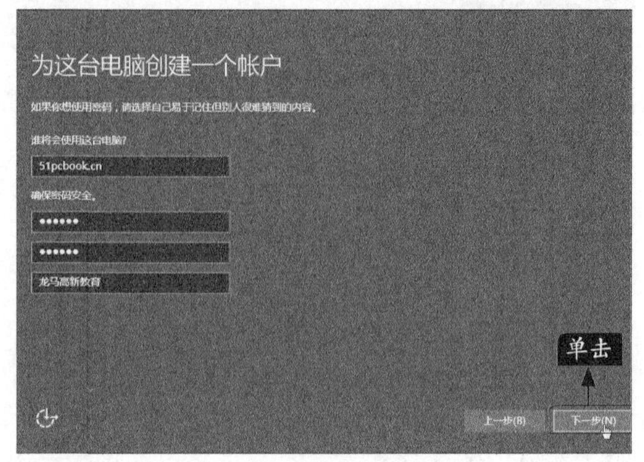

步骤09 系统会对前面的设置进行保存和设置，稍等片刻后，系统即会进入Windows 10桌面，并提示用户是否启用网络发现协议，单击【是】按钮。

步骤10 完成设置后，Windows 10操作系统的安装全部完成，如下图即为Windows 10系统桌面。

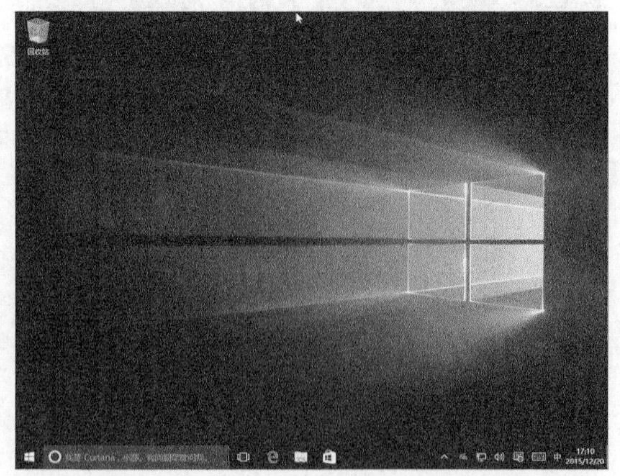

7.5 安装Linux Ubuntu

本节教学录像时间：5 分钟

Ubuntu是一个以桌面应用为主的Linux操作系统，其目的在于为一般用户提供一个最新的、同时又相当稳定的主要由自由软件构建而成的操作系统。同时，Ubuntu具有庞大的社区力量，用户可以方便地从社区获得帮助。

7.5.1 启动安装程序

与Windows一样，启动Ubuntu安装程序的方法有多种，用户可根据实际情况来选择安装操作系统的方法。一般情况下，在安装Ubuntu操作系统时，通常使用光盘来启动安装。

启动Ubuntu安装程序的具体操作步骤如下。

步骤01 参照上述启动Windows 7安装程序中的步骤 步骤01~步骤04，将计算机的启动顺序设置为光驱。

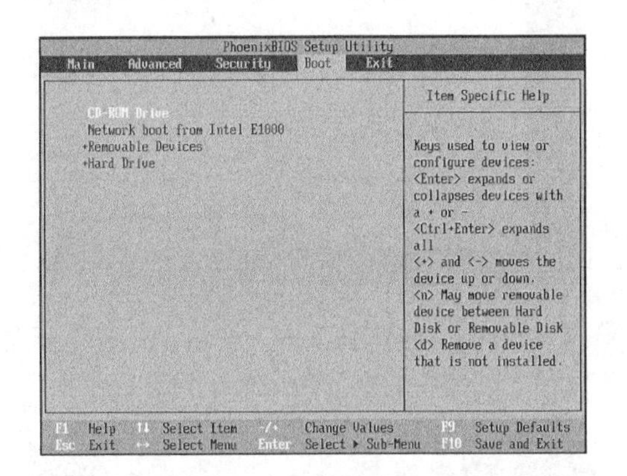

步骤02 保存设置并退出BIOS，将Ubuntu操作系统的安装光盘放入光驱中，重新启动计算机，当出现“Press any key to boot from CD or DVD”语句的画面时快速按任意键。

步骤03 随即进入Ubuntu操作系统安装程序的运行窗口，提示用户安装程序正在加载文件。

步骤04 文件加载完毕后，将弹出一个【Welcome】界面。

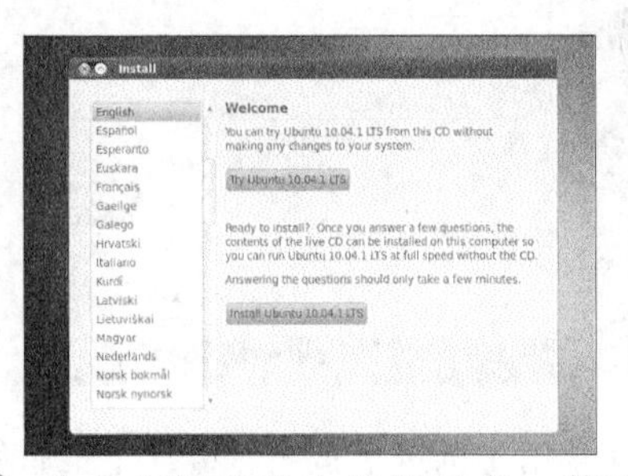

步骤05 单击左侧窗格中的滚动条，使下面的内容显示出来，在其中选择【中文（简体）】选项，这时界面以中文显示。至此，就完成了Ubuntu安装程序的启动操作。

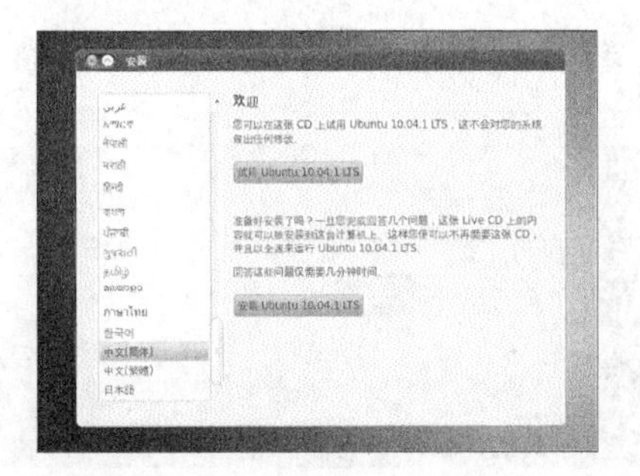

7.5.2 选择并格式化分区

在启动Ubuntu安装程序后，接下来还需要对程序的安装分区进行选择，并对安装操作系统的分区进行格式化。选择并格式化分区的具体操作步骤如下。

步骤01 在【欢迎】界面中单击【安装Ubuntu 10.04.1 LTS】按钮，进入【您在什么地方】界面，根据实际情况选择自己所在的地区和时区。

步骤02 单击【前进】按钮，进入【键盘布局】界面，勾选【建议的选项 USA】单选按钮。

步骤03 单击【前进】按钮，进入【准备硬盘空间】界面，提示用户要将Ubuntu10.04.1LTS安装在哪个空间。这里选择【清空并使用整个硬盘】。

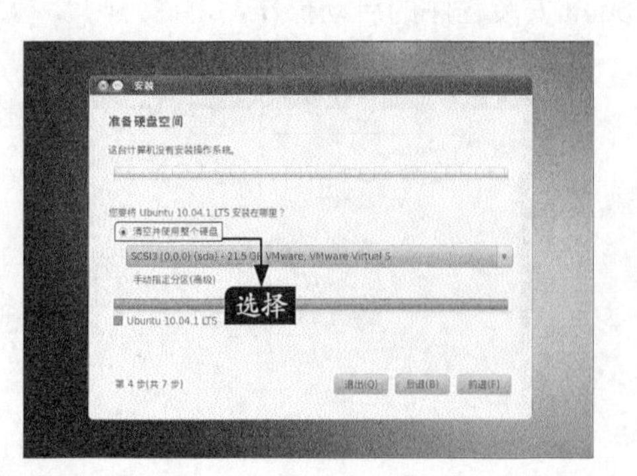

步骤04 用户也可单击【手工指定分区（高级）】单选按钮。

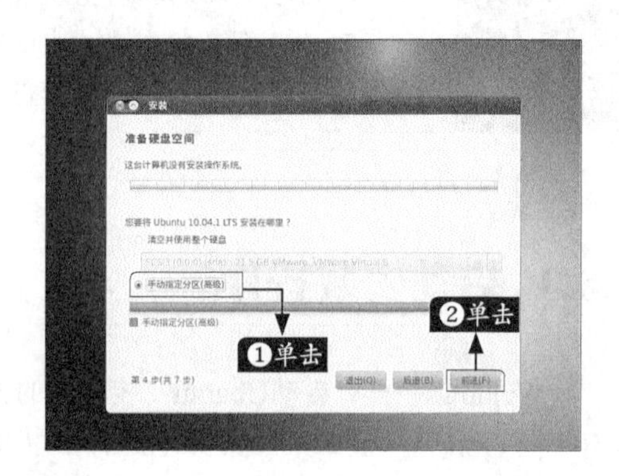

步骤05 单击【前进】按钮，进入【准备分区】界面。

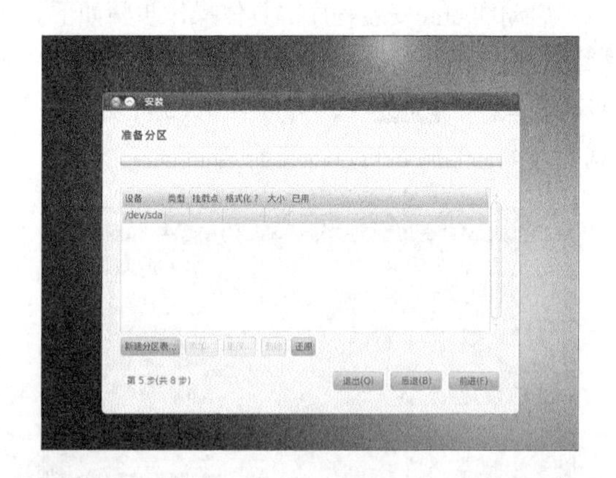

步骤06 单击【新建分区表】按钮，打开【要在此设备上创建新的空分区表吗】信息提示框。

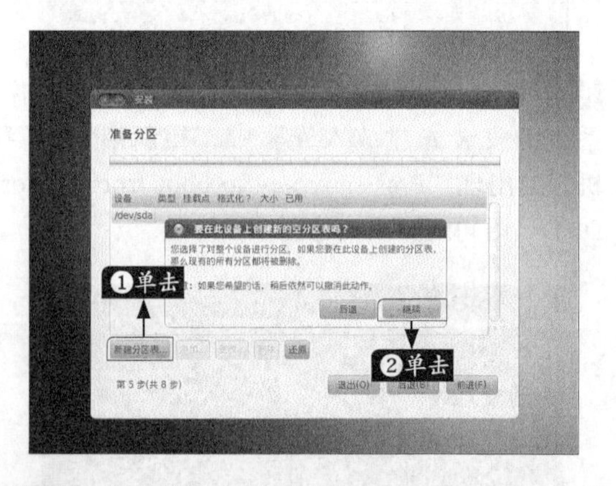

步骤07 单击【继续】按钮，返回【准备分区】界面，在其中激活了【添加】和【还原】两个按钮。

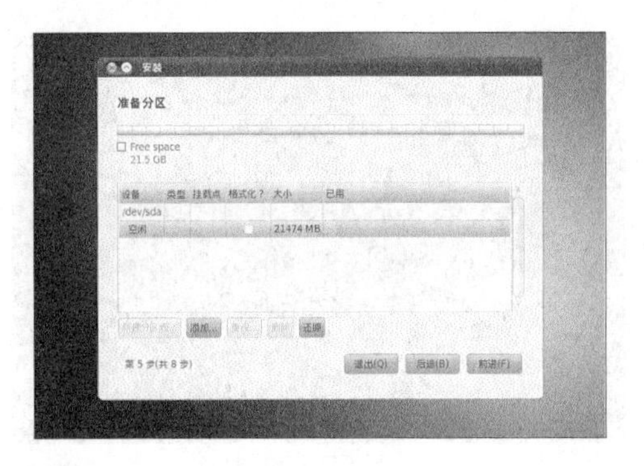

步骤08 单击【添加】按钮，打开【创建新分区】对话框。

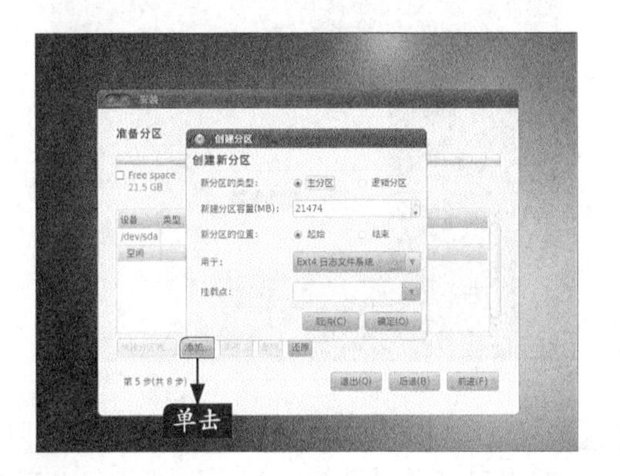

步骤09 在【创建分区容量】文本框中输入创建分区的容量，并将新分区的类型设置为【主分区】。

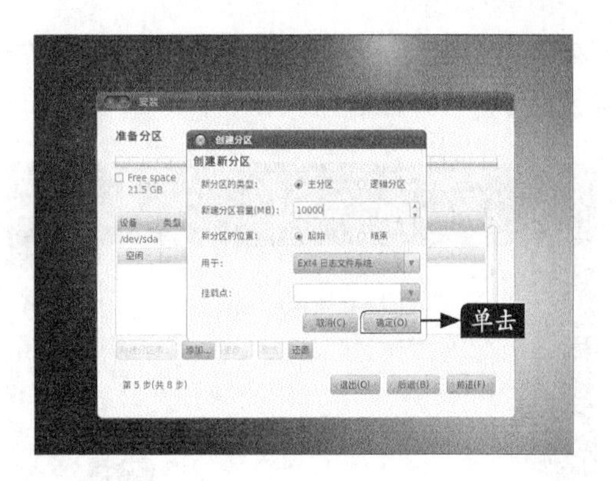

步骤10 单击【确定】按钮，返回【准备分区】界面，在下方的空格中可以看到已经将硬盘分成了两个分区。在其中选中用户安装Ubuntu的分区。

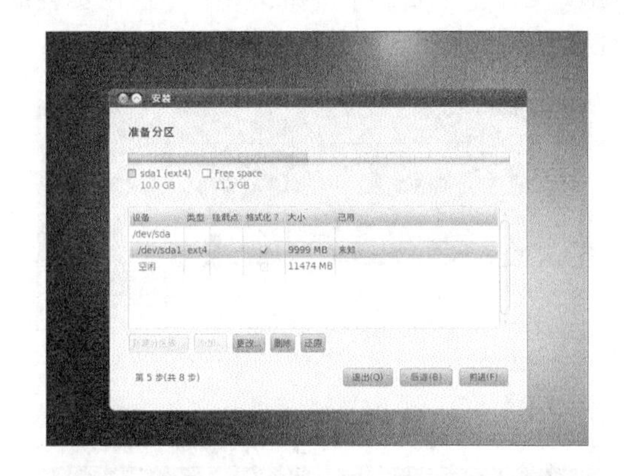

7.5.3 安装设置

在对Ubuntu的安装进行选择并格式化分区后，用户还需要对安装程序一些参数进行设置，如用户名、密码等。安装设置的具体操作步骤如下。

步骤01 在【准备分区】对话框中单击【前进】按钮，进入【您是谁】界面。

步骤02 在【您的名字是】文本框中输入自己的名字，在【选择一个密码来确保您的账户安全】下方的【密码】和【再次输入密码】文本框中输入密码。

步骤03 单击【前进】按钮，进入【准备开始安装】对话框，并在【您的新操作系统将会使用

下列选项安装】窗格中显示了Ubuntu的安装参数。

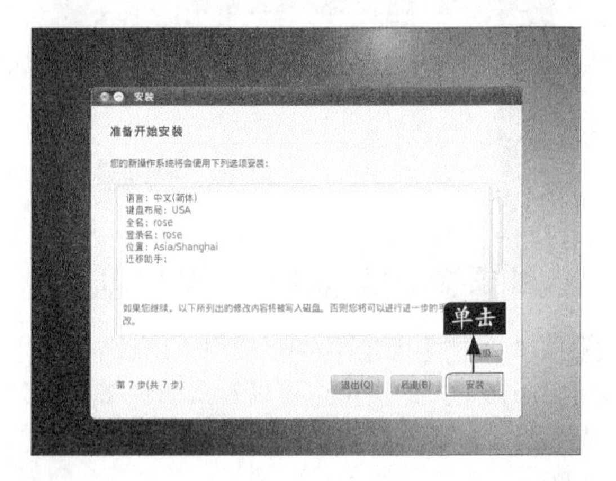

步骤04 单击【安装】按钮，进入【正在安装系统】界面，在下方显示了安装的进度。

步骤05 安装完毕后，将弹出【安装完毕】信息提示框，提示用户安装完毕，需要重新启动计算机以使用新安装的系统。

步骤06 单击【现在重启】按钮，即可开始重新启动Ubuntu。

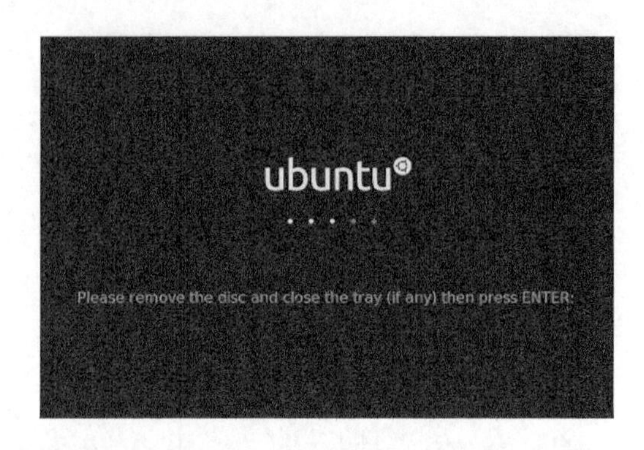

步骤07 重启完毕后，将打开下图所示界面。

步骤08 单击【Log in as Rose】按钮，即以Rose的用户名登录系统。在【Password】文本框中输入设置的密码。

步骤09 单击【Log in】按钮，即可进入新安装的Ubuntu系统。

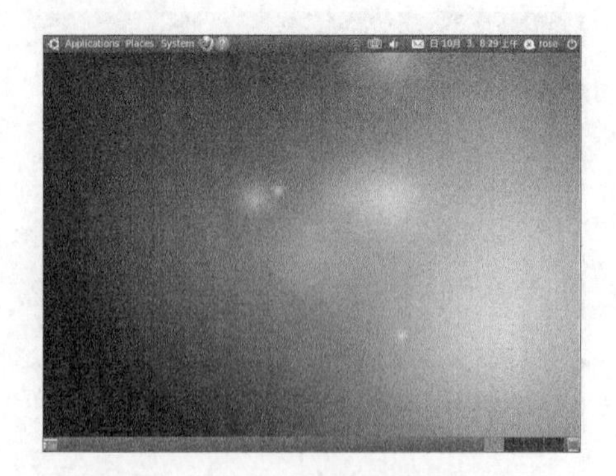

7.6 升级当前Windows系统版本

本节教学录像时间：4 分钟

如果电脑中已安装过系统，需要将旧系统升级至最新的系统，而旧系统又不需要的情况下，用户可以在原系统的基础上直接升级。

7.6.1 Windows XP升级Windows 7/8.1/10系统

Windows XP作为经典的操作系统，为众多用户喜爱，由于微软停止了对Windows XP的官方服务支持，处于无官方保护状态，危险极高。因此，更多的用户选择升级为更高版本的系统，下面介绍下Windows XP如何升级到更高版本。

其实，Windows XP做为旧系统，升级为新系统，只需重新安装新系统即可，用户可以参照7.2~7.4节的安装方法，其中有所不同的是，它是系统的升级，需要注意以下两点。

1.系统安装位置

在系统安装时，不需要对硬盘进行分区，在【您想将Windows安装在何处】对话框中，选择Windows XP系统所在的磁盘，单击【下一步】即可。

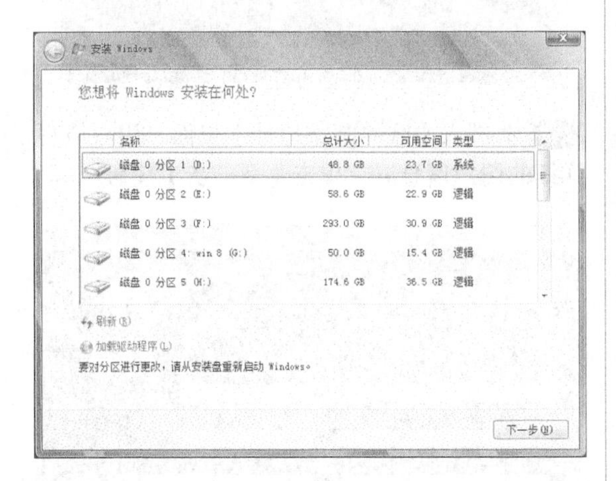

如果Windows XP所在的磁盘容量过小，低于20GB，需要重新对该分区进行容量调整，否则将影响安装和使用。

2. 执行哪种类型的安装

在安装过程中，如遇到【你想执行哪种类型的安装？】界面时，建议选择【升级：安装Windows并保留文件、设置和应用程序】选项即可。

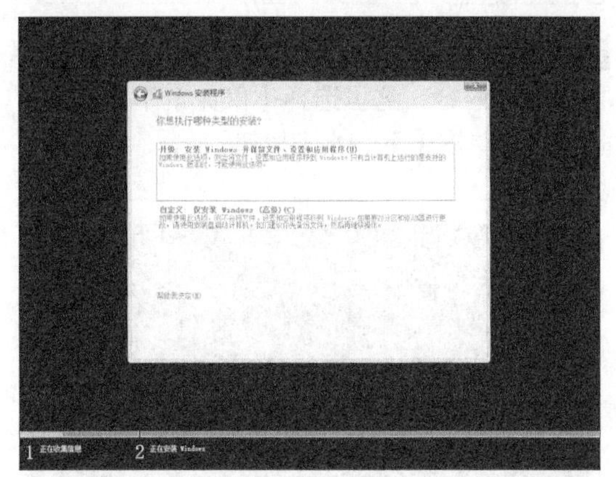

7.6.2 Windows 7/8升级Windows 8.1系统

对于Windows 7/8用户如果需要升级到Windows 8.1系统，除了使用覆盖安装外，可以参照7.3节的安装方法外，还可以使用Windows 8.1升级助手进行升级。

步骤 01 登录微软官方网站www.microsoft.com，下载Windows 8.1升级助手软件，然后将其安装到电脑中。

步骤 02 打开Windows 8.1升级助手，软件会对电脑进行检测，检测完毕后，单击【下一步】按钮。

步骤 03 进入【选择要保留的内容】界面，选择要保留的内容，这里选择【仅保留个人文件】选项，并单击【下一步】按钮。

步骤 04 进入【适合你的Windows 8.1】界面，单击【订购】按钮。

步骤 05 进入【查看你的订单】界面，单击【结账】按钮。

步骤 06 进入【账单邮寄地址】界面，用户填写详细的用户信息后，单击【下一步】按钮。

步骤 07 进入【付款信息】界面，填写付款方式和付款信息，单击【下一步】按钮。付款成功后，微软会将序列号发到填写的邮箱地址，用户填写序列号即可自动下载Windows 8.1安装程

序，并指导用户完成升级。

7.6.3 Windows XP/7/8/8.1升级Windows 10系统

如果需要将Windows XP/7/8/8.1系统升级到Windows 10系统，除了采用完全覆盖安装，还可以采用以下两种方法。

1.通过微软官方升级助手升级

如果电脑没有接收到Windows 10升级图标，或者电脑是Windows XP、Windows Vista系统，就可以通过软件官方升级助手升级，具体步骤如下。

步骤01 打开网页浏览器，输入“http://www.microsoft.com/zh-cn/software-download/windows10”地址，进入获取Windows 10页面，单击【立即升级】按钮。

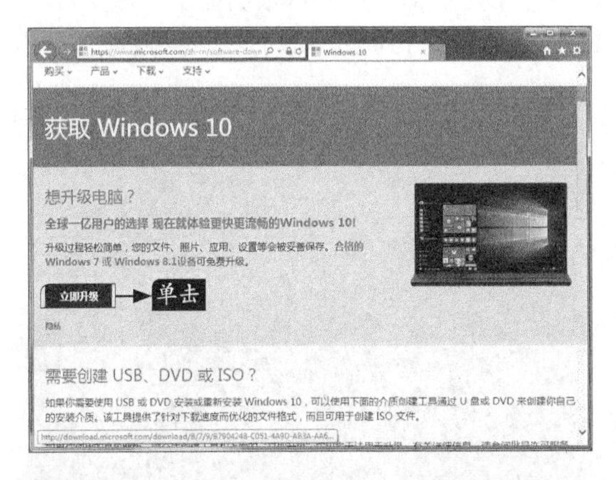

步骤02 弹出【查看下载】对话框，单击【运行】按钮。

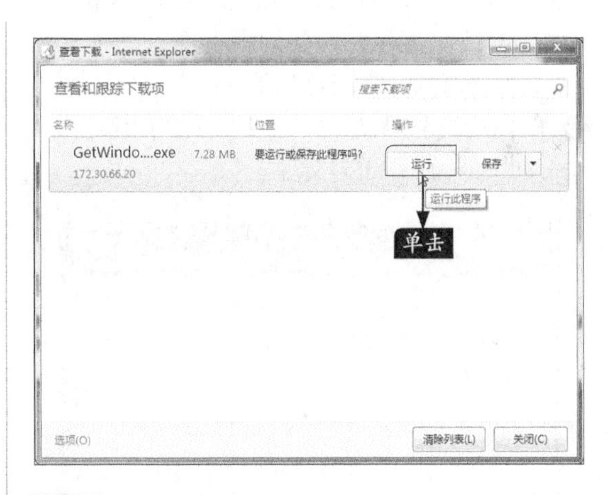

步骤03 升级助手下载完成后，会弹出准备对话框。

步骤04 准备完成后，进入【Windows 10安装程序】对话框，即可下载Windows 10安装包。

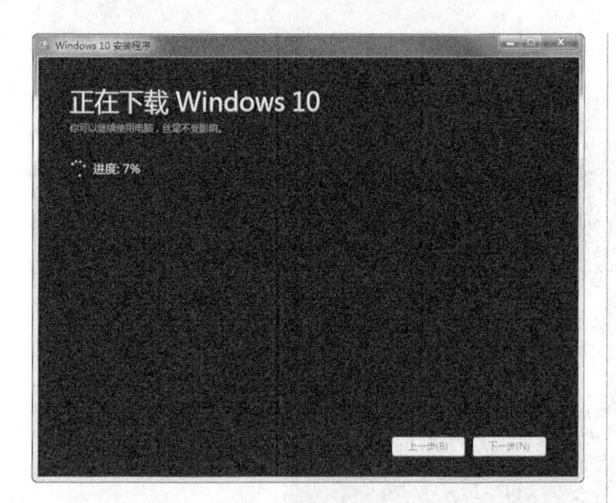

此时无需任何操作，等待其下载完成后，即可进行安装，其安装步骤和7.4节中步骤05~步骤10一致，这里不再赘述。

2.通过微软官方发布的ISO文件升级

ISO（Isolation）文件一般以.iso为扩展名，是复制光盘上全部信息而形成的镜像文件，它在系统安装中会经常用到，为了满足广大用户的需求，微软官方也提供了Windows 10的ISO镜像文件，方便用户下载，具体使用ISO文件升级的操作步骤如下。

步骤01 从微软官方或其他网站，下载ISO文件，如下即为一个ISO文件。

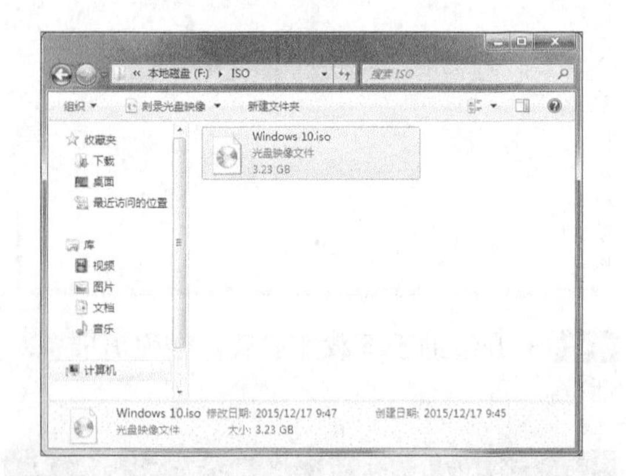

小提示

在下载ISO时，请注意Windows 10的版本，32位系统只能使用32位Windows系统版本升级，64位系统只能使用64位Windows系统版本升级。不过如果32位系统希望升级到64位Windows 10的话，可以使用NT6 HDD Installer硬盘安装器实现。

步骤02 右键单击ISO镜像文件，在弹出的快捷菜单中，选择【打开方式】命令，在其子菜单中，选择解压缩软件打开。

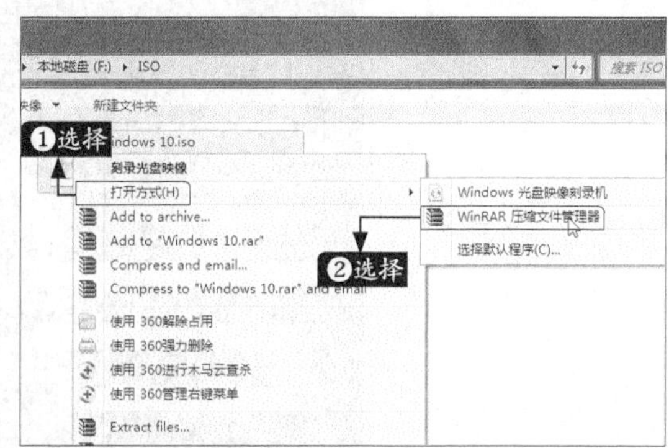

小提示

用户也可以将ISO挂载为虚拟光盘，打开该文件。如快压、Daemon Tools等都可以实现。

步骤03 弹出解压缩软件界面，可以看到压缩文件中包含的文件，此时双击【setup.exe】文件。

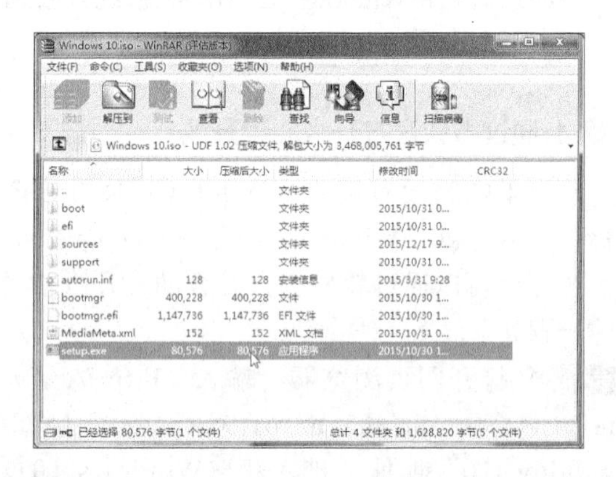

步骤04 解压缩完毕后，即可弹出【Windows安装程序】对话框，用户可根据提示，参照7.4节的安装方法进行升级即可，这里不再赘述。

7.7 安装多个操作系统

本节教学录像时间：7 分钟

多操作系统就是指在一台计算机中安装两个或两个以上操作系统，在不同的操作系统之中，可以执行各种单操作系统无法完成的任务，使用不同的操作系统可以满足不同用户的不同需求。本章就来介绍如何在一台计算机中安装多个操作系统。

7.7.1 安装多系统的条件

随着硬盘容量及内存容量的增大和硬盘价格的下降、操作系统种类的增多和功能的差异，使越来越多的朋友有条件在一台计算机上安装多个操作系统。就目前主流的计算机配置来说，任何一台计算机都可以安装多个操作系统。

在了解了安装多操作系统的硬件条件之后，下面再来介绍安装多操作系统的原则。

（1）由低到高原则。从低版本到高版本逐步安装各个操作系统，是安装多操作系统的基本原则。

（2）单独分区原则。尽量使每个操作系统单独存在于一个分区之中，避免发生文件的冲突，同时应避免格式化分区，以防分区中的数据丢失。

（3）多重启动原则。如Windows XP和Windows 7之间进行多重启动配置时，应最后安装Windows 7系统，否则启动Windows 7所需要的重要文件将被覆盖。

（4）指定操作系统安装位置原则。在操作系统中安装其他操作系统时，可以指定新装操作系统的安装位置，如果在DOS中安装多操作系统，某些系统将被默认安装在C盘中，C盘中原有文件将被覆盖，从而无法安装多操作系统。

7.7.2 双系统共存

有时候，用户需要安装最新系统，但是希望保留旧系统，那么就可以安装双系统。本节主要在Windows XP基础上安装Windows 7操作系统，具体操作步骤如下。

步骤01 按照前面介绍的方法，将计算机的第一启动设置为光驱，然后将系统安装盘放入光驱之中，重新启动计算机，当屏幕中显示提示信息时，按【Enter】键。

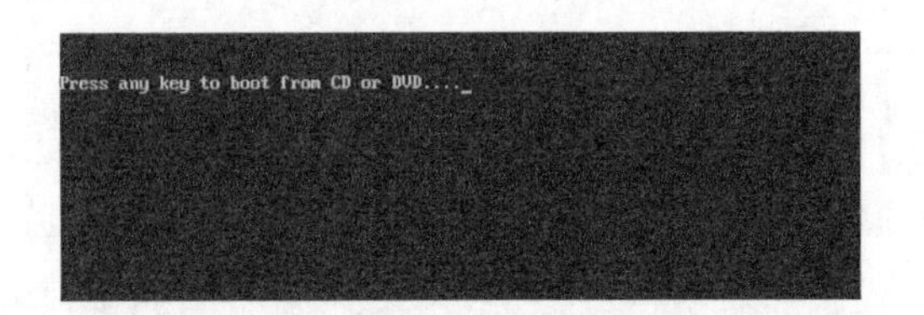

步骤02 进入【Windows is loading files】界面，提示用户Windows正在加载文件。

步骤03 文件加载完毕后，即可进入【安装Windows】界面，在该界面中设置语言和其他选项。

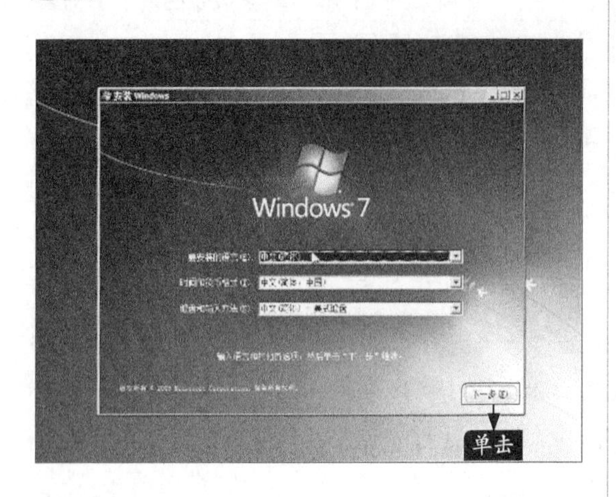

步骤04 单击【下一步】按钮，直到【您想将Windows安装在何处】界面之中，选择已经划分好的【分区2】选项。

小提示

【分区1】已经安装了Windows XP操作系统，因此，Windows 7操作系统只能安装在除分区1以外的任何分区之中。

步骤05 单击【下一步】按钮，就可以按照安装单操作系统Windows XP一样安装Windows 7操作系统，这里不再重述。

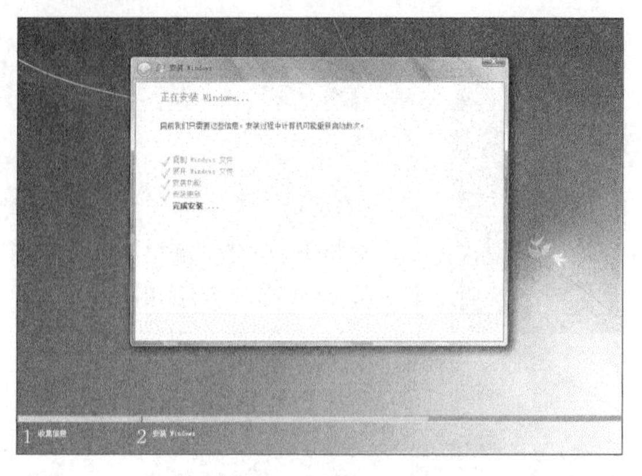

步骤06 由于高版本可以自动识别低级版本，安装完毕后，将自动生成系统启动菜单，每次启动系统时，用户可以在【Windows 启动管理器】中选择需要启动的系统选项。

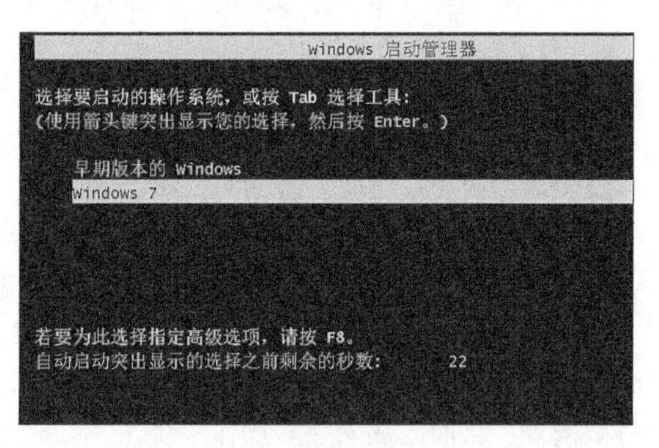

同样，用户也可以使用该方法在Windows 7的基础上安装Windows 8.1或Windows 10等，这里不再赘述。

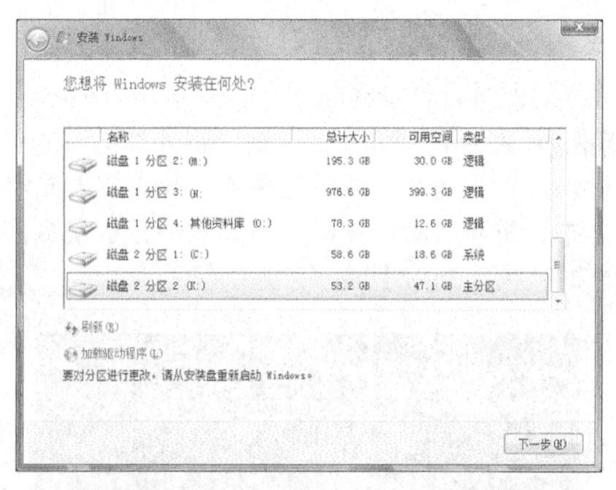

7.7.3 三系统共存

只要电脑配置足够强大，用户可以安装更多的系统，如Windows XP、Windows7和Windows 8三个系统共存，或者安装更多系统，其实和上面的双系统方法是一致的，主要注意以下两点。

1.分配盘符

选择一个做系统的盘符，根据不同的系统安装需求，确保足够的空间。如果是Windows 7\8.1\10建议分配出50GB的磁盘空间。

2.选择安装位置

在多系统安装时，和一般的光盘或U盘安装方法相同，只是在安装第二个或第三个系统时，在【您想将Windows安装在何处？】对话框中，选择分配好盘符，根据前面的安装方法安装即可。

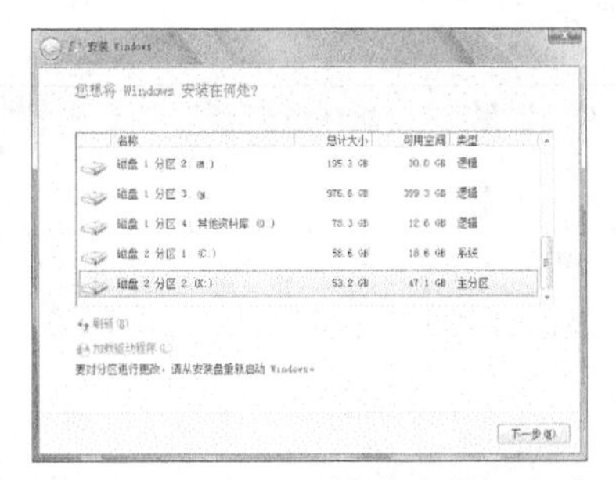

如下图，是一个三系统共存的开机启动图。

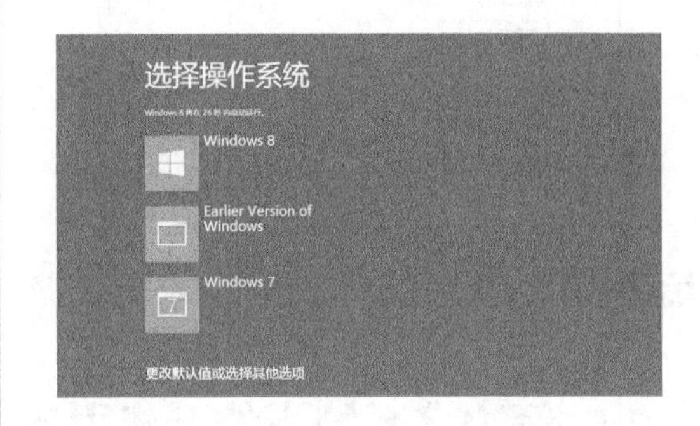

7.7.4 设置电脑启动时默认操作系统

如果电脑安装多个操作系统，用户可以根据需要自定义电脑启动时的默认启动系统，在开机启动系统引导菜单中，就不需要再次选择了。如电脑中在Windows 7系统基础上安装了Windows 8系统，此时电脑会默认优先启动Windows 8系统，如经常用到Windows 7系统，希望将其设置为默认的启动系统，其可以采用以下方式实现。

步骤01 在Windows7或Windows 8系统中，右键单击【计算机】图标，选择【属性】菜单命令，打开【系统】对话框，并单击【高级系统设置】选项。

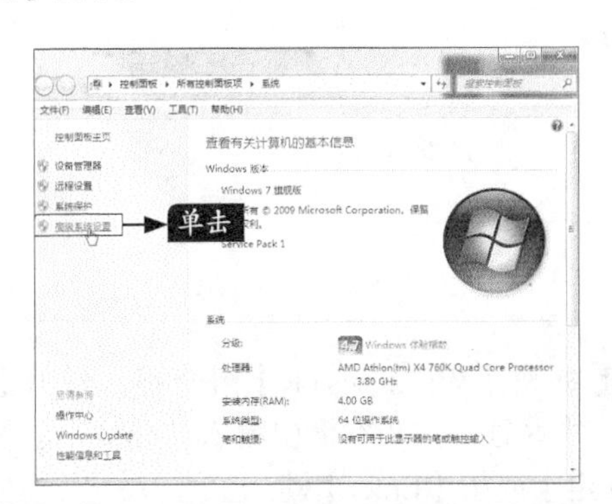

步骤02 弹出【系统属性】对话框，单击【高级】选项卡，在【启动和故障恢复】区域，单击【设置】按钮。

步骤03 弹出【启动和故障修复】对话框，在【默认操作系统】列表中，选择默认操作系统。

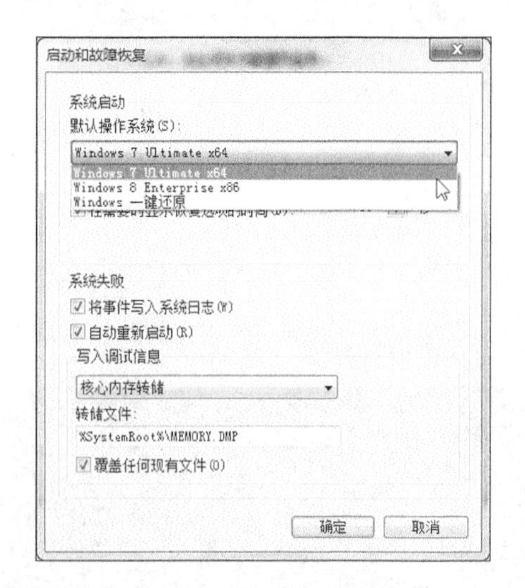

步骤04 同时，用户也可以设置【显示操作系统列表的时间】和【在需要时显示恢复选项的时间】，单位为“秒”，设置完毕后，单击【确定】按钮，即可完成设置。

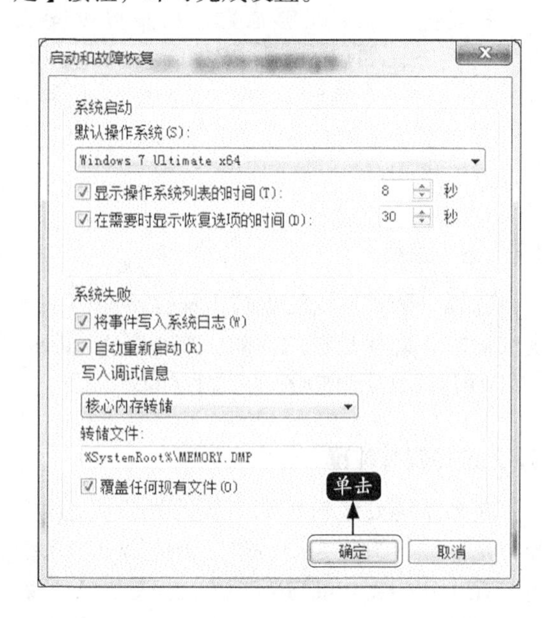

7.7.5 解决多系统下的开机引导问题

电脑安装多系统很容易出现开机引导出现问题或启动菜单丢失，导致无法开机，因此往往需要对开机引导进行修复，主要常用的工具是Windows安装盘自带的bootsect程序和BCDautofix。

1. bootsect

bootsect是Windows安装盘中自带的用于引导扇区修复的工具，位于安装光盘boot目录下。使用bootsect修复开机引导问题的具体步骤如下。

步骤01 复制系统安装光盘中boot目录下的bootsect文件。

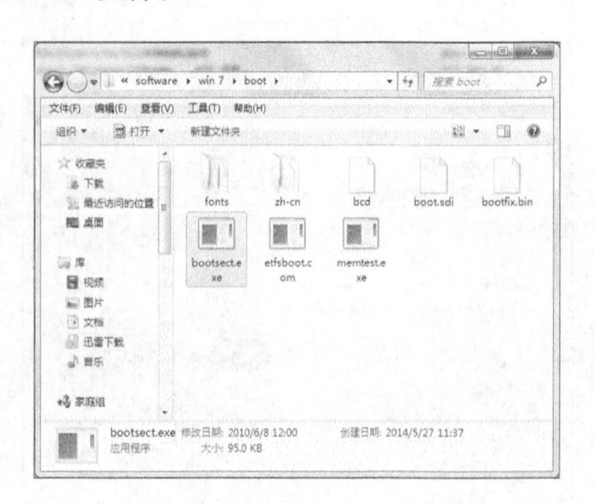

步骤02 将复制的bootsect文件粘贴到C盘下的Boot文件夹中。如果C盘中没有，可以自行创建Boot文件夹。

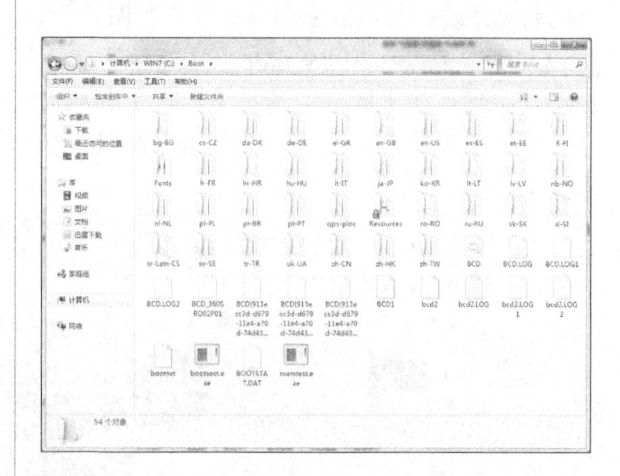

步骤03 按【Windows+R】组合键，弹出【运行】对话框，在文本框中输入“cmd”，单击【确定】或按【Enter】键。

步骤04 弹出cmd命令对话框，输入“c:\boot\bootsect.exe/nt60sys”命令，按【Enter】键。

小提示

nt60命令是将与Bootmgr兼容的主启动代码应用到SYS、ALL或<DriveLetter>中，而SYS命令是更新用于启动Windows的系统分区上的主启动代码。

步骤05 此时，会自动修复启动引导，并弹出“Bootcode was successfully updated on all targeted volumes（引导代码在所有目标卷已成功更新）”提示，完成系统引导项修复。

2. BCDautofix

BCDautofix是一款启动菜单自动修复工具，操作简单，而且系统兼容性强，不容易出现bootsect在Windows 8系统下修复出现的死机现象。

步骤01 下载BCDautofix工具，并启动该工具，如下图为打开后的对话框界面。

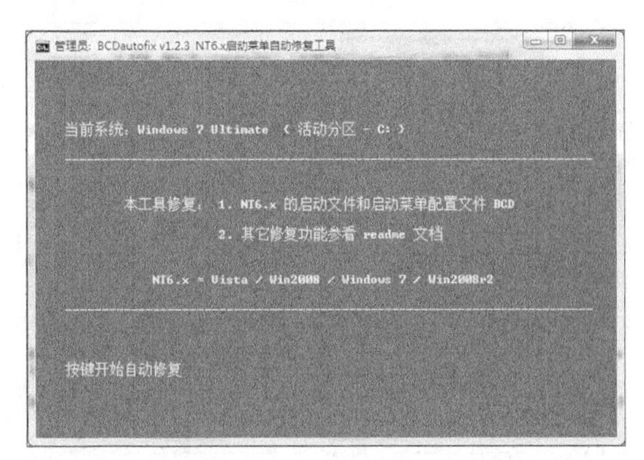

步骤02 按键盘上任意键，BCDautofix即可进入修复。

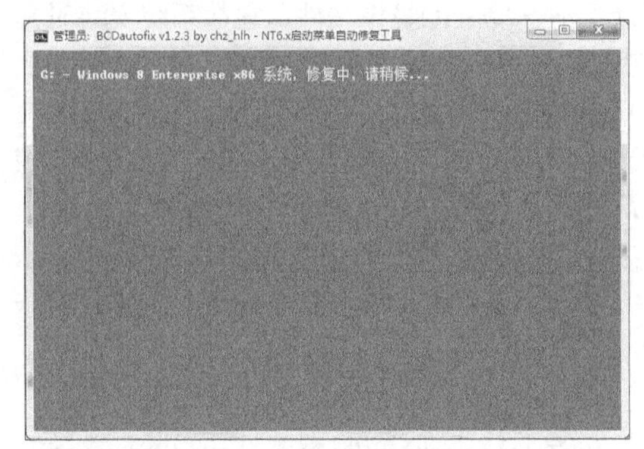

步骤03 修复成功后，单击任意键即可退出当前工具对话框，完成系统引导项修复。

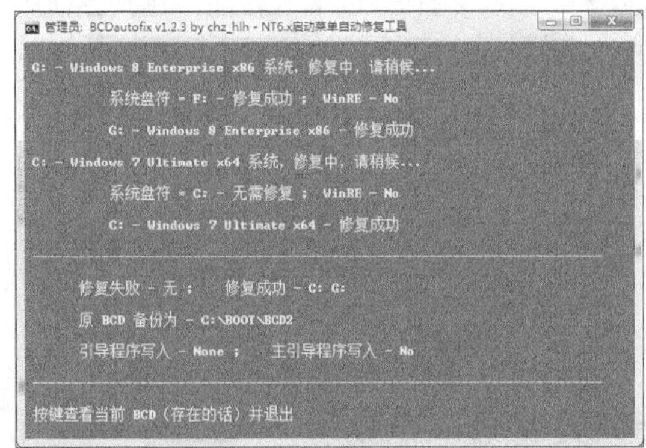

7.8 使用GHO镜像文件安装系统

本节教学录像时间：1 分钟

GHO文件全程是“GHOST”文件，是Ghost工具软件的镜像文件存放扩展名，Gho文件中是使用Ghost软件备份的硬盘分区或整个硬盘的所有文件信息。*.gho文件可以直接安装系统，并不需要解压，如下图为两个GHO文件。

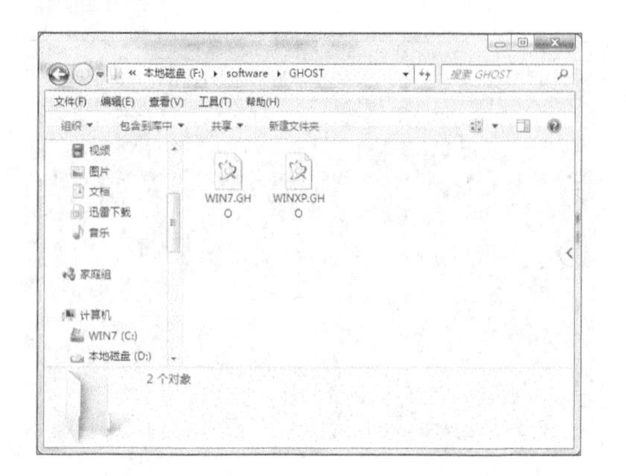

我们使用Ghost工具备份系统都会产生GHO镜像文件，除了使用Ghost恢复系统外，还可以手动安装GHO镜像文件，它在系统安装时是极为方便的，也是最为常见的安装方法。一般安装GHO镜像文件主要有两种方法，一种是在当前系统下使用GHO镜像文件安装工具安装系统；一种是在PE系统下，使用Ghost安装。本节主要讲述如何使用安装工具安装，PE系统下的安装方法，可以参照30.2节还原的方法即可。

如果电脑可以正常运行，我们可以使用一些安装工具，如Ghost安装器、OneKey等，它们体积小，无需安装，操作方便。下面以OneKey为例，具体步骤如下。

步骤 01 下载并打开OneKey软件，在其界面中单击【打开】按钮。

步骤 02 在弹出的打开对话框中，选择GHO文件所在的位置，选择后单击【打开】按钮。

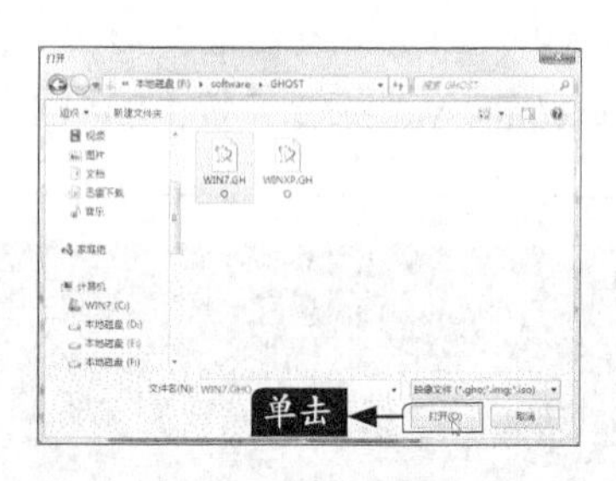

小提示

在GHO存放路径时，需要注意不能放在要将系统安装的盘符中，也不能放在中文命名的文件夹中，因为安装器不支持中文路径，请使用英文、拼音来命名。

步骤 03 返回到OneKey界面，选择要安装的盘符，并单击【确定】按钮。

小提示

如果使用Onekey安装多系统，请选择不同的分区即可，如在Windows 7系统下，安装Windows 8.1系统，就可以选择处系统盘外的其他分区，但需注意所要安装的盘符容量是否满足。

步骤 04 此时，系统会自动重启并安装系统，用户不需要进行任何操作。

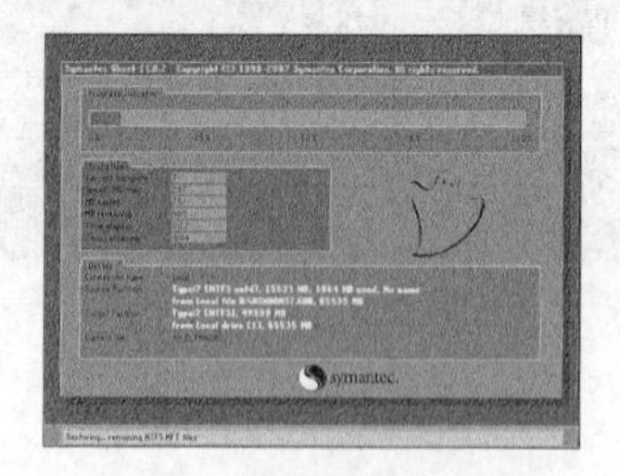

7.9 综合实战——在32位系统下安装64位系统

本节教学录像时间：2 分钟

在升级系统时，希望在32位系统下安装64位的系统，可以使用NT6 HDD Installer硬盘安装器，具体操作步骤如下。

步骤01 将Windows 10光盘中的所有文件复制到非系统盘的根目录下。

小提示

如果是ISO镜像文件，可以使用虚拟光驱软件装载后复制安装文件，或者将其直接解压到非系统盘根目录中，请注意一定不能为系统盘。

步骤02 下载并运行NT6 HDD Installer，在弹出的窗口中选择【模式1】选项。

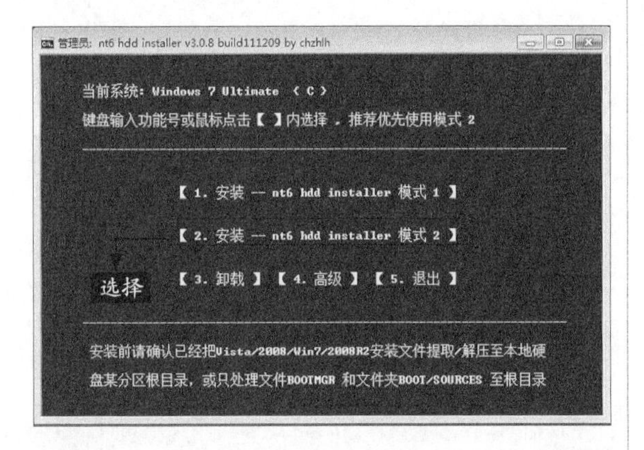

步骤03 程序自动安装，安装完成之后单击【2.重启】选项。

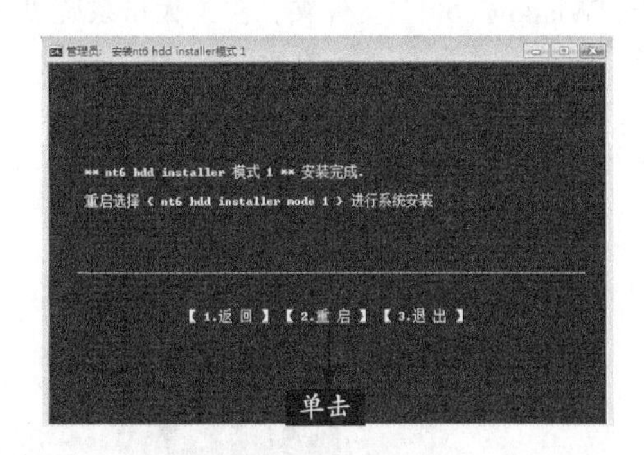

步骤04 此时，电脑会自动重启，在开机过程中使用方向键选择【nt6 hdd installer mode 1】选项。

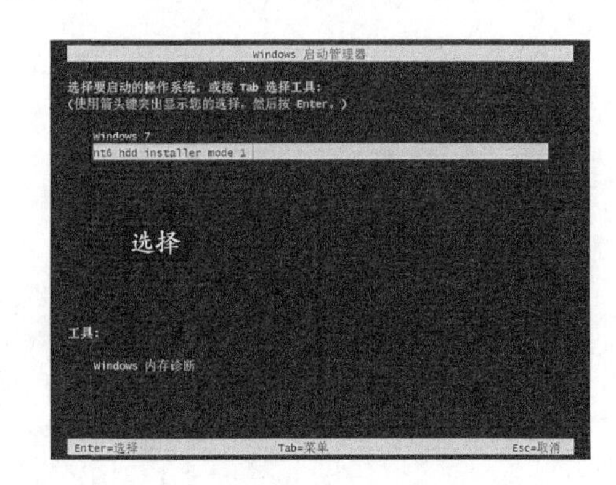

步骤05 即会进入Windows 10安装界面，如下图所示。此时即可进行系统安装，具体安装步骤和7.4节的安装方法一致。

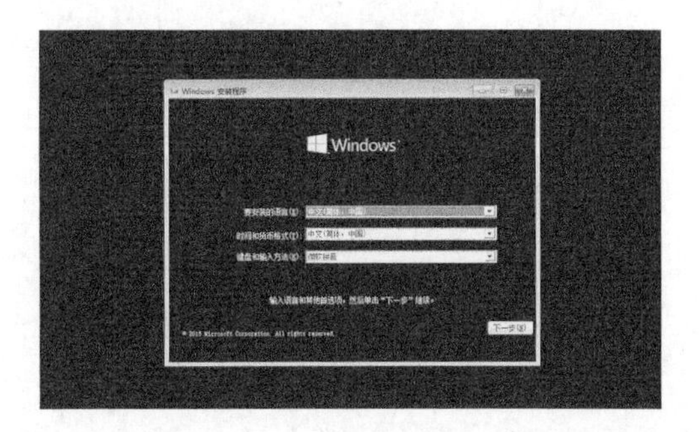

高手支招

本节教学录像时间：1 分钟

删除Windows.old文件夹

在重新安装新系统时，系统盘下会产生一个“Windows.old”文件夹，占了大量系统盘容量，无法直接删除，需要使用磁盘工具进行清除，具体步骤如下。

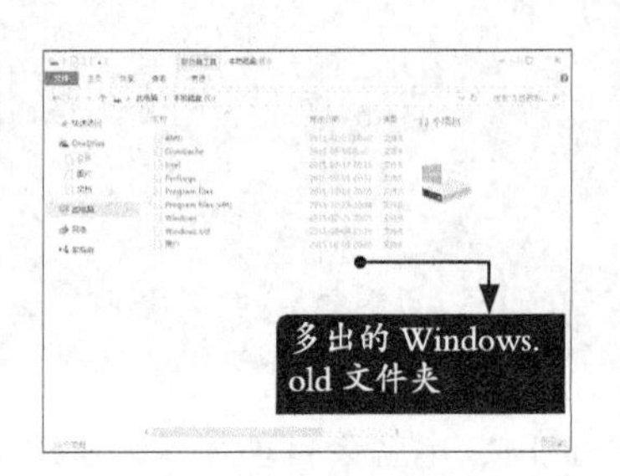

步骤 01 打开【此电脑】窗口，右键单击系统盘，在弹出的快捷菜单中，选择【属性】菜单命令。

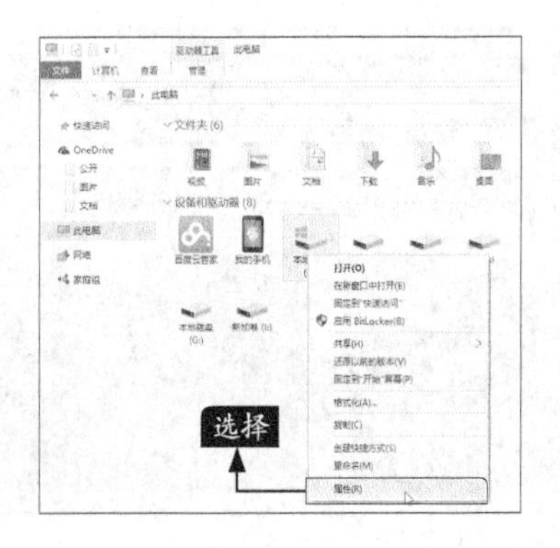

步骤 02 弹出该盘的【属性】对话框，单击【常规】选项卡下的【磁盘清理】按钮。

步骤 03 系统扫描后，弹出【磁盘清理】对话框，单击【清理系统文件】按钮。

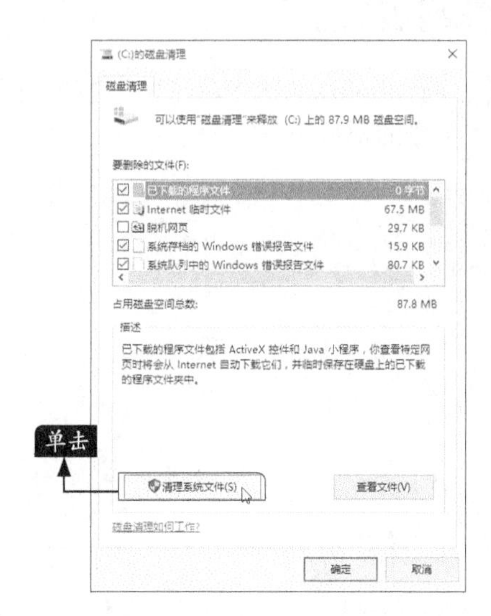

步骤 04 系统扫描后，在【要删除的文件】列表中勾选【以前的Windows安装】选项，并单击【确定】按钮，在弹出的【磁盘清理】提示框中，单击【确定】按钮，即可进行清理。

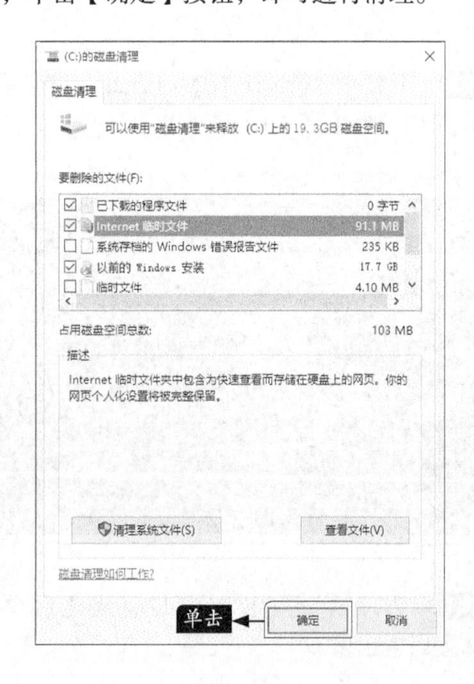

第3篇

系统优化篇

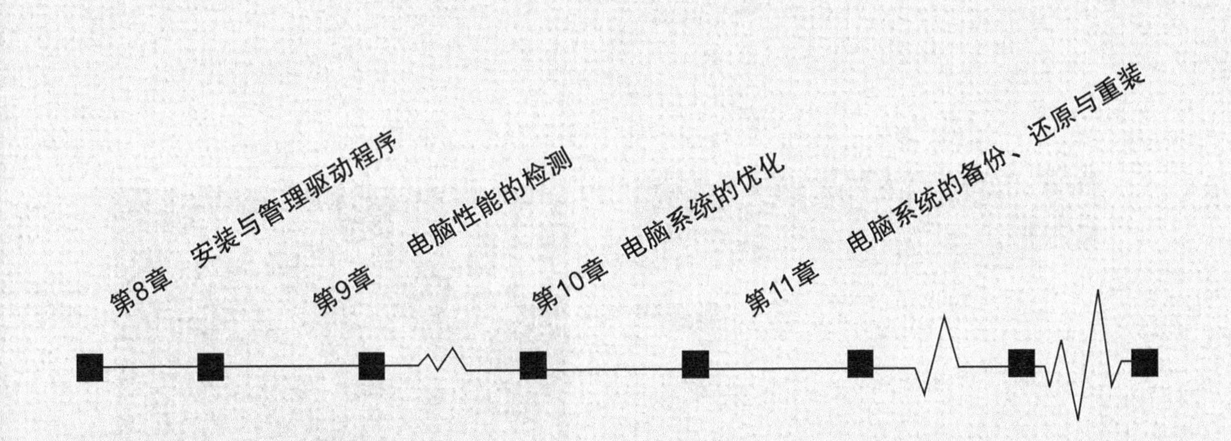

第8章

安装与管理驱动程序

驱动程序是能够让计算机与各种硬件设备进行通信的一种程序代码，只有安装了正确的驱动程序，硬件才能够正确使用。本章主要介绍如何安装与管理驱动程序。

8.1 认识驱动程序

本节教学录像时间：8 分钟

在安装驱动程序之前，需要对驱动程序有个全面的认识，如认识什么是驱动程序、驱动程序版本、获取驱动程序的方法及驱动程序的安装流程。

8.1.1 什么是驱动程序

驱动程序是一段能让电脑与各种硬件设备通话的程序代码，操作系统通过驱动程序控制电脑上的硬件设备。驱动程序是硬件和操作系统之间的一座桥梁，由它把硬件本身的功能告诉给操作系统，同时也将标准的操作系统指令转化成特殊的外设专用命令，从而保证硬件设备的正常工作。

因此，通过正确安装驱动程序后，操作系统才能控制硬件设备的工作，如果说某个驱动程序没能正确的安装，那么电脑这部分就不能正常工作。举个声卡的例子，如果声卡没有安装或安装失败，电脑可能播放视频、音频设备就不行。因此，驱动程序被誉为“硬件的灵魂”“硬件的主宰”“硬件和系统之间的桥梁”。

在电脑实际使用中，并不是所有硬件都需要安装驱动程序，如CPU、内存、主板、光驱、显示器等硬件设备，不需要安装驱动程序也能正常工作，但是如显卡、声卡、网卡、蓝牙设备等，如果没有驱动程序，则无法正常工作。

不过，随着操作系统的升级与革新，版本越高的操作系统则支持的硬件设备就越多，如Windows 10操作系统，安装好系统后，系统会自动根据电脑硬件配置寻找和安装驱动程序，为用户省去了不少麻烦。

8.1.2 驱动程序的版本

驱动程序分为官方正式版、微软WHQL认证版、第三方驱动、修改版和Beta测试版等几种版本，用户应根据自己需要及硬件情况下载不同的版本进行安装。其中版本的特点介绍如下。

1.官方正式版

官方正式版驱动是指按照芯片厂商的设计研发出来的，经过反复测试、修正，最终通过官方渠道发布出来的正式版驱动程序，又称为“公版驱动”。

通常官方正式版的发布方式包括官方网站发布及硬件产品附带光盘这两种方式。稳定性、兼容性好是官方正式版驱动最大的亮点，同时也是区别于发烧友修改版与测试版的显著特征。

因此推荐普通用户使用官方正式版，而喜欢尝鲜、体现个性的玩家则推荐使用发烧友修改版及Beta测试版。

2.微软WHQL认证版

WHQL是Windows Hard ware Quality Labs的缩写，中文译为“Windows硬件质量实验室”，其主要负责测试硬件驱动程序的兼容性和稳定性，验证其是否能在Windows系列操作系统中稳定运行。该版本的特点就是通过了WHQL认证，最大限度地保证了操作系统和硬件的稳定运行。

3.第三方驱动

第三方驱动一般是指硬件产品OEM厂商发布的基于官方驱动优化而成的驱动程序。第三方驱动拥有稳定性、兼容性好，基于官方正式版驱动优化并比官方正式版拥有更加完善的功能和更加强劲的整体性能的特性。

因此，对于品牌机用户来说，笔者推荐用户的首选驱动是第三方驱动，第二选才是官方正式版驱动；对于组装机用户来说，第三方驱动的选择可能相对复杂一点，因此官方正式版驱动仍是首选。

4.发烧友修改版

发烧友修改版驱动又名改版驱动，是指经修改过的驱动程序，而又不专指经修改过的驱动程序，是由硬件爱好者对官方正式版驱动程序进行改进后产生的版本，其目的是使硬件设备的性能达到最佳，不过其兼容性和稳定性要低于官方正式版和微软WHQL认证版驱动程序。

5.Beta测试版

硬件厂商在发布正式版驱动程序前会提供测试版驱动程序供用户测试，这类驱动分为Alpha版和Beta版，其中Alpha版是厂商内部人员自行测试版本，Beta版是公开测试版本。此类驱动程序的稳定性未知。

8.1.3 如何获取驱动程序

驱动程序是一种可以使电脑和设备通信的特殊程序，可以说相当于硬件的接口。每一款硬件设备的版本与型号都不同，所需要的驱动程序也是各不相同的，这是针对不同版本的操作系统出现的。所以一定要根据操作系统的版本和硬件设备的型号来选择不同的驱动程序。获取驱动程序的方式通常有以下4种。

1.操作系统自带驱动

有些操作系统中附带了大量的通用操作程序，例如Windows 10操作系统中就附带了大量的通用驱动程序，用户电脑上的许多硬件在操作系统安装完成后就自动被正确识别了，更重要的是系统自带的驱动程序都通过了微软WHQL数字认证，可以保证与操作系统不发生兼容性故障。

2.硬件出厂自带驱动

一般来说，各种硬件设备的生产厂商都会针对自己硬件设备的特点开发专门的驱动程序，并采用光盘等形式在销售硬件设备的同时，免费提供给用户。这些设备厂商直接开发的驱动程序都有较强的针对性，它们的性能比Windows附带的驱动程序更高一些。

3.通过驱动软件下载

驱动软件是驱动程序专业管理软件，它可以自动检测电脑中安装的硬盘，并搜索相应的驱动程序，供用户下载并安装，使用驱动软件不用刻意区分硬件并搜索驱动，也不用到各个网站分别下载不同硬件的驱动，通过其中的一键安装方式便可轻松实现驱动程序的安装，十分方便。下图所示为“驱动精灵”的驱动管理界面。

4.通过网络下载

通过网上下载获取驱动程序是目前获取驱动最常用的方法之一。因为很多硬件厂商为了方便用户，除了赠送免费的驱动程序光盘外，还把相关驱动程序放到网上，供用户下载。这些驱动程序大多是硬件厂商最新推出的升级版本，它们的性能以及稳定性都会比以前的版本更高。

另外，如果驱动程序光盘丢失，用户也可以通过互联网搜索并下载驱动程序。通常用户可以在官方网站或专业网站获取驱动程序。

用户可以通过IE浏览器，登录到相关硬件厂商的官方网站下载所需的驱动程序。

具体的操作步骤如下。

步骤01 打开浏览器，在【地址栏】文本框中输入NVIDIA的官方网站地址："http://www.nvidia.cn"，单击【刷新】按钮，即可打开NVIDIA官方网站。

步骤02 在该网页中单击【驱动程序】标签，在弹出的快捷菜单中单击【全部驱动程序】命令。

步骤03 随即转至【驱动程序下载】界面，在此用户可以手动输入产品类型、系列、操作系统、语言等信息，还可以单击【搜索】按钮查找适用的NVIDIA产品的驱动程序。最后单击【下载】按钮即可。

另外，用户还可以通过一些大型的软件下载网站来下载驱动程序，其中最典型的驱动程序下载网站就是驱动之家"http://drivers.mydrivers.com/"，在其中用户可以获取所需要的驱动程序。具体操作步骤如下。

步骤01 登录到驱动之家首页，在搜索下拉列表框中单击【驱动】选项，并输入需要查找的硬件名称。

步骤02 单击【搜索】按钮，进入新的页面，在其中显示搜索到与所输入的硬件相关的所有驱动程序，用户可以在此查找自己需要的型号，单击【下载】按钮，即可开始下载驱动。

8.2 安装驱动程序

本节教学录像时间：9 分钟

在操作系统中，如果不安装驱动程序，则计算机会出现屏幕不清楚、没有声音和分辨率不能设置等现象，所以正确安装操作系统是非常必要的。安装驱动程序主要包括主板驱动、显卡驱动、声卡驱动、网卡驱动以及一些外部设备驱动等。

8.2.1 安装主板驱动

在购买计算机主板时，在产品的包装盒中都带有一张光碟，在其中主要存储主板的驱动程序。主板驱动主要用来开启主板芯片组的内置功能以及特性，用户可以使用驱动程序光碟来安装主板驱动程序。

安装主板驱动具体的操作步骤如下。

步骤 01 将主板驱动程序的安装光盘放入光驱中，双击主板驱动安装程序文件【Setup】选项。

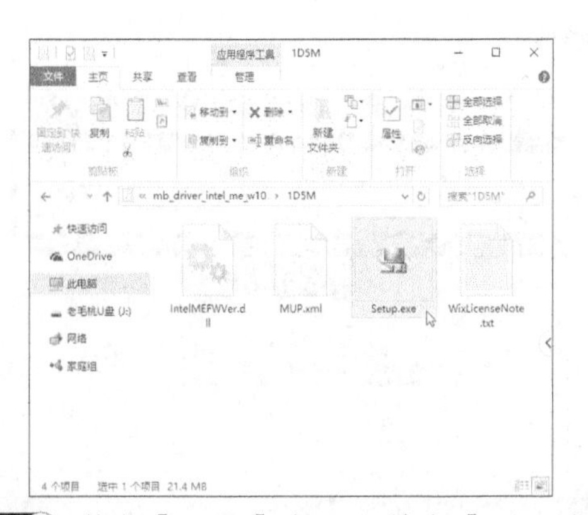

步骤 02 弹出【配置】窗口，单击【下一步】按钮。

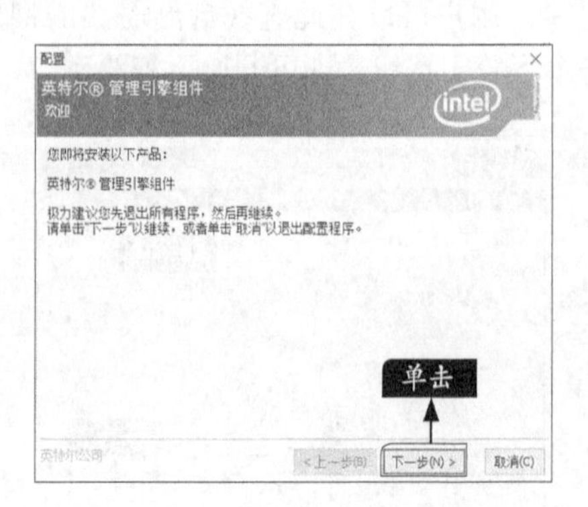

步骤 03 在打开的窗口中，勾选【我接受许可协议的条款】复选框，单击【下一步】选项。

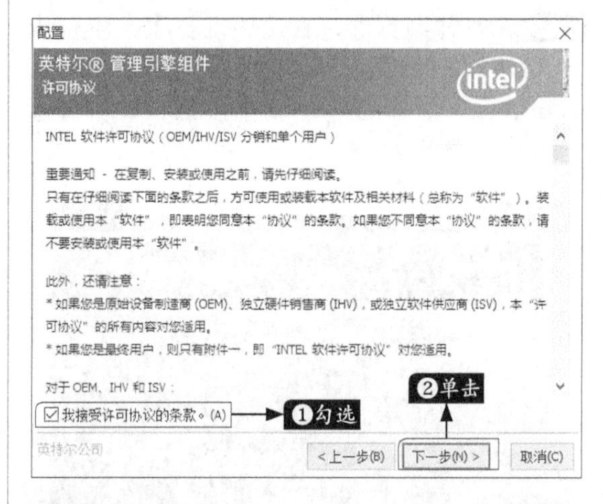

步骤 04 进入“目的地文件夹”界面，选择驱动的安装位置，单击【下一步】按钮。

步骤 05 即可安装驱动，且能查看安装进度，如下图所示。

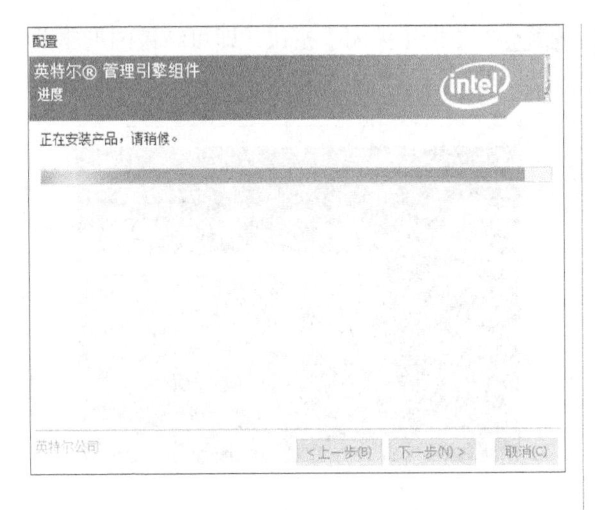

步骤06 单击【完成】按钮，即可结束主板芯片组驱动程序的安装。

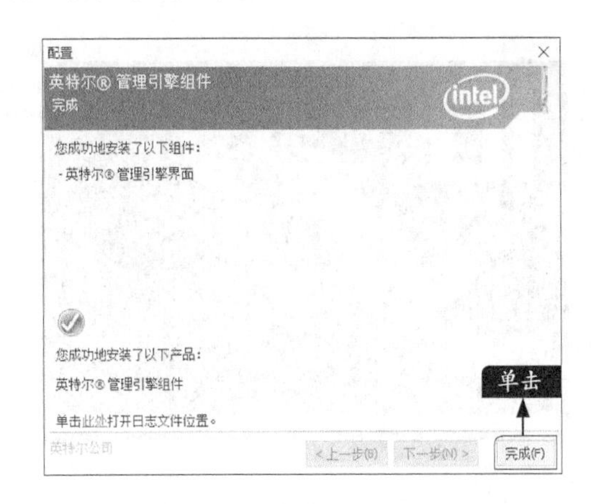

8.2.2 安装显卡驱动

显卡驱动是指显示设备的驱动，显卡驱动的作用在所有的驱动中是比较重要的一个驱动程序。如果计算机中不安装显卡驱动，则显示器的显示效果将不能发挥到最好，常常造成字体模糊等。

安装显卡驱动的具体操作步骤如下。

步骤01 将显卡驱动程序的安装光盘放入光驱中，双击显卡驱动安装程序文件。

步骤02 弹出如下对话框，选择要保存驱动的位置，可以保持默认位置即可，单击【OK】按钮。

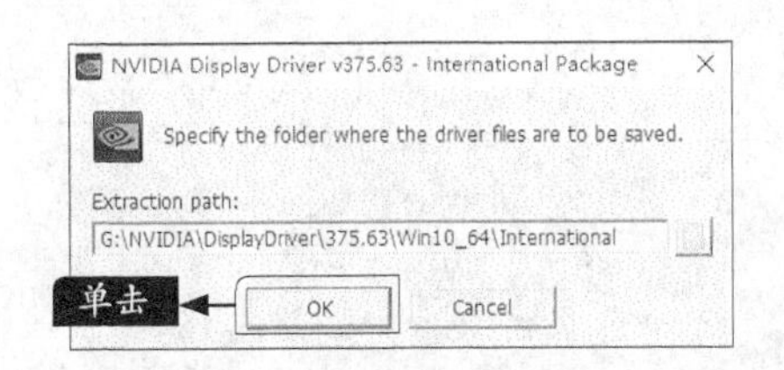

步骤03 此时开始向电脑解压数据，如下图所示。

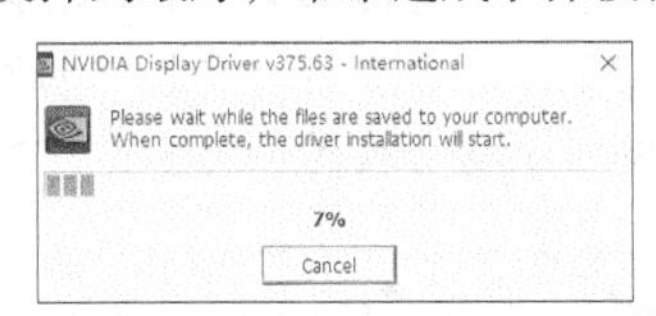

步骤04 弹出【NVIDIA安装程序】对话框，单击【同意并继续】按钮。

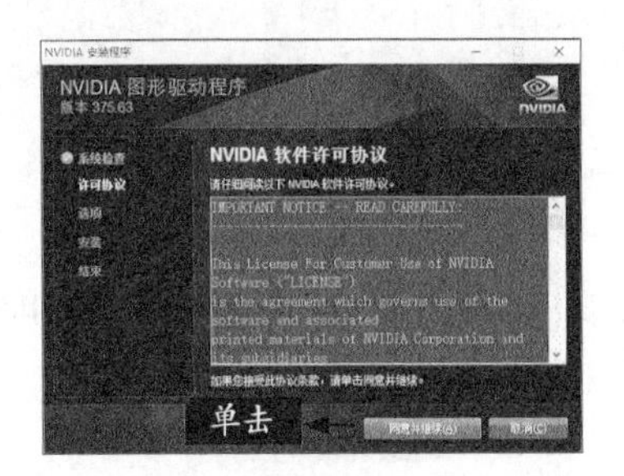

步骤05 选择安装选项，这里选择【精简】单选项，单击【下一步】按钮。

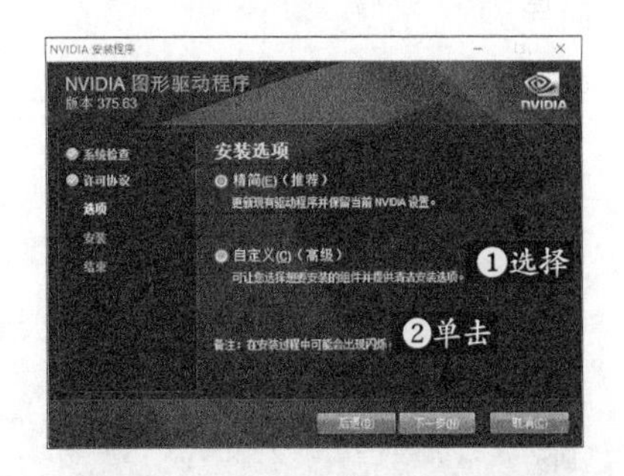

步骤06 此时，即可进入图形驱动程序安装进程中，如下图所示。

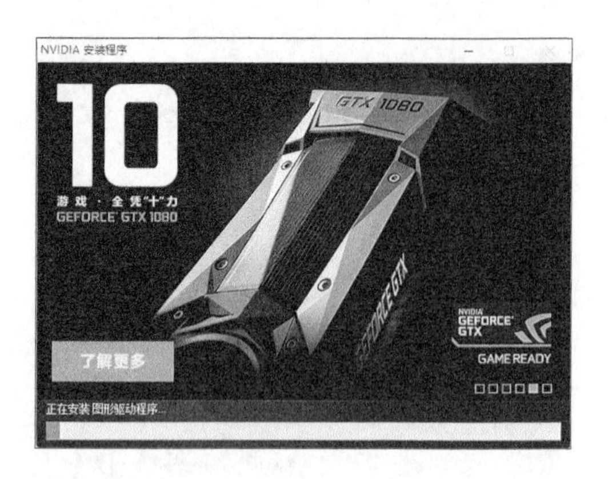

步骤07 单击【关闭】按钮，即可结束图形驱动程序的安装。

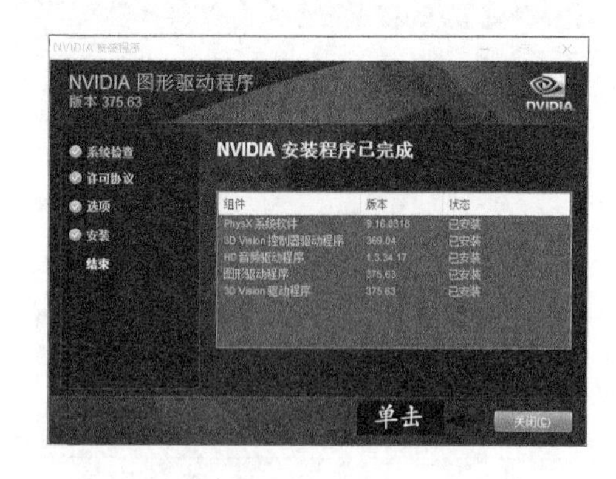

8.2.3 安装网卡驱动

在完成主板驱动、显卡驱动安装后，基本上计算机就可以使用了，但是为了增加局域网和互联网的功能，用户还需要安装网卡驱动程序。

安装网卡驱动的具体操作步骤如下。

步骤01 将网卡驱动程序的安装光盘放入光驱中，双击网卡驱动安装程序文件。

步骤02 弹出解压对话框，并显示解压进度情况。

步骤03 弹出“准备安装”对话框，程序正在准备安装向导。

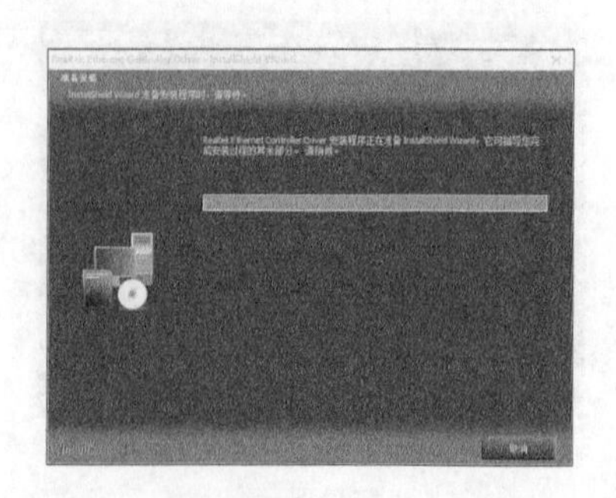

步骤04 几秒钟后，弹出安装向导对话框，单击【下一步】按钮。

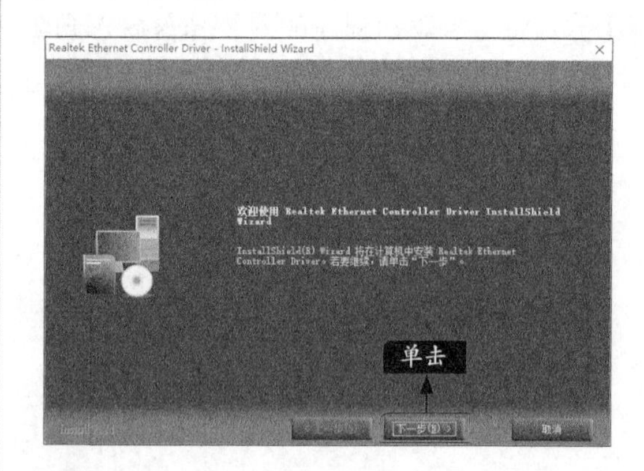

步骤05 进入“可以安装该程序了”界面，单击【安装】按钮。

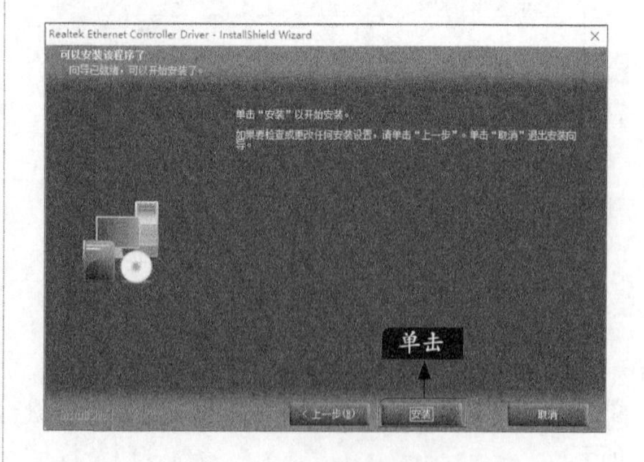

步骤 06 此时，即可进入驱动安装状态，如下图所示。

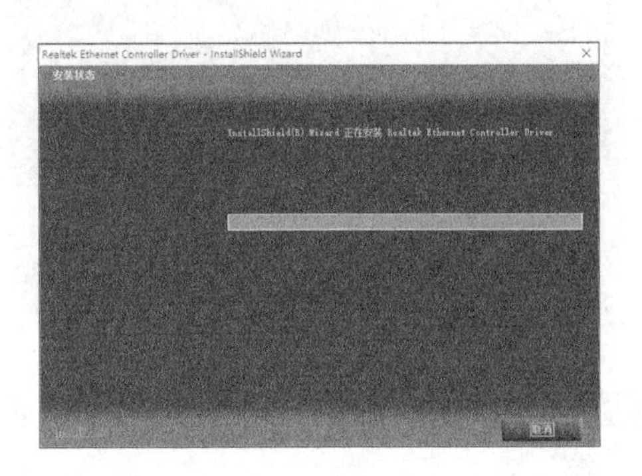

步骤 07 单击【完成】按钮，即可结束网卡驱动程序的安装。

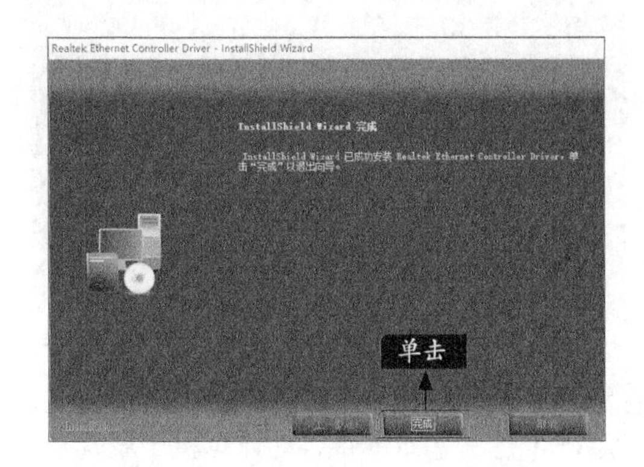

8.2.4 安装声卡驱动

声卡有独立声卡和集成声卡两种，一般情况下，非专业的用户集成声卡就能满足需求。声卡是多媒体计算机的重要设备之一。下面以安装集成声卡为例，来介绍如何安装声卡驱动。具体的操作步骤如下。

步骤 01 将声卡驱动程序的安装光盘放入光驱中，双击声卡驱动安装程序文件。

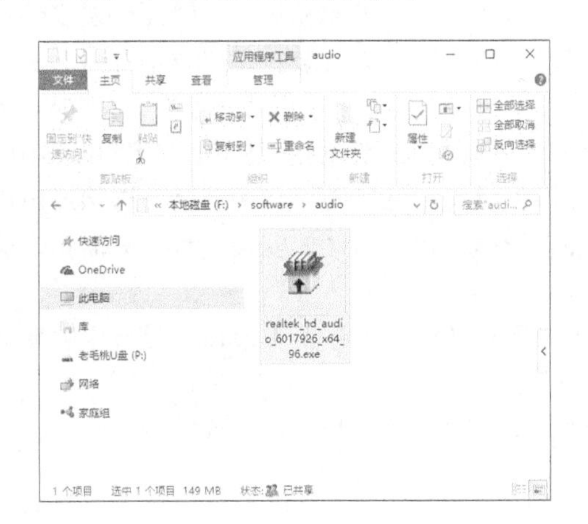

步骤 02 弹出如下对话框，向电脑中解压安装文件。

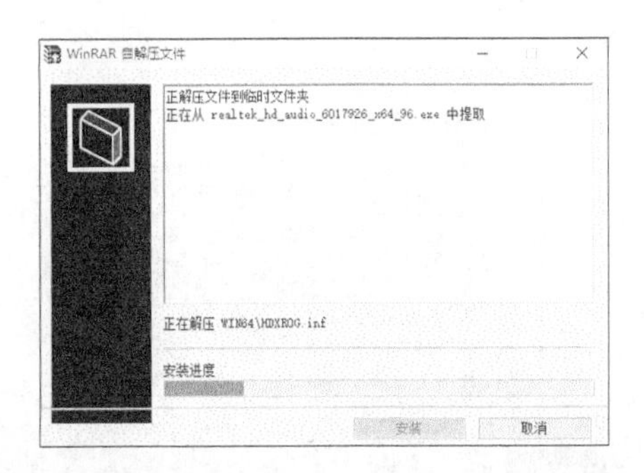

步骤 03 解压完成后，弹出安装向导，单击【下一步】按钮。

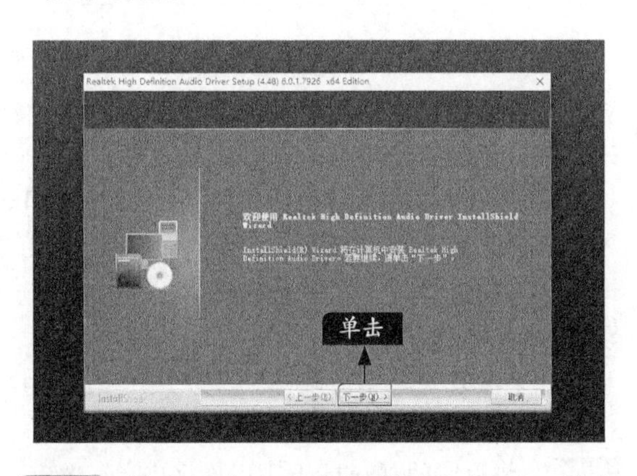

步骤 04 进入“自定义安装帮助”界面，单击【下一步】按钮。

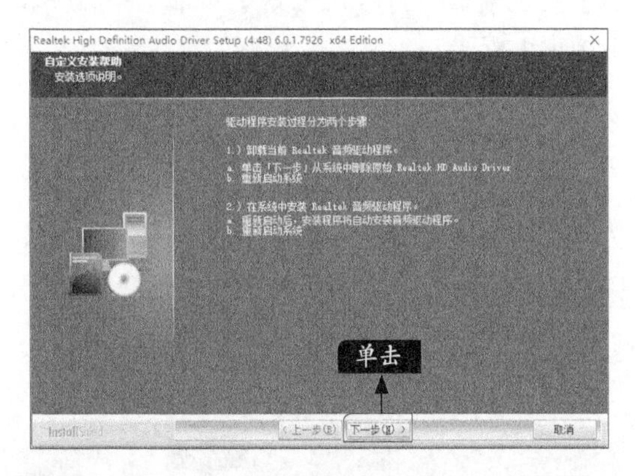

步骤 05 此时，即会进入安装状态界面，如下图所示。

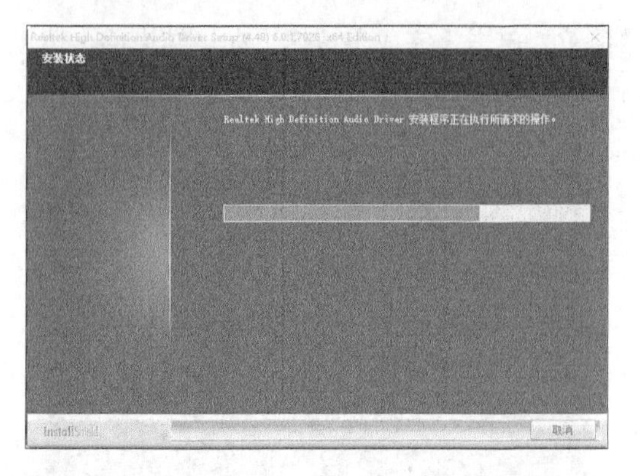

步骤06 安装完成后，需重启电脑生效，此时可单击【是，立即重新启动计算机】单选项，并单击【完成】按钮，重启电脑完成安装。也可以选择【否，稍后再重新启动计算机】单选项，单击【完成】按钮，则不会重启电脑，可以随后重启电脑。

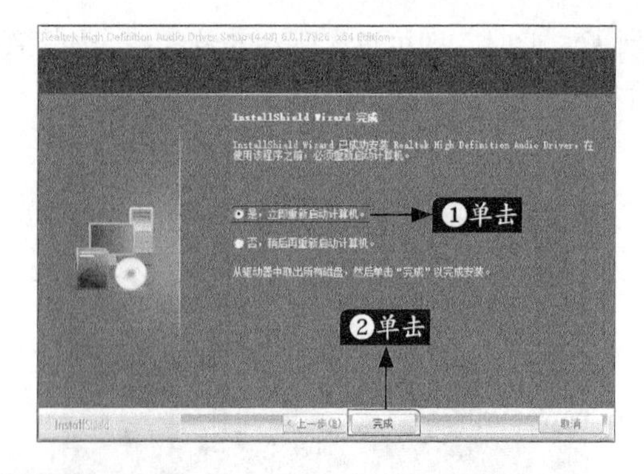

步骤07 重启电脑后，在通知区域即可看到音频管理器图标。

8.2.5 安装外部设备驱动

在计算机中除了需要安装主板驱动、显卡驱动、声卡驱动、网卡驱动等，有时还需要安装一些外部设备驱动，如常见的摄像头驱动、打印机程序驱动等。下面以安装打印机驱动程序为例，来介绍如何安装外部设备驱动。

目前，打印机接口有SCSI接口、EPP接口、USB接口3种。一般电脑使用的是EPP和USB两种。如果是USB接口打印机，可以使用其提供的USB数据线与电脑USB接口相连接，再接通电源即可。启动电脑后，系统会自动检测到新硬件，按照向导提示进行安装，安装过程中只需指定驱动程序的位置。

如果没有检测到新硬件，可以按照如下方法安装打印机的驱动程序。本节以“爱普生喷墨式打印机R270”为例，具体操作步骤如下。

步骤01 将打印机通过USB接口连接电脑。双击“EPSON 270”打印机驱动程序，然后在弹出的【安装爱普生打印机工具】对话框中，单击【确定】按钮。

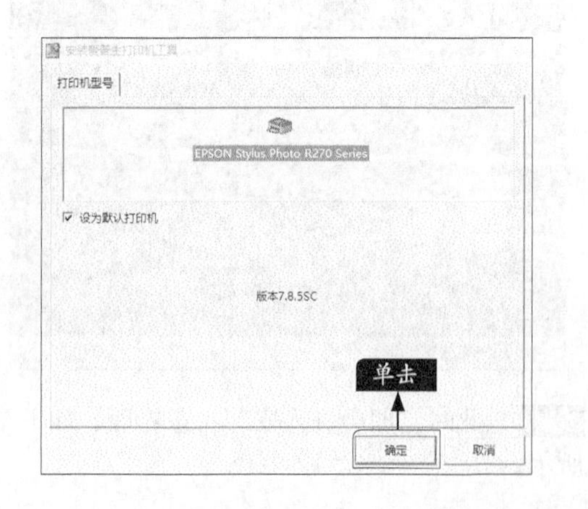

步骤02 打开【许可协议】界面，单击【接受】按钮。

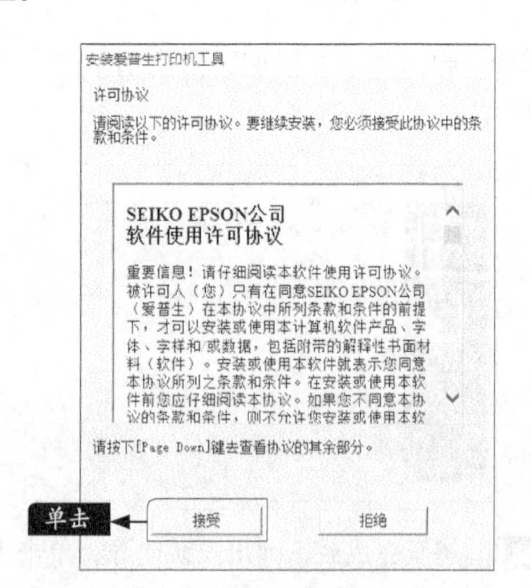

步骤 03 即可检测被安装的打印机驱动程序，如下图所示。

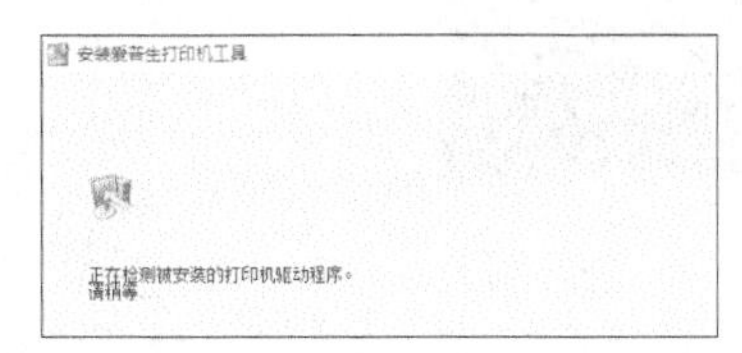

步骤 04 进入【安装爱普生打印机工具】对话框，配置打印机端口。此时，确认打印机已连接电脑，按【电源】按钮，打印机将自动配置端口。

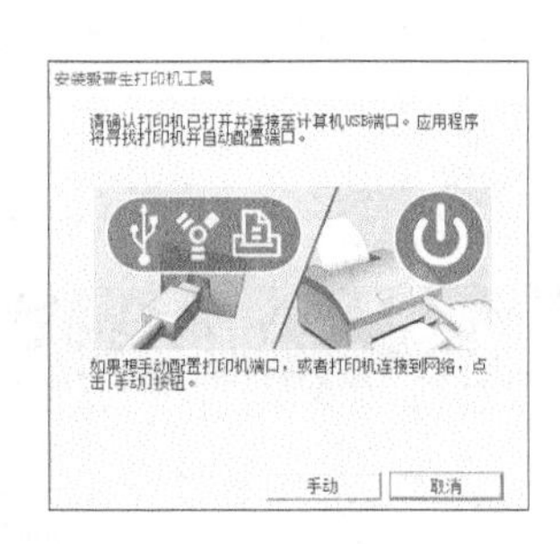

步骤 05 安装成功后，会自动弹出提示对话框，单击【确定】按钮完成安装。

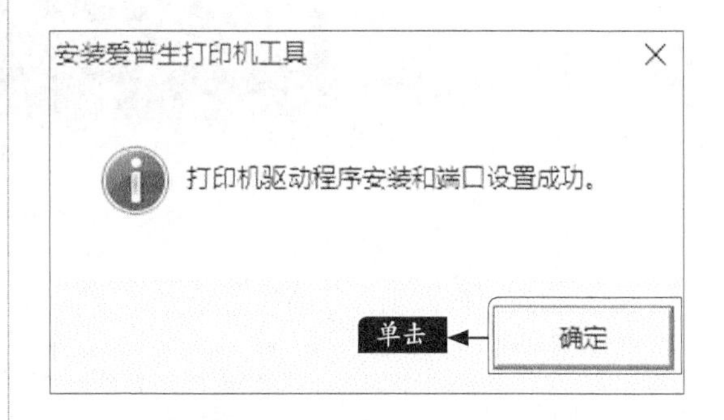

小提示

不同的打印机安装驱动程序也不尽相同，但方法基本相似，在此不一一赘述。如果附带的驱动光盘丢失或者电脑没有带光驱，可以从官方中的服务支持页面中下载。

8.3 使用第三方软件管理驱动程序

本节教学录像时间：5 分钟

驱动精灵、360驱动大师、驱动人生等驱动管理软件，具有使用方便、智能匹配驱动、安装与备份驱动的特点，本节以“驱动精灵”为例，介绍驱动管理软件的使用方法。

8.3.1 检测电脑硬件驱动

通过驱动管理软件，可以快速检测电脑当前驱动安装情况，具体操作方法如下。

步骤 01 进入驱动人生官网，进入驱动人生下载页面，选择要下载的驱动程序版本，并安装到电脑中。

步骤 02 启动驱动人生软件，单击【立即检测】按钮。

步骤03 即可开始检测电脑中存在的驱动问题，如下图所示。

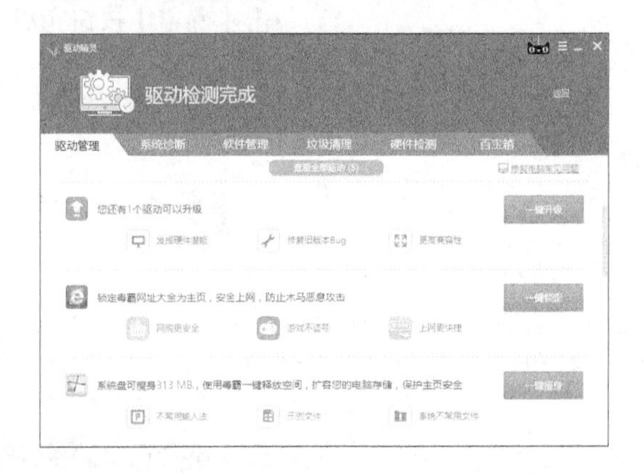

8.3.2 安装与更新驱动程序

使用驱动精灵安装驱动程序的方法很简单，其具体操作步骤如下。

步骤01 启动驱动精灵，单击【驱动程序】选项，程序会自动检查驱动程序并显示需要安装或更新的驱动，勾选要安装的驱动，单击【一键安装】

步骤02 系统会自动进入下载与安装，待安装完毕后，会提示“本机驱动均已安装完成”，驱动安装后关闭软件界面即可。

如果有驱动有升级提示，则可单击驱动程序后面的【升级】按钮进行升级和更新。

8.3.3 备份和还原驱动程序

使用驱动精灵可以将当前电脑中的驱动程序进行备份，在驱动程序出现故障或系统重装时，将其直接还原，不需要再次下载和安装。

1.备份驱动程序

备份驱动程序的具体操作步骤如下。

步骤 01 启动驱动精灵，单击【百宝箱】选项卡下载【驱动备份】图标。

步骤 02 勾选需要备份的驱动，单击【一键备份】按钮。

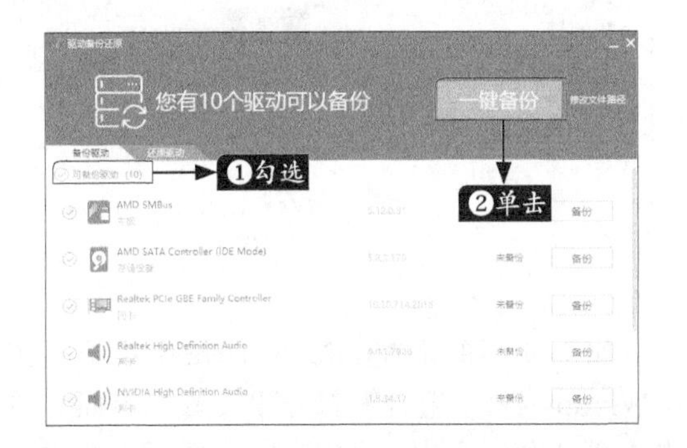

小提示

为防止系统重装，无法使用驱动精灵还原，建议单击【修改文件路径】链接，修改为一个方便查找的磁盘位置，在使用时可直接打开。

步骤 03 此时，驱动精灵则开始备份驱动程序，如下图所示。

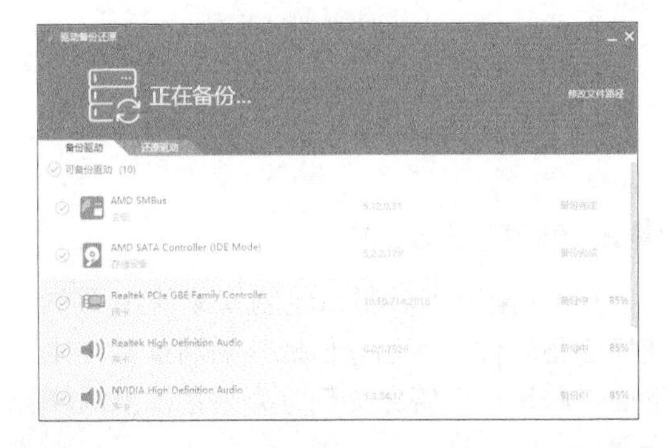

步骤 04 显示“备份完成”字样，则表示备份完成。

2.还原驱动程序

还原驱动程序的具体操作步骤如下。

步骤 01 启动驱动精灵，单击【百宝箱】选项卡下载【驱动还原】图标。

步骤 02 勾选要还原的驱动程序，单击【一键还原】按钮即可还原驱动程序。

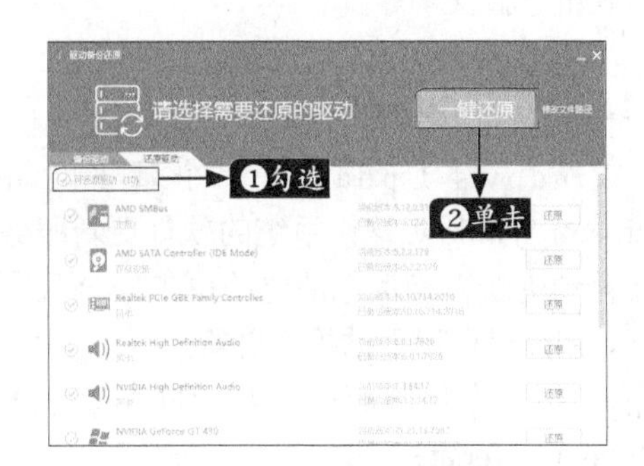

如果已备份驱动程序，因为操作系统重装，无法使用驱动精灵还原，则可进入备份程序的路径，选中“dgsetup.exe”文件，双击安装驱动精灵，使用上述方法还原即可。

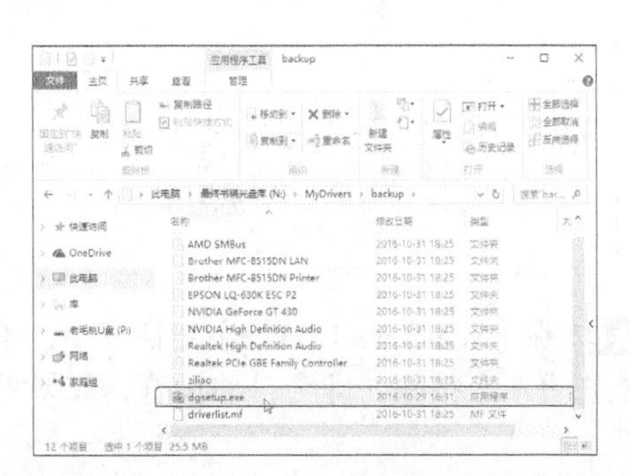

8.4 修补系统漏洞

本节教学录像时间：3 分钟

Windows系统漏洞问题是与时间紧密相关的。一个Windows系统从发布的那一天起，随着用户的深入使用，系统中存在的漏洞会被不断暴露出来，这些早先被发现的漏洞也会不断被系统供应商微软公司发布的补丁软件修补，或在以后发布的新版系统中得以纠正。而在新版系统纠正了旧版本中具有的漏洞的同时，也会引入一些新的漏洞和错误。

例如目前比较流行的ani鼠标漏洞，它是利用了Windows系统对鼠标图标处理的缺陷，由此木马作者制造畸形图标文件从而溢出，木马就可以在用户毫不知情的情况下执行恶意代码。

因而随着时间的推移，旧的系统漏洞会不断消失，新的系统漏洞会不断出现，系统漏洞问题也会长期存在，这就是为什么要及时为系统打补丁的原因。

修复系统漏洞除了可以使用Windows系统自带的Windows Update的更新功能外，也可以使用第三方工具修复系统漏洞，如360安全卫士、腾讯电脑管家等。

1. 使用Windows Update

Windows Update是一个基于网络的Microsoft Windows操作系统的软件更新服务，它会自动更新，确保您的电脑更加安全且顺畅运行。用户也可以手动检查更新。

步骤 01 打开【控制面板】对话框，单击选择【Windows Update】选项。

步骤 02 在【Windows Update】对话框中，单击【检查更新】按钮，即会自动检查，如果更新会自动下载并安装。

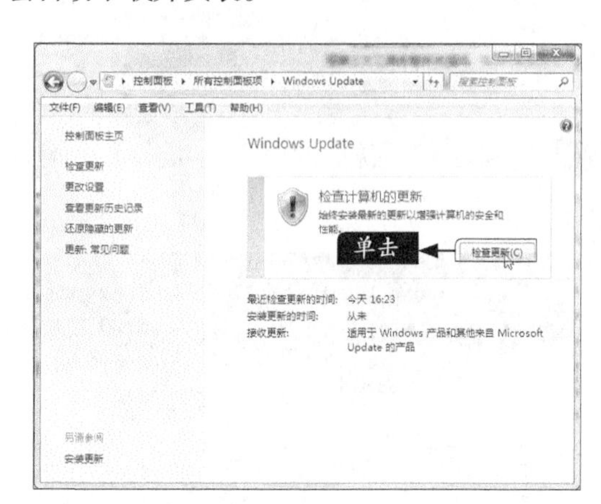

如果使用的是Windows 10操作系统，按【Windows+I】组合键打开【设置】界面，单击【更新和安全】➤【Windows更新】选项，即可检查并更新。

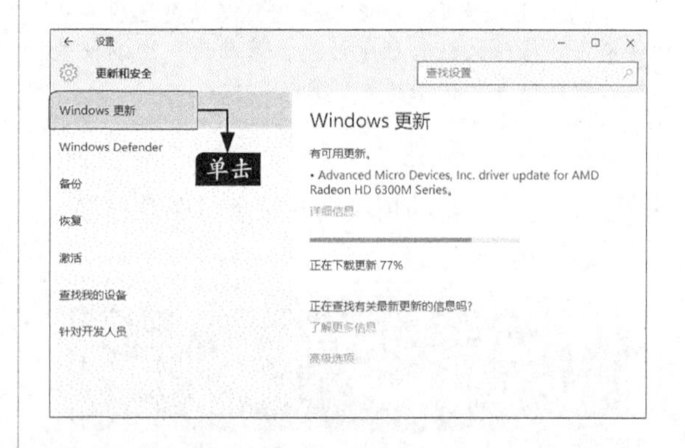

2. 使用第三方工具

360安全卫士和腾讯电脑管家使用简单，装机必备软件，使用它们修补漏洞及其方便，下面以腾讯电脑管家为例，介绍系统漏洞修补步骤。

步骤 01 下载并安装腾讯电脑管家，启动软件，在软件主界面，单击【修复漏洞】选项。

步骤02 软件会自动扫描并显示电脑中的漏洞，勾选要修复的漏洞，单击【一键修复】按钮。

步骤03 此时，即可下载选中的漏洞补丁。

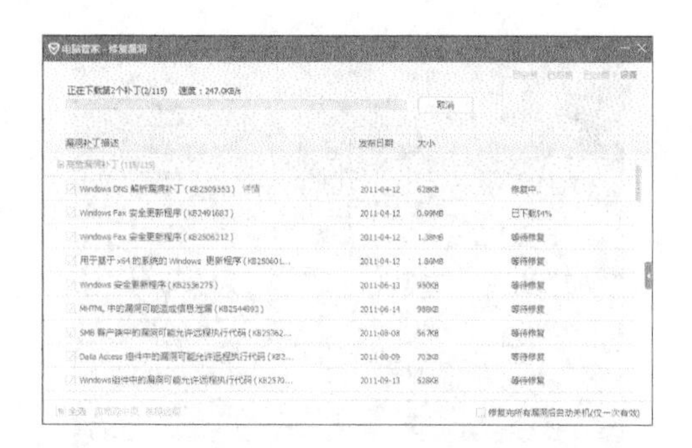

步骤04 在系统补丁下载完毕后，即可自动进行安装补丁。在漏洞补丁安装完成后，将提示成功修复全部漏统信息。

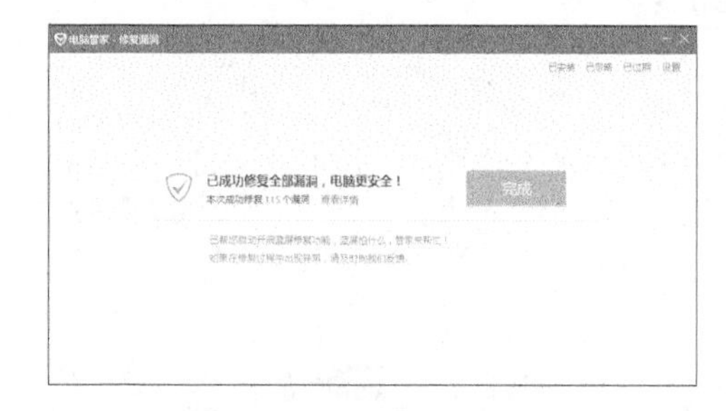

高手支招

本节教学录像时间：3 分钟

解决系统安装后无网卡驱动的问题

用户在安装系统完成后，有时会发现网卡驱动无法安装上，桌面右下角的【网络】有个“红叉”，有的也尝试使用万能网卡驱动并未能解决问题，此时用户可以采用下面的方法寻求解决。

在另外一台可以上网的电脑上，下载一个万能网卡版的驱动精灵或者驱动人生。然后使用U盘复制并安装到不能上网的电脑上，由于其内置普通网卡驱动和无线网卡驱动，可以在安装时解决网卡驱动问题。

安装外部设备驱动后导致注册表读取错误

在对一台计算机安装一些外部设备驱动后，在进入系统桌面时，系统会提示注册表读取错误，需要重新启动计算机修复该错误。由于是系统提示注册表读取错误，因而用户可先从注册表的修复下手，如在安全模式下禁用外部设备驱动启动项。

在安全模式下用户可以轻松地修复系统的一些错误，起到事半功倍的效果。安全模式的工作原理是在不加载第三方设备驱动程序的情况下启动计算机，使计算机在系统最小模式下运行，这样用户就可以方便地检测与修复计算机系统的错误。

具体的操作步骤如下。

步骤01 重新启动计算机，并按【F8】功能键进入【Windows 高级选项菜单】界面，然后选择【安全模式】选项，按【Enter】键进入系统的安全模式。

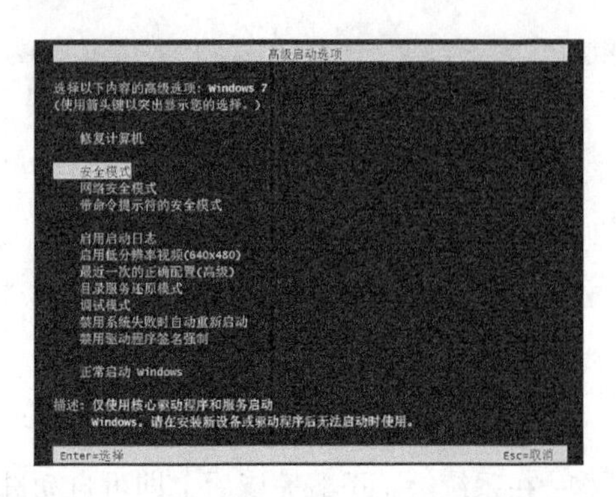

步骤02 单击【开始】按钮，在弹出的【开始】菜单中选择【所有程序】➤【附件】➤【运行】菜单项。

步骤03 弹出【运行】对话框，在【打开】文本框中输入“msconfig”。

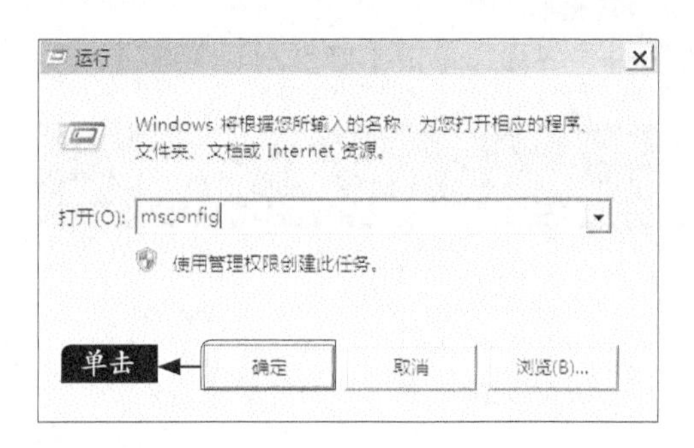

步骤04 单击【确定】按钮，打开【系统配置】对话框，选择【启动】选项卡，取消列表中的所有复选框，即禁用所有启动项。

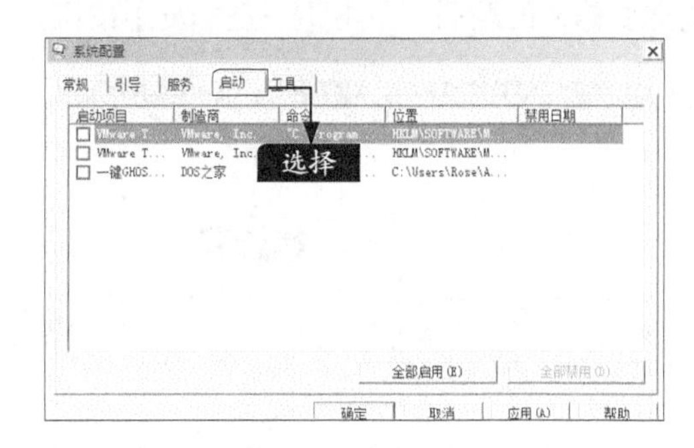

步骤05 单击【确定】按钮，打开信息提示对话框，单击【重新启动】按钮，计算机将重新启动，并开始修复注册表。

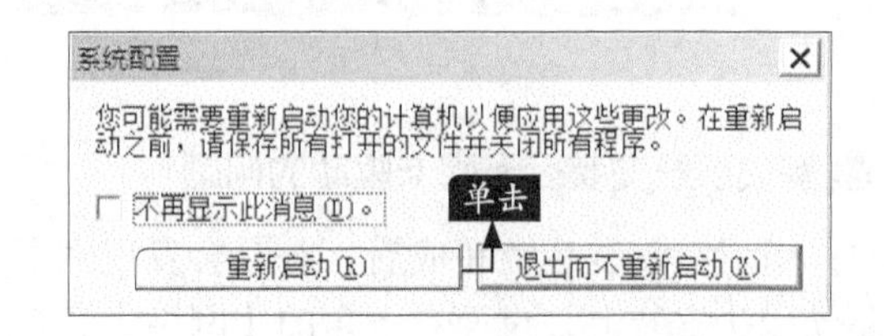

第9章

电脑性能的检测

学习目标

电脑组装并调试完成后，用户可以对新买的电脑进行性能测试，如对CPU、显卡、内存等进行测试，分析电脑的性能，简单地判断电脑能否满足使用需求。本章主要介绍通过专业检测软件测试电脑性能的方法，以帮助用户了解自己的电脑。

9.1 电脑性能检测的基本方法

本节教学录像时间：5 分钟

在对电脑性能测试，一般可以通过运行常用软件，来检测电脑有没有什么问题，以简单判断电脑的性能是否满足使用需求，测试的方法主要分为：游戏性能测试、播放电影测试、图片处理测试、文件复制测试、压缩测试及网络性能测试等，本节主要介绍电脑性能测试的基本方法。

1.游戏性能测试

在电脑使用中，有不少用户是用来玩游戏的，而游戏可以说是对电脑性能的综合测试，包括对CPU、内存、显卡、主板、显示器、键盘鼠标、音箱等的测试，因此，判断电脑性能是否强劲，可以通过游戏进行测试。为了更好地测试其性能，可以选择一些常见的游戏进行测试，如极品飞车、使命召唤、刺客信条、孤岛危机、英雄联盟、魔兽世界等。游戏性能方面的测试主要以Fraps为主，这个软件主要用于游戏运行过程中的实时帧速测试，并可以记录测试过程中的平均、最高以及最低帧速，帮助用户考量本身配置的性能。如下面即是极品飞车的游戏画面及帧数，界面左上角测试显示30帧，通过运行和试玩游戏，观察和体验游戏的安装速度、游戏运行速度、游戏画质、游戏音质及是否有掉帧的现象。

当然，不同配置的电脑可以选择不同的游戏进行测试，配置高的可以选择一些大型游戏测试，配置低一些的可以选择中小型游戏测试。

在游戏测试时，用户可以更改显示器设置、显卡设置、BIOS设置、系统设置、游戏设置来感受不同设置条件下的表现。例如，改变显示器的亮度和对比度、改变游戏的分辨率、改变显卡的频率、改变内存的延时、改变CPU频率、改变系统硬件加速比例、改变系统缓存设置等。不过，需要注意的是，在测试以前最好把所有的补丁程序安装齐全，改变设置测试完成以后要把设置改回来（或者改到最佳状态）。当然，如果有条件的朋友可以和配置相近的电脑对比一下，感受电脑的性能。如下图，即为游戏的设置界面。

2.视频播放测试

如今，视频的清晰度及容量都变得更高，对电脑的硬件解码能力要求更高，因此，建议选择自己常用的播放器和比较熟悉的电影，和其他电脑对比，来测试其性能。

在视频播放测试时，要注意播放有没有异常、画面的鲜艳程度、调整显示器亮度后的画面变化情况、电影画面的清晰程度等。如下图所示，使用迅雷影音播放器，测试电影的播放性能的画面。

3.图片处理能力测试

如果使用测试电脑的图片处理能力，可以使用常用的图形处理软件测试， 如Photoshop、

AutoCAD、3ds MAX、Dreamweaver等，通过运行这些软件，测试打开图片文件、编辑图片等测试电脑的处理速度及画面显示情况。如下图即为Photoshop打开图片的画面。

4.文件复制测试

文件复制主要用于测试系统和硬盘的传输能力，建议选择一些体积较大的文件，跨分区复制，通过它的复制速度检测电脑的传输性能。如下图即为从电脑向U盘复制文件的进度图。

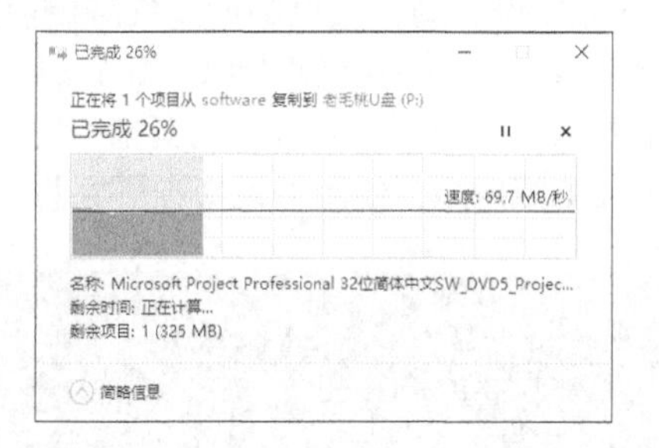

5.网络性能测试

网络性能测试主要测试网络连接是否正常，网速连接速度的情况。用户可以通过软件或者在线测试的方法进行测试，如下图即为使用360安全卫士进行的测试图。

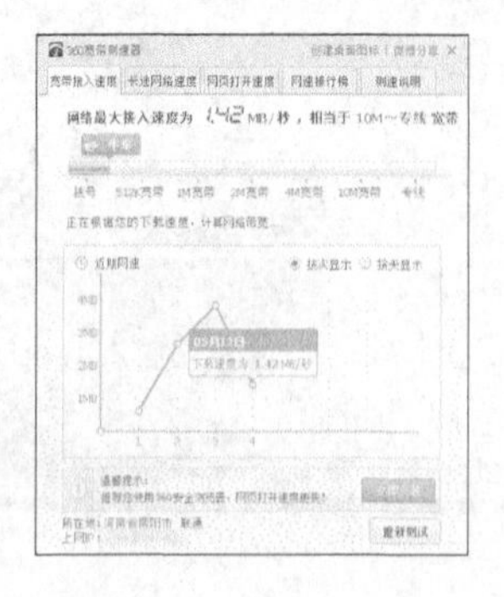

除了，上述5种方法外，用户可以使用一些专业测试软件，如鲁大师、AIDA64、3DMark等，本章具体介绍这些软件的使用方法。

9.2 查看电脑的基本配置

本节教学录像时间：7 分钟

在使用电脑时，电脑的配置是用户较为关心的问题，即有助于了解电脑的整体情况，也有助于以后对电脑硬件升级作为参考，本节就介绍几种常用的查看电脑配置的方法。

9.2.1 通过系统属性界面查看

查看系统属性界面，是一种查看配置较为简单的方法，可以对电脑有个基本的了解。

按【Windows+Pause Break】组合键，打开【系统】窗口，即可看到处理器、内存及系统等一些信息，如下图所示。

9.2.2 通过设备管理器查看

设备管理器提供计算机上所安装硬件的图形视图，可以查看和更改设备属性、更新设备驱动程序、配置设备设置和卸载设备等，因此，用户也可以看通过设备管理器查看各硬件信息，具体操作步骤如下。

步骤 01 按【Windows+R】组合键，打开【运行】对话框，在文本框中输入“devmgmt.msc”，单击【确定】按钮。

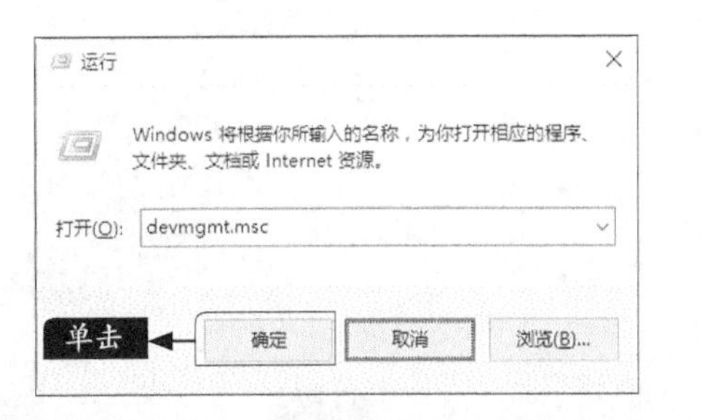

步骤 02 即可打开【设备管理器】窗口，如下图所示。

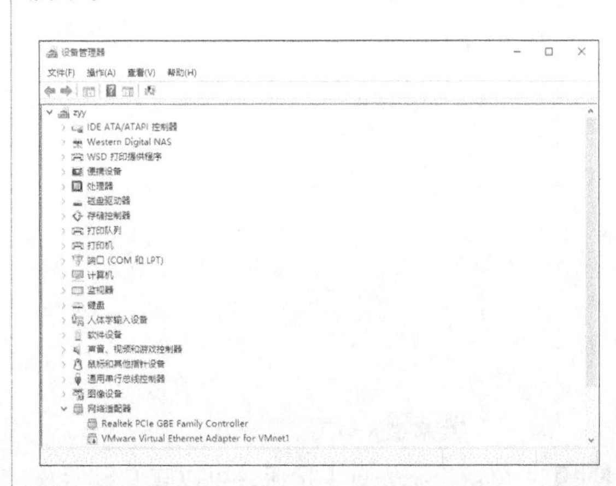

小提示

可以在【系统】窗口，单击【设备管理器】链接，打开【设备管理器】窗口。

步骤03 单击设备名称前的【展开】按钮 ›，即可查看详细的硬件信息，如查看处理器信息。

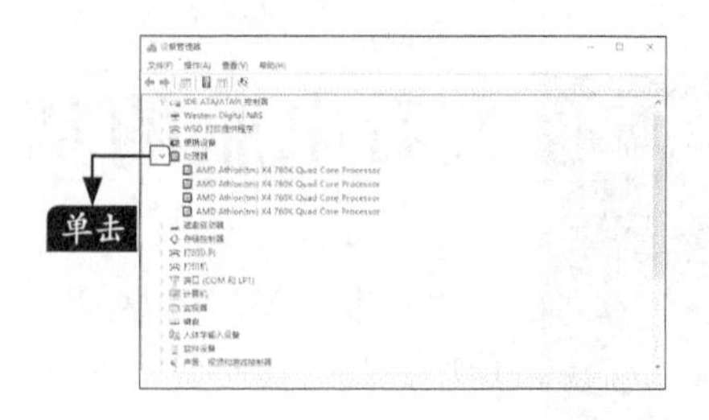

步骤04 使用同样方法，可以查看便携设备、磁盘、打印机等。

9.2.3 使用DirectX诊断工具查看

DirectX是Windows操作系统集成的诊断工具，用于加强Windows 3D图形和声效的优化工具，旨在让Windows成为运行和显示具有丰富多媒体元素的应用程序的系统平台。通过DirectX诊断工具可以查看处理器、BIOS、内存、显卡及声卡等信息，具体操作步骤如下。

步骤01 按【Windows+R】组合键，打开【运行】对话框，输入“dxdiag”，按【Enter】键。

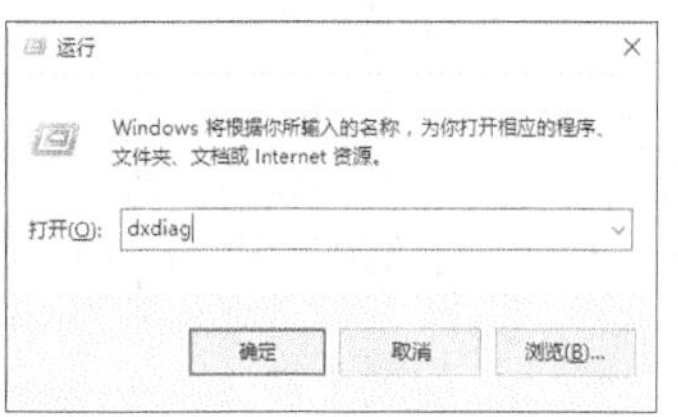

步骤02 弹出提示框，单击【是】按钮。

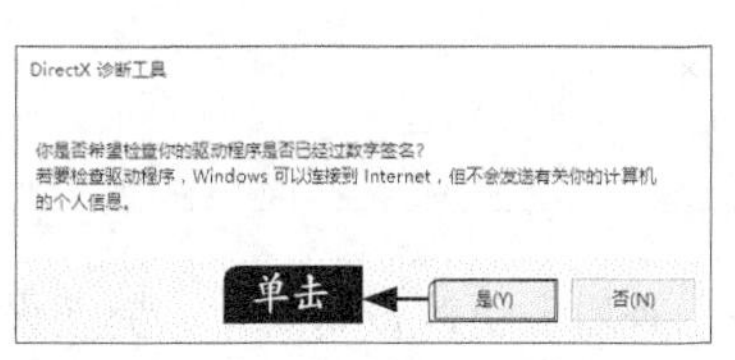

步骤03 弹出【DirectX诊断工具】对话框，即可看到该电脑的系统信息，其中包括BIOS、处理器及内存信息等。

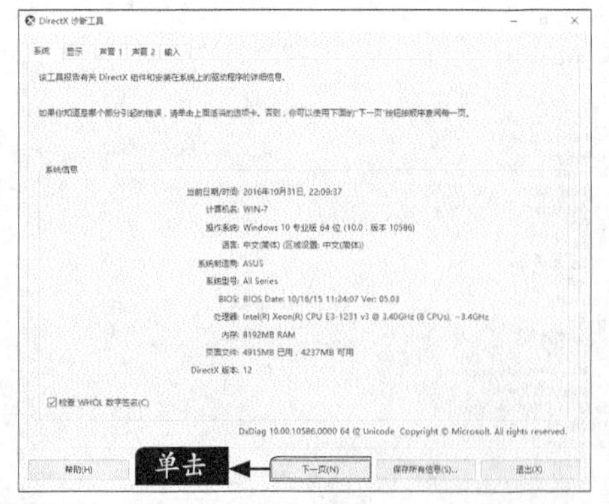

步骤04 单击【下一页】按钮，可以查看显卡及显示器等信息。

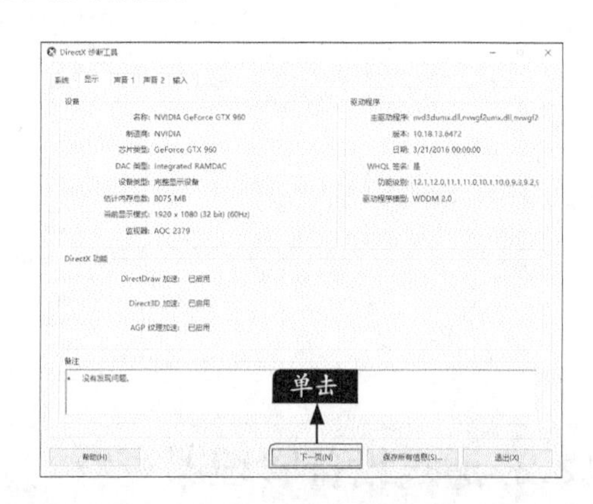

小提示

备注栏标注“没有发现问题”，并不表明驱动就没有问题。

步骤05 单击【下一页】按钮，可以查看声卡设备1的信息。

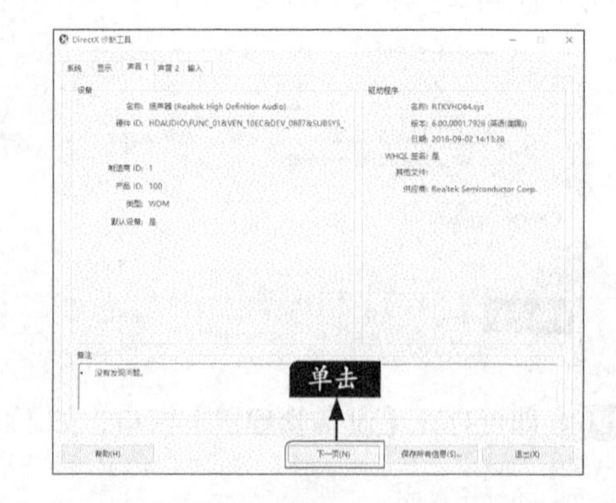

步骤06 再次单击【下一页】按钮，可以查看声卡设备2的信息。

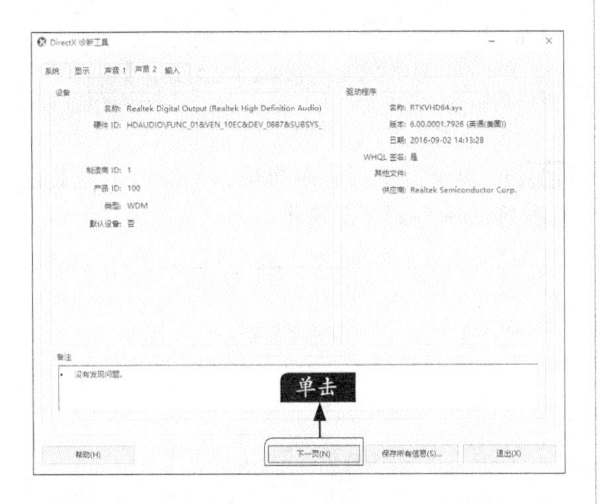

步骤07 单击【下一页】按钮，可以进入【输入】页面，可以查看输入设备的连接情况，如鼠标和键盘。

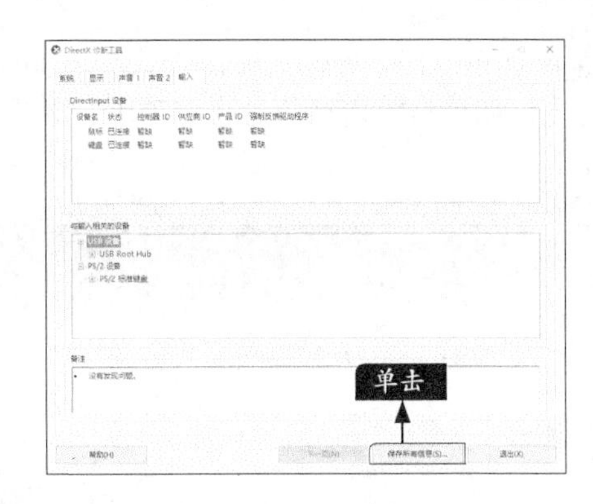

步骤08 单击【保存所有信息】按钮，可以保存驱动的详细信息，在打开的【另存为】对话框中，选择保存路径，单击【保存】按钮即可。

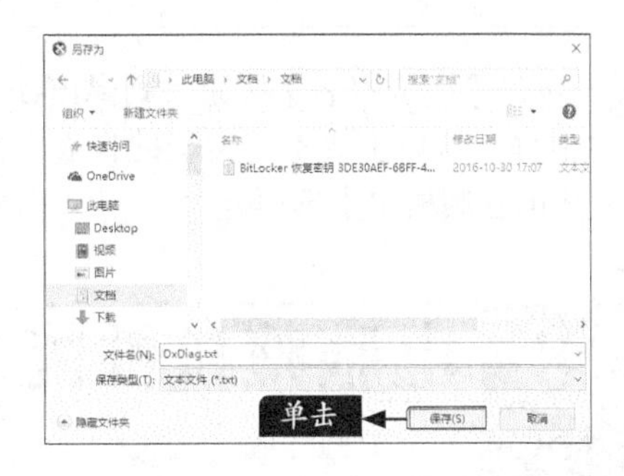

9.2.4 使用鲁大师查看

鲁大师拥有简单的硬件检测，不仅超级准确，可以向用户提供中文厂商信息，让你的电脑配置一目了然。下面介绍使用鲁大师查看配置信息的方法。

步骤01 下载并安装“鲁大师”软件，并运行该软件，进入主界面。

> **小提示**
>
> 如果电脑中安装有360安全卫士，可以在【功能大全】➤【系统工具】中添加鲁大师的组件，则无需再单独下载与安装。

步骤02 单击【硬件检测】图标，首次启用鲁大师，会分析电脑的配置信息。

步骤03 片刻后，会显示出检测硬件的信息，如下图所示。

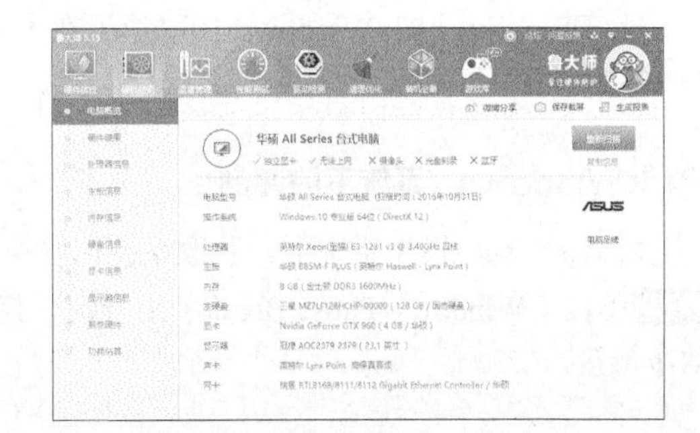

步骤04 如单击任一硬件选项，会显示详细的信息情况，如单击【内存信息】选项卡，显示内容如下。

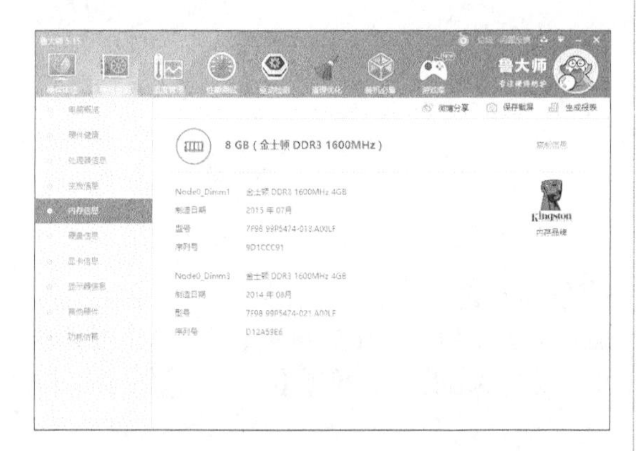

步骤05 单击【生成报表】按钮，则弹出如下图所示对话框，可以生成不同类型的报表，如选择【生成电脑装机单】选项。

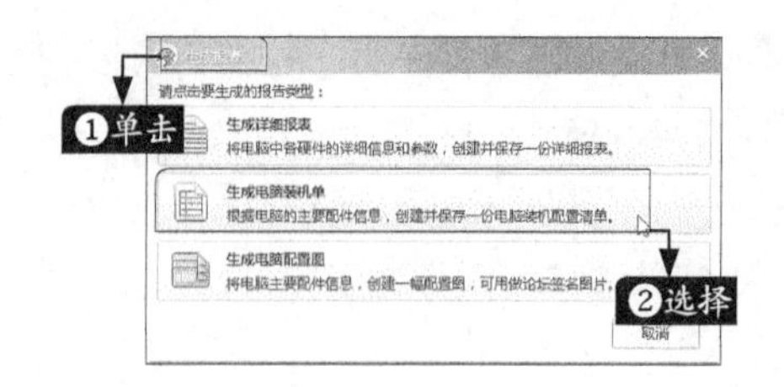

步骤06 根据提示保存装机单，并通过浏览器查看配置清单，如下图所示。

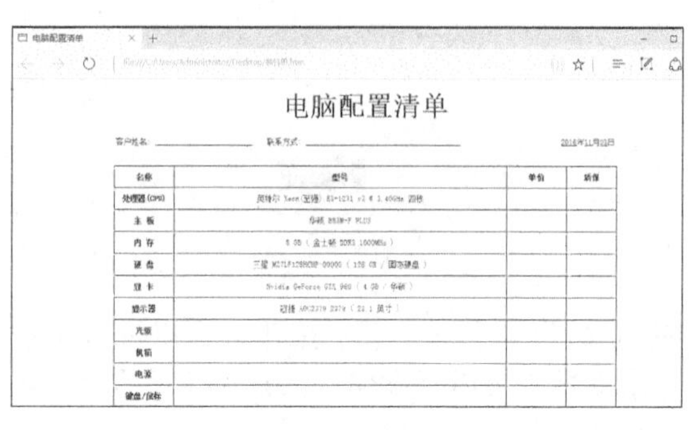

9.3 电脑整机性能评测

本节教学录像时间：24 分钟

了解了电脑性能检测和查看硬件配置信息的方法后，本节介绍使用专业软件测试电脑整机的性能及综合评分情况。

9.3.1 使用系统体验指数评分

Windows体验指数测量计算机硬件和软件配置的功能，并将此测量结果表示为称作基础分数的一个数字，这些评测的对象包括但不限于CPU、内存、主磁盘驱动器、显示卡等硬件设备，分数范围从1.0到7.9（Windows 8\10为9.9），每一个评测的硬件都有一个子分数，Windows体验指数的总评分取决于最低的子分数数值，并不是所有硬件的平均分，数值越高表示该硬件在Windows中的表现越好，Windows体验指数是根据Windows系统在硬件环境中运行的效率及性能来评测的，而并非检测系统程序本身，所以有可能体验指数很高，但实际上系统运行速度非常慢，也就是说Windows体验指数注重考核电脑硬件设备。

由于Windows 8和Windows 10取消了在【系统】桌面的显示，但依然支持该功能，其方法也与Windows 7不同，下面分别介绍其评测方法。

1.Windows 7系统下的评测

在Windows 7操作系统下，获取系统体验指数评分的方法如下。

步骤01 按【Windows+Pause Break】组合键，打开【系统】窗口，单击【要求刷新Windows体验指数】链接。

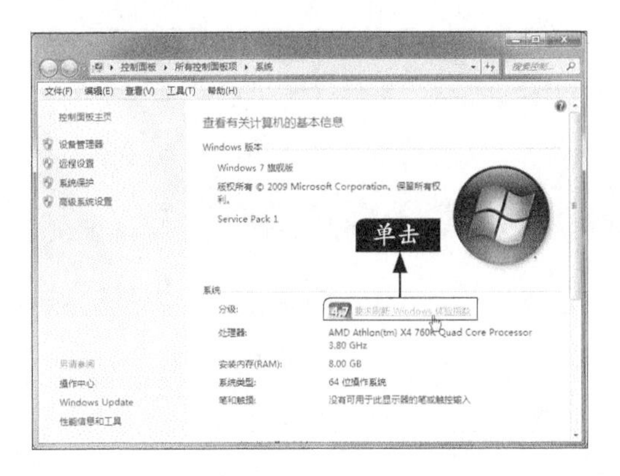

步骤02 打开【性能信息和工具】窗口，单击【立即刷新】按钮。

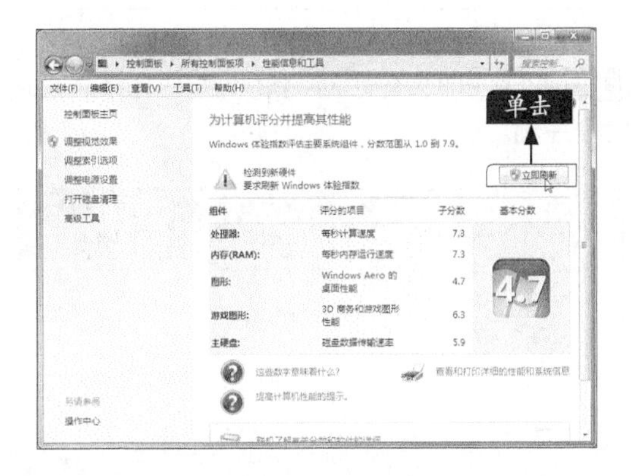

步骤03 弹出【Windows体验指数】对话框，并显示评估进程，如下图所示。

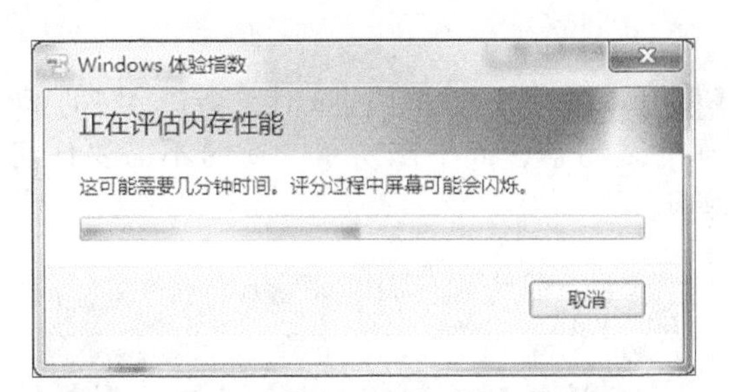

步骤04 检查完毕后即可查看处理器、内存、图形、游戏图形及主硬盘的评分情况。

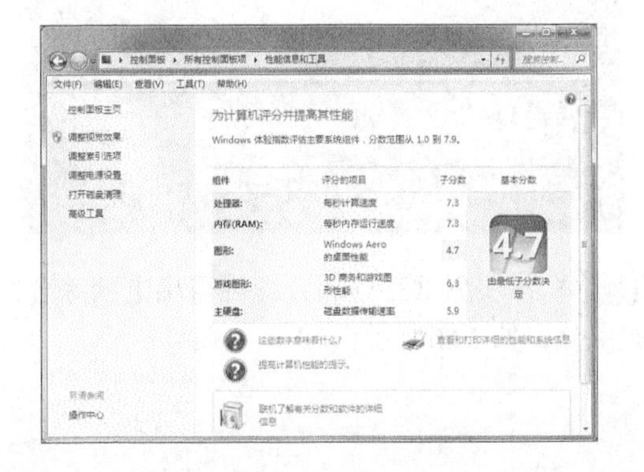

2.Windows 10系统下的评测

下面以Windows 10操作系统为例，获取体验指数评分的操作步骤如下。

步骤01 按【Windows+R】组合键，打开【运行】对话框，输入“cmd”，并按【Enter】键。

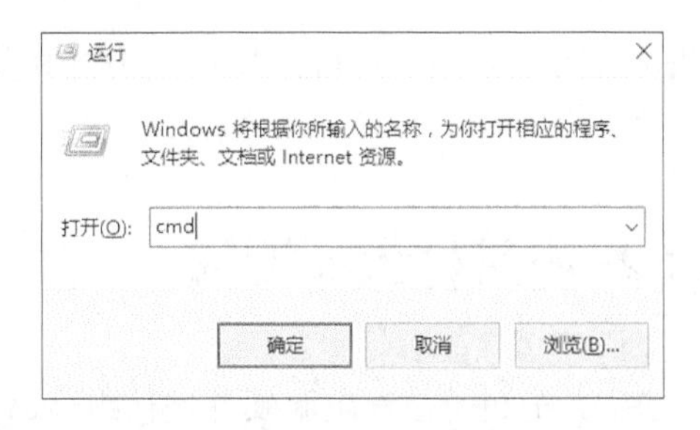

步骤02 打开命令对话框，输入“winsat formal”并按【Enter】键。

步骤03 即可调用并运行Windows系统评估工具，此时耐心等待测试。

步骤04 再次按【Windows+R】组合键，打开【运行】对话框，输入“shell:Games”，并按【Enter】键。

运行

Windows 将根据你所输入的名称，为你打开相应的程序、文件夹、文档或 Internet 资源。

打开(O): shell:Games

确定　取消　浏览(B)...

步骤05 弹出【游戏】窗口，即可看到当前电脑的评分，如下图为“7.8”。

9.3.2 使用鲁大师测试

鲁大师通过算法对电脑硬件进行跑分，可以一键了解处理器、显卡、内存及硬盘性能情况，并给出综合评分，是一种较为简单的测试方法。具体操作步骤如下。

步骤01 启动“鲁大师”软件，单击顶部的【性能测试】图标。

步骤02 进入“性能测试”页面，默认情况下勾选了“处理器性能”“显卡性能”“内存性能”及“磁盘性能”4个测试项，单击【开始评测】按钮。

步骤03 软件即会分别对测试项进行评估，此时稍等片刻。

步骤04 在对显卡性能测试时，会进入一个动画测试场景，如下图所示，此时不需要任何操作。

步骤05 各项测试完毕后，即可得出电脑综合性能得分，如下图所示。

步骤06 同时，用户还可以单击【综合性能排行榜】、【处理器排行榜】及【显卡排行榜】选项卡，查看各选项的排名情况，以帮助自己了解电脑的配置情况。如下图即为本机的处理器排名情况。

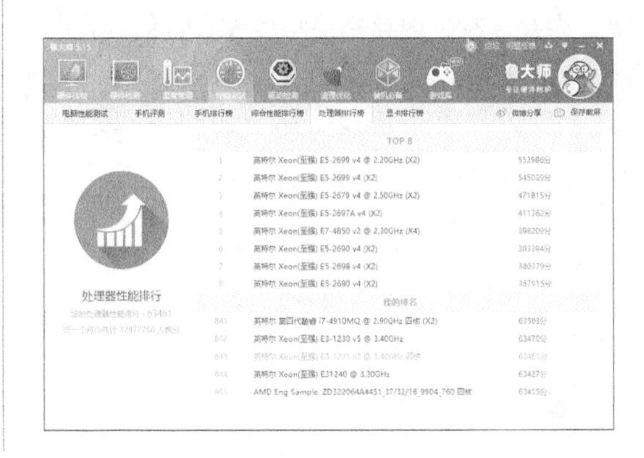

9.3.3 使用AIDA64测试

AIDA64是一款测试软硬件系统信息的工具，它可以详细的显示出PC的每一个方面的信息。AIDA64不仅提供了诸如协助超频、硬件侦错、压力测试和传感器监测等多种功能，而且还可以对处理器，系统内存和磁盘驱动器的性能进行全面评估。

本节以AIDA64 Extreme版为例，分别介绍检测硬件的详细信息、生成硬件报告、硬盘测试。

1.检测硬件的详细信息

使用AIDA64检测硬件详细信息的步骤如下。

步骤01 下载并安装AIDA64软件，启动该软件，即会对电脑设备扫描。

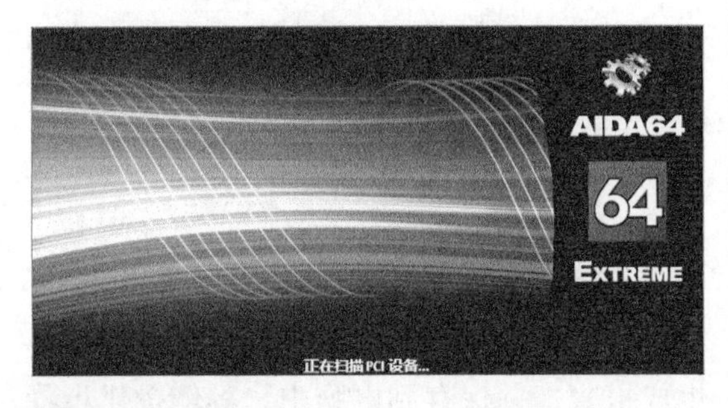

步骤02 扫描结束后，即可进入程序窗口，展开【计算机】选项，在子目录中选择【系统概述】选项，即可看到电脑的主要信息。

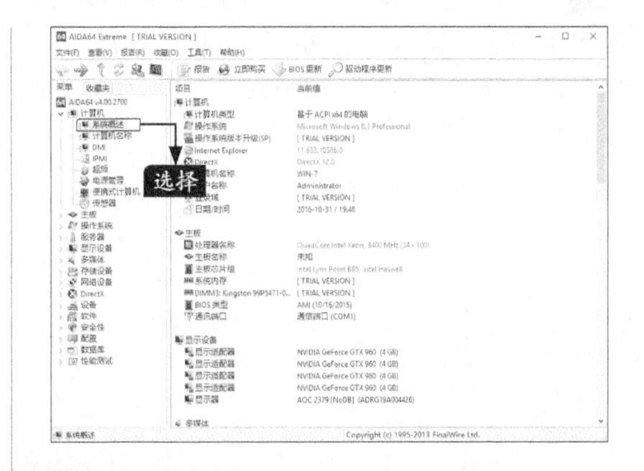

步骤03 例如，单击【传感器】子菜单，在右侧窗格中可以看到电脑的传感器、温度、冷却风扇及电压等参数信息。

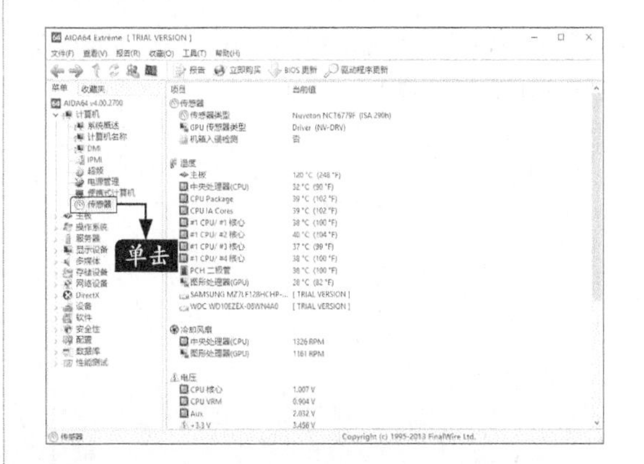

步骤04 单击【主板】下的【中央处理器（CPU）】子菜单，在右侧窗格中可以查看CPU。

步骤05 单击【主板】下的【SPD】（配置串行探测）子菜单，在右侧窗格中可以查看内存模块、内存计时、内存模块特性等参数信息。

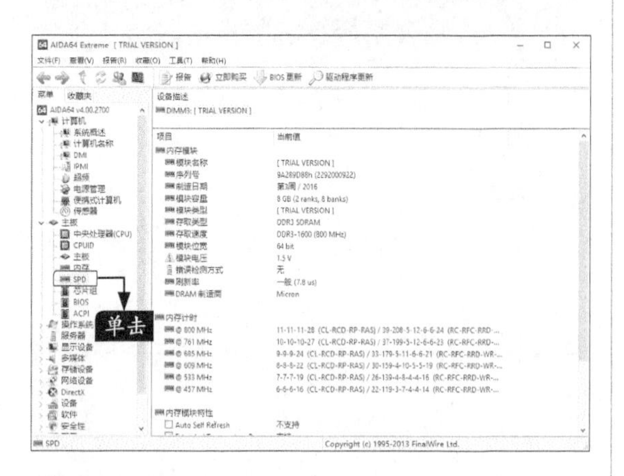

步骤06 单击【存储设备】下的【Windows存储】子菜单，显示了当期电脑主机上连接的存储设备，如单击选择一个硬盘，在下方窗格即可看到硬盘的详细信息。

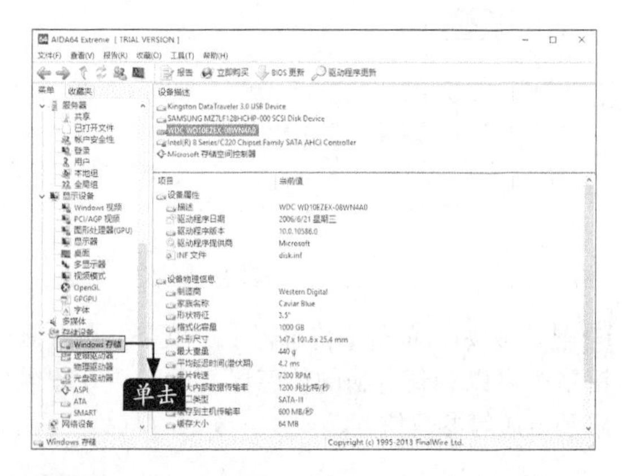

步骤07 单击【逻辑驱动器】菜单，还可以查看电脑的硬盘分区情况。

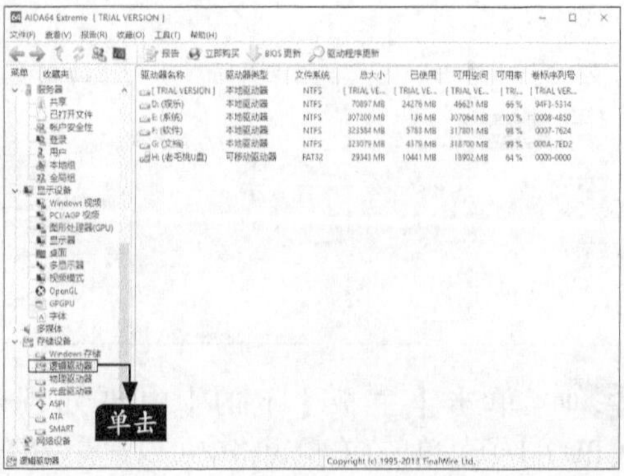

单击

步骤08 单击【性能测试】菜单，在右侧窗格中罗列了可测试项目，如单击【内存读取】项目。

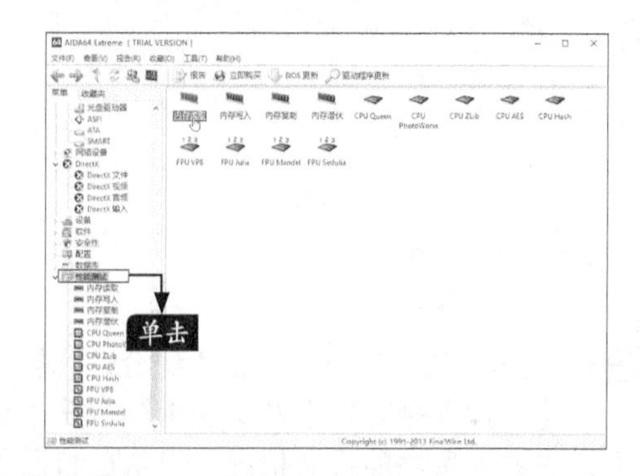

步骤09 窗口即可弹出性能测试对话框，如下图所示。

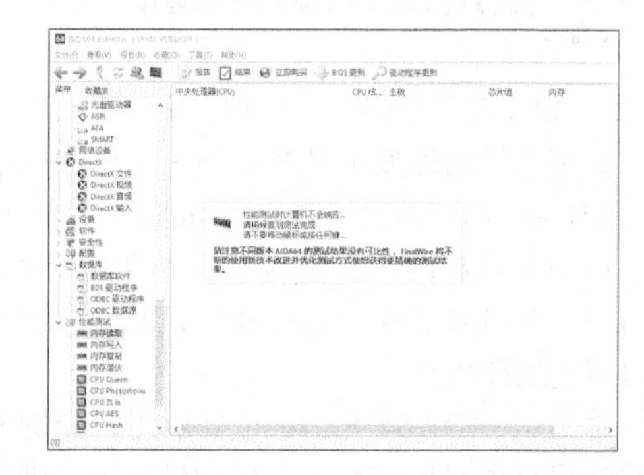

步骤10 测试完成后，即可在右侧窗格中查看与相关型号的CPU、主板及内存的对比情况，如下图所示。

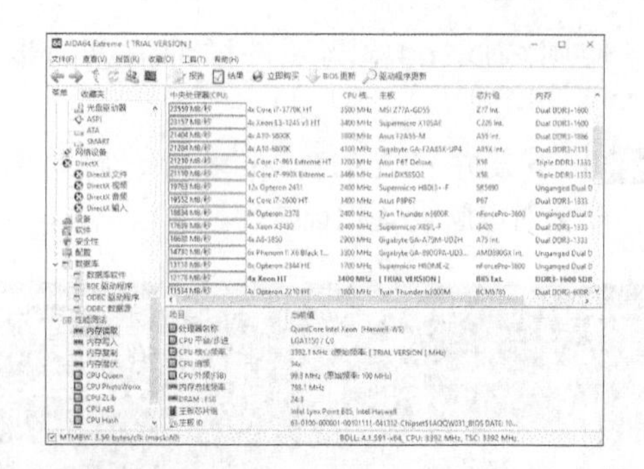

2.生成本地硬件报告

用户可以使用AIDA64将电脑的硬件参数生成报告，并保存到电脑中，具体操作步骤如下。

步骤01 在AIDA64界面中，单击工具栏中的【报告】按钮。

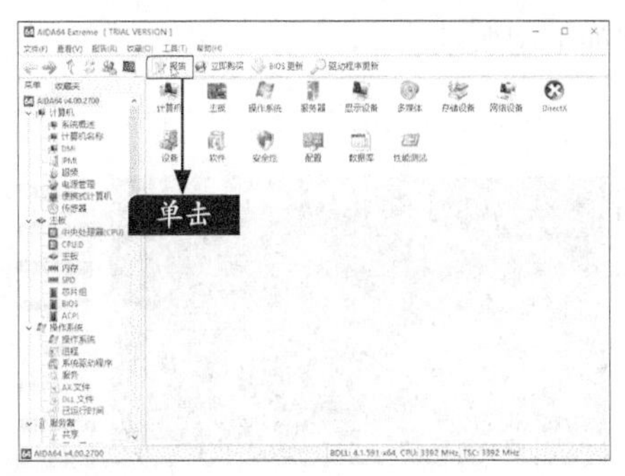

步骤02 弹出【本地报告-AIDA64】对话框，单击【下一步】按钮。

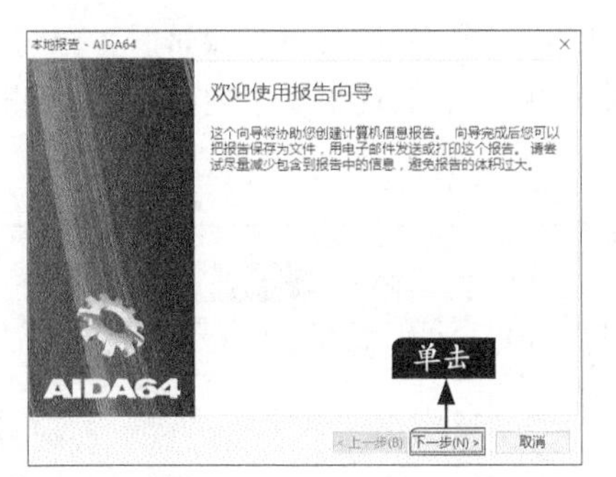

步骤03 进入【报告配置文件】界面，选择报告配置文件的内容，如这里选择“硬件相关内容”单选项，单击【下一步】按钮。

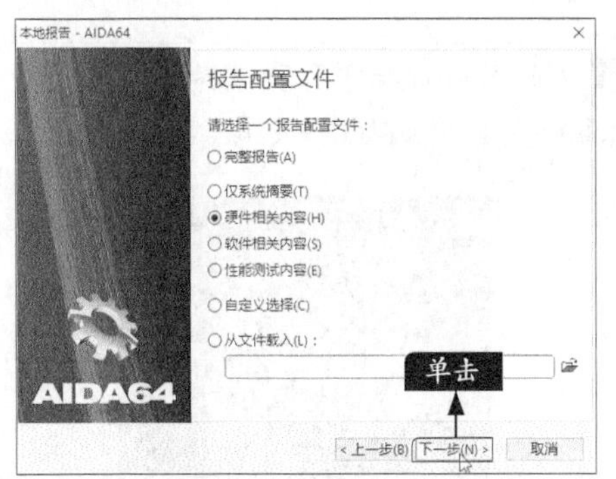

步骤04 进入【报告格式】界面，选择报告的格式，如这里选择“HTML”单选项，并单击【完成】按钮。

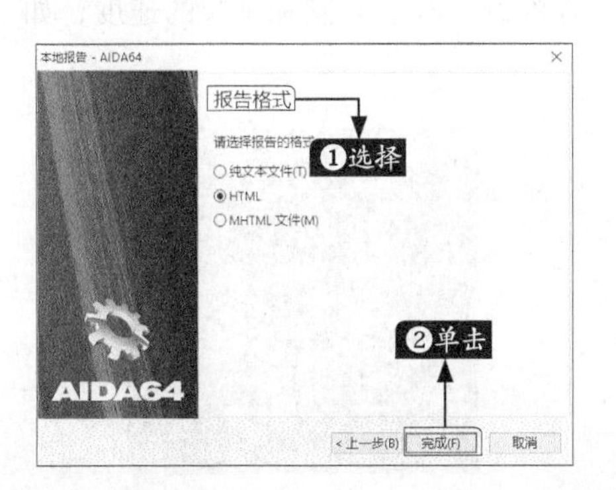

步骤05 弹出【报告-AIDA64】窗口，可以查看生成的报告文件内容，单击顶部的导航，也可以选择查看的内容。单击【保存为文件】按钮。

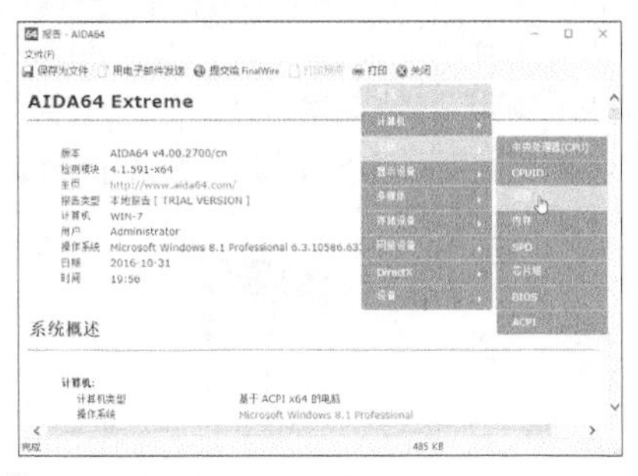

步骤06 弹出【保存报告】对话框，选择要保存的路径，并单击【保存】按钮。

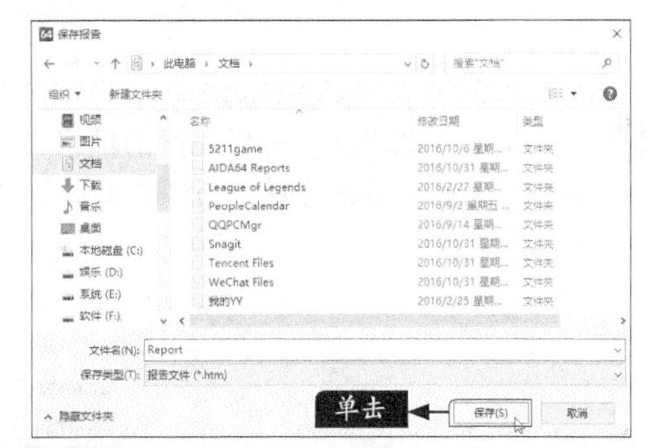

步骤07 弹出【成功】信息提示框，单击【确定】按钮。

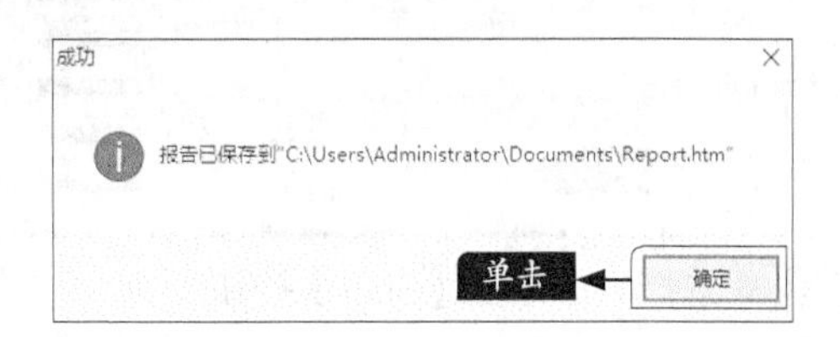

步骤08 打开报告文件的保存位置，双击报告文件，即可在浏览器中预览该报告，并可查看详细的信息。

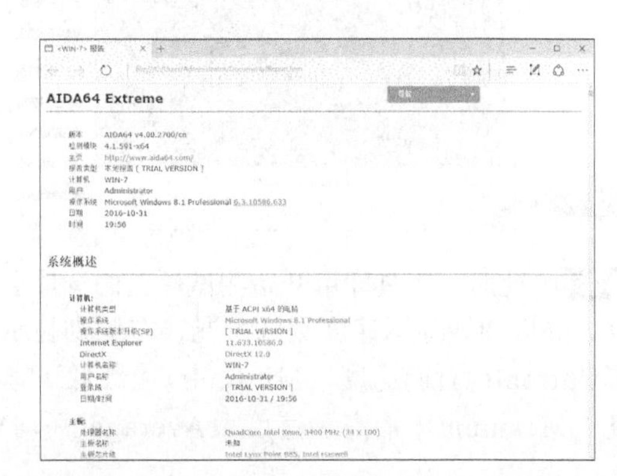

3.使用AIDA64测试硬件

AIDA64集合了多种测试工具，可以用来测试磁盘、内存、图形处理器、显示器等，下面介绍测试工具的使用方法。

（1）磁盘测试

磁盘测试的具体步骤如下。

步骤 01 单击【工具】➤【磁盘测试】命令。

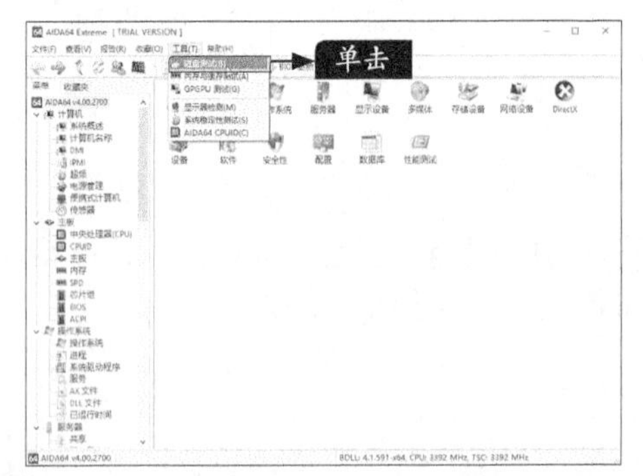

步骤 02 弹出如下图界面，选择测试的项目，如这里选择【Linera Read】(线性读取速度)，并选择测试的硬盘。

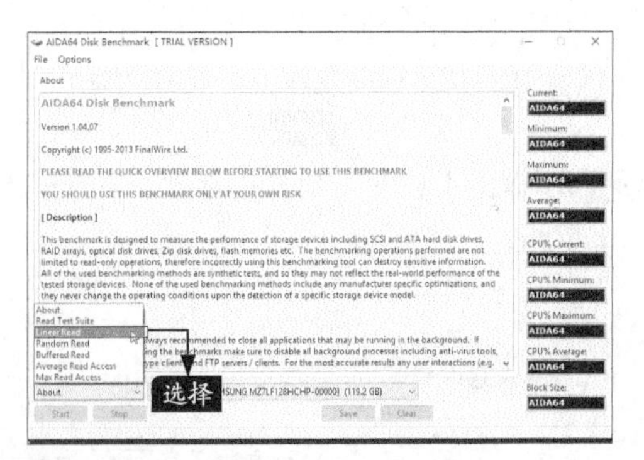

步骤 03 选择后，单击【Start】按钮。

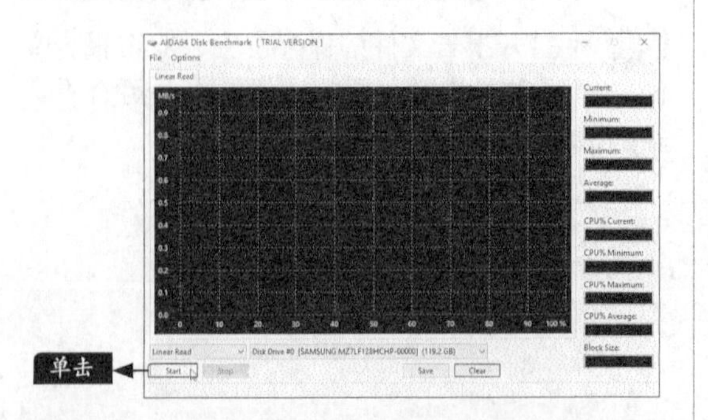

步骤 04 此时，工具即可开始测试硬盘的读取速度，并以曲线显示速度测试情况，右侧则显示了Current(当前)速度、Minimum（最低）速度、Maxmum（最高）速度及Average(平均)速度如下图所示。

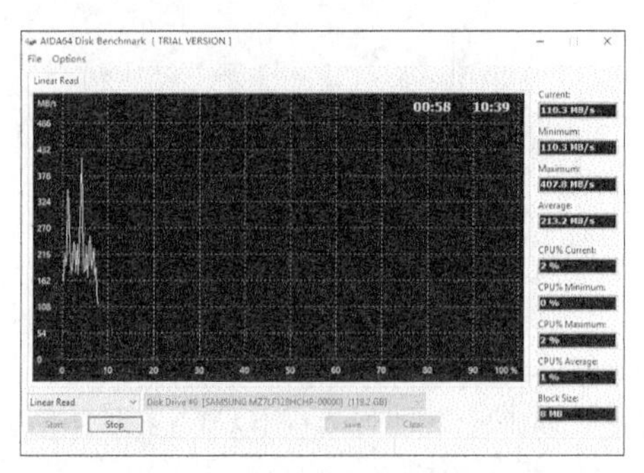

（2）内存与缓存测试

内存与缓存测试具体步骤如下。

步骤 01 单击【工具】➤【内存与缓存测试】命令。

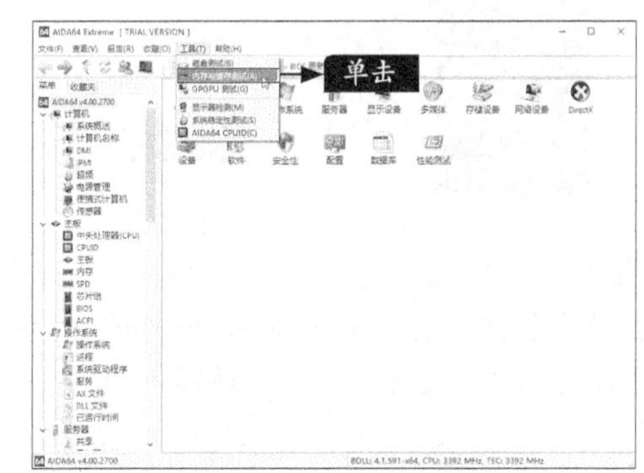

步骤 02 打开内存与缓存测试界面，单击【Start Benchmark】(开始基准)按钮。

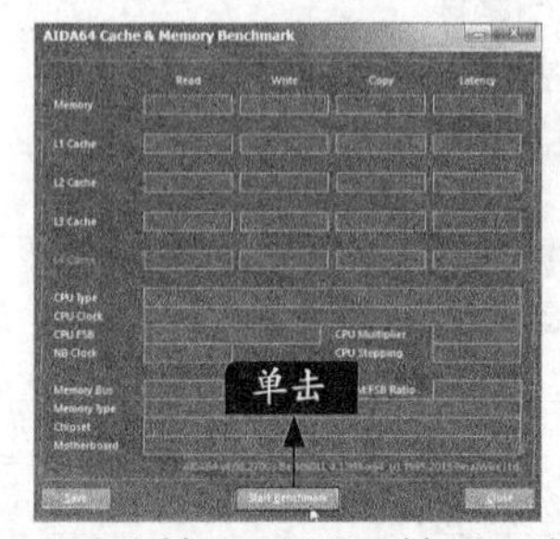

步骤 03 即可测试并显示测试结果，并显示内存及缓存的读、写、复制和延长的速度，如下图所示。

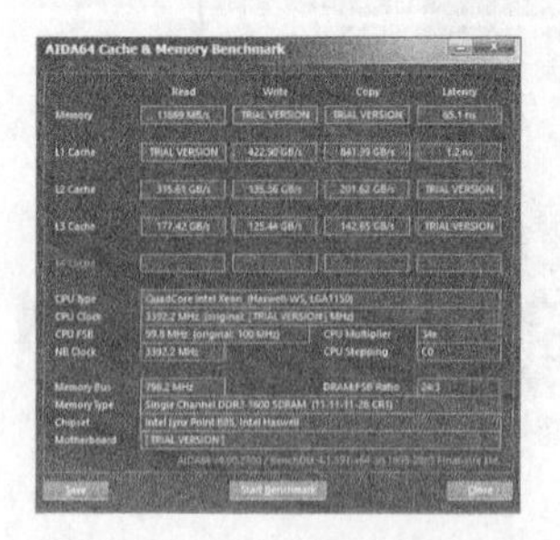

（3）图形处理器测试

GPGPU指通用计算图形处理器，其测试具体步骤如下。

步骤01 单击【工具】➤【GPGPU测试】命令。

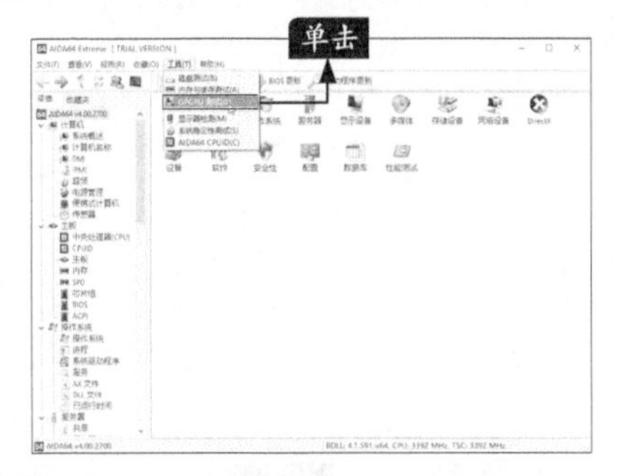

步骤02 弹出图形处理器基准窗口，默认勾选GPU和CPU复选框，单击【Start Benchmark】按钮。

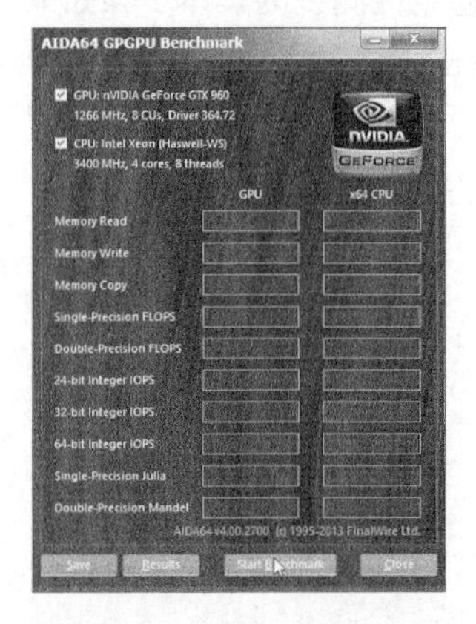

步骤03 即可测试并显示测试结果，并显示GPU和CPU在内存读、写、复制、单精度的浮点运算、双精度的浮点运算等信息，如下图所示。

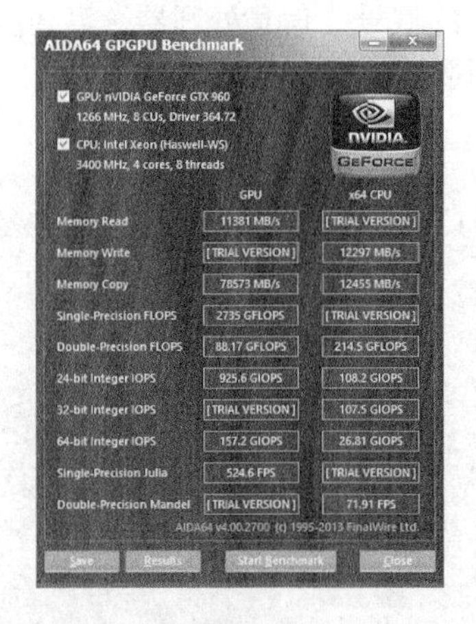

（4）显示器的检测

显示器的检测主要测试显示器是否有坏点、色彩是否正常等，其测试具体步骤如下。

步骤01 单击【工具】➤【显示器检测】命令。

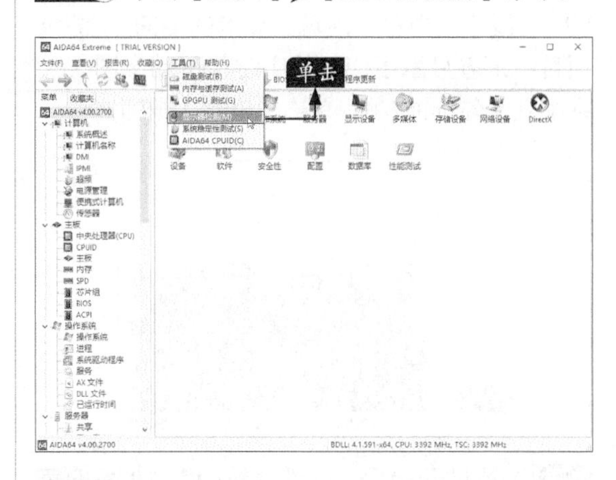

步骤02 在显示器检测对话框，单击【Select】（设置）➤【Tests for LCD Monitors】（测试液晶显示器）命令，并单击【Run Selected Tests】(运行选定的测试)按钮。

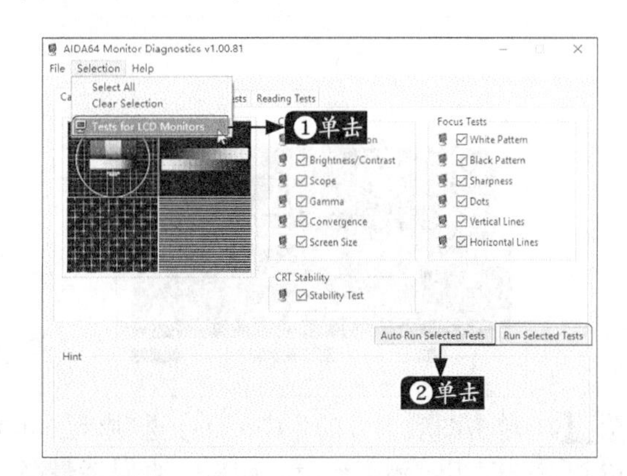

步骤03 弹出如下测试页，用户可观察测试情况，单击【close】按钮可停止测试。

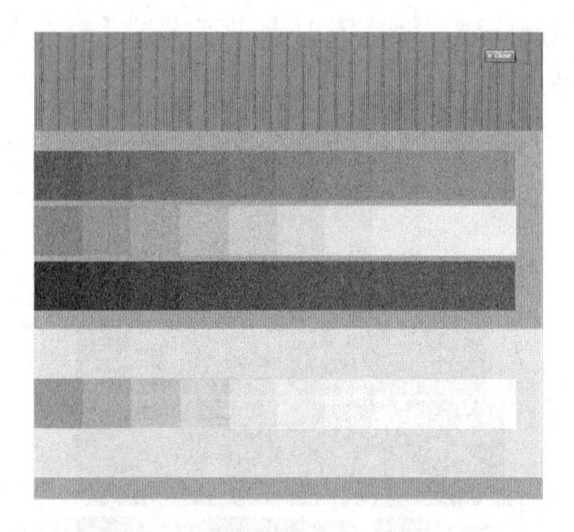

（5）系统稳定性测试

系统稳定性测试的具体步骤如下。

步骤01 单击【工具】➤【系统稳定性测试】命令，打开测试程序窗口，下方有整型、浮点FPU、缓存、内存、硬盘、显卡GPU的6个测试项目，下方显示了CPU的实时状况动态图表。系统默认勾选前4项，单击【Strat】按钮。

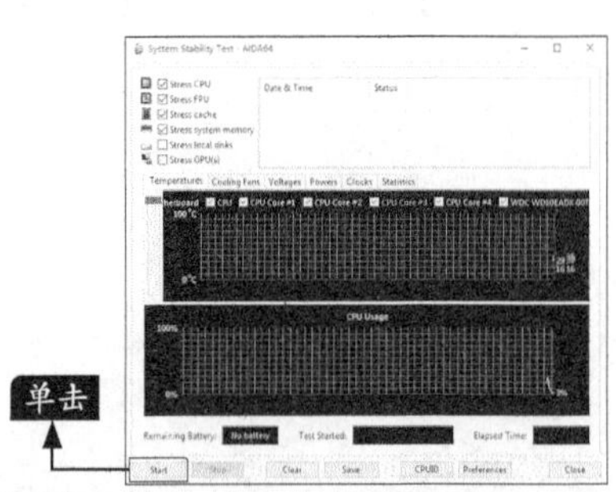

步骤02 测试开始后，软件会给CPU 100%的负载，持续若干分钟，若CPU温度能一直稳定在一个小范围，且该温度不超过80摄氏度则表示电脑散热情况较佳。

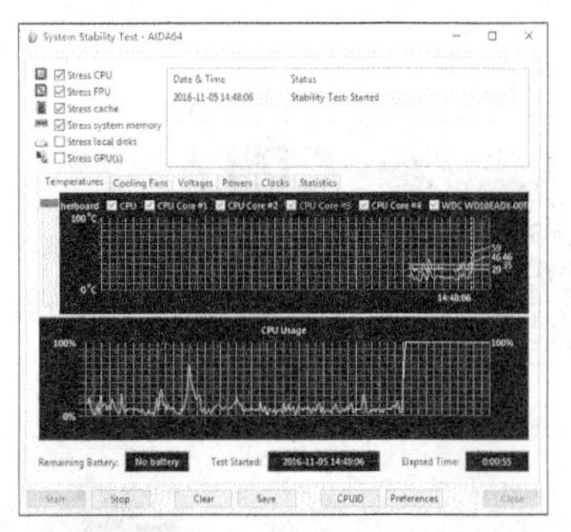

步骤03 单击图表上方的【Clocks】选项卡，可以查看CPU实时频率记录，如能一直保持最高频率不降，表示电脑稳定性较好，因为有些机器尤其笔记本，CPU温度超过一个临界温度就会强制降频，测完及时点击下方的【Stop】按钮停止；

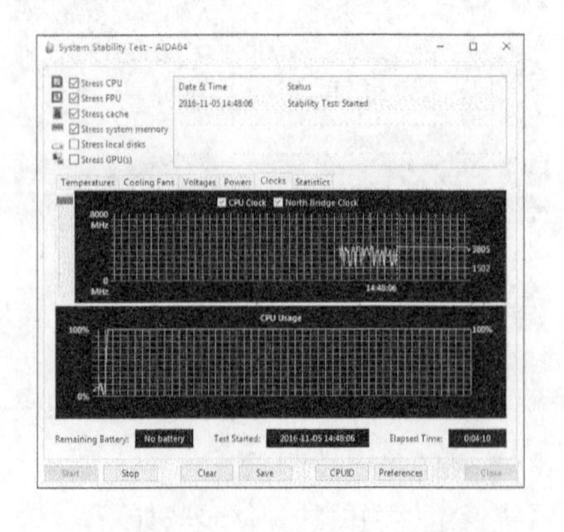

步骤04 单击【Statistics】选项卡，可以查看实时风扇转速记录、电压记录、功耗记录及统计数据等。

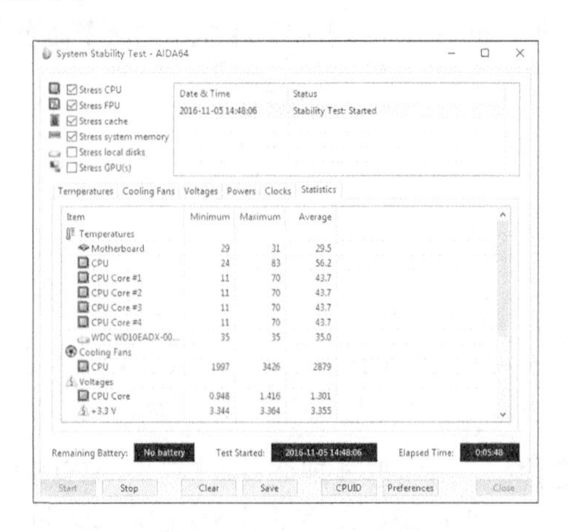

（6）处理器测试

系统稳定性测试的具体步骤如下。

步骤01 单击【工具】➤【AIDA64 CPUID(C)】命令。

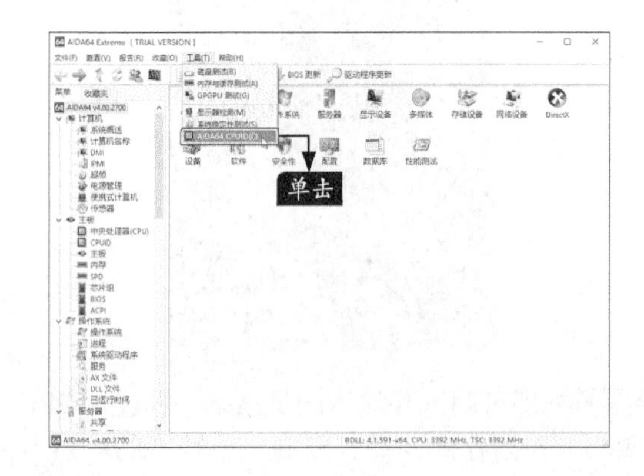

步骤02 即可弹出“AIDA64 CPUID”对话框，显示CPU的型号、信息处理器、高速缓存、钟速度和制造厂等。

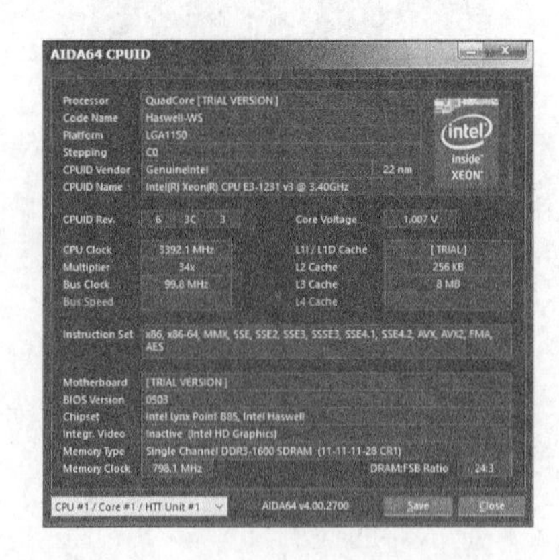

9.3.4 使用3DMark测试

3DMark是Futuremark公司的一款电脑基准测试与电脑性能测试的软件，可以让电脑用户，游戏玩家及超频玩家有效地评测硬件和系统的表现，具体操作步骤如下。

步骤01 启动3DMark软件，在Basic（基础版）界面，主要提供最通用的测试模式以及测试方式，包含了3种测试等级，分别为入门级(Entry，E)、性能级(Performance，P)和极限级(Extreme，X)，用户可以根据自己的电脑配置情况，选择测试等级，如这里选择“Extreme”级别，并单击【运行 3DMark 11】按钮。

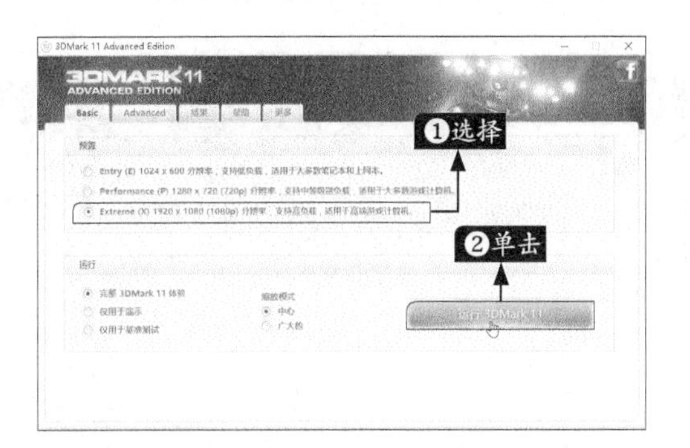

步骤02 选择【Advanced】（高级版）选项卡，包含了众多的细节设置，可以设置测试的参数，如图形测试、物理测试、演示、分辨率、播放模式等，单击【运行Extreme】按钮即可测试。

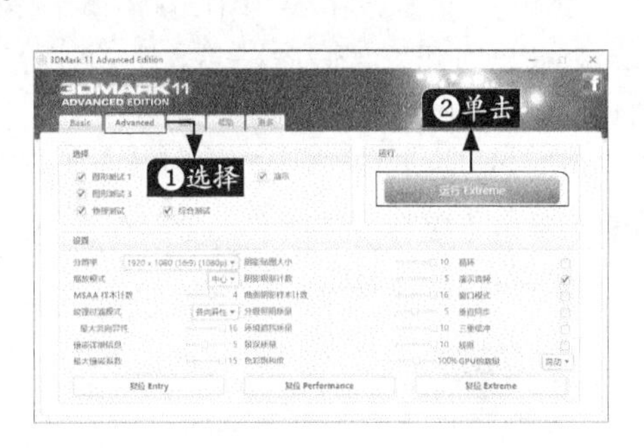

步骤03 测试中包含4个图形测试、1个物理设置以及1个综合测试，全面衡量GPU和CPU的性能。其中，3DMark11的场景分为两种，分别是Deep Sea（深海）场景以及High Temple（神庙）场景，如下图即为深海测试场景。

步骤04 测试完后后，即可查看评测分数，如下图即为GTX 960测试的跑分情况。如本机测试分数，其中X代表级别，分数为3347，已表明较为高端的配置分数。另外，单击【在3DMark.com上查看结果】按钮，可以在3DMark.com网上查看结果详情。

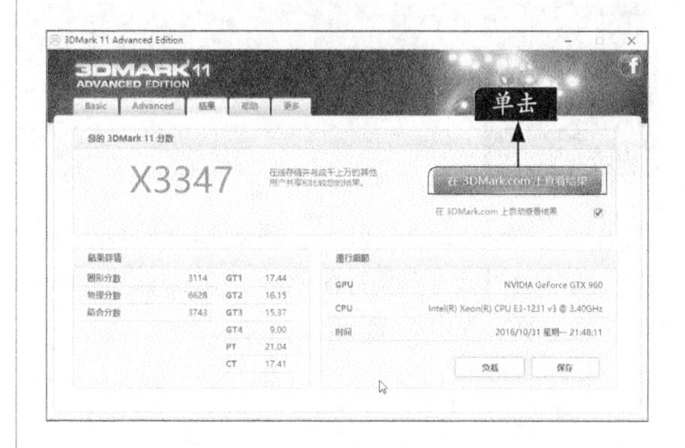

9.3.5 使用PCMark测试

PCMark和3DMark同属于Futuremark公司出品的测试软件，其中3DMark主要是针对PC端的图形效能来测试的，而PCMark主要用来测试PC的综合表现。本节介绍PCMark的使用方法。

步骤01 启动PCMark软件，在【Benchmark】(基准)页面下，默认勾选【Overall performance】（整机性能）下的【PCMark suite】(PCmark套件)复选框，其中测试项目包括视频播放与转码、图像处理、网络浏览和解密、图形、Windows Defender、导入图片和游戏7个部分，单击【Run benchmark】按钮。

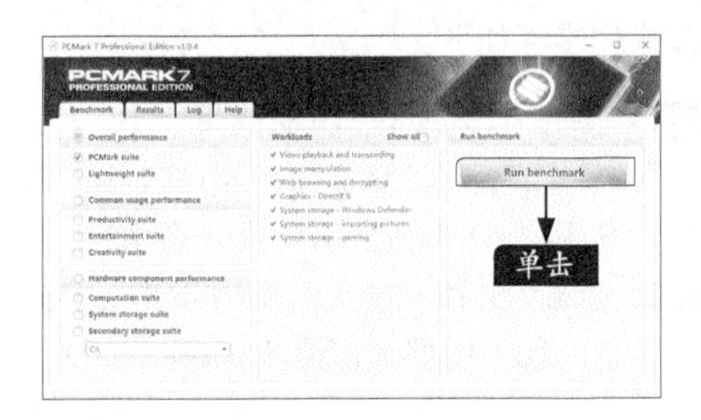

步骤 02 此时，软件即可运行测试基准，如下图所示。

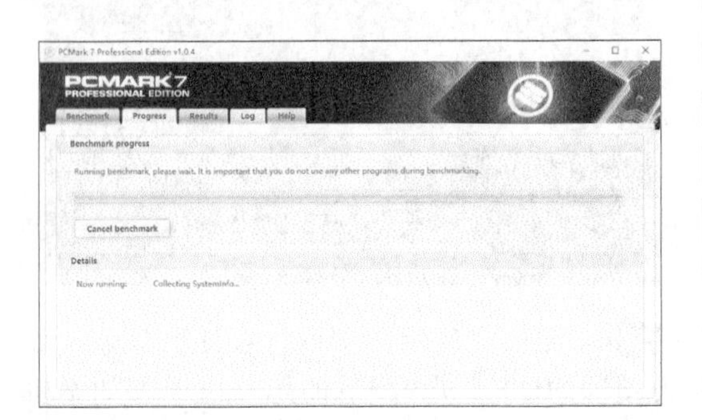

步骤 03 在测试中，首先弹出视频播放窗口，如下图所示。

步骤 04 同样，测试其他项目，测试完成后，即会显示最后的综合评分，如下图所示。

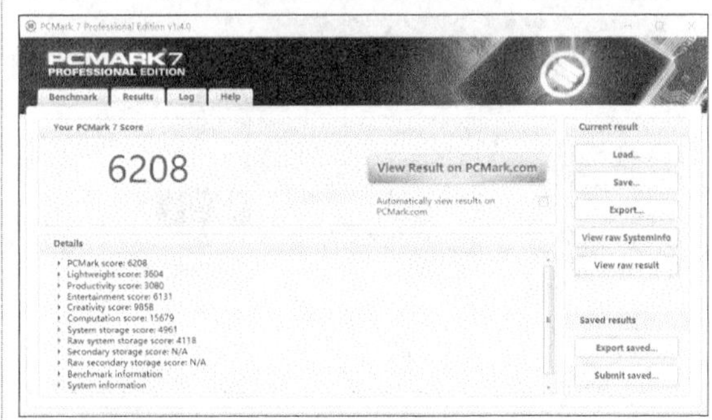

9.4 CPU性能测试

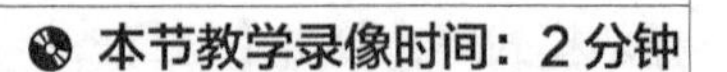

除了对电脑整机性能评测外，用户还可以使用专门的软件对某个硬件进行测试，本节讲述使用CPU-Z对CPU的性能测试。CPU-Z是检测CPU使用程度最高的一款软件，可以查看CPU 名称、厂商、内核进程、内部和外部时钟、局部时钟监测等参数。

步骤 01 启动CPU-Z软件，会自动检测电脑的基本信息，在【处理器】页面中，可以查看CPU的各项参数，如下图所示。

步骤 02 单击【缓存】选项卡，可以查看一级缓存、二级缓存和三级缓存的大小。

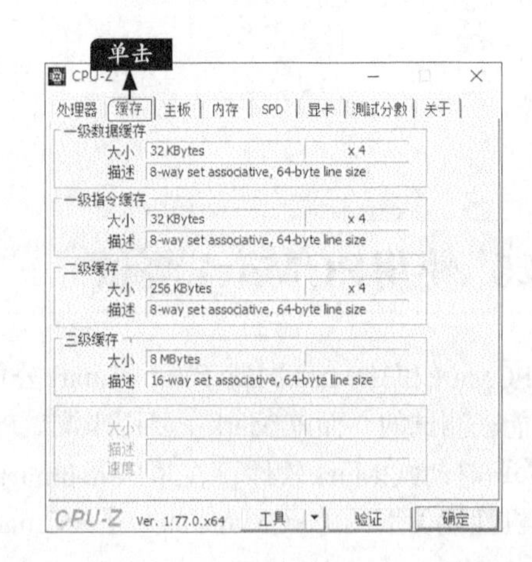

步骤03 单击【主板】选项卡，可以查看主板、BIOS及图形接口信息。

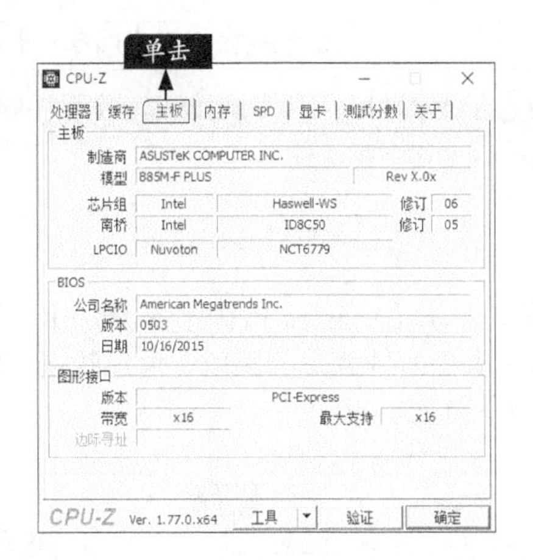

步骤04 单击【内存】选项卡，可以查看内存的类型、通道数、大小、频率和时序等。

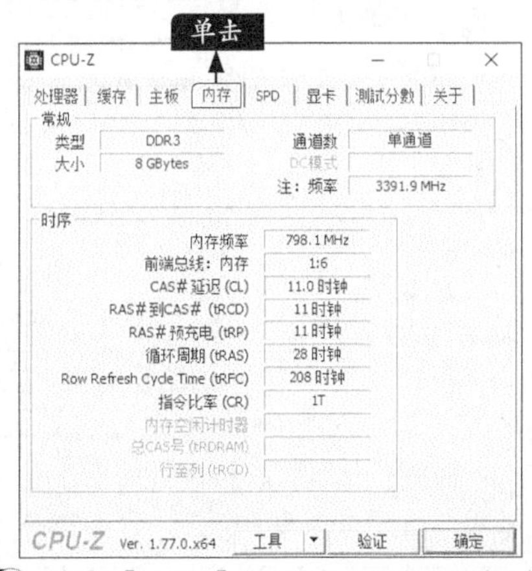

步骤05 单击【SPD】选项卡，可以选择内存插槽，查看内存模块大小、最大带宽、制造商、型号和时序表等参数。

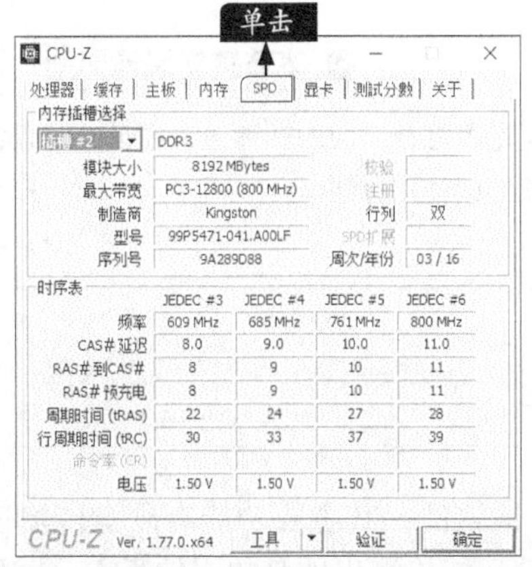

步骤06 单击【显卡】选项卡，可以查看显卡名称、显存大小等。

步骤07 单击【测试分数】选项卡，单击【测试处理器分数】按钮。

步骤08 片刻后，即可显示处理器的分数，如下图所示。

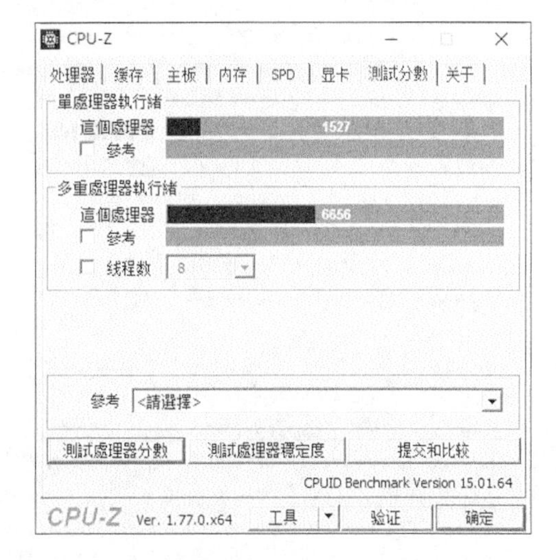

步骤09 在【参考】项中，选择参考的CPU，可以对比处理器的得分情况，以帮助用户判断CPU的评分情况。

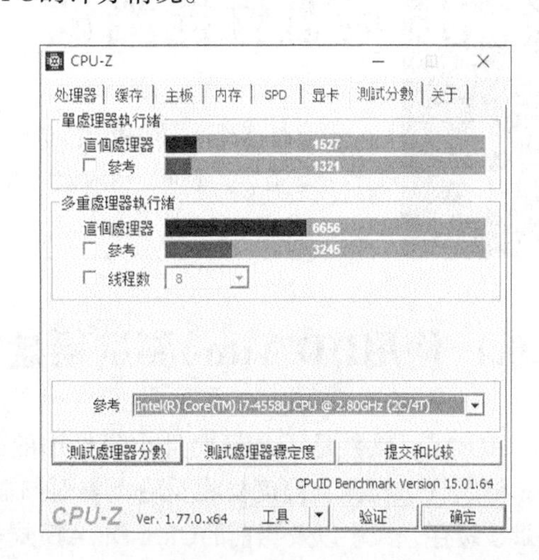

9.5 显卡性能测试

本节教学录像时间：1 分钟

测试显卡可以了解显卡的档次，本节介绍GPU-Z的使用方法。GPU-Z是一款GPU识别工具，运行后即可显示GPU核心，以及运行频率、带宽等详细参数。

步骤01 启动GPU-Z软件，会自动检测显卡的基本信息，并在【Graphics Card】(显卡)界面，可以查看显卡名称、制作工艺、显存位宽、显存大小等信息。

步骤02 单击【Sensors】(传感器)选项卡，可以查看显卡的时钟频率、温度、风扇转速、内存使用情况等使用状况。

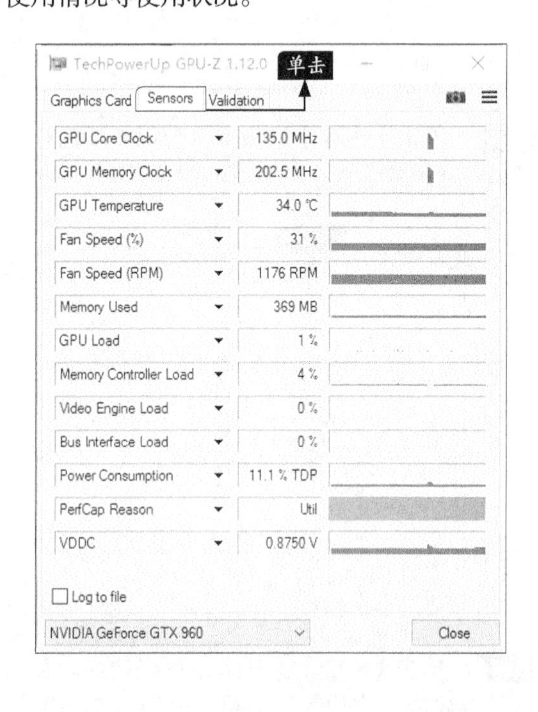

9.6 硬盘性能测试

本节教学录像时间：7 分钟

硬盘性能测试主要用于测试硬盘的读写速度是否符合厂商的标称值、硬盘的健康状况及是否有坏道等，下面介绍两款常用的硬盘测试软件的使用方法。

9.6.1 使用HD Tune测试硬盘性能

HD Tune软件是一款经典且小巧易用的磁盘测试工具软件，其主要功能有硬盘传输速率检测，健康状态检测，温度检测及磁盘表面扫描等。另外，还能检测出硬盘的固件版本、序列号、容量、缓存、大小以及当前的Ultra DMA模式等。

步骤01 启动HD Tune软件，在程序界面上方显示了当前硬盘的型号和温度，用户也可以在下拉列表选择其他硬盘。单击【基准】选项卡，单击【开始】按钮，即可对硬盘进行基准测试。

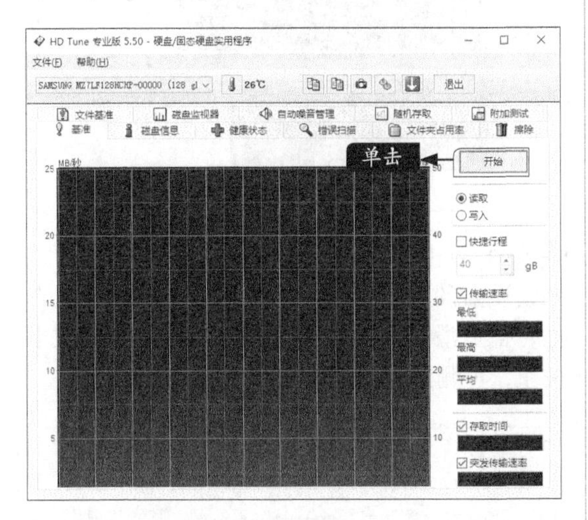

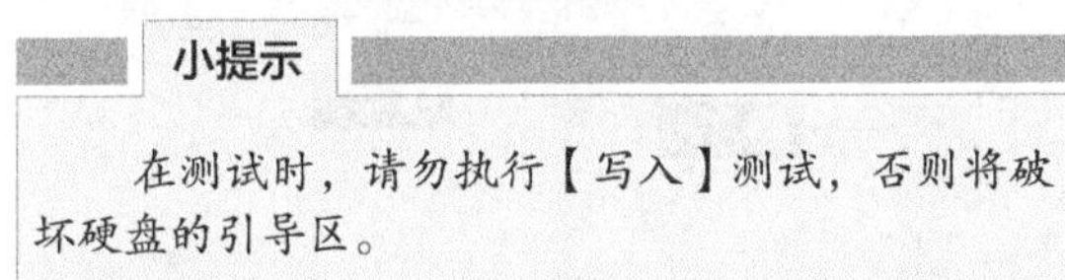

小提示

在测试时，请勿执行【写入】测试，否则将破坏硬盘的引导区。

步骤02 即会以动态图表的形式，显示硬盘的写入速度情况。其中，纵坐标轴表示读取速度，浅蓝色曲线的变化情况，右侧显示了测试的数值。

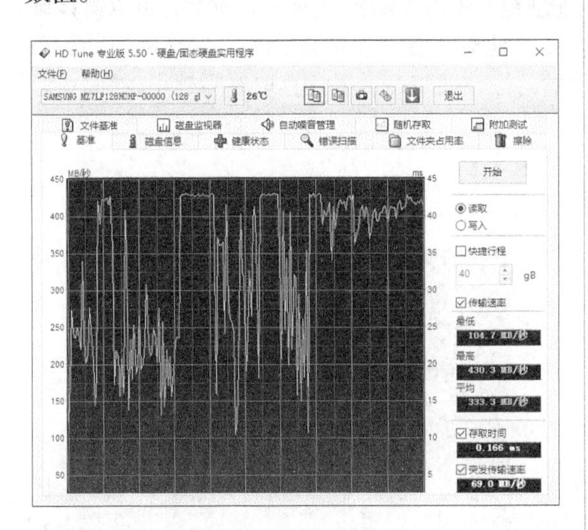

步骤03 单击【磁盘信息】选项卡，显示了硬盘的分区信息及支持特性等。

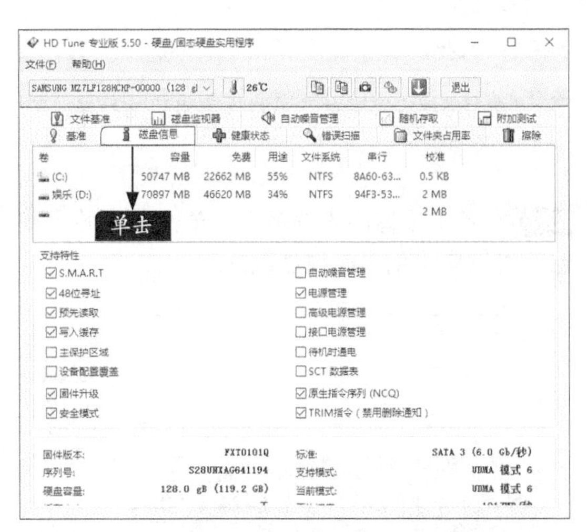

步骤04 单击【健康状态】选项卡，显示了检测的健康状态。在项目上单击，可以查看更加详细的参数信息，如果有健康问题，则以红色或黄色显示。

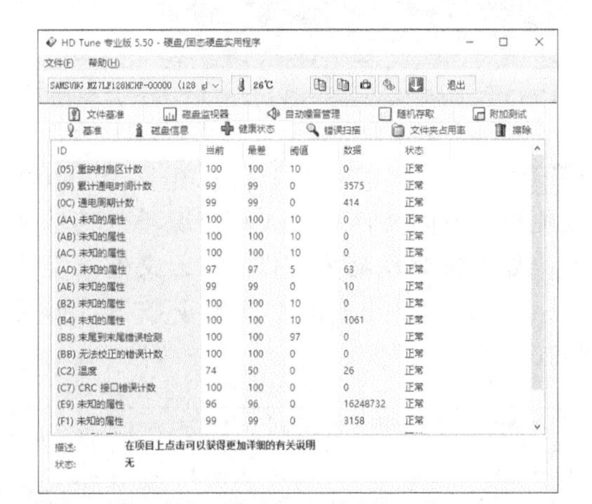

步骤05 单击【错误扫描】选项卡，单击【开始】按钮，则开始扫描硬盘的坏道情况。如果出现红色格子，则表示硬盘存在坏道，如果要停止扫描，则单击【停止】按钮。

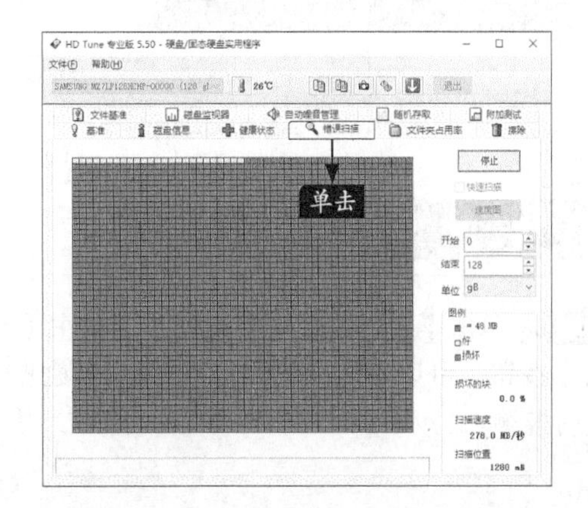

小提示

在扫描硬盘坏道时，不建议使用快速扫描，否则扫描不易彻底。

步骤06 单击【擦除】选项卡，单击【开始】按钮，可以格式化当前硬盘数据。

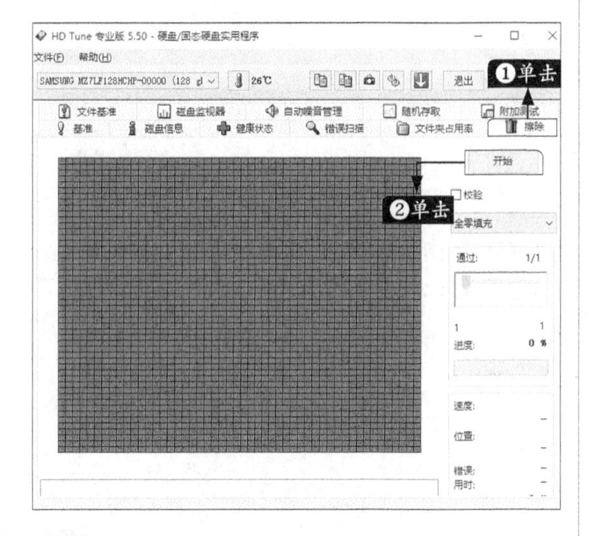

步骤07 单击【文件基准】选项卡，可以测试硬盘在不同文件长度大小情况下的传输速率，如设置驱动器为“D：”，文件长度为“500MB”，并单击【开始】按钮，即可测试。

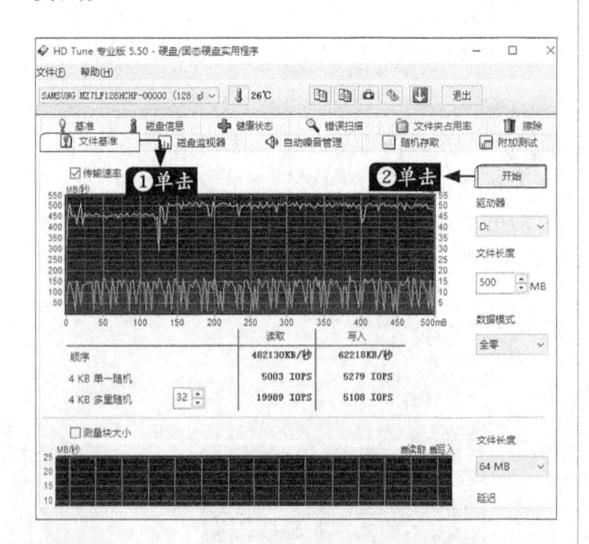

步骤08 单击【硬盘监视器】选项卡，单击【开始】按钮，可以对硬盘的读取和写入速度进行实时监测。

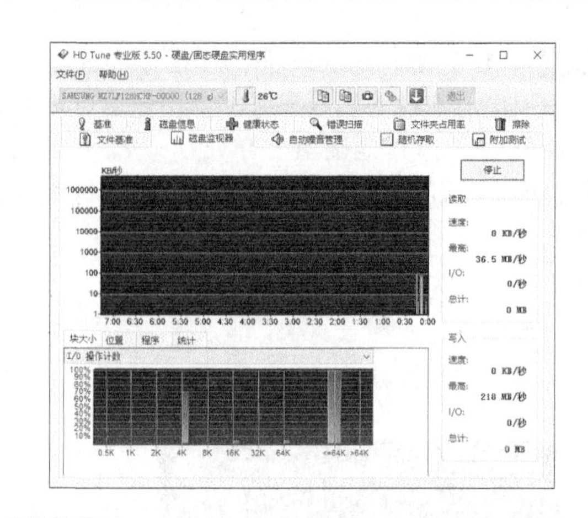

步骤09 单击【自动噪音管理】选项卡，可以调整硬盘的噪音。用户可以勾选【启用】复选框，拖曳滑块调整性能，另外，单击【测试】按钮，可测试当前设置下的平均存取时间。

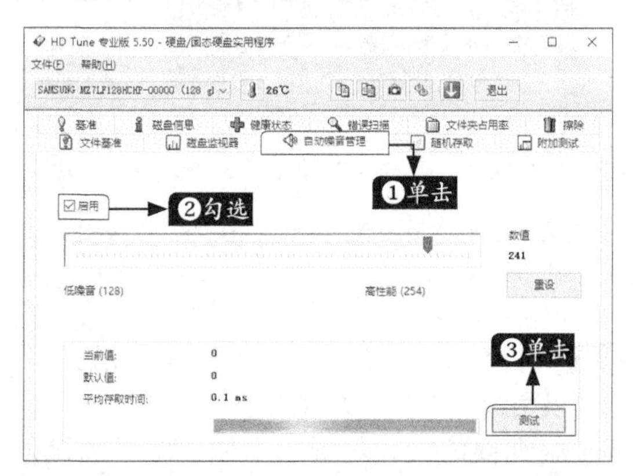

步骤10 单击【随机存取】选项卡，可以测试硬盘的真实寻道，及寻道后读/写操作的时间。美妙的操作数越高，平均存取时间越小越好。

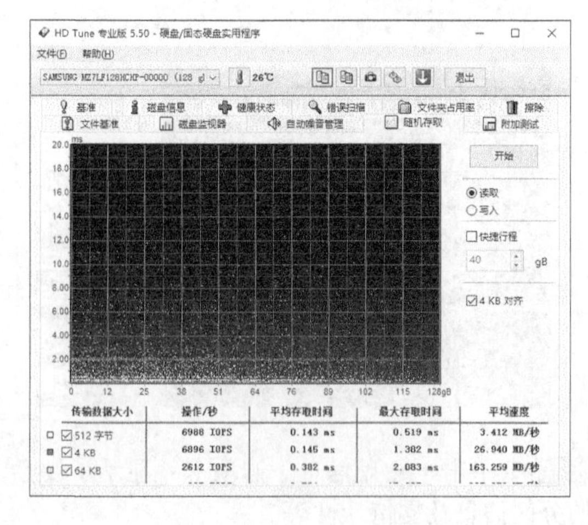

另外，如果单击【附加测试】选项卡，可以测试硬盘的各项传输性能，单击【开始】按钮，即可开始测试。

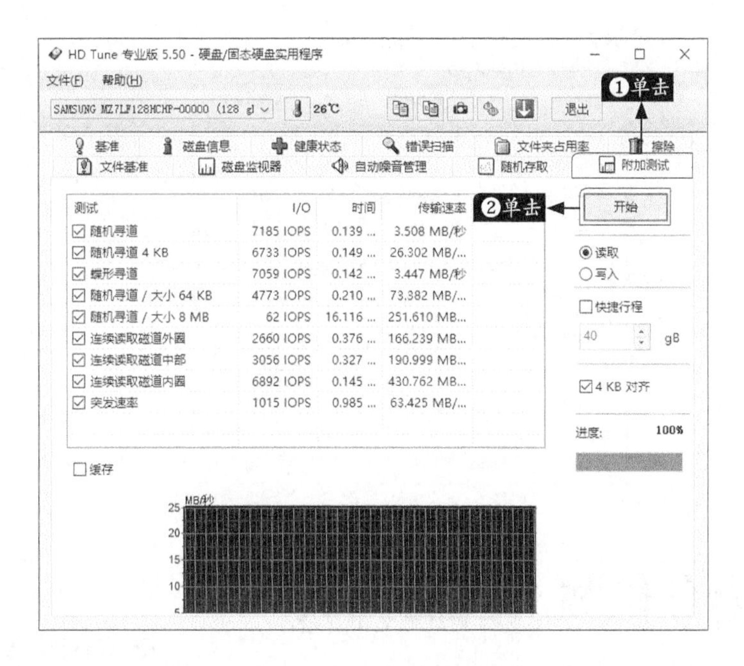

9.6.2 使用AS SSD Benchmark测试固态硬盘性能

AS SSD Benchmark是一款专门用于测试SSD固态硬盘性能的工具，可以测试连续读写、4K对齐、4KB随机读写和响应时间的表现，并给出一个综合评分持续读写等的性能，可以评估这个固态硬盘的传输速度好与不好。

步骤01 启动AS SSD Benchmark软件，选择测试的固态硬盘及写入量，单击【Start】按钮。

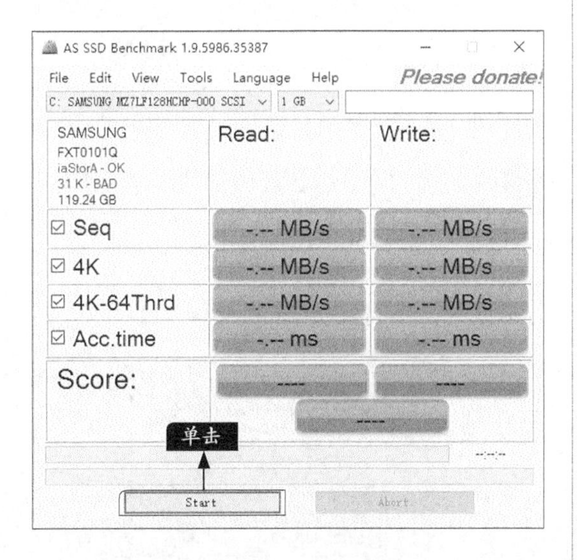

小提示

（1）Seq（连续读写）：即持续测试，AS SSD会先以16MB的尺寸为单位，持续向受测分区写入，生成1个达到1GB大小的文件，然后再以同样的单位尺寸读取这个文件，最后计算出平均成绩，给出结果。测试完毕会立刻删除测试文件。

（2）4K（4k单队列深度）：即随机单队列深度测试，测试软件以512KB的单位尺寸，生成1GB大小的测试文件，然后在其地址范围（LBA）内进行随机4KB单位尺寸进行写入和读取测试，直到跑遍这个范围为止，最后计算平均成绩给出结果。由于有生成步骤，本测试对硬盘会产生一共2GB的数据写入量，测试完毕之后文件会暂时保留。

（3）4K-64Thrd（4k 64队列深度）：即随机64队列深度测试，软件会生成64个16MB大小的测试文件（共计1GB），然后同时以4KB的单位尺寸，同时在这64个文件中进行写入和读取，最后以平均成绩为结果，产生2GB的数据写入量。测试完毕之后会立刻删除测试的文件。

（4）Acc.time（访问时间）：即数据存取时间测试，以4KB为单位尺寸随机读取全盘地址范围（LBA），以512B为写入单位尺寸，随机写入保留的1GB地址范围内，最后以平均成绩给出测试结果。

步骤 02 片刻后，即可看到硬盘的读写速度测试结果及评分。

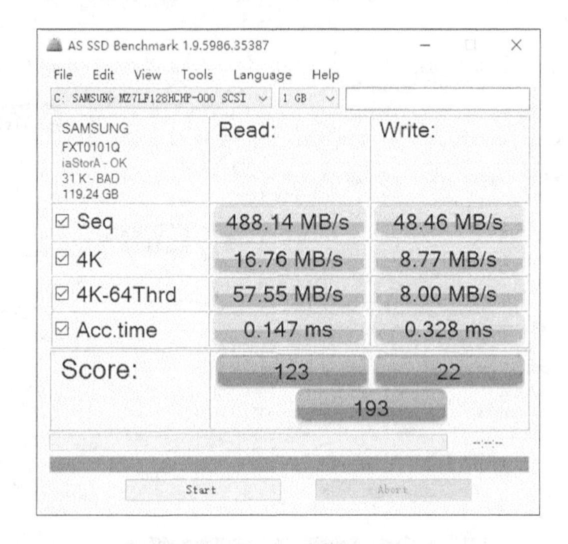

9.7 内存检测与性能测试

本节教学录像时间：2 分钟

内存测试主要是测试内存的稳定性，检测出计算机的内存的型号和容量等详细信息，帮助用户来检测并判断内存是否出现问题。本节介绍Memtest检测内存。

步骤 01 启动Memtest软件，弹出提示信息框，显示了使用方法，单击【确定】按钮。

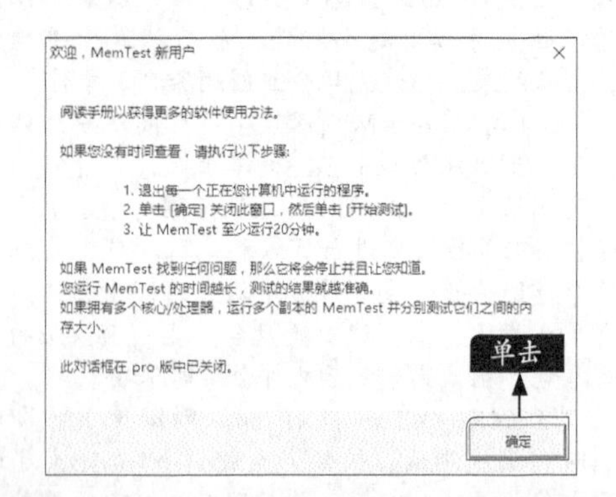

步骤 02 弹出Memtest测试窗口，单击【开始测试】按钮。

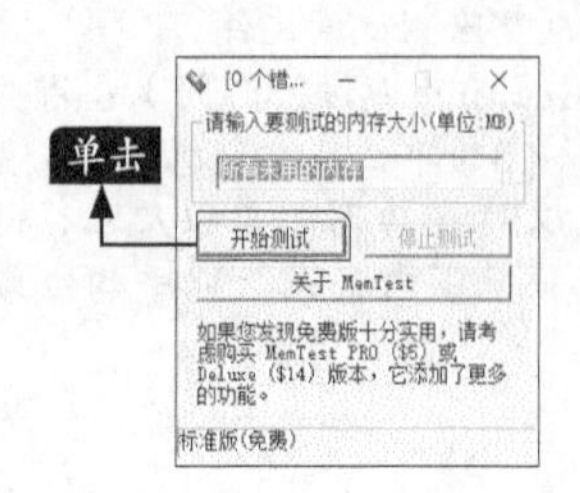

步骤 03 弹出“内存检测”提示框，可以查看可测试的内存大小，单击【确定】按钮。

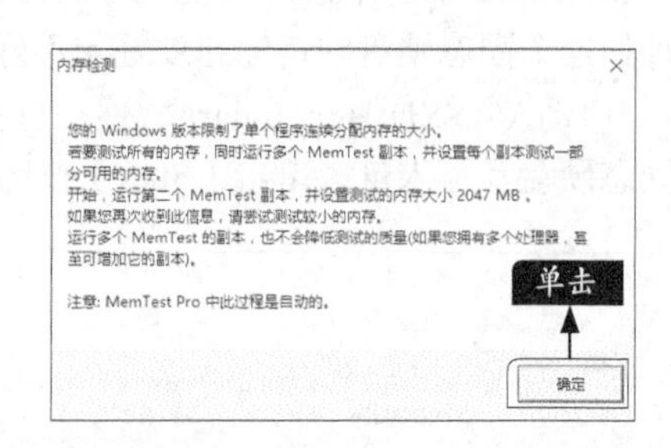

步骤 04 在窗口中，输入要测试的内存大小，并单击【开始测试】按钮。

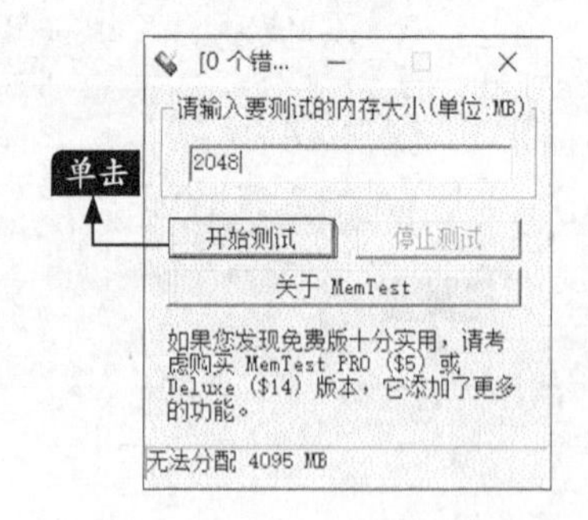

步骤05 弹出如下提示框，单击【确定】按钮。

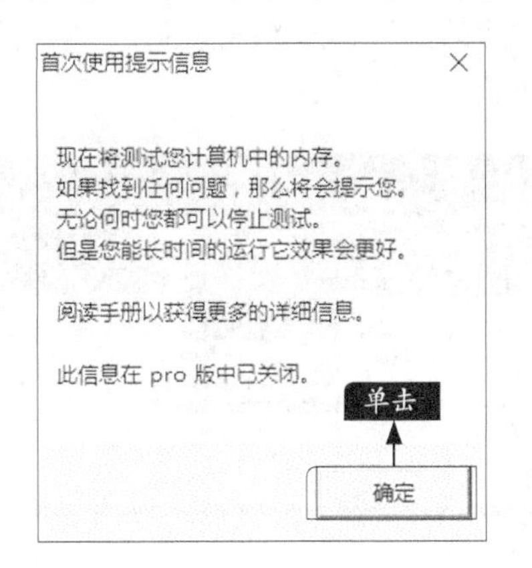

步骤06 软件即可开始检测内存。此时，用户还可以再次运行第二个Memtest，测试另一部分内存。

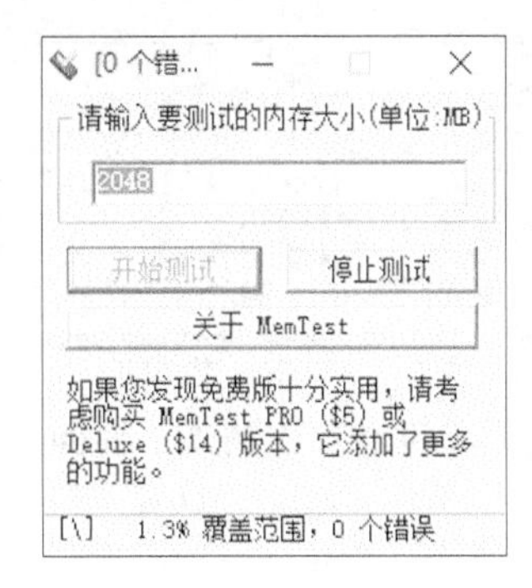

高手支招

本节教学录像时间：4 分钟

键盘的性能检测

使用软件可以对键盘反应基准、多键冲突检测，单键键程反应，多键反应，本技巧以“键盘DIY大师”为例，介绍如何评测键盘。

步骤01 启动键盘DIY大师软件，单击【键盘评测】按钮。

步骤02 进入如下界面，选择要测试的项目，首先选择【单键响应速度】按钮。

步骤03 按【开始】按钮，当“猫头图像”变红时，马上按键盘任意键，测试单键响应速度，测量按键键程的长短和开关反应的速度，不过个人的反应速度会影响结果。

步骤04 进入“多键响应评测”界面，单击【开始】按钮，当“猫头”图像变红时，以最快的速度输入“QWER”，测量多键送出的效率。

步骤05 单击【键盘无冲评测】按钮，可以对键盘进行无冲评测，测量键盘冲突的键数，接口

组数，单键系统响应时间（系统收到按键的时间），按键响应的方式（是否支持长按，还是按下常闪）。

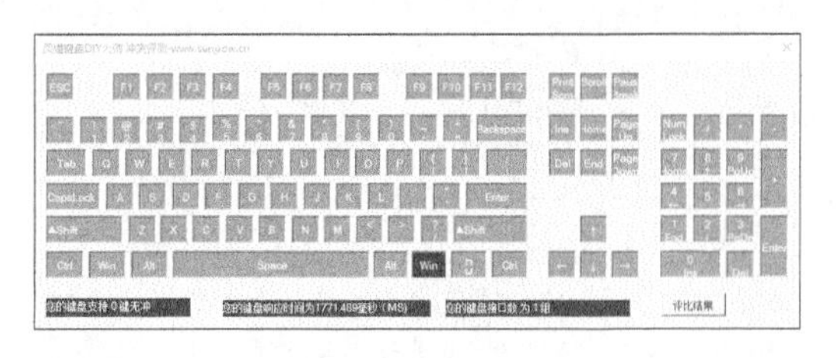

步骤 06 进入【键盘对比测试】界面，在一台电脑上连接2个键盘，通过对比两个键盘，查看键盘之间的键程和按键响应速度，响应先后的时间间隔。

第10章

电脑系统的优化

随着计算机的使用，很多空间会被浪费，用户需要及时优化系统，从而提高计算机的性能。本章主要介绍电源优化、硬盘优化以及使用360安全卫士优化电脑等操作，为电脑加速。

10.1 电源的优化

本节教学录像时间：6 分钟

电源键是经常使用的按钮，用户可以根据需要来优化电源。

10.1.1 设置电源功能按钮

用户可以根据需要设置按下电源按钮后需要进行的操作，比如关机、休眠、睡眠，甚至是无任何操作，设置电源功能按钮的具体操作步骤如下。

步骤 01 在【开始】按钮上单击鼠标右键，在弹出的快捷菜单中选择【控制面板】选项。

步骤 02 弹出【控制面板】窗口，并以【大图标】的方式查看。单击【电源选项】链接。

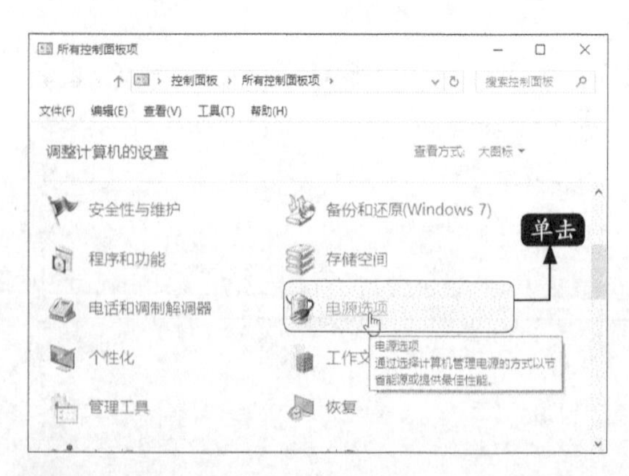

步骤 03 打开【电源选项】窗口，在左侧单击【选择电源按钮的功能】链接。

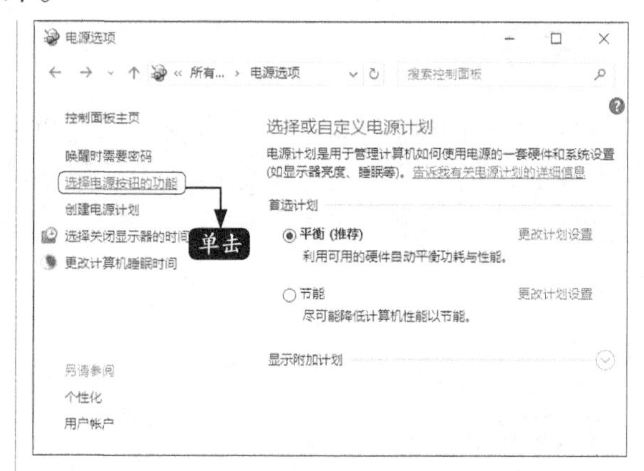

步骤 04 打开【系统设置】窗口，用户可以在其中定义电源按钮并启用密码保护。单击【更改当前不可用的设置】选项。

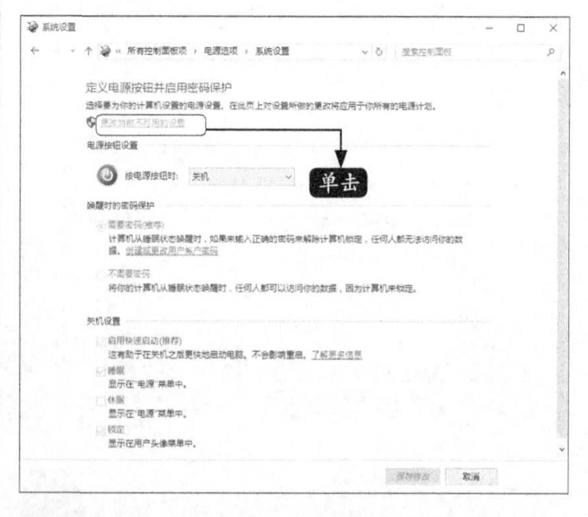

步骤 05 即可看到不可用的设置处于可用状态。

步骤06 单击【电源按钮设置】组下【按电源按钮时】后的下拉按钮，在弹出的下拉列表中选择【休眠】选项，然后单击【保存修改】按钮，就完成了设置电源功能按钮的操作。

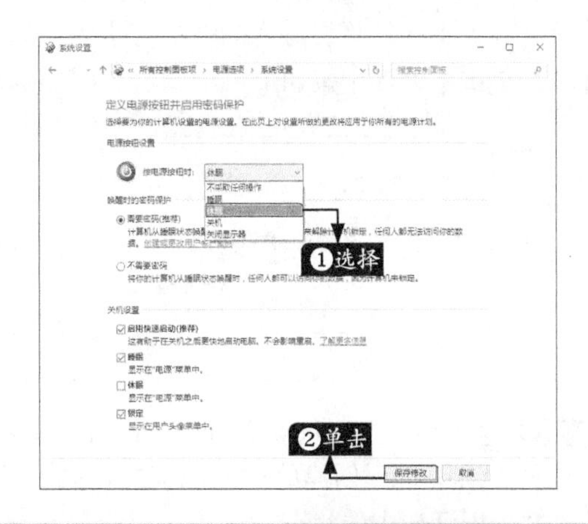

小提示

在【唤醒时的密码保护】组中可以设置唤醒电脑时的密码。在【关机设置】组中可以更改电源的其他设置。如单击选中【休眠】复选框。则在【开始】菜单中单击【电源】选项，在弹出的列表中即可看到【休眠】选项。

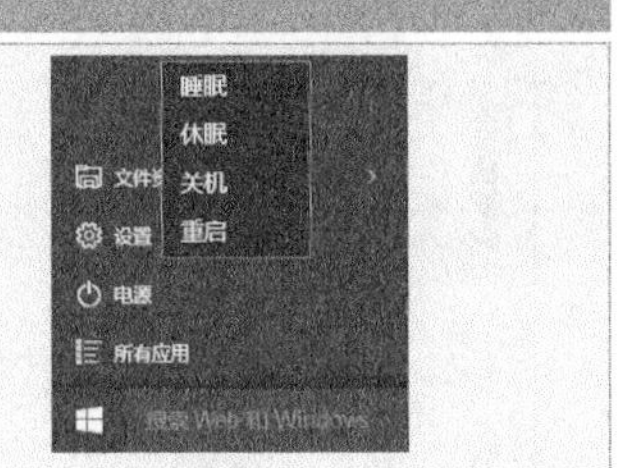

10.1.2 创建电源计划

电源计划是管理计算机如何使用电源、节能的硬件和系统设置的集合。电源计划可以节能、使系统性能最大化、平衡能量节省和性能。

步骤01 打开【控制面板】窗口，并以【大图标】的方式查看。单击【电源选项】链接。

步骤02 打开【电源选项】窗口，在左侧单击【创建电源计划】链接。

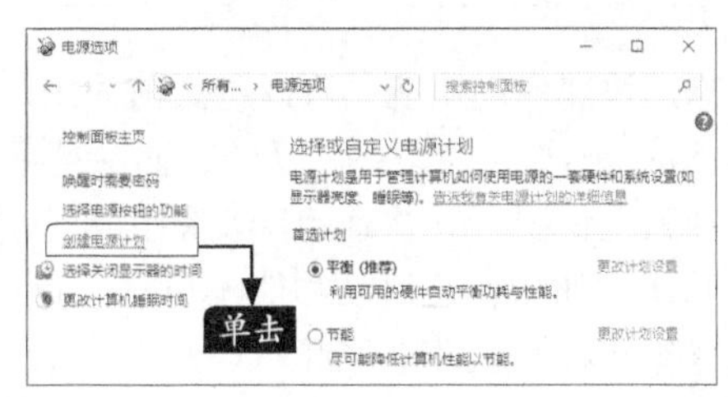

步骤03 弹出【创建电源计划】窗口，选择与要创建的计划类型最接近的计划，这里单击选中【节能】单选项。并在【计划名称】文本框中输入名称“电源节能计划”，单击【下一步】按钮。

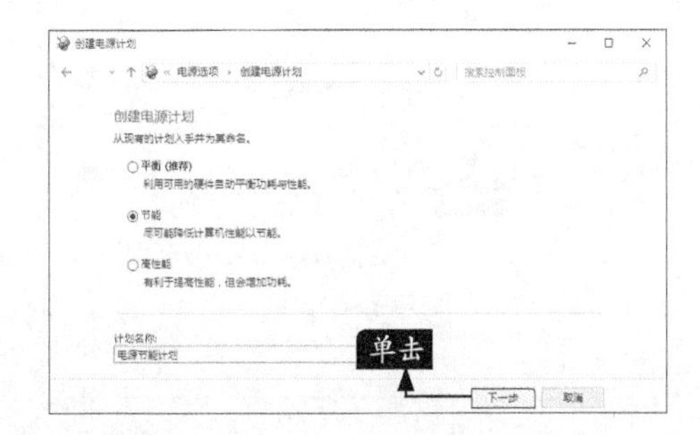

步骤04 打开【更改计划设置】窗口，根据需要进行设置，如设置【关闭显示器】为“2分钟”，设置【使计算机进入睡眠状态】为“5分钟”，单击【创建】按钮。

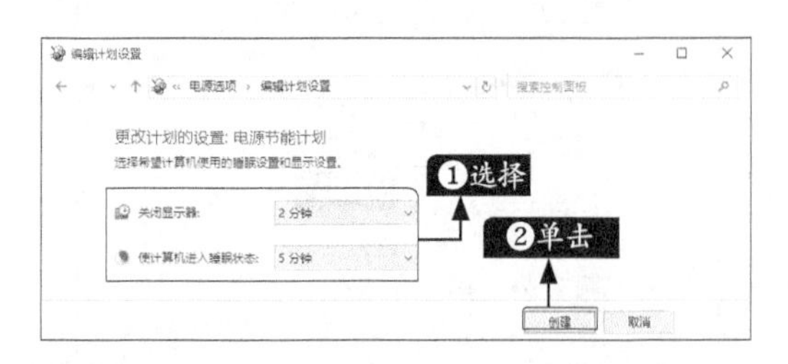

步骤05 返回至【电源选项】窗口，即可在【首选计划】组中看到创建的“电源节能计划”选项，并处于已选中的状态。

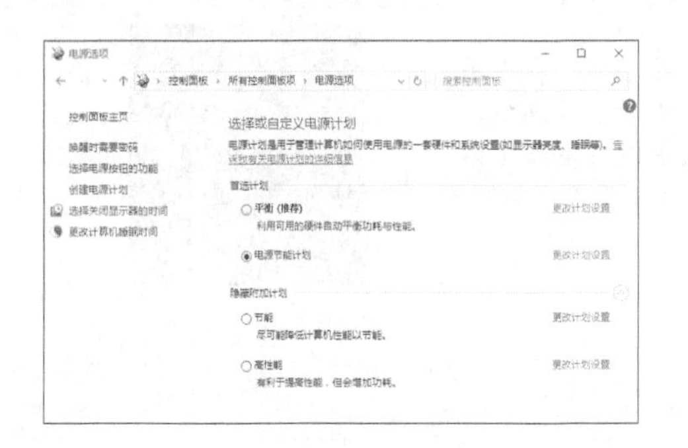

步骤06 如果设置了多个电源计划，只要选中其他计划，该计划即可生效。

10.1.3 启用快速启动

启用快速启动功能，可以将之前的用户设置讯息保存到一个文件中，当再次启动电脑时，系统会调用这些资料恢复操作系统，而不是重新启动，从而达到瞬间开机的目的。

在默认情况下，快速启动功能是处于选中启用状态，如果快速启动功能不可用，可以通过此操作开启快速启动功能。

步骤01 在【控制面板】窗口，单击【电源选项】链接。打开【电源选项】窗口，在左侧单击【选择电源按钮的功能】链接。

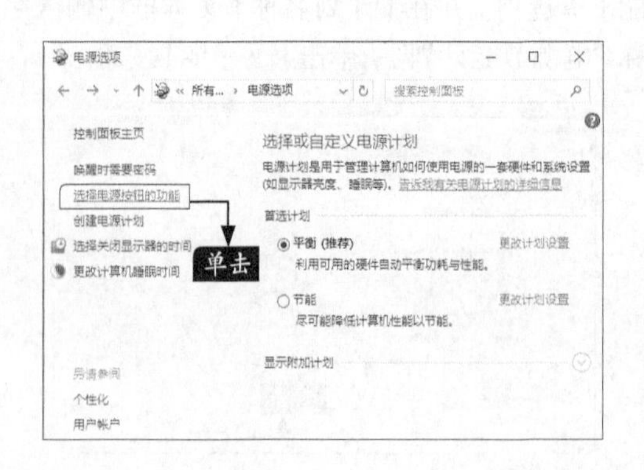

步骤02 打开【系统设置】窗口，可以看到【关机设置】组下的选项处于不可用状态，单击【更改当前不可用的设置】选项。

步骤03 即可看到【关机设置】组下不可用的设

置处于可设置状态。

步骤04 单击选中【关机设置】组下的【启用快速启动】单选项，然后单击【保存修改】按钮，就完成了启用快速启动的操作。

小提示

这种快速启动设置只适用于关机之后，再重新开机，快速启动才会生效，而不适用于重新启动。

10.2 硬盘的优化

本节教学录像时间：11 分钟

随着使用时间的增加，硬盘会产生垃圾和碎片，需要进行清理和整理。本节主要介绍硬盘的优化操作。

10.2.1 检查磁盘错误

通过检查一个或多个驱动器是否存在错误可以解决一些计算机问题。例如，用户可以通过检查计算机的主硬盘来解决一些性能问题，或者当外部硬盘驱动器不能正常工作时，可以检查该外部硬盘驱动器。

Windows 10操作系统提供了检查硬盘错误信息的功能，具体操作步骤如下。

步骤01 在桌面上右键单击【此电脑】图标，在弹出的快捷菜单中选择【管理】菜单命令。

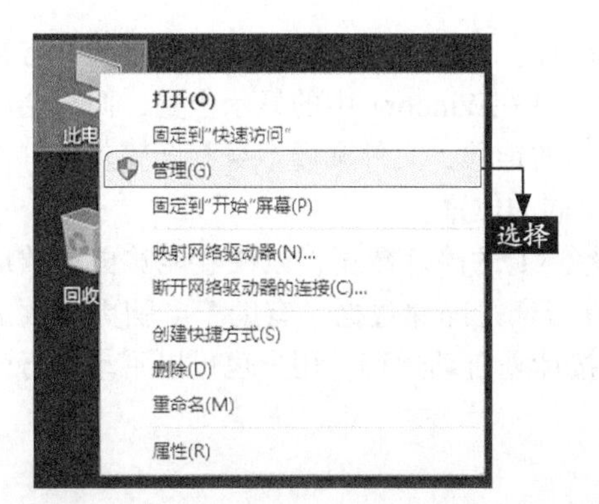

步骤02 弹出【计算机管理】窗口，在左侧的列表中选择【磁盘管理】选项。

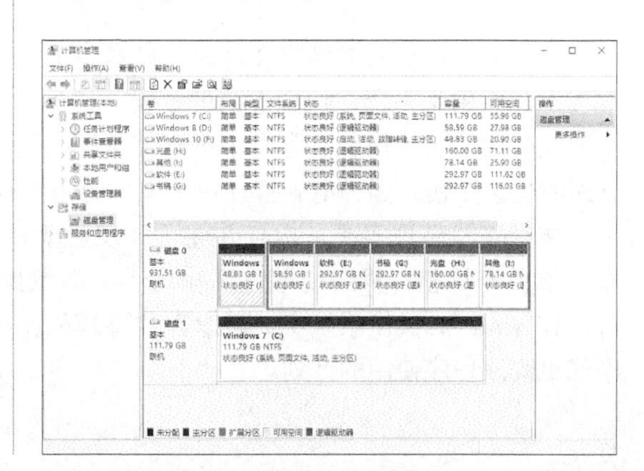

步骤 03 窗口的右侧显示磁盘的基本情况，选择需要检查的磁盘并右键单击，在弹出的快捷菜单中选择【属性】菜单命令。

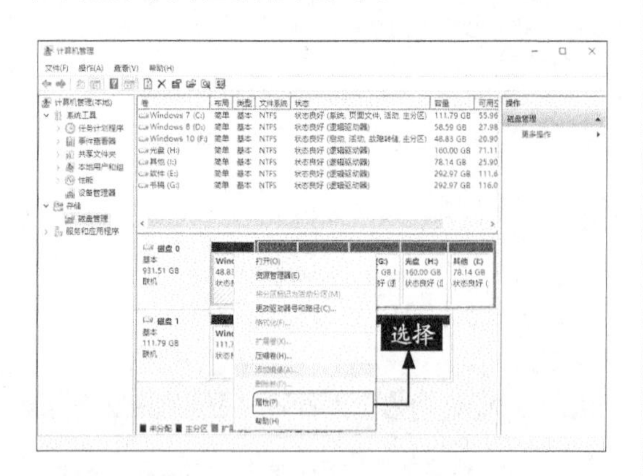

步骤 04 弹出【属性】对话框，选择【工具】选项卡，在【查错】选区中单击【检查】按钮。

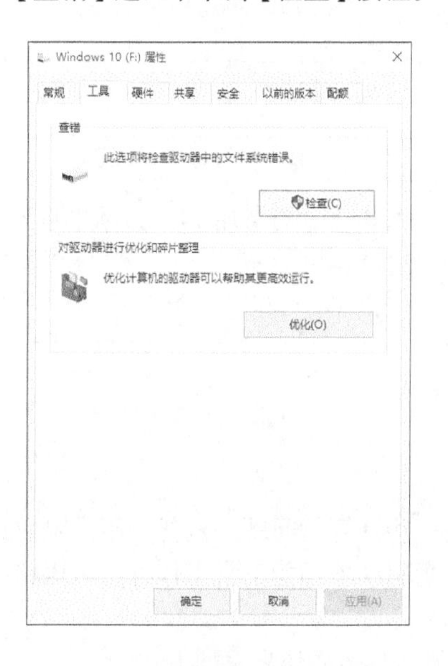

步骤 05 弹出【检查磁盘】对话框，选择【扫描驱动器】选项。

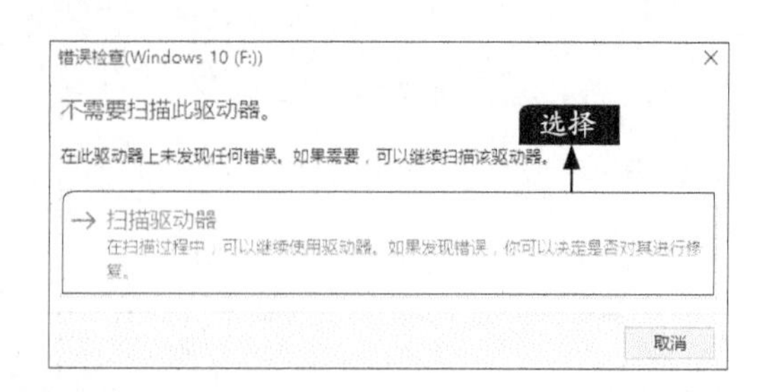

步骤 06 系统开始自动检查硬盘并修复发现的错误。

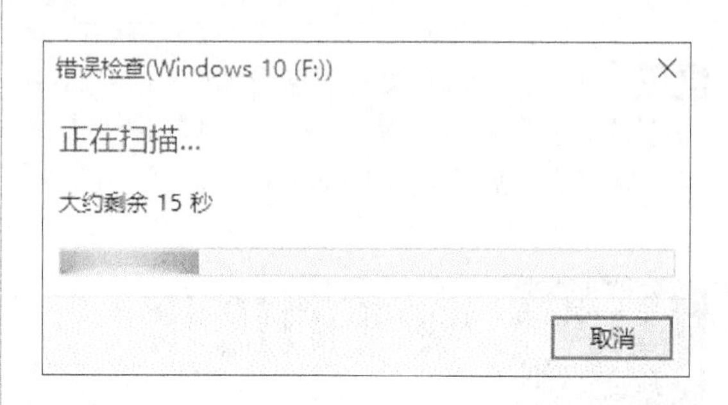

步骤 07 检查并修复完成后，单击【关闭】按钮即可。

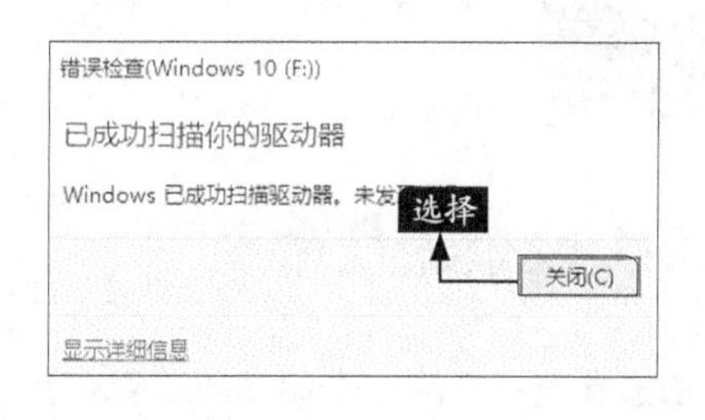

10.2.2 整理磁盘碎片

用户保存、更改或删除文件时，硬盘卷上会产生碎片。用户所保存的对文件的更改通常存储在卷上与原始文件所在位置不同的位置。这不会改变文件在Windows中的显示位置，而只会改变组成文件的信息片段在实际卷中的存储位置。随着时间的推移，文件和卷本身都会碎片化，而电脑跟着也会变慢，因为电脑打开单个文件时需要查找不同的位置。

磁盘碎片整理实质是指合并卷（如硬盘或存储设备)上的碎片数据，以便卷能够更高效地工作。磁盘碎片整理程序能够重新排列卷上的数据并重新合并碎片数据，有助于电脑更高效地运行。在Windows操作系统中，磁盘碎片整理程序可以按计划自动运行，用户也可以手动运行该程序或更改该程序使用的计划。

小提示

如果电脑使用的是固态硬盘则不需要对磁盘碎片进行整理。

步骤01 打开【此电脑】窗口，选择需要整理碎片的分区并单击鼠标右键，在弹出的快捷菜单中选择【属性】菜单命令。

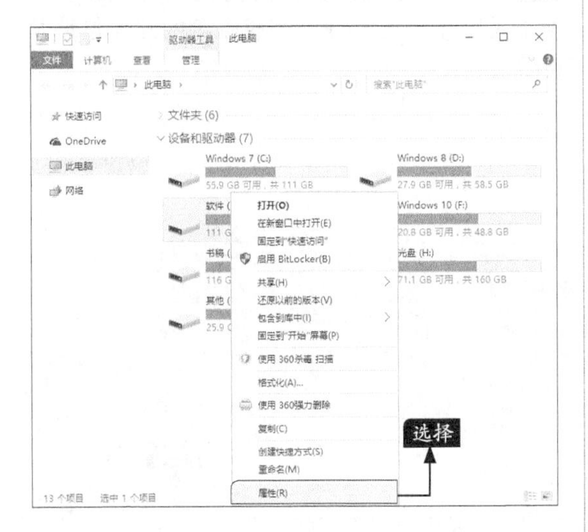

步骤02 弹出【软件（E:）属性】对话框，选择【工具】选项卡，在【对驱动器进行优化和碎片整理】选区中单击【优化】按钮。

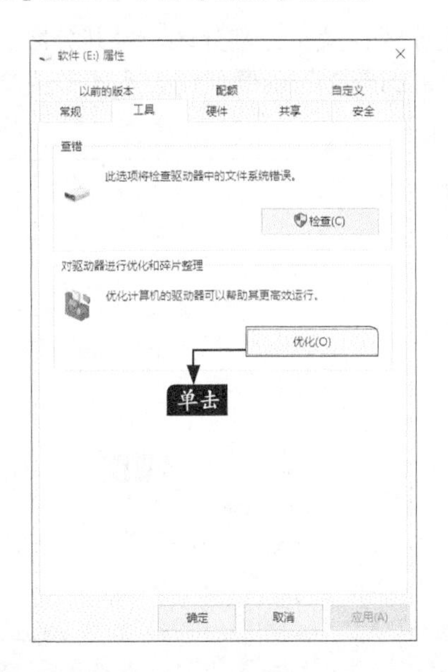

步骤03 弹出【优化驱动器】对话框，如选择【软件(E:)】选项，单击【分析】按钮。

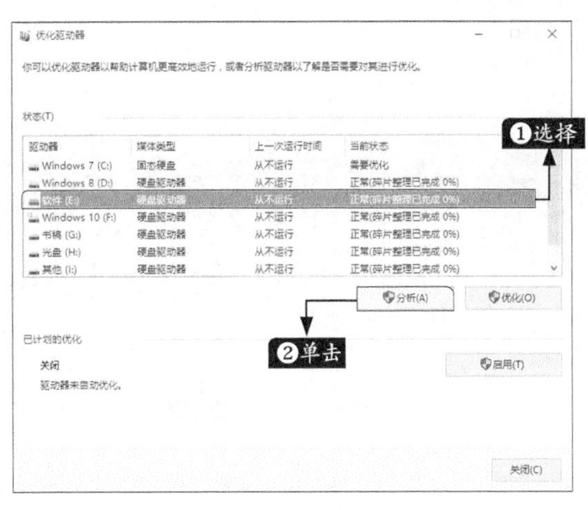

步骤04 系统开始自动分析磁盘，在对应的当前状态栏下显示碎片分析的进度。

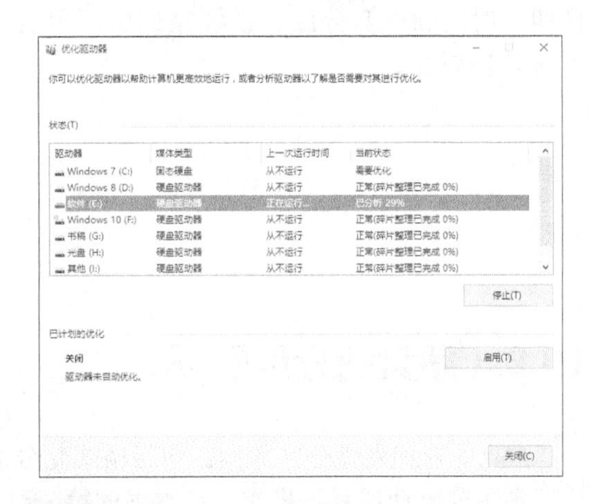

步骤05 分析完成后，单击【优化】按钮，系统开始自动对磁盘碎片进行整理操作。

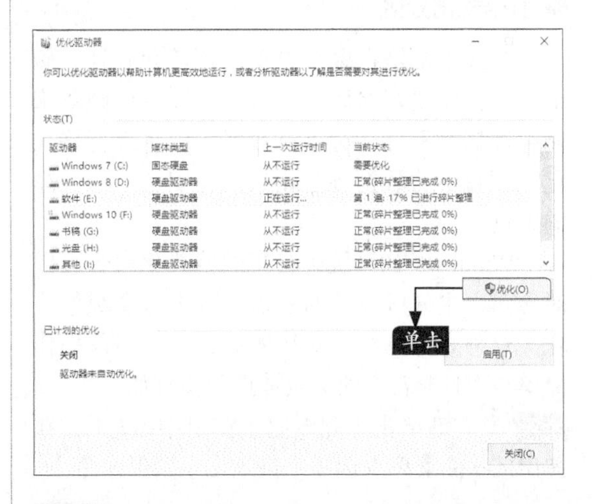

步骤06 除了手动整理磁盘碎片外，用户还可以设置自动整理碎片的计划，单击【启用】按钮。

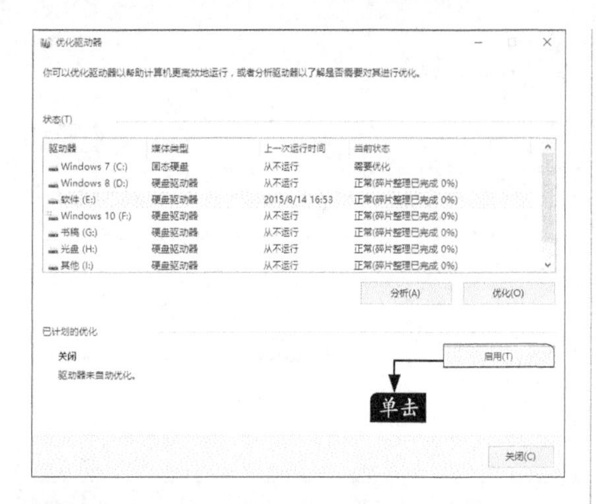

步骤07 弹出【磁盘碎片整理程序：修改计划】对话框，用户可以设置自动检查碎片的频率、日期、时间和磁盘分区，设置完成后，单击【确定】按钮。

步骤08 返回到【磁盘碎片整理程序】窗口，单击【关闭】按钮，即可完成磁盘的碎片整理及设置。

10.2.3 硬盘的分区管理

常见的管理硬盘分区的操作包括格式化分区、调整分区容量、分割分区、合并分区、删除分区和更改驱动器号等操作，在本书的第6章已详细介绍DiskGenius的使用，本小节主要介绍Windows磁盘管理工具的使用方法。

1.格式化分区

格式化就是在磁盘中建立磁道和扇区，磁道和扇区建立好之后，电脑才可以使用磁盘来储存数据。不过，对存有数据的硬盘进行格式化，硬盘中的数据将会删除，还用户一个干净的硬盘。

Windows 10系统中自带的格式化命令可以对磁盘上主分区以外的磁盘分区进行高级格式化。这种方法高级格式化磁盘分区，不仅操作简单，而且非常方便。具体操作步骤如下。

步骤01 右键单击【此电脑】窗口中磁盘E，在弹出的快捷菜单上选择【格式化】菜单命令。

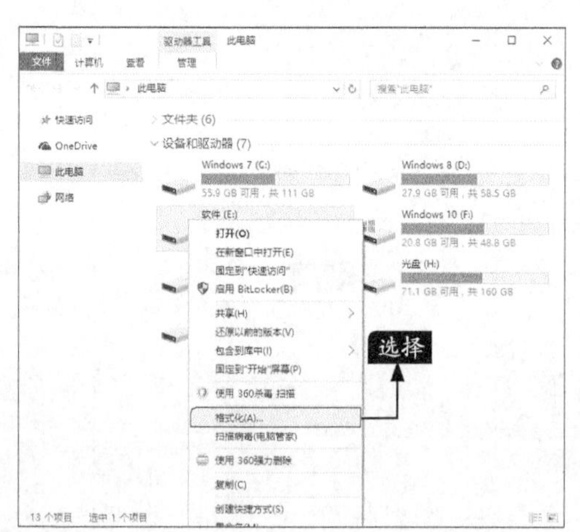

步骤02 弹出【格式化软件区】对话框。在其中设置磁盘的【文件系统】、【分配单元大小】等选项。

步骤03 单击【开始】按钮，即可弹出提示对话框。若格式化该磁盘则单击【确定】按钮；若退出则单击【取消】按钮退出格式化。单击【确定】按钮，即可开始高级格式化磁盘分区E。

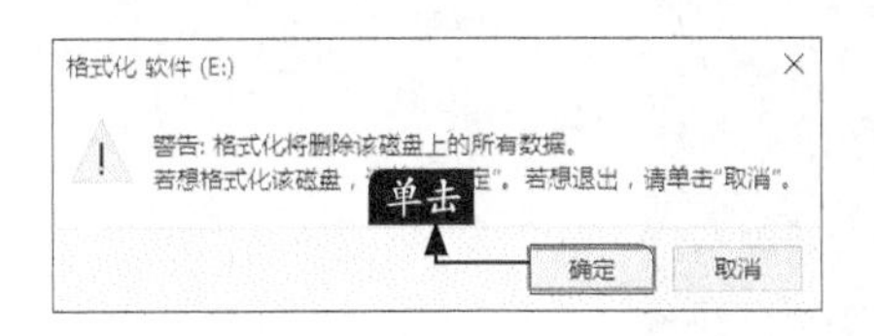

小提示

此外，还可以使用Diskgenius软件格式化硬盘。

2.调整分区容量

分区容量不能随便调整，否则会引起分区上的数据丢失。下面来讲述如何在Windows 7操作系统中利用自带的工具调整分区的容量。具体操作如下。

步骤01 打开【计算机管理】窗口，单击窗口左侧的【磁盘管理】选项，即可在右侧窗格中显示出本机磁盘的信息列表。选择需要调整容量分区右键单击，在弹出的快捷菜单中选择【压缩卷】菜单命令。

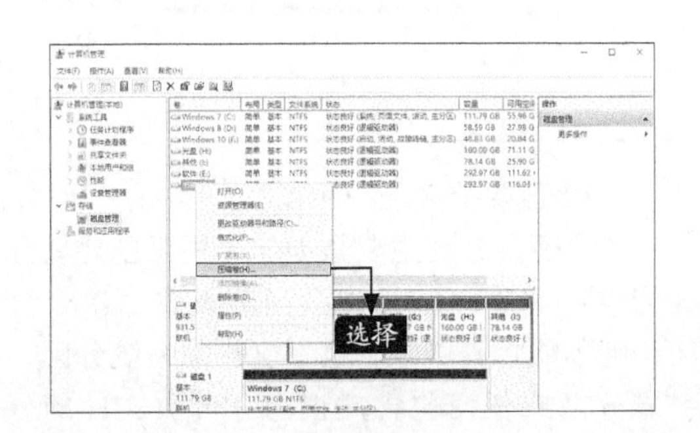

步骤02 弹出【查询压缩空间】对话框，系统开始查询卷以获取可用的压缩空间。

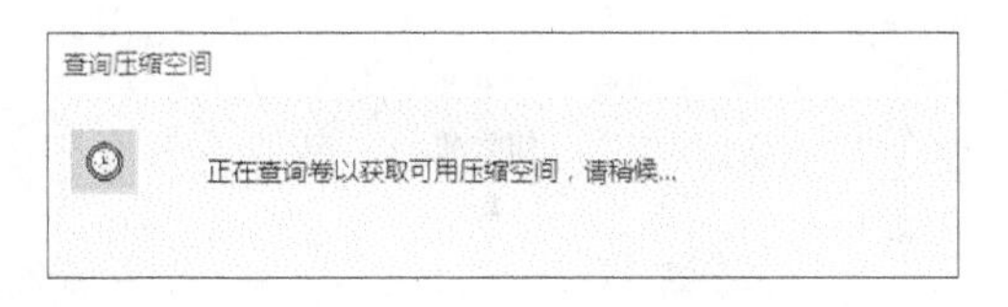

步骤03 弹出【压缩G：】对话框，在【输入压缩空间量】文本框中输入调整出分区的大小“1000”MB，在【压缩后的总计大小（MB）】文本框中显示调整后容量，单击【压缩】按钮。

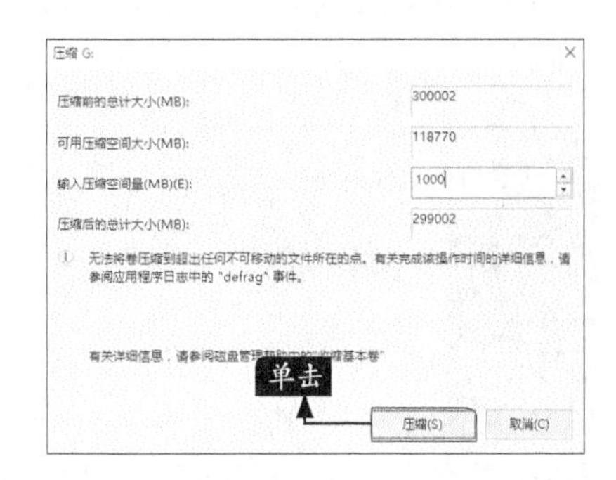

步骤04 系统将自动从G盘中划分出1000MB空间，C盘的容量得到了调整。

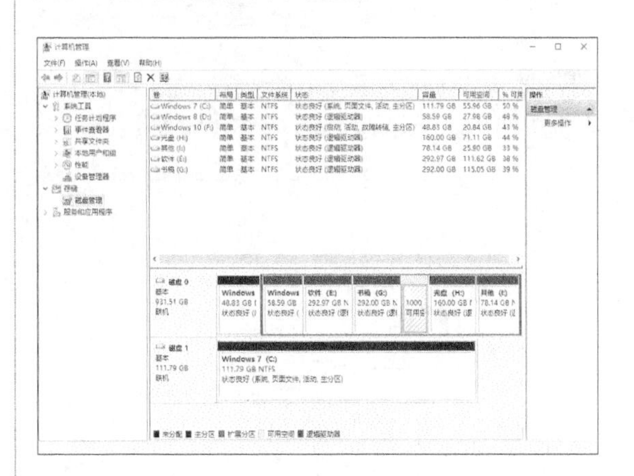

（1）合并分区

如果用户想合并两个分区，则其中一个分区必须为未分配的空间，否则不能合并。在Windows操作系统中，用户可用【扩展卷】功能实现分区的合并。具体操作步骤如下。

步骤01 打开【计算机管理】窗口，单击窗口左侧的【磁盘管理】选项，即可在右侧窗格中显示出本机磁盘的信息列表。选择需要合并的其中一个分区，右键单击并在弹出的快捷菜单中选择【扩展卷】菜单命令。

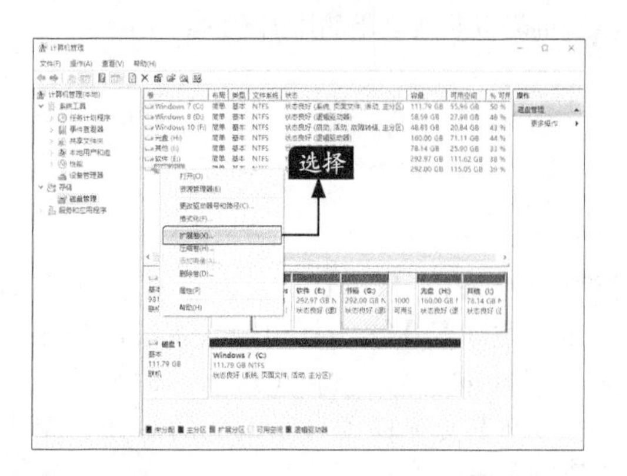

步骤02 弹出【扩展卷向导】对话框，单击【下一步】按钮。

步骤03 弹出【选择磁盘】对话框，在【可用】列表框中选择要合并的空间，单击【添加】按钮。

步骤04 新的空间被添加到【已选的】列表框中，单击【下一步】按钮。

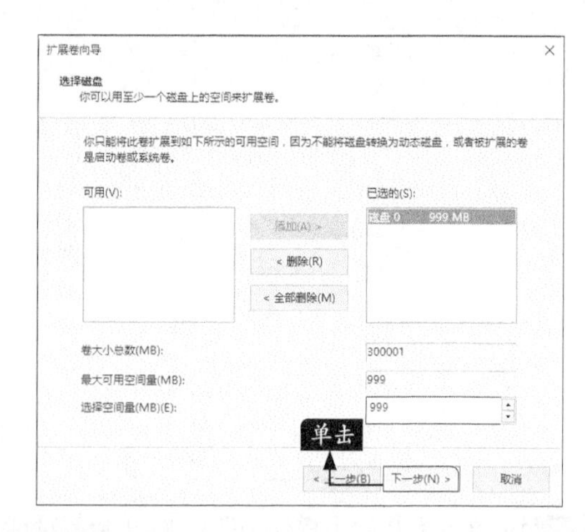

步骤05 弹出【完成扩展卷向导】对话框，单击【完成】按钮。

步骤06 返回到【计算机管理】窗口，则两个分区被合并到一个分区中。

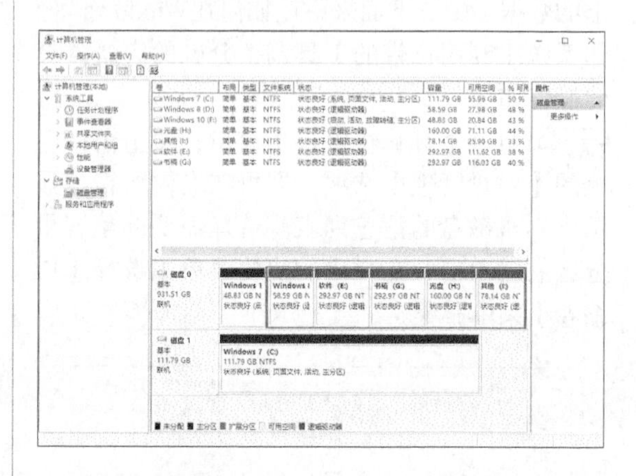

（2）删除分区

删除硬盘分区主要是创建可用于创建新分区的空白空间。如果硬盘当前设置为单个分区，则不能将其删除，也不能删除系统分区、引导分区或任何包含虚拟内存分页文件的分区，因为 Windows 需要此信息才能正确启动。

删除分区的具体操作步骤如下。

步骤01 打开【计算机管理】窗口，单击窗口左侧的【磁盘管理】选项，即可在右侧窗格中显示出本机磁盘的信息列表。选择需要删除的分区，右键单击并在弹出的快捷菜单中选择【删除卷】菜单命令。

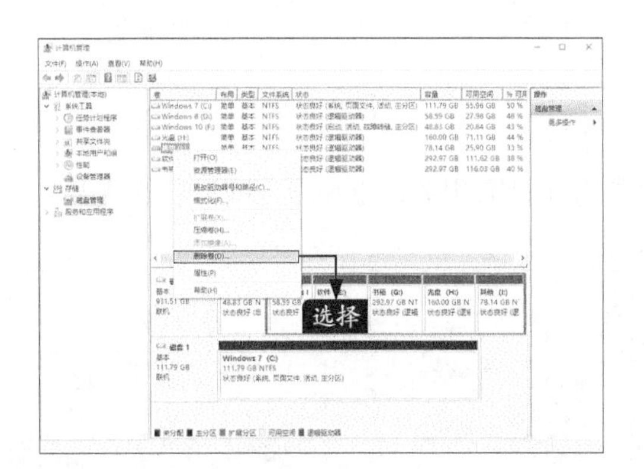

步骤02 弹出【删除简单卷】对话框，单击【是】按钮，即可删除分区。

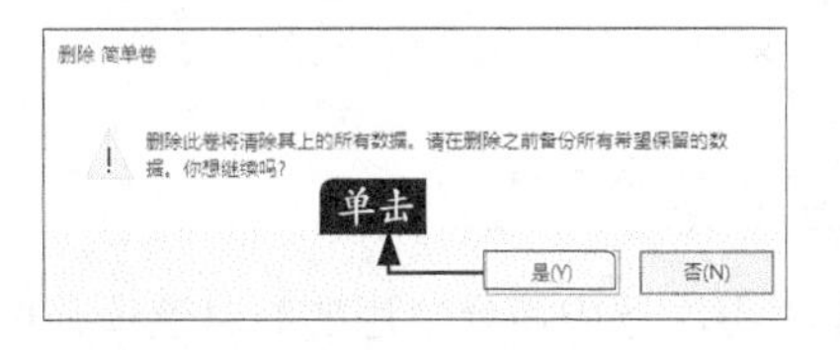

3.更改驱动器号

利用Windows中的【磁盘管理】程序也可处理盘符错乱情况，操作方法非常简单，用户不必再下载其他工具软件即可处理这一问题。

步骤01 打开【计算机管理】窗口。单击窗口左侧的【磁盘管理】选项，即可在右侧窗格中显示出本机磁盘的信息列表。

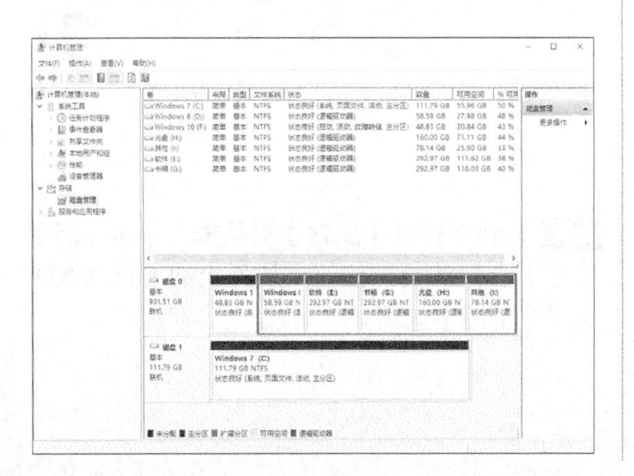

步骤02 在右侧磁盘列表中选择盘符混乱的磁盘【光盘(H:)】并右键单击，在快捷菜单中选择【更改驱动器号和路径】选项。

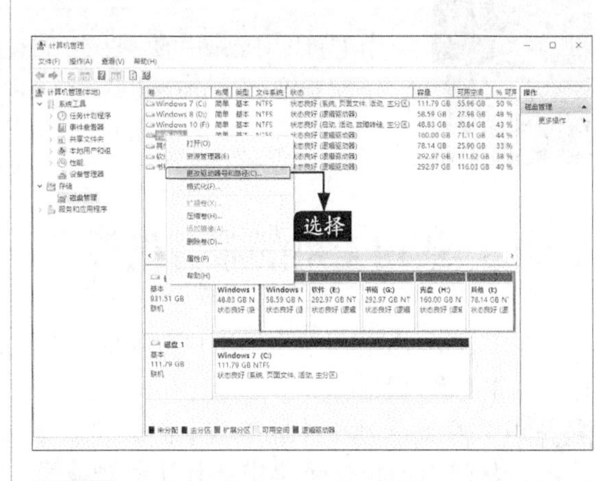

步骤03 弹出【更改H：(光盘)的驱动器号和路径】对话框。

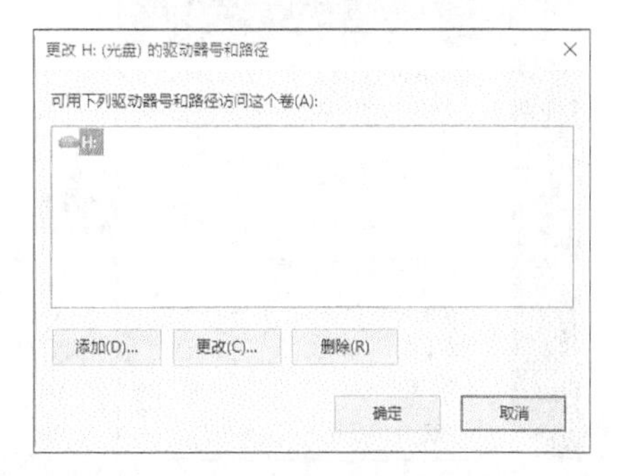

步骤04 单击【更改】按钮，弹出【更改驱动器号和路径】对话框，单击右侧的下拉按钮，在下拉列表中为该驱动器指定一个新的驱动器号。

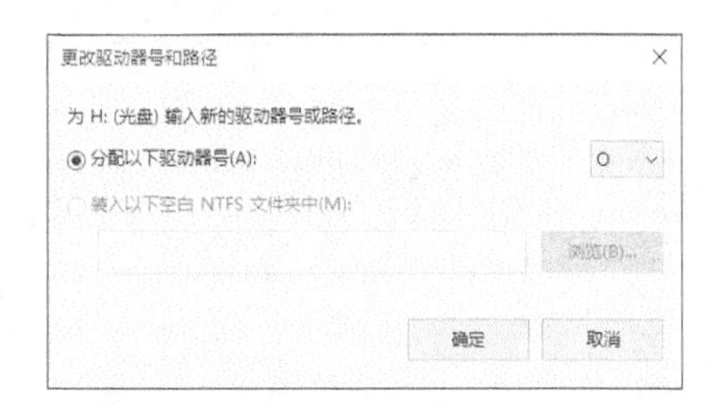

步骤05 单击【确定】按钮，即可弹出【确认】对话框，单击【是】按钮即可完成盘符的更改。

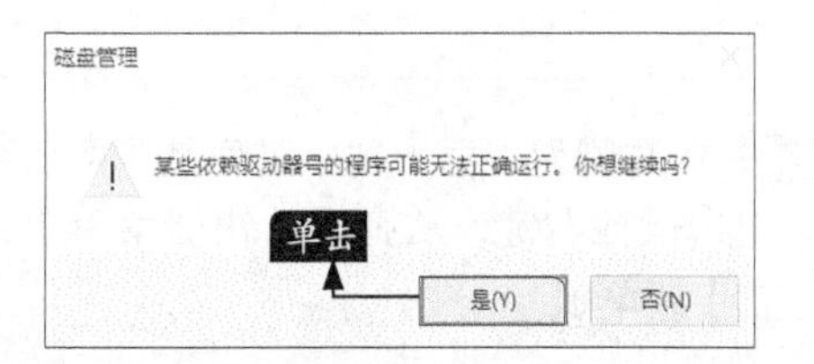

10.3 加快系统运行速度

本节教学录像时间：8 分钟

用户可以对电脑中的一些选项进行设置，如禁用无用的服务组件、设置最佳性能、结束多余的进程等，从而加速电脑运行速度。

10.3.1 禁用无用的服务组件

在Windows操作系统中，用户可以将不需要的服务组件禁用掉，以加速电脑运行的速度。具体的操作步骤如下。

步骤 01 在桌面上选中【此电脑】图标并右键单击，从弹出的快捷菜单中选择【管理】菜单项。

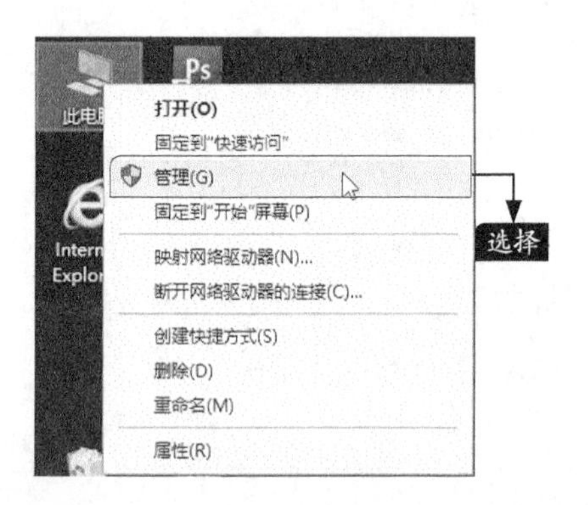

步骤 02 打开【计算机管理】窗口，在左侧任务窗格中依次单击【计算机管理】➤【服务和应用程序】➤【服务】菜单项。

步骤 03 在右侧列表框中选中需要禁用的服务选项并单击鼠标右键，从弹出的快捷菜单中选择【停止】菜单项。

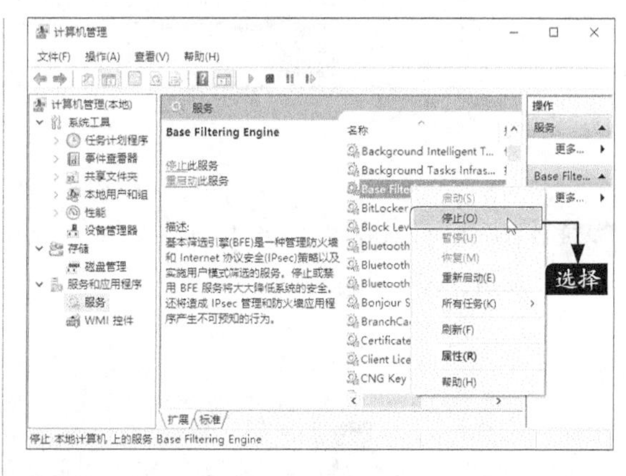

步骤 04 再次选中需要禁用的服务选项并单击鼠标右键，从弹出的快捷菜单中选择【属性】菜单项。

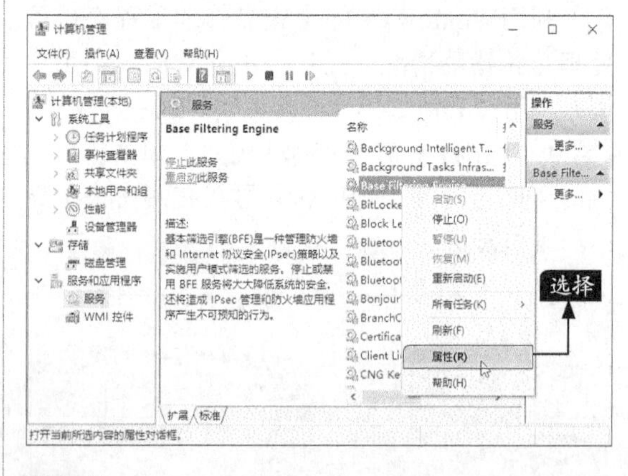

步骤 05 随即打开【属性】对话框，单击【启动类型】右侧的下拉按钮，从弹出的下拉列表中选择【禁用】选项。

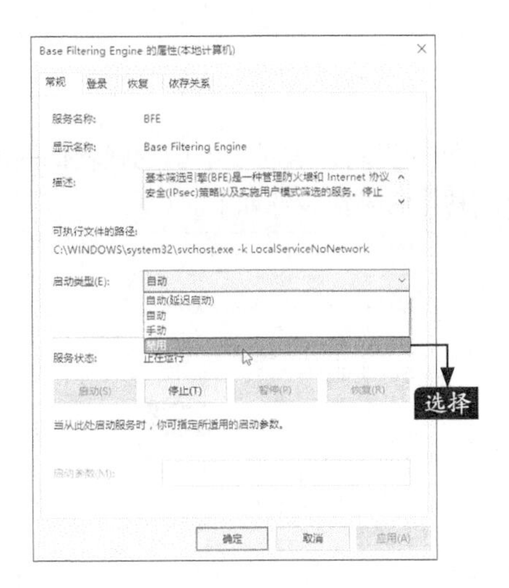

步骤06 设置完毕后，单击【确定】按钮，即可完成设置。

> **小提示**
>
> 用户可以禁用的服务组件有Print Spooler（打印服务）、Task Scheduler（计划任务）、FAX（传真服务）、Messenger（局域网消息传递）以及Remote Registry（提供远程用户修改注册表）等服务组件。

另外，还可以在【Windows任务管理器】窗口中，停止服务的运行。具体的操作步骤如下。

步骤01 在操作系统桌面上，右键单击任务栏，在弹出的快捷菜单中，选择【任务管理器】命令。

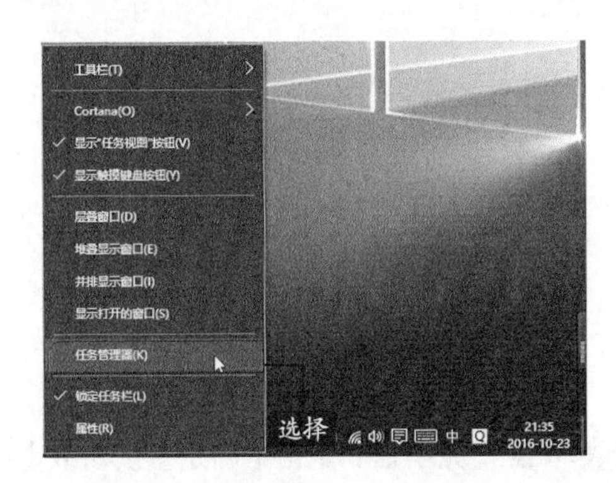

> **小提示**
>
> 也可以按【Ctrl+Alt+Del】组合键，在弹出的界面中，选择【任务管理器】选项。

步骤02 即可打开【Windows任务管理器】窗口，如下图所示。

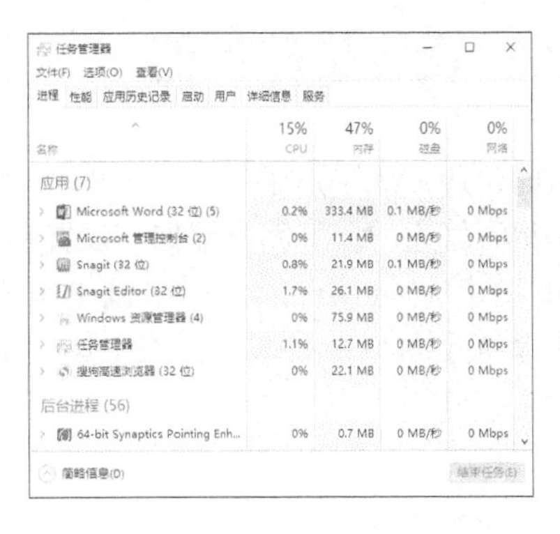

步骤03 选择【服务】选项卡，打开【服务】设置界面，在下方的列表中显示了系统中启动的服务列表。

步骤04 在列表框中选中无用的服务并右键单击，从弹出的快捷菜单中选择【停止】菜单项。

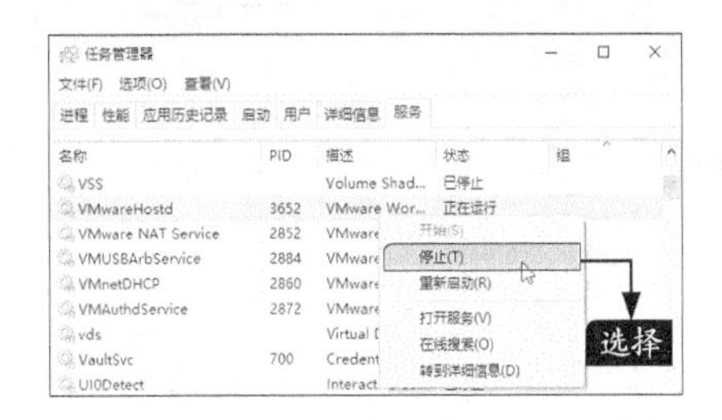

步骤05 如果用户发现需要禁止的服务无法禁止，这时可以单击【打开服务】菜单项，打开【服务】对话框，从中进行更多的设置。

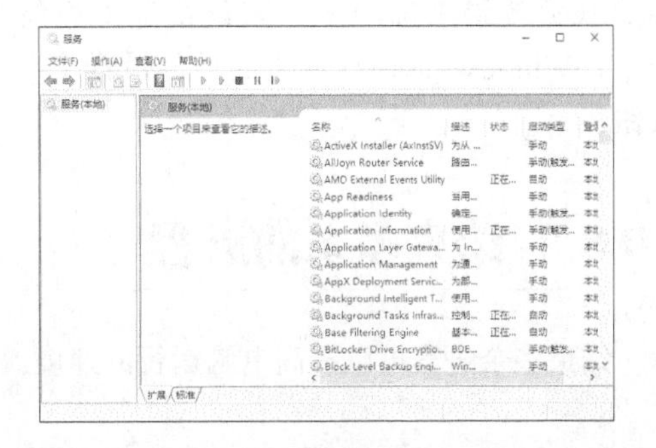

10.3.2 设置最佳性能

有时，用户为了追求系统华丽的外表，而往往忽视性能的提高，这对于电脑配置较低的用户来说是得不偿失的。下面介绍如何设置系统的最佳性能。具体的操作步骤如下。

步骤 01 按【Windows+Pause Break】组合键，打开【系统】窗口，在左侧窗格中单击【高级系统设置】链接。

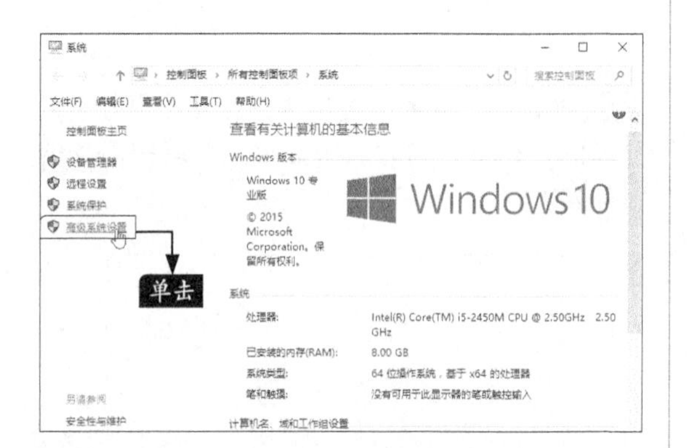

步骤 02 打开【系统属性】对话框，单击【高级】选项卡，在打开的界面中单击【性能】组合框中的【设置】按钮。

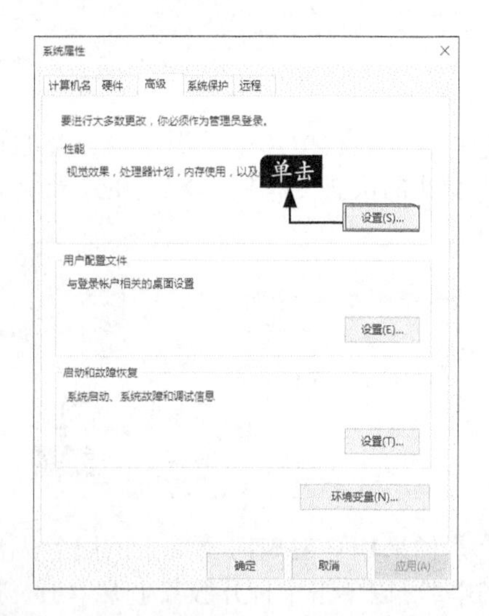

步骤 03 打开【性能选项】对话框，在其中选择【视觉效果】选项卡，默认情况下系统选中【让Windows选择计算机的最佳设置】单选按钮。

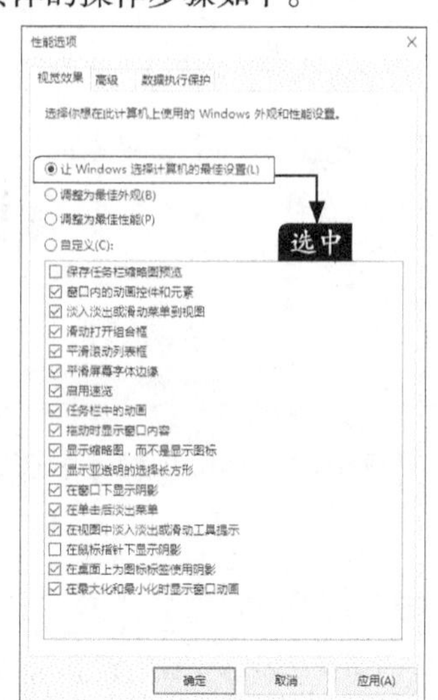

步骤 04 选中【调整为最佳性能】单选按钮，可以看到列表框中所有选项前面的复选框都被撤选，用户也可以选中【自定义】单选按钮，然后对列表框中的选项进行设置。

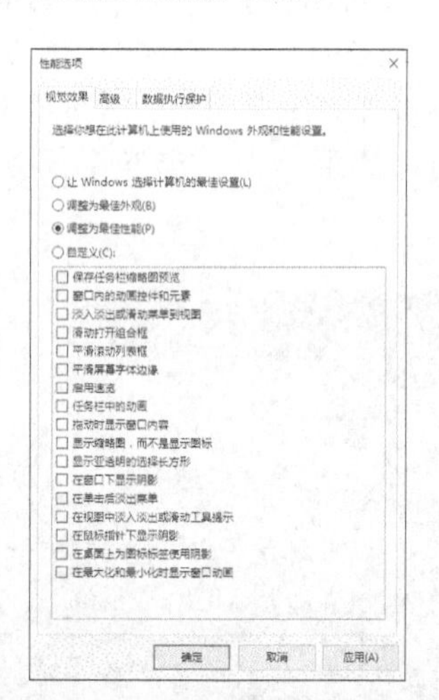

步骤 05 设置完毕后，单击【确定】按钮或【应用】按钮，系统就会根据用户的选择对系统外观与性能进行设置，从而提高电脑运行的速度。

10.3.3 结束多余的进程

结束多余进程可以提高电脑运行的速度。具体的操作步骤如下。

步骤01 按键盘上的【Ctrl+Alt+Del】组合键，打开【Windows任务管理器】窗口，选择【进程】选项卡，即可看到本机中开启的所有进程。

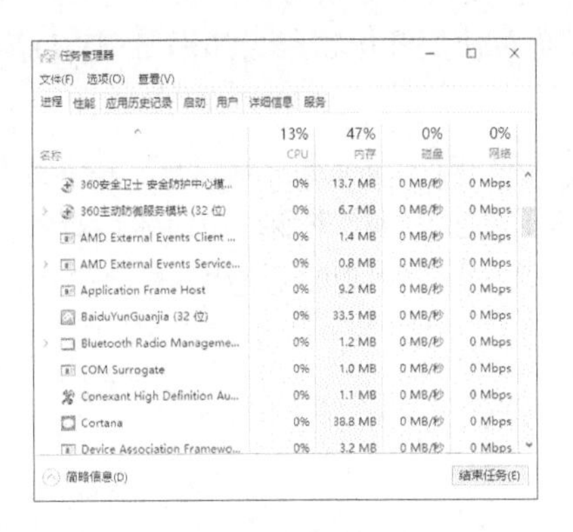

小提示

【Windows任务管理器】窗口中主要系统进程的含义如下。

（1）smss.exe：会话管理。

（2）csrss.exe：子系统服务器进程。

（3）winlogon.exe：管理用户登录。

（4）service.exe：系统服务进程。

（5）lsass.exe：管理IP安全策略及启动ISAKMP/Oakley（IKE）和IP安全启动程序。

（6）svchost.exe：从动态链接库中运行服务的通用主机进程名称（在Windows XP系统中通常有6个svchost.exe进程）。

（7）spoolsv.exe：将文件加载到内存中以便打印。

（8）explorer.exe：资源管理进程。

（9）internat.exe：输入法进程。

步骤02 在进程列表中查找多余的进程，然后单击鼠标右键，从弹出的快捷菜单中选择【结束任务】菜单项，即可结束当前进程。

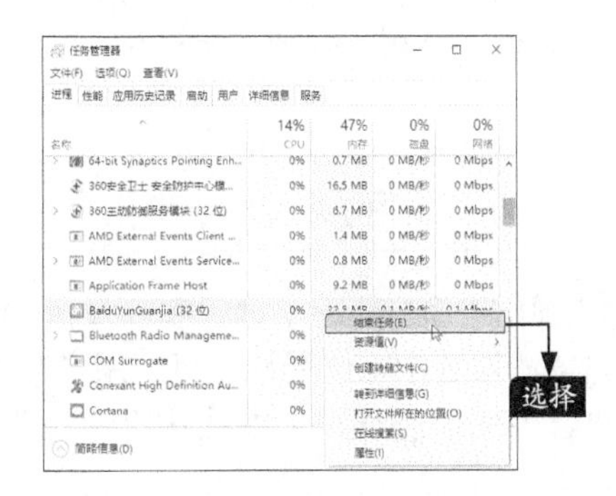

小提示

单击【结束进程】按钮，也可结束选中的进程。

10.3.4 取消显示开机锁屏界面

虽然开机锁屏界面，给人以绚丽的视觉效果，但是不免影响了开机时间和速度，用户可以根据需要取消系统启动后的锁屏界面，具体步骤如下。

步骤01 按【Win+R】组合键，打开【运行】对话框，输入“gpedit.msc”命令，按【Enter】键。

步骤02 弹出【本地组策略编辑器】对话框，单击【计算机配置】➤【管理模板】➤【控制面板】➤【个性化】命令，在【设置】列表中双击打开【不显示锁屏】命令。

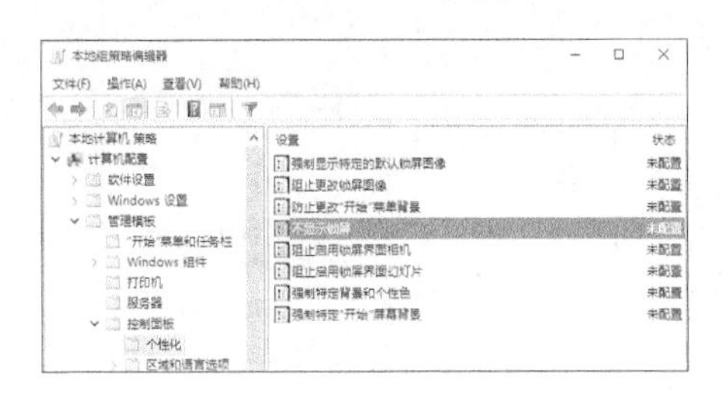

步骤03 弹出【不显示锁屏】对话框，选择【已启用】单选项，单击【确定】按钮，即可取消显示开机锁屏界面。

10.3.5 取消开机密码，设置Windows自动登录

虽然使用账户登录密码，可以保护电脑的隐私安全，但是每次登录时都要输入密码，对于一部分用户来讲，太过于麻烦。用户可以根据需求，选择是否使用开机密码，如果希望Windows可以跳过输入密码直接登录，可以参照以下步骤。

步骤01 在电脑桌面中，按【Windows+R】组合键，打开【运行】对话框，在文本框中输入"netplwiz"，按【Enter】键确认。

步骤02 弹出【用户账户】对话框，选中本机用户，并取消勾选【要使用计算机，用户必须输入用户名和密码】复选框，单击【应用】按钮。

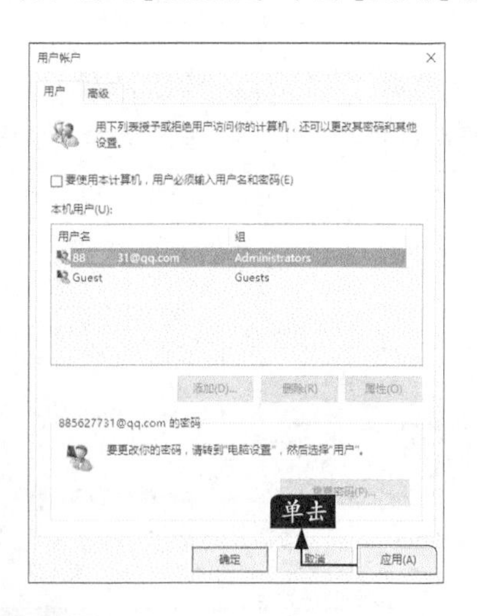

步骤03 弹出【自动登录】对话框，在【密码】和【确认密码】文本框中输入当前账户密码，然后单击【确定】按钮即可取消开机登录密码。

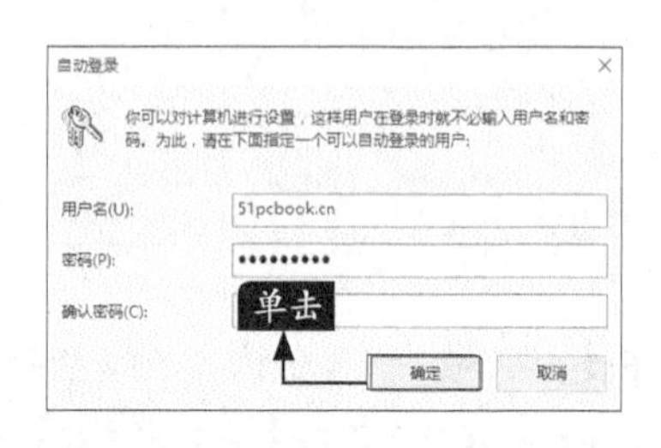

步骤04 再次重新登录时，无需输入用户名和密码，直接登录系统。

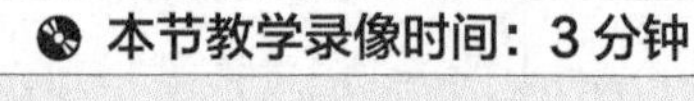

小提示

如果在锁屏状态下，则还是需要输入账户密码的，只有在启动系统登录时，可以免输入账户密码。

10.4 系统瘦身

本节教学录像时间：3 分钟

对于系统不常用的功能，可以将其关闭，从而给系统瘦身，达到调高电脑性能的目的。

10.4.1 关闭系统还原功能

Windows操作系统提供了系统还原功能，当系统被破坏时，可以恢复到正常状态。但是这样占用了系统资源，如果不需要此功能，可以将其关闭。关闭系统还原功能的具体操作步骤如下。

步骤01 按【Windows+R】组合键，弹出【运行】对话框，在【打开】文本框中输入“gpedit.msc”命令。

步骤02 弹出【本地组策略编辑器】窗口，选择【计算机配置】➤【管理模板】➤【系统】➤【系统还原】选项，在右侧的窗口中双击【关闭系统还原】选项。

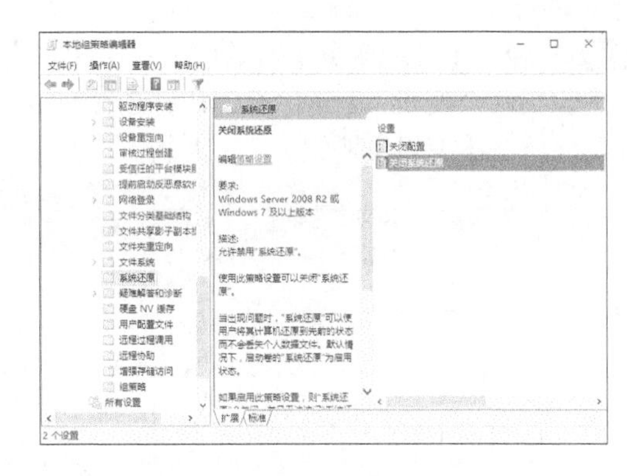

步骤03 弹出【关闭系统还原】窗口，选择【已启用】单选按钮，然后单击【确定】按钮即可。

10.4.2 更改临时文件夹位置

把临时文件转移到非系统分区中，既可以为系统瘦身，也可以避免在系统分区内产生大量的碎片而影响系统的运行速度，还可以轻松地查找临时文件，进行手动删除。更改临时文件夹位置的具体操作步骤如下。

步骤01 右键单击桌面上的【此电脑】图标，在弹出的快捷菜单中选择【属性】菜单命令，弹出【系统】窗口。

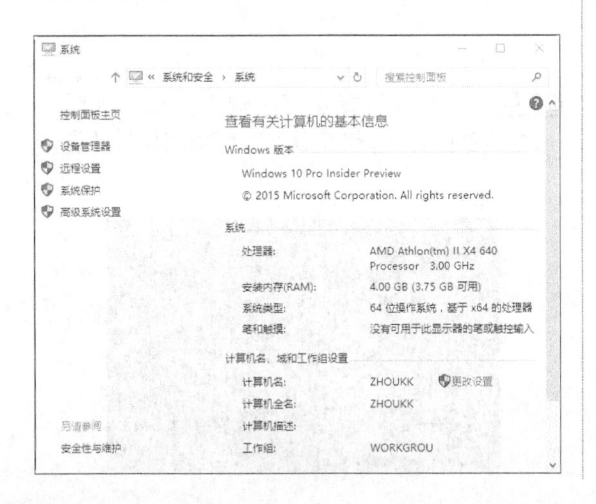

步骤02 单击【更改设置】链接，弹出【系统属性】对话框，单击【高级】选项卡下的【环境变量】按钮。

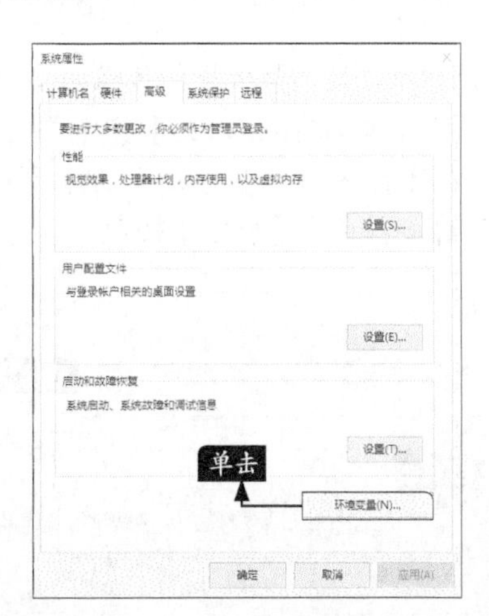

步骤03 弹出【环境变量】对话框，在【变量】组中包括两个变量：TEMP和TMP，选择TEMP变量，单击【编辑】按钮。

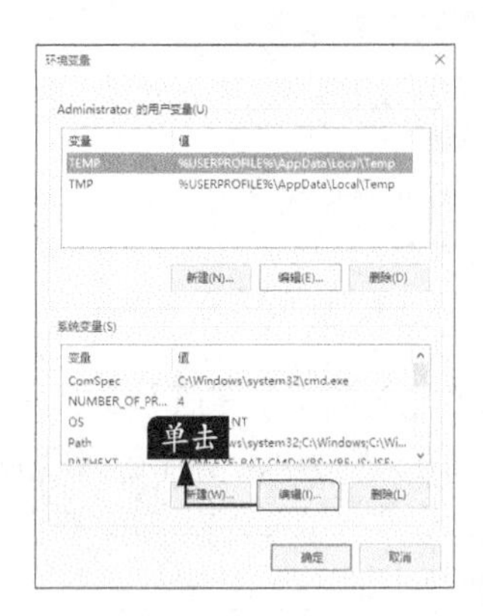

小提示

TEMP和TMP文件是各种软件或系统产生的临时文件，也就是常说的垃圾文件，两者都是一样的。TMP是TEMP的简写形式，TMP的可以向后（DOS）兼容。

步骤04 弹出【编辑用户变量】对话框，在【变量值】文本框中输入更改后的位置“E:\Temp”，单击【确定】按钮。

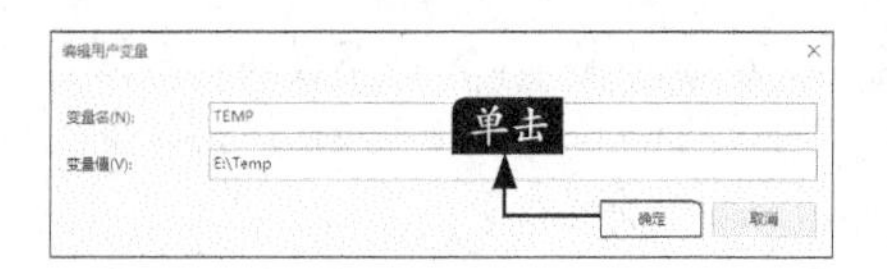

小提示

【变量名】文本框显示要编辑变量的名称，【变量值】文本框主要是设置临时文件夹的位置，可以根据需要设置在其他非系统盘中。

步骤05 返回到【环境变量】对话框，可以看到变量的路径已经改变。使用同样的方法更改变量TMP的值即可，单击【确定】按钮，完成临时文件夹位置的更改。

10.4.3 禁用休眠

Windows操作系统默认情况下已打开休眠支持功能，在操作系统所在分区中创建文件hiberfil.sys 的系统隐藏文件，该文件的大小与正在使用的内存容量有关。

小提示

如果不需要休眠功能，可以将其关闭，这样可以节省更多的磁盘空间。

禁用休眠功能的具体操作步骤如下。

步骤01 按【Windows+R】组合键，弹出【运行】对话框，在【打开】文本框中输入“cmd”命令，单击【确定】按钮。

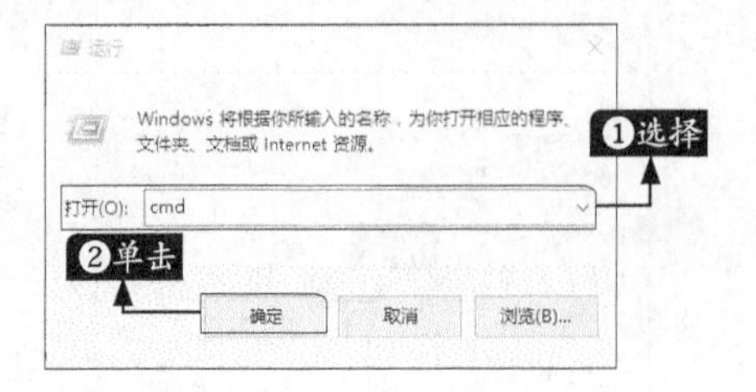

步骤02 在命令行提示符中输入“powercfg -h off”，按【Enter】键确认，即可禁用休眠功能。

10.5 注册表优化

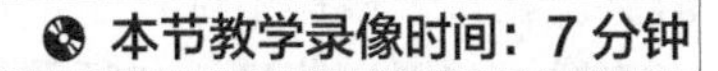

电脑用的时间长了，总会在注册表中留下垃圾信息。本节主要讲述注册表的优化。

10.5.1 注册表编辑器

在Windows 10操作系统中，使用系统自带的注册表编辑器可以导出一个扩展名为.reg的文本文件，在该文件中包含了导出部分的注册表的全部内容，包括子键、键值项和键值等信息。注册表既保存了关于缺省数据和辅助文件的位置信息、菜单、按钮条、窗口状态和其他可选项，同样也保存了安装信息（如日期）、安装软件的用户、软件版本号和日期、序列号等。根据安装软件的不同，它包括的信息也不同。

在Windows 10操作系统中启动注册表的方法有两种。

（1）在桌面底部的【搜索框】文本框中输入“regedit”，按【Enter】键即可。

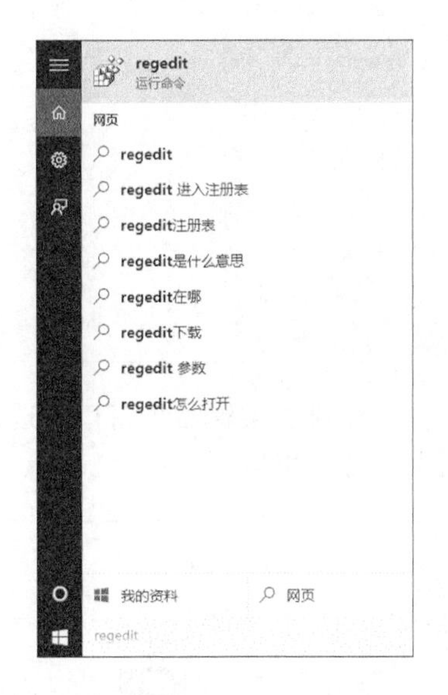

小提示

打开注册表的用户必须具有管理员的身份。

（2）选择【开始】➤【所有应用】➤【Windows系统】➤【运行】菜单命令。弹出【运行】对话框，在【打开】文本框中输入“regedit.exe”命令，按【Enter】键即可。

注册表编辑器的项主要包括【HKEY_CLASSES_ROOT】、【HKEY_CURRENT_USER】、【HKEY_LOCAL_MACHINE】、【HKEY_USERS】和【HKEY_CURRENT_CONFIG】。

各个项的具体含义如下。

（1）【HKEY_CLASSES_ROOT】：HKEY_CLASSES_ROOT是系统中控制所有数据文件的项，包括了所有文件扩展和所有与执行文件相关的文件。它同样也决定了当一个文件被双击时起反应的相关应用程序。

（2）【HKEY_CURRENT_USER】：HKEY_CURRENT_USER管理系统当前的用户信息。在这个根键中保存了本地电脑中存放的当前登录的用户信息，包括登录用户名和暂存的密码。

（3）【HKEY_LOCAL_MACHINE】：HKEY_LOCAL_MACHINE是一个显示控制系统和软件的处理键，保存着电脑的系统信息。它包括网络和硬件上所有的软件设置，如文件的位置、注册和未注册的状态、版本号等，这些设置和用户无关，因为这些设置是针对使用这个系统的所有用户的。

（4）【HKEY_USERS】：HKEY_USERS仅包含了缺省用户设置和登录用户的信息。虽然它包含了所有独立用户的设置，但在用户未登录时用户的设置是不可用的。

（5）【HKEY_CURRENT_CONFIG】HKEY_CURRENT_CONFIG根键用于保存电脑的当前硬件配置，如电脑的显示器、打印机等外设的设置信息。

10.5.2 备份注册表

导出注册表的过程即是备份注册表的过程。使用注册表编辑器导出注册表的具体操作步骤如下。

步骤01 选择【开始】➤【所有应用】➤【Windows系统】➤【运行】菜单命令。

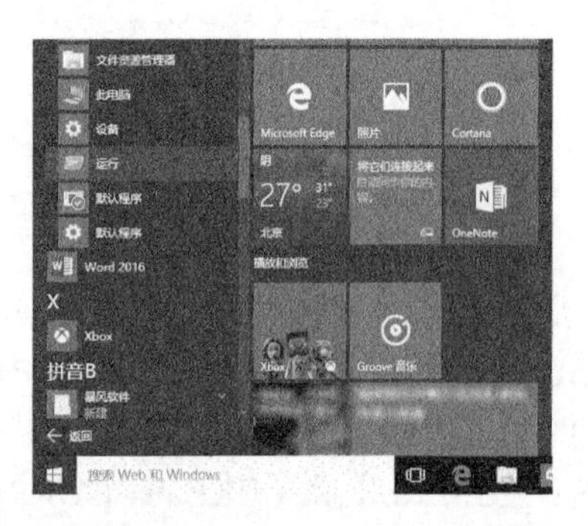

步骤02 弹出【运行】对话框，在【打开】文本框中输入“regedit”命令。

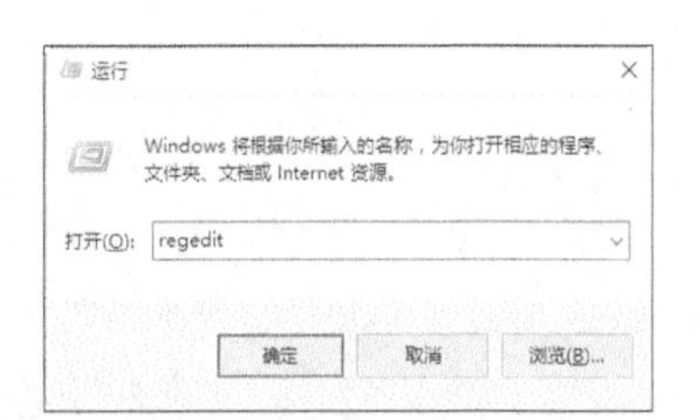

步骤03 单击【确定】按钮，弹出【注册表编辑器】窗口。

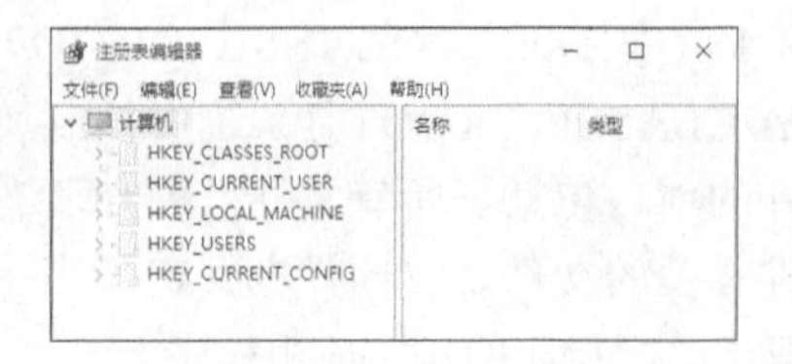

步骤04 在【注册表编辑器】窗口的左边窗格中选择要备份的注册项。

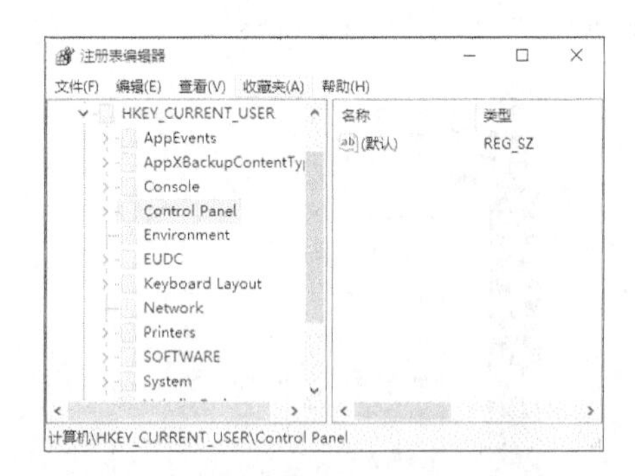

步骤05 在【注册表编辑器】窗口中选择【文件】➤【导出】菜单命令。

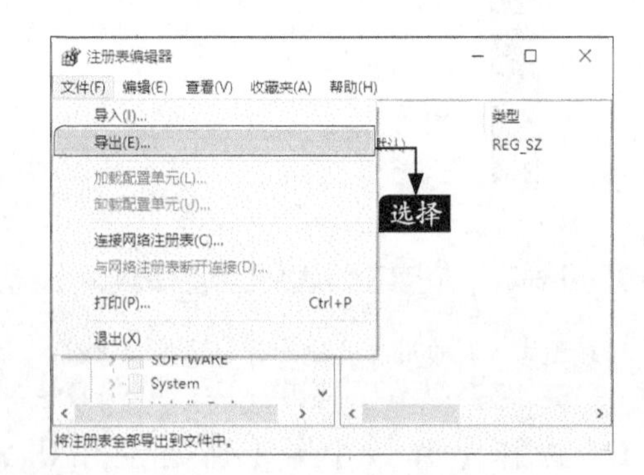

步骤06 弹出【导出注册表文件】对话框，在其中设置导出文件的存放位置，在【文件名】文本框中输入“注册表备份”，在【导出范围】设置区域中选择【所选分支】单选按钮。

小提示

选择【所选分支】单选按钮，只导出所选注册表项的分支项；选择【全部】单选按钮，则导出所有注册表项。

步骤 07 单击【保存】按钮即可开始导出，导出完成后，打开保存该文件的文档可看到一个注册表文件。

10.5.3 导入注册表

使用注册表编辑器也可以将导出的注册表导入系统之中，以修复受损的注册表。导入注册表的具体操作步骤如下。

步骤 01 在【注册表编辑器】窗口中选择【文件】➤【导入】菜单命令。

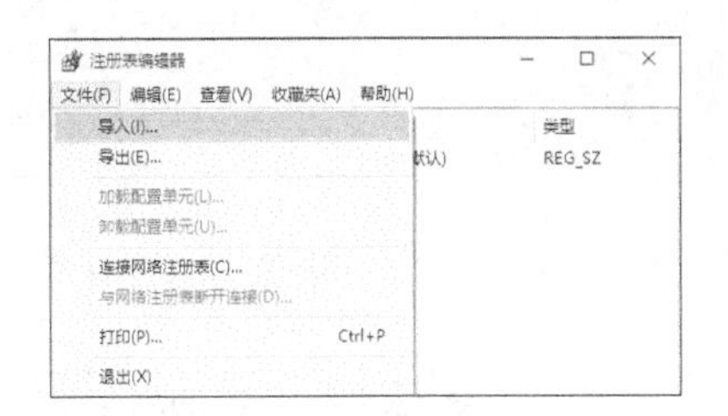

步骤 02 随即打开【导入注册表文件】对话框，在其中选择需要还原的注册表文件。

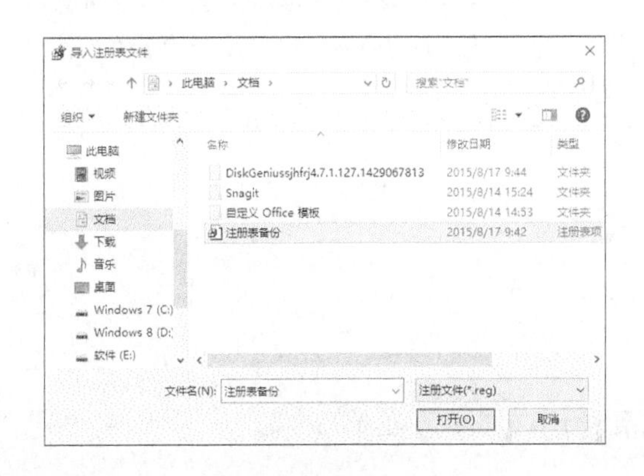

步骤 03 单击【打开】按钮，即可开始导入注册表文件。导入成功后，将弹出一个信息提示框，提示用户已经将注册表备份文件中的项和值成功添加到注册表中。单击【确定】按钮，关闭该对话框。

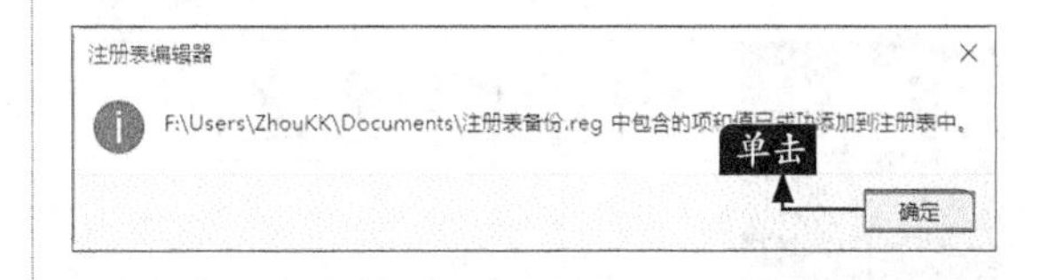

小提示

用户在还原注册表的时候也可以直接双击备份的注册表文件。此外，如果用户的注册表受损之前并没有备份，那么这个时候可以将其他电脑的注册表文件导出，然后复制到自己的电脑上运行一次就可以修复注册表文件了。

10.5.4 清理注册表

使用360安全卫士可帮助用户查杀病毒、修复电脑、修复漏洞、清理电脑、优化加速、更新驱动、恢复文件等。下面介绍使用360安全卫士清理注册表的具体操作步骤。

步骤01 打开【360安全卫士】主界面，单击左下角的【电脑清理】按钮。

步骤02 在打开的界面中可以看到包含有清理垃圾、清理痕迹、清理注册表、清理插件、清理软件和清理Cookies等6个选项，选择要清理的选项，这里选择所有的选项，单击【一键扫描】按钮。

步骤03 即可开始扫描，扫描完成后，将在下方显示所有可清理的垃圾文件，在【注册表】选项下可以看到需要清理的注册表信息，单击【一键清理】按钮。

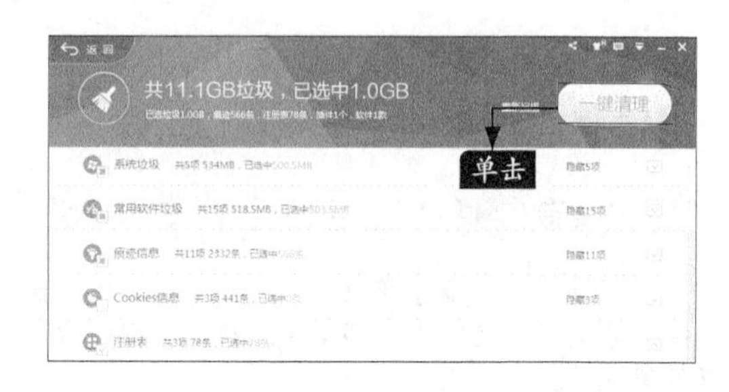

步骤04 即可将扫描到的所有垃圾文件清除，并在下方显示本次垃圾清理排行分布，可以看到清理注册表78条。完成清理注册表的操作。

10.6 组策略优化

本节教学录像时间：7 分钟

所谓组策略，就是基于组的策略。它以Windows中的一个MMC管理单元的形式存在，主要帮助用户对整个电脑或是特定组策略界面图设置多种配置，包括桌面配置和安全配置。例如，可以为特定用户或用户组定制可用的程序、桌面上的内容，以及【开始】菜单按钮等，也可以在整个电脑范围内创建特殊的桌面配置。

10.6.1 打开组策略编辑器

打开组策略编辑器的具体操作步骤如下。

步骤01 选择【开始】➤【所有应用】➤【Windows系统】➤【运行】菜单命令。

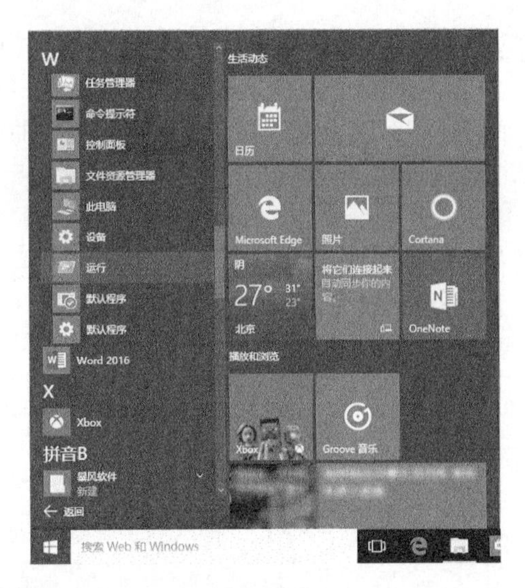

步骤02 弹出【运行】对话框，在【打开】文本框中输入“gpedit.msc”命令。

步骤03 单击【确定】按钮，即可弹出【本地组策略编辑器】窗口。

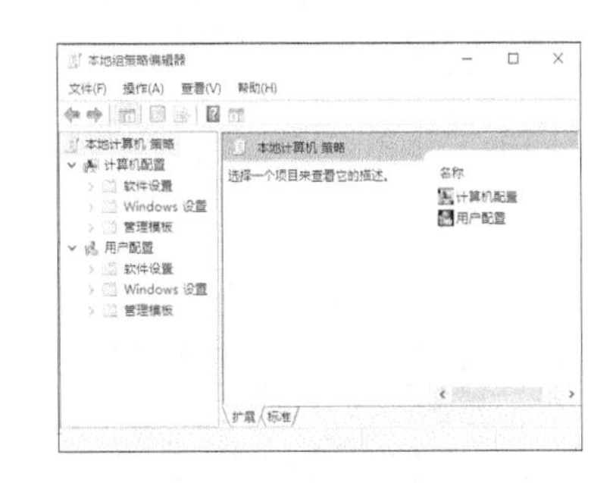

10.6.2 系统安全优化

随着电脑技术的迅猛发展，电脑应用的社会化也带来了一系列新的问题，信息化社会面临着电脑系统安全问题的严重威胁。

1. 密码策略

如果多个用户访问同一台电脑，且不想让自己的数据被对方看到，则该电脑上的每个账户都应该指定密码。在默认情况下，每一个用户都有独立但可被访问的文件存储区。当创建密码之后，Windows 10系统会锁定相关文件夹。这样，电脑上其他非管理员用户就无法访问这些数据了。

在对账户策略进行修改之前，最好先复查自己网络中已有的密码策略，在账户策略中设置的内容，应该跟现有的密码策略相符合。

可以使用安全模板组件修改密码策略设置，具体操作步骤如下。

步骤01 在【本地组策略编辑器】窗口中展开【计算机配置】➤【Windows设置】➤【安全设置】➤【账户策略】➤【密码策略】项，即可进入【密码策略】设置界面。

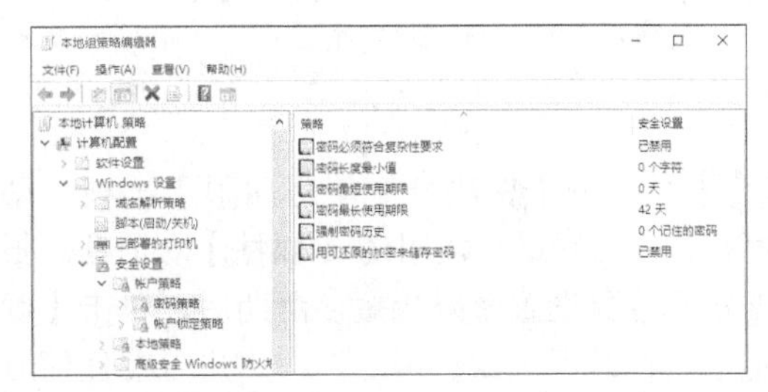

步骤02 双击【密码必须符合复杂性要求】选项，即可打开【密码必须符合复杂性要求 属性】对话框。选择【已启用】单选按钮，单击【确定】按钮，即可启用密码复杂性要求。

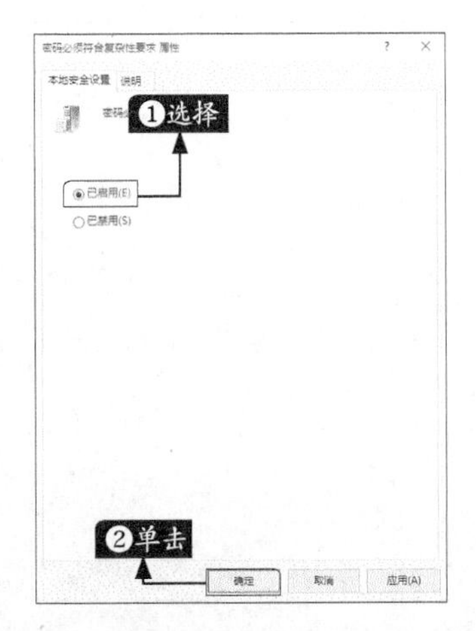

步骤03 双击【密码长度最小值】选项，即可打开【密码长度最小值 属性】对话框，根据实际情况输入密码的最少字符个数，单击【确定】按钮。

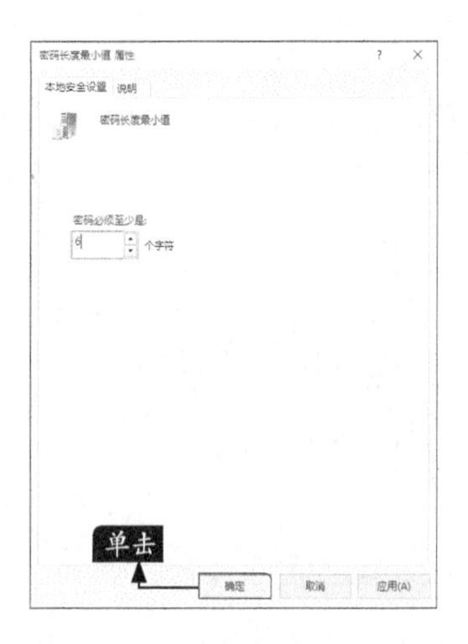

小提示

由于空密码和太短的密码都很容易被专用破解软件猜测到，为减小密码破解的可能性，密码应该尽量长。而且有特权用户（如Administrators组的用户）的密码长度最好超过12个字符。一个用来加强密码的方法是使用不在默认字符集中的字符。

步骤04 双击【密码最短使用期限】选项，即可打开【密码最短使用期限 属性】对话框。根据实际情况设置密码最短存留期后，单击【确定】按钮即可。默认情况下，用户可在任何时间修改自己的密码，因此，用户可以更换一个密码，立刻再更改回原来的旧密码。这个选项可用的设置范围是0（密码可随时修改）或1～998（天），建议设置为1天。

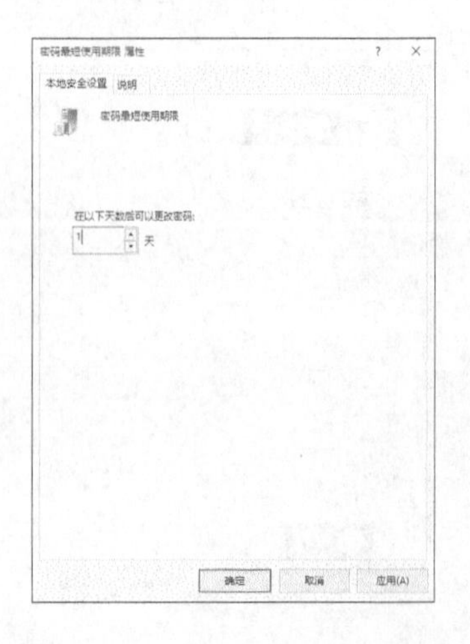

步骤05 双击【密码最长使用期限】选项，即可打开【密码最长使用期限 属性】对话框，在【密码过期时间】文本框中设置密码过期的天数，单击【确定】按钮。

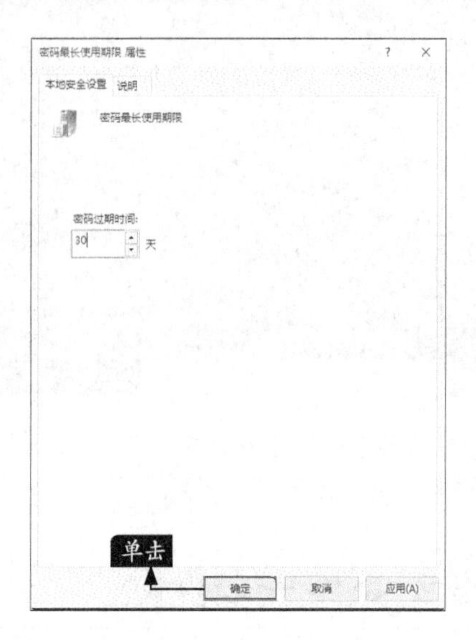

步骤06 双击【强制密码历史】选项，即可打开【强制密码历史 属性】对话框，根据个人情况设置保留密码历史的个数，单击【确定】按钮即可。

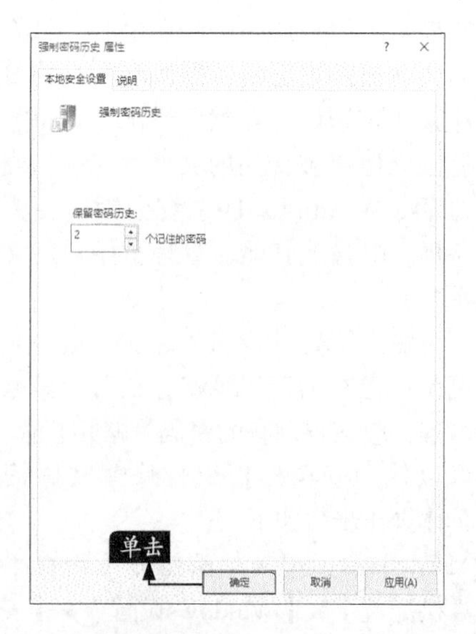

2. 重命名默认账户

在一般情况下，在Windows中内置了Administrator和Guest两个账户，其中Administrator是具有全部权限的管理员账户。黑客往往是通过密码猜测或暴力破解方式，来获得该管理员账户信息，所以防御黑客入侵的最好办法就是改变这两个默认账户名称。

具体的操作步骤如下。

步骤 01 在【本地组策略编辑器】窗口中展开【计算机配置】➤【Windows设置】➤【安全设置】➤【本地策略】➤【安全选项】选项，即可进入【安全选项】设置窗口。

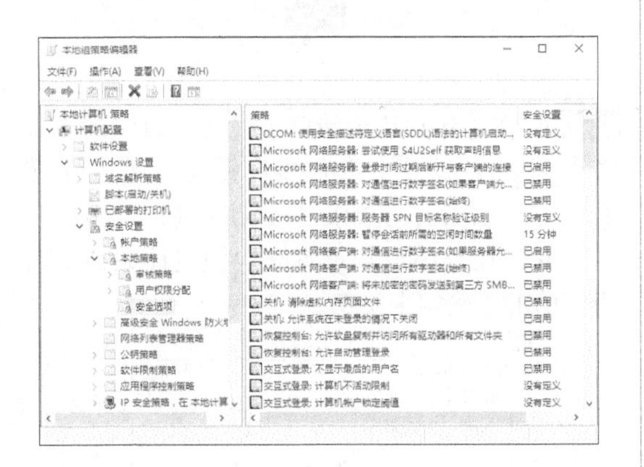

步骤 02 双击【账户：重命名系统管理员账户】选项，即可打开【账户：重命名系统管理员账户 属性】对话框。在文本框中输入相应的名称之后，单击【确定】按钮，即可完成重命名管理员账户操作。

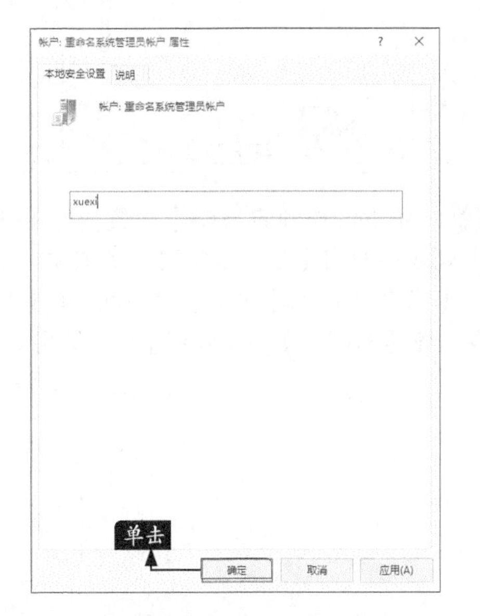

步骤 03 双击【账户：重命名来宾账户】选项，即可打开【账户：重命名来宾账户 属性】对话框。在文本框中输入重新命名的来宾账户的名称后，单击【确定】按钮，即可完成重命名来宾账户操作。

3. 账户锁定策略

Windows 10系统具有账户锁定功能，可以在登录失败的次数达到管理员指定次数之后锁定该账户。还可以设置在一定的时间之后自动解锁，或将锁定期限设置为“永久”。

启用账户锁定功能可以使黑客不能使用该账户，除非只尝试少于管理员设定的次数就猜解出密码；如果已经设置对登录事件的记录和检查，通过检查登录日志，就可以发现那些不安全的登录尝试。

如果一个账户已经被锁定，管理员可以使用Active Directory、启用域账户、使用电脑管理等来启用本地账户，而不用等待账户自动启用。系统自带的Administrator账户不会随着账户锁定策略的设置而被锁定，但当使用远程桌面时，会因为账户锁定策略的设置而使得Administrator账户在设置的时间内，无法继续使用远程桌面。

在【本地组策略编辑器】窗口中启用账户锁定策略的具体设置步骤如下。

步骤 01 在【本地组策略编辑器】窗口中展开【计算机配置】➤【Windows设置】➤【安全设置】➤【账户策略】➤【账户锁定策略】选项，即可进入【账户锁定策略】设置窗口。

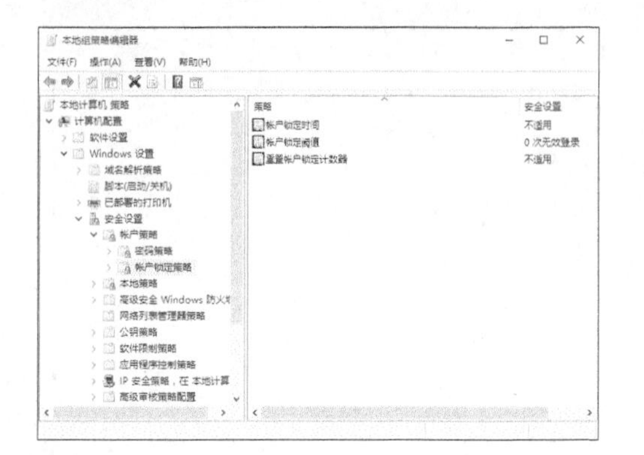

步骤02 在右侧【策略】列表中双击【账户锁定阈值】选项，即可打开【账户锁定阈值 属性】对话框。

步骤03 在【账户不锁定】微调框中根据实际情况选择输入相应的数字，这里输入的是3，即表明登录失败3次后被猜测的账户将被锁定。

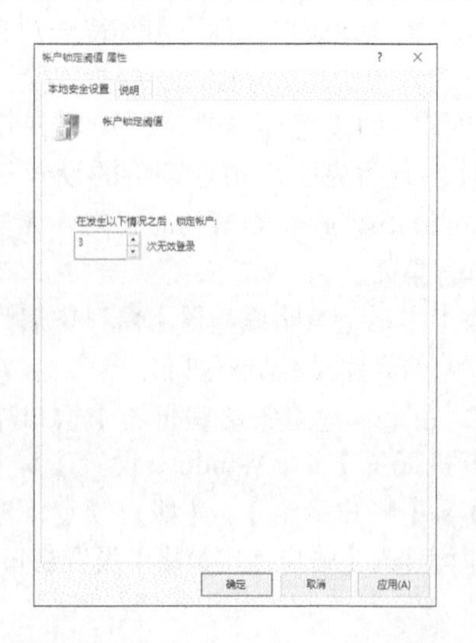

步骤04 单击【应用】按钮，弹出【建议的数值改动】对话框。连续单击【确定】按钮，即可完成应用设置操作。

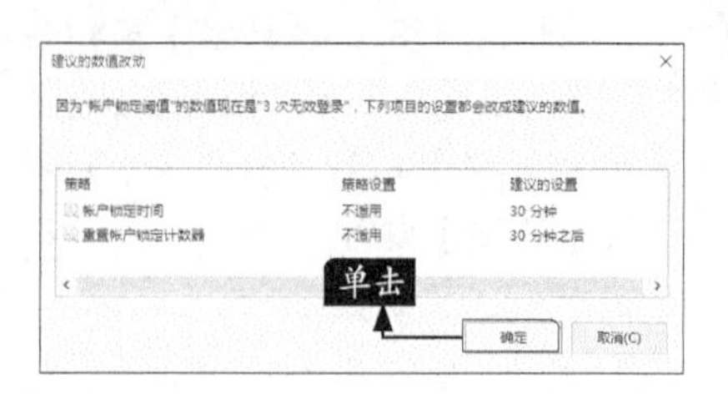

步骤05 在【账户锁定策略】设置窗口中的【策略】列表中双击【重置账户锁定计数器】选项，即可打开【重置账户锁定计数器 属性】对话框，在其中设置重置账户锁定计数器的时间，单击【确定】按钮。

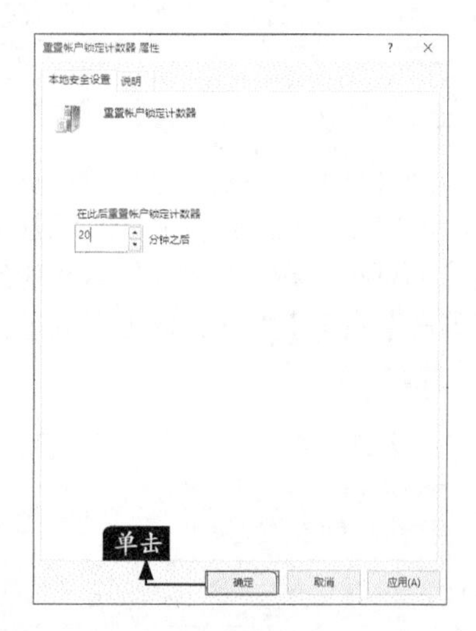

步骤06 在【账户锁定策略】设置窗口的【策略】列表中双击【账户锁定时间】选项，即可打开【账户锁定时间 属性】对话框，在其中设置账户锁定时间，单击【确定】按钮即可。

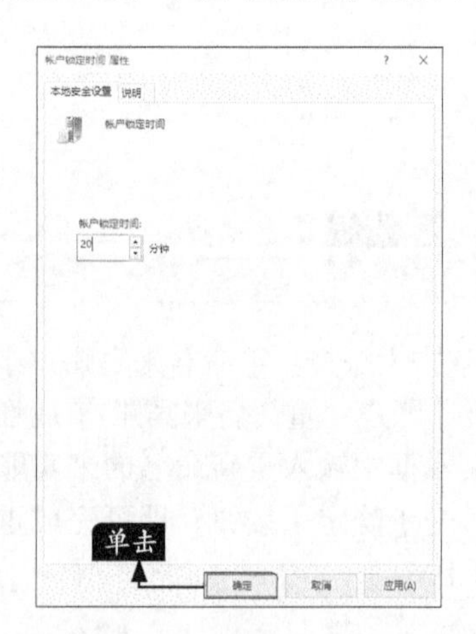

10.6.3 控制面板优化

控制面板允许用户查看并操作基本的系统设置和控制，是一个非常直观的管理界面，比如添加硬件，添加/删除软件，控制用户账户，更改辅助功能选项等。在【本地组策略编辑器】窗口中可以设置控制面板项目各个属性。

黑客可以通过控制面板进行多项系统的操作，用户若不希望他们访问自己的控制面板，可以在【本地组策略编辑器】窗口中启用【禁止访问控制面板】功能。具体的操作步骤如下。

步骤01 在【本地组策略编辑器】窗口中依次展开【用户配置】➤【管理模板】➤【控制面板】项，即可进入【控制面板】设置界面，双击【禁止访问"控制面板"和PC设置】选项。

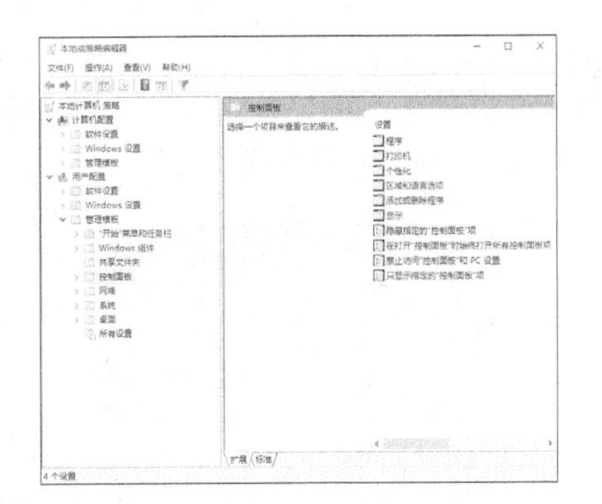

步骤02 进入【禁止访问"控制面板"和PC设置属性】对话框。选择【已启用】单选按钮，单击【确定】按钮，即可禁止控制面板程序文件的启动，使得其他用户无法启动控制面板。此时还会将【开始】菜单中的【控制面板】菜单命令、Windows资源管理器中的【控制面板】文件夹同时删除，彻底禁止访问控制面板。

10.7 使用360安全卫士优化电脑

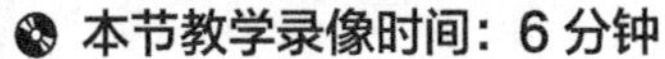

使用软件对操作系统进行优化是常用的优化系统的方式之一。目前，网络上存在多种软件都能对系统进行优化，如360安全卫士、腾讯电脑管家、百度卫士等，本节主要讲述如何使用360优化电脑。

10.7.1 电脑优化加速

360安全卫士的优化加速功能可以提升开机速度、系统速度、上网速度和硬盘速度，具体操作步骤如下。

步骤01 双击桌面上的【360安全卫士】快捷图标，打开【360安全卫士】主窗口，单击【优化加速】图标。

步骤 02 进入【优化加速】界面，单击【开始扫描】按钮。

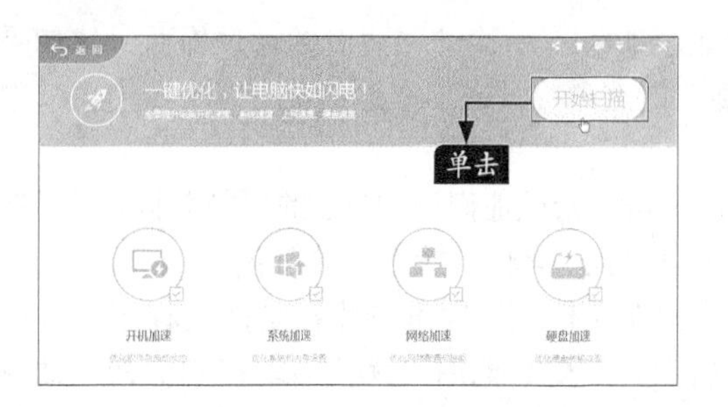

步骤 03 扫描完成后，会显示可优化项，单击【立即优化】按钮。

步骤 04 弹出【一键优化提醒】对话框，勾选需要优化的选项。如需全部优化，单击【全选】按钮；如需进行部分优化，在需要优化的项目前，单击复选框，然后单击【确认优化】按钮。

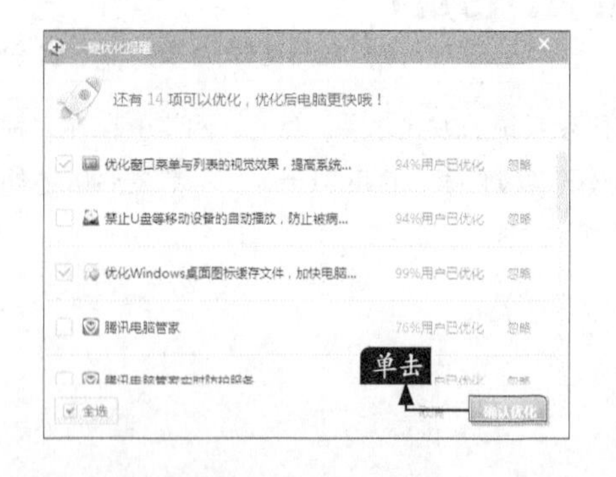

步骤 05 对所选项目优化完成后，即可提示优化的项目及优化提升效果，如下图所示。

步骤 06 单击【运行加速】按钮，则弹出【360加速球】对话框，可快速实现对可关闭程序、上网管理、电脑清理等管理。

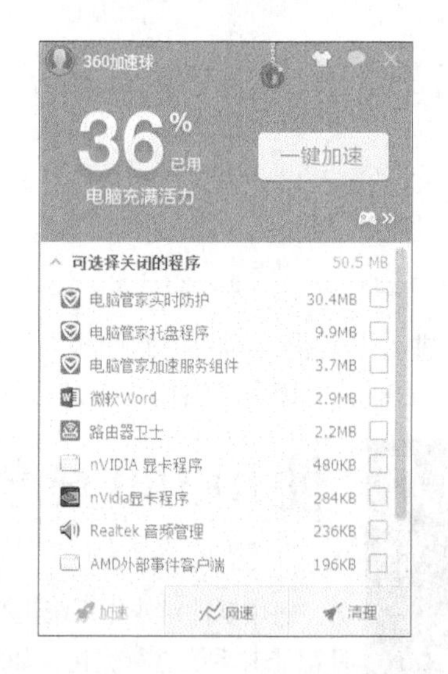

10.7.2 给系统盘瘦身

如果系统盘可用空间太小，则会影响系统的正常运行，本节主要讲述使用360安全卫士的【系统盘瘦身】功能，释放系统盘空间。

步骤 01 双击桌面上的【360安全卫士】快捷图标，打开【360安全卫士】主窗口，单击窗口右下角的【更多】超链接。

步骤02 进入【全部工具】界面，在【系统工具】类别下，将鼠标移至【系统盘瘦身】图标上，单击显示的【添加】按钮。

步骤03 工具添加完成后，打开【系统盘瘦身】工具，单击【立即瘦身】按钮，即可进行优化。

步骤04 完成后，即可看到释放的磁盘空间。由于部分文件需要重启电脑后才能生效，单击【立即重启】按钮，重启电脑。

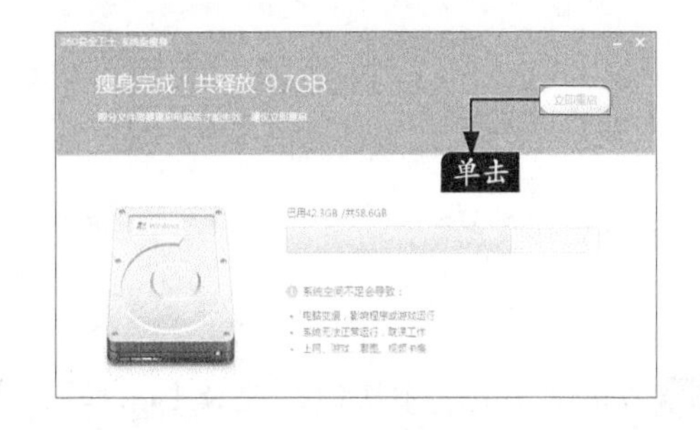

10.7.3 转移系统盘重要资料和软件

如果使用了【系统盘瘦身】功能后，系统盘可用空间还是偏小，可以尝试转移系统盘重要资料和软件，腾出更大的空间。本节使用【C盘搬家】小工具转移资料和软件，具体操作步骤如下。

步骤01 进入360安全卫士的【全部工具】界面，在【实用小工具】类别下，添加【C盘搬家】工具。

步骤02 添加完毕后，打开该工具。在【重要资料】选项卡下，勾选需要搬移的重要资料，单击【一键搬资料】按钮。

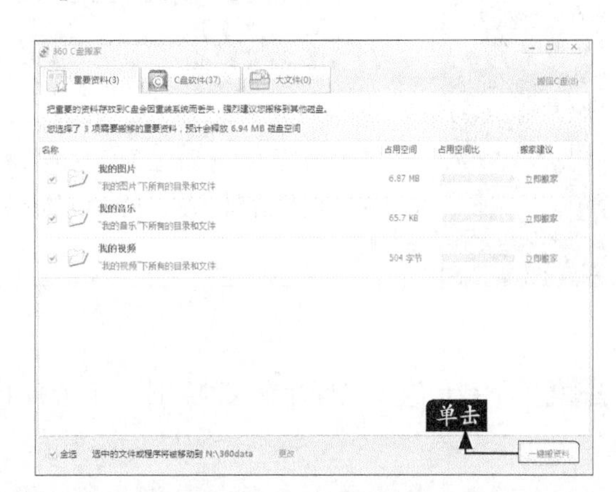

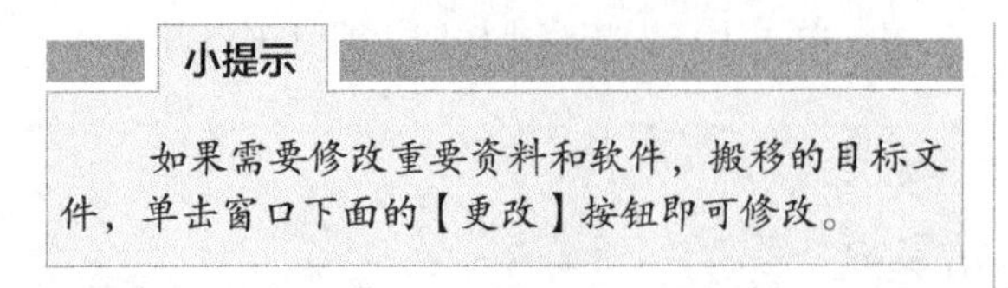
小提示

如果需要修改重要资料和软件，搬移的目标文件，单击窗口下面的【更改】按钮即可修改。

步骤03 弹出【360 C盘搬家】提示框，单击【继续】按钮。

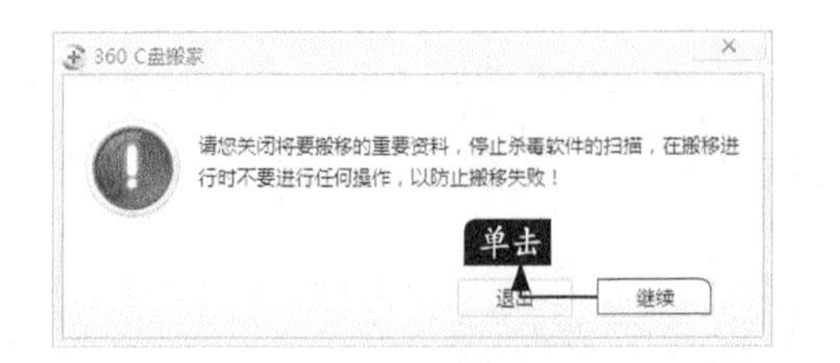

步骤04 此时，即可对所选重要资料进行搬移，完成后，则提示搬移的情况，如下图所示。

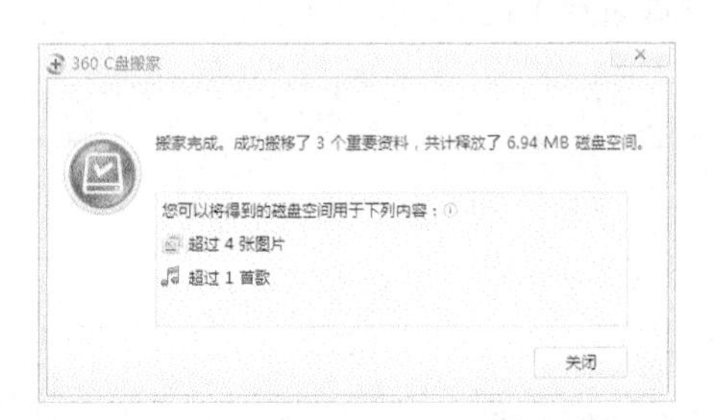

步骤05 单击【关闭】按钮，选择【C盘软件】选项卡，即可看到C盘中安装的软件。软件默认勾选建议搬移的软件，用户也可以自行选择搬移的软件，在软件名称前，勾选复选框即可。选择完毕后，单击【一键搬软件】按钮。

步骤06 弹出【360 C盘搬家】提示框，单击【继续】按钮。

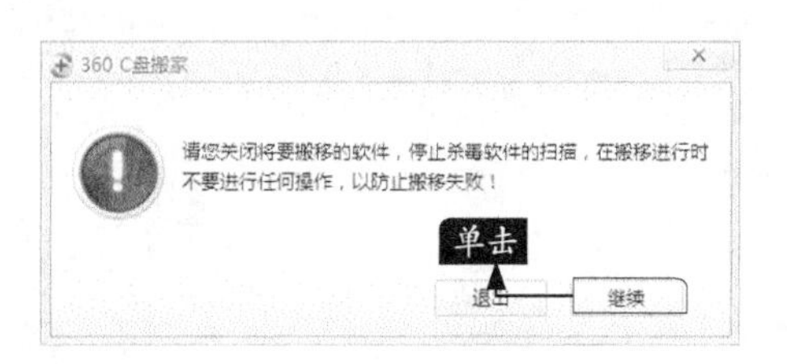

步骤07 此时，即可进行软件搬移，完成后即可看到释放的磁盘空间。

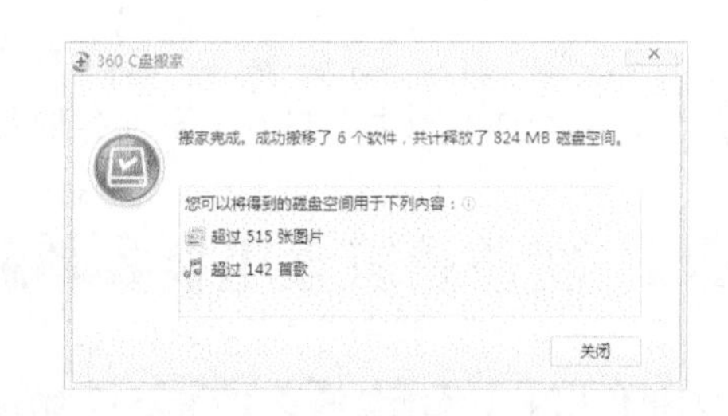

按照上述方法，用户也可以搬移C盘中的大型文件。另外除了讲述的小工具，用户还可以使用【查找大文件】、【注册表瘦身】、【默认软件】等优化电脑，在此不再一一赘述，用户可以进行有需要的添加和使用。

10.8 综合实战——使用鲁大师对磁盘进行检测

本节教学录像时间：2 分钟

鲁大师是一款系统工具。它能轻松辨别电脑硬件真伪，保护电脑稳定运行，清查电脑病毒隐患，优化清理系统，提升电脑运行速度。下面介绍使用鲁大师对磁盘进行检查的具体操作步骤。

步骤01 下载、安装并打开鲁大师软件。单击右下角【功能大全】区域的【磁盘检测】选项。

步骤 02 弹出【磁盘检测】窗口，单击【请选择磁盘或者区域】下拉按钮，在弹出的下拉列表中选择要检测的磁盘。

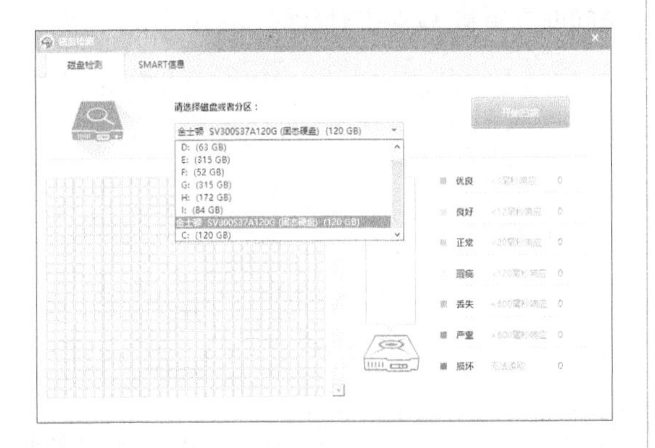

步骤 03 单击【开始扫描】按钮，即可开始磁盘的检测。

步骤 04 扫描结束后，即可看到检测结果。

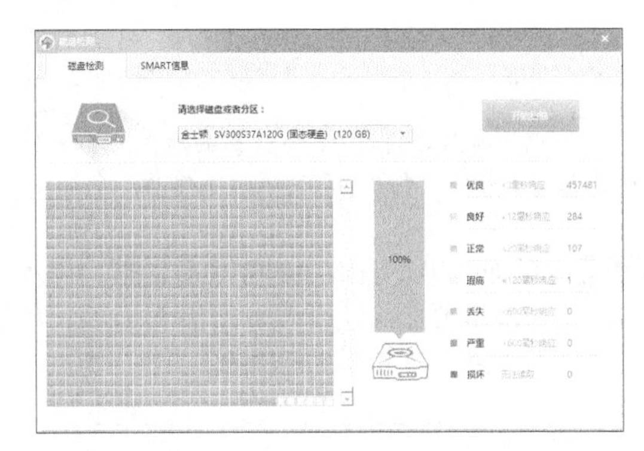

小提示

如果磁盘有损坏，选择【SMART信息】选项卡后，将会看到警告信息，可以使用DiskGenius软件修复损坏的磁道，或者找专业的维修人员处理。

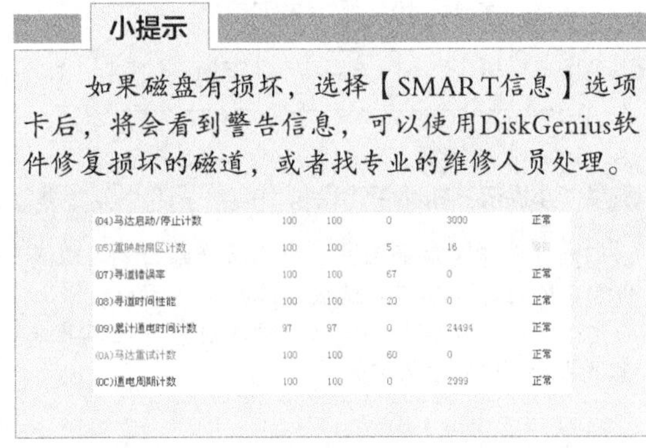

(04)马达启动/停止计数	100	100	0	3000	正常
(05)重映射扇区计数	100	100	5	16	警告
(07)寻道错误率	100	100	67	0	正常
(08)寻道时间性能	100	100	20	0	正常
(09)累计通电时间计数	97	97	0	24494	正常
(0A)马达重试计数	100	100	60	0	正常
(0C)通电周期计数	100	100	0	2999	正常

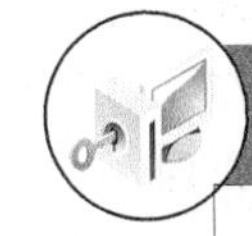

高手支招

本节教学录像时间：3 分钟

手工清理注册表

对于电脑高手来说，手工清理注册表是最有效、最直接的清除注册表垃圾的方法。手工清理注册表的具体操作步骤如下。

步骤 01 打开【注册表编辑器】窗口，在左侧的窗格中展开并选中需要删除的项，选择【编辑】➤【删除】菜单命令。

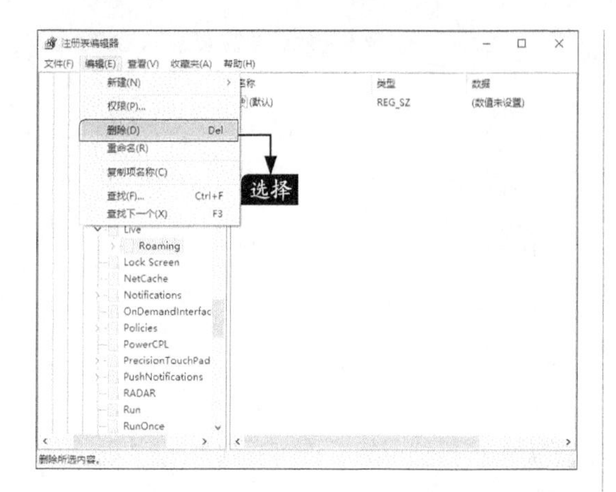

小提示

在删除项上右键单击，在弹出的快捷菜单中选择【删除】命令，也可以删除注册表信息。

步骤02 随即弹出【确认项删除】对话框，提示用户是否确实要删除这个项和所有其子项，单击【是】按钮，即可将该项删除。

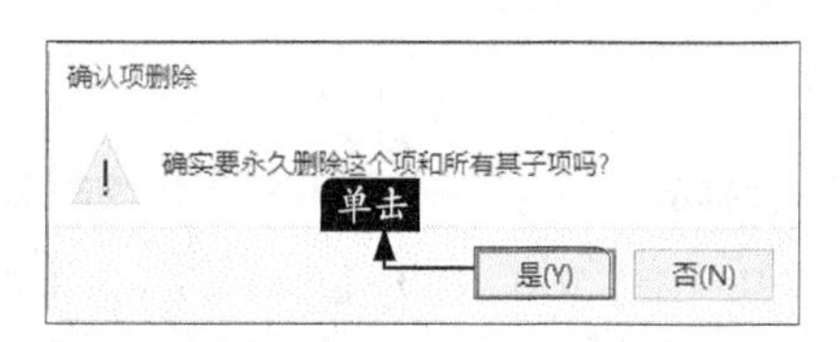

小提示

对于初学电脑的用户，自己清理注册表垃圾是非常危险的，弄不好会造成系统瘫痪，因此，最好不要手工清理注册表。建议利用注册表清理工具来清理注册表中的垃圾文件。

利用组策略设置用户权限

当多人共用一台电脑时，可以在【本地组策略编辑器】中设置不同的用户权限，这样就可以限制黑客访问该电脑时的某些操作。具体操作步骤如下。

步骤01 在【本地组策略编辑器】窗口中展开【计算机配置】➤【Windows设置】➤【安全设置】➤【本地策略】➤【用户权限分配】选项，即可进入【用户权限分配】设置窗口。

步骤02 双击需要改变的用户权限选项，如【从网络访问此计算机】选项，即可打开【从网络访问此计算机 属性】对话框。

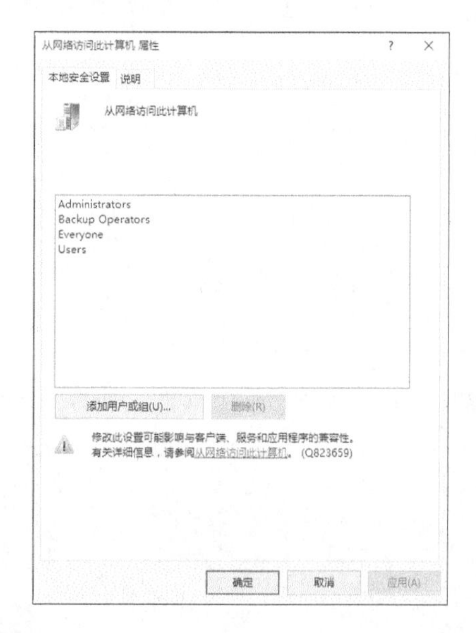

步骤03 单击【添加用户或组】按钮，即可打开【选择用户或组】对话框，在【输入对象名称来选择】文本框中输入添加对象的名称。单击【确定】按钮，即可完成用户权限的设置操作。

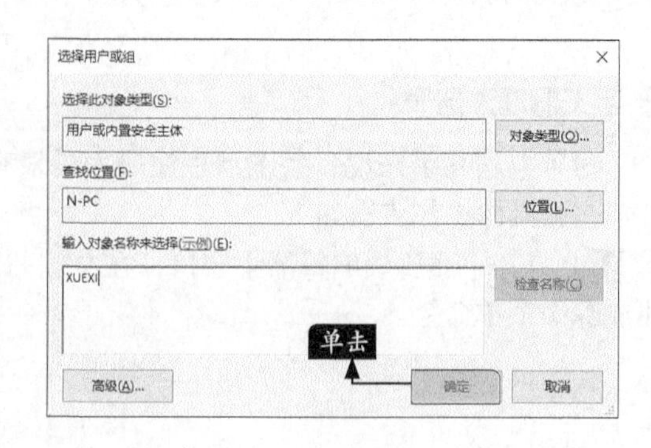

第 11 章

电脑系统的备份、还原与重装

用户在使用电脑的过程中，有时会不小心删除系统文件，或系统遭受病毒与木马的攻击，都有可能导致系统崩溃或无法进入操作系统，这时用户就不得不重装系统。但是如果进行了系统备份，那么就可以直接将其还原，以节省时间。

11.1 使用Windows系统工具备份与还原系统

本节教学录像时间：6 分钟

Windows 10操作系统中自带了备份工具，支持对系统的备份与还原，在系统出问题时可以使用创建的还原点，恢复的还原点状态。

11.1.1 使用Windows系统工具备份系统

Windows操作系统自带的备份还原功能非常强大，支持4种备份还原工具，分别是文件备份还原、系统映像备份还原、早期版本备份还原和系统还原，为用户提供了高速度、高压缩的一键备份还原功能。

1. 开启系统还原功能

部分系统可能因为某些优化软件而关闭系统还原功能，因此要想使用Windows系统工具备份和还原系统，需要开启系统还原功能。具体的操作步骤如下。

步骤01 右键单击电脑桌面上的【此电脑】图标，在弹出快捷菜单命令中，选择【属性】菜单命令。

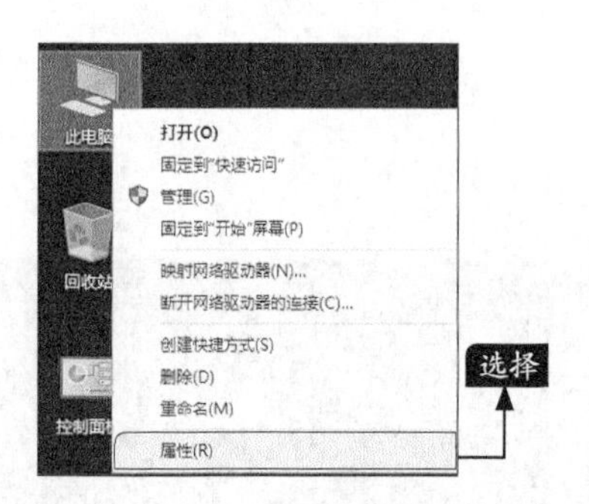

步骤02 在打开的窗口中，单击【系统保护】超链接。

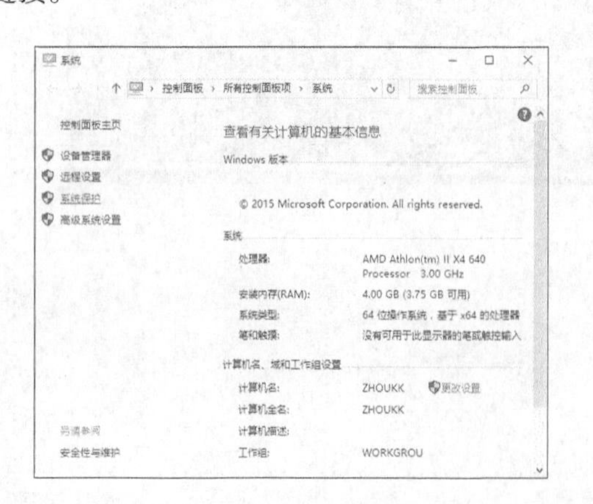

步骤03 弹出【系统属性】对话框，在【保护设置】列表框中选择系统所在的分区，并单击【配置】按钮。

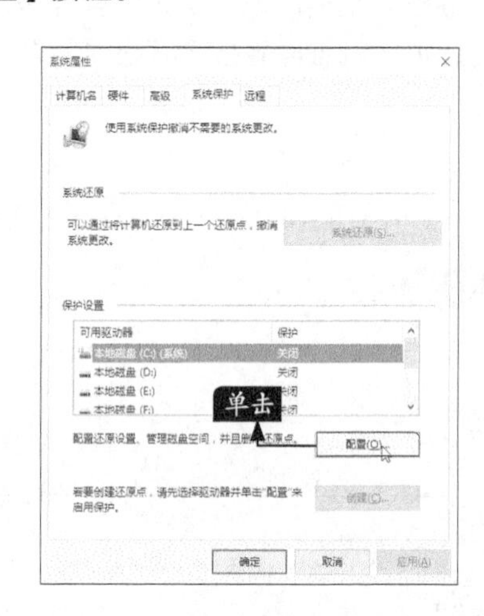

步骤04 弹出【系统保护本地磁盘】对话框，单击选中【启用系统保护】单选按钮，单击鼠标调整【最大使用量】滑块到合适的位置，然后单击【确定】按钮。

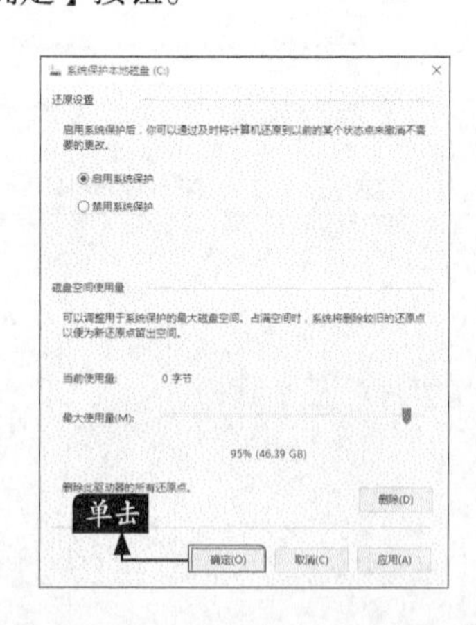

2. 创建系统还原点

用户开启系统还原功能后，默认打开保护系统文件和设置的相关信息，保护系统。用户也可以创建系统还原点，当系统出现问题时，就可以方便地恢复到创建还原点时的状态。

步骤01 根据上述的方法，打开【系统属性】对话框，并单击【系统保护】选项卡，然后选择系统所在的分区，单击【创建】按钮。

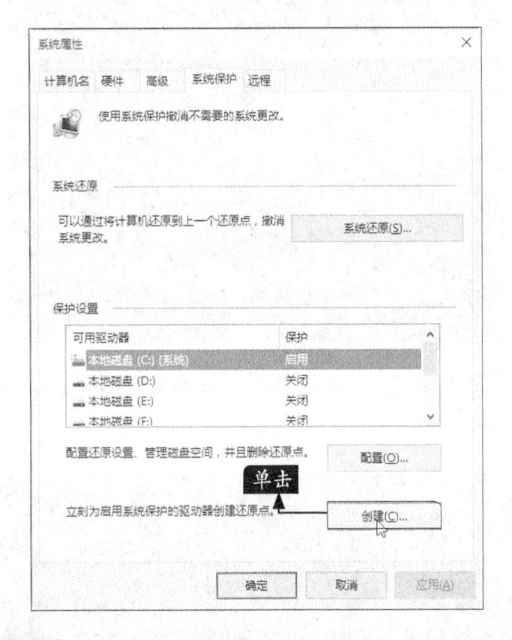

步骤02 弹出【系统保护】对话框，在文本框中输入还原点的描述性信息。单击【创建】按钮。

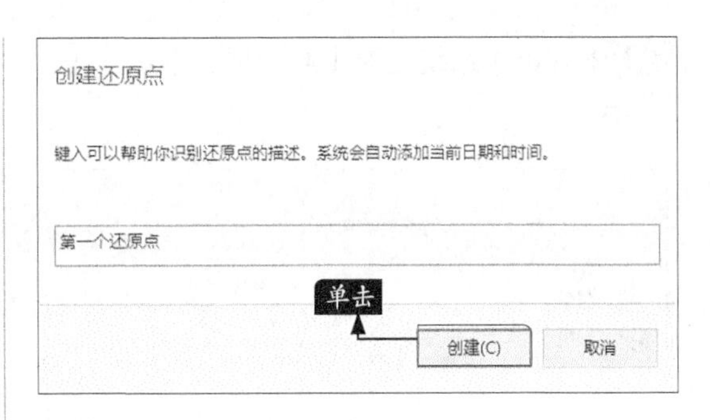

步骤03 即可开始创建还原点。

步骤04 创建还原点的时间比较短，稍等片刻就可以了。创建完毕后，将弹出“已成功创建还原点”提示信息，单击【关闭】按钮即可。

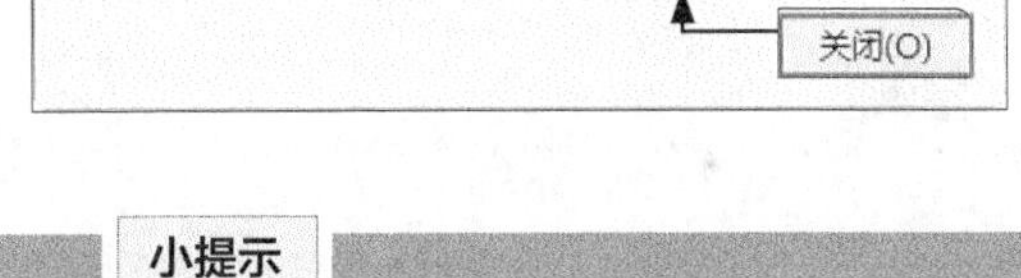

小提示

可以创建多个还原点，因系统崩溃或其他原因需要还原时，可以选择还原点还原。

11.1.2 使用Windows系统工具还原系统

在为系统创建好还原点之后，一旦系统遭到病毒或木马的攻击，致使系统不能正常运行，这时就可以将系统恢复到指定还原点。

下面介绍如何还原到创建的还原点，具体操作步骤如下。

步骤01 打开【系统属性】对话框，在【系统保护】选项卡下，单击【系统还原】按钮。

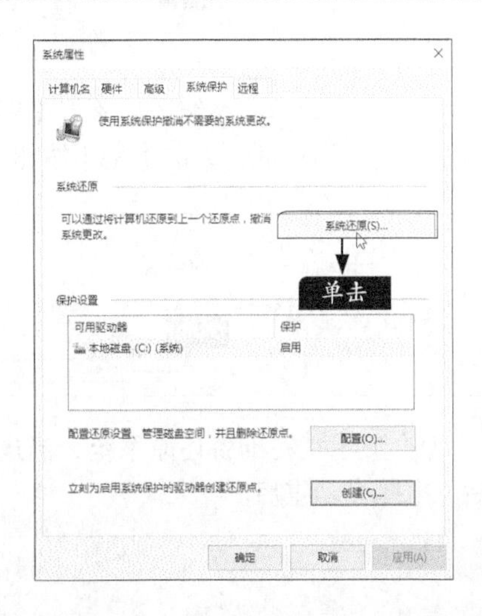

步骤02 弹出【系统还原】对话框，单击【下一步】按钮。

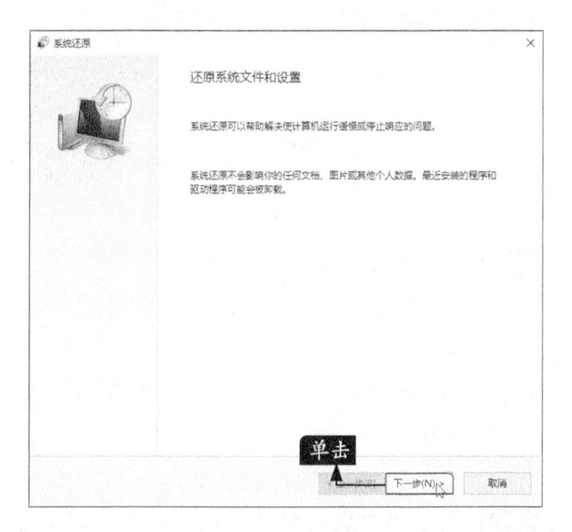

步骤03 在【确认还原点】界面中，显示了还原点，如果有多个还原点，建议选择距离出现故障时间最近的还原点即可，单击【完成】按钮。

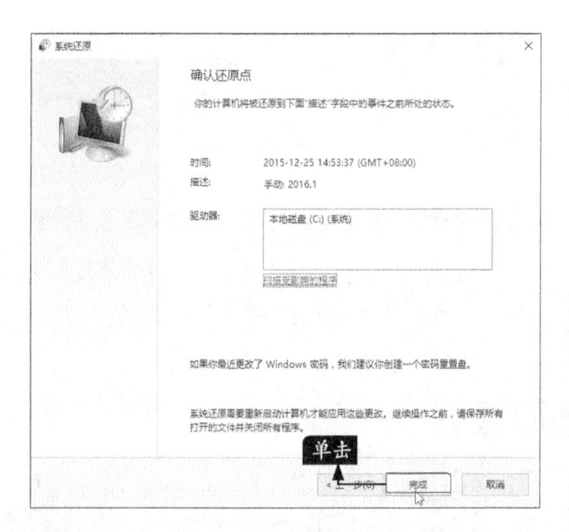

步骤04 弹出“启动后，系统还原不能中断。你希望继续吗？”提示框，单击【是】按钮。

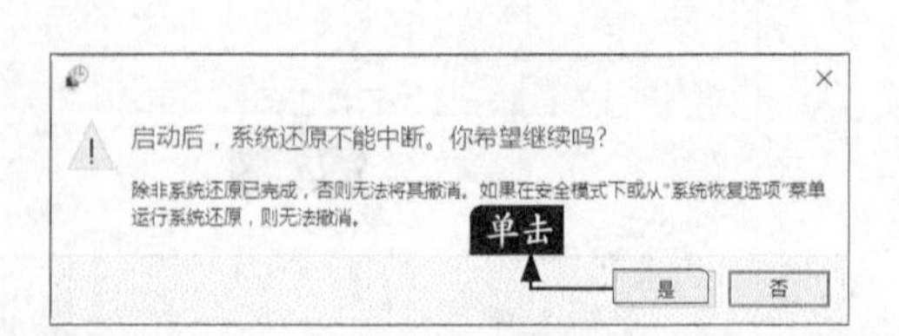

步骤05 即会显示正在准备还原系统，当进度条结束后，电脑自动重启。

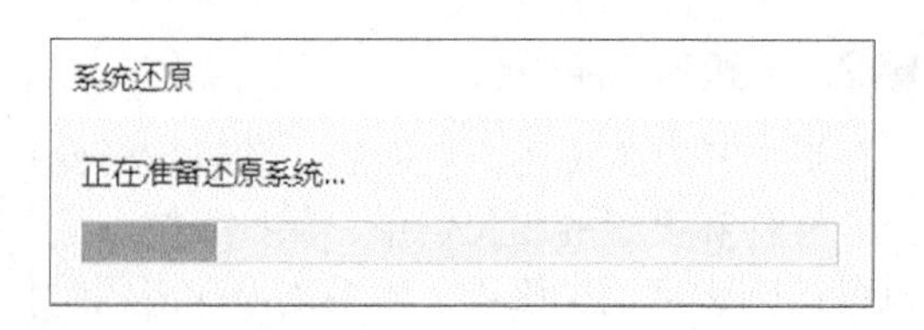

步骤06 进入配置更新界面，如下图所示，无需任何操作。

步骤07 配置更新完成后，即会还原Windows文件和设置。

步骤08 系统还原结束后，再次进入电脑桌面即可看到还原成功提示，如下图所示。

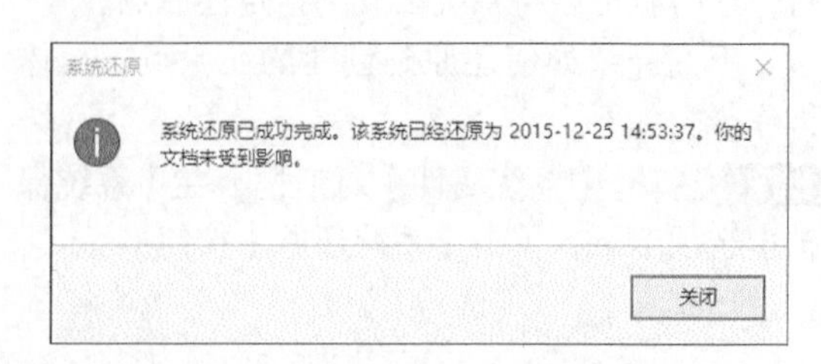

11.1.3 系统无法启动时进行系统还原

系统出问题无法正常进入系统时，就无法通过【系统属性】对话框进行系统还原，就需要通过其他办法进行系统恢复。具体解决办法，可以参照以下方法。

步骤01 当系统启动失败两次后，第三次启动即会进入【选择一个选项】界面，单击【疑难解答】选项。

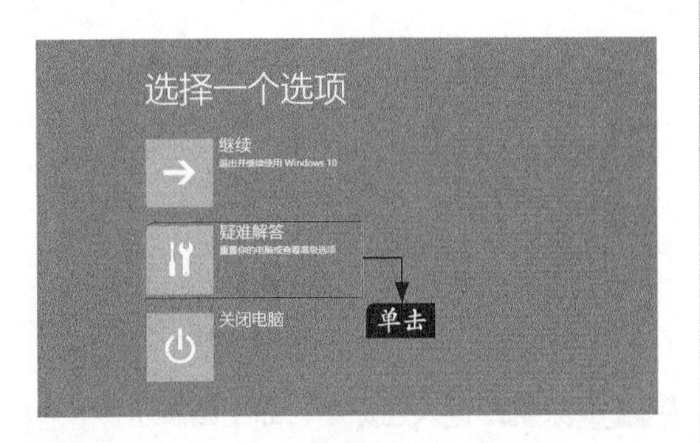

步骤02 打开【疑难解答】界面，单击【高级选项】选项。

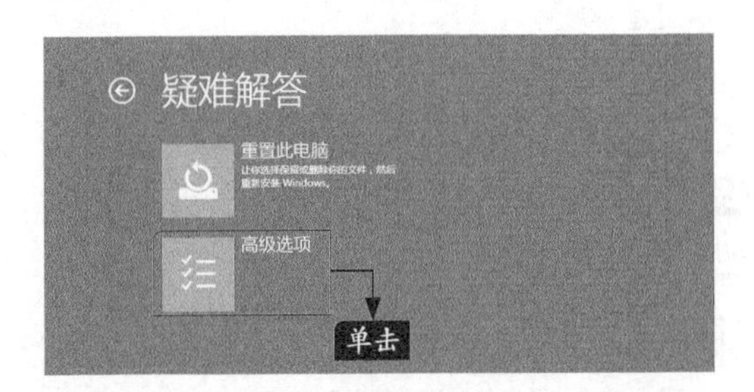

小提示

如果没有创建系统还原，则可以单击【重置此电脑】选项，将电脑恢复到初始状态 。

步骤03 打开【高级选项】界面，单击【系统还原】选项。

步骤04 电脑即会重启，显示“正在准备系统还原”界面，如下图所示。

步骤05 进入【系统还原】界面，选择要还原的账户。

步骤06 选择账户后，在文本框输入该账户的密码，并单击【继续】按钮。

步骤07 弹出【系统还原】对话框，用户即可根据提示进行操作，具体操作步骤和11.1.2小节方法相同，这里不再赘述。

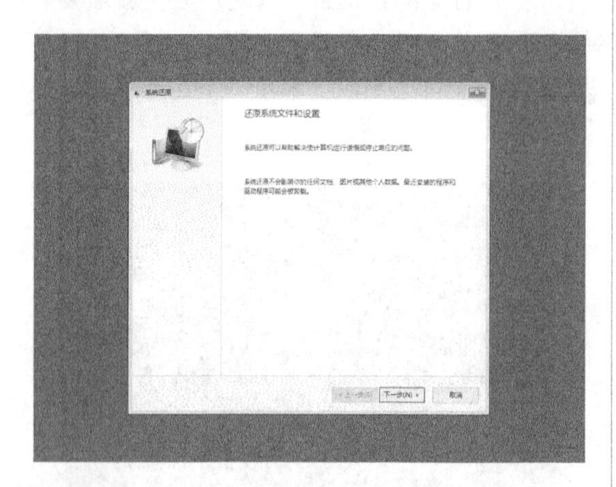

步骤08 在【将计算机还原到所选事件之前的状态】界面中，选择要还原的点，单击【下一步】按钮。

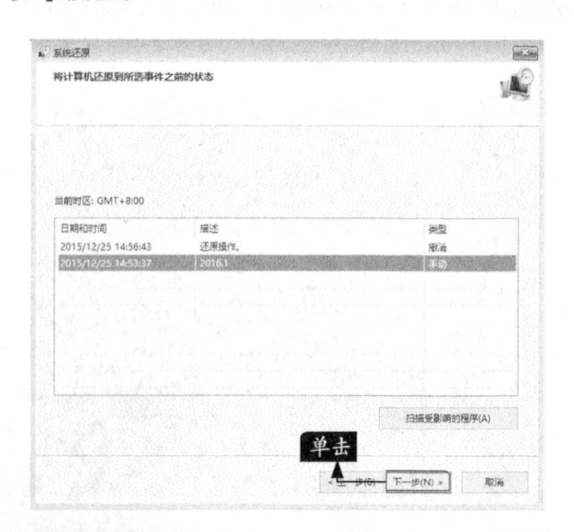

步骤09 在【确认还原点】界面中，单击【完成】按钮。

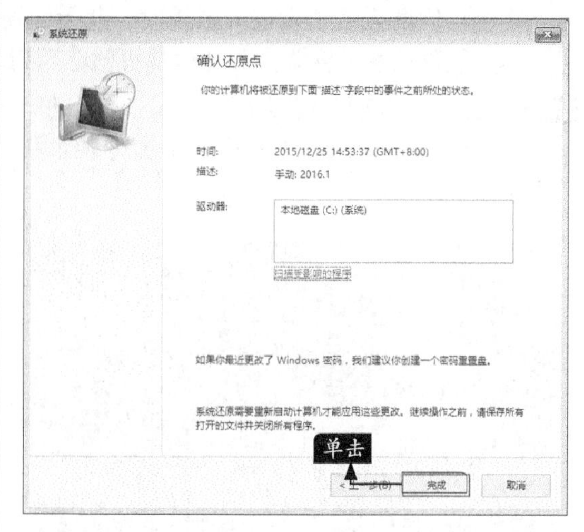

步骤10 系统即进入还原中，如下图所示。

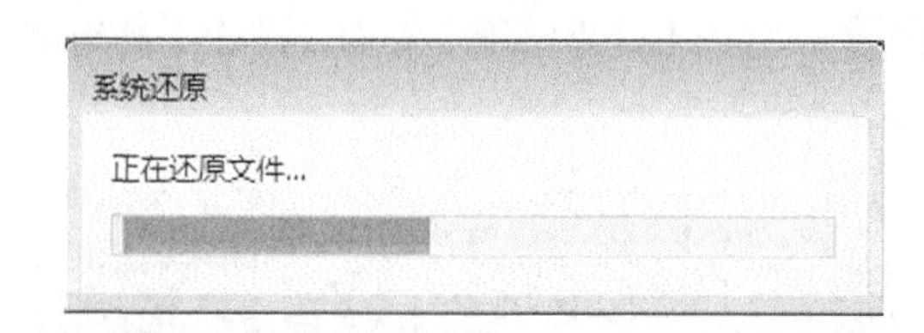

步骤11 提示系统还原成功后，单击【重新启动】按钮即可。

11.2 使用GHOST一键备份与还原系统

本节教学录像时间：5 分钟

虽然Windows 10操作系统中自带了备份工具，但操作较为麻烦，下面介绍一种快捷的备份和还原系统的方法——使用GHOST备份和还原。

11.2.1 一键备份系统

使用一键GHOST备份系统的操作步骤如下。

步骤01 下载并安装一键GHOST后，即可打开【一键备份系统】对话框，此时一键GHOST开始初始化。初始化完毕后，将自动选中【一键备份系统】单选项，单击【备份】按钮。

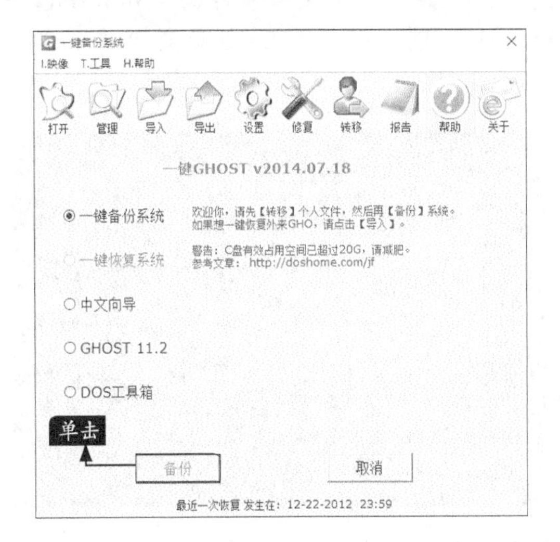

步骤02 打开【一键Ghost】提示框，单击【确定】按钮。

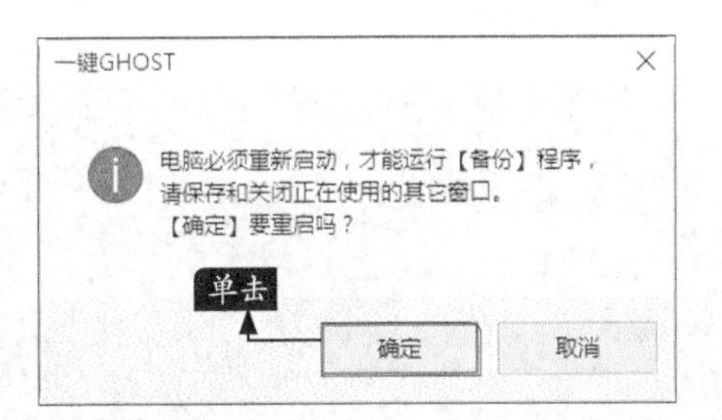

步骤03 系统开始重新启动，并自动弹出GRUB4DOS菜单，在其中选择第一个选项，表示启动一键GHOST。

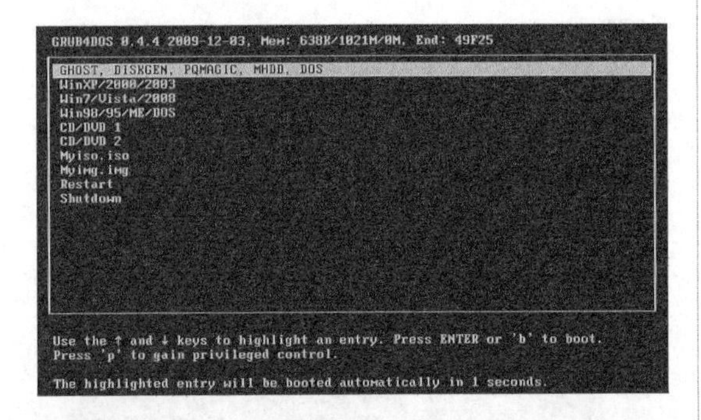

步骤04 系统自动选择完毕后，接下来会弹出【MS-DOS一级菜单】界面，在其中选择第一个选项，表示在DOS安全模式下运行GHOST 11.2。

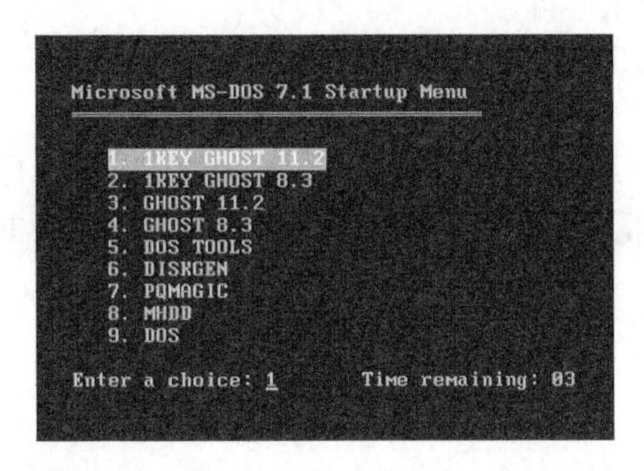

步骤05 选择完毕后，接下来会弹出【MS-DOS二级菜单】界面，在其中选择第一个选项，表示支持IDE、SATA兼容模式。

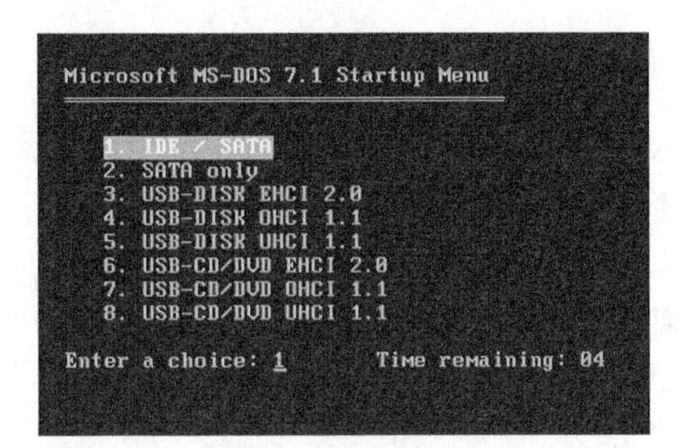

步骤06 根据C盘是否存在映像文件，将会从主窗口自动进入【一键备份系统】警告窗口，提示用户开始备份系统。选择【备份】按钮。

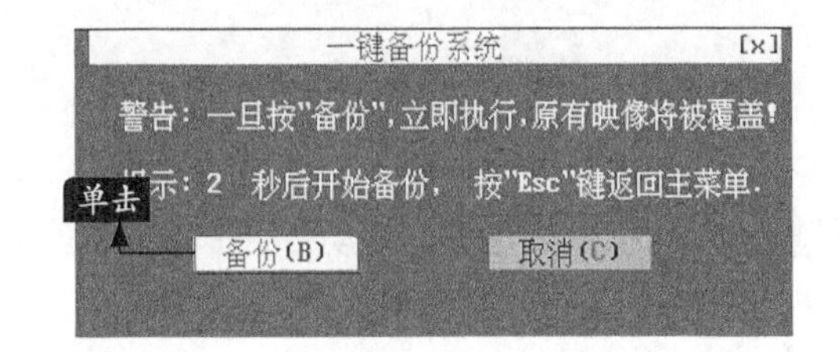

步骤07 此时，开始备份系统如下图所示。

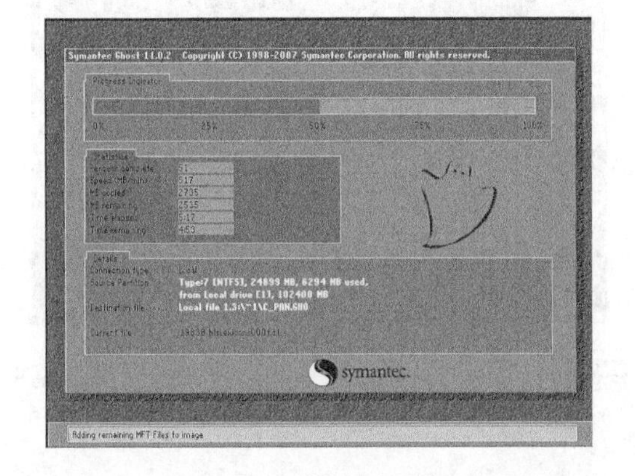

11.2.2 一键还原系统

使用一键GHOST还原系统的操作步骤如下。

步骤01 打开【一键GHOST】对话框。单击【恢复】按钮。

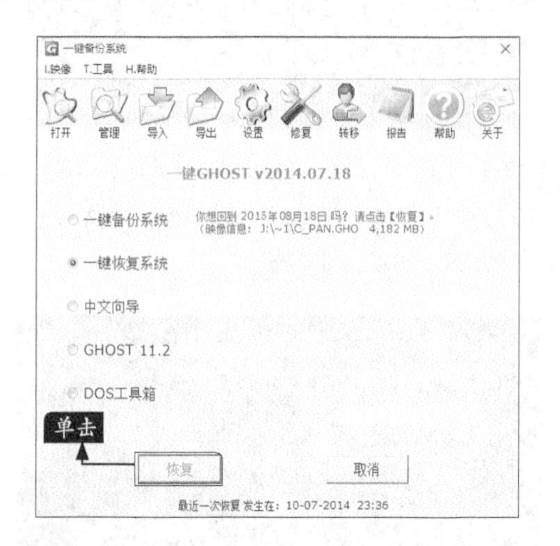

步骤02 打开【一键GHOST】对话框，提示用户电脑必须重新启动，才能运行【恢复】程序。单击【确定】按钮。

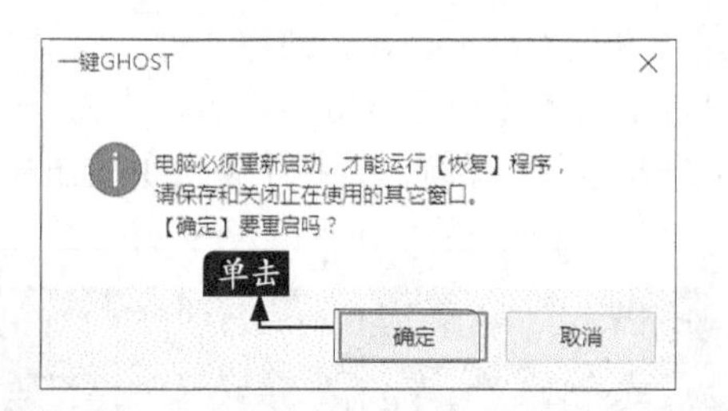

步骤03 系统开始重新启动，并自动弹出GRUB4DOS菜单，在其中选择第一个选项，表示启动一键GHOST。

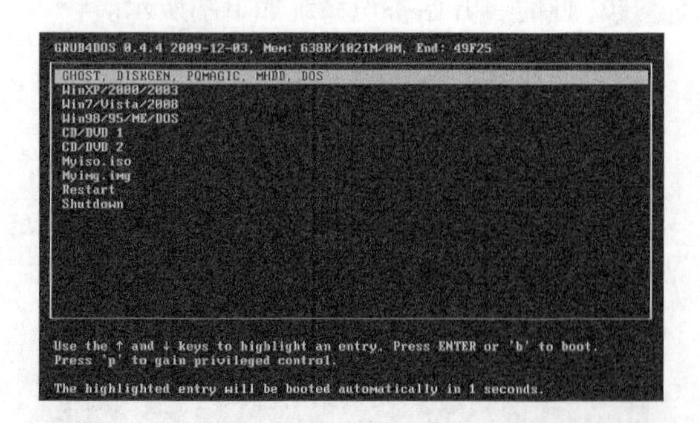

步骤04 系统自动选择完毕后，接下来会弹出【MS-DOS一级菜单】界面，在其中选择第一个选项，表示在DOS安全模式下运行GHOST 11.2。

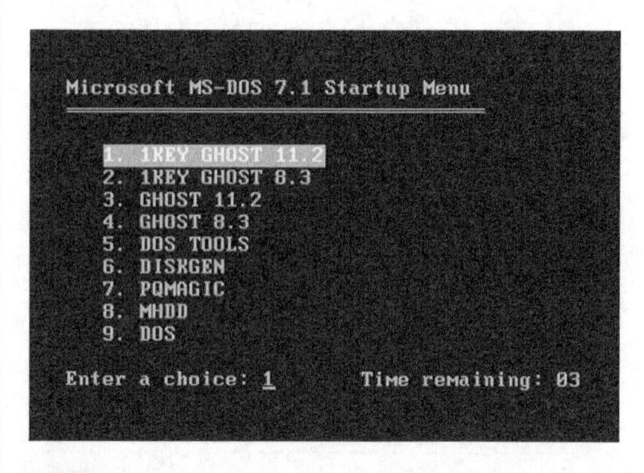

步骤05 选择完毕后，接下来会弹出【MS-DOS二级菜单】界面，在其中选择第一个选项，表示支持IDE、SATA兼容模式。

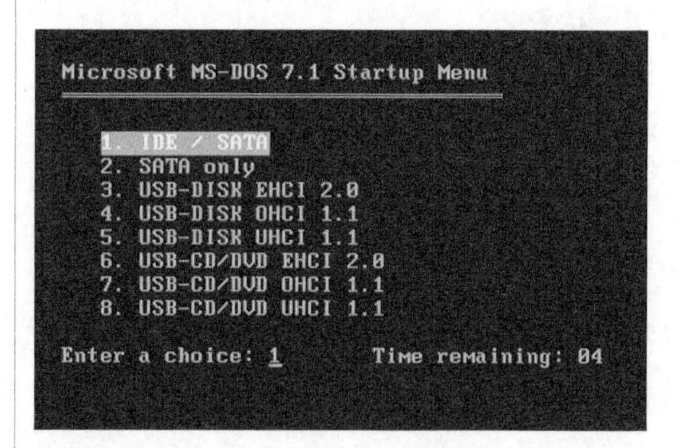

步骤06 根据C盘是否存在映像文件，将会从主窗口自动进入【一键恢复系统】警告窗口，提示用户开始恢复系统。选择【恢复】按钮，即可开始恢复系统。

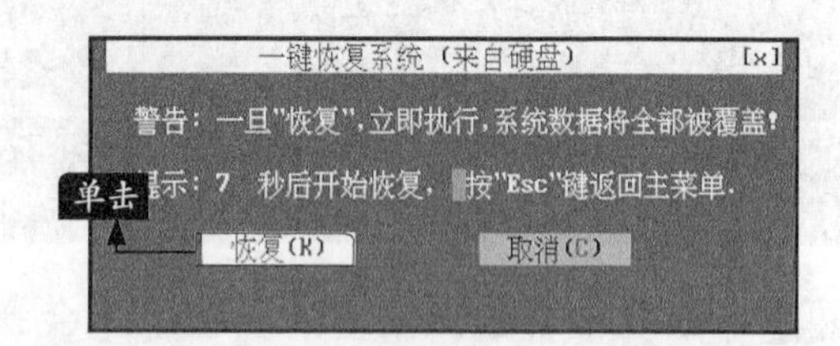

步骤07 此时，开始恢复系统，如下图所示。

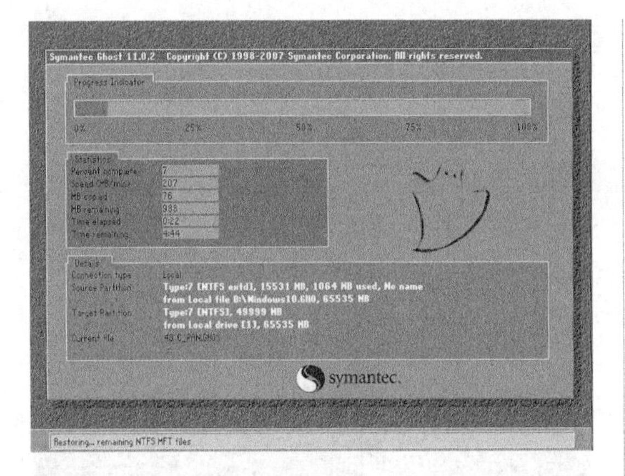

步骤08 在系统还原完毕后，将弹出一个信息提示框，提示用户恢复成功，单击【Reset Computer】按钮重启电脑，然后选择从硬盘启动，即可将系统恢复到以前的系统。至此，就完成了使用GHOST工具还原系统的操作。

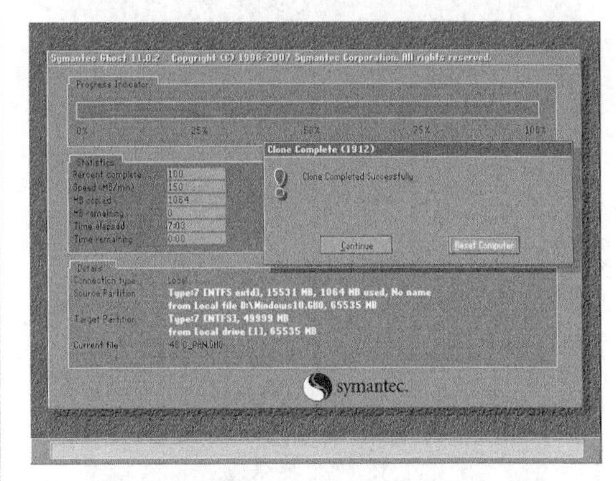

11.3 重置电脑

本节教学录像时间：2 分钟

Windows 10操作系统中提供了重置电脑功能，用户可以在电脑出现问题、无法正常运行或者需要恢复到初始状态，可以重置电脑，具体操作如下。

步骤01 按【Win+I】组合键，打开【设置】界面，单击【更新和安全】➤【恢复】选项，选择【恢复】选项，在右侧的【重置此电脑】区域单击【开始】按钮。

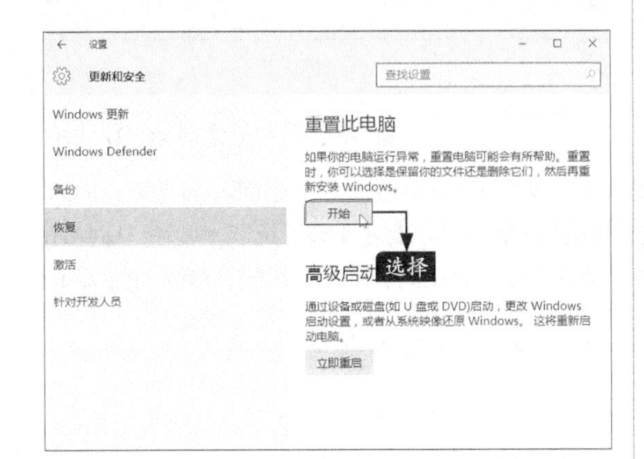

步骤02 弹出【选择一个选项】界面，单击选择【保留我的文件】选项。

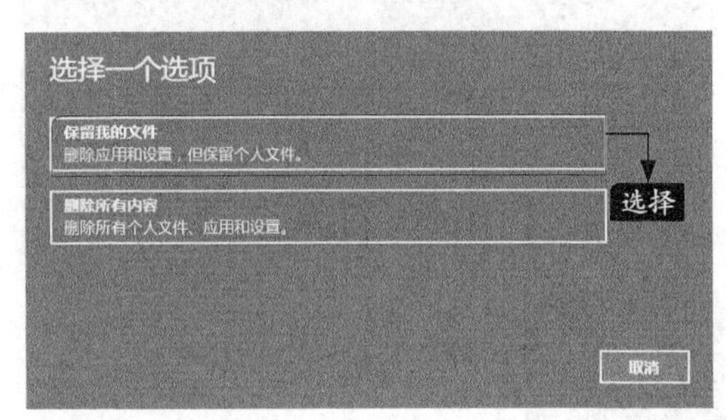

步骤03 弹出【将会删除你的应用】界面，单击【下一步】按钮。

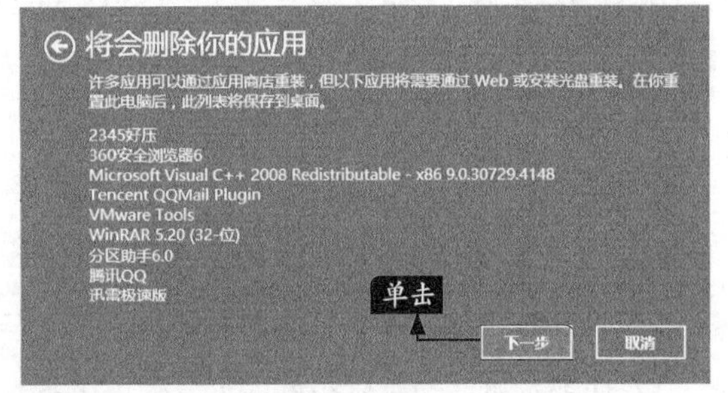

步骤04 弹出【警告】界面，单击【下一步】按钮。

步骤 05 弹出【准备就绪，可以重置这台电脑】界面，单击【重置】按钮。

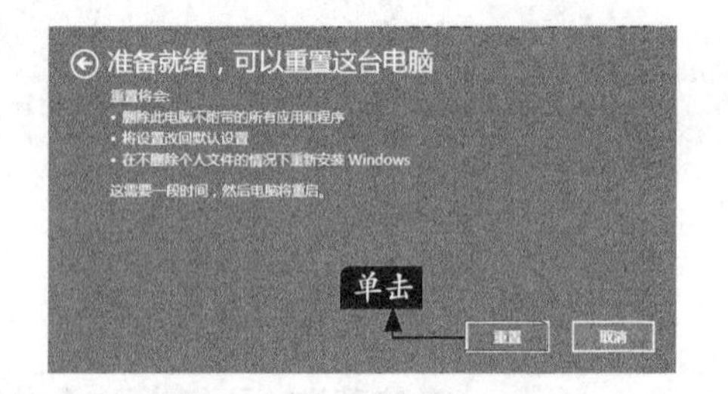

步骤 06 电脑重新启动，进入【重置】界面。

步骤 07 重置完成后会进入Windows 安装界面。

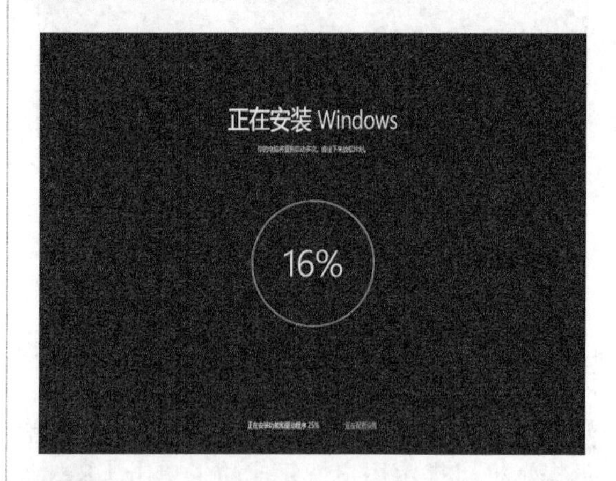

步骤 08 安装完成后自动进入Windows 10桌面以及看到恢复电脑时删除的应用列表。

11.4 重装系统

本节教学录像时间：6 分钟

由于种种原因，如用户误删除系统文件，或病毒程序将系统文件破坏等，导致系统中的重要文件丢失或受损，甚至系统崩溃无法启动，此时就不得不重装系统了。另外，有些时候，系统虽然能正常运行，但是却经常出现不定期的错误提示，甚至系统修复之后也不能消除这一问题，那么也必须重装系统。

11.4.1 什么情况下重装系统

具体地来讲，当系统出现以下三种情况之一时，就必须考虑重装系统了。

（1）系统运行变慢

系统运行变慢的原因有很多，如垃圾文件分布于整个硬盘而又不便于集中清理和自动清理，或者是计算机感染了病毒或其他恶意程序而无法被杀毒软件清理等。这样就需要对磁盘进行格式化处理并重装系统了。

（2）系统频繁出错

众所周知，操作系统是由很多代码和程序组成，在操作过程中可能由于误删除某个文件或者是被恶意代码改写等原因，致使系统出现错误，此时如果该故障不便于准确定位或轻易解决，就需要考虑重装系统了。

（3）系统无法启动

导致系统无法启动的原因很多，如DOS引导出现错误、目录表被损坏或系统文件“Nyfs.sys”丢失等。如果无法查找出系统不能启动的原因或无法修复系统以解决这一问题时，就需要重装系统。

另外，一些电脑爱好者为了能使电脑在最优的环境下工作，也会经常定期重装系统，这样就可以为系统减肥。但是，不管是哪种情况下重装系统，重装系统的方式分为两种，一种是覆盖式重装，一种是全新重装。前者是在原操作系统的基础上进行重装，其优点是可以保留原系统的设置，缺点是无法彻底解决系统中存在的问题。后者则是对系统所在的分区重新格式化，其优点是彻底解决系统的问题。因此，在重装系统时，建议选择全新重装。

11.4.2 重装前应注意的事项

在重装系统之前，用户需要做好充分的准备，以避免重装之后造成数据的丢失等严重后果。那么在重装系统之前应该注意哪些事项呢?

（1）备份数据

在因系统崩溃或出现故障而准备重装系统前，首先应该想到的是备份好自己的数据。这时，一定要静下心来，仔细罗列一下硬盘中需要备份的资料，把它们一项一项地写在一张纸上，然后逐一对照进行备份。如果硬盘不能启动，这时需要考虑用其他启动盘启动系统，然后复制自己的数据，或将硬盘挂接到其他电脑上进行备份。但是，最好的办法是在平时就养成备份重要数据的习惯，这样就可以有效避免硬盘数据不能恢复的现象。

（2）格式化磁盘

重装系统时，格式化磁盘是解决系统问题最有效的办法，尤其是在系统感染病毒后，最好不要只格式化C盘，如果有条件将硬盘中的数据全部备份或转移，尽量将整个硬盘都进行格式化，以保证新系统的安全。

（3）牢记安装序列号

安装序列号相当于一个人的身份证号，标识这个安装程序的身份。如果不小心丢掉自己的安装序列号，那么在重装系统时，如果采用的是全新安装，安装过程将无法进行下去。正规的安装光盘的序列号会在软件说明书中或光盘封套的某个位置上。但是，如果用的是某些软件合集光盘中提供的测试版系统，那么，这些序列号可能是存在于安装目录中的某个说明文本中，如SN.TXT等文件。因此，在重装系统之前，首先将序列号读出并记录下来以备稍后使用。

11.4.3 重新安装系统

如果系统不能正常运行，就需要重新安装系统，重装系统就是重新将系统安装一遍，下面以Windows 10为例，简单介绍重装的方法。

小提示

如果不能正常进入系统，可以使用U盘、DVD等重装系统，具体操作可参照第7章。

步骤01 直接运行目录中的setup.exe文件，在许可协议界面，单击选中【我接受许可条款】复选框，并单击【接受】按钮。

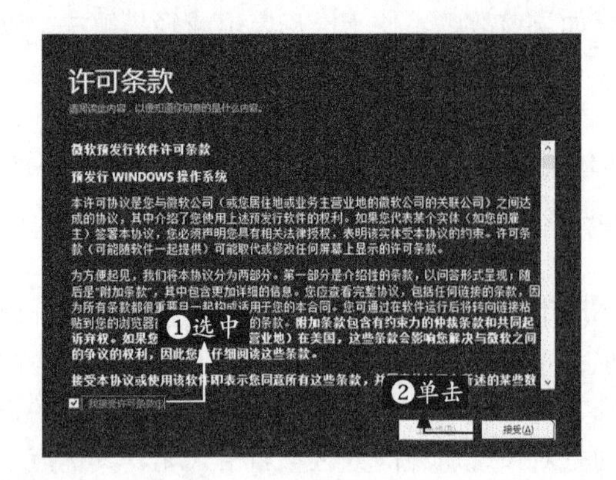

步骤02 进入【正在确保你已准备好进行安装】界面，检查安装环境界面，检测完成，单击【下一步】按钮。

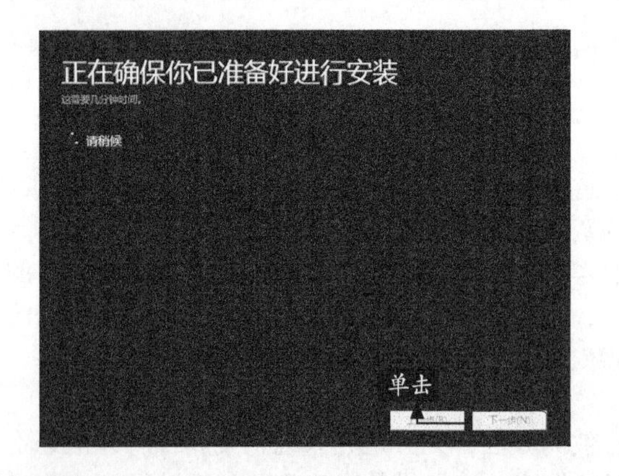

步骤03 进入【你需要关注的事项】界面，在显示结果界面即可看到注意事项，单击【确认】按钮，然后单击【下一步】按钮。

步骤04 如果没有需要注意的事项则会出现下图所示界面，单击【安装】按钮即可。

小提示

如果要更改升级后需要保留的内容。可以单击【更改要保留的内容】链接，在下图所示的窗口中进行设置。

步骤05 即可开始重装Windows 10，显示【安装Windows 10】界面。

步骤06 电脑会重启几次后，即可进入Windows 10界面，表示完成重装。

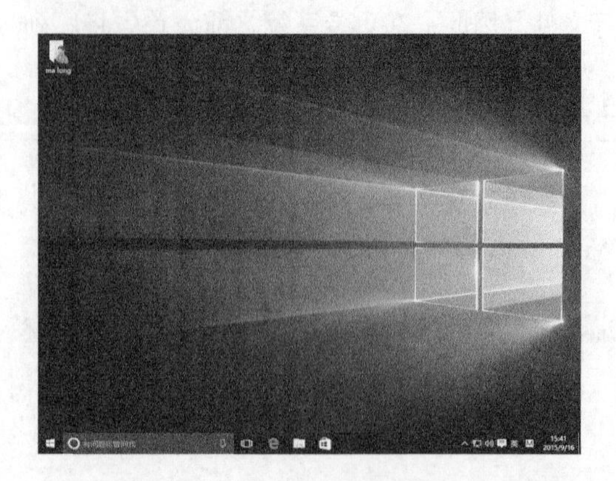

11.5 综合实战——回退到升级Windows 10前的系统

本节教学录像时间：4 分钟

使用Windows 7或者Windows 8.1升级到Windows 10系统之后，如果对升级后的系统不满意，还可以回退到升级Windows 10系统之前的系统。回退后的Windows 7或Windows 8.1系统仍然保持激活状态。可以使用系统自带的回退功能或者使用360升级助手回退。

1. 回退需要满足的条件

如果要回退到升级到Windows 10系统前的Windows 7或者Windows 8.1系统，要满足以下条件。

（1）升级到Windows 10操作系统时产生的$Windows~BT和Windows.old文件夹，也就是说，如果希望回退到Windows 7或者Windows 8.1，这两个文件夹不能删除。

（2）在升级到Windows 10系统后，回退功能有效期为一个月。

2. 使用系统自带的回退功能

使用系统自带回退功能回退到升级前Windows 7系统的具体操作步骤如下。

步骤01 按【Win+I】组合键，打开【设置】界面，单击【更新和安全】图标选项。

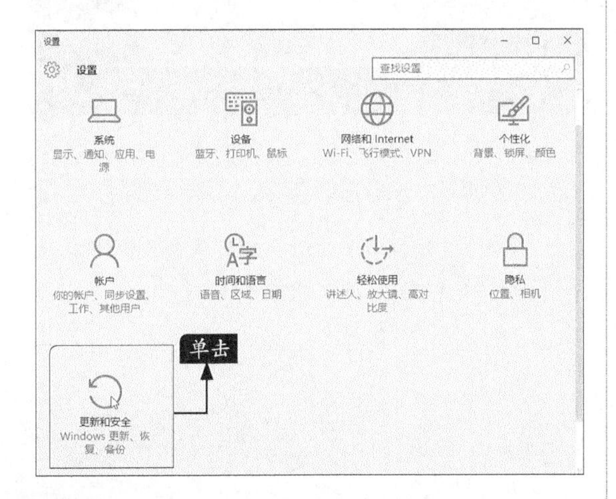

步骤02 弹出【更新和安全】设置窗口，在左侧列表中选择【恢复】选项，在右侧【回退到Windows 7】区域单击【开始】按钮。

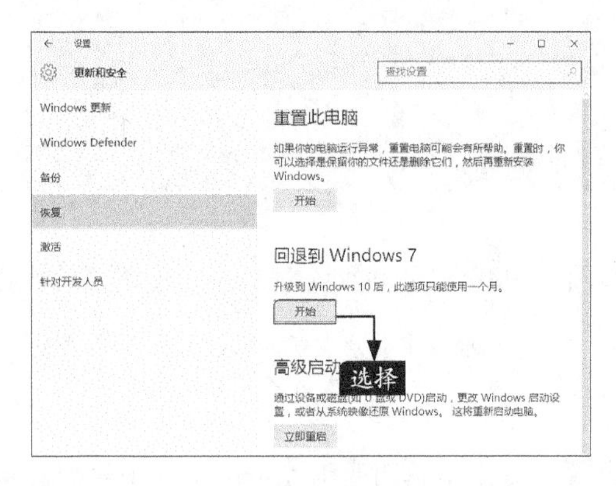

步骤03 将会弹出【你为何要回退？】界面，可以选择回退的原因，然后单击【下一步】按钮。

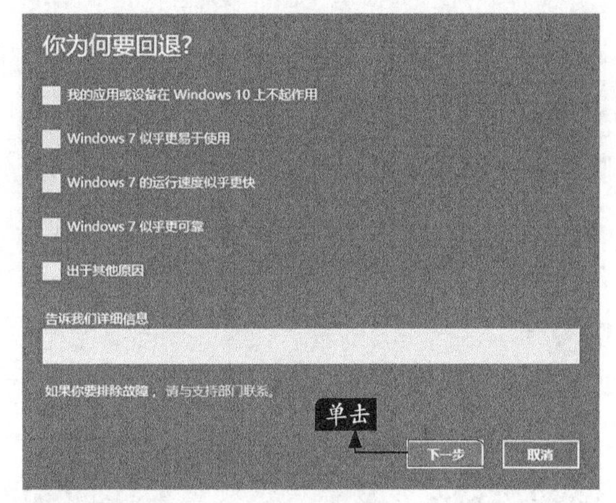

步骤04 弹出【你需要了解的内容】界面，单击【下一步】按钮。

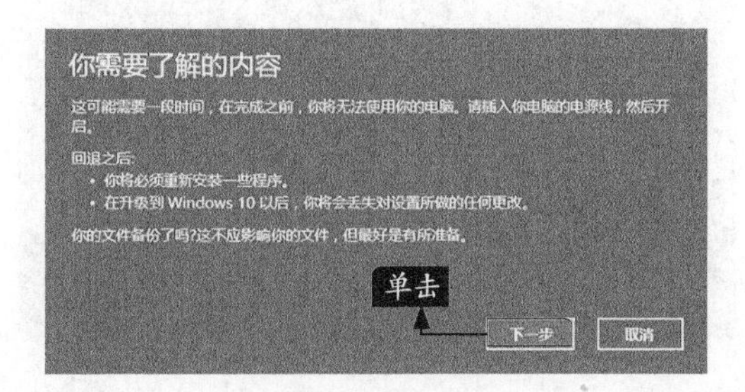

小提示

回退的全过程需要有稳定电源支持，也就是说笔记本和平板电脑需要在接入电源线的状态下进行回退操作，电池模式不允许回退。

步骤05 弹出【不要被锁定】界面，单击【下一步】按钮。

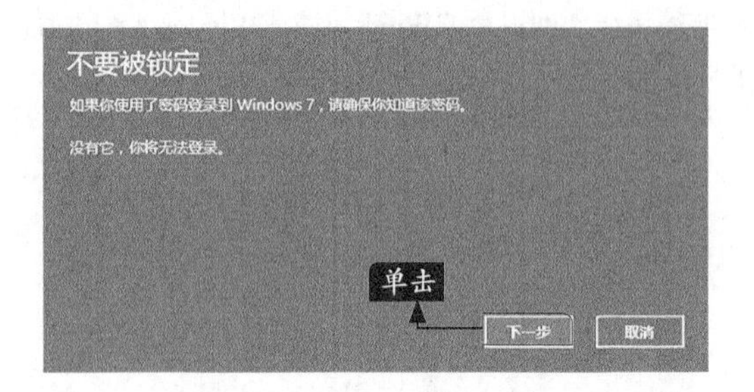

小提示

对于已经设定登录密码的用户，回退后密码将被恢复，因此你需要知道该密码才能正常登录。

步骤06 弹出【感谢使用Windows 10】界面，单击【回退到Windows 7】按钮。

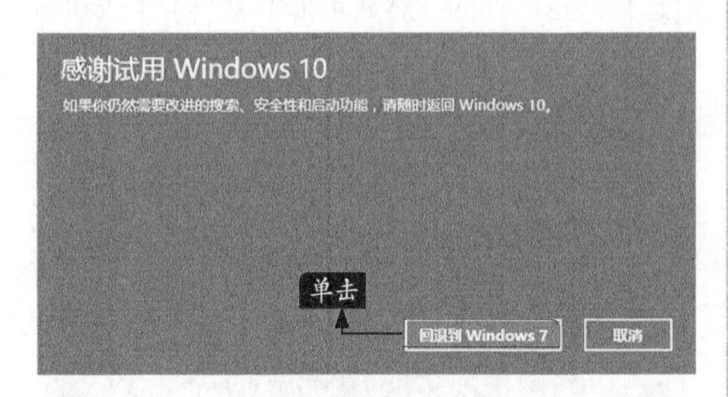

步骤07 系统将会自动重启，并开始回退过程。回退结束，即可进入Windows 7系统。

3. 使用360升级助手回退

使用360升级助手回退到升级前系统的具体操作步骤如下。

步骤01 启动360升级助手，可以看到当前的系统为Windows 10，如果要回退到之前的版本，单击【我想回退到旧版本】按钮。

步骤02 将会弹出【360升级助手——Windows 10】对话框，提示回退风险，单击【确认】按钮，然后根据默认选项单击【下一步】按钮即可。

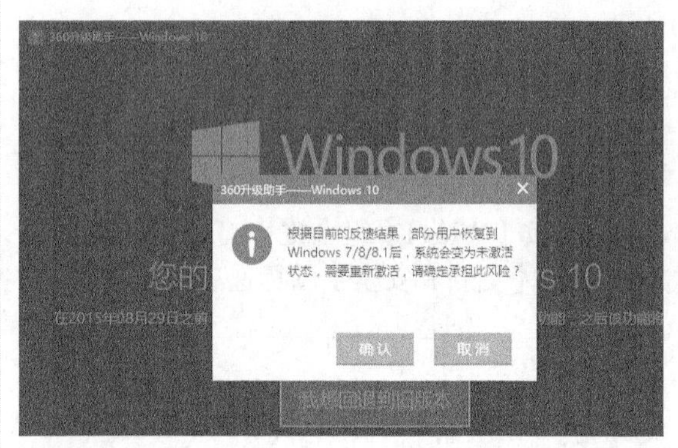

小提示

使用360升级助手回退和使用系统自带的回退功能回退操作类似，这里不再赘述。

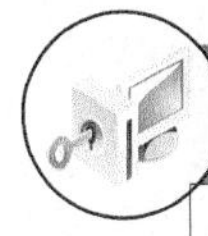

高手支招

本节教学录像时间：2 分钟

进入Windows 10安全模式

Windows 10以前版本的操作系统，可以在开机进入Windows系统启动画面之前按【F8】键或者启动计算机时按住【Ctrl】键进入安全模式，安全模式下可以在不加载第三方设备驱动程序的情况下启动电脑，使电脑运行在系统最小模式，这样用户就可以方便地检测与修复计算机系统的错误。下面介绍在Windows 10操作系统中进入安全模式的操作步骤。

步骤 01 按【Win+I】组合键，打开【设置】窗口，单击【更新和安全】图标选项。

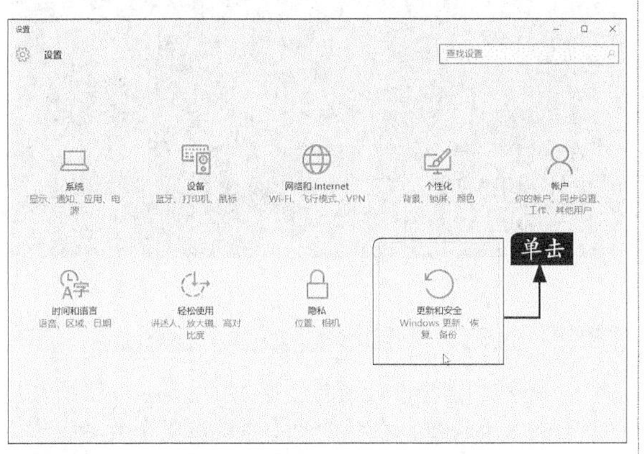

步骤 02 弹出【更新和安全】设置窗口，在左侧列表中选择【恢复】选项，在右侧【高级启动】区域单击【立即重启】按钮。

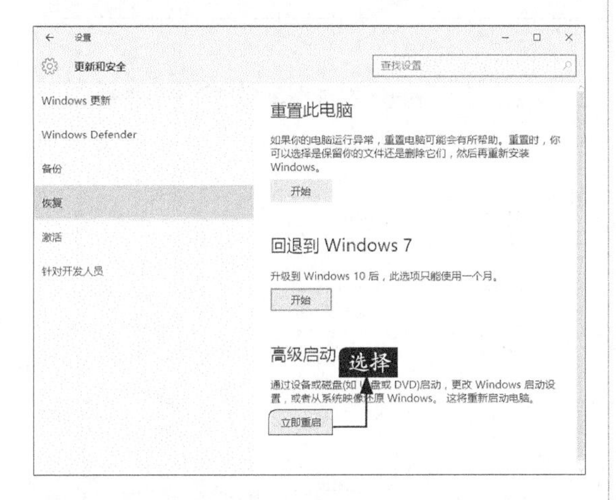

步骤 03 打开【选择一个选项】界面，单击【疑难解答】选项。

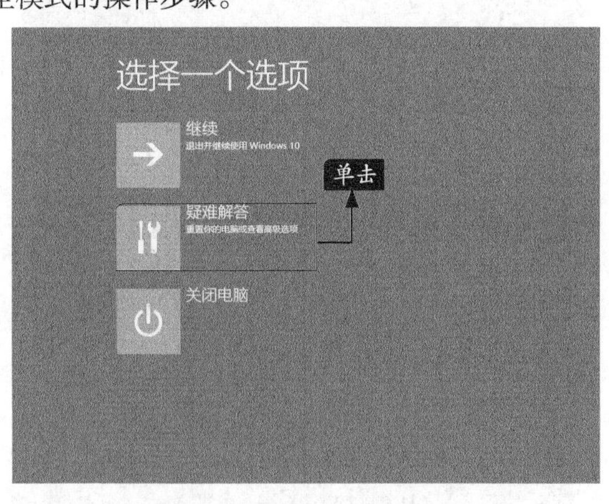

小提示

在Windows 10桌面，按住【Shift】键的同时依次选择【电源】➤【重新启动】选项，也可以进入该界面。

步骤 04 打开【疑难解答】界面，单击【高级选项】选项。

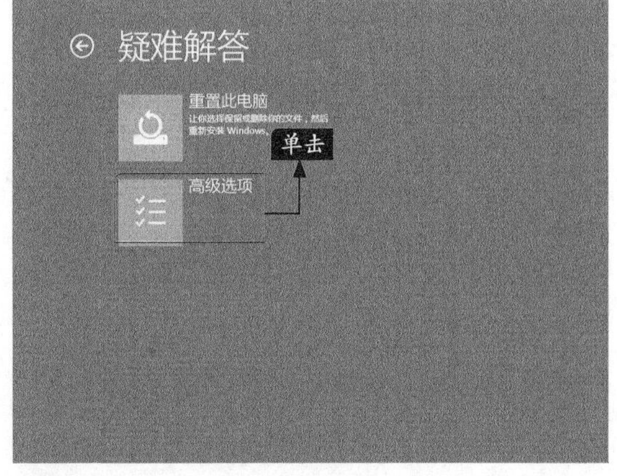

步骤 05 进入【高级选项】界面，单击【启动设置】选项。

步骤 06 进入【启动设置】界面，单击【重启】按钮。

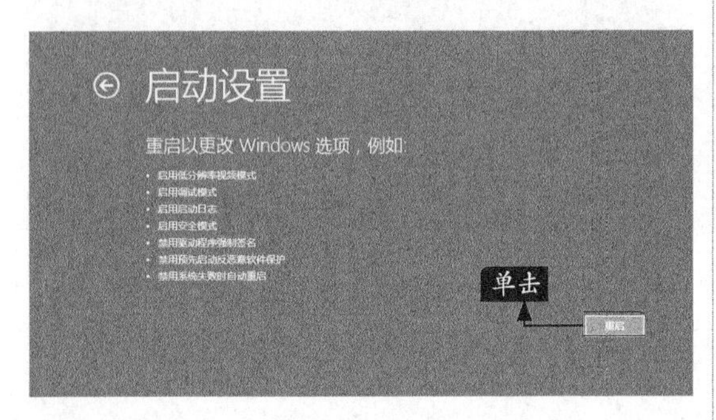

步骤 07 系统即可开始重启，重启之后，重启后会看到下图所示的界面。按【F4】键或数字【4】键选择“启用安全模式”。

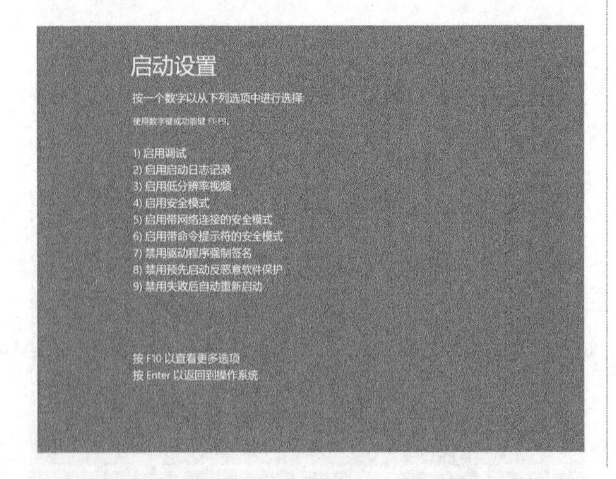

小提示

如果你需要使用Internet，选择5或F5进入“网络安全模式”。

步骤 08 电脑即会重启，进入安全模式，如下图所示。

小提示

打开【运行】对话框，输入“msconfig”后单击【确定】按钮，在打开的【系统配置】对话框中选择【引导】选项卡，在【引导选项】组中单击选中【安全引导】复选框，然后单击【确定】按钮，系统提示重新启动后，并进入安全模式。

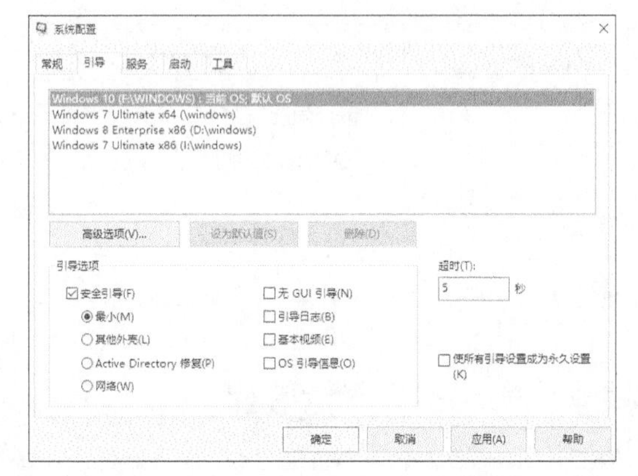

第4篇 软件故障处理篇

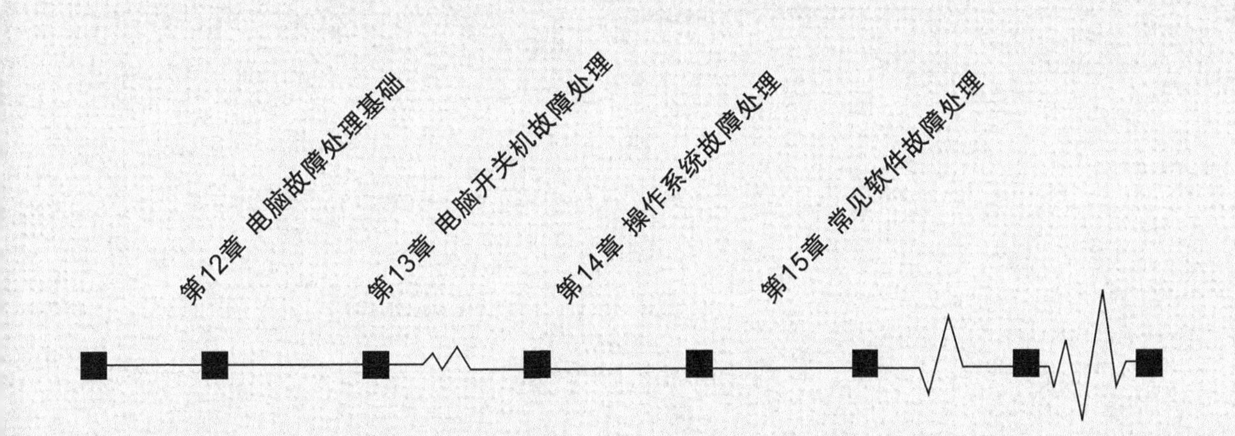

第 12 章

电脑故障处理基础

学习目标

电脑的核心部件包括主板、内存、CPU等，任何一个硬件出现问题都会造成电脑不能正常使用。本章主要讲述电脑故障处理的基础知识、故障产生的原因、故障的诊断原则和故障的分析方法等。

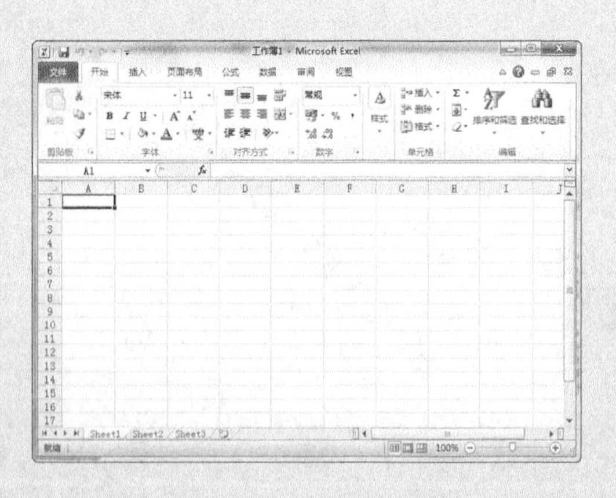

12.1 故障处理的基础

本节教学录像时间：5 分钟

局域网系统主要由硬件系统、软件系统和外部设备系统3部分组成，因此常见的局域网故障分为硬件故障、软件故障和外部设备故障。

12.1.1 软件故障

软件故障是指在用户使用软件的过程中出现的故障。其原因有丢失文件、文件版本不匹配、内存冲突、内存耗尽等。常见的软件故障的表现有以下几个方面。

1. 驱动程序故障

驱动程序故障可引起电脑无法正常使用。如果未安装驱动程序或驱动程序间产生冲突，在操作系统下的资源管理器中就可发现一些标记，其中“？”表示未知设备，通常是设备没有正确安装；“！”表示设备间有冲突，“×”表示所安装的设备驱动程序不正确。

2. 重启或死机

运行某一软件时，系统自动重新启动或死机，只能按机箱上的重启键才能够重新启动电脑。

3. 提示内存不足

在软件的运行过程中，提示内存不足，不能保存文件或某一功能不能使用。这种现象经常出现在图像处理软件中，如Photoshop CC、AutoCAD 2017等软件。

4. 运行速度缓慢

在电脑的使用过程中，当用户打开多个软件时，电脑的速度明显变慢，甚至出现假死机的现象。

5. 软件中毒

病毒对电脑的危害是众所周知的，轻则影响机器速度，重则破坏文件或造成死机。一旦病毒感染了软件，就可以在后台启动软件，甚至破坏软件的文件，导致软件无法使用。

12.1.2 硬件故障

硬件故障主要是指电脑硬件中的元器件发生故障，而不能正常工作。一旦出现硬件故障，用户就需要及时维修，从而保证网络的正常运行。常见的硬件故障分为以下几种。

1. 硬件质量问题

有些硬件故障和硬件本身的质量有关，对此用户可以更换新的硬件。

2. 接触不良的故障

这类故障主要发生在各种板卡、内存和CPU等与主板的接触不良，或电源线、数据线、音频线等的连接不良。其中各种接口卡、内存与主板接触不良的现象较为常见，用户只要更换相应的插槽位置或用橡皮擦一下金手指，即可解决这类故障。

3. 参数设置错误

这类故障发生的原因是CMOS参数的设置问题。CMOS参数主要有硬盘、软驱、内存的类型，以及口令、机器启动顺序、病毒警告开关等。由于参数未设置或设置不当，系统也会出现出错的警告信息提示。

4. 电路故障

这类故障主要是由于主板、内存、显卡、键盘驱动器等电路芯片损坏、电阻开路，也可能因为电脑散热不良引起的硬件短路等。

12.1.3 外部设备故障

外部设备故障是在外部设备使用的过程中出现的故障。通常外部设备包括音箱设备、交换机、路由器、打印机、扫描仪和复印件等。常见的外部设备故障表现分为以下几种。

1. 音箱的故障

音箱的故障包括音箱的噪音比较大，音箱没有声音，安装集成声卡后音箱没有声音，声卡驱动不能安装等。

2. 交换机故障

交换机故障通常分为电源故障、端口故障、模块故障、背板故障和交换机系统故障。由于外部供电不稳定，电源线路老化或者雷击等原因导致电源损坏或者风扇停止，从而导致交换机不能正常工作，这种故障在交换机故障中较为常见。无论是光纤端口还是双绞线的RJ-45端口，在插拔接头时一定要小心，否则插头很容易被弄脏，导致交换机端口被污染而影响正常的通信。

3. 路由器故障

路由器是一种网络设备，主要用于对外网的连接，执行路由选择任务的工具。常见的路由器故障包括不能正常启动、网络瘫痪、路由器端口损坏等。

4. 打印机故障

打印机是电脑的常用外部设备，在实际工作中，它已逐渐成为不可缺少的工具。打印机的故障主要包括打印效果与预览效果不同、打印掉色、打印出白纸、打印机无法正确打印字体，打印机不能进纸、打印机使用中经常停机等。

12.2 故障产生的原因

本节教学录像时间：8 分钟

电脑故障产生的原因很多，大致上可以分为硬件引起的故障和软件引起的故障。

1. 硬件产生的故障

电脑的硬件故障主要是指物理硬件的损坏、CMOS参数设置不正确、硬件之间不兼容等引起的电脑不能正常使用的现象。硬件故障产生的原因主要来自于内存不兼容或损坏、CPU针脚问题、硬盘损坏、机器磨损、静电损坏、用户操作不当和外部设备接触不良等。

虽然硬件故障产生的原因很多，但归纳起来有以下几种。

（1）非正常使用

当电脑出现故障时，如果用户在机器运行的情况下乱动机箱内部的硬件或连线，很容易造成硬件的损坏。例如当系统在运行时，如果用户直接把硬盘卸掉，很容易直接造成数据的丢失，或者造成硬盘的物理坏道，这主要是因为硬盘此时正在高速运转。

（2）硬件的不兼容

硬件之间在相互搭配工作的时候，需要具有共同的工作频率。同时由于主板对各个硬件的支持范围不同，所以硬件之间的搭配显得攸关重要。例如在升级内存时，如果主板不支持，将造成无法开机的故障。如果插入两个内存，就需要尽量让它们是同一型号的产品，否则也会出现这样或那样的硬件故障现象。

（3）灰尘太多

灰尘一直是硬件的隐形杀手，机器内灰尘过多会引起硬件故障。如软驱磁头或光驱激光头沾染过多灰尘后，会导致读写错误，严重的会引起电脑死机。另外对于潮湿天气还会造成电路短路现象，灰尘对电脑的机械部分也有极大影响，造成运转不良，从而不能正常工作。

（4）硬件和软件不兼容

每一个版本的操作系统或软件都会对硬件有一定的要求，如果不能满足要求，也会产生电脑故障。例如一些三维软件和一些特殊软件，由于对内存的需要比较大，当内存较小时，系统会出现死机等故障现象。

（5）CMOS设置不当

CMOS设置的有关参数需要和硬件本身相符合。如果设置不当，会造成系统故障。如硬盘参数设置、模式设置、内存参数设置不当从而导致计算机无法启动。如将无ECC功能的内存设置为具有ECC功能，这样就会因内存错误而造成死机。

（6）周围的环境

电脑周围的环境主要包括电源、温度、静电和电磁辐射等因素的影响。过高过低或忽高忽低的交流电压都将对电脑系统造成很大危害。如果电脑的工作环境温度过高，对电路中的元器件影响最大，首先会加速其老化损坏的速度，其次过热会使芯片插脚焊点脱焊。由于目前电脑采用的芯片仍为CMOS电路，从而环境静电会比较高，这样很容易造成电脑内部硬件的损坏。另外，电磁辐射也会造成电脑系统的故障，所以电脑应该远离冰箱、空调等电气设备，不要与这些设备共用一个插座。

2. 软件引起的故障

软件在安装、使用和卸载的过程中也会引起故障。主要原因有以下几个方面。

（1）系统文件误删除

由于Windows 操作系统启动需要有Command.com、Io.sys、Msdos.sys等文件，如果这些文件遭破坏或被误删除，会引起电脑不能正常使用。

（2）病毒感染

电脑感染病毒后，会出现很多种故障现象，如显示内存不足、死机、重启、速度变慢、系统崩溃等现象。这时用户可以使用杀毒软件（如360杀毒、金山毒霸、瑞星等）来进行全面查毒和杀毒，并做到定时升级杀毒软件。

（3）动态链接库文件（DLL）丢失

在Windows操作系统中还有一类文件也相当重要，这就是扩展名为DLL的动态链接库文件，这些文件从性质上来讲属于共享类文件，也就是说，一个DLL文件可能会有多个软件在运行时需要调用它。如果用户在删除一个应用软件的时候，该软件的反安装程序会记录它曾经安装过的文件并准备将其逐一删去，这时候就容易出现被删掉的动态链接库文件同时还会被其他软件用到的情形，如果丢失的链接库文件是比较重要的核心链接文件的话，那么系统就会死机，甚至崩溃。

（4）注册表损坏

在操作系统中，注册表主要用于管理系统的软件、硬件和系统资源。有时由于用户操作不当、黑客的攻击、病毒的破坏等原因造成注册表的损坏，也会造成电脑故障。

（5）软件升级故障

大多数人可能认为软件升级是不会有问题的，事实上，在升级过程中都会对其中共享的一些组件也进行升级，但是其他程序可能不支持升级后的组件从而引起电脑的故障。

（6）非法卸载软件

不要把软件安装所在的目录直接删掉，如果直接删掉的话，注册表以及Windows目录中会有很多垃圾存在，时间长了，系统也会不稳定，从而产生电脑故障。

12.3 故障诊测的原则

本节教学录像时间：4 分钟

用户要想更快更好地排除电脑故障，就必须遵循一定的原则。下面将介绍常见的故障诊断原则。

12.3.1 先假后真

电脑故障有真故障和假故障两种。在发现电脑故障时首先要确定是否为假故障，仔细观察电脑的环境，是否有其他电器的干扰，设备之间的连线是否正常，电源开关是否打开，自己的操作是否正确等，排除了假故障之后，方可进行真故障的诊断与修理。

12.3.2 先软后硬

所谓先软后硬诊断原则，是指在诊断的过程中，先判断是否为软件故障，先检查是否为软件问题，当软件没有任何问题时，如果故障不能消失，再从硬件方面着手检查。

12.3.3 先外后内

当故障涉及到外部设备时，应先检查机箱及显示的外部部件，特别是机箱外的一些开关、旋钮是否调整了，外部的引线、插座有无断路、短路现象等，实践证明许多用户的电脑故障都是由此而起的。当确认外部设备正常时，再打开机箱或显示器进行检查。

12.3.4 先简单后复杂

在进行电脑故障诊断的过程中，应先进行简单的检查工作，如果还不能消除故障，再进行那些相对比较复杂的工作。所谓简单的事情，是指对电脑的观察和周围环境的分析。观察的具体内容包含以下几个方面。

（1）电脑周围的环境情况，包括位置、电源、连接、其他设备、温度与湿度等。

（2）电脑所表现的现象、显示的内容，以及它们与正常情况下的异同。

（3）电脑内部的环境情况，包括灰尘、连接、器件的颜色、部件的形状、指示灯的状态等。

（4）电脑的软硬件配置，包括安装了什么硬件、资源的使用情况、使用的是哪个版本的操作系统、安装了什么应用软件、硬件的设置驱动程序版本等。

用户需要观察的简捷的环境包括以下几个方面。

（1）首先判断在最小系统下电脑是否正常。

（2）判断在环境没有问题的部件是什么以及怀疑的部件是什么。

（3）在一个干净的系统中，添加硬件和软件来进行分析判断。

从简单的事情做起，有利于精力的集中和进行故障的判断与定位。所以用户需要通过认真的观察后，才可进行判断与维修。

12.3.5 先一般后特殊

遇到电脑的故障时，用户首先需要考虑带有普遍性和规律性的常见故障，以及最常见的原因是什么，如果这样还不能解决问题，再考虑比较复杂的原因，以便逐步缩小故障范围，由面到点，缩短修理时间。如电脑启动后显示器灯亮，但不显示图像，此时用户应该先查看显示器的数据线是否连接正常，或者换个数据线试试，也许这样就可以解决问题。

12.4 电脑维修的常用工具

本节教学录像时间：9 分钟

在进行电脑故障的诊断和排除前，用户需要准备好常用的工具，包括系统盘、常用软件、螺丝刀、镊子、万用表、主板测试卡、热风焊台、皮老虎、毛刷等。

12.4.1 系统安装盘

当系统不能正常启动时，电脑必须要重新安装系统，所以要准备好一张系统安装盘，它可以是安装光盘，也可以是带有系统安装程序的U盘或移动硬盘。

用户可以在微软官网下载和购买原装系统盘，也可以下载一些GHOST版系统，具体如何将其刻录到DVD或制作成启动U盘，可以参照第30章内容。

12.4.2 拆卸工具

在拆卸电脑机箱或笔记本电脑时，常需要用到螺丝刀、镊子、尖嘴钳等工具。

1.螺丝刀

螺丝刀的种类很多，在维修电脑的过程中，经常使用的有一字和十字螺丝刀，六螺丝刀主要用于固定硬盘电路板上的螺丝。在选择螺丝刀上，最好选择带有磁性的，各级别都要有，以方便快速处理大大小小的螺丝钉。

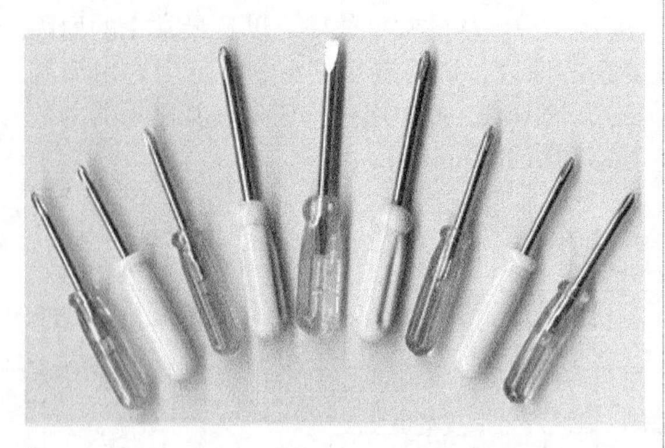

2.镊子

由于机箱的空间不大，在设置主板上的跳线和硬盘等设备时，无法用手直接设置，可以借助镊子完成。

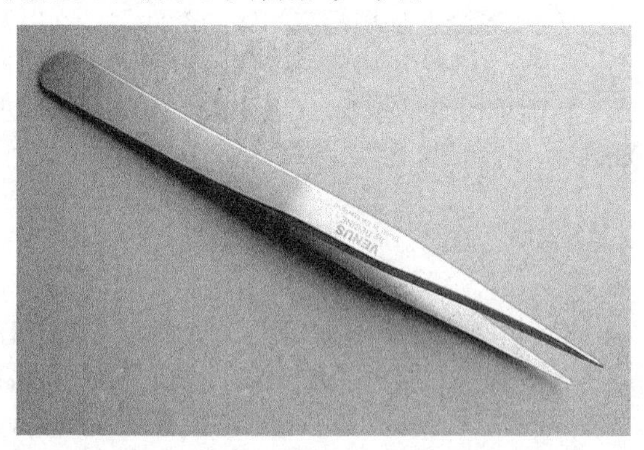

3.尖嘴钳

尖嘴钳在电脑维修中，可以拆卸一些机箱外壳上得较紧的螺丝，也可以用于剪短一些连接线等。

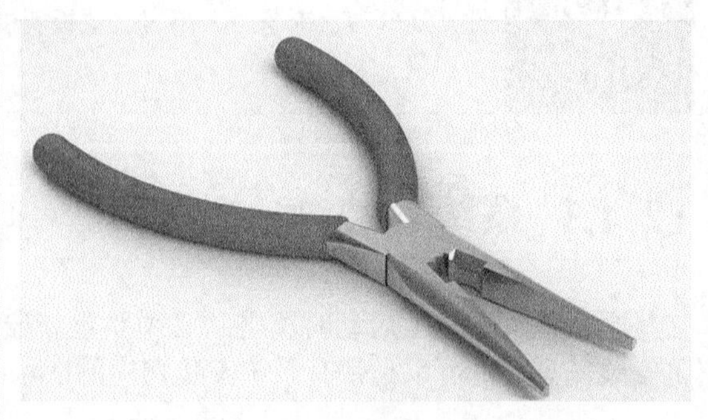

12.4.3 清洁工具

在电脑故障处理中，很多故障原因是由于机箱内灰尘太多造成的，需要配备常用的清洁工具，清洁机箱，如屏幕清洁剂套装、毛刷、电脑吹风机等。

1.屏幕清洁剂套装

屏幕清洁剂套装是液晶屏幕清洁的专用产品，一般包括清洁剂、擦拭布和刷子，不仅可以去除屏幕上的油污、指印和灰尘，还可以使用刷子清洁电脑和键盘的死角。

2.除尘毛刷

除尘毛刷主要用来清洁风扇、板卡上的灰尘，且不对板卡上的元件造成损坏。

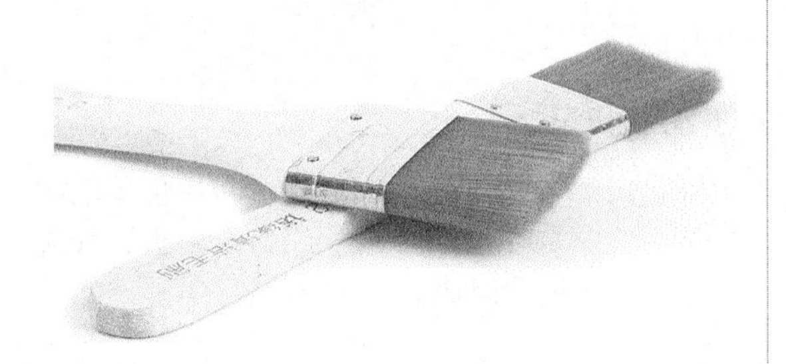

3.吹气囊或电脑吹风机

对于一些较难用毛刷处理的灰尘，如机箱深部的死角，可以脚注吹气囊或电脑吹风机尝试清除。当然，如果没有类似专业的工具，可以借助家中备有的打气筒或吹风机等，也可以达到一定的清洁效果。

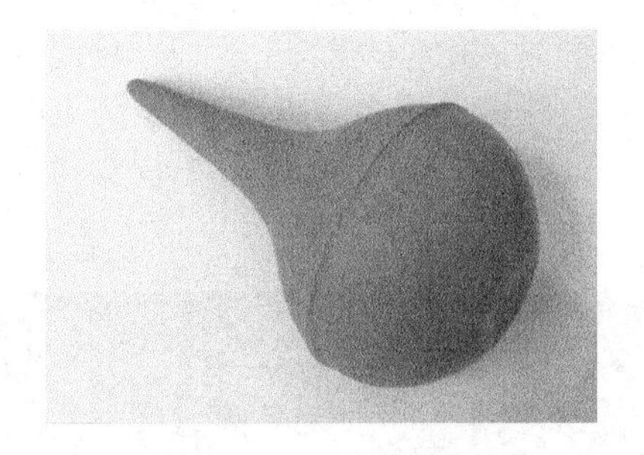

除上述清洁工作外，如果内存、显卡等金手指地方较脏的话，可以使用橡皮擦拭上面的氧化物。

12.4.4 焊接工具

在电脑维修中，经常要用到焊接工具，来焊接电脑元件，如常用的有电烙铁、焊锡、热风枪和热风焊台等。

1.电烙铁

电烙铁是维修电路板必不可少的工具之一，主要用于焊接元件和导线。电烙铁按机械结构可分为内热式电烙铁和外热式电烙铁。

内热式电烙铁由手柄、连接杆、弹簧夹、烙铁芯、烙铁头组成。由于烙铁芯安装在烙铁头里面，因而发热快，热利用率高，因此，称为内热式电烙铁。内热式电烙铁的常用规格为20W、50W几种。内热式的电烙铁发热效率较高，更换烙铁头较方便，体积小，价格便宜，是一般用户的最佳选择。

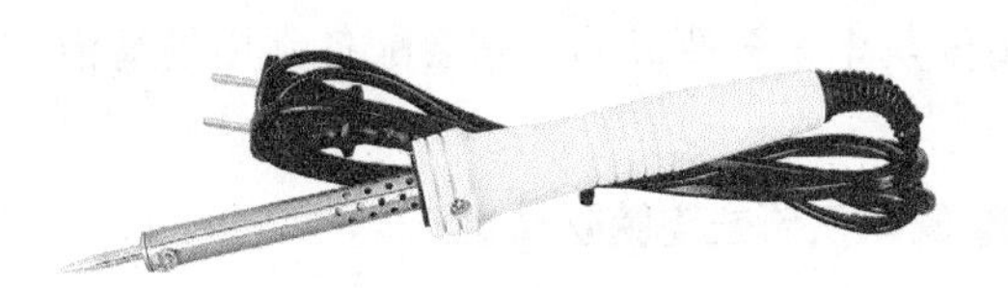

外热式电烙铁由烙铁头、烙铁芯、外壳、木柄、电源引线、插头等部分组成。由于烙铁头安装在烙铁芯里面，故称为外热式电烙铁。烙铁芯是电烙铁的关键部件，它是将电热丝平行地绕制在一根空心瓷管上构成，中间的云母片绝缘，并引出两根导线与220V交流电源连接，一般功率在45W~100W，可以焊接一些较大的元件。

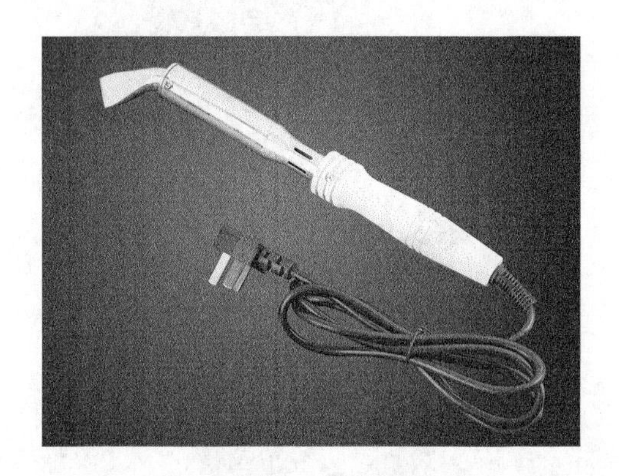

在使用电烙铁时，为了确保安全，建议使用烙铁架，在预热时用于摆放烙铁，并配用耐热海绵来擦洗烙铁头。

2.焊锡和助焊剂

在焊接元件时，需要使用焊锡和助焊剂，一般常采用松香芯焊锡线或焊锡丝，它在焊锡中加入了助焊剂，使焊锡丝熔点较低，使用方便。

助焊剂，主要是帮助和促进焊接过程，具有保护作用及阻止氧化反应的化学物质，常用松香或松香水。在焊接导线或元件时，也可以采用焊锡膏，不过它具有腐蚀性，焊接后应及时清除残留物。

3. 热风焊台

热风焊台是一种贴片原件和贴片集成电路的拆焊工具，主要由气泵、线路电路板、气流稳定器、手柄等组成。

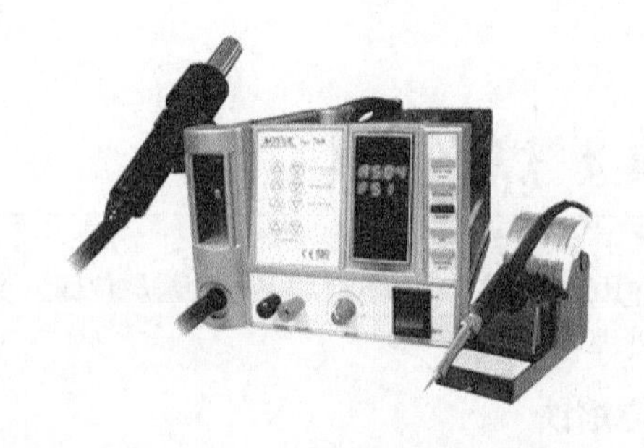

12.4.5 万用表

万用表又叫多用表，分为指针式万用表和数字万用表，是一种多功能、多量程的测量仪表。一般万用表可测量直流电流、直流电压、交流电流、交流电压、电阻和音频电平等。下图是数字万用表。

12.4.6 主板测试卡

主板诊断卡也叫POST卡（Power On Self Test，加电自检），广泛用于主板维修中，它是插在PCI槽上的一个测试卡，当电脑开机时，上面会有数字跳变，通过数字的跳变和显示的数字情况，来确定主板的故障范围。主板诊断卡工作原理是利用主板中BIOS内部程序的检测结果，通过主板诊断卡代码一一显示出来，结合诊断卡的代码速查表就能很快地知道电脑故障所在。尤其在电脑不能引导操作系统、黑屏、喇叭不叫时，使用本卡更能体现其便利，事半功倍。

12.5 故障诊断的方法

本节教学录像时间：9 分钟

掌握好故障诊断的原则后，下面将介绍几种故障的诊断方法。

12.5.1 查杀病毒法

病毒是引起电脑故障的常见因素，此时用户可以使用杀毒软件进行杀毒以解决故障问题。常用的杀毒软件包括360杀毒、腾讯管家、金山毒霸、Windows Defender等，利用这些软件先进行全盘扫描，发现病毒后及时查杀，如果没有发现病毒，可以升级一下病毒库。查杀病毒法在解决电脑故障时是用户首先需要考虑的方法，这样可以使用户少走很多弯路。

12.5.2 清洁硬件法

对于长期使用的电脑，一旦出现故障，用户就需要考虑灰尘的问题。因为长时间的灰尘积累，会影响电脑的散热，从而引起电脑故障，所有用户需要保持电脑清洁。同时还要查看主板上的引脚是否有发黑的现象，这是引脚被氧化的表现，一旦引脚被氧化，很有可能导致电路接触不良，从而引起电脑故障。

在清洁硬件的过程中，应注意以下几个方面的事项。

（1）注意风扇的清洁。包括CPU风扇、电源风扇和显卡风扇等。在清洁风扇的过程中，最好能在风扇的轴处涂抹一点钟表油，加强润滑。

（2）注意风道的清洁。在机箱的通风处清洗，保证通风的畅通性。

（3）注意接插头、座、槽、板卡金手指部分的清洁。对于金手指的清洁，用户可以用橡皮擦拭金手指部分，或用酒精棉擦拭也可以。插头、座、槽的金属引脚上的氧化现象的去除方法为：采用橡皮擦或专业的清洁剂清除表面的氧化层即可。

（4）大规模集成电路、元器件等引脚处的清洁。清洁时，应用小毛刷或吸尘器等除掉灰尘，同时要观察引脚有无虚焊和潮湿的现象，元器件是否有变形、变色或漏液现象。

（5）注意使用的清洁工具。清洁用的工具首先是防静电的。如清洁用的小毛刷，应使用天然材料制成的毛刷，禁用塑料毛刷。其次是如使用金属工具进行清洁时，必须切断电源，且对金属工具进行泄放静电的处理。

（6）对于比较潮湿的情况，应想办法使其干燥后再使用。可用的工具如电风扇、电吹风等，也可让其自然风干。

12.5.3 直接观察法

直接观察法可以总结为“望、闻、听、切”4个字，具体方法如下。

（1）望。观察系统板卡的插头、插座是否歪斜；电阻、电容引脚是否相碰，表面是否烧焦；芯片表面是否开裂；主板上的铜箔是否烧断。还要查看是否有异物掉进主板的元器件之间(造成短路)，也可以看看板上是否有烧焦变色的地方，印刷电路板上的走线（铜箔）是否断裂等。

（2）闻。闻主机、板卡中是否有烧焦的气味，便于发现故障和确定短路所在地。

（3）听。即监听电源风扇、软/硬盘电机或寻道机构、显示器变压器等设备的工作声音是否正常。另外，系统发生短路故障时常常伴随着异常声响。监听可以及时发现一些事故隐患和帮助在事故发生时即时采取措施。

（4）切。即用手按压管座的活动芯片，看芯片是否松动或接触不良。另外，在系统运行时用手触摸或靠近CPU、显示器、硬盘等设备的外壳，根据其温度可以判断设备运行是否正常；用手触摸一些芯片的表面，如果发烫，则为该芯片损坏。

12.5.4 替换法

替换法是用好的部件去代替可能有故障的部件，以判断故障现象是否消失的一种维修方法。好的部件可以是同型号的，也可能是不同型号的。替换的顺序一般为以下4个步骤。

（1）根据故障的现象或第二部分中的故障类别，来考虑需要进行替换的部件或设备。

（2）按先简单后复杂的顺序进行替换。如，先内存、CPU，后主板；如要判断打印故障时，可先考虑打印驱动是否有问题，再考虑打印电缆是否有故障，最后考虑打印机或并口是否有故障等。

（3）最先考查与怀疑有故障的部件相连接的连接线、信号线等，之后是替换怀疑有故障的部件，再后是替换供电部件，最后是与之相关的其他部件。

（4）从部件的故障率高低来考虑最先替换的部件。故障率高的部件先进行替换。

12.5.5 插拔法

插拔法包括逐步添加和逐步去除两种方法。

（1）逐步添加法，以最小系统为基础，每次只向系统添加一个部件/设备或软件，来检查故障现象是否消失或发生变化，以此来判断并定位故障部位。

（2）逐步去除法，正好与逐步添加法的操作相反。

逐步添加/去除法一般要与替换法配合，才能较为准确地定位故障部位。

12.5.6 最小系统法

最小系统是指从维修判断的角度能使电脑开机或运行的最基本的硬件和软件环境。最小系统有两种形式。

一是硬件最小系统：由电源、主板和CPU组成。在这个系统中，没有任何信号线的连接，只有电源到主板的电源连接。在判断过程中是通过声音来判断这一核心组成部分是否可正常工作。

二是软件最小系统：由电源、主板、CPU、内存、显示卡/显示器、键盘和硬盘组成。这个最小系统主要用来判断系统是否可完成正常的启动与运行。

对于软件最小系统，有以下几点需要说明。

（1）硬盘中的软件环境保留着原先的软件环境，只是在分析判断时，根据需要进行隔离（如卸载、屏蔽等）。保留原有的软件环境主要是用来分析判断应用软件方面的问题。

（2）硬盘中的软件环境只有一个基本的操作系统环境，可能是卸载掉所有应用，或是重新安装一个干净的操作系统，然后根据分析判断的需要，加载需要的应用。需要使用一个干净的操作系统环境，主要是判断系统问题、软件冲突或软、硬件间的冲突问题。

（3）在软件最小系统下，可根据需要添加或更改适当的硬件。例如：在判断启动故障时，由于硬盘不能启动，想检查一下能否从其他驱动器启动。这时，可在软件最小系统下加入一个软驱或干脆用软驱替换硬盘来检查。又如：在判断音视频方面的故障时，需要在软件最小系统中加入声卡；在判断网络问题时，就应在软件最小系统中加入网卡等。

最小系统法主要是要先判断在最基本的软、硬件环境中，系统是否可正常工作。如果不能正常工作，即可判定最基本的软、硬件部件有故障，从而起到故障隔离的作用。

12.5.7 程序测试法

随着各种集成电路的广泛应用，焊接工艺越来越复杂，同时，随机硬件技术资料较缺乏，仅凭硬件维修手段往往很难找出故障所在。而通过随机诊断程序、专用维修诊断卡及根据各种技术参数（如接口地址），自编专用诊断程序来辅助硬件维修则可达到事半功倍之效。

程序测试法的原理就是用软件发送数据、命令，通过读线路状态及某个芯片（如寄存器）状态来识别故障部位。此法往往用于检查各种接口电路故障及具有地址参数的各种电路。但此法应用的前提是CPU及总线基本运行正常，能够运行有关诊断软件，能够运行安装于I/O总线插槽上的诊断卡等。

编写的诊断程序要严格、全面、有针对性，能够让某些关键部位出现有规律的信号，能够对偶发故障进行反复测试及能显示记录出错情况。软件诊断法要求具备熟练编程技巧、熟悉各种诊断程序与诊断工具（如debug、DM）等、掌握各种地址参数（如各种I/O地址）以及电路组成原理等，尤其掌握各种接口单元正常状态的各种诊断参考值是有效运用软件诊断法的前提基础。

12.5.8 对比检查法

对比检查法与替换法类似，即用好的部件与怀疑有故障的部件进行外观、配置、运行现象等方面的比较，也可在两台电脑间进行比较，以判断故障电脑在环境设置、硬件配置方面的不同，从而找出故障部位。

高手支招

本节教学录像时间：4 分钟

如何养成好的使用电脑习惯

如何保养和维护好一台电脑，最大限度地延长使用寿命，是我们广大电脑爱好者非常关心的话题。

（1）环境

环境对电脑寿命的影响是不可忽视的。电脑理想的工作温度应在10℃～35℃，太高或太低都会影响计算机配件的寿命，条件许可时，计算机机房一定要安装空调，相对湿度应为30%～80%，太高会影响CPU、显卡等配件的性能发挥，甚至引起一些配件的短路。如：在南方天气较为潮湿，最好每天使用电脑或使电脑通电一段时间。

有人认为使用电脑的次数少或使用的时间短，就能延长电脑寿命，这是片面、模糊的观点；相反，电脑长时间不用，由于潮湿或灰尘、汗渍等原因，会引起电脑配件的损坏。当然，如果天气潮湿到一定程度，如显示器或机箱表面有水汽，此时绝对不能给机器通电，以免引起短路等不必要的损失。湿度太低易产生静电，同样对配件的使用不利。

另外，空气中灰尘含量对电脑影响也较大。灰尘太大，天长日久就会腐蚀各配件、芯片的电路板；灰尘含量过小，则会产生静电反应。所以，计算机室最好有抽湿机和吸尘器。

电脑对电源也有要求。交流电正常的范围应在220V±10%，频率范围是50Hz±5%，且具有良好的接地系统。条件允许时，可使用UPS来保护电脑，使得电脑在市电中断时能继续运行一段时间。

（2）使用习惯

良好的个人使用习惯对电脑的影响也很大。请正确执行开、关机顺序。开机的顺序是：先打开外设（如打印机、扫描仪、UPS电源、MODEM等），显示器电源不与主机电源相连的，还要先打开显示器电源，然后再开主机；关机顺序则相反：先关主机，再关外设。

小提示

因为在主机通电时，关闭外设的瞬间会对主机产生较强的冲击电流。关机后一段时间内，不能频繁地开、关机，因为这样对各配件的冲击很大，尤其是对硬盘的损伤更严重。

一般关机后距下一次开机时间至少应为10秒钟。特别要注意当电脑工作时，应避免进行关机操作。例如：计算机正在读写数据时突然关机，很可能会损坏驱动器（硬盘、软驱等）；更不能在机器正常工作时搬动机器。

关机时，应注意先退出操作系统，关闭所有程序，再按正常关机顺序退出，否则有可能损坏应用程序。当然，即使机器未工作时，也应尽量避免搬动计算机，因过大的震动会对硬盘、主板之类配件造成损坏。

第 13 章

电脑开关机故障处理

电脑具有一个较长时间的硬件和软件的启动和检测的过程，这个过程正常、安全完成后，电脑才可以正常使用。此外，在电脑应用完后，它的关闭也有一个较长的过程，这个过程同样要正常、安全完成后，才可以正常关闭电脑。如果这些过程出现问题，产生故障，将会影响电脑日常的使用。

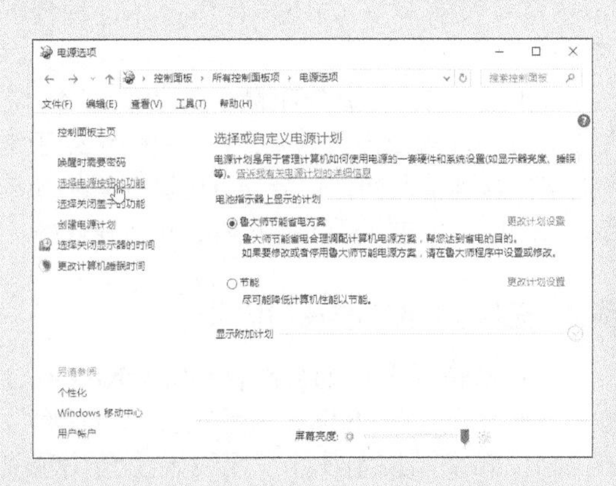

13.1 故障诊断思路

本节教学录像时间：10 分钟

在电脑开关的过程中，最复杂、影响电脑稳定性、最关键的往往是电脑的启动过程，它分为BIOS自检、硬盘引导和系统启动3个必经阶段。下面详细地介绍如何诊断和维修在电脑开关的过程中常见的故障。

在BIOS自检的过程中，包括开机、无显示BIOS自检和有显示BIOS自检3个阶段，因此下面以Award BIOS为例，分别对这3个阶段进行说明。

1. 开机阶段

【正常情况】：电脑启动的第一步是按下电源开关。电脑接通电源后，首先系统在主板BIOS的控制下进行自检和初始化。如果电源工作正常，应该听到电源风扇转动的声音，机箱上的电源指示灯常亮；硬盘和键盘上的NumLock等三个指示灯先亮一下，然后熄灭；显示器也会发出轻微的“唰”声，这比消磁发出的声音会小得多，这是显卡信号送到显示器的反应。

【故障表现】：如果自检无法进行，或键盘的相关指示灯没有按照正常情况闪亮，那么应该着重检查电源、主板和CPU。因为此时系统是由主板BIOS控制的，在基础自检结束前，是不会检测其他部件的，而且开机自检发出相关的报警声响很有限，显示屏也不会显示有任何相关主机部件启动情况的信息。此时可以从以下几个方面检查。

（1）如果听不到系统自检的“嘟”声，同时看不到电源指示灯亮，以及CPU风扇没有转动，应该检查机箱后面的电源接头是否插紧，这时可以将电源接口拔出来重新插入，排除电源线接触不良的原因。当然，电源插座、UPS保险丝等这些与电源相关的地方也应该仔细检查。

（2）如果电源指标灯亮，但显示屏没有任何信息，没有发出轻微的“唰”声，硬盘和键盘指示灯完全不亮，也没有任何报警声，那么可能是由于曾经在BIOS程序中错误地修改过相关设置，如CPU的频率和电压等的设置项目。此外，也很可能是由于CPU没有插牢、出现接触不良的现象，或者选用的CPU不适合当前的主板使用，或者CPU安装不正确，也或者在主板中硬件CPU调频设置错误。

这时应该检查CPU的型号和频率是否适合当前的主板使用，以及检查CPU是否按照正确方法插牢。如果是BIOS程序设置错误，可以使用放电方法，将主板上的电池取出，待过了1小时左右再将其装回原来的地方，如果主板上具有相关BIOS恢复技术，也可使用这些功能。如果是主板的硬件CPU调频设置错误，则应该对照主板说明书仔细检查，按照正确的设置将其调回适当的位置。

（3）若电源指示灯亮，而硬盘和键盘指示灯完全不亮，同时听到连续的报警声，说明主板上的BIOS芯片没有装好或接触不良，或者BIOS程序损坏。这时可以关闭电源，将BIOS芯片插牢；否则就可能是由于BIOS程序损坏的原因，如受到CIH病毒攻击，或者如果升级过BIOS的话，那么也可能是因为在升级BIOS时失败所致。不过，在开机自检的故障中，由于BIOS芯片没有装好或BIOS程序损坏这种情况不常见。

（4）有些机箱制作粗糙，复位键（Reset）按下后弹不起来或内部卡死，会使复位键处于常闭状态，这种情况同样也会导致电脑开机出现故障。这时应该检查机箱的复位键，并将其调好。

2. 无显示BIOS自检阶段

【正常情况】：如果硬盘和键盘NumLock等三个指示灯亮一下再灭，系统会发出“嘟”的一声，接着检测显示卡，屏幕左上角出现显示卡芯片型号、显示BIOS日期等相关信息。

【故障表现】：如果这时自检中断，出现故障，可以从以下几方面检查。

（1）如果电脑发出不间断的长“嘟”声，说明系统没有检测到内存条，或者内存条的芯片损坏。这时可以关闭电源，重新安装内存条，排除接触不良的因素，或者另外更换内存再次开机测试。

（2）电脑发出1长2短的报警声，说明存在显示器或显示卡错误。这时应该关闭电源，检查显卡和显示器插头等部位是否按触良好。如果排除接触不良的原因，则应该更换显卡进行测试。

（3）如果这时自检中断，而且使用了CPU非标准外频，以及没有对AGP/PCI端口进行锁频设置，那么也可能是由于设置的非标准外频而导致自检中断。这是因为使用了非标准外频，AGP显卡的工作频率会高于标准的66MHz，质量较差的显卡就可能通不过。这时可以将CPU的外频设置为标准外频，或在BIOS中将AGP/PCI端口进行锁频设置，其中AGP应该锁在66MHz的频率，而PCI则应该锁在33MHz的频率。

3. 有显示BIOS自检阶段

【正常情况】：自检完毕后，就会在显示屏中显示CPU型号和工作频率、内存容量、硬盘工作模式，以及所使用的中断号等，高版本的BIOS还可以显示CPU和机箱内的温度，以及CPU和内存的工作电压等数据。如果CPU的工作速度很高，上述BIOS信息显示的速度可能很快，这时可以按下键盘的【Pause】键暂停，查看完后再按Enter键继续。

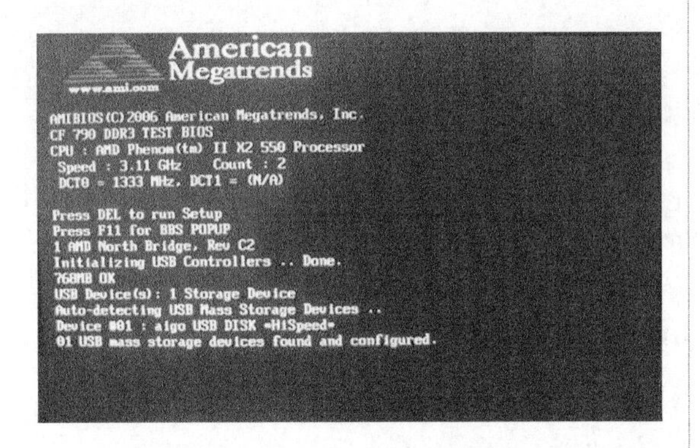

【故障表现】：这一阶段可能出现以下常见问题。

（1）检测内存容量的数字，没有检测完就死机。出现这种情况，应该进入BIOS的设置程序，检查相关内存的频率、电压和优化项目的设置是否正确。其中，频率和电压设置通常在BIOS设置程序的CPU频率设置项目中。

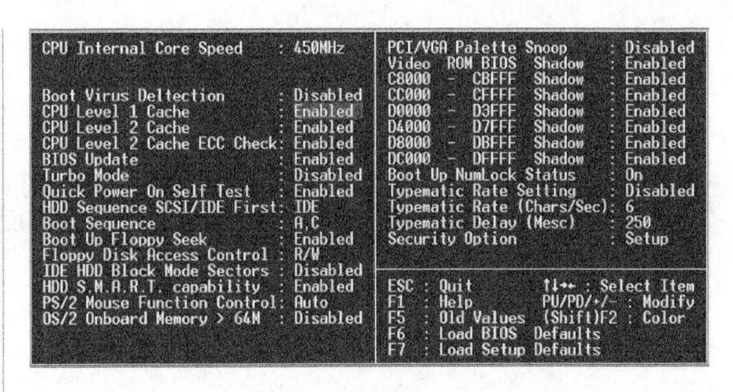

优化设置通常是BIOS设置程序【Advanced Chipset Features】选项里面的【DRAM Timing Settings】选项。具体设置可以参考主板的说明书以及查询相关的资料。

当出现这种情况的时候，应该将相关优化内存的项目设置为不优化或低优化的参数，以及不要对CPU和内存进行超频，必要时可以选择BIOS设置程序的【Load Fail-Safe Defaults】项目，恢复BIOS出厂默认值。其次，如果排除以上的原因，那么很可能是由于内存出现兼容或质量方面的问题，这时应该更换内存条进行测试。

（2）显示完CPU的频率、内存容量之后，出现【Keyboard error or no keyboard present】的提示。这个提示是指在检测键盘时出现错误，这种情况是由于键盘接口出现接触不良，或者键盘的质量有问题。这时应该关闭电脑，重新安装键盘的接口，如果反复尝试多次都还有这个提示，那么应该更换键盘进行测试。

（3）显示完CPU的频率、内存容量之后，出现【Hard disk(s) disagnosis fail】的提示。这个提示是指在检测硬盘时出现错误，这种情况是由于硬盘的数据线或电源线出现接触不良，或者硬盘的质量有问题。这时应该关闭电脑，重新安装硬盘的数据线或电源线，并检查硬盘的数据线和电源线的质量是否可靠，如果排除数据线和电源线的原因，并且反复安装多次都还有这个提示，那么应该更换硬盘进行测试。

（4）显示完CPU的频率、内存容量之后，出现【Floppy disk(s) fail】的提示。这个提示是指在检测软驱时出现错误。产生这样的故障原因，可能是在BIOS中启用了软驱，但在电脑上却没有安装有软驱。另外，如果连接软驱的数据线或者软驱本身有问题，或者软驱的电源接口和数据线接口接触不良，也会导致这一故障的出现。

13.2 开机异常

本节教学录像时间：17 分钟

开机异常是指不能正常开机，下面将讲述常见开机异常的诊断方法。

13.2.1 按电源没反应

【故障表现】：操作系统完全不能启动，见不到电源指示灯亮，也听不到风扇的声音。

【故障分析】：从故障现象分析，基本可以初步判定是电源部分故障。检查电源线和插座是否有电、主板电源插头是否连好、UPS是否正常供电，再确认电源是否有故障。

【故障处理】：最简单的就是替换法，但是用户手中不一定备有电源等备件，这时可以尝试使用下面的方法。

（1）先把硬盘、CPU风扇、或者CD-ROM连好，然后把ATX主板电源插头用一根导线连接两个插脚，把插头的一侧突起对着自己，上层插脚从左数第4个和下层插脚从右数第3个，方向一定要正确，然后把ATX电源的开关打开，如果电源风扇转动，说明电源正常，否则电源损坏。如果电源没问题，直接短接主板上电源开关的跳线，如果正常，说明机箱面板的电源开关损坏。

（2）市电电源问题，请检查电源插座是否正常、电源线是否正常。

（3）机箱电源问题，请检查是否有5V待机电压、主板与电源之间的连线是否松动，如果不会测量电压可以找个电源调换一下。

（4）主板问题，如果上述几个都没有问题，那么主板故障的可能性就比较大了。首先检查主板和开机按钮的连线有无松动，开关是否正常。可以将开关用电线短接一下。如不行，只有更换一块主板。应尽量找型号相同或同一芯片组的板子，因为别的主板可能不支持本机的CPU和内存。

13.2.2 不能开机并有报警声

【故障表现】：电脑在启动的过程中，突然死机，并有报警声。

【故障分析】：不同的主板BIOS，其报警声的含义也有所不同，根据不同的主板说明书，判定相应的故障类型。

【故障处理】：常见的BIOS分为Award和AMI两种，报警声的含义分别如下。

1. Award BIOS报警声

其报警声的含义如下表所示。

报警声	含义
1短声	说明系统正常启动。表明机器没有问题
2短声	说明CMOS设置错误，重新设置不正确选项
1长1短	说明内存或主板出错，换一个内存条
1长2短	说明显示器或显示卡存在错误。检查显卡和显示器插头等部位是否接触良好或用替换法确定显卡和显示器是否损坏
1长3短	说明键盘控制器错误，应检查主板
1长9短	说明主板Flash RAM、EPROM错误或BIOS损坏，更换Flash RAM
重复短响	说明主板电源有问
不间断的长声	说明系统检测到内存条有问题，重新安装内存条或更换新内存条重试

2. AMI BIOS报警声

其报警声的含义如下表所示。

报警声	含义
1短	说明内存刷新失败。更换内存条
2短	说明内存ECC校验错误。在CMOS 中将内存ECC校验的选项设为Disabled或更换内存
3短	说明系统基本内存检查失败。换内存
4短	说明系统时钟出错。更换芯片或CMOS电池
5短	说明CPU出现错误。检查CPU是否插好
6短	说明键盘控制器错误。应检查主板
7短	说明系统实模式错误，不能切换到保护模式
8短	说明显示内存错误。显示内存有问题，更换显卡试试
9短	说明BIOS芯片检验和错误
1长3短	说明内存错误，即内存已损坏，更换内存
1长8短	说明显示测试错误。显示器数据线没插好或显示卡没插牢

13.2.3 开机要按【F1】键

【故障表现】：开机后停留在自检界面，提示按【F1】进入操作系统。

【故障分析】：开机需要按下【F1】键才能进入，主要是因为BIOS中设置与真实硬件数据不符引起的，可以分为以下几种情况。

（1）实际上没有软驱或者软驱坏了，而BIOS里却设置有软驱，这样就导致了要按【F1】键才能继续。

（2）原来挂了两个硬盘，在BIOS中设置成了双硬盘，后来拿掉其中一个的时候却忘记将BIOS设置改回来，也会出现这个问题。

（3）主板电池没有电了也会造成数据丢失，从而出现这个故障。

（4）重新启动系统，进入BIOS设置中，发现软驱设置为1.44MB了，但实际上机箱内并无软驱，将此项设置为NONE后，故障排除。

【故障处理】：排除故障的方法如下。

（1）开机按【Delete】键，进入BIOS设置，选择第一个基本设置，把【Floopy】一项设置为【Disable】即可。

（2）刚开始开机时按【Delete】键进入BIOS，按回车键进入基本设置，将【DriveA】项设置为【None】，然后保存后退出BIOS，重启电脑后检查，如果故障依然存在，可以更换电池。

13.2.4 硬盘提示灯不闪、显示器提示无信号

【故障表现】：开机时显示屏没有任何信息，也没有发出轻微的“唰”声，硬盘和键盘指示灯完全不亮，键盘灯没有闪，也没有任何报警声。

【故障分析】：故障原因可能是由于曾经在BIOS程序中，错误地修改过相关设置，如CPU的频率和电压等的设置项目。此外，也很可能是由于CPU没有插牢、出现接触不良的现象，或者选用的CPU不适合当前的主板使用，或者CPU安装不正确，也或者在主板中硬件CPU调频设置错误。

【故障处理】：检查CPU的型号和频率是否适合当前的主板使用，以及检查CPU是否按照正确方法插牢。如果是BIOS程序设置错误，可以使用放电方法将主板上的电池取出，待过了1小时左右再将其装回原来的地方，如果主板上具有相关BIOS恢复技术，也可使用这些功能。如果是主板的硬件CPU调频设置错误，则应该对照主板说明书仔细检查，按照正确的设置将其调回适当的位置。

13.2.5 硬盘提示灯闪、显示器无信号

【故障表现】：显示器无信号，但机器读硬盘，硬盘指示灯也在闪亮，通过声音判断，机器已进入操作系统。

【故障分析】：这一故障说明主机正常，问题出在显示器和显卡上。

【故障处理】：检查显示器和显卡的连线是否正常，接头是否正常。如有条件，使用替换法更换显卡和显示器，即可排除故障。

病毒对电脑的危害是众所周知的，轻则影响机器速度，重则破坏文件或造成死机。一旦病毒感染了软件，就可以在后台启动软件，甚至破坏软件的文件，导致软件无法使用。

13.2.6 停留在自检界面

【故障表现】：开机后一直停留在自检界面，并显示主板和显卡信息，经过多次重启，故障依然存在。

【故障分析】：从上述故障现象，说明内部自检已通过，主板、CPU、内存、显卡、显示器应该都已正常，但主板BIOS设置不当、内存质量差、电源不稳定会造成这种现象。问题出在其他硬件的可能性比较大。一般来说，硬件坏了BIOS自检只是找不到，但还可以进行下一步自检，如果是因为硬件的原因停止自检，说明故障比较严重，硬件线路可能出了问题。

【故障处理】：排除故障的方法如下。

（1）解决主板BIOS设置不当可以用放电法，或进入BIOS修改，或重置为出厂设置，查阅主板说明书就会找到步骤。关于修改方面有一点要注意，BIOS设置中，键盘和鼠标报警项如设置为出现故障就停止自检，那么键盘和鼠标坏了就会出现这种现象。

（2）通过了解自检过程分析，BIOS自检到某个硬件时停止工作，那么这个硬件出故障的可能性非常大，可以将这个硬件的电源线和信号线拔下来，开机看是否能进入下一步自检，如可以，那么就是这个硬件的问题。

（3）将软驱、硬盘、光驱的电源线和信号线全部拔下来，将声卡、调制解调器、网卡等板卡全部拔下（显卡内存除外）。将打印机、扫描仪等外置设备全部断开，然后按硬盘、软驱、光驱、板卡、外置设备的顺序重新安装，安装好一个硬件就开机试试看，当接至某一硬件出问题时，就可判定是它引起的故障。

13.2.7 启动顺序不对，不能启动引导文件

【故障表现】：电脑的启动过程中，提示信息【Disk Boot Failure，Insert System Disk And Press Enter】，从而不能启动引导文件，不能正常开机。

【故障分析】：这种故障一般都不是严重问题，只是系统在找到的用于引导的驱动器中找不到引导文件，比如：BIOS的引导驱动器设置中将软驱排在了硬盘驱动的前面，软驱中又放有没有引导系统的软盘或者BIOS的引导驱动器设置中将光驱排在了硬盘驱动的前面，而光驱中又放有没有引导系统的光盘。

【故障处理】：将光盘或软盘取出，然后设置启动顺序，即可解决故障。

13.2.8 系统启动过程中自动重启

【故障表现】：在Windows操作系统启动画面出现后、登录画面显示之前电脑自动重新启动，无法进入操作系统的桌面。

【故障分析】：导致这种故障的原因是操作系统的启动文件Kernel32.dll丢失或者已经损坏。

【故障处理】：如果在系统中安装有故障恢复控制台程序，这个文件也可以在Windows XP的安装光盘中找到。不过，在Windows XP安装盘中找到的文件是Kernel32.dl_，这是一个未解压的文件，它需要在故障恢复控制台中先运行“map”这个命令，然后将光盘中的Kernel32.dl_文件复制到硬件，并运行“expand kernel32.dl_”这个命令，将Kernel32.dl_这个文件解压为Kernel32.dll，最后将解压的文件复制到对应的目录即可。如果没有备份Kernel32.dll文件，在系统中也没有安装故障恢复控制台，也不能从其他电脑中复制这个文件，那么重新安装Windows系统也可以解决故障。

13.2.9 系统启动过程中死机

【故障表现】：电脑在启动时出现死机现象，重启后故障依然存在。

【故障分析】：这种情况可能是由于硬件冲突所致，这时可以使用插拔检测法。

【故障处理】：将电脑里面一些不重要的部件（如光驱、声卡、网卡）逐件卸载，检查出导致死机的部件，然后不安装或更换这个部件即可。此外，这种情况也可能是由于硬盘的质量有问题。

如果使用插拔检测法后，故障没有排除，可以将硬盘接到其他的电脑上进行测试，如果硬盘可以应用，那么说明硬盘与原先的电脑出现兼容问题；如果在其他的电脑上测试，同样有这种情况，说明硬盘的质量不可靠，甚至已经损坏。

另外，这种情况也可能是由于在BIOS中对内存、显卡等硬件设置了相关的优化项目，而优化的硬件却不能支持在优化的状态中正常运行。因此，当出现这种情况的时候，应该在BIOS中将相关优化的项目调低或不优化，必要时可以恢复BIOS的出厂默认值。

13.3 关机异常

本节教学录像时间：6 分钟

Windows的关机程序在关机过程中将执行下述各项功能：完成所有磁盘写操作，清除磁盘缓存，执行关闭窗口程序，关闭所有当前运行的程序，将所有保护模式的驱动程序转换成实模式。

引起Windows系统出现关机故障的主要原因有：选择退出Windows时的声音文件损坏；不正确配置或损坏硬件；BIOS的设置不兼容；在BIOS中的【高级电源管理】或【高级配置和电源接口】的设置不适当；没有在实模式下为视频卡分配一个IRQ；某一个程序或TSR程序可能没有正确关闭；加载了一个不兼容的、损坏的或冲突的设备驱动程序等。

13.3.1 无法关机，点击关机没有反应

【故障表现】：一台电脑无法关机，点击【关机】按钮也没有反应，只能通过手动按下机箱的关机键才能关机。

【故障分析】：从上述故障可以初步判断是系统文件丢失的问题。

【故障处理】：在【运行】对话框里输入“rundll32user.exe，exitwindows”，按【Enter】键后观察，如果可以关机，那说明是程序的问题。

（1）利用杀毒软件全面查杀病毒。

（2）利用360安全卫士修复IE浏览器。

（3）运行msconfig查看是否有多余的启动项，有些启动项启动后无法关闭也会导致无法关机。

（4）在声音方案中换个关机音乐，有时关机音乐文件损坏也会导致无法关机。

（5）如果CMOS参数设置不当的话，Windows系统同样不能正确关机。为了检验是否是CMOS参数设置不当造成了计算机无法关闭的现象，可以重新启动计算机系统，进入到CMOS参数设置页面，将所有参数恢复为默认的出厂数值，然后保存好CMOS参数，并重新启动好计算机系统。接着再尝试一下关机操作，如果此时能够正常关闭计算机的话，就表明系统的CMOS参数设置不当，需要进行重新设置，设置的重点主要包括病毒检测、电源管理、中断请求开闭、CPU外频以及磁盘启动顺序等选项，具体的参数设置值最好要参考主板的说明书，如果对CMOS设置不熟悉的话，只有将 CMOS参数恢复成默认数值，才能确保计算机关机正常。

13.3.2 电脑关机后自动重启

【故障表现】：在Windows系统中关闭电脑，系统却变为自动重新启动，同时在操作系统中不能关机。

【故障分析】：导致这一故障的原因很有可能是由于用户对操作系统的错误设置，或利用一些系统优化软件修改了Windows系统的设置。

【故障处理】：根据分析，排除故障的具体操作步骤如下。

步骤 01 按【Windows+Pause Break】组合键，打开【系统】对话框，单击【高级系统设置】链接。

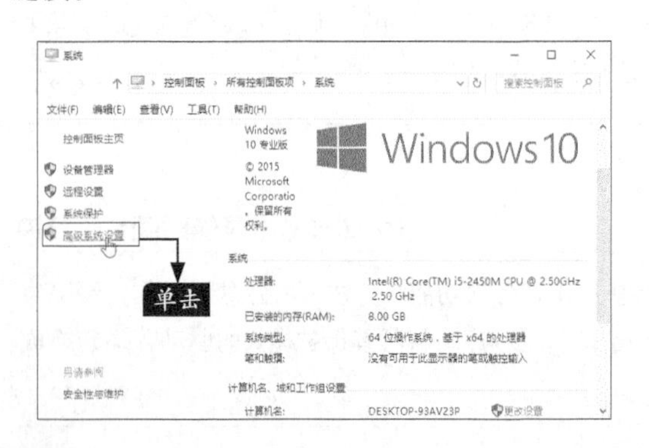

步骤 02 弹出【系统属性】对话框，选择【高级】选项卡，在【启动和故障恢复】一栏中单击【设置】按钮。

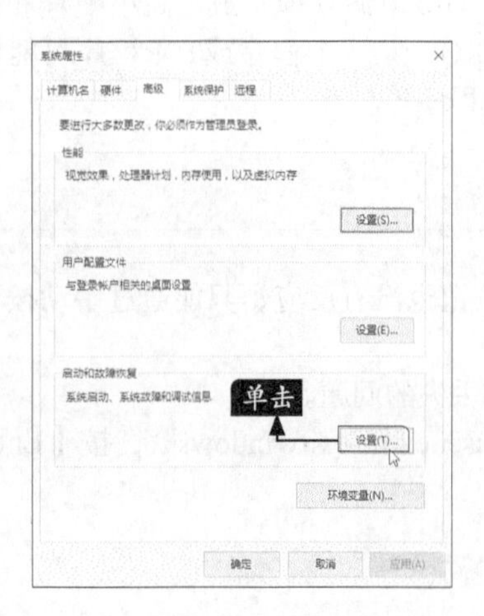

步骤 03 弹出【启动和故障恢复】对话框，在【系统失败】一栏中选中【自动重新启动】复选框，单击【确定】按钮。重新启动电脑，即可排除故障。

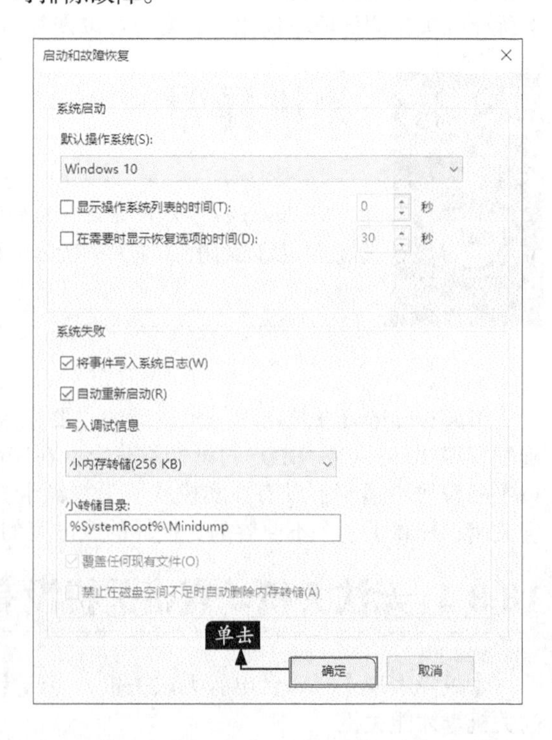

13.3.3 按电源按钮不能关机

故障现象：我的电脑本来关机一直是正常的，但最近在按下电源的开关后却没有反应，以前都是按上几秒钟就会关机的，现在不行了，如何恢复呢?

排除故障的具体操作步骤如下。

步骤01 右键单击【开始】菜单，在弹出的快捷菜单中单击【控制面板】。

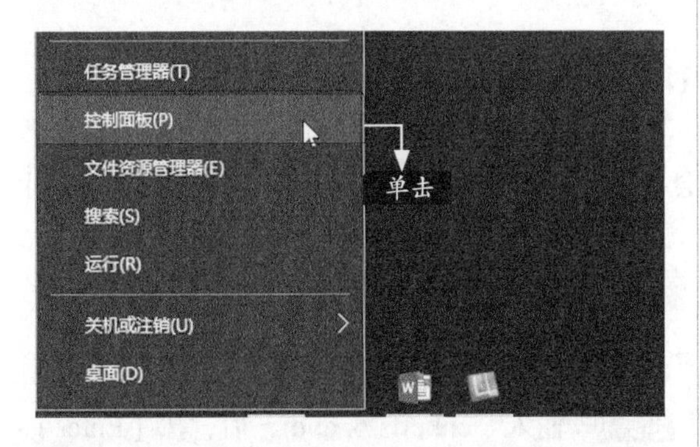

步骤02 弹出【控制面板】窗口，单击【类别】按钮，在弹出下拉菜单中选择【大图标】菜单命令。

步骤03 在弹出的窗口中单击【电源选项】链接。

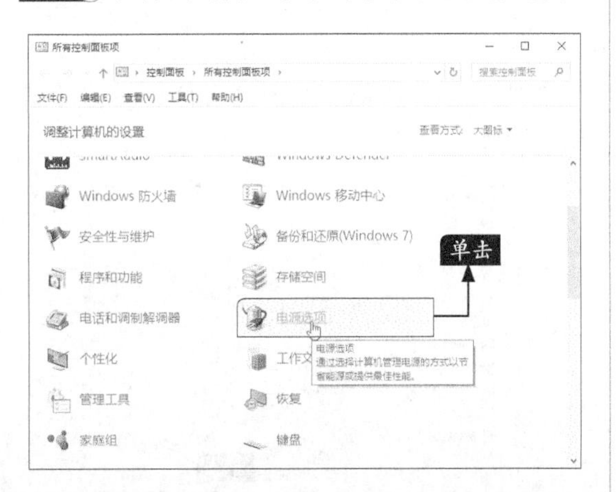

步骤04 弹出【电源选项】窗口，单击【选择电源按钮的功能】链接。

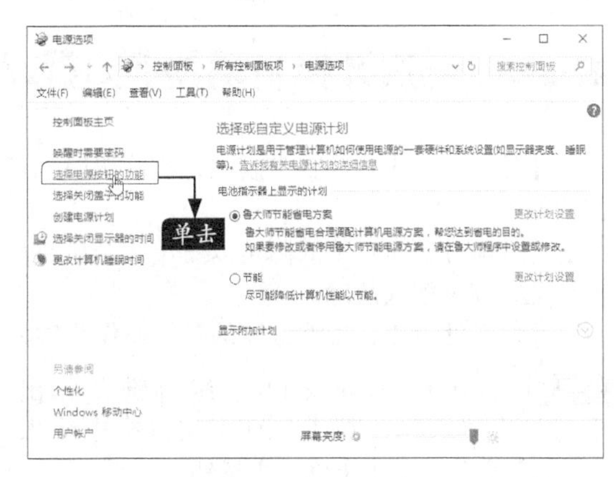

步骤05 弹出【系统设置】窗口，单击【按电源按钮时】右侧的向下按钮，在弹出的下拉列表中选择【关机】菜单命令，单击【保存修改】按钮。重启电脑后，故障排除。

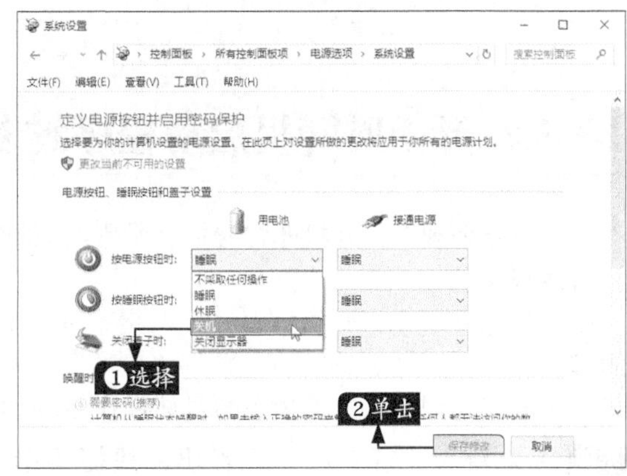

13.4 开/关机速度慢

本节教学录像时间：5 分钟

本节主要讲述开/关机速度慢的常见原因和解决方法。

13.4.1 每次开机自动检查C盘或D盘后才启动

【故障表现】：一台电脑在每次开机时，都会自动检查C盘或D盘后才启动，每次开机的时间都比较长。

【故障分析】：从故障可以看出，开机自检导致每次开机都检查硬盘，关闭开机自检C盘或D盘功能，即可解决故障。

【故障处理】：排除故障的具体操作步骤如下。

步骤01 按【Windows+R】组合键，弹出【运行】对话框，在【打开】文本框中输入“cmd”命令，单击【确定】按钮。

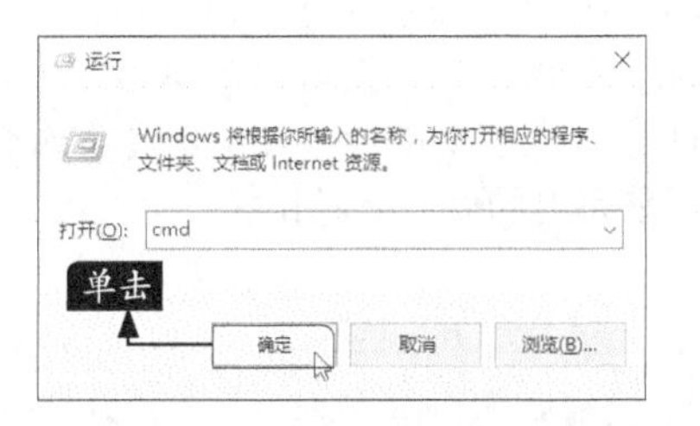

步骤02 输入“chkntfs /x c: d:”后，按【Enter】键确认，即可排除故障。

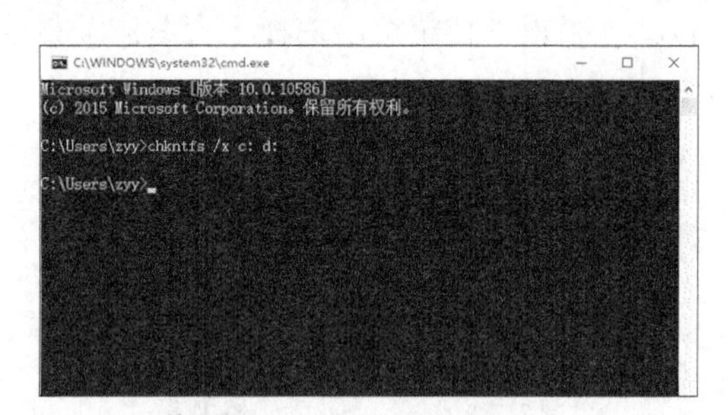

13.4.2 开机时随机启动程序过多

【故障表现】：开机非常缓慢，常常4分钟左右，进入系统后，速度稍微快一点，经过杀毒也没有发现问题。

【故障分析】：开机缓慢往往与启动程序太多有关，可以利用系统自带的管理工具设置启动的程序。

【故障处理】：排除故障的具体操作步骤如下。

步骤01 右键单击任务栏，在弹出的快捷菜单中，单击【任务管理器】命令。

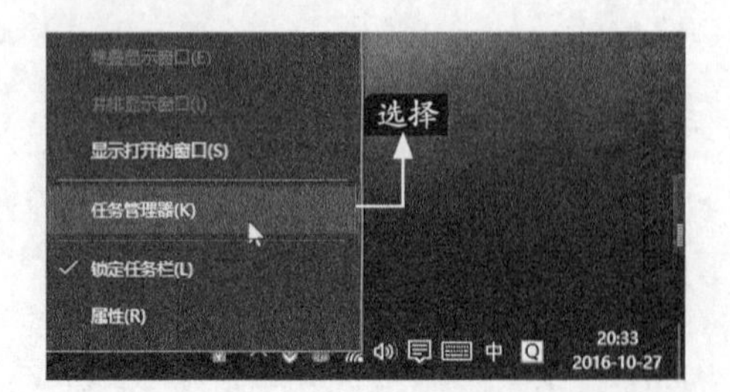

步骤02 打开【任务管理器】对话框，单击【启动】选项卡，选择要禁用的程序，单击【禁用】按钮。

步骤03 即可看到该程序的状态显示为“已禁用”。如希望开机启动该程序，单击【启用】按钮即可。

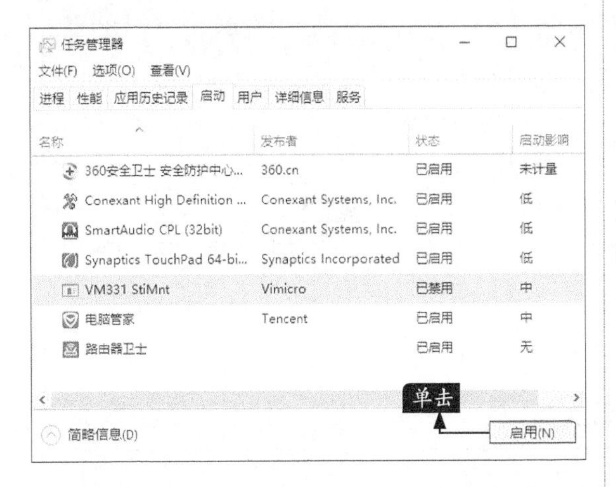

如果操作系统是Windows 7，可以采用以下方法。

步骤01 按【Windows+R】组合键，弹出【运行】对话框，在【打开】文本框中输入“msconfig”命令，单击【确定】按钮。

步骤02 弹出【系统配置】对话框，选择【启动】选项卡，取消不需要启动的项目，单击【确定】按钮即可优化启动程序。

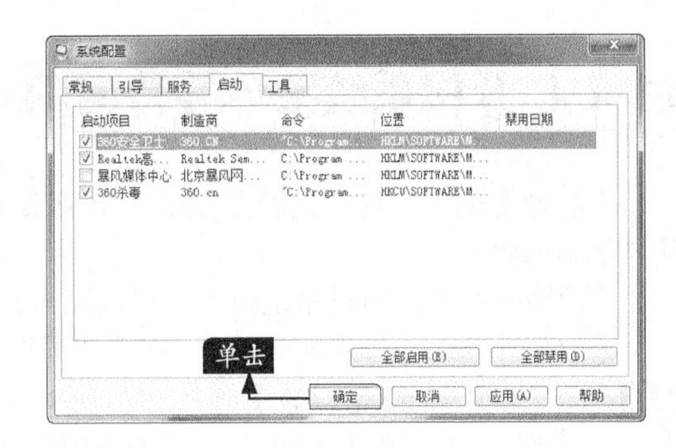

13.4.3 开机系统动画过长

【故障表现】：在开机的过程中，系统动画的时间很长，有时间会停留好几分钟，进入操作系统后，一切操作正常。

【故障分析】：可以通过设置注册表信息，缩短开机动画的等待时间。

【故障处理】：排除故障的具体操作步骤如下。

步骤01 按【Windows+R】组合键，弹出【运行】对话框，在【打开】文本框中输入“regedit”命令，单击【确定】按钮。

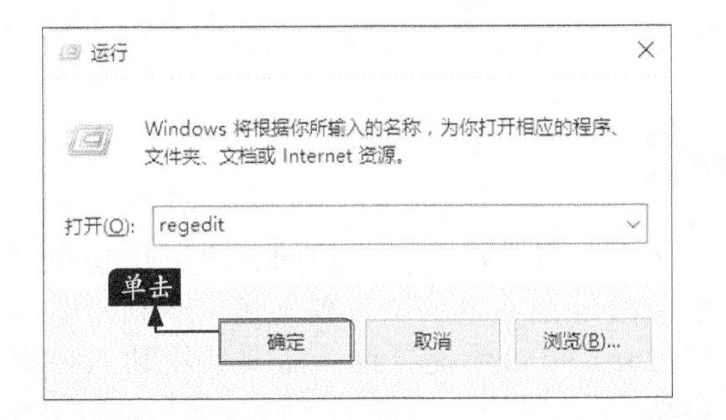

步骤02 单击【确定】按钮，即可打开【注册表编辑器】窗口。

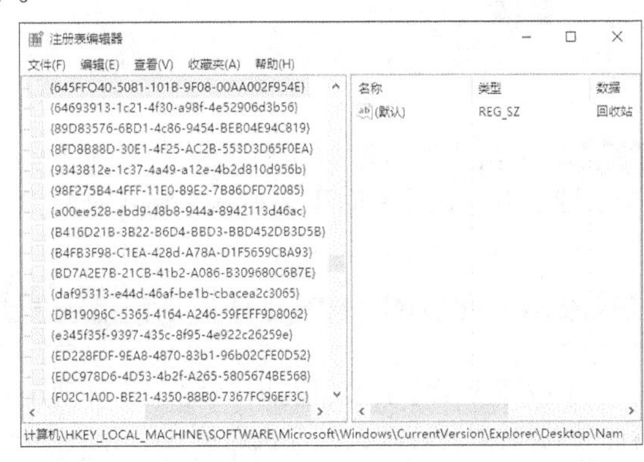

步骤03 在窗口的左侧展开HKEY_LOCAL_MACHINE\System\CurrentControlSet\Control树形结构。

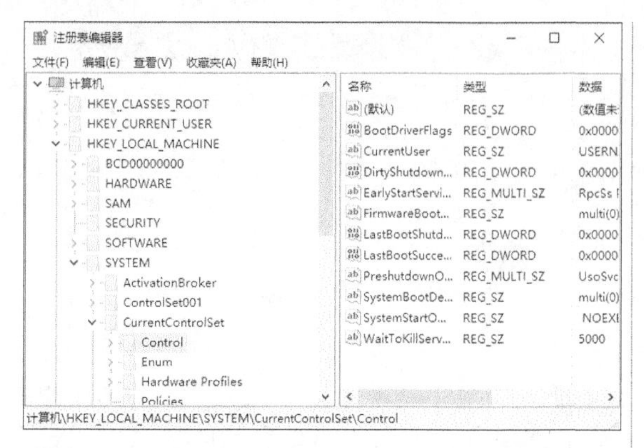

步骤04 在右侧的窗口中双击【WaitToKillServiceTimeout】选项，弹出【编辑字符串】对话框，在【数值数据】中输入“1000”，单击【确定】按钮。重新启动电脑后，故障排除。

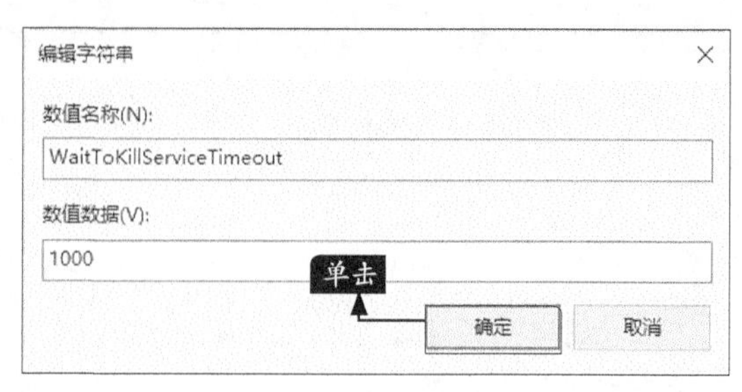

13.4.4 开机系统菜单等待时间过长

【故障表现】：在开机的过程中，出现系统选择菜单时，等待时间为10秒，时间太长，每次开机都是如此。

【故障分析】：通过系统设置，可以缩短开机菜单等待的时间。

【故障处理】：排除故障的具体操作步骤如下。

步骤01 按【Windows+R】组合键，弹出【运行】对话框，在【打开】文本框中输入“msconfig”命令，单击【确定】按钮。

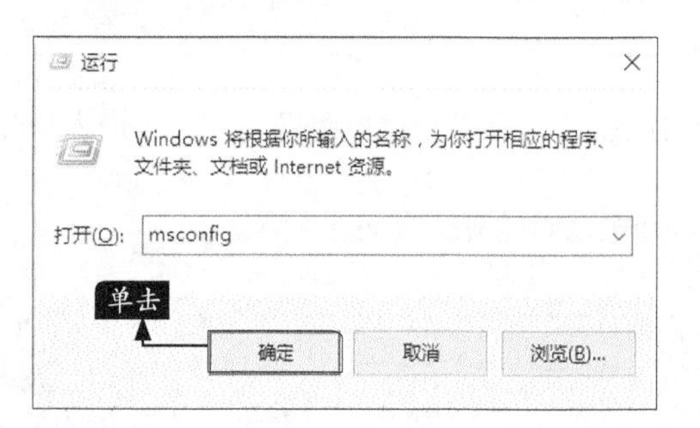

步骤02 弹出【系统配置】对话框，选择【引导】选项卡，在【超时】文本框中输入时间为“5”秒，也可以设置更短的时间，单击【确定】按钮。重启电脑后，故障排除。

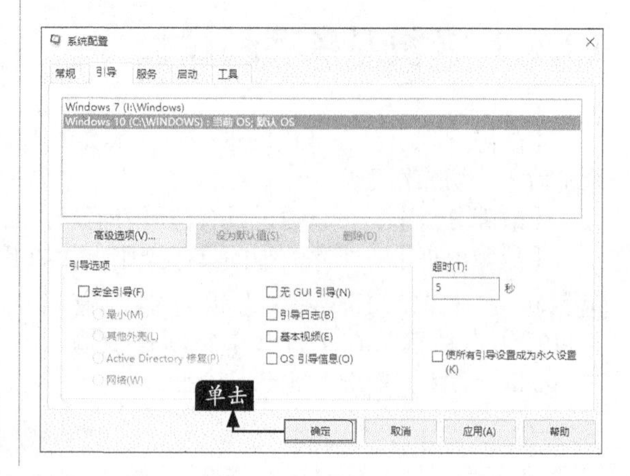

13.4.5 Windows 10开机黑屏时间长

【故障表现】：在开机时，跳过开机动画后，黑屏时间等待较长，开机速度慢。

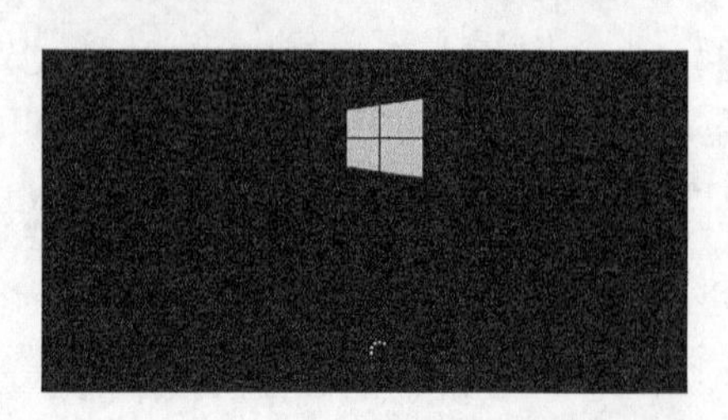

【故障分析】：这种问题主要出现在双显卡的笔记本电脑中，独立显卡驱动不兼容Windows 10系统导致，需要禁用独立显卡驱动。

【故障处理】：排除故障的具体操作步骤如下。

步骤01 右键单击【此电脑】图标，在弹出的快捷菜单中选择【管理】命令。

步骤02 打开【计算机管理】窗口，单击左侧的【设备管理器】选项，在右侧窗口单击【显示适配器】选项，在展开的列表中，右键单击独立显卡，在弹出的快捷菜单中，单击【卸载】命令，对独立显卡进行卸载。

Windows 10操作系统支持自动安装驱动程序，即使独立显卡卸载完成后，也不能从根本上解决问题，此时需要禁止系统自动安装驱动，除非Windows系统解决了此兼容性问题。

步骤01 按【Windows+Pause Break】组合键，打开【系统】窗口，并单击【高级系统设置】链接。

步骤02 打开【系统属性】对话框，单击【硬件】选项卡，并单击【设备安装设置】按钮。

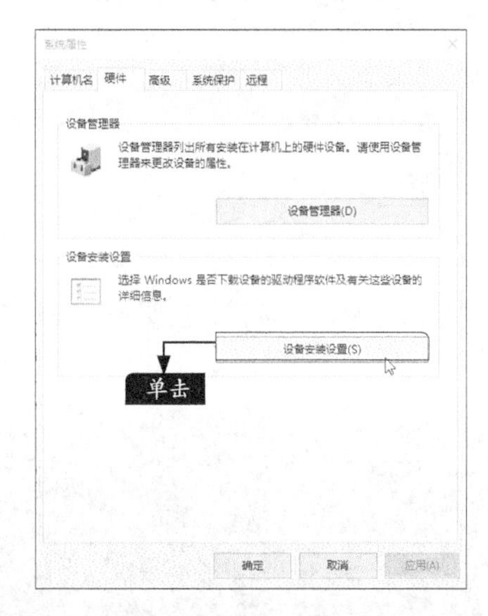

步骤03 弹出【设备安装设置】对话框，选择【否】单选项，并单击【保存更改】按钮。

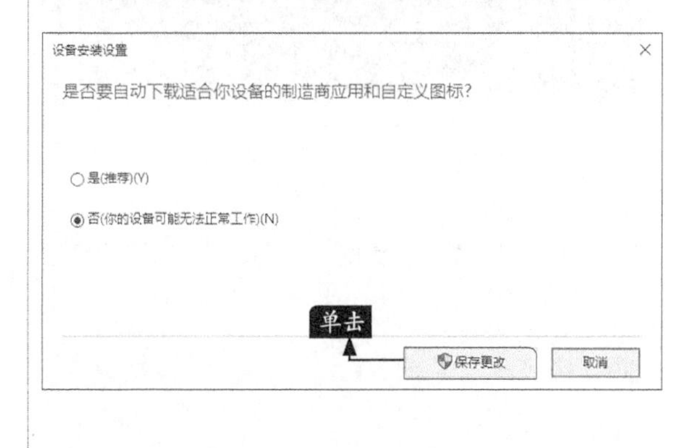

高手支招

本节教学录像时间：2 分钟

关机时出现蓝屏

【故障表现】：在关闭电脑的过程中，显示屏突然显示蓝屏介面，按下键盘的任何按键也没有反应。

【故障分析】：这种情况很可能是由于Windows系统缺少某些重要系统文件或驱动程序所致，也可能是由于在没有关闭系统的应用软件的情况下直接关机所致。

【故障处理】：在关闭电脑前，先关闭所有运行的程序，然后再关机。

如果故障没有排除，则参照以下操作步骤进行操作。

步骤01 按【Windows+R】组合键，弹出【运行】对话框，在【打开】文本框中输入“sfc / scannow”命令。

步骤 02 单击【确定】按钮，按照提示完成系统文件的修复即可。

自动关机或重启

【故障表现】：电脑在正常运行过程中，突然自动关闭系统或重新启动系统。

【故障分析】：现在的主板普遍对CPU都具有温度监控功能，一旦CPU温度过高，超过了主板BIOS中所设定的温度，主板就会自动切断电源，以保护相关硬件。

【故障排除】：在出现这种故障时，应该检查机箱的散热风扇是否正常转动、硬件的发热量是否太高，或者设置的CPU监控温度是否太低。

另外，系统中的电源管理和病毒软件也会导致这种现象发生。因此，也可以检查一下相关电源管理的设置是否正确，同时也可检查是否有病毒程序加载在后台运行，必要时可以使用杀毒软件对硬盘中的文件进行全面检查。其次，也可能是由于电源功率不足、老化或损坏而导致这种故障，这时可以通过替换电源的方法进行确认。

第 14 章

操作系统故障处理

学习目标

在用户使用计算机过程中，由于操作不当、误删除系统文件、病毒木马危害性文件的破坏等原因，会造成系统出现启动故障、蓝屏、死机、注册表遭到破坏、病毒预防等操作系统故障。计算机突然出现以上操作系统故障时，用户应该如何解决呢？本章将从以上几个方面进行详细地介绍。

学习效果

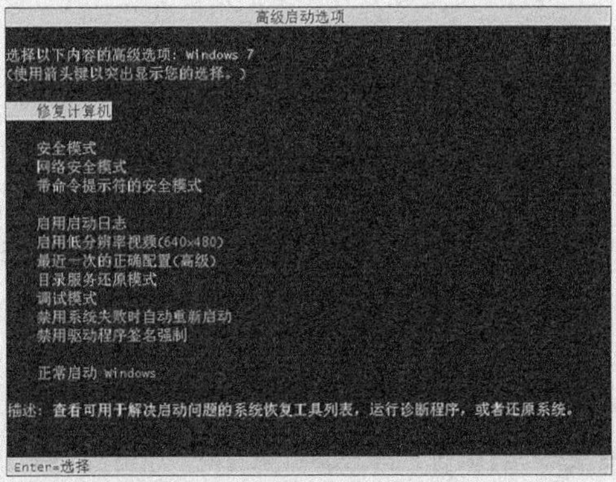

高级启动选项

选择以下内容的高级选项：Windows 7
(使用箭头键以突出显示您的选择。)

修复计算机

安全模式
网络安全模式
带命令提示符的安全模式

启用启动日志
启用低分辨率视频(640x480)
最近一次的正确配置(高级)
目录服务还原模式
调试模式
禁用系统失败时自动重新启动
禁用驱动程序签名强制

正常启动 Windows

描述：查看可用于解决启动问题的系统恢复工具列表，运行诊断程序，或者还原系统。

Enter=选择

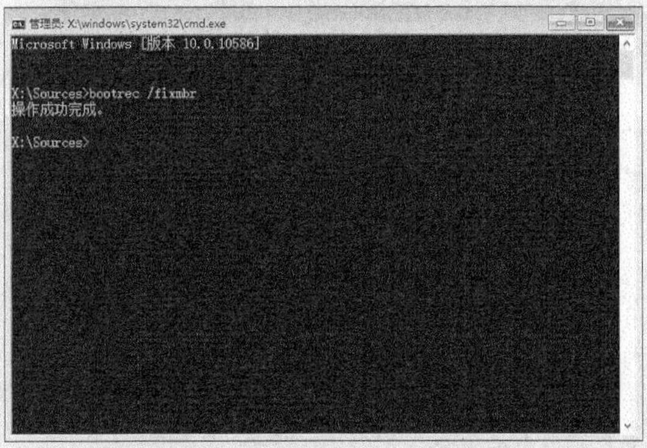

管理员: X:\windows\system32\cmd.exe

```
Microsoft Windows [版本 10.0.10586]

X:\Sources>bootrec /fixmbr
操作成功完成。

X:\Sources>
```

14.1 Windows系统启动故障

本节教学录像时间：9 分钟

Windows无法启动是指能够在正常开关机的情况下，电脑无法正常进入系统，这种问题也是较为常见的，本节介绍常见的几种Windows无法启动的现象及解决办法。

14.1.1 电脑启动后无法进入系统

【故障表现】：电脑之前使用正常，突然无法进入系统。

【故障分析】：无法进入系统的主要原因是系统软件损坏、注册表损坏等问题造成的。

【故障处理】：如果遇到此类问题，可以尝试使用操作系统的【高级启动选项】解决该问题。具体操作步骤是：重启电脑，按【F8】键，进入【高级启动选项】界面，选择【最近一次的正确配置（高级）】选项，并按【Enter】键，使用该功能以最近一次的有效设置启动计算机。

```
高级启动选项
选择以下内容的高级选项：windows 7
(使用箭头键以突出显示您的选择。)

修复计算机

安全模式
网络安全模式
带命令提示符的安全模式

启用启动日志
启用低分辨率视频(640x480)
最近一次的正确配置(高级)
目录服务还原模式
调试模式
禁用系统失败时自动重新启动
禁用驱动程序签名强制

正常启动 windows

描述：查看可用于解决启动问题的系统恢复工具列表，运行诊断程序，或者还原系统。
Enter=选择
```

小提示

各菜单项的作用如下。

安全模式：选用安全模式启动系统时，系统只使用一些最基本的文件和驱动程序启动。进入安全模式是诊断故障的一个重要步骤。如果安全模式启动后无法确定问题，或者根本无法启动安全模式，就需要使用紧急修复磁盘修复系统或重装系统了。

网络安全模式：和安全模式类似，但是增加了对网络连接支持。

命令提示符的安全模式：和安全模式类似，只使用基本的文件和驱动程序启动系统，但登录后屏幕出现命令提示符，而不是Windows桌面。

启用启动日志：启动系统，同时将由系统加载的所有驱动程序和服务记录到文件中。文件名为ntbtlog.txt，位于Windir目录中。该日志对确定系统启动问题的准确原因很有用。

启用低分辨率视频（640×480）：使用当前视频驱动程序和低分辨率及刷新率设置启动Windows。可以使用此模式重置显示设置。

最后一次的正确配置（高级）：使用最后一次正常运行的注册表和驱动程序配置启动Windows。

目录服务还原模式：该模式是用于还原域控制器上的Sysvol目录和Active Directory（活动目录）服务的。它实际上也是安全模式的一种。

调试模式：如果某些硬件使用了实模式驱动程序并导致系统不能正常启动，可以用调试模式来检查实模式驱动程序产生的冲突。

禁用系统失败时自动重新启动：因错误导致Windows失败时，阻止Windows 自动重新启动。仅当Windows 陷入循环状态时，即Windows启动失败，重新启动后再次失败，使用此选项。

禁用强制驱动程序签名：允许安装包含了不恰当签名的驱动程序。

如果不能解决此类问题，可以选择【修复计算机】选项，修复系统即可。

如果电脑系统是Windows 10操作系统，可以采用以下方法解决。

步骤 01 当系统启动失败两次后，第三次启动即会进入【选择一个选项】界面，单击【疑难解答】选项。

步骤 02 打开【疑难解答】界面，单击【高级选项】选项。

步骤 03 打开【高级选项】界面，单击【启动修复】选项。

步骤 04 此时电脑重启，准备进入自动修复界面。

步骤 05 进入“启动修复”界面，选择一个账户进行操作。

步骤 06 输入选择账户的密码，并单击【继续】按钮。

步骤 07 此时，即会重启，诊断电脑的情况。

14.1.2 系统引导故障

【故障表现】：开机后出现“Press F11 to start Backup or Restore System”错误提示，如下图所示。

【故障分析】：由于Ghost类的软件，在安装时往往会修改硬盘MBR，以达到优先启动的目的，在开机时就会出现相应的启动菜单信息。不过，如果此类软件存在有缺陷或与操作系统不兼容，就非常容易导致系统无法正常启动。

【故障处理】：如果是由于上述问题造成的，就需要对硬盘主引导进行操作，用户可以使用系统安装盘的Bootrec.exe修复工具解决该故障。

步骤01 使用系统安装盘启动电脑，进入【Windows安装程序】对话框，单击【下一步】按钮。

步骤02 进入如下界面，按【Shift+F10】组合键。

步骤03 弹出命令提示符窗口，输入“bootrec /fixmer”DOS命令，并按【Enter】键，完成硬盘主引导记录的重写操作。

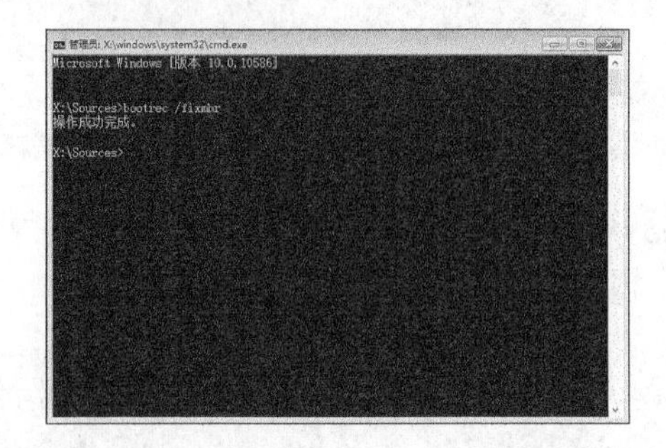

14.1.3 系统启动时长时间停留在“正在启动Windows”画面

【故障表现】：电脑开机时，长时间停留在“正在启动Windows”画面，系统启动太慢。

【故障分析】：造成系统启动慢，主要原因是系统加载的启动项过多影响的，一般禁用没有必要的加载项，而长时间停留在“正在启动Windows ”画面，主要是由于“Windows Event log”服务有问题引起的，需要检查该项服务。

【故障处理】：检查Windows Event log服务的具体步骤如下。

步骤01 右键单击【计算机】图标，在弹出的快捷菜单中单击【管理】菜单命令。

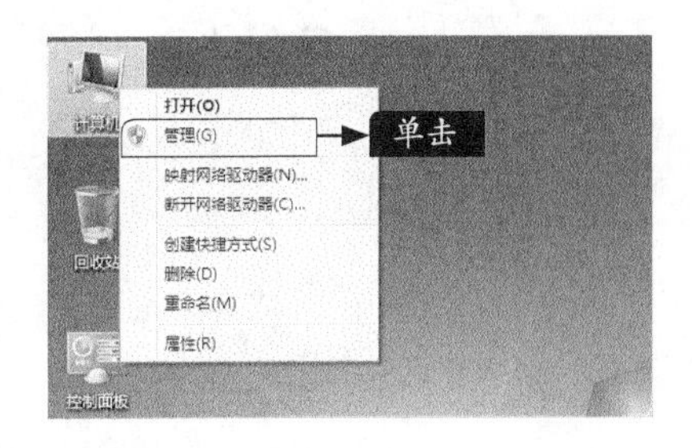

步骤02 打开【设备管理器】窗口，在左侧的窗格中单击【服务和应用程序】列表下的【服务】选项，右侧窗格即可显示服务列表。

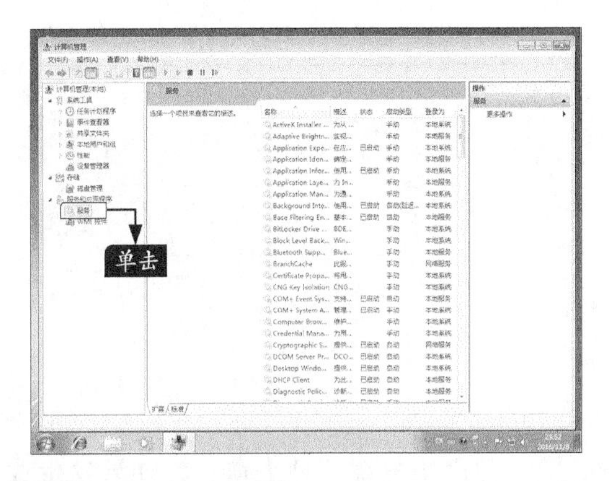

步骤03 在服务列表中选择“Windows Event log”服务，查看该服务的启动类型，如本机的目前启动类型为“手动”。

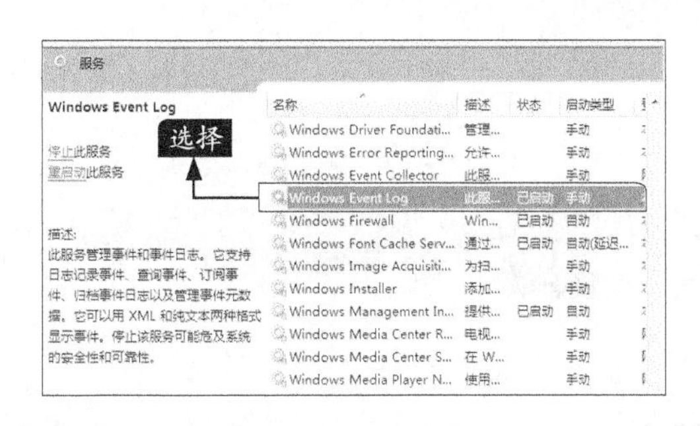

步骤04 双击此项服务，打开【Windows Event log的属性（本地计算机）】对话框。在【常规】选项卡下，单击【启动类型】的下拉列表，并选择【自动】选项，然后单击【确定】按钮，重启电脑即可排除故障。

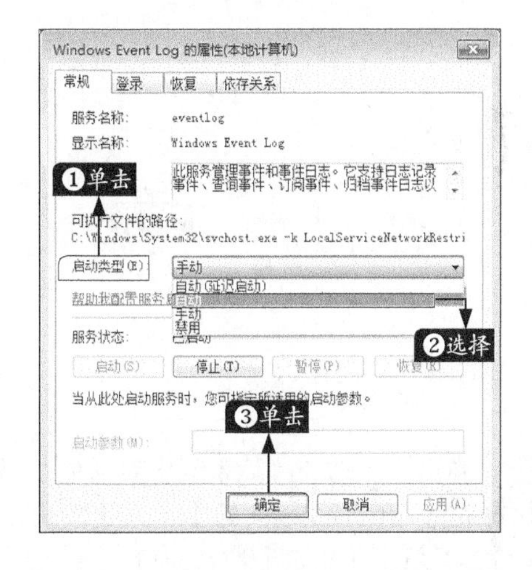

14.1.4 电脑关机后自动重启

【故障表现】：电脑关机后，会重新启动进入操作系统。

【故障分析】：电脑关机后自动重启，一般是由于系统设置不正确、电源管理不支持及USB设备等引起的。

【故障处理】：电脑关机后自动重启的解决方法有以下三种。

1.系统设置不正确

Windows操作系统默认情况下，当系统遇到故障时，会自动重启电脑。如果关机时系统出现错误，就会自动重启，此时可以修改设置，具体操作步骤如下。

步骤01 右键单击【此电脑】图标，在弹出的快捷菜单中，选择【属性】。

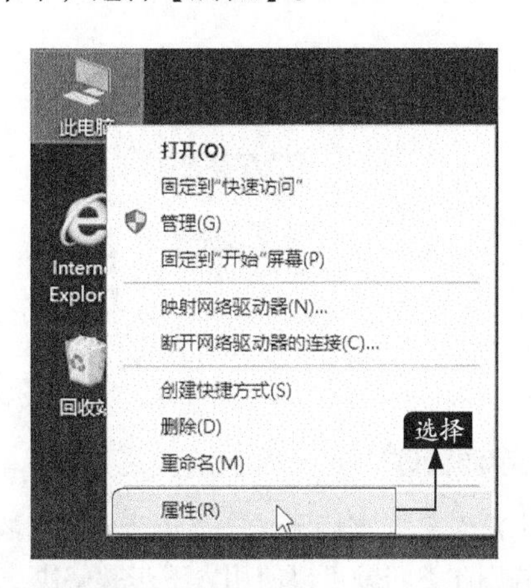

步骤02 在弹出的【系统】窗口，单击【高级系统设置】链接。

步骤03 弹出【系统属性】对话框，单击【高级】选项卡，并单击【启动和故障恢复】区域下的【设置】按钮。

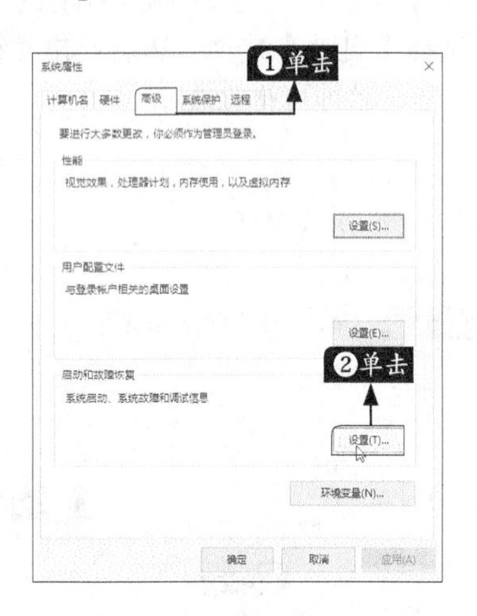

步骤04 弹出【启动和故障恢复】对话框，撤销选中【系统失败】区域下的【自动重新启动】复选框，并单击【确定】按钮即可。

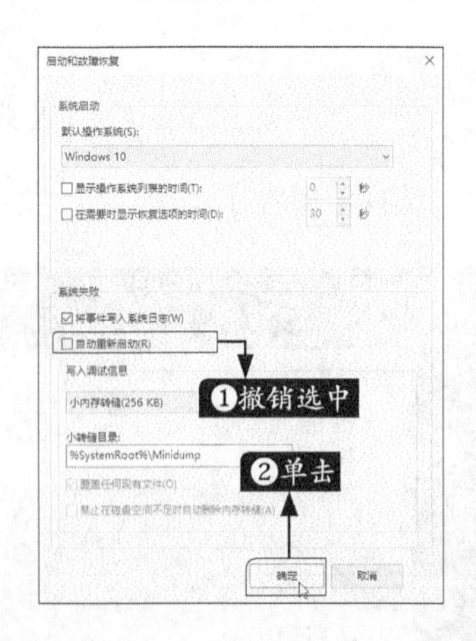

2.电源管理

电源对系统支持不好，也会造成关机故障，如果遇到此类问题可以使用以下步骤解决。

步骤01 打开控制面板，在【类别】查看方式下，单击【系统和安全】链接。

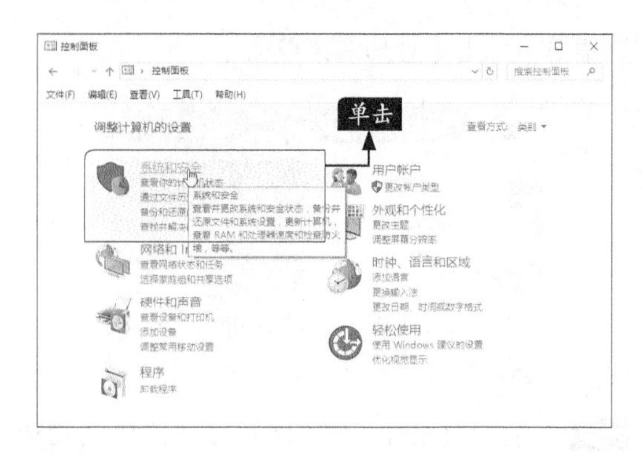

步骤02 打开【系统和安全】窗口，单击【电源选项】链接。

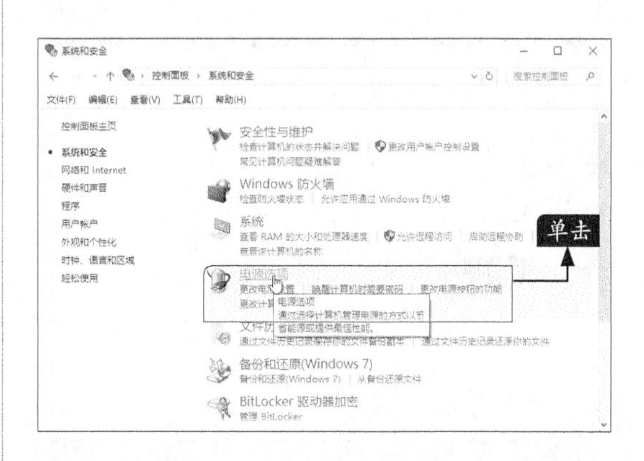

步骤03 弹出【电源选项】窗口，如果发生故障时使用的是【高性能】的单选项，可以撤销选中该的按选项，可以将其更改为【平衡】或【节能】选项，尝试解决电脑关机后自动开机的问题。

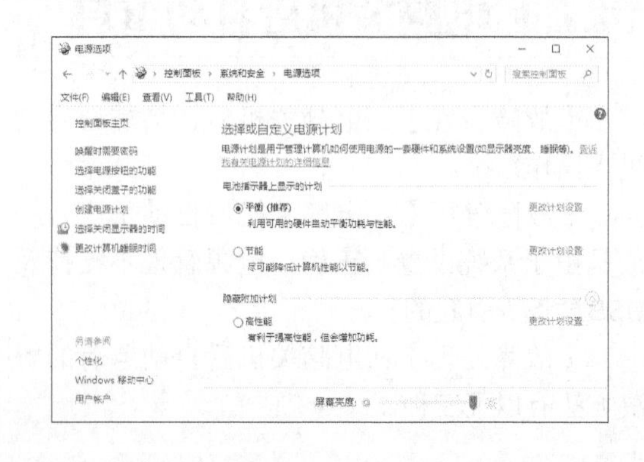

3.USB设备问题

例如，鼠标、键盘、U盘等USB端口设备，容易造成关机故障。当出现这种故障时，可以尝试将USB设备拔出电脑，再进行开关机操作，看是否关机正常。如果不正常，可以外连一个USB Hub，连接USB设备，尝试解决。

14.2 蓝屏

本节教学录像时间：7 分钟

蓝屏是计算机常见的操作系统故障之一，用户在使用计算机过程中会经常遇到。那么计算机蓝屏是由于什么原因引起的呢？计算机蓝屏和硬件关系较大，主要原因有硬件芯片损坏、硬件驱动安装不兼容、硬盘出现坏道（包括物理坏道和逻辑坏道）、CPU温度过高、多条内存不兼容等。

14.2.1 启动系统出现蓝屏

系统在启动过程中出现如下屏幕显示，称作蓝屏。

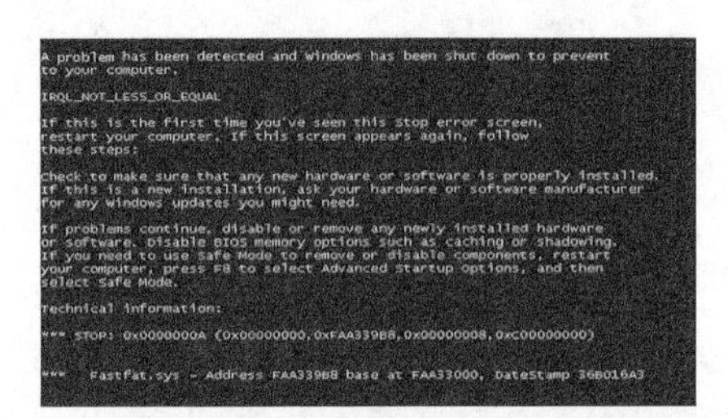

小提示

【technical information】以上的信息是蓝屏的通用提示，下面的【0X0000000A】称为蓝屏代码，【Fastfat.sys】是引起系统蓝屏的文件名称。

下面介绍几种引起系统开机蓝屏的常见故障原因及其解决方法。

（1）多条内存条的互不兼容或损坏引起运算错误

这是个最直观的现象，因为这个现象往往在一开机的时候就可以见到。不能启动计算机，画面提示出内存有问题，计算机会询问用户是否要继续。造成这种错误提示的原因一般是内存的物理损坏或者内存与其他硬件的不兼容所致。这个故障只能通过更换内存来解决问题。

（2）系统硬件冲突

这种现象导致蓝屏也比较常见，经常遇到的是声卡或显示卡的设置冲突。具体解决的操作步骤如下。

步骤01 开机后，进入【安全模式】下的操作系统界面。打开【控制面板】窗口，选择【硬件和声音】选项。

步骤02 弹出【硬件和声音】窗口，单击【设备管理器】链接。

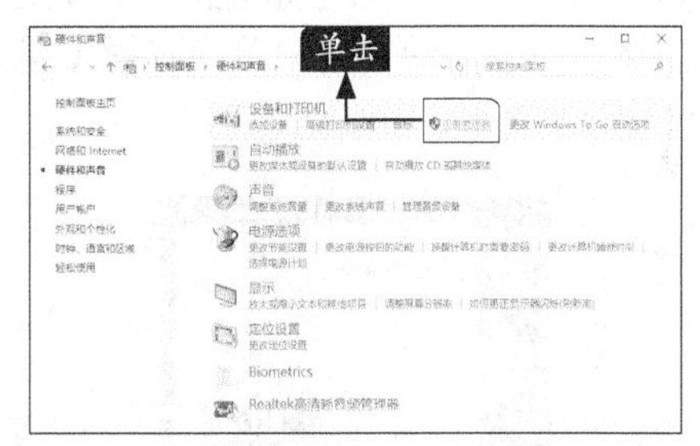

步骤03 弹出【设备管理器】窗口，在其中检查是否存在带有黄色问号或感叹号的设备，如存在可试着先将其删除，并重新启动电脑。

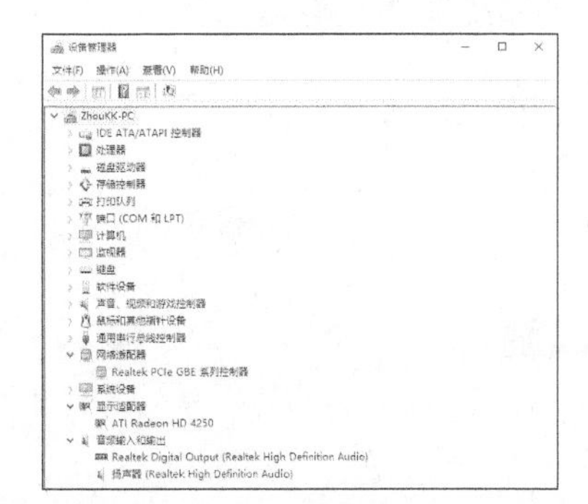

带有黄色问号表示该设备的驱动未安装，带有感叹号的设备表示该设备的驱动安装的版

本错误。用户可以从设备官方网站下载正确的驱动包安装，或者在随机赠送的驱动盘中找到正确的驱动安装。

14.2.2 系统正常运行时出现蓝屏

系统在运行使用过程中由于某种操作，甚至没有任何操作会直接出现蓝屏。那么系统在运行过程中出现蓝屏现象该如何解决呢？下面介绍几种常见的系统运行过程中蓝屏现象的原因及其解决办法。

1.虚拟内存不足造成系统多任务运算错误

虚拟内存是Windows系统所特有的一种解决系统资源不足的方法。一般要求主引导区的硬盘剩余空间是物理内存的2~3倍。由于种种原因，造成硬盘空间不足，导致虚拟内存因硬盘空间不足而出现运算错误，所以就会出现蓝屏。要解决这个问题比较简单，尽量不要把硬盘存储空间占满，要经常删除一些系统产生的临时文件，从而可以释放空间。或可以手动配置虚拟内存，把虚拟内存的默认地址转到其他的逻辑盘下。

虚拟内存具体设置方法如下。

步骤01 在【桌面】上的【此电脑】图标上单击鼠标右键，在弹出的快捷菜单中选择【属性】菜单命令。

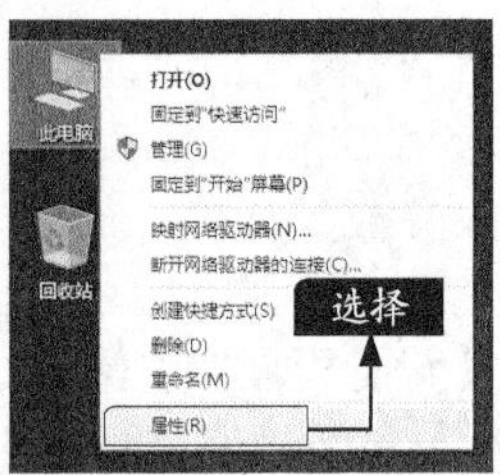

步骤02 弹出【系统】窗口，在左侧的列表中单击【高级系统设置】链接。

步骤03 弹出【系统属性】对话框，选择【高级】选项卡，然后在【性能】选区中单击【设置】按钮。

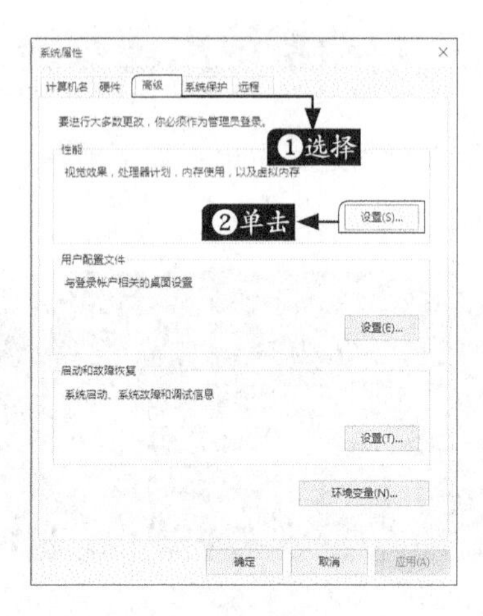

步骤04 弹出【性能选项】对话框，选择【高级】选项卡，单击【更改】按钮。

步骤05 弹出【虚拟内存】对话框，更改系统虚拟内存设置项目，单击【确定】按钮，然后重新启动计算机。

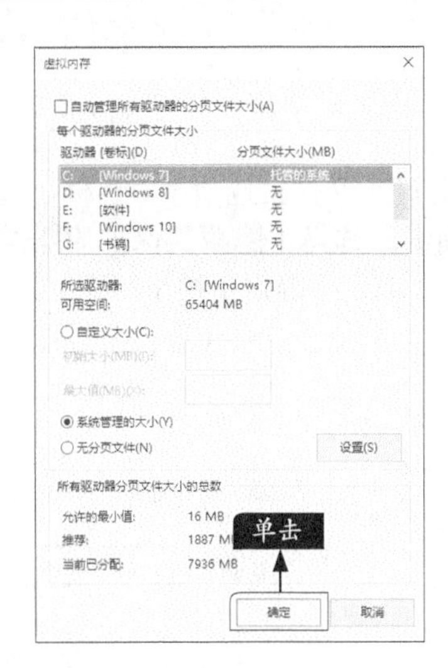

自动管理所有驱动器的分页文件大小：选择此选项Windows 10自动管理系统虚拟内存，用户无需对虚拟内存做任何设置。

自定义大小：根据实际需要在初始大小和最大值中填写虚拟内存在某个盘符的最小值和最大值单击【设置】按钮，一般最小值是实际内存的1.5倍，最大值是实际内存的3倍。

系统管理的大小：选择此项系统将会根据实际内存的大小自动管理系统在某盘符下的虚拟内存大小。

无分页文件：如果计算机的物理内存较大，则无需设置虚拟内存，选择此项，单击【设置】按钮。

2. CPU超频导致运算错误

CPU超频在一定范围内可以提高计算机的运行速度，就其本身而言就是在其原有的基础上完成更高的性能，对CPU来说是一种超负荷的工作，CPU主频变高，运行速度快过，但由于进行了超载运算，造成其内部运算过多，使CPU过热，从而导致系统运算错误。

如果是因为超频引起系统蓝屏，可在BIOS中取消CUP超频设置，具体的设置根据不同的BIOS版本而定。

3. 温度过高引起蓝屏

如果由于机箱散热性问题或者天气本身比较炎热，致使机箱CPU温度过高，计算机硬件系统可能出于自我保护停止工作。

造成温度过高的原因可能是CPU超频、风扇转速不正常、散热功能不好或者CPU的硅脂没有涂抹均匀。如果不是超频的原因，最好更换CPU风扇或是把硅脂涂抹均匀。

14.3 死机

本节教学录像时间：3 分钟

“死机”指系统无法从一个系统错误中恢复过来，或系统硬件层面出问题，以致系统长时间无响应，而不得不重新启动系统的现象。它属于电脑运作的一种正常现象，任何电脑都会出现这种情况，其中蓝屏也是一种常见的死机现象。

14.3.1 “真死”与“假死”

计算机死机根据表现症状的情况不同分为“真死”和“假死”。这两个概念没有严格的标准。

“真死”是指计算机没有任何反应，鼠标键盘都无任何反应，大小写切换、小键盘都没有反应。

“假死”是指某个程序或者进程出现问题，系统反应极慢，显示器输出画面无变化，但系统有声音，或键盘、硬盘指示灯有反应，当运行一段时间之后系统有可能恢复正常。

14.3.2 系统故障导致死机

Windows操作系统的系统文件丢失或被破坏时，无法正常进入操作系统，或者“勉强”进入操作系统，但无法正常操作电脑，系统容易死机。

对于一般的操作人员，在使用电脑时，要隐藏受系统保护的文件，以免误删破坏系统文件。下面详细介绍隐藏受保护的系统文件的方法。

步骤01 打开【此电脑】窗口。选择【文件】➤【更改文件夹和搜索选项】菜单命令。

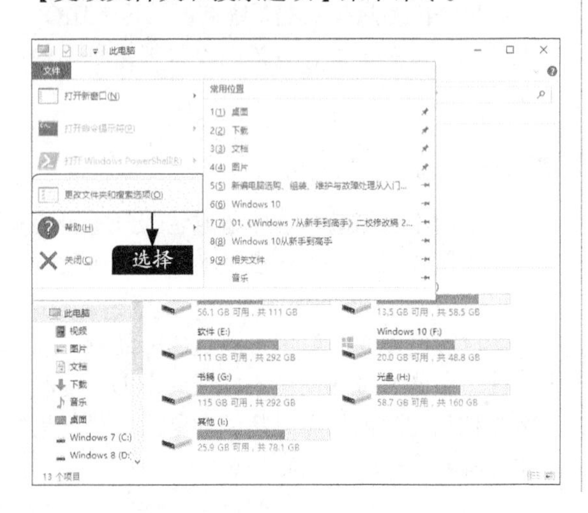

步骤02 打开【文件夹选项】对话框。选择【查看】选项卡，选择【隐藏受保护的操作系统文件】选项，单击【确定】按钮。

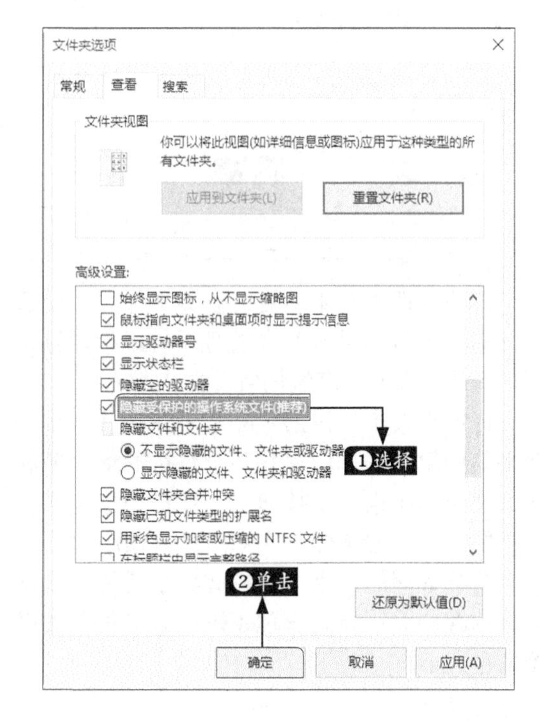

14.3.3 软件故障导致死机

一些用户对电脑的工作原理不是十分了解，出于保证计算机的稳定工作，甚至会在一台电脑装上多个杀毒软件或多个防火墙软件，造成多个软件对系统的同一资源调用或者是因为系统资源耗尽而死机。当计算机出现死机时，可以通过查看开机随机启动项进行排查原因。因为许多应用程序为了用户方便都会在安装完以后将其自动添加到Windows启动项中。

打开【任务管理器】窗口。选择【启动】选项卡。将启动组中的加载选项全部禁用，然后逐一加载，观察系统在加载哪个程序时出现死机现象，就能查出具体死机的原因了。

14.4 修复系统

本节教学录像时间：16 分钟

当系统出现问题或无法正常进入系统后，用户首先想到的就是重装系统，但是重装系统需要对磁盘进行格式化，如果系统盘还存在用户信息，那么就必须先将这些用户资料复制到其他磁盘上。如果这些资料比较大，就会需要很长时间；或者系统已经完全崩溃到无法进入系统的程序。那么，这时就可以考虑采用修复系统的方法。

14.4.1 使用启动修复工具操作系统

启动修复是一个Windows恢复工具，可以用来解决一些可能阻止 Windows 启动的系统问题。启动修复将对计算机进行扫描以查找问题，然后尝试修复所找到的问题，这样计算机便可以正常启动了。下面以Windows 7操作系统为例，使用启动修复工具修复系统的具体操作步骤如下。

步骤 01 开启电源启动计算机，如果系统不能正常进入Windows操作系统桌面，则会进入【Windows错误恢复】界面，并高亮显示【启动启动修复（推荐）】选项。

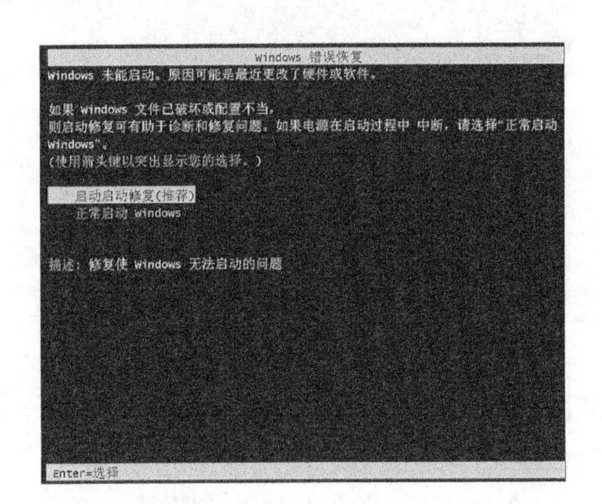

步骤 02 按下【Enter】键，则进入Windows加载文件界面。需要注意的是，在选择【启动启动修复（推荐）】选项之前，必须把Windows 7安装光盘放入光驱之中。

步骤 03 Windows加载文件完毕后，将弹出【启动修复】对话框，提示用户正在查找问题，如果发现问题，则【启动修复】会自动将其修复。

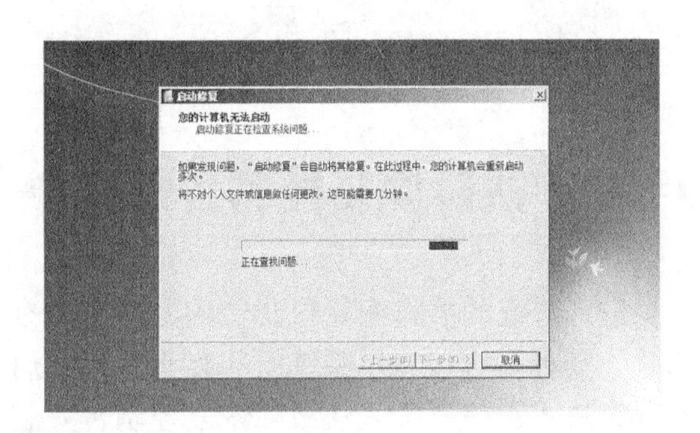

步骤 04 在查找问题完毕后，将弹出【您想使用"系统还原"还原计算机吗？】信息提示框。

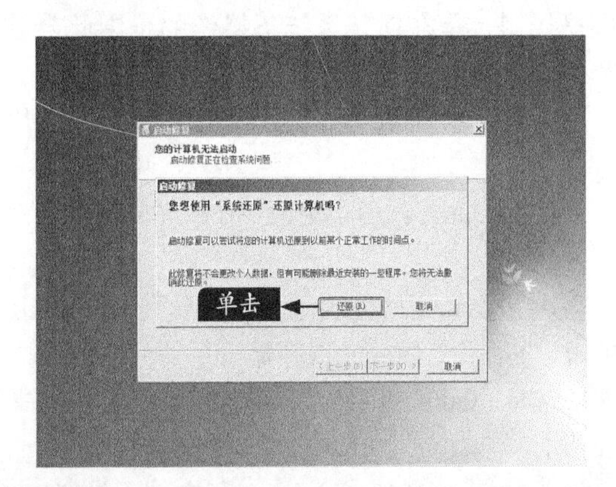

步骤 05 单击【还原】按钮，则系统开始尝试修

复查找出来的问题。

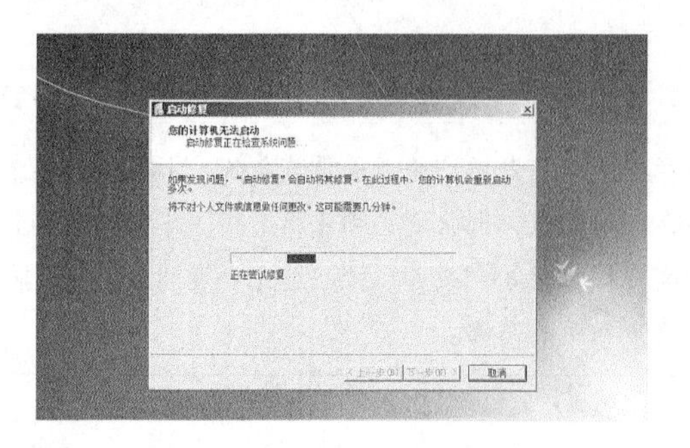

步骤06 修复完毕后，弹出【请重新启动计算机，以完成修复】对话框，同时提示用户如果修复成功，Windows将会正常启动；如果修复失败，【启动修复】可能再次运行，继续修复计算机。

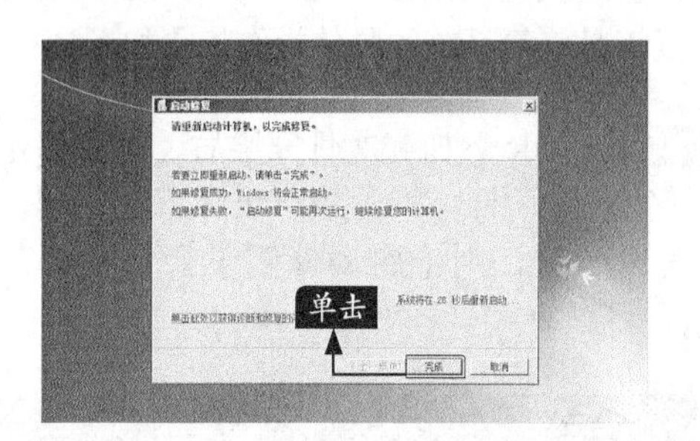

步骤07 单击【完成】按钮，重启计算机，即可进入【Windows启动管理器】界面，并高亮显示【Windows 7】选项。

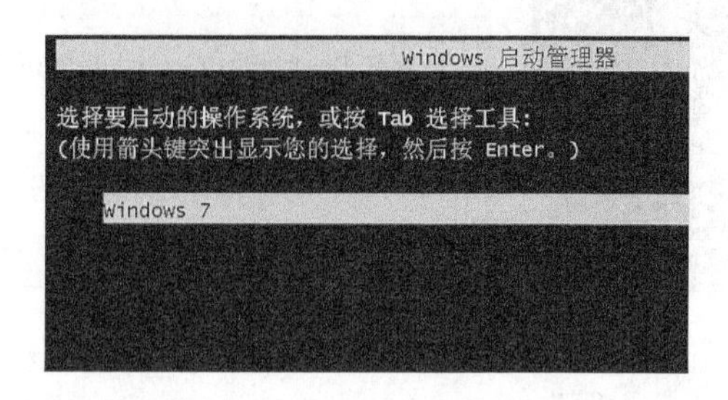

步骤08 按下【Enter】键，即可正常启动Windows 7操作系统，说明系统问题已经修复完成。

14.4.2 故障恢复控制台常用命令

进入系统的故障恢复控制台的方法主要有两种，一种是直接利用系统安装光盘从光盘启动系统进入；另一种是将故障恢复控制台安装到硬盘上，它会自动在系统启动菜单中增加一个选项，用户可以从中选择进入。不过，故障恢复控制台是在DOS系统下操作的，因此会涉及很多命令。

下面简单介绍一下故障恢复控制台的常用命令。

（1）Attrib：用于更改一个文件或子目录的属性。

（2）Batch：执行用户在文本文件、Inputfile中指定的命令、Outputfile存储命令的输出结果。如果省略了Outputfile参数，输出结果将会显示在屏幕上。

（3）Bootcfg：修改Boot.ini文件，设置启动配置和恢复。

（4）Chdir：操作范围仅限于当前Windows安装的系统目录、可移动媒体、任何硬盘分区的根目录或本地安装源。

（5）Chkdsk：检查磁盘当前状态命令。

（6）Cls：用于清除屏幕。

（7）Copy：用于将文件复制到目录位置。

（8）Delete：用于删除一个文件，操作范围仅限于当前Window安装的系统目录，可以移动媒体、所有硬盘分区的根目录或本地安装源。

（9）Dir：显示所有文件的列表，包括隐藏文件与系统文件。

（10）Disable：禁用Windows系统服务或驱动程序。

（11）Format：格式化磁盘。

（12）Diskpart：管理硬盘卷上的分区。

（13）Enable：用于启动Windows系统服务或驱动程序。

（14）Expand：展开一个压缩文件。

（15）Fixmbr：修复启动磁盘分区的主启动代码。

（16）Fixboot：在系统分区上写入新的启动扇区。

（17）Exit：退出故障恢复控制台，然后重新启动计算机。

（18）Help：如果用户没有使用命令，变量指定命令。

（19）Listsvc：显示计算机中所有可用服务和驱动程序。

（20）Logon：显示检测到的Windows安装，并要求输入用于这些安装的本地管理员密码。

（21）Map：显示当前的活动设备映射。

（22）Mkdir：操作范围仅限于当前Windows安装的系统目录、可移动媒体、任何硬盘分区的根目录或本地安装源。

（23）More/Type：在屏幕上显示指定的文本文件。

（24）Rmdir：操作范围仅限于当前Windows安装的系统目录、可移动媒体、任何硬盘分区的根目录或本地安装源。

（25）Set：显示和设置故障恢复控制台的环境变量。

14.4.3 使用系统安装盘修复操作系统

下面以Windows 7操作系统为例，介绍使用系统安装盘修复操作系统的方法，具体操作步骤如下。

步骤01 将系统设置为从光驱启动，然后将系统安装光盘放入光驱中，并重新启动计算机，当屏幕上出现下图所示的字符时，按下键盘上的任意键，从光盘启动系统。

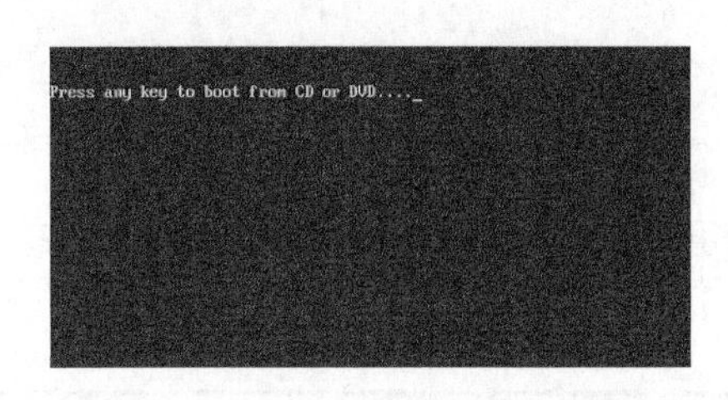

步骤02 随即光盘上的安装程序会自动运行，并停止到选择语言、时间和货币格式、键盘和输入方法对话框，用户一般无需对其进行任何操作。

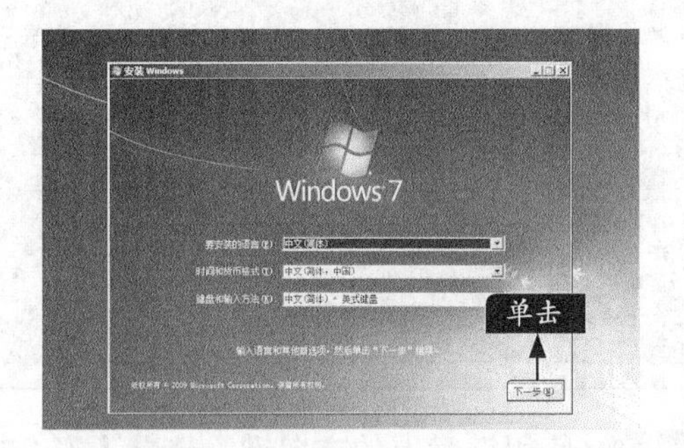

步骤03 单击【下一步】按钮，打开【现在安装】操作页面。

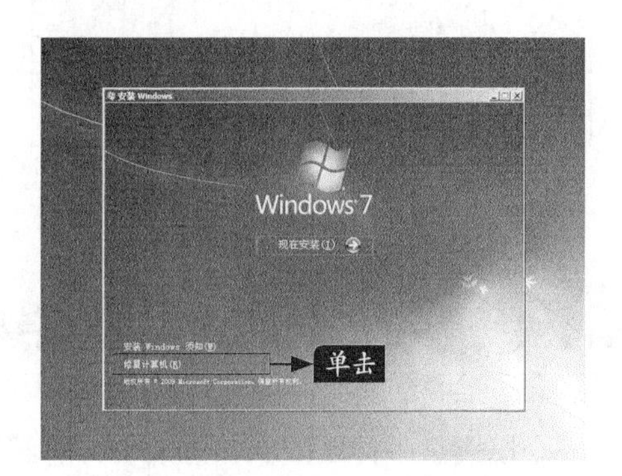

步骤04 在该对话框中单击【恢复计算机】超链接，安装程序会自动查找用户硬盘上的Windows操作系统。

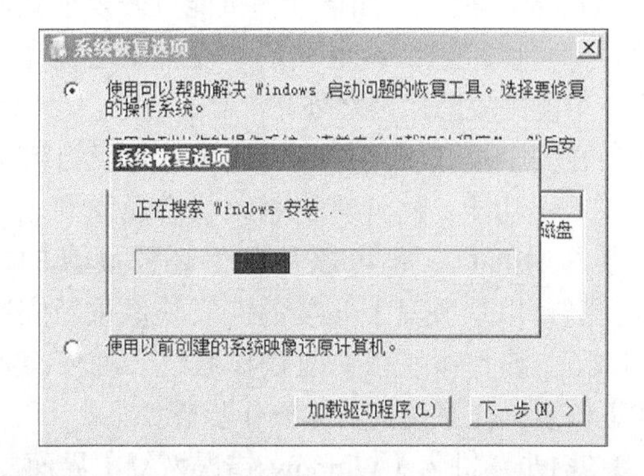

步骤05 找到安装的操作系统后，会在【系统恢

复选项】对话框中显示出来，在其中可以看到本机安装了Windows 7操作系统，且位于逻辑驱动器D盘上。

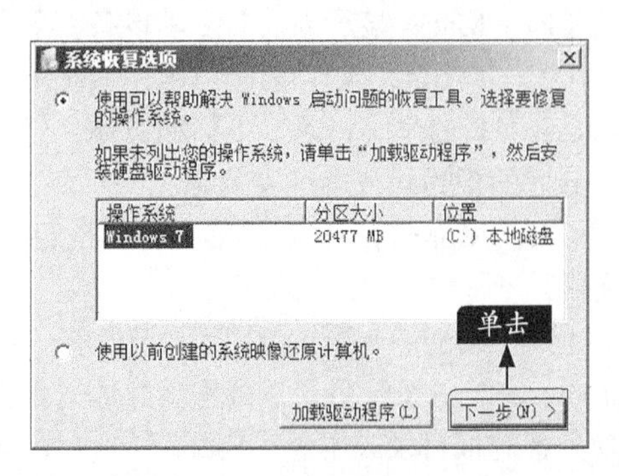

步骤06 单击【下一步】按钮，即可打开【系统恢复选项】对话框。

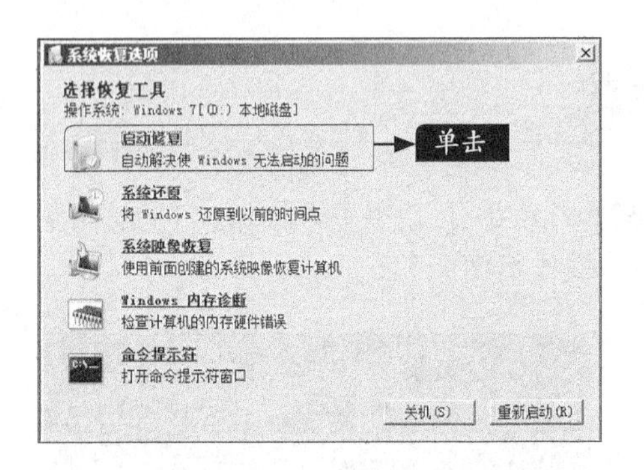

步骤07 在其中单击【启动修复】链接，即可开始启动修复并检查系统问题。

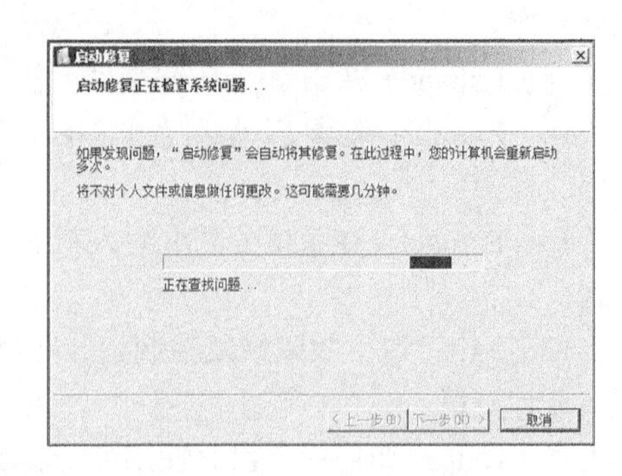

步骤08 如果系统存在问题，则修复程序会将系统进行修复；如果没有问题，则会显示无法检测到的问题，单击【完成】按钮，关闭该对话框即可完成操作。

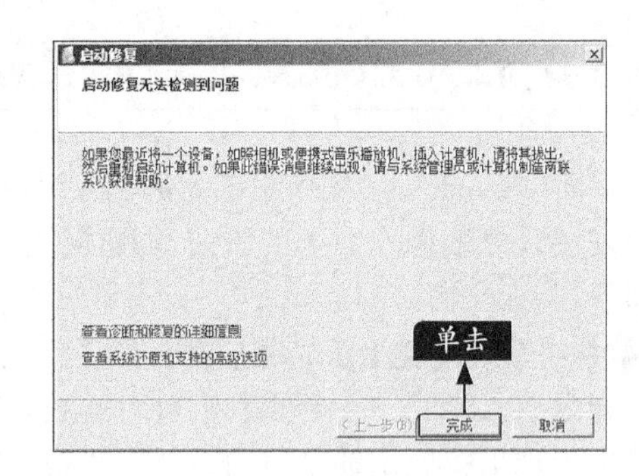

14.4.4 进入安全模式修复系统

安全模式是一种以限制状态启动计算机的方式。在安全模式下仅启动运行Windows所必需的基本文件和驱动程序，且监视器的各角会显示【安全模式】字样，以标识正在使用哪种 Windows 模式。如果计算机能以安全模式启动，则可以将默认设置和基本设备驱动程序排除在可能的故障原因之外。

在安全模式下用户可以使用计算机自带的【恢复】功能，将计算机系统状态还原到之前的某个时间点；也可以从备份还原硬盘的内容；还可以从硬盘上安装的恢复映像重新安装Windows操作系统以修复操作系统。在安全模式下修复操作系统的具体操作步骤如下。

第1步：进入【Windows错误恢复】界面

步骤01 重新启动计算机，进入【Windows错误恢复】界面。

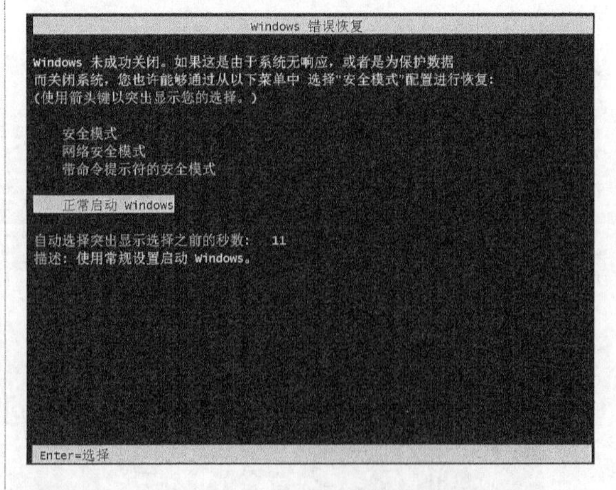

步骤02 使用键盘上的方向键，选择【安全模

式】选项。

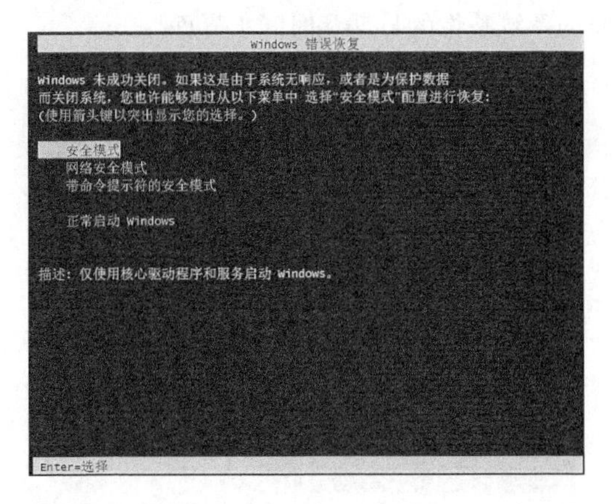

步骤03 按下键盘上的【Enter】键，进入【正在加载Windows文件】界面。

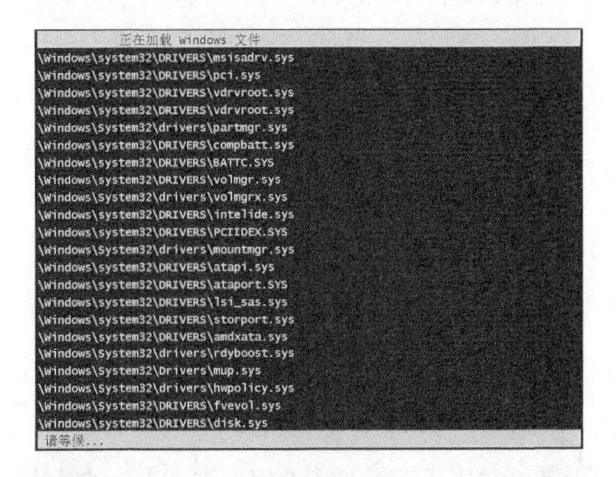

步骤04 在Windows文件加载完毕后，即可进入Windows 7操作系统的安全模式。

第2步：系统映像磁盘扫描

步骤01 单击【开始】按钮，在打开的【开始】面板中选择【控制面板】菜单项，打开【控制面板】窗口。

步骤02 单击【恢复】超链接，即可打开【恢复】窗口。

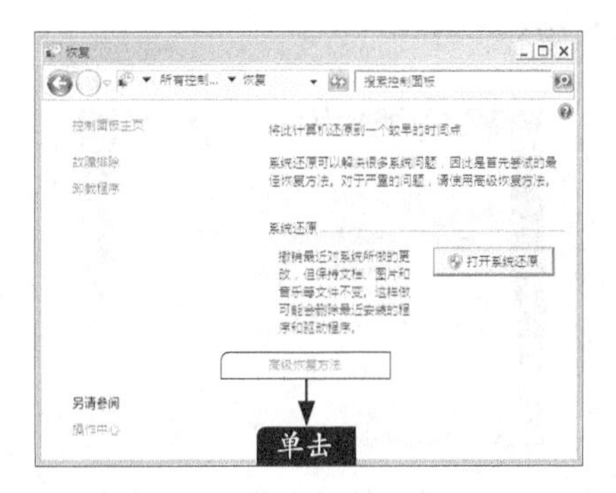

步骤03 单击【高级恢复方法】链接，进入【高级恢复方法】窗口，在其中用户可以选择一个高级修复方法。

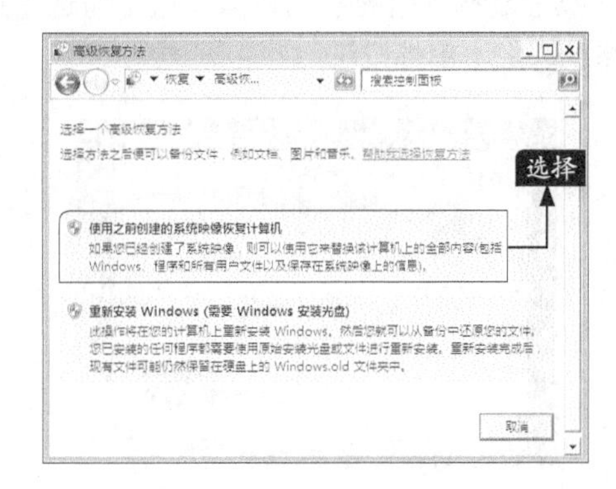

步骤04 单击【使用之前创建的系统映像恢复计算机】选项，即可进入【重新启动】窗口。

步骤05 单击【重新启动】按钮，重新启动计算机并打开【系统恢复选项】对话框。

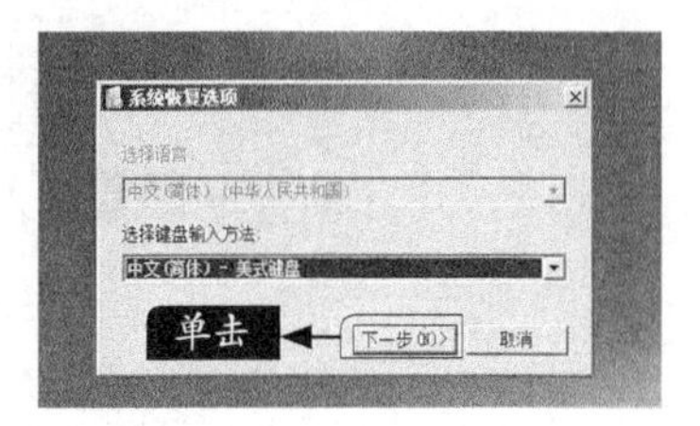

步骤06 单击【下一步】按钮，打开【选择系统镜像备份】对话框，并自动扫描计算机中的系统映像磁盘。

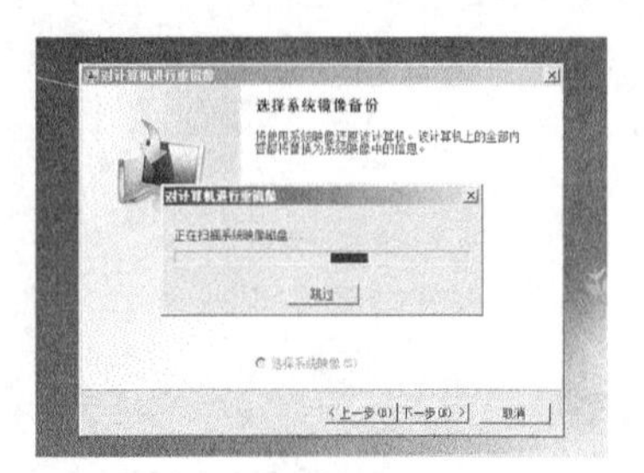

第3步：使用系统映像还原

步骤01 在对系统映像磁盘扫描完成后，即可打开【选择系统镜像备份】对话框，在其中列出了系统中最新可用的系统映像。这里勾选【选择系统映像】单选按钮。

步骤02 单击【下一步】按钮，进入【选择要还原的计算机的备份位置】页面，在【当前时区】列表框中选择一个备份位置。

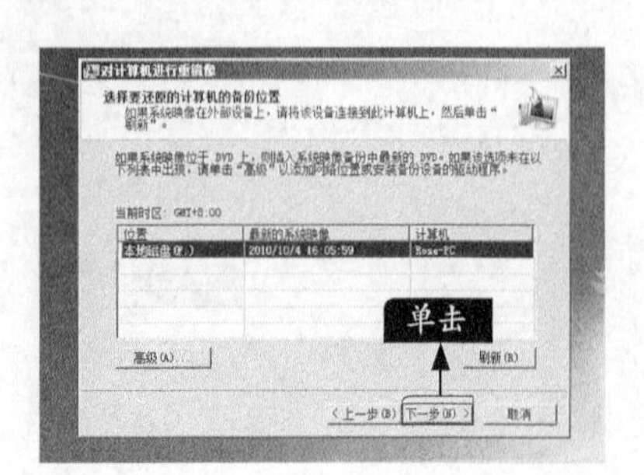

步骤03 单击【下一步】按钮，进入【选择要还原的系统映像的日期和时间】界面。

步骤04 单击【下一步】按钮，进入【选择其他的还原方式】对话框。

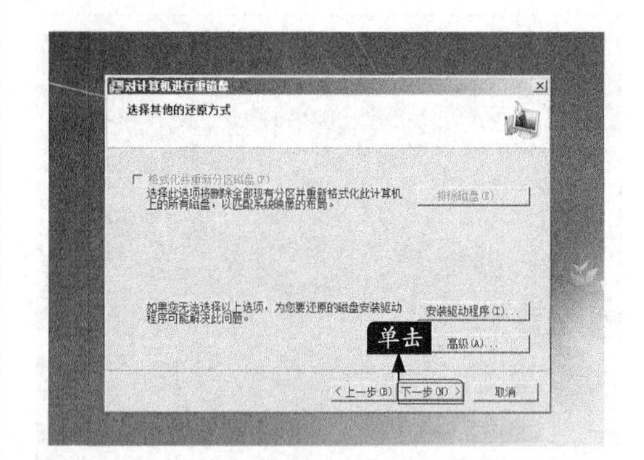

步骤05 单击【下一步】按钮，进入【您的计算机将从以下系统映像中还原】对话框，在其中列出了系统的日期和时间、计算机、要还原的驱动器等信息。

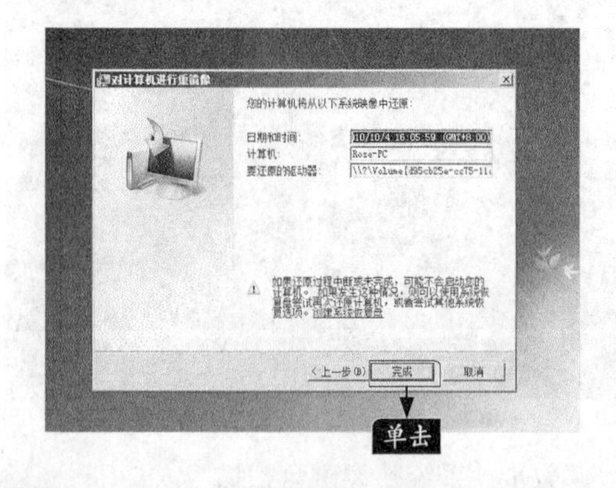

步骤06 单击【完成】按钮，弹出一个信息提示框，提示用户是否将要还原的驱动器上的所有数据替换为系统映像中的数据。

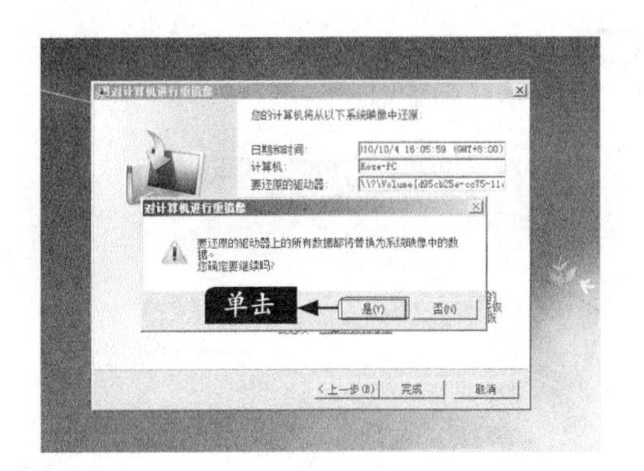

步骤07 单击【是】按钮，进入“Windows正在从系统映像还原计算机”的提示对话框，并显示还原的进度。

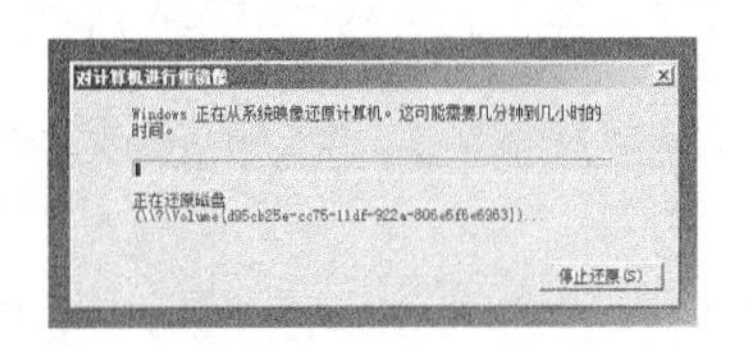

步骤08 还原已成功完成后，将弹出是否要立即重新启动计算机的信息提示框。

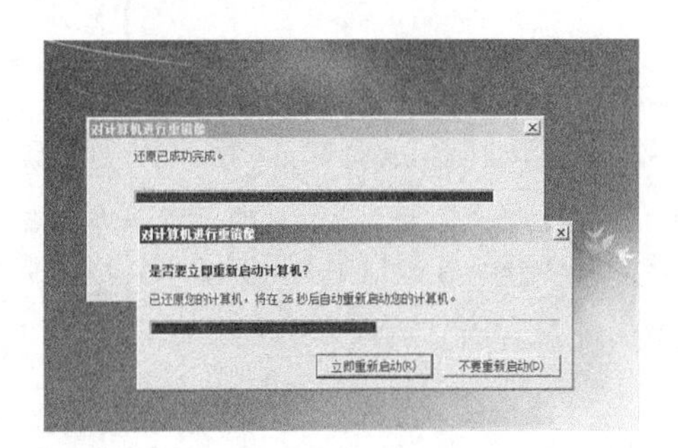

第4步：重启计算机完成系统还原

步骤01 单击【立即重新启动】按钮，即可重新启动计算机。

步骤02 计算机启动完成后，系统会自动弹出【恢复】对话框，提示用户是否要还原用户文件。

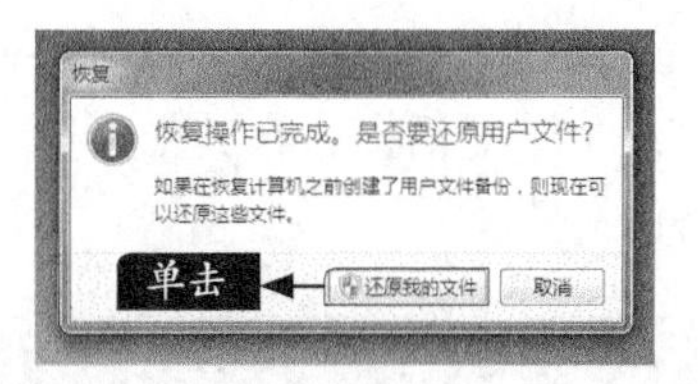

步骤03 单击【还原我的文件】按钮，打开【还原文件（高级）】对话框，在其中选择要从中还原文件的备份。

步骤04 单击【下一步】按钮，打开【浏览或搜索要还原的文件和文件夹的备份】对话框。

步骤05 单击【浏览文件夹】按钮，打开【浏览文件夹或驱动器的备份】对话框，在其中选择用户的文件。

步骤06 单击【添加文件夹】按钮，返回【还原文件（高级）】对话框，在其中可以看到添加的用户备份文件。

步骤07 单击【下一步】按钮，打开【您想在何处还原文件】对话框，这里勾选【在原始位置】单选按钮。

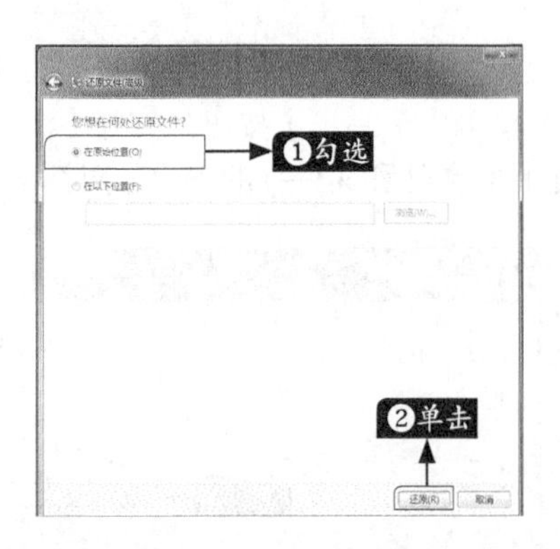

步骤08 单击【还原】按钮，即可开始还原文件，并显示还原的进度。

步骤09 还原完毕后，即可打开【已还原文件】对话框，提示用户已将用户文件还原完毕。至此，就完成了在安全模式下修复系统的操作。

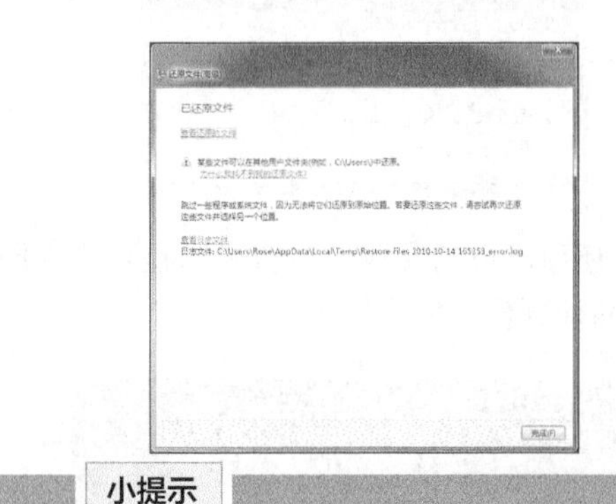

小提示

在安全模式下修复系统，需要用户事先备份系统镜像文件。在第11章节已经讲到，这里不再重述。

14.4.5 通过升级安装修复操作系统

除了前面介绍的修复系统的方法，用户还可以通过升级Windows系统的安装程序来修复系统。这里以升级修复Windows 7操作系统为例，来具体介绍一下通过升级修复系统的方法。具体操作步骤如下。

步骤01 将Windows安装光盘放入光驱中，在本机中光驱盘符为G。

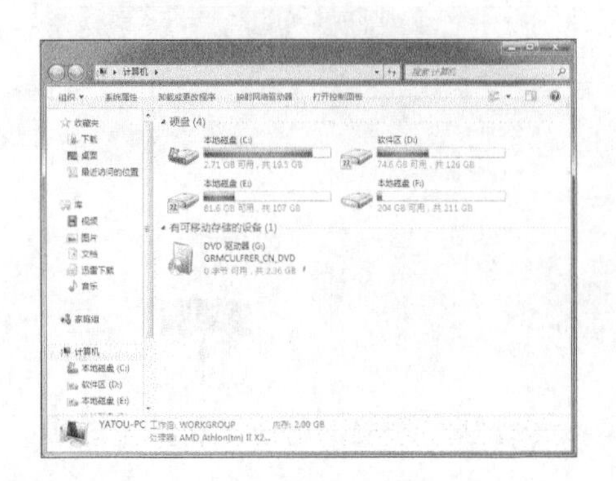

步骤02 双击G盘，进入【安装Windows】对话框。

步骤03 单击其中的【现在安装】按钮，即可进入【获取安装的重要更新】对话框。

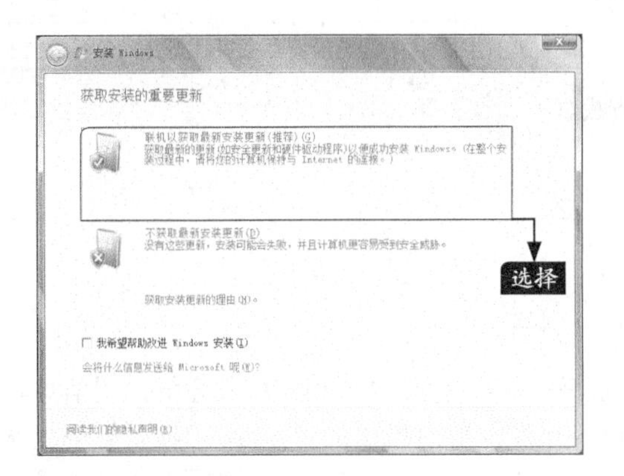

步骤04 在其中选择【联机以获取最新安装更新（推荐）】选项，即可开始搜索安装更新，并显示搜索的进度。

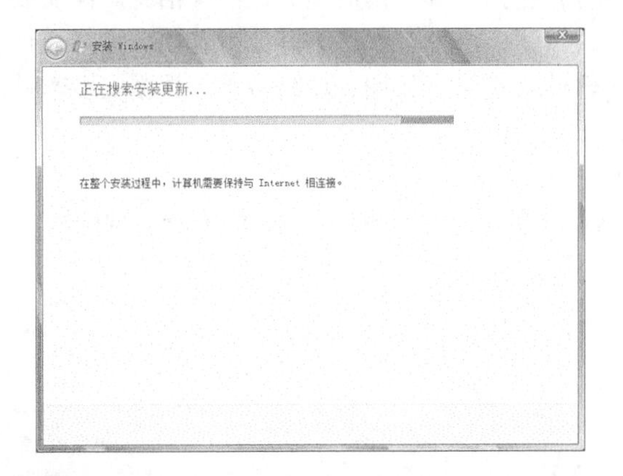

步骤05 搜索完毕后，将弹出【请阅读许可条款】对话框，在其中勾选【我接受许可条款】复选框。

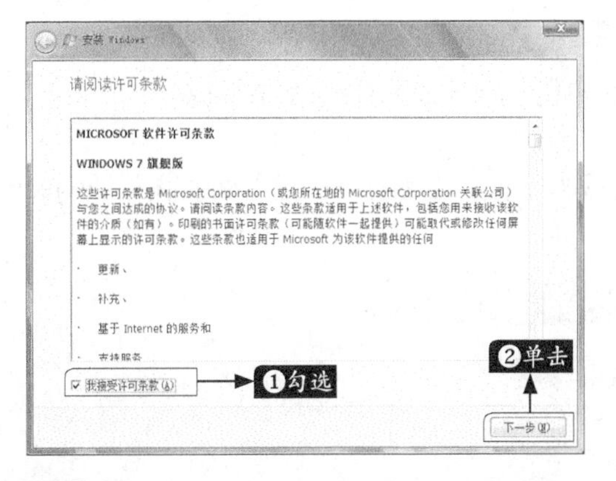

步骤06 单击【下一步】按钮，即可打开【您想进行何种类型的安装】对话框。

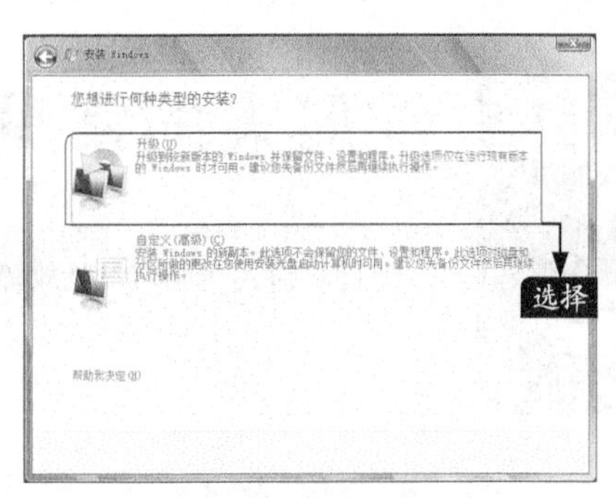

步骤07 在其中选择【升级】选项，即可打开【您想将Windows安装在何处？】对话框，这里选择【分区1】选项。

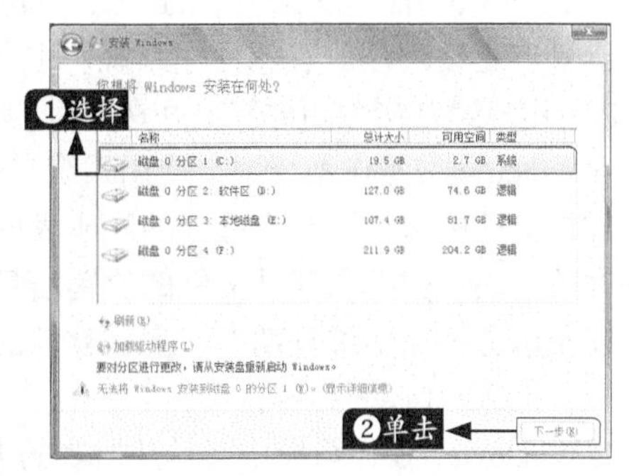

步骤08 单击【下一步】按钮，进入【正在安装Windows】对话框，并显示安装Windows 7的进度。

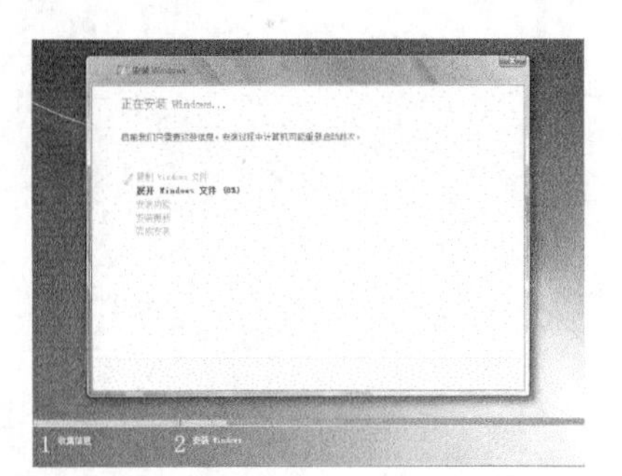

步骤09 按照前面介绍的安装单操作系统Windows 7的操作，设置Windows至安装完成界面。至此，就完成了通过升级修复Windows 7操作系统的操作。

14.5 注册表的常见故障

本节教学录像时间：4 分钟

下面将讲述注册表常见故障的处理方法。

14.5.1 注册表的概念

注册表是Microsoft Windows中的一个重要的数据库，用于存储系统和应用程序的设置信息。早在Windows 3.0推出OLE技术的时候，注册表就已经出现。随后推出的Windows NT是第一个从系统级别广泛使用注册表的操作系统。但是，从Microsoft Windows 95开始，注册表才真正成为Windows用户经常接触的内容，并在其后的操作系统中继续沿用至今。

在Windows 7操作系统中，使用系统自带的注册表编辑器可以导出一个扩展名为.reg的文本文件，在该文件中包含了导出部分的注册表的全部内容，包括子健、键值项和键值等信息。注册表既保存关于缺省数据和辅助文件的位置信息、菜单、按钮条、窗口状态和其他可选项，同样也保存了安装信息（比如说日期）、安装软件的用户、软件版本号、日期、序列号等。根据安装软件的不同，包括的信息也不同。

在Windows 7操作系统中启动注册表的方法有两种。

（1）单击【开始】按钮，在弹出菜单的搜索框中输入“regedit”，按【Enter】键即可。

小提示

打开注册表的用户必须具有管理员的身份。

（2）按【Windows+R】组合键，打开【运行】对话框，在【打开】文本框中输入“regedit.exe”命令，按【Enter】键即可。

14.5.2 注册表常见故障汇总

注册表在使用中经常会出现故障，下面对常见故障进行介绍。

1.【我的文档】无法打开，提示【我的文档】被禁用

此故障可能是电脑感染病毒后被更改了系统注册数值表引起的。打开注册表HKEY_CURRENT_USER\Software\Microsoft\Windows\CurrentVersion\Policies\Explore子键，在右边窗口中将NosMMyDocs键值改为0，可解决此问题，具体操作步骤如下。

步骤01 选择【开始】➤【运行】菜单命令，在弹出的【运行】对话框中输入“regedit”，单击【确定】按钮，打开【注册表编辑器】对话框。

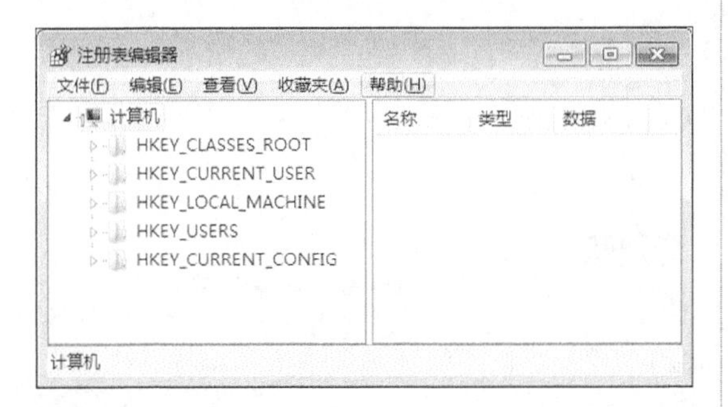

步骤02 选择【HKEY_CURRENT_USER】➤【Software】➤【Microsoft】➤【Windows】➤【Current Version】➤【Policies】➤【Explorer】选项组。

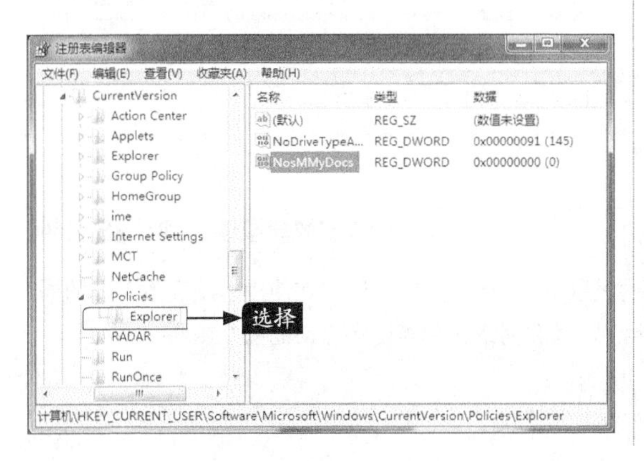

步骤03 右键单击【NosMMyDocs】选项，修改【数值数据】为“0”。

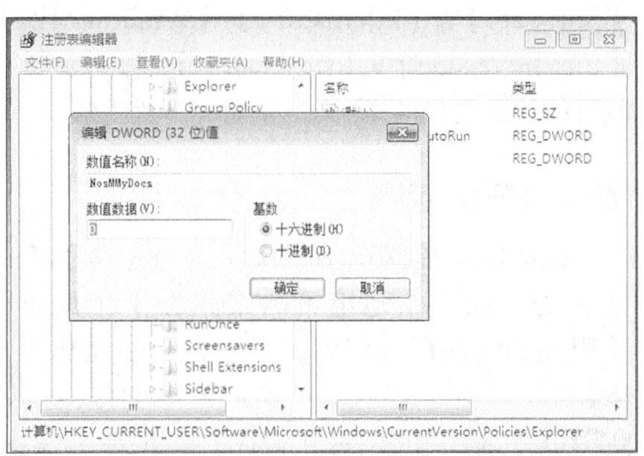

小提示

桌面上如【计算机】、【回收站】、【网络】等图标无法打开的故障，通常是由于注册表被更改所致，一般修复注册表中相应的值即可排除故障。

2. 单击鼠标右键无法弹出快捷菜单

遇到此故障一般先检查鼠标是否损坏，再检查注册表是否设置错误。鼠标故障不再介绍，针对注册表故障，解决方法如下。

在【注册表编辑器】中，选择【HKEY_CURRENT_USER】➤【Software】➤【Microsoft】➤【Windows】➤【CurrentVersion】➤【Policies】➤【Explorer】子键，在右边窗口中将【NoViewContextMenu】键值改为“0”，完成故障修复。具体操作方法与上一故障相似，这里不再详细介绍。

3. 用卸载程序无法将软件卸载

当用户卸载软件的时候会出现软件无法卸载的现象，此故障可能是电脑感染病毒或软件卸载模块被损坏引起的，具体的解决办法如下。

步骤 01 用杀毒软件查杀病毒。

步骤 02 选择【HKEY_CURRENT_USER】➤【Software】➤【Microsoft】➤【Windows】➤【CurrentVersion】➤【Uninstall】子键，找到该软件的注册项并将其删除，重启计算机生效。

4. 注册表不可用

此故障可能是电脑感染了恶意病毒引起的，需要在【本地组策略编辑器】中配置【阻止访问注册表编辑工具】，具体操作步骤如下。

步骤 01 选择【开始】➤【运行】菜单命令，在【运行】对话框中输入“gpedit.msc”命令。

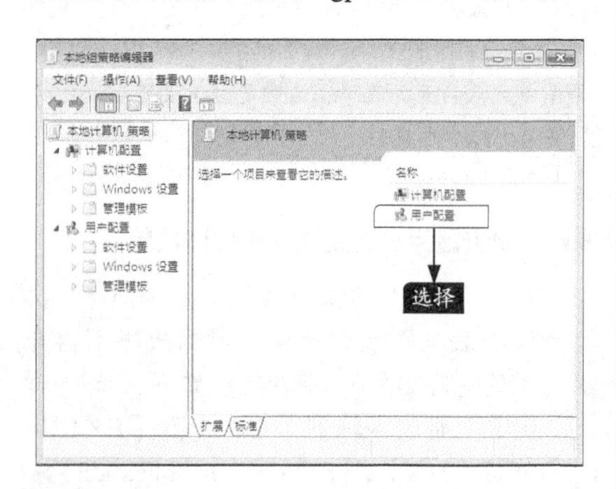

步骤 02 选择【用户配置】➤【管理模板】➤【系统】选项组，双击右侧窗口中的【阻止访问注册表编辑工具】选项。

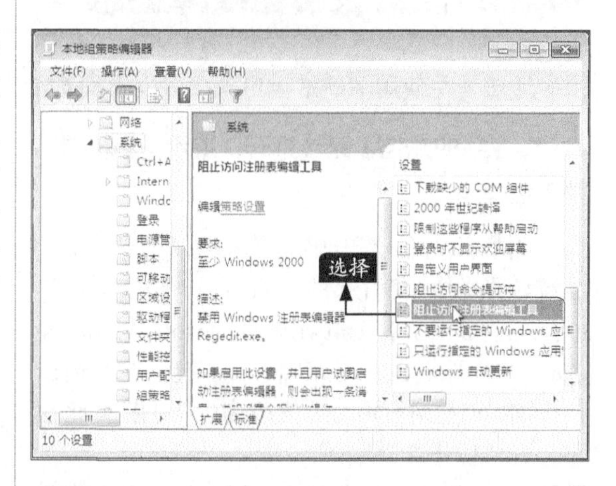

步骤 03 打开【阻止访问注册表编辑工具】窗口，选择【已禁用】选项，单击【确定】按钮。

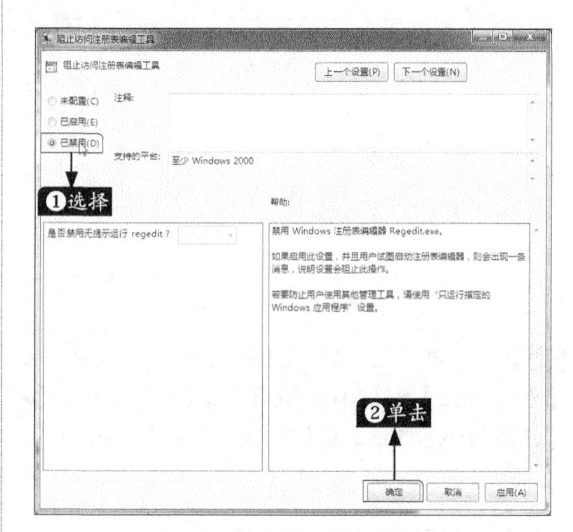

14.6 病毒查杀与防治

本节教学录像时间：25 分钟

目前计算机及网络安全已成为备受关注的一个重要问题。用户在使用电脑高效工作的同时，不得不时刻提防计算机病毒、黑客、木马和网络诈骗等诸多方面的潜在威胁。

14.6.1 病毒与木马介绍

本节首先认识病毒和木马。

1. 病毒介绍

计算机病毒是指编制或在计算机程序中插入的可以破坏计算机功能或毁坏数据、影响计算机使用、并能自我复制的一组计算机指令或程序代码。计算机病毒可以快速蔓延，又常常难以根除。它们能把自身附着在各种类型的文件上，当文件被复制或从一个用户传送到另一个用户时，它们就随同文件一起蔓延开来。

计算机病毒虽是一个小程序，但它和普通的计算机程序不同，一般计算机病毒具有如下几个共同的特点。

（1）寄生性：计算机病毒与其他合法程序一样，是一段可执行程序，但它不是一个完整的程序，而是寄生在其他可执行程序上，当执行这个程序时，病毒就起破坏作用。

（2）传染性：传染性是病毒的基本特征，一旦网络中的一台计算机中了病毒，则这台计算机中的病毒就会通过各种渠道从已被感染的计算机扩散到未被感染的计算机，以实现自我繁殖。

（3）潜伏性：一个编制精巧的计算机病毒程序，进入系统之后一般不会马上发作，可以潜伏在合法文件中很长时间，而不被人发现。病毒的潜伏性越好，其在系统中的存在时间就会越长，病毒的传染范围就会越大。

（4）可触发性：是指病毒因某个事件或数值的出现，诱使病毒实施感染或进行攻击的特性。

（5）破坏性：计算机中毒后，可能会导致正常的程序无法运行，把计算机内的文件删除或受到不同程度的损坏。通常表现为：增、删、改、移。

（6）隐蔽性：计算机病毒具有很强的隐蔽性，有的可以通过杀毒软件检查出来，有的无法查杀，这类病毒处理起来通常很困难。

2. 木马介绍

木马又被称为特洛伊木马，英文叫做“Trojan house”，其名称取自希腊神话的特洛伊木马记。它是一种基于远程控制的黑客工具，在黑客进行的各种攻击行为中，木马都起到了开路先锋的作用。

一台电脑一旦中了木马，它就变成了一台傀儡机，对方可以在目标计算机中上传下载文件、偷窥私人文件、偷取各种密码及口令信息等，可以说该计算机的一切秘密都将暴露在黑客面前，隐私将不复存在！

随着网络技术的发展，现在的木马可谓是形形色色，种类繁多，并且还在不断地增加，因此，要想一次性列举出所有的木马种类，这是不可能的。但是从木马的主要攻击能力来划分，常见的木马主要有以下几种类型。

（1）密码发送木马。

密码发送型木马可以在受害者不知道的情况下把找到的所有隐藏密码发送到指定的信箱，从而达到获取密码的目的，这类木马大多使用25号端口发送E-mail。

（2）键盘记录木马。

键盘记录型木马主要用来记录受害者的键盘敲击记录，这类木马有在线和离线记录两个选项，分别记录对方在线和离线状态下敲击键盘时的按键情况。

（3）破坏性的木马。

顾名思义，破坏性木马唯一的特点就是破坏感染木马的计算机文件系统，使其遭受系统崩溃或者重要数据丢失的巨大损失。

（4）代理木马。

代理木马最重要的任务是给被控制的“肉鸡”种上代理木马，让其变成攻击者发动攻击的跳板。通过这类木马，攻击者可在匿名情况下使用Telnet、ICO、IRC等程序，从而在入侵的同时隐蔽自己的足迹，谨防别人发现自己的身份。

（5）FTP木马。

FTP木马的唯一特点就是打开21端口并等待用户连接，新FTP木马还加上了密码功能，这样只有攻击者本人才知道正确的密码，从而进入对方的计算机。

（6）反弹端口型木马。

反弹端口型木马的服务端 （被控制端）使用主动端口，客户端（控制端）使用被动端口，正好与一般木马相反。木马定时监测控制端的存在，发现控制端上线立即弹出主动连接控制端打开的主动端口。

控制端的被动端口一般开在80（这样比较隐蔽），即使用户使用端口扫描软件检查自己的端口，发现的也是类似TCP UserIP:1026 ControllerIP:80ESTABLISHED的情况，通常防火墙不会阻止用户向外连接80端口。

14.6.2 感染原理与感染途径

1. 病毒的原理与感染途径

计算机病毒是一段特殊的代码指令，其最大的特点是具有传染性和破坏性。计算机病毒在程序结构、磁盘上的存储方式、感染目标的方式以及控制系统的方式既有很多共同点，也有许多不同点。但绝大多数病毒都是由引导模块、传染模块和破坏模块这3个基本的功能模块组成。

（1）引导模块：引导模块的功能是将病毒程序引入内存并使其后面的两个模块处于激活状态。

（2）传染模块：在感染条件满足时把病毒感染到所攻击的对象上。

（3）破坏模块：在病毒发作条件满足时，实施对系统的干扰和破坏活动。

小提示

并不是所有的计算机病毒都由以上3大模块组成，有的病毒可能没有引导模块，有的可能没有破坏模块。

病毒一般都是通过各种方式把自己植入内存，来获取系统的最高控制权，然后感染在内存中运行的程序。计算机病毒的完整工作过程包括以下几个环节和过程。

（1）传染源：病毒总是依附于某些存储介质，如软盘、硬盘等构成传染源。

（2）传染媒介：病毒传染的媒介由其工作的环境来决定的，可能是计算机网络，也可能是可移动的存储介质，如U盘等。

（3）病毒激活：是指将病毒装入内存，并设置触发条件。一旦触发条件成熟，病毒就开始自我复制到传染对象中，进行各种破坏活动等。

（4）病毒触发：计算机病毒一旦被激活，立刻就会发生作用，触发的条件是多样化的，可以是内部时钟、系统的日期、用户标识符，也可能是系统一次通信等。

（5）病毒表现：表现是病毒的主要目的之一，有时在屏幕显示出来，有时则表现为破坏系统数据。凡是软件技术能够触发到的地方，都在其表现范围内。

（6）传染：病毒的传染是病毒性能的一个重要标志。在传染环节中，病毒复制一个自身副本到传染对象中去。

2. 木马的原理与感染途径

木马程序千变万化，但大多数木马程序并没有特别的功能，入侵方法大致相同。常见的入侵方法有以下几种。

（1）在Win.ini文件中加载。

Win.ini文件位于C:\Windows目录下，在文件的[windows]段中有启动命令 “run=” 和 “load=” ，一般此两项为空，如果等号后面存在程序名，则可能就是木马程序。应特别当心，这时可根据其提供的源文件路径和功能做进一步检查。

这两项分别是用来当系统启动时自动运行和加载程序的，如果木马程序加载到这两个子项中之后，那么系统启动后即可自动运行或加载木马程序。这两项是木马经常攻击的方向，一旦攻击成功，则还会在现有加载的程序文件名之后再加一个它自己的文件名或者参数，这个文件名也往往是常见的文件，如command.exe、sys.com等来伪装。

（2）在System.ini文件中加载。

System.ini位于C:\Windows目录下，其[Boot]字段的shell=Explorer.exe是木马喜欢的隐

藏加载地方。如果shell=Explorer.exe file.exe，则file.exe就是木马服务端程序。

另外，在System.ini中的[386Enh]字段中，要注意检查段内的“driver=路径\程序名”也有可能被木马所利用。再有就是System.ini中的[mic]、[drivers]、[drivers32]这3个字段，也是起加载驱动程序的作用，但也是增添木马程序的好场所。

（3）隐藏在启动组中。

有时木马并不在乎自己的行踪，而在意是否可以自动加载到系统中。启动组无疑是自动加载运行木马的好场所，其对应文件夹为C:\Windows\startmenu\programs\startup。在注册表中的位置是：HKEY_CURRENT_USER\Software\Microsoft\Windows\CurrentVersion \Explorer\shell Folders Startup="c:\Windows\start menu\programs\startup"，所以要检查启动组。

（4）加载到注册表中。

由于注册表比较复杂，所以很多木马都喜欢隐藏在这里。木马一般会利用注册表中下面的几个子项来加载。

HKEY_LOCAL_MACHINE\Software\Microsoft\Windows\CurrentVersion\RunServersOnce；

HKEY_LOCAL_MACHINE\Software\Microsoft\Windows\Current Version\Run；

HKEY_LOCAL_MACHINE\Software\Microsoft\Windows\Current Version\RunOnce；

HKEY_CURRENT_USER\Software\Microsoft\Windows\Current Version\Run；

HKEY_ CURRENT_USER \Software\Microsoft\Windows\Current Version\RunOnce；

HKEY_ CURRENT_USER \Software\Microsoft\Windows\CurrentVersion\RunServers；

（5）修改文件关联。

修改文件关联也是木马常用的入侵手段，当用户一旦打开已修改了文件关联的文件后，木马也随之被启动，如：冰河木马就是利用文本文件（.txt）这个最常见，但又最不引人注意的文件格式关联来加载自己，当中了该木马的用户打开文本文件时就自动加载了冰河木马。

（6）设置在超链接中。

这种入侵方法主要是在网页中放置恶意代码来引诱用户来点击，一旦用户单击超链接，就会感染木马，因此，不要随便点击网页中的链接。

14.6.3 电脑中病毒或木马后的表现

目前计算机病毒的种类很多，计算机感染病毒后所表现出来的症状也各不相同。下面针对计算机感染病毒后的常见症状及原因做如下介绍。

1. 计算机操作系统运行速度减慢或经常死机

操作系统运行缓慢通常是计算机的资源被大量消耗。有些病毒可以通过运行自己，强行占用大量内存资源，导致正常的系统程序无资源可用，进而操作系统运行速度减慢或死机。

2. 系统无法启动

系统无法启动具体症状表现为开机有启动文件丢失错误信息提示或直接黑屏。主要原因是病毒修改了硬盘的引导信息，或删除了某些启动文件。以“系统启动文件丢失错误提示”为例介绍，计算机启动之后会出现以下提示 信息。

3. 文件打不开或被更改图标

很多病毒可以直接感染文件，修改文件格式或文件链接位置，让文件无法正常使用。

4. 提示硬盘空间不足

在硬盘空间很充足的情况下，如果还弹出提示硬盘空间不足，很可能是中了相关的病毒，但是打开硬盘查看并没有多少数据。这一般是病毒复制了大量的病毒文件在磁盘中，而且很多病毒可以将这些复制的病毒文件隐藏。

5. 数据丢失

有时候用户查看自己刚保存的文件时，会突然发现文件找不到了。这一般是被病毒强行删除或隐藏。这类病毒中，最近几年最常见的是“U盘文件夹病毒”。感染这种病毒后，U盘中的所有文件夹会被隐藏，并会自动创建出一个新的同名文件夹，新文件夹的名字后面会多一个“.exe”的后缀。当用户双击新出现的病毒文件夹时，用户的数据会被删除掉，所以在没有还原用户的文件前，不要单击病毒文件夹。

6. 系统不识别硬盘

每个硬盘内部都有一个系统保留区（service area），里面分成若干模块保存有许多参数和程序。硬盘在通电自检时，要调用其中大部分程序和参数。如果能读出那些程序和参数模块，而且校验正常的话，硬盘就进入准备状态。如果某些模块读不出或校验不正常，则该硬盘就无法进入准备状态。一般表现为，电脑系统的BIOS无法检测到该硬盘或检测到该硬盘却无法对它进行读写操作。

这时如果系统保留区的参数和程序遭到病毒的破坏，则会表现为系统不识别硬盘，或直接损坏硬盘引导扇区的一类病毒在作祟。

7. 键盘输入异常

这类故障通常表现为键盘被锁定无法输入内容，或者键盘输入内容显示乱码。

8. 命令执行出现错误

在【开始】按钮上单击鼠标右键，在弹出的快捷菜单中选择【运行】菜单命令。可以在【运行】对话框中输入相关系统命令来完成一些操作。当感染了这类病毒后，会导致很多命令在【运行】对话框中输入执行时提示命令出错。

计算机病毒的种类繁多，仅仅十几种症状并不能容纳全部。以上只是介绍了最常见的症状。用户根据自己使用电脑的经验，会发现更多新的症状。但无论是面对什么样的病毒症状，都要将该病毒找出，并进行彻底清除。

14.6.4 中毒后的处理

一旦发现系统有中毒的现象，即可进行全盘杀毒。

1.升级病毒库

病毒库其实就是一个数据库，里面记录着电脑病毒的种种特征，以便及时发现病毒并查杀它们。只有拥有了病毒库，杀毒软件才能区分病毒和普通程序之间的区别。

新病毒层出不穷，可以说每天都有难以计数的新病毒产生。想要让计算机能够对新病毒有所防御，就必须要保证本地杀毒软件的病毒库一直处于最新版本。下面以“360杀毒”的病毒库升级为例进行介绍，具体操作步骤如下。

（1）手动升级病毒库

升级360杀毒病毒库的具体操作步骤如下。

步骤01 启动360杀毒软件的主程序，单击界面中的【设置】链接。

步骤02 弹出的【设置】对话框，在【升级设置】选项卡下勾选【自动升级病毒特征库及程序】单选按钮，然后单击【确定】按钮。

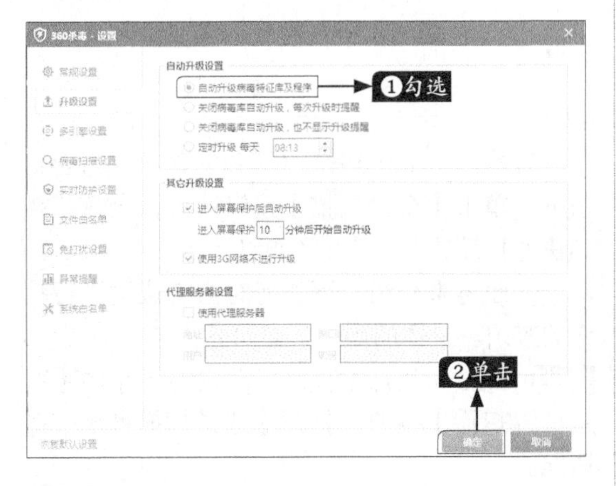

步骤03 在主界面中单击【检查更新】按钮，弹出【360杀毒-升级】对话框，显示升级进度。

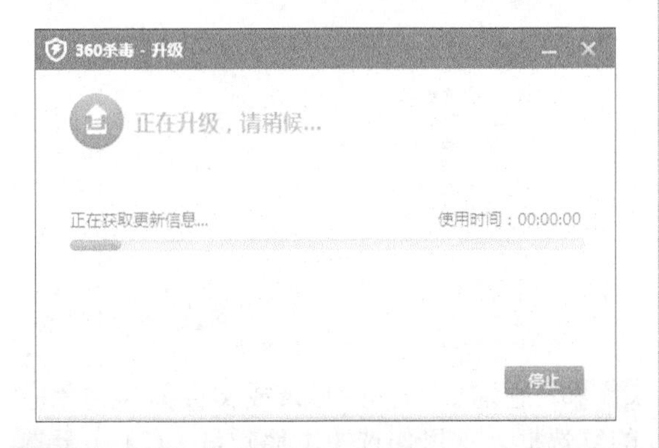

步骤04 升级完成，将显示结果，单击【关闭】按钮即可。

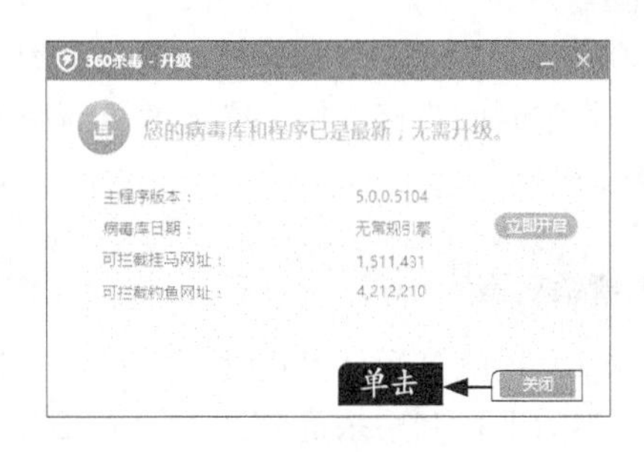

（2）制定病毒库升级计划

为了减少用户实时操心病毒库更新的问题，可以给杀毒软件制定一个病毒库自动更新的计划。

步骤01 打开360杀毒的主程序，单击右上角的【设置】链接。

步骤02 弹出【设置】对话框中，用户可以通过选择【常规设置】、【升级设置】、【病毒扫描设置】、【实时防护设置】、【白名单设置】和【免打扰模式】选项，详细地设置杀毒软件的参数。选择【升级设置】选项。

步骤03 在页面中可以根据需要定制自己的升级计划，设置完成后单击【确定】按钮。

【自动升级设置】由4部分组成，用户可根据需求自行选择。

①【自动升级病毒特征库及程序】：选中该项后，只要360杀毒程序发现网络上有病毒库及程序的升级，就会马上自动更新。

②【关闭自动升级，每次升级时提醒】：网络上有版本升级时，不直接更新，而是给读者一个升级提示框，升级与否由读者自己决定。

③【关闭自动升级，也不显示升级提醒】：网络上有版本升级时，不提醒用户。

④【定时升级】：制定一个升级计划，在每天的指定时间直接连接网络上的更新版本进行升级。

2.查杀病毒

一旦发现电脑运行不正常，用户首先分析原因，然后即可利用杀毒软件进行杀毒操作。下面以“360杀毒”查杀病毒为例讲解如何利用杀毒软件杀毒。

使用360杀毒软件杀毒的具体操作步骤如下。

步骤01 在360杀毒主界面，为用户提供了3个查杀病毒的方式。即全盘扫描、快速扫描和自定义扫描。

步骤02 这里选择快速扫描方式，单击【快速扫描】按钮，即可开始扫描系统中的病毒文件。

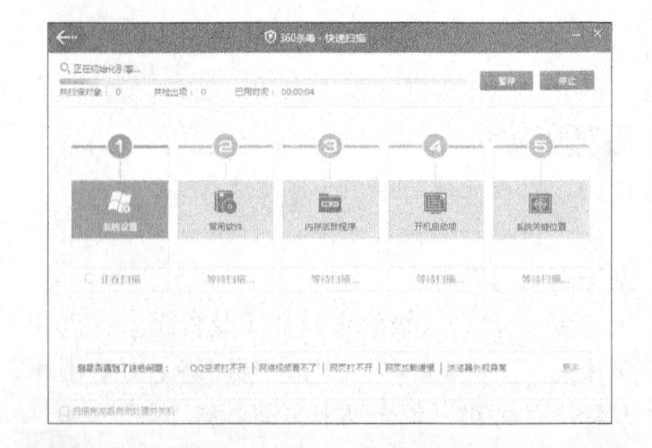

步骤03 在扫描的过程中，如果发现木马病毒或者是其他状况，则会在下面的空格中显示扫描出来的木马病毒，并列表其威胁对象、威胁类型、处理状态等。单击【立即处理】按钮。

步骤04 即可处理扫描出来的木马病毒或安全威胁对象。并显示处理状态。单击【确认】按钮即可。

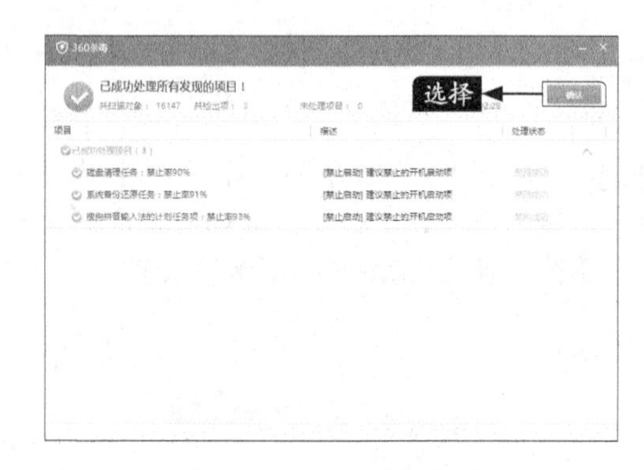

另外，使用360杀毒还可以对系统进行全盘杀毒。单击【全盘扫描】按钮即可，全盘扫描和快速扫描类似，这里不再详述。

下面再来介绍一下如何对指定位置进行病毒的查杀。具体的操作步骤如下。

步骤01 在360杀毒主界面，单击右下角的【指定位置扫描】按钮，打开【选择扫描目录】对话框。

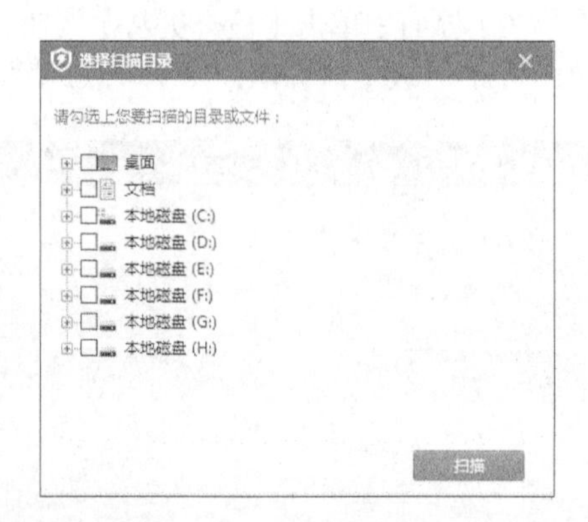

步骤02 在需要扫描的目录或文件前勾选相应的复选框，这里勾选【本地磁盘（C）】复选框，单击【扫描】按钮。

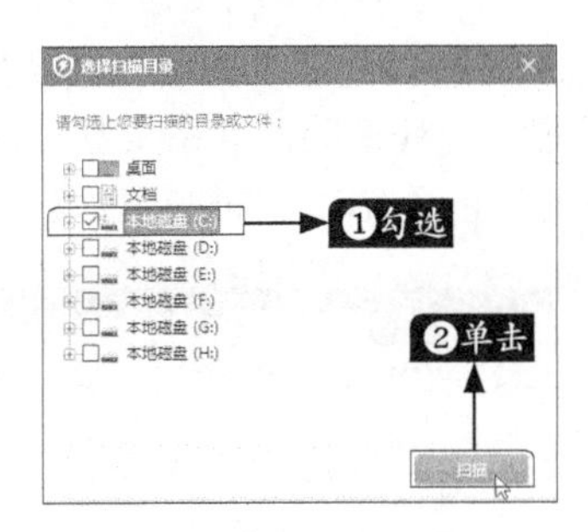

步骤03 即可开始对指定目录进行扫描。其余步骤和【快速扫描】相似，不再详细介绍。

小提示

大部分杀毒软件查杀病毒的方法比较相似，用户可以利用自己的杀毒软件进行类似的病毒查杀操作。

使用360杀毒默认的设置，可以查杀病毒，不过如果用户想要根据自己的需要加强360杀毒的其他功能，则可以设置360杀毒。具体的操作步骤如下。

步骤01 在【360杀毒】主界面中单击【设置】链接，打开【设置】对话框。在【常规设置】区域中可以对常规选项、自我保护状态、密码保护等进行设置。

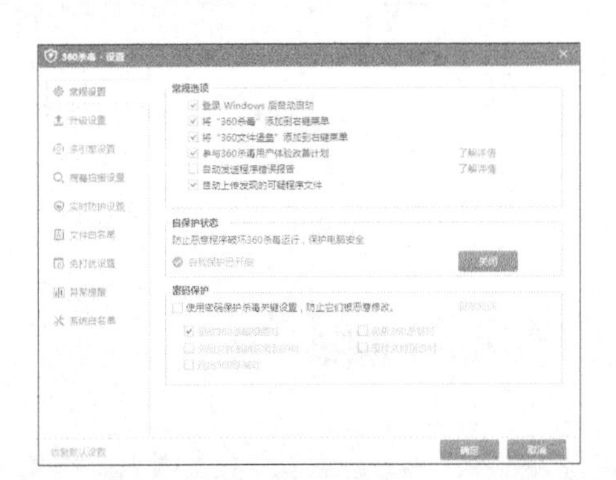

步骤02 选择【升级设置】选项，在打开的【升级设置】中可以对自动升级、是否使用代理服务器升级进行设置。

步骤03 选择【多引擎设置】选项，可以根据需要选择360杀毒内含的多个杀毒引擎进行组合。

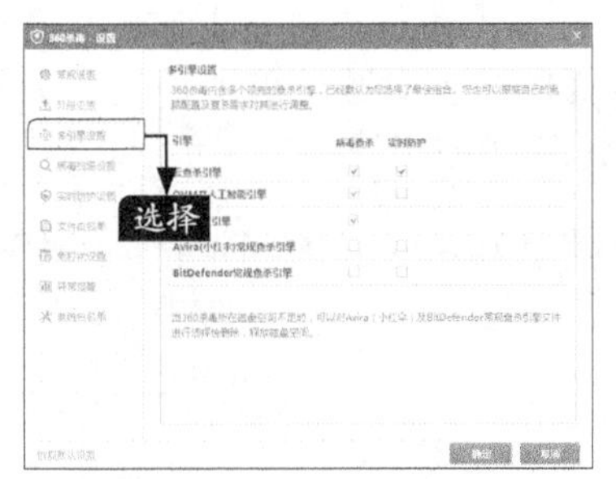

步骤04 选择【病毒扫描设置】选项，在打开的【病毒扫描设置】中可以对需要扫描的文件类型、发现病毒时的处理方式、其他扫描选项以及定时查毒等参数进行设置。

步骤05 选择【实时防护设置】选项，在打开的【实时防护设置】中可以对防护级别、监控的文件类型、发现病毒时的处理方式、其他防护选项等进行设置。

步骤 06 选择【文件白名单】选项，在打开的【白名单设置】中可以对文件以及目录白名单、文件扩展名白名单进行添加和删除操作。

步骤 07 选择【免打扰模式】选项，在打开的【免打扰模式】中通过单击【进入免打扰模式】按钮启动免打扰模式。

步骤 08 选择【异常提醒】选项，可以对上网环境异常提醒、进程追踪器、系统盘可用空间检测以及自动校正系统时间等进行设置。

步骤 09 选择【系统白名单】选项，可以随时取消信任的项目，保证系统安全，设置完成，单击【确定】按钮即可。

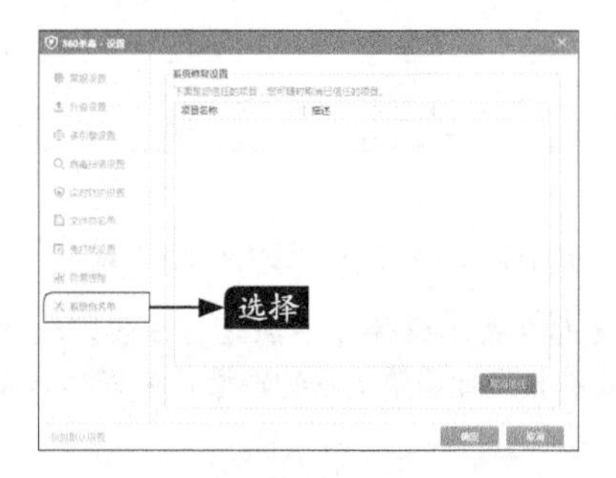

高手支招

本节教学录像时间：8 分钟

通过注册表在计算机右键菜单中添加【组策略】菜单命令

具体操作如下所示。

步骤 01 选择【开始】➤【运行】菜单命令，在【运行】对话框中输入“regedit”，单击【确定】按钮，打开【注册表编辑器】对话框。

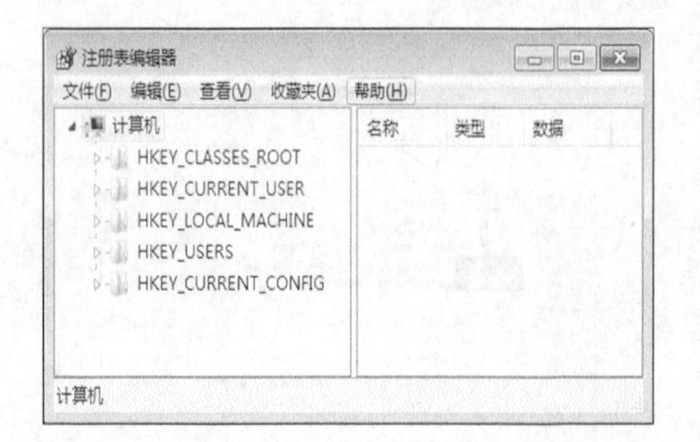

步骤 02 选择HKEY_CLASSES_ROOT➤CLSID➤{20D04FE0-3AEA-1069-A2D8-08002B30309D}➤shell注册项。

小提示

在【shell】注册项下默认已经有了【find】、【Manage】等几项内容。这几项其实对应的就是右键单击【计算机】图标快捷菜单中的菜单命令。也就说可以通过注册表更改【计算机】右键菜单的选项。我们以此类推，可以通过添加注册表的"数值"，添加【计算机】右键菜单。

步骤03 右键单击【shell】选项组，选择【新建】➤【项】快捷菜单命令。

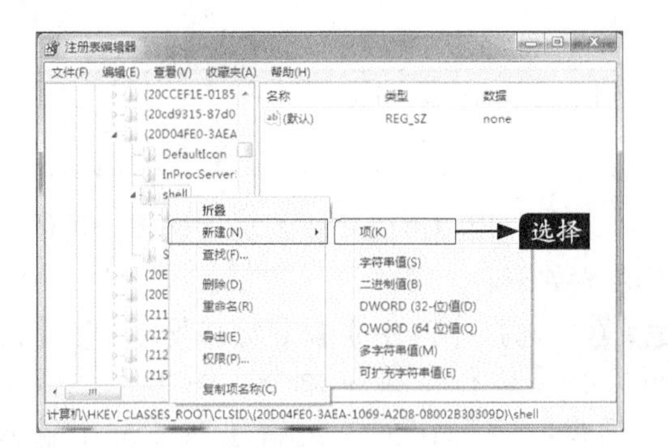

步骤04 新项命名为【组策略】。

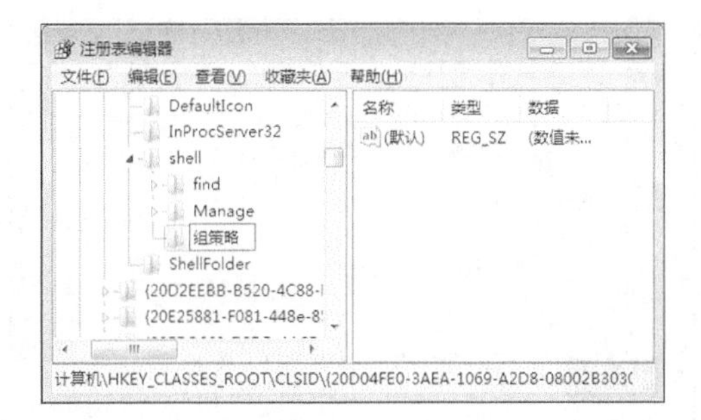

步骤05 右键单击【组策略】选项组，选择【新建】➤【项】快捷菜单命令，新建项命名为"command"。

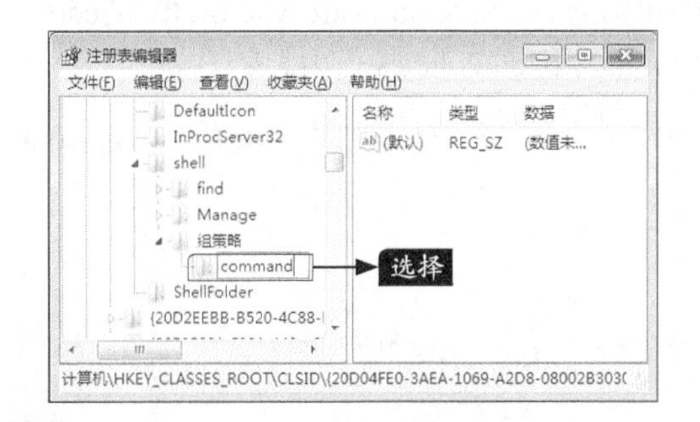

步骤06 选择【command】选项组，在右侧窗口中双击【默认】选项，弹出【编辑字符串】对话框。

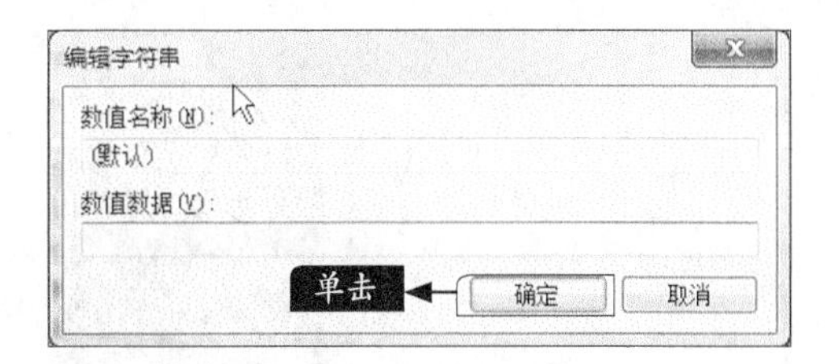

步骤07 在【数值数据】输入框中输入注册表数据，单击【确定】按钮。字符串的值修改为运行【组策略】的命令参数："C:\Windows\system32\mmc.exe" "C:\Windows\system32\gpedit.msc"。

步骤08 右键单击【桌面】➤【计算机】图标。快捷菜单中多出来一个【组策略】菜单命令。

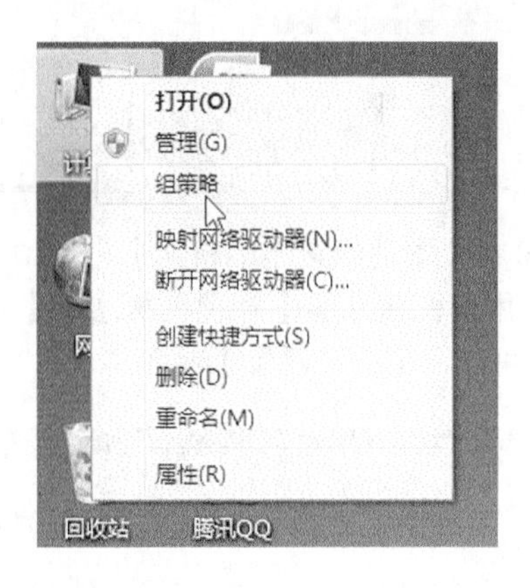

如何保护注册表

注册表的功能虽然强大，但是如果随意更改，将会破坏系统，影响电脑的正常运行。下面将讲述如何保护注册表。

首先在组策略中禁止访问注册表编辑器。

具体的操作步骤如下。

步骤01 选择【开始】➤【所有程序】➤【附件】➤【运行】菜单命令。

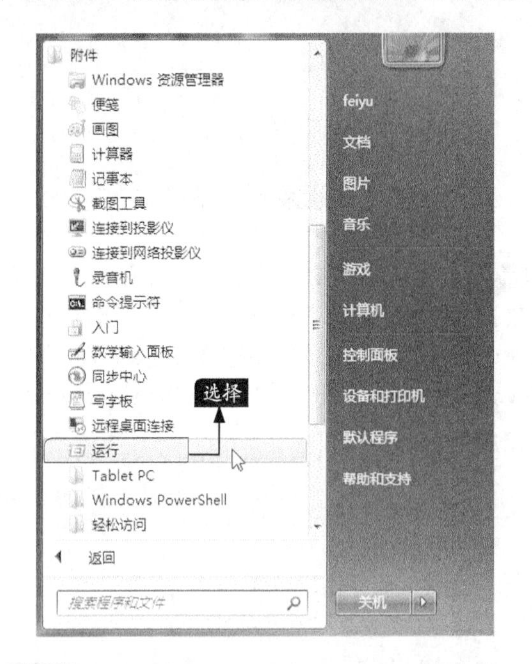

步骤02 弹出【运行】对话框，在【打开】文本框中输入“gpedit.msc”命令。

步骤03 在【本地组策略编辑器】窗口中，依次展开【用户配置】➤【管理模板】➤【系统】项，即可进入【系统设置】界面。

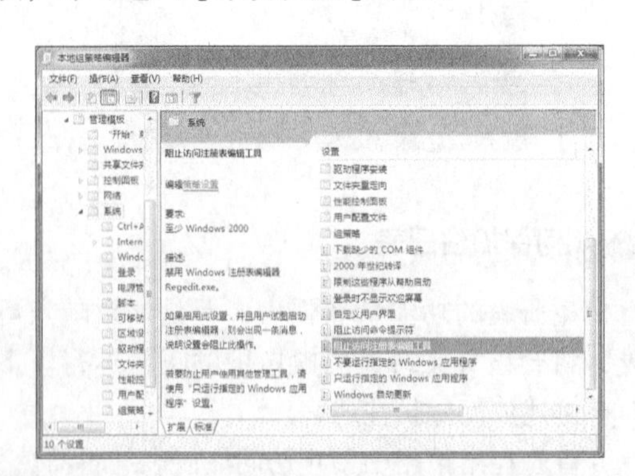

步骤04 双击【阻止访问注册表编辑工具】选项，弹出【阻止访问注册表编辑工具属性】对话框。从中选择【已启用】单选按钮，然后单击【确定】按钮，即可完成设置操作。

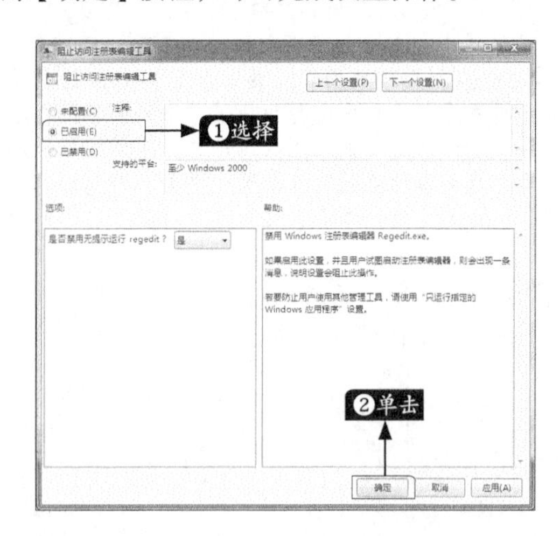

其次，用户可以禁止编辑注册表，具体操作步骤如下。

步骤01 选择【开始】➤【所有程序】➤【附件】➤【运行】菜单命令。弹出【运行】对话框，在弹出的【运行】对话框中输入“regedit”命令。

步骤02 单击【确定】按钮打开【注册表编辑器】窗口，从中依次展开HKEY_CURRENT_USER\Software\Microsoft\ Windows\CurrentVerslon\Policies\子项。

步骤03 选中【Policies】项并右键单击，在弹出的快捷菜单中选择【新建】➤【项】菜单命令，即可创建一个项，并将其值修改为System。

步骤04 选中刚才新建的System项并右键单击，在弹出的快捷菜单中选择【新建】➤【DWORD值】菜单命令，即可在右侧的窗口中添加一个DWORD串值，并将其名字修改为“Disable RegistryTools”。

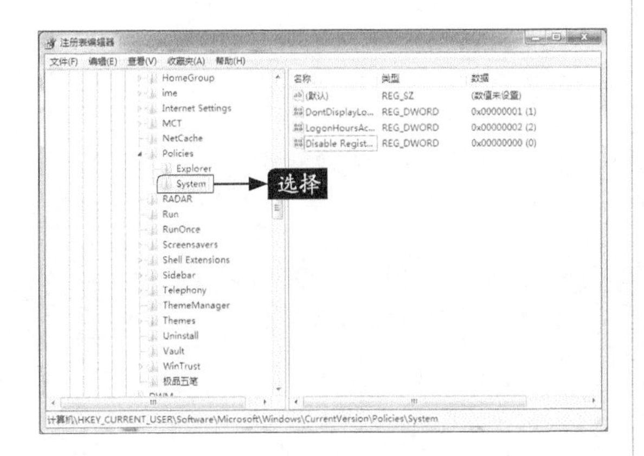

步骤05 双击【Disable RegistryTools】选项，打开【编辑DWORD值】对话框，在【数值数据】文本框输入“1”。

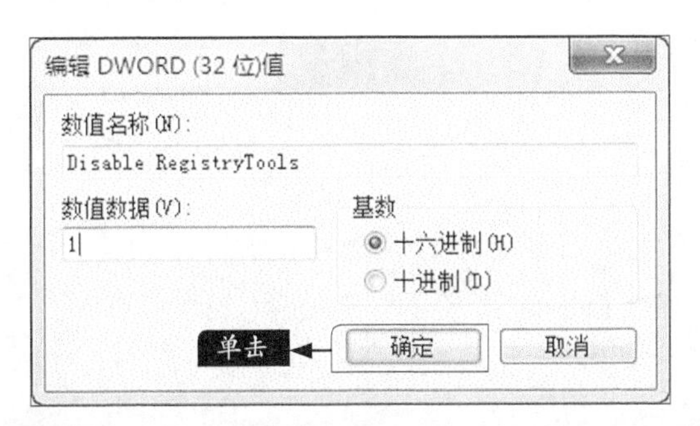

步骤06 单击【确定】按钮，即可完成对其数值的修改。

步骤07 重新启动计算机，这样就可以达到禁止他人非法编辑注册表的目的了。

手工清理注册表

对于计算机高手来说，手工清理注册表是最有效最直接的清除注册表垃圾的方法。手工清理注册表的具体操作步骤如下。

步骤01 利用上述方法打开【注册表编辑器】窗口。

步骤02 在左侧的窗格中展开并选中需要删除的项，选择【编辑】➤【删除】菜单命令，或右键单击，在弹出的快捷菜单中选择【删除】菜单命令。

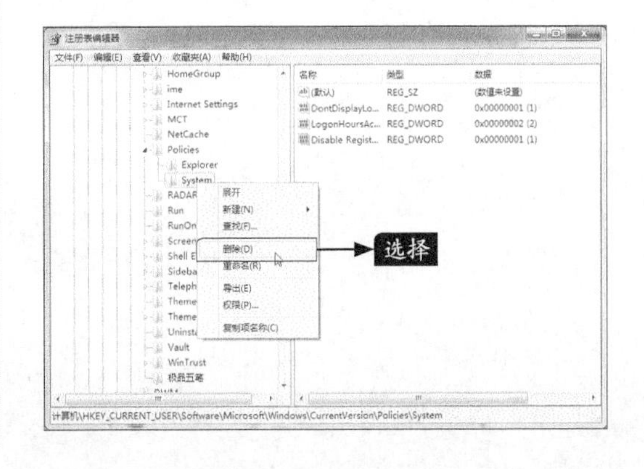

步骤03 随即弹出【确认项删除】对话框，提示用户是否确实要删除这个项和所有其子项。

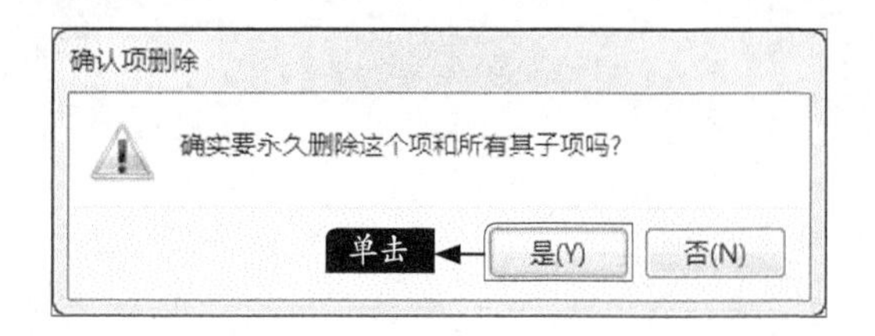

步骤04 单击【是】按钮，即可将该项删除。

小提示

对于初学计算机的用户，自己清理注册表垃圾是非常危险的，弄不好会造成系统瘫痪，因此，最好不要手工清理注册表。建议利用注册表清理工具来清理注册表中的垃圾文件。

第 15 章

常见软件故障处理

在各种各样的电脑故障中，软件故障是出现频率最高的故障，如果软件出现了故障，就不能正常地工作和学习，所以需要用户了解常见的软件故障的处理方法。

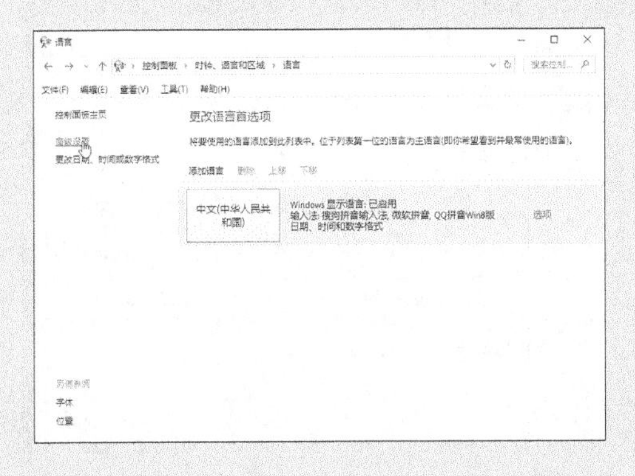

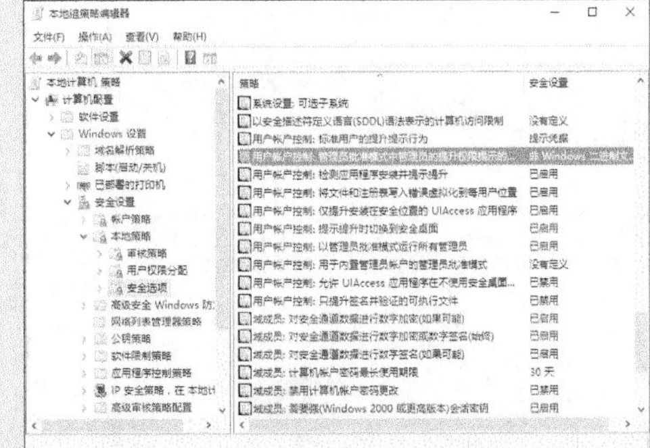

15.1 输入故障处理

本节教学录像时间：5 分钟

在使用软件的过程中，输入故障比较常见，特别是输入法出现问题，往往不能输入文字。

15.1.1 输入法无法切换

【故障表现】：在记事本中输入文字时，按【Ctrl+Shift】组合键无法切换输入法。

【故障分析】：从故障现象可以判断故障与输入法本身有关。

【故障排除】：首先设置输入法的相关参数，具体操作步骤如下。

步骤 01 在系统桌面上状态栏上右键单击输入法的小图标，在弹出的快捷菜单中选择【设置】菜单命令。

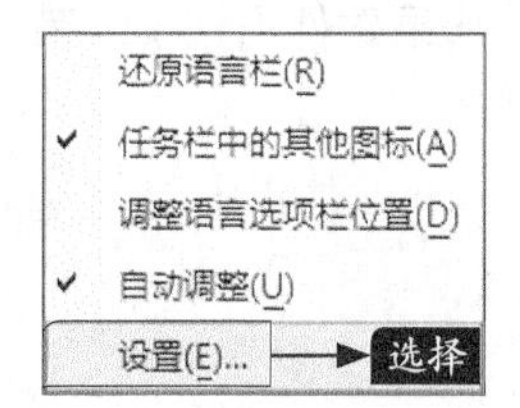

步骤 02 弹出【文本服务和输入语言】对话框，选择【高级键设置】选项卡，单击【更改按键顺序】按钮。

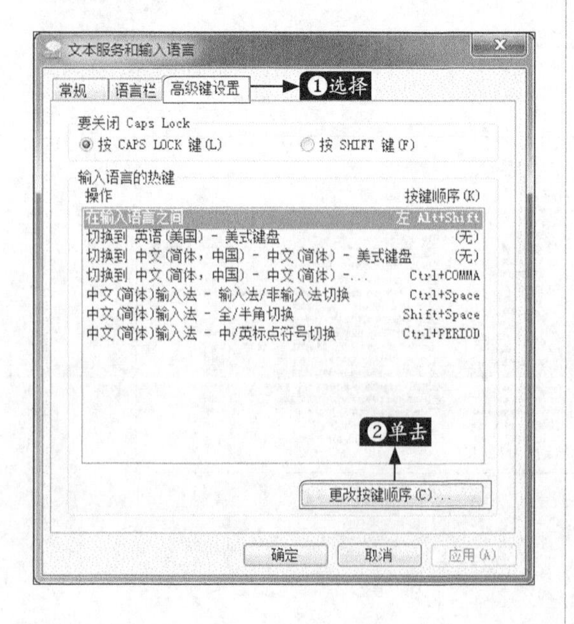

步骤 03 弹出【更改按键顺序】对话框，在【切换输入语言】选区中选择【Ctrl+Shift】单选按钮，然后单击【确定】按钮。

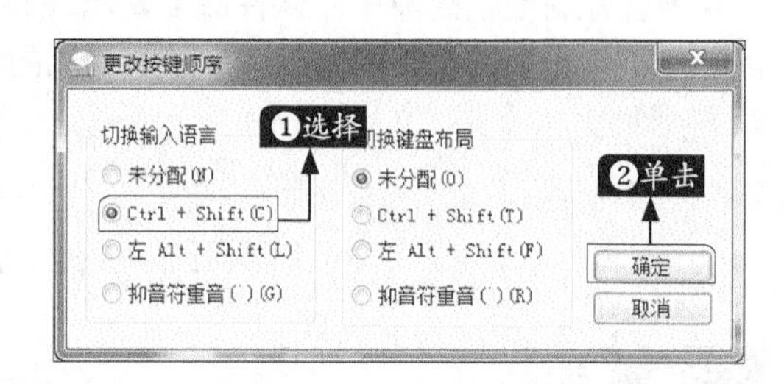

步骤 04 返回到【文本服务和输入语言】对话框，单击【确定】按钮即可完成操作。重新切换输入法，故障消失。

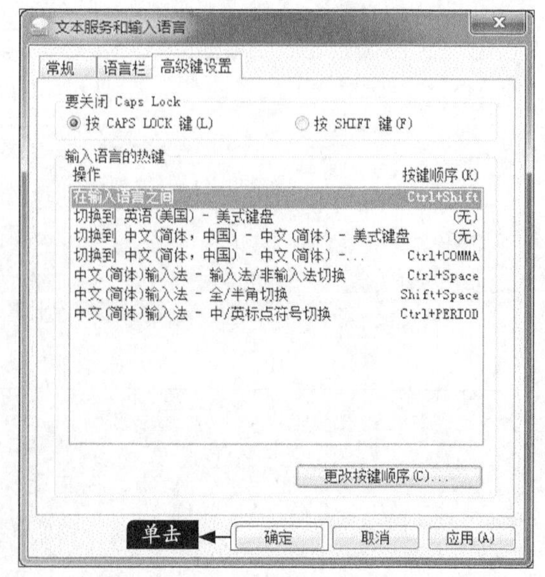

如果是Windows 10操作系统，可执行以下操作。

步骤01 打开控制面板，在“类别”查看方式下，单击【更换输入法】链接。

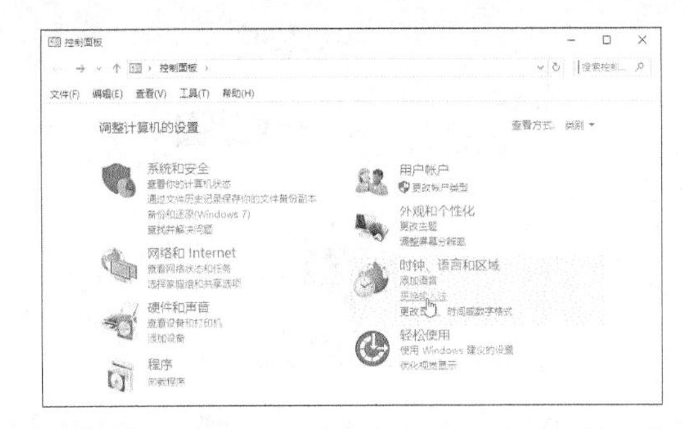

步骤02 打开【语言】窗口，单击【高级设置】链接。

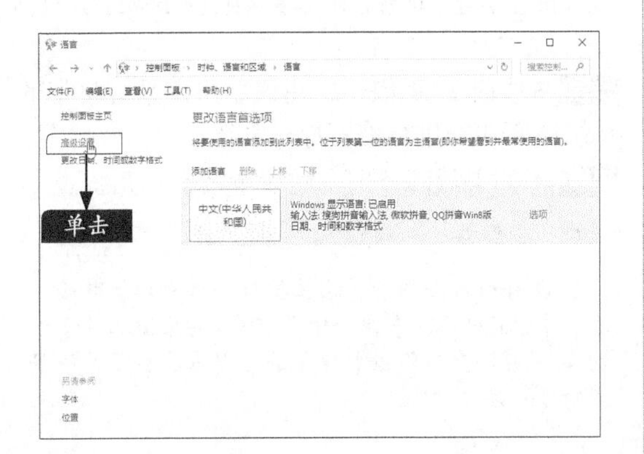

步骤03 打开【高级设置】对话框，在【切换输入法】区域下，单击【更改语言栏热键】链接。

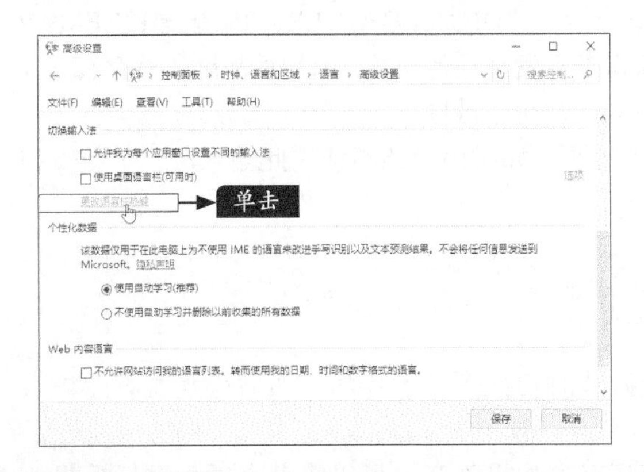

步骤04 弹出【文本服务和输入语言】对话框，选择【高级键设置】选项卡，单击【更改按键顺序】按钮。

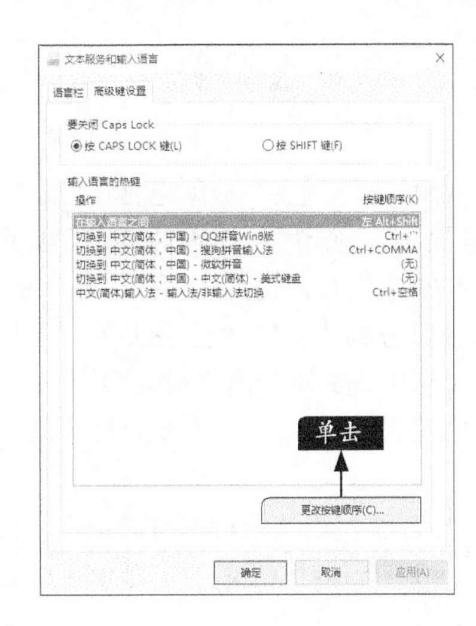

步骤05 弹出【更改按键顺序】对话框，在【切换输入语言】选区中选择【Ctrl+Shift】单选按钮，然后单击【确定】按钮。

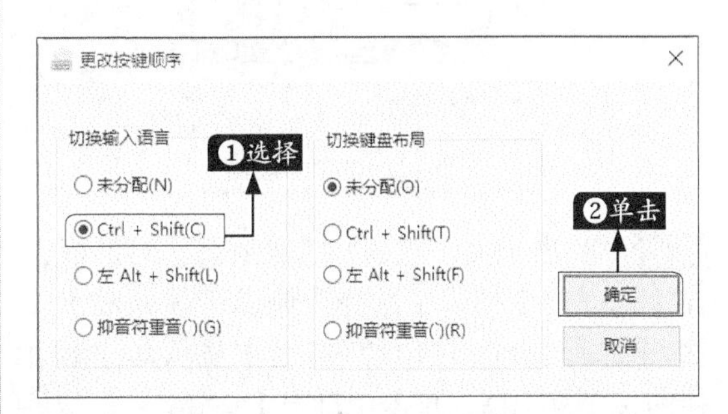

步骤06 返回到【文本服务和输入语言】对话框，单击【确定】按钮即可完成操作。重新切换输入法，故障消失。

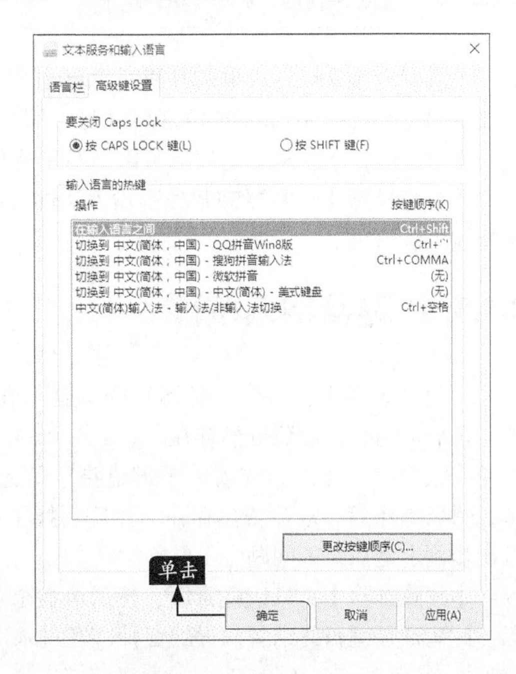

15.1.2 输入法丢失

【故障表现】：一台电脑出现如下故障：桌面上任务栏上的输入法不见了，按【Ctrl+Shift】组合键也无法切换出输入法。

【故障分析】：输入法丢失后，可以查看输入法是否出现故障和语言设置问题。

【故障排除】：排除故障的具体操作步骤如下。

步骤01 在系统桌面状态栏上右键单击输入法的小图标，在弹出的快捷菜单中选择【设置】菜单命令。

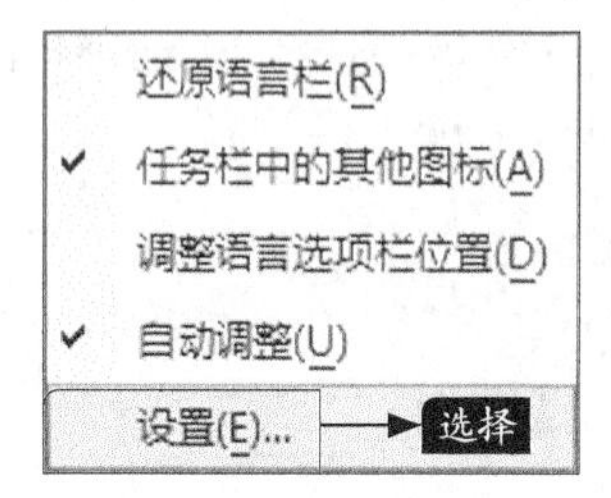

步骤02 弹出【文本服务和输入语言】对话框，在【语言栏】列表中选择【停靠于任务栏】单选按钮，然后选中【在任务栏中显示其他语言栏图标】复选框，单击【确定】按钮。

> **小提示**
>
> 在Windows 10操作系统中，打开【文本服务和输入语言】对话框的方法，参照15.1.1小节内容。

步骤03 如果故障依旧，建议用户用系统自带的系统还原功能进行修复操作系统。

步骤04 如果故障依旧，建议重装操作系统。

> **小提示**
>
> 没有输入法图标，用快捷键一样可以操作输入法。【Ctrl+Space】组合键是在中/英文输入法之间切换。按【Ctrl+Shift】组合键可以依次显示系统安装的输入法。

15.1.3 搜狗输入法故障

【故障表现】：一台电脑开机后总是出现如下提示："DICT LOAD ERROR 创建FILEMAP（LOACL、MAP-PY-LIST9E49537）失败：3"，杀毒没有发现任何问题，重启后故障依然存在。

【故障分析】：从上述故障可以判断是搜狗输入法出现了故障。

【故障排除】：只要卸载搜狗输入法即可解决问题。如果用户还想使用此输入法，重新安装搜狗输入法即可。

15.1.4 键盘输入故障

【故障表现】：一台正常运行的电脑，在玩游戏时切换了一下界面，然后键盘就不能输入了，重启电脑后，故障依然存在。

【故障分析】：首先看一下键盘指示灯是否还亮，如果不亮，可以将键盘插头重新插拔一次，重新操作后，故障依然存在。然后新换了一个正常工作的键盘，还是不能解决问题。这时可以初步判定是系统的问题。

【故障排除】：升级病毒库，然后全盘杀毒，发现一个名为"TrojanSpy.KeyLogger.uh"的病毒，此病毒是键盘终结者病毒的变种，经过杀毒后，重新启动电脑后，故障消失。

15.1.5 其他输入故障

在使用智能QQ拼音输入法输入汉字时，没有弹出汉字提示框，这样就无法选择要输入的具体汉字。

这是由于设置不当造成的问题，可以进行如下设置。

步骤01 在系统桌面上状态栏上右键单击输入法的小图标，在弹出的快捷菜单中选择【设置】菜单命令。

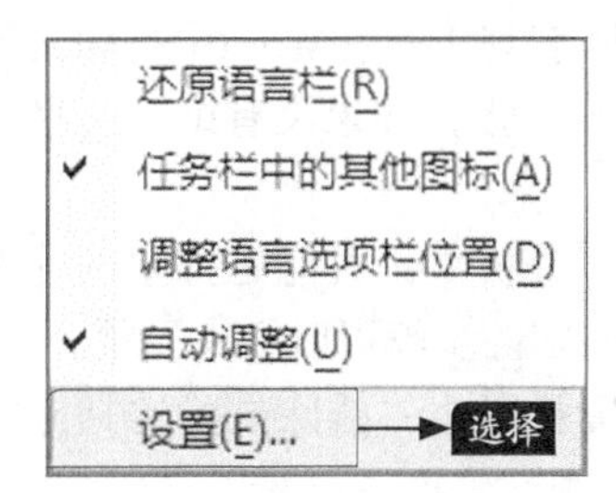

步骤02 弹出【文本服务和输入语言】对话框，选择【中文-QQ拼音输入法】选项，单击【确定】按钮。

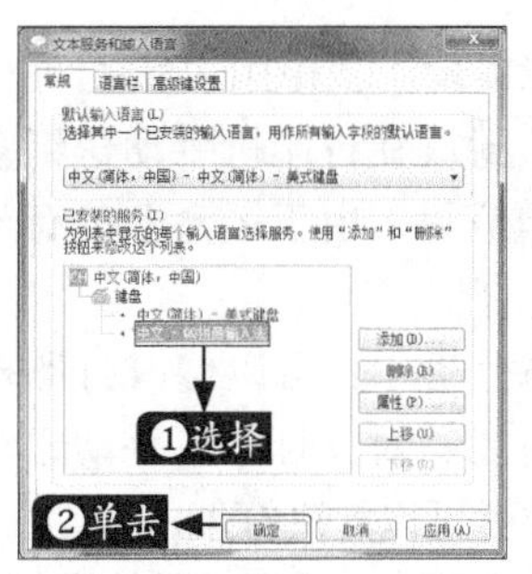

步骤03 弹出【QQ拼音输入法4.7属性设置】对话框，选择【高级设置】选项，然后选中【光标跟随】复选框，单击【确定】按钮，重启电脑后，故障消失。

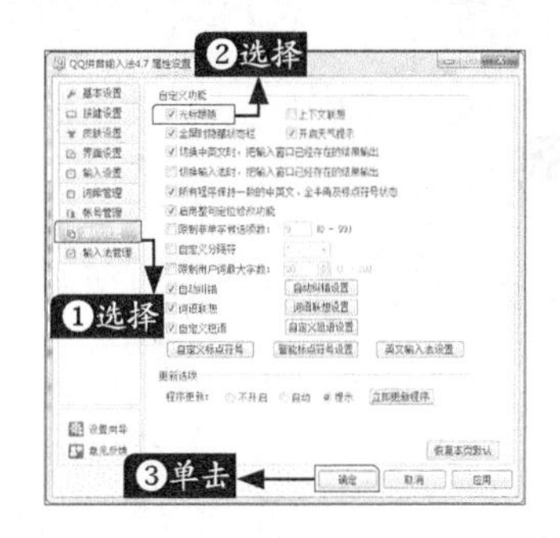

15.2 办公软件故障处理

本节教学录像时间：10 分钟

办公软件是用户使用频率最高的软件，也是最容易出现故障的软件。下面将讲述常见的办公软件故障和处理方法。

15.2.1 Word启动失败

【故障表现】：Word 2010突然不能正常启动，并弹出提示信息“遇到问题需要关闭，并提示尝试恢复。”但恢复后立即出现提示信息：“Word上次启动时失败，以安全模式启动Word将帮助您纠正或发现启动中的问题，以便下一次启动应用程序。但这种模式下，一些功能将被禁用”。确认后仍不能启动Word 2010。

【故障分析】：通过Word的检测与修复后，问题依然存在，然后卸载Word 2010，并重新安装后，故障依然存在。最后清除注册表中存在的信息，重启电脑后故障依然存在。从故障分析可以初步判断是软件的模板出了故障，用户可以删除模板，然后系统自动创建一个正确的模板，即可解决故障。

【故障排除】：删除模板文件“Normal.dot”的方法很简单，通过搜索在系统文件中找到该模板文件，然后删除即可。

15.2.2 Word中的打印故障

【故障表现】：使用Word打印信封时，每次都要将信封放在打印机手动送纸盒的中间才能正确打印信封，由于纸盒上没有刻度，因此时常将信封打偏。

【故障分析】：可以修改打印机的送纸方式，使信封能够对齐打印机手动送纸盒的某一条边，这样就可以解决打偏的问题。

【故障排除】：设置的具体操作步骤如下。

步骤01 启动Word 2010，切换到【邮件】选项卡，单击【创建】选项组中的【信封】按钮。

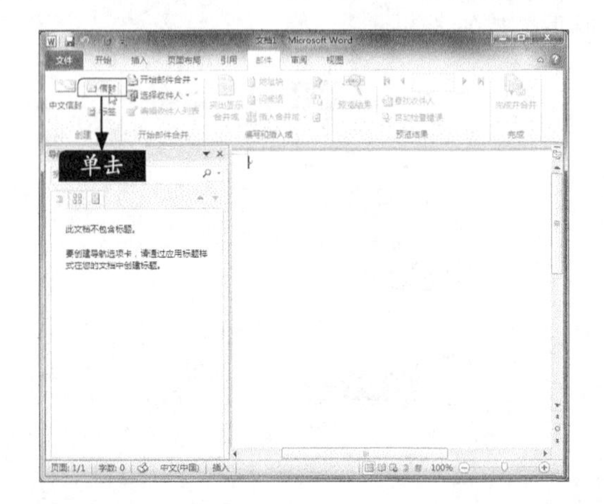

步骤02 弹出【信封和标签】对话框，单击【选项】按钮。

步骤03 弹出【信封选项】对话框，在【送纸方式】选区中选择合适的贴边送信封的方式，单击【确定】按钮即可。

【故障表现】：在Word中打印文稿时，每次会多打印一张，如果没有纸，会报出缺纸的信息。

【故障分析】：可能是打印设置引起的故障，通过一定的步骤可以解决问题。

【故障排除】：排除故障的具体操作步骤如下。

步骤01 单击【文件】按钮，在弹出的下拉菜单中选择【选项】菜单命令。

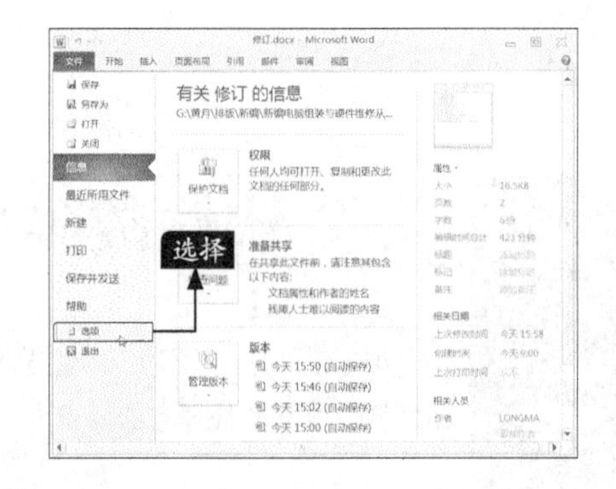

步骤02 弹出【Word 选项】对话框，选择【显示】选项，在【打印选项】选区中取消勾选【打印文档属性】复选框，单击【确定】按钮。

15.2.3 Excel文件受损

【故障表现】：在一次打开Excel文件的过程中，突然停电，然后开机后文件无法打开，每次打开时会提示“文件已受损、无法打开”的信息，放在别的电脑上也不能打开。

【故障分析】：此故障和文件本身有关，可以使用软件修复以解决问题。

【故障排除】：修复文件的具体操作步骤如下。

步骤01 启动Excel 2010软件，单击【文件】按钮，在弹出下拉菜单中选择【打开】菜单命令。

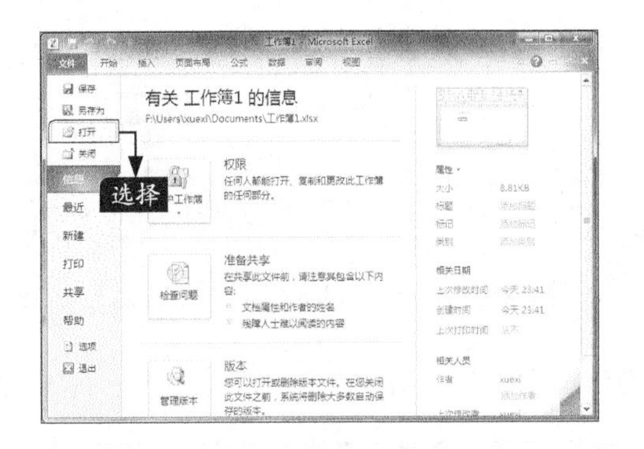

步骤02 弹出【打开】窗口，选择受损的文件，单击【打开】右侧的向下按钮，在弹出的下拉菜单中选择【打开并修复】菜单命令，即可打开受损的文件，然后重新保存文件即可排除故障。

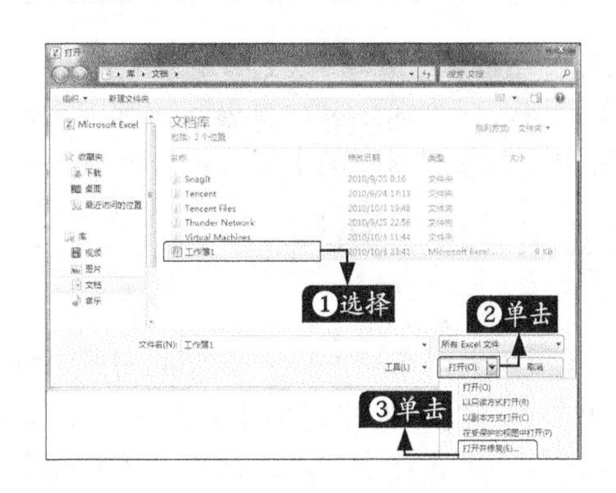

15.2.4 以安全模式启动Word才能使用

【故障表现】：在打开一个Word文件时出错，重新启动Word出现以下错误提示：“Word上次启动时失败，以安全模式启动Word将帮助您纠正或发现启动中的问题，以便下一次成功启动应用程序。但是在这种模式下，一些功能将被禁用。”然后选择“安全模式”启动Word，但只能启动安全模式，无法正常启动。以后打开Word时，重复出现上述的错误提示，每次只能以安全模式启动Word文件。卸载Word软件，重新安装后，故障依然存在。

【故障分析】：模板文件Normal.dot已损坏。关闭Word时，Word中的插件都要往Normal.dot中写东西，如果产生冲突，Normal.dot就会出错，导致下一次启动Word时，只能以安全模式启动。

【故障排除】：首先删除模板文件Normal.dot，通过搜索在系统文件中找到该模板文件，然后删除即可。删除文件后，再把Office软件卸载，最后重新安装软件，故障消失。

15.2.5 机器异常关闭，文档内容未保存

【故障表现】：在Word中编辑文档时，不小心碰到电源插座导致断电，重新启动电脑后发现编辑的文档一部分内容丢失了。

【故障诊断】：Word没有自动保存文档，主要是该功能被禁用了。

【故障处理】：要想避免上述情况的发生，用户就需要启动Word的自动恢复功能，一旦机器异常关闭，当前的文档就会自动保存。启动自动恢复功能的具体操作步骤如下。

步骤01 单击【文件】按钮，在弹出的下拉菜单中选择【选项】菜单命令。

步骤 02 弹出【Word选项】对话框，选择【保存】选项，在【保存文稿】选区中选中【保存自动恢复信息时间间隔】复选框，并输入自动保存的时间，选中【如果我没保存就关闭，请保留上次自动保留的文件】复选框，单击【确定】按钮。

15.2.6 无法卸载

【故障表现】：办公软件在使用的过程中出现故障，在卸载的过程中弹出提示信息：“系统策略禁止这个卸载，这与系统管理员联系”，用户本身是以管理员的身份卸载的，重启后故障依然存在。

【故障诊断】：从故障可以判断是用户配置不当操作的。

【故障处理】：设置用户配置的具体操作步骤如下。

步骤 01 选择【开始】➤【所有程序】➤【附件】➤【运行】菜单命令。

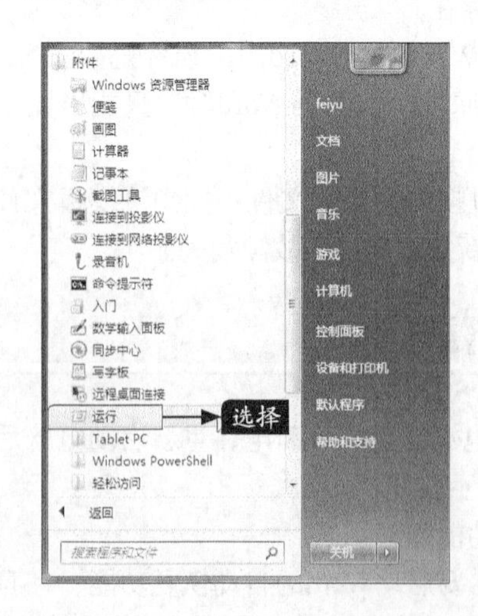

步骤 02 弹出【运行】对话框，在【打开】文本框中输入“gpedit.msc”命令，按【Enter】键确认。

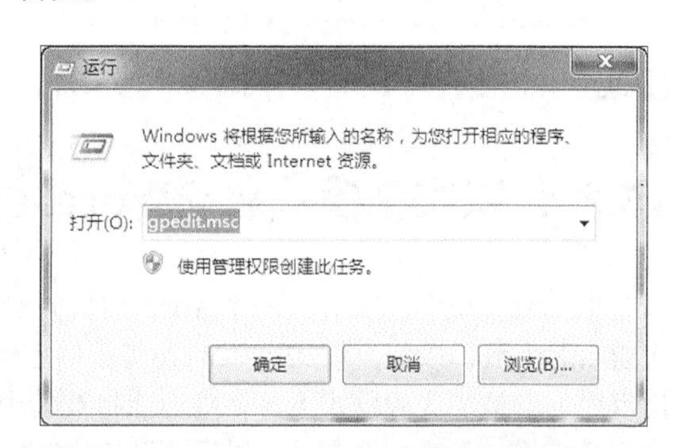

步骤 03 弹出【本地组策略编辑器】窗口，在左侧的列表中选择【用户配置】➤【管理模板】➤【控制面板】选项，在右侧的窗口中选择【删除“添加或删除文件”】选项并右键单击，在弹出的快捷菜单中选择【编辑】菜单命令。

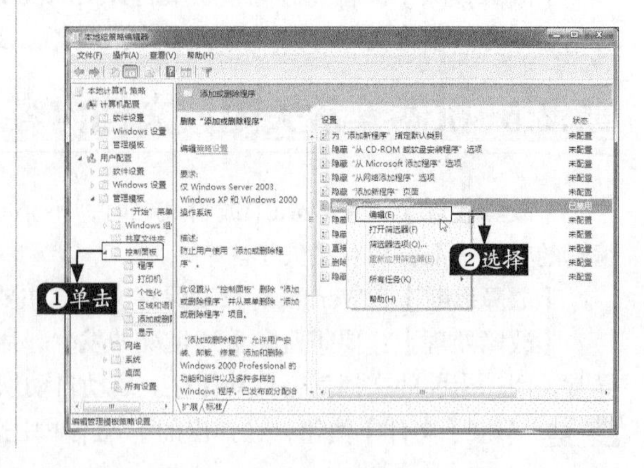

步骤04 弹出【删除“添加或删除文件”】窗口，选择【未配置】单选按钮，单击【确定】按钮。

步骤05 返回到【本地组策略编辑器】窗口，重新删除办公软件，故障消失。

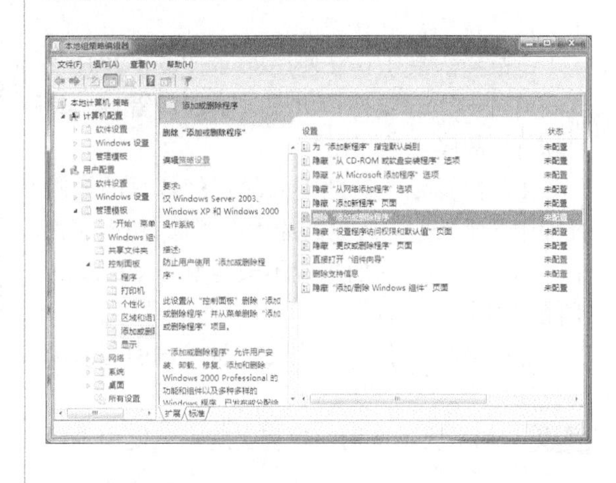

15.2.7 鼠标失灵故障

【故障表现】：在编辑Word文档的时候，鼠标莫名其妙地失灵，关闭Word 2010软件后，故障消失，一旦启动Word 2010软件，则故障依然存在。

【故障诊断】：从故障可以初步判断是PowerDesigner加载项的问题，将其删除即可。

【故障处理】：具体操作步骤如下。

步骤01 启动Word 2010软件，单击【文件】按钮后，在弹出的下拉菜单中选择【选项】菜单命令。

步骤02 选择【加载项】选项，在右侧的窗口中单击【转到】按钮。

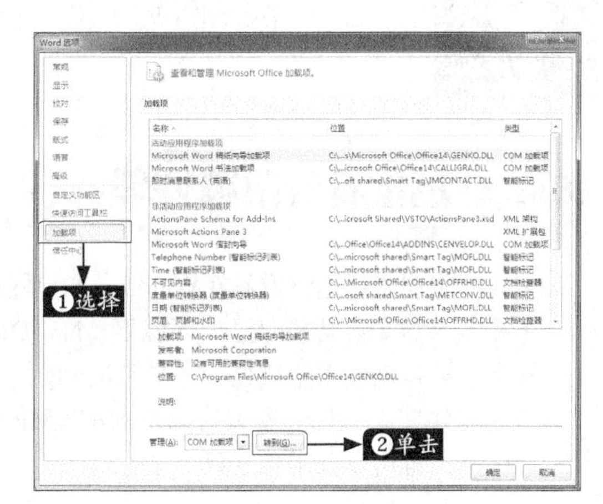

步骤03 弹出【COM加载项】对话框，清除【PowerDesigner12 Requirements COM Add-In for Microsoft Word】加载项的复选框。单击【确定】按钮，重新启动Word，故障即可排除。

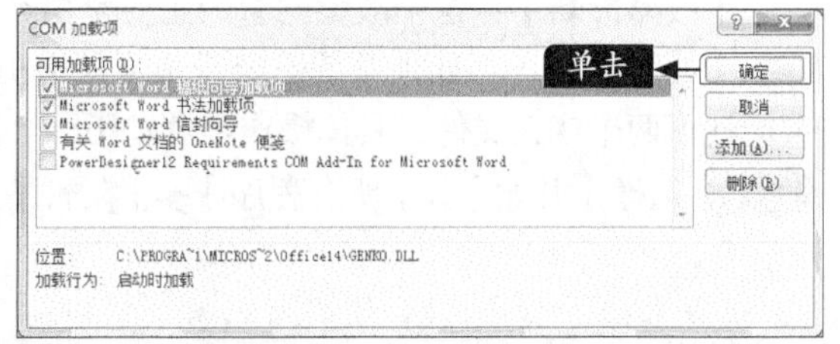

15.2.8 在PowerPoint中一直出现宏的警告

【故障表现】：在使用PowerPoint 2010播放幻灯片时，总是持续出现关于宏的警告，重启软件后故障依然存在。

【故障诊断】：此类故障在幻灯片的放映过程中非常普遍，常见的原因有3种，包括文件中含有宏病毒、宏的来源不安全和PowerPoint不能识别宏。

【故障处理】：处理上述3种原因引起故障的方法如下。

步骤01 如果演示文稿中含有宏病毒，使用杀毒软件进行杀毒操作即可。

步骤02 如果允许的宏并非来自可靠的来源，在PowerPoint中，可以手动设置系统的安全级别，将安全级别设为中或高，并且打开演示文稿，将宏的开发者添加到可靠来源列表中，这样即可解决故障。

步骤03 如果是PowerPoint不能识别宏，这时软件不能识别宏是否为安全的，所以会不断发出警告，可以对宏进行数字签名，然后将其添加到PowerPoint的可靠列表中即可。

15.3 影音软件故障处理

本节教学录像时间：3 分钟

多媒体软件用于将声音、视频等多媒体信息进行编码、编译后在播放器中播放展示给用户，如果影音软件出了故障，将不能播放声音和视频文件。

15.3.1 迅雷看看故障处理

【故障表现】：迅雷看看在Windows 8.1系统下，一播放就出现程序闪退。

【故障诊断】：某些双显卡环境下，NVIDIA显卡设置中，XMP.exe（播放器进程）无法调用独立显卡，被强制使用集成显卡才导致的问题。

【故障处理】：找到安装目录下面的XMP.exe，重命名为其他名字，重命名之后的这个进程就不会闪退，也可以调用独立显卡了。

15.3.2 Windows Media Player故障处理

【故障表现】：在使用Windows Media Player在线看电影时，弹出【内部应用程序出现错误】提示，关闭软件后弹出【0x569f5691指令引用的0x743b2ee5内存不能read】的提示。此后不能继续看电影。

【故障诊断】：这个故障的原因主要是由补丁和注册文件引起的。

【故障处理】：如果系统已经升级了所有的补丁，在确保驱动程序正确无误的情况下，可以重新注册两个DLL文件，具体操作步骤如下。

步骤01 选择【开始】➤【所有程序】➤【附件】➤【运行】菜单命令。

步骤02 弹出【运行】对话框，在【打开】文本框中输入“cmd”命令。

步骤03 输入“regsvr32 jscript.dll”后按【Enter】键，提示已成功注册，单击【确定】按钮。

步骤04 输入“regsvr32 VBScript.dll”，按【Enter】键即可解决故障。

15.4 其他常见故障处理

本节教学录像时间：7 分钟

本节介绍几种常见的软件故障及处理办法。

15.4.1 安装软件时，提示需要输入密码

【故障表现】：在对电脑安装软件时，提示要输入管理员密码，如下图所示。

【故障诊断】：这是由于系统设置原因，当安装软件时，将提示用户输入管理用户名和密码。如果用户输入正确的密码，该操作才能继续进行。

【故障处理】：解决该问题的具体操作步骤如下。

步骤01 按【Windows+R】组合键，打开【运行】窗口，输入“gpedit.msc”并单击【确定】按钮。

步骤02 打开【本地组策略编辑器】，并依次单击左侧的【计算机配置】➤【Windows设置】➤【安全设置】➤【本地策略】➤【安全选项】选项。在右侧的列表中找到【管理审批模式中管理员的提升权限提示的行为】，并双击该项。

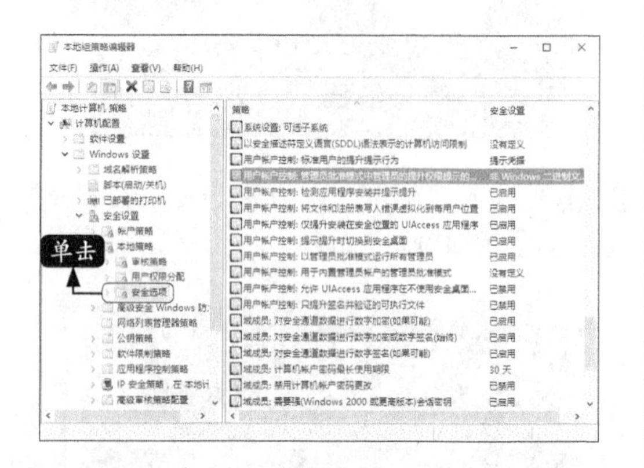

步骤03 弹出如下【属性】对话框，在下拉列表中将“提示凭据”改选为“不提示，直接提升”模式，然后单击【确定】按钮即可解决。

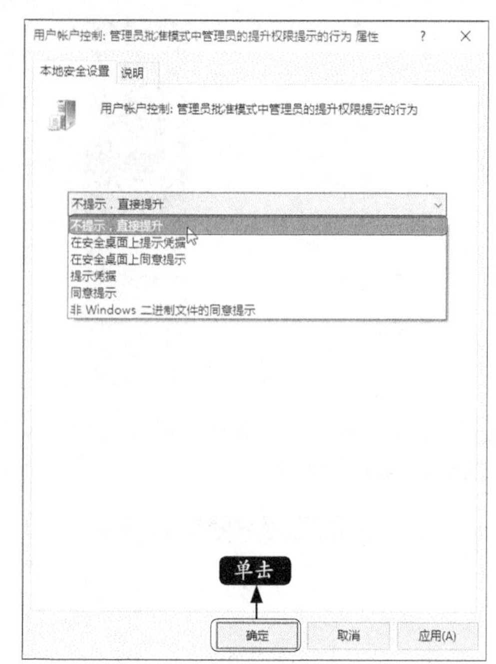

同时，如果将其设置为“提示凭据”，可以防止别人在该电脑上安装软件，有效提高电脑的安全性。

15.4.2 如何取消软件安装时弹出的“是否允许”对话框

【故障表现】：在对电脑安装软件或启动程序时，电脑会默认弹出【用户账户控制】对话框，提示是否对电脑进行更改，如下图所示。

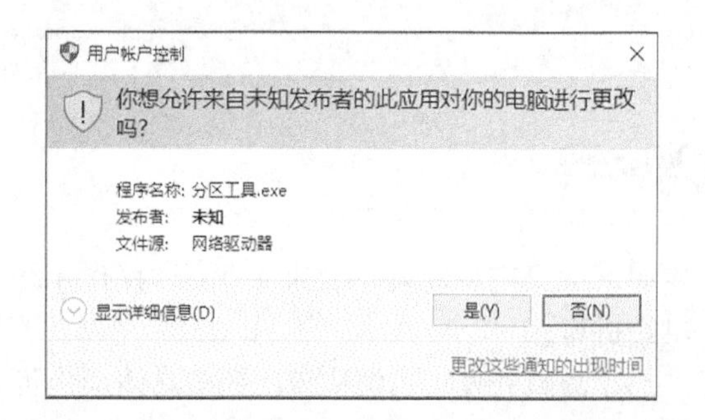

【故障诊断】：Windows系统默认管理员权限设置是，当非 Microsoft 应用程序的某个操作需要提升权限时，将在安全桌面上提示用户选择“是”或“否”。如果用户选择“是”，则该操作将允许用户继续进行。

【故障处理】：解决该问题的办法和15.4.1小节的方法基本一致，在【属性】对话框下，设置为“不提示，直接提升”模式，然后单击【确定】按钮即可解决。

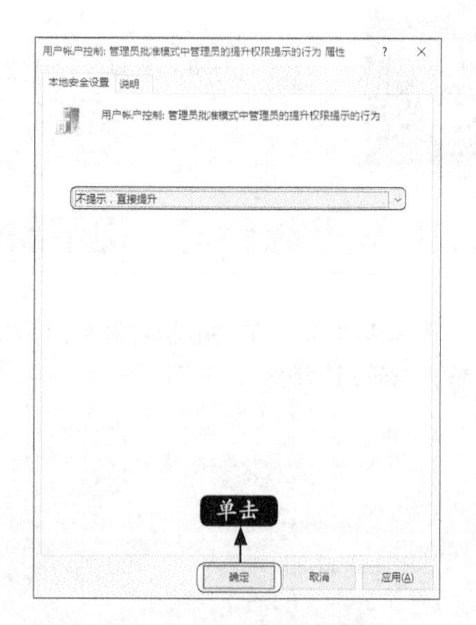

小提示

系统默认模式为“非Windows二进制文件的同意提示”模式。

15.4.3 电脑无法进行粘贴操作

【故障表现】：电脑可以正常执行【复制】操作，但是在目标文件夹或文本框中，在右键菜单中，【粘贴】项为不可选状态，无法进行粘贴操作。

【故障诊断】：无法进行粘贴操作，可能由于系统解析出现问题。

【故障处理】：一般出现此类问题，主要的解决方法如下。

（1）首先重启电脑，尝试是否能够解决。

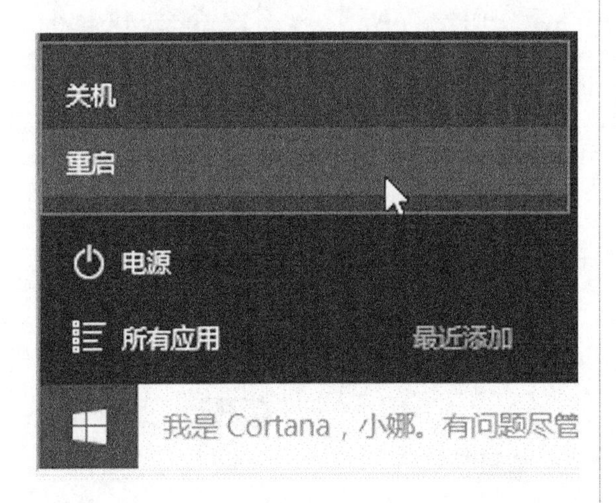

（2）如果重启不能解决，则尝试执行以下步骤。

步骤 01 按【Windows+R】组合键，打开【运行】窗口，输入“regsvr32 Shdocvw.dll”“regsvr32 Oleaut32.dll”“regsvr32 Actxprxy.dll”“regsvr32 Mshtml.dll”“regsvr32 Urlmon.dll”命令，然后单击【确定】按钮。每输入一次命令单击一次【确定】按钮，然后再输入下一组命令。

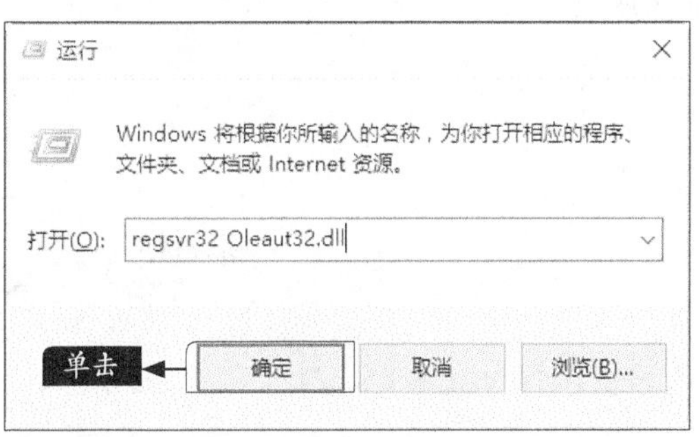

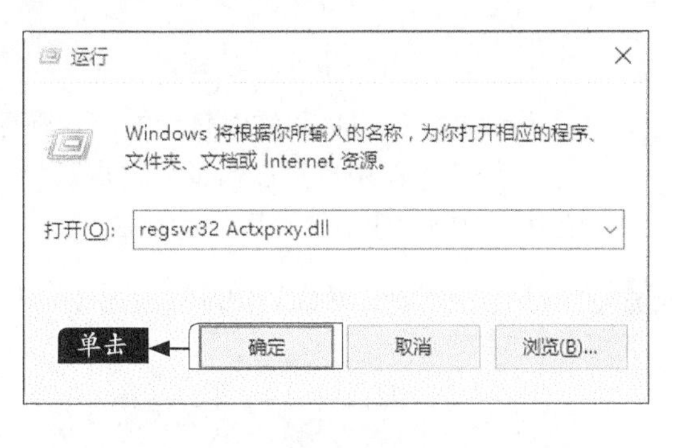

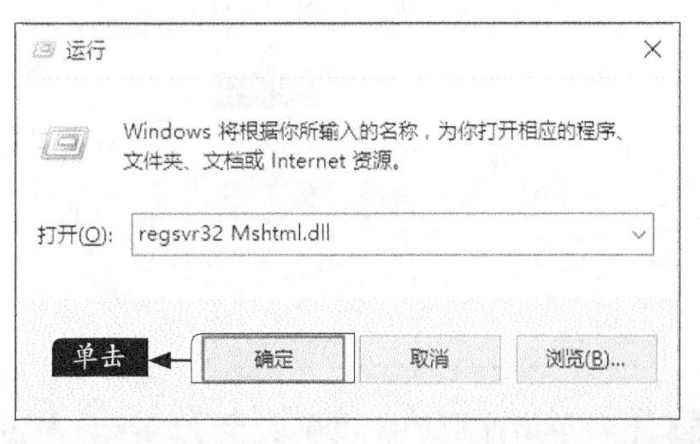

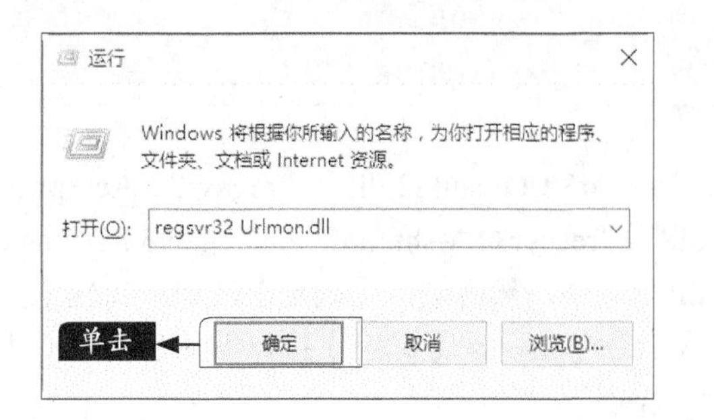

步骤 02 执行上述命令后，可以检测粘贴功能是否恢复。如果还没恢复，再次在【运行】对话框输入命令“regsvr32 Shell32.dll”，然后单击【确定】按钮。

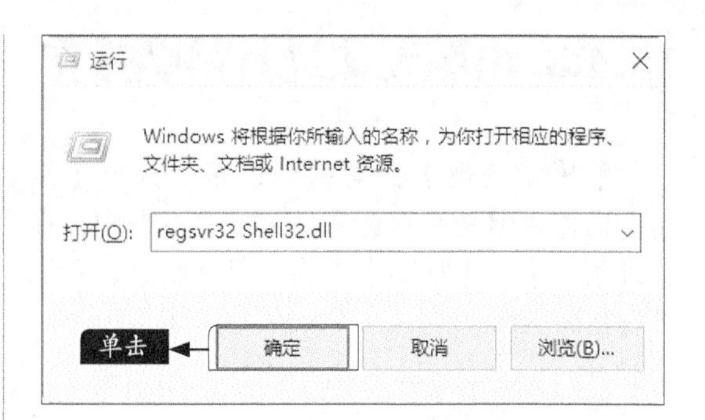

此时，返回桌面执行复制命令后，在执行粘贴命令时，即可看到【粘贴】命令为可选状态，则表示问题解决。

15.4.4 广告弹窗的拦截处理

【故障表现】：在浏览某些网页或者使用某些软件时，桌面右下角会弹出各类广告弹窗，如下图所示。

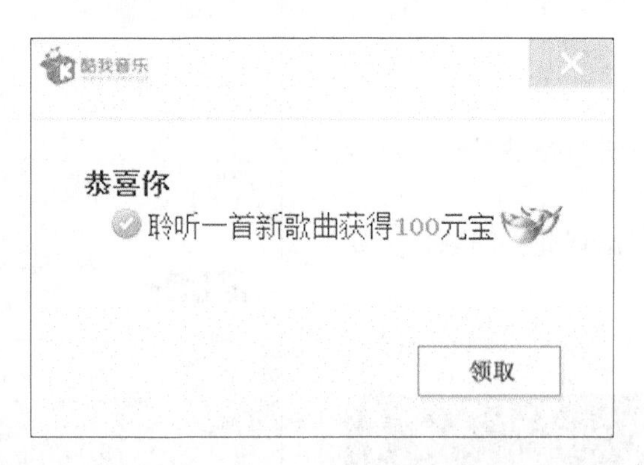

【故障诊断】：网页和软件自带的广告弹窗。

【故障处理】：用户可以借助软件屏蔽广告弹窗，如360安全卫士、QQ电脑管家等，本节以360安全卫士为例，介绍屏幕广告的方法。

步骤 01 打开360安全卫士，在其主界面单击【功能大全】图标。

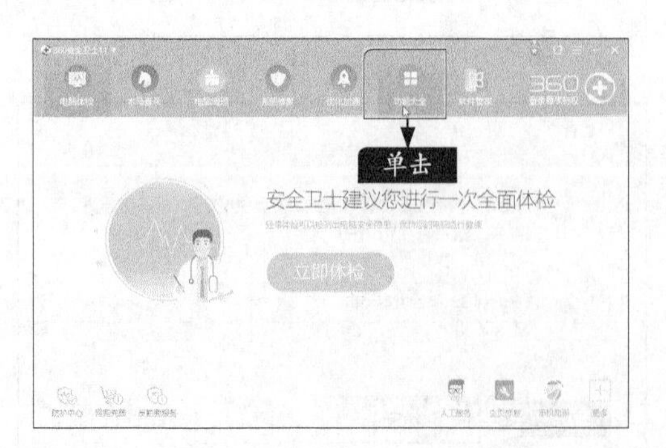

步骤 02 单击左侧的【电脑安全】选项，单击【弹窗拦截】右上角的【添加】按钮。

步骤 03 添加完成后，自动打开【360弹窗拦截器】窗口，可以设置拦截的模式，如设置为“一般拦截”，单击【手动添加】图标，可以

添加拦截对象。

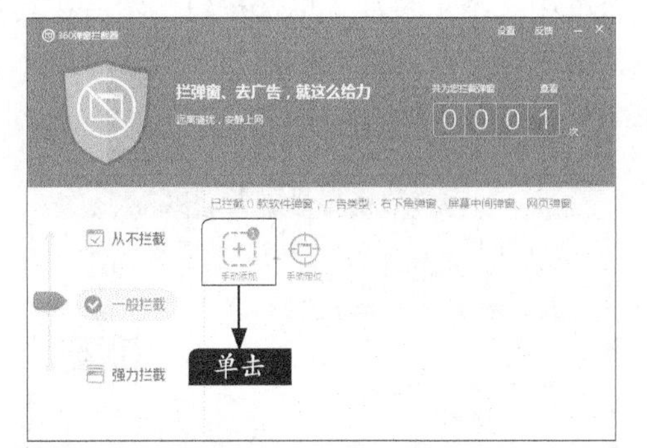

步骤 04 添加拦截后，会显示在界面中，并可查看拦截的次数。

高手支招

本节教学录像时间：2 分钟

如何修复WinRAR文件

【故障表现】：WinRAR压缩文件损坏，不能打开。

【故障诊断】：使用WinRAR软件自身的修复功能可以修复损坏的文件。

【故障处理】：修复文件的具体操作步骤如下。

步骤 01 启动WinRAR后，选择需要修复的文件，选择【工具】➤【修复压缩文件】菜单命令。

步骤 02 在弹出的对话框中设置修复后文件的位置，单击【确定】按钮即可修复压缩文件。

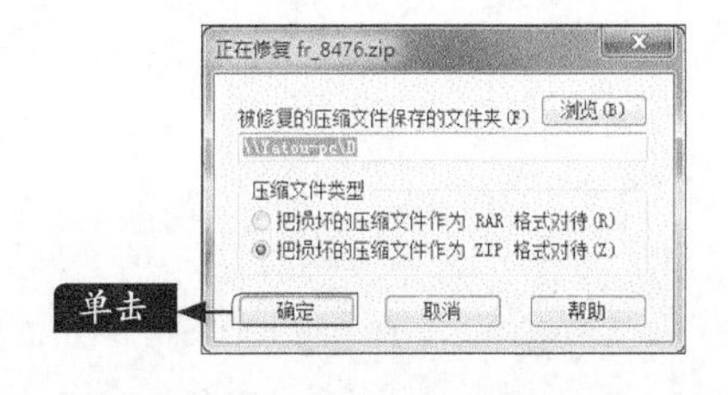

Windows Media Player经常出现缓冲提示

【故障表现】：使用Windows Media Player在线看电影时，经常会出现停滞或断断续续的现象，有时会提示正在缓冲。

【故障诊断】：Windows Media Player在播放视频之前会把一定数量的数据下载到本地电脑上，这样可以在一定程度上避免网络阻塞而导致的数据中断的现象。现在大部分网上的视频文件都是流媒体，因此可以通过设置缓冲区的时间来解决。

【故障处理】：处理故障的具体操作步骤如下。

步骤 01 启动Windows Media Player，在界面的空白处右键单击，在弹出的快捷菜单中选择【更多选项】菜单命令。

步骤02 弹出【选项】对话框，选择【翻录音乐】选项卡，然后取消选中【对音乐进行复制保护】复选框。

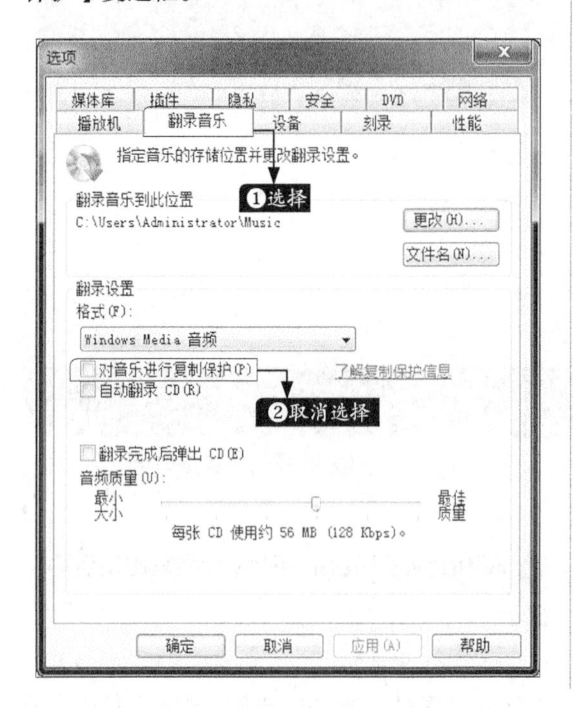

步骤03 选择【性能】选项卡，在【网络缓冲】组合框中选择【缓冲】单选按钮，然后在其右侧的文本框中输入缓冲时间“12”，单击【确定】按钮，即可排除故障。

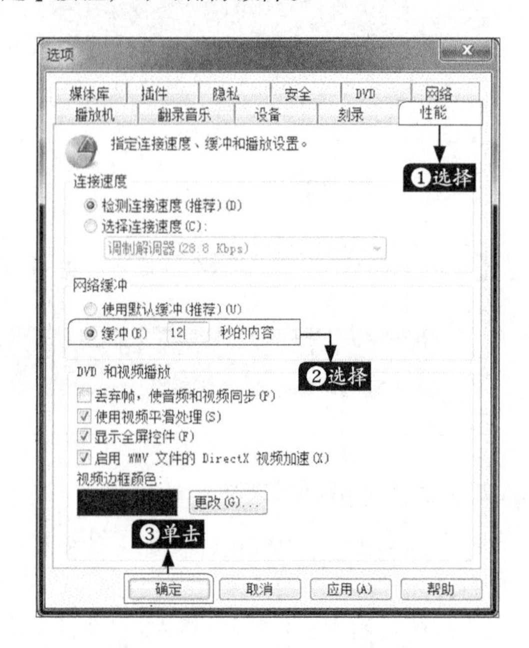

第5篇
网络搭建与维修篇

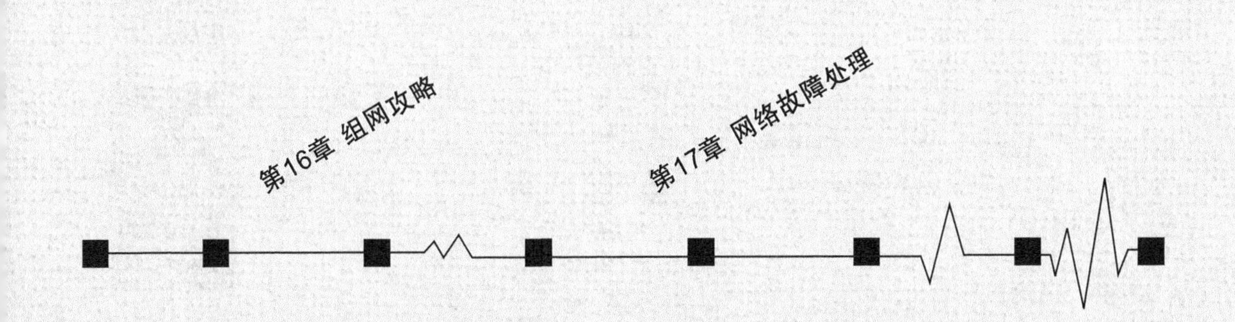

第 16 章

组网攻略

学习目标

网络影响着人们的生活和工作的方式，通过上网，我们可以和万里之外的人交流信息。而上网的方式也是多种多样的，如拨号上网、ADSL宽带上网、小区宽带上网、无线上网等方式。它们带来的效果也是有差异的，用户可以根据自己的实际情况来选择不同的上网方式。

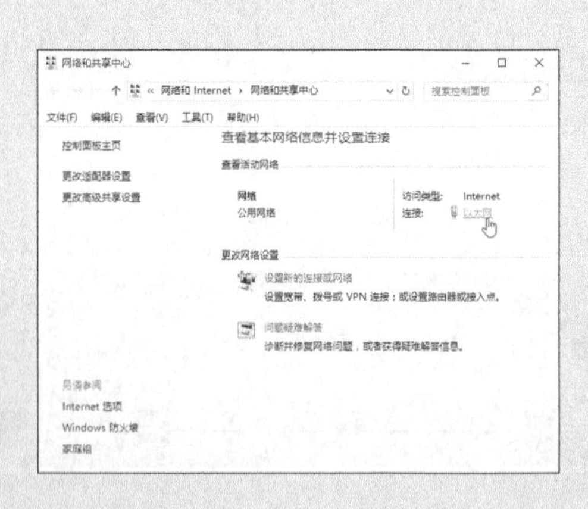

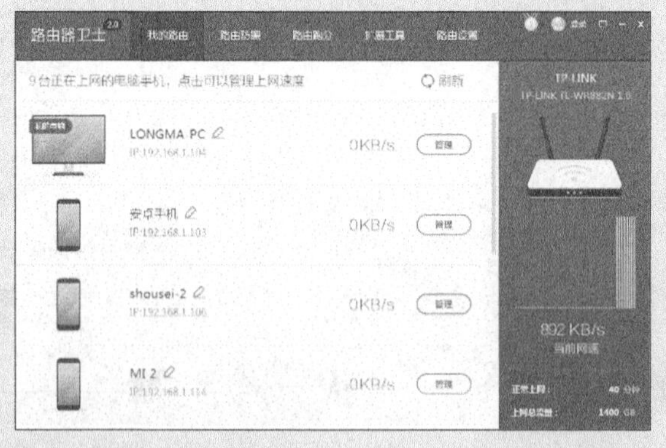

16.1 了解电脑上网

本节教学录像时间：11 分钟

计算机网络是近20年最热门的话题之一。特别是随着Internet在全球范围的迅速发展，计算机网络应用已遍及政治、经济、军事及科技、生活等人类活动的一切领域，正越来越深刻地影响和改变着人们的学习和生活。本章将介绍计算机网络的基础知识。

16.1.1 认识关于网络连接的名词

在接触网络连接时，我们总会碰到许多英文缩写，或不太容易理解的名词，如ADSL、4G、Wi-Fi等。

1. ADSL

ADSL（Asymmetric Digital Subscriber Line，非对称数字用户环路）是一种使用较为广泛的数据传输方式，它采用频分复用技术实现了边打电话边上网的功能，并不影响上网速率和通话质量的效果。

2. 4G

4G（第四代移动通信技术），顾名思义，与3G都属于无线通信的范畴，但它采用的技术和传输速度更胜一筹。第四代通信系统可以达到100Mbit/s，是3G传输速度的50倍，给人们的沟通带来更好的效果。如今4G正在大规模建设，目前用户规模已接近4亿。另外4G+也被推出，比4G网速约快一倍，目前已覆盖多个城市。

3. Modem

Modem俗称“猫”，为调制解调器，在网络连接中，扮演信号翻译员的角色，实现了将数字信号转成电话的模拟信号，可在线路上传输，因此在采用ADSL方式联网时，必须通过这个设备来实现信号转换。

4. 带宽

带宽又称为频宽，是指在固定时间内可传输的数据量，一般以bit/s表示，即每秒可传输的位数。例如，我们常说的带宽是“1M”，实际上是1MB/s，而这里的MB是指1024 × 1024位，转换为字节就是（1024 × 1024）/8=131072字节（Byte）=128KB/s，而128KB/s是指在Internet连接中，最高速率为128KB/s，如果是2MB带宽，实际下载速率就是2 × 128=256KB/s。

5. WLAN和Wi-Fi

常常有人把这两个名词混淆，以为是一个意思，其实二者是有区别的。WLAN（Wireless Local Area Networks，无线局域网络）是利用射频技术进行数据传输的，弥补有线局域网的不足，达到网络延伸的目的。Wi-Fi (Wireless Fidelity，无线保真)技术是一个基于IEEE 802.11系列标准的无线网路通信技术的品牌，目的是改善基于IEEE 802.11标准的无线网路产品之间的互通性，简单来说就是通过无线电波实现无线连网的目的。

二者联系是Wi-Fi包含于WLAN中，只是发射的信号和覆盖的范围不同，一般Wi-Fi的覆盖半径可达90米左右，WLAN的最大覆盖半径可达5000米。

6. IEEE 802.11

关于802.11，我们最为常见的有802.11b/g、802.11n等，出现在路由器、笔记本电脑中，它们都属于无线网络标准协议的范畴。目前，比较流行的WLAN协议是802.11n，是在802.11g和802.11a之上发展起来的一项技术，最大的特点是速率提升，理论速率可达300Mbit/s，可工作在2.4GHz和5GHz两个频段。802.11ac是目前最新的WLAN协议，它是在802.11n标准之上建立起来的，包括将使用802.11n的5GHz频段。802.11ac每个通道的工作频宽将由802.11n的40MHz，提升到80MHz甚至是160MHz，再加上大约10%的实际频率调制效率提升，最终理论传输速率将由802.11n最高的600Mbit/s跃升至1Gbit/s，是802.11n传输速率的3倍。

IEEE 802.11协议	工作频段	最大传输速度
IEEE 802.11a	5GHz频段	54Mbit/s
IEEE 802.11b	2.4GHz频段	11Mbit/s
IEEE 802.11g	2.4GHz频段	54Mbit/s和108Mbit/s
IEEE 802.11n	2.4GHz或5GHz频段	600Mbit/s
IEEE 802.11ac	2.4GHz或5GHz频段	1Gbit/s
IEEE 802.11ad	2.4GHz、5GHz和60GHz频段	7Gbit/s

7.信道

信道，又称为通道或频道，是信号在通信系统中传输介质的总称，是由信号从发射端（如无线路由器、电力猫等）传输到接收端（如电脑、手机、智能家居设备等）所必须经过的传输媒质。无线信道主要有以辐射无线电波为传输方式的无线电信道和在水下传播声波的水声信道等。

目前，我们最为常见的主要是2.4GHz和5GHz无线频段。在2.4GHz频段，有2.412～2.472GHz，共13个信道，这个我们在路由器中都可以看到，如下左图所示。而5GHz频段，主要包含5150～5825MHz无线电频段，拥有201个信道，但是在我国仅有5个信道，包括149、153、157、161和165信道，如下右图所示。目前支持5GHz频段的设备并不多，但随着双频路由器的普及，它将是未来发展的趋势。

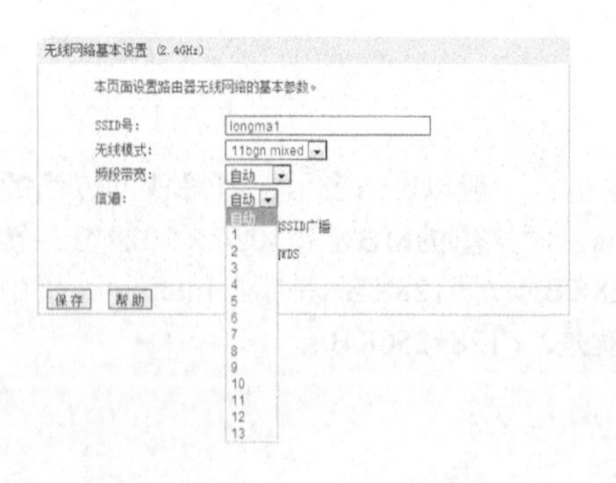

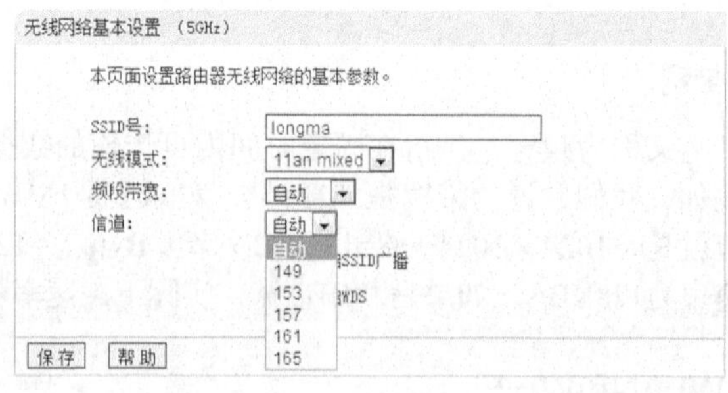

8.WiGig

WiGig（Wireless Gigabit，无线吉比特）对于绝大多数用户都比较陌生，但却是未来无线网络发展的一种趋势。WiGig可以满足设备吉比特以上传输速率的通信，工作频段为60Hz，它相比于Wi-Fi的2.4GHz和5GHz拥有更好的频宽，可以建立7Gbit/s速率的无线传输网络，比Wi-Fi无线网络

802.11n快10倍以上。WiGig将广泛应用到路由器、电脑、手机等，满足人们的工作和家庭需求。

16.1.2 常见的家庭网络连接方式

面对各种各样的上网业务，不管是最广泛使用的ADSL宽带上网，还是小区宽带上网，抑或热门的4G移动通信，选择什么样的连接方式，成为了不少用户的难题。下面就介绍常见的网络连接方式，帮助用户了解。

接入方式	宽带服务商	主要特点	连接图
ADSL（虚拟拨号上网）	中国电信、中国联通	（1）安装方便，在现有的电话线上加装“猫”即可； （2）独享带宽，线路专用是真正意义的宽带接入，不受用户增加而影响； （3）高速传输，提供上、下行不对称的传输带宽； （4）打电话和上网同时进行，互不干扰	
小区宽带	中国电信、中国联通、长城宽带等	（1）光纤接入、共享带宽，用的人少时，速度非常快，用的人多时，速度会变慢； （2）安装网线到户，不需要“猫”，只需拨号	A用户 B用户 C用户 D用户 小区交换机
PLC（电力线上网）	中电飞华	（1）直接利用配电网络，无须布线； （2）不用拨号，即插即用； （3）通信速度比ADSL更快	插座2 电力猫2 插座3 电力猫3
4G(第四代移动通信技术)	中国移动（TDD- LTE） 中国电信（TD-LTE和FDD-LTE） 中国联通（TD-LTE和FDD-LTE）	（1）便捷性，无线上网，不需要网线，支持移动设备和电脑的上网； （2）具有更高的传输速率，数据传输速率达到几百KB； （3）灵活性强，应用范围广，可应用到众多终端，随时实现通信和数据传输； （4）价格太贵，与拨号上网相比，4G无线通信资费较高	

16.2 电脑连接上网

本节教学录像时间：10 分钟

上网的方式多种多样，主要的上网方式包括ADSL宽带上网、小区宽带上网、PLC上网等，不同的上网方式所带来的网络体验也不尽相同，本节主要讲述有线网络的设置。

16.2.1 ADSL宽带上网

ADSL是一种数据传输方式，它采用频分复用技术把普通的电话线分成了电话、上行和下行3个相对独立的信道，从而避免了相互之间的干扰。即使边打电话边上网，也不会发生上网速率和通话质量下降的情况。通常ADSL在不影响正常电话通信的情况下可以提供最高3.5Mbit/s的上行速度和最高24Mbit/s的下行速度，ADSL的速率比N-ISDN、Cable Modem的速率要快得多。

1. 开通业务

常见的宽带服务商为电信和联通，申请开通宽带上网一般可以通过两条途径实现。一种是携带有效证件（个人用户携带电话机主身份证，单位用户携带公章），直接到受理ADSL业务的当地电信局申请；另一种是登录当地电信局推出的办理ADSL业务的网站进行在线申请。申请ADSL服务后，当地服务提供商的员工会主动上门安装ADSL Modem并做好上网设置。进而安装网络拨号程序，并设置上网客户端。ADSL的拨号软件有很多，但使用最多的还是Windows系统自带的拨号程序。

小提示

用户申请后会获得一组上网账号和密码。有的宽带服务商会提供ADSL Modem，有的则不提供，用户需要自行购买。

2. 设备的安装与设置

开通ADSL后，用户还需要连接ADSL Modem，需要准备一根电话线和一根网线。

ADSL安装包括局端线路调整和用户端设备安装。在局端方面，由服务商将用户原有的电话线串接入ADSL局端设备。用户端的ADSL安装也非常简易方便，只要将电话线与ADSL Modem之间用一条两芯电话线连上，然后将电源线和网线插入ADSL Modem对应接口中即可完成硬件安装，具体接入方法见下图。

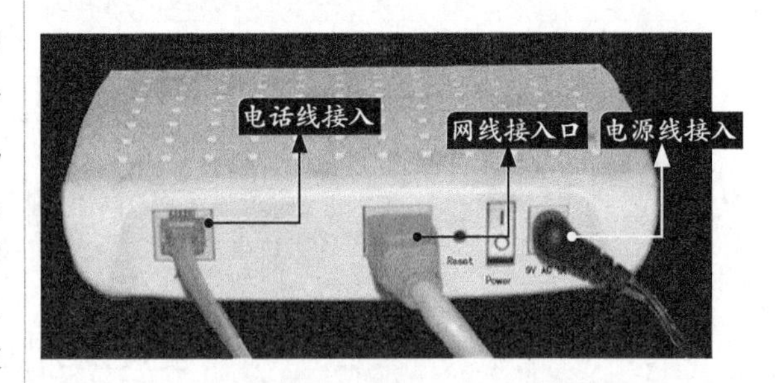

① 将ADSL Modem的电源线插入上图右侧的接口中，另一端插到电源插座上。

② 取一根电话线将一端插入上图左侧的插口中，另一端与室内端口相连。

③ 将网线的一端插入ADSL Modem中间的接口中，另一端与主机的网卡接口相连。

小提示

电源插座通电情况下按下ADSL Modem的电源开关，如果开关旁边的指示灯亮，表示ADSL Modem可以正常工作。

3. 电脑端配置

电脑中的设置步骤如下。

步骤01 单击状态栏的【网络】按钮，在弹出的界面选择【宽带连接】选项。

步骤02 弹出【网络和INTERNET】设置窗口，选择【拨号】选项，在右侧区域选择【宽带连接】选项，并单击【连接】按钮。

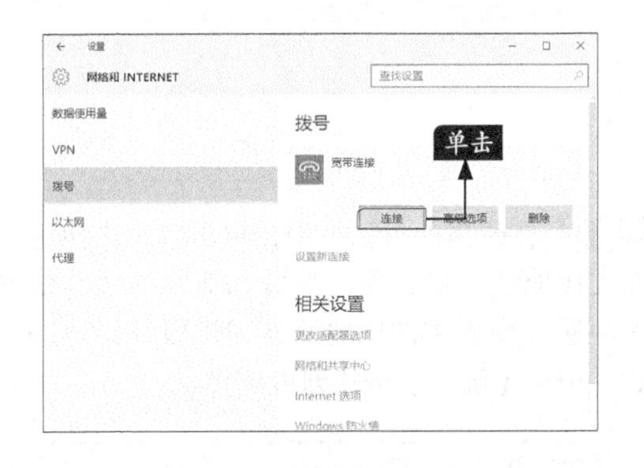

步骤03 在弹出的【登录】对话框的在【用户名】和【密码】文本框中输入服务商提供的用户名和密码，单击【确定】按钮。

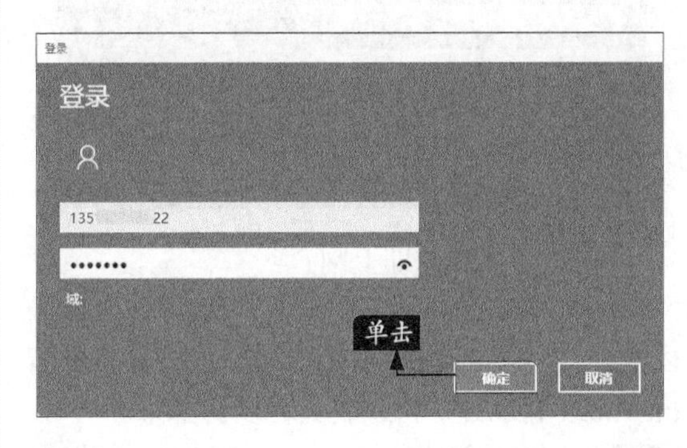

步骤04 即可看到正在连接，连接完成即可看到已连接的状态。

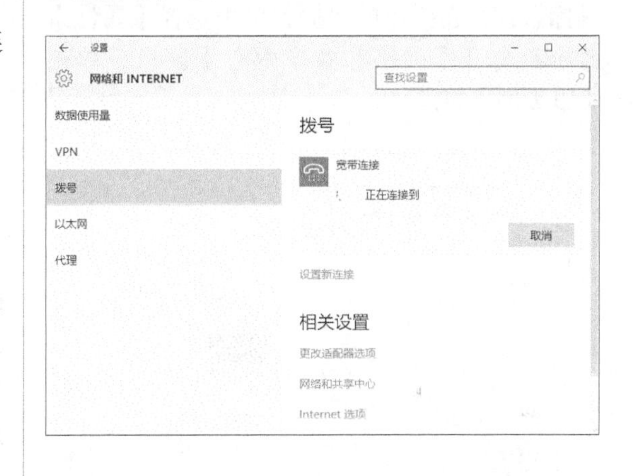

16.2.2 小区宽带上网

小区宽带一般指的是光纤到小区，也就是LAN宽带，使用大型交换机，分配网线给各户，不需要使用ADSL Modem设备，配有网卡的电脑即可连接上网。整个小区共享一根光纤。在用户不多的时候，速度非常快。这是大中城市目前较普遍的一种宽带接入方式，有多家公司提供此类宽带接入方式，如联通、电信和长城宽带等。

1. 开通业务

小区宽带上网的申请比较简单，用户只需携带自己的有效证件和本机的物理地址到负责小区宽带的服务商申请即可。

2. 设备的安装与设置

小区宽带申请开通业务后，服务商会安排工作人员上门安装。另外，不同的服务商会提供不同的上网信息，有的会提供上网的账号和密码；有的会提供IP地址、子网掩码以及DNS服务器；也有的会提供MAC地址。

3. 电脑端配置

不同的小区宽带上网方式，其设置也不尽相同。下面讲述不同小区宽带上网方式。

（1）使用账户和密码

如果服务商提供上网和密码，用户只需将服务商接入的网线连接到电脑上，在【登录】对话框中输入用户名和密码，即可连接上网。

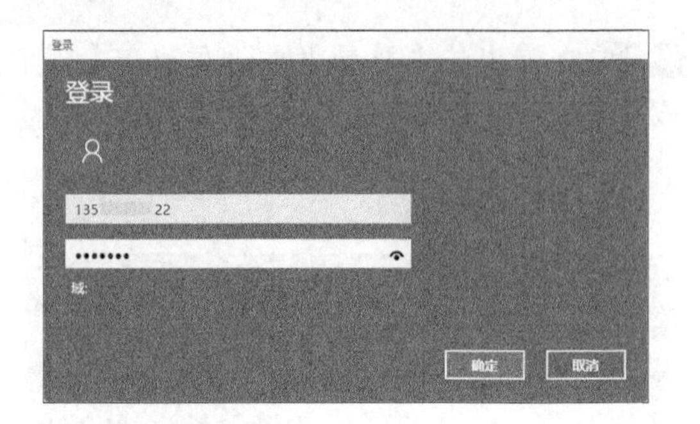

（2）使用IP地址上网

如果服务商提供IP地址、子网掩码以及DNS服务器，用户需要在本地连接中设置Internet（TCP/IP）协议，具体步骤如下。

步骤01 用网线将电脑的以太网接口和小区的网络接口连接起来，然后在【网络】图标上单击鼠标右键，在弹出的快捷菜单中选择【属性】命令，打开【网络和共享中心】窗口，单击【以太网】超链接。

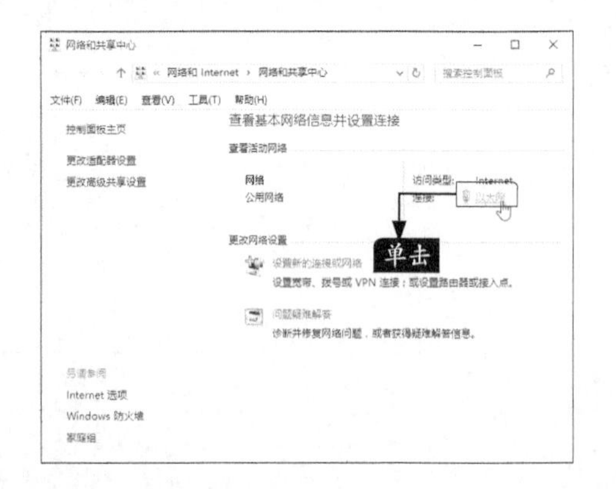

步骤02 弹出【以太网 状态】对话框，单击【属性】按钮。

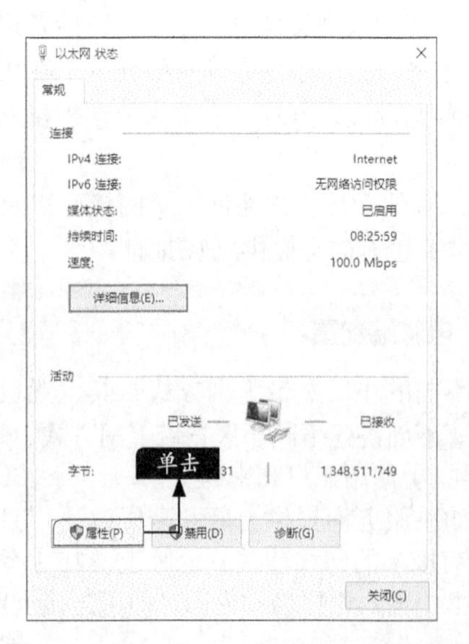

步骤03 单击选中【Internet协议版本4（TCP/IPv4）】选项，单击【属性】按钮。

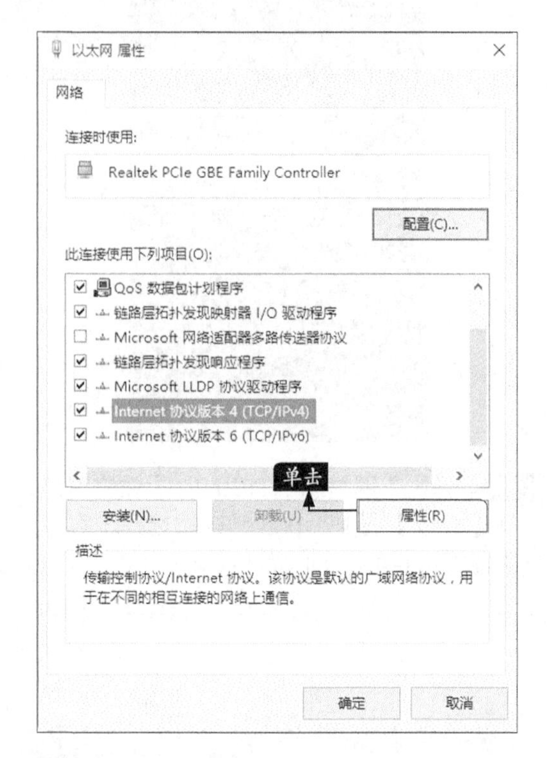

步骤04 在弹出的对话框中，单击选中【使用下面的IP地址】单选项，然后在下面的文本框中填写服务商提供的IP地址和DNS服务器地址，然后单击【确定】按钮即可连接。

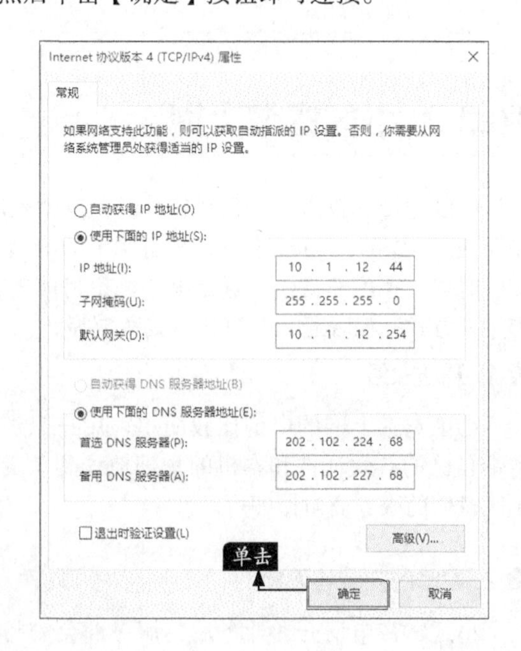

4.使用MAC地址

如果小区或单位提供MAC地址，用户可以使用以下步骤进行设置。

步骤01 打开【以太网 属性】对话框，单击【配置】按钮。

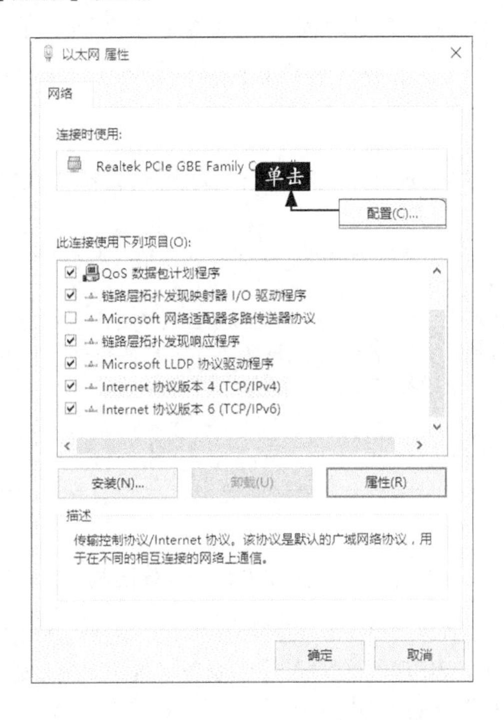

步骤02 弹出属性对话框，单击【高级】选项卡，在属性列表中选择【Network Address】选项，在右侧【值】文本框中，输入12位MAC地址，单击【确定】按钮即可连接网络。

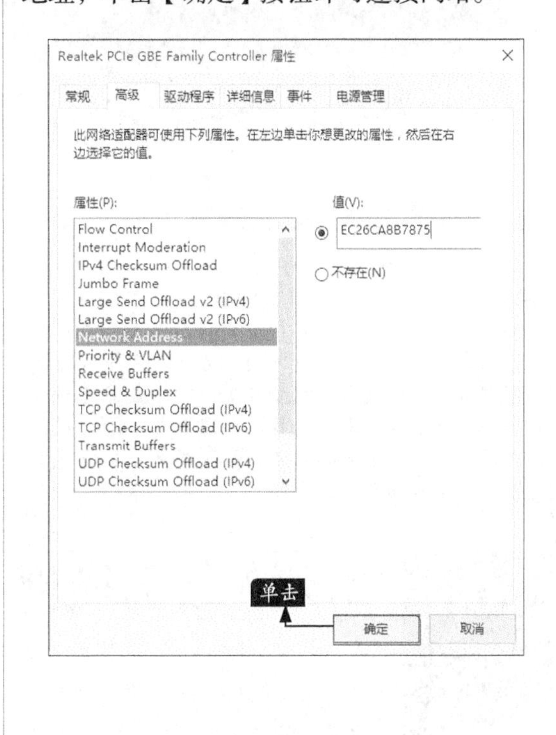

16.2.3 PLC上网

PLC(Power Line Communication，电力线通信）是指利用电力线传输数据和语音信号的一种通信方式。电力线通信是利用电力线作为通信载体，加上一些PLC局端和终端调制解调器，将原有电力网变成电力线通信网络，将原来所有的电源插座变为信息插座的一种通信技术。

1. 开通业务

申请PLC宽带的前提是用户所在的小区已经开通PLC电力线宽带。如果所在小区开通了PLC电力线宽带，用户可以通过“网上自助服务”或者拨打客服中心热线电话申请，在申请过程中用户需要提供个人身份证信息。

2. 设备的安装与设置

电力线接入有两种方式：一是直接通过USB接口适配器和电力线以及PC连接；二是通过电力线→电力线以太网适配器→Cable/DSL路由器→Cable/DSL Modem/PC的方式。后者对于设备和资源的共享有比较大的优势。

步骤01 将配送的网线一端插入路由器LINE端网线口，另一端插入电力Modem网线口，然后把电力Modem连接至电源插座上。

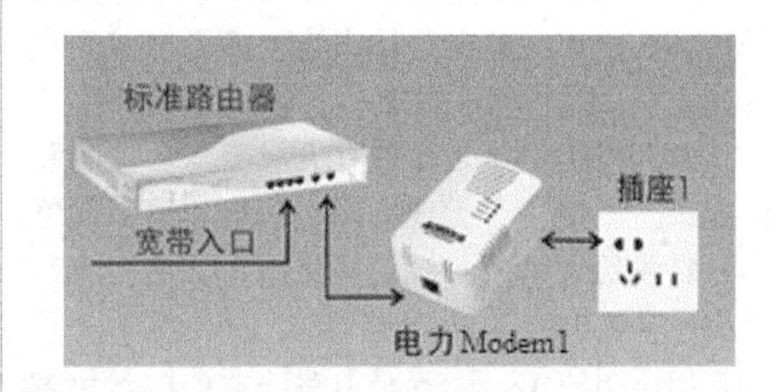

步骤02 将另外一个电力Modem插在其他电源插座上，然后将配送的网线一端插入电力Modem

网线口中，另一端插入电脑的以太网接口，这样一台电脑就连接完毕。

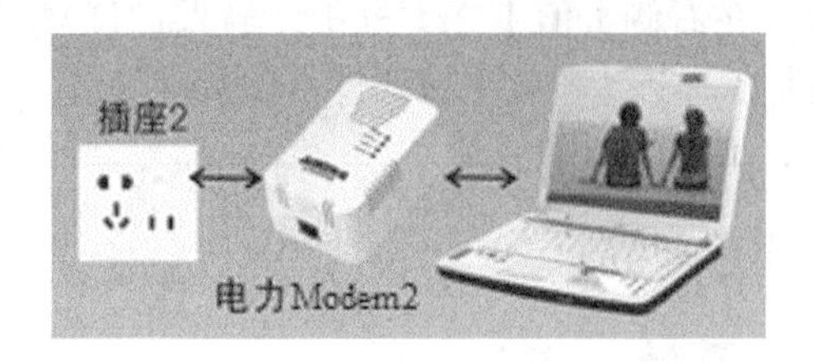

小提示

如果用户要以电力线接入方式入网，必须具备以下几个条件：一是具有USB/以太网（RJ45）接口的电力线网络适配器；二是具有以上接口的电脑；三是用于进行网络接入的电力线路不能有过载保护功能（会过滤掉网络信号）；四是最好有路由设备以方便共享。剩下的接入和配置与小区LAN、DSL接入类似，不同的是连接的网线插座变成了普通的电器插座而已。

3. 电脑端的配置

电脑接入电力Modem后，系统会自动检测到电力调制调解器，屏幕上会出现找到USB设备的对话框，单击【下一步】按钮后会出现【找到新的硬件向导】对话框，选择【搜索适于我的设备驱动程序（推荐）】选项，单击【下一步】按钮，然后根据系统向导对电脑进行设置即可。

小提示

如果使用的是动态IP地址，则安装设置已完成；如果是使用静态（固定）IP地址，则最好进行相应设置。在【Internet协议（TCP/IP）属性】对话框中，填写IP地址（最后一位数不要和本电力局域网其他电脑相同，如有冲突可重新填写）、网关、子网掩码和DNS即可。

16.3 组建无线局域网

本节教学录像时间：9 分钟

随着笔记本电脑、手机、平板电脑等便携式电子设备的日益普及和发展，有线连接已不能满足工作和生活需要。无线局域网不需要布置网线就可以将几台设备连接在一起。无线局域网以其高速的传输能力、方便性及灵活性，得到广泛应用。

组建无线局域网的具体操作步骤如下。

16.3.1 组建无线局域网的准备

无线局域网目前应用最多的是无线电波传播，覆盖范围广，应用也较广泛。在组建中最重要的设备就是无线路由器和无线网卡。

（1）无线路由器

路由器是用于连接多个逻辑上分开的网络的设备，简单来说就是用来连接多个电脑实现共同上网，且将其连接为一个局域网的设备。

而无线路由器是指带有无线覆盖功能的路由器，主要应用于无线上网，也可将宽带网络信号转发给周围的无线设备使用，如笔记本、手机、平板电脑等。

如下图所示，无线路由器的背面由若干端口构成，通常包括1个WAN口、4个LAN口、1个电源接口和一个RESET（复位）键。

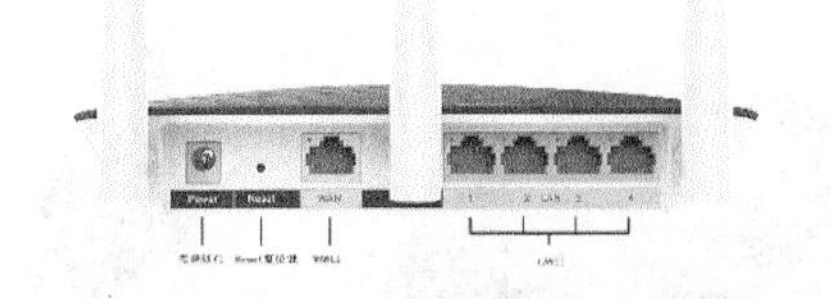

电源接口，是路由器连接电源的插口。

RESET键，又成为重置键，如需将路由器重置为出厂设置，可长按该键恢复。

WAN口，是外部网线的接入口，将从ADSL Modem连出的网线直接插入该端口，或者小区宽带用户直接将网线插入该端口。

LAN口，为用来连接局域网端口，使用网线将端口与电脑网络端口互联，实现电脑上网。

（2）无线网卡

无线网卡的作用、功能和普通电脑网卡一样，就是不通过有线连接，采用无线信号连接到局域网上的信号收发装备。而在无线局域网搭建时，采用无线网卡就是为了保证台式电脑可以接收无线路由器发送的无线信号，如果电脑自带有无线网卡（如笔记本），则不需要再添置无线网卡。

目前，无线网卡较为常用的是PCI和USB接口两种，如下图所示。

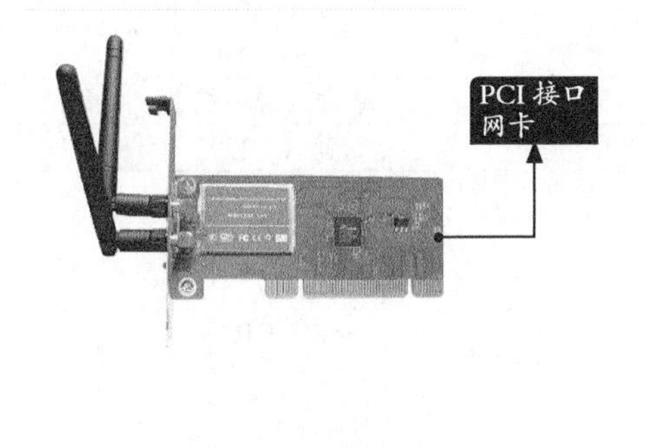

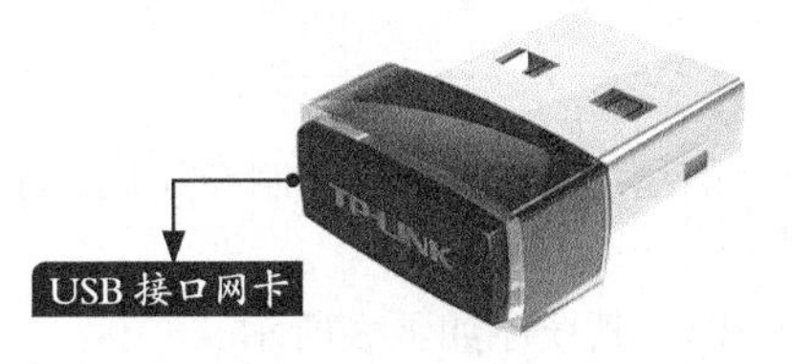

PCI接口无线网卡主要适用于台式电脑，将该网卡插入主板上的网卡槽内即可。PCI接口的网卡信号接收和传输范围广、传输速度快、使用寿命长、稳定性好。

USB接口无线网卡适用于台式电脑和笔记本电脑，即插即用，使用方便，价格便宜。

在选择上，如果考虑到便捷性可以选择USB接口的无线网卡，如果考虑到使用效果和稳定性、使用寿命等，建议选择PCI接口无线网卡。

（3）网线

网线是连接局域网的重要传输媒体，在局域网中常见的网线有双绞线、同轴电缆、光缆三种，而使用最为广泛的就是双绞线。

双绞线是由一对或多对绝缘铜导线组成的，为了减少信号传输中串扰及电磁干扰影响的程度，通常将这些线按一定的密度互相缠绕在一起，双绞线可传输模拟信号和数字信号，价格便宜，并且安装简单，所以得到广泛的使用。

一般使用方法就是和RJ45水晶头相连，然后接入电脑、路由器、交换机等设备中的RJ45接口。

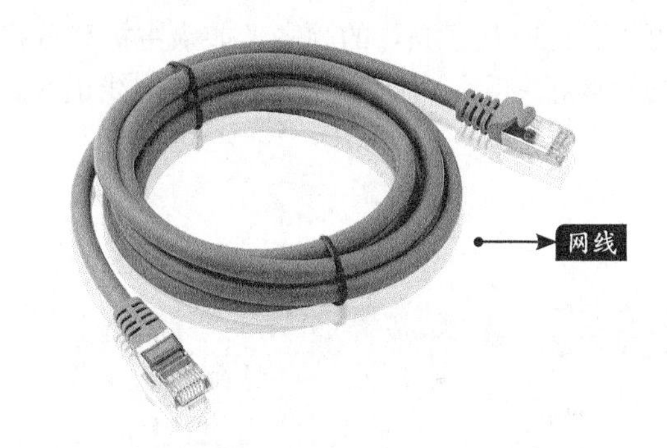

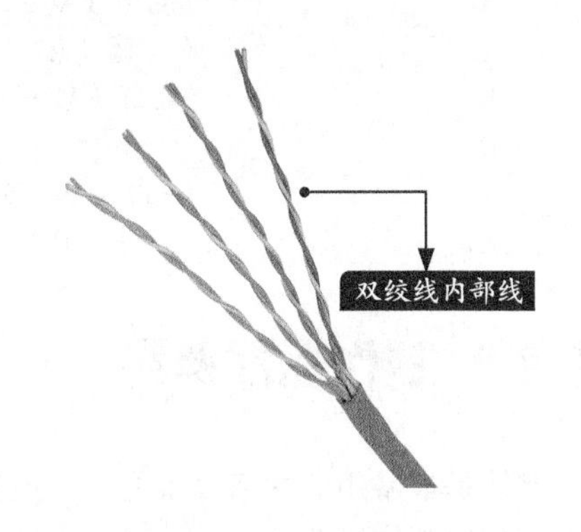

小提示

RJ45接口也就是我们说的网卡接口，常见的RJ45接口有两类：用于以太网网卡、路由器以太网接口等的DTE类型，还有用于交换机等的DCE类型。DTE我们可以称做“数据终端设备”，DCE我们可以称做“数据通信设备”。从某种意义来说，DTE设备称为“主动通信设备”，DCE设备称为“被动通信设备”。

通常，在判定双绞线是否通路，主要使用万用表和网线测试仪测试，而网线测试仪是使用最方便、最普遍的方法。

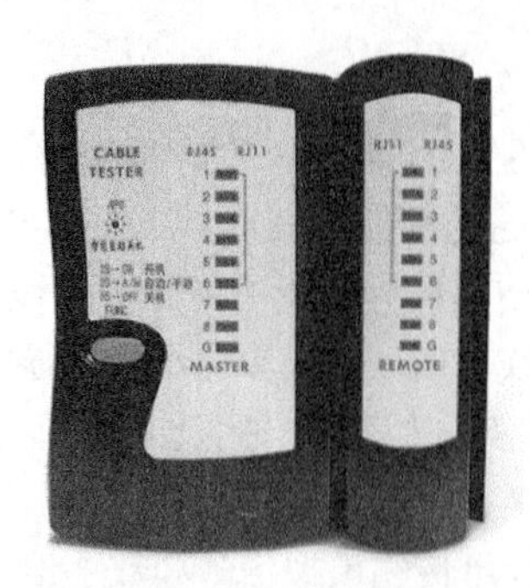

双绞线的测试方法，是将网线两端的水晶头分别插入主机和分机的RJ45接口，然后将开关调制到“ON”位置（“ON”为快速测试，“S”为慢速测试，一般使用快速测试即可），此时观察亮灯的顺序，如果主机和分机的指示灯1~8逐一对应闪亮，则表明网线正常。

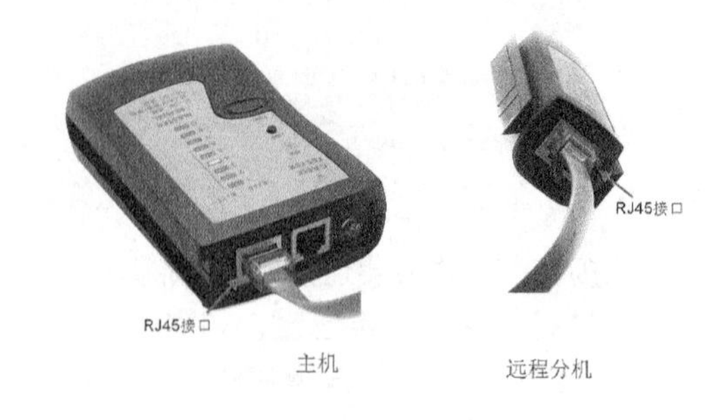

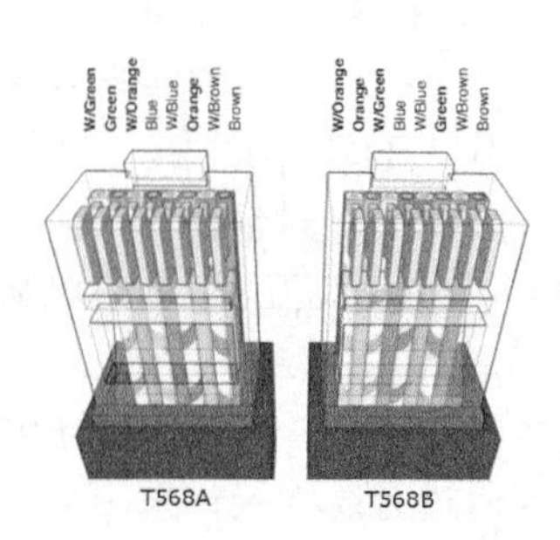

小提示

如下图为双绞线对应的位置和颜色，双绞线一端是按568A标准制作，一端按568B标准制作。

引脚	568A定义的色线位置	568B定义的色线位置
1	绿白（W-G）	橙白（W-O）
2	绿（G）	橙（O）
3	橙白（W-O）	绿白（W-G）
4	蓝（BL）	蓝（BL）
5	蓝白（W-BL）	蓝白（W-BL）
6	橙（O）	绿（G）
7	棕白（W-BR）	棕白（W-BR）
8	棕（BR）	棕（BR）

16.3.2 制作标准网线

网线是最常用的网络设备之一，虽然较为常见，但如无任何经验，则很难制作完成，本节主要介绍如何制作标准网线。

网线的布局标准规定了两种双绞线的线序T568A和T568B，其线序如下表所示。

线序	1	2	3	4	5	6	7	8
T568A	白绿	绿	白橙	蓝	白蓝	橙	白棕	棕
T568B	白橙	橙	白绿	蓝	白蓝	绿	白棕	棕

根据网线的制作分类，分为交叉网线和直连网线。交叉网线是一端遵循T568A标准，一端遵循T568B标准；而直连网线两端都遵循T568A标准或遵循T568B标准。交叉网线和直连网线的连接情况如下表所示。

采用线型	直连网线				交叉网线				
设备A	电脑	电脑	集线器	交换机	电脑1	集线器1	集线器	交换机1	路由器1
设备B	集线器	交换机	路由器	路由器	电脑2	集线器2	交换机	交换机2	路由器2

下面以T568B标准为例，制作一根标准网线，具体制作步骤如下。

步骤01 准备好网线、网线钳和水晶头后，首先将网线放入网线钳的剥线孔中，剥线长度建议控制在1.5~2.5cm，不宜过短或过长，过短则影响排线，过长则浪费。慢慢转动网线和网线钳，将网线的绝缘皮割开。

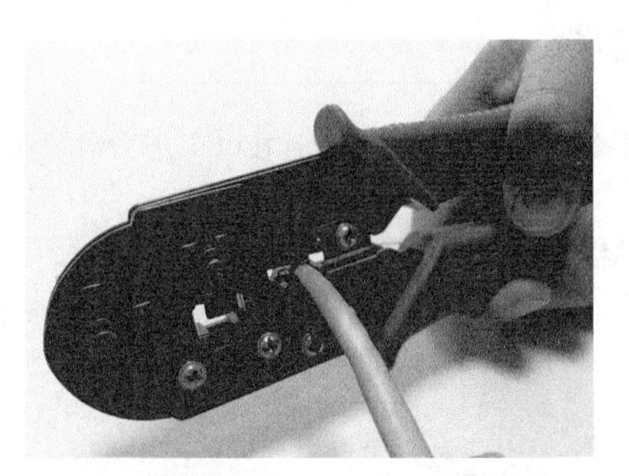

小提示

一般左手拿网线，右侧握网线钳。在转动网线钳，请注意力度，过轻则不易割断绝缘皮，过重则易割断网线。

步骤02 将绝缘皮剥掉后，可以看到有8根导线，两两顺时针缠绕，4根颜色较深的为橙色、蓝色、绿色和棕色，与之缠绕的白色线，为对应的白橙、白蓝、白绿和白棕。此时，按照T568B标准，为它们排序，如下图即为T568B标准的排线。

步骤03 排线完成后，可以将过长或参差不齐的导线剪整齐，一般建议保留1~1.5cm。

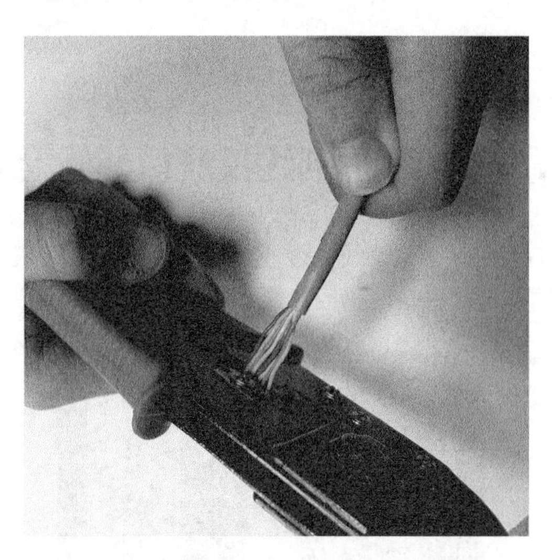

小提示

在剪线时，要干脆果断，避免剪失败。另外，注意安全。

步骤04 剪线完成后，左手捏住导线，确保排序正确。右手拿起准备后的水晶头。将正面朝向自己（有金属导片的一面），将网线慢慢放入水晶头内，并确保每根导线对应一个根脚，用力推导线，直至接触到水晶头末端。

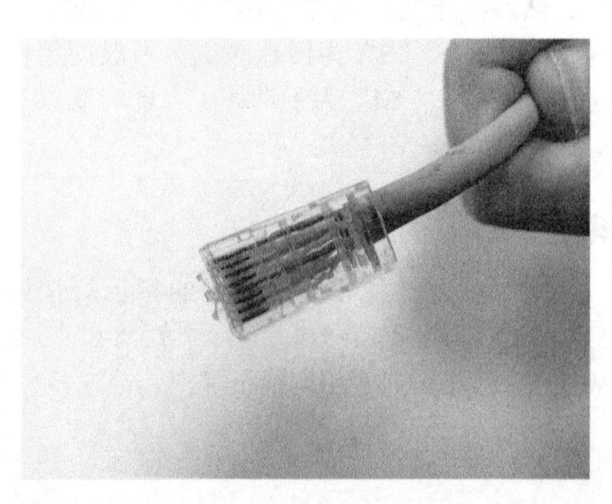

步骤05 将有水晶头的一端放到网头压槽，注意一定要把水晶头放置到位（钳子的突出压片会正好对准每个铜片位置），然后右手压握网线钳，听到“咔”一声即表示卡口已经压接下去，前面的铜片也会同时压接下去。

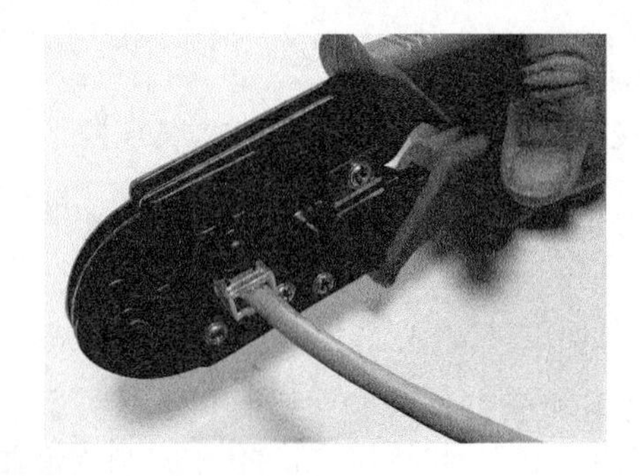

步骤06 压线完成后，慢慢退出水晶头，检查是否压制好。然后根据上述方法压制另一端即可。

16.3.3 使用测线仪测试网线是否通路

在判定双绞线是否通路，主要使用万用表、网线测试仪测试，也可以连接电脑进行测试，而网线测试仪是使用最方便、最普遍的方法。

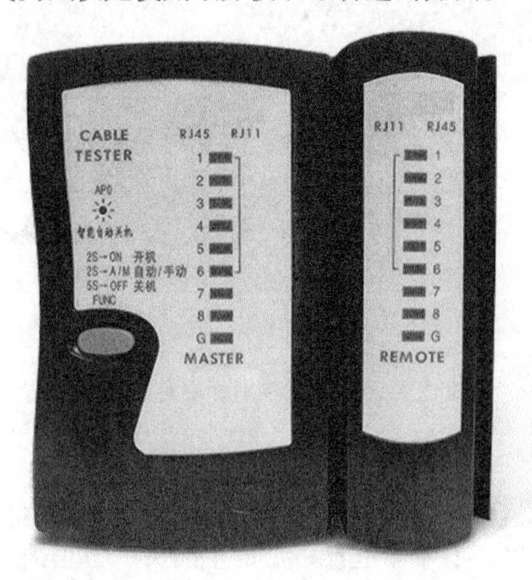

打开测试仪的电源开关，将网线两端的水晶头分别插入主测试仪和远程分机的RJ45接口，然后将开关调制到“ON”位置（“ON”为快速测试，“S”为慢速测试，一般使用快速测试即可，“M”为手动挡），此时观察亮灯的顺序。

1.交叉网线的测试

如果主测试仪和远程分机的指示灯按照1-3、2-6、3-1、4-4、5-5、6-2、7-7、8-8、G-G顺序逐个闪亮，则表明网线正常。

2.直连网线的测试

如果主测试仪和远程分机指示灯从1至G逐一顺序闪亮，则表明网线正常。

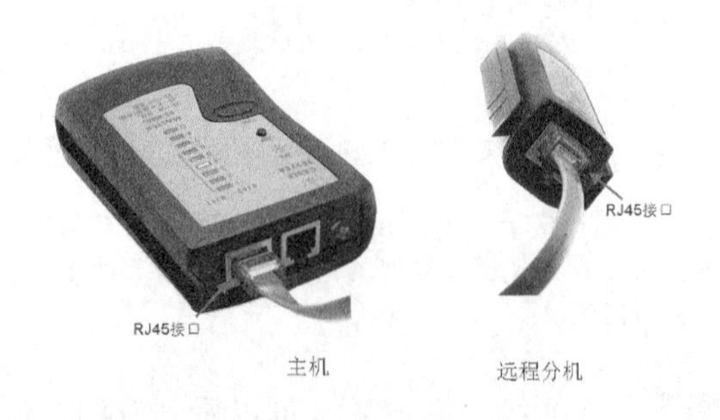

在以下情况时，表示接线不正常。

当有一根网线断路，如2号线，则主测试仪和远程分机的3号指示灯都不亮。

当有几根线不通，则几根线都不亮。如果网线少于2根连通时，指示灯都不亮。

当有两根网线短路时，则主测试仪指示灯不亮，而远程分机显示短路的两根线的指示灯微亮；若有三根以上网线短路，则所有短路的网线对应的指示灯都不亮

当两头网线乱序，例如2号和4号线，则主测试仪和远程分机指示灯显示顺序如下：

主测试仪不变：1-2-3-4-5-6-7-8-G

远程分机变为：1-4-3-2-5-6-7-8-G

16.3.4 组建无线局域网

随着笔记本电脑、手机、平板电脑等便携式电子设备的日益普及和发展，有线连接已不能满足工作和家庭需要，无线局域网不需要布置网线就可以将几台设备连接在一起。无线局域网以其高速的传输能力、方便性及灵活性，得到广泛应用。组建无线局域网的具体操作步骤如下。

1. 硬件搭建

在组建无线局域网之前，要将硬件设备搭建好。

首先，通过网线将电脑与路由器相连接，将网线一端接入电脑主机后的网孔内，另一端接入路由器的任意一个LAN口内。

其次，通过网线将ADSL Modem与路由器相连接，将网线一端接入ADSL Modem的LAN口，另一端接入路由器的WAN口内。

最后，将路由器自带的电源插头连接电源即可，此时即完成了硬件搭建工作。

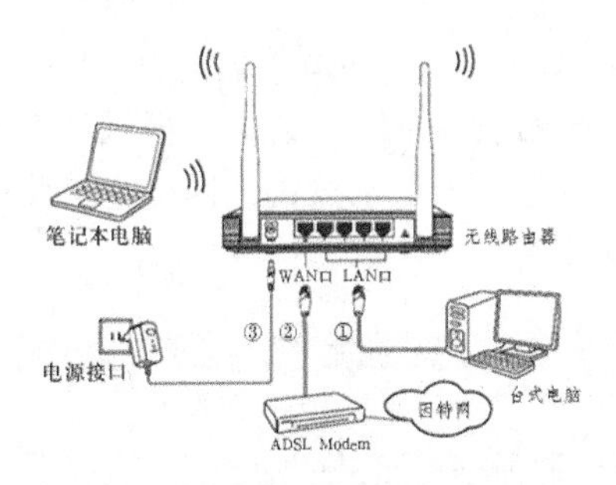

> **小提示**
>
> 如果台式电脑要接入无线网，可安装无线网卡，然后将随机光盘中的驱动程序安装在电脑上即可。

2. 路由器设置

路由器设置主要指在电脑或便携设备端，为路由器配置上网账号、设置无线网络名称、密码等信息。

下面以台式电脑为例，使用的是TP-LINK品牌的路由器，型号为WR882N，在Windows 10操作系统、Microsoft Edge浏览器的软件环境下的操作演示。具体步骤如下。

步骤 01 完成硬件搭建后，启动任意一台电脑，打开IE 浏览器，在地址栏中输入“192.168.1.1”，按【Enter】键，进入路由器管理页面。初次使用时，需要设置管理员密码，在文本框中输入密码和确认密码，然后按【确认】按钮完成设置。

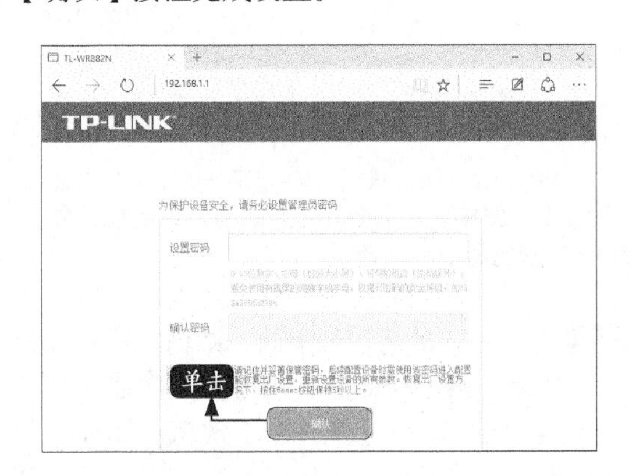

> **小提示**
>
> 不同路由器的配置地址不同，可以在路由器的背面或说明书中找到对应的配置地址、用户名和密码。部分路由器，输入配置地址后，弹出对话框，要求输入用户名和密码，此时，可以在路由器的背面或说明书中找到，输入即可。

另外用户名和密码可以在路由器设置界面的【系统工具】➤【修改登录口令】中设置。如果遗忘，可以在路由器开启的状态下，长按【RESET】键恢复出厂设置，登录账户名和密码恢复为原始密码。

步骤 02 进入设置界面，选择左侧的【设置向导】选项，在右侧【设置向导】中单击【下一步】按钮。

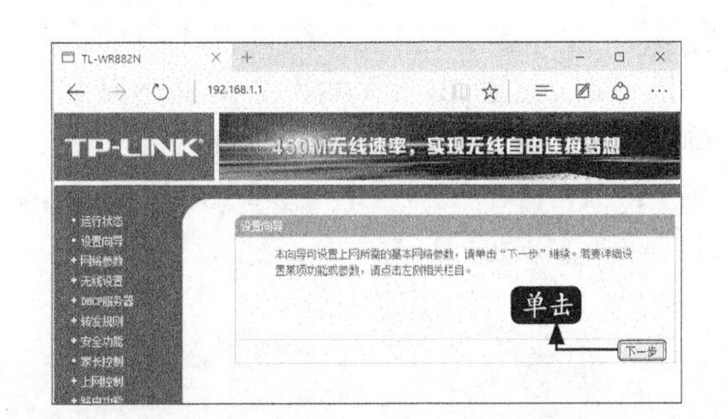

步骤03 打开【设置向导】对话框选择连接类型，这里单击选中【让路由器自动选择上网方式】单选项，并单击【下一步】按钮。

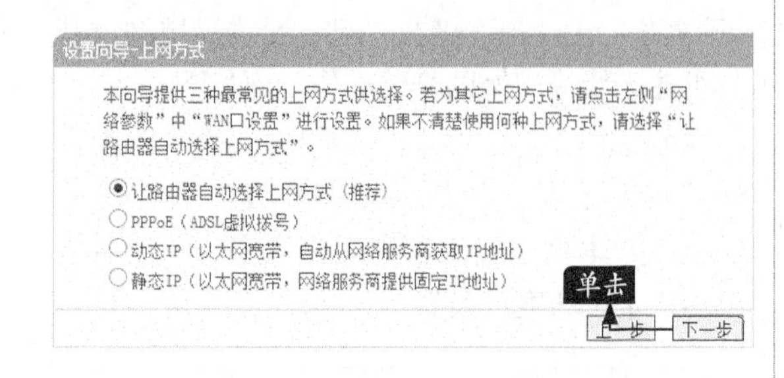

小提示

PPPoE是一种协议，适用于拨号上网;而动态IP每连接一次网络，就会自动分配一个IP地址；静态IP是运营商给的固定的IP地址。

步骤04 如果检测为拨号上网，则输入账号和口令；如果检测为静态IP，则需输入IP地址和子网掩码，然后单击【下一步】按钮。如果检测为动态IP，则无需输入任何内容，直接跳转到下一步操作。

设置向导-PPPoE

请在下框中填入网络服务商提供的ADSL上网帐号及口令，如遗忘请咨询网络服务商。

上网帐号：1737****0840
上网口令：●●●●●●●●●●●●
确认口令：●●●●●●●●●●●●

单击 上一步 下一步

小提示

此处的用户名和密码是指在开通网络时，运营商提供的用户名和密码。如果账户和密码遗忘或需要修改密码，可联系网络运营商找回或修改密码。若选用静态IP所需的IP地址、子网掩码等都由运营商提供。

步骤05 在【设置向导-无线设置】页面，进入该界面设置路由器无线网络的基本参数，单击选中【WPA-PSK/WPA2-PSK】单选项，在【PSK密码】文本框中设置PSK密码。单击【下一步】按钮。

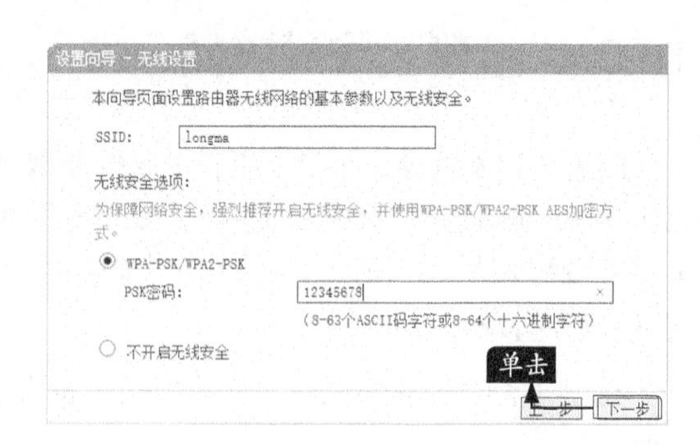

小提示

用户也可以在路由器管理界面，单击【无线设置】选项进行设置。

SSID：是无线网络的名称，用户通过SSID号识别网络并登录。

WPA-PSK/WPA2-PSK：基于共享密钥的WPA模式，使用安全级别较高的加密模式。在设置无线网络密码时，建议优先选择该模式，不选择WPA/WPA2和WEP这两种模式。

步骤06 在弹出的页面单击【重启】按钮，如果弹出"此站点提示"对话框，提示是否重启路由器，单击【确定】按钮，即可重启路由器，完成设置。

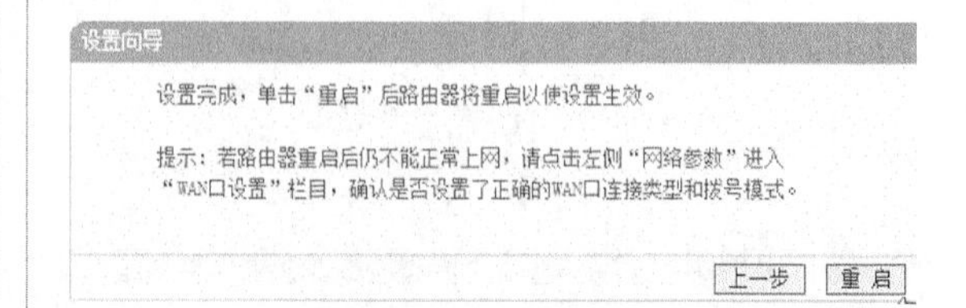

3.连接上网

无线网络开启并设置成功后，其他电脑需要搜索设置的无线网络名称，然后输入密码，连接该网络即可。具体操作步骤如下所示。

步骤01 单击电脑任务栏中的无线网络图标，在弹出的对话框中会显示无线网络的列表，单击需要连接的网络名称，在展开项中，勾选【自动连接】复选框，方便网络连接，然后单击【连接】按钮。

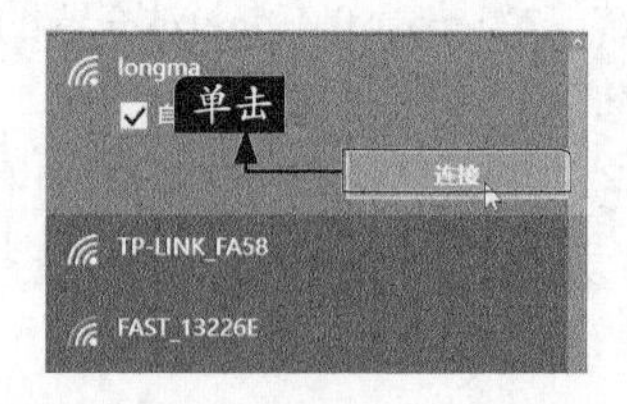

步骤02 网络名称下方弹出的【输入网络安全密钥】对话框中，输入在路由器中设置的无线网络密码，单击【下一步】按钮即可。

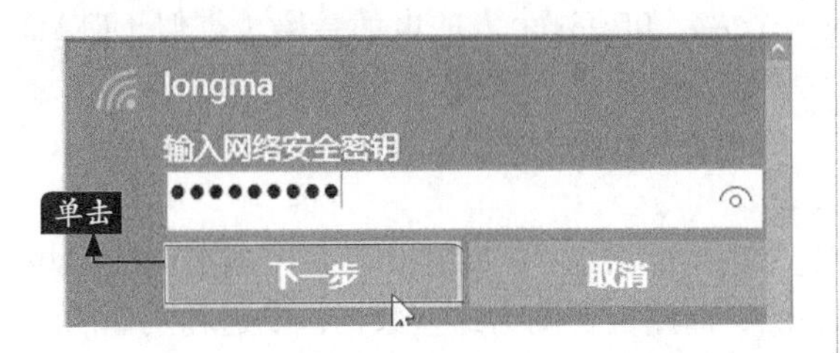

小提示

如果忘记无线网密码，可以登录路由器管理页面，进行查看。

步骤03 密钥验证成功后，即可连接网络，该网络名称下，则显示“已连接”字样，任务栏中的网络图标也显示为已连接样式。

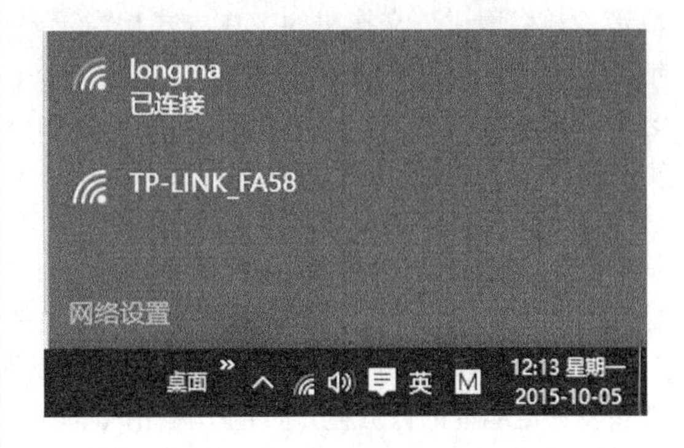

16.4 组建有线局域网

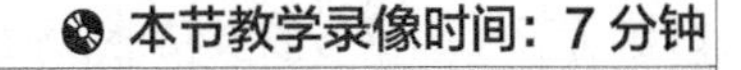

通过将多个电脑和路由器连接起来，组建一个小的局域网，可以实现多台电脑同时共享上网。本小节中以组建有线局域网为例，介绍多台电脑同时上网的方法。

16.4.1 组建有线局域网的准备

组建有线局域网和无线局域网最大的差别是无线信号收发设备上，其主要使用的设备是交换机或路由器。下面介绍下组件有线局域网的所需设备。

（1）交换机

交换机是用于电信号转发的设备，可以简单地理解为把若干台电脑连接在一起组成一个局域网，一般在家庭、办公室常用的交换机属于局域网交换机，而小区、一幢大楼等使用的多为企业级的以太网交换机。

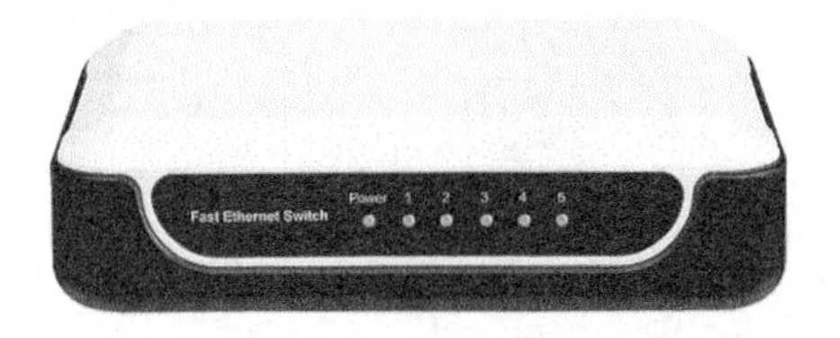

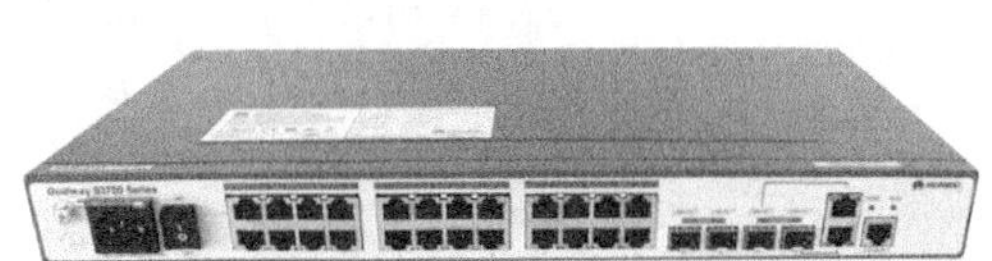

如上图所示，交换机和路由器外观并无太大差异，路由器上有单独一个WAN口，而交换机上全部是LAN口，另外，路由器一般只有4个LAN口，而交换机上有4～32个LAN口，其实这只是外观的对比，二者在本质上有明显的区别。

① 交换机是通过一根网线上网，如果几台电脑上网，是分别拨号，各自使用自己的带宽，互不影响。而路由器自带了虚拟拨号功能，是几台电脑通过一个路由器、一个宽带账号上网，几台电脑之间上网相互影响。

② 交换机工作是在中继层（数据链路层），是利用MAC地址寻找转发数据的目的地址，MAC地址是硬件自带的，是不可更改的，工作原理相对比较简单；而路由器工作是在网络层（第三层），是利用IP地址寻找转发数据的目的地址，可以获取更多的协议信息，以做出更多的转发决策。通俗地讲，交换机的工作方式相当于要找一个人，知道这个人的电话号码（类似于MAC地址），于是通过拨打电话和这个人建立连接；而路由器的工作方式是，知道这个人的具体住址××省××市××区××街道××号××单元××户（类似于IP地址），然后根据这个地址，确定最佳的到达路径，然后到这个地方，找到这个人。

③ 交换机负责配送网络，而路由器负责入网。交换机可以使连接它的多台电脑组建成局域网，但是不能自动识别数据包发送和到达地址的功能，而路由器则为这些数据包发送和到达的地址指明方向和进行分配。简单说就是交换机负责开门，路由器给用户找路上网。

④ 路由器具有防火墙功能，不传送不支持路由协议的数据包和未知目标网络的数据包，仅支持转发特定地址的数据包，防止了网络风暴。

⑤ 路由器也是交换机，如果要使用路由器的交换机功能，把宽带线插到LAN口上，把WAN空置起来就可以。

（2）路由器

组建有线局域网时，可不必要求为无线路由器，一般路由器即可使用，主要差别就是无线路由器带有无线信号收发功能，但价格较贵。

16.4.2 组建有线局域网

在日常生活和工作中，组建有线局域网的常用方法是使用路由器搭建和交换机搭建，也可以使用双网卡网络共享的方法搭建。本节主要介绍使用路由器组建有线局域网的方法。

使用路由器组建有线局域网，其中硬件搭建和路由器设置与组件无线局域网基本一致，如果电脑比较多的话，可以接入交换机，如下图连接方式。

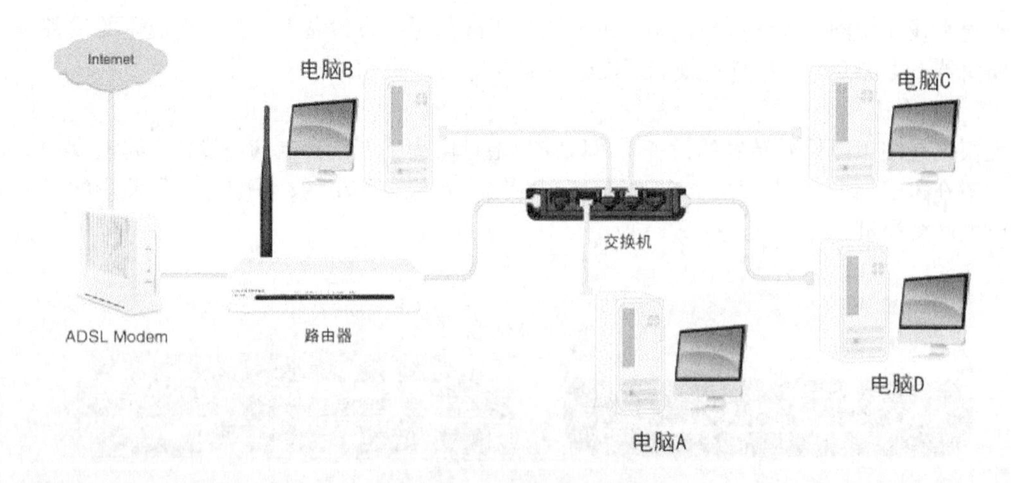

如果一台交换机和路由器的接口，还不能够满足电脑的使用，可以在交换机中接出一根线，连接到第二台交换机，利用第二台交换机的其余接口，连接其他电脑接口。以此类推，根据电脑数量增加交换机的布控，

路由器端的设置和无线网的设置方法一样，这里就不再赘述，为了避免所有电脑不在一个IP区域段中，可以执行下面操作，确保所有电脑之间的连接，具体操作步骤如下。

步骤01 在【网络】图标上单击鼠标右键，在弹出的快捷菜单中选择【打开网络和共享中心】命令，打开【网络和共享中心】窗口，单击【以太网】超链接。

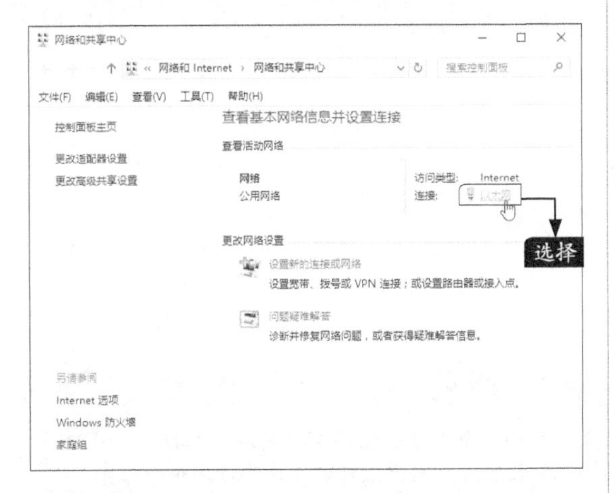

步骤02 弹出【以太网状态】对话框，单击【属性】按钮，在弹出的对话框列表中选择【Internet协议版本4（TCP/IPv4）】选项，并单击【属性】按钮。在弹出的对话框中，单击选中【自动获取IP地址】和【自动获取DNS服务器地址】单选项，然后单击【确定】按钮即可。

16.5 管理局域网

本节教学录像时间：5 分钟

局域网搭建完成后，如网速情况、无线网密码和名称、带宽控制等都可能需要进行管理，以满足公司的使用，本节主要介绍一些常用的局域网管理内容。

16.5.1 网速测试

网速的快慢一直是用户较为关心的，在日常使用中，可以自行对带宽进行测试，本节主要介绍如何使用“360宽带测速器”进行测试。

步骤01 打开360安全卫士，单击其主界面上的【宽带测速器】图标。

小提示

如果软件主界面上无该图标，请单击【更多】超链接，进入【全部工具】界面下载。

步骤02 打开【360宽带测速器】工具，软件自动进行宽带测速，如下图所示。

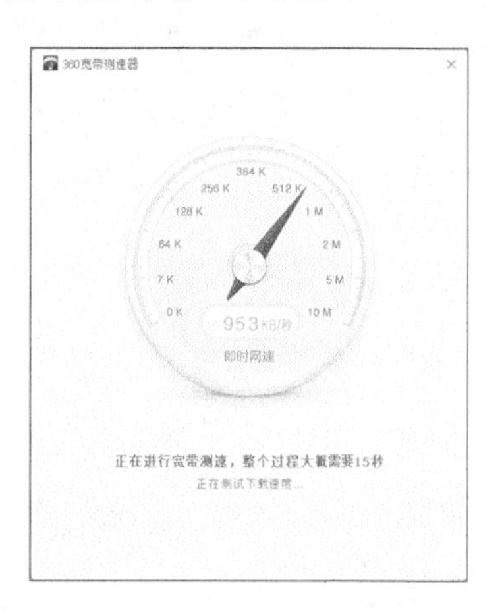

步骤03 测试完毕后，软件会显示网络的接入速度。用户还可以依次测试长途网络速度、网页打开速度等。

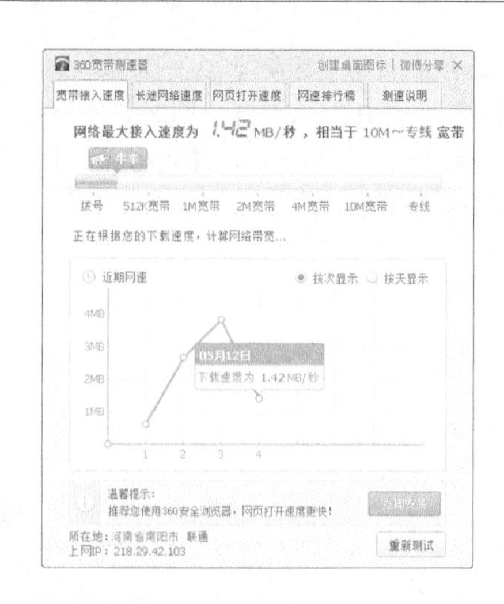

小提示

如果个别宽带服务商采用域名劫持、下载缓存等技术方法，测试值可能高于实际网速。

16.5.2 修改无线网络名称和密码

经常更换无线网名称有助于保护用户的无线网络安全，防止别人蹭取。下面以TP-Link路由器为例，介绍修改的具体步骤。

步骤01 打开浏览器，在地址栏中输入路由器的管理地址，如http://192.168.1.1，按【Enter】键，进入路由器登陆界面，并输入管理员密码，单击【确认】按钮。

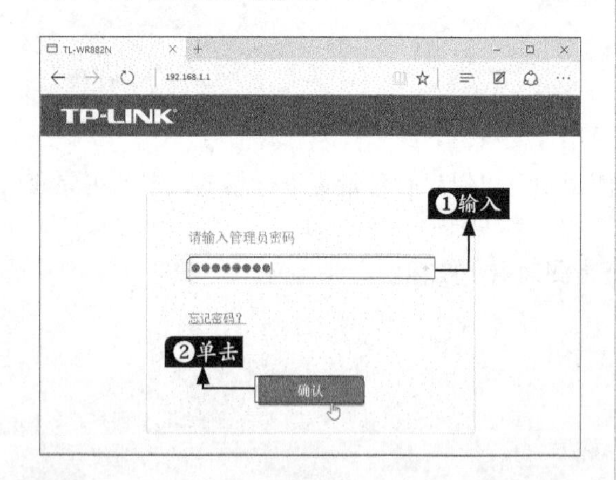

步骤02 单击【无线设置】➤【基本设置】选项，进入无线网络基本设置界面，在SSID号文本框中输入新的网络名称，单击【保存】按钮。

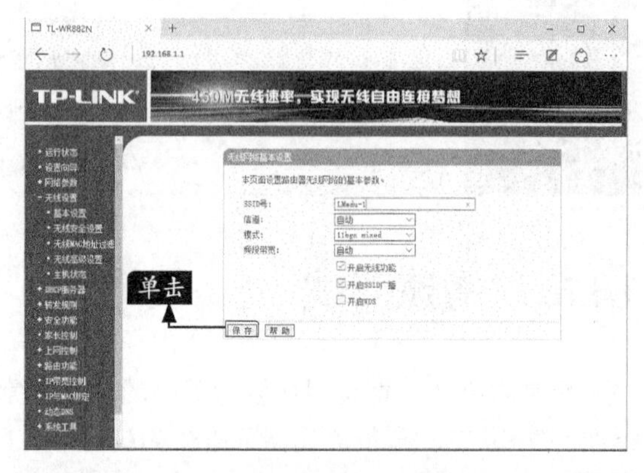

小提示

如果仅修改网络名称，单击【保存】按钮后，根据提示重启路由器即可。

步骤03 单击左侧【无线安全设置】超链接进入无线网络安全设置界面，在“WPA-PSK/WPA2-PSK”下面的【PSK密码】文本框中输入新密码，单击【保存】按钮，然后单击按钮上方出现的【重启】超链接。

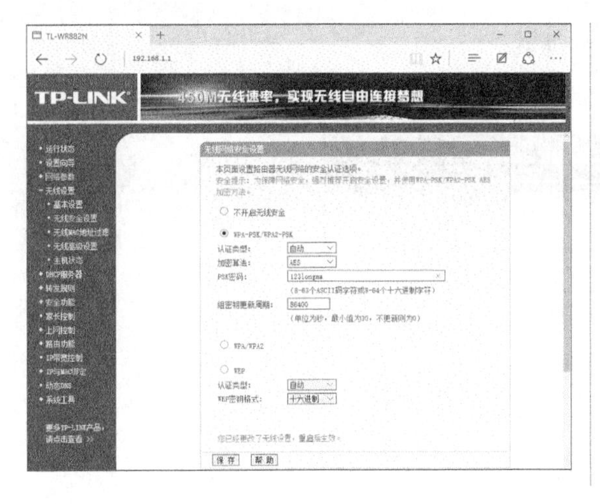

步骤04 进入【重启路由器】界面，单击【重启路由器】按钮，将路由器重启即可。

16.5.3 IP的带宽控制

在局域网中，如果希望限制其他IP的网速，除了使用P2P工具外，还可以使用路由器的IP流量控制功能来管控。

步骤01 打开浏览器，进入路由器后台管理界面，单击左侧的【IP带宽控制】超链接，单击【添加新条目】按钮。

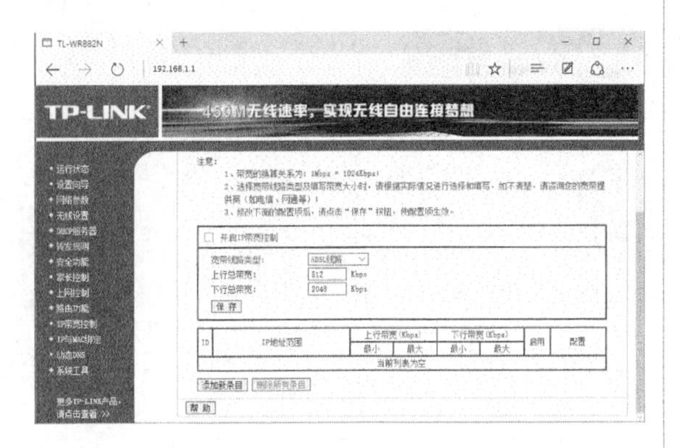

小提示

在IP带宽控制界面，勾选【开启IP带宽控制】复选框，然后设置宽带线路类型、上行总带宽和下行总带宽。

宽带线路类型，如果上网方式为ADSL宽带上网，选择【ADSL线路】即可，否则选择【其他线路】。下行总带宽是通过WAN口可以提供的下载速度。上行总带宽是通过WAN口可以提供的上传速度。

步骤02 进入【条目规则配置】界面，在IP地址范围中设置IP地址段、上行带宽和下行带宽，如下图设置则表示分配给局域网内IP地址为192.168.1.100的计算机的上行带宽最小128Kbit/s、最大256Kbit/s，下行带宽最小512Kbit/s、最大1024Kbit/s。设置完毕后，单击【保存】按钮。

步骤03 如果要设置连续IP地址段，如下图所示，设置了101~103的IP段，表示局域网内IP地址为192.168.1.101到192.168.1.103的三台计算机的宽带总和为上行带宽最小256Kbit/s、最大512Kbit/s，下行带宽最小1024Kbit/s、最大2048Kbit/s。

步骤04 返回IP宽带控制界面，即可看到添加的IP地址段。

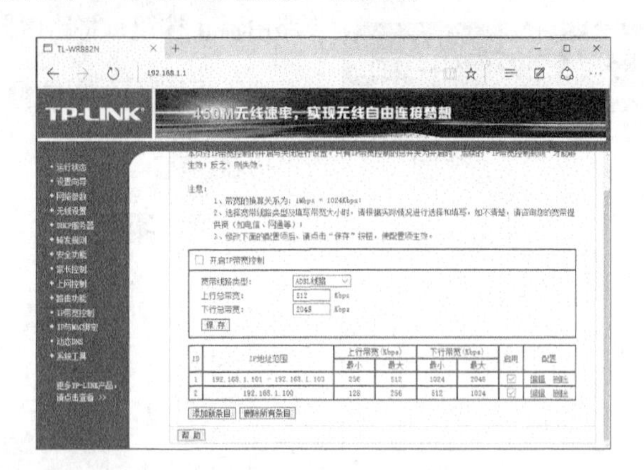

16.5.4 关闭路由器无线广播

通过关闭路由器的无线广播，防止其他用户搜索到无线网络名称，从根本上杜绝别人蹭网。

打开浏览器，输入路由器的管理地址，登录路由器后台管理页面，单击【无线设置】➤【基本设置】超链接，进入【无线网络基本设置】页面，撤销勾选【开启SSID广播】复选框，并单击【保存】按钮，重启路由器即可。

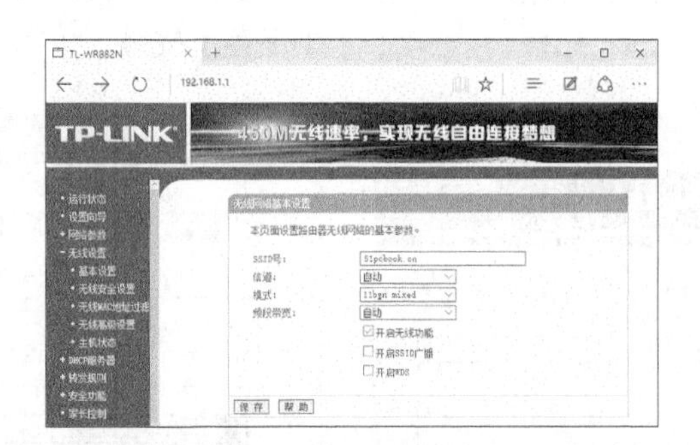

16.5.5 实现路由器的智能管理

智能路由器以其简单、智能的优点，成为路由器市场上的“香饽饽”，如果用户现在使用的不是智能路由器，也可以借助一些软件实现路由器的智能化管理。本节介绍的360路由器卫士，它可以让用户简单且方便地管理网络。

步骤01 打开浏览器，在地址栏中输入http://iwifi.360.cn，进入路由器卫士主页，单击【电脑版下载】超链接。

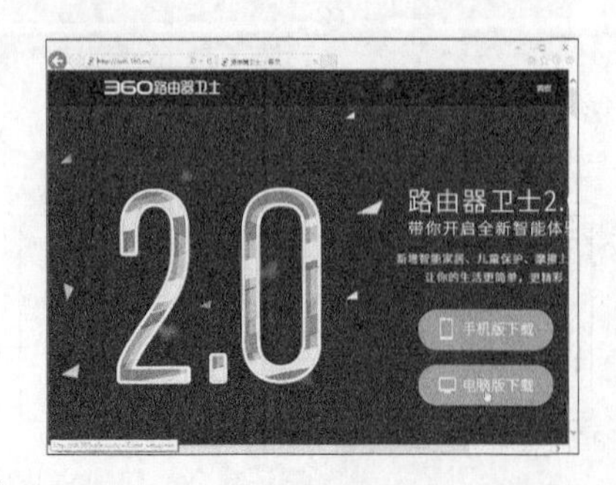

小提示

如果使用的是最新版本360安全卫士，会集成该工具，在【全部工具】界面可找到，则不需要单独下载并安装。

步骤 02 打开路由器卫士，首次登录时，会提示输入路由器账号和密码。输入后，单击【下一步】按钮。

步骤 03 此时，即可进到【我的路由】界面。用户可以看到接入该路由器的所有连网设备及当前网速。如果需要对某个IP进行带宽控制，在对应的设备后面单击【管理】按钮。

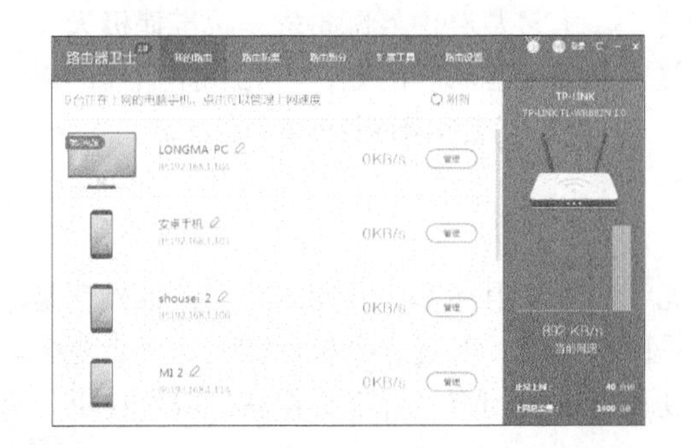

步骤 04 打开该设备管理对话框，在网速控制文本框中，输入限制的网速，单击【确定】按钮。

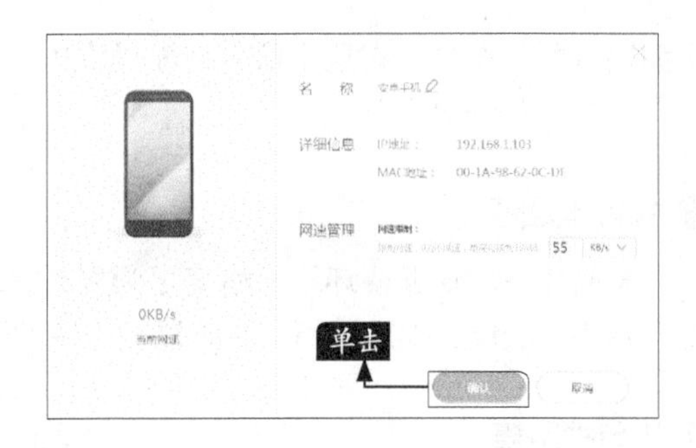

步骤 05 返回【我的路由】界面，即可看到列表中该设备上显示【已限速】提示。

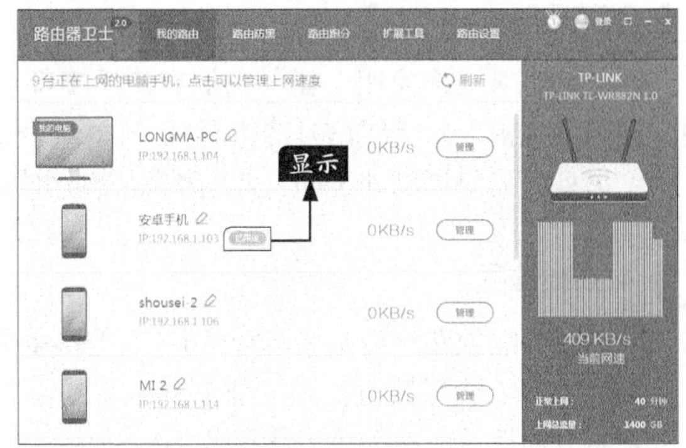

步骤 06 同样，用户可以对路由器做防黑检测、设备跑分等。用户可以在【路由设置】界面备份上网账号、快速设置无线网及重启路由器功能。

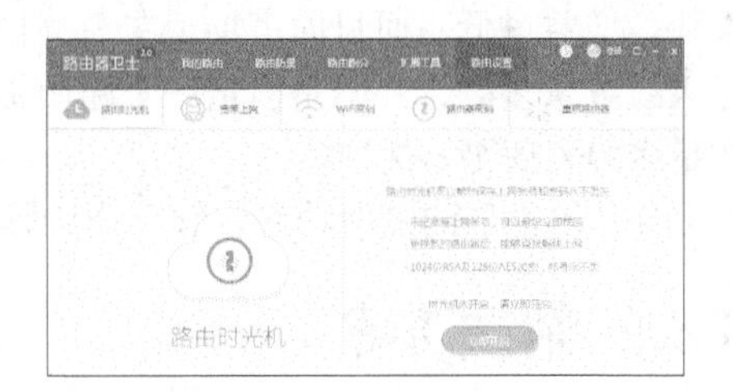

16.6 实现Wi-Fi信号家庭全覆盖

本节教学录像时间：10 分钟

随着移动设备、智能家居的出现并普及，无线Wi-Fi网络已不可或缺，而Wi-Fi信号能否全面覆盖成了不少用户关心的话题，因为都面临着在家里存在着很多网络死角和信号弱等问题，不能获得良好的上网体验。本节讲述如何增强Wi-Fi信号，实现家庭全覆盖。

16.6.1 家庭网络信号不能全覆盖的原因

无线网络传输是一个信号发射端发送无线网络信号，然后被无线设备接收端接收的过程。对于一般家庭网络布局，主要是由网络运营商接入互联网，家中配备一个路由器实现有线和无线的小型局域网络布局。在这个信号传输过程中，会由于不同的因素，导致信号变弱，下面简单分析下几个最为常见的原因。

1.物体阻隔

家庭环境不比办公环境，格局更为复杂，墙体、家具、电器等都对无线信号产生阻隔，尤其是自建房、跃层、大房间等，有着混凝土墙的阻隔，无线网络会逐渐递减到接收不到。

2.传播距离

无线网络信号的传播距离有限，如果接收端距离无线路由器过长，则会影响其接收效果。

3.信号干扰

家庭中有很多家用电器，它们在使用中都会产生向外的电磁辐射，如冰箱、洗衣机、空调、微波炉等，都会对无线信号产生干扰。

另外，如果周围处于同一信道的无线路由器过多，也会相互干扰，影响Wi-Fi的传播效果。

4.天线角度

天线的摆放角度也是影响Wi-Fi传播的影响因素之一。大多数路由器配备的是标准偶极天线，在垂直方向上无线覆盖更广，但在其上方或下方，覆盖就极为薄弱。因此，当无线路由器的天线以垂直方向摆放时，如果无线接收端处在天线的上方或下方，就会得不到好的接收效果。

5.设备老旧

过于老旧的无线路由器不如目前主流路由器的无线信号发射功率。早期的无线路由器都是单根天线，增益过低，而目前市场上主流路由器最少是两根天线，普遍为三根、四根，或者更多。当然天线数量多少，并不是衡量一个路由器信号强度和覆盖面的唯一标准，但在同等条件下，天线数量多的表现更为优越些。

另外，路由器的发射功率较低，也会影响无线信号的覆盖质量。

16.6.2 解决方案

了解了影响无线网络覆盖的因素后，我们就需要对应地找到解决方案。虽然家庭的格局环境是不可逆的，但是我们可以通过其他的布局调整，提高Wi-Fi信号的强度和覆盖面。

1.合理摆放路由器

合理摆放路由器，可以减少信号阻隔、缩短传输距离等。在摆放路由器时，切勿放在角落处或靠墙的地方，应该放在宽敞的位置，比如客厅或几个房间的交汇处，如下图是在二室一厅中圆心位置就是路由器摆放的最佳位置，在几个房间的交汇处。

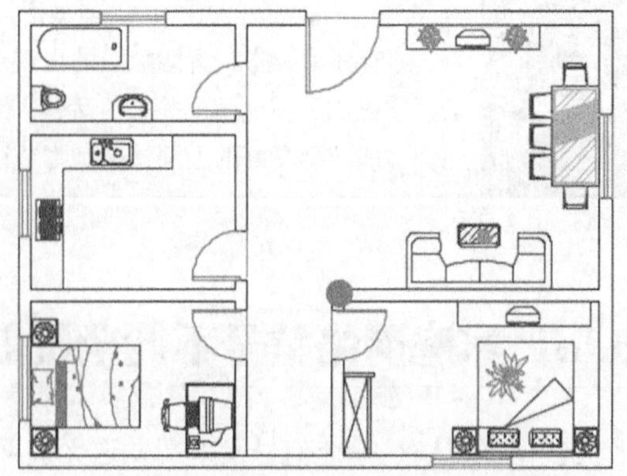

关于信号角度，建议将路由器摆放较高位

置，使信号向下辐射，减少阻碍物的阻拦，减少信号盲区，如下图就可以在沙发上的置物架上摆放无线路由器。

另外，尽量将路由器摆放在远离其他无线设备和家用电器，减少相互干扰。

2.改变路由器信道

信号的干扰，是影响无线网络接收效果的因素之一，而排除家用电器发射的电磁波影响外，网络信号扎堆同一信道段，也是信号干扰的主要问题，因此，用户应尽量选择干扰较少的信道，以获得更好的信号接收效果。用户可以使用类似Network Stumbler或Wi-Fi分析工具等，查看附近存在的无线信号及其使用的信道。下面介绍如何修改无线网络信道，具体步骤如下。

步骤01 打开浏览器，进入路由器后台管理界面，单击【无线设置】➤【基本设置】超链接，进入【无线网络基本设置】界面。

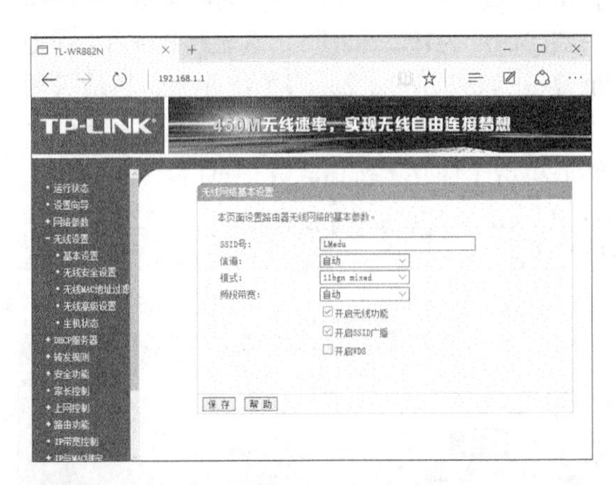

步骤02 单击信道后面的☑按钮，打开信道列表，选择要修改的信道。

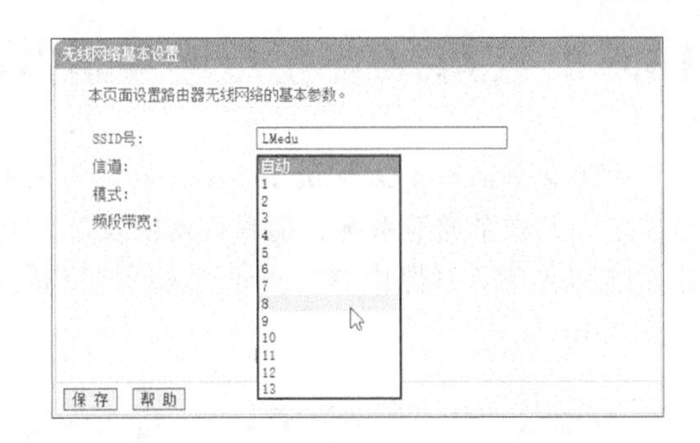

步骤03 如这里将信道由【自动】改为【8】，单击【保存】按钮，并重启路由器即可。

如果路由器支持双频，建议开启5GHz频段，如今使用11ac的用户较少，5GHz频段干扰小，信号传输也较为稳定。

3.扩展天线，增强Wi-Fi信号

目前，网络流行的一种易拉罐增强Wi-Fi信号的方法，确实屡试不爽，可以较好地加强无线Wi-Fi信号，它主要是将信号集中起来，套上易拉罐后把最初的360度球面波向180度集中，改道向另一方向传播，改道后方向的信号就会比较强。如下图就是一个易拉罐Wi-Fi信号放大器。

4.使用最新的Wi-Fi硬件设备

Wi-Fi硬件设备作为无线网的源头，其质量的好坏也影响着无线信号的覆盖面，使用最新的Wi-Fi硬件设备可以得到最新的技术支持，能够最直接最快地提升上网体验，尤其是现在有各种大功率路由器，即使穿过墙面信号受到削弱，也可以表现出较好的信号强度。

当然对于有条件的用户，可以采用，一般用户建议使用前3种方法，减少信号的削弱，加强信号强度即可。如果用户有多个路由器，可以尝试WDS桥接功能，大大增强路由的覆盖区域。

16.6.3 使用WDS桥接增强路由覆盖区域

WDS是Wireless Distribution System的英文缩写，译为无线分布系统，最初运用在无线基站和基站之间的联系通信系统，随着技术的发展，其开始在家庭和办公方面充当无线网络的中继器，让无线AP或者无线路由器之间通过无线进行桥接（中继），延伸扩展无线信号，从而覆盖更广更大的范围。

小提示

目前流行的无线路由器放大器，就是将路由器的信号源放大，增强无线信号，其原理和WDS桥接差不多，作为一个无线中继器。

目前大多数路由器都支持WDS功能，用户可以很好地借助该功能实现家庭网络覆盖布局。本节主要讲述如何使用WDS功能实现多路由的协同，增强路由器信号的覆盖区域。

在设置之前，需要准备两台无线路由器，其中需要一台支持WDS功能，用户可以将无WDS功能的作为中心无线路由器，如果都有WDS功能，选用性能最好的路由器作中心无线路由器A，也就是与Internet网相连的路由器，另外一台路由器作为桥接路由器B。A路由器按照日常的路由设置即可，可按16.3.4小节设置，本节不再赘述。主要是B路由器，需满足两点，一是与中心无线路由器信 道相同，二是关闭DHCP功能即可。具体设置步骤如下。

步骤01 使用电脑连接A路由器，按照16.3.4小节进行无线网设置，但需将其信道设置为固定数，如这里将其设置为“1”，勾选【开启无线功能】和【开启SSID广播】复选框，不勾选【开启WDS】复选框，如下图所示。

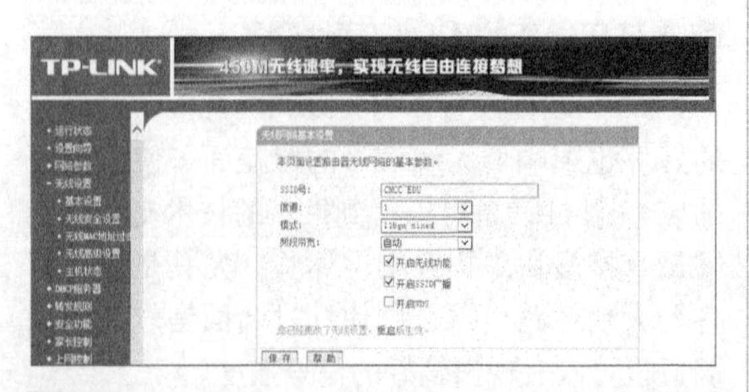

步骤02 A路由器设置完毕后，将桥接路由器选择好要覆盖的位置，连接电源，然后通过电脑连接B路由器，如果电脑不支持无线，可以使用手机连接，比起有线连接更为方便，连接后，打开电脑或手机端的浏览器，登录B路由器后台管理页面，单击【网络参数】➤【LAN口设置】超链接，进入【LAN口设置】页面，将IP地址修改为与A路由器不同的地址，如A路由器IP地址为192.168.1.1，这里将B路由器IP地址修改为192.168.1.2，避免IP冲突，然后关闭【DHCP服务器】，设置为【不启用】即可。然后单击【保存】按钮，进行重启。

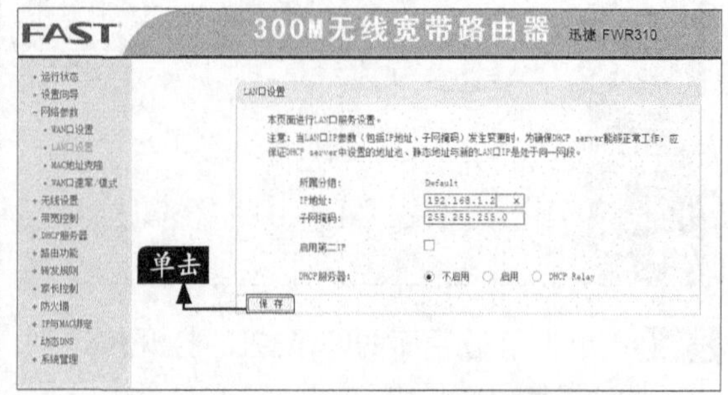

小提示

开启路由器的DHCP服务器功能，可以让DHCP服务器自动替用户配置局域网中各计算机的TCP/IP协议。B路由器关闭DHCP功能主要是由A路由器分配IP。另外如果【LAN口设置】页面没有DHCP服务器选项，可在【DHCP服务器】页面关闭。

步骤03 重启路由器后，登录B路由器管理页面，此时B路由的配置地址变为：192.168.1.2，登录后，单击【无线设置】➤【基本设置】超链接，进入【无线基本设置】页面，将信道设置为与A路由器的相同的信道，然后勾选【开启WDS】复选框。

步骤04 单击弹出的【扫描】按钮。

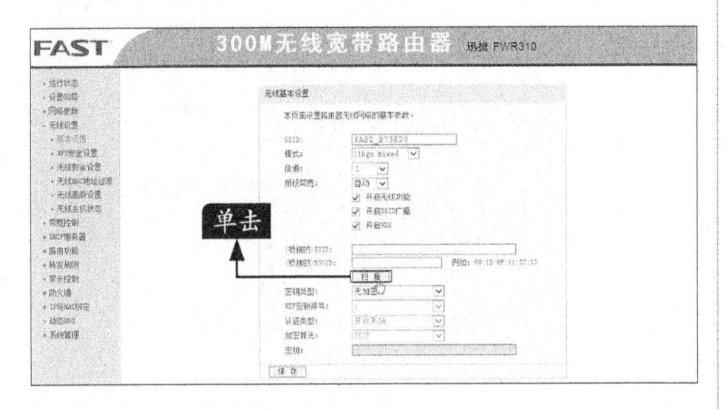

步骤05 在扫描的AP列表中，找到A路由器的SSID名称，然后单击【连接】超链接。如果未找到，单击【刷新】按钮。

步骤06 返回【无线基本设置】页面，将【密钥类型】设置为与A路由器一致的加密方式，这里选择【WPA2-PSK】，并在【密钥】文本框中输入A路由器的无线网路密码，单击【保存】按钮。

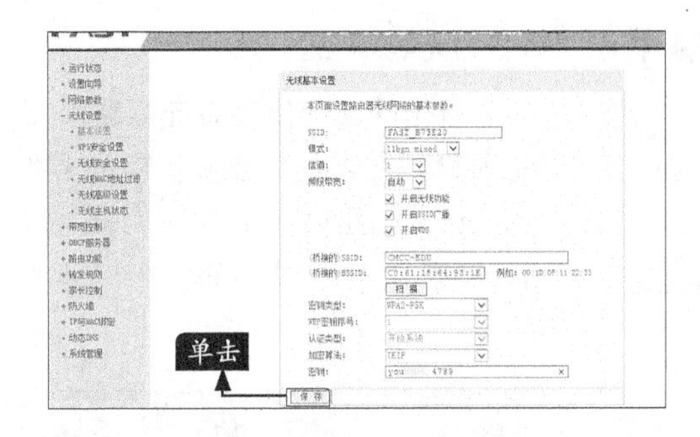

步骤07 进入【WDS安全设置】页面，设置B路由器的无线网密码，单击【保存】按钮，重启路由器即可。

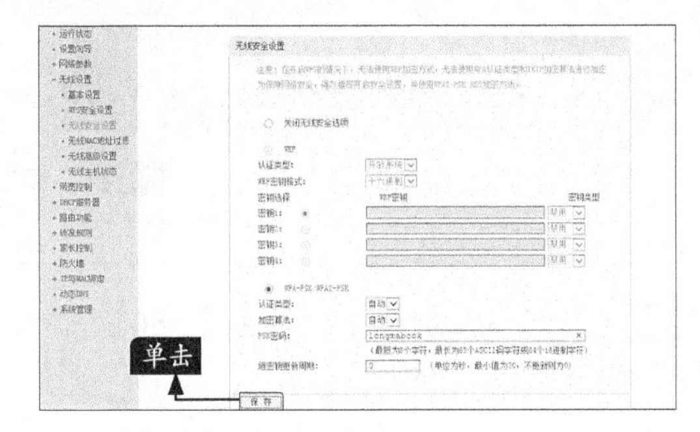

此时，两台路由器的桥接完成，用户可以连接B路由器上网了，同样用户还可以连接更多路由器，进行无线网络布局，增强Wi-Fi信号，如果电脑在切换不同路由器时。其实，对于上面的操作可以总结为下表，方便读者理解。

设置	WAN口设置	LAN口设置	DHCP	无线设置	
				信道	WDS
A（主）路由器	服务商	192.168.1.1（默认）	启用	信道一致即可	不勾选
B（从）路由器	无	192.168.1.X（1<X≤255）	不启用		勾选

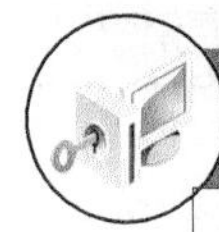

高手支招

本节教学录像时间：2 分钟

安全使用免费Wi-Fi

黑客可以利用虚假Wi-Fi盗取手机系统、品牌型号、自拍照片、邮箱账号密码等各类隐私数据，像类似的事件不胜枚举，尤其是盗号的、窃取银行卡、支付宝信息的、植入病毒等，在使用免费Wi-Fi时，建议注意以下几点。

在公共场所使用免费Wi-Fi时，不要进行网购，银行支付，尽量使用手机流量进行支付。

警惕同一地方，出现多个相同Wi-Fi，很有可能是诱骗用户信息的钓鱼Wi-Fi。

在购物，进行网上银行支付时，尽量使用安全键盘，不要使用网页之类的。

在上网时，如果弹出不明网页，让输入个人私密信息时，请谨慎，及时关闭WLAN功能。

将电脑转变为无线路由器

如果电脑可以上网，即使没有无线路由器，也可以通过简单的设置将电脑的有线网络转为无线网络，但是前提是台式电脑必须装有无线网卡，笔记本电脑自带有无线网卡，如果准备好后，可以参照以下操作，创建Wi-Fi，实现网络共享。

步骤 01 打开360安全卫士主界面，然后单击【更多】超链接。

步骤 02 在打开的界面中，单击【360免费WiFi】图标按钮，进行工具添加。

步骤 03 添加完毕后，弹出【360免费WiFi】对话框，用户可以根据需要设置WiFi名称和密码。

步骤 04 单击【已连接的手机】可以看到连接的无线设备，如下图所示。

第17章

网络故障处理

学习目标

电脑网络是电脑应用中的一个非常重要的领域。网络故障主要来源于网络设备、操作系统、相关网络软件等方面。本章主要讲述常见的宽带接入故障、网络连接故障、网卡驱动与网络协议故障、无法打开网页故障、局域网故障等。

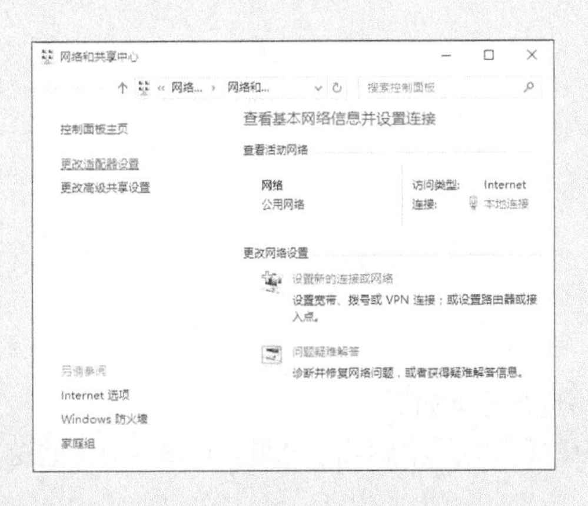


```
C:\WINDOWS\system32\cmd.exe
Microsoft Windows [版本 10.0.10586]
(c) 2015 Microsoft Corporation。保留所有权利。

C:\Users\zyy>ping 10.217.87.55

正在 Ping 10.217.87.55 具有 32 字节的数据:
来自 10.217.87.55 的回复: 字节=32 时间=57ms TTL=64
来自 10.217.87.55 的回复: 字节=32 时间=20ms TTL=64
来自 10.217.87.55 的回复: 字节=32 时间=166ms TTL=64
来自 10.217.87.55 的回复: 字节=32 时间=157ms TTL=64

10.217.87.55 的 Ping 统计信息:
    数据包: 已发送 = 4，已接收 = 4，丢失 = 0 (0% 丢失)，
往返行程的估计时间(以毫秒为单位):
    最短 = 20ms，最长 = 166ms，平均 = 100ms

C:\Users\zyy>
```

17.1 故障诊断思路

本节教学录像时间：12 分钟

网络是用通信线路和通信设备将分布在不同地点的多台独立的计算机系统相互连接起来，一旦网络出现故障，用户可以从网络协议、网络硬件和软件等方面进行诊断。

17.1.1 网络的类型

1. 按网络使用的交换技术分类

按照网络使用的交换技术可将计算机网络分类如下。

（1）电路交换网。

（2）报文交换网。

（3）分组交换网。

（4）帧中继网。

（5）ATM网等。

2. 按网络的拓扑结构分类

根据网络中计算机之间互联的拓扑形式可把计算机网络分类如下。

（1）星型网。

（2）树型网。

（3）总线型网。

（4）环形网。

（5）网型网。

（6）混合网。

3. 按网络的控制方式分类

网络的管理者非常关心网络的控制方式，通常把其分类如下。

（1）集中式网络。

（2）分散式网络。

（3）分布式网络。

4. 按作用范围的大小分类

很多情况下人们经常从网络的作用地域范围对网络进行分类如下。

广域网（Wide Area Network，WAN），其作用范围通常为几十到几千公里。广域网有时也称为远程网。

局域网（Local Area Network，LAN），一般用微型计算机通过高速通信线路相连（速率一般在IMB/s以上），在地理上则局限在较小的范围，一般是一幢楼房或一个单位内部。

17.1.2 网络故障产生的原因

1. 按网络故障的性质划分

按网络故障的性质划分，一般分为物理性故障和逻辑性故障两类。下面将对这两种故障进行详细讲述。

（1）物理性故障

物理性故障主要包括线路损坏、水晶头松动、通信设备损坏和线路受到严重的电磁干扰等。一旦出现不能上网的故障，用户首先需要查看水晶头是否有松动、通信设备指示灯是否正常、网络插头是否接错等，同时用户可以使用网络测试命令网络的连通性，从而判断故障的原因。

（2）逻辑性故障

逻辑性故障主要分为以下几种。

① 配置错误。逻辑故障中最常见的情况就是配置错误，就是指因为网络设备的配置原因而导致的网络异常或故障。配置错误可能是路由器端口参数设定有误，或路由器路由配置错误以至于路由循环或找不到远端地址，或者是路由掩码设置错误等。

例如某网络没有流量，但又可以ping通线路的两端端口，这时就很有可能是路由配置错误。

【解决方案】：遇到这种情况，通常使用“路由跟踪程序”即traceroute检测故障，traceroute是把端到端的线路按线路所经过的路由器分成多段，然后以每段返回响应与延迟。如果发现在traceroute的结果中某一段之后，两个IP地址循环出现，这时，一般就是线路远端把端口路由又指向了线路的近端，导致IP包在该线路上来回反复传递。traceroute可以检测到哪个路由器之前都能正常响应，到哪个路由器就不能正常响应。这时只需更改远端路由器端口配置，就能恢复线路正常。

② 一些重要进程或端口关闭，以及系统的负载过高。如果网络中断，用Ping发现线路端口不通，检查发现该端口处于down的状态，这就说明该端口已经关闭，因此导致故障。

【解决方案】：这时只需重新启动该端口，就可以恢复线路的连通了。

2. 按网络故障的对象划分

按网络故障的对象划分，一般分为线路故障、主机故障和路由器故障3种。

（1）线路故障

线路故障最常见的情况就是线路不通，诊断这种故障可用Ping命令检查线路远端的路由器端口是否还能响应，或检测该线路上的流量是否还存在。一旦发现远端路由器端口不通，或该线路没有流量，则该线路可能出现了故障。

【解决方案】：首先是ping线路两端路由器端口，检查两端的端口是否关闭了。如果其中一端端口没有响应则可能是路由器端口故障。如果是近端端口关闭，则可检查端口插头是否松动、路由器端口是否处于down的状态；如果是远端端口关闭，则要通知线路对方进行检查。进行这些故障处理之后，线路往往可以正常运行。

如果线路仍然不通，一种可能就是线路本身的问题，看是否线路中间被切断；另一种可能就是路由器配置出错，比如路由循环了，就是远端端口路由又指向了线路的近端，这样线路远端连接的网络用户就不通了，这种故障可以用traceroute来诊断。解决路由循环的方法就是重新配置路由器端口的静态路由或动态路由。

（2）主机故障

主机故障常见的现象就是主机的配置不当。例如，主机配置的IP地址与其他主机冲突，或IP

地址根本就不在子网范围内，这将导致该主机不能连通。

（3）路由器故障

线路故障中很多情况都涉及到路由器，因此也可以把一些线路故障归结为路由器故障。但线路涉及到两端的路由器，因此在考虑线路故障时要涉及到多个路由器。有些路由器故障仅仅涉及到它本身，这些故障比较典型的就是路由器CPU温度过高、CPU利用率过高和路由器内存余量太小。其中最危险的是路由器CPU温度过高，因为这可能导致路由器烧毁。而路由器CPU利用率过高和路由器内存余量太小都将直接影响到网络服务的质量，比如路由器上的丢包率就会随内存余量的下降而上升。

【解决方案】：检测这种类型的故障，需要利用MIB变量浏览器这种工具，从路由器MIB变量中读出有关的数据，通常情况下网络管理系统有专门的管理进程不断地检测路由器的关键数据，并及时给出报警。而解决这种故障，只有对路由器进行升级、扩内存等，或者重新规划网络的拓扑结构。

17.1.3 诊断网络故障的常用方法

快速诊断网络故障的常见方法如下。

1.检查网卡

网络不通是比较常见的网络故障，对于这种故障，用户首先应该认真检查各连入设备的网卡设置是否正常。当网络适配器的【属性】对话框的设备状态为【这个设备运转正常】，并且在网络邻居中能找到自己，说明网卡的配置是正确的。

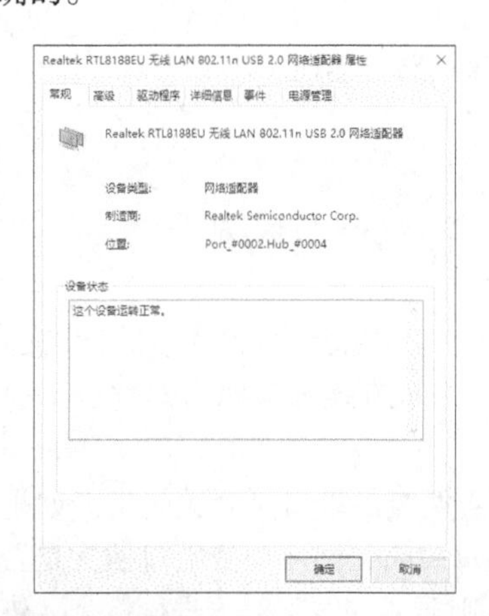

2.检查网卡驱动

如果硬件没有问题，用户还需检查驱动程序本身是否损坏、安装是否正确。在【设备管理器】窗口中可以查看网卡驱动是否有问题。如果硬件列表中有叹号或问号，则说明网卡驱动未正确安装或没有安装，此时需要删除不兼容的网卡驱动，然后重新安装网卡驱动，并设置正确的网络协议。

3.使用网络命令测试

使用Ping命令测试本地的IP地址或电脑名的方法可以用于检查网卡和IP网络协议是否正确安装。例如使用“Ping 10.217.87.55”，可以测试本机上的网卡和网络协议是否工作正常。如果不能Ping通，可以卸载网络协议，然后重新安装即可。

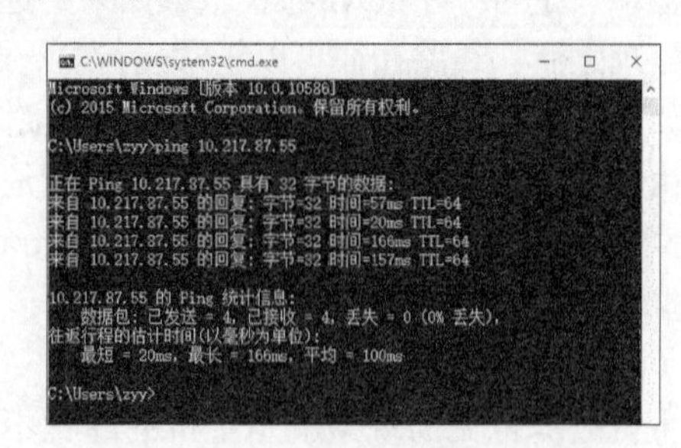

17.2 宽带接入故障

本节教学录像时间：8 分钟

宽带正确连接是实现上网的第一步，下面将介绍常见的宽带接入故障。

17.2.1 ADSL宽带无法上网的主要原因

电脑无法连接ADSL宽带故障，可能是电脑的网络设置有问题，或硬件连接有问题，或者硬件设备工作不正常，或网络服务器不正常等原因引起的，具体有以下几个原因。

电话线有问题。

ADSL Modem或分频器有问题。

电脑网卡驱动程序没有装好。

电脑网卡损坏或接触不良。

网络硬件连接问题。

拨号程序有问题。

上网账号和密码出错误。

网络服务器有问题。

电脑感染病毒。

17.2.2 故障1：ADSL Modem的Link指示灯不亮

【故障表现】：ADSL Modem的Link指示灯不亮。

【故障分析】：ADSL Modem的Link口是连接电话线的，如果灯不亮，则表明Modem与电话线没有连接好，很可能是电话线不通或者有其他线路故障。

【故障排除】：重新尝试连接电话线，如果故障依旧存在，可能是电话线路故障，建议联系网络服务商。

17.2.3 故障2：使用ADSL上网常常掉线

【故障表现】：在使用ADSL进行上网时，常常会出现网页无法打开、QQ掉线、在线视频播放中断等故障。

【故障分析】：造成上网时常掉线原因，主要分为软件故障和硬件故障两种原因造成，其中软件故障主要可能是由于网络驱动程序和网络设置问题；而硬件故障主要原因是ADSL Modem设备、线路故障和网卡故障等。

【故障排除】：在网络故障排除，可以从以下方面排除。

- 重启ADSL设备

有时会因为设备使用时间长，机身发热或质量差，可以尝试重启设备，并重新插拔网线。

- 检查网卡驱动

造成上网时常掉线原因，主要分为软件故障和硬件故障两种原因造成，其中软件故障主要可能是由于网络驱动程序和网络设置问题；而硬件故障主要原因ADSL Modem设备、线路故障和网卡故障等。

- TCP/IP协议故障

TCP/IP协议故障损坏，可尝试重新安装协议。

- 网线故障

网络连接异常，也有可能是因为网线连接松动，可以检测网线接头是否松动，是否断线。

17.2.4 故障3：拨号时出现630错误提示

【Error 630】：无法拨号，没有合适的网卡和驱动。

【故障分析】：可能是由于网卡未安装好、网卡驱动不正常或网卡损坏等。

【故障排除】：检查电脑网卡是否工作正常或更新网卡驱动使用正确的用户名和密码重新连接，如果不行则使用正确的网络服务提供商提供的账号格式。

17.2.5 故障4：拨号时出现645错误提示

【Error 645】：网卡未正确响应。

【故障分析】：网卡故障，或者网卡驱动程序故障。

【故障排除】：检查网卡，重新安装网卡驱动程序。

17.2.6 故障5：拨号时出现678错误提示

【Error 678】：出现“错误678：拨入方计算机没有应答，请稍等再试”提示，无法建立连接。

【故障分析】：错误678表示远程计算机没有响应，此故障多是因为本地网络没有连通。

【故障排除】：解决错误678的具体方法如下。

- 检查硬件的连接

检查线路连接是否正确，接口是否连接正常，网卡是否正常工作。用户可以观察ADSL Modem上的LAN口指示灯是否常亮，如果指示灯不亮，则表示Modem和网卡未连通，可以尝试更换网线和网卡。如果使用了路由器或交换机，可以尝试更换接口。

- 重新设置网络

可能由于系统设置问题，可以尝试从以下方法解决。

可以尝试删除并重装TCP/IP协议。

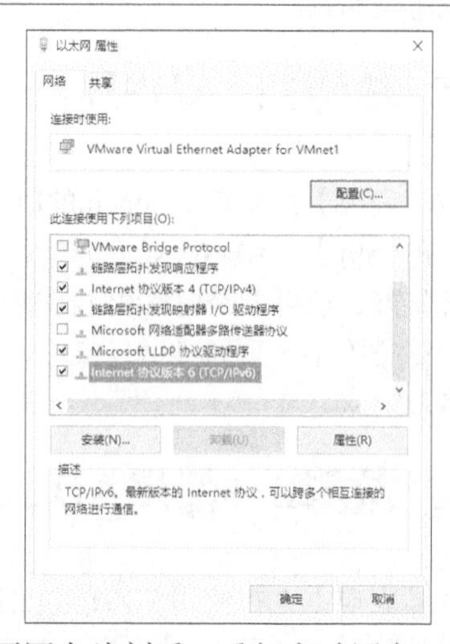

禁用网卡片刻后，重新启动网卡。

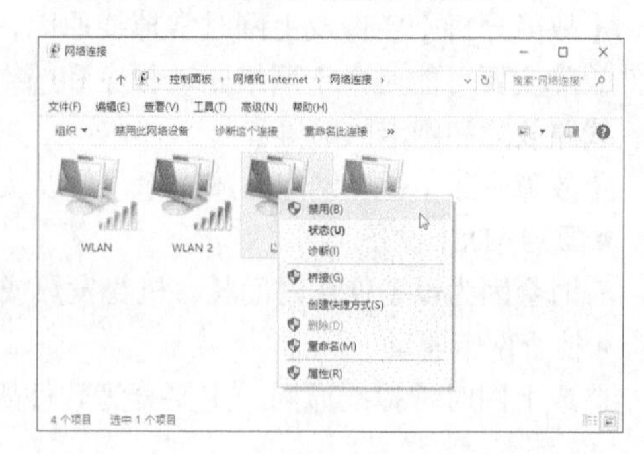

重启ADSL Modem和电脑后，再次进行拨号连接。

17.2.7 故障6：拨号时出现691错误提示

【Error 691】：输入的用户名和密码不对，无法建立连接。

【故障分析】：用户名和密码错误或ISP服务器故障。

【故障排除】：使用正确的用户名和密码重新连接，如果不行则使用正确的网络服务提供商提供的账号格式。

17.2.8 故障7：拨号时出现797错误提示

【Error 797】：ADSL Modem连接设备没有找到。

【故障分析】：首先查看ADSL Modem电源有没有打开、网卡和ADSL Modem之间的连接线或网线是否有问题、软件安装以后相应的协议没有正确安装、在创建拨号连接时是否输入正确的用户名和密码等。

【故障排除】：检查电源、连接线是否松动，查看【宽带连接属性】对话框中的【网络】配置是否正确。

17.3 网络连接故障

本节教学录像时间：7 分钟

本节主要讲述常见的网络连接故障，包括无法发现网卡、网线故障、无法链接、链接受阻和无线网卡故障。

17.3.1 故障1：无法发现网卡

【故障表现】：一台电脑是“微星2010”的网卡，在正常使用中突然显示网络线缆没有插好，观察网卡的LED却发现是亮的，于是重启了网络连接，正常工作了一段时间，同样的故障又出现了，而且提示找不到网卡，打开【设备管理器】窗口多次刷新也找不到网卡，打开机箱更换PCI插槽后，故障依然存在。于是使用替换法，将网卡卸下，插入另一台正常运行的电脑，故障消除。

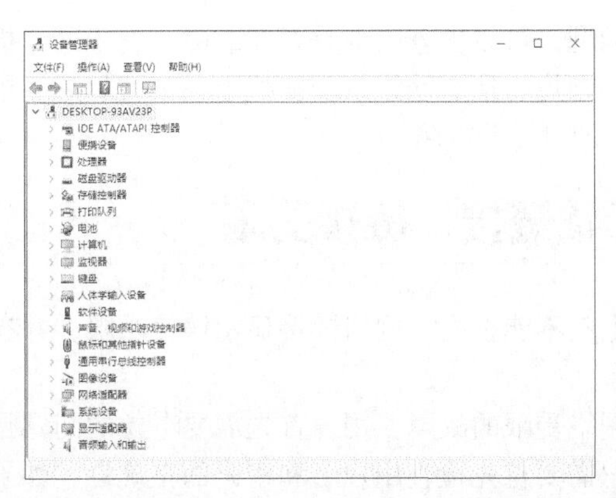

【故障分析】：从故障可以看出，故障发生在电脑上。一般情况下，板卡丢失后，可以通过更换插槽的方式重新安装，这样可以解决因为接触不良或驱动问题导致的故障，既然通过上述方法并没有解决问题，那么导致无法发现网卡的原因应该与操作系统或主板有关。

【故障排除】：首先重新安装操作系统，并安装系统安全补丁，同时，从网卡的官方网站下载并安装最新的网卡驱动程序。如果不能排除故障，这说明是主板的问题，先为主板安装驱动程序，重新启动电脑后测试一下，如果故障仍然存在，建议更换主板。

17.3.2 故障2：网线故障

【故障表现】：公司的局域网内有6台电脑，相互访问速度非常慢，对所有的电脑都实施了杀毒处理，并安装了系统安全补丁，并没有发现异常，更换一台新的交换机后，故障依然存在。

【故障分析】：既然更换交换机后仍然不能解决故障，说明故障和交换机没有关系，可以从网线和主机下手进行排除。

【故障排除】：首先测试网线，查看网线是否按照T568A或T568B标注制作。双绞线是由4对线按照一定的线序胶合而成的，主要用于减少串扰和背景噪音的影响。在普通的局域网中，使用双绞线8条线中的4条，即1、2、3和6。其中1和2用于发送数据，3和6用于接收数据。而且1和2必须来自一个绕对，3和6必须来自一个绕对。如果不按照标准制作网线，由于串扰较大，受外界干扰严重，从而导致数据的丢失，传输速度大幅度下降，用户可以使用网线测试仪测试一下网线是否正常。

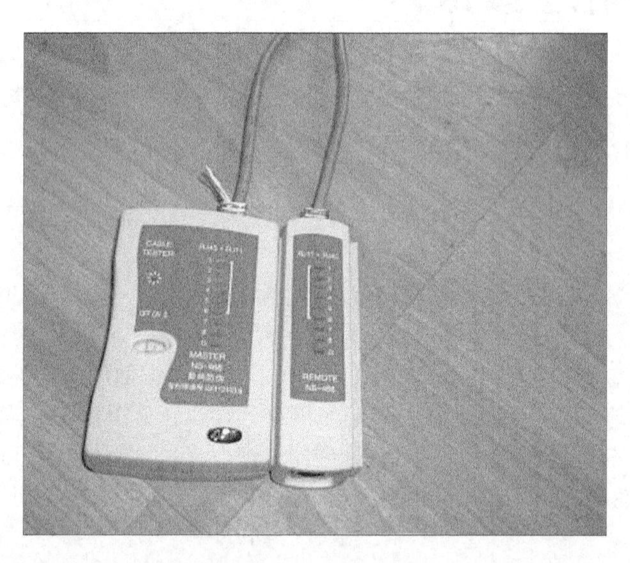

其次，如果网线没有问题，可以检查网卡是否有故障，由于网卡损坏也会导致广播风暴，从而严重影响局域网的速度。建议将所有网线从交换机上拔下，然后一个一个地插入，测试哪个网卡已损坏，换掉坏的网卡，即可排除故障。

17.3.3 故障3：无法链接、链接受限

【故障表现】：一台电脑不能上网，网络链接显示链接受限，并有一个黄色叹号，重新启动链接后，故障仍然无法排除。

【故障分析】：对于网络受限的故障，用户首先需要考虑的问题是上网的方式，如果是指定的用户名和密码，此时用户需要首先检查用户名和密码的正确性，如果密码不正确，链接也会受

限。重新输入正确的用户和密码后如果还不能解决问题，可以考虑网络协议和网卡的故障，可以重新安装网络驱动和换一台电脑试试。

【故障排除】：重新安装网络协议后，故障排除，所有故障的原因可能来源于协议遭到病毒破坏的缘故。

17.3.4 故障4：无线网卡故障

【故障表现】：一台笔记本电脑使用无线网卡上网，出现以下故障，在一些位置可以上网，另外一些位置却不能上网，重装系统后，故障依然存在。

【故障分析】：首先检查无线网卡和笔记本是否连接牢固，建议重新拔下再安装一次。操作后故障依然存在。

【故障排除】：一般情况下，无线网卡容易受附近的电磁场的干扰，查看附近是否存在大功率的电器、无线通信设备，如果有可以将其移走。干扰也可能来自附近的计算机，离得太近干扰信号也比较强。经过移动大功率的电器后，故障已经排除。如果此时还存在故障，可以换一个无线网卡试试。

17.4 网卡驱动与网络协议故障

本节教学录像时间：4 分钟

如果排除了硬件本身的故障，用户首先需要考虑的就是网卡驱动程序和网络协议的故障。

17.4.1 故障1：网卡驱动丢失

【故障表现】：一台电脑出现以下故障，在启动电脑后，系统提示不能上网，在【设备管理器】中看不到网卡驱动。

【故障分析】：用户首先可以重新安装网卡驱动程序，并且进行杀毒操作，因为有些病毒也可以破坏驱动程序。如果还不能解决问题，可以考虑重新安装系统，然后从官方下载驱动程序，并安装驱动程序。运行一段时间后，又出现网卡驱动丢失的现象。

【故障排除】：从故障可以看出，应该是主板的问题，先卸载主板驱动程序，重新启动计算机后安装驱动程序，故障排除。

17.4.2 故障2：网络协议故障

【故障表现】：一台计算机出现以下故障，可以在局域网中发现其他用户，但是不能上网。

【故障分析】：首先检查计算机的网络配置、包括IP地址、默认网卡、DNS服务器地址的设置是否正确、然后更换网卡、故障仍然没有解决。

【故障排除】：经过分析可以排除是硬件的故障，可以从网络协议的安装是否正确入手。首先Ping 一下本机IP地址，发现不通，可以考虑是本身计算机的网络协议出了问题，可以重新安装网络协议，具体操作步骤如下。

步骤01 单击任务栏右侧的【宽带连接】按钮，在弹出的菜单中单击【打开网络和共享中心】链接。

步骤02 弹出【网络和共享中心】窗口，单击【更改网络适配器】链接。

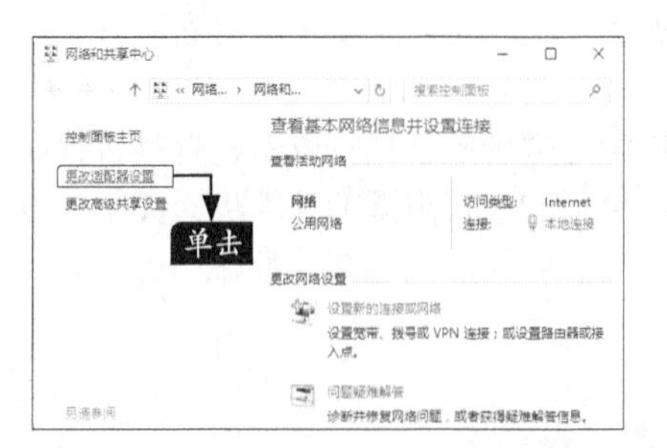

步骤03 弹出【网络连接】窗口，选择【本地连接】图标并右键单击，在弹出的快捷菜单中选择【属性】菜单命令。

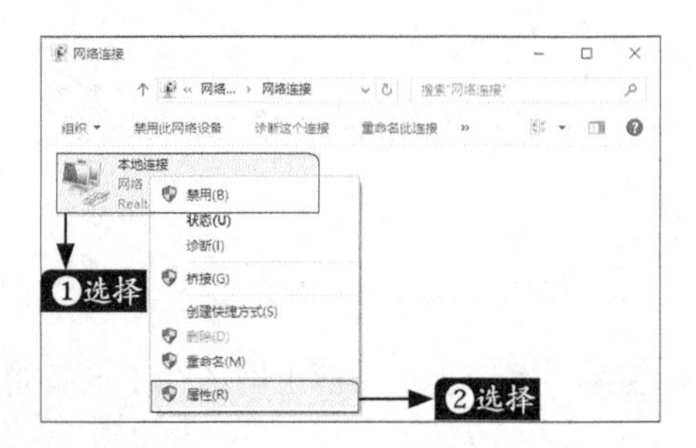

步骤04 弹出【本地连接属性】对话框，然后在【此连接使用下列项目】列表框中选择【Internet协议版本 4（TCP / IP）】复选框，单击【安装】按钮。

步骤05 弹出【选择网络功能类型】对话框，在【单击要安装的网络功能类型】列表框中选择【协议】选项，单击【添加】按钮。

步骤06 弹出【选择网络协议】对话框，单击【从磁盘安装】按钮。

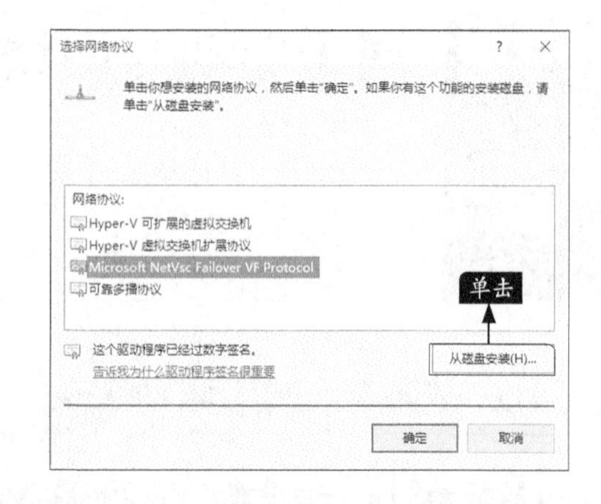

步骤07 弹出【从磁盘安装】对话框，单击【浏览】按钮，找到下载好的网络协议或系统光盘中的协议，单击【确定】按钮，系统即将自动安装网络协议。

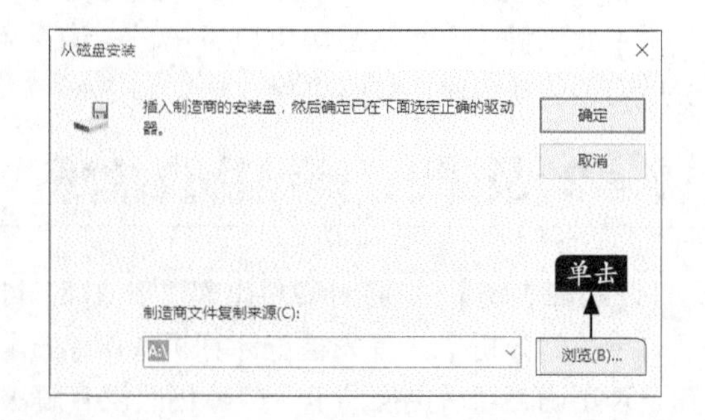

17.4.3 故障3：IP地址配置错误

【故障表现】：一个小局域网中出现以下故障，一台配置了固定IP地址的计算机不能上网，而其他计算机却能上网，此时Ping网卡也不通，更换网卡问题依然存在。

【故障分析】：通过测试，发现有故障的计算机可以连接其他的计算机，说明网络连接没有问题，因此导致故障的原因是IP地址配置错误。

【故障排除】：首先打开网络连接，重新配置计算机的默认网关、DNS和子网掩码，使之和其他的配置相同。通过修改DNS后，故障消失。

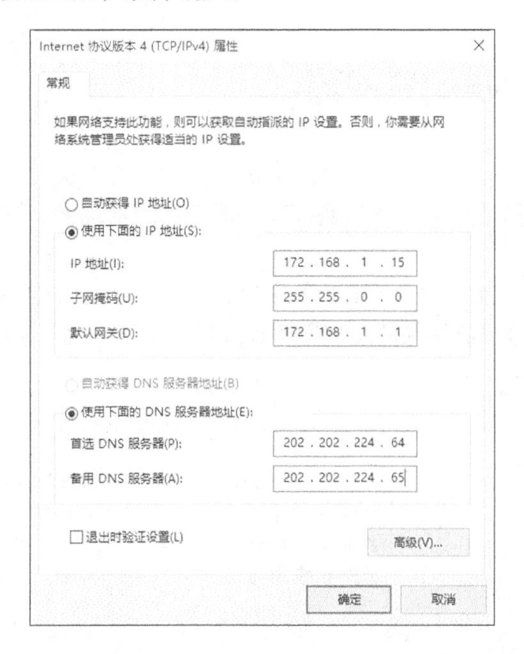

17.5 无法打开网页故障

本节教学录像时间：6 分钟

无法打开网页的主要原因有浏览器故障、DNS故障和病毒故障等。

17.5.1 故障1：浏览器故障

在网络连接正常的情况下，如果无法打开网页，用户首先需要考虑的问题是浏览器是否有问题。

【故障表现】：使用IE浏览器浏览网页时，IE浏览器总是提示错误，并需要关闭。

【故障分析】：从故障可以判断是IE浏览器的系统文件被破坏所致。

【故障排除】：排除此类故障最好的办法是重新安装IE浏览器。

打开【运行】对话框，在【打开】文本框中输入“rundll32.exe setupapi，InstallHinfSection Default InstallHinfSection Default Install 132%windir%\Inf\ie.inf”命令，单击【确定】按钮即可重装IE。

17.5.2 故障2：DNS配置故障

当IE无法浏览网页时，可先尝试用IP地址来访问，如果可以访问，那么应该是DNS的问题，造成DNS的问题可能是联网时获取DNS出错或DNS服务器本身问题，这时用户可以手动指定DNS服务。

打开【Internet协议版本 4（TCP／IP）】对话框，在【首选DNS服务器】和【备用DNS服务器】文本框中重新输入服务商提供的DNS服务器地址，单击【确定】按钮即可完成设置。

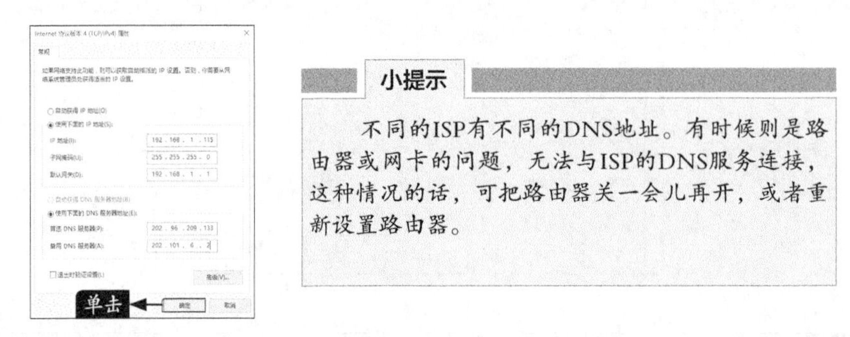

小提示

不同的ISP有不同的DNS地址。有时候则是路由器或网卡的问题，无法与ISP的DNS服务连接，这种情况的话，可把路由器关一会儿再开，或者重新设置路由器。

【故障表现】：网络出现以下问题，经常的访问的网站已经打不开，而一些没有打开过的新网站却可以打开。

【故障分析】：从故障现象看，这是本地DNS缓存出现了问题。为了提高网站访问速度，系统会自动将已经访问过并获取IP地址的网站存入本地的DNS缓存里，一旦再对这个网站进行访问，则不再通过DNS服务器而直接从本地DNS缓存取出该网站的IP地址进行访问。所以，如果本地DNS缓存出现了问题，会导致网站无法访问。

【故障排除】：重建本地DNS缓存，可以排除上述故障。

打开【运行】对话框，在【打开】文本框中输入“ipconfig /flushdns”命令，单击【确定】按钮即可重建本地DNS缓存。

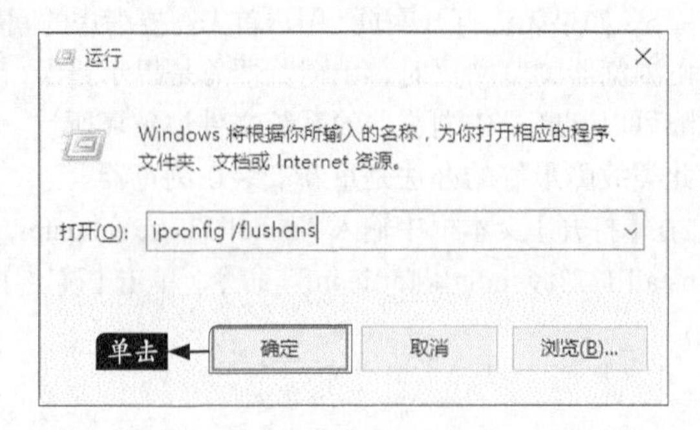

17.5.3 故障3：病毒故障

【故障表现】：一台电脑在浏览网页时出现以下问题，主页能打开，二级网页打不开。过一段时间后，QQ聊天工具能上，所有网页打不开。

【故障分析】：从故障现象可以分析，主要是恶意代码（网页病毒）以及一些木马病毒。

【故障排除】：在任务管理器里查看进程，看看CPU的占用率如何，如果是 100%，初步判断是感染了病毒，这就要查看是哪个进程占用了CPU资源。找到后，记录名称，然后结束进程。如果不能结束，则启动到安全模式下把该程序结束，然后弹出的【开始】菜单中选择【所有程序】➤【附件】➤【运行】菜单命令。弹出【运行】对话框，在【打开】文本框中输入“regedit”命令，在弹出的注册表窗口中查找记录的程序名称，然后删除即可。

17.6 局域网故障

本节教学录像时间：8 分钟

常见的局域网故障包括共享故障、IP地址冲突和局域网中网络邻居响应慢等。

17.6.1 故障1：局域网共享故障

虽然可以把局域网定义为“一定数量的计算机通过互连设备连接构成的网络”，但是仅仅使用网卡让计算机构成一个物理连接的网络还不能实现真正意义的局域网，它还需要进行一定的协议设置，才能实现资源共享。

（1）同一个局域网内的计算机IP地址应该是分布在相同网段里的，虽然以太网最终的地址形式为网卡MAC地址，但是提供给用户层次的始终是相对好记忆的IP地址形式，而且系统交互接口和网络工具都通过IP来寻找计算机，因此为计算机配置一个符合要求的IP是必需的，这是计算机查找彼此的基础，除非你是在DHCP环境里，因为这个环境的IP地址是通过服务器自动分配的。

（2）要为局域网内的机器添加“交流语言”—局域网协议，包括最基本的NetBIOS协议和NetBEUI协议，然后还要确认“Microsoft 网络的文件和打印机共享”已经安装并为选中状态，然后，还要确保系统安装了“Microsoft 网络客户端”，而且仅仅有这个客户端，否则很容易导致各种奇怪的网络故障发生。

（3）用户必须为计算机指定至少一个共享资源，如某个目录、磁盘或打印机等，完成了这些工作，计算机才能正常实现局域网资源共享的功能。

（4）计算机必须开启139、445这两个端口的其中一个，它们被用作NetBIOS会话连接，而且是SMB协议依赖的端口，如果这两个端口被阻止，对方计算机访问共享的请求就无法回应。

但是并非所有用户都能很顺利地享受到局域网资源共享带来的便利，由于操作系统环境配置、协议文件受损、某些软件修改等因素，时常会令局域网共享出现各种各样的问题，如果你是网络管理员，就必须学习如何分析排除大部分常见的局域网共享故障了。

【故障表现】：某局域网内有4台电脑，其中A机器可以访问B、C、D机器的共享文件，而B、C、D机器都不能访问A机器上的共享文件，提示“Windows 无法访问”的信息。

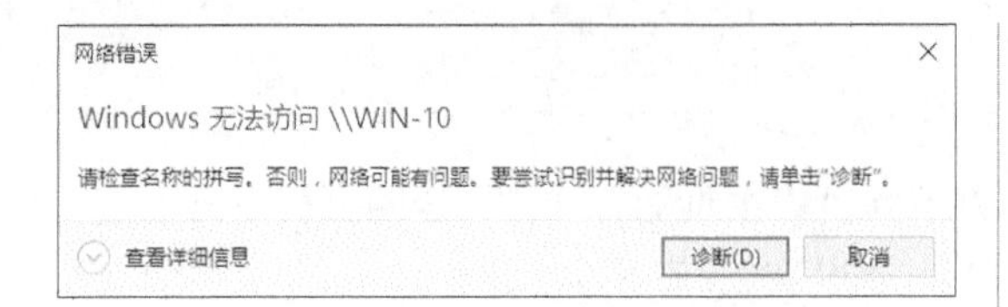

【故障分析】：首先在其他电脑上直接输入电脑A的IP地址访问，仍然弹出网络错误的提示信息，然后关闭电脑A上的防火墙，检查组策略相关的服务，故障依然存在。

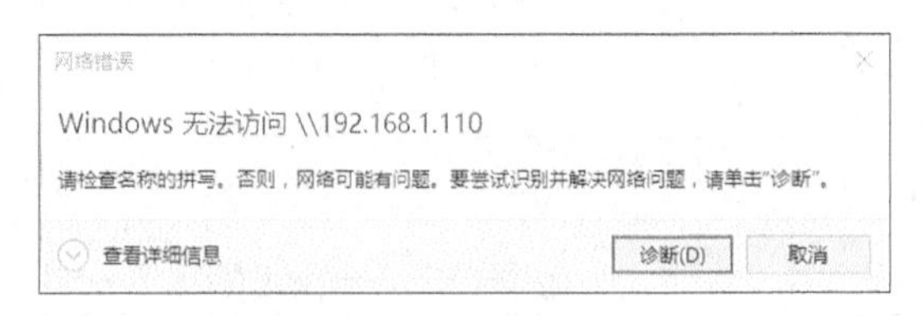

【故障排除】：根据上述的分析，可以从以下几方面排除。

检查电脑A的工作组是否和其他电脑一致，如果不一样可以更改，具体操作步骤如下。

步骤01 右键单击桌面上的【此电脑】图标，在弹出的快捷菜单中选择【属性】菜单命令。

步骤02 弹出【系统】窗口，单击【更改设置】按钮。

步骤03 弹出【系统属性】对话框，选择【计算机名】选项卡，单击【更改】按钮。

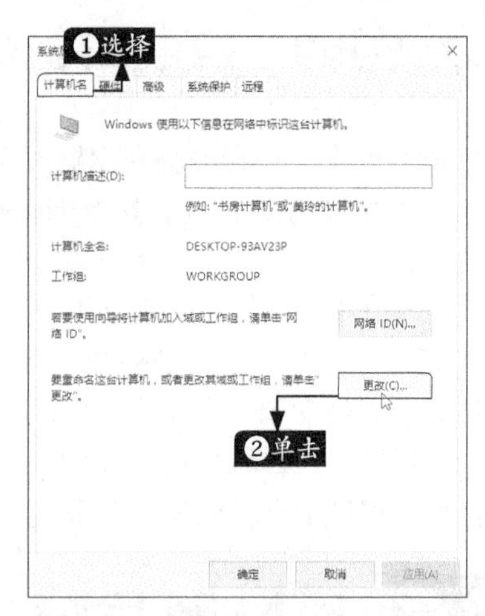

步骤04 弹出【计算机名/域更改】对话框，在【工作组】下的文本框中输入相同的名称，单击【确定】按钮。

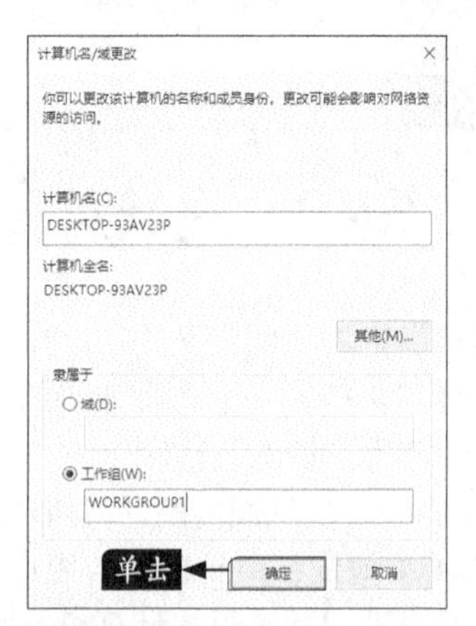

检查电脑A上的Guest用户是否开启，具体操作步骤如下。

步骤01 右键单击桌面上的【此电脑】图标，在弹出的快捷菜单中选择【管理】菜单命令。

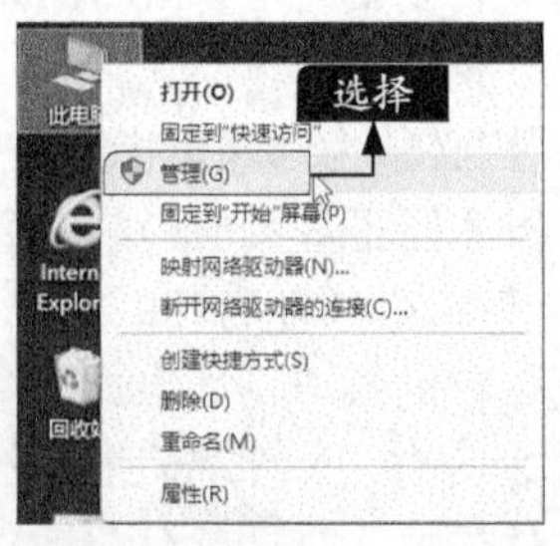

步骤02 弹出【计算机管理】窗口，在左侧的窗格中选择【系统工具】➤【本地用户和组】➤【用户】选项，在右侧的窗口中选择【Guest】并右键单击，在弹出的快捷菜单中选择【属性】菜单命令。

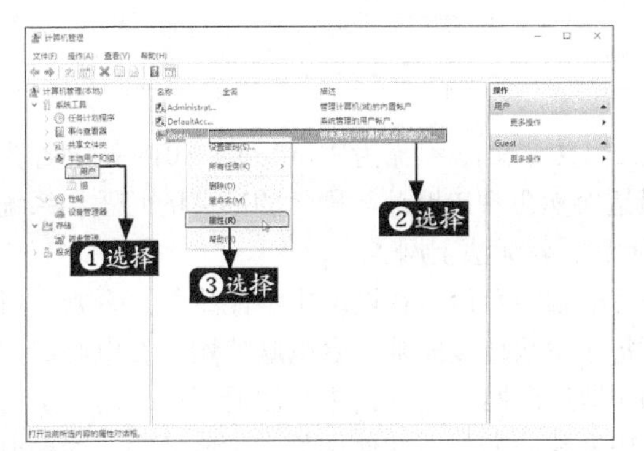

步骤03 弹出【Guest 属性】对话框，选择【常规】选项卡，取消选中【账户已禁用】复选框，单击【确定】按钮即可完成设置。

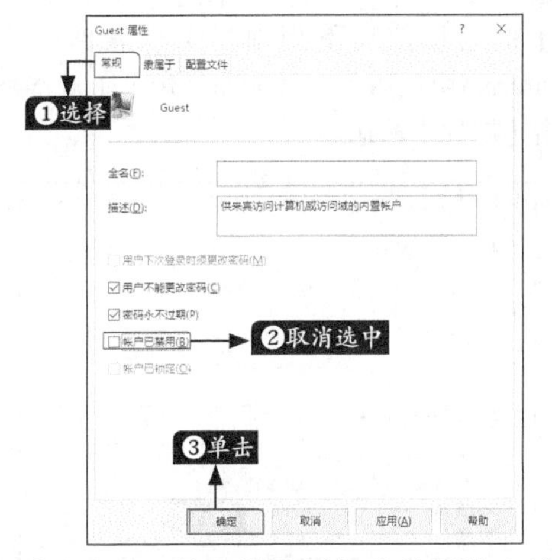

检查电脑A是否设置了拒绝从网络上访问该计算机，具体操作步骤如下。

步骤01 按【Windows+R】组合键，打开【运行】对话框，在【打开】文本框中输入“gpedit.msc”命令，单击【确定】按钮。

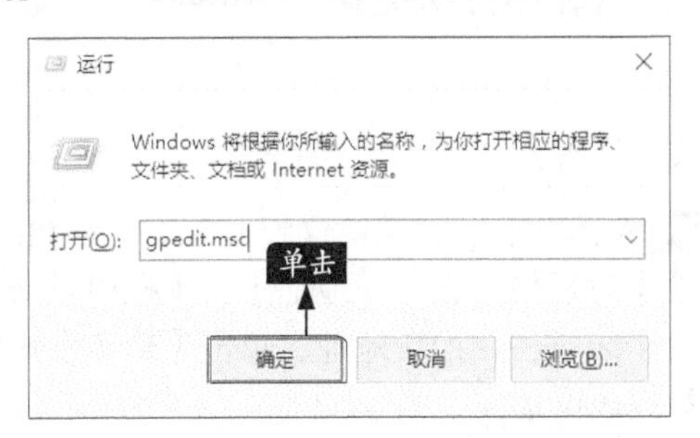

步骤02 弹出【本地组策略编辑器】对话框，在左侧的窗口中选择【本地计算机策略】➤【计算机配置】➤【Windows设置】➤【安全设置】➤【本地策略】➤【用户权限分配】选项。

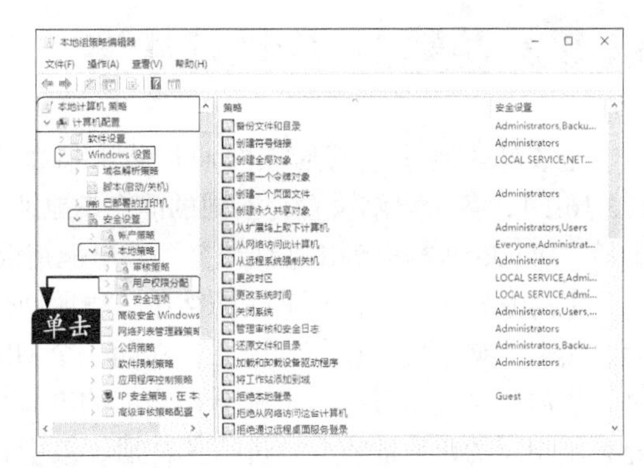

步骤03 在右侧的窗口中选择【拒绝从网络访问这台计算机】选项，右键单击并在弹出的快捷菜单中选择【属性】菜单命令。

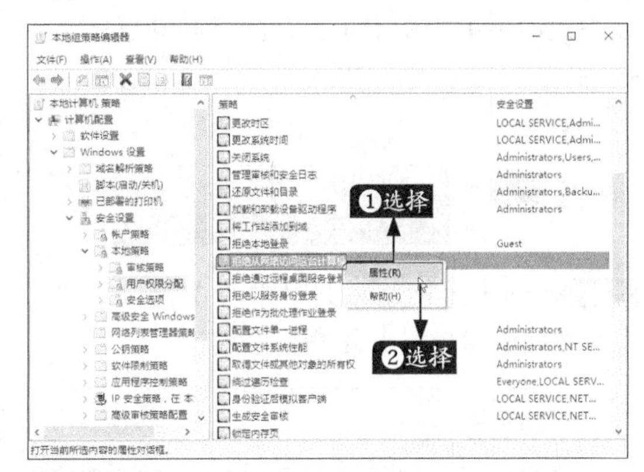

步骤04 弹出【拒绝从网络访问这台计算机 属性】对话框，选择【本地安全设置】选项卡，然后选择【Guest】选项，单击【删除】按钮，单击【确定】按钮即可完成设置。

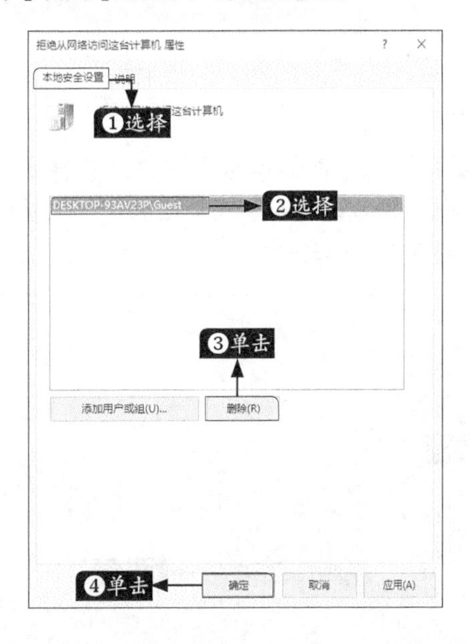

17.6.2 故障2：IP地址冲突

【故障表现】：某局域网通过路由器接入Internet，操作系统为Windows 10网关设置为172.16.1.1，各个电脑设置为不同的静态IP地址。最近突然出现IP地址与硬件的冲突的问题，系统提示“Windows 检查到IP地址冲突”。出现错误提示后，就无法上网了。

【故障分析】：在TCP/IP网络中，IP地址代表着电脑的身份，在网络中不能重复。否则，将无法实现电脑之间的通信，因此，在同一个网络中每个IP地址只能被一台电脑使用。在电脑启动时，当加载网络服务时，电脑会把当前的电脑名和IP地址向网络上广播进行注册，如果网络上已经有了相同的IP地址或电脑进行了注册，就会提示IP地址冲突。而在使用静态IP地址时，如果电脑的数目比较多，IP地址冲突是经常的事情，此时重新设置IP地址即可解决故障。

【故障排除】：重新设置静态IP地址的具体操作步骤如下。

步骤 01 单击任务栏右侧的【网络】图标，在弹出的菜单中单击【打开网络和共享中心】链接。

步骤 02 弹出【网络和共享中心】窗口，单击【更改适配器设置】链接。

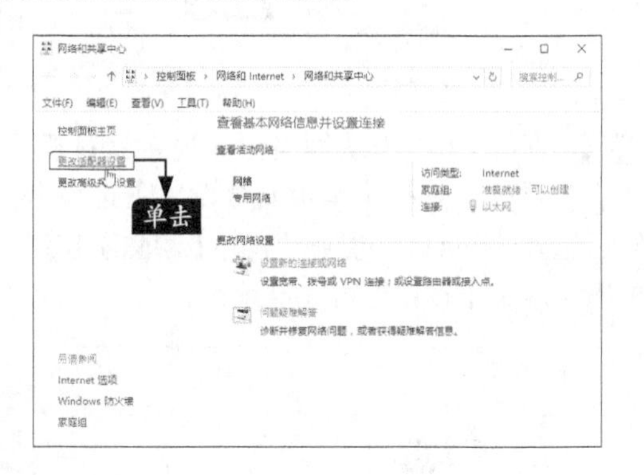

步骤 03 弹出【网络连接】窗口，选择【以太网】图标并右键单击，在弹出的快捷菜单中选择【属性】菜单命令。

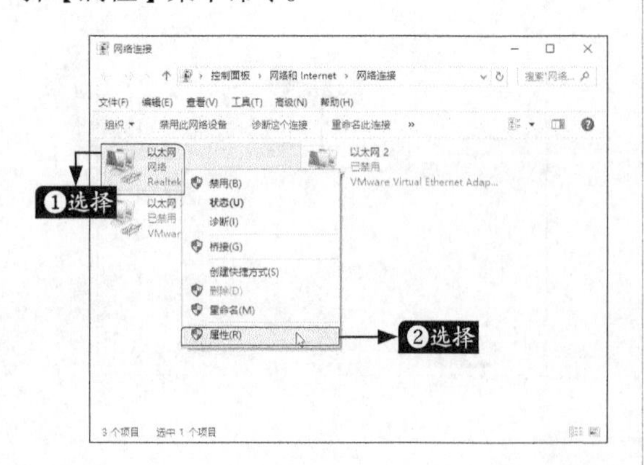

步骤 04 弹出【以太网 属性】对话框，然后在【此连接使用下列项目】列表框中选中【Internet协议版本 4（TCP / IP）】复选框，单击【属性】按钮。

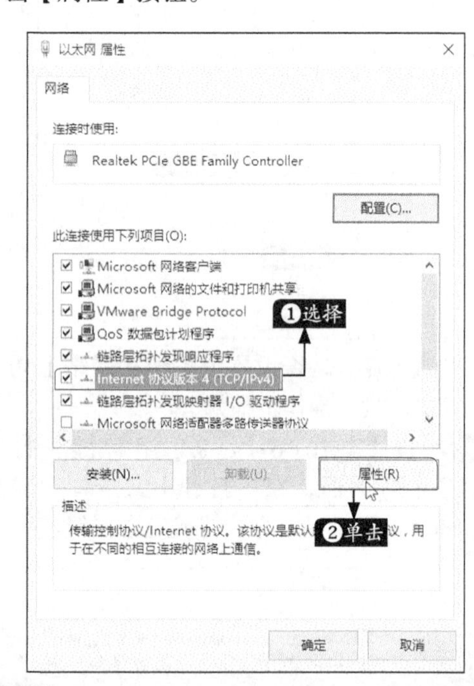

步骤 05 弹出【Internet协议版本 4（TCP / IP）属性】对话框，在【IP地址】文本框中重新输入一个未被占用的IP地址，单击【确定】按钮即可完成设置。

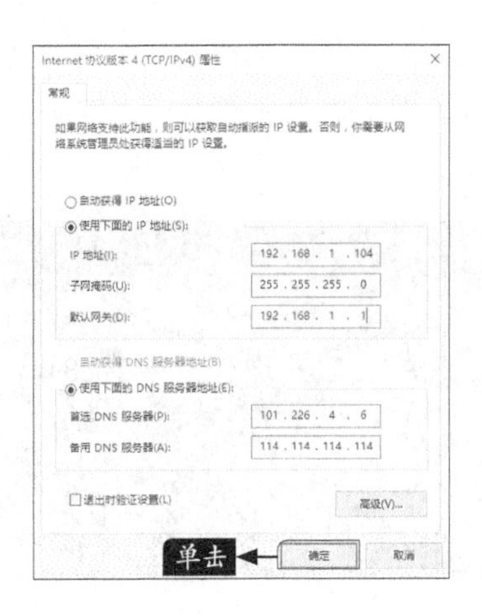

小提示

如果使用的是自动获得IP地址，可以将网络禁用，重新获取IP即可。

17.6.3 故障3：局域网中网络邻居响应慢

【故障表现】：某局域网内有25台电脑，分别装有Windows 7、Windows Server 2008和Windows 10操作系统，最近发现，打开网络邻居速度非常慢，要查找好长时间。尝试很多方法（包括更换交换机、服务器全面杀毒、重装操作系统等），都没有解决问题，故障依然存在。

【故障分析】：一般情况下，直接访问【网上邻居】中的用户，打开的速度比较慢是很正常的，特别是网络内拥有很多电脑时。主要是因为打开【网上邻居】时是一个广播，会向网络内的所有电脑发出请求，只有等所有的电脑都作出应答后，才会显示可用的结果。但是如果网卡有故障也会造成上述现象。

【故障排除】：首先测试网卡是否有故障。单击【开始】按钮，在【运行】对话框中输入邻居的用户名，如果可以迅速访问，则可以判断和网卡无关，否则可以更换网卡，从而解决故障。

高手支招

本节教学录像时间：3 分钟

可以正常上网，但网络图标显示为叉号

【故障表现】：电脑可以正常打开网页，上QQ，但是任务栏右侧的【网络】图标显示为红色叉号。

【故障分析】：如果可以上网，说明网络连接正常，主要可能由于系统识别故障，此时可以重新启用下本地网络连接或重新启动电脑即可。

【故障排除】：具体解决步骤如下。

步骤01 打开【网络连接】窗口，选择【以太网】图标并右键单击，在弹出的快捷菜单中选择【禁用】菜单命令。

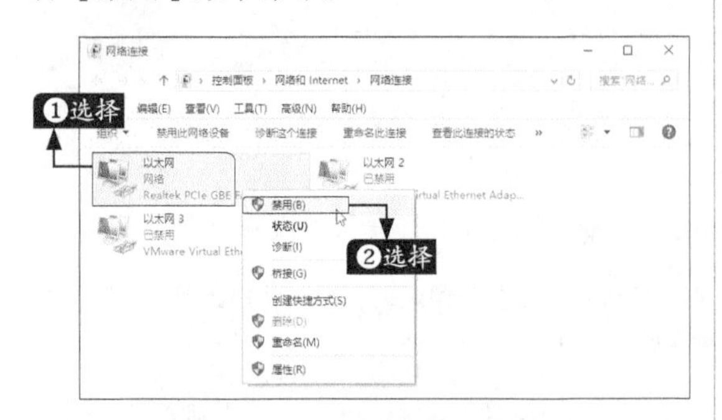

步骤02 禁用后，再次右键单击，选择【启用】菜单命令，即可正常连接，如下图所示，不在显示叉号。

可以发送数据，而不能接收数据

【故障表现】：局域网内一台电脑，出现不能接收数据，但可以发送数据，Ping自己的IP地址也不通。

【故障分析】：首次测试网线是否有问题，经测试网线正常，这样就可以排除线路的问题，故障应该出在网卡上。

【故障排除】：卸载网卡驱动程序并重新安装，安装TCP/IP协议，然后正确配置IP地址信息，故障不能排除，更换网卡的PCI插槽后，故障排除。

第6篇 硬件维修篇

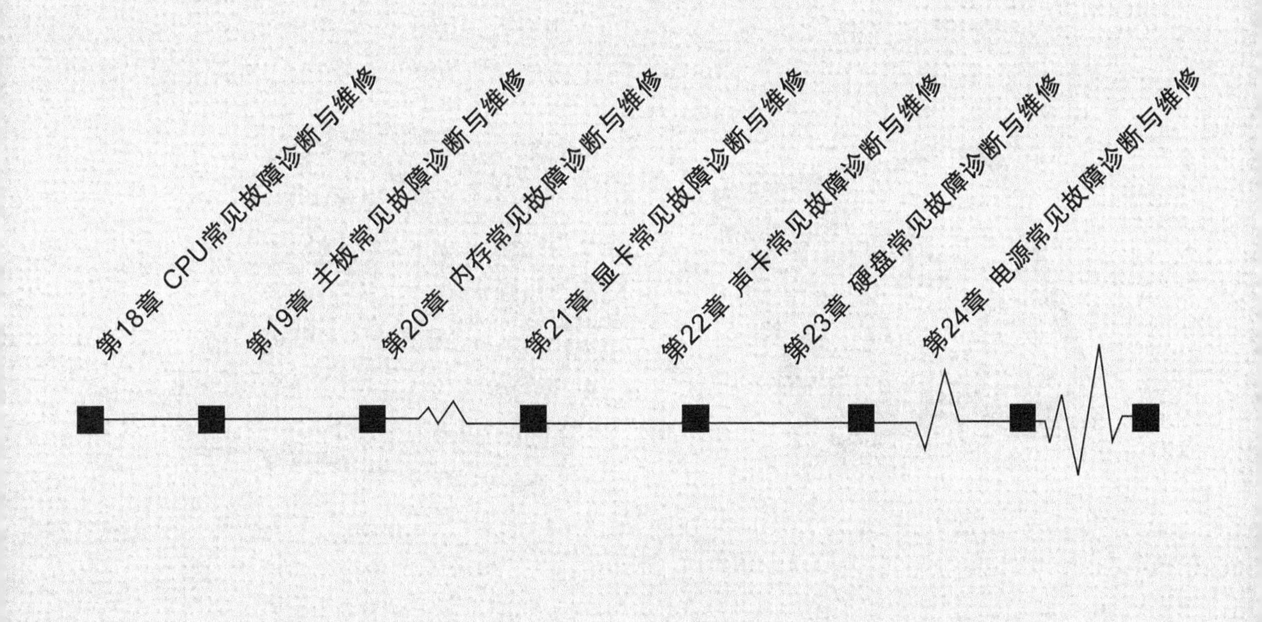

第18章 CPU常见故障诊断与维修
第19章 主板常见故障诊断与维修
第20章 内存常见故障诊断与维修
第21章 显卡常见故障诊断与维修
第22章 声卡常见故障诊断与维修
第23章 硬盘常见故障诊断与维修
第24章 电源常见故障诊断与维修

第 18 章

CPU常见故障诊断与维修

学习目标

CPU是电脑中最关键的部件之一，它关系到整个电脑的性能好坏，是电脑的运算核心和控制核心，电脑中所有操作都由CPU负责读取指令、对指令译码并执行指令，一旦其出了故障，电脑的问题就比较严重。本章主要讲述CPU常见故障诊断与维修。

18.1 CPU维修基础

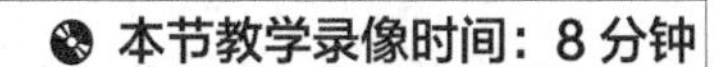

CPU是电脑能够正常运行的核心，如果CPU有损坏，需要及时进行维修，否则将会影响其他部件的正常工作和电脑的正常运行。

18.1.1 CPU的工作原理

CPU是按照程序进行工作，它的工作程序保存在寄存器中，从存储器或高速缓冲存储器中取出指令，放入指令寄存器，并对指令译码。它把指令分解成一系列的微操作，然后发出各种控制命令，执行微操作系列，从而完成一条指令的执行。指令是计算机规定执行操作的类型和操作数的基本命令。指令是由一个字节或者多个字节组成，其中包括操作码字段、一个或多个有关操作数地址的字段以及一些表征机器状态的状态字和特征码。有的指令中也直接包含操作数本身。

CPU的根本任务就是执行指令，对计算机来说最终都是一串由“0”和“1”组成的序列。CPU从逻辑上可以划分成3个模块，分别是控制单元、运算单元和存储单元，这三部分由CPU内部总线连接起来。

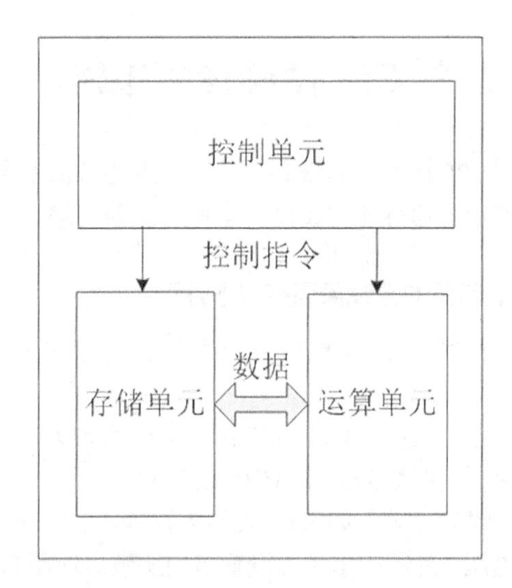

控制单元：控制单元是负责程序的流程管理和整个CPU的指挥控制中心，控制单元是实现一种或多种控制规律的控制仪表或控制部件。指令寄存器IR(Instruction Register)、指令译码器ID(Instruction Decoder)和操作控制器OC(Operation Controller)等，对协调整个电脑有序工作极为重要。

运算单元：是运算器的核心，可以执行算术运算和逻辑运算。相对控制单元而言，运算器接受控制单元的命令而进行动作，即运算单元所进行的全部操作都是由控制单元发出的控制信号来指挥的，所以它是执行部件。

存储单元：存储单元一般应具有存储数据和读写数据的功能，包括CPU片内缓存和寄存器组，是CPU中暂时存放数据的地方，里面保存着那些等待处理的数据，或已经处理过的数据。

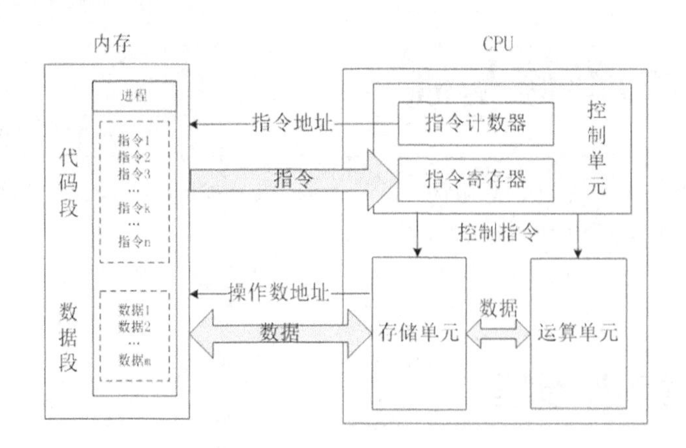

18.1.2 CPU故障诊断思路

CPU是电脑的核心部件，它发生故障会导致系统不能正常启动，以及在操作过程中系统运行不稳定和运行速度缓慢，或者死机等现象。

1.常见的故障原因有以下几种。

接触不良：CPU由于接触不良会导致无法开机或开机后黑屏，这时候处理方法是重新插一次CPU即可。

散热故障：CPU在工作时会产生较大的热量，如果散热不良会因为CPU温度过高会产生CPU故障，这时候需要注意CPU的散热。

设置故障：如果BIOS参数设置不当，也会引起无法开机、黑屏等故障。常见的是将CPU的工作电压、外频或倍频等设置错误所致。处理方法为将CPU的工作参数进行正确设置即可。

其他设备与CPU的工作频率不匹配：如果其他设备的工作频率和CPU的外频不匹配，则CPU的主频会发生异常，从而导致不能开机等故障。处理方法是将其他设备更换即可。

2.判断一台电脑是否是CPU故障，可以参照下面的诊断思路。

观察风扇运行是否正常：CPU风扇是否运行正常将直接影响CPU的正常工作，一旦其出了故障，CPU会因温度过高而被烧坏。所以用户在平常使用电脑时，要注意风扇的保养。

观察CPU是否被损坏：如果风扇运行正常，接下来打开机箱，取下风扇和CPU，观察CPU是否有被烧损、压坏的痕迹。现在大部分封装CPU都很容易压坏。另外，观察阵脚是否有损坏的现象，一旦其被损坏，也会引起CPU故障。

利用替换法检测是否是CPU的故障：找一个同型号的CPU，插入到主板中，启动电脑，观察是否还存在故障，从而判断是否是CPU内部出现故障，如果是CPU的内部故障，可以考虑换个新的CPU。

18.1.3 CPU维修的常用工具

一般来说维修CPU是很简单，主要是准备好CPU维修的常用工具，才能够更好的去解决办法。

尖嘴钳：要是用来拔插一些小元件，如跳线帽或主板的支撑架等。

螺丝刀：主要是安装和卸载螺丝。

清洁剂：主要用于接触不良或灰尘过多的处理，通过清洗可提高元件接触的灵敏性，能够解决因灰尘积累过多而影响散热所产生的故障。

小毛刷、吹气球：维修电脑的过程中一般需要清除机箱内存积的灰尘，清除灰尘时常用的工具有小毛刷和吹气球。

18.1.4 CPU维修的思路与流程

CPU在使用时发生故障，首先需要切断电源连接，然后打开电脑机箱摸一下CPU是否过热，如果温度过高，那么可能是CPU散热部件有问题。随后在接通电脑电源，查看CPU风扇是否工作，并且感觉风扇的风向和风力是否正常，如果CPU风扇不转动或者风力很小，这时候就需要更换CPU风扇。总之CPU在发生故障时，需要逐步检查，逐一排除。

CPU维修流程图如下。

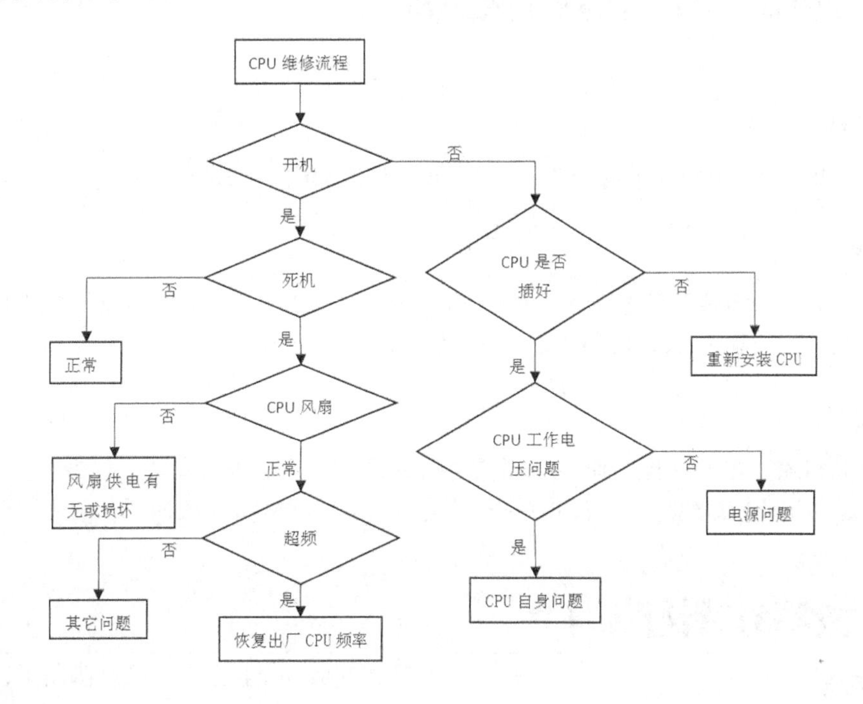

18.2 CPU常见故障与维修

本节教学录像时间：12 分钟

CPU是电脑的重要一部分，如果发生故障不及时处理会影响到电脑的正常运行，本节将讲述如何对CPU常见的故障进行维修。

18.2.1 故障1：开机无反应

1.故障表现

当电脑挪动后，按下电源开关后，开机系统无任何反应，电源风扇不转，显示器无任何显示，机箱的电脑喇叭无任何声音。

2.故障诊断

由于电脑经过了挪动，说明电脑机箱内部的硬件出现了接触不良的故障。首先打开机箱，检查风扇是否被堵住，显卡是否松动，拔下显卡后用橡皮擦下，然后再重新插到主板上，开机检测，如果还是开机无反应，开始检查CPU的问题。关闭电源，将CPU拔下，发现CPU有松动，而且CPU的针脚有发绿的现象，这说明CPU被氧化。

3.故障处理

卸下CPU，用皮老虎清理一下CPU插槽，使用橡皮擦清理一下针脚，然后重新插上CPU，通电开机，电脑恢复正常。

18.2.2 故障2：CPU超频导致黑屏

1.故障表现

电脑CPU超频后，开机显示器会显示黑屏现象，同时无法进入BIOS。

2.故障诊断

这种故障是由于超频引起的故障。由于CPU频率设置太高，造成CPU无法正常工作，并造成显示器点不亮且无法进入BIOS中进行设置，因此也就无法给CPU降频。

3.故障处理

打开电脑机箱，在主板上找到CMOS电池取下并放电，几分钟后安装上电池，重新启动并按【Delete】键，进入BIOS界面，将CPU的外频重新调整到66MHz，改回原来的频率即可正常使用。

18.2.3 故障3：针脚损坏

1.故障表现

当电脑运行正常，用户为了散热卸下CPU，涂抹一些散热胶，然后重新插上CPU，按下电源开关后，电脑不能开机。

2.故障诊断

由于只是将CPU拆下涂抹了些散热胶，并没有做太大的改动，所以应该是某个部件接触不良，或者灰尘过多造成的。首先将显卡、内存等部件全部拆下，进行简单的清理工作，然后将主板上的灰尘打扫干净。重新安装后如果问题依然存在，这时需要找另外一种方法，COMS电池没电也会引发无法开机的问题，当更换完电池依然无法开机。那么将会是其他问题，将CPU拆下，如果发现插座内已经有数个针脚变形，而且还有一个针脚断了，那么就是针脚损坏问题。

3.故障处理

根据故障诊断，可以判断是针脚的问题，首先使用镊子将针脚复位，然后将断的针脚焊接上。安装上CPU，重新开机测试，问题解决。具体焊接的操作步骤如下。

① 首先将CPU断脚处的表面刮净，用焊锡和松香对其迅速上锡，使焊锡均匀地附在断面上即可。

② 将CPU断脚刮净，用同样的方法上锡。如果短脚丢失，可以找个大头针代替。

③ 用双面胶将CPU固定在桌面上，左手用镊子夹住断脚，使上锡的一端与CPU断脚处相接，右手用电烙铁迅速将两者焊接在一起，可多使用一些松香，使焊点细小而光滑。

④ 将CPU小心地插入CPU插座内，如果插不进去，可用刀片对焊接处小心修整，插好后开机测试。

18.2.4 故障4：CPU温度过高导致系统关机重启

1.故障表现

电脑在使用一段时间后，会出现自动关机并重新启动系统，过几分钟又出现关机并重启现象。

2.故障诊断

首先可能是因为电脑中病毒，使用杀毒软件进行全盘扫描杀毒，如果没有发现病毒，然后用Windows的“磁盘碎片整理”程序进行磁盘碎片整理，问题还没有解决，那么关闭电源打开机箱，用手触摸电脑CPU，如果发现很烫手，则说明温度比较高，CPU的温度过高会引起不停重启的现象。

3.故障处理

解决CPU温度高引起的故障的具体操作步骤如下:

① 打开电脑机箱，开机并观察电脑自动关机时的症状，如果发现CPU的风扇停止转动，然后关闭电源，将风扇拆下，用手转下风扇，风扇转动很困难，说明风扇出了问题。

② 使用软毛刷将风扇清理干净，重点清理风扇转轴的位置，并在该处滴几滴润滑油，经过处理后试机。如果故障依然存在，可以换个新的风扇，再次通电试机，电脑运行正常，故障排除。

③ 为了更进一步提高CPU的散热能力，可以除去CPU表面旧的硅胶，重新涂抹新的硅胶，这样也可以加快CPU的散热，提高系统的稳定性。

④ 检查电脑是否超频。如果电脑超频工作会带来散热问题。用户可以使用鲁大师检查一下电脑的问题，如果是因为超频带来的高温问题，可以重新设置CMOS的参数。

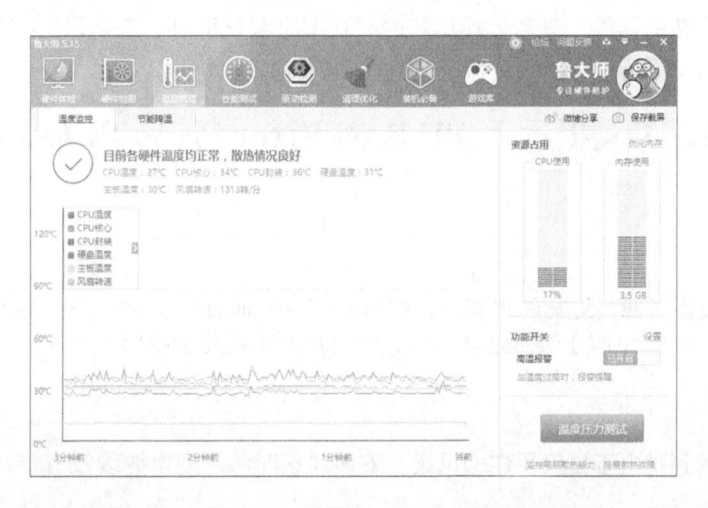

18.2.5 故障5：CPU温度故障导致死机

1.故障表现

当电脑启动一段时间后，在运行过程中出现死机或者后台运行较大游戏死机。

2.故障诊断

电脑在运行过程中发生死机现象一般是与CPU的温度有关。

3.故障处理

① 首先打开电脑机箱，启动电脑会发现CPU风扇转动速度时快时慢，而且CPU风扇上面还沾满灰尘。

② 将电脑关机取下CPU风扇，使用刷子把CPU风扇上的灰尘刷干净，然后将CPU风扇上下面的不干胶贴揭起一大半，直到露出轴承，这时候会发现轴承处的润滑油已经干涸，而且缝隙过大，造成风扇转动时的声音增大了许多。

③ 使用机油在上下轴承处各滴一滴，然后用手转动几下，擦去多余的机油，并且重新粘好贴纸，将CPU风扇重新装好，开机测试电脑，这时候会发现CPU风扇的转速明显比以前的快了很多，而且噪音也小很多，电脑运行时也不再死机。

18.2.6 故障6：CPU供电不足

1.故障表现

电脑在使用过程中不稳定，会发生莫名其妙的重启、或者启动不了等现象。

2.故障诊断

发生此类故障应该是由于升级了显卡或者CPU等器件，由于跟以前器件功率不同，造成电源超负荷运行，从而导致供电不足现象，否则就是对CPU或者显卡超频后导致部分器件功率大增，从而导致供电不足。

3.故障处理

如果是升级了新的器件，只需要换用新的高功率电源就可以。若是因为CPU、显卡等器件超频造成，则最好还原CPU等器件的原有频率就可以解决此类问题。

18.2.7 故障7：启动提示“CPU FAN Error Press F1 to Resume”错误

1.故障表现

在电脑开机发出了四声短响的报警声，然后就在自检画面上显示“CPU FAN Error Press F1 to Resume”。按照指示按【F1】键可进入系统，但再次开机还是会报错。

2.故障诊断

经过检查了解到是由于更换了CPU风扇，安装风扇时将风扇电源线没有接在主板CPU FAN插座上，主板BIOS检测不到CPU风扇转速，提示错误。

3.故障处理

① 首先进入BIOS，在“Power”的“Hardware Monitor”选项中发现“CPU FAN Speed”的值为N/A，而下面的“Chassis FAN Speed”反而显示“2500RPM”。

② 断开电源，打开电脑机箱，检查主板CPU风扇电源线的安装位置，发现风扇电源线接错了。接着将CPU风扇的电源线连接到主板CPU FAN插座上，然后装好电脑，开机测试，故障排除。

18.2.8 故障8：CPU温度上升过快

1.故障表现

一台电脑在运行时CPU温度上升很快，开机才几分钟左右温度就由31℃上升到51℃，然而到了53℃就稳定下来了，不再上升。

2.故障诊断

一般情况下，CPU表面温度不能超过50℃，否则会出现电子迁移现象，从而缩短CPU寿命。对于CPU来说53℃下温度太高了，长时间使用易造成系统不稳定和硬件损坏。

3.故障处理

根据现象分析，升温太快，稳定温度太高应该是CPU风扇的问题，只需更换一个质量较好的CPU风扇即可。

18.2.9 故障9：机箱噪声过大

1.故障表现

电脑在升级CPU后，每次开机时噪声特别大。但使用一会儿后，声音恢复正常。

2.故障诊断

CPU风扇未固定好
风扇缺油

3.故障处理

首先检查CPU风扇是否固定好，有些劣质机箱做工和结构不好，容易在开机工作时造成共振，增大噪音，另外可以给CPU风扇、机箱风扇的电机加点油。如果是因为机箱的箱体单薄造成的，最好更换机箱。

18.2.10 故障10：CPU低温下死机

1.故障表现

BIOS中显示CPU温度只有55℃左右，但在玩一些3D游戏时经常出现死机。

2.故障诊断

BIOS里显示的温度来自主板的热敏电阻，它探测到的温度只是CPU的外部温度，与CPU内部温度有较大的差距。一些老主板没有对热敏电阻测到的温度进行修正就直接在BIOS里显示。或者修正后偏差很大，导致BIOS不能反映真实的CPU温度，从而可能导致CPU温度过高而死机。

3.故障处理

一些主板的测温装置由于设计上的问题有时会出现误报现象，为此可以在开机运行一些时间后打开机箱用手摸一下CPU散热器，感觉一下其温度是否有那么高。如果CPU散热器不烫手，则很有可能是主板测温功能不准所造成的。

高手支招

本节教学录像时间：4 分钟

CPU散热片故障维修

（1）故障表现

为改善散热效果，在散热片和CPU之间安装半导体制冷片。为了保证导热良好，在制冷片涂抹硅胶，但是在使用一段时间后，电脑开机变成黑屏。

（2）故障诊断

电脑黑屏原因如下。

CPU散热风扇和CPU接触不良

显卡的问题

显示器的问题

CPU的问题

（3）故障处理

① 因为是电脑在使用一段时间后突然死机，应该是硬件有松动导致接触不良，只需要打开电脑主机将硬件重新插一遍，然后电脑开机。

② 如果故障还没有解除，检查显卡问题。由于从显示器的指示灯可以知道无信号输出，可以使用替换法检查显卡。如果显卡没有问题，使用相同方法检查显示器问题。

③ 检查完成后还没有发现故障，接着检查CPU，如果发现CPU的的针脚有点发黑和绿斑，这是生锈的表现。由于在散热片和CPU之间安装半导体制冷时在制冷片涂抹硅胶，制冷片的表面温度过低有结露现象，导致CPU长时间的在潮湿的环境中，产生锈斑造成接触不良现象，从而导致电脑开机后黑屏。

④ 将CPU拿出，使用橡皮将每一个针脚擦一遍，把散热片上的制冷片取出，然后再将电脑装好，就可以重新开机，电脑黑屏故障排除。

CPU散热故障维修

（1）故障表现

误将CPU散热片的扣具弄掉，发现之后又按照原样把扣具安装回散热片，但是重新安装好电扇加电开机后，电脑自动重启。

（2）故障诊断

造成此故障的原因如下。

电源问题

CPU温度过高

（3）故障处理

首先检查其他部件是否有问题，然后检查CPU，发现CPU也是没有问题的，然后更换下散热风扇，开机测试，一切正常。经过对比发现原来是扣具方向装反，导致散热片和CPU核心部分接触有空隙，主板侦测CPU过热，开启重启保护，只需要将散热片扣具重新安装好就可以解决此故障。

第19章 主板常见故障诊断与维修

学习目标

主板是整个电脑的关键部件，在电脑中起着至关重要的作用，主要负责电脑硬件系统的管理与协调工作。主板的性能直接影响着电脑的性能，如果主板产生故障将会影响到整个PC机系统的工作。本章主要讲述主板常见故障诊断与维修。

19.1 主板维修基础

本节教学录像时间：9 分钟

主板是组成电脑的重要部件，在对主板进行故障维修前，需要对主板维修进行一些基础了解，这样才能够更快捷、准确的去解决问题。

19.1.1 主板的工作原理

主板有三大工作原理，分别是供电，时钟，复位。在按下电脑机箱开关后，电源开始为电脑供电，主板上的零件开始运行，然后是时钟，时钟是为电脑工作设置的一种规律，电脑开始工作，一切正常后，主板开始复位，恢复到正常正确默认的设置，然后CPU内存硬盘开始工作。

电脑的工作原理在电路板下面，是4层有致的电路布线。在上面，则为分工明确的各个部件：插槽、芯片、电阻、电容等。当主机加电时，电流会在瞬间通过CPU、南北桥芯片、内存插槽、AGP插槽、PCI插槽、IDE接口以及主板边缘的串口、并口、PS/2接口等。随后，主板会根据BIOS来识别硬件，并进入操作系统发挥出支撑系统平台工作的功能。

19.1.2 主板的故障诊断思路

对于主板的故障诊断，采用的方法采用观察法，观察法包括看、闻、听、摸等。主板故障常用的维修方法有：清洁法、排除法、观察法、触摸法、软件分析法、替换法、比较法、重新焊接法等。

1. 看

一旦主板出现了故障，可以通过观察主板上各个插头、电阻、电容引脚是否有短路现象、主板表面是否有烧坏发黑的现象、电解电容是否有漏液等。通过看表面现象，可以发现比较明显的故障。

2. 闻

闻主机、板卡是否有烧焦的气味，通过闻是否有气味便于发现故障和确定短路的位置。

3. 听

电脑在开机后，通过听电源、风扇、软盘、硬盘、显示器等设备的工作声音是否正常，可以及时发现一些事故隐患，有助于对事故及时采取措施。

4. 摸

用手按压管座的活动芯片，看芯片是否松动或接触不良，另外用手触摸片的表面，感受元件的温度是否正常，可以判断出现故障的部位。如CPU和北桥芯片，在工作时应该是发热的，如果开机很久没有热的感觉，很有可能是烧毁电路了，而南桥芯片则不应该发热，如果感觉烫手，则可能该芯片已经短路了。

5. 清洁法

电脑用久了，由于机箱风扇的影响，在主板上特别容易积累大量的灰尘，特别是在风扇散热的部位比较明显。灰尘遇到潮湿的空气就会导电，造成电脑无法正常工作。使用吹风机、毛刷和皮老虎将灰尘清理干净，也许主板即可正常工作。

主板的一些插槽和芯片的插脚会因灰尘而氧化，从而导致接触不良，使用橡皮擦去内存条金手指的表面氧化层，内存条即可恢复正常工作。对于内存插槽处被氧化，也可以使用小刀片在插槽内刮削，可以去除插槽出的氧化物。

6. 排除法

电脑出现了故障，主要可能是主板、内存条、显卡、硬盘等出现了故障。将主板上的元件都拔掉，换上好的CPU和内存，查看主板是否正常工作。如果此时主板不能正常工作，可以判定是主板出现了故障。

7. 软件分析法

软件分析法主要包括简易程序测试法、检查诊断程序测试法和高级诊断法等3种。它是通过软件发送数据、命令，通过读线路的状态及某个芯片的状态来诊断故障的部位。

8. 替换法

对于一些特殊的故障，软件分析法并不能判断哪个元件出了问题。此时使用好的元件去替换所怀疑的元件，如果故障消失，则说明该元件是有问题的。通常可以根据经验直接替换好的元件，如果还是有问题，说明主板的问题比较严重。

9. 比较法

对于不同的主板其设计也不同。包括信号电压值、元件引脚的对地阻值也不相同。找一块相同型号的正常主板，与故障主板对比同一点的电压、频率或电阻，即可找到故障。

10. 重新焊接法

对于CPU插座、北桥芯片和南桥芯片因为虚焊而导致的主板故障，使用普通的方法很难检测出是哪根总线出了问题，此时可以将主板的大概故障部位放在锡炉上加热加焊，这样也能在一定概率上排除故障。

19.1.3 主板维修的常用工具

在对主板进行维修时，需要准备好维修的常用工具，这样可以很方便的维修主板，主板的常用工具如下。

1.拆焊设备

电烙铁：电烙铁是用来焊锡。

热风枪：热风枪是线路板的拆焊工具，同时热风枪还能将各种电线绝缘外皮收缩，连接点的连接，软化去除等。

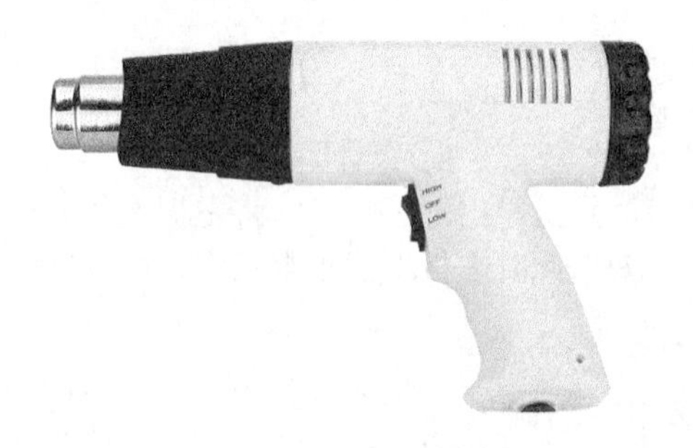

2.检测设备

诊断卡：主板检测专用工具。

万用表：万用表是产品维修中最常用的检测设备，用来测量静态的参数和测量电子元器件的功能好坏。

示波器：主要用来测试产品的动态信号波形。示波器还可以测量被测信号的延迟时间、上升沿（上升时间）、下降沿（下降时间）、脉冲幅度、脉冲频率，示波器甚至可以找出间歇性的杂乱脉冲、毛刺等，通过使用示波器，可以把被测信号十分真实、直观的反映在屏幕上，便于维修人员对被测信号进行定性和定量的分析。

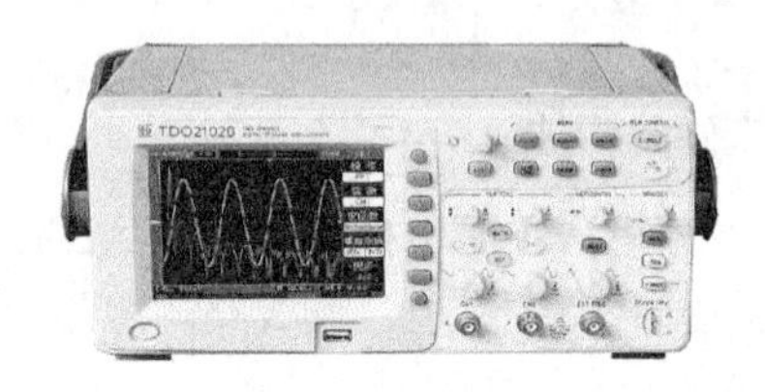

AT/ATX电源：负责将普通市电转换为计算机可以使用的电压的器件。

键盘、串口、并口测试设备：键盘、串口

比较好测，并口可用打印机试，但有时主板也会烧坏打印机的接口部分，如果有很多打印机，那还是可以的。

PCI BUS信号测试卡，在老的686（包括586）主板芯片设计中，南北桥是通过PCI总线连接在一起的，通过测试PCI信号的波形可以帮助发现问题的所在。INTEL从810开始南北桥之间采用了HUB接口，PCI总线是挂在南桥上的，测量PCI信号的做法已不重要，但仍不失为一种参考。

编程器，在主板当中会有大约30%的故障是由BIOS引发的，编程器主要是针对主板故障。

19.1.4 主板维修的思路与流程

主板是电脑系统的核心部分，如果主板发生故障将会影响主机工作，主板发生故障时应该一一检查，逐步排除。主板维修的思路如下。

① 首先检查主板外部是否有损坏，外部电源是否有正常供电。

② 打开电脑机箱，使用吹风机清除主板角落的灰尘。检查主板上各个板卡的安装情况。

③ 观察芯片的安插情况、引脚是否歪斜、对位不准、安插是否到位等。

④ 查看主板BIOS设置是否完整、正确。

主板维修流程图如下。

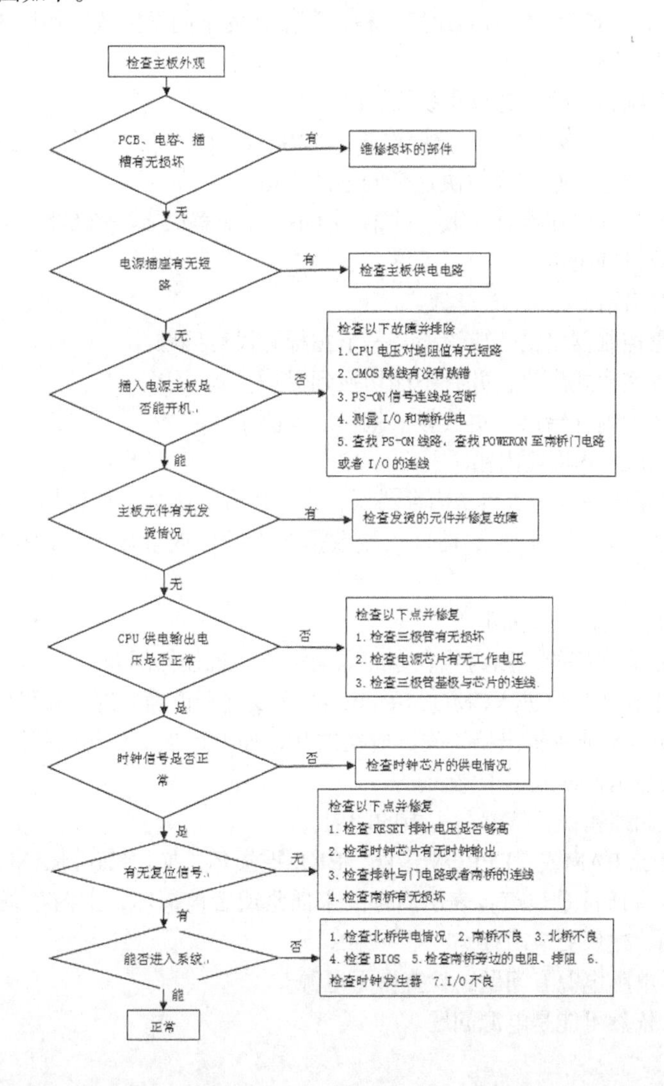

19.2 主板常见故障与维修

◎ 本节教学录像时间：31 分钟

主板是负责连接电脑配件的桥梁，它的工作的稳定性直接影响着电脑是否能够正常运行，由于主板集成的组件和电路多和复杂，因此产生的故障原因也会很多。

19.2.1 故障1：根据主板报警音排除电脑故障

1.故障表现

电脑通电开机，主板发出滴滴警报音。

2.故障诊断

主板BIOS分为AMI BIOS和Award BIOS两种，警报音的不同发生故障的原因也会有所不同。

AMI BIOS报警音代码含义如下。

1短：通常为内存刷新失败，建议更换内存条。

2短：通常为内存ECC较验错误，建议在CMOS Setup中将内存关于ECC校验的选项设为Disabled，但是更换内存条才是彻底解决这个问题的方法。

3短：通常为系统基本内存检查失败，即第1个64kB，而解决方法就是换内存。

4短：通常为系统时钟出错。

5短：通常为CPU出错。

6短：通常为键盘控制器出错，应该检查一下主板有没有问题。

7短：通常为系统实模式出错，并且不能切换到保护模式。

8短：这个报警音为内存错误，更换显卡就可以解决了。

9短：通常为ROM BIOS检验出错。

1长3短：这个报警音提示的依然是内存错误，表示内存被损坏，所以换一个就行了。

1长8短：显示测试出错了，通常是显示器数据线没插好或者显示卡没插牢才会出现这个报警音。

Award BIOS报警音代码含义如下。

1短：听到这个是非常好的，因为代表你的电脑没有出现任何问题。

2短：听到这个报警音只要进入CMOS Setup，重新设置不正确的选项就可以了。

1长1短：通常为RAM或主板出错，先试着换内存，如果还是不能解决就换主板。

1长2短：通常为显示器或显示卡错误。

1长3短：键盘控制器错误，依然是主板的问题。

1长9短：主板Flash RAM或者EPROM错误，BIOS被损坏，换块Flash RAM就可以解决。

一直响：这种声音通常是长声，表示内存条未插紧或者被损坏，把内存条重新插上试试，如果依然无法解决问题，建议更换内存。

重复短响：表示电脑电源有问题，检查一下电源。

无声音无显示：依然可能是电源问题。

3.故障处理

根据电脑发出警报音的不同，进行相应的解决。

19.2.2 故障2：使用诊断卡判断主板故障

诊断卡的检测顺序是：复位—CPU—内存—显卡—其他。正常能用的电脑开机后诊断卡的数码显示如下。

（1）首先是复位灯亮一下，表示复位正常，如果复位灯长亮的话，就表示有些硬件没有准备好，这就要慢慢排查是哪个地方没有复位了，同时数码卡会显示FF。

（2）检测到复位正常后，数码会显示“FF”或者“00”，这是正在检测CPU。如果定在“FF”或者是“00”上，表示主板没有认到CPU，通过了CPU的话代码就会直接跳到“C1”，就会显示内存的检测情况了，如果停在C1不动的话就一般就是表示主板检测不到内存了。

（3）显示C1后正常的话代码会不断的变化了，这些我们可以不看，只要数码在跳就表示内存检测已通过了。接着我们会看到数码会跳到“25”或者“26”。这就表示主板在检测显卡了。

（4）已检测到显卡正常后，那么数码会继续跳动，这些代码我们也可以一直不管了，等到他最后会跳到“FF”。这表示电脑开机检测已全部通过。诊断卡的工作也就到此结束了。

针对正常主机诊断卡的代码顺序后，我们就可以用诊断卡来对不正常的主机来进行检测了。我们可以看诊断卡停在什么代码上，就可以对号入座，基本判断主机是什么位置有问题了。

常见的代码及故障部位如下。

一：00、FF、E0、C0、F0、F8：这些表示主板没有检测到CPU。有可能是CPU坏，也有可能是CPU的工作电路不正常。

二：C1，D1，E1，D7，A1：这些都表示主板没有检测到内存，有可能是内存坏，也有可能是内存的供电电路坏。

三：25、26。通常这两个代码是表示没有检测到显卡。

19.2.3 故障3：CMOS设置不能保存

1.故障表现

电脑开机运行进入CMOS更改相应的参数并保存退出，重新启动电脑时，电脑仍按照修改前的设置启动，修改参数的操作并没有起到作用。重复保存操作，故障依然存在。

2.故障诊断

CMOS设置不能保存，这种故障主要有以下几种问题。

① CMOS线路设置错误时，导致CMOS设置不能保存。

② CMOS供电电路出现问题，导致CMOS设置不能保存。

③ CMOS电池不能提供指定的电压，导致CMOS设置不能保存。

3.故障处理

CMOS设置不能保存处理故障的具体操作步骤如下。

① 用一块新的CMOS更换主板上的旧电池，启动电脑进入CMOS设置程序，修改相关参数并保存退出，判断故障是否解决。

② 如果更换电池仍然不能解决问题，可以按照主板说明书，检查CMOS的跳线情况，观察跳线是否插在正确的引线上。主板上的引线有两种状态：一种为NORMAL状态，一般为1～2跳线；另一种为CLEAR状态，一般为2～3跳线。必须保证跳线设置为NORMAL状态才能保存设置。

③ 如果上述两种方法都不能解决问题，这时候应该就是主板上CMOS供电电路出现了问题，需要在专门的售后服务部进行维修。

19.2.4 故障4：CMOS电池引起的主板故障

1.故障表现

一台组装机，最近出现无法启动的现象。

2.故障诊断

CMOS电池故障引起的不开机很少见，但是也很头大，很容易被忽视，有些主板拔下CMOS电池后就开不了机，原因是因为Power On的插针需要CMOS电池提供开机电压(不低于2.6V)不足，有些则不需要，视情况而定。还有一种情况就是CMOS的清除跳线，如果跳线插在清除状态，打死也开不了机。现在的新主板有些已省略了跳线，就两个线(通常是3个)，短路为清除状态，空接为正常状态。

3.故障处理

① 观察主板CPU插座旁的滤波电容，没有发现鼓包和漏液现象。

② 从主板上拔下电源的供电插头，使用曲别针短接绿线和任意一根黑线，连接市电，用万用表检测电源的输出电压，其值正常。

③ 为电源加上负载后再次测量，输出电压值依然稳定，这也排除了输出电压功率低的可能性。至此，电源出现故障的几率就非常小了，但仍然有可能存在问题，比如电源无法输出Power Good信号，也就是我们常说的电源好信号。

④ 插上主板的电源供电插头，接通市电后开机，用万用表测量主板上的Power On插针上的电压，发现电压不足2V，然后再用万用表检测主板电源供电插头的紫色线，电压值为+5V，供电正常。

⑤ 判断Power On插针的属性，首先从主板上找到Power On插针的具体位置，然后用万用表的红表笔接触两根插针中的任意一根，并将黑表笔接地，有电压的那根插针就是供电的根插针，为了叙述方便，我们将供电的那根插针设为插针1，另一根设为插针2。

⑥ 用万用表从插针1“跑”线路，发现供电端不是紫色线的+5V，而是CMOS电池。从插针2“跑”线路，发现与I/O芯片相连，从而判断插针1与CMOS电池之间通路出现故障或插针2与I/O芯片间的通路出现故障，当然也可能是CMOS电池有问题或I/O芯片间有问题。

⑦ 由简到繁，先用万用表检测CMOS电池的电压，发现电压值偏小，不足2.5V。

⑧ 更换CMOS电池，再次短接Power On插针，主机正常启动了，故障解决。

19.2.5 故障5：开机主板不自检

1.故障表现

电脑使用一段时间后，开机主板不自检。

2.故障诊断

这种故障一般是显卡故障、CPU故障、内存故障或者BIOS芯片故障或BIOS被病毒破坏。

3.故障处理

- 显卡故障。

显卡的BIOS损坏或ASP通信电路故障时，就会出现显卡初始化时无法完成，导致主机在启动时画面长时间停留在显卡BIOS自检处不能通过而死机。

- CPU的l2或l1cache不完全损坏或CPU其他电路出现老化。

当主机完成显卡的初始化后，接下来开始检测CPU自检。当CPU的l1或l2出现故障时，就会长时间停滞在“check nvram......”处。出现此故障时，部分机器还能够进入CMOS设置，我们可以手动的关闭CPU的l1和l2，再试着观察机器能不能通过自检。如果可以，该CPU基本还能够降速使用。如果不可以，则只能更换CPU解决问题。

- 内存条维修故障。

系统完成CPU检测后，就进行内存测试阶段。如果我们关闭了post快速检测选项，我们开机时就看不到长时间的内存测试界面(连续三遍)，只有一遍测试。

内存芯片有故障或内存插槽变形与内存接触不良，内存条金手指氧化，内存插槽金属簧片变形或断裂，内存供电电压偏低或偏高都会出现内存自检无法通过而死机。

- BIOS芯片故障或BIOS被病毒破坏。

BIOS出现的故障不多，偶尔会出现BIOS芯片因为老化而部分存储单元失效，致使程序代码不全，无法正常完成系统功能调用而出现不能正常启动现象。还有，像cih之类的病毒，恶意的改写主板的bios代码，造成主机不能启动，开机后主机能够正常加电，风扇工作，但是无法完成自检过程，同时显示器有文字显示，主机还有报警声；当然严重的可能是只能加电，显示器没有图像，主机也无报警声。

19.2.6 故障6：电脑开机无显示

1.故障表现

主板不启动，开机无显示，无报警声。

2.故障诊断

这种故障现象主要是CPU方面问题、主板扩展槽或扩展卡有问题、内存方面的问题或者主板自动保护锁定等故障。

3.故障处理

- CPU问题。

CPU没有供电：可用万用表测试CPU周围的场管及整流二极管，检查CPU是否损坏。

CPU插座有缺针或松动：这类故障表现为点不亮或不定期死机，需要打开CPU插座表面的上盖，仔细用眼睛观察是否有变形的插针。

CMOS里设置的CPU频率不对：清除CMOS即可解决。

- 主板扩展槽或扩展卡问题。

因为主板扩展槽或扩展卡有问题，导致插上显卡、声卡等扩展卡后，主板没有响应，因此造成开机无显示。例如蛮力拆装AGP显卡，导致AGP插槽开裂，就会造成此类故障。

- 内存方面问题。

主板无法识别内存、内存损坏或者内存不匹配：某些老的主板比较挑剔内存，一旦插上主板无法识别的内存，主板就无法启动，甚至某些主板还没有故障提示(鸣叫)。另外，如果插上不同品牌、类型的内存，有时也会导致此类故障。

内存插槽断针或烧灼：有时因为用力过猛或安装方法不当，会造成内存槽内的簧片变形断裂，以致该内存插槽报废，所以需要正确安装内存。

- 主板自动保护锁定。

有的主板具有自动侦测保护功能，当电源电压有异常、或者CPU超频、调整电压过高等情况出现时，会自动锁定停止工作。这时候就会导致主板不启动，把CMOS放电后再加电启动，有的主板需要在打开主板电源时，按住【RESET】键即可解除锁定。

19.2.7 故障7：主板温控失常，导致开机无显示

1.故障表现

电脑主板温控失常，导致开机无显示。

2.故障诊断

由于CPU发热量非常大，所以许多主板都提供了严格的温度监控和保护装置。一般CPU温度过高，或主板上的温度监控系统出现故障，主板就会自动进入保护状态，拒绝加电启动或报警提示，导致开机电脑无显示。

3.故障处理

重新连接温度监控线，再重新电脑开机。当主板无法正常启动或报警时，应该先检查主板的温度监控装置是否正常。

19.2.8 故障8：主板接口不能使用

1.故障表现

电脑开机后，电脑主板接口不能使用。

2.故障诊断

主板如果不支持鼠标、键盘，这样系统就会无法找到鼠标、键盘，即使可以找到，但是在操作的时候也会不受控制。或者键盘、鼠标与计算机连接时，出现接口连接松动现象，这样就会很容易造成，键盘、鼠标与主板接触不良的现象；还有一种原因，就是鼠标、键盘本身有故障，导致系统无法有效识别。

3.故障处理

首先查看一下说明书，看看主板到底支持什么样的键盘、鼠标，要是当前使用的，与主板不兼

容的话，可以重新更换主板可以兼容的键盘、鼠标，就能解决问题。如果是鼠标、键盘的连接端口出现松动的话，可以重新更换一下键盘、鼠标接口，确保连接稳定、可靠。如果不是以上问题，必须检查键盘、鼠标本身的问题，鼠标、键盘本身存在问题只需要更换新的就可以解决故障。

19.2.9 故障9：接通电源，电脑自动关机

1.故障表现

电脑开机自检完成后，就自动关机了。

2.故障诊断

出现这种故障的原因是开机按钮按下后未弹起、电源损坏导致供电不足或者主板损坏导致供电出问题。

3.故障处理

首先需要检查主板，测试是否是主板故障，检查过后发现不是主板故障。然后检查是否开机按键损坏，拔下主板上开机键连接的线，用螺丝刀短接开机针脚，启动电脑后，几秒后仍是自动关机，看来并非开机键原因。那么最有可能就是电源供电不足，用一个好电源连接电脑主板，再次测试，电脑顺利启动，未发生中途关机现象，确定是电源故障。

将此电脑的电源拆下来，打开盖检查，发现有一个较大点的电鼓泡了，找一个同型号的新电容换上，将此电源再次连接主板上，开机测试，顺利进入系统。故障彻底排除。

19.2.10 故障10：电脑开机时，反复重启

1.故障表现

电脑开机后不断自动重启，无法进入系统，有时开机几次后能进入系统。

2.故障诊断

观察电脑开机后，在检测硬件时会自动重启，分析应该是硬件故障导致的。故障原因主要有以下几点。

- CPU损坏
- 内存接触不良
- 内存损坏
- 显卡接触不良显卡损坏
- 主板供电电路故障。

3.故障处理

对于这个故障应该先检查故障率高的内存，然后再检查显卡和主板。

① 用替换法检查CPU、内存、显卡，都没有发现问题。

② 检查主板的供电电路，发现12V电源的电路对地电阻非常大，检查后发现，电源插座的12V针脚虚焊了。

③ 将电源插座针脚加焊，再开机测试，故障解决。

19.2.11 故障11：电脑频繁死机

1.故障表现

一台电脑经常出现死机现象，在CMOS中设置参数时也会出现死机，重装系统后故障依然不能排除。

2.故障诊断

出现此类故障一般是由于CPU有问题、主板Cache有问题或主板设计散热不良引起。

3.故障处理

以为电脑感染病毒，在查杀后未发现任何病毒。可能是硬盘碎片过多，导致系统不稳定。但整理硬盘碎片，甚至格式化C盘重做系统，但一段时间后又反复死机。然后触摸CPU周围主板元件，发现其温度非常烫手。在更换大功率风扇之后，死机故障得以解决，如果上述方法还是不能解决问题，可以更换主板或CPU。

19.2.12 故障12：安装或启动Windows时鼠标不可用

1.故障表现

安装Windows或启动Windows时鼠标不可用，更换鼠标后，故障依然不能排除。

2.故障诊断

这类故障可能是由CMOS参数中IRQ设置错误引起的。

3.故障处理

在CMOS设置的电源管理栏，有一项Modem use IRQ选项，选项分别为3、4、5……NA，一般它的默认选项为3，将其设置为3以外的中断项，即可排除故障。

19.2.13 故障13：电脑修改时间后无法保存

1.故障表现

电脑开机后，每次在Windows中设置时间以后，重新开机，系统时间又恢复到初始值。

2.故障诊断

这类故障可能是主板CMOS电池没电或损坏，或CMOS跳线设置错误引起的。

3.故障处理

（1）首先检查主板CMOS电路中的跳线和CMOS电池，发现跳线帽一直插在清除数据的跳线上。由于跳线帽插在清除数据的跳线上，导致关机后，电脑无法保存CMOS设置。

（2）将跳线帽改为2—3短接，开机设置系统时间，重新开机后系统时间没有恢复初始值，故障排除。

19.2.14 故障14：找不到硬盘

1.故障表现

电脑在开机时出现找不到硬盘的现象，无法正常开机。

2.故障诊断

找不到硬盘故障包括CMOS硬盘参数丢失、BIOS不识硬盘和自检查硬盘失败三类故障。

3.故障处理

- CMOS硬盘参数丢失。

CMOS硬盘参数丢失故障主要由主板CMOS电路故障、病毒或软件改写CMOS参数导致，CMOS硬盘参数丢失故障处理步骤如下。

① 如果关机一段时间以后，CMOS参数自动丢失，使用时重新设置后，又能够正常启动计算机。这往往是CMOS电池接触不良或CMOS电池失效引起的，建议检查CMOS电池，确保接触良好，并用电压表检查CMOS电池电压，如果CMOS电池电压远低于正常值，说明CMOS电池已经失效，这时候需要更换电池。

② 如果是运行程序死机后CMOS参数自动丢失，很可能是病毒或软件改写CMOS参数导致，这时候需要对系统进行清除病毒，以排除某些攻击CMOS的病毒所造成的故障。

③ 如果系统安装有防病毒软件，如PC-Cillin，这些软件发现病毒后会改写CMOS，自动将硬盘设置为无。

- BIOS不识硬盘。

BIOS不识硬盘故障主要由硬盘安装不当、硬盘物理故障、主板及硬盘接口电路故障、电源故障等原因导致。BIOS不识硬盘故障处理步骤如下。

① 如果故障是在新装机或新加装硬盘、光驱以及其他IDE设备导致的，先检查硬盘主从跳线设置是否设置错误，主从跳线设置不当会导致系统不能正确识别安装在同一IDE接口上的两台IDE设备。

② BIOS不能识别硬盘，先试试系统是否能从软驱起动，如软驱也不能启动系统，很可能是主板和电源故障。

③ 如果软驱能启动系统，系统还是不能识别硬盘，一般是硬件故障造成的，打开机箱，开机听听硬盘是否转动，转动声是否正常，如硬盘未转动请检查硬盘电源线是否插好，可换一只大四针插头、拔出硬盘数据排线试试，如硬盘还是不转或转动声不正常，可确定是硬盘故障。

④ 如果硬盘转动且转动声正常，检查硬盘数据排线是否断线或有接触不良现象，换一根好的数据线试试。

⑤ 如果数据排线无故障，检查硬盘数据线接口和主板硬盘接口是否有断针现象或接触不良现象，如有断针现象，接通断针。

⑥ 如果系统还是无法识别硬盘，在另一台机器上检查硬盘，可确认是否是硬盘故障，如是硬盘故障，更换或维修硬盘。

⑦ 在另一台机器上检查硬盘确认硬盘完好，应进一步检查主板。可将去掉光驱和第二硬盘，将硬盘插在主板IDE2接口，如果去掉光驱和第二硬盘系统能够启动，故障原因是电源功率容量不足，如果将硬盘插在主板IDE2接口BIOS能识别硬盘，则是主板IDE1接口损坏。

⑧ 如果主板两只IDE接口均损坏，可外接多功能卡连接硬盘，使用多功能卡连接硬盘必须修改CMOS参数，禁止使用主板上（ON BOARD）的IDE接口。

⑨ 经上述检查还是无法排除故障，请更换或维修主板。

- 自检硬盘失败。

自检硬盘失败故障主要是由BIOS硬盘参数设置不当、硬盘物理故障、主板及硬盘接口电路故障、电源故障等原因导致。自检硬盘失败故障处理步骤如下。

① 自检硬盘失败首先检查BIOS中硬盘参数设置，BIOS中硬盘参数设置错误、病毒或软件改写CMOS系统会给出上述提示。

② 一些低速硬盘无法适应系统高速运行的频率，请降低系统外频试试，这种情况在超外频运行于83MHz和75MHz时尤为常见；对外加ISA多功能卡接硬盘的用户，可在BIOS中将ISA Bus的时钟频率降低试试，如在AMI BIOS的“Advanced CMOS Setup”菜单中有一 “Bus Clock Selection：”初始化参数设置项，将选项值由16.5MHz改为11.0MHz。

③ 经上述检查还是无法排除故障，则故障属于硬盘子系统硬件故障，请按前文所述BIOS不识硬盘打开机箱检修。

19.3 BIOS常见故障

本节教学录像时间：13 分钟

BIOS在计算机系统中起着非常重要的作用，一块主板性能优越与否，很大程度上取决于主板上的BIOS管理功能是否先进。本节主要介绍BIOS的常见故障。

19.3.1 故障1：开机系统错误提示汇总

电脑在开机的过程中，如果发生死机或重启等故障，这时候在电脑屏幕上会有相关的提示信息。

错误提示	中文解释	故障处理
CMOS battery failed	CMOS电池失效	此提示信息说明CMOS电池已经没电了，需要更换新的电池，这时候更换新的电池就可以排除故障
CMOS check sum error—Defaults loaded	CMOS 执行全部检查时发现错误，要载入系统预设值	当显示此信息的时候一般是表示电池没电，更换电池就可以解决，如果更换电池后还是有错误，那么就是CMOS RAM故障，这时候需要去维修主板或者更换主板
Press ESC to skip memory test	正在进行内存检查，可按【Esc】键跳过	这是因为在CMOS内没有设定跳过存储器的第二、三、四次测试，开机就会执行四次内存测试，当然你也可以按【Esc】键结束内存检查，不过每次都要这样太麻烦了，用户可以进入CMOS设置后选择【BIOS FEATURS SETUP】，将其中的【Quick Power On Self Test】设为【Enabled】，保存后重新启动电脑即可排除故障

续表

错误提示	中文解释	故障处理
Keyboard error or no keyboard present	键盘错误或者未接键盘	检查一下键盘的连线是否松动或者损坏
Hard disk install failure	硬盘安装失败	此故障是因为硬盘的电源线或数据线可能未接好或者硬盘跳线设置不当。用户可以检查一下硬盘的各根连线是否插好，看看同一根数据线上的两个硬盘的跳线的设置是否一样，如果一样，只要将两个硬盘的跳线设置的不一样即可（一个设为Master，另一个设为Slave）
Secondary slave hard fail	检测从盘失败	CMOS设置不当导致检查从盘失败，比如说没有从盘但在CMOS里设为有从盘，那么就会出现错误，这时可以进入CMOS设置选择【IDE HDD AUTO DETECTION】进行硬盘自动侦测
Floppy Disk(s) fail 或 Floppy Disk(s) fail(80) 或 Floppy Disk(s) fail(40)	无法驱动软盘驱动器	系统提示找不到软驱，看看软驱的电源线和数据线有没有松动或者是接错，或者是把软驱放到另一台机子上试一试，如果这些方法都不能解决故障，重新换个新的软驱即可排除故障
Hard disk(s) diagnosis fail	执行硬盘诊断时发生错误	出现这个问题一般就是说硬盘本身出现故障了，可以把硬盘放到另一台机子上试一试，如果问题还是没有解决，只能去维修硬盘
Memory test fail	内存检测失败	重新插拔一下内存条，看看是否能解决，出现这种问题一般是因为内存条互相不兼容，换条新的内存条即可解决故障
Override enable—Defaults loaded	当前CMOS设定无法启动系统，载入BIOS中的预设值以便启动系统	一般是在CMOS内的设定出现错误，只要进入CMOS设置选择【LOAD SETUP DEFAULTS】载入系统原来的设定值然后重新启动即可
Press TAB to show POST screen	按【Tab】键可以切换屏幕显示	一般的OEM厂商会以自己设计的显示画面来取代BIOS预设的开机显示画面，可以按【Tab】键来在BIOS预设的开机画面与厂商的自定义画面之间进行切换
Resuming from disk，Press TAB to show POST screen	从硬盘恢复开机，按【Tab】键显示开机自检画面	这是因为有的主板的BIOS提供了【Suspend to disk】（将硬盘挂起）的功能，如果用Suspend to disk的方式来关机，那么在下次开机时就会显示此提示消息
Hareware Monitor found an error，enter POWER MANAGEMENT SETUP for details，Press F1 to continue，DEL to enter SETUP	监视功能发现错误，进入【POWER MANAGEMENT SETUP】选项查看详细资料，按【F1】键继续开机程序，按【Delete】键进入CMOS设置	有的主板具备硬件的监视功能，可以设定主板与CPU的温度监视、电压调整器的电压输出准位监视和对各个风扇转速的监视，当上述监视功能在开机时发觉有异常情况，那么便会出现上述这段话，这时可以进入CMOS设置，选择【POWER MANAGEMENT SETUP】，在右面的**Fan Monitor**、**Thermal Monitor**和**Voltage Monitor**查看是哪部分发出了异常，然后再加以解决

19.3.2 故障2：BIOS密码清除

BIOS密码可以有效的对电脑进行保护，但是也会有一些麻烦，用户在使用时想要清除密码。在知道密码的情况下，BIOS密码清除的具体操作步骤如下。

步骤01 在开机时按下键盘上的【F2】键，进入BIOS设置界面。

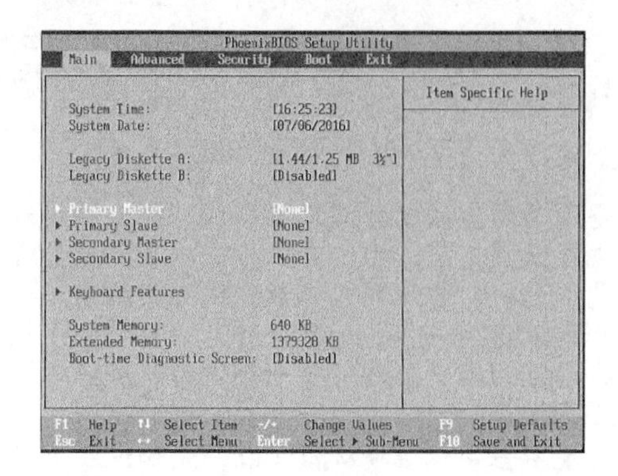

步骤02 使用键盘左右键，找到【Security】选项，将光标定位在【Set Supervisor Password】选项上。

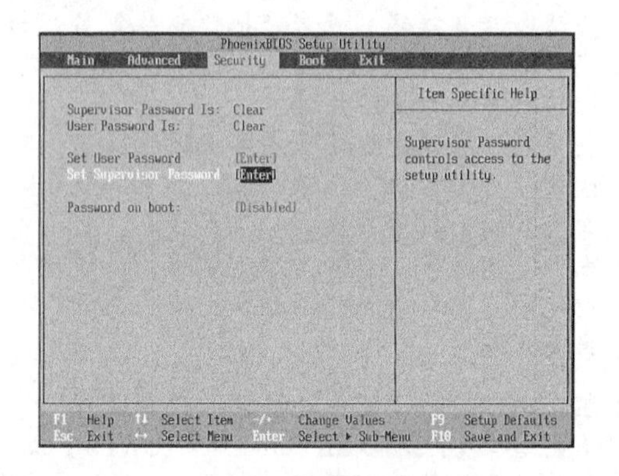

步骤03 键入【Enter】键，弹出Set Supervisor Password提示框，在提示框中的Enter New Password文本框中输入设置的新密码。然后再按【Enter】键，在Confirm New Password文本框中再次输入密码，进行确认。

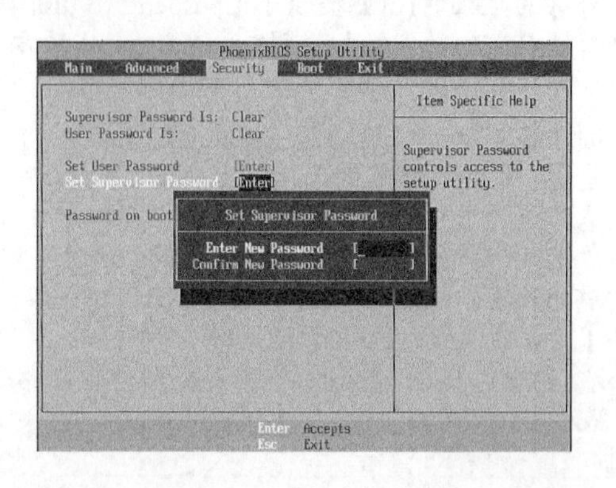

步骤04 当输入操作完成后，按键盘上的【Enter】键，就会弹出Setup Notice提示框，然后选择【Continue】选项，并按【Enter】键进行确认，就可保存设置的密码。

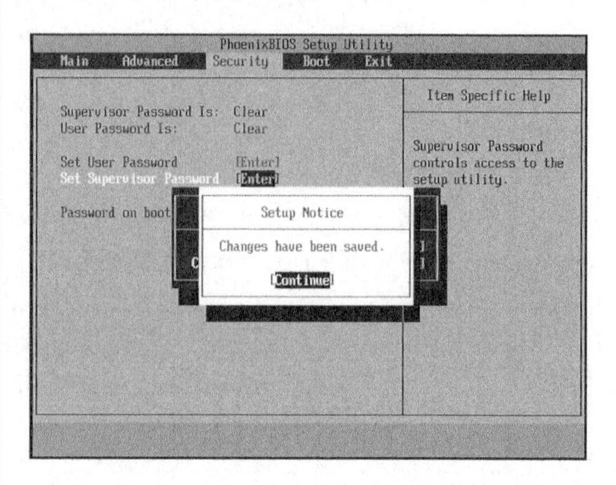

为了保护计算机的资源和安全，可以为其加上开机密码。但是不小心将密码忘记，就会致使计算机不能进入BIOS设置，或者不能启动计算机。这时建议采用如下方法进行处理。

① 可先试一下通用口令，如AMI BIOS的通用口令是“AMI”，Award BIOS的通用口令比较多，可能有“AWARD”“H996”，“Syzx”“WANTGIRL”“AwardSW”等，但通用口令不是万能的。

② 如果计算机能启动，但不能进入CMOS设置，可以在启动DOS后，执行下面程序段来完成对所有CMOS的清除。

C：\debug

-O180 20

-O181 20

③ 打开机箱后，在主板上找到清除CMOS内容的跳线，将其短接三五秒后再开机，CMOS内容会清除为出厂时的设置。

19.3.3 故障3：BIOS刷新与升级

BOIS刷新与升级就是用新版本的BIOS文件，覆盖BIOS芯片中旧版本的BIOS文件。通过刷新BIOS文件，可以解决一些硬件兼容问题，如老主板支持大硬盘和高内存，以及一些主板的BUG，厂家也是通过升级BIOS的方法来解决的。

在确定已经具备以上的条件后，你就可以进行BIOS的升级操作了，具体步骤如下。

① 准备工作

一般主板上有个Flash ROM的跳线开关，用于设置BIOS的只读 / 可读写状态。关机后在主板上找到它并将其设置为可写。

② 引导计算机进入安全DOS模式

升级BIOS绝对不能在Windows下进行，万一遇上设备冲突，主板就可能报废，所以一定要在DOS模式下升级，而且不能加载任何驱动程序。

建议最好事先准备一张干净的不包含Config sys和Autoexec.bat两个文件的系统启动盘，并将烧录程序和BIOS文件复制到其中，然后直接从软驱启动系统。

③ 开始进行升级BIOS

下面以Award 的BIOS为例进行讲解。

直接运行Awdflash.exe，屏幕显示当前的BIOS信息，并要求输入新的BIOS数据文件的名称，然后提示是否要保存旧版本的BIOS。建议选择yes，将其保存起来，并起一个容易记忆的名字，然后存放在安全的地方，以便将来万一升级失败或发现升级中存在问题时，还可以把原来的BIOS版本恢复过来。接着，程序会再询问是否确定要写入新的BIOS，选择“yes”。这时，有一个进度框显示升级的进程，一般情况下几秒钟之内即可完成升级操作。最后，根据提示按【Ctrl+Alt+Del】组合键重新开机即可。

④ 恢复设置

如果系统能正常引导并运行，就表明BIOS升级成功。然后恢复第一步中改动过的设置。

19.3.4 故障4：BIOS不能设置

1.故障表现

电脑开机后进入BIOS程序，除了可以设置用户口令、保存退出和不保存退出外，其他各项都不能进入。

2.故障诊断

此故障估计是CMOS被破坏了，可以尝试放电处理。如果放电后仍不能够解决故障，可以尝试升级BIOS，具体方法可以参照上一小节的操作步骤。升级后故障依然存在。

3.故障处理

经分析可以判断是CMOS存储器出了问题，换一个新的存储器后，故障排除。

19.3.5 故障5：BIOS感染病毒导致电脑不能启动

1.故障表现

电脑开机后显示器黑屏，无法正常启动。

2.故障诊断

病毒是比较常见的故障因素，电脑可能中了各种各样的病毒。将硬盘取下，在正常的电脑上杀毒，杀完毒后重新将硬盘安装好，启动电脑后故障依然存在，此时可以初步判断是BIOS芯片中的数据被病毒损坏了。

3.故障处理

① 打开机箱，用螺丝刀取下BIOS芯片，用系统盘启动另外一台主板型号相同的电脑，在启动的过程中按下【Delete】键进入BIOS启动界面。

② 在BIOS设置中将【System BIOS Cache】选项中设置为【Enable】，保存设置后退出BIOS界面。

③ 重新启动电脑，用刚才的启动盘启动电脑进入DOS环境。当界面出现“A:\”提示符后，用工具取出主板上的BIOS芯片，将受损的BIOS芯片插入到主板BIOS的插座上。在此过程中不可断电，否则会导致BIOS的数据更新失败。

④ 在“A:\”提示符下键入“aflsh”命令后按下【Enter】键，然后根据提示一步步进行操作即可完成BIOS的刷新工作。接下来将刷新后的BIOS芯片重新插入故障电脑中。

⑤ 启动故障电脑，按【Delete】键进入到BIOS启动界面，由BIOS自动检测硬盘数据后退出。重新启动电脑，电脑运行正常，故障消失。

高手支招

本节教学录像时间：2 分钟

系统时钟经常变慢

（1）故障表现

电脑屏幕右下角通知区域内的时钟经常变慢，经过校准，但过不久又会变慢。

（2）故障诊断

出现时钟变慢的现象，大多数是主板CMOS电池的电量不足导致的。

（3）故障处理

首先进行更换电池，如果更换电池后问题没有解决，就要检查主板的时钟电路了。可用无水酒精谨慎清洁主板电路，若故障依旧，就只有联系经销商或生产厂家进行修理。

主板防病毒未关闭，导致系统无法安装

（1）故障表现

在安装操作系统时，发现在安装初始阶段屏幕上突然出现一个黑色矩形区域，像是有什么提示，随后就停止安装了。

（2）故障诊断

这种故障一般是主板防病毒未关闭。

（3）故障处理

故障分析及处理：调整显示器亮度和对比度开关也无效。感觉和病毒有关。用杀毒软件查杀病毒，并没有发现任何病毒。后来，进入了CMOS设置程序，将“BIOS Features Setup”（BIOS功能设置）中的“Virus Warning”（病毒警告）选项由“Enabled”（允许）设置成“Disabled”（禁止）后，重装操作系统获得成功。此现象比较容易出现在新购主板中，因为它们的BIOS中的防病毒设置大多默认设置为Enabled，所以会出现无法安装系统的问题。此问题严格地讲，不应算主板故障。往往是用户没有注意所致。

第20章

内存常见故障诊断与维修

学习目标

内存是电脑中一个重要的部件，是系统临时存放数据的地方，一旦其出了问题，将会导致电脑系统的稳定性下降、黑屏、死机和开机报警等故障。电脑系统发生故障将会影响使用，通过学习本章，读者可以了解电脑内存的常见故障现象，通过对故障的诊断，解决内存故障问题。

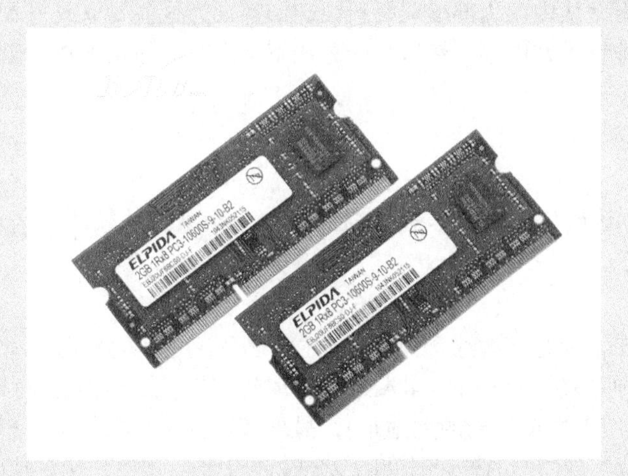

20.1 内存维修基础

本节教学录像时间：5 分钟

内存是电脑的五大部件之一，对电脑工作的稳定性和可靠性有着很大的作用，同时内存也是容易发生故障的地方，了解内存维修基础才能够更好的解决内存故障。

20.1.1 内存的工作原理

内存是由DRAM（动态随机存储器）芯片组成的。DRAM的内部结构是PC芯片中最简单的，是由许多重复的“单元”——cell组成，每一个cell由一个电容和一个晶体管构成，电容可储存1bit数据量，充放电后电荷的多少分别对应二进制数据0和1。由于电容会有漏电现象，因此过一段时间之后电荷会丢失，导致电势不足而丢失数据，因此必须经常进行充电保持电势，这个充电的动作叫做刷新，因此动态存储器具有刷新特性，这个刷新的操作一直要持续到数据改变或者断电。而MOSFET则是控制电容充放电的开关。DRAM由于结构简单，可以做到面积很小，存储容量很大。

内存工作原理如下。

1.内存寻址

首先，内存从CPU获得查找某个数据的指令，然后再找出存取资料的位置时，它先定出横坐标再定出纵坐标。对于电脑系统而言，找出这个地方时还必须确定是否位置正确，因此电脑还必须判读该地址的信号，横坐标有横坐标的信号纵坐标有纵坐标的信号，最后再进行读或写的动作。

2.内存传输

为了储存资料，或者是从内存内部读取资料，CPU都会为这些读取或写入的资料编上地址，CPU会通过地址总线将地址送到内存，然后数据总线就会把对应的正确数据送往微处理器，传回去给CPU使用。

3.存取时间

存取时间指的是CPU读或写内存内资料的过程时间，也称为总线循环。

4.内存延迟

内存的延迟时间等于下列时间的综合。FSB同主板芯片组之间的延迟时间，芯片组同DRAM之间的延迟时间，RAS到CAS延迟时间：RAS(2-3个时钟周期,用于决定正确的行地址)，CAS延迟时间 (2-3时钟周期，用于决定正确的列地址)，另外还需要1个时钟周期来传送数据，数据从DRAM输出缓存通过芯片组到CPU的延迟时间(±2个时钟周期)。当然，延迟越小速度越快。

20.1.2 内存故障诊断思路

在使用电脑的时候，会发生很多问题，有些故障很难处理，不易彻底排查。内存故障的常用方法有清洁法和替换法两种。

1. 清洁法

电脑在使用环境较差或者使用时间较长，应该注意对一些配件的清理，这样会延长电脑的使用寿命。清洁的工具包括橡皮、酒精和专用的清洁液等，对于主板的插槽清洗，可以使用皮老虎、毛刷、专用吸尘器等进行清理。

2. 替换法

替换法是将相同型号、功能相同的配件或者同型号芯片相互替换，当用户怀疑电脑的内存质量或兼容性有问题时，可以采用替换法进行诊断。将一个可以正常使用的内存条替换故障电脑中的内存条，也可以将故障电脑中的内存条插到一台工作正常的电脑的主板上，使用替换法可以更快地解决故障问题。

20.1.3 内存维修的思路与流程

内存一旦发生故障就会导致电脑无法运行，当电脑发生故障时，先检查电脑是否能开机，如果可以开机就不是内存接触不良，如果不能开机就需要检查内存问题，一般内存故障有内存条与内存槽接触不良、内存芯片质量不良、内存与主板不兼容、内存电压设置过高、CMOS中内存设置不正确、内存损坏等故障。

内存故障维修流程如下。

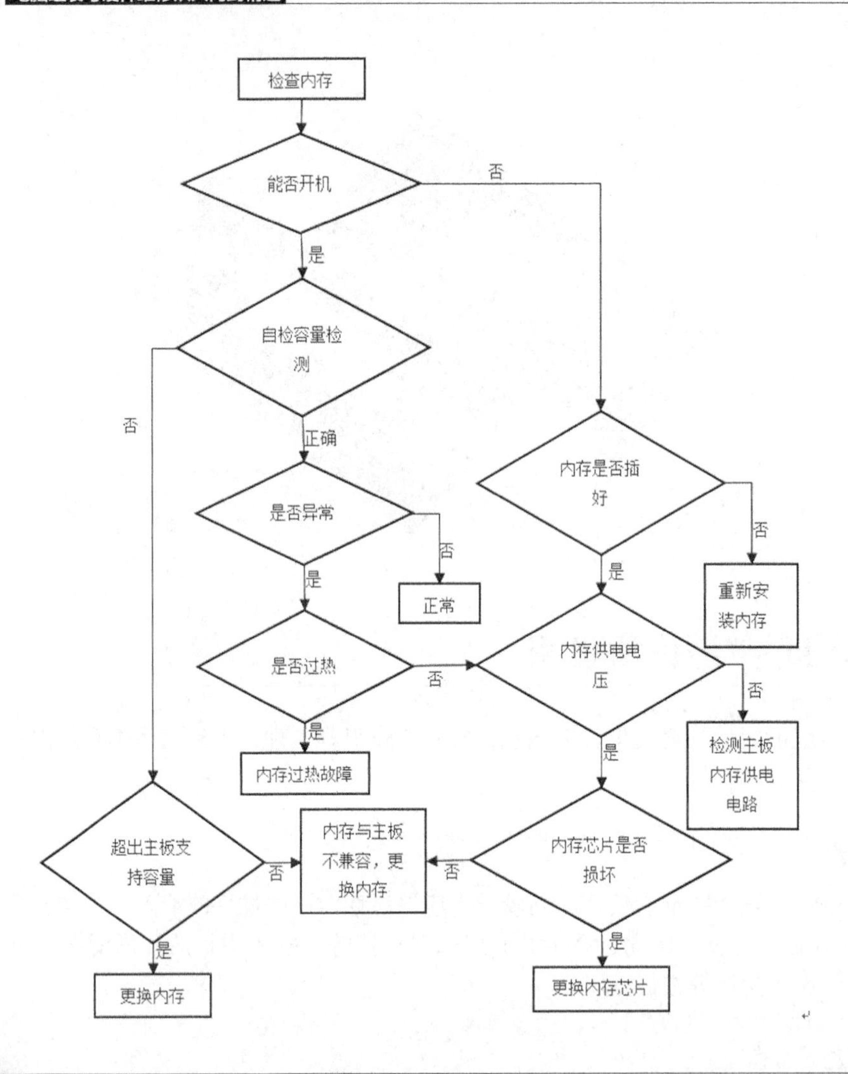

20.2 内存常见故障与维修

本节教学录像时间：16 分钟

内存质量的好坏直接影响到计算机的工作效率，本节主要介绍一些内存常见故障，以及通过诊断对这类故障进行维修。

20.2.1 故障1：开机长鸣

1.故障表现

电脑开机后一直发出“嘀，嘀，嘀……”的长鸣，显示器无任何显示。

2.故障诊断

电脑开机后一直长鸣，声音的间断为一声，所以可以判断为内存问题。关机后拔下电源，打开机箱并卸下内存条，仔细观察发现内存的金手指表面覆盖了一层氧化膜，而且主板上有很多灰尘。因为机箱内的湿度过大，内存的金手指发生了氧化，从而导致内存的金手指和主板的插槽之间接触不良。此外，灰尘也是导致原件接触不良的常见因素。

3.故障处理

① 关闭电源，取下内存条，用皮老虎清理一下主板上内存插槽。

② 用橡皮擦一下内存条的金手指，将内存插回主板的内存插槽中。在插入的过程中，将内存压入到主板的插槽中，当听到“啪”的一声表示内存已经和内存卡槽卡好，内存成功安装。

③ 接通电源并开机测试，电脑成功自检并进入操作系统，故障排除。

20.2.2 故障2：内存接触不良引起死机

1.故障表现

电脑在使用一段时间后，出现频繁死机现象。

2.故障诊断

造成电脑死机故障的原因有硬件不兼容、CPU过热、感染病毒、系统故障。使用杀毒软件查杀病毒后，未发现病毒，故障依然存在。以为是系统故障，在重装完系统后，故障依旧。

3.故障处理

打开电脑机箱，检查CPU风扇，发现有很多灰尘，但是转动正常。另外主板、内存上也沾满了灰尘。将风扇、主板和内存的灰尘处理干净后，再次打开电脑，故障消失。

20.2.3 故障3：电脑重复自检

1.故障表现

开机时系统自检检验，需要重复3遍才可通过。

2.故障诊断

随着电脑基本配置内存容量的增加，开机内存自检时间越来越长，有时可能需要进行几次检测，才可检测完内存，此时用户可使用【Esc】键直接跳过检测。

3.故障处理

开机时，按【Delete】键进入BIOS设置程序，选择“BIOS Features Setup”选项，把其中的“Quick Power On Self Test”设置为“Enabled”，然后存盘退出，系统将跳过内存自检。或使用【Esc】键手动跳过自检。

20.2.4 故障4：内存显示的容量与实际内存容量不相符

1.故障表现

一台电脑内存为金士顿DDR2 800，内存容量为4GB，在电脑属性中查看内存容量为3.2GB，而主板支持最多4GB的内存，内存显示的容量与实际内存容量不相符。

2.故障诊断

内存的显示容量和实际内存容量不相符，一般和显卡或系统有关。

3.故障处理

① 电脑的主板是否是采用的集成显卡，因为集成显卡会占用一部分内存来做显存，如果是集成显卡，可以升级内存或者买一个新的显卡故障就会解除。

② 如果电脑是独立显卡，可以初步判断是操作系统不支持的问题。目前使用较多的Windows系列操作系统大部分为32位，无法识别4GB内存。所以为解决内存显示的容量与实际内存容量不相符，需要将32位操作系统更换为64位操作系统。

20.2.5 故障5：提示内存不足故障

1.故障表现

电脑使用的是毒龙750处理器，配有128MB内存，但是在玩游戏时，出现内存不足的提示而不能进入游戏，但是在另外一台相同配置的电脑却没有此现象。

2.故障诊断

电脑提示内存不足，并不一定是安装的物理内存不足，如果电脑已经有16MB内存，那么玩游戏不会出现内存不足现象。至于出现内存不足的提示，应该是内存设置不当。

3.故障处理

内存储器可以分为基本内存、上位内存、高区端内存、扩展内存、扩充内存多种，它们的划分是由用户自行设置的。所以物理内存相同，并不等于设置的各种内存区域相等。而各种游戏软件对各类内存的要求也不相同，在内存设置不当时，可能有些游戏就无法进行，就会发生内存不足现象，这种故障只需要重新设置内存就可以。

20.2.6 故障6：弹出内存读写错误

1.故障表现

电脑使用一段时间后，在使用的时候突然弹出提示【“0x7c930ef4”指令引用的“0x0004fff9”的内存，该内存不能为“read”】，单击【确定】按钮后，打开的软件自动关闭。

2.故障诊断

这种故障的原因与内存有一定的关系。

3.故障处理

① 使用杀毒软件检查系统中是否有木马或病毒。这类程序为了控制系统往往任意篡改系统文件，从而导致操作系统异常，查杀病毒后没有发现病毒，故障依然存在。

② 有些应用程序存在一定的漏洞，也会引起上述故障，更换正版的应用程序，重新安装应用程序后故障依然存在。

③ 如果用户使用的是盗版的操作系统，也会引起上述故障，所以需要重新安装操作系统。重新安装操作系统后，故障排除，说明故障与操作系统有关。

【备用处理方案】：如果故障还不能排除，可以从硬件下手查看故障的原因，具体操作步骤如下。

① 打开机箱，查看内存插在主板上的金手指部分灰尘是否较多，硬件接触不良也会引起上述故障。清理灰尘，清理完成后，重新插上内存。

② 使用替换法检查是否是内存本身的质量问题。如果内存有问题，可以更换一条新的内存条。

③ 从内存的兼容性下手，检查是否存在不兼容问题。使用不同品牌、不同容量或者不同工作频率参数的内存，也会引起上述故障，可以更换内存条以解决故障。

20.2.7 故障7：电脑清理后，开机故障

1.故障表现

一台电脑在使用一段时间后，发现机箱内有很多灰尘，对电脑进行清理灰尘，清理完成后打开电脑，屏幕显示“Error Unable to Contro IA20 Line”错误提示，稍后电脑死机。

2.故障诊断

根据故障表现可知，此类故障是电脑硬件故障引起的。

3.故障处理

由于在清理电脑时拆下内存和CPU风扇，所以首先检查内存，发现内存没有完全卡进卡槽，重新安装后开机检查，故障排除。

20.2.8 故障8：内存损坏，安装系统提示解压缩文件出错

1.故障表现

一台旧电脑由于病毒损坏导致系统崩溃，之后开始重新安装Windows操作系统，但是在安装过程中突然提示“解压缩文件时出错，无法正确解开某一文件”，导致意外退出而不能继续安装，重新启动电脑再次安装操作系统，故障依然存在。

2.故障诊断

这种故障最大的原因是内存损坏造成的，也有可能是光盘质量差或光驱读盘能力下降造成的。一般是因为内存的质量不良或稳定性差，常见于安装操作系统的过程中。用户首先可更换其他的安装光盘，并检查光驱是否有问题。发现故障与光盘和光驱无关。这时可检测内存是否出现故障，或内存插槽是否损坏，并更换内存进行检测，如果能继续安装，则故障发生在内存上面。

3.故障处理

更换一根性能良好的内存条，启动电脑后故障排除。

20.2.9 故障9：内存松动导致无法开机

1.故障表现

电脑在使用一段时间后，由于电脑中沾满灰尘，将电脑中的配件拆下对电脑进行清理，清理后无法开启电脑，电脑电源指示灯亮。

2.故障诊断

根据故障表现，可以诊断出此类故障应该是硬件方面的问题，导致电脑无法开机。

3.故障处理

① 将电脑各个硬件重新安插一遍，避免是由于接触不良造成的故障，重新安插后开启电脑，发现故障依旧。

② 使用替换法分别检查内存、主板、显卡、CPU等部件，发现在更换内存后故障解除，因此是内存的问题。

③ 将内存换个插槽后，开机检查，发现故障依然存在。然后检查内存发现内存上有烧坏的痕迹，因此故障可能是由于内存被烧，所以更换内存就可以解除故障。

20.2.10 故障10：升级内存后出现系统故障

1.故障表现

一台电脑内存型号为金士顿DDR2 667，内存容量为1GB，使用一直正常，为升级内存加装了根金士顿DDR2 800，内存容量也为1GB，将两条内存同时插上，系统总是出现异常死机或重启的情况。如果单独使用任意一根内存条都正常工作。

2.故障诊断

由于故障是在升级内存之后发生的，所以判定是新增加内存存在的兼容问题。

3.故障处理

① 更换内存的位置，把频率低的内存放在靠前的位置。本例中把金士顿DDR2 667的内存插在前面，把金士顿DDR2 800插在后面，重新开机测试，故障依然存在。

② 将新增的内存条更换为金士顿DDR2 667，开机测试，电脑正常运行，故障排除。

20.2.11 故障11：电脑升级后内存容量显示不正确

1.故障表现

一台主板为P4S61的电脑，使用一直正常，升级为1GB的内存后，自检时显示512的内存容量。

2.故障诊断

造成此类故障的原因主要有内存问题、主板问题、BIOS问题。

3.故障处理

① 首先检查内存，检查后发现内存正常，显示内存是1GB的容量。

② 然后检查主板，发现主板支持的最大内存是512MB，因此可以断定是由于主板不支持引起的容量问题。

③ 升级BIOS程序后，故障排除。

20.2.12 故障12：内存过热导致死机

1.故障表现

一台正常运行的电脑上突然提示“内存不可读”，然后是一串英文提示信息。这种问题经常出现，而且出现的时间没有规律，但在天气较热时出现此故障的几率较大。

2.故障诊断

由于系统已经提示了“内存不可读”，所以可以先从内存方面来寻找解决问题的办法。由于天气热时该故障出现的几率较大，一般是由于内存条过热而导致系统工作不稳定。

3.故障处理

对于该问题的处理，可以自己动手加装机箱风扇，加强机箱内的空气流畅，还可以给内存加装铝制或者铜制的散热片来解决。

20.2.13 故障13：“ON BOARD PARLTY ERROR”故障

1.故障表现

开机后显示“ON BOARD PARLTY ERROR”提示。

2.故障诊断

开机后显示“ON BOARD PARLTY ERROR”的原因有三种：1.CMOS中奇偶较验被设为有效，而内存条上没有奇偶较验位。2.主板上的奇偶较验电路有故障。3.内存条损坏或者接触不良。

3.故障处理

首先检查CMOS中的有关项，然后重新拔插内存条试试，要是问题还不能得到解决，那就是主板上的奇偶较验电路有故障，这时候就需要更换主板解除故障。

高手支招

本节教学录像时间：2 分钟

内存分配错误故障

（1）故障表现

自检通过。在DOS下运行应用程序因占用的内存地址冲突，而导致内存分配错误，屏幕出现“Memory A1locationError”的提示。

（2）故障诊断

根据提示“Memory A1locationError”可知，这类故障属于内存分配错误故障。

（3）故障处理

因Confis.sys文件中没有用Himem.sys、Emm386.exe等内存管理文件设置Xms.ems内存或者设置不当，使得系统仅能使用640KB基本内存，运行的程序稍大便出现“Out of Memory”(内存不足)的提示，无法操作。这些现象均属软故障，编写好系统配置文件Config.sys后重新启动系统即可。

内存与主板不兼容故障

（1）故障表现

为使用方便，为电脑升级内存，不能正常使用电脑。

（2）故障诊断

升级电脑内存，更换了跟主板不兼容的内存条。

（3）故障处理

① 在升级电脑内存之前必须要查看电脑主板的使用说明，不要盲目地升级内存，如果主板不支持大于512MB以上容量的内存，即便升级了也不能正常使用电脑，所以如果是主板不支持可以更换内存。

② 如果主板支持，但因为主板的兼容性不好导致问题出现，这时需要升级主板的BIOS设置。

第21章 显卡常见故障诊断与维修

学习目标

显卡是计算机最基本配置、最重要的配件之一，显卡发生故障可导致电脑开机无显示，用户无法正常使用电脑。本章主要介绍显卡常见故障诊断与维修，通过学习本章，读者可以了解电脑显卡的常见故障现象，通过对故障的诊断，解决显卡故障问题。

21.1 显卡维修基础

本节教学录像时间：8 分钟

显卡（Video card，Graphics card）全称显示接口卡，又称显示适配器，显卡是电脑主机里的一个重要组成部分，是电脑进行数模信号转换的设备，承担输出显示图形的任务。

21.1.1 显卡的工作原理

显卡的主要部件是有主板连接设备、监视器连接设备、处理器和内存。主板连接设备是用于传输数据和供电，处理器是用于决定如何处理屏幕上的每个像素，内存是用于存放有关每个像素的信息以及暂时存储已完成的图像，监视器连接设备是便于查看最终结果。

不同显卡的工作原理基本相同，CPU与软件应用程序协同工作，以便将有关图像的信息发送到显卡。显卡决定如何使用屏幕上的像素来生成图像。之后，它通过线缆将这些信息发送到监视器。

由于显卡工作性质的不同，提供的功能也各不相同。一般来说，二维图形图像的输出是必备的。在此基础上将部分或全部的三维图像处理功能纳入显示芯片中，由这种芯片做成的显卡即通常所说的“3D显示卡”。3D显示卡拥有专用的图形函数加速器和显存，用来执行图形加速任务，可以大大减少CPU必须处理图形函数的时间。这样可以大大提高计算机的整体性能。

21.1.2 显卡的故障诊断思路

在使用电脑的时候，会发生很多问题，有些故障时很难处理，不易彻底排查。显卡故障的常用方法有清洁法和替换法两种。

1. 清洁法

电脑在使用环境较差或者使用时间较长，应该注意对一些配件的清理，这样会延长电脑的使用寿命。清理显卡首先将显卡与主机的固定螺丝拆下，然后就可以从电脑主板中拆下来了，使用清理显卡工具，一般清理显卡需要用到：螺丝刀、硅胶、棉签、吹风机等，然后将清理好灰尘的显卡，重新装入电脑。

2. 替换法

替换法是将相同型号、功能相同的配件或者同型号芯片相互替换，当用户怀疑电脑的显卡有问题时，可以采用替换法进行诊断。将一个可以正常使用的显卡替换故障电脑中的显卡，也可以将故障电脑中的显卡插到一台工作正常的电脑的上，使用替换法可以更快地解决故障问题。

21.1.3 显卡维修的思路与流程

显卡是电脑必不缺少的配件之一，显卡接收由主机发出的控制显示系统工作的指令和显示内容，然后通过输出信号，控制显示器显示各种字符和图形。主机对显示屏幕和任何操作都要通过显示卡。显示卡上一般有显存，可以暂存图像信息。显卡的故障多种多样，对于显卡所发生的各种故障来说，主要可分为两大类型，一种是独立显卡与插槽接触不良，另一种是显卡与主板不兼容。

1.独立显卡与插槽接触不良

独立显卡与插槽接触不良故障一般是由主板的显卡插槽和显卡金手指之间，以及显卡的接口和显示器VGA接口之间，出现了接触不良造成的。而故障表现则主要为，前者开机后出现报警提示或者黑屏，后者则以开机屏显不正常为主。

当电脑开机后出现报警提示或黑屏故障时，首先检查显卡插槽的接触情况，比如除尘、擦拭显卡的“金手指”、检查显卡的固定挡板是否弯曲变形、“金手指”与插槽接口处是否平稳、固定显卡挡板的螺丝是否过松或过紧等。对于使用集成显卡的主板来说，如果出现了黑屏、死机现象，还需要检查一下内存条是否插在了标注为DIMM 1的第一条内存插槽上。因为一些主板的集成显卡在共享系统内存时，往往只能共享插在第一条内存插槽上的内存。

当VGA接口出现接触不良时，显示器会出现缺色、偏色、图像撕裂，甚至出现“没有视频信号输入”提示等故障现象。在采用“替换法”排除了显示器造成故障可能性的前提下，通过仔细检查、显卡的VGA插针，以及连接电缆的通断情况，就能很快找出故障原因并加以排除。

2.显卡与主板不兼容

显卡与主板不兼容故障的表现比较特殊，主要可分为硬件和软件两种类型。

软件不兼容故障的主要特征是显示异常。造成这种情况的直接原因，主要是因为显卡的驱动程序安装不正确、驱动程序存在BUG，或设置不正确而引发工作不正常造成的。

硬件方面的主要表现是不能启动或黑屏报警。在排除了信号传输线路接触不良故障的可能性以后，多数为显卡与主板存在着不兼容问题，而且这种不兼容问题也多产生于芯片之间或显卡供电回电路的电流供给能力不足。另一方面，有些显卡虽然可以正常启动，但当系统载入显卡驱动程序并运行一段时间后，驱动程序会自动丢失。这是由于显卡质量不佳或显卡与主板不兼容、显卡芯片散热不良造成显卡温度太高，导致系统运行不稳定或死机、黑屏，这是不兼容现象的一种特殊表现。对于硬件不兼容的问题，在一般情况下，只能通过更换其他品牌、型号的显卡来尝试解决。

显卡对电脑来说非常重要，一旦出现故障将使电脑无法显示图像，显卡在发生故障需要进行维修时，首先需要检查显卡的外观是否有所损坏，检查显卡接触不良故障、检查显卡不兼容故障、检查显卡散热故障、检查显卡供电故障。检查显卡外部后，打开电脑，开机显卡显示是否有问题，开机显示是否正常等。

显卡维修流程如下。

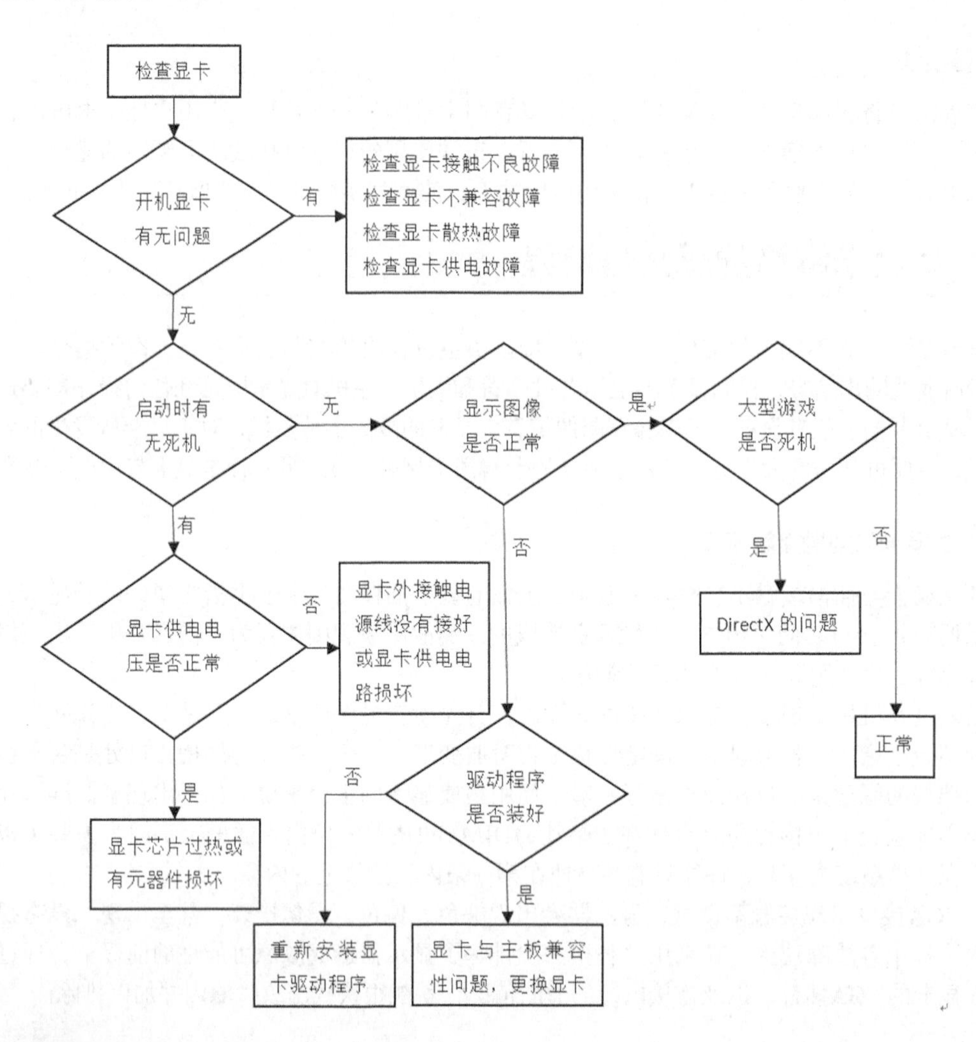

21.2 显卡常见故障与维修

本节教学录像时间：16 分钟

显卡是系统必备的装置，在使用电脑的时候显卡会发生一些故障，本节主要介绍一些常见显卡的故障与维修。

21.2.1 故障1：开机无显示

1.故障表现

启动电脑时，显示器出现黑屏现象，而且机箱喇叭发出一长两短的报警声。

2.故障诊断

此类故障一般是因为显卡与主板接触不良或主板插槽有问题造成。对于一些集成显卡的主板，如果显存共用主内存，则需注意内存条的位置，一般在第一个内存条插槽上应插有内存条。

3.故障处理

① 首先判断是否由于显卡接触不良引发的故障。关闭电脑电源，打开电脑机箱，将显卡拔出来，用毛笔刷将显卡板卡上的灰尘清理掉。接着用橡皮擦来回擦拭板卡的“金手指”，清理完成后将显卡重新安装好，查看故障是否已经排除。

② 显卡接触不良的故障，比如一些劣质的机箱背后挡板的空档不能和主板AGP插槽对齐，在强行上紧显示卡螺丝以后，过一段时间可能导致显示卡的PCB变形的故障，这时候需要松开显示卡的螺丝故障就可以排除。如果使用的主板AGP插槽用料不是很好，AGP槽和显示卡PCB不能紧密接触，用户可以使用宽胶带将显示卡挡板固定，把显示卡的挡板夹在中间。

③ 检查显示卡金手指是否已经被氧化，使用橡皮清除锈渍显示卡后仍不能正常工作的话，可以使用除锈剂清洗金手指，然后在金手指上轻轻敷上一层焊锡，以增加金手指的厚度，但一定注意不要让相邻的金手指之间短路。

④ 检查显卡与主板是否存在兼容问题，此时可以使用新的显卡插在主板上，如果故障解除，则说明兼容问题存在。另外，用户也可以将该显卡插在另一块主板上，如果也没有故障，则说明这块显卡与原来的主板确实存在兼容问题。对于这种故障，最好的解决办法就是换一块显卡或者主板。

⑤ 检查显卡硬件本身的故障，一般是显示芯片或显存烧毁，用户可以将显卡拿到别的机器上试一试，若确认是显卡问题，更换显卡后就可解决故障。

21.2.2 故障2：显卡驱动程序自动丢失

1.故障表现

电脑开机后，显卡驱动程序载入，运行一段时间后，驱动程序自动丢失。

2.故障诊断

此类故障一般是由于显卡质量不佳或显卡与主板不兼容，使得显卡温度太高，从而导致系统运行不稳定或出现死机。此外，还有一类特殊情况，以前能载入显卡驱动程序，但在显卡驱动程序载入后，进入Windows时出现死机。

3.故障处理

前一种故障只需要更换显卡就可以排除故障。后一种故障可更换其他型号的显卡，在载入驱动程序后，插入旧显卡给予解决。如果还不能解决此类故障，则说明是注册表故障，对注册表进行恢复或重新安装操作系统即可解决。

21.2.3 故障3：显示颜色不正常

1.故障表现

电脑开机，显示颜色和平常不一样，而且电脑饱和度较差。

2.故障诊断

这类故障一般是显像管尾部的插座受潮或是受灰尘污染，也可能是其显像管老化造成的。

3.故障处理

① 如果是由于受潮或受灰尘污染的情况，在情况不很严重的前提下，用酒精清洗显象管尾部插座部分即可解决。如果情况严重，更换显像管尾部插座就可以。

② 如果是显像管老化的情况，只能更换显像管才能彻底解决问题。

21.2.4 故障4：更换显卡后经常死机

1.故障表现

电脑更换显卡后经常在使用中会突然黑屏，然后自动重新启动。重新启动有时可以顺利完成，但是大多数情况下自检完就会死机。

2.故障诊断

这类故障可能是显卡与主板兼容不好，也可能是BIOS中与显卡有关的选项设置不当。

3.故障处理

在BIOS里的Fast Write Supported(快速写入支持)选项中，如果用户的显卡不支持快速写入或不了解是否支持，建议设置为No Support以求得最大的兼容。

21.2.5 故障5：玩游戏时系统无故重启

1.故障表现

电脑在一般应用时正常，但在运行3D游戏时出现重启现象。

2.故障诊断

一开始以为是电脑中病毒，经查杀病毒后故障依然存在。然后对电脑进行磁盘清理，但是故障还是没有排除，最后重装系统，发现故障依然存在。

最后通过故障表现。在一般应用时电脑正常，而在玩3D游戏时死机，很可能是因为玩游戏时显示芯片过热导致的，检查显卡的散热系统，看有没有问题。另外，显卡的某些配件，如显存出现问题，玩游戏时也可能会出现异常，造成系统死机或重新启动。

3.故障处理

如果是散热问题，可以更换更好的显卡散热器。如果显卡显存出现问题，可以采用替换法检验一下显卡的稳定性，如果确认是显卡的问题，可以维修或更换显卡。

21.2.6 故障6：安装显卡驱动程序时出错

1.故障表现

安装显卡驱动出现“该驱动程序将会被禁用。请与驱动程序的供应商联系，获得与此版本Windows兼容的更新版本”的错误提示信息。

2.故障诊断

出现上述问题可能是用户要试图安装一个与当前Windows版本不符的驱动程序。例如，在Windows 2000或Windows XP上安装了基于Windows 9X的设备驱动，或者根本不是该设备的驱动程序，都有可能出现上述问题。

3.故障处理

针对这类故障首先要确认安装的驱动是否为该硬件的驱动程序，然后检查该驱动程序是否适用当前的操作系统，最后检查驱动程序的版本是否是最新的本版。根据系统版本选择相应的驱动安装。

21.2.7 故障7：显示花屏，看不清字迹

显示花屏是常见的故障之一，大部分显卡花屏的故障都是由显卡本身引起的，花屏故障主要有两种：开机花屏、运行程序时花屏。

1.开机花屏

（1）故障表现

电脑刚开机就显示花屏，看不清字迹。

（2）故障诊断

显示器花屏故障大部分都是由网卡本身造成的，可以先从网卡下手排除故障。

（3）故障处理

① 打开电脑机箱，检查显卡是不是存在散热问题，用手触摸一下显存芯片的温度，查看显卡的风扇是否停转。如果散热的确有问题的话，用户可以采用换个风扇或在显存上加装散热片的方法解决故障。

② 检查一下主板上的AGP插槽里是否有灰尘，查看显卡的金手指是否被氧化，然后可根据具体情况把灰尘清除掉，用橡皮擦把金手指的氧化部分擦亮。

2.运行程序时花屏

（1）故障表现

电脑在平常的运行中没有故障，当运行大型3D游戏时会显示花屏。

（2）故障诊断

这类故障一般是由于显示驱动和游戏不兼容导致，或者是驱动本身存在漏洞。

（3）故障处理

这类故障处理可以卸载网卡驱动后，从官方网站重新下载最新的网卡驱动程序，重新安装下

载的网卡驱动，故障排除。

21.2.8 故障8：屏幕出现异常杂点或花屏

1.故障表现

电脑在开机后，屏幕会出现异常杂点或图案，甚至花屏现象。

2.故障诊断

此类故障一般是由于显示卡质量不好造成的，在显示卡工作一段时间后，温度升高，显示卡上的质量不过关的显示内存、电容等元件工作不稳定而出现问题。

3.故障处理

如果用户的电脑是超频状态下，此时用户将频率修改过来即可。如果是显卡与主板接触不良造成的，用户需清洁显卡金手指部位或更换显卡的插槽。

21.2.9 故障9：电源功能或设置的影响

1.故障表现

现在电脑的主板提供的高级电源管理功能十分多，有节能、睡眠、ONNOW等，但有些显卡和主板的某些电源功能有时会产生冲突，会导致进入Windows后出现花屏的现象。电脑在调试的过程中，改动了CMOS中电源的设置，特别是VIDEO相连的设置，结果开机进入操作系统后颜色变成了256色，并且还提示要安装新的驱动程序。

2.故障诊断

该故障是因为一些基本设置的错误而导致的故障。

3.故障处理

由于当改动了CMOS电源选项后马上出现了问题，所以把电脑调整为出厂的默许值，即可解决故障。

21.2.10 故障10：显卡插槽问题引起的故障

1.故障表现

一台电脑以前经常发生无法开机的故障，在无法开机的时候，将显卡重新安装一遍后就可以继续使用，但是这次无法正常开机，重新安装显卡几回，故障还是依然存在。

2.故障诊断

如之前出现过显卡导致的无法开机故障，且排除了内存、硬盘等其他软硬件故障，则依然可判断为显卡引起开机故障。

3.故障处理

① 首先打开电脑机箱检查显卡，检查后发现显卡安装正确。

② 然后将显卡拔下，使用橡皮将显卡金手指擦拭一遍，擦拭完后安装到电脑中测试，发现故障依然存在。

③ 接下来将显卡取下，然后查看主板显卡的卡槽，发现显卡卡槽中有几个针脚变形。使用钩针等工具将变形的针脚调整好后，将显卡安装好，打开电脑测试，发现故障排除。

21.2.11 故障11：显卡风扇引起的死机故障

1.故障表现

一台电脑以前使用的时候非常稳定，但是最近使用总是发生死机现象。一开始以为是系统问题，但是重装完系统后故障依然存在。

2.故障诊断

造成这类故障的原因如下。

① 电脑CPU过热

② 显卡问题

③ 内存问题

④ 灰尘问题

3.故障处理

① 首先打开电脑机箱，进行检查CPU风扇，发现风扇转动正常。

② 然后清洁电脑中的灰尘，清理后开机测试，发现故障依然。

③ 接下来使用替换法检查内存、显卡、主板等，在检查显卡时，发信显卡的散热风扇有问题，在显卡工作时，显卡的芯片温度较高，因此故障的原因应该是显卡温度过高，因此更换显卡风扇后，开机检测，故障排除。

21.2.12 故障12：显卡接触不良故障

1.故障表现

一台电脑以前使用的时候良好，但是隔一段时间再次使用，开机后显示器没有显示，电源指示灯亮，也没有报警声。

2.故障诊断

由故障表现可知，造成此类故障的原因如下。

① 电源问题

② 内存问题

③ 显卡问题

④ 主板问题

⑤ CPU问题

3.故障处理

① 首先打开电脑机箱，发现电脑机箱中有很多灰尘，清理灰尘后，开机测试，发现故障依旧。

② 拆下内存，将内存的金手指用橡皮擦擦拭，然后开机测试，故障还是存在。

③ 将显卡的金手指使用橡皮擦擦拭后，开机检测，故障消失，因此显示器没显示是由于灰尘导致接触不良引起的故障。

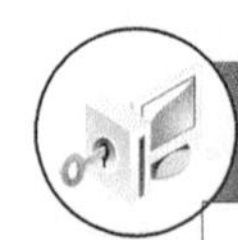

高手支招

本节教学录像时间：3 分钟

电脑运行时出现VPU重置错误

（1）故障表现

电脑运行大型的3D游戏时出现黑屏或者是花屏，接着会弹出VPU重置窗口，提示“vpu.recovr已重置了你的图形加速卡”。

（2）故障诊断

这类错误多出现在ATI的显卡上，一般都是显卡跟主板的兼容性造成的，早期的AGP插槽供电不足也会引起此类问题。

（3）故障处理

一般此类故障，可以采用以下方法改善兼容性。

① 安装最新的4 in 1(对于VIA用户)或其他最新版的主板驱动。

② 更换新的显卡驱动；如果是AGP用户，可以试着提高一点显卡的电压来解决此类问题。

显卡挡板故障

（1）故障表现

开机电源灯亮，硬盘灯不亮，显示器无画面，机箱喇叭发出“嘀、嘀、嘀嗒……”的声响。

（2）故障诊断

从BIOS报警声可以判断显卡故障。

（3）故障处理

首先使用替换法，将另一块显卡换上，故障消失。将原先的显卡插到另一台电脑上，机器运行正常。仔细观察原先显卡，发现原先显卡的铁挡板与显卡电路板距离太近，以致当用螺钉固定显卡到机箱上时，显卡尾部有往上翘的迹象。将铁挡板稍微弯曲了一下，这样当拧螺钉固定显卡时，显卡就不会受力了。重新安装回显卡开机，故障消除。

第22章 声卡常见故障诊断与维修

学习目标

声卡是电脑能够发声音的重要组成部分，如果声卡发生故障，电脑就无法正常播放声音。本章主要介绍声卡常见故障诊断与维修，通过学习本章，读者可以了解电脑声卡的常见故障现象，通过对故障的诊断，解决声卡故障问题。

22.1 声卡维修基础

本节教学录像时间：6 分钟

声卡是多媒体技术中最基本的组成部分，是实现声波/数字信号相互转换的一种硬件。了解声卡的维修基础，可以更快地解决声卡故障。

22.1.1 声卡的工作原理

声卡的基本功能是把来自话筒、磁带、光盘的原始声音信号加以转换，输出到耳机、扬声器、扩音机、录音机等声响设备，或通过音乐设备数字接口(MIDI)使乐器发出美妙的声音。

声卡是计算机进行声音处理的适配器。它的三个基本功能如下。

一是音乐合成发音功能。

二是混音器(Mixer)功能和数字声音效果处理器(DSP)功能。

三是模拟声音信号的输入和输出功能。

声卡处理的声音信息在计算机中以文件的形式存储。声卡工作应有相应的软件支持，包括驱动程序、混频程序(mixer)和CD播放程序等。

麦克风和喇叭所用的都是模拟信号，而电脑所能处理的都是数字信号，两者不能混用，声卡的作用就是实现两者的转换。声卡从话筒中获取声音模拟信号，通过模数转换器(ADC)，将声波振幅信号采样转换成一串数字信号，存储到计算机中。重放时，这些数字信号送到数模转换器(DAC)，以同样的采样速度还原为模拟波形，放大后送到扬声器发声，这一技术称为脉冲编码调制技术(PCM)。

从结构上分，声卡可分为模数转换电路和数模转换电路两部分，模数转换电路负责将麦克风等声音输入设备采到的模拟声音信号转换为电脑能处理的数字信号；而数模转换电路负责将电脑使用的数字声音信号转换为喇叭等设备能使用的模拟信号。

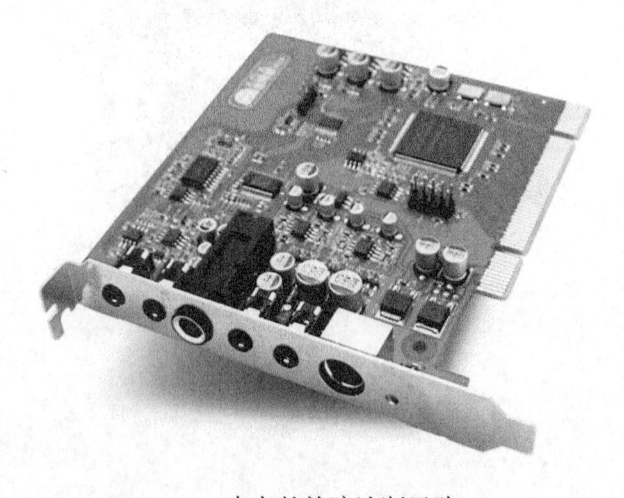

声卡的故障诊断思路

1. 替换法

替换法是将相同型号、功能相同的配件或者同型号的配件相互替换，当用户怀疑声卡发生故障，可以采用替换法进行诊断，将一个可以正常使用的声卡替换掉故障电脑中的声卡，也可以将故障电脑中的声卡插到一台正常工作的电脑中，使用替换法可以更快、更有效地解决电脑故障。

2. 排除法

电脑声音出现了故障，主要可能是声卡、音箱、设置等出现了故障。为保险起见重新用排除法，排除造成电脑无声的故障。

① 检查音箱、耳机接线是否安装正确。

② 耳机、音响音量是否设置静音，确保不是静音，可以查看右下角音量图标没有禁止符号。

③ 右键打开【我的电脑】➤【设备管理器】，查看声卡驱动是否是叹号，如果是叹号，重新下载声卡驱动，或者下载驱动精灵等驱动下载软件，重新安装驱动。

④ 有时候显卡温度过低也会造成系统声音消失的，重新拔插显卡、内存，并擦拭金手指。

⑤ 如果故障依然存在，解决办法就是送专业维修店。

22.1.2 声卡维修的思路与流程

当声卡出现问题时，一般表现为播放音乐或玩游戏时音箱无声音、出现噪声等。声卡维修思路如下。

① 首先检查声卡外观，电脑播放是否有声音。

② 设置静音或者音量过小。

③ 声卡驱动问题。

驱动程序是否正确安装。

安装的驱动程序不兼容。

④ 声卡是否与DirectX出现兼容性问题

⑤ 声卡的安装及相关连接是否正确

⑥ BIOS设置或主板跳线是否正确

⑦ 是否是集成声卡和外接声卡发生冲突

⑧ 声卡与其他硬件是否发生冲突或兼容性问题。

⑨ 是否与超频有关

声卡维修流程如下。

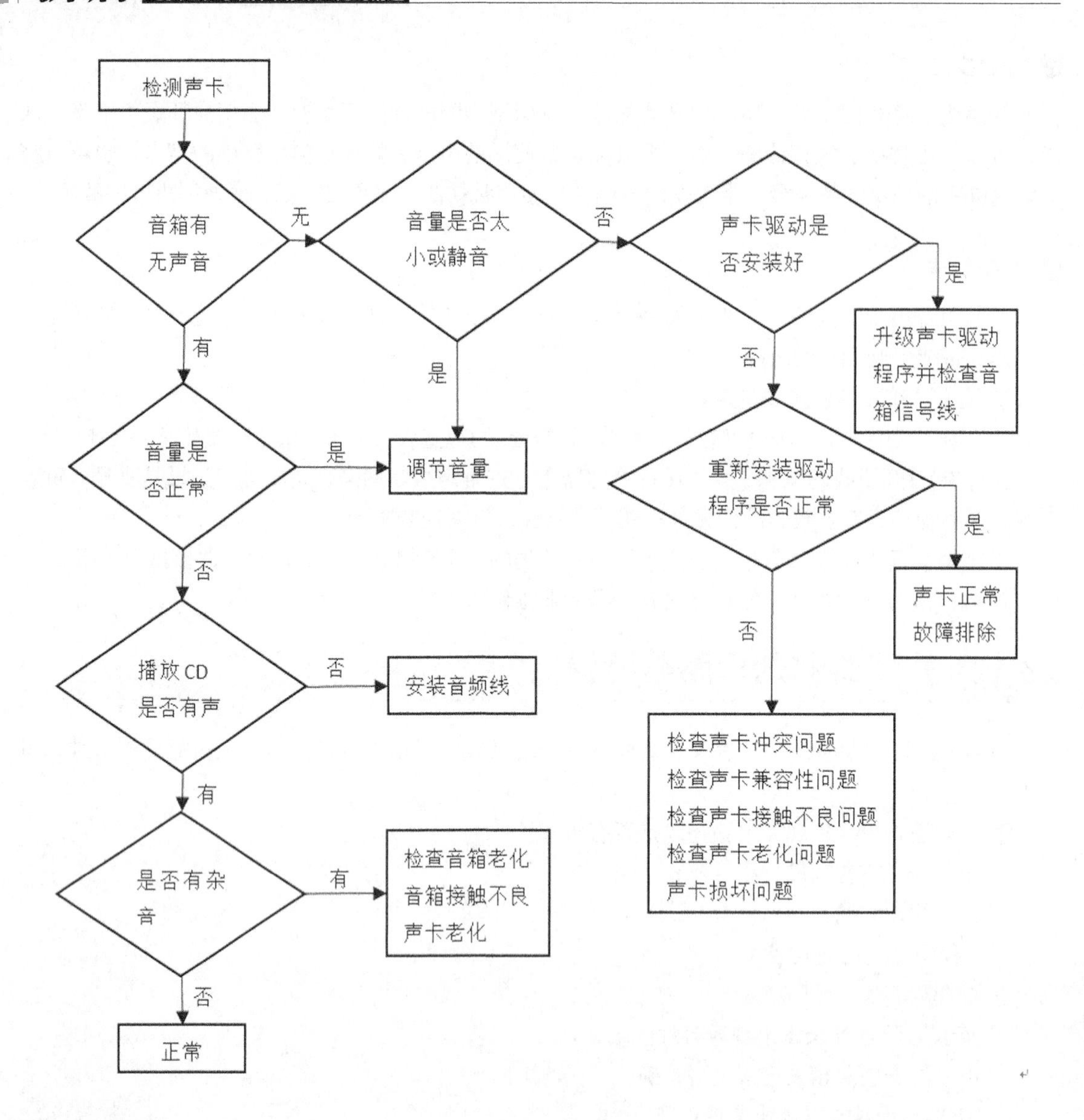

22.2 声卡常见故障与维修

本节教学录像时间：17 分钟

一般情况下电脑不能够正常地发声，大部分的情况是由于声卡的原因，本节主要介绍常见的声卡故障，通过故障的表现，对故障进行排除。

22.2.1 故障1：声卡无声

1.故障表现

电脑运行无声音。

2.故障诊断

这里故障一般是因为系统设置为静音、声卡与其他插卡有冲突或者音频线断线引起的故障。

3.故障处理

① 系统默认声音输出为静音。单击屏幕右下角的声音小图标（小喇叭），出现音量调节滑块，下方有静音选项，单击前边的复选框，清除框内的对勾，故障排除。

② 声卡与其他插卡有冲突。当声卡与其他插卡产生冲突时，调整PnP卡所使用的系统资源，使各卡互不干扰。打开设备管理器，虽然未见黄色的惊叹号（冲突标志），但声卡就是不发声，其实也是存在冲突的，只是系统没有检测出来而已。安装了DirectX后声卡不能发声，说明此声卡与DirectX兼容性不好，需要更新驱动程序。

③ 如果是一个声道无声，则检查声卡到音箱的音频线是否有断线，如果断线只需要更换音频线就可以。

22.2.2 故障2：操作系统无法识别声卡

1.故障表现

操作系统无法识别声卡。

2.故障诊断

此类故障因为声卡没有安装好，或声卡不支持即插即用，以及驱动程序太老无法支持新的操作系统引起的。

3.故障处理

（1）重新安装声卡

① 切断电源，打开机箱，从主板上拔下声卡。

② 清洁声卡的金手指，然后将声卡重新插回主板。

③ 开机检查电脑故障是否排除。

（2）手动添加声卡

① 依次选择【开始】➤【设置】➤【控制面板】，双击【控制面板】窗口中的【添加新硬件】项目。

② 在【添加新硬件】向导中，系统会询问你是否自动检测与配置新硬件，请选择【否】，然后单击【下一步】按钮，Windows会列出所有可选择安装的硬件设备。

③ 在【硬件类型】中选择“声音、视频和游戏控制器”选项，单击【下一步】按钮，进入路径的选择界面。

④ 单击【从磁盘安装】按钮，选择驱动程序所在的路径，安装声卡驱动程序。

（3）更新驱动程序

到网上搜索声卡的最新驱动，如果没有的话，可用型号相近或音效芯片相同的声卡的驱动程序来代替。

22.2.3 故障3：声卡发出的噪音过大

声卡发出噪音过大，主要有以下几种原因。

（1）插卡不正。由于机箱制造精度不够高、声卡外挡板制造或安装不良导致声卡不能与主板扩展槽紧密结合，仔细观察可发现声卡上“金手指”与扩展槽簧片有错位。这种现象在ISA卡或PCI卡上都有，属于常见故障，一般用钳子校正即可解决故障。

（2）有源音箱输入接在声卡的Speaker输出端。对于有源音箱，应接在声卡的Line out端，它输出的信号没有经过声卡上的功放，噪声要小得多。有的声卡上只有一个输出端，是Line out还是Speaker要靠卡上的跳线决定，厂家的默认方式常是Speaker，所以要拔下声卡调整跳线。

（3）Windows自带的驱动程序不好。在安装声卡驱动程序时，要选择厂家提供的驱动程序而不要选Windows默认的驱动程序。如果用“添加新硬件”的方式安装，要选择“从磁盘安装”而不要从列表框中选择。如果已经安装了Windows自带的驱动程序，可以重新安装驱动程序，具体操作步骤如下。

步骤01 在桌面上右键单击【此电脑】，在弹出的快捷菜单中选择【管理】菜单命令。

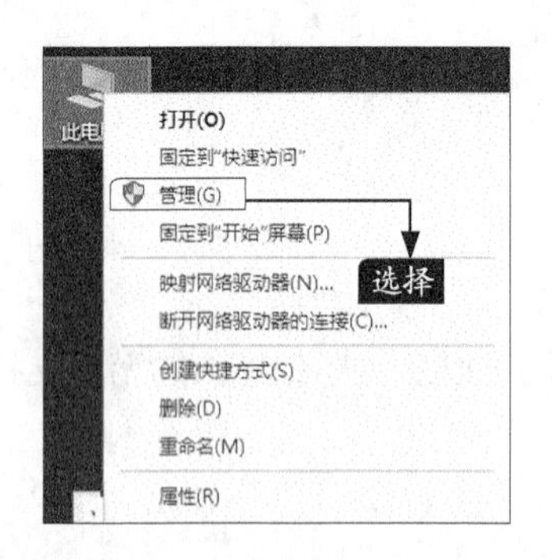

步骤02 弹出【计算机管理】对话框，选择【设备管理器】选项，在右侧的窗口中选择【声音、视频和游戏控制器】选项，然后选择【High Definition Audio】并右键单击，在弹出的快捷菜单中选择【更新驱动程序软件】菜单命令。

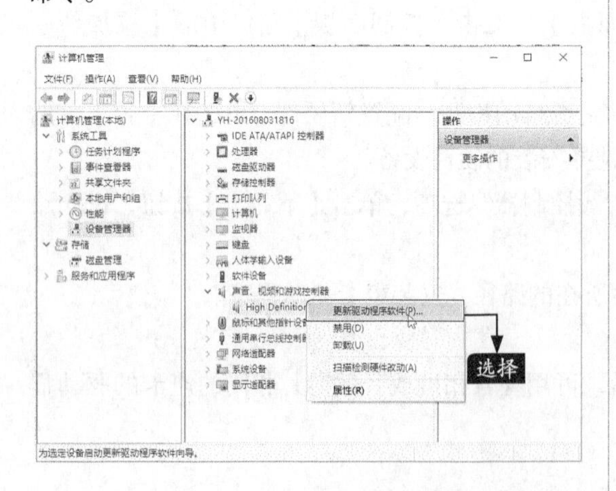

步骤03 弹出【您希望如何搜索驱动程序软件】对话框，如果用户已经联网，可以选择【自动搜索更新的驱动程序软】选项，如果使用光盘中的声卡驱动，则选择【浏览计算机以查找驱动程序软件】选项。

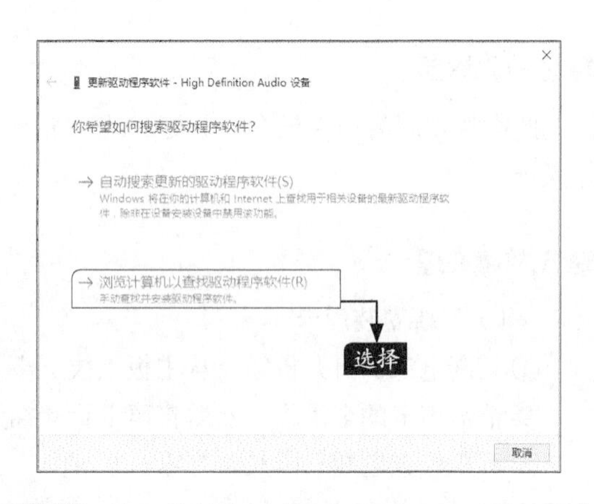

步骤04 弹出【浏览计算机上的驱动程序文件】对话框，单击【浏览】按钮。

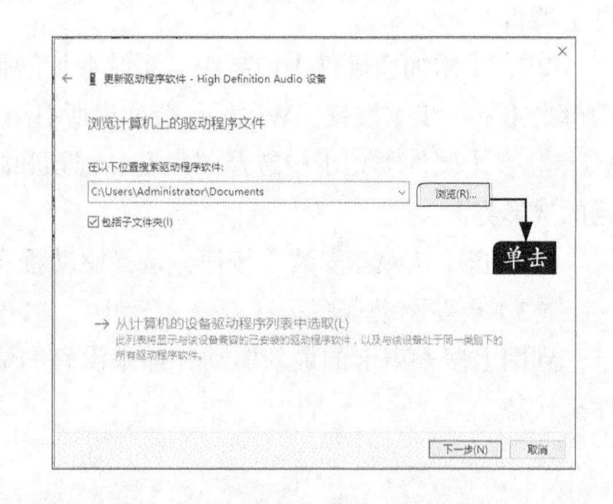

步骤05 弹出【浏览文件夹】对话框，选择光盘的路径，单击【确定】按钮。返回到【浏览计算机上的驱动程序文件】对话框中，单击【下一步】按钮，系统将自动安装驱动程序。

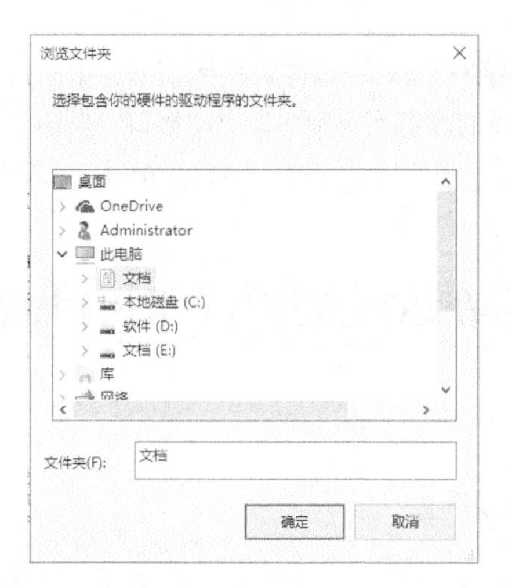

22.2.4 故障4：播放MIDI无声

1.故障表现

某些声卡在播放MP3、玩游戏时非常正常，但就是无法播放MIDI文件。

2.故障诊断

从原理来看，声卡本身并没有问题，应该属于设置问题。

3.故障处理

依次选择【控制面板】➤【多媒体】➤【音频】➤【MIDI音乐播放】，选择合适的播放设备即可。当然也可能是在Windows音量控制中的MIDI通道被设置成了静音模式，将静音勾选去掉即可。

22.2.5 故障5：播放CD无声

1.故障表现

使用电脑播放CD没有声音。

2.故障诊断

此类故障一般是音频线没有插好、设置问题或者没有插好。

3.故障处理

① 完全无声。用Windows 的CD播放器放CD无声，但CD播放器又工作正常，这说明是光驱的音频线没有接好。使用一条4芯音频线连接CD-ROM的模拟音频输出和声卡上的CD-IN即可，此

线在购买CD -ROM时会附带。可以用其他软件播放也可能解决。

② 双击最右下边的音量控制，在弹出的主音量面板中，看CD栏是不是选择了静音或者音量是最小。

③ 只有一个声道出声。光驱输出口一般左右两线信号，中间两线为地线。由于音频信号线的4条线颜色一般不同，可以从线的颜色上找到一一对应接口。若声卡上只有一个接口或每个接口与音频线都不匹配，只好改动音频线的接线顺序，通常只把其中2条线对换即可。还有可能就是CD栏上的音量控制的均衡条是不是在中间。

22.2.6 故障6：声卡在运行大型程序时出现爆音

1.故障表现

电脑在运行大型程序时出现爆音。

2.故障诊断

由于集成软声卡数字音频处理依靠CPU，而如果电脑配置过低就可能出现这种问题。

3.故障处理

在控制面板中，选择【系统】➤【设备管理器】，选中磁盘驱动器，找到硬盘的参数项，双击参数项，在弹出的界面中将硬盘的DMA选项前面的勾号去除。不过在关闭了DMA数据接口之后会降低系统的性能；或者安装最新的主板补丁和声卡补丁，更换最新的驱动程序也可以取得一定效果。

22.2.7 故障7：安装新的Direct X之后，声卡不发声

1.故障表现

电脑在安装新的Direct X之后，无声音。

2.故障诊断

某些声卡的驱动程序和新版本的Direct X不兼容，导致声卡在新Direct X下无法发声。

3.故障处理

若当你安装了新版本的Direct X后声卡不能发声了，则需要为声卡更换新的驱动程序或“Direct X随意卸”等工具将Direct X卸载后重装老的版本。

22.2.8 故障8：Direct X不支持硬件缓冲

1.故障表现

Direct X诊断时显示不支持硬件缓冲，声卡不发声 。

2.故障诊断

软件缓冲区太小，导致无法发声。

3.故障处理

打开控制面板，【多媒体属性】➤【设备】➤【媒体控制设备】➤【波形音响设备】，其中有个设置选项，将默认4秒的软件缓冲容量改成最大的9秒即可。

22.2.9 故障9：电脑播放声音过小

1.故障表现

一块声卡，使用一直都很正常，但是最近出现播放歌曲时声音很小。

2.故障诊断

造成这类故障的原因如下。

① 音箱问题。

② 声卡驱动程序问题。

③ 声卡老化问题。

3.故障处理

① 首先使用耳机检测电脑的声音，将音量调节到最大，耳机的声音还是很小，因此可以判断不是音量调节的问题。

② 接下来更新声卡的驱动程序，更新完成后进行测试，发现故障依然存在。

③ 最后使用替换法检查声卡，发现是声卡本身存在问题，更换一块新的声卡，故障排除。

22.2.10 故障10：播放声音不清晰

1.故障表现

一台电脑在播放歌曲的时候，声音不清晰、有噪声。

2.故障诊断

信噪比一般是产生噪音的罪魁祸首，集成声卡尤其受到背景噪音的干扰，不过随着声卡芯片信噪比参数的加强，大部分集成声卡信噪比都在75dB以上，有些高档产品信噪比甚至达到95dB，出现噪音的问题越来越小。而除了信噪比的问题，杂波电磁干扰就是噪音出现的唯一理由。由于某些集成声卡采用了廉价的功放单元，做工和用料上更是不堪入目，信噪比远远低于中高档主板的标准，自然噪音就无法控制了。

3.故障处理

由于Speaker out采用了声卡上的功放单元对信号进行放大处理，虽然输出的信号“大而猛”，但信噪比很低。而Line out则绕过声卡上的功放单元，直接将信号以线路传输方式输出到音箱，如果在有背景噪音的情况下不妨试试这个方法，相信会改进许多。不过如果你采用的是劣质的音箱，相信改善不会很大。

22.2.11 故障11：WINDOWS没发现硬件驱动程序

1.故障表现

多次更换声卡之后，重新使用集成声卡时，WINDOWS提示没有发现硬件驱动程序。

2.故障诊断

此类故障一般是由于在第一次装入驱动程序时没有正常完成，或在CONFIG.SYS、自动批处理文件AUTOEXEC.BAT、DOSSTART.BAT文件中已经运行了某个声卡驱动程序。

3.故障处理

对此可以将里面运行的某个驱动程序文件删除即可，也可以将CONFIG.SYS、自动批处理文件AUTOEXEC.BAT、DOSSTART.BAT文件三个文件删除来解决该故障。如果在这三个文件里面没有任何文件，而驱动程序又装不进去，此时需要修改注册表，点击【开始】菜单—【运行】，在对话框中输入“regedit”，按【Enter】键，将与声卡相关的注册表项删除。

22.2.12 故障12：播放的声音有爆音

1.故障表现

一台双核的电脑，使用的是主板集成声卡，由于声音效果不好，对电脑进行了升级，将原先安装的主板集成声卡屏蔽后，在电脑中安装一块PCI声卡，安装完成后，电脑播放声音发出爆音。

2.故障诊断

造成这类故障的原因如下。

①声卡不兼容问题。

②声卡驱动问题

③音箱问题

3.故障处理

首先将音箱插头去掉，使用耳机进行测试，发现同样有爆音，因此排除是音箱问题。

接下来更新声卡驱动程序，发现故障依然存在，因此是声卡问题。

最后使用替换法更换声卡，发现更换声卡后故障消失，因此是声卡硬件问题引起的爆音，更换声卡后故障就可以排除。

22.2.13 故障13：安装其他设备后，声卡不发声

1.故障表现

安装网卡或者其他设备之后，声卡不再发声。

2.故障诊断

这类故障大多是由于兼容性问题和中断冲突造成的。

3.故障处理

① 驱动兼容性的问题比较好解决，用户只需要更新各个产品的驱动。

② 中断冲突就比较麻烦。首先进入【控制面板】➤【系统】➤【设备管理器】，查询各自的 IRQ 中断，并可以直接在手动设定IRQ，消除冲突即可。如果在设备管理器无法消除冲突，最好的方法是回到BIOS中，关闭一些不需要的设备，空出多余的 IRQ中断。也可以将网卡或其他设备换个插槽，这样也将改变各自的IRQ中断，以便消除冲突。在换插槽之后应该进入BIOS中的“PNP/PCI”项中将“Reset Configutionration Data”改为ENABLE，清空PCI设备表，重新分配IRQ中断即可。

22.2.14 故障14：音箱有“沙沙”杂音

1.故障表现

一台电脑在运行时，播放声音总伴随着“沙沙”的杂音。

2.故障诊断

这类故障造成的原因如下。

① 音箱问题。

② 声卡问题。

③ 声卡驱动问题。

④ 硬件冲突问题。

3.故障处理

① 首先将音箱插头去掉，使用耳机连接到电脑，发现使用耳机接收到的声音没有杂音。因此怀疑有“沙沙”杂音故障与音箱有关。

② 将音箱连接到其他电脑中进行测试，发现出现相同的故障，所以此类故障是音箱引起的，更换音箱，故障就可以排除。

高手支招

本节教学录像时间：3 分钟

无法播放Wav音乐、Midi音乐

不能播放Wav音乐现象比较罕见，常常是由于【多媒体】➤【设备】下的“音频设备”不只一个，禁用一个即可。

无法播放MIDI文件则可能有以下3种可能。

① 早期的ISA声卡可能是由于16位模式与32位模式不兼容造成MIDI播放的不正常，通过安装软件波表的方式可以解决。

② 如今流行的PCI声卡大多采用波表合成技术，如果MIDI部分不能放音则很可能因为你没有加载适当的波表音色库。

③ Windows音量控制中的MIDI通道被设置成了静音模式。

声卡不能录音

大部分的集成声卡都是全双工声卡，声卡不能录音的故障很少发生，在发生时如何解决呢?

① 首先检查插孔是否为“麦克风输入”，然后双击“小喇叭”图标，选择菜单上的【属性】➤【录音】，查看各项设置是否正确。接下来选择【控制面板】➤【多媒体】➤【设备】中调整“混合器设备”和“线路输入设备”，把它们设为“使用”状态。

② 然后在【控制面板】➤【多媒体】➤【音频】➤【录音首选设备】，点击麦克风小图标进入“录音控制”，在这里可以预设好需要的录音通道，随后就可以使用录音功能了。如果图标变成灰色的话，可以试试将声卡删除重装。

③ 另外由于集成声卡一般都没有放芯片，无法推动高档的录音设备，所以造成无法录音，在这种情况下可以更换高档次的声卡，或者更换档次更高的主板。

第23章

硬盘常见故障诊断与维修

学习目标

硬盘是电脑的主要存储设备，本章主要介绍硬盘常见故障诊断与维修。通过学习本章，读者可以了解电脑硬盘的常见故障现象，通过对故障的诊断，解决硬盘故障问题。

学习效果

23.1 硬盘维修基础

本节教学录像时间：13 分钟

硬盘是计算机中存储数据的主要配件之一，了解硬盘的维修基础，可以更快地解决硬盘故障。

23.1.1 硬盘的工作原理

硬盘其实就是一种电脑的存储媒介，由一个或多个碟片组成，使用了磁头复位节能技术和多磁头技术，可将其分为固态硬盘(SSD)、机械硬盘(HDD)、混合硬盘(HHD)三种。

固态硬盘（Solid State Drives）简称固盘，用固态电子存储芯片阵列而制成的硬盘，由控制单元和存储单元组成。

机械硬盘是传统普通硬盘，主要由盘片、磁头、盘片转轴及控制电机、磁头控制器、数据转换器、接口、缓存等几个部分组成。

混合硬盘是一块基于传统机械硬盘诞生出来的新硬盘，除了机械硬盘必备的碟片、马达、磁头等，还内置了NAND闪存颗粒，这颗颗粒将用户经常访问的数据进行储存，可以达到固态硬盘效果的读取性能 。

硬盘的物理结构包括磁头、磁道、扇区和柱面。其中，磁头是硬盘最关键的部分，是硬盘进行读写的“笔尖”，每一个盘面都有自己的一个磁头。磁道是指磁盘旋转时由于磁头始终保持在一个位置上而在磁盘表面划出的圆形轨迹，磁道是肉眼看不到的，它只是磁盘面上的一些磁化区，使信息沿这种轨道存放。扇区是指磁道被等分为的若干弧段，是磁盘驱动器向磁盘读写数据的基本单位，其中每个扇区可以存放512字节的信息。而柱面，顾名思义，为一个圆柱形面，由于磁盘是由一组重叠的盘片组成的，每个盘面都被划分为等量的磁道并由外到里依此编号，具有相同编号的磁道形成的便是柱面，因此磁盘的柱面数与其一盘面的磁道数是相等的。

当硬盘读取数据时，盘面高速旋转，使得磁头处于“飞行状态”，并未与盘面发生接触，在这种状态下，磁头既不会与盘面发生磨损，又可以达到读取数据的目的。由于盘体高速旋转，产生很明显的陀螺效应，因此硬盘在工作时不易运动，否则会加重轴承的工作负荷;而硬盘磁头的寻道伺服电机在伺服跟踪调节下可以精确地跟踪磁道，因此在硬盘工作过程中不要有冲击碰撞，搬动时要小心轻放。

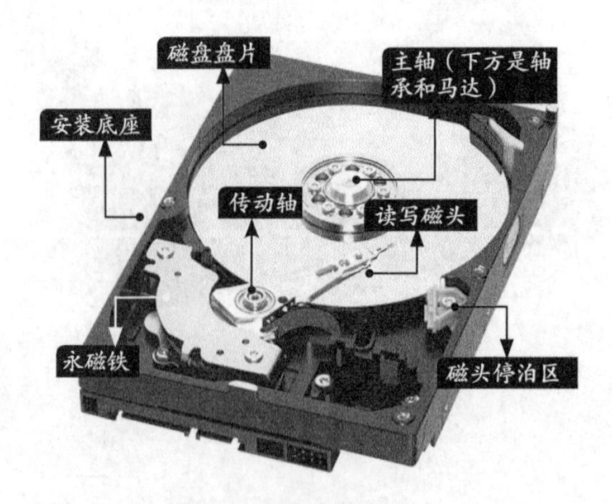

硬盘的故障诊断思路

在对硬盘进行故障维修前，需要有一个清晰的诊断思路，这样才能够更方便、快捷地解决故障，硬盘的故障诊断思路有多种。

1. 观察法

观察法是针对一般简单的问题，主要是维修人员根据经验通过用眼看、鼻闻、耳听等作辅助检查，观察有故障的电路板以找出故障原因所在。在观察故障电路板时将检查重点放在数据接口排针、数据接口排针下的排阻、硬盘跳线、电源口接线柱和主控芯片引脚等地方，看是否存在如下问题。

① 检查电路板表面是否有断线、焊锡片和虚焊等。

② 电路板表面如芯片是否有烧焦的痕迹，一般内部某芯片烧坏时会发出一种臭味，此时应马上关机检查，不应再加电使用。

③ 注意电阻或电容引脚是否相碰、硬盘跳线是否设置正常。

④ 是否有异物掉进电路板的元器件之间。

2. 触摸法

一般电路板的正常温度（指组件外壳的温度）不超过40℃～50℃，手指摸上去有一点温度，但不烫手。而电路板在出现开路或短路的情况下，芯片温度会出现异常，如开路、无供电、工作条件不满足时，芯片温度会过凉；而短路、电源电压高时，芯片温度过高。部分损坏较严重的芯片甚至可闻到焦味，一旦维修人员发现这种现象，一定要立即断开电源。

3. 替换法

替换法即用好的芯片或元器件替换可能有故障的配件，这种方法常用在不能确定故障点的情况下。维修人员首先应检查与怀疑有故障的配件相连接的连接线是否有问题，替换怀疑有故障的配件，再替换供电配件，最后替换与之相关的其他配件。但这种方法需要维修人员对电路板的各元器件非常熟悉，否则可能会弄巧成拙。

4. 比较法

比较法是用一块与故障电路板型号完全一样的好的电路板，通过外观、配置、运行现象等方面的比较和测量找出故障电路板的故障点的方法。但这种方法比较麻烦，维修人员需要多次比较和测量才能找出故障的部位。

5. 电流法

电流法需要用到万用电表，它可以测量电流、电压、电阻，有的还可以测量三极管的放大倍数、频率、电容值、逻辑电位、分贝值等。硬盘电源+12V的工作电流应为1.1A左右。如果电路板有局部短路现象，则短路元件会升温发热并可能引起保险丝熔断。这时用万用电表测量故障线路的电流，看是否超过正常值。硬盘驱动器适配卡上的芯片短路会导致系统负载电流加大，驱动电机短路或驱动器短路会导致主机电源故障。当硬盘驱动器负载电流加大时会使硬盘启动时好时坏。电机短路或负载过流，轻则使保险丝熔断，重则导致电源块、开关调整管损坏。

在大电流回路中可串入电流假负载进行测量。不同情况可采用不同的测量方法。

（1）对于有保险的线路，维修人员可断开保险管一头，将万用电表串入进行测量。

（2）对于印刷板上某芯片的电源线，维修人员可用刻刀或钢锯条割断铜箔引线串入万用表测量。

（3）对于电机插头、电源插头，可从卡口里将电源线起出，再串入万用电表测量。

6. 电压法

该测量方法是在加电情况下，用万用表测量部件或元件的各管脚之间对地的电压大小，并将其与逻辑图或其他参考点的正常电压值进行比较。若电压值与正常参考值之间相差较大，则该部件或元件有故障；若电压正常说明该部分完好，可转入对其他部件或元件的测试。

I/O通道系统板扩展槽上的电源电压为+12V、-12V、+5V和-5V。板上信号电压的高电平应大于2.5V，低电平应小于0.5V。硬盘驱动器插头、插座按照引脚的排列都有一份电压表，高电平在2.7~3.0V。若高电平输出小于3V、低电平输出大于0.6V，即为故障电平。

7. 测电阻法

测电阻法是硬盘电路板维修方法中比较常用的一种测量方法，这种方法可以判断电路的通断及电路板上电阻、电容的好坏；参照集成电路芯片和接口电路的正常阻值，还可以帮助判断芯片电路的好坏。

测电阻法一般使用万用表的电阻挡测量部件或元件的内阻，根据其阻值的大小或通断情况，分析电路中的故障原因。一般元器件或部件的引脚除接地引脚和电源引脚外，其他信号的输入引脚与输出引脚对地或对电源都有一定的内阻，不会等于0Ω或接近0Ω，也不会无穷大，否则就应怀疑管脚是否有短路或开路的情况。一般正向阻值在几十欧姆至100Ω左右，而反向电阻多在数百欧姆以上。

用电阻法测量时，首先要关机停电，再测量器件或板卡的通断、开路短路、阻值大小等，以此来判断故障点。若测量硬盘的步进电机绕组的直流电阻为24Ω，则符合标称值为正常；10Ω左右为局部短路；0Ω或几欧为绕组短路烧毁。

硬盘驱动器的数据线可以采用通断法进行检测。硬盘的电源线既可拔下单测，也可在线测其对地电阻；如果阻值无穷大，则为断路；如果阻值小于10Ω，则有可能是局部短路，需要维修人员进一步检查方可确定。

23.1.2 硬盘维修的思路与流程

硬盘是电脑中重要的存储设备，电脑中所有的系统文件、资源和文件全部存储于此，一般出现故障的情况比较少，但是一旦硬盘出现故障，那么所有的数据与文件都可能会丢失，会给用户带来极大的损失。由于电脑的操作系统一般都会安装在硬盘上，硬盘一旦损坏，电脑也不能正常工作。硬盘故障分为硬盘逻辑故障和硬盘物理故障。

硬盘的硬故障可以分为扇区故障、磁道故障、磁头组件故障、系统信息错误、电子线路故障、综合性能故障等6大类。

1.常见的硬盘物理故障

硬盘物理故障	故障描述
硬盘坏道故障	坏扇区是硬盘中无法被访问或不能被正确读写的扇区。对付坏扇区最好的方法是将它们做出标记，这样可避免引起麻烦。坏扇区有两种类型。 ① 硬盘格式化时由于磨损而产生的软损坏扇区：可将它们标记出来或再次格式化来修复。但一旦格式化硬盘，将会丢失硬盘中的全部数据。 ② 无法修复的物理损坏：数据将永远无法写入到这种扇区中。如果硬盘中已经存在这种坏扇区，这块硬盘的寿命也就到头了。 硬盘被分割为以扇区为单位的存储单元，用于存储数据。硬盘在存储数据前，其中的坏扇区被标记出以使计算机不往这些扇区中写入数据。一般每个扇区可记录512字节的数据，如果其中任何一个字节不正常，该扇区就属于缺陷扇区。每个扇区除记录512字节的数据外，还记录有一些信息（标志信息、校验码、地址信息等），其中任何一部分信息不正常都可导致该扇区出现缺陷。 硬盘出现坏道后的现象会因硬盘坏道的严重性不同而不同，如：系统启动慢，则可能是系统盘出现坏道。而有时用户虽然能够进入系统，但硬盘中的某些分区无法打开；或能够打开分区，但分区中的某些文件却无法打开。这些现象都是典型的硬盘坏道的表现，而严重的硬盘坏道会导致系统无法启动。如果硬盘中某一分区存在坏道，且该盘中存储有重要数据，用户切勿强行加电尝试复制数据，因为硬盘产生坏道后，坏扇区很容易扩散到其周围的正常扇区上。若强行加电会使坏道越来越多，越来越密集，会加大数据恢复的难度。 在判断计算机硬盘可能出现的硬件故障时，要按照由外向内的顺序进行检测，即先检测硬盘的外部连接、设置以及IDE接口等外部故障，再确定是否是硬盘本身出现了故障

续表

硬盘物理故障	故障描述
磁道伺服故障	现在的硬盘大多采用嵌入式伺服，硬盘中每个正常的物理磁道都嵌入有一段或几段信息作为伺服信息，以便磁头在寻道时能准确定位及辨别正确编号的物理磁道。如果某个物理磁道的伺服信息受损，该物理磁道就可能无法被访问。这就是“磁道伺服缺陷”。 一旦出现磁道伺服缺陷，就可能会出现几种情况：分区过程非正常中断格式化过程无法完成用检测工具检测时中途退出或死机等
磁头组件故障	磁头组件故障主要指硬盘中磁头组件的某部分被损坏，造成部分或全部磁头无法正常读写的情况。磁头组件损坏的方式和可能性非常多，主要包括磁头磨损、磁头悬臂变形、磁线圈受损、移位等。 磁头损坏是硬盘常见的一种故障，磁头损坏的典型现象是：开机自检时无法通过自检，并且硬盘因为无法寻道而发出明显不正常的声音。此外，还可能会出现分区无法格式化，格式化后硬盘的分区从前到后都分布有大量的坏簇等。 遇到这种情况时，如果硬盘中存储有重要的数据，就应该马上断电，因为磁头损坏后磁头臂的来回摆动有可能会刮伤盘面而导致数据无数恢复。硬盘只能在100%的纯净间才可以拆开，更换磁头。而如果在一般的环境中拆开硬盘，将导致盘面粘灰而无法恢复数据
固件区故障	固件区是指硬盘存储在负道区的一些有关该硬盘的最基本的信息，如P列表、G列表、SMART表、硬盘大小等信息。每个硬盘内部都有一个系统保留区，里面分成若干模块保存有许多参数和程序，硬盘在通电自检时，要调用其中大部分程序和参数。 如果能读出那些程序和参数模块，而且校验正常的话，硬盘就进入准备状态。如果读不出某些模块或校验不正常，则该硬盘就无法进入准备状态。硬盘的固件区出错，会导致系统的BIOS无法检测到该硬盘及对硬盘进行任何读写操作。此类故障典型现象就是开机自检后硬盘报错，并提示用户按【F1】键忽略或按【Delete】键进入CMOS设置。当用户按【Delete】键进入CMOS设置后，检测该硬盘会出现一些出错的参数
电子线路故障	电子线路故障是指硬盘电路板中的某一部分线路断路或短路，或某些电气元件或IC芯片损坏等，导致硬盘在通电后盘片不能正常运转，或运转后磁头不能正确寻道等。这类故障有些可通过观察线路板发现缺陷所在，有些则要通过仪器测量后才能确认缺陷部位
综合性能故障	综合性能缺陷主要是指因为一些微小变化使硬盘产生的问题。有些是硬盘在使用过程中因为发热或者其他关系导致部分芯片老化；有些是硬盘在受到震动后，外壳或盘面或马达主轴产生了微小的变化或位移；有些是硬盘本身在设计方面就在散热、摩擦或结构上存在缺陷。 这些原因最终导致硬盘不稳定，或部分性能达不到标准要求。一般表现为工作时噪音明显增大、读写速度明显太慢、同一系列的硬盘大量出现类似故障、某种故障时有时无等

2.常见的硬盘逻辑故障

故障	表现症状
开机检测硬盘出错	进入系统前显示“reboot and select proper boot device or insert boot media in selected boot device and press a key”
硬盘容错提示	屏幕显示“SMART Failure Predicted on Primary Master:ST310210A”然后是警告：“Immediately back-up your date and replase your hard disk drive. A failure mauy be immnent.”
硬盘电路故障	电脑开机后无法启动，屏幕显示“Non System disk or disk error,Replace and strike any key when ready”的错误提示

续表

故障	表现症状
硬盘被“挂起”故障	电脑没有进行任何操作闲置3分钟后，就能听到好似硬盘被挂起的声音，而后在打开某个文件夹时，能听到硬盘转起的声音，感觉打开速度明显减弱
盘坏道故障	（1）在读取某一文件或运行程序时，硬盘反复读盘且出现错误，提示文件损坏等信息，或者要经过很长时间才能成功；有时甚至会出现蓝屏等； （2）硬盘声音突然由原来正常的摩擦音变成了“嘎嘎”的响声； （3）在排除病毒感染的情况下系统无法正常启动，出现“Sector not found”或“General error in reading drive C”等提示信息； （4）FORMAT硬盘时，到某一进度停止不前，最后报错，无法完成； （5）每次系统开机都会自动运行Scandisk扫描磁盘错误； （6）对硬盘执行FDISK时，到某一进度会反复进进退退； （7）启动时不能通过硬盘引导系统，用软盘启动后可以转到硬盘盘符，但无法进入，用SYS命令传导系统也不能成功。这种情况很有可能是硬盘的引导扇区出了问题
硬盘分区表损坏导致无法启动	电脑开机时出现提示信息【Invalid PartitionTable】，然后无法正常启动系统
调整硬盘分区时提示无法调整	在电脑上，使用Partition Magic软件调整硬盘分区。调整时软件提示“磁盘使用不同的驱动器几何结构，不能使用该产品”

硬盘维修流程：

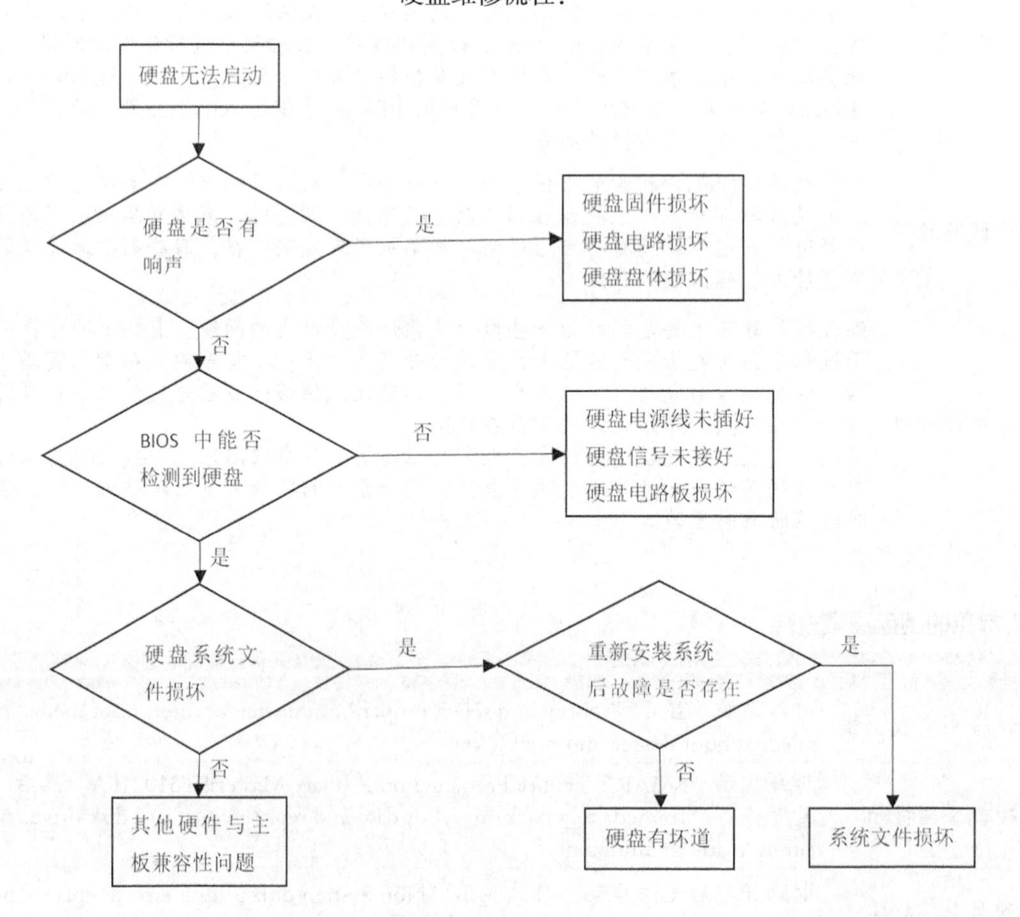

23.2 硬盘常见故障与维修

本节教学录像时间：13 分钟

由于电脑的操作系统一般安装在电脑的硬盘上，所以当硬盘出现故障时，电脑将不能够正常运行。本节主要介绍一些常见硬盘的故障与维修。

23.2.1 故障1：硬盘坏道故障

1.故障表现

电脑在打开、运行或复制某个文件时硬盘出现操作速度变慢，同时出现硬盘读盘异响，或干脆系统提示“无法读取或写入该文件”。每次开机时，磁盘扫描程序自动运行，但不能顺利通过检测，有时启动时硬盘无法引导，用软盘或光盘启动后可看见硬盘盘符，但无法对该区进行操作或干脆就看不见盘符，具体表现如开机自检过程中，屏幕提示“Hard disk drive failure”，读写硬盘时提示“Sector not found”或“General error in reading drive C”等类似错误信息。

2.故障诊断

硬盘在读、写时出现这种故障时，基本上都是硬盘出现坏道的明显表现。硬盘坏道分为逻辑坏道和物理坏道两种，逻辑坏道又称为软坏道，这类故障可用软件修复，因此称为逻辑坏道。后者为真正的物理性坏道，由于这种坏道是由于硬件因素造成的且不可修复，因此称为物理坏道，只能通过更改硬盘分区或扇区的使用情况来解决。

3.故障处理

对于硬盘的逻辑坏道，推荐使用MHDD配合THDD与HDDREG等硬盘坏道修复软件进行修复，一般均可很好地识别坏道并修复。

对于物理坏道需要低级格式化硬盘，但是这样的处理方式是有后果的，即使能够恢复暂时的正常，硬盘的寿命也会受到影响，因此需要备份数据并且准备更换硬盘。

23.2.2 故障2：Windows初始化时死机

1.故障表现

电脑在开机自检时停滞不前且硬盘和光驱的灯一直常亮不闪。

2.故障诊断

出现这种故障的原因是由于系统启动时，从BIOS启动然后再去检测IDE设备，系统一直检查，而设备未准备好或根本就无法使用，这时就会造成死循环，从而导致计算机无法正常启动。

3.故障处理

用户应该检查硬盘数据线和电源线的连接是否正确或是否有松动，让系统找到硬盘，故障就可以排除。

23.2.3 故障3：硬盘被挂起

1.故障表现

电脑在没有进行任何操作闲置3分钟后，听到好像硬盘被挂起的声音，然后打开电脑中的某个文件夹时，能够听到硬盘起转的声音，感觉打开速度明显减慢。

2.故障诊断

这类故障可能是由于在电脑的“电源管理”选项中设置了三分钟后关闭硬盘的设置。

3.故障处理

在电脑中依次打开【开始】→【设置】→【控制面板】→【电源选项】，然后把“关闭硬盘”一项设置为“从不”，然后单击【确定】按钮，就可以更改设置，故障排除。

23.2.4 故障4：开机无法识别硬盘

1.故障表现

系统从硬盘无法启动，从软盘或光盘引导启动也无法访问硬盘，使用CMOS中的自动检测功能也无法发现硬盘的存在。

2.故障诊断

这类故障有两种情况，一种是硬故障，另一种是软故障。硬故障包括磁头损坏、盘体损坏、主电路板损坏等故障。磁头损坏的典型现象是开机自检时无法通过自检，并且硬盘因为无法寻道而发出有规律的“咔嗒、咔嗒”的声音。相反如果没有听到硬盘马达的转动声音，用手贴近硬盘感觉没有明显的震动，倘若排除了电源及连线故障，则可能是硬盘电路板损坏导致的故障；软故障大都是出现在连接线缆或IDE端口上。

3.故障处理

① 硬故障：如果是硬盘电路板烧毁这种情况一般不会伤及盘体，只要能找到相同型号的电路板更换，或者换新硬盘。

② 软故障：可通过重新插接硬盘线缆或者改换IDE接口及电缆等进行替换试验，就会很快发现故障的所在。如果新接上的硬盘也不被接受，常见的原因就是硬盘上的主从跳线设置问题，如果一条IDE硬盘线上接两个硬盘设备，就要分清主从关系。

23.2.5 故障5：无法访问分区

1.故障表现

电脑开机自检能够正确识别出硬盘型号，但不能正常引导系统，屏幕上显示：“Invalid partition table”，可从软盘启动，但不能正常访问所有分区。

2.故障诊断

造成该故障的原因一般是硬盘主引导记录中的分区表有错误，当指定了多个自举分区或病毒破坏了分区表时将有上述提示。

3.故障处理

这类户主处理一般用可引导的软盘或光盘启动到DOS系统，用FDISK/MBR命令重建主引导记录，然后用Fdisk或者其他软件进行分区格式化。但是对于主引导记录损坏和分区表损坏这类故障，推荐使用Disk Genius软件来修复。启动后可在【工具】菜单下选择【重写主引导记录】项来修复硬盘的主引导记录。选择【恢复分区表】项需要以前做过备份，如果没有备份过，就选择【重建分区表】项来修复硬盘的分区表错误，一般情况下经过以上修复后就可以让一个分区表遭受严重破坏的硬盘得以在Windows下看到正确分区。

23.2.6 故障6：无法调整硬盘分区

1.故障表现

在使用软件调整电脑硬盘分区时，软件提示“磁盘使用不同的驱动几何结构，不能使用该产品”。

2.故障诊断

这类故障可能是硬盘中的分区采用了不同的分区格式引起的。

3.故障处理

首先将硬盘的分区格式转化成统一的分区格式，然后再使用软件调整硬盘分区，调整成功，故障排除。

23.2.7 故障7：硬盘无法读写或不能正确识别

1.故障表现

电脑在启动时出现“A disk read error occurred”“Non-System disk or disk error”或“Replace and press any key when ready”等提示。

2.故障诊断

这种故障一般是由于CMOS设置故障引起的。CMOS中的硬盘类型正确与否直接影响硬盘的正常使用。现在的机器都支持“IDE Auto Detect”的功能，可自动检测硬盘的类型。当硬盘类型错误时，有时干脆无法启动系统，有时能够启动，但会发生读写错误。由于目前的IDE都支持逻辑参数类型，硬盘可采用“Normal、LBA、Large”等读写模式，如果在一般的模式下安装了数据，而又在CMOS中改为其他的模式，则会发生硬盘的读写错误故障，因为其映射关系已经改变，将无法读取原来的正确硬盘位置。

3.故障处理

这类故障在处理时可在BIOS中选择HDD AUTO DETECTION(硬盘自动检测)选项，自动检测出硬盘类型参数，并将IDE通道和硬盘读写模式(Access mode)等选项设置成ATUO，按【F10】键保存退出即可故障排除。

23.2.8 故障8：硬盘分区表损坏导致电脑无法启动

1.故障表现

一台电脑在开机后，屏幕提示“Error loading operating system”或者“Missing Operating System”信息，电脑无法从硬盘启动。

2.故障诊断

根据信息提示可知，这类故障一般是由于系统读取硬盘0面0道1扇区中的主引导程序失败引起的，造成读取失败的原因是分区表的结束标识“55AA”被改动。

3.故障处理

① 首先将故障硬盘接到另外一台电脑中，然后运行NDD磁盘修复软件，在软件界面选择C盘，单击【诊断】按钮。

② 接下来软件开始检测磁盘，并提示检测到错误是否进行修复，单击【修复】按钮。

③ 修复后将硬盘重新安装到原来的电脑中，开机进行测试，故障排除。

23.2.9 故障9：硬盘电路故障

1.故障表现

电脑在开机后无法启动，屏幕显示“Non System disk or disk error，replace disk and press a key to reboot”提示信息。

2.故障诊断

造成这类故障的原因如下。

① 硬盘数据线接触不良。

② 电源线接触不良。

③ 硬盘数据线或电源线损坏。

④ 硬盘损坏。

⑤ 硬盘接口损坏。

3.故障处理

① 首先进入BIOS检查硬盘选项，发现BIOS中没有硬盘参数。

② 接下来打开电脑机箱检查硬盘数据线和电源线，发现数据线和电源线连接正常，然后检查数据线，发现数据线也正常。

③ 最后将硬盘数据线和电源线接好，开机测试，并且观察硬盘，发现硬盘灯没有亮，也没有响声。然后拆下硬盘检查硬盘的电源电路，发现电源电路中有个场效应管损坏，更换场效应管后，故障排除。

23.2.10 故障10：磁盘碎片过多，导致系统运行缓慢

1.故障表现

电脑使用一段时间后，速度就会变慢，发现是磁盘碎片过多，导致系统运行缓慢。

2.故障诊断

由于硬盘被划分成一个一个簇，然后里头分成各个扇区，文件的大小不同，在存储的时候系统会搜索最匹配的大小，久而久之在文件和文件之间会形成一些碎片，较大的文件也可能被分散存储；产生碎片以后，在读取文件时需要更多的时间和查找，从而减慢操作速度，对硬盘也有一定损害，因此过一段时间应该进行一次碎片整理。

3.故障处理

这类故障只需要整理磁盘碎片，故障就可以排除。

高手支招

本节教学录像时间：6 分钟

硬盘故障提示信息

在开机进入计算机时屏幕上显示的信息都有具体含义，当硬盘存在故障时则会出现故障提示信息。只有了解这些故障信息的含义，才能更好地去解决这些故障。

故障信息	故障含义
Data erro（数据错误）	从软盘或硬盘上读取的数据存在不可修复错误，磁盘上有坏扇区和坏的文件分配表
Hard disk configuration error（硬盘配置错误）	硬盘配置不正确、跳线不对、硬盘参数设置不正确等
Hard disk controller failure（硬盘控制器失效）	控制器卡（多功能卡）松动、连线不对、硬盘参数设置不正确等
Hard disk failure（硬盘失效故障）	控制器卡（多功能卡）故障、硬盘配置不正确、跳线不对、硬盘物理故障
Hard disk drive read failure（硬盘驱动器读取失效）	控制器卡（多功能卡）松动、硬盘配置不正确、硬盘参数设置不正确、硬盘记录数据破坏等
No boot device available（无引导设备）	系统找不到作为引导设备的软盘或者硬盘
No boot sector on hard disk drive（硬盘上无引导扇区）	硬盘上引导扇区丢失，感染有病毒或者配置参数不正确
Non system disk or disk error（非系统盘或磁盘错误）	作为引导盘的磁盘不是系统盘，不含有系统引导和核心文件或磁盘片本身故障
Sectornot found（扇区未找到）	系统盘在软盘和硬盘上不能定位给指定扇区
Seek error（搜索错误）	系统在软盘和硬盘上不能定位给定扇区、磁道或磁头
Reset Failed（硬盘复位失败）	硬盘或硬盘接口的电路故障
Fatal Error Bad Hard Disk（硬盘致命错误）	硬盘或硬盘接口故障
No Hard Disk Installed（没有安装硬盘）	没有安装硬盘，但CMOS参数中设置了硬盘或硬盘驱动器号没有接好

硬盘使用时的注意事项

在使用电脑时，要正确的使用硬盘，这样才能够增加电脑的使用寿命。

（1）硬盘正在读写时不可突然断电

硬盘读写操作时，处于高速旋转之中，如若突然断电，可能会导致磁头与盘片猛烈磨擦而损坏硬盘。因此最好不要突然关机，关机时一定要注意面板上的硬盘指示灯是否还在闪烁，只有当硬盘指示灯停止闪烁，硬盘结束读写后方可关机。

（2）注意保持环境卫生

在潮湿、灰尘、粉粒严重超标的环境中使用微机时，会有更多的污染物吸附至印制电路板的表面以及主轴电机内部。潮湿环境还会使绝缘电阻等电子器件工作不稳定，因此必须保持环境卫生，减少空气中的潮湿度和含尘量。

（3）注意硬盘防震

硬盘是一种高精设备，工作时磁头在盘片表面的浮动高度只有几微米。当硬盘处于读写状态时，一旦发生较大的震动，就可能造成磁头与盘片的撞击，导致损坏。所以不要搬动运行中的微机，在硬盘的安装、拆卸过程中应多加小心，硬盘移动、运输时严禁磕碰，最好用泡沫或海绵包装保护一下，尽量减少震动。

（4）注意控制环境温度

使用硬盘时应注意防高温、防潮、防电磁干扰。硬盘工作时会产生一定热量，使用中存在散热问题。温度过高或过低都会使晶体振荡器的时钟主频发生改变。温度还会造成硬盘电路元件失灵，磁介质也会因热胀效应而造成记录错误。温度过低，空气中的水分会被凝结在集成电路元件上，造成短路。湿度过高时，电子元件表面可能会吸附一层水膜，氧化、腐蚀电子线路，以致接触不良，甚至短路，还会使磁介质的磁力发生变化，造成数据的读写错误。湿度过低，容易积累大量的因机器转动而产生的静电荷，这些静电会烧坏CMOS电路，吸附灰尘而损坏磁头、划伤磁盘片。注意使空气保持干燥或经常给系统加电，靠自身发热将机内水汽蒸发掉。尽量不要使硬盘靠近强磁场，如音箱、喇叭、电机、电台、手机等，以免硬盘所记录的数据因磁化而损坏。

（5）养成使用与整理硬盘的好习惯

根目录一般存放系统文件和子目录，尽量少存放其他文件。要经常运行Windows的磁盘碎片整理程序对硬盘进行整理。注意经常清理“垃圾站”与“\WINDOWS\TEMP”目录中的临时文件。

（6）防止计算机病毒对硬盘的破坏

硬盘是计算机病毒攻击的重点目标，应注意利用最新的杀毒软件对病毒进行防范，对重要的数据进行保护和经常性的备份。

第24章

电源常见故障诊断与维修

学习目标

电源是电脑的重要组成部分，当电脑的电源发生故障，电脑将不能正常使用。本章主要介绍电源常见故障诊断与维修，通过学习本章，读者可以了解电脑电源的常见故障现象，通过对故障的诊断，解决电脑的电源故障问题。

24.1 电源维修基础

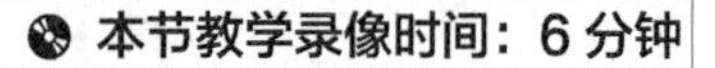

电源是电脑各部件供电的枢纽，了解电源维修基础，在电脑的电源发生故障时，可以更快、更方便地解决故障问题。

24.1.1 电源的工作原理

电源作为计算机的动力来源，它的重要性不言而喻。电源能直接影响到整部机器的稳定运行和整体性能发挥。由于早期电脑配件功耗方面要求较低，所以对电源的依赖性较少，在Pentium3时代以前，不是太受重视的，但由于近年来随着硬件设备特别是CPU和显卡的高速发展及更新换代，PC对供电的要求大幅提高，因此电源对整个系统的稳定性起着越来越重要的作用。

电源的基本工作原理是为了能用于驱动机箱内的各中计算机设备，电源主要通过运行高频开关技术将输入的较高的交流电压(AC)转换成PC电脑工作所需要的(DC)。

电脑电源的工作流程视当市电进入电源后，先通过扼流线圈和电容滤波去除高频杂波和干扰信号，然后经过整流和滤波得到高压直流电。接着通过开关电路把高压直流电转成高频脉动直流电，再送高频开关变压器降压。最后滤除高频交流部份，这样最后输出供电脑使用的相对纯净的低压直流电。

电源内部的大致流程如下。

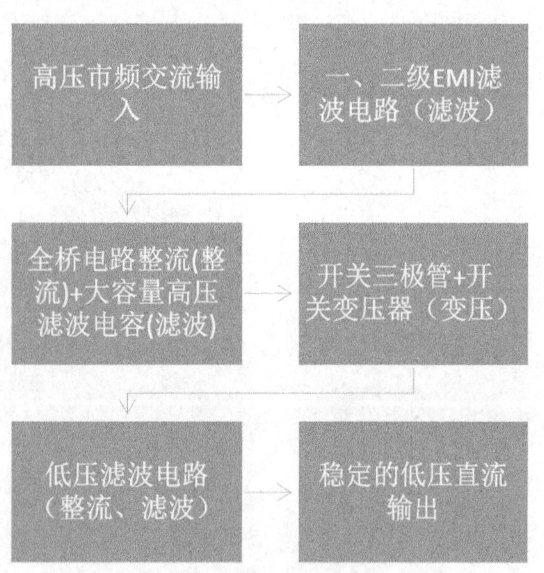

24.1.2 电源的故障诊断思路

在维修电脑故障时，需要结合一些方法，拥有合理的诊断思路。

1.观察法

观察法是通过看、听、摸、闻四种方式对故障检查，这类方法检查比较典型或比较明显的故障。如观察机器是否有火花、异常声音、插头松动、电缆损坏、断线或碰线、插件板上元件发烫烧焦、元件损坏或管脚断裂、接触不良、虚焊等现象。听电源工作声音是否正常，闻是否有烧焦气味，摸器件是否有松动或接触不良现象。

2.替换法

替换法是把相同的插件或器件替换，观察故障变化的情况，帮助判断、寻找故障原因的一种方法。在电脑的内部有不少功能相同的部分，它们是由一些完全相同的插件或器件组成。例如内存条由相同的插件组成，在外部设备接口中，串行口也是相同的，其他逻辑组件相同的就更多了。如果在电脑内部没有相同的，那么也可以找一台工作正常的电脑，将怀疑有问题的部件交换。如故障发生在这些部分，替换法就能十分准确、迅速地查找到。

3.插拔法

插拔法就是关机以后将配件逐块拔出，每拔出一块配件就开机观察电脑的运行状态。通过将插件、芯片插入或拔出来寻找故障原因的方法虽然简单，但却是一种非常有效的常用方法。如电脑在某时刻出现了死机现象，很难确定故障原因。从理论上分析故障的原因是很困难的，有时甚至是不可能的。采用插拔法就能迅速查找到故障原因。依次拔出插件，每拔一块，测试一次电脑当前状态。一旦拔出某块插件后，机器工作正常，那么故障原因就在这块插件上。

4.高级诊断软件检查法

用高级诊断软件对电脑进行测试，就是使用电脑公司专门为检查、诊断电脑而编制的软件来帮助查找故障原因，现在比较流行的有SiSoftsandra99、BurnInTest、Norton等。诊断软件在对电脑检测时要尽量满足两个条件。

第一，能较严格地检查正在运行的机器的工作情况，考虑各种可能的变化，造成“最坏”环境条件。因为这样不但能够检查整个电脑系统内部各个部件的状况，而且也能检查整个系统的可靠性、稳定性和系统工作能力。

第二，如果发现问题所在，要尽量了解故障所在范围，并且范围越小越好，这样才便于寻找故障原因和排除故障。高级诊断软件检查法实际上是系统原理和逻辑的集合，这种软件为电脑用户带来了极大的方便。

24.1.3 电源维修的思路与流程

计算机电源出故障，按“先软后硬”的原则进行检查，首先要检查BIOS设置是否正确，排除因设置不当造成的假故障；然后，检查ATX电源中辅助电源和主电源是否正常；最后，检查主板电源监控电路是否正常。

电脑电源维修流程如下。

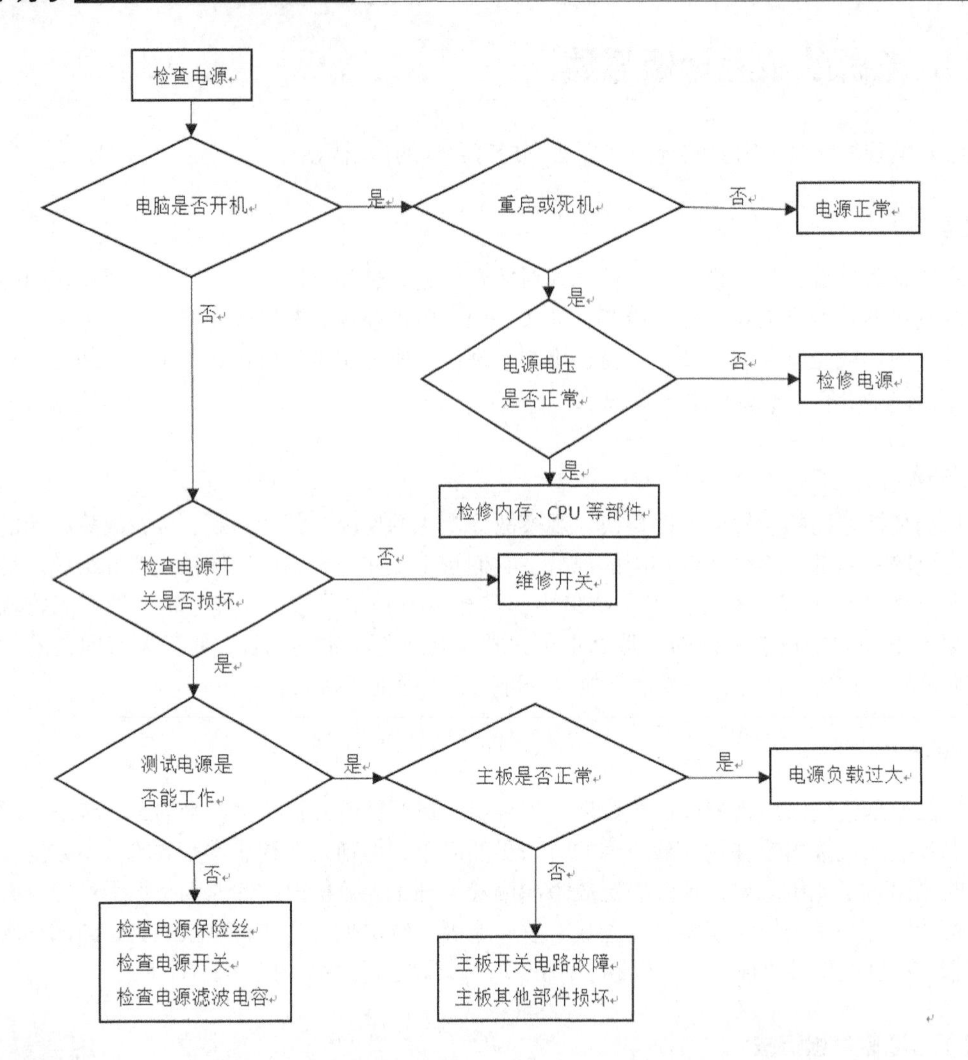

24.2 电源常见故障与维修

本节教学录像时间：8 分钟

本节主要介绍常见的电源故障，通过故障的表现，对故障进行排除。

24.2.1 故障1：重启电脑才能进入系统

1.故障表现

一台电脑开机不能进入系统，但按【Reset】按钮重新启动一次后又能进入系统。

2.故障诊断

根据故障表现可知，这类故障是电源故障。

3.故障处理

首先怀疑是电源坏了，因为电脑在按Power按钮接通电源时，首先会向主板发送一个PG信号，接着CPU会产生一个复位信号开始自检，自检通过后再引导硬盘中的操作系统完成电脑启动过程。而PG信号相对于+5v供电电压有大约4ms的延时，待电压稳定以后再启动电脑。如果PG信号延时过短，会造成供电不稳，CPU不能产生复位信号，导致电脑无法启动。随后重启时提供电压已经稳定，于是电脑启动正常。看来故障源于电源，换一个电源后重新开机测试，故障排除。

24.2.2 故障2：硬盘电路板被烧毁

1.故障表现

一台电脑，在更换硬盘后只使用了一段时间，硬盘电路板就被烧毁了，然后又换一块新的硬盘，但是使用不到两个月，硬盘电路板又被烧毁了。

2.故障诊断

这类故障产生的原因是电源故障，电源故障导致硬盘电路板被烧毁。

3.故障处理

因为连换两个硬盘，电路板都被烧毁了，因此不可能是硬盘问题，首先怀疑是主板的问题，打开机箱，仔细观察主板，没发现异常现象，再找来一块使用正常的硬盘。重新启动系统，系统无法识别硬盘。而不接硬盘时启动电源，用万用表测试，发现电源电压输出正常。于是将一块新硬盘接入电脑，开始安装操作系统，安装到一半时，显示器突然黑屏。用万用表检测，发现+5v电源输出仅为+4.6v，而+12v电源输出高达+14.8v。立即关机，打开电源外壳，发现上面积满灰尘，扫除干净后仔细检查，发现在+5v电源输出部分的电路中，有一个二极管的一个管脚有虚焊现象，重新补焊之后，换上新硬盘，启动电脑，故障排除。

24.2.3 故障3：电脑无法启动

1.故障表现

电脑在使用时可以正常使用并关机，当再次开机时，电脑无法启动。

2.故障诊断

这类故障是由于电压波动过大，瞬间电压过高或者过低造成。

3.故障处理

可以先试着把电脑与电源线断开，等几秒钟，一般有可能恢复，因为电源本身有保护功能，当电压波动幅度超过电源本身负载能力时，就进入保护状态。这时就需要断开电源，等一会儿就会好的。但是也不全是这样，有一部分就不能进入保护状态，这样就会损坏，维修过程中发现主要是以电源滤波电容击穿或者快速整流二极管损坏的居多。

24.2.4 故障4：升级后电脑经常重启

1.故障表现

一台电脑在使用了三年，最近将主板升级后，电脑就经常莫明其妙地重新启动。

2.故障诊断

根据故障现象分析，造成这类故障的原因如下。

① 刻录机或光驱问题。

② 硬盘问题。

③ 电源问题。

3.故障处理

① 首先检查刻录机以及光驱的数据线/电源线等设备，检查后未发现损坏的地方。

② 然后检查电脑硬盘，将电脑硬盘卸下来测试电脑，发现故障消失，而接上硬盘后，故障又出现。

③ 因此可知电脑故障是由于升级后才出现，很明显是升级导致了硬件之间不配匹，电脑电源的功劳不足，因为配置较老的电源一般实际功率都很低，而现在的各主板都是耗电大户，电源的实际功率过低就无法提供足够的能源给主板，针对这类故障只需要换一个功率较大的电源，故障就可以排除。

24.2.5 故障5：电脑主机突然断电

1.故障表现

电脑在使用过程中主机突然断电，然后再重新启动无任何反应。

2.故障诊断

触摸电脑机箱，发现机箱发热，因此可以断定这类故障一般是散热不良造成的。

3.故障处理

① 打开电脑机箱发现灰尘较多，电源风扇转动不灵活，而且电源内部过热，元件烧毁。

② 接下来发现是由于元件烧毁造成的短路，然后更换元件，故障排除。

24.2.6 故障6：机箱带电

1.故障表现

一台电脑机箱带电，触碰机箱就有被电的麻刺感。

2.故障诊断

这种故障大多是由电源漏电造成的。

3.故障处理

仔细检查电源插座，发现中线与相线位置接反，而且三孔插座中间的地线没有接地，只需将插座正确对接后即可排除故障。

24.2.7 故障7：硬盘出现“啪、啪”声

1.故障表现

为一台电脑安装了双硬盘后，硬盘经常出现“啪、啪”的声响。

2.故障诊断

出现这种故障是因为电源功率不足引起的硬盘磁头连续复位。

3.故障处理

发生这种故障如果长时间这样运行，硬盘可能出现错误甚至损坏，因此更换一个质量可靠的大功率电源，故障就可以排除。

24.2.8 故障8：电源故障造成电脑烧毁

1.故障表现

一台电脑使用很长时间，在不久前对该电脑进行了升级。有一天在刚打开电脑时就听到内部芯片爆裂，检查发现该电脑的所有部件全部烧毁，只有软驱和显示器还能工作。

2.故障诊断

正常电脑在开机时是不可能造成如此大面积的部件烧毁，由故障表现可知是高压对电脑打击造成的。

3.故障处理

使用万用表测量各组电源没发现电压有何异常。仔细观察电源内部的通气孔，发现上面堆积了一层灰尘，于是对其进行彻底打扫。如果空气很潮湿，潮湿的灰尘会使电源高压窜入输出端，全面烧毁电脑部件。

24.2.9 故障9：电脑电源损坏导致经常重启

1.故障表现

电脑长期处于满负荷工作的状态，经常自动重启。

2.故障诊断

电脑长期处于满负荷工作的状态是非常损伤CPU和电源的，如果环境温度高或散热器不给力有可能直接烧毁CPU。

3.故障处理

① 开机进入BIOS查看CPU温度，发现CPU温度不算很高。

② 用替换法检测CPU，CPU无故障。

③ 用替换法检测电源，发现更换电源后重启的问题没有再出现。

④ 将电源放置一段时间，放掉高压电。

⑤ 打开电源外壳，查看电源内部，发现一个电容顶部有凝结颗粒，说明电容已经漏液了。

⑥ 更换同型号电容，重新安装好，然后开机测试，发现重启的问题没有再出现，故障排除。

高手支招

本节教学录像时间：3 分钟

无法关机

电脑无法关机，有以下几种现象和原因。

① BIOS中设定关机时有一定的延时时间（Delay Time），关机时需要按住电源按钮，保持数秒钟，才能将机器关闭。不能实现瞬间关闭，是正常现象，不是故障。

② 电源按钮失灵。这种情况下，不仅不能关机，开机也会有问题。

③ 主板上的电源监控电路故障，PS-ON信号恒为高电平。

④ 关不了键盘电源（键盘的Num LOCk指示灯在主机关闭后是亮的）。有些机器允许使用密码通过键盘开机，键盘上的Num Lock灯在关机后仍亮着，是正常现象。

⑤ 关不了显示器。如果显示卡或显示器中有一个部分不支持DPMS（显示器电源管理系统）规范，在主机关闭后显示器指示灯亮，屏幕上仍有白色光栅，也属正常现象。

自行开机

电脑自行开机故障有以下两种。

① 在BIOS设置中将定时开机功能设为“Enabled”，这样机器会在所设定的某个日期的某个时刻，或每天的某个时刻自动开机。某些机器的BIOS设置项中具有来电自动开机功能设置，如果选择了来电开机，则在插上交流电源后，机器便会启动。应该说，出现这些问题，并不是真正的故障，而是用户不了解机器所具有的这些功能。

② BIOS中关闭了定时开机和来电自动开机功能，机器只要接通交流电源还会自行开机，这种现象是硬件故障。

产生硬件故障有以下3种原因。

（1）电源本身的抗干扰能力较差，交流电源接通瞬间产生的干扰使其主回路开始工作。

（2）+5VSB电压低，使主板送不出应有的高电平，而总是为低电平，这样机器不仅会自行开机，还会关不掉。

（3）来自主板的PS-ON信号质量较差，特别在通电瞬间，该信号由低电平变为高电平的延时过长，直到主电源准备好了以后，该信号仍未变高，使ATX电源主回路误导通。

第7篇

外部设备故障维修篇

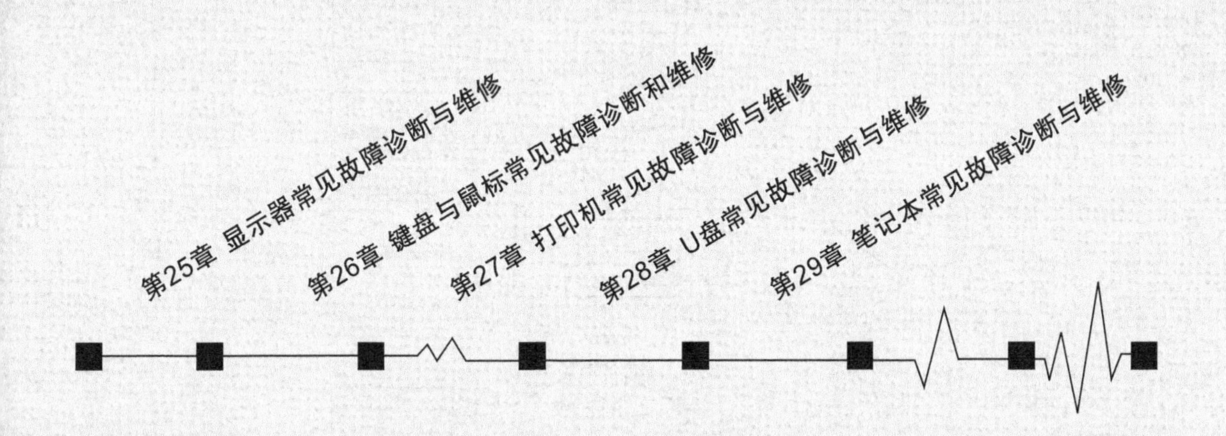

第25章 显示器常见故障诊断与维修

学习目标

显示器是计算机最基本配置之一，显示器发生故障可导致电脑开机不显示画面，用户无法正常使用电脑。本章主要介绍显示器常见故障诊断与维修，通过学习本章，读者可以了解电脑显示屏的常见故障现象，通过对故障的诊断，解决显示器故障问题。

学习效果

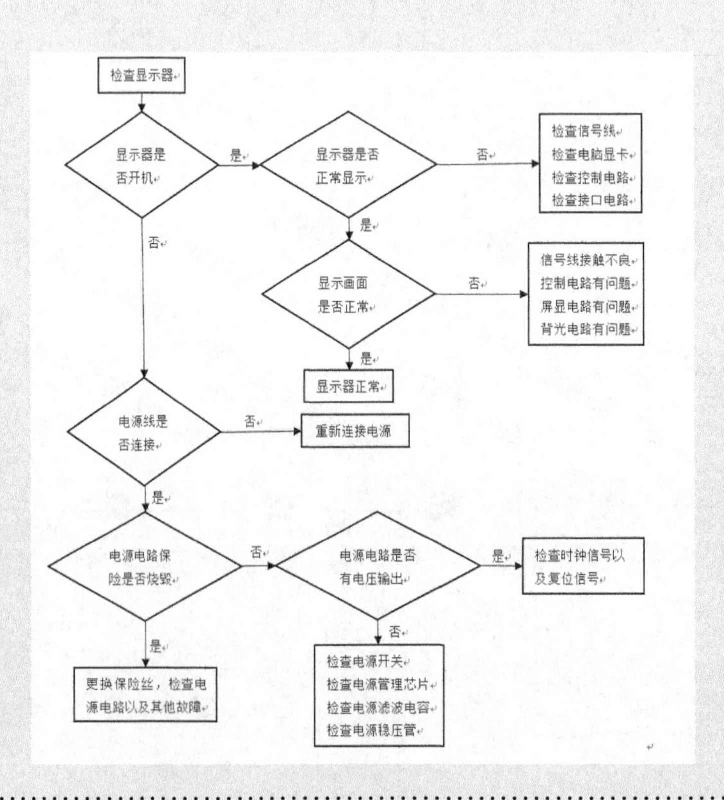

25.1 显示器维修基础

本节教学录像时间：7 分钟

显示器是属于电脑的I/O设备，当显示器发生故障，电脑则不能够正常地显示内容，直接影响用户的操作，了解显示器的维修基础，才能够更好地使用电脑。

25.1.1 显示器的工作原理

显示器的发展是伴随这计算机的发展而来的，从以前的单色到彩色，从模糊到清晰。电脑的显示器是人与机器沟通的界面，显示器表现的是静态画面，当电脑运行时，通过将用户的指令发送到电脑在显示器上显示出，以连续的画面来组成动画，由于电脑画面是随机的，无法预先录制，只能够通过用户的操作。

显示器主要分为以下四种。

1.CRT显示器

它是一种使用阴极射线管（Cathode Ray Tube）的显示器，阴极射线管主要有五部分组成：电子枪（Electron Gun），偏转线圈（Deflection coils），荫罩(Shadow mask)，荧光粉层(Phosphor)及玻璃外壳。它是目前应用最广泛的显示器之一。CRT纯平显示器具有可视角度大、无坏点、色彩还原度高、色度均匀、可调节的多分辨率模式、响应时间极短等LCD显示器难以超过的优点。

2.LED显示器

LED就是light emitting diode，发光二极管的英文缩写，简称LED。它是一种通过控制半导体发光二极管的显示方式，用来显示文字、图形、图像、动画、行情、视频、录像信号等各种信息的显示屏幕。

3.LCD显示器

LCD显示器即液晶显示器，优点是机身薄、占地小、辐射小，给人以一种健康产品的形象。但实际情况并非如此，使用液晶显示屏不一定可以保护到眼睛，这需要看各人使用计算机的习惯。

LCD显示屏是由不同部分组成的分层结构。LCD由两块玻璃板构成，厚约1mm。因为液晶材料本身并不发光，所以在显示屏两边都设有作为光源的灯管，而在液晶显示屏背面有一块称匀光板和反光膜，背光板是由荧光物质组成的，可以发射光线，其作用主要是提供均匀的背景光源。背光板发出的光线在穿过第一层偏振过滤层之后进入包含成千上万水晶液滴的液晶层。液晶层中的水晶液滴都被包含在细小的单元格结构中，一个或多个单元格构成屏幕上的一个像素。在玻璃板与液晶材料之间是透明的电极，电极分为行和列，在行与列的交叉点上，通过改变电压而改变液晶的旋光状态，液晶材料的作用类似于一个个小的光阀。在液晶材料周边是控制电路部分和驱动电路部分。当LCD中的电极产生电场时，液晶分子就会产生扭曲，从而将穿越其中的光线进行有规则的折射，然后经过第二层过滤层的过滤在屏幕上显示出来。

4.3D显示器

3D显示器一直被公认为显示技术发展的终极梦想，多年来有许多企业和研究机构从事这方面的研究。日本、欧美、韩国等发达国家和地区早于20世纪80年代就纷纷涉足立体显示技术的研发，于90年代开始陆续获得不同程度的研究成果，现已开发出需佩戴立体眼镜和不需佩戴立体眼镜的两大立体显示技术体系。

25.1.2 显示器的故障诊断思路

1.观察法

① 观察电脑的插头、插座是否歪斜，电阻、电容引脚是否相碰，表面是否烧焦，芯片表面是否开裂。

② 监听电源风扇、硬盘电机或寻道机构等设备的工作声音是否正常。另外，电脑发生短路故障时常常伴随着异常声响。监听可以及时发现一些事故隐患，帮助在事故发生时即时采取措施。

③ 辨闻显示器、主机中是否有烧焦的气味，便于发现故障和确定短路所在处。

④ 即用显示器触摸插头是否松动或接触不良。

2.拔插法

插拔法就是关机以后将配件逐块拔出，每拔出一块配件就开机观察电脑的运行状态。通过将插件、芯片插入或拔出来寻找故障原因的方法虽然简单，但却是一种非常有效的常用方法。如电脑在某时刻出现了死机现象，很难确定故障原因。从理论上分析故障的原因是很困难的，有时甚至是不可能的。采用插拔法就能迅速查找到故障原因。依次拔出插件，每拔一块，测试一次电脑当前状态。一旦拔出某块插件后，机器工作正常，那么故障原因就在这块插件上。

3.替换法

替换法是把相同的插件或器件替换，观察故障变化的情况，帮助判断、寻找故障原因的一种方法。在电脑的内部有不少功能相同的部分，它们是由一些完全相同的插件或器件组成。例如内存条由相同的插件组成，在外部设备接口中，串行口也是相同的，其他逻辑组件相同的就更多了。如果在电脑内部没有相同的，那么也可以找一台工作正常的电脑，将怀疑有问题的部件交换。如故障发生在这些部分，替换法就能十分准确、迅速地查找到。

4.比较法

运行两台或多台相同或相类似的计算机，根据正常计算机与故障计算机在执行相同操作时的不同表现，可以初步判断故障发生的部位。

25.1.3 显示器维修的思路与流程

当电脑的显示屏发生故障时要从以下几方面检查显示器，进行相应的维修。

① 检查主机电源是否工作。

② 电源风扇是否转动。

③ 检查显示器是否加电。

④ 显示器的电源开关是否已经开启。

⑤ 检查显示卡与显示器信号线接触是否良好。

⑥ 打开机箱检查显示卡是否安装正确，与主板插槽是否接触良好。

⑦ 检查CPU与主板的接触是否良好。

⑧ 检查主板的总线频率、系统频率、DIMM跳线是否正确。

⑨ 检查参数设置检查CMOS参数设置是否正确。

⑩ 系统软件设置是否正确。

⑪ 检查显卡与主板的兼容性是否良好。

⑫ 检查是否电压不稳定，或温度过高。

显示器维修流程如下。

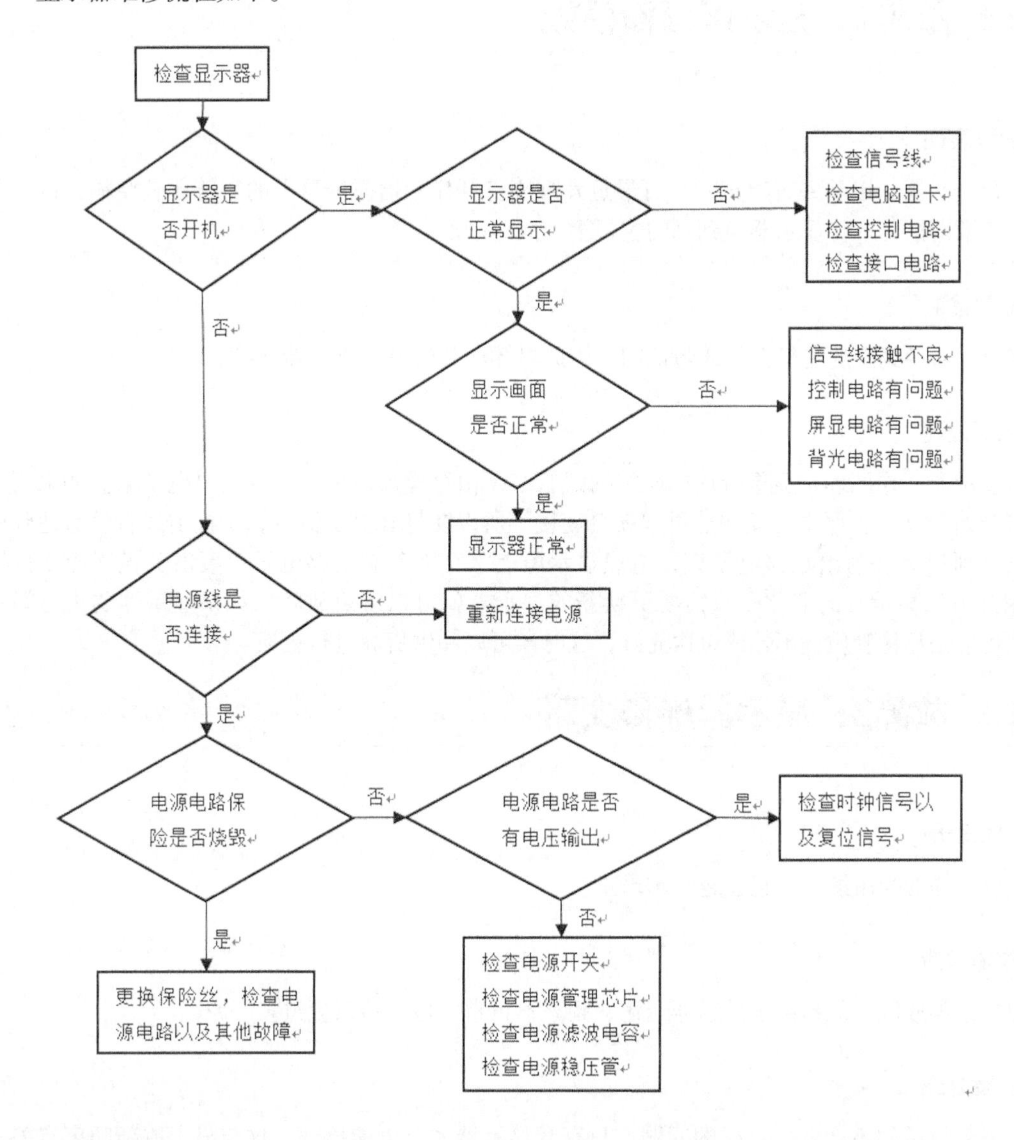

25.2 显示器常见故障与维修

本节教学录像时间：14 分钟

显示器是一种显示工具，通过映像，将内容传送到显示器上，让用户进行观看。常见显示器一般故障有黑屏、显示画面不稳定、色彩不正常等现象。了解一些常见显示器故障，能够在发生故障地时候快速地解决。

25.2.1 故障1：显示屏画面模糊

1.故障表现

一台显示器，以前一直很正常，可最近发现刚打开显示器时屏幕上的字符比较模糊，过一段时间后才渐渐清楚。将显示器换到别的主机上，故障依旧。

2.故障诊断

将显示器换到别的主机上，故障依旧。因此可知此类故障是显示器故障。

3.故障处理

由显示器工作原理是显像管内的阴极射线管必须由灯丝加热后才可以发出电子束。如果阴极射线管开始老化了，那么灯丝加热过程就会变慢。所以在打开显示器时，阴极射线管没有达到标准温度，所以无法射出足够电子束，造成显示屏上字符因没有足够电子束轰击荧光屏而变得模糊。因此由于显示器的老化，只需要更换新的显示器就可以解决故障，如果显示器购买时间不长，很可能是显像管质量不佳或以次充好，这时候可以和供货商进行更换。

25.2.2 故障2：显示器屏幕变暗

1.故障表现

电脑屏幕变得暗淡，而且还越来越严重。

2.故障诊断

出现这类故障一般是由于显示器老化、频率不正常、显示器灰尘过多等原因。

3.故障处理

一般新显示器不会发生这样的问题，只有老显示器才有可能出现。这与显卡刷新频率有关，这需要检查几种显示模式。如果全部显示模式都出现同样现象，说明与显卡刷新频率无关。如果在一些显示模式下屏幕并非很暗淡，可能是显示卡的刷新频率不正常，尝试改变刷新频率或升级驱动程序。如果显示器内部灰尘过多或显像管老化也能导致颜色变暗，可以自行清理一下灰尘（不过最好还是到专业修理部门去）。当亮度已经调节到最大而无效时，发暗的图像四个边缘都消失在黑暗之中，这就是显示器高电压的问题，只有专业修理了。

25.2.3 故障3：显示器色斑故障

1.故障表现

打开电脑显示器，显示器屏幕上出现一块块色斑。

2.故障诊断

开始以为是显卡与显示器连接不紧造成。重新拔插后，问题依存。准备替换显示器试故障时，最后发现是由于音箱在显示器的旁边，导致显示器被磁化。

3.故障处理

显示器被磁化产生的主要症状表现有一些区域出现水波纹路和偏色，通常在白色背景下可以让你很容易发现屏幕局部颜色发生细微的变化，这就可能是被磁化的结果。显示器被磁化产生的原因大部分是由于显示器周围可以产生磁场的设备对显像管产生了磁化作用，如音箱、磁化杯、音响等。当显像管被磁化后，首先要让显示器远离强磁场，然后看一看显示器屏幕菜单中有无消磁功能。以三星753DFX 显示器为例，消磁步骤如下：按下“设定/菜单键”，激活OSD 主菜单，通过左方向键和右方向键选择到“消磁”图标，再按下“设定/ 菜单键”，即可发现显示器出现短暂的抖动。大家尽可放心，这属于正常消磁过程。对于不具备消磁功能的老显示器，可利用每次开机自动消磁。因为全部显示器都包含消磁线圈，每次打开显示器，显示器就会自动进行短暂的消磁。如果上面的方法都不能彻底解决问题，需要拿到厂家维修中心那里采用消磁线圈或消磁棒消磁。

25.2.4 故障4：显卡问题引起的显示器花屏

1.故障表现

一台电脑在上网时只要用鼠标拖动，上下移动，就会出现严重的花屏现象，如果不上网花屏现象就会消失。

2.故障诊断

造成这类故障的原因如下。

① 显卡驱动程序问题。

② 显卡硬件问题。

③ 显卡散热问题。

3.故障处理

① 首先下载最新的显卡驱动程序，然后将以前的显卡驱动程序删除并安装新下载的驱动程序，安装完成后，开机进行检测，发现故障依然存在。

② 接下来使用替换法检测显卡，替换显卡后，故障消失，因此是由于显卡问题引起的故障，只需要更换显卡就可以。

25.2.5 故障5：显示器变色

1.故障表现

电脑在开机后，突然变为全屏的蓝色。

2.故障诊断

引起显示器变色一般有以下几种情况。

① 显示器信号线接口的指针被弄弯曲。

② 显示器信号线接口松动。

③ 显卡问题。

④ 显示器电路问题。

3.故障处理

显示器变色有几种情况，如全屏蓝色或全屏粉红色。屏幕显示蓝色这种现象的出现多数是显示器信号线接口的指针被弄弯曲了，或者显示器信号线接口松动了。关机后，拔下显示器与显示卡连接的信号线接口看看。如果有弯曲的针，则用尖嘴钳轻轻将针扶直即可，如果显示器信号线松动，只需要拧紧就可以。若还不正常，使用替换法到另外的电脑上测试一下该显示器，这时如果蓝色消失，说明是显卡的问题；假如蓝色依旧，说明显示器里的蓝色驱动电路部分有问题，这时候需要去专业维修部门修理了；而屏幕变成粉红也需要将显示器送到专门的显示器维修部门才能修好。

25.2.6 故障6：显示器无法开机

1.故障表现

一台电脑的显示器无法正常开机。

2.故障诊断

出现这类故障的原因如下。

① 电源线接触不良。

② 电源开关损坏。

③ 电源电路中的保险丝，开关管等原件损坏。

3.故障处理

① 检查液晶显示器的电源是否擦紧。

② 电源线擦紧，电源插板中有电，然后打开液晶显示器外壳，检查有无明显的元器件烧坏和接触不良。如有，更换烧坏元器件和排斥接触不良。

③ 如果没有烧坏元器件和接触不良，检查电源开关是否正常；如果正常测量电源板输出电压是否为0，如果不正常，维修或更换电源开关。

④ 如果电压输出不为0，检查+12V/+5V保护电路中的元器件，更换坏损的；如果电压输出为

0，检查电源保险管是否烧坏。如果烧坏更换保险管并且检修开关管电路。

⑤ 如果保险管没有烧断，然后测量310V滤波电容引脚电压是否为310V。如果为310V，检查开关即可；如果不为310V，检查310V滤波电容及整流滤波电容电路中的整流二极管、电感等，更换坏损元器件。

25.2.7 故障7：显示器开机不显示

1.故障表现

一台电脑显示器开机不显示。

2.故障诊断

显示器开机不显示的原因如下。

① 信号线问题。

② 液晶显示控制模块问题。

③ 高压电路问题。

④ 背光灯管问题。

⑤ 电脑显卡或主机问题。

3.故障处理

① 检查液晶显示器的信号线是否插紧，显示器与显卡是否接触不良。

② 用替换法检查电脑的显卡及主机是否正常，如果不正常，维修电脑显卡及主机。

③ 如果主机正常，然后打开液晶显示器的外壳，检查高压板电路及背光灯管是否正常。如果不正常维修更换损坏的元件。

④ 如果正常，然后检查显示面板的背电极（X电极）和段电极（Y电极）的引出数据线及导电橡胶是否接触不良。如接触不良，重新焊接。

⑤ 如没有接触不良，则可能是显示控制面板的工作电压及输出信号有问题，重点测量显示控制面板的元器件。

25.2.8 故障8：显示器显示缺色

1.故障表现

一台电脑开机后，显示器显示的内容缺色。

2.故障诊断

产生这类故障的原因如下。

① 显示器信号故障。

② 图像处理器故障。

③ 图像信号输入电路元器件问题。

3.故障处理

① 拆开液晶显示器的外壳，检查屏线接口是否连接好。

② 用万用表测量屏线接口的R、G、B信号是否正常，如果不正常，检查屏线并维修损坏的屏线。

③ 如果屏线正常，检查图像处理器是否有R、G、B输出信号。如果有，再检测图像处理器R、G、B信号输出端是否有信号。如没有，则是图像处理器损坏，如果有，再检查输出端到屏线接口间的损坏元件。

④ 如果图像处理器没有R、G、B输入信号，就检查数据接口道图像处理器件的电路中的电感、电容等元器件，并更换损坏的元器件。

25.2.9 故障9：显示器开机显示模糊

1.故障表现

一台电脑在开机后，显示器开机几分钟后出现模糊现象。

2.故障诊断

造成这类故障的原因如下。

① 插座问题。

② 显像管老化问题。

3.故障处理

插座在使用一段时间后会发生受潮现象，对于是受潮或受灰尘污染的情况，如果不很严重，用酒精清洗显象管尾部插座部分即可解决。如果情况严重，就需要更换显像管尾部插座了，可以到专业电视机维修部去解决。对于显像管老化的情况，只能更换显像管才能彻底解决问题。如果还在保修期内，最好还是先找销售商(或厂商)解决。

25.2.10 故障10：调整液晶显示屏的分辨率

1.故障表现

液晶显示器不能任意调整显示分辨率，在800×600的分辨率下显示效果最好，而在其他分辨率下显示效果很差。

2.故障诊断

这类故障一般是由于分辨率的设定问题。

3.故障处理

传统的CTR显示器是通过电子束打到显示屏上发光显示的，通过偏转线圈可以随意调整显示器的分辨率和刷新频率(在一定的范围内)，这样就感觉到CRT显示器在不同的分辨率下显示效果都很好，而液晶显示器的原理和普通CRT显示器不同，它是通过液晶闪电场的驱动来发光的，其屏幕分辨率有一个固定值，不能随意调整，如果调整为其他分辨率，就有可能出现显示不正常，或显示效果不好的问题。

25.2.11 故障11：显示屏显示一条横线

1.故障表现

电脑在开机使用一会儿后，显示器的屏幕上就会显示一条横线。

2.故障诊断

经过检测，发现显卡和显示器均无任何问题，证明问题不是因为显卡和显示器引起的。替换掉多个硬件，最后替换掉内存后故障消失。证明问题是由于内存引起的。

3.故障处理

这类故障估计是主板与内存不兼容的现象，而集成显卡是使用内存作为显存的，对内存的要求比较高，如果内存达不到规范或有其他问题，则可能导致显示故障，只需要将内存更换为更高质量的内存即可。

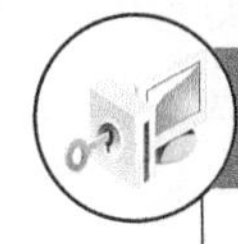

高手支招

本节教学录像时间：4 分钟

检查显示器VGA数据库是否插好

① 当电源没问题的时候，这时显示器是也是有些信息出现的，比如说显示器显示“没信号”这样的提示，这时就要检查连接电脑显示器的这个线是否插好。

② 另外，切记不要把显示线的VAG数据线插错了，有独立显卡的就要插独立显卡。没有的就插集成显卡。

③ 还有些可能是独立显卡，但是显示器上提示“无信号”，那么就有可能是独立显卡有毛病，首先把独立显卡拔了，把独显金手指部分清理，同时把显卡插槽也清理一下再重新插回。

显示器的保养技巧

（1）避免屏幕内部烧坏

长时间开着液晶显示器会减少其寿命。所以为了避免这类情况的发生，在不使用的时候可采取下列措施：① 不使用的时候就关掉显示器；② 经常以不同的时间间隔改变屏幕上的显示内容；③ 将显示屏的亮度减小到比较暗的水平。

（2）保持环境的湿度

不要让任何具有湿气性质的东西进入LCD，如果湿气已经进入LCD了，就必须将LCD放置到较温暖而干燥的地方，以便让其中的水分和有机化物蒸发掉，再打开电源。对含有湿度的LCD加电，能够导致液晶电极腐蚀，进而造成永久性损坏。

（3）避免不必要的振动

LCD可以算是最敏感的电气设备了，LCD中含有很多玻璃的和灵敏的电气元件，以至于屏幕十分的脆弱，要尽量避免强烈的冲击和振动，强烈的冲击极易导致LCD屏幕以及CFL单元的损坏。注意不要对LCD显示表面施加压力，在屏幕前指指点点的坏习惯一定要纠正。

（4）不要尝试拆卸LCD

永远也不要拆卸LCD。即使在关闭了很长时间以后，背景照明组件中的CFL换流器依旧可能带有大约1000V的高压，这种高压能够导致严重的人身伤害。所以永远也不要企图拆卸或者更改LCD显示屏，以免遭遇高压。未经许可的维修和变更会导致显示屏暂时甚至永久不能工作。如有故障建议还是拿到专业维修站进行修理。

（5）平常最好是使用推荐的显示分辨率

液晶显示器的显示原理则完全与CRT显示器不一样。它是一种直接的像素一一对应显示方式。工作在最佳分辨率下的液晶显示器把显卡输出的模拟显示信号通过处理，转换成带具体地址信息（该像素在屏幕上的绝对地址）的显示信号，然后再送入液晶板，直接把显示信号加到相对应的像素上的驱动管上。对于这样点对点输出的情况，使用显示器推荐的最佳分辨率是相当重要的。

第26章

键盘与鼠标常见故障诊断和维修

学习目标

鼠标与键盘是电脑的外接设备，使用频率最高的设备。本章主要介绍键盘与鼠标常见故障诊断与维修，通过学习本章，读者可以了解电脑键盘与鼠标的常见故障现象，通过对故障的诊断，解决键盘与鼠标的故障问题。

26.1 键盘和鼠标维修基础

本节教学录像时间：6 分钟

鼠标和键盘是计算机系统最常见和最常使用的设备，由于它的使用频率很高，时间一长，是最容易发生故障的，了解键盘和鼠标的维修基础，可以方便对其故障进行处理。

26.1.1 键盘和鼠标的工作原理

键盘的基本工作原理是实时监视按键，将按键信息送入计算机。在键盘的内部设计中有定位按键位置的键位扫描电路、产生被按下键代码的编码电路以及将产生代码送入计算机的接口电路等，这些电路被统称为键盘控制电路。

根据键盘工作原理，可以把计算机键盘分为编码键盘和非编码键盘。键盘控制电路的功能是完全依靠硬件来自动完成的，这种键盘称为编码键盘，它能自动将按下键的编码信息送入计算机。另外一种键盘，它的键盘控制电路功能要依靠硬件和软件共同完成，这种键盘称为非编码键盘。这种键盘响应速度不如编码键盘快，但它可通过软件为键盘的某些按键重新定义，为扩充键盘的功能提供了极大的方便，从而得到了广泛应用。

鼠标按其工作原理及其内部结构的不同可以分为机械式，光机式和光电式。

1.机械鼠标

机械鼠标主要由滚球、辊柱和光栅信号传感器组成。当你拖动鼠标时，带动滚球转动，滚球又带动辊柱转动，装在辊柱端部的光栅信号传感器产生的光电脉冲信号反映出鼠标器在垂直和水平方向的位移变化，再通过电脑程序的处理和转换来控制屏幕上光标箭头的移动。

2.光机式鼠标

光机式鼠标器是一种光电和机械相结合的鼠标。它在机械鼠标的基础上，将磨损最厉害的接触式电刷和译码轮改为非接触式的LED对射光路元件。当小球滚动时，X、Y方向的滚轴带动码盘旋转。安装在码盘两侧有两组发光二极管和光敏三极管，LED发出的光束有时照射到光敏三极管上，有时则被阻断，从而产生两级组相位相差90° 的脉冲序列。脉冲的个数代表鼠标的位移量，而相位表示鼠标运动的方向。由于采用了非接触部件，降低了磨损率，从而大大提高了鼠标的寿命并使鼠标的精度有所增加。

3.光电鼠标

光电鼠标器是通过检测鼠标器的位移，将位移信号转换为电脉冲信号，再通过程序的处理和转换来控制屏幕上的光标箭头的移动。光电鼠标用光电传感器代替了滚球。这类传感器需要特制的、带有条纹或点状图案的垫板配合使用。

26.1.2 键盘与鼠标的故障诊断思路

1.观察法

首先观察电脑的键盘与鼠标的外观是否有所损坏，线路是否连接正确。

2.拔插法

插拔法就是关机以后将配件逐块拔出，每拔出一块配件就开机观察电脑的运行状态。插拔法是一种非常有效的常用方法。采用插拔法就能迅速查找到故障原因。依次拔出插件，每拔一块，测试一次电脑当前状态。一旦拔出某块插件后，机器工作正常，那么故障原因就在这块插件上。

3.替换法

替换法是把相同的插件或器件替换，观察故障变化的情况，帮助判断、寻找故障原因的一种方法。如故障发生在哪部分，替换法就能十分准确、迅速地查找到。

4.比较法

运行两台或多台相同或相类似的计算机，根据正常计算机与故障计算机在执行相同操作时的不同表现，可以初步判断故障发生的部位。

26.1.3 键盘与鼠标维修的思路与流程

在电脑的鼠标与键盘发生故障的时候，为了以防慌乱，需要首先为键盘与鼠标的故障部署思路，为了更好地解决故障。

键盘与鼠标维修的思路如下。

① 首先确定电脑中的键盘、鼠标是否正常，具体检测方法可以使用替换法进行检测，即在电脑中看是否正常，如果不正常，说明是键盘、鼠标的问题。

② 如果键盘、鼠标正常，说明不是键盘、鼠标的问题，接下来拿一个好的键盘、鼠标接到故障电脑中检测键盘、鼠标是否能使用，如果能使用，说明是键盘、鼠标不兼容，如果不能使用，则可能是主板的键盘、鼠标接口接触不良，仔细检查接口是否有虚焊等故障。

③ 如果不是键盘、鼠标故障或接触不良故障，则是主板键盘、鼠标接口电路故障。接着测量键盘、鼠标接口的供电引脚对地阻值是否为180～380欧，如果不是，则是供电线路中的跳线帽没有插好或跳线连接的保险电阻或电感损坏造成的，更换损坏的元器件即可。

④ 如果跳线对地阻值为180～380欧，说明键盘、鼠标电路供电部分正常，接着检测电路中数据线和时钟线的对地阻值。如果对地阻值不正常，接着检查键盘、鼠标电路中连接的上拉电阻和滤波电容是否损坏，如果损坏，更换损坏的元器件即可。

⑤ 如果上拉电阻和滤波电容正常，接着检测电路中连接的电感是否正常，如果电感不正常，更换损坏的电感。

⑥ 如果电感正常，可能是BIOS芯片故障引起的，重新刷新BIOS芯片看故障是否解决，如果没有解决，检查数据线路是否通，如果线路不通，检查线路中的元器件故障。如果上述都正常，则可能是I／O芯片或南桥中的相关模块损坏，更换I／0芯片或南桥芯片即可。

键盘维修流程如下。

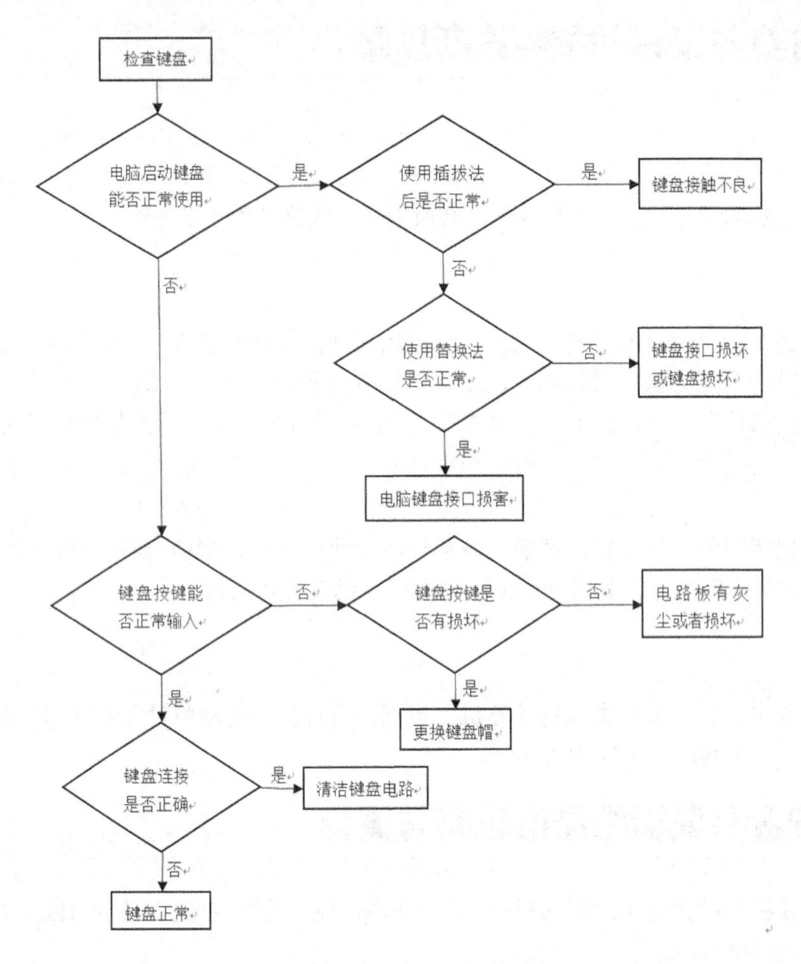
检查键盘
电脑启动键盘能否正常使用
是
使用插拔法后是否正常
是
键盘接触不良
否
使用替换法是否正常
否
键盘接口损坏或键盘损坏
是
电脑键盘接口损害
否
键盘按键能否正常输入
否
键盘按键是否有损坏
否
电路板有灰尘或者损坏
是
更换键盘帽
是
键盘连接是否正确
是
清洁键盘电路
否
键盘正常

鼠标维修流程如下。

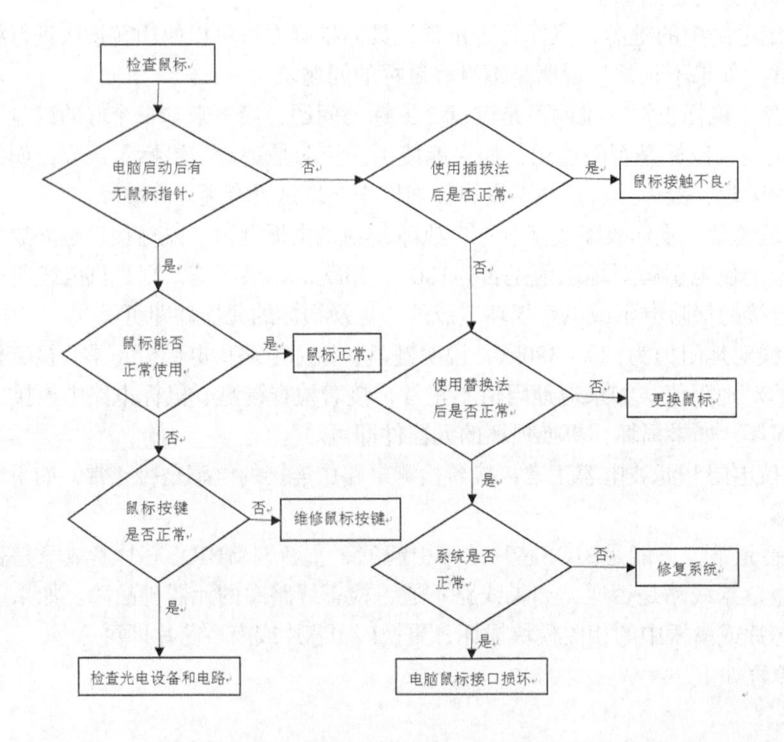
检查鼠标
电脑启动后有无鼠标指针
否
使用插拔法后是否正常
是
鼠标接触不良
否
使用替换法后是否正常
否
更换鼠标
是
系统是否正常
否
修复系统
是
电脑鼠标接口损坏
是
鼠标能否正常使用
是
鼠标正常
否
鼠标按键是否正常
否
维修鼠标按键
是
检查光电设备和电路

26.2 键盘和鼠标常见故障与维修

本节教学录像时间：11 分钟

鼠标是当今电脑必不可少的输入设备，也是我们使用率很高的计算机外设。因此用户更应十分注意对它的日常维护和故障维修。

26.2.1 故障1：某些按键无法键入

1.故障表现

一个键盘已使用了一年多，最近在按某些按键时不能正常键入，而其余按键正常。

2.故障诊断

这是典型的由于键盘太脏而导致的按键失灵故障，通常只需清洗一下键盘内部即可。

3.故障处理

关机并拔掉电源后拔下键盘接口，将键盘翻转用螺丝刀旋开螺丝，打开底盘，用棉球沾无水酒精将按键与键帽相接的部分擦洗干净即可。

26.2.2 故障2：键盘无法接进接口

1.故障表现

刚组装的电脑，键盘很难插进主板上的键盘接口。

2.故障诊断

这类故障一般是由于主板上键盘接口与机箱接口留的孔有问题。

3.故障处理

注意检查主板上键盘接口与机箱接口留的孔，看主板是偏高还是偏低，个别主板有偏左或偏右的情况，如有以上情况，要更换机箱，或者更换另外长度的主板铜钉或塑料钉。塑料钉更好，因为可以直接打开机箱，用手按住主板键盘接口部分，插入键盘，解决主板有偏差的问题。

26.2.3 故障3：按键显示不稳定

1.故障表现

使用键盘录入文字时，有时候某一排键都没有反应。

2.故障诊断

该故障很可能是因为键盘内的线路有断路现象。

3.故障处理

拆开键盘，找到断路点并焊接好即可。

26.2.4 故障4：键盘按键不灵

1.故障表现

一个键盘，开机自检能通过，但敲击A、S、D、F、和V、I、O、P这两组键时打不出字符来。

2.故障诊断

这类故障是由于电路金属膜问题，导致短路现象，键盘按键无法打字。

3.故障处理

拆开键盘，首先检查按键是否能够将触点压在一起，一切正常。仔细检查发现连接电路中有一段电路金属膜掉了一部分，用万用表一量，电阻非常大。可能是因为电阻大了电信号不能传递，而且那两组字母键共用一根线，所以导致成组的按键打不出字符来。要将塑料电路连接起来很麻烦。因为不能用电烙铁焊接，一焊接，塑料就会化掉。于是先将导线两端的铜线拔出，在电阻很小的可用电路两边扎两个洞（避开坏的那一段），将导线拨出的铜线从洞中穿过去，就像绑住电路一样，另一头也用相同的方法穿过。用万用表测量，能导电。然后用外壳将其压牢，垫些纸以防松动。重新使用，故障排除。

26.2.5 故障5：键盘不灵敏

1.故障表现

使用键盘时有个别按键轻轻敲击无反应，必须使劲才有反应。

2.故障诊断

由于用力按下键盘能输入字符，看来键盘接口和电缆均没有问题，很有可能是电路故障造成的。

3.故障处理

这种故障的处理办法如下：拆开键盘仔细检查，发现失灵按键所在列的导电层线条与某引脚相连处有虚焊现象，原来这就是导致故障的原因。立即将虚焊点重新焊好，安装好键盘后接通电源开机检测，故障排除。

26.2.6 故障6：按键不能弹起

1.故障表现

电脑有时开机时键盘指示灯闪烁一下后，显示器就黑屏。有时单击鼠标却会选中多个目标。

2.故障诊断

这种现象很有可能是某些按键被按下后不能弹起造成的。按键次数过多、按键用力过大等都有可能造成按键下的弹簧弹性功能减退甚至消失，使按键无法弹起。

3.故障处理

这种故障处理的方法是在关机断电后，打开键盘底盘，找到不能弹起的按键的弹簧，用棉球沾无水酒精清洗一下，再涂少许润滑油脂，以改善弹性，最后放回原位置；或更换新的弹簧。

26.2.7 故障7：鼠标按键无法自动复位

1.故障表现

电脑鼠标以前使用都很正常，但最近使用总是发现鼠标按键无法自动复位。

2.故障诊断

这类故障是由于鼠标按键下的微动开关损坏。

3.故障处理

对于三键式鼠标，可以使用其中间键对应的微动开关来替换坏的微动开关。卸下鼠标背面的螺丝，取下橡胶球，再拨动舌卡打开鼠标外壳。取下内部电路板，拨动鼠标机械部分与电路板连接处的长舌，取下机械部分。此时，会看到电路板上有三个微动开关，将两微动开关分别取下，把好的一只安装在坏的那只原来的位置上，然后将鼠标安装好。

26.2.8 故障8：鼠标的指针故障

1.故障表现

鼠标的指针在屏幕上移动不灵活或移动困难。

2.故障诊断

这类故障是由于鼠标电缆内部出现了似断非断的情况而引起的。

3.故障处理

一般这种现象可分两种情况考虑。

（1）由于鼠标器受到强烈振动，如掉在地上，使红外发射或接收二极管稍稍偏离原位置造成故障。这种现象的特点是光标只在一个方向（如X方向）上移动不灵活。

（2）鼠标器的塑胶圆球和压力滚轴太脏（如有油污），使圆球与滚轴之间的摩擦力变小，造成圆球滚动时滚轴不能同步转动。这种现象往往是光标向各方向移动均不够灵活。处理方法如下。

① 将鼠标底部螺丝拧下，小心打开上盖。轻轻转动压力滚轴上的圆盘，同时调整圆盘两侧的二极管，观察屏幕上的光标，直到光标移动自如为止。

② 打开鼠标上盖取出塑胶球，用无水酒精将塑胶球和压力滚轴清洗干净。

26.2.9 故障9：计算机无法识别鼠标

1.故障表现

在打开计算机后，不显示鼠标。

2.故障诊断

计算机不认鼠标是指鼠标的所有操作均不起作用。计算机不认鼠标的原因很多，有可能是软件的原因，也可能是硬件的原因。软件原因包括计算机有病毒、没有正确安装鼠标驱动程序、应用软件与鼠标驱动程序发生冲突等多种情况。

3.故障处理

对软件原因，应先检查鼠标驱动程序是否已正确安装、计算机是否存在病毒、然后再检查应用软件是否不支持所使用的鼠标。

在计算机不认鼠标硬件故障的原因中，比较常见的原因是断线。由于鼠标是处于不断运动之中的，如果信号线质量不好或拉扯用力过大，就易造成断线。多数情况下，断点处于鼠标这一端，因此出现断线后，只要将信号线鼠标这一端剪掉一小截，然后再重新将线焊好，一般就能排除故障。

26.2.10 故障10：鼠标不能正常使用

1.故障表现

电脑使用的是一杂牌鼠标，安装在PS/2口，但在Windows10系统中，有时鼠标会无缘无故不动，只能用键盘操作。

2.故障诊断

这说明鼠标驱动程序有问题，因为在Windows中，应该使用图形界面下的鼠标驱动程序，而不用在CONFIG.SYS或AUTOEXEC.BAT中挂入驱动程序，所以问题一定是出在Windows的驱动程序不能和鼠标兼容。

3.故障处理

此故障只需要使用该鼠标厂家提供的Windows下的驱动程序即可解决问题。

26.2.11 光电鼠标漂移故障

1.故障表现

鼠标在使用一段时间后，出现指针漂移现象。

2.故障诊断

这类故障产生的原因如下。

① 鼠标接触不良问题。

② 电脑感染病毒问题。

③ 鼠标电路板故障问题。

④ 光路屏蔽不好问题。

3.故障处理

① 首先怀疑是由于鼠标接触不良引起的故障，但是重新连接后，故障依然存在。

② 然后怀疑是由于电脑感染病毒导致，但是用杀毒软件查杀电脑后，未发现病毒，故障依然存在。

③ 将鼠标连接到另外一台电脑上，发现出现同样的故障，因此可以断定是鼠标内部的问题。

④ 将鼠标外壳打开，检测鼠标电路，未发现异常。由于鼠标是透明造型设计，怀疑是鼠标光路屏蔽不好，周围强光干扰，形成干扰脉冲导致指针漂移的。

⑤ 将鼠标放在较暗的环境中移动鼠标，发现故障消失，因此是鼠标光路屏蔽问题引起的，一般只能更换鼠标，将鼠标更换后故障排除。

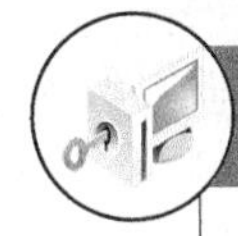

高手支招

本节教学录像时间：6 分钟

键盘的保养

键盘是最常用的输入设备之一，平时使用键盘切勿用力过大，以防按键的机械部件受损而失效。但由于键盘是一种机电设备，使用频繁，加之键盘底座和各按键之间有较大的间隙，灰尘非常容易侵入。因此定期对键盘作清洁维护也是十分必要的。

最简单的维护是将键盘反过来轻轻拍打，让其内的灰尘落出；或者用湿布清洗键盘表面，但注意湿布一定要拧干，以防水进入键盘内部。

使用时间较长的键盘则需要拆开进行维护。拆卸键盘比较简单，拔下键盘与主机连接的电缆插头，将键盘正面向下放到工作台上，拧下底板上的螺钉，即可取下键盘后盖板。

下面分别介绍机械式按键键盘和电触点按键键盘的拆卸和维护方法。

（1）机械式按键键盘

取下机械式按键键盘底板后将看到一块电路板，电路板被几颗镙丝固定在键盘前面板上，拧下螺钉即可取下电路板。

拔下电缆线与电路板连接的插头，即可用油漆刷或油画笔扫除电路板和键盘按键上的灰尘，一般不必用湿布清洗，按键开关焊接在电路板上，键帽卡在按键开关上。

如果想将键帽从按键开关上取下，可用平口螺丝刀轻轻将键帽往上撬松后拔下。一般情况没有必要取下键帽，且有些键盘的键帽取下后很难还原。

如有某个按键失灵，可以焊下按键开关进行维修，但由于组成按键开关的零件极小，拆卸、维修很不方便，由于是机械方面的故障，大多数情况下维修后的按键寿命极短，最好用同型号键盘按键或非常用键（如【F12】键）焊下与失灵按键交换位置。

（2）电触点按键键盘

打开电触点键盘的底板和盖板之后，就能看到嵌在底板上的3层薄膜，3层薄膜分别是下触点层、中间隔离层和上触点层，上、下触点层压制有金属电路连线和与按键相对应的圆形金属触点，中间隔离层上有与上、下触点层对应的圆孔。

电触点键盘的所有按键嵌在前面板上，在底板上3层薄膜和前面板按键之间有一层橡胶垫，橡胶垫上凸出部位与嵌在前面板上的按键相对应，按下按键后胶垫上相应凸出部位向下凹，使薄膜上、下触点层的圆形金属触点通过中间隔离层的圆孔相接触，送出按键信号。在底板的上角还有一小块电路板，其上主要部件有键盘插座、键盘CPU和指示灯。

由于电触点键盘是通过上、下触点层的圆形金属触点接触送出按键信号的，因此如果薄膜上圆形金属触点有氧化现象，需用橡皮擦拭干净；另外，输出接口插座处如有氧化现象，必须用橡皮擦干净接口部位的氧化层。

嵌在底板上的3层薄膜之间一般无灰尘，只需用油漆刷清扫薄膜表面即可。橡胶垫、前面板、嵌在前面板上的按键可以用水清洗，如键盘较脏，可使用清洁剂。有些键盘嵌在前面板上的按键可以全部取下，但由于取下后还原一百多只按键很麻烦，建议不要取下。

将所有的按键、前面板、橡胶垫清洗干净，就可以进行安装还原了。在安装还原时注意要等按键、前面板、橡胶垫全部晾干之后，方能还原键盘，否则会导致键盘内触点生锈，还要注意3层薄膜准确对位，否则会导致按键无法接通。

鼠标的保养

鼠标是当今电脑必不可少的输入设备，当在屏幕上发现鼠标指针移动不灵时，就应当为鼠标除尘了。鼠标的清洁及维护可按照以下步骤进行。

（1）基本除尘

鼠标的底部长期和桌子接触，最容易被污染。尤其是机械式和光学机械式鼠标的滚动球极易将灰尘、毛发、细维纤带入鼠标中。

光学机械式鼠标拆卸和除尘方法：在鼠标底部滚动球外圈有一圆形塑料盖，轻压塑料盖逆时针方向旋转到位，即可取下塑料盖，取出滚动球，用手指清除鼠标内部的两根转轴和一只转轮上的污物，清除时应避免污物落入鼠标内部，滚动球可用中性洗涤剂清洗。

（2）开盖除尘

如果经上述处理指针移动还是不灵，特别是某一方向鼠标指针移动不灵时，大多是光电检测器被污物档光导致，此时用十字螺丝刀卸下鼠标底盖上的螺丝，取下鼠标上盖，用棉签清理光电检测器中间的污物。

（3）按键失灵排障

鼠标的按键磨损是导致按键失灵的常见故障，磨损部位通常是按键机械开关上的小按钮或与小按钮接触部位处的塑料上盖，应急处理可贴一张不干胶纸或刷一层快干胶解决。较好的解决方法是换一只按键，鼠标按键一般电气零件商行有售，将不常使用的中键与左键交换也是常见处理方法。

杂牌劣质鼠标的按键失灵多为簧片断裂，可用废弃的电子打火机微动开关内的小铜片替代。鼠标电路板上元件焊接不良也能出现故障，最常见故障是机械开关底部的焊点断裂或脱焊。

第27章

打印机常见故障诊断与维修

学习目标

打印机是计算机的输出设备之一，用于将计算机处理结果打印在相关介质上。本章主要介绍打印机常见故障诊断与维修，通过学习本章，读者可以了解打印机的常见故障现象，通过对故障的诊断，解决故障问题。

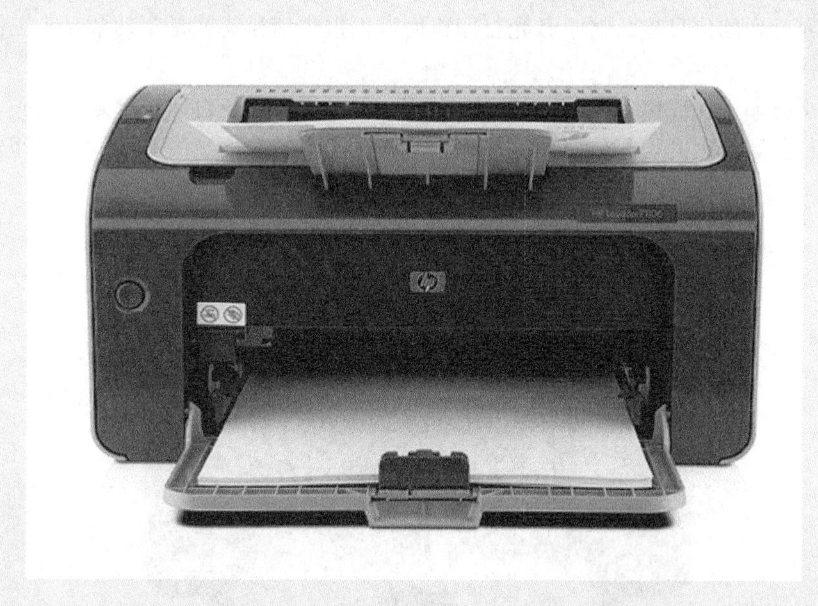

27.1 打印机维修基础

本节教学录像时间：3 分钟

打印机是计算机的输出设备，通过学习打印机的维修基础，可以更好的对打印机的故障进行相应的故障排除。

27.1.1 打印机的工作原理

打印机主要分为针式打印机、喷墨打印机、激光打印机。

针式打印机工作原理是主机送来的代码，经历打印机输入接口电路的处理后送至打印机的主控电路，在控制程序的控制下，产生字符或图形的编码，驱动打印头打印一列的点阵图形，同时字车横向运动，产生列间距或字间距，再打印下一列，逐列执行打印；一行打印完毕后，启动走纸机构进纸，产生行距，同时打印头回车换行，打印下一行，上述流程反复执行，直到打印完毕。

喷墨打印机工作原理与针式打印机相似，这两者的本质区别就在于打印头的结构。喷墨打印机的打印头，是由成百上千个直径极其微小的墨水通道组成，这些通道的数目，也就是喷墨打印机的喷孔数目，它直接决定了喷墨打印机的打印精度。每个通道内部都附着能产生振动或热量的执行单元。当打印头的控制电路接收到驱动信号后，即驱动这些执行单元产生振动，将通道内的墨水挤压喷出；或产生高温，加热通道内的墨水，产生气泡，将墨水喷出喷孔；喷出的墨水到达打印纸，即产生图形！这就是压电式和气泡式喷墨打印头的基本原理。

激光打印机工作原理是当计算机主机向打印机发送数据时，打印机最先将接收到的数据暂存在缓存中，当接收到一段完整的数据后，再发送给打印机的处理器，处理器将这些数据组织成能够驱动打印引擎动作的信号流，对于激光打印机而言，这个信号流就是驱动激光头工作的一组脉冲信号。

激光打印机打印一次成像一整页，是逐页打印；而针式和喷墨打印机都是打印头一次来回打印一行，是逐行打印。因此，相似打印要求下，激光打印机的打印速度要比针式打印机和喷墨打印机快。

27.1.2 打印机的故障诊断思路

1.观察法

首先观察打印机的外观是否有所损坏，线路是否连接正确。

2.拔插法

插拔法就是将打印机配件逐块拔出，每拔出一块配件就开机观察打印机的运行状态。插拔法是一种非常有效的常用方法。采用插拔法就能迅速查找到故障原因。依次拔出插件，每拔一块，测试一次当前状态。一旦拔出某块插件后，机器工作正常，那么故障原因就在这块插件上。

3.替换法

替换法是把相同的插件或器件替换，观察故障变化的情况，帮助判断、寻找故障原因的一种方法。如故障发生在哪部分，替换法就能十分准确、迅速地查找到。

4.比较法

运行两台或多台的相同或相类似的机器，根据正常机器与故障机器在执行相同操作时的不同表现，可以初步判断故障发生的部位。

27.1.3 打印机维修的思路与流程

在对打印机故障进行维修前，需要有一个明确的思路，这样可以快速的解决故障。

① 打印过程中出现卡纸：停机检查，取出被卡纸张，重新打印。

② 打印过程中出现色带不走：停机检查色带是否卡住，色带盒是否安装到位。

③ 打印过程中噪音太大：停机检查各部件是否到位，转动机构是否发生了故障。

④ 打印的字体出现印字缺陷用酒精清洗打印机头后，检查是否出现打印头断针。

⑤ 打开电源时，Power电源指示灯不亮：检查电源插头是否插了，电源是否有故障。

⑥ 有打印动作但打不出字符：查看一下色带是否卡住，纸厚调节是否恰当。

⑦ 不进纸或进纸不畅:检查纸厚调节是否恰当，避免过松或过紧，或送检修。

⑧ 打印出的字符缺线用酒精清洗打印头，不可让任何物品触及打印头针。

⑨ 字车带动吃力，噪声很大，停机检查是否打印机内有异物，是否需要加润滑油。

⑩ 打印出的字太淡，更换色带。

打印机维修流程如下。

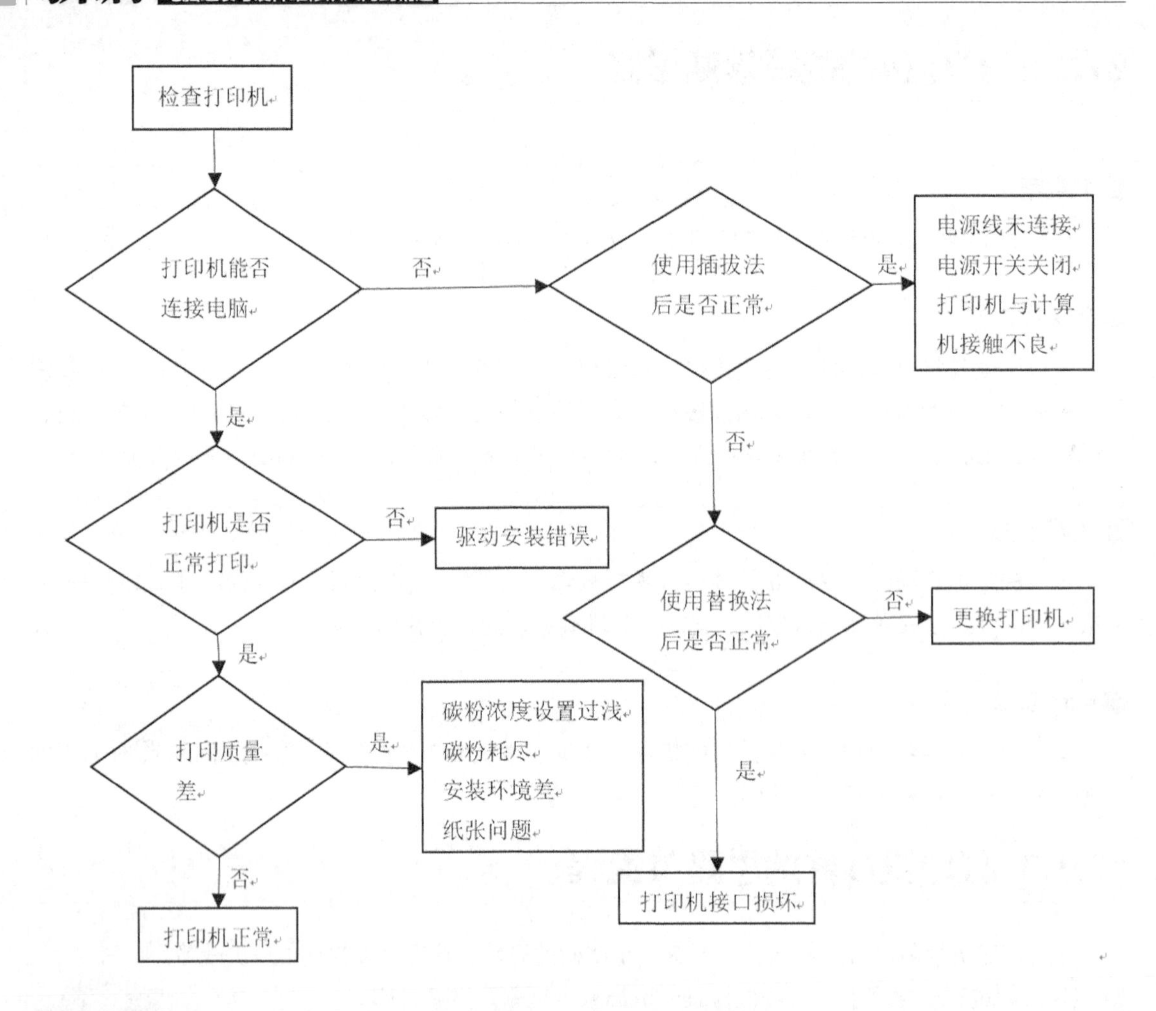

27.2 打印机常见故障与维修

本节教学录像时间：10 分钟

本节主要介绍一些常见打印机的故障，通过故障表现，对打印机故障进行诊断排除。

27.2.1 故障1：新打印机无法使用

1.故障表现

刚买了一台打印机，连接良好，但是不能用记事本打印文件，其他的软件也不能打印。

2. 故障诊断

从表现看可能是因为记事本软件将新安装的打印机设置为默认的打印设备。

3.故障处理

步骤01 单击【开始】按钮，在弹出的【开始】菜单中选择【设置】命令。

步骤02 在弹出的【设置】窗口中，单击【设备】选项。

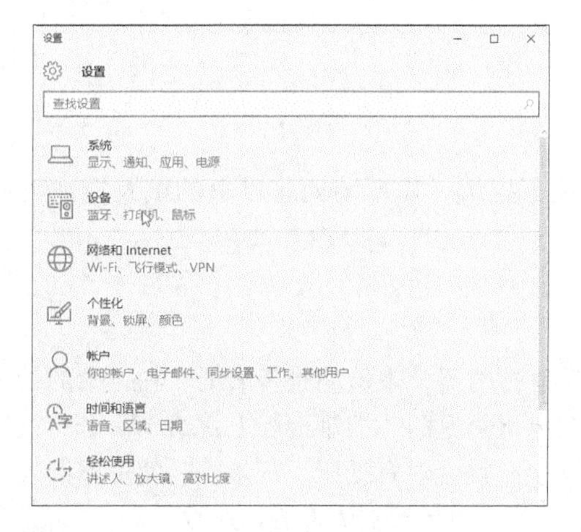

步骤03 在弹出的【设备】窗口中，单击【打印机和扫描仪】选项。

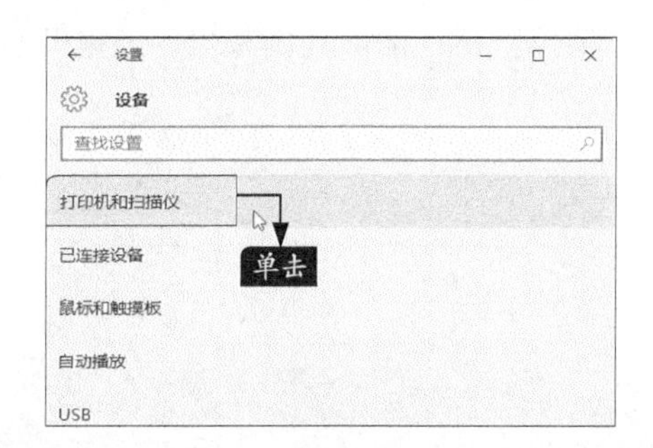

步骤04 在出现的【打印机和扫描仪】页面中，关闭【让Windows管理默认打印机】复选项，在【相关设置】复选项中，单击【设备和打印机】。

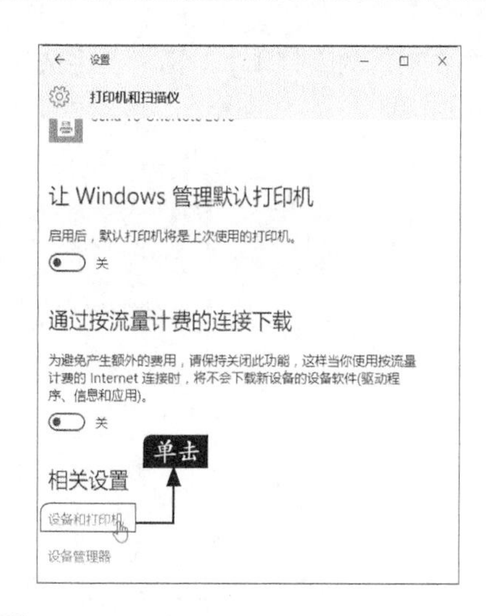

步骤05 在出现的【设备和打印机】页面中，先选中新打印机并在其上单击鼠标右键，将其设置为默认打印机。

步骤06 设置完成后，打开记事本，在出现的记事本页面中，【文件】选项下单击【打印】菜单命令。

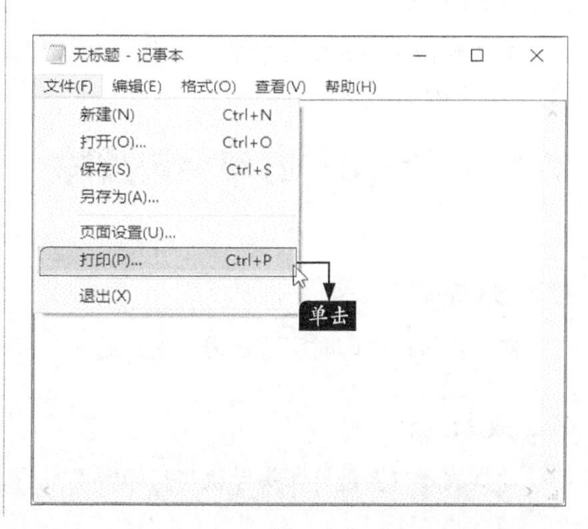

步骤 07 在出现的【打印】对话框，【选择打印机】列表框中选择新添加的打印机，然后单击【打印】按钮即可。

27.2.2 故障2：装纸提示警报

1.故障表现

打印机装纸后出现缺纸报警声，装一张纸胶辊不拉纸，需要装两张以上的纸胶辊才可以拉纸。

2.故障诊断

一般针式或喷墨式打印机的字辊下都装有一个光电传感器，来检测是否缺纸。在正常的情况下，装纸后光电传感器感触到纸张的存在，产生一个电讯号返回，控制面板上就给出一个有纸的信号。如果光电传感器长时间没有清洁，光电传感器表面就会附有纸屑、灰尘等，使传感器表面脏污，不能正确地感光，就会出现误报。因此此类故障是光电传感器表面脏污所致。

3.故障处理

查找到打印机光电传感器，使用酒精棉轻拭光头，擦掉脏污，清除周围灰尘。通电开机测试，问题解决。

27.2.3 故障3：打印字迹故障

1.故障表现

使用打印机打印时字迹一边清晰，而另一边不清晰。

2.故障诊断

此类故障主要是打印头导轨与打印辊不平行，导致两者距离有远有近所致。

3.故障处理

调节打印头导轨与打印辊的间距，使其平行。分别拧松打印头导轨两边的螺母，在左右两边螺母下有一调节片，移动两边的调节片，逆时针转动调节片使间隙减小，顺时针可使间隙增大，最后把打印头导轨与打印辊调节平行就可解决问题。要注意调节时找准方向，可以逐渐调节，多试打几次。

27.2.4 故障4：通电打印机无反应

1.故障表现

打印机开机后没有任何反应，根本就不通电。

2.故障诊断

打印机都有过电保护装置，当电流过大时就会引起过电保护，此现象出现基本是打印机保险管烧坏。

3.故障处理

打开机壳，在打印机内部电源部分找到保险管(内部电源部分在打印机的外接电源附近可以找到)，看其是否发黑，或用万用表测量一下是否烧坏，如果烧坏，换一个与其基本相符的保险管就可以了(保险管上都标有额定电流)。

27.2.5 故障5：打印纸出黑线

1.故障表现

打印时纸上出现一条条粗细不匀的黑线，严重时整张纸都是如此效果。

2.故障诊断

此种现象一般出现在针式打印机上，原因是打印头过脏或是打印头与打印辊的间距过小或打印纸张过厚引起。

3.故障处理

卸下打印头，清洗一下打印头，或是调节一下打印头与打印辊间的间距，故障就可以排除。

27.2.6 故障6：无法打印纸张

1.故障表现

在使用打印机打印时感觉打印头受阻力，打印一会儿就停下发出长鸣或在原处震动。

2.故障诊断

这类故障一般是由于打印头导轨长时间滑动会变得干涩，打印头移动时就会受阻，到一定程度就可以使打印停止，严重时可以烧坏驱动电路。

3.故障处理

这类故障的处理方法是在打印导轨上涂几滴仪表油，来回移动打印头，使其均匀。重新开机，如果还有此现象，那有可能是驱动电路烧坏，这时候就需要进行维修了。

27.2.7 故障7：打印字体不清晰

1.故障表现

在使用打印机打印时，发现打印字符残缺不全，并且字符不清晰。

2.故障诊断

这类故障可能是以下几方面原因。

① 打印色带用得时间过长。

② 打印头长时间没有清洁，脏污太多。

③ 打印头有断针。

④ 打印头驱动电路有故障。

3.故障处理

这类故障的处理方法是调节打印头与打印辊间的间距(在打印头移动线的周围可以找到)，如果不行，可以换新色带。如果故障仍然不能排除，就需要清洁打印头了。卸掉打印头上的两个固定螺钉。拿下打印头，用针或小钩清除打印头前、后夹杂的脏污，一般都是长时间积累的色带纤维等，再在打印头的后部看得见针的地方滴几滴仪表油，以清除一些顽污，不装色带空打几张纸，再装上色带，这样问题基本就可以解决，如果是打印头断针或是驱动电路的问题，这时候就需要在专业地点进行维修。

27.2.8 故障8：乱码现象

1.故障表现

在使用打印机打印文档时，打印机不停打印乱码。

2.故障诊断

这类故障一般是由于打印内容传送时出错，有大量打印任务排队引起的。

3.故障处理

解决此类故障需要关闭打印机，取消打印机上所有打印任务后，重开打印机，或更换数据线，故障排除。

27.2.9 故障9：卡纸

1.故障表现

使用打印机打印的时候，平常使用都很正常，但有时一段时间总是出现卡纸的现象。

2.故障诊断

这类故障一般是纸张的问题，当纸张受潮变软，有杂物阻塞或机械部分有磨损，都会引起打印机卡纸现象。

3.故障处理

关闭打印机电源，取出卡纸（针式打印机要小心慢慢移动色带片，激光打印机一般要先取出硒鼓），清理大轴下纸屑杂物、换上新纸试机，如还不能解决或有部分纸张卡死取不出来，这时候需要送去专业地点进行维修。

27.2.10 故障10：联机不打印

1.故障表现

打印机不能够打印。

2.故障诊断

产生这类故障的原因如下。

① 数据线接触不良的问题。

② 并口线坏的问题。

③ 打印口坏或上盖没盖好。

3.故障处理

重新连接或更换一条打印线，盖好打印机盖子试机，如果经上述工作后仍不打印，很有可能是主机上打印口存在故障，这时使用替换法，将打印机接到另一台确认打印口正常的电脑上或将该电脑连接另一台确定正常的打印机，观察能不能正常打印，判断打印口是否正常，如打印口损坏需要送修。

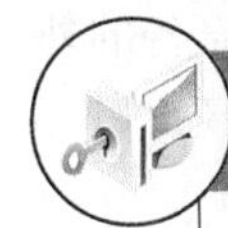

高手支招

本节教学录像时间：6 分钟

加墨注意事项

① 如果墨盒与打印喷头是集成在一起的，那么在给墨盒加墨时，一定要注意保护墨盒上的喷嘴不受伤害，不然的话喷嘴一旦被堵塞或者损伤，墨盒就不能被反复利用了。另外由于墨盒在频繁的使用过程中，喷头可能会被溅回的纸张纤维堵塞，而导致喷头的输出效果变差，因此定期对喷头进行清洗也是非常有必要的，清洗喷头时，应尽量使用湿纸巾和无棉纸巾轻轻清洗喷嘴的边

缘，而不要碰到喷嘴，接着再利用喷墨打印机控制面板上的清洗键来对喷头执行清洁动作，直到打印输出效果清晰为止。

② 由于有的墨盒有专门的注墨孔，给墨盒注墨之前，一般都必须将墨盒注墨孔中的塞子先移开，然后按照正确的步骤填充完墨盒后，还必须将注墨孔的塞子重新盖回，否则喷墨打印机重新工作时会发生甩墨现象，从而玷污喷墨打印机的内部面板。

③ 许多用户在给喷墨墨盒加墨时，一般都会选择在墨水指示灯提示墨水耗尽的情况下进行，但是对那些没有墨水指示灯的旧式喷墨打印机来说，就不能根据打印机提示来进行换墨了，不过这些没有墨水指示灯的喷墨墨盒大部分都是透明的，因此大家可以通过眼睛观察的方法来更换墨水。

④ 初次给喷打墨盒罐装墨水，常常错误认为墨盒中的墨水应该罐满为止，这样可以延长墨盒的使用时间，其实在每次填充墨水时，最好将墨水罐装到整个墨盒容量的90%左右，如果超过这个容量的话，墨盒内部的海绵体可能无法吸收太多的墨水而产生墨水溢出的现象，从而污染喷墨打印机。

⑤ 在给墨盒罐装好墨水后，最好不要立即将墨盒放回到墨盒架中，因为许多墨盒中都包含有吸收墨水用的海绵垫，而海绵垫吸收墨水速度比较缓慢，这样墨水罐进墨盒后，无法均匀地被海绵垫所吸收，所以在将墨盒放回到墨盒架之前，最好让墨盒先静置几分钟时间，以便让墨水慢慢渗透到海绵垫的各个角落，从而确保最终的打印质量。

打印机使用注意事项

由于打印机内部的部件比较精密，因此在使用打印机的时候一定要注意。

① 墨粉保护装置：打印机的墨盒都会有一些衬垫，它们的作用是在传输纸张的滚筒系统中吸收过剩的墨粉。用户可以把它从机器中取出，用手工的方式进行清理。一般在新的墨盒中也会包含一个新的衬垫。

② 送纸滚筒：它是打印机的传送部分，将纸张从纸槽拖曳到打印机的内部，但在这个过程中，纸张上玷污的油和灰尘也会在滚筒上沉淀，长时间不清洗就会导致卡纸和送纸错误，这也是打印机最容易出现的故障。在清洁送纸滚筒可以用酒精泡过的棉花团或湿布清洗这些沉积物。

③ 冠状电线：它是在打印机内部用来传送静电的专门电线。静电是用来将墨粉吸引到纸张的，但是灰尘的沉淀会影响静电的使用效率。可以使用棉布将灰尘轻轻擦去，但是不要使用酒精或者其他溶剂，它们会影响打印机的效果，一般在老式激光打印机当中，冠状电线在打印机内部是裸露的。如果找不到，打印机手册中会指明它们的位置。

④ 通风口：与计算机内部相似，许多激光打印机内部也有内部风扇，常年的工作会被灰尘和污物阻塞。我们必须保证定期清理通风口和风扇的页片，保持打印机内部的空气流动。

打印机的外部清洗与清洗内部比较起来，打印机的外部清洗总的来说是比较容易和安全的。在清理计算机硬件的外表面时可以使用清洗汽车内部时使用的清洁/保护喷雾剂，这种产品可以帮助减少静电，对于塑料的表面比较安全。可以将清洁剂喷在柔软的布上，然后用它擦拭设备的外壳，注意不要将喷雾剂喷入机器内部，同时，在清洗打印机外部的时候，也可以通过空气出口，风扇通道和纸槽中吹入压缩空气，来清除灰尘和污物。

第28章

U盘常见故障诊断与维修

学习目标

U盘是一种可移动存储设备，本章主要介绍U盘常见故障诊断与维修，通过学习本章，读者可以了解U盘的常见故障现象，通过对故障的诊断，解决U盘故障问题。

学习效果

28.1 U盘维修基础

本节教学录像时间：4 分钟

U盘，全称USB闪存盘，英文名“USB flash disk”。它是一种使用USB接口的无需物理驱动器的微型高容量移动存储产品，通过USB接口与电脑连接，实现即插即用。

28.1.1 U盘的工作原理

U盘是一种新型存储设备，使用USB接口进行连接。U盘连接到电脑的USB接口后，U盘的资料可与电脑交换。U盘很小，仅有拇指大，重量极轻，很适合随身携带。

U盘基本工作原理通用串行总线（Universal serial Bus）是一种快速灵活的接口，当一个USB设备插入主机时，由于USB设备硬件本身的原因，它会使USB总线的数据信号线的电平发生变化，而主机会经常扫描USB总线。当发现电平有变化时，它即知道有设备插入。

计算机把二进制数字信号转为复合二进制数字信号（加入分配、核对、堆栈等指令），读写到USB芯片适配接口，通过芯片处理信号分配给EEPROM存储芯片的相应地址存储二进制数据，实现数据的存储。

USB的信息是通过描述符实现的，USB描述符主要包括：设备描述符，配置描述符，接口描述符，端点描述符等。当一个U盘括入主机时，立即会发现资源管理器里多了一个可移动磁盘。USB设备分很多类：显示类、通信设备类、音频设备类、人机接口类、海量存储类。特定类的设备又可分为若干子类，每一个设备可以有一个或多个配置，配置用于定义设备的功能。配置是接口的集合，接口是指设备中哪些硬件与USB交换信息。每个与USB交换信息的硬件是一个端点。

28.1.2 U盘的故障诊断思路

1.观察法

首先使用观察法，观察U盘的外观是否有所损坏、有所缺少。

2.拔插法

插拔法就是将配件逐一拔出，通过拔插观察电脑的状态，找到故障地点，使用拔插法可以迅速地找到故障地点，快速地解决故障。

3.替换法

替换法是把相同的插件或器件替换，观察故障变化的情况，帮助判断、寻找故障原因的一种方法。如故障发生在哪部分，替换法就能十分准确、迅速地查找到。

4.比较法

在两台或多台相同或相类似的机器上进行使用，根据正常机器与故障机器在执行相同操作时的不同表现，可以初步判断故障发生的部位。

28.1.3 U盘维修的思路与流程

U盘在进行维修前，需要对故障进行分析，常见的U盘故障原因如下。

① U盘的USB接口接触不良或损坏。

② U盘闪存芯片接触不良或损坏。

③ U盘时钟电路故障。

④ USB接口电路故障。

⑤ U盘供电电路故障。

⑥ U盘主控芯片引脚虚焊或损坏。

⑦ 主控与闪存芯片间的电阻等元器件损坏。

U盘维修流程如下。

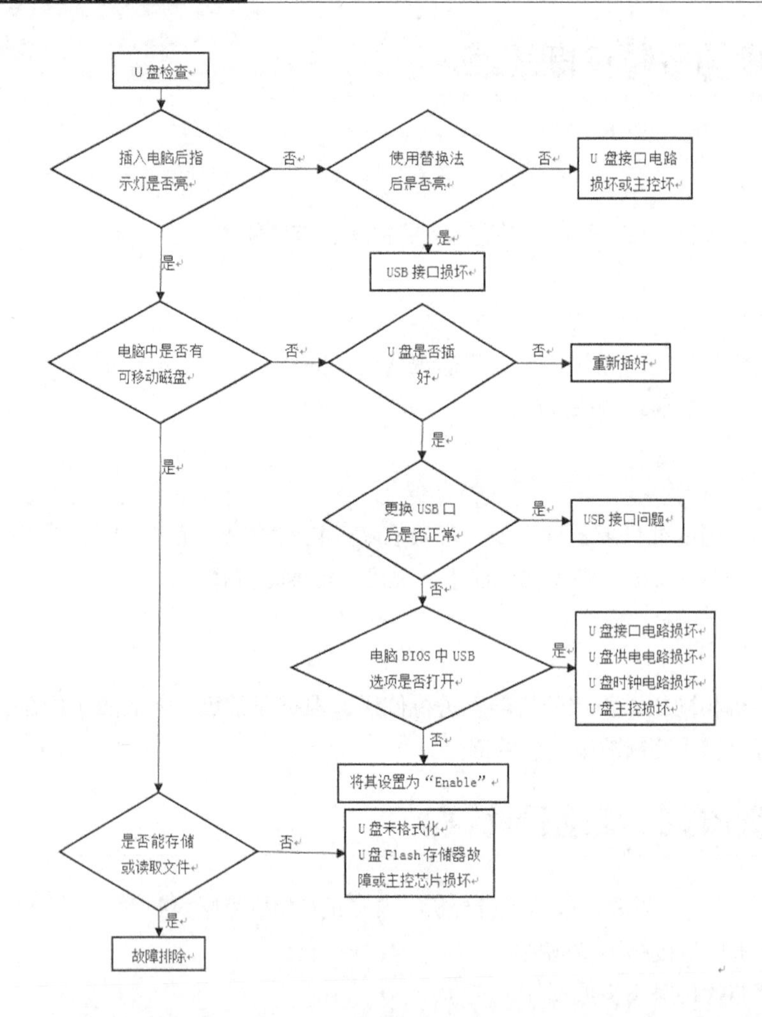

28.2 U盘常见故障与维修

本节教学录像时间：9 分钟

本节主要介绍U盘常见的故障，通过故障表现，对故障进行诊断处理。

28.2.1 故障1：电脑无法检测U盘

1.故障表现

将一个U盘插入电脑后，电脑无法被检测到。

2.故障诊断

这类故障一般是由于U盘数据线损坏或接触不良、U盘的USB接口接触不良、U盘主控芯片引脚虚焊或损坏等原因引起。

3.故障处理

① 先检查U盘是不是正确地插入电脑USB接口，如果使用USB延长线，最好去掉延长线，直接插入USB接口。

② 如果U盘插入正常，将其他的USB设备接到电脑中测试，或者将U盘插入另一个USB接口中测试。

③ 如果电脑的USB接口正常，然后查看电脑BIOS中的USB选项设置是否为“Enable”。如果不是，将其设置为“Enable”。

④ 如果BIOS设置正常，然后拆开U盘，查看USB接口插座是否虚焊或损坏。如果是，要重焊或者更换USB接口插座；如果不是，接着测量U盘的供电电压是否正常。

如果供电电压正常，就检查U盘时钟电路中的晶振等元器件。如果损坏，更换元器件，如果正常，接着检测U盘的主控芯片的供电系统，并加焊，如果不行，更换主控芯片。

28.2.2 故障2：U盘插入提示错误

1.故障表现

U盘插入电脑后，提示“无法识别的设备”。

2.故障诊断

这种故障一般是由电脑感染病毒、电脑系统损坏、U盘接口问题等原因造成的。

3.故障处理

① 首先用杀毒软件杀毒后，插入U盘测试。如果故障没解除，将U盘插入另一台电脑检测，发现依然无法识别U盘，应该是U盘的问题引起的。

② 然后拆开U盘外壳，检查U盘接口电路，如果发现有损坏的电阻，及时更换电阻。

如果没有损坏，然后检查主控芯片是否有故障。如果有损坏及时更换。

28.2.3 故障3：U盘容量变小故障

1.故障表现

将2GB的U盘插入电脑后，发现电脑中检测到的“可移动磁盘”的容量只有2MB。

2.故障诊断

产生这类故障的原因如下。

① U盘固件损坏问题。

② U盘主控芯片损坏问题。

③ 电脑感染病毒问题。

3.故障处理

① 首先是要杀毒软件，对U盘进行查杀病毒，查杀之后，重新将U盘插入电脑测试，如果故

障依旧，接着准备刷新U盘判断固件。

② 先准备好U盘固件刷新的工具软件，然后重新刷新U盘的固件。

③ 刷新后，将U盘接入电脑进行测试，发现U盘的容量恢复正常，U盘使用正常，故障排除。

28.2.4 故障4：U盘无法保存文件

1.故障表现

将文件保存U盘中，但是尝试几次都无法保存。

2.故障诊断

这类故障是由闪存芯片、主控芯片以及其固件引起的。

3.故障处理

① 首先使用U盘的格式化工具将U盘格式化，然后测试故障是否消失。如果故障依然存在，就拆开U盘外壳，检查闪存芯片与主控芯片间的线路中是否有损坏的元器件或断线故障。如果有损坏的元器件，更换损坏的元器件就可以。

② 如果没有损坏的元器件，接着检测U盘闪存芯片的供电电压是否正常，不正常，检测供电电路故障。如果正常，重新加焊闪存芯片，然后看故障是否消失。

③ 如果故障依旧，更换闪存芯片，然后再进行测试，如果更换闪存芯片后，故障还是存在，则是主控芯片损坏，更换主控芯片就可以。

28.2.5 故障5：弹出U盘出错

1.故障表现

在电脑的USB接口插入闪存使用完毕后，按照常规的操作点击任务栏右下角“拔下或弹出硬件”，接着点击停止“USB Mass Storage Device”后，没有出现“USB Mass Storage Device设备现在可安全地从系统移除”对话框，而是出现了另一个对话框“现在无法停止通用卷设备，请稍候再停止设备”。

2.故障诊断

出现这个现象，主要有两个原因，一个是刚刚对U盘进行了读写操作，比如刚向U盘复制了文件，马上删除U盘。还有就是当前有程序正在使用U盘上的文件，比如看U盘上的视频，浏览图片等，当然也可能系统感染了病毒，病毒程序正在U盘上干私活。

3.故障处理

① 关闭U盘中的文件，或者进行杀毒再试试。

② 在命令提示符下输入“taskkill /f /im explorer.exe”结束explorer，然后再输入“start explorer.exe”重启一个explorer.exe。

③ 将windows注销后再进入系统，就可以停止设备了。

④ 最后的办法是关闭电脑，拔出U盘。

28.2.6 故障6：U盘文件丢失（1）

1.故障表现

U盘中文件或文件夹怎么不见了，但复制相同文件进去时却提示U盘已有文件而无法复制。

2.故障诊断

这类故障是由于某些U盘病毒造成的，将U盘中原有的文件或文件夹隐藏。

3.故障处理

首先得将U盘中病毒除掉，可以使用360安全卫士及360杀毒解决。杀毒后再设置浏览内容为全部可见。方法如下，打开任一文件夹时，选择上部菜单栏中的工具→文件夹选项，选择查看，将选项“隐藏受保护的操作系统文件”前的勾去掉，其下面的另一选项选择“显示所有文件和文件夹”。此时再打开优盘，便可见到优盘中被隐藏的文件了。此时见到的文件或文件夹有点灰，可以右键点击该文件并选择“属性”，将其选项“隐藏”前的勾去掉便可恢复正常。

不过有时文件夹的选项“隐藏”“系统”变得不可用，无法选择，那就可以用DOS命令来修改。为了方便起见，可将原文件名改为“1”并存放于U盘的根目录下。然后点击电脑桌面左下角开始处选择“运行”，输入“CMD”，在出来的黑画面中直接输入U盘的盘符。如U盘为H盘，则输入“H：”与【Enter】键。输入命令“attrib 1 -s -h -r”按【Enter】键。文件正常，可将U盘中“1”文件改为原名。

28.2.7 故障7：U盘文件丢失（2）

1.故障表现

使用电脑在U盘复制一些文件后，文件显示正常，但是使用其他电脑后，打开文件出错。

2.故障诊断

这类故障是由于存入文件后进行的错误操作造成的，U盘在错误操作后会造成存储文件丢失，操作系统中断，甚至造成U盘损坏。

3.故障处理

在使用U盘时候应该避免以下的错误。

① 在工作指示灯正常存取的时候进行插拔U盘。

② 迅速反复插拔U盘，由于主机需要一定的反应时间，在主机还没有反应过来时就进行下一步操作会造成系统死机等各问题。

③ 发现错误时(可能是还没反应过来)，迅速进行了U盘格式化。

④ 正在格式化，在没有完成的情况下拔下U盘。

⑤ 主机USB接口太松，有时能接触到，有时不能接触到。

⑥ 主机操作系统有病毒，导致系统不稳定和不能正常反应。

高手支招

本节教学录像时间：3 分钟

判断U盘是否中病毒

U盘是可移动磁盘，主要是存放一些个人信息，但是如果U盘中病毒，信息就会丢失。这里将介绍一下如何判断U盘是否中病毒。

① 双击打开U盘中的文件，如果出现原本存放的文件突然消失的情况，那么U盘就可能是中毒了。

② 右键点击U盘盘符，如果在弹出来的菜单中突然出现类似“自动播放”“Brower”或“Open”等命令，则U盘中毒了。

③ U盘中的文件，如果很大部分变成了exe格式的运行程序，那么也是U盘中毒的一种迹象。

④ U盘连接上电脑之后，要很长一段时间才能够被电脑所识别，这个时候，注意一下U盘是否中毒。

⑤ U盘中突然莫名其妙的多出了一些文件，也可能是U盘中毒的一个征兆。

U盘的保养

绝对不要在U盘的指示灯闪得飞快时拔出U盘，因为这时U盘正在读取或写入数据，中途拔出可能会造成硬件、数据的损坏。不要在备份文档完毕后立即关闭相关的程序，因为那个时候U盘上的指示灯还在闪烁，说明程序还没完全结束，这时拔出U盘，很容易影响备份。所以文件备份到U盘后，应过一些时间再关闭相关程序，以防意外；同样道理，在系统提示“无法停止”时也不要轻易拔出U盘，这样也会造成数据遗失。

注意将U盘放置在干燥的环境中，不要让U盘接口长时间暴露在空气中，否则容易造成表面金属氧化，降低接口敏感性。

不要将长时间不用的U盘一直插在USB接口上，否则一方面容易引起接口老化，另一方面对U盘也是一种损耗。

U盘的数据传送速度一般与数据接口和U盘质量有关，因为U盘用的是FLASH闪存，不像硬盘的存储那样与硬盘的转速有关，所以好的U盘，传送速度也会相应地快。

第29章

笔记本常见故障诊断与维修

学习目标

笔记本电脑在运行的过程中，经常会发生因为某个问题引起的故障，导致电脑运行不稳定或者死机现象，严重影响工作效率。本章主要介绍笔记本常见故障诊断与维修，通过学习本章，读者可以了解笔记本的常见故障现象，通过对故障的诊断，解决笔记本故障问题。

29.1 笔记本维修基础

本节教学录像时间：10 分钟

笔记本是一种新型的计算机，它是一种比较方便携带和使用的机器，笔记本的使用率很高，了解笔记本的维修基础知识，为维修打下基础。

29.1.1 笔记本的工作原理

计算机的工作过程就是执行指令的过程，而计算机执行指令的过程可看成是控制信息在计算机各组成部件之间的有序流动过程。信息是在流动过程中得到相关部件的加工处理。因此，计算机的主要功能就是如何有条不紊地控制大量信息在计算机各部件之间有序地流动，其控制过程类似于铁路交通管理过程。为此，人们必须事先制定好各次列车运行图（相当于计算机中的信息传送通路）与列车时刻表（相当于信息操作时间表），然后，再由列车调度室在给定的时刻发出各种控制信号。通常情况下，CPU执行指令时，把一条指令的操作分成若干个如上所述的微操作，顺序完成这此微操作，就完成了一条指令的操作），以保证列车按照预定的路线运行。

计算机在运行时，先从内存中取出第一条指令，通过控制器的译码，按指令的要求，从存贮器中取出数据进行指定的运算和逻辑操作等加工，然后再按地址把结果送到内存中去。接下来，再取出第二条指令，在控制器的指挥下完成规定操作。依此进行下去，直至遇到停止指令。 这一结构特点如下。

① 使用单一的处理部件来完成计算、存储以及通信的工作。

② 存储单元是定长的线性组织。

③ 存储空间的单元是直接寻址的。

④ 使用低级机器语言，指令通过操作码来完成简单的操作。

⑤ 对计算进行集中的顺序控制。

⑥ 计算机硬件系统由运算器、存储器、控制器、输入设备、输出设备五大部件组成并规定了它们的基本功能。

⑦ 采用二进制形式表示数据和指令。

⑧ 在执行程序和处理数据时必须将程序和数据从外存储器装入主存储器中，然后才能使计算机在工作时能够自动调整，从存储器中取出指令并加以执行。

29.1.2 笔记本的故障诊断思路

笔记本的故障是由软、硬件某个部分引起的，快速的判断故障是维修最关键的一部分，本节主要介绍一些诊断笔记本故障的思路。

1.观察法

观察法是维修判断过程中最重要和最基础的部分，它贯穿于整个维修过程中。观察法是通过看、听、摸、闻四种方式对故障检查，这类方法检查比较典型或比较明显的故障。观察法是比较全面的诊断方式，只有通过认真的观察才能够以最快的速度查找到故障。

2.软件诊断法

针对运行不稳定的故障，可以用专门的软件来对电脑的软、硬件进行测试，通过使用软件的反复测试而生成的测试文件，就可以比较轻松地找到一些由于不稳定引起的电脑故障。

3.拔插法

插拔法就是将配件逐块拔出，每拔出一块配件就开机观察电脑的运行状态。通过将插件或芯片插入或拔出来寻找故障原因的方法虽然简单，但却是一种非常有效的常用方法。如电脑在某时刻出现了死机现象，很难确定故障原因。从理论上分析故障的原因是很困难的，有时甚至是不可能的。采用插拔法就能迅速查找到故障原因。依次拔出插件，每拔一块，测试一次电脑当前状态。一旦拔出某块插件后，机器工作正常，那么故障原因就在这块插件上。

4.替换法

替换法是把相同的插件或器件替换，观察故障变化的情况，帮助判断、寻找故障原因的一种方法。在电脑的内部有不少功能相同的部分，它们是由一些完全相同的插件或器件组成。替换的顺序如下。

① 根据故障的现象，考虑需要进行替换的配件或者设备。

② 按照先简单后复杂的顺序进行替换。

③ 最先应检查连接线、信号线等，之后替换怀疑有故障的配件，然后替换供电配件，最后是与之相关的其他配件。

④ 从配件的故障发生率高低来考虑最先替换的配件。

5.比较法

比较法与替换法类似，即用好的设备与怀疑有故障的设备进行外观、配置、运行现象等方面的比较，也可在两台电脑间进行比较，以判断故障电脑在环境设置，硬件配置方面的不同，从而找出故障部位。

29.1.3 笔记本维修的思路与流程

当电脑发生故障后会很手忙脚乱，不知道从何处下手去解决故障，要有条理的逐步分析检测故障的原因，然后将它排除，笔记本的维修思路如下。

① 首先要弄清故障发生时电脑的使用状况及以前的维修状况，了解具体的故障现象及发生故障时的使用软硬件环境才能对症下药。

② 对于出现主机或显示器不亮等故障的笔记本电脑，应先检查笔记本电源部分的外部件，特别是机外的一些开关，插座有无断路、短路现象等。当确认笔记本外部件正常时，再进行其他的检测。

③ 由于笔记本电脑安装的特殊性，对于各个部件的装配要求非常精细，不正确的安装可能会造成很多问题，因此先检查其有无装配机械故障再检查其有无电气故障是检修电脑的一般原则。

④ 先排除软件故障再排除硬件问题。

⑤ 如果已经打开笔记本电脑，在检查笔记本电脑内部配件时，应先着重看看机内是否清洁，如果发现机内各元件、引线、走线及金手指之间有尘土、污物、蛛网或多余焊锡、焊油等，应先清除再进行检修，这样既可减少自然故障，又可取得事半功倍的效果。

⑥ 电源是笔记本电脑及配件的心脏，如果电源不正常，就不可能保证其他部分的正常工作，也就无从检查别的故障。

⑦ 根据笔记本电脑故障的共同特点及各个机器型号特有的故障现象，先排除带有普遍性和规律性的常见故障，然后再去检查特殊的故障，以便逐步缩小故障范围，由面到点，缩短修理时间。

⑧ 由于笔记本电脑本身在拆装方面的特殊性，可能不同的机型在拆装同一部件的难度差别非常大，因此，在检测的时候要从简单易查的部件开始，这样可以快速地解决问题。

笔记本维修流程如下。

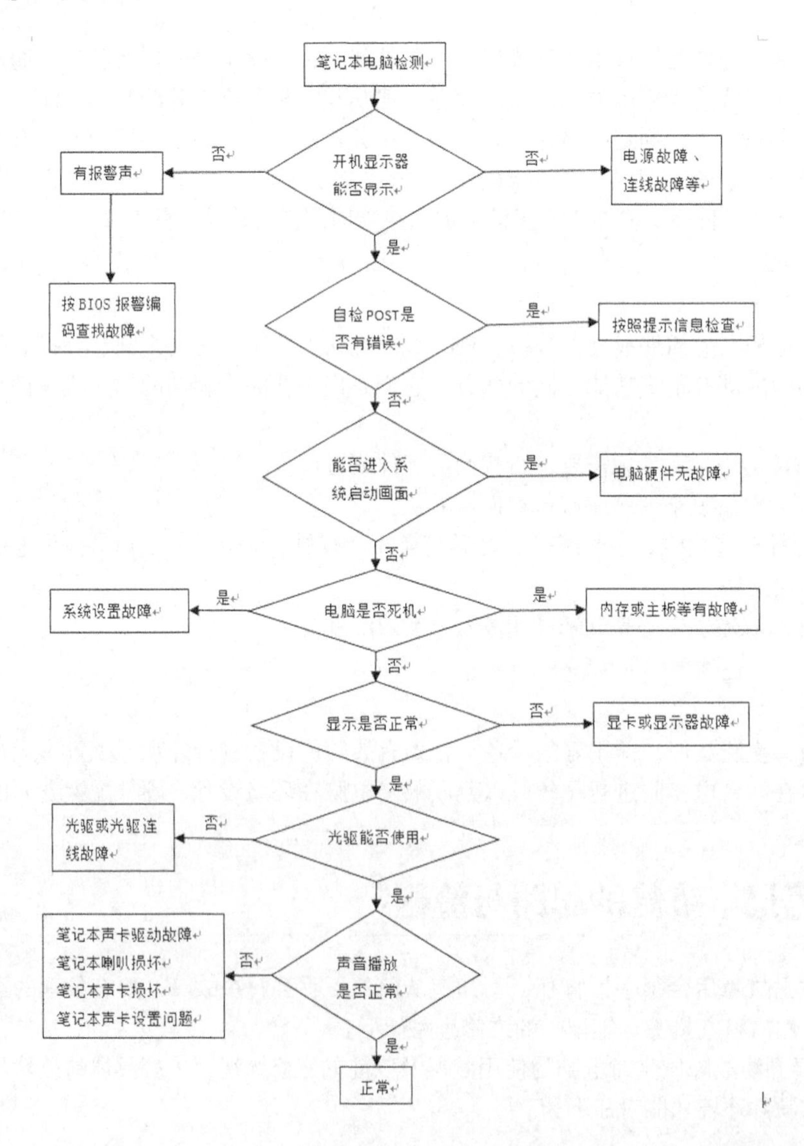

29.2 笔记本常见故障与维修

本节教学录像时间：6 分钟

本节主要介绍常见的笔记本故障，通过故障表现，对故障进行诊断处理。

29.2.1 故障1：开机不亮

1.故障表现

笔记本按下开机按钮结果电源指示灯不亮、屏幕也是黑的。

2.故障诊断

出现这类故障的原因有：电源没插好、电源适配器问题、主板故障等。

3.故障处理

首先检查连接笔记本的电源是否良好，电源指示灯是否亮，检查笔记本电脑电源指示灯是否亮。如果电源指示灯亮，散热风扇口有风，但显示器依然黑屏，这种情况多数是笔记本内部有线路故障或硬件故障，比如笔记本内部内存条松动，显卡故障，以及显示面板故障等。此时建议大家用电脑外置的显示器，就是一般台式机的显示器，连接到笔记本外接显示接口，如果显示一切正常，基本上排除了主板和显卡损坏的可能。如不正常说明主板或者显卡有问题。另外，内存松动也有可能造成开机黑屏，建议拿去专业维修店检修或者送去保修。

29.2.2 故障2：显示器故障

1.故障表现

一台笔记本，在DOS状态下，有蓝颜色的横竖交叉的条纹。进入Windows2000系统后故障依旧，外接CRT显示现象和液晶显示器相同。而且常有死机现象发生。

2.故障诊断

这种现象为显卡接触不良造成的花屏。

3.故障处理

此时打开机器，将显卡板拔出后重新插入，用力把板压匀，故障排除。笔记本电脑出现这种现象时通常需要对显示芯片做BGA焊接。

29.2.3 故障3：笔记本自动重启

1.故障表现

一台笔记本，在使用一段时间后，开机运行一段时间，系统反复自动重启。

2.故障诊断

触摸笔记本底部发现特别热。打开笔记本内部并加电检查，CPU风扇虽然转，但转速较慢，待笔记本进入系统后手摸U散热片的温度越来越高，风扇转速没有任何变化。风扇转速慢，所以此类故障是由于不能及时把热量排放出去，导致CPU温度过高而反复重起。

3.故障处理

这类故障只需要更换CPU风扇，故障就可以排除。

29.2.4 故障4：显示器不亮

1.故障表现

一台笔记本以前使用正常，但是在一次使用中发现开机显示器无任何显示。但电源和硬盘指示灯工作正常。外接显示器显示正常。

2.故障诊断

此类故障多为液晶显示器损坏或者液晶显示器数据线损坏。

3.故障处理

更换液晶显示器数据线后故障依旧。然后进行更换液晶显示器，故障排除。如果无法确定，可以更换液晶显示器来检测液晶显示器的好坏。

29.2.5 故障5：笔记本卡槽故障

1.故障表现

一台笔记本能开机，电源指示灯亮，硬盘灯闪亮。屏幕无任何显示，而且伴有报警声，外接显示器无任何反应。

2.故障诊断

由故障表现可知，电脑本身无法开机。拆机检查CPU加电后是否有温度。如果有，说明CPU工作正常。接下来检查内存插接是否良好，把内存从原来的插槽更换到另一插槽，装好后开机，故障排除。因此此类故障多为内存和内存插槽损坏。

3.故障处理

此类故障只需要更换卡槽就可以。

29.2.6 故障6：笔记本电脑的电池导致系统故障

1.故障表现

一台联想笔记本电脑开机不能正常进入Windows 98，屏幕提示找不到系统文件，也无法进入安全模式。

2.故障诊断

这类故障的原因如下。

① 笔记本电脑中病毒问题。

② 笔记本电脑操作系统损坏问题。

③ 笔记本电脑损坏问题。

3.故障处理

① 开始认为有病毒，于是用杀毒软件杀毒，但一无所获，故障依旧。

② 又认为是操作系统被损坏了，于是重新安装系统，但电脑提示出现错误，无法继续安装，后来电脑就无法开机。

③ 仔细检查笔记本电脑，发现电源灯和所有指示灯都不亮。检查外接电源，没有任何问题，去掉外接电源，电脑指示灯仍然不亮，看来是电脑本身的问题。

④ 最后还是将笔记本电脑的电池取掉，然后接上外接电源，笔记本电源的指示灯才亮了，故障彻底排除。

29.2.7 故障7：DVD光驱托盘不能弹出但指示灯亮

1.故障表现

一台DVD光驱，在按下出仓按钮后，光盘没有弹出，但是指示灯是亮的。

2.故障诊断

产生这类故障的原因如下。

① 进出仓电机损坏问题。

② 传送带松动问题。

③ 灰尘问题。

④ 电源问题。

3.故障处理

① 拆开光驱外壳，接电检查，发现按下开关，进出仓电机不转。

② 然后检查电机的驱动电压，发现没有电压。

③ 在检查电源电路，发现电源接口虚焊，在接口处重新加焊，故障解除。

29.2.8 故障8：光驱读盘不稳定故障

1.故障表现

将光盘放入DVD光驱后，转动时抖动很明显，并且伴有“嗡，嗡……”的声音，读盘很不稳定。

2.故障诊断

产生这类故障的原因如下。

① 光盘质量差，光碟薄厚不均匀等。

② 光驱的压碟转动机制松动造成。

3.故障处理

① 更换质量好的光盘，发现故障依旧。

② 检查是否与光驱内部问题有关，打开光驱盖板，取下转动片，发现上压碟转轮由磨损且是塑料做的，而光碟也是塑料做的，所以上下压碟时不稳，在高速转动时会发生抖动。

③ 接着取一块薄的绒布剪成大小与上压碟轮一致，并用胶将其与压碟粘在一起，然后测试，故障解除。

29.2.9 故障9：“我的电脑”窗口中丢失DVD光驱图标

1.故障表现

电脑开机自检的时候提示有光驱，但是在“我的电脑”中没有光驱。

2.故障诊断

产生这类故障的原因如下。

① 病毒因素问题。

② 系统注册表被修改问题。

③ 光驱的驱动程序损坏或消失问题。

3.故障处理

① 用杀毒软件杀毒。

② 进入“安全模式”恢复注册表。然后打开“我的电脑”发现出现了光标图案，故障解除。

29.2.10 故障10：DVD光驱读盘时间长

1.故障表现

光驱在读取数据时，有时可以读出来，有时读不出来，并且读盘的时间特别长。

2.故障诊断

产生这类故障的原因如下。

① 磁头有灰尘问题。

② 机械故障问题。

3.故障处理

① 用清洗盘清洗，没有效果。

② 打开光驱检查，发现读盘的时候噪声大，也许是光盘在旋转的时候阻力太大造成的。

③ 检查光驱内部有无灰尘。发现内部有油污，清理后，读盘测试，故障解除。

高手支招

本节教学录像时间：5 分钟

笔记本的清洁

有些电脑故障，往往是由于机器内灰尘较多引起的，这就要求我们在维修过程中，注意观察故障机内、外部是否有较多的灰尘，如果是，应该先进行除尘，再进行后续的判断维修。在进行除尘操作中，以下几个方面要特别注意。

（1）注意风道的清洁。

（2）注意风扇的清洁，风扇的清洁过程中，最好在清除其灰尘后，能在风扇轴处，点一点儿钟表油，加强润滑。

（3）注意接插头、座、槽、板卡金手指部分的清洁，金手指的清洁，可以用橡皮擦拭金手指部分，或用酒精棉擦拭也可以。插头、座、槽的金属引脚上的氧化现象的去除：一是用酒精擦拭，一是用金属片（如小一字改锥）在金属引脚上轻轻刮擦。

（4）注意大规模集成电路、元器件等引脚处的清洁时，应用小毛刷或吸尘器等除掉灰尘，同时要观察引脚有无虚焊和潮湿的现象，元器件是否有变形、变色或漏液现象。

（5）注意使用的清洁工具，清洁用的工具，首先是防静电的。如清洁用的小毛刷，应使用天然材料制成的毛刷，禁用塑料毛刷。其次是如使用金属工具进行清洁时，必须切断电源，且对金属工具进行泄放静电的处理。用于清洁的工具包括：小毛刷、皮老虎、吸尘器、抹布、酒精。

（6）对于比较潮湿的情况，应想办法使其干燥后再使用。可用的工具如电风扇、电吹风等，也可让其自然风干。

台式机与笔记本

笔记本电脑与台式机相比，它是完全便携的，而且消耗的电能和产生的噪音都比较少。但是，笔记本速度通常稍慢一点，而且对图形和声音的处理能力也比台式机稍逊一筹，尽管大多数用户可能难以察觉到这些过小的差异。总的来说，笔记本电脑和台式机非常相似。它们具有相同的基本硬件、软件和操作系统，其主要的差别在于电脑部件的装配方式。

台式机包括主板、显卡、硬盘驱动器和其他部件，它们都安装在一个大机箱中。显示器、键盘和其他外围设备则通过无线方式或电缆进行连接。无论是立式机箱还是卧式机箱，它都有大量的空间来安装插卡和电缆，并让空气能够流通。但是，即使与最小巧的PC机箱相比，笔记本电脑的体积也要小很多，重量也轻很多，它的屏幕和键盘都集成在设备之中。与空间充裕、空气流通顺畅的大机箱相比，笔记本电脑使用小巧的扁平化设计，所有部件在安装时都紧贴在一起。由于存在这种根本性的设计差异以及笔记本电脑固有的便携性，笔记本电脑的各个部件必须是可安装到狭窄空间内 、省电 、比台式机的部件产生的热量更少 。通常，这些差异使得笔记本电脑的零部件更加昂贵，并因此抬高了笔记本电脑的价格。

与台式机类似，笔记本电脑的内部有硬盘驱动器，用于存储操作系统、应用程序和数据文件。但是，笔记本电脑的硬盘存储空间通常比台式机小。而且笔记本电脑的硬盘驱动器在尺寸上也小于台式机的硬盘驱动器。此外，大多数笔记本电脑硬盘驱动器的转速低于台式机硬盘驱动器的转速，从而减少热量和降低消耗。 笔记本电脑和台式机都需要电流才能工作。它们都配备了小型电池来维持实时时钟的运行。但是，与台式机不同，笔记本电脑的便携性很好，单单依靠电池就可以工作。

第8篇

高手秘籍篇

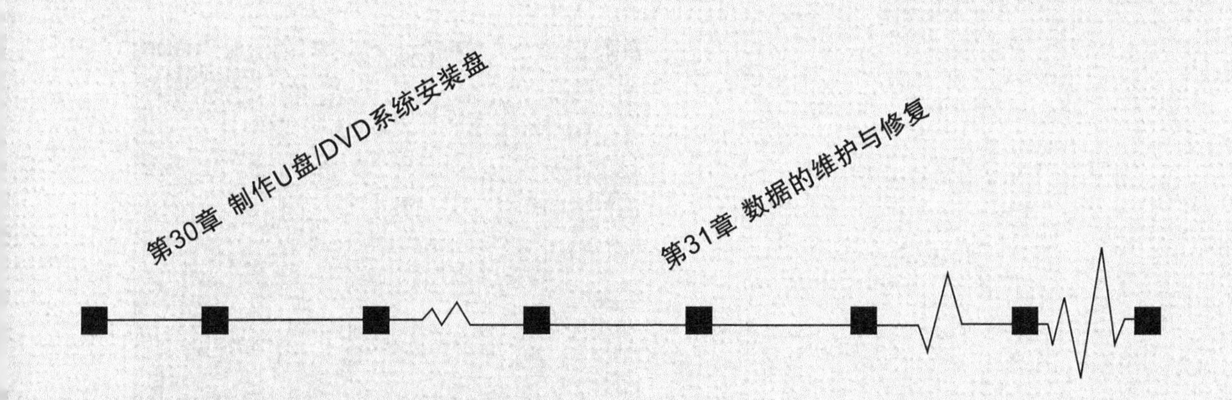

第30章

制作U盘/DVD系统安装盘

当用户的系统已经完全崩溃并且无法启动了，用户可以使用U盘启动盘或DVD安装盘等介质，来安装操作系统。本章主要介绍如何制作U盘启动盘、如何使用U盘启动PE后再安装系统、如何使用U盘安装系统，以及如何刻录DVD系统安装盘等内容。

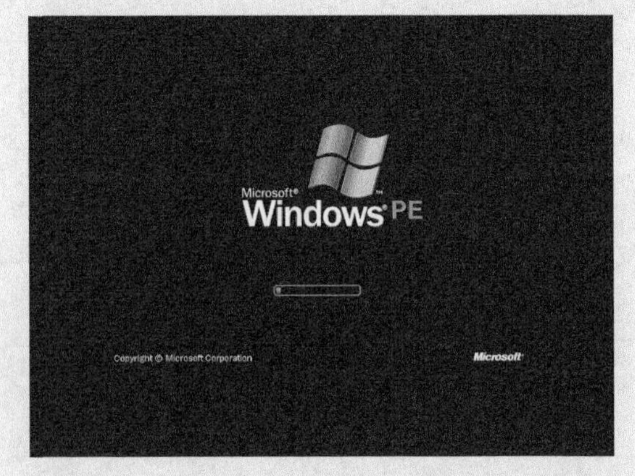

30.1 制作U盘系统安装盘

本节教学录像时间：5 分钟

当确认需要使用U盘安装系统时，首先必须在能正常启动的计算机上制作U盘系统安装盘。制作U盘启动盘的方法有多种，下面具体介绍一下如何制作U盘系统安装盘。

30.1.1 使用UltraISO制作启动U盘

UltraISO（软碟通）是一款功能强大而又方便实用的光盘映像文件制作/编辑/格式转换工具，它可以直接编辑光盘映像和从映像中直接提取文件，也可以从CD-ROM制作光盘映像或者将硬盘上的文件制作成ISO文件。同时，也可以处理ISO文件的启动信息，从而制作可引导光盘。

不过，在制作U盘启动盘前，需要准备好以下工作。

（1）准备U盘。如果制作Windows XP启动盘，建议准备一个容量为2G或4G的U盘；如果制作Windows 7/8.1/10系统启动盘，建议准备一个容量为8G的U盘，具体根据系统映像文件的大小。

（2）准备系统映像文件。制作系统启动盘，需要提前准备系统映像文件，一般为IOS为后缀的映像文件，如下图所示。

名称	修改日期	类型	大小
cn_windows_8.1_with_update_x64_dvd_6051473.iso	2015/3/29 14:47	WinRAR 压缩文件	4,398,902...
cn_windows_8_enterprise_x86_dvd_917682.iso	2012/10/12 8:57	WinRAR 压缩文件	2,536,624...
Windows XP_Sp3_2012.iso	2012/1/26 20:41	WinRAR 压缩文件	763,474 KB

（3）备份U盘资料。请先将U盘里的重要资料复制到电脑硬盘上进行备份操作。因为，用UltraISO制作U盘启动盘会将U盘里的原数据删除，不过，在制作成功之后，用户就可以将制作成为启动盘的U盘像平常一样来使用。

使用UltraISO制作U盘启动盘的具体操作步骤如下。

步骤 01 下载并解压缩UltraISO软件后，在安装程序文件夹中双击程序图标，启动该程序，然后在工具栏中单击【文件】➤【打开】菜单命令。

步骤 02 此时会弹出【打开ISO文件】对话框，选择要使用的ISO映像文件，单击【打开】按钮。

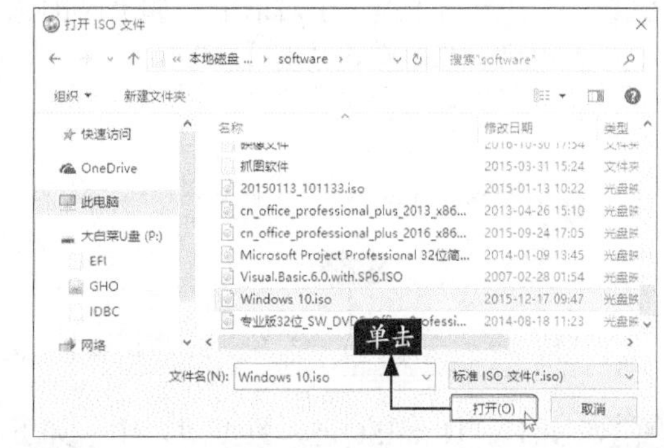

步骤 03 将U盘插入电脑USB接口中，单击【启动】➤【写入硬盘映像】菜单命令。

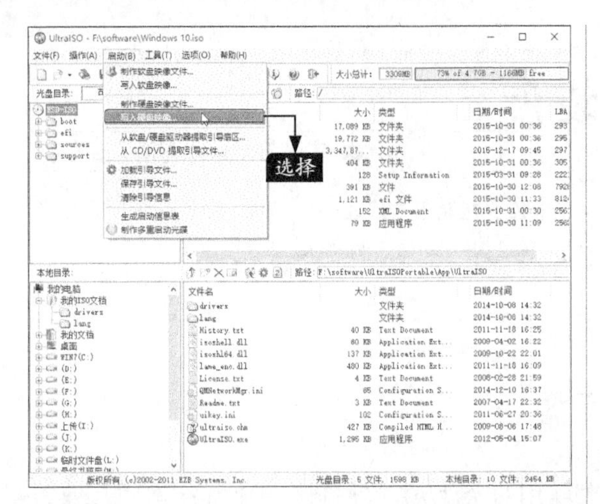

步骤04 弹出【写入硬盘映像】对话框，在【硬盘驱动器】下拉列表中选择要使用的U盘，保持默认的写入方式，单击【写入】按钮。

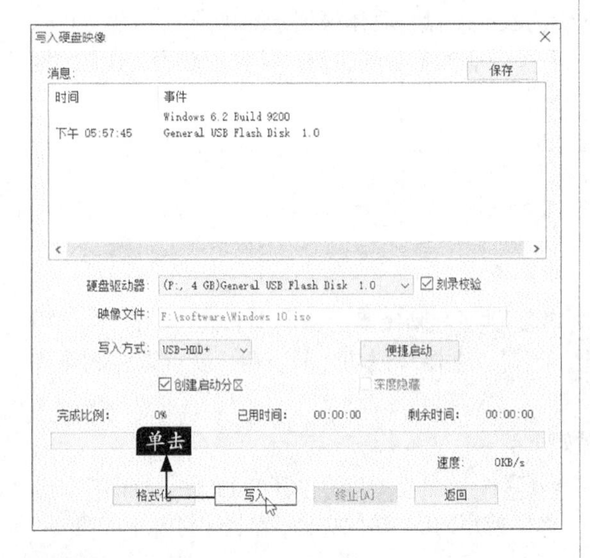

步骤05 此时弹出【提示】对话框，如果已确认U盘中数据已备份，单击【是】按钮。

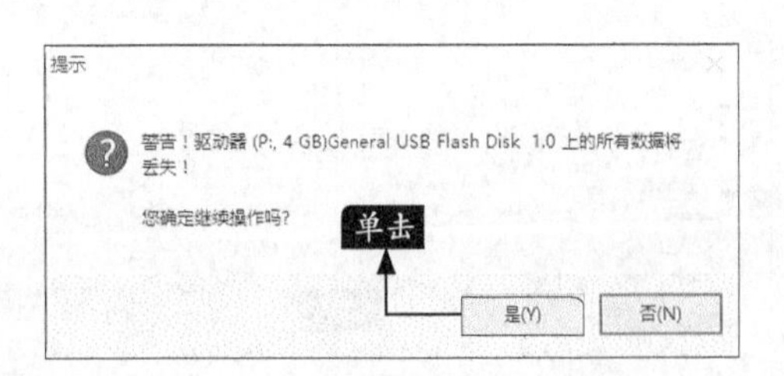

步骤06 此时，UltraISO进入数据写入中，如下图所示。

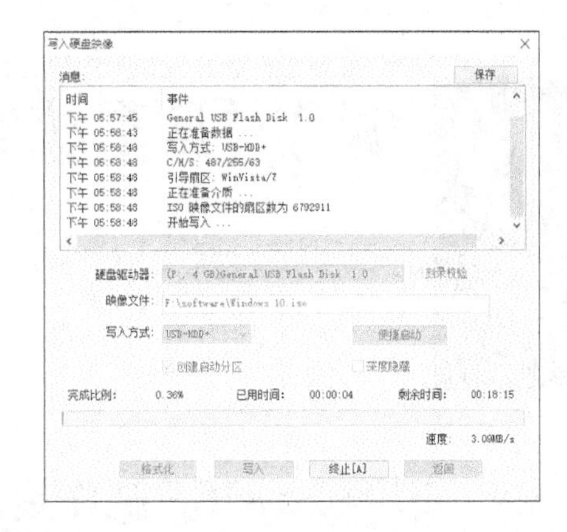

步骤07 待消息文本框显示“刻录成功！”后，单击对话框右上角【关闭】按钮即可完成启动U盘制作。

步骤08 打开【此电脑】窗口，即可看到U盘的图标发生变化，已安装了系统，此时该U盘即可作为启动盘安装系统，也可以在当前系统下安装写入U盘的系统。双击即可查看写入的内容。

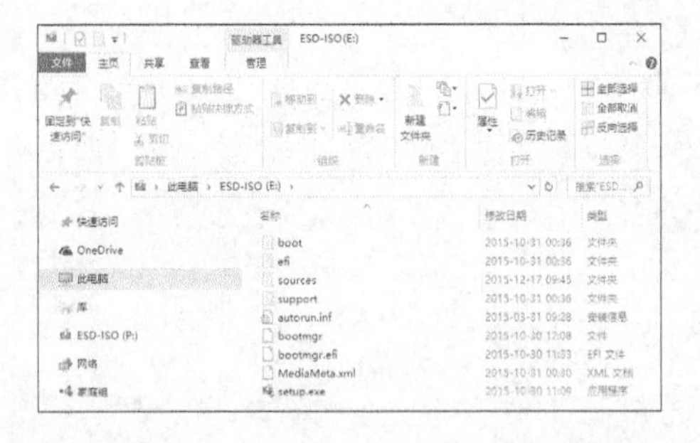

30.1.2 使用软媒魔方制作系统安装盘

除了使用UltraISO制作U盘外，用户还可以选择使用软媒魔方制作启动U盘，其操作方法和UltraISO基本差不多，本节将简单介绍。

步骤01 在http://mofang.ruanmei.com/网站中下载并安装软媒魔法，启动软件后，在主界面上单击【U盘启动】应用图标，安装U盘启动工具。

步骤02 打开U盘启动工具，选择要制作的U盘，选择安装的光盘镜像，然后单击【开始制作】按钮即可。

30.1.3 保存为ISO镜像文件

ISO(Isolation)文件一般以.iso为扩展名，是复制光盘上全部信息而形成的镜像文件，它在系统安装中会经常用到，而如何将系统安装文件保存为ISO镜像文件格式，一直困扰了不少用户，本节就讲述如何保存为ISO镜像文件的最简单的办法。

步骤01 打开UltraISO软件，将要保存的文件全部拖到UltraISO软件列表框中。

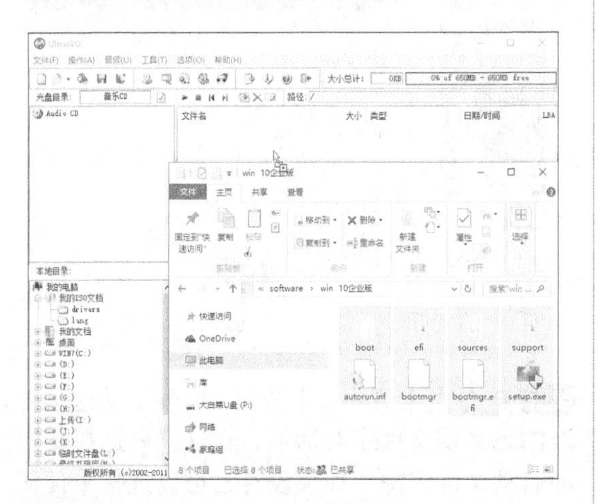

步骤02 单击【保存】按钮或按【Ctrl+S】组合键。

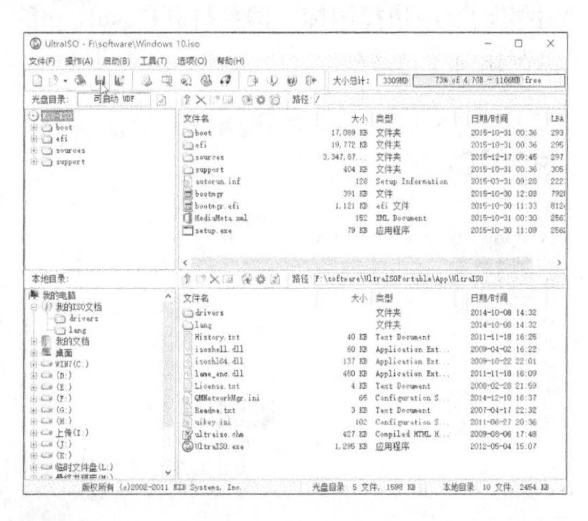

步骤03 弹出【ISO文件另存】对话框，设置要保存的路径和文件名，并单击【保存】按钮。

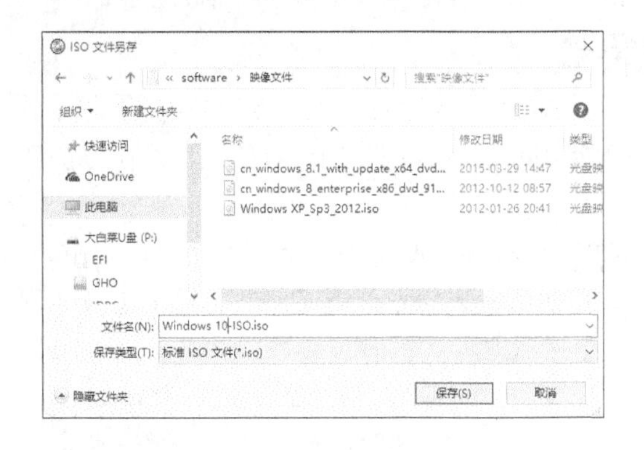

步骤 04 此时，弹出【处理进程】对话框，显示保存的进度情况，待结束后即可在保存的路径下查看ISO镜像文件。

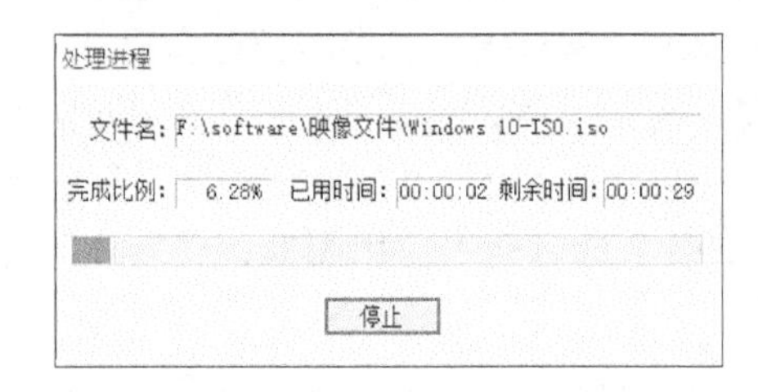

30.2 制作Windows PE启动盘

本节教学录像时间：8 分钟

Windows PE是带有限服务的最小Win32子系统，基于以保护模式运行的Windows XP Professional内核。它包括运行Windows安装程序及脚本、连接网络共享、自动化基本过程以及执行硬件验证所需的最小功能。在进入Windows PE环境中之后，就可以安装操作系统了。本节介绍两种方法制作Windows PE启动盘。

30.2.1 使用FlashBoot制作Windows PE启动盘

制作Windows PE U盘启动盘比较好用的工具是FlashBoot。FlashBoot是一款制作USB闪存启动盘的工具，具有高度可定制的特点和丰富的选项。

使用FlashBoot制作Windows PE启动盘，具体操作步骤如下。

步骤 01 将FlashBoot从网上下载并安装好以后，双击桌面上的快捷图标，即可打开FlashBoot的U盘制作向导对话框。

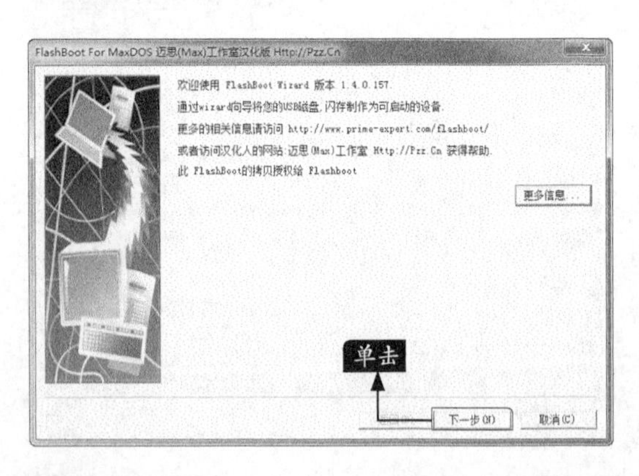

步骤 02 单击【下一步】按钮，打开【请选择磁盘的创建类型】对话框，由于制作的是DOS启动，因此这里勾选【创建带迷你DOS系统的可启动闪存盘】单选项。

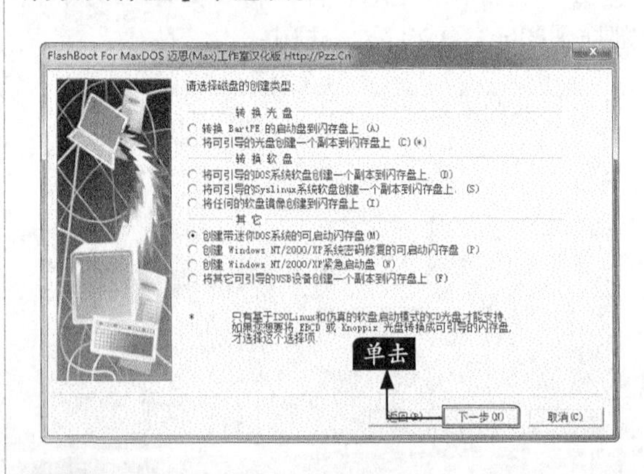

步骤 03 单击【下一步】按钮，打开【从这里获取DOS系统文件】对话框，在这里要选择用户的启动文件来源。如果没有，可以选择【任何基于DOS的软盘或软盘镜像】单选项。

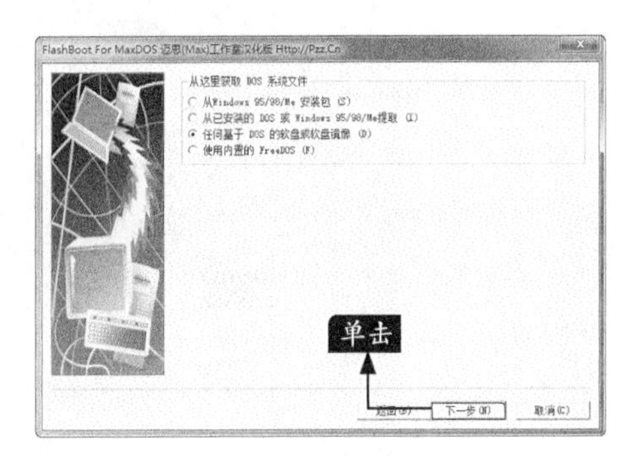

步骤04 单击【下一步】按钮，打开【选择软盘或镜像的来源】对话框，这里勾选【从本机或局域网载入镜像文件】单选按钮。

步骤05 单击【浏览】按钮，打开【指定载入镜像文件的文件名】对话框，在其中选择FlashBoot安装目录中的DOS98.IMG镜像文件。

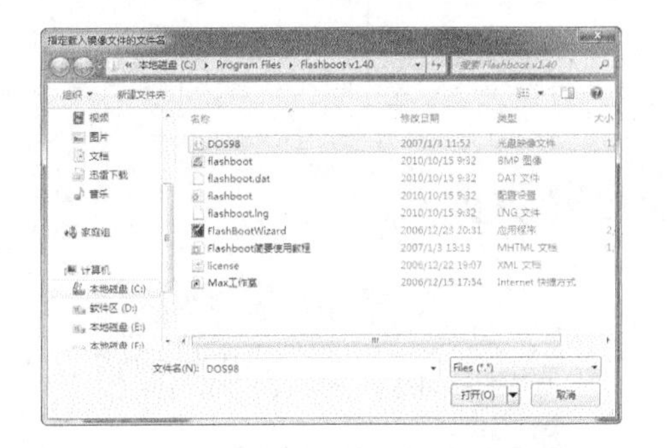

步骤06 单击【打开】按钮，返回【选择软盘或镜像的来源】对话框。

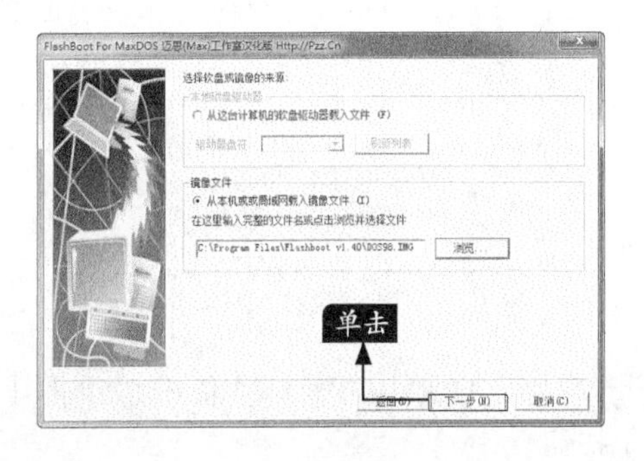

步骤07 单击【下一步】按钮，打开【选择输出类型】对话框，在其中勾选【将连接在这台计算机的闪存盘制作为可引导的设备】单选按钮，单击【驱动器盘符】右侧的下拉按钮，在弹出的下拉列表中选择可移动磁盘，这里是H盘。

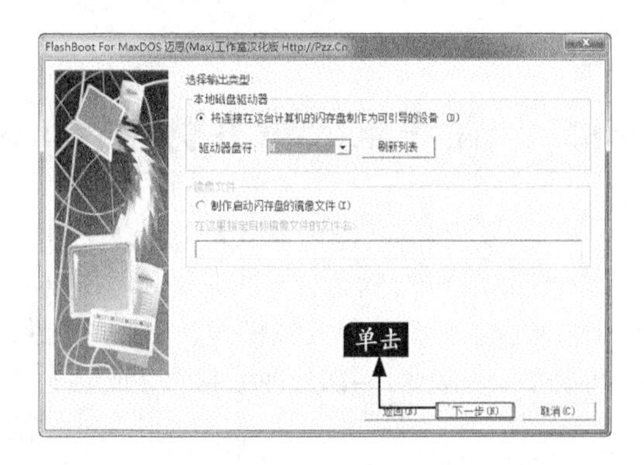

步骤08 单击【下一步】按钮，打开【选择目标USB磁盘的格式化类型】对话框，在其中选择U盘的启动模式，并勾选【保留磁盘数据（避免重新格式化）】复选框。

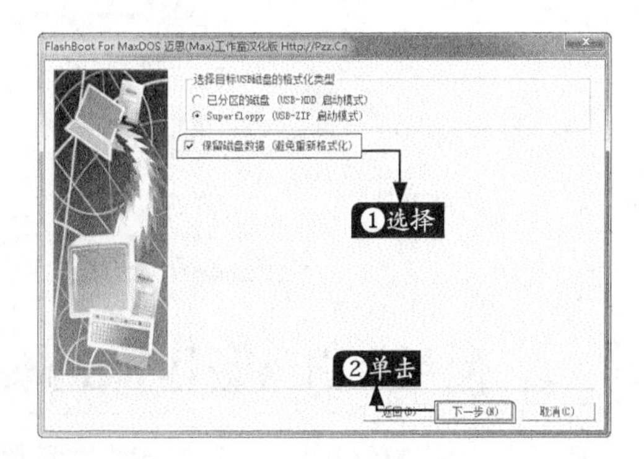

步骤09 单击【下一步】按钮，进入【摘要信息】对话框，在其中可以看到之前设置的一些简单信息。

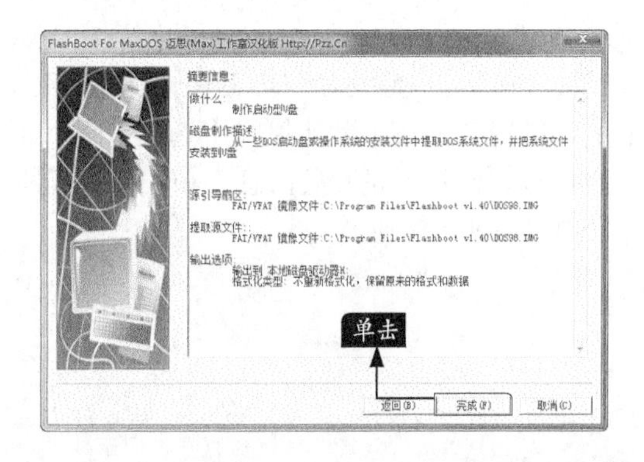

步骤10 单击【完成】按钮，即可开始制作启动盘，用户稍等片刻，即可完成利用U盘制作Windows PE启动盘的操作。单击【关闭】按钮，退出【制作启动型U盘】对话框。

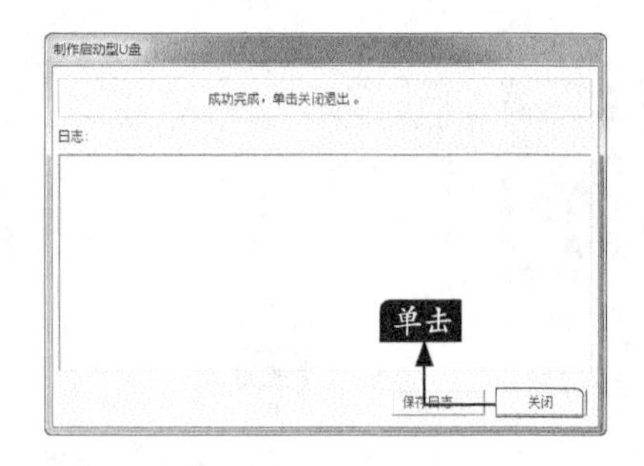

30.2.2 使用软媒魔方制作Windows PE启动盘

虽然FlashBoot功能比较强大，但是使用步骤较为烦琐，对于一些用户可以选择使用软媒魔方制作Windows PE启动盘，它的方法和制作启动盘差不多，打开软媒U盘启动工具，选择【PE启动盘】选项卡，然后选择安装模式、写入的U盘、镜像文件后，单击【制作PE启动盘】按钮，即可开始制作，一般约10~20分钟可制作完成。

30.2.3 使用大白菜制作Windows PE启动盘

除了上述两款软件外，还有许多优秀且使用方便的U盘启动盘制作工具，如大白菜和老毛桃，二者操作简单，集成工具多，深受用户喜爱。本节以大白菜为例，介绍其使用的方法。

步骤01 在http://www.dabaicai.com/网站中下载并安装大白菜U盘启动盘制作工具。将U盘插入电脑USB端口，在【默认模式】选项卡下，即可看到该软件识别的U盘信息，单击【一键制作USB启动盘】按钮。

步骤02 确定U盘中的资料已备份，单击【确定】按钮。

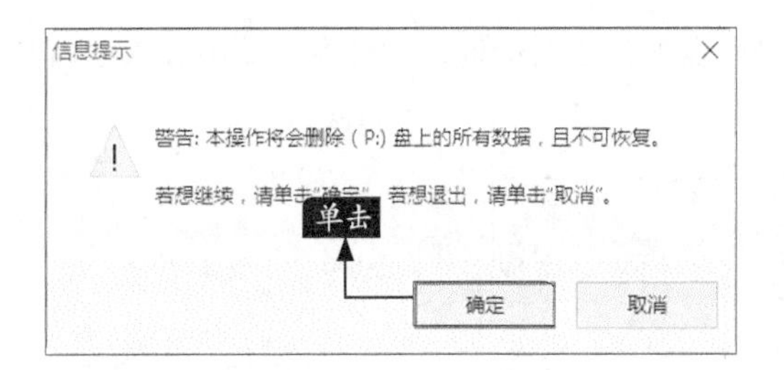

步骤03 软件即可格式化并将数据写入U盘中。

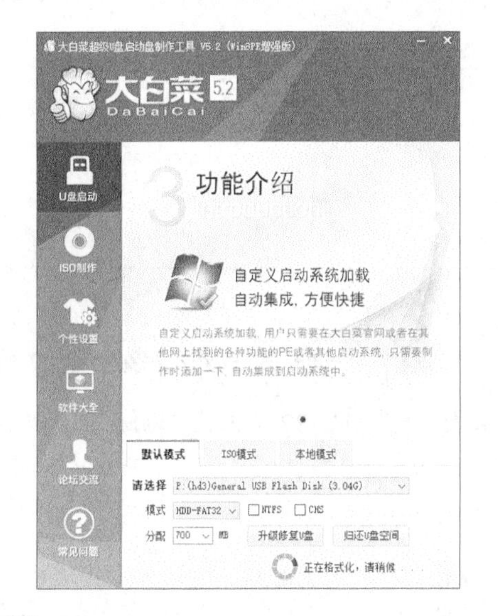

步骤04 写入数据后，软件对U盘UEFI启动进行扩展，如下图所示。

小提示

制作过程中不要进行其他操作以免造成制作失败，制作过程中可能会出现短时间的停顿，请耐心等待即可。

步骤05 片刻后，弹出完成提示，则表明制作完成。单击【是】按钮，可模拟测试U盘的启动情况。如这里单击【是】按钮。

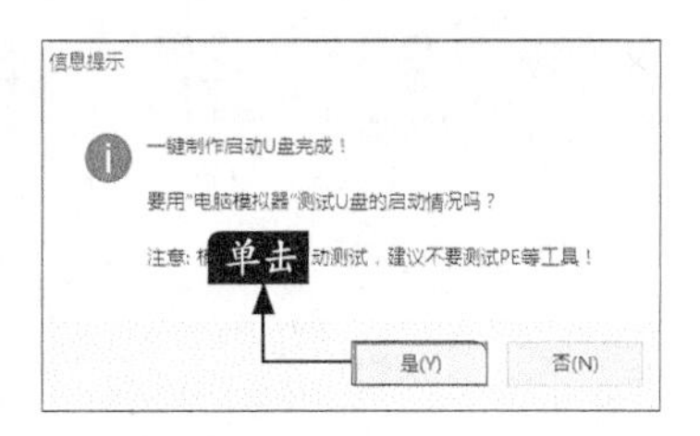

步骤06 则弹出如下模拟界面，用户可以通过数字键或上下方向键进行选择。

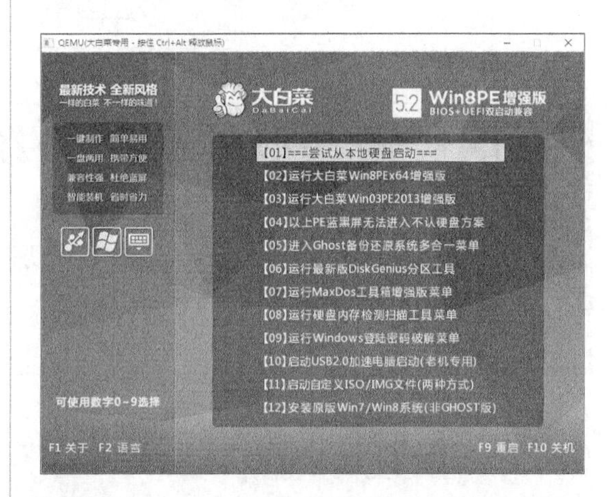

步骤07 使用大白菜软件制作U盘启动盘外，还可以将系统写入U盘，制作U盘系统安装盘，用户可单击【ISO模式】选项卡，选择本地的系统映像ISO文件，单击【一键制作USB启动盘】按钮，等待文件写入即可。

步骤 08 如果单击【刻录光盘】按钮，则弹出【刻录光盘映像】对话框，如已在光驱中放入空白光盘，单击【刻录】按钮，可将ISO系统刻入光盘中。

30.3 使用U盘安装系统

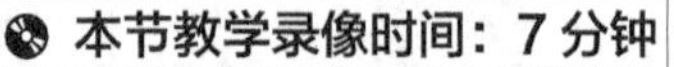
本节教学录像时间：7 分钟

在制作U盘启动盘完毕后，并把系统安装程序复制到U盘，下面就可以使用U盘安装操作系统了。

30.3.1 设置从U盘启动

要想使用U盘安装系统，则需要将系统的启动项设置为从USB启动。设置从U盘启动的具体操作步骤如下。

步骤 01 在开机时按下键盘上的【Delete】键，进入BIOS设置界面。

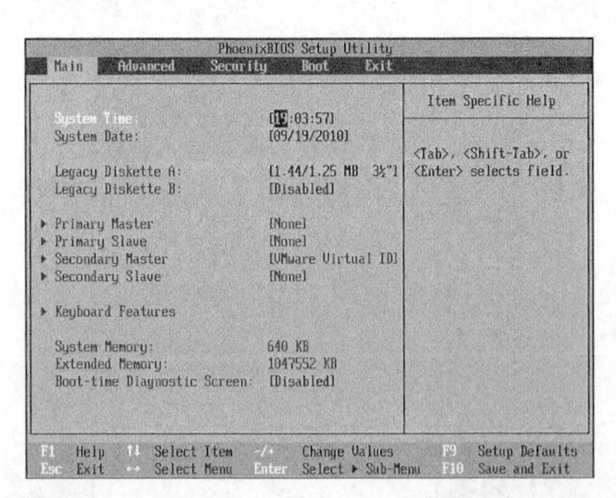

步骤 02 按下键盘上的【→】键，将光标定位在【Boot】选项卡下。

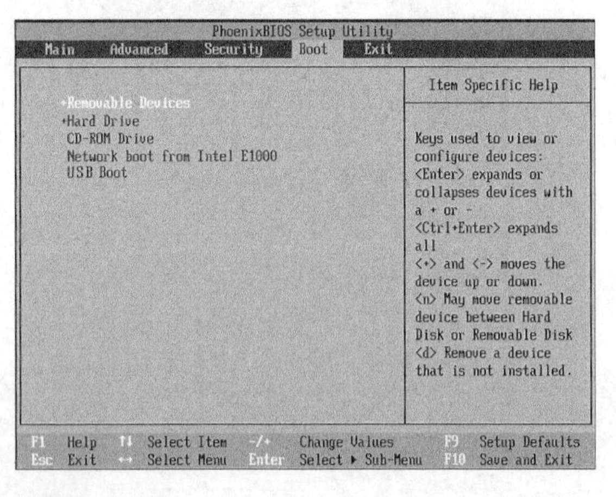

步骤 03 通过磁盘的上下键把光标移动到【USB Boot】一项上，按小键盘上的【+】号直到不能移动为止。

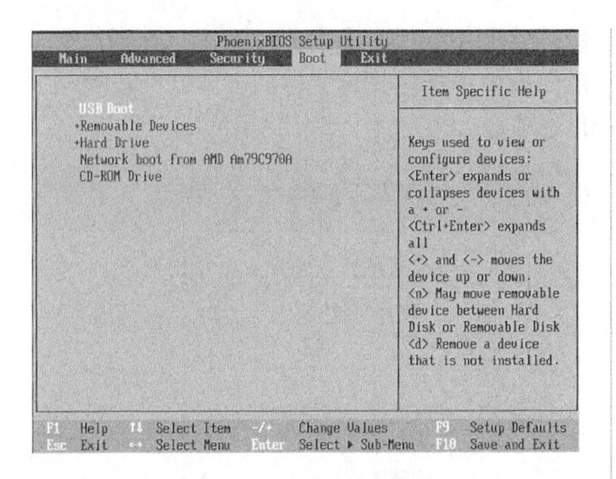

步骤04 设置完成后，按下键盘上的【F10】键或【Enter】键，即可弹出一个确认修改对话框，选择【Yes】键，再按下【Enter】键，即可将此计算机的启动顺序设置为U盘。

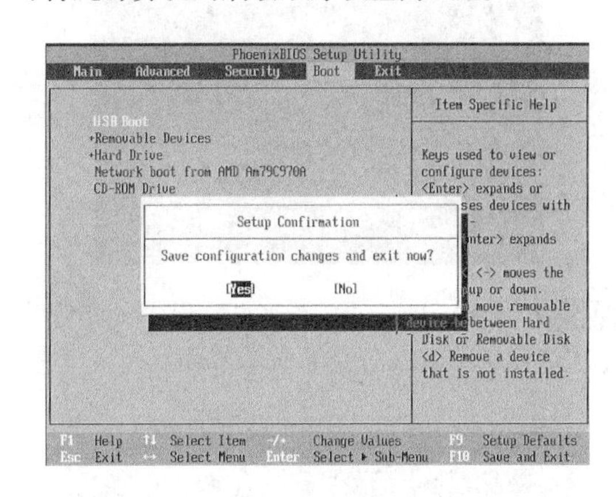

30.3.2 使用U盘安装系统

使用U盘安装系统主要难点是制作系统启动盘和设置U盘为第一启动，其后序的操作基本是系统自动完成安装，本节简单介绍下其安装方法。

步骤01 将U盘插入电脑USB接口，并设置U盘为第一启动后，打开电脑电源键，屏幕中出现“Start booting from USB device…”提示。

步骤02 此时，即可看到电脑开始加载USB设备中的系统。

步骤03 接下来的安装步骤和光盘安装的方法一致，可以参照7.2-7.4节不同系统的安装方法，在此不再一一赘述。

30.3.3 在Windows PE环境下安装系统

在设置好U盘启动后，只要U盘中存在系统安装程序的镜像文件，就可以使用U盘安装操作系统。

具体的操作步骤如下。

第1步：进入Windows PE操作桌面

步骤01 在BIOS中设置好用U盘启动之后，重新启动计算机，打开选择启动菜单界面。选择从Windows PE启动计算机。

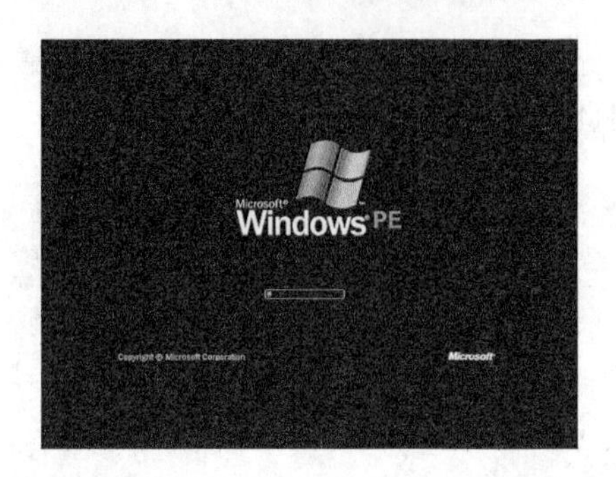

步骤02 在Windows PE启动的过程中，将弹出【欢迎使用WINPE操作系统】界面。

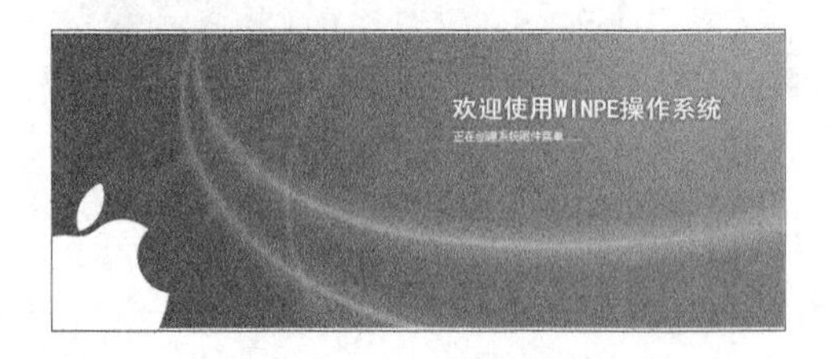

步骤03 用户稍等片刻，即可进入Windows PE操作桌面。

第2步：格式化系统盘C盘

步骤01 双击桌面上的【我的电脑】图标，打开【我的电脑】窗口，选中系统盘C盘并右键单击，在弹出的快捷菜单中选择【格式化】菜单项。

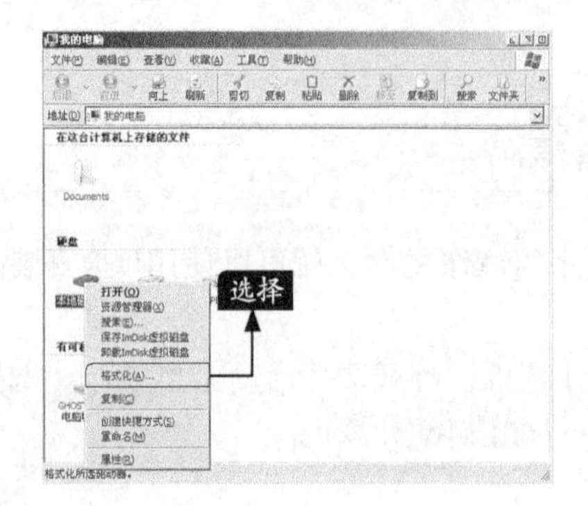

步骤02 打开【格式化 本地磁盘（C）】对话框，单击【文件系统】下拉按钮，在弹出的下拉列表中选择格式化文件的方式，并设置格式化选项。

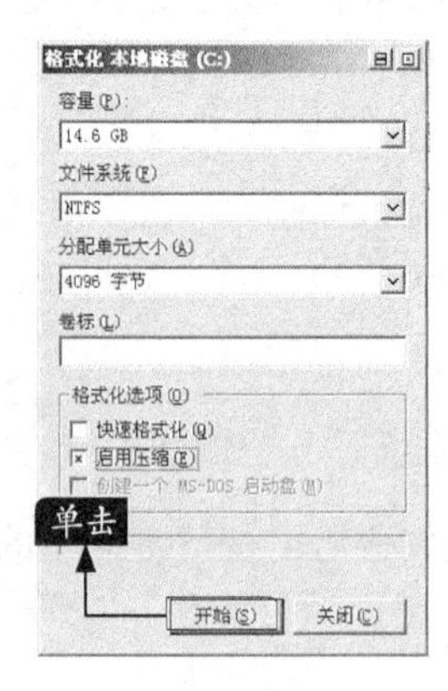

步骤03 单击【开始】按钮，打开【警告】信息提示框，提示用户格式化将删除该磁盘上的所有数据。

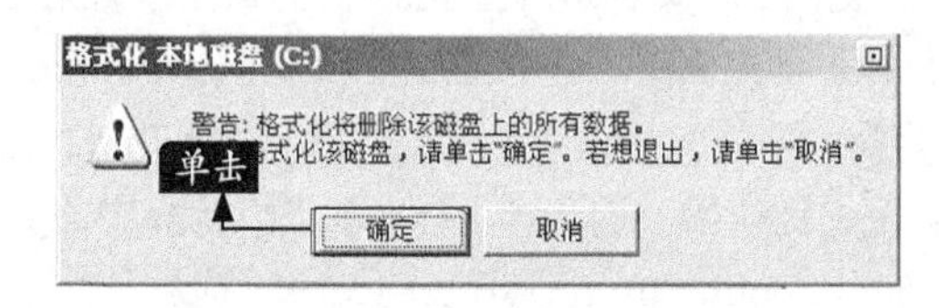

步骤04 单击【确定】按钮，开始格式化本地磁盘（C），并显示格式化的进度。

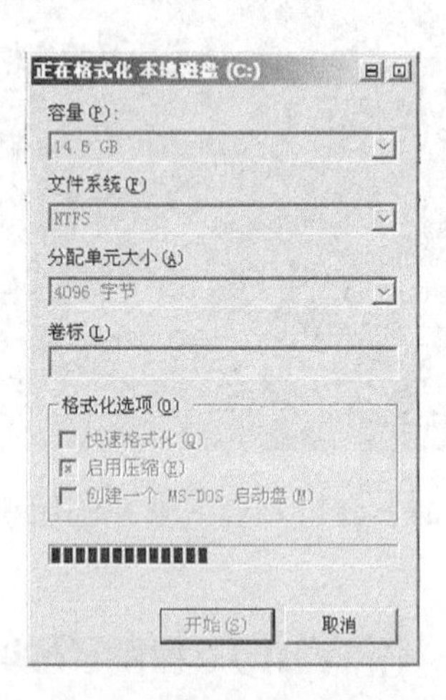

步骤05 格式化完毕后，将弹出一个信息提示框，提示用户格式化完毕。

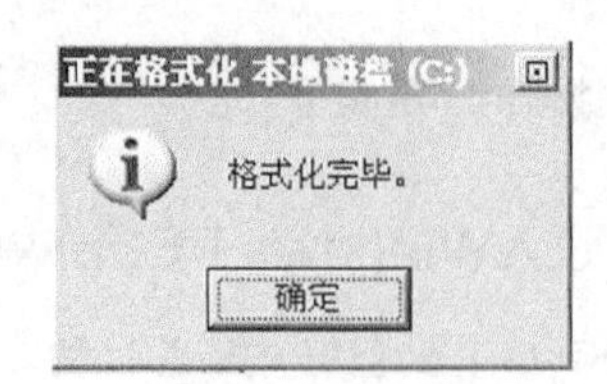

第3步：装载映像文件

步骤01 单击【确定】按钮，关闭格式化对话框，然后选择【开始】➤【程序】➤【常用工具】➤【虚拟光驱】菜单项。

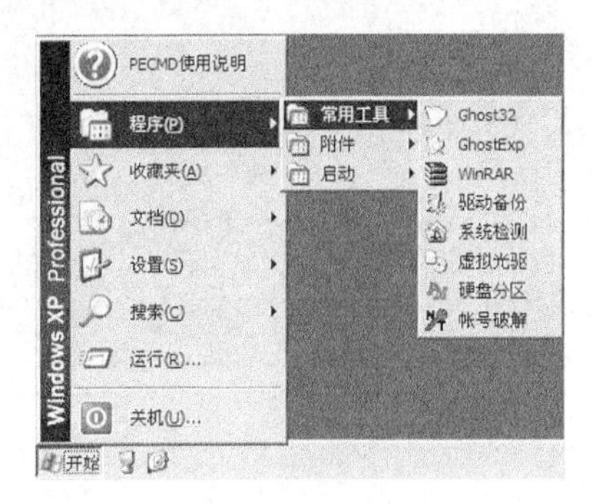

步骤02 随即打开【Virtual Drive Manager】（虚拟光驱）窗口。

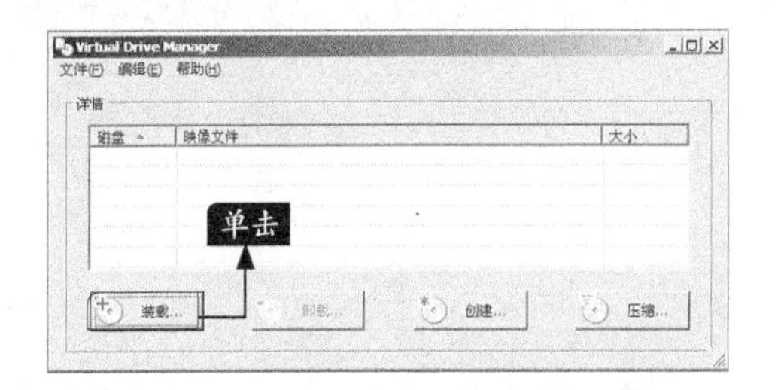

步骤03 单击【装载】按钮，打开【装载映像文件】对话框。

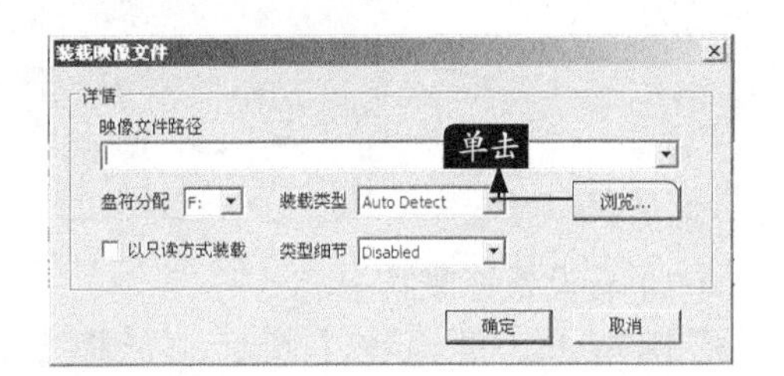

步骤04 单击【浏览】按钮，在打开的【Open Image File】（打开镜像文件）对话框中选择装载的Windows 7镜像文件。

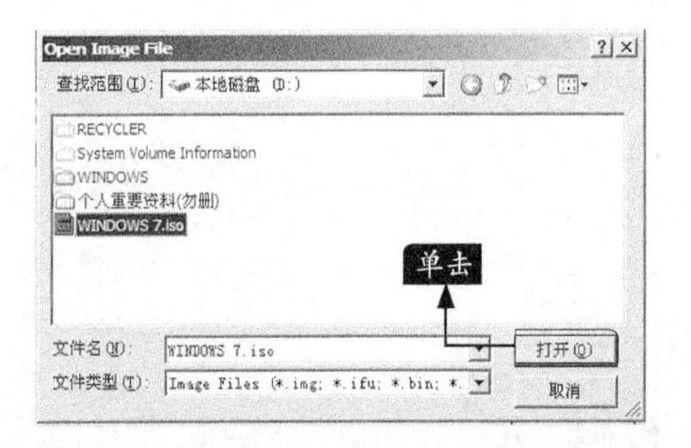

步骤05 单击【打开】按钮，返回【装载映像文件】对话框。

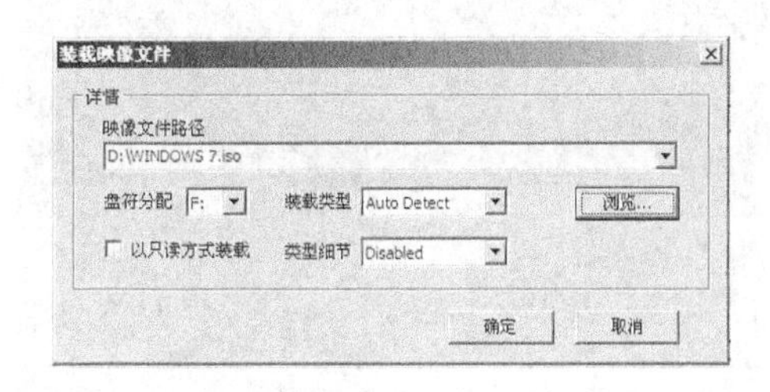

第4步：安装Windows 7程序

步骤01 单击【确定】按钮，返回【Virtual Drive Manager】（虚拟光驱）窗口，单击右上角的【关闭】按钮，关闭该窗口，然后打开【我的电脑】窗口，即可在虚拟光驱中看到装载的ISO文件。

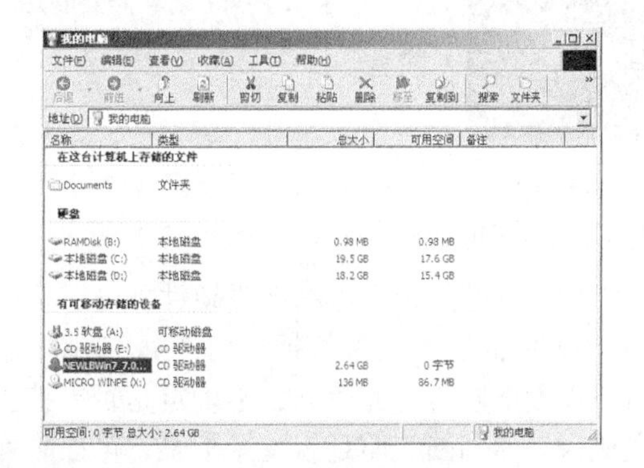

步骤02 双击打开该虚拟光驱，即可在其中看到系统安装的文件。

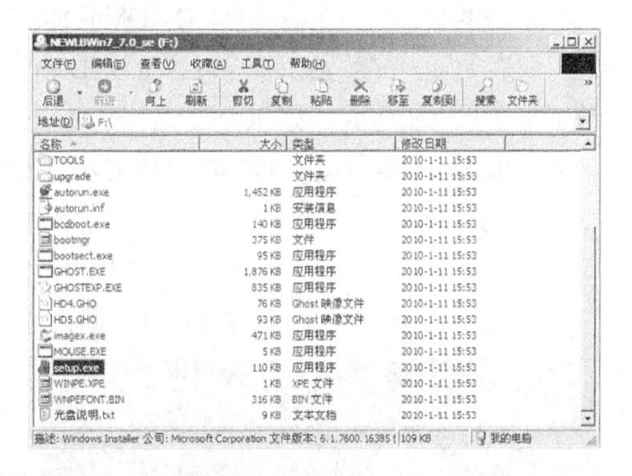

步骤03 双击其中的【Setup】图片，即可开始加载Windows安装程序。以后的操作就和安装单操作系统一样，这里不再重述。

另外，部分PE环境下集成了Ghost工具，用户也可以使用Ghost安装GHO镜像文件，具体可以参考第7章内容。

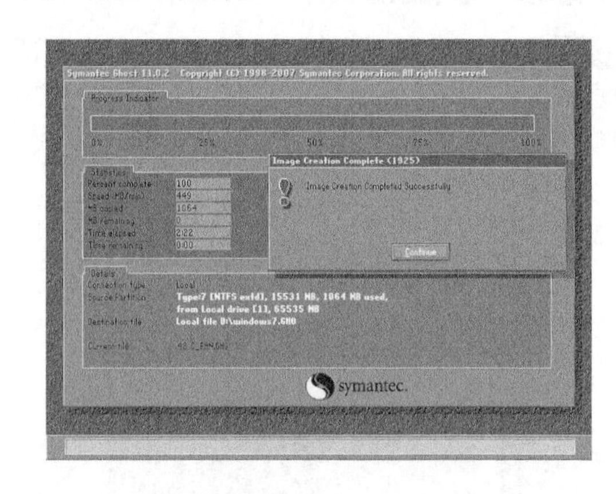

30.4 刻录DVD系统安装盘

本节教学录像时间：3 分钟

在刻录系统盘之前，需要满足三个条件，才能顺利的将系统镜像文件刻录完成。主要包括刻录机、空白光盘和刻录软件。

1. 刻录机

刻录机是刻录光盘的必要硬件外设，可以用于读取和写入光盘数据。对于很多用户来讲，即便电脑带有光驱，也不确定是否支持光盘刻录。而判断光驱是否支持刻录，可以采用以下几种办法。

（1）看外观

看光驱的外观，如果有DVD-RW或RW的标识，则表明是可读写光驱，可以刻录DVD和CD光盘，如下图所示。如果是DVD-ROM的标识，则表面是只读光驱，能读出DVD和CD碟片，但不能刻录。

（2）看盘符

在Windows系统中，看光驱的盘符，如果显示为DVD-RW或DVD-RAM，则支持刻录。如果显示为DVD-R或DVD-ROM，则不能刻录。

（3）看设备管理器

右键单击【此电脑】图标，选择【属性】➤【设备管理器】选项，单击展开【DVD/CD-ROM 驱动器】项，查看DVD型号，如果是DVD-ROM，就不能刻录，如果是DVDW或DVDRW则支持刻录。

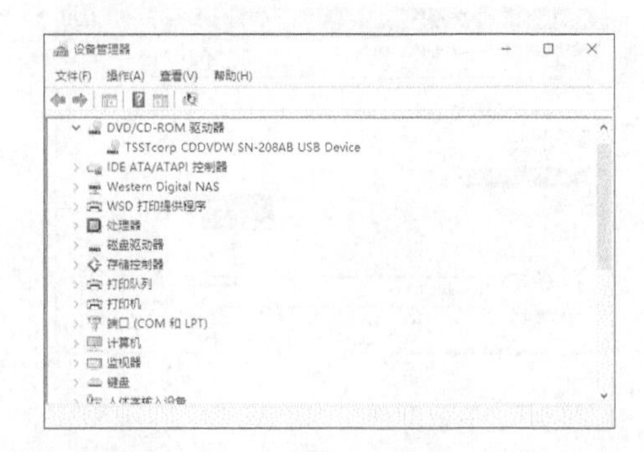

当然，除了上面三种方法，还可以通过鲁大师对硬件进行检测，查看光盘是否支持刻录。

2. 空白光盘

对于做一张系统安装盘，首先要看系统镜像的大小，如果是Windows XP，用户可以考虑使用700MB容量的CD，如果是Windows7\8.1\10的系统镜像，建议选用4.7 GB的DVD光盘。

另外，在光盘选择上，会看到分为CD-R和CD-RW两种类型，CD-R的光盘仅支持一次性的刻录，而CD-RW的光盘支持反复写入擦除。如果仅用来做系统盘，建议选用CD-R类型的光盘，价格相对便宜。

3. 刻录软件

除了买光盘刻录机之外，还必须要安装CD光盘刻录软件，如Easy-CD Pro、Easy-CD Creator、Nero、WinOnCD等，或者是DVD刻录软件，如软碟通、Nero等，这些都是常用的刻录程序。读者可以根据需要在相应的网站中下载。

刻录机、光盘和软件准备好后，就可以刻录了。本节主要介绍如何使用UltraISO（软碟通）制作系统安装盘。

步骤 01 下载并解压缩UltraISO软件后，在安装程序文件夹中双击程序图标，启动该程序，然后在工具栏中单击【文件】➤【打开】菜单命令，选择要刻录的系统映像文件。

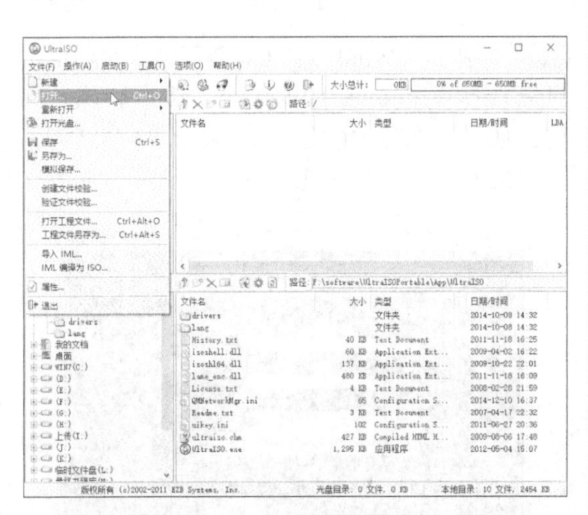

步骤 02 添加系统映像文件后，将空白光盘放入光驱中，然后在工具栏中单击【工具】➤【刻录光盘映像】菜单命令。

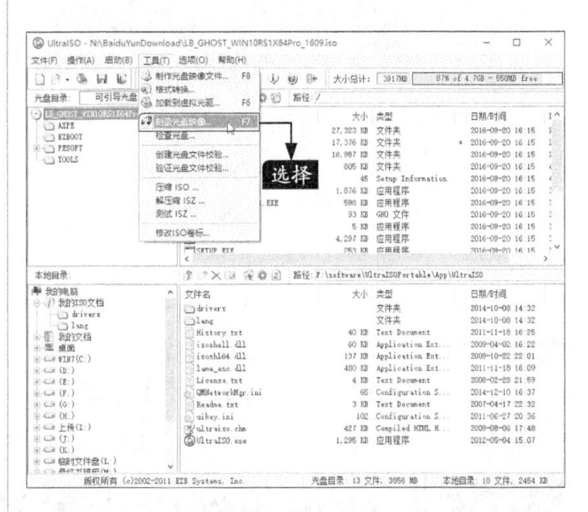

步骤 03 弹出【刻录光盘映像】对话框，在【刻录机】下拉列表中选择刻录机，保持默认的写入速度和写入方式，单击【刻录】按钮。

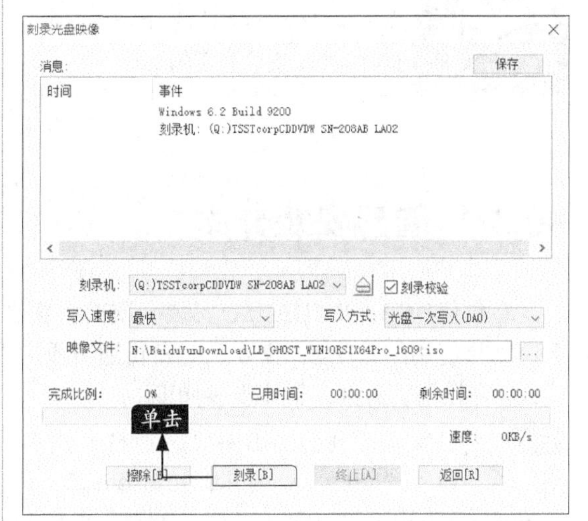

> **小提示**
>
> 勾选【刻录校验】复选项，可以在刻录完成后，对写入的数据进行校验，以确保数据的完整性，一般可不作勾选。

另外，如果光盘支持反复写入和擦除，可以在该对话框中单击【擦除】按钮，擦除光盘中的数据。

步骤 04 此时，软件即会进入刻录过程中，如下图所示。

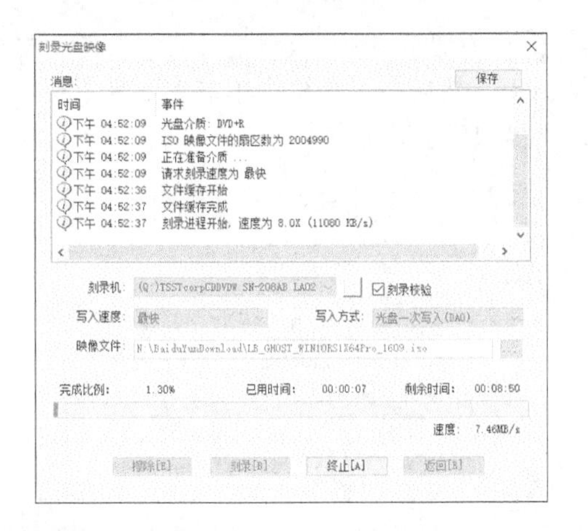

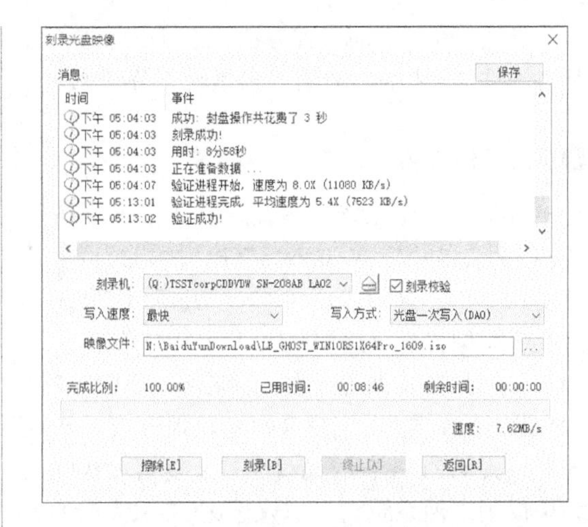

步骤05 刻录成功后，光盘即会从光驱中弹出。此时，单击对话框右上角的【关闭】按钮，完成刻录。

至此，系统盘刻录已完成，用户也可以使用同样的方法刻录视频、音乐等光盘。

30.5 使用微软官方工具制作U盘\DVD安装工具

本节教学录像时间：5 分钟

U盘和DVD可以方便地给任一电脑安装系统，非常适合随身携带，避免了长时间的下载，也是较为常用的系统安装方式。微软公司为了满足更多用户的需求，推出了创建USB、DVD或ISO安装介质的工具。

30.5.1 创建安装介质

在创建USB、DVD或ISO安装介质时，需要确保U盘、DVD和保存IOS的磁盘空间在4GB以上，如果使用的是U盘，需要及时备份所有重要数据，否则将被抹掉U盘上所有的数据。本节以创建U盘安装介质为例，具体步骤如下。

步骤01 将U盘插入电脑USB端口后，打开网页浏览器，输入“http://www.microsoft.com/zh-cn/software-download/windows10”地址，进入获取Windows 10页面，单击【立即下载工具】按钮，下载并运行该工具。

步骤02 弹出【Windows 10安装程序】对话框，可以选择Windows 10的语言、版本和体系结构，如这里选择“64位（×64）”体系结构，并单击【下一步】按钮。

步骤03 进入【你想执行什么操作？】界面，选择【为另一台电脑创建安装介质】单选项，并单击【下一步】按钮。

步骤04 进入【选择要使用的介质】界面，选择【U盘】单选项，并单击【下一步】按钮。

步骤05 进入【选择U盘】界面，选择要使用的U盘，并单击【下一步】按钮。

步骤06 此时，进入【正在下载Windows 10】界面，需要等待其下载，具体时长主要与网速相关，无需进行任何操作。

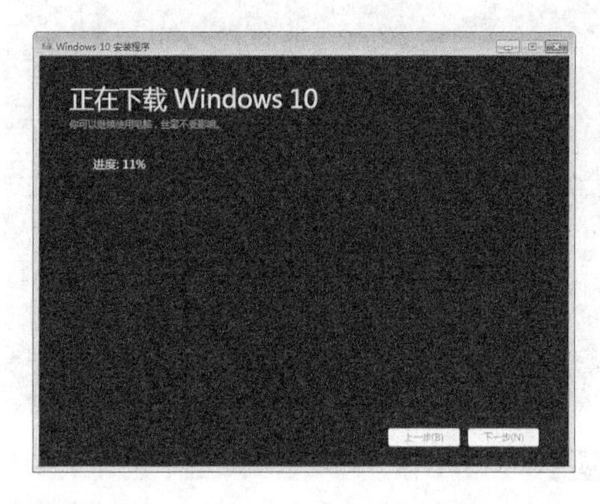

步骤07 下载完成后，软件会自动创建Windows 10介质，无需任何操作。

步骤08 弹出【你的U盘已准备就绪】界面，单击【完成】按钮即可。

步骤09 系统介质创建成功后，弹出【安装程序正在进行清理，完成之后才会关闭】对话框，无需任何操作，对话框稍等片刻后会自动关闭。

步骤10 打开U盘，即可看到U盘中包含了多个程序文件，如下图所示。

30.5.2 安装系统

U盘安装介质制作完成后，即可使用该U盘进行系统安装，不仅可以对任一电脑进行升级安装，而且也可以全新安装。

1.升级安装Windows 10

如果对当前电脑进行升级安装，首先将U盘插入电脑USB端口，然后打开U盘，单击运行【Setup.exe】程序，即可打开【Windows 10安装程序】对话框，用户可根据提示，参照7.4节的安装方法进行升级即可，这里不再赘述。

2.全新安装Windows 10

使用U盘全新安装Windows 10的方法和使用DVD安装的方法相同，操作步骤如下。

步骤01 将U盘插入电脑USB接口，并设置U盘为第一启动后，打开电脑电源键，屏幕中出现“Start booting from USB device…”提示。

小提示

设置U盘为第一启动的方法可以参照7.6.3小节的方法，在选择第一启动时，选择U盘的名称即可。

步骤02 此时，即可看到电脑开始加载USB设备中的系统。

步骤03 接下来的安装步骤和光盘安装的方法一致，可以参照第7章的安装方法，在此不再一一赘述。

高手支招

本节教学录像时间：2 分钟

解决制作系统安装盘后，U盘内无内容的问题

在使用UltraISO、大白菜或老毛桃等工具制作系统安装盘时，数据写入、刻录校验等都没问题，但是打开U盘后发现里面无任何文件，而且查看容量时，发现容量减少，如下图所示。

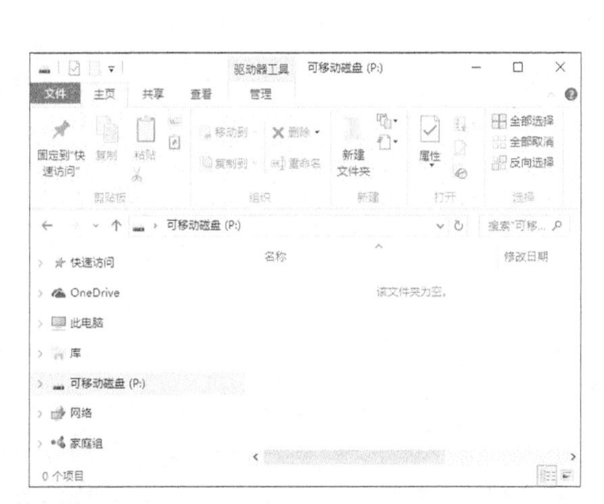

这主要因为写入映像文件时，将U盘进行了分区，且对写入数据的分区进行了隐藏，此时可取消隐藏即可查看，具体步骤如下。

步骤01 打开DiskGenius软件，查看U盘的情况，如下图即可看到隐藏的分区。

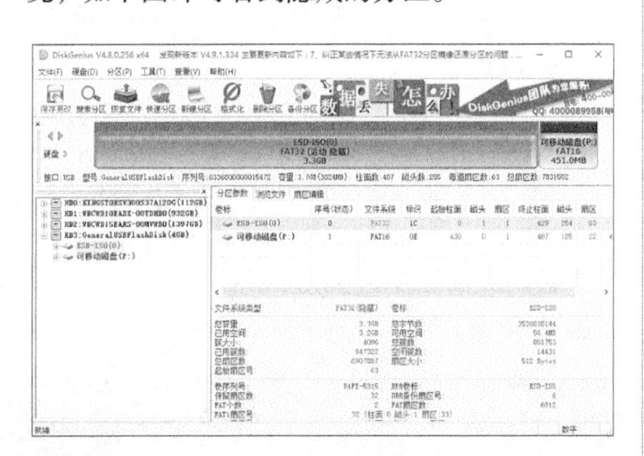

步骤02 按【F4】键，弹出如下提示框，单击【确定】按钮。

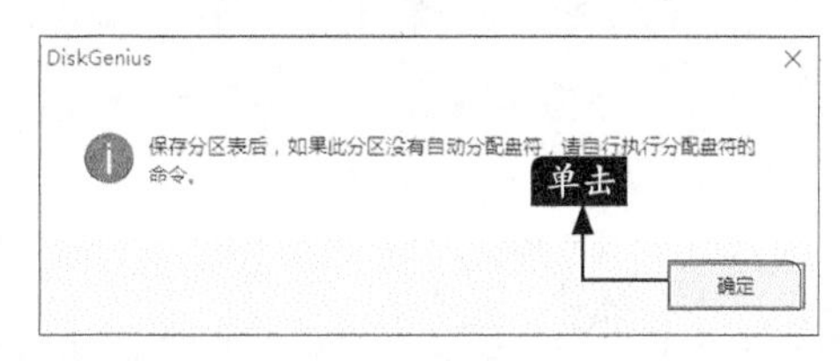

步骤03 此时，即可看到所选分区由“活动 隐藏”显示为“活动”，单击【保存更改】按钮。

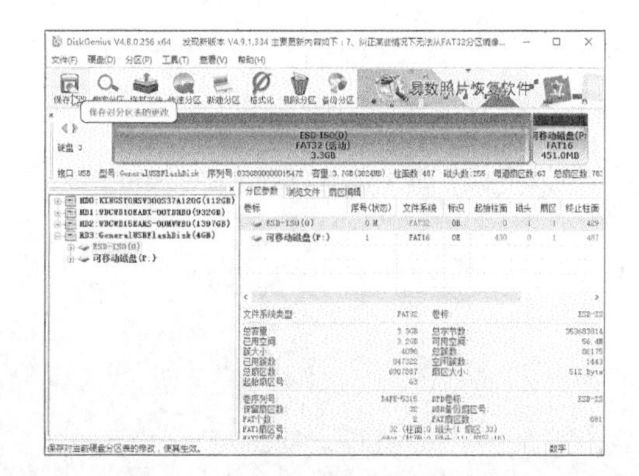

步骤 04 弹出提示框，单击【是】按钮即可。

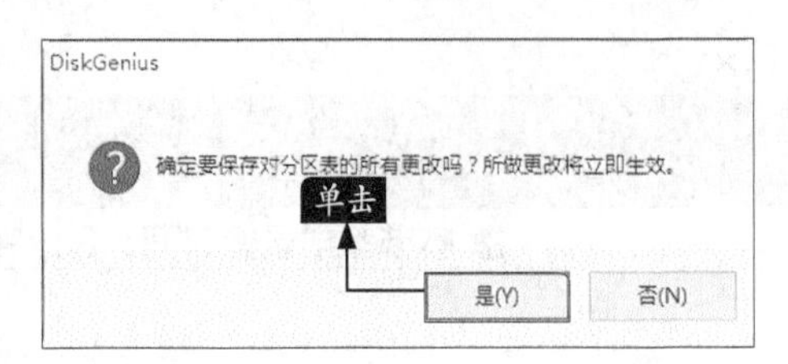

步骤 05 打开【此电脑】窗口，即可看到显示的U盘。

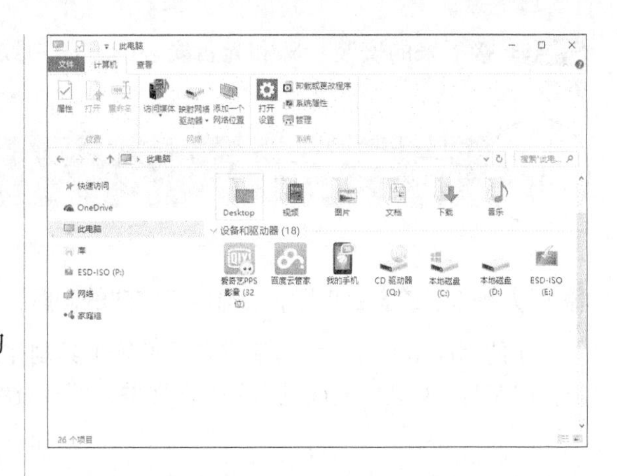

第31章

数据的维护与修复

随着电脑的普及，数据安全问题也日益突出，保护好自己的数据安全就显得十分重要，尤其是数据的丢失与损坏，会对用户的工作与学习带来影响。本章主要介绍数据的维护与修复的方法。

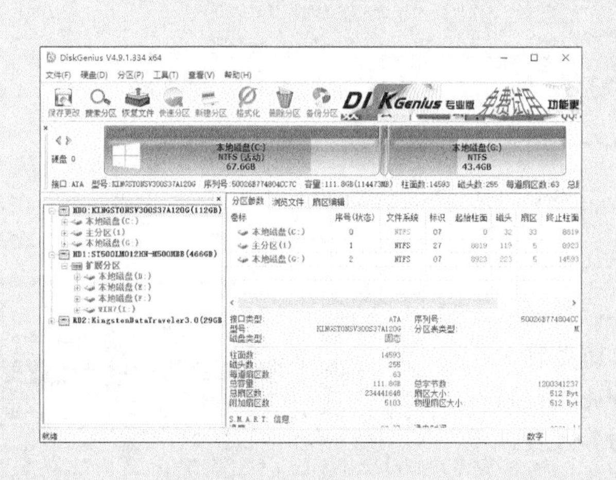

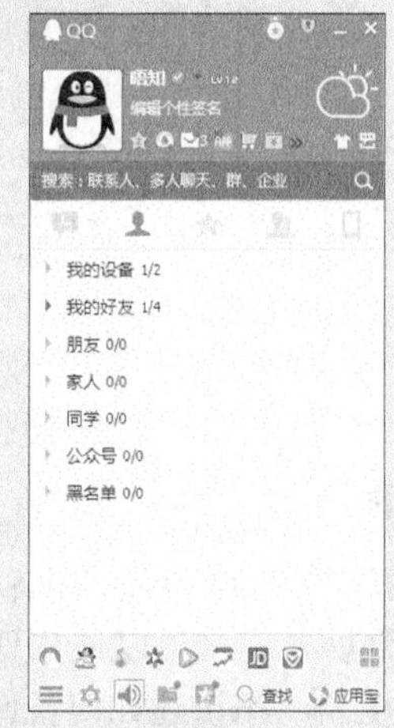

31.1 数据的备份与还原

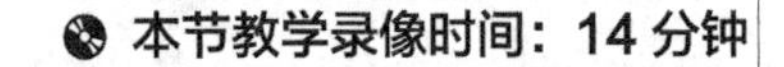

为了确保数据的安全，用户可以对重要的数据进行备份，必要的时候可进行数据还原，本节主要介绍备份与还原分区表、QQ资料、IE收藏夹及软件的方法，以及导入与导出注册表的方法。

31.1.1 备份与还原分区表

所谓分区表，主要用来记录硬盘文件的地址。硬盘按照扇区储存文件，当系统提出要求需要访问某一个文件的时候，首先访问分区表，如果分区表中有这个文件的名称，就可以直接访问它的地址；如果分区表里面没有这个文件，那就无法访问。系统删除文件的时候，并不是删除文件本身，而是在分区表里面删除，所以删除以后的文件还是可以恢复的。因为分区表的特性，系统可以很方便地知道硬盘的使用情况，而不必为了一个文件搜索整个硬盘，大大提高了系统的运行能力。

分区表一般位于硬盘某柱面的0磁头1扇区，而第1个分区表（即：主分区表）总是位于（0柱面、0磁头、1扇区），其他剩余的分区表位置可以由主分区表依次推导出来。分区表有64个字节，占据其所在扇区的447~510字节。要判定是不是分区表，就看其后紧邻的两个字节（即511~512）是不是“55AA”，若是，则为分区表。下图为打开DiskGenius V4.9.1.334软件后系统分区表的情况。

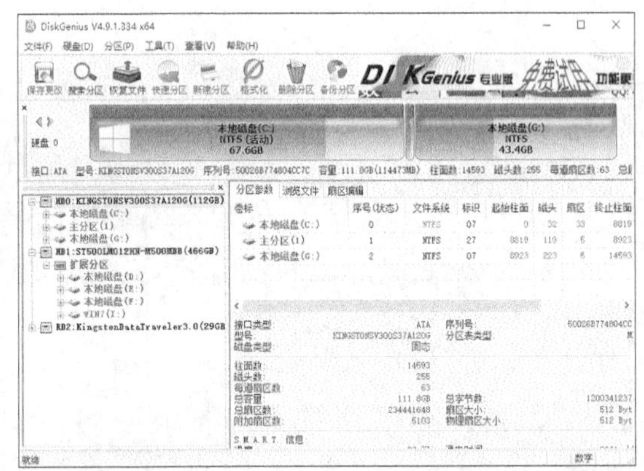

1.备份分区表

如果分区表损坏，会造成系统启动失败、数据丢失等严重后果。这里以使用DiskGenius V4.9.1.334软件为例，来讲述如何备份分区表。具体操作步骤如下。

步骤 01 打开软件DiskGenius，选择需要保存备份分区表的分区。

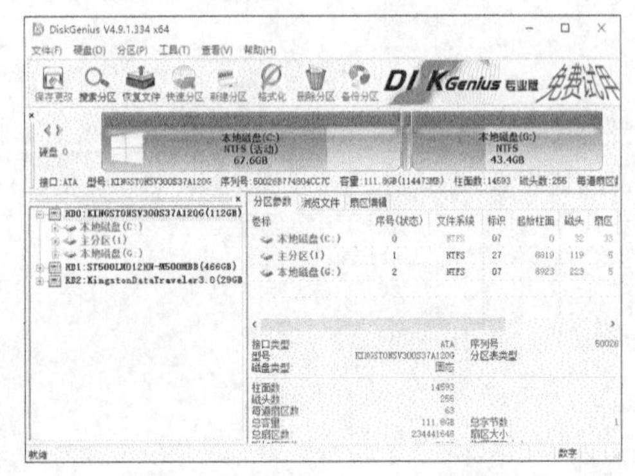

步骤02 选择【硬盘】➤【备份分区表】菜单项，用户也可以按【F9】键备份分区表。

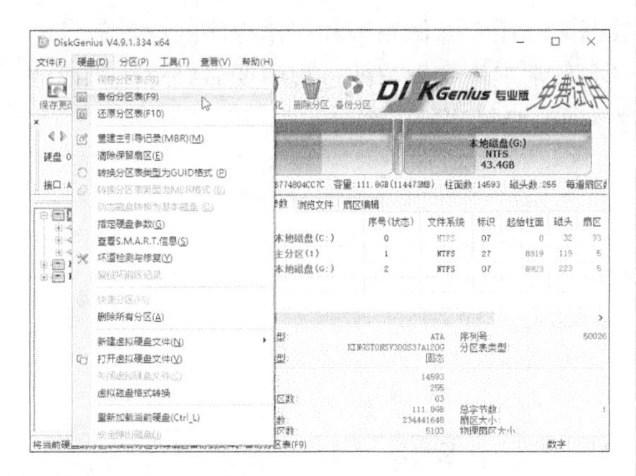

步骤03 弹出【设置分区表备份文件名及路径】对话框，在【文件名】文本框中输入备份分区表的名称。

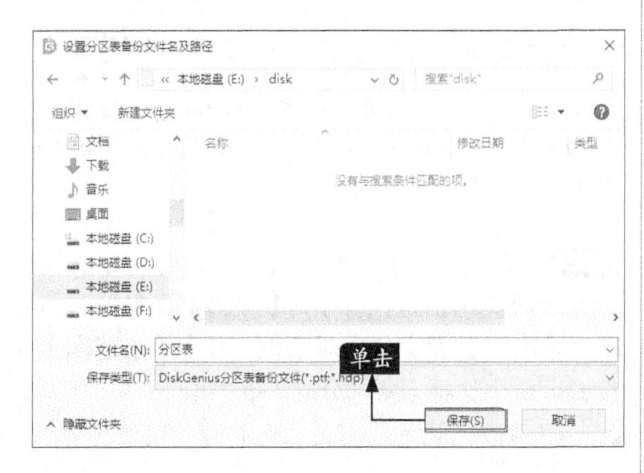

步骤04 单击【保存】按钮，即可开始备份分区表。备份完成后，弹出【DiskGenius】提示框，提示用户当前硬盘的分区表已经备份到指定的文件中。

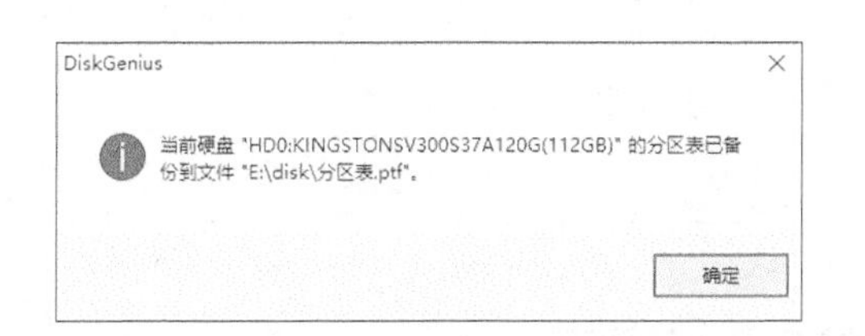

小提示

为了分区表备份文件的安全，建议将其保存在当前硬盘以外的硬盘或其他存储介质（如U盘、移动硬盘、光碟）中。

2.还原分区表

当计算机遭到病毒破坏、加密引导区或误分区等操作导致硬盘分区丢失时，就需要还原分区表。还原分区表具体操作步骤如下。

步骤01 打开软件DiskGenius，在其主界面中选择【硬盘】➤【还原分区表】菜单项或按【F10】键。

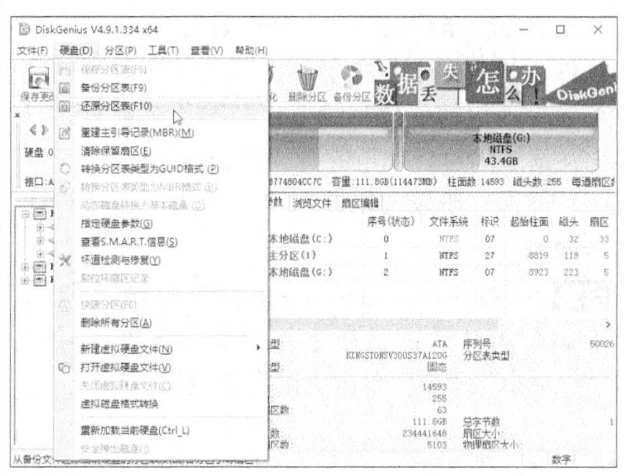

步骤02 随即打开【选择分区表备份文件】对话框，在其中选择硬盘分区表的备份文件。

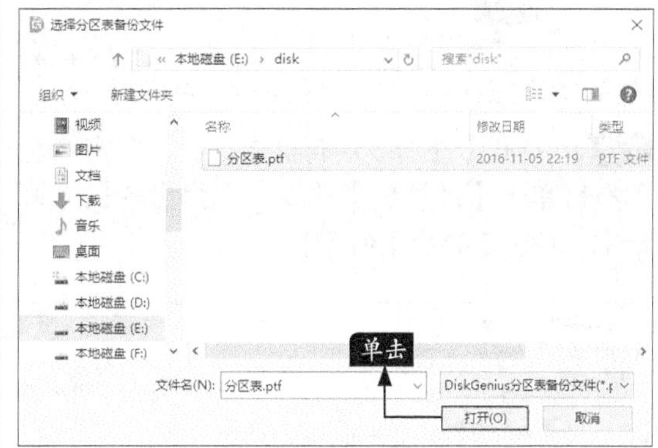

步骤03 单击【打开】按钮，即可打开【DiskGenius】信息提示框，提示用户是否从这个分区表备份文件还原分区表。

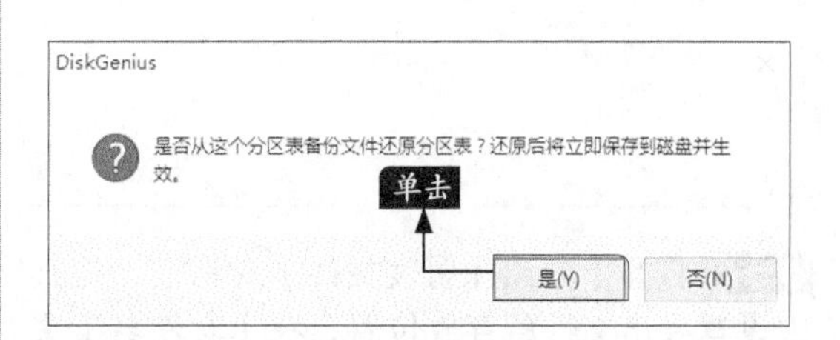

步骤04 单击【是】按钮，即可还原分区表，且还原后将立即保存到磁盘并生效。

31.1.2 导出与导入注册表

注册表是Microsoft Windows中的一个重要的数据库，用于存储系统和应用程序的设置信息，在系统中起着非常重要的作用。因此，计算机用户在日常工作和学习的过程中要做好对注册表的备份工作，要能在注册表受损系统不能正常运行时，通过修复注册表解决问题。

1.导出注册表

在Windows操作系统中，使用系统自带的注册表编辑器可以导出一个扩展名为.reg的文本文件，该文件中包含了导出部分的注册表的全部内容，包括子健、键值项和键值等信息。导出注册表的过程就是备份注册表的过程。

使用注册表编辑器导出注册表，具体操作步骤如下。

步骤01 按【Windows+R】组合键，打开【运行】对话框，在【打开】文本框中输入“regedit”命令，单击【确定】按钮。

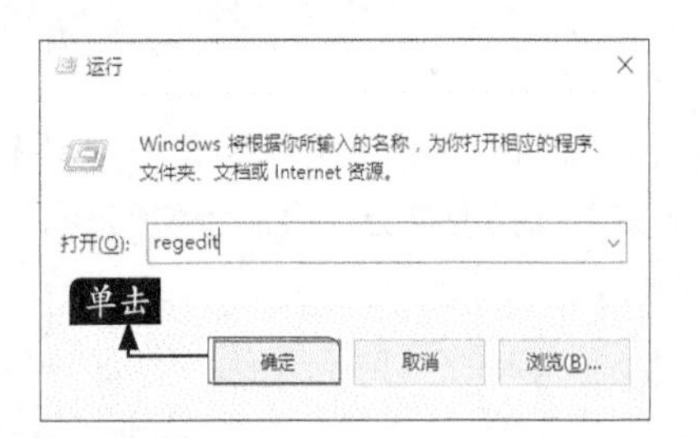

步骤02 打开【注册表编辑器】窗口，在窗格左侧右键单击【计算机】选项，在弹出的快捷菜单中，单击【导出】命令。

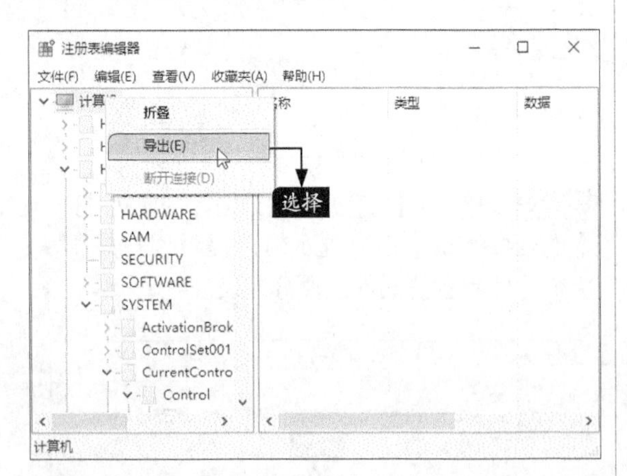

步骤03 打开【导出注册表文件】对话框，在其中设置导出文件的存放位置，在【文件名】文本框中输入“regedit”，在【导出范围】设置区域中选择【全部】单选项。

小提示

选择【所选分支】单选项，只导出所选注册表项的分支项；选择【全部】单选项，则导出所有注册表项。

步骤04 如果要导出注册表的子键，可选择要备份的子键，单击【文件】➤【导出】菜单项，弹出【导出注册表文件】对话框，在【导出范围】设置区域中选择【所选分支】单选项。

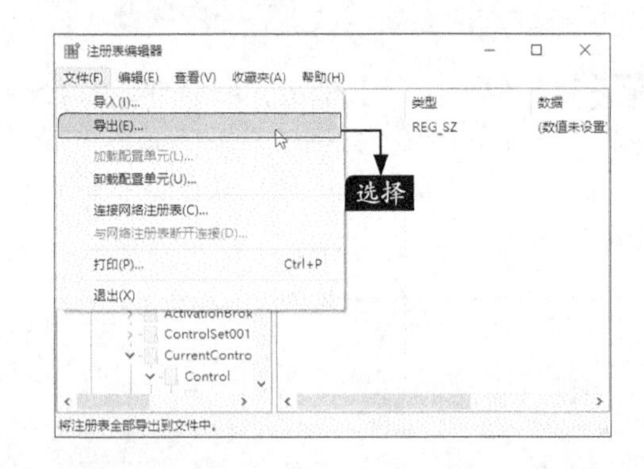

2.导入注册表

使用注册表编辑器可以导出注册表。同样的，也可以将导出的注册表导入系统之中，以修复受损的注册表。导入注册表的具体操作步骤如下。

步骤01 在【注册表编辑器】窗口中选择【文件】➤【导入】菜单项。

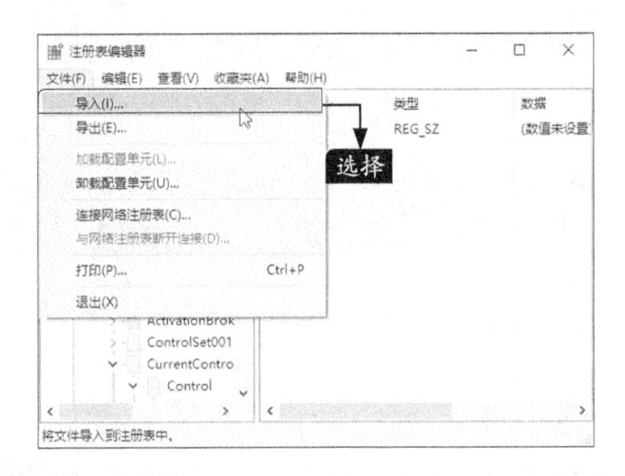

步骤02 随即打开【导入注册表文件】对话框，在其中选择需要导入的注册表文件。

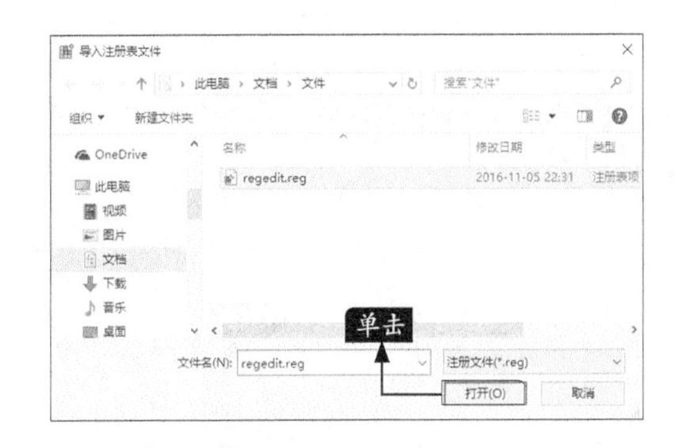

步骤03 单击【打开】按钮，即可开始导入注册表文件，导入成功后，将弹出一个信息提示框，提示用户已经将注册表备份文件中的项和值成功添加到注册表中。单击【确定】按钮，关闭该对话框即可。

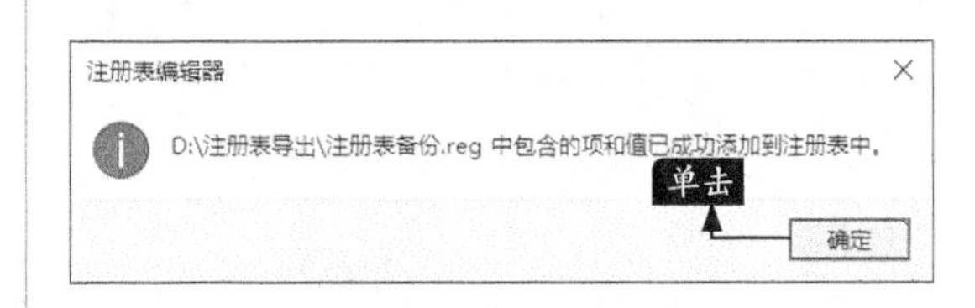

小提示

用户在还原注册表的时候，也可以直接双击备份的注册表文件。此外，如果用户的注册表被受损之前，并没有备份注册表，那么这时可以将其他计算机的注册表文件导出后复制到自己的计算机上，运行一次就可以导入修复注册表文件了。

31.1.3 备份与还原QQ个人信息和数据

QQ个人信息和数据包括用户信息、聊天资料和系统消息等，用户可以通过QQ信息管理器中备份功能来备份QQ个人信息与数据，并在重装QQ时可以还原QQ个人信息与数据。

1.备份QQ个人信息与数据

备份聊天记录的具体操作步骤如下。

步骤01 启动QQ程序，输入用户名和密码后，登录到个人QQ主界面，单击【打开消息管理器】按钮。

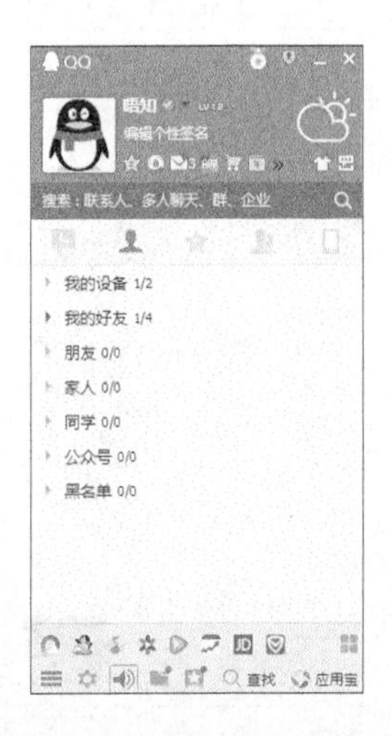

步骤02 弹出【消息管理器】窗口，单击【导入和导出】右侧的【工具】按钮，在弹出的下拉菜单中选择【导出全部消息记录】菜单命令。

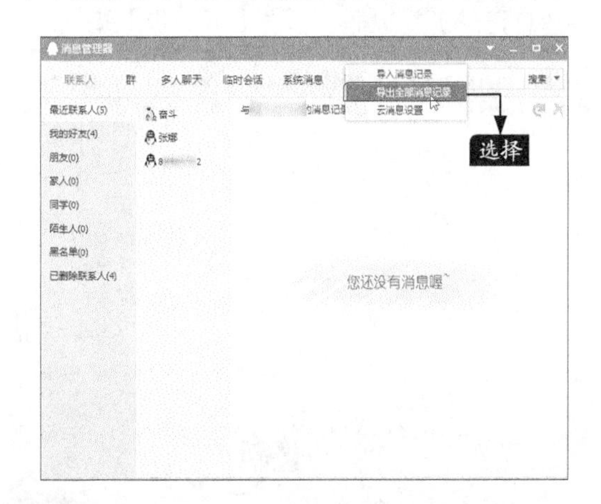

步骤03 打开【另存为】对话框，在【文件名】文本框中输入保存文件名称，单击【保存】按

钮，即可将聊天消息记录备份。

2.还原QQ个人信息与数据

还原QQ个人信息与数据，具体操作步骤如下。

步骤01 打开【消息管理器】窗口，单击【导入和导出】右侧的【工具】按钮，在弹出的下拉菜单中选择【导入消息记录】菜单命令。

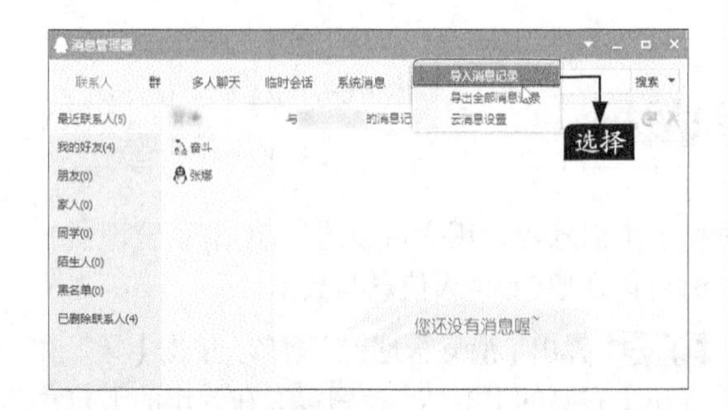

步骤02 弹出【数据导入工具】对话框，选中【消息记录】复选框，单击【下一步】按钮。

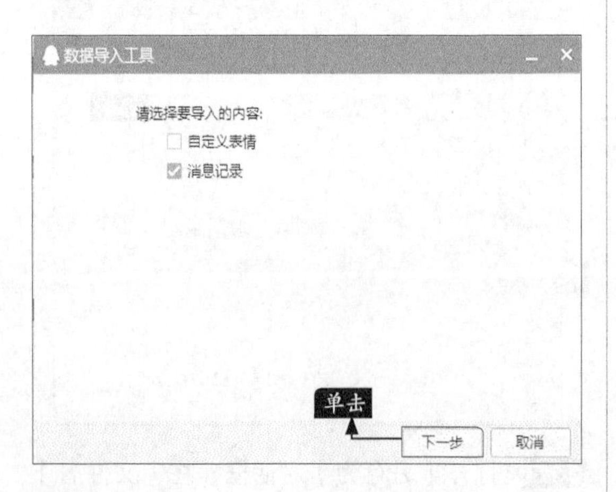

步骤03 选择【从指定文件导入】单选项，单击【浏览】按钮。

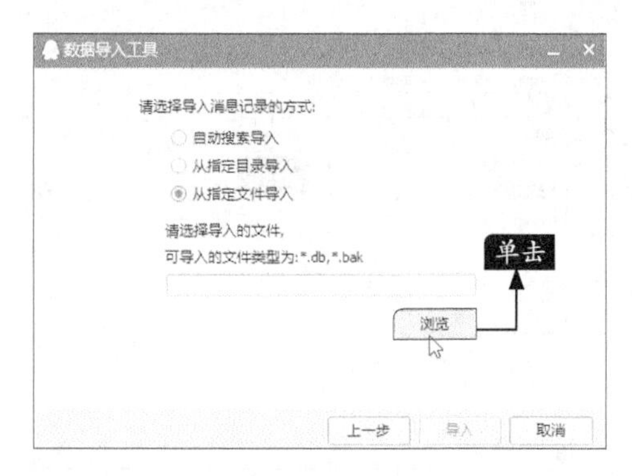

步骤04 弹出【打开】对话框，选择保存的备份文件，单击【打开】按钮。

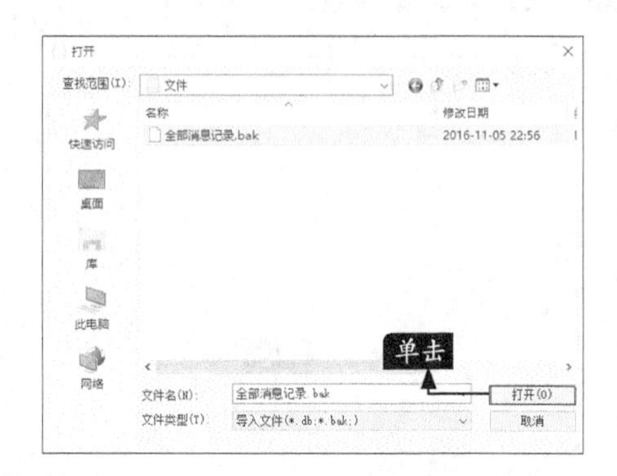

步骤05 返回到【数据导入工具】对话框，单击【导入】按钮。

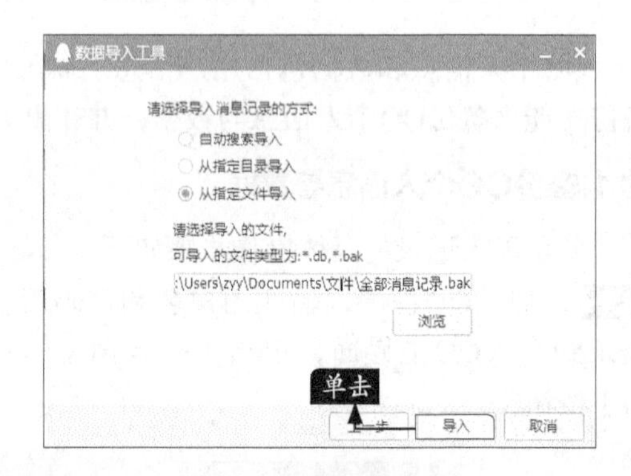

步骤06 系统自动恢复备份的文件，导入成功后，单击【完成】按钮即可。

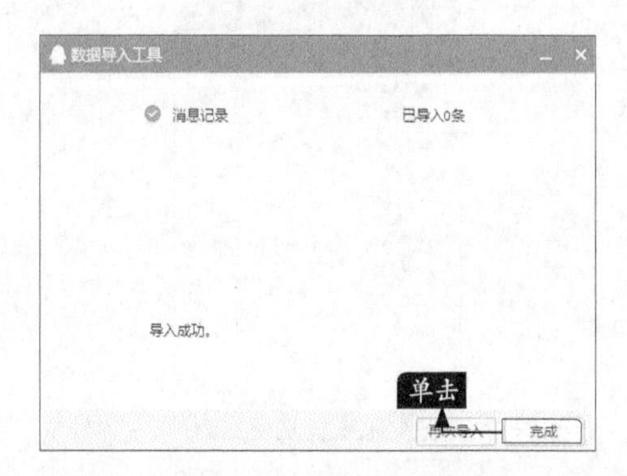

31.1.4 备份与还原IE收藏夹

IE收藏夹中存放着用户习惯浏览的一些网站地址链接，但是重装系统后，这些网站链接将被彻底删除。不过，IE浏览器自带有备份功能，可以将IE收藏夹中的数据备份。

1.备份IE收藏夹

备份IE收藏夹，具体的操作步骤如下。

步骤01 启动IE浏览器，单击【收藏夹】按钮☆，弹出收藏夹窗格，单击【添加到收藏夹】右侧的下拉按钮，在弹出的快捷菜单中，单击【导入和导出】命令。

步骤02 随即打开【你希望如何导入或导出你的浏览器设置】对话框，在其中选择【导出到文件】单选项。

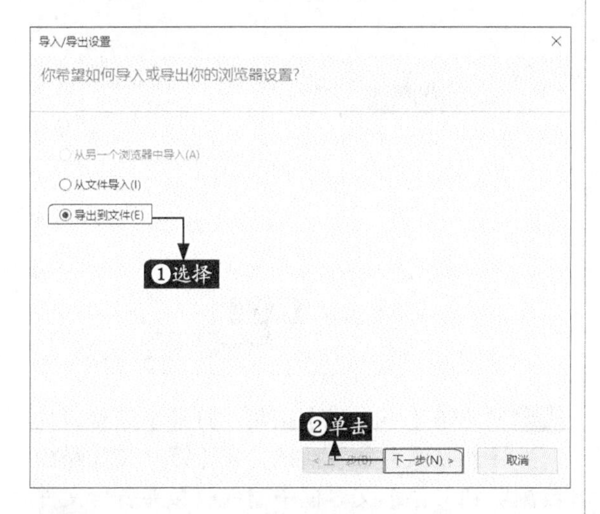

步骤03 单击【下一步】按钮，随即打开【你希望导出哪些内容】对话框，在其中选择【收藏夹】单选项。

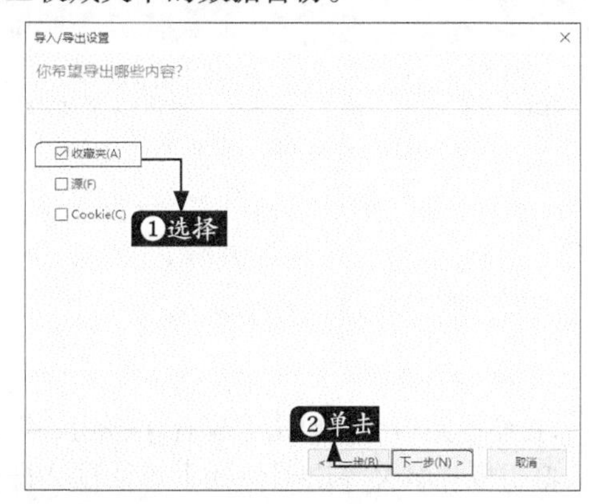

步骤04 单击【下一步】按钮，打开【选择你希望从哪个文件夹导出收藏夹】对话框，在其中可以选择【收藏夹栏】选项，或采用默认设置。这里采用默认设置。

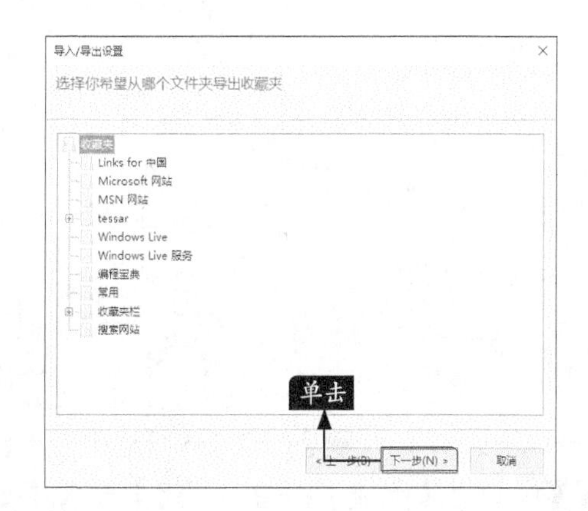

步骤05 单击【下一步】按钮，打开【你希望将收藏夹导出至何处】对话框。

步骤06 单击【浏览】按钮，打开【请选择书签文件】对话框，在其中设置收藏夹文件导出后保存的位置。

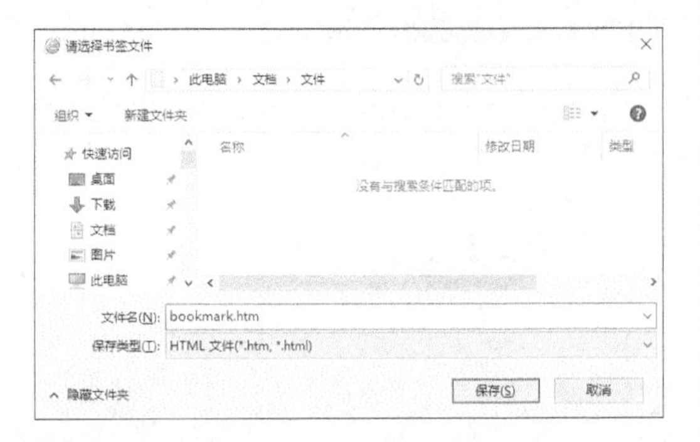

步骤07 设置完毕后，单击【保存】按钮，返回【您希望将收藏夹导出至何处】对话框，即可在【键入文件路径或浏览到文件】文本框中显示设置的保存位置。

步骤08 单击【完成】按钮，关闭【导入/导出设置】对话框，完成导出收藏夹文件的操作。

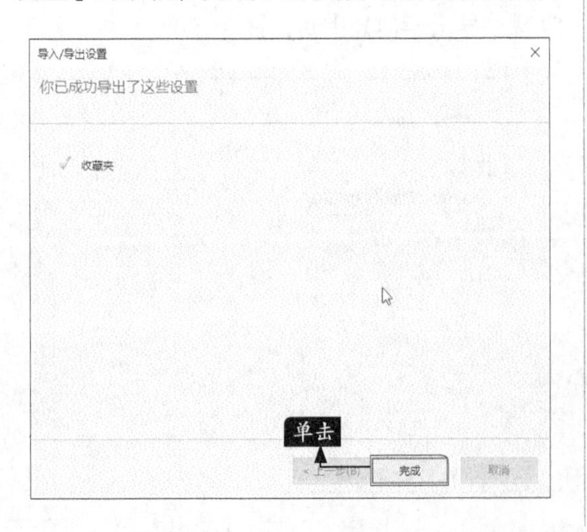

2.还原IE收藏夹

还原IE收藏夹的具体操作步骤如下。

步骤01 使用上述方法，打开【你希望如何导入或导出你的浏览器设置】对话框，在其中选择【从文件导入】单选项。

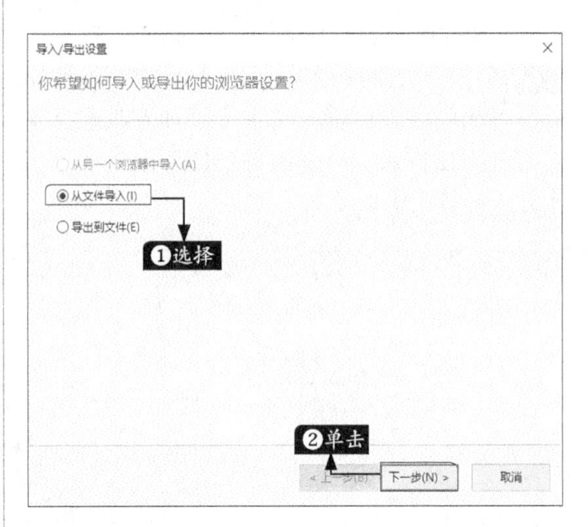

步骤02 单击【下一步】按钮，打开【你希望导入哪些内容】对话框，在其中选择【收藏夹】单选项。

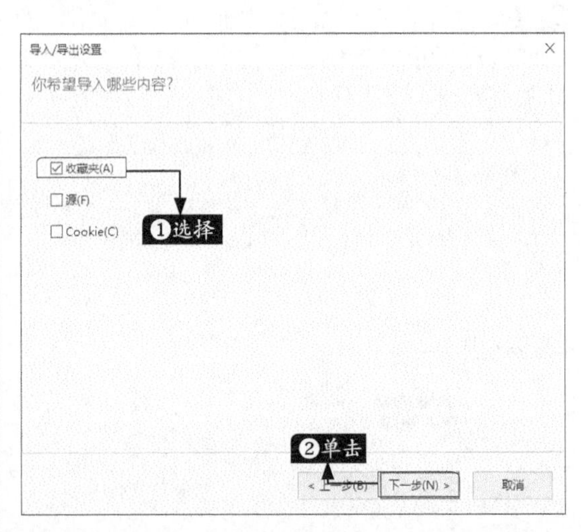

步骤03 单击【下一步】按钮，打开【你希望从何处导入收藏夹】对话框，在【键入文件路径或浏览到文件】文本框中输入收藏夹备份文件保存的位置，或单击【浏览】按钮，打开【请选择书签文件】对话框，在其中找到收藏夹备份文件存储的位置。

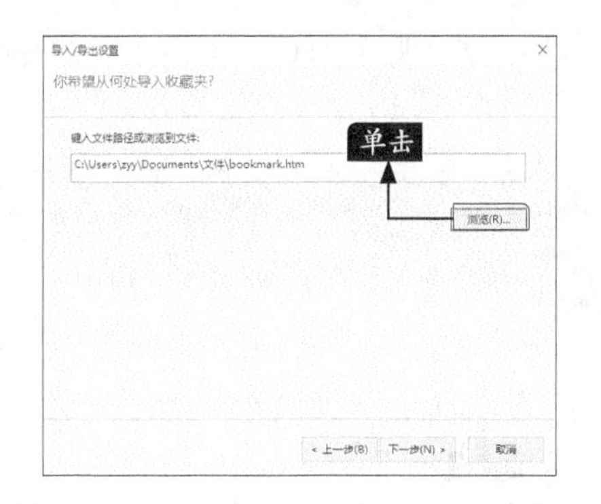

步骤04 单击【下一步】按钮，打开【选择导入收藏夹的目标文件夹】对话框，在下方的列表框中选择导入收藏夹的目标文件夹。

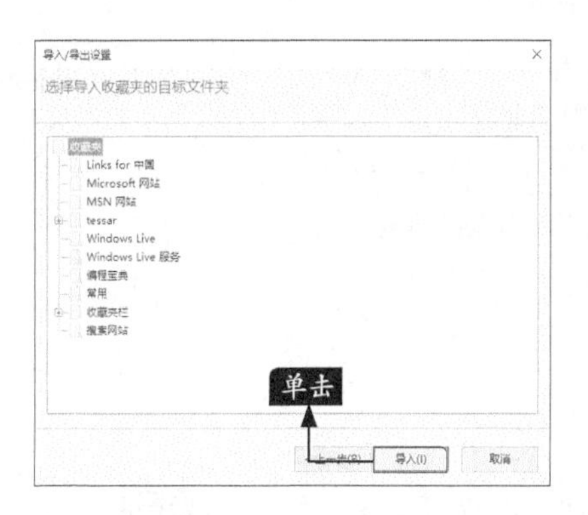

步骤05 单击【导入】按钮，即可开始导入收藏夹。导入成功后将打开【你已成功导入了这些设置】对话框，在其中提示为【收藏夹】。至此，就完成了还原IE收藏夹的操作。

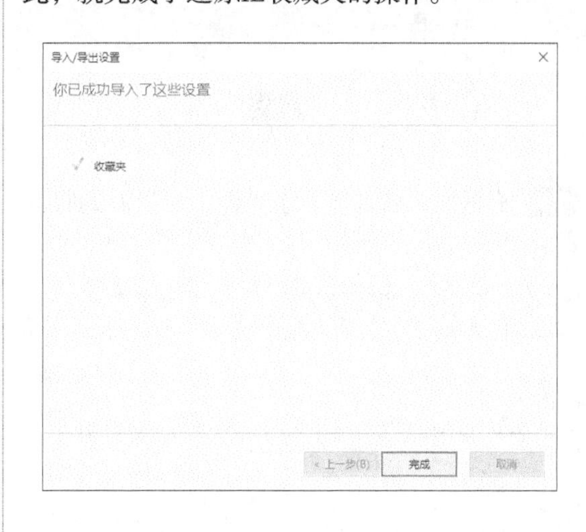

31.1.5 备份与还原已安装软件

用户可以将当前电脑中的软件备份，本节使用360安全卫士将当前已安装软件收藏，在重装系统时，可以通过360安全卫士重新安装这些软件。

具体操作步骤如下。

步骤01 启动360安全卫士，单击【软件管家】图标，并进入其界面，单击【登录】链接。

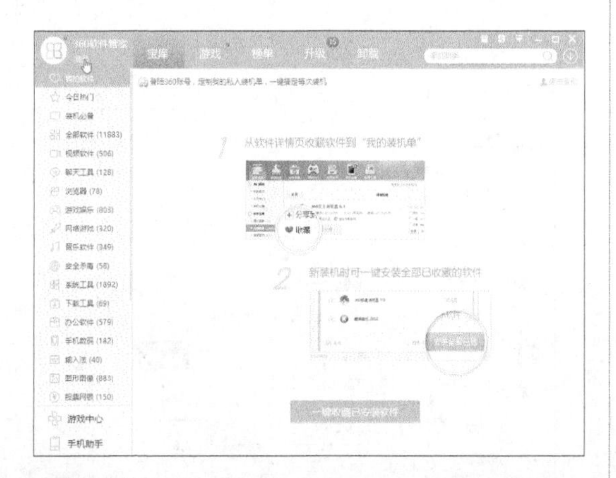

步骤02 登录360账号，并单击【一键收藏已安装软件】按钮。

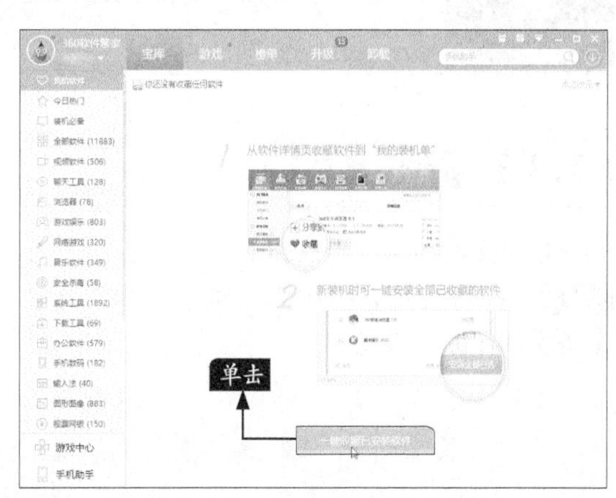

步骤03 弹出【360软件管理-软件收藏】对话框，用户可勾选【全选】复选框或者勾选需要收藏的复选框，然后单击【收藏全部已选】按钮。

步骤04 返回【软件管家】界面，可以看到收藏的软件。

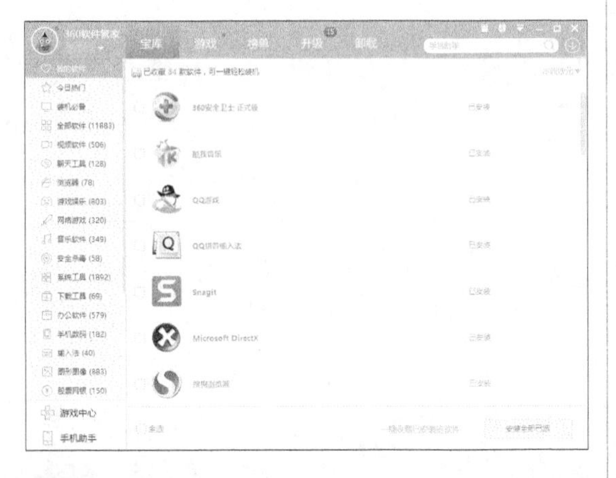

步骤05 如果要安装收藏的软件，单击左上角的账号链接，进入账号页面，单击【我的收藏】按钮。

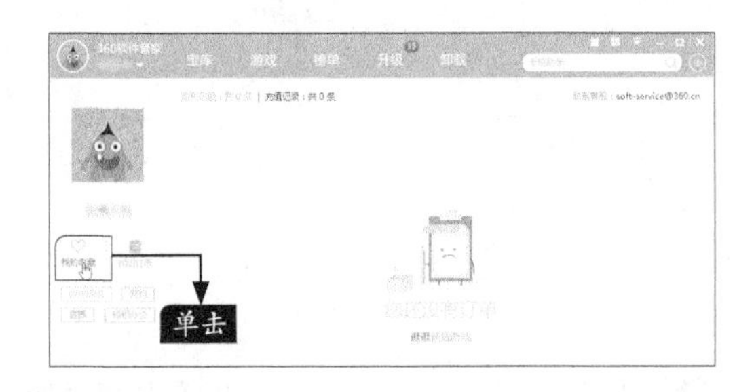

步骤06 即可看到收藏的软件清单，勾选要安装的软件，单击【安装全部已选】按钮，即可安装所选软件。

31.2 使用系统备份和还原文件

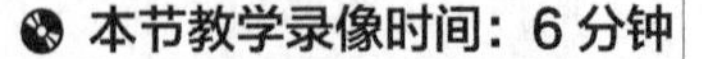

本节教学录像时间：6 分钟

Windows系统提供了文件的备份与还原功能，用户可以使用该工具备份重要的文件，本节主要介绍Windows备份工具的使用方法。

31.2.1 备份文件

备份文件的具体步骤如下。

步骤01 打开【所有控制面板项】窗口，单击【备份和还原】链接。

步骤02 弹出【备份和还原】窗口，单击【设置备份】链接。

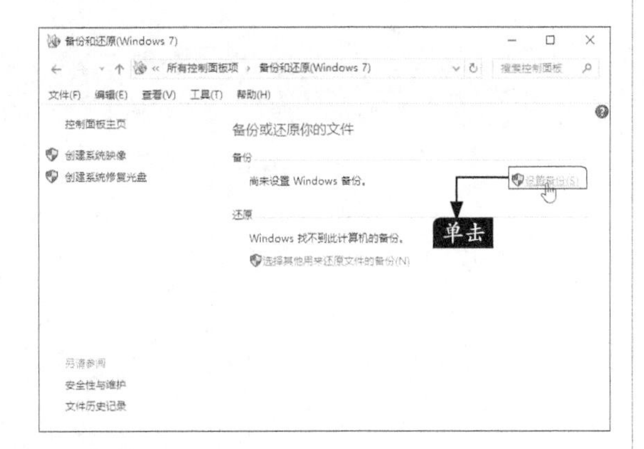

步骤03 此时，弹出【设置备份】对话框，显示启动Windows备份。

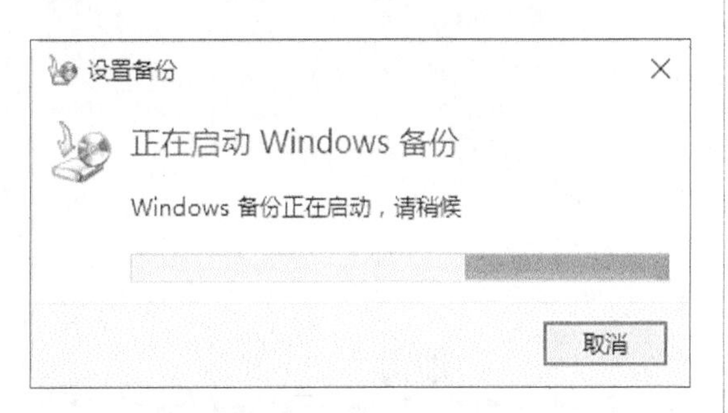

步骤04 加载完成后，打开【设置备份】对话框，选择要保存备份的位置，然后单击【下一步】按钮。

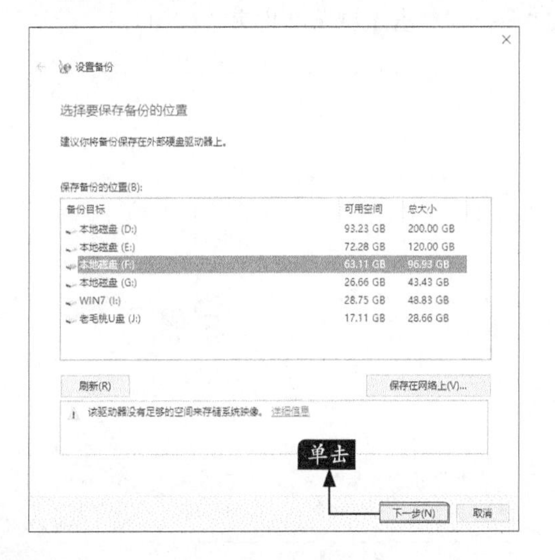

步骤05 进入【你希望备份哪些内容？】界面，选择【让我选择】单选项，并单击【下一步】按钮。

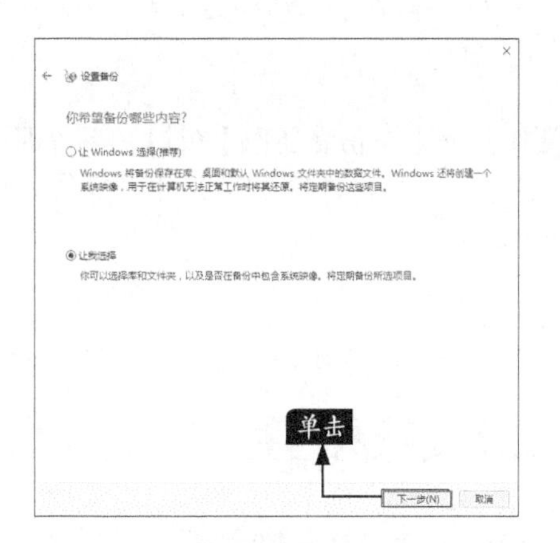

步骤06 选中要备份的内容，这里勾选【数据文件】复选框，并撤销选中“包括驱动器（C:）\(D:)，Windows恢复环境的系统映像”复选框，然后单击【下一步】按钮。

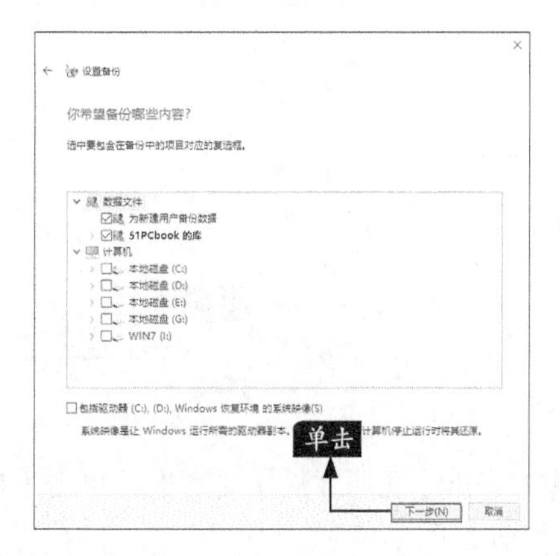

步骤07 进入【查看备份设置】界面，确定没问题后，单击【保存设置并运行备份】按钮。

小提示

用户可以单击【更改计划】链接，可以设置按计划自动备份。

步骤 08 返回【备份和还原】窗口，系统即可备份所选文件并显示进度情况，此时等待备份完成即可。

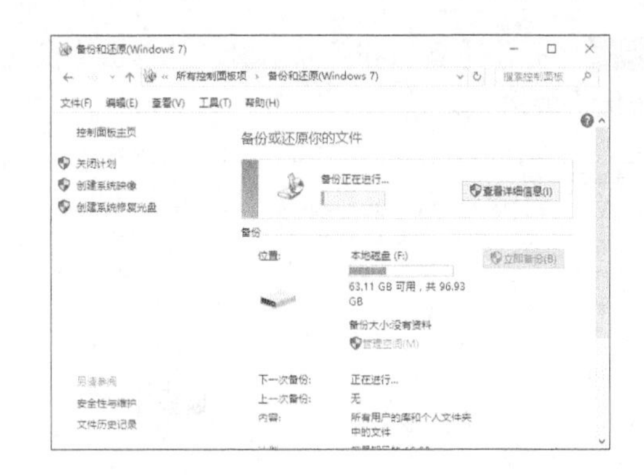

31.2.2 还原文件

还原文件的具体步骤如下。

步骤 01 打开【备份和还原】窗口，单击【还原我的文件】按钮。

步骤 02 弹出【还原文件】对话框，单击【选择其他日期】链接。

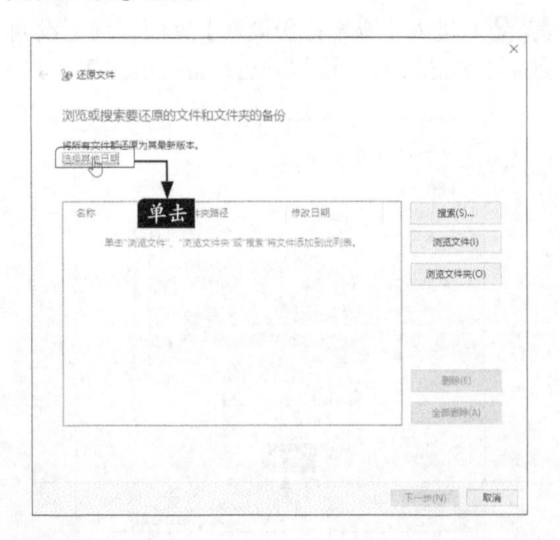

步骤 03 弹出如下对话框，选择要还原的日期和时间，单击【确定】按钮。

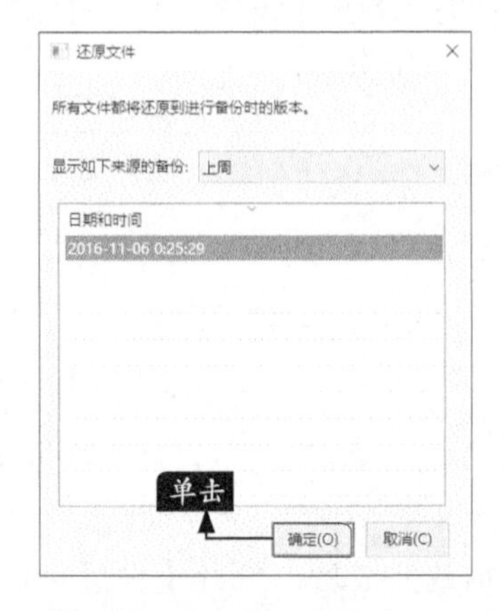

步骤 04 返回【还原文件】对话框，如要还原文件，则单击【浏览文件】按钮；如果要还原文件夹，则单击【浏览文件夹】按钮。

步骤 05 打开【浏览文件的备份】对话框，选择要还原的文件或文件夹，单击【添加文件】按钮。

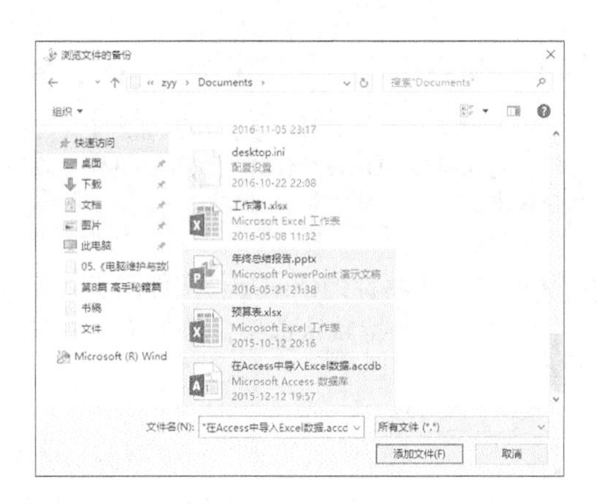

步骤06 返回【还原文件】对话框，单击【下一步】按钮。

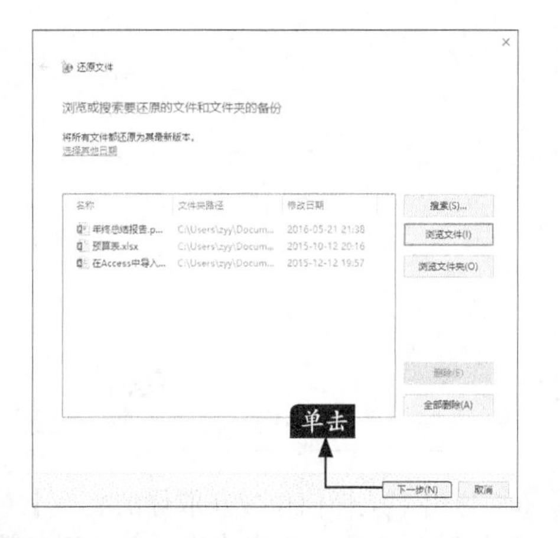

步骤07 进入【你想在何处还原文件】界面，选择【在以下位置】单选项，并单击【浏览】按钮，选择要还原的路径，单击【还原】按钮。

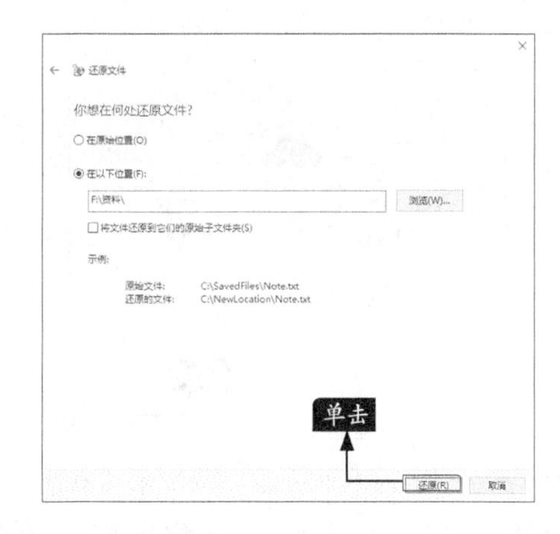

步骤08 工具即会还原到所选位置，还原完成后，单击【完成】按钮即可。

31.3 使用OneDrive同步数据

本节教学录像时间：2 分钟

OneDrive是Microsoft账户随附的免费网盘。可将文件保存在OneDrive中，便于从任意PC、平板电脑或手机访问。

31.3.1 OneDrive的设置

要在Windows 10操作系统中使用OneDrive，首先需要有一个Microsoft账户，并且登录OneDrive。

1. 登录OneDrive

登录OneDrive的具体操作步骤如下。

步骤01 单击任务栏的【OneDrive】图标或者在【此电脑】窗口中单击【OneDrive】选项。将会弹出【欢迎使用OneDrive】对话框，单击【开始】按钮。

步骤02 弹出【登录】界面，在【账户名称】和【密码】文本框中输入账户名称和密码，单击【登录】按钮。

小提示

如果没有Microsoft账户，可以单击【登录】界面的【立即注册】按钮进行注册。

步骤03 登陆成功，将弹出【正在引入你的OneDrive文件夹】对话框，单击【更改】按钮，可以更改OneDrive文件夹的位置，这里选择默认文件夹，并单击【下一步】按钮。

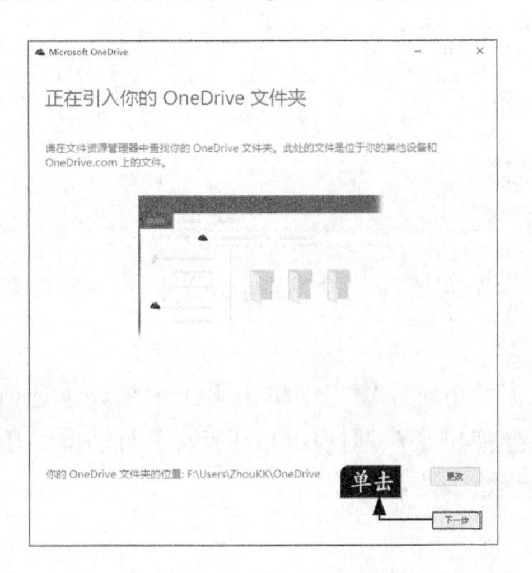

小提示

如果需要同步的文件过多，会占用大量的硬盘空间，建议将OneDrive文件夹更改至空间较大的磁盘分区中。

步骤04 弹出【将你的OneDrive文件同步到此电脑】对话框，保持默认选项，单击【下一步】按钮。

步骤05 弹出【从任何位置获取你的文件】对话框，保持默认选项，单击【完成】按钮，就完成了登录OneDrive的操作。

步骤06 在【此电脑】窗口中选择【OneDrive】选项，即可进入【OneDrive】文件夹，并显示内容。

2. 设置OneDrive

设置OneDrive的具体操作步骤如下。

步骤01 在任务栏的【OneDrive】图标上单击鼠标右键，在弹出的快捷菜单中选择【设置】选项。

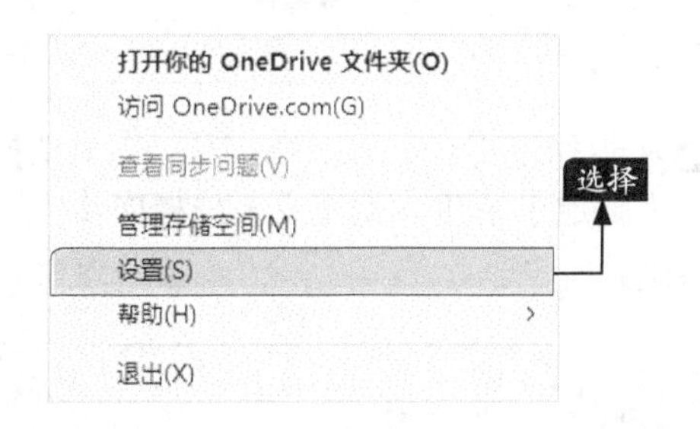

步骤02 弹出【Microsoft OneDrive】对话框，在【设置】选项卡下【常规】组中可以设置登录Windows时是否自动启动OneDrive以及信息。在【取消链接OneDrive】组中单击【取消链接OneDrive】按钮，可取消与OneDrive的链接。

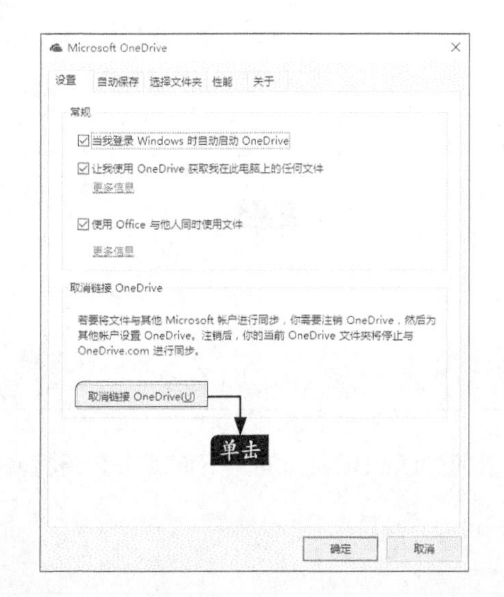

步骤03 选择【自动保存】选项卡，在【照片和视频】组中单击选中其中的复选框。

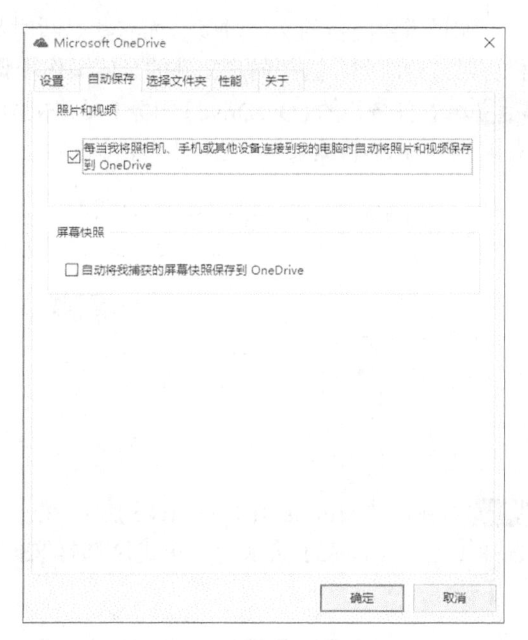

步骤04 选择【选择文件夹】选项卡，可以设置此电脑上同步的文件夹，设置完成，单击【确定】按钮即可。

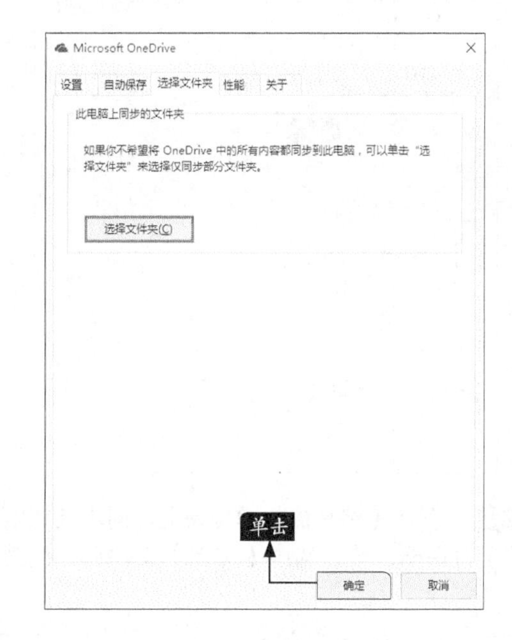

31.3.2 选择同步的文件夹

如果需要同步的文件过多，而有些是暂时不需要同步的，可以仅选择需要同步的文件夹，这样可以节约时间，选择同步文件的具体操作步骤如下。

步骤 01 在任务栏的【OneDrive】图标上单击鼠标右键，在弹出的快捷菜单中选择【设置】选项。

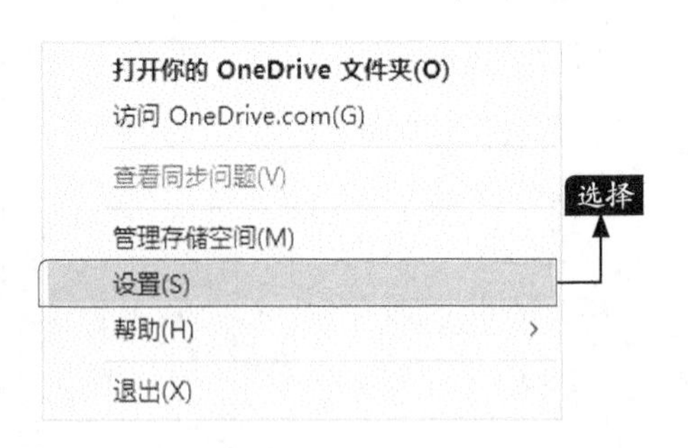

步骤 02 弹出【Microsoft OneDrive】对话框，选择【选择文件夹】选项卡，单击【选择文件夹】按钮。

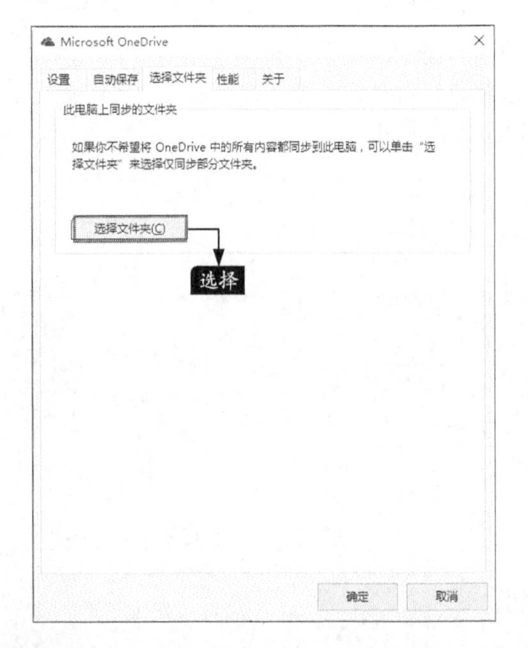

步骤 03 弹出【将你的OneDrive文件同步到此电脑】对话框，单击选中【文档】文件夹，撤销选中其他文件夹，单击【确定】按钮。

步骤 04 返回至【Microsoft OneDrive】对话框，单击【确定】按钮，就完成了选择同步文件夹的操作。

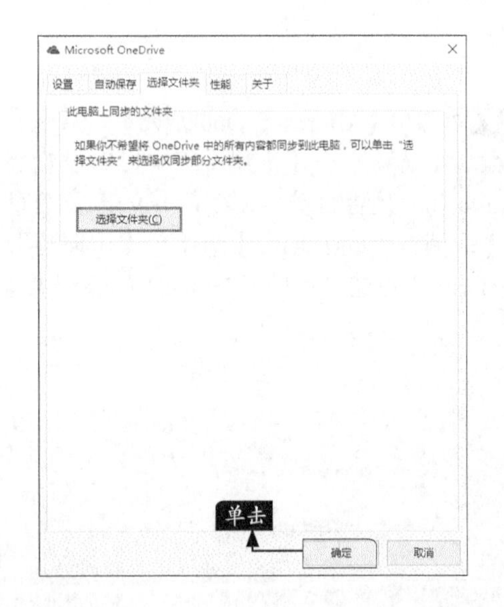

31.3.3 将文档上传至OneDrive

使用OneDrive可以同步文件，方便用户在任意位置通过OneDrive访问，下面就来介绍将文档上传至OneDrive的操作。

1. 使用电脑上传文档

用户可以直接打开【OneDrive】窗口上传文档，具体操作步骤如下。

步骤01 在【此电脑】窗口中选择【OneDrive】选项，或者在任务栏的【OneDrive】图标上单击鼠标右键，在弹出的快捷菜单中选择【打开你的OneDrive文件夹】选项。都可以打开【OneDrive】窗口。

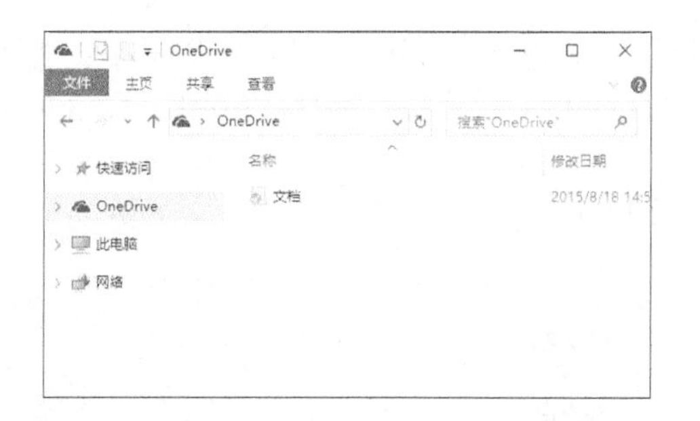

步骤02 选择要上传的文档“重要文件.docx“文件，将其复制并粘贴至【文档】文件夹或者直接拖曳文件至【文档】文件夹中。

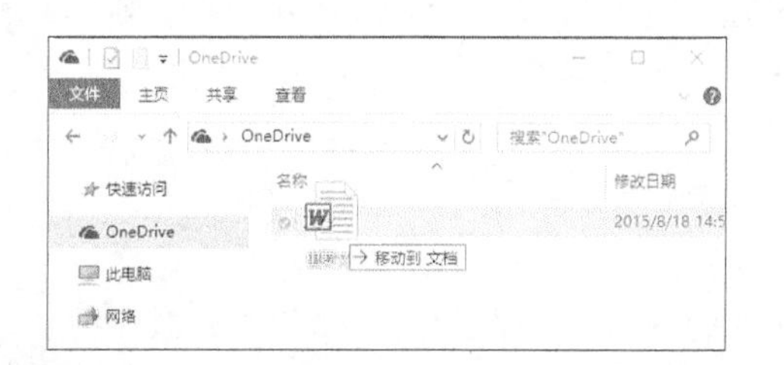

步骤03 在【文档】文件夹图标上即显示刷新图标。表明文档正在同步。

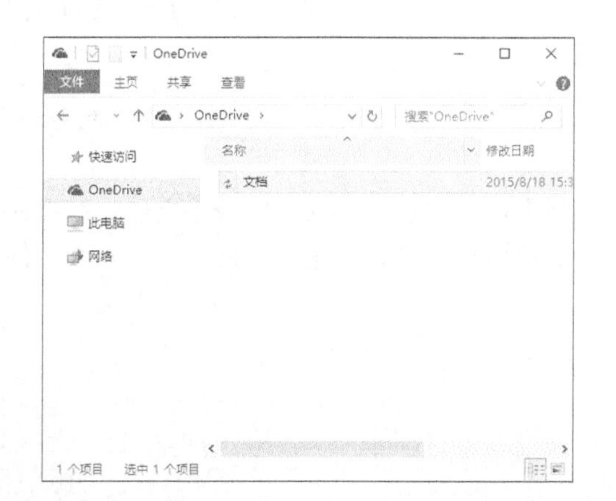

步骤04 在任务栏单击【上载中心】图标，在打开的【上载中心】窗口中即可看到上传的文件。

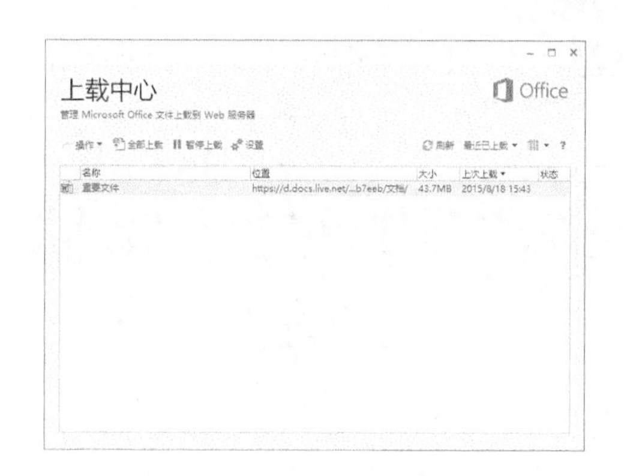

2. 通过OneDrive网站上传

在浏览器中登录OneDrive也可以上传文档，具体操作步骤如下。

步骤01 在浏览器中输入网址“https://onedrive.live.com/”，登录OneDrive网站。即可看到OneDrive中包含的文件夹。打开【文档】文件夹。

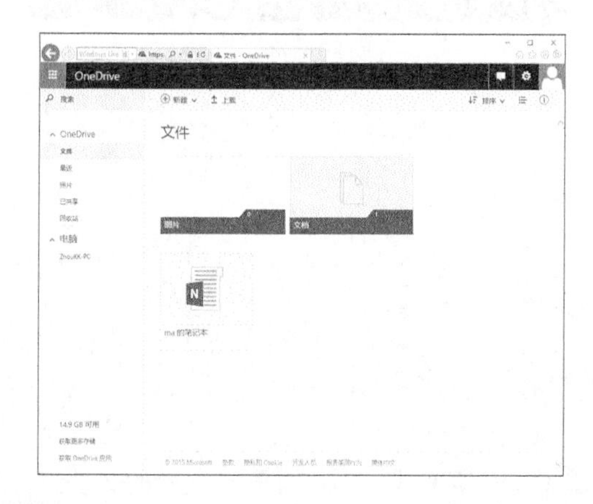

步骤02 即可看到上传的“重要文件.docx“文件。如果要使用网站上传文档，可以单击顶部的【上传】按钮。

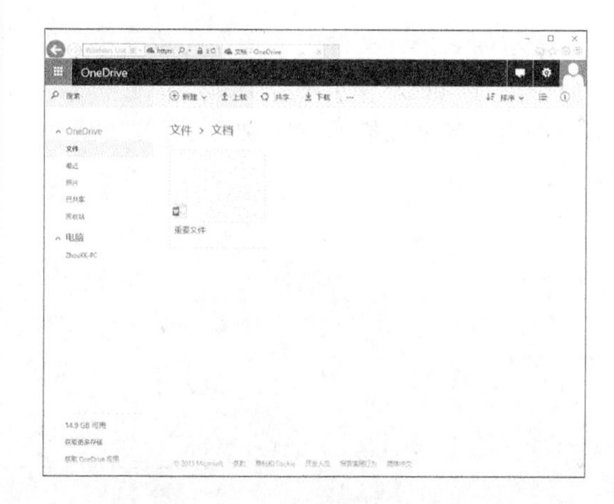

步骤03 弹出【选择要加载的文件】对话框，选择要上传的文档，单击【打开】按钮。

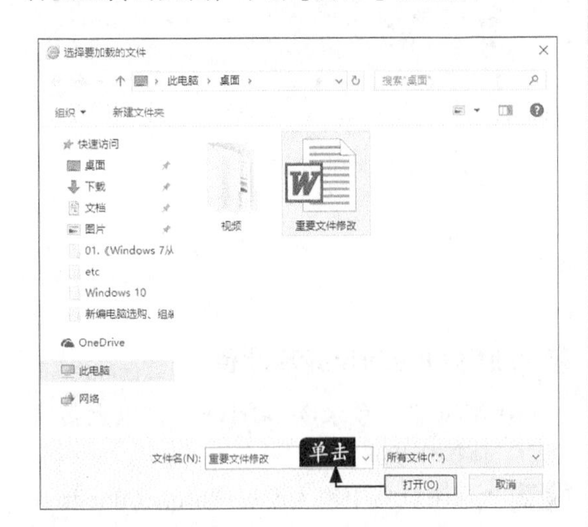

步骤03 即可开始上载文件。

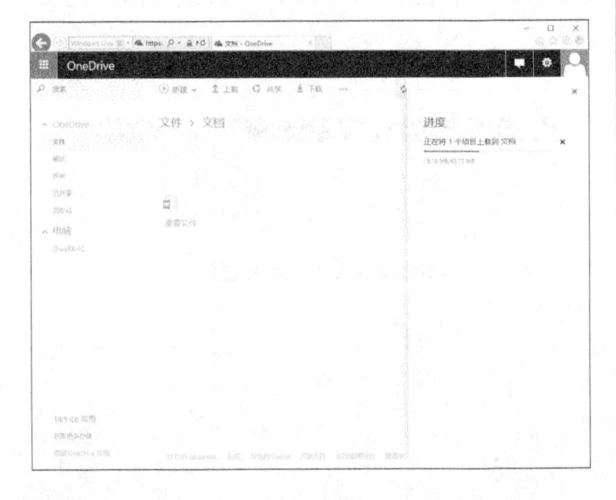

步骤05 上载完成，即可看到上载后的文件。

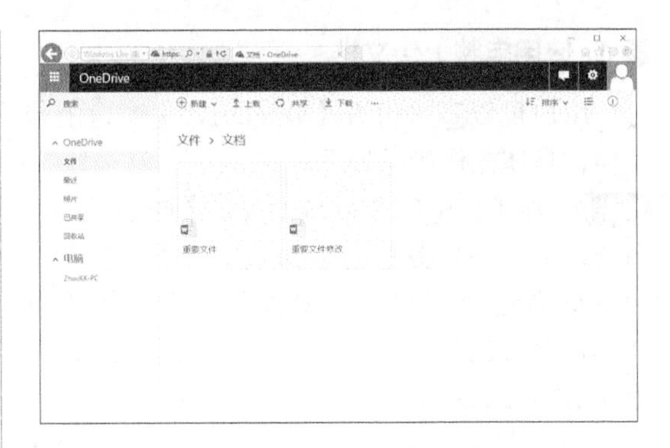

步骤06 在电脑中即可开始同步。单击状态栏中的【OneDrive】图标，即可看到正在处理的提示，处理完成，单击【打开你的OneDrive文件夹】选项。

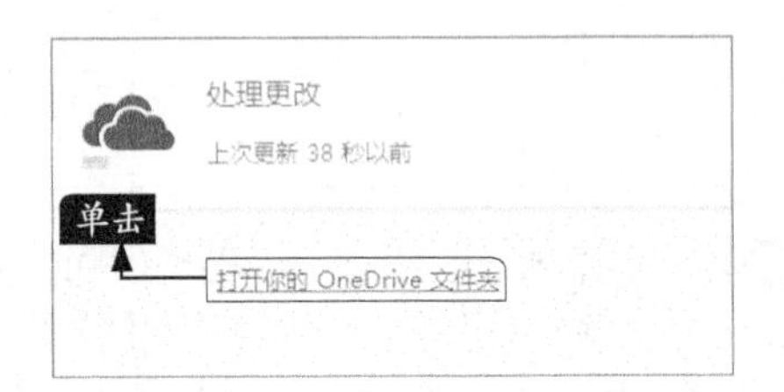

步骤07 即可打开【OneDrive】窗口，显示上载并同步后的文档。

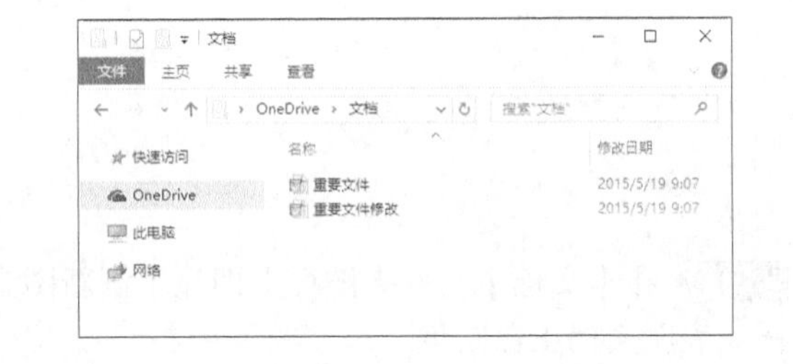

31.3.4 查看OneDrive文件夹

查看OneDrive文件夹的操作比较简单，在【此电脑】窗口中选择【OneDrive】选项，或者在任务栏的【OneDrive】图标上单击鼠标右键，在弹出的快捷菜单中选择【打开你的OneDrive文件夹】选项。都可以打开【OneDrive】文件夹窗口。

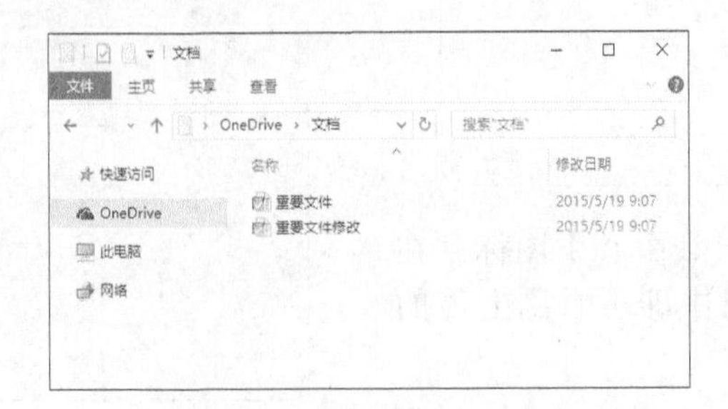

31.3.5 在手机上使用OneDrive

OneDrive不仅可以在Windows Phone手机中使用，还可以在iPhone、Android手机中使用，下面以在Android手机中使用OneDrive为例介绍在手机上使用OneDrive的具体操作步骤。

步骤 01 在手机中下载并登录OneDrive，金科进入OneDrive界面，选择要查看的文件，这里选择【文件】选项。

步骤 02 即可看到OneDrive中的文件，单击【文档】文件夹。

步骤 03 即可显示所有的内容，选择要下载到手机的文件，单击【下载】按钮。

步骤 04 弹出【下载】界面，选择存储的文件夹位置。单击【保存】按钮，即可完成文件下载。

步骤 05 选择要分享的文件，单击【分享】按钮，在弹出的列表中选择分享方式，这里单击【共享链接】选项。

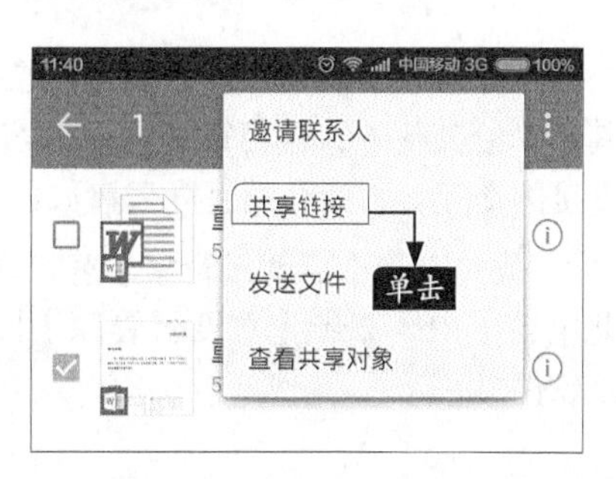

步骤 06 在弹出的窗口中选择共享方式，这里单击选中【查看】单选项，使分享者仅有查看文档的权限。单击【确定】按钮。即可在打开的页面中选择共享文件的方式进行文件共享。

31.4 使用云盘同步重要数据

本节教学录像时间：9 分钟

云盘是互联网存储工具，通过互联网为企业和个人提供信息的储存、读取、下载等服务。具有安全稳定、海量存储的特点。

31.4.1 认识常用的云盘

常见的云盘主要包括百度云管家、360云盘和腾讯微云等。这三款软件不仅功能强大，而且具备了很好的用户体验，下面列举了三款软件的初始容量和最大免费扩容情况，方便读者参考。

	百度云管家	360云盘	腾讯微云
初始容量	5GB	5GB	2GB
最大免费扩容容量	2055GB	36TB	10TB
免费扩容途径	下载手机客户端送2TB	1.下载电脑客户端送10TB 2.下载手机客户端送25TB 3.签到、分享等活动赠送	1.下载手机客户端送5GB 2.上传文件，赠送容量 3.每日签到赠送

本节主要以使用百度云管家为例进行介绍。

31.4.2 上传、分享和下载文件

上传、分享和下载是各类云盘最主要的功能，用户可以将重要数据文件上传到云盘空间，可以将其分享给其他人，也可以在不同的客户端下载云盘空间上的数据，方便了不同用户、不同客户端直接的交互，下面介绍百度云盘如何上传、分享和下载文件。

步骤 01 下载并安装【百度云管家】客户端后，在【此电脑】中，双击【百度云管家】图标，打开该软件。

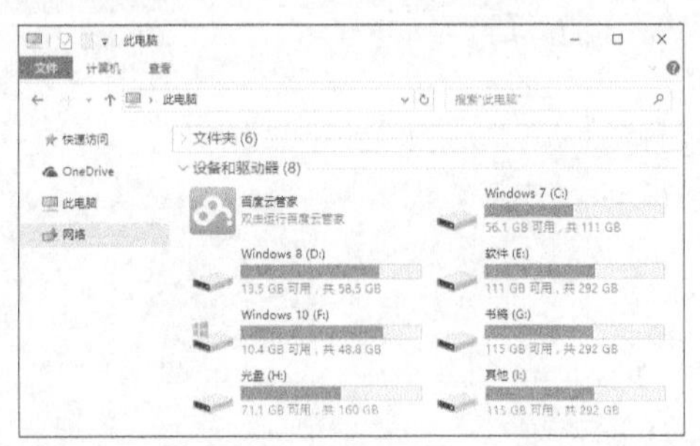

小提示

一般云盘软件均提供网页版，支持但是为了有更好的功能体验，建议安装客户端版。

步骤02 打开百度云管家客户端，在【我的网盘】界面中，用户可以新建目录，也可以直接上传文件，如这里单击【新建文件夹】按钮，新建一个分类的目录，并命名为“重要数据”。

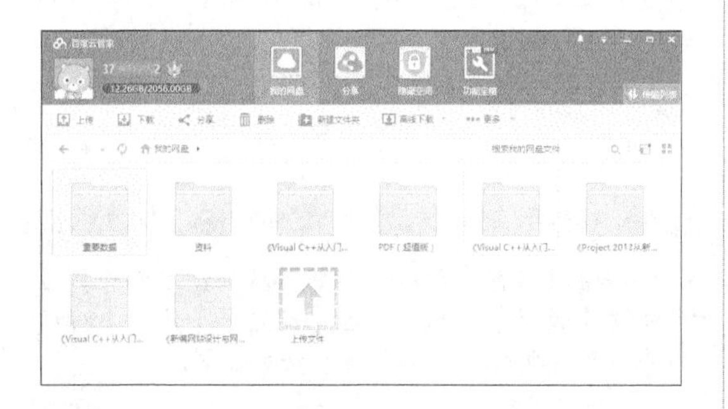

步骤03 打开“重要数据”文件夹，选择要上传的重要资料，拖曳到客户端界面上。

小提示

用户也可以单击【上传】按钮，通过选择路径的方式，上传资料。

步骤04 此时，资料即会上传至云盘中，如下图所示。

步骤05 上传完毕后，当将鼠标移动到想要分享的文件后面，就会出现【创建分享】标志。

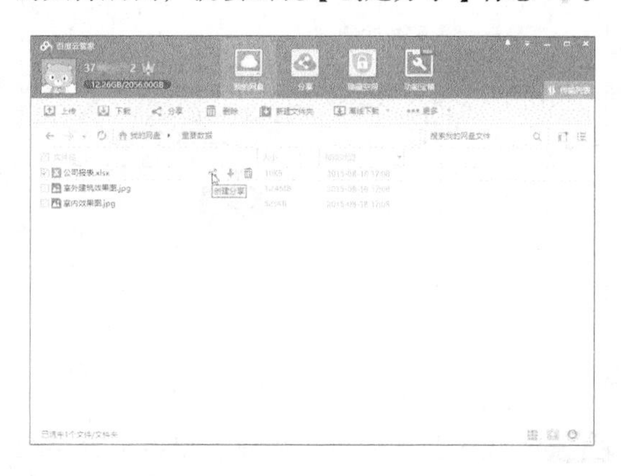

小提示

也可以先选择要分享的文件或文件夹，单击菜单栏中的【分享】按钮。

步骤06 单击该标志，显示了分享的三种方式：公开分享、私密分享和发给好友。如果创建公开分享，该文件则会显示在分享主页，其他人都可下载。如果创建私密分享，系统会自动为每个分享链接生成一个提取密码，只有获取密码的人才能通过链接查看并下载私密共享的文件。如果发给好友，选择好友并发送即可。这里单击【私密分享】选项卡下的【创建私密链接】按钮。

步骤07 即可看到生成的链接和密码，单击【复制链接及密码】按钮，即可将复制的内容发送给好友进行查看。

步骤08 在【我的云盘】界面，单击【分类查看】按钮，并单击左侧弹出的分类菜单【我的分享】选项，弹出【我的分享】对话框，列出了当前分享的文件，带有标识，则表示为私密分享文件，否则为公开分享文件。勾选分享的文件，然后单击【取消分享】按钮，即可取消分享的文件。

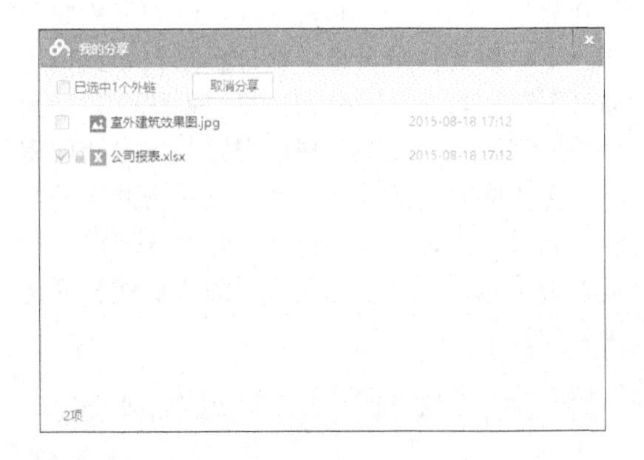

步骤09 返回【我的网盘】界面，当将鼠标移动到列表文件后面，会出现【下载】标志，单击该按钮，可将该文件下载到电脑中。

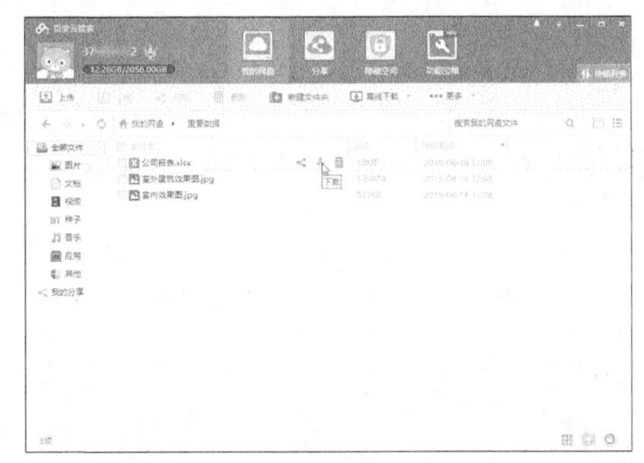

小提示

单击【删除】按钮，可将其从云盘中删除。另外单击【设置】按钮，可在【设置】【传输】对话框中，设置文件下载的位置和任务数等。

步骤10 单击界面右上角的【传输列表】按钮，可查看下载和上传的记录，单击【打开文件】按钮，可查看该文件；单击【打开文件夹】按钮，可打开该文件所在的文件夹；单击【清除记录】按钮，可清除该文件传输的记录。

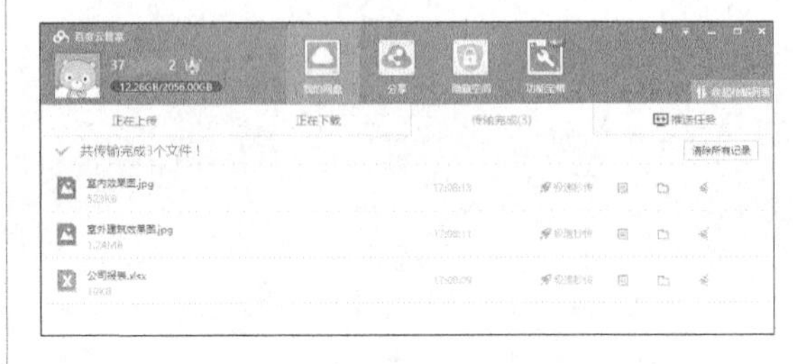

31.4.3 自动备份

自动备份就是同步备份用户指定的文件夹，相当于一个本地硬盘的同步备份盘，可以将数据自动上传并存储到云盘，其最大的优点就是可以保证在任何设备都保持完全一致的数据状态，无论是内容还是数量都保持一致。使用自动备份功能，具体操作步骤如下。

步骤01 打开百度云管家，单击界面右下角的【自动备份文件夹】按钮。

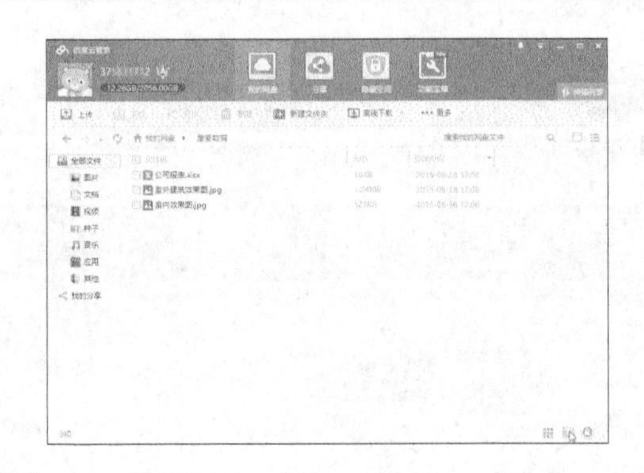

小提示

如果界面右下角没有，则可单击【设置】按钮，在【设置】➤【基本】对话框中，单击【管理】按钮，即可打开【管理自动备份】对话框。

步骤02 弹出【管理自动备份】对话框，可以单击【智能扫描】按钮，扫描近几天使用频率最高的文件夹；也可单击【手动添加文件夹】按钮，手动添加文件路径。这里单击【手动添加文件夹】按钮。

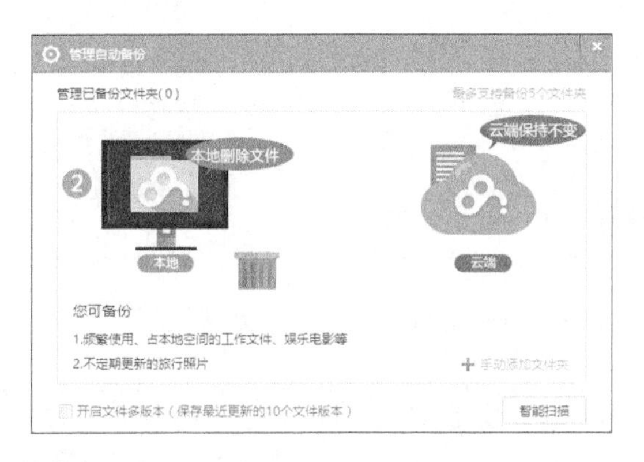

步骤03 弹出【选择要备份的文件夹】对话框，在要备份的文件夹前勾选复选框，并单击【备份到云盘】。

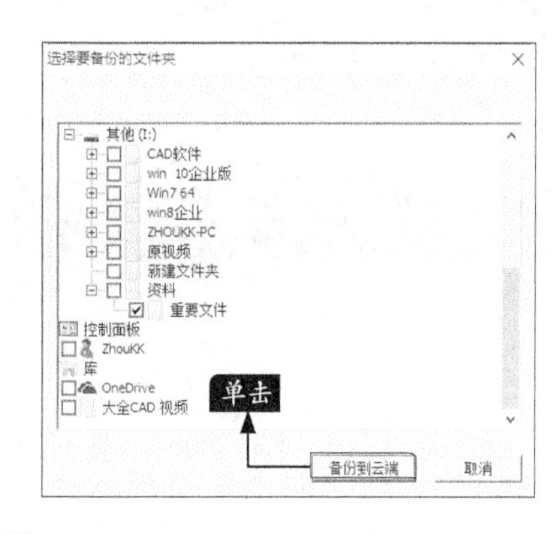

步骤04 弹出【选择云端保存路径】对话框，用户可单击选择已有的文件夹，也可以新建文件夹。这里选择【资料】文件夹，然后单击【确定】按钮即可完成自动上传文件夹的添加，软件即会自动同步该文件夹内的所有数据。

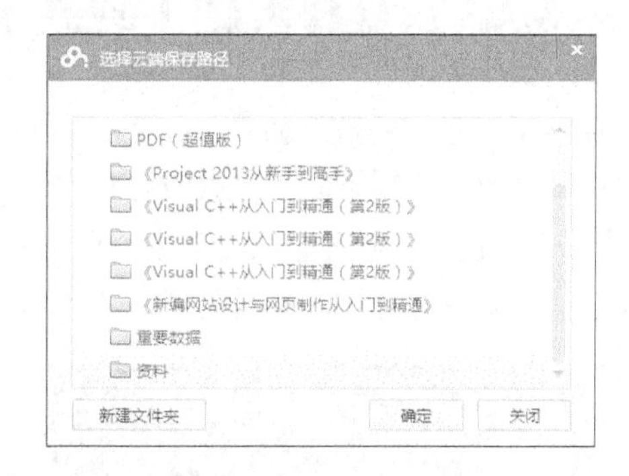

31.4.4 使用隐藏空间保存私密文件

隐藏空间是在网盘的基础上专为用户打造的文件存储空间，用户可以上传、下载、删除、新建文件夹、重命名、移动等，用户可以为该空间创建密码，只有输入密码方可进入，这可以方便地保护用户的秘密文件。另外隐藏空间的文件删除后无法恢复，分享的文件移入隐藏空间，也会被取消分享。使用隐藏空间的具体步骤如下。

步骤01 打开百度云管家，单击【隐藏空间】图标，然后单击【启用隐藏空间】按钮。

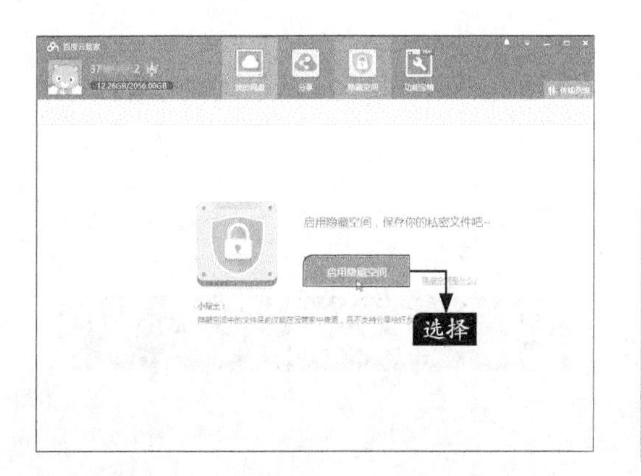

步骤02 弹出【创建安全密码】对话框，首次启用隐藏空间，需要设置安全密码，输入并确定安全密码后，单击【创建】按钮。

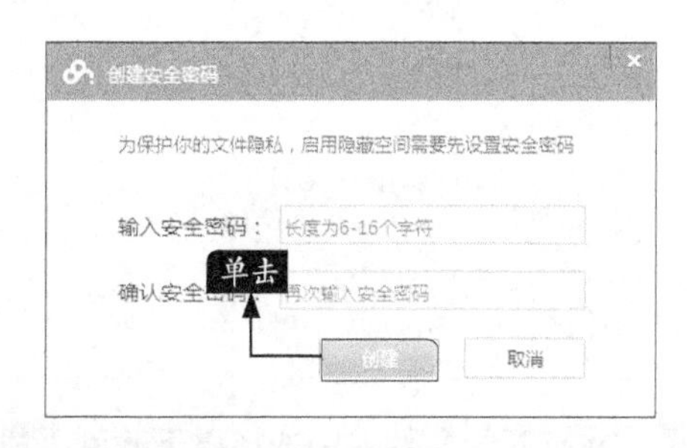

步骤03 进入隐藏空间，用户即可上传文件，

其操作步骤和【我的网盘】一致，在此不再赘述。

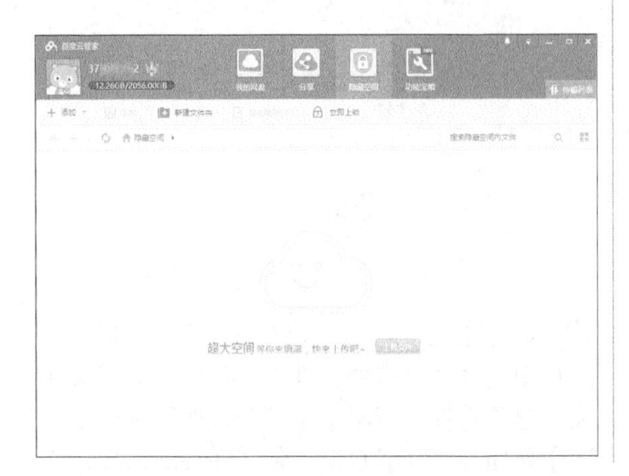

步骤 04 再次使用百度云管家的隐藏空间功能时，则需要输入安全密码，如下图所示。

31.4.5 从云盘将数据下载到手机中

保存至云盘中的数据如果要在手机中使用，可以在手机中下载百度云盘，并使用相同的账号登录，就可以将数据下载到手机中。

步骤 01 在手机中下载并登录百度云。即可看到百度云中的文件，单击【重要数据】文件夹。

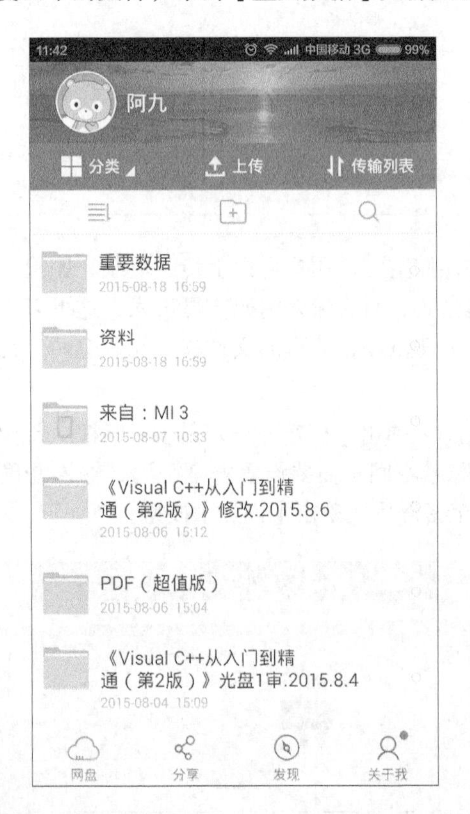

步骤 02 在打开的文件夹中选择要下载到手机中的文件，单击下方的【下载】按钮即可将云盘的数据下载到手机中。

31.5 恢复误删的数据

本节教学录像时间：14 分钟

用户在对自己的计算机操作时，有时会不小心删除本不想删除的数据，但是回收站被清空，那么怎么办呢？这时就需要恢复这些数据。本节主要介绍如何恢复这些误删除的数据。

31.5.1 恢复删除的数据应注意的事项

在恢复删除的数据之前，用户需要注意以下事项。

1. 数据丢失的原因

硬件故障、软件破坏、病毒的入侵、用户自身的错误操作等都有可能导致数据丢失，但大多数情况下，这些找不到的数据并没有真正丢失，这就需要根据数据丢失的具体原因而定。造成数据丢失的主要原因有如下几个方面。

（1）用户的误操作。由于用户错误操作而导致数据丢失的情况，在数据丢失的主要原因中所占比例也很大。用户极小的疏忽都可能造成数据丢失，例如用户的错误删除或不小心切断电源等。

（2）黑客入侵与病毒感染。黑客入侵和病毒感染已越来越受关注，由此造成的数据破坏更不可低估。而且有些恶意程序具有格式化硬盘的功能，这对硬盘数据可以造成毁灭性的损失。

（3）软件系统运行错误。由于软件不断更新，各种程序和运行错误也就随之增加，如程序被迫意外中止或突然死机，都会使用户当前所运行的数据因不能及时保存而丢失。如在运行Microsoft Office Word编辑文档时，常常会发生应用程序出现错误而不得不中止的情况，此时，当前文档中的内容就不能完整保存甚至全部丢失。

（4）硬盘损坏。硬件损坏主要表现为磁盘划伤、磁组损坏、芯片及其他原器件烧坏、突然断电等，这些损坏造成的数据丢失都是物理性质，一般通过Windows自身无法恢复数据。

（5）自然损坏。风、雷电、洪水及意外事故（如电磁干扰、地板振动等）也有可能导致数据丢失，但这一原因出现的可能性比上述几种原因要低很多。

2. 发现数据丢失后的操作

当发现计算机中的硬盘丢失数据后，应当注意以下事项。

（1）当发现自己硬盘中的数据丢失后，应立刻停止一些不必要的操作，如误删除、误格式化之后，最好不要再往磁盘中写数据。

（2）如果发现丢失的是C盘数据，应立即关机，以避免数据被操作系统运行时产生的虚拟内存和临时文件破坏。

（3）如果是服务器硬盘阵列出现故障，最好不要进行初始化和重建磁盘阵列，以免增加恢复难度。

（4）如果磁盘出现坏道读不出来时，最好不要反复读盘。

（5）如果磁盘阵列等硬件出现故障，最好请专业的维修人员来对数据进行恢复。

31.5.2 从回收站还原

当用户不小心将某一文件删除时，很可能只是将其删除到【回收站】中。若还没有清除【回收站】中的文件，可以将其从【回收站】中还原出来。这里以还原本地磁盘E中的【图片】文件夹为例来介绍如何从【回收站】中还原删除的文件，具体的操作步骤如下。

步骤01 双击桌面上的【回收站】图标，打开【回收站】窗口，在其中可以看到误删除的文件，选择该文件，单击【管理】选项卡下【还原】组中的【还原选定的项目】选项。

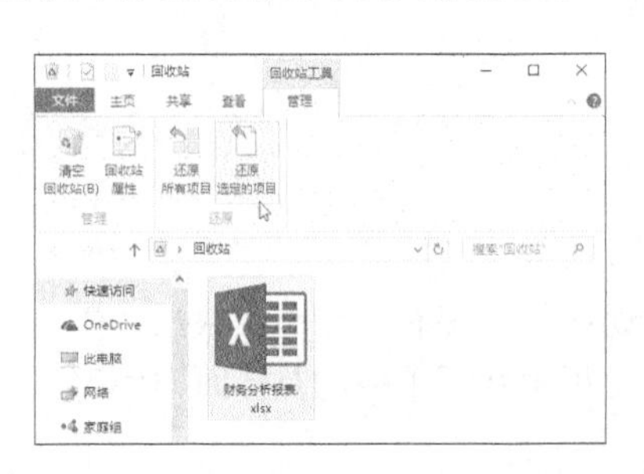

步骤02 即可将【回收站】中的文件还原到原来的位置。打开本地磁盘，即可在所在的位置看到还原的文件。

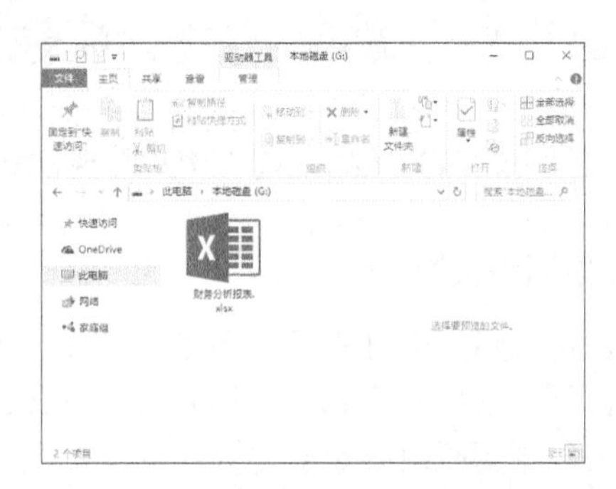

31.5.3 清空回收站后的恢复

当把回收站中的文件清除后，用户可以使用注册表来恢复清空回收站之后的文件。具体的操作步骤如下。

步骤01 按【Windows+R】组合键，打开【运行】对话框，在【打开】文本框中输入注册表命令“regedit”，单击【确定】按钮。

步骤02 即可打开【注册表编辑器】窗口，在窗口的左侧展开【HKEY_LOCAL_MACHINE\SOFTWARE\Microsoft\Windows\CurrentVersion\Explorer\Desktop\NameSpace】树形结构。

步骤03 在窗口的右侧空白处单击鼠标右键，在弹出的快捷菜单中选择【新建】➤【项】菜单项。

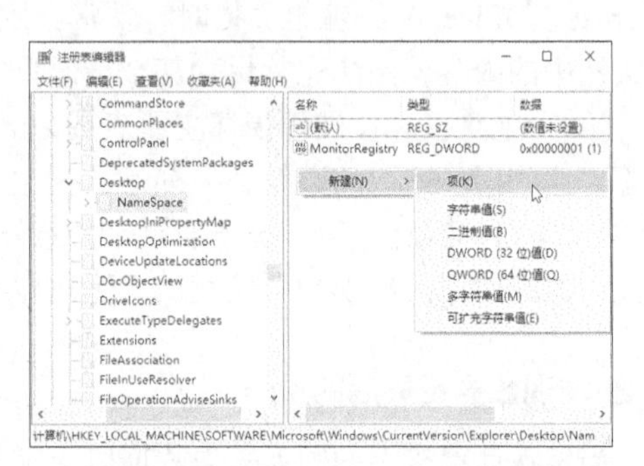

步骤04 即可新建一个项，并将其命名为“645FFO40-5081-101B-9F08-00AA002F954E”。

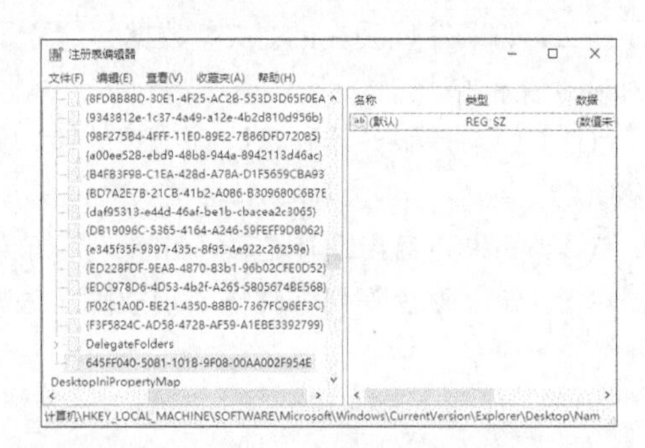

步骤05 在窗口的右侧选中系统默认项并单击鼠标右键，在弹出的快捷菜单中选择【修改】菜单项，打开【编辑字符串】对话框，将数值数据设置为【回收站】，单击【确定】按钮。

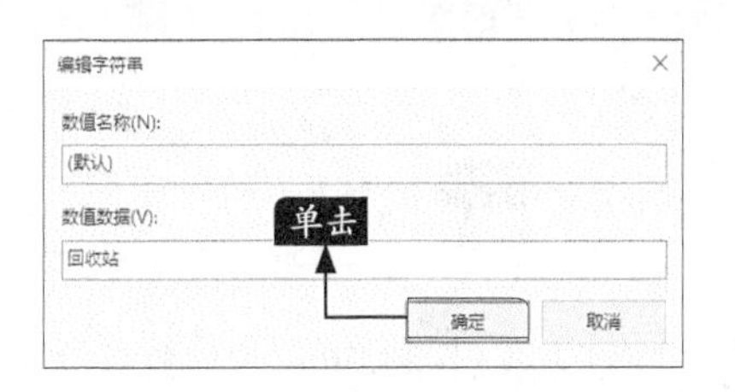

步骤06 退出注册表，重启计算机，即可将清空的文件恢复出来，之后将其正常还原即可。

31.5.4 使用“文件恢复”工具恢复误删除的文件

360文件恢复是一款简单易用、功能强大的数据恢复软件，用于恢复由于病毒攻击，人为错误，软件或硬件故障丢失的文件和文件夹。支持从回收站，U盘，相机被删除的文件，以及任何其他数据存储的文件。与EasyRecovery相比，使用更简单，具体操作步骤如下。

步骤01 启动360安全卫士，单击【功能大全】图标，并单击【系统工具】区域中的【文件恢复】工具图标。

步骤02 弹出【360文件恢复】对话框，选择要恢复的驱动器，并单击【开始扫描】按钮。

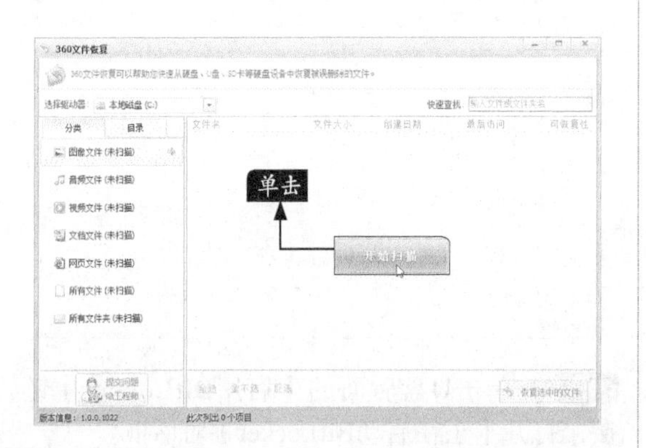

步骤03 此时，弹出扫描进度对话框，如下图所示。

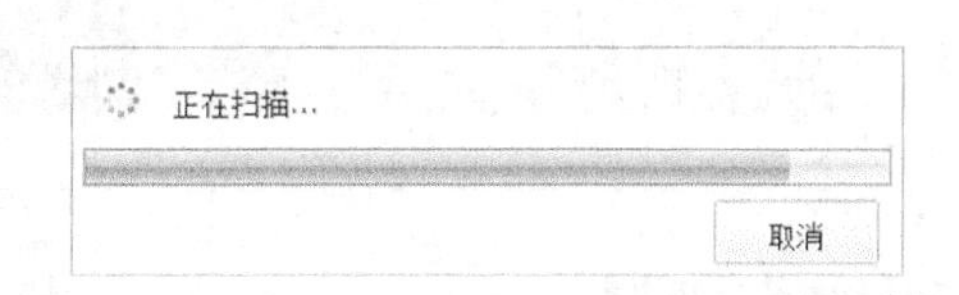

步骤04 扫描完成后，会显示丢失的文件情况，分为高、较高、差、较差四种，高和较高一般都能较容易恢复丢失的文件，后两个一般无法恢复，或者恢复后也是不完整或有缺失。如果可恢复性是空白表示此文件完全无法恢复。

步骤05 选择要恢复的分类及文件，并单击【恢复选中的文件】按钮。

步骤06 弹出【浏览文件夹】对话框，选择要保存的路径，并单击【确定】按钮。

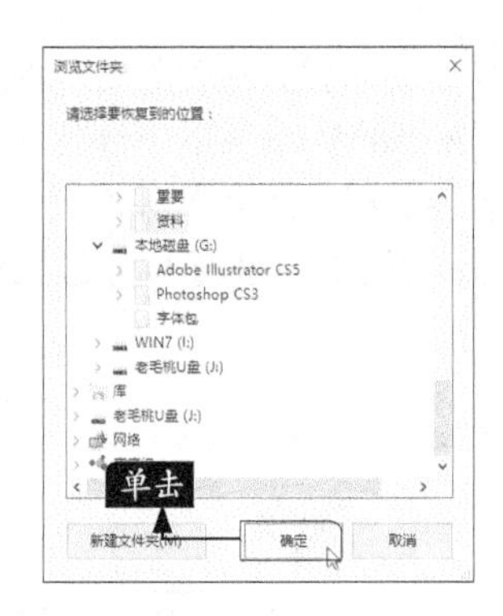

步骤07 恢复完成后，即可显示恢复的文件或文件夹，如下图所示。

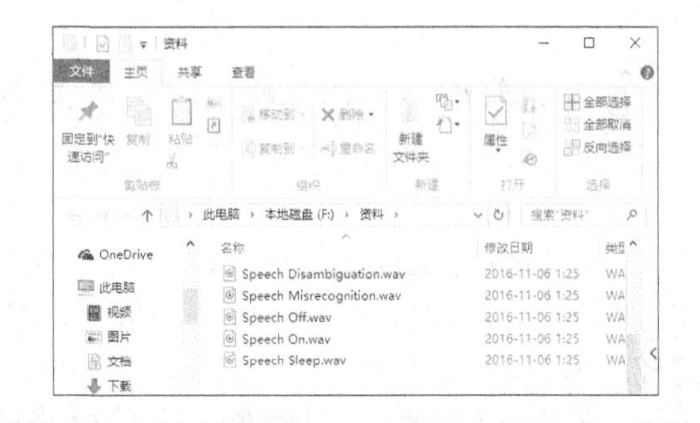

高手支招

本节教学录像时间：8 分钟

为U盘进行加密

在Window操作系统之中，用户可以利用BitLocker功能为U盘进行加密，用于解决用户数据的失窃、泄漏等安全性问题。

使用BitLocker为U盘进行加密，具体操作步骤如下。

第1步：启动BitLocker

步骤01 右键单击【开始】按钮，在弹出的菜单中选择【控制面板】菜单项，打开【控制面板】窗口，单击【BitLocker 驱动器加密】链接。

步骤02 打开【BitLocker 驱动器加密】窗口，在窗口中显示了可以加密的驱动器盘符和加密状态，用户可以单击各个盘符后面的【启用BitLocker】链接，对各个驱动器进行加密。

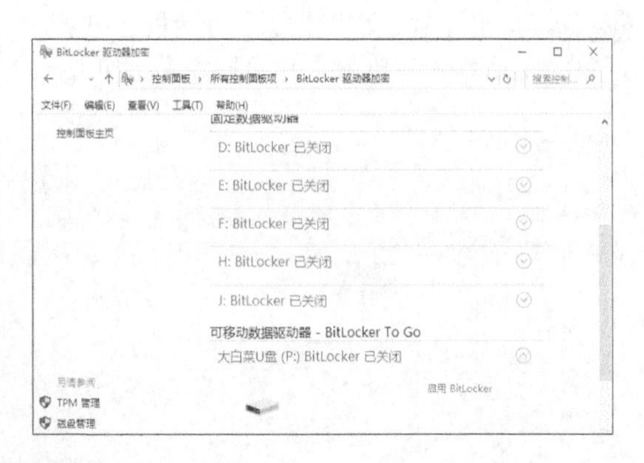

步骤03 单击U盘后面的【启用BitLocker】链接，打开【正在启动BitLocker】对话框。

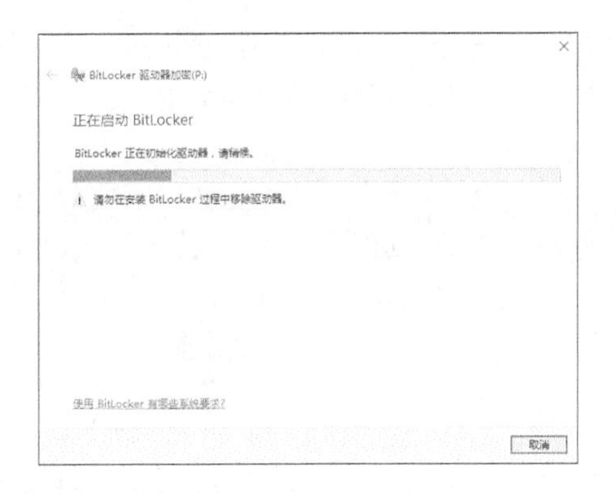

第2步：为U盘进行加密

步骤01 启动BitLocker完成后，打开【选择希望解锁此驱动器的方式】对话框，在其中勾选【使用密码解锁驱动器】复选框。

小提示

用户还可以选择【使用智能卡解锁驱动器】复选框，或者是两者都选择。这里推荐选择【使用密码解锁驱动器】复选框。

步骤02 在【输入密码】和【再次输入密码】文本框中输入密码。

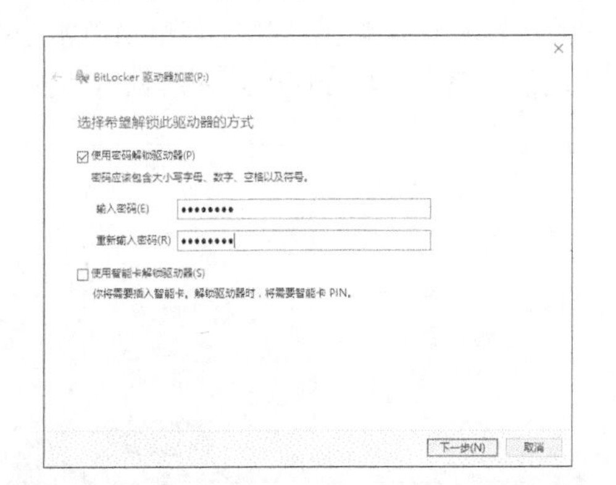

步骤03 单击【下一步】按钮，打开【你希望如何备份恢复密钥】对话框，用户可以选择【保存到Microsoft账户】、【保存到文件】或【打印恢复密钥】选项。这三个选项也可以同时都使用，这里选择【保存到文件】选项。

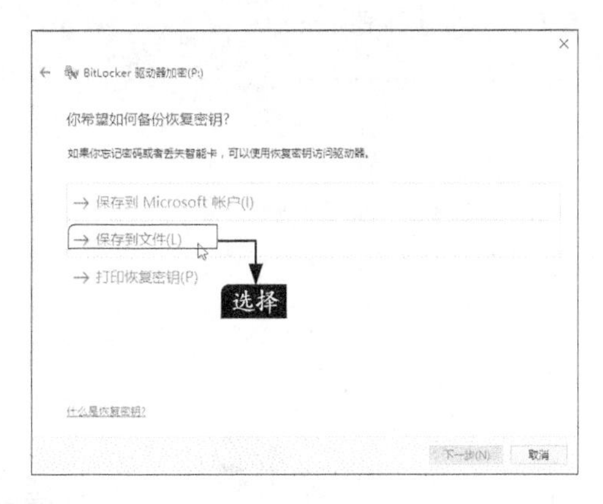

步骤04 随即打开【将BitLocker恢复密钥另存为】对话框，在该对话框中选择将恢复密钥保存的位置，在【文件名】文本框中更改文件的名称。

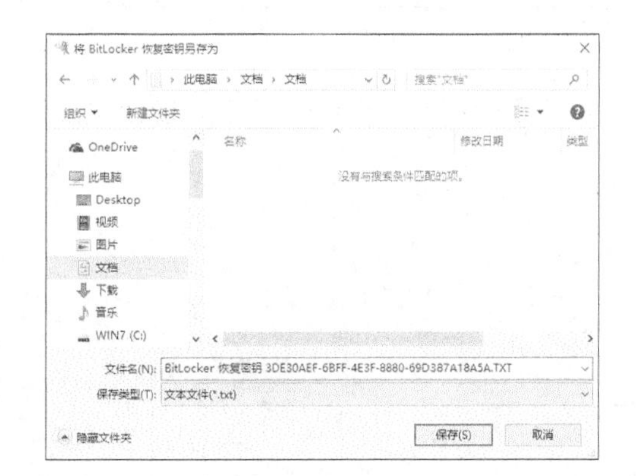

步骤05 单击【保存】按钮，即可将恢复密钥保存起来，同时关闭对话框，并返回【您希望如何备份恢复密钥】对话框，在对话框的下侧显示已保存恢复密钥的提示信息，单击【下一步】按钮。

步骤06 打开【选择要加密的驱动器空间大小】对话框，用户可以选择【仅加密已用磁盘空间】或【加密整个驱动器】单选项，选择后，单击【下一步】按钮。

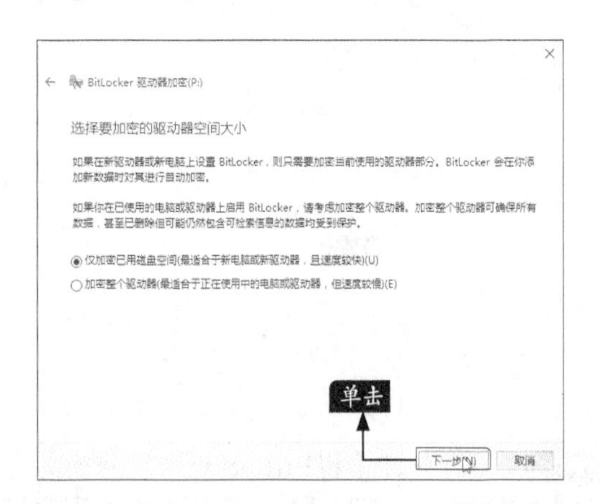

步骤07 弹出【是否准备加密该驱动器】对话框，单击【开始加密】按钮。

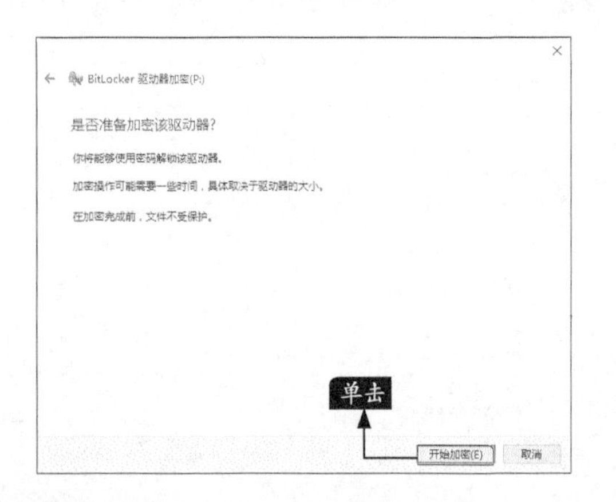

步骤08 开始对可移动驱动器进行加密，加密的时间与驱动器的容量有关，但是加密过程不能中止。开始加密启动完成后，打开【BitLocker驱动器加密】对话框，在其中显示了加密的进度。

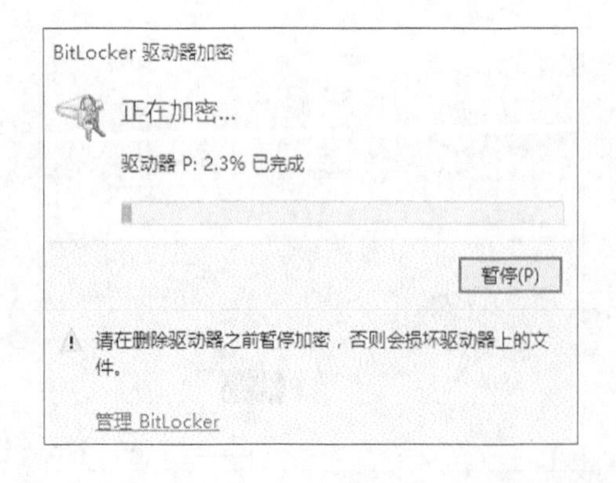

步骤09 如果希望加密过程暂停，则单击【暂停】按钮，即可暂停驱动器的加密。

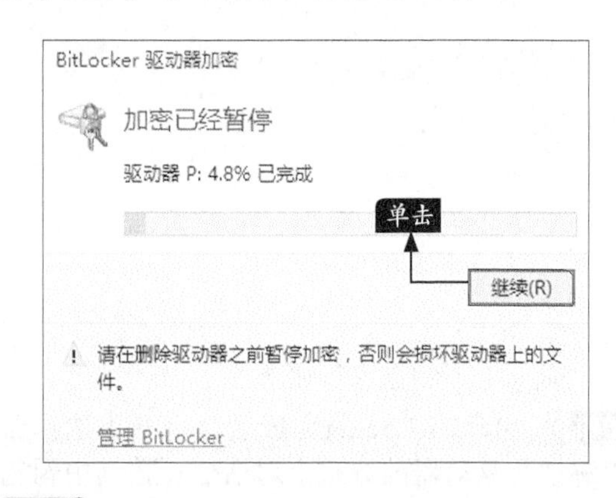

步骤10 单击【继续】按钮，可继续对驱动器进行加密，但是在完成加密过程之前，不能取下U盘，否则驱动器内的文件将被损坏。加密完成后，将弹出信息提示框，提示用户已经加密完成。单击【关闭】按钮，即可完成U盘的加密。

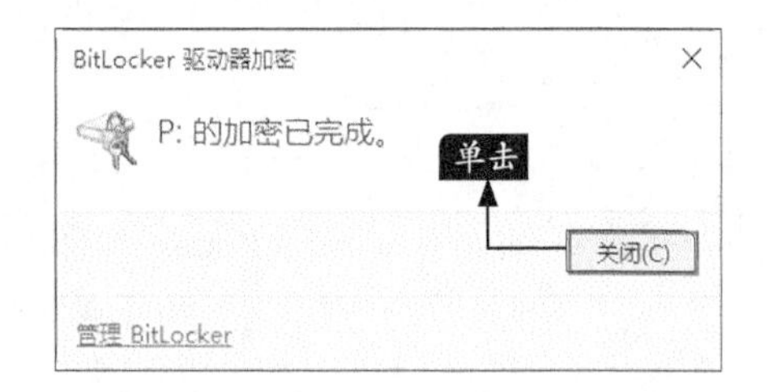

加密U盘的使用

如果用户将启动了BitLocker To Go保护的U盘插入Windows操作系统的USB接口中，就会弹出【BitLocker 驱动器加密】对话框；如果没有弹出该对话框，则说明系统禁用了U盘的自启动功能，这时可以右键单击【此电脑】窗口中的U盘图标，在弹出的快捷菜单中单击【解锁驱动器】命令，打开BitLocker解锁对话框。

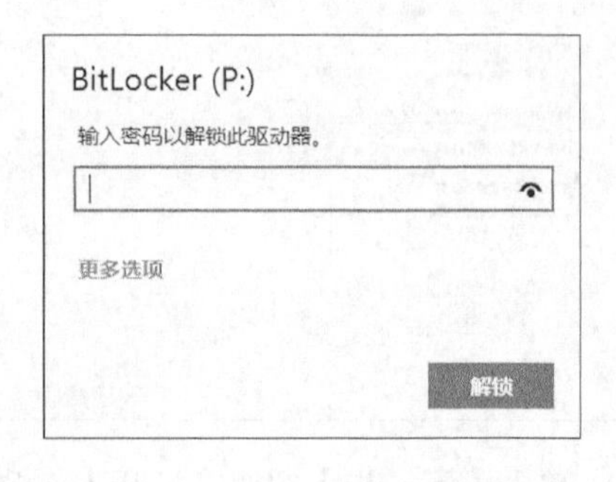

用户在需要在【输入密码以解锁此驱动器】文本框中输入启用BitLocker保护时设置的密码，如果选中【键入时显示密码字符】复选框，则在输入密码时显示的是“*”号。用户也可以勾选【从现在开始在此计算机上自动解锁】复选框，当U盘解锁成功后，在当前系统中可以随意插拔U盘，而不再输入密码。

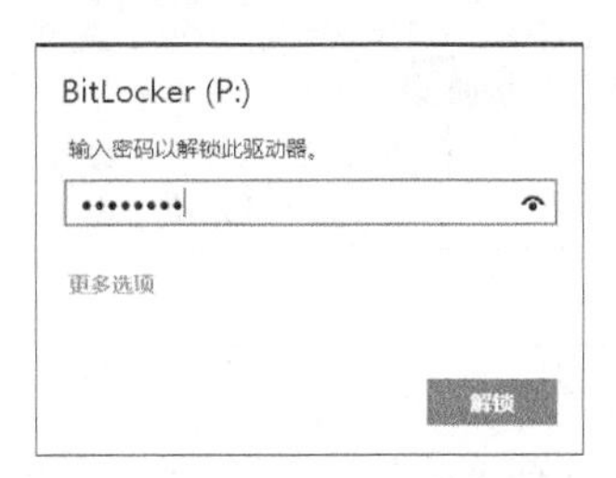

小提示

用户也可以单击【更多选项】链接，打开如下对话框。可以使用恢复秘钥进行解锁，也可以勾选【在这台电脑上自动解锁】复选框，则可在再次使用U盘时，无需输入密码解锁。

密码输入完毕后，单击【解锁】按钮，U盘很快就能成功解锁，然后在【此电脑】窗口中双击U盘图标，即可打开U盘，在其中可以正常地访问U盘，并可以进行复制、粘贴以及创建文件夹等操作了。

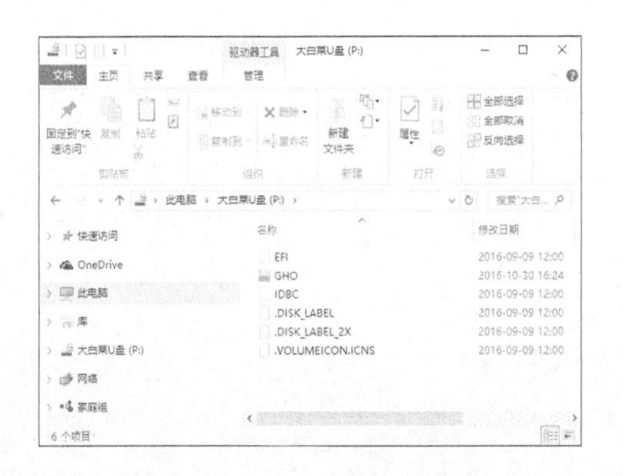

另外，当插入一个启动了BitLocker加密的U盘时，在【BitLocker 驱动器加密】窗口的驱动列表中会显示出来，用户可以单击【解锁驱动器】链接进行驱动器的解锁操作。

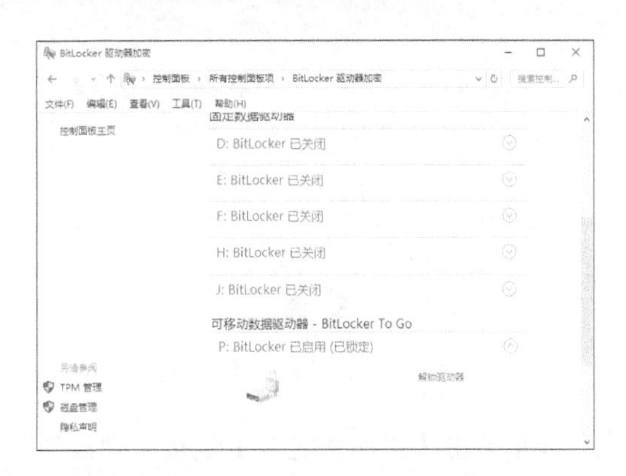

当解锁成功后，则出现【备份恢复秘钥】、【更改密码】、【删除密码】、【添加智能卡】、【启用自动解锁】和【关闭BitLocker】6个链接，如下图所示。

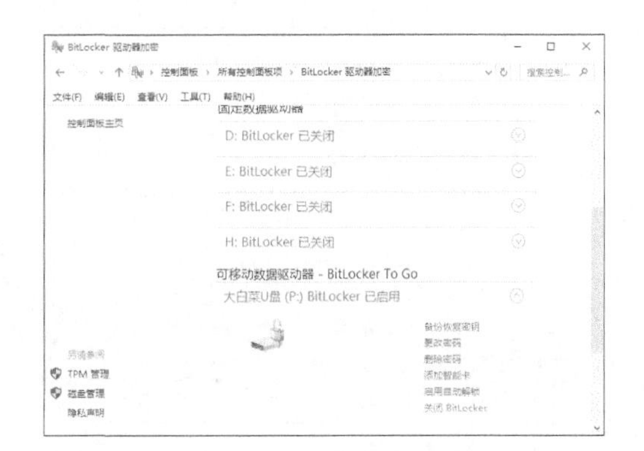

如果单击【备份恢复秘钥】链接，则会弹出【你希望如何备份恢复密钥】对话框，可对秘钥进行备份。

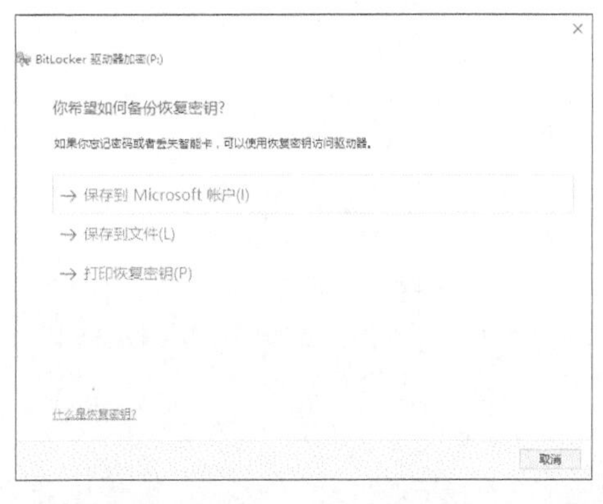

如果单击【更改密码】链接，则会弹出

【更改密码】对话框，输入旧密码并设置新密码。如果忘记了密码，可以单击【重置已忘记的密码】链接，重新设置新密码。

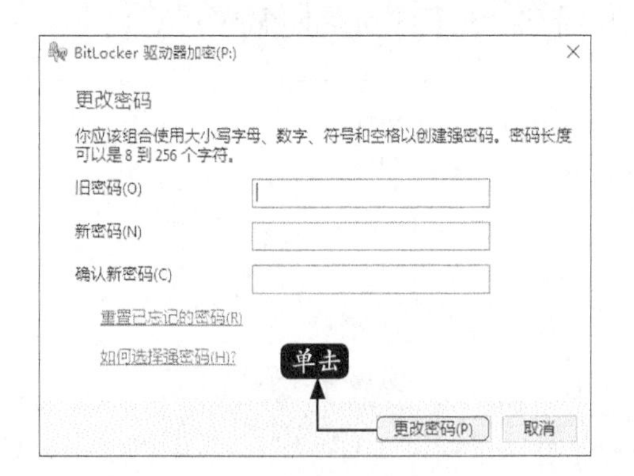

如果单击【添加智能卡】链接，则添加智能卡加密。

如果单击【启动自动解密】链接，链接名称变为【禁用自动解锁】，再次在该电脑上使用该U盘则不需要输入密码。

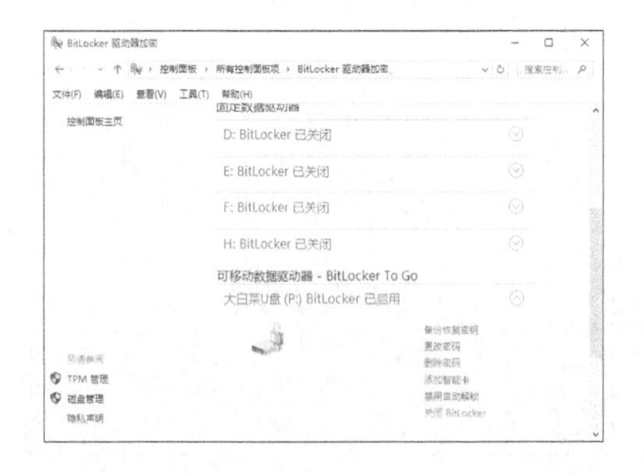

如果单击【关闭BitLocker】链接，弹出【关闭BitLocker】提示框，单击【关闭BitLocker】按钮，可以对U盘解密并关闭BitLocker驱动器加密设置。

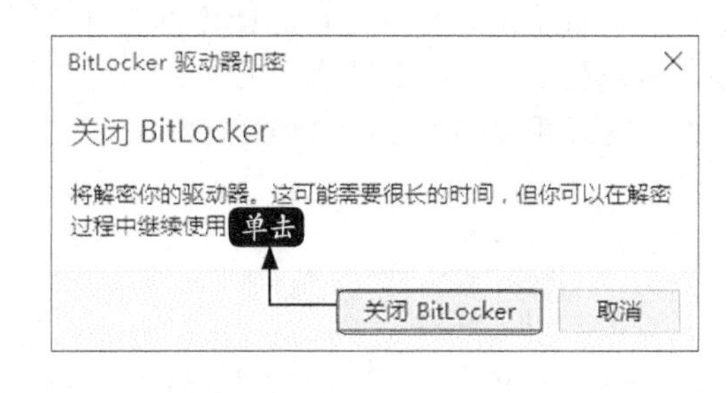

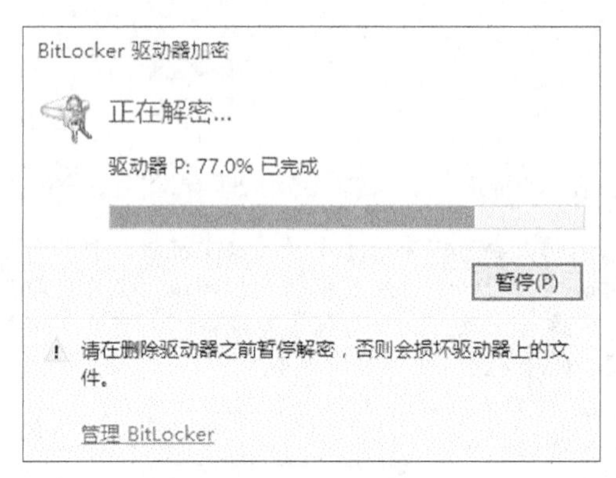